Handbuch
für
Physikalische Schülerübungen

von

Hermann Hahn
Geheimer Regierungsrat
ehem. Direktor der Staatlichen Hauptstelle für den naturwissenschaftlichen
Unterricht, Berlin

Dritte, verbesserte und umgearbeitete Auflage

Mit 340 Textabbildungen

Springer-Verlag Berlin Heidelberg GmbH
1929

ISBN 978-3-662-39034-4 ISBN 978-3-662-40008-1 (eBook)
DOI 10.1007/978-3-662-40008-1

Softcover reprint of the hardcover 3rd edition 1929

DR. OTTO VOGEL

weiland Geheimem Regierungsrat

in dankbarer Verehrung gewidmet

Vorrede zur ersten Auflage.

Das Buch wendet sich an Physiklehrer, die befähigt sind, Schülerübungen zu leiten. Es sucht daher Leser besonderer Art: Lehrer mit reichem Wissen und von tüchtigem Können, vor deren Geist das leuchtende Bild eines vollkommenen physikalischen Unterrichts schwebt, tatkräftige Männer, die fest an die Verbesserungsfähigkeit der Lehrverfahren glauben und mit eisernem Willen in unermüdlicher Arbeit danach streben, ihren Unterricht so vortrefflich zu gestalten, wie es die eigene Kraft, die äußeren Widerstände und die Klugheit der Zeitgenossen gestatten. Das Buch will den Physiklehrern deutscher Zunge helfen, mit den amerikanischen, englischen und französischen Berufsgenossen in gleicher Front zu arbeiten und mit ihnen in edlem Wettstreit um die Palme des besten Unterrichts zu ringen.

Das Buch ist den Bedürfnissen der jungen Lehrer angepaßt, denen das Einleben in das neue Lehrverfahren und das Einrichten der Übungen eine schwere Arbeitslast aufbürdet. Von dem Wirken dieser jugendfrischen Kräfte hängt die Zukunft unseres Faches ab. Vergeudet man ihre Schaffenskraft in unnützen Wiederholungen bereits erledigter Aufgaben, so hemmt man das rüstige Fortschreiten unserer Lehrverfahren. Ich war daher eifrig bemüht, durch Vorarbeiten meinen jungen Berufsgenossen überall ein weises Haushalten mit ihren Kräften zu ermöglichen, so daß sie mit voller Wucht die neue Unterrichtsweise rasch fördern können.

Das Buch enthält die wichtigsten und brauchbarsten messenden Übungen, die ich am Dorotheenstädtischen Realgymnasium und in den Praktischen Naturwissenschaftlichen Kursen in der Alten Urania[1] habe ausführen lassen. Ich habe nur wenige qualitative Übungen aufgenommen, ohne jedoch hierdurch ausdrücken zu wollen, daß ich solche „Vorübungen" für überflüssig halte. Durch diesen Ausschluß wurden freilich die Versuche über die Eigenschaften der Flüssigkeiten und der Gase und über den Magnetismus stark vermindert und die Übungen über die Reibungselektrizität ganz unterdrückt. Trotzdem enthält das Buch viel mehr Aufgaben, als man selbst an der besteingerichteten Oberrealschule behandeln kann. Dieser Überschuß an Übungen und das häufige Nebeneinanderstellen der verschiedenen anwendbaren Verfahren geben dem Leiter der Übungen eine willkommene Bewegungsfreiheit.

Der Inhalt des Buchs ist zwar scharf, doch nicht starr gegliedert. Auf den Wortlaut der Aufgabe folgt die A n g a b e, w i e v i e l S c h ü l e r

[1] Jetzt: Staatliche Hauptstelle für den naturwissenschaftlichen Unterricht.

zur Ausführung der Versuche mindestens erforderlich sind, und welche Zeit sie dazu brauchen. An den Hinweis auf die Literatur reihen sich die Aufzählung der erforderlichen Geräte, die Anleitung, wie die Versuche auszuführen sind, und daran Bemerkungen über die Geräte und die Verfahren.

Der Inhalt und die Anlage des Buchs sind nur dem ganz verständlich, der meine Abhandlung „*Wie sind die physikalischen Schülerübungen praktisch zu gestalten?*“ und die Ausführungen über die physikalischen Schülerübungen am Dorotheenstädtischen Realgymnasium und über die Praktischen Naturwissenschaftlichen Kurse in der Alten Urania auf S. 466[1] dieses Buchs gelesen hat.

Der Stoff der Versuche ist dem altbekannten gesicherten Wissensbestande der Physik entnommen und bietet nirgends etwas wesentlich Neues. Dagegen erfordern die Übungen oft neue Geräte und Versuchsverfahren. Bei dem Entwerfen der Übungen habe ich stets alle Vorarbeiten benutzt, die mir zur Zeit des Gerätebaues und der Versuchsgestaltung vorlagen. Da ich ursprünglich die Übungen ohne die Absicht ausgearbeitet habe, sie später zu veröffentlichen, so fehlen zumeist auf meinen Vorbereitungszetteln für die älteren Versuche die Literaturnachweise, doch habe ich, soweit dies ohne zu großen Zeitaufwand möglich war, vor dem Druck die Quellen nachträglich hinzugefügt, die einen wesentlichen Teil des Geräts oder des Versuchs entscheidend beeinflußt haben. Viele wertvolle Verbesserungen verdanke ich auch den Teilnehmern an meinen Kursen und meinen Schülern. Da ich die Vorarbeiten vollkommen frei benutzt habe, so trage ich für alle Abänderungen die volle Verantwortung. Nur bei ganz wenigen Versuchen, deren jetzige Ausführungsart noch nicht völlig befriedigt, will die Quellenangabe dem Gewährsmann die Verantwortung zuweisen.

An der Spitze jeder Aufgabe steht ein übersichtliches Verzeichnis der erforderlichen Geräte, damit der Leiter die Übung schnell, sicher und bequem vorbereiten kann. Die einzelnen Geräte habe ich in den Bemerkungen am Ende jeder Aufgabe und in dem Abschnitt „Allgemeines über galvanisches Arbeiten“ (S. 328)[2] ausführlich beschrieben. Die Abbildungen beruhen auf Maßzeichnungen oder photographischen Aufnahmen der von mir benutzten Geräte (vgl. S. 471)[3]. Diese genauen Angaben sollen den Leser in den Stand setzen, erfolgreich an der weiteren Verbesserung der Geräte mitzuarbeiten. In den Bemerkungen ist zuweilen angegeben, daß sich dieses Gerät oder jener Versuch nicht bewährt hat. Diese Ablehnung ist, insofern als andere Urheber in Betracht kommen, so zu begrenzen: Ich kann nur behaupten, daß das Gerät und der Versuch, wie ich sie ausgeführt habe, nicht tadellos sind. Trotzdem können das Gerät und der Versuch tatsächlich brauchbar sein, nur sind sie dann in der angegebenen Quelle nicht so vollständig beschrieben, daß ihre Nachbildung oder Wiederholung sicher gelingt.

Bei der Benutzung der Anleitungen ist zu beachten, daß ich in einigen Anweisungen mehr Versuche aufgenommen habe, als in der

[1] Jetzt: S. 1ff. [2] Jetzt: S. 313ff. [3] Jetzt: S. 6.

angegebenen Zeit ausführbar sind. Der Leiter wird dies, selbst bei geringer Erfahrung, leicht von vornherein oder schon am Anfang der Übung bemerken und die Anzahl der Versuchswiederholungen stark kürzen, einige Abschnitte weglassen oder in geeigneten Fällen das Verfahren des allseitigen Angriffs anwenden. Zu diesem Zweck habe ich die Anleitungen in einzelne scharf getrennte Abschnitte gegliedert, die durch Buchstaben bezeichnet sind. Diese Einrichtung erlaubte mir, zuweilen kleine Nebenuntersuchungen einzuschalten oder tiefer in die Aufgabe einzudringen und so dieselbe Übung für verschiedene Klassen verwendbar zu machen. Mit den erforderlichen Kürzungen und bei Beschränkung auf die Hauptversuche lassen sich nach meinen Erfahrungen alle Übungen in der angegebenen Zeit ausführen.

Bei den Übungen kommt es durchaus nicht darauf an, daß die Schüler so gute Ergebnisse erzielen, wie die Gelehrten in den Instituten der Universitäten. Auf den Schulen sind vielmehr die Wege einzuschlagen, die möglichst einfach und gerade zum Ziel führen, mögen sie auch weniger leistungsfähig sein, als die Verfahren, die man jetzt mit Recht in der Wissenschaft und in der Technik anwendet. Wohl aber soll man von den Schülern verlangen, daß sie sich ernsthaft bemühen, die besten Ergebnisse zu erhalten, die mit ihren einfachen und rohen Geräten auf dem benutzten Weg erreichbar sind. Ebenso wie man im Rechenunterricht anfangs die einzelnen Rechnungen in unverkürzter Form ausführen läßt, um zunächst eine ausreichende Fertigkeit zu erzielen, und erst dann, wenn die Sicherheit in der Form erreicht ist, zu Abkürzungen und Feinheiten übergeht, so soll man auch bei den physikalischen Übungen zunächst alle Messungen so genau ausführen lassen, wie es die benutzten Geräte gestatten, und erst dann, wenn die erforderliche Geschicklichkeit und ein ausreichendes Verständnis erworben sind, die einzelnen Messungen so einrichten, daß ihre Fehler alle annähernd gleich stark das Ergebnis beeinflussen.

Die Wörter, die in den Anleitungen kursiv gedruckt sind, weisen darauf hin, daß hier der Leiter in die Übungen eingreifen soll, um Fachausdrücke mitzuteilen oder Erklärungen zu geben. Hierbei soll sich der Lehrer ganz kurz fassen und den richtigen Augenblick benutzen, damit er nicht die Versuche der Schüler hemmt oder gar stört. Die sorgfältige Fassung der Begriffe und Gesetze sollen Schüler und Lehrer erst nach der Übung in gemeinsamer Arbeit feststellen.

Ich hebe ausdrücklich hervor, daß für meine Schüler die Anleitungen nicht bindende Vorschläge sind; jeder Schüler darf andere Wege einschlagen. Er hat es mir nur vorher zu melden, damit ich prüfen kann, ob nicht bei dem beabsichtigten Verfahren etwa die Geräte beschädigt oder der Schüler und seine Kameraden gefährdet werden. Bei dem Arbeiten in gleicher Front beeinträchtigt ein falsches Ergebnis einer einzelnen Arbeitsgruppe nicht die Lösung der gestellten Aufgabe; ich verhindere es daher nicht, wenn einzelne Schüler selbst Verfahren wählen, deren Mißerfolg ich voraussehe.

Der Anhang bringt zunächst einen Überblick über die Entwicklung der physikalischen Schülerübungen am Dorotheenstädtischen Realgymnasium. Wer die Ergebnisse dieses Versuchsfeldes für das neue Lehrverfahren unbefangen prüft, wird kaum wünschen, daß die jungen Physiklehrer auch heute noch immer wieder da beginnen, wo Schwalbe 1892 eingesetzt hat. Er müßte denn dabei vollständig übersehen, daß die Lehrer der Physik am Dorotheenstädtischen Realgymnasium nicht eigensinnig, selbstgefällig und urteilslos 16 Jahre lang mit ihren ursprünglichen Verfahren fortgearbeitet haben, sondern pflichtgemäß bemüht gewesen sind, die Erfahrungen der Physiklehrer aller Kulturvölker auch für ihre Schüler fruchtbar zu machen, soweit dies die äußeren Verhältnisse zuließen, die sie aus eigener Kraft nicht ändern konnten.

Die Bemerkungen über den Betrieb der Schülerübungen, die die Arbeitsordnung, die allgemeinen Ratschläge, die graphischen Darstellungen, das Zahlenrechnen und die Übungsberichte behandeln, ergänzen die Ausführungen in meiner obenerwähnten Abhandlung über die praktische Gestaltung der Übungen.

Das allgemeine Geräteverzeichnis auf S. 425 dürfte jungen Physiklehrern die Beschaffung einer brauchbaren Ausrüstung bedeutend erleichtern.

Das Bücherverzeichnis enthält die in Buchform erschienenen Schriften, die bei der Einrichtung und Leitung der Übungen und bei der Werbung von Anhängern für dieses wichtige Unterrichtsverfahren nützlich sind. Der Umfang und der Inhalt dieses Verzeichnisses dürften selbst den engherzigsten und dünkelhaftesten Vertreter unserer Unübertrefflichkeit darüber aufklären, daß die Zeiten vorbei sind, wo sich ein preußischer Lehrer mit Recht darauf beschränken durfte, nur das einheimische Schulwesen zu studieren. Jeder deutsche Lehrer der Mathematik und Naturwissenschaften, der pflichtgemäß wünscht, daß wir auch in Zukunft unsere hohe wissenschaftliche und wirtschaftliche Stellung auf der Welt behaupten, muß heutzutage wissen, was und wie man in den Schulen der anderen Kulturnationen unterrichtet, damit er alle fremden Meister seines Fachs übertreffen kann. Die Verkehrsmittel der Neuzeit haben den Wirkungsbereich der Menschen vergrößert und dadurch gleichsam den Erdball verkleinert, so daß heute die geistigen und wirtschaftlichen Beziehungen zwischen Berlin und Neuyork stärker sind als vor hundert Jahren die zwischen Berlin und Köln. . .

Erst nach langem Sträuben habe ich dieses Buch schon jetzt geschrieben. Viele hervorragende Schulmänner des In- und Auslandes haben sich die physikalischen Schülerübungen am Dorotheenstädtischen Realgymnasium und in der Alten Urania angesehen und zahlreiche eifrige Fachgenossen an mich Anfragen gerichtet, deren nutzbringende Beantwortung jedesmal einen Brief vom Umfang dieses Buches erfordert hätte. Einsichtige Freunde sagten mir, daß ich die Ausarbeitungen veröffentlichen müßte, die ich für meine Schüler und die Teilnehmer an meinen Kursen gemacht hatte. Ich hatte mancherlei Bedenken: meine Aufzeichnungen waren nicht druckreif und hatten einige empfindliche Lücken. Sollte ich noch mehr Arbeit auf eine Sache verwenden, deren innerer und bleibender Wert vielleicht doch zweifelhaft war?

Jeder Neuerer muß für seine Sache begeistert sein und an seinen Erfolg glauben. Es fällt ihm daher schwer, die eigenen Leistungen richtig zu bewerten und sich dadurch vor Selbsttäuschungen und Enttäuschungen zu bewahren. Überschätzte ich nicht den Wert und die Zukunft der Übungen und unterschätzte ich nicht die vorhandenen und vielleicht wachsenden Hindernisse?

Vergleicht man die Schülergeräte des Dorotheenstädtischen Realgymnasiums und der Alten Urania mit den physikalischen Apparaten GOETHES im Goethe-Nationalmuseum, so überrascht die Ähnlichkeit dieser Sammlungen, die doch ganz unabhängig voneinander entstanden sind. Sollten Versuche und Vorrichtungen, denen verwandt, die der große Meister harmonischer Lebensführung benutzt hat, wirklich ungeeignete Mittel zur Erreichung der echten humanistischen Ziele des Jugendunterrichts sein?

Sollte der lebhafte Anklang, den die Schülerübungen bei allen Kulturnationen gefunden haben, nicht eine tiefere Ursache haben? Sieht man über die Grenzen des physikalischen Unterrichts hinaus, so erkennt man überall innerlich verwandte Bestrebungen. Die physikalischen Schülerübungen sind nur eins der vielen Anzeichen für eine tiefgehende Umgestaltung unseres geistigen Lebens. Dem Menschen des zwanzigsten Jahrhunderts genügt nicht mehr die reine Erkenntnis, überall wächst der Wille zur Tat. Wir wollen, gestützt auf die Erkenntnis, handeln; wir wollen gestaltend in die Außenwelt eingreifen. Solche geistigen Bewegungen kann man nicht hemmen. Kein Volk und keine Macht auf Erden kann sich ihrer Allgewalt auf die Dauer widersetzen. Von diesem höheren Standpunkt aus erkennt man, daß die Übungen eine unentbehrliche Vorbereitung für den wissenschaftlichen und wirtschaftlichen Wettbewerb der Kulturnationen und für jeden Staat ein Gebot der Fürsorge für die Leistungsfähigkeit der einheimischen Bevölkerung sind.

Sobald ich dies deutlich erkannt hatte, war es für mich eine Pflicht, durch Herausgabe dieses Buches dabei mitzuhelfen, daß sich die Übungen so rasch wie möglich an unseren Schulen einbürgern; denn Eile tut hier dringend not. Ich hatte das große Glück, überall bei meinen vorgesetzten Behörden einsichtige und wohlwollende Förderung zu finden. Ich erbat und erhielt von dem Magistrat zu Berlin Urlaub von Ostern 1907 bis Ostern 1908, so daß ich mich ein Jahr ganz der Abfassung dieses Buches widmen konnte. Für diese außerordentliche Unterstützung, die erst das rasche Erscheinen dieses Buchs ermöglicht hat, danke ich dem Magistrat und ganz besonders Herrn Stadtschulrat Dr. MICHAELIS, der mit scharfem Blick den hohen Wert der Schülerübungen klar erkannt hat, auch an dieser Stelle auf das wärmste.

Zu innigem Dank bin ich Herrn Provinzialschulrat und Geheimem Regierungsrate Dr. OTTO VOGEL verpflichtet, einem Mann, dessen hervorragende Verdienste um die Schülerübungen die Gegenwart infolge seiner großen Bescheidenheit und Zurückhaltung noch nicht voll würdigt, und den ohne Zweifel später einmal die Nachwelt als einen der bedeutendsten Förderer des naturwissenschaftlichen Unterrichts in Preußen feiern wird. Ohne seine andauernde tatkräftige Fürsorge hätte ich den größten Teil der Arbeiten, die in diesem Buch zusammengefaßt sind, nicht ausführen können. Durch meine Ansprüche und Ausgaben habe ich ihm leider oft viele Sorgen und Verlegenheiten bereiten müssen, immer wieder aber half er in seiner Herzensgüte und in seinem unermüdlichen Eifer für die Sache mit Rat und Tat über alle Schwierigkeiten hinweg. Es ist mir eine wahre Herzensfreude, ihm diese erste größere Veröffentlichung, die aus den Praktischen Naturwissenschaftlichen Kursen hervorgeht, widmen zu dürfen und so einen geringen Teil des großen Dankes abzutragen, den wir, ich und sehr viele andere Lehrer der Naturwissenschaften, ihm schulden.

Mein lieber Freund und Kollege Hans Matthée hat mich bei der Herausgabe auch dieses Buchs unermüdlich und selbstlos unterstützt. Ich danke ihm dafür herzlichst, ebenso meinem Mitarbeiter F. A. Hintze, der mir bei dem Bau und der genauen Beschreibung der Geräte wertvolle Hilfe geleistet hat.

Der Verleger hat keine Kosten und Mühen gescheut, um das Buch in der vollkommensten Weise auszustatten, und alles getan, um den Benutzern das Arbeiten damit so bequem wie möglich zu machen. Alle Leser und auch ich schulden ihm dafür den verbindlichsten Dank.

Sollte das gedruckte Buch meinen Berufsgenossen ebenso große Dienste leisten wie mir früher die geschriebenen Vorbereitungszettel, die seine Unterlage bilden, so werde ich nicht bereuen, dieses vielleicht noch unreife Sorgenkind, den Träger vieler Liebe, Arbeit und Freude, in die Welt hinausgeschickt zu haben.

Grunewald, am Niclasabend 1908.

Hermann Hahn.

Vorrede zur dritten Auflage.

Der Weltkrieg hat unter allen Lehrverfahren der höheren Schulen die physikalischen Schülerversuche am meisten geschädigt. Wo sie wahlfrei waren, da verschwanden sie vielfach aus Mangel an Geld und Lehrkräften. Eine Reihe hervorragender Lehrer, die in den neuen Lehrverfahren gründlich ausgebildet waren, starben den Tod fürs Vaterland. Das waren schwere Schläge für das Verfahren, das eben erst im Aufblühen begriffen war.

Noch schlimmer wirkten die Jahre nach dem Kriege. Zum Wiederaufbau fehlte alles: Lehrer, Geld, Geräte, Räume, Zeit, Erfahrung, aber auch zuweilen Verständnis und guter Wille. Die Preise für Geräte und für Bücher stiegen ins Unbezahlbare. Man sehe z. B. mein Bücherverzeichnis aufmerksam durch. Welche Lücken, wie viele alte Auflagen unentbehrlicher Werke entdeckt man da. Mehr anzuschaffen war undurchführbar.

Die physikalischen Schülerversuche sind keine rein vaterländische Sache. Wie manche Gewerbe, so bedürfen auch sie des Wettbewerbes mit anderen gebildeten Völkern. Doch das geistige Band ist zerrissen zwischen uns und den anderen mit Ausnahme der Amerikaner.

Wenn man auch in den letzten Jahren den Schülerversuchen wieder reichlichere Mittel zur Verfügung gestellt hat, so reichen sie zumeist nur aus, um bei alten Anlagen die Lücken auszufüllen und bei neuen Einrichtungen die ersten Grundlagen zu schaffen.

Unter diesen drangvollen Umständen darf man nicht den Mut verlieren, sondern muß am Wiederaufbau beharrlich weiterarbeiten, bis die erstrebte Vollendung erreicht ist.

Das ganze Buch habe ich sachlich und sprachlich andauernd durchgearbeitet. Die meisten Versuche habe ich selber oft wiederholt oder wiederholen lassen, alle Verbesserungsvorschläge gewissenhaft berücksichtigt, auch alle Mängel und Schwächen, die sich dabei an den Geräten, bei den Verfahren und in den Anleitungen herausstellten, beseitigt oder doch gemildert. Erscheinen auch oft die Änderungen nur unbedeutend, so sind sie doch wertvoll, da sie auf vielseitigen, wiederholten Erfahrungen und Prüfungen beruhen. Herrn Oberstudiendirektor PAUL JOHANNESSON und Herrn Studienrat ARTHUR HECKSCHER danke ich für einige schätzenswerte Verbesserungsvorschläge besonders.

In dem Abschnitt über „Kraft“ habe ich diesen Begriff durch Versuche mit Steinen auf der wagerecht ausgestreckten Hand und auf einer lotrechten Federwage anschaulich erläutert. Im Anschluß daran habe ich das Ändern der Größe und Gestalt fester Körper beim Belasten untersucht und daran die Reiberscheinungen angeschlossen. Die Kräfte, die an einem Körper wirken, habe ich vor den Kräften behandelt, die an einer Stelle angreifen. Bei der Bewegung der Körper habe ich Antrieb und Bewegungsgröße vor Kraft und Masse gestellt. In dem Teil über Schwingen und Wellen habe ich die Schwinggesetze aus den Versuchen unmittelbar abgeleitet und die Drillschwingungen von den einfachen Schwingungen schärfer getrennt. Das Ausdehnen der festen Körper und der Gase durch die Wärme habe ich ausführlicher behandelt.

Um für die neuen Übungen Platz zu schaffen, habe ich eine Reihe von Versuchen und Geräten weggelassen, die entweder sich als nicht brauchbar erwiesen haben oder die man zur Zeit als nicht mehr entwicklungsfähig ansehen darf. Die Tangentenbussole hatte ich schon vor der zweiten Auflage als nicht mehr zeitgemäß durch Strommesser und Spannungsmesser ersetzt, doch die Anleitungen für die Bussole stehen lassen, da ich annahm, daß die Lehrer das bequeme Einschalten der Stromzeiger von selber ausführen würden. In der neuen Auflage habe ich das jetzt überall geändert, doch sind, um das Neuzeichnen von Bildern zu vermeiden, Bussole und der zugehörige Stromwender im Gegensatz zum Text von früher her noch in wenigen Abbildungen erhalten geblieben. Einige Versuche über elektromagnetisches Schwingen und Strahlen habe ich zurückgestellt, da mir einige wichtige Fragen noch nicht schulreif gelöst erscheinen.

Da es manchen Lehrern schwer fällt, für ihre Schüler aus dem Handbuch die richtigen Versuche auszuwählen, habe ich hinter dem Inhaltsverzeichnis eine Zusammenstellung der wichtigsten Versuche eingeschoben.

In den Bezeichnungen habe ich mich wie früher den Vorschlägen des Ausschusses für Einheiten und Formelgrößen angeschlossen. Ehemals bezeichnete dieser Ausschuß die Kraft durch das Zeichen F; zur Zeit ist aber P dafür Brauch. Da, wo in den Bildern früher F gesetzt war, habe ich, um ein Umzeichnen zu vermeiden, auch jetzt im Text F stehen lassen, aber da, wo ich frei war, für die Kraft das Zeichen P gesetzt.

Große Sorgfalt habe ich darauf verwandt, der Sache den Ausdruck besser anzupassen, überhaupt einfacher, klarer und bestimmter zu schreiben. Fremdwörter habe ich soweit wie möglich verdeutscht. Der physikalische Unterricht muß sich der deutschen Sprache bedienen, namentlich mit Rücksicht auf das Verständnis der künftigen Gewerbetreibenden und der Laien, die nur Deutsch verstehen und sonst zu einem Verdeutschungswörterbuch greifen müßten. Das Verdeutschen der Fachsprache kann nicht die Arbeit eines einzelnen sein. Es wäre notwendig, daß die Staatliche Hauptstelle für den naturwissenschaftlichen Unterricht in Verbindung mit dem Allgemeinen deutschen Sprachverein ein kleines Wörterbuch zusammenstellte, das nicht nur Hauptwörter, Eigenschaftswörter, Umstandswörter und Zeitwörter verdeutschte, sondern auch ganze Redensarten und sonstige sprachliche Gebilde.

Im Anhang habe ich in zeitraubender und mühseliger Arbeit das Geräteverzeichnis ganz umgestaltet, so daß auch ein unerfahrener Lehrer eine brauchbare Ausrüstung zusammenstellen kann, wenn er den Auftrag dazu erhalten sollte. Überhaupt ist alles geschehen, um dem Anfänger das schwierige Einarbeiten zu erleichtern.

Beim Prüfen des Satzes hat mein alter Freund Herr Prof. MATTHÉE, jetzt Direktor der Staatlichen Hauptstelle, eine Bogenfolge durchgesehen, außerdem haben die Studienräte, mein Freund und Mitarbeiter Herr Dr. CURT FISCHER und mein Nachfolger in den Lehrgängen, Herr OTTO NIX, mich mit ihrem reichen Wissen und scharfen Urteil beim Lesen der Probebogen treulich unterstützt. Meine Schülerin Fräulein GERTRUD SCHULZENDORF hat für den reinen und richtigen sprachlichen Ausdruck gesorgt, die Druckabzüge gelesen und das Sachverzeichnis angefertigt. Ich danke ihnen allen herzlichst für die treue Hilfe, die bei Herrn Dr. FISCHER und Fräulein SCHULZENDORF um so höher zu schätzen war, als beide leider während des Druckes schwer erkrankten.

Berlin-Halensee, den 1. November 1928.

HERMANN HAHN.

Inhaltsverzeichnis.

Seite

Sechster Teil.

Schall.

(7 Aufgaben.)

Siebenter Teil.

Wärme.

(20 Aufgaben.)

Achter Teil.

Licht.

(25 Aufgaben.)

Neunter Teil.

Magnetismus.

(8 Aufgaben.)

Zehnter Teil.

Galvanismus.

(53 Aufgaben.)

Anhang.

Verzeichnis der wichtigsten Schülerversuche.

1. Teil: Maß und Messen.

Aufgaben: $1 \cdot 2 \cdot 3_3 \cdot 9 \cdot 10 \cdot 13 \cdot 15_2$.

2. Teil: Gleichgewicht und Bewegung der festen Körper.

A. Gleichgewicht der festen Körper.

Aufgaben: $2_1 \cdot 5 \cdot 6 \cdot 8 \cdot 9 \cdot 12 \cdot 13_1 \cdot 14_3 \cdot 16 \cdot 18 \cdot 25_1 \cdot 26_1 \cdot 28 \cdot 33 \cdot 34$.

B. Bewegung der festen Körper.

Aufgaben: $1_{1\,\text{i. u. k}} \cdot 1_2 \cdot 3_2 \cdot 4 \cdot 5 \cdot 6 \cdot 7 \cdot 8 \cdot 9 \cdot 14$.

3. Teil: Flüssigkeiten.

Aufgaben: $1 \cdot 3 \cdot 4 \cdot 8$.

4. Teil: Gase.

Aufgabe: 1_1.

5. Teil: Schwingungen und Wellenbewegungen.

Aufgaben: $2 \cdot 3 \cdot 5 \cdot 7 \cdot 8_1 \cdot 9$.

6. Teil: Schall.

Aufgaben: $1 \cdot 2 \cdot 3 \cdot 5 \cdot 6 \cdot 7$.

7. Teil: Wärme.

Aufgaben: $6 \cdot 8 \cdot 13_2 \cdot 14 \cdot 15 \cdot 16 \cdot 17_2 \cdot 18 \cdot 19 \cdot 20$.

8. Teil: Licht.

Aufgaben: $1 \cdot 2_1 \cdot 3_1 \cdot 5 \cdot 6_2 \cdot 7 \cdot 8_2 \cdot 9 \cdot 10 \cdot 11 \cdot 15 \cdot 16_1 \cdot 17_2 \cdot 20 \cdot 21 \cdot 23 \cdot 24 \cdot 25$.

9. Teil: Magnetismus.

Aufgaben: $2 \cdot 3 \cdot 4 \cdot 5 \cdot 6 \cdot 8$.

10. Teil: Galvanismus.

Aufgaben: $1 \cdot 2_{\text{e}-\text{k}} \cdot 3_{\text{a}-\text{k}} \cdot 5 \cdot 6 \cdot 8$—$10 \cdot 12 \cdot 13 \cdot 15 \cdot 16_1 \cdot 17 \cdot 18 \cdot 19 \cdot 22 \cdot 27 \cdot 29$ oder $31 \cdot 32_3 \cdot 33 \cdot 35 \cdot 38 \cdot 41 \cdot 42 \cdot 44 \cdot 45 \cdot 49 \cdot 50$.

Einleitung.

Die physikalischen Schülerübungen am Dorotheenstädtischen Realgymnasium und in den Lehrgängen der Staatlichen Hauptstelle für den naturwissenschaftlichen Unterricht.

In diesem Buch sind Versuche beschrieben, die ich habe ausführen lassen: in den Schülerübungen am Dorotheenstädtischen Realgymnasium, in den praktischen Kursen für physikalische Schülerübungen im naturwissenschaftlichen Fortbildungsinstitut und in den Lehrgängen der Staatlichen Hauptstelle für den naturwissenschaftlichen Unterricht. Das Buch beruht auf meinen Vorbereitungszetteln und auf Versuchsberichten. Man wird es richtig beurteilen, wenn man die Entwicklung der physikalischen Übungen am Dorotheenstädtischen Realgymnasium, im naturwissenschaftlichen Fortbildungsinstitut und in der Staatlichen Hauptstelle kennt.

Wenn auch bereits vorher an andern Schulen, z. B. am Realgymnasium zu Wiesbaden, am Königstädtischen Realgymnasium zu Berlin, am Askanischen Gymnasium zu Berlin, am Gymnasium zu Gießen usw., physikalische Schülerübungen veranstaltet worden sind, so ist doch in Preußen der beharrlichste Antrieb zum Einführen des neuen Lehrverfahrens vom Dorotheenstädtischen Realgymnasium zu Berlin ausgegangen. Der Bannerträger war der Direktor dieser Schule, der „wirkungsgewaltige" BERNHARD SCHWALBE. Am 16. Dezember 1890 hielt er auf der Versammlung der Gesellschaft Deutscher Naturforscher und Ärzte zu Bremen einen Vortrag „*Über die Ausführung von technischen Exkursionen im Anschluß an den chemischen und physikalischen Unterricht und die Möglichkeit der Einrichtung eines physikalischen praktischen Unterrichts an höheren Schulen*"[1]. SCHWALBE, der stets einen sichern Blick für das zunächst Erreichbare hatte, forderte damals nur die „Ausführung einzelner physikalischer Versuche, um nicht durch den Ausdruck physikalisches Laboratorium oder praktische Übungen in der Physik Mißverständnisse zu erregen". Er trat für wahlfreie Übungen ein, um dem Einwande der Überbürdung vorzubeugen, und empfahl, mit diesem Unterricht in Obersekunda zu beginnen. Die Versuche sollten nur Gegenstände behandeln, die vorher in der Klasse durchgenommen worden waren; auch sollten die Schüler kleinere

---

[1] *Verh. d. Gesellsch. d. Naturf. u. Ärzte, Bremen 1890. Zeitschr. f. d. phys. u. chem. Unterr. 4, S. 209, 1891.*

einfache Geräte selbständig herstellen. Er trat auch dafür ein, die in England und Nordamerika gesammelten Erfahrungen näher zu prüfen und den Versuch zu machen, sie in geeigneter Form für unsre höheren Schulen zu verwerten.

In einem trefflichen Aufsatz: „*Über die Anleitung von Schülern zu physikalischen Versuchen*“ hob dann F. POSKE[1] hervor, daß nach seinen Erfahrungen auch die Schüler der Untersekunda für diese Übungen wohl befähigt seien.

Verhältnismäßig spät, erst im Sommer 1892, richtete SCHWALBE am Dorotheenstädtischen Realgymnasium in Obersekunda und Untersekunda physikalische Schülerübungen ein und übertrug H. BOHN deren Leitung; schon im nächsten Halbjahr dehnte er diese Übungen auf alle Klassen aus, wo Physik unterrichtet wurde. Über die dabei gemachten Erfahrungen berichtete SCHWALBE selbst in seinem heute noch wertvollen, leider zu wenig gelesenen und zuweilen wohl nicht recht verstandenen Aufsatz „*Über praktische Schülerübungen*“[2]. Er wandte sich hier gegen das Arbeiten in gleicher Front: „Zunächst wird man von der Methode absehen müssen, welche in einigen Instituten in Amerika zur Anwendung kommt und jedenfalls eine originelle Seite darbietet, über deren Erfolg man aber nur aus eigner Anschauung ein Urteil gewinnen könnte. Bei uns würde sie in den ganzen Schulorganismus nicht hineinpassen und wegen der erforderlichen Räumlichkeiten und großen Kosten auch versuchsweise nicht angewendet werden können. . . Bei großen Klassen ist sie überhaupt nicht durchführbar.“ Durch POSKE, die Amerikaner und Engländer und die Erfahrungen an seiner eignen Schule beeinflußt, trat er jetzt dafür ein, die physikalischen Übungen schon in der Klasse zu beginnen, wo der physikalische Unterricht anfängt. Er forderte auch, bei den Übungen die Klassenteilung beizubehalten. Er hielt es für durchaus notwendig, messende Versuche anzustellen, doch wandte er sich gegen wissenschaftliche Messungen; wissenschaftliche Genauigkeit könnte und sollte man nicht erreichen. Er meinte, es wäre das beste, die quantitativen und die qualitativen Versuche so zu verteilen, daß ein gewisser Wechsel stattfände.

Am Dorotheenstädtischen Realgymnasium wurden damals bei den Übungen die Geräte benutzt, welche die Unterrichtssammlung enthielt, ferner einige Sammlungen von MEISER & MERTIG und wenige von den Schülern selbst angefertigte Vorrichtungen.

Bei den Übungen wandte man von vornherein, wie auch heute noch, verschiedene Verfahren an. SCHWALBE und seine damaligen Mitarbeiter BEYER, BOHN und SCHIEMENZ führten die ganze Einrichtung als Unterrichtsversuch großen Stils durch und machten so das Dorotheenstädtische Realgymnasium zu einem Versuchsfeld für das neue Lehrverfahren.

Die Übungen waren für die Schüler wahlfrei. SCHWALBES Lebensarbeit war der Kampf um das Anerkennen der Naturwissenschaft als eines

---

[1] *Zeitschr. f. d. phys. u. chem. Unterr. 5, 57, 1891.*
[2] *Zeitschr. f. d. phys. u. chem. Unterr. 6, 161, 1893.*

unentbehrlichen allgemeinen Bildungsmittels. Durfte er es dulden, daß sich einzelne unverständige Schüler von den Übungen ausschlossen, die nach seiner innersten Überzeugung für deren Ausbildung von höchstem Wert waren? SCHWALBE war ein willenskräftiger Mann, dessen Einfluß sich kein Schüler entziehen konnte[1]. Schon im Winter 1892/93 nahmen alle Schüler seiner Klassen an den Übungen teil. Bei SCHWALBE schlummerte aber unter der rauhen Schale ein milder Kern. Das wußten die Schüler, und manche waren darauf bedacht, sich für die Teilnahme an den Übungen anderswo Erleichterungen zu verschaffen. Dadurch und durch einige wohlgemeinte, aber doch verfehlte Zwangsmaßregeln kamen anfangs die Leiter der Übungen mehrfach in recht unerquickliche Lagen. Einen lehrreichen Einblick in diese verborgenen Kämpfe und in die ärgerlichen Schwierigkeiten, die in den ersten Jahren die Übungen bei uns zu überwinden hatten, bietet der oben angeführte Bericht von H. BOHN. Das Endergebnis war jedoch, daß eine Überlieferung geschaffen wurde, der zufolge sich alle Schüler an den Übungen beteiligten[2]. Hierdurch wurde es am Dorotheenstädtischen Realgymnasium möglich zu erproben, wie man unter preußischen Schulverhältnissen den Betrieb verbindlicher physikalischer Übungen gestalten kann.

Der Jahresbericht über das Dorotheenstädtische Realgymnasium für das Schuljahr 1900/1901 enthält über die physikalischen Übungen an dieser Schule einen Gesamtbericht, der von BOHN und mir verfaßt und von SCHWALBE überarbeitet worden war.

SCHWALBES große Verdienste um die physikalischen Übungen sind unbestreitbar; doch hat auch er Versehen begangen, woraus man noch heute viel lernen kann. SCHWALBE lehnte es zwar entschieden ab, die Arbeitsweise der Universität auf die Schule zu übertragen, doch konnte er sich gegen seinen Willen, und ohne sich dessen bewußt zu werden, davon nicht ganz freimachen. An der Hochschule folgte auf die Vorlesung das Praktikum und an seiner Schule auf den Klassenunterricht die Übung. Auch in der Auswahl der Aufgaben spürt man den Einfluß des „kleinen Praktikums" seines Schwagers AUGUST KUNDT. Sein Hauptfehler aber war, daß er es unterließ, für die Übungen besondere Geräte zu beschaffen. Das Benutzen der Demonstrationsapparate führte, auch wenn diese mit Teilungen versehen waren, zu einem allzustarken Anlehnen der Übungen an die Schauversuche. Im Bau geeigneter Vorrichtungen und im Ausarbeiten der Versuche, die damit anzustellen sind, hat unvergleichlich mehr geleistet KARL NOACK, der neben BERNHARD SCHWALBE an erster Stelle den Schülerübungen bei uns zur Anerkennung verholfen hat. Wir ständen wohl heute in den Schülerübungen auf einer höhern Stufe als die Amerikaner und Engländer, wenn SCHWALBE seine ursprüngliche Absicht durchgeführt hätte, deren Versuche und Geräte näher zu prüfen.

---

[1] POSKE, F.: *Bernhard Schwalbe, S. 9.* BOHN, H.: *Zeitschr. f. d. phys. u. chem. Unterr. 12, 91, 1899.*

[2] Die Schüler der Untersekunda jedoch, die mehr als zwei Halbjahre dieser Klasse angehörten und die Anstalt mit dem Berechtigungsschein verlassen wollten, durften nur auf besondern Wunsch an den Übungen teilnehmen.

Die beiden besten Werke, die es zu seiner Zeit gab, WORTHINGTONS *First Course* und HALLS *Descriptive List*, hatte er in Händen. Warum benutzte er diese ausgezeichneten Vorarbeiten nur gelegentlich? Es fehlte ihm der richtige Mechaniker, und er überschätzte daher stark die Kosten einer solchen Prüfung.

SCHWALBE hatte selber seine Mitarbeiter bei den Übungen zu Lehrern herangebildet; nur ich gehörte einer andern Schule an. Ich hatte meine Vorbildung im Institut zur Ausbildung von Lehrern der Mathematik erhalten, das mit dem Friedrich Wilhelms-Gymnasium zu Berlin verbunden war und das KARL SCHELLBACH leitete. Der große Schweiger SCHELLBACH pflegte mit einem Satz mehr zu sagen als andre in einer langen Rede. In einer Pause — diese Zeit genügte für unsre Seminarsitzungen — hatte uns SCHELLBACH auf das damals beginnende amerikanische Bestreben, den physikalischen Unterricht umzugestalten, mit den wenigen Worten hingewiesen: „In den amerikanischen Schulen wollen sie jetzt sogar Erfinder großziehn.“ SCHELLBACH war damals bereits viel zu betagt, um sich mit dieser Frage noch eingehend beschäftigen zu können. Mich aber hatte diese kurze Bemerkung, die halb anerkennend, halb ablehnend gemeint war, stark angeregt, und als mich SCHWALBE 1900 an seine Anstalt berief, brachte ich nicht nur die Überlieferungen der SCHELLBACHschen Schule mit, sondern auch eine nahezu vollständige Kenntnis der amerikanischen und englischen Schriften über Schülerübungen. Als ich damals SCHWALBE fragte, nach welchem Verfahren ich die physikalischen Übungen leiten sollte, erwiderte er mir: „Machen Sie es so, wie Sie es für am besten halten.“ Diese schwierige Anweisung entsprach durchaus SCHWALBES Ansichten über das künftige Entwickeln der Schülerübungen: „Aber nur, wenn die Sache von vielen Seiten angegriffen wird, und wenn die gesammelten Erfahrungen und Anschauungen ausgetauscht werden, ist Aussicht auf dauernden Bestand vorhanden[1].“

Jeder Schellbachianer mußte sofort erkennen: das im Auslande vielfach angewandte Verfahren des Arbeitens in gleicher Front war in seinem Wesen nichts andres als ein folgerichtiges Übertragen des SCHELLBACHschen Lehrverfahrens vom mathematischen auf den physikalischen Unterricht. Es war zu erwarten: jenes Verfahren würde auch bei uns zu denselben Erfolgen wie im Auslande führen, wenn unsre Schüler bei den physikalischen Übungen mit der gleichen Geschwindigkeit arbeiteten und die Kosten für die erforderlichen Einrichtungen auch bei uns erschwinglich wären. Da ein so hervorragender Physiklehrer wie SCHWALBE erklärt hatte, daß jene Arbeitsweise an unsern Schulen undurchführbar sei, so war bei ihrem Prüfen mit großer Vorsicht vorzugehn.

Zunächst ließ ich, ohne an den seitherigen Arbeitsweisen etwas zu ändern, einzelne amerikanische und englische Versuche anstellen, die mit den vorhandenen oder mit leicht selbst herzustellenden Geräten ausführbar waren. Es zeigte sich: diese Versuche waren mit wenigen Ausnahmen auch bei uns mit gutem Erfolg verwertbar.

[1] *Zeitschr. f. d. phys. u. chem. Unterr. 6, 163, 1893.*

Ferner ließ ich planmäßig die Schüler auch schwierigere Geräte selbständig bauen: Diese Übungen bewährten sich nicht. Die Schüler fertigten zwar mit viel Vergnügen und Geschick ganz brauchbare Vorrichtungen an, doch war der Aufwand an Zeit zu groß und der Gewinn an physikalischer Bildung zu klein. Später ließ ich die Schüler nur noch einfache Geräte selbst herstellen, doch mußten sie stets alle Vorrichtungen selbständig aufbauen und zurichten.

Ein Schuljahr war 20 v. H. der Zeit, die aufs physikalische Ausbilden eines Schülers verwandt wurde, und es war mehr als 3 v. H. der Zeit, in der durchschnittlich ein Lehrer Physik unterrichten konnte. Die Lehrverfahren ändern sich bei uns zuweilen so langsam, daß ein gesundes, gleichmäßiges Fortentwickeln gefährdet wird und wir später gezwungen werden, Rückständigkeiten durch mühevolles sprungweises Vorgehen zu überwinden. Zum raschen Aufklären der Sachlage unternahm ich daher mit meinen Schülern einen verwegenen Schulstreifzug: Er glückte. Im Jahre 1901 ging ich zu Übungen in gleicher Front über. Es ist zwar am Dorotheenstädtischen Realgymnasium im chemischen und physikalischen Unterricht Herkommen, daß die Lehrer alle Kräfte rücksichtslos bis zur vollen Erschöpfung einsetzen, doch waren, da weder ausreichende Arbeitsräume noch die erforderlichen Geräte zur Verfügung standen, die Arbeiten und Sorgen bei diesem gewagten Vorgehen so groß, daß ich heute, wo die Sache hinter mir liegt, es nicht noch einmal unternehmen möchte, etwas Ähnliches auszuführen, trotz des großen Reizes, den ein solches durch seinen ungewissen Erfolg aufregendes Wagnis ausübt[1].

Ich ließ bei den Übungen in gleicher Front Aufgaben behandeln, deren Stoff ich im Schauunterricht noch nicht in der üblichen Weise durchgenommen hatte. In großen Klassen übten die Schüler alle 14 Tage, und es lag mithin eine zu große Zeitspanne zwischen dem Versuch und dem nachfolgenden Auswerten in der Klasse. In kleinen Klassen, deren Schüler alle acht Tage arbeiteten, war diese Schwierigkeit erheblich geringer. Die erforderlichen Geräte wurden aus den großen Beständen an Verbrauchstoffen hergestellt, die am Dorotheenstädtischen Realgymnasium für die damals dort bestehenden Lehrgänge zum Einüben von Versuchen vorhanden waren. Da ich aber das neue Verfahren gleichzeitig in drei Klassen durchführte, machte mir das Beschaffen der erforderlichen Geräte und das Anpassen der Aufgaben und Geräte aneinander sehr große Sorgen. Die Sache war angefangen, zurück konnte und mochte ich nicht, also hieß es: „durch!". Ließ sich mit unsern Stegreifgeräten kein messender Versuch durchsetzen, dann machten wir einen die Art erkundenden Versuch. Trotz allen Schwierigkeiten waren

---

[1] Die Forderungen, die ich in meinem Breslauer Vortrag auf Grund harter Erfahrungen freimütig aufgestellt hatte, erregten anfangs Verwunderung, die inzwischen anscheinend geschwunden ist, und sie wurden zuweilen mit Unrecht und ohne die erforderliche Erfahrung abgelehnt. Kaiser, W.: *Physik. Schülerübungen 2*, übersah, daß die Übungen 18 Jahre lang am Dorotheenstädtischen Realgymnasium ohne besonderen Arbeitsraum ausgeführt wurden.

die Ergebnisse recht befriedigend. Ich konnte feststellen, und das war die Hauptsache, daß die Schüler derselben Klasse[1] nahezu mit gleicher Geschwindigkeit arbeiteten, und zwar ebenso schnell wie ihre amerikanischen und englischen Altersgenossen. Es wurden zugleich bei diesem Unterrichtsversuch Lehrgänge von CREW-TATNALL, GLAZEBROOK, GREGORY-SIMMONS, HADLEY, NICHOLS-SMITH-TURTON, SCHUSTER-LEES, WATSON, WHITING, WORTHINGTON u. a. ganz oder teilweise auf ihre Verwertbarkeit in deutschen Schulen geprüft.

Nach diesen ermutigenden Vorversuchen ging ich zum endgültigen Bau besonderer Geräte für Schülerübungen in gleicher Front über. Hier hatte ich das Glück, in F. A. HINTZE einen Mechaniker zu finden, der den neuen Aufgaben vollkommen gewachsen war. Ich fertigte zunächst für das zu behandelnde Gebiet einen Arbeitsplan an, d. h. ein Verzeichnis der Aufgaben, die ich im Lehrgange lösen wollte. Dann stellte ich alle Geräteformen zusammen, die man bis dahin für diese Zwecke ersonnen hatte, und entwarf, wo es mir nötig schien, so viel neue Vorrichtungen, als mir einfielen. Hierauf besprach ich mit HINTZE alle diese Formen und ihre notwendigen oder wünschenswerten Umänderungen. War keine der Formen zu gebrauchen, so entwarfen wir neue, die nach unsrer Meinung am besten den Bedürfnissen der Schule und der Leistungsfähigkeit der Werkstatt entsprachen. Wir erstrebten dabei folgende Ziele: Die Geräte sollten möglichst einfach, handfest und billig sein und ausreichend genaue Ergebnisse liefern. Die wesentlichen Teile sollten mit großer Sorgfalt hergestellt und auf die unwesentlichen Teile keinerlei überflüssige Arbeit verschwendet werden. Leider lieben manche Fachgenossen die teurern, schrankzierenden Geräte, deren Oberflächen gebeizt, gelackt usw. sind, mehr als meine schlichten Arbeitsvorrichtungen, und die Hersteller führen wegen der schönen und saubern Lagerhaltung diese überflüssigen Arbeiten gern aus.

Über die Erfahrungen, die ich während der ersten drei Jahre gesammelt hatte, habe ich am 2. Juni 1903 auf der Hauptversammlung des Vereins zur Förderung des Unterrichts in der Mathematik und den Naturwissenschaften zu Breslau berichtet[2].

Beim Arbeiten in gleicher Front stellte es sich bald als unzweckmäßig heraus, die Übstunden vom übrigen Physikunterricht getrennt abzuhalten; vielmehr erwies es sich bereits im Winter 1903/1904 als ein bedeutender Fortschritt, die Übungen und den Schauunterricht miteinander zu verweben[3].

[1] Die Arbeitsgeschwindigkeiten eines Untertertianers und eines Oberprimaners sind erheblich verschieden.

[2] Ein kurzer Auszug ist in den *Unterrichtsbl. f. Mathematik u. Naturwissenschaften 9, 108, 1903* erschienen. Der vollständige Abdruck dieses Vortrags bildet den ersten Teil meines Aufsatzes: *Wie sind die physikalischen Schülerübungen praktisch zu gestalten? Abhandl. z. Didaktik u. Philosophie d. Naturwissenschaft 1, 269 (Heft 4)*. Der Aufsatz wurde im April 1904 gesetzt, das Heft erschien im Herbst 1904, trägt aber die Jahreszahl 1905 und der Band die Jahreszahl 1906. Das Heft ist einzeln käuflich. Vgl. auch HAHN, HERMANN: *Physik. Arbeitsunterricht* in R. JAHNKE u. F. BEHREND, *Handb. f. höh. Schulen, 1927.*

[3] *Zeitschr. f. d. phys. u. chem. Unterr. 17, 73, 1904 u. 21, 73, 1908.*

Ferner zeigte es sich, daß der physikalische Unterricht mit eingewobenen Übungen fast ebenso rasch wie der reine Schauunterricht fortschreiten kann, wenn man in geeigneten Fällen das Verfahren des allseitigen Angriffs anwendet, d. h. die Hauptaufgabe in Teilaufgaben zerlegt, die man von verschiedenen Schülern gleichzeitig lösen läßt[1]. In den „Bemerkungen" dieses Buchs ist überall darauf hingewiesen, wo sich dieses Verfahren empfiehlt.

Das Aufstellen der Aufgaben für die physikalischen Schülerversuche, die mit dem Schauunterricht verwoben sind, verlangt das Umformen des gesamten physikalischen Lehrstoffs in Grundfragen (Probleme) und das Aufsuchen der besten Reihenfolge dieser Fragen. Daher sind die Ausführungen von F. Poske *„Über Grundfragen des physikalischen Unterrichts"*[2], die man leider immer noch viel zu wenig beachtet, für die Schülerversuche von grundlegender Bedeutung[3].

Das vorliegende Buch bringt die Übaufgaben keineswegs in der „besten Reihenfolge" für den Unterricht, sondern in der Anordnung, wie sie in den Arbeitsplänen meiner Lehrgänge in der Staatlichen Hauptstelle für den naturwissenschaftlichen Unterricht aufeinanderfolgten.

Ich zerlegte später beim fortschreitenden Unterricht so gut, wie ich es eben konnte, den physikalischen Lehrstoff in Grundaufgaben und behandelte diese Fragen in drei Stufen: in dem Aufstellen, dem Lösen und dem Auswerten[4].

Beim Aufstellen der Grundaufgabe suchte ich durch Fragen aus den Schülern ihre Erfahrungen und Gedanken herauszulocken. Das vorhandene Wissen ergänzte und klärte ich, der Art nach, durch Versuche (zumeist Freihandversuche). Diese führte ich selber vor oder ließ sie einen Schüler anstellen, oder alle Schüler führten sie gleichzeitig als Übung aus. Von diesen Vorübungen habe ich nur wenige in dieses Buch aufgenommen. Ich ließ dabei, um die Tatsachen beschreiben zu können, vorläufige Begriffe bilden, dann zwischen diesen Begriffen und den Tatsachen und zwischen den Begriffen untereinander die Beziehungen erörtern, die nach den Beobachtungen zulässig und annehmbar sind, und schließlich unter starkem Betonen der besten Annahmen die Grundfrage aufstellen. Nach dieser Fragestellung regte ich die Schüler an, sich Versuche und Geräte auszudenken, die zum Lösen der Frage führen können. Wollte ich dieses durch Schülerversuche herbeiführen, so ließ ich einen bestimmten Versuchsgang, wie er in den Anleitungen dieses Buchs enthalten ist, als voraussichtlich zweckmäßigen Weg

---

[1] *Zeitschr. f. d. phys. u. chem. Unterr. 21, 73, 1908.*

[2] *Unterrichtsbl. f. Mathem. u. Naturw. 7, 46, 1901.*

[3] Hahn, H.: *Die Lehraufgaben d. phys. u. chem. Unterr. an den höheren Schulen Frankreichs. Wissenschaftl. Beilage zum Jahresber. d. Dorotheenstädt. Realgymn. Ostern 1906. S. 16.*

[4] *Zeitschr. f. d. phys. u. chem. Unterr. 21, 56, 1908. Zeitschr. f. d. phys. u. chem. Unterr. 31, 46, 1918.* Hahn, H.: *Die Starre. Mitteilungen der Preußischen Hauptstelle für den naturwissenschaftlichen Unterricht. Heft 4, S. 76. 1920.* Hahn, H.: *Physik. Arbeitsunterricht* in R. Jahnke u. F. Behrend, *Handb. f. höh. Schulen, 1927.*

herausarbeiten. Dem eigentlichen Versuch ging stets ein Gedankenversuch voraus. Auf dieser Vorstufe kommt es vor allem darauf an, Lust und Aufmerksamkeit der Schüler kräftig zu erregen und ihrem Denken und Willen eine bestimmte Richtung zu geben.

Das Lösen der Grundaufgabe schritt von der Annahme zum Gesetz fort und erfolgte zuweilen durch eine rein geistige Betrachtung, manchmal aber auch durch einen Versuch, den ich ausführte oder einen Schüler vor der Klasse anstellen ließ, oder, wo es durchführbar war, durch eine Hauptübung, welche die Schüler zum Auffinden des vermuteten Gesetzes hinleitete. Solche Übungen bilden den wesentlichen Inhalt dieses Buchs.

Auf der letzten Stufe, beim Auswerten der Grundaufgabe, ließ ich die Schüler die Begriffe und Gesetze scharf fassen, Folgerungen daraus ziehen und Anwendungen davon suchen. Auch hier sind zuweilen Schauversuche und Schülerversuche nötig (Nachübungen, wie Bestimmen fester Werte, Bestätigen von Schlüssen usw.).

Bei diesem hier kurz angedeuteten Lehrbetriebe hat der Lehrer möglichst zurückzutreten; überall ist der Schüler zur Selbsttätigkeit und Selbsthilfe anzuspornen. Auch die Schauversuche soll, wo es irgendwie geht, ein geschickter Schüler ausführen. Was ein Schüler in seinem Lehrbuch oder in einem ihm sonst zugänglich gemachten Hilfsmittel, wie Kohlrausch usw., selbst finden kann, darf ihm der Lehrer nicht sagen. Kommt ein Schüler nicht zum Ziel, so hat ihm zunächst ein Mitschüler zu helfen und erst an letzter Stelle der Lehrer. Einen glänzenden Abschluß erhält das Lösen der Grundfrage im Hervorheben ihrer Bedeutung für Wissenschaft und Menschheit. Hier hat sich der Lehrer als ein Mann von umfassender und tiefer Bildung zu offenbaren und seine Schüler mit hoher Begeisterung für seine Wissenschaft zu erfüllen. Neben dem Aufstellen der Grundfrage ist das Auswerten der schwerste, aber auch schönste Teil des Lehrverfahrens. Jeder Lehrer, der seinen Unterricht in Grundfragen zerlegt, wird nicht selten beim versuchten Auswerten mit schrecklicher Klarheit erkennen, welchen Tand die einheitlichen und wohlgeordneten Lehrgänge mit der Zeit in unsern Schulbüchern aufgehäuft haben.

Die Schülerübungen im hier geschilderten Sinn sind keine neue Lehraufgabe, wofür man sie vielfach gehalten hat, sie stellen vielmehr ein neues Lehrverfahren dar. Beim Gerätebeschaffen bedeutet dies ein wesentliches Vermindern der Ausgaben für Schaugeräte, zumal da an Stelle der Schauversuche vielfach auch Freihandversuche treten können. Dies Lehrverfahren, das die wahlfreien Schülerübungen ausschließt, läßt sich an den preußischen höheren Schulen ohne weiters durchführen, wenn man, wie am Dorotheenstädtischen Realgymnasium, den Stundenplan so gestaltet, daß einmal in jeder Woche zwei Stunden aufeinanderfolgen, wenn man Arbeitsräume einrichtet und allmählich die erforderlichen Geräte anschafft. Klassen mit mehr als 20 Schülern sind dabei zu teilen. An kleinern Schulen ist das neue physikalische Lehrverfahren leichter durchführbar als an ungesunden Riesenanstalten, die auch sonst immer weniger mit den Bedürfnissen des Unterrichts zu vereinen sind.

Die Zeit- und die Kostenfrage der physikalischen Schülerübungen habe ich eingehend in einem Vortrag behandelt, den ich am 29. September 1909 zu Graz auf der fünfzigsten Versammlung Deutscher Philologen und Schulmänner gehalten habe[1].

Es sind noch einige Worte zu sagen über das frühere naturwissenschaftliche Fortbildungsinstitut für Lehrer höherer Schulen und die jetzige Hauptstelle für den naturwissenschaftlichen Unterricht. Die werktätigen Lehrgänge jener Anstalt hat das Preußische Kultusministerium im Sommer 1899 eingerichtet und ihre Leitung BERNHARD SCHWALBE und OTTO VOGEL übertragen[2]. Die Lehrgänge dienten zum werktätigen Ausbilden und Weiterbilden der Lehrer für den naturwissenschaftlichen Unterricht an den höhern Schulen Großberlins und wurden hauptsächlich von Seminarkandidaten und Probekandidaten, aber auch, was sehr erfreulich war, von Oberlehrern, Professoren und Direktoren besucht.

Jene Anstalt, die nach SCHWALBEs Tod unter der Oberleitung des Geheimen Regierungsrats Dr. OTTO VOGEL stand und dem Provinzial-Schulkollegium unterstellt war, zerfiel 1912 in folgende Lehrgänge: 1. Zoologie (Leiter: Prof. Dr. RÖSELER). 2. Botanik (Prof. Dr. KOLKWITZ). 3. Physik a) Schauversuche (Prof. BOHN) und b) Schülerübungen (Prof. HAHN und Dr. C. FISCHER). 4. Chemie (Prof. Dr. BÖTTGER). 5. Mineralogie (Prof. Dr. BÖTTGER). 6. Erdkunde (Prof. Dr. LAMPE). 7. Darstellende Geometrie. 8. Übungen in der Mechanischen Werkstatt (Mechaniker und Optiker HINTZE).

Ursprünglich bestand nur ein einheitlicher physikalischer Lehrgang, wo Übungen in Schauversuchen stattfanden. Geheimrat VOGEL, der schon in den achtziger Jahren des vorigen Jahrhunderts am Königstädtischen Realgymnasium physikalische Schülerübungen eingerichtet hatte, sah mit weitem Blick das starke Ausbreiten dieses neuen Lehrverfahrens voraus und veranlaßte bereits im Winter 1902/03, daß die Teilnehmer am physikalischen Lehrgang auch im Leiten von Schülerübungen ausgebildet wurden. Die Teilnehmer an dem Lehrgange bildeten von nun an zwei Gruppen. Die eine Abteilung machte während der einen Hälfte des Lehrganges bei Prof. BOHN Schauversuche, während die andre Abteilung bei mir Versuche ausführte, die für Schülerübungen geeignet waren. In der Mitte des Lehrganges wechselten beide Gruppen mit ihren Übungen. Jedoch stellte sich bald heraus, daß bei dieser Arbeitsteilung die Ausbildezeit für jedes Verfahren zu kurz war, daher wurden im Sommer 1907 beide physikalischen Lehrgänge vollständig voneinander getrennt.

[1] HAHN, H.: *Die Zeit- und Kostenfrage der physikalischen Schülerübungen. Leipzig, Quelle & Meyer, 1910.* HAHN, H.: *Physik. Arbeitsunterricht* in R. JAHNKE und F. BEHREND, *Handb. f. höh. Schulen, 1927.*

[2] SCHWALBE, B.: *Über praktische Kurse zur Vorbildung und Weiterbildung der Lehrer der Naturwissenschaften. Zeitschr. f. d. phys. u. chem. Unterr. 12, 319, 1899. Bericht über die Tätigkeit der Königlich Preußischen Hauptstelle für den naturwissenschaftlichen Unterricht für die Zeit vom 1. Okt. 1914 bis zum 1. Okt. 1916. S. 7—18.*

Mit den werktätigen Lehrgängen des naturwissenschaftlichen Fortbildungsinstituts in der Alten Urania war eng verbunden der Naturwissenschaftliche Ferienkursus für Lehrer höherer Schulen, den das Kultusministerium jeden Herbst zu Berlin veranstaltete. Auch hier ließ Geheimrat VOGEL später durch mich Lehrgänge im Leiten physikalischer Schülerversuche abhalten.

Auf Anregung des Geheimrats VOGEL habe ich 1903 untersucht, wie die Arbeitsräume für Schülerübungen einzurichten und auszustatten seien, um ein klares Bild der Kosten zu gewinnen, welche die äußern Einrichtungen für Schülerversuche verursachen. Diese Ausarbeitung bildet den zweiten Teil meiner Abhandlung: „*Wie sind die physikalischen Schülerübungen praktisch zu gestalten?*“[1] Nach den dort gemachten Vorschlägen ließ Geheimrat VOGEL im Winter 1905/06 durch mich die Arbeitsräume für Schülerübungen in der naturwissenschaftlichen Fortbildungsanstalt einrichten. Auch den Übraum des Dorotheenstädtischen Realgymnasiums habe ich 1910 auf Grund dieser Abhandlung eingerichtet.

Am 1. Oktober 1914 vereinigte der Kultusminister VON TROTT ZU SOLZ das Naturwissenschaftliche Fortbildungsinstitut und den Naturwissenschaftlichen Ferienlehrgang für Lehrer höherer Schulen zu Berlin mit der neu errichteten Zentralstelle für den naturwissenschaftlichen Unterricht. Diese führt seit dem 29. November 1916 durch Ministerialerlaß den Namen Königliche Hauptstelle für den naturwissenschaftlichen Unterricht. Herr Geheimer Oberregierungsrat Dr. J. NORRENBERG hat in seinem trefflichen Aufsatz über *die Begründung der Hauptstelle für den naturwissenschaftlichen Unterricht*[2] die andauernde Fürsorge des Preußischen Staats für das zeitgemäße Fortbilden der naturwissenschaftlichen Lehrer ausführlich dargelegt. Seit 1914 gehören die Lehrgänge für die physikalischen Schülerversuche zu den Veranstaltungen der Staatlichen Hauptstelle. Diese Anstalt leitet jetzt Herr Direktor HANS MATTHÉE. Sie ist dem Ministerium für Wissenschaft, Kunst und Volksbildung angegliedert. Die ganz besondere Fürsorge, die jetzt Herr Ministerialrat Professor Dr. METZNER der Hauptstelle widmet, fördert kräftig ihre Entwicklung und Bedeutung.

---

[1] *Berlin: Julius Springer, 1905 (2 M.).*

[2] *Bericht über die Tätigkeit der Königlich Preußischen Hauptstelle für den naturwissenschaftlichen Unterricht für die Zeit vom 1. Oktober 1914 bis zum 1. Oktober 1916, S. 7—18. Leipzig, Quelle & Meyer, 1917.*

Erster Teil.

Maße und Messen.

I. Raum und Gestalt.

1. Aufgabe. *Wie groß ist der Raum des vorgelegten Holzstabes von rechteckigem Querschnitt?*

(1 Schüler, 2 Stunden.)

Geräte. Nadeln.
Paraffinierter Holzklotz (5 cm × 4 cm × 2,5 cm).
Meterstab.

Anleitung. **a)** Stich in ein Blatt deines Hefts mit einer Nadel zwei feine Löcher, lege längs der Geraden, die durch die Stiche bestimmt wird, den Maßstab mit der Teilung nach oben, drehe das Heft so, daß der Maßstab gut beleuchtet wird, und miß den Abstand der beiden Löcher in Zentimeter unter Abschätzen der Zehntelmillimeter.

b) Stelle den Maßstab auf die hohe Kante, so daß die Teilung lotrecht steht und die untern Enden der Teilstriche aufs Papier stoßen, und miß nochmals den Abstand der beiden Stiche in Zentimeter unter Abschätzen der Zehntelmillimeter. Stimmen die Ergebnisse beider Messungen genau überein? Wie groß dürfte die Abweichung höchstens sein? Welche Messung ist genauer? *Parallaxe.*

c) Schreibe die Nummer auf, womit dein Holzklotz bezeichnet ist, und auch die Nummer deines Maßstabes.

d) Bezeichne, wenn es noch nicht geschehen ist, wie in Abb. 1, die Kanten des Körpers mit Buchstaben.

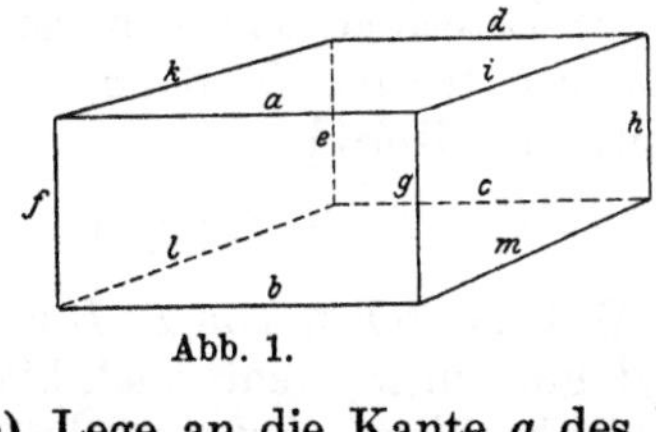

Abb. 1.

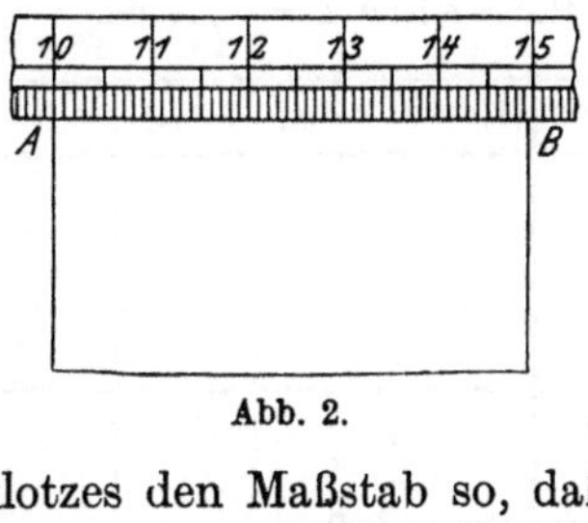

Abb. 2.

e) Lege an die Kante *a* des Holzklotzes den Maßstab so, daß die geteilte Kante des Maßstabes mit dem zu messenden Rande zusammenfällt und der Teilstrich 10 genau über der Ecke *A* (Abb. 2) liegt, und lies ab, welcher Millimeterstrich zwischen A und *B* am nächsten bei *B* liegt. Schätze ab, wieviel Zehntel eines Millimeters man noch zu der abgelesenen Länge hinzufügen muß, damit die Strecke des Maßstabes möglichst genau mit der Strecke AB übereinstimmt. Beim Schätzen der Zehntel teilt man den Raum zwischen den Mitten der Teilstriche und nicht den Raum zwischen den benachbarten Rändern der Striche in Zehntel. Versäume beim sorgfältigen Schätzen der Zehntelmillimeter nicht das richtige Ablesen der Zentimeter und Millimeter. Schreibe die Länge von a in Zentimeter, Millimeter und Zehntelmillimeter mit der Benennung cm und unter Setzen des Dezimalkommas auf.

f) Bringe mit A einen andern Teilstrich (z. B. 50) zum Decken, miß wiederum die Länge a und schreibe sie auch auf.

g) Laß mit A einen dritten Teilstrich, sagen wir 30, zusammenfallen, miß zum dritten Mal die Länge a und schreibe sie ebenfalls auf.

h) Nimm aus den drei gemessenen Werten a das Mittel. Dieses sieht man als die annehmbarste Länge a an. Welche Stelle nach dem Beistrich ist bei jeder einzelnen Messung infolge des Schätzens nicht ganz genau? Wieviel Stellen darf man daher beim Bilden des Mittels nur beibehalten?

i) Miß ebenso die Längen der Kanten b, c und d, die mit a gleichlaufend sind. Nimm das Hauptmittel aus den Mittelwerten von a, b, c und d; es liefert die annehmbarste Länge L des Holzklotzes.

k) Ermittle ebenso durch Messen von e, f, g und h die Höhe H des Holzklotzes und durch Messen von i, k, l und m seine Breite B.

l) Schreibe die Ergebnisse der Messungen in folgender Weise auf:

.... klotz Nr. ... Maßstab Nr. ...

Messung	a [cm]	b [cm]	c [cm]	d [cm]
1				
2				
3				
Summe Mittel				

Hauptmittel $L =$ .... cm.

Messung	e [cm]	f [cm]	g [cm]	h [cm]
1				
2				
3				
Summe Mittel				

Hauptmittel $H =$ .... cm.

Messung	i [cm]	k [cm]	l [cm]	m [cm]
1				
2				
3				
Summe Mittel				

Hauptmittel $B =$ .... cm.

m) Berechne aus den so gefundenen Werten L, B und H den Raum des Holzklotzes

$$V = L \cdot B \cdot H\ [\mathrm{cm}^3].$$

Welche Stellen von L, B und H sind mit einem, wenn auch kleinen Fehler behaftet? Auf wieviel Stellen ist also die Maßzahl von V genau, und wieviel Stellen darf man deshalb nur beibehalten? *Abgekürztes Vervielfachen.*

n) Zeichne den Grundriß, den Aufriß und den Seitenriß des Holzklotzes und trage die Maße ein.

Bemerkungen. Der Maßstab ist aus Ahornholz, 1 m lang und in Millimeter geteilt. Gute Maßstäbe liefern WICHMANN, GEBR.: Berlin NW 6, Karlstraße 13 und SCHUCHARDT & SCHÜTTE: Berlin C, Spandauer Straße 28/29. Der Holzklotz ist mit sehr heißem Paraffin durchtränkt und dessen Überschuß nach dem Erkalten weggeschabt. Vgl. HAHN: *Freihandversuche Bd.* 1^2, *S. 14.* Man kann auch Stäbe aus Hartgummi, Marmor oder Aluminium verwenden, doch muß sich ihre Masse noch mit den vorhandenen Wagen bestimmen lassen.

Man erläutere eingehend durch eine Zeichnung den aus dem Abweichen, der Parallaxe, stammenden Fehler. Sind die Ecken des Klotzes bereits stark beschädigt, so lasse man den Maßstab wie in Abb. 3 anlegen. Man achte darauf, daß die Schüler auf die Maßstäbe keine Striche oder sonstigen Marken machen.

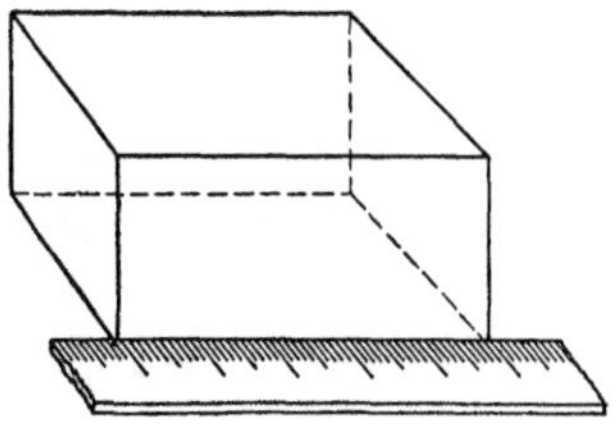
Abb. 3.

Diese Übung erfordert das gewissenhafteste Überwachen. Der Lehrer überzeuge sich, daß jeder Schüler den Maßstab richtig handhabt und auch das hinschreibt, was er abgelesen hat. Der mathematische Unterricht hat dem Geiste des Schülers den Begriff eines gedachten Quaders fest eingeprägt. Der Schüler sucht dieses geistige Bild in die Wirklichkeit zu übertragen und hält sich durchaus für berechtigt, nicht das aufzuschreiben, was er gemessen hat, sondern das, was er nach seinen mathematischen Kenntnissen hätte finden müssen. Hier soll der Lehrer den Schüler zum unbedingten Unterwerfen unter die Tatsachen der Wirklichkeit erziehen. Er weise auf den Unterschied hin zwischen dem streng richtigen Körper, den er beim Tischler bestellt hat, und der groben Verwirklichung, die dieser geliefert hat. Oberflächliche Schüler sind anfangs geneigt, aus der Fehlerhaftigkeit jeder physikalischen Messung eine Berechtigung zu liederlichem Rechnen abzuleiten; sie vernachlässigen die Zehntelmillimeter, ja sogar die ganzen Millimeter. Man halte streng darauf, daß die Schüler so scharf rechnen, wie dies bei der erreichten Genauigkeit der Messung vernünftig ist. Man benutze im physikalischen Unterricht jede Gelegenheit, die Schüler im abgekürzten Rechnen zu üben. Sie sind uns später dafür recht dankbar. Über das Berechnen des Fehlers und über den Einfluß der Beobachtungsfehler auf das Ergebnis vgl. BERNDT: *Physik. Praktikum Bd.* 1^3, *S. 4 u. 8.*

2. Aufgabe. *Wie sind die Rechenstäbe eingerichtet, und wie benutzt man sie?*

(1 Schüler, 1 Stunde.)

Quellen. ABRAHAM *1, 57 Nr. 10.* CREW-TATNALL *31 Nr. 15.* JOHN PERRY, *Practical Mathematics*[1] *9 Nr. 14.*

Geräte. Millimeterpapier. Schere. Rechenstab aus Steifpapier. | Reißnägel. Spitzer harter Bleistift. Dreieck.

Anleitung. a) Wie groß ist das Vielfache $4{,}93 \times 2{,}51$? Es ist

log 4,93	0,6928
log 2,51	0,3997
log 4,93 × 2,51	1,0925

$$4{,}93 \times 2{,}51 = 12{,}373.$$

Hierbei ist das Vervielfachen aufs Zusammenzählen zurückgeführt; dies läßt sich aber auf viele Weisen handwerksmäßig ausführen. Man könnte auf einem Streifen Millimeterpapier (Abb. 4) am untern Rande $AB = 69{,}28$ cm und auf einem andern Streifen am obern Rande BC

= 39,97 cm abtragen und beide Streifen so aneinanderfügen, daß man die Summe 109,25 cm ablesen kann. Ähnlich ist der Rechenstab eingerichtet, nur ist er anders beziffert. Hier sind an die Enden der Strekken, welche die Bruchstellen der Logarithmen darstellen, statt der Vielfachen der Bruchstellen die Vielfachen ihrer Numeri geschrieben. Ein Rechenstab hat also nicht die in Abb. 4, sondern die in Abb. 5 abgebildete Bezifferung.

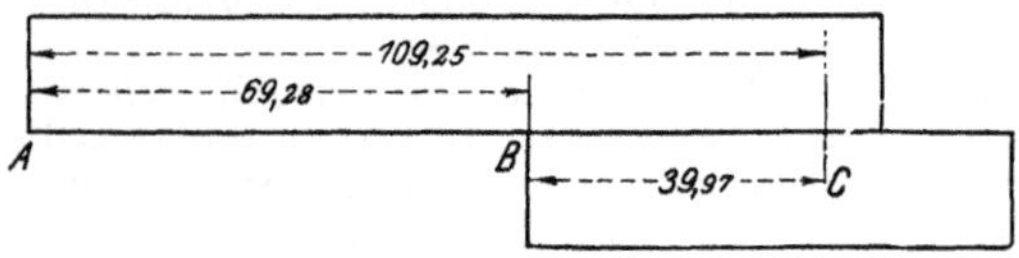

Abb. 4.

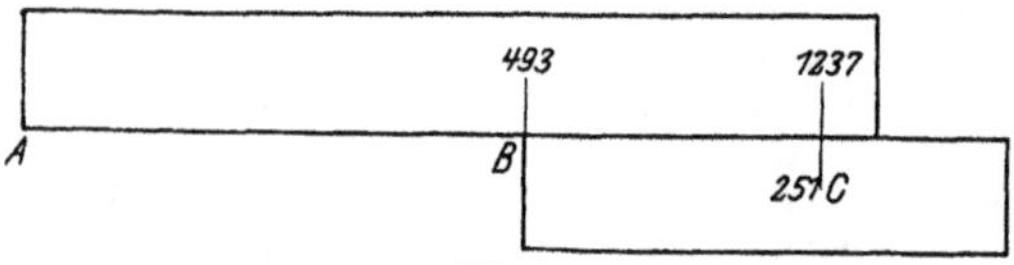

Abb. 5.

b) Schneide aus Millimeterpapier zwei Streifen, die etwa 12 cm lang und 2 cm breit sind. Hefte sie mit Reißzwecken dicht nebeneinander, und zwar so, daß ihre Teilstriche genau zusammenfallen (Abb. 6). Stelle mit der Logarithmentafel folgende Liste auf:

N	$\log N$	$\nu = 10 \log N$ in cm
1,1	0,0414	0,41
1,2	0,0792	0,79
1,3	0,1139	1,14
.	.	.
.	.	.
.	.	.
1,9	0,2788	2,79
2,0	0,3010	3,01
2,5	0,3979	3,98
3,0	0,4771	4,77
.	.	.
.	.	.
.	.	.
9,0	0,9542	9,54
9,5	0,9777	9,78
10,0	1,0000	10,00

Ziehe an den linken Enden der beiden Streifen den Teilstrich 1, trage von da nach rechts $\nu = 0{,}41$ (cm) ab und schreibe $N = 1{,}1$ an den neuen Strich. Trage ebenso die übrigen Werte ν auf und beziffere sie in der gleichen Weise.

c) Der Rechenstab (Abb. 7) hat auf dem festen Rahmen (dem Stabe) und auf dem beweglichen Schieber solche Teilungen und ist außerdem mit einem verschiebbaren Läufer versehen, dessen Marke zum Einstellen beliebiger Zahlen auf der Stabteilung dient.

d) Wir wollen zunächst nur mit der obern Teilung des Stabes und des Schiebers arbeiten. Stelle den Schieber so, daß die Striche der Teilungen von Stab und Schieber zusammenfallen. Die Teilstriche stellen die Logarithmen von N dar. Stelle den Schieber so, daß der Strich 1 des Schiebers dem Teilstrich 2 des Stabes genau gegenübersteht. Welche Teilstriche des Stabes fallen mit den Teilstrichen 2, 3, 5 usw. des Schiebers zusammen? Welches Vielfache der Schieberzahlen sind die Stabzahlen?

Laß mit dem Teilstrich 3 des Stabes den Strich 1 des Schiebers zusammenfallen. Wie verhalten sich alle Zahlen auf dem Stabe zu den entsprechenden Zahlen auf dem Schieber?

Will man das Vielfache $a \cdot b$ berechnen, so stellt man auf den Teilstrich a des Stabes den Strich 1 des Schiebers ein und sucht auf dem

Schieber den Teilstrich b auf. Der Teilstrich des Stabes, der diesem Teilstrich gegenüberliegt, ist das gesuchte Vielfache. Berechne mit dem Rechenstabe 4 × 3, 17 × 3 usw.

e) Wieviel ist 5 × 4 × 2? Stelle dem Strich 4 auf dem Stabe den Strich 1 des Schiebers gegenüber. Schiebe den Läufer so, daß seine Marke über dem Strich 5 auf dem Schieber liegt. Schiebe nun unter die Marke des Läufers den Strich 1 des Schiebers und lies auf dem Stabe die Zahl ab, die der Zahl 2 des Schiebers gegenüberliegt.

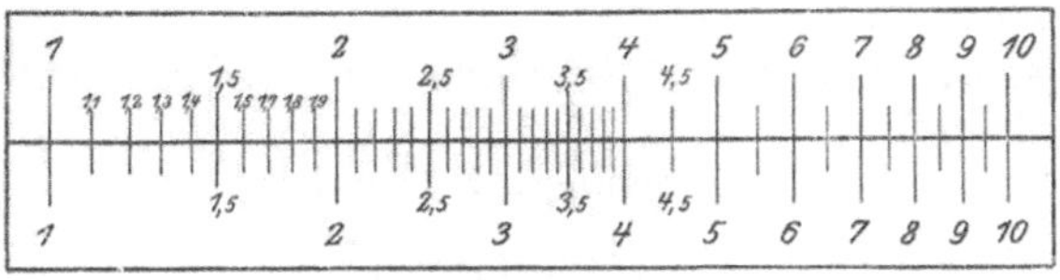

Abb. 6.

f) Teile 12 durch 3. Stelle der Zahl 12 auf dem Stabe gegenüber die Zahl 3 des Schiebers. Die Zahl des Stabes, die dem Strich 1 des Schiebers gegenüberliegt, ist der gesuchte Teil. Berechne 1 : 7.

g) Bestimme die Vielfachen 8 × 7; 24 × 2,5; 5,1 × 3,95; 4,93 × 2,51; 4,95 × 3,05 × 2,49. Beachte dabei, daß die Abstände zwischen den Teilstrichen in den verschiedenen Gebieten der Teilung verschieden groß sind.

h) Wird das Vielfache $a \cdot b$ größer als 100, so bringt man dem Strich a des Stabes den Strich 100 des Schiebers gegenüber, dann steht auf dem Stabe dem Strich b des Schiebers der hundertste Teil des Vielfachen $a \cdot b$ gegenüber. Berechne 65 × 6; 41,7 : 2,93.

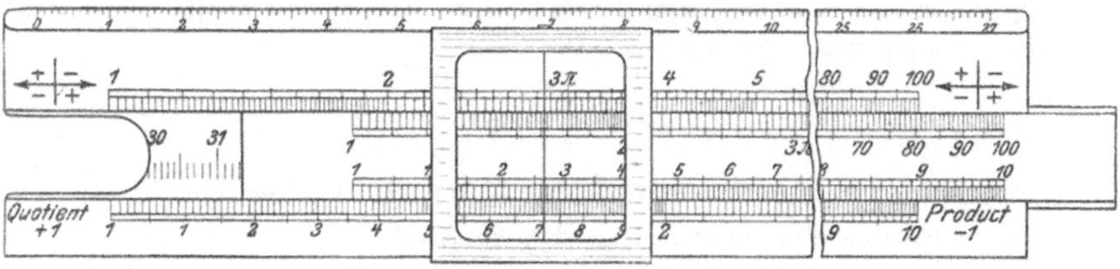

Abb. 7.

i) Berechne 18 × 7 : 4. Teile 18 erst durch 4, lies den Teilwert nicht ab, sondern stelle ihn mit dem Läufer ein und vervielfache ihn dann mit 7. Berechne, ohne die Zwischenergebnisse abzulesen, 28,4 × 3,1 : 17,5 und (91 × 12,5) : (13,4 × 5,8).

k) Die Striche der untern Teilungen des Stabes und des Schiebers haben vom Strich 1 nicht den Abstand ν, sondern $2\,\nu$. Das Einstellen des Läuferstrichs oder des Endstrichs des Schiebers auf eine Zahl der untern Teilung ergibt somit oben das Quadrat der Zahl. Man kann also mit dem Läufer die Quadrate und die Quadratwurzeln der Zahlen finden. Da man mit dem Rechenstab eine Zahl mit ihrem Quadrat bequem vervielfachen kann, so ist es leicht, die dritte Potenz einer Zahl und durch das umgekehrte Verfahren die Kubikwurzel einer Zahl zu finden.

Bemerkungen. Brauchbare, 26 cm lange Rechenschieber aus Steifpapier kann man von GEBR. WICHMANN, Berlin NW 6, Karlstr. 13 beziehen, ebenso Gebrauchsanweisungen von Prof. A. GÖRING. Die Schüler halten oft den Gebrauch von Rechenschiebern, Multiplikationstafeln und andern Hilfsmitteln zum raschen und bequemen Rechnen für unerlaubt. Man muß bei dem vielen geisttötenden, handwerksmäßigen Rechnen, das die Schülerübungen verlangen, die Kräfte seiner Schüler weise schonen und sie daher ermuntern, sich beim Rechnen aller Hilfsmittel zu bedienen, die Zeit und Arbeit sparen. Vgl. RUNGE und KÖNIG, *Numerisches Rechnen 2.*

3. Aufgabe. *Wie groß ist der Raum des vorgelegten Stabes von kreisförmigem Querschnitt?*

(1 Schüler, 1 Stunde.)

1. Verfahren.

Geräte. Walze von etwa 1,5 cm Durchmesser und etwa 4 cm Länge aus Kupfer, Eisen, Messing, Aluminium oder Hartgummi. | Stecknadel. Meterstab. Dünnes Papier. Schere.

Anleitung. **a)** Lege um die Mitte der Walze einen Streifen aus dünnem Papier einmal fest herum und stich mit der Nadel da durch den Streifen, wo seine Enden übereinanderliegen. Wickle das Papier ab, umringle die beiden Stiche und miß ihren Abstand u in Zentimeter unter Schätzen der Zehntelmillimeter. Wem ist dieser Abstand gleich?

b) Durchstreiche auf dem Papier die beiden Marken, wickle den Streifen einmal oben und einmal unten um die Walze und miß jedesmal den Umfang. Nimm das Mittel aus allen Messungen.

c) Bezeichnen u cm] den Umfang und r [cm] den Halbmesser der Walze, so ist $u = 2\pi r$ und somit

$$r = \frac{u}{2\pi} \text{[cm]}.$$

Berechne aus dem Mittelwert von u den Halbmesser r.

d) Schreibe die Ergebnisse in folgender Weise auf:

Maßstab Nr. ... . walze Nr. ...

	Umfang u [cm]	Höhe h [cm]
Summe	....	....
Mittel	....	....

$r = \ldots$ cm. $V = \ldots$ cm^3.

e) Lege die Walze auf oder an die Teilung des Maßstabes und miß ihre Höhe h in Zentimeter unter Schätzen der Zehntelmillimeter. Drehe die Walze um ihre Achse und miß an zwei andern Stellen ihres Mantels die Höhe. Nimm das Mittel aus den drei Messungen.

f) Zeichne den Aufriß und den Grundriß der Walze und trage die Längen des Durchmessers und der Höhe ein.

g) Berechne aus dem Halbmesser r [cm] und der Höhe h [cm] den Raum der Walze.

$$V = \pi r^2 h \text{ [cm}^3\text{]}.$$

2. Verfahren.

Geräte. Wie beim 1. Verfahren, doch statt des Papiers und der Nadel Garn oder dünner Draht.

Anleitung. **h)** Mache an dem einen Ende des Garns einen Knoten, wickle etwa dreißigmal in dicht nebeneinanderliegenden Windungen den Faden um die Walze und schneide ihn an der Stelle durch, die mit dem Knoten auf derselben Geraden liegt. Miß mit dem Maßstabe die Länge des Fadens. Wiederhole noch zweimal die Messung und nimm aus den drei Ergebnissen das Mittel.

i) Sind N die Anzahl der Windungen, r [cm] der Halbmesser der Walze und l [cm] der Mittelwert der gemeßnen Fadenlängen, so ist $l = 2\pi N r$ und daher

$$r = \frac{l}{2\pi N} \text{ [cm]}.$$

k) Schreibe die Ergebnisse in folgender Weise auf:

Maßstab Nr. . . . . walze Nr. . . .

Anzahl der Windungen N	Fadenlänge l [cm]	Halbmesser der Walze $r = \frac{l}{2\pi N}$ [cm]	Höhe der Walze h [cm]
	Summe	. . . .	. . . . . .
	Mittel	. . . .	. . . . . .

$V = \ldots\ \text{cm}^3$.

l) Verfahre wie bei (f) und (g).

3. Verfahren.

Geräte. Walze wie beim 1. Verfahren. Maßstab. | 2 Holzklötze, bei denen drei zusammenstoßende Flächen genau rechtwinklig aufeinanderstehen.

Anleitung. **m)** Lege die beiden Holzklötze mit zwei Flächen aneinander, halte sie mit der Fuge gegen das Licht und prüfe, ob sich die beiden Flächen überall berühren. Drehe den einen Klotz um 180° um die Achse, die zur Berührungsfläche rechtwinklig steht, und prüfe, ob sich auch jetzt beide Flächen überall berühren.

n) Lege zwischen die beiden Flächen die Walze so, daß ihre Längsachse diesen gleichläuft,

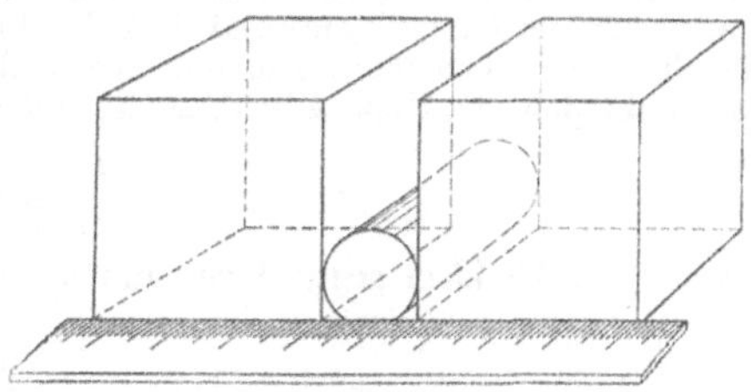

Abb. 8.

und setze vor die beiden Klötze den Maßstab so, daß seine Teilung dicht an den Klötzen und dem Walzenboden anliegt (Abb. 8). Miß den Abstand d [cm] der beiden Flächen.

o) Drehe die Walze um ihre Achse und miß noch zweimal ihren Durchmesser; benutze dabei jedesmal einen andern Teil des Maßstabes.

p) Wende die Walze, so daß jetzt der andre Walzenboden dem Maßstab zugekehrt ist, und verfahre wie bei (n) und (o).

q) Schreibe die Ergebnisse in folgender Weise auf:

Maßstab Nr. ... . walze Nr. ...

Ablesung links cm	Ablesung rechts cm	Durchmesser d [cm]	Höhe h [cm]
	Summe	......	......
	Mittel	......	......

$r =$ .... cm. $V =$ .... cm³.

Nimm aus den gefundnen Werten des Durchmessers d das Mittel und berechne daraus den Halbmesser r der Walze in Zentimeter.

r) Miß auf die gleiche Weise die Höhe h der Walze in Zentimeter. *Schustermaß. Schublehre.*

s) Verfahre wie bei (f) und (g).

Bemerkungen. Man wähle die Abmessungen der Walze so, daß sich ihre Masse mit den vorhandnen Wagen gut bestimmen läßt. Eiserne Walzen rosten leicht; man muß sie nach dem Gebrauch mit einem Öllappen abwischen und, wenn sie trotzdem rostig geworden sind, mit Petroleum reinigen. Jede Walze ist mit einer Kennzahl zu versehn.

Sind ΔV, $\Delta\pi$, Δr und Δh die Fehler der Größen V, π, r und h, so ist

$$\frac{\Delta V}{V} = \frac{\Delta\pi}{\pi} + 2\,\frac{\Delta r}{r} + \frac{\Delta h}{h}.$$

Der Fehler von r geht mit seinem doppelten, der von h dagegen nur mit seinem einfachen Betrag in den Fehler des Ergebnisses ein, und man muß somit r mit größerer Genauigkeit messen. Für π kann man hier 22/7 setzen. Vgl. über Fehlerberechnung: BERNDT, *Physikal. Praktikum 1³, 9.*

Ist beim ersten Verfahren δ cm die Dicke des Papiers und u die Länge einer Umwicklung, so ist

$$r = \frac{u}{2\pi} - \delta.$$

Beim zweiten Verfahren kann man statt des Fadens auch einen dünnen Metalldraht verwenden. Windet man einen gerade gestreckten Draht oder Faden von der Länge l [cm] und dem Durchmesser d [cm] in N vollen Windungen, die dicht nebeneinanderliegen, um eine Walze vom Halbmesser r [cm], und hat die Drahtspule die Höhe h [cm], so ist $Nd = h$ und $l^2 = 4\pi^2 N^2 r^2 + h^2$, folglich

$$r = \frac{l}{2\pi N}\sqrt{1 - \frac{h^2}{l^2}}$$

oder, wenn h/l klein gegen 1 ist, annähernd

$$r = \frac{l - \dfrac{h^2}{2l}}{2\pi N}$$

und, wenn h/l sehr klein ist, $r = l/2\pi N$.

Beim dritten Verfahren muß die Höhe der Klötze größer als der Halbmesser der Walze sein. Statt der Klötze kann man auch die Brücken verwenden, die zu den Wagen gehören.

4. Aufgabe. *Miß mit der Schublehre den Durchmesser und die Höhe der vorgelegten Walze und berechne ihren Raum.*

(1 Schüler, 1 Stunde.)

Geräte. Ein Stück dünnes Steifpapier oder dickes Papier (etwa 20 cm × 7,5 cm × 0,05 cm).
Meterstab.
Schere.
Spitzer harter Bleistift.
Dreiecke.
Schublehre.
Walze (vgl. Aufg. 3 S. 16).
Lupe (Fadenzähler oder Augenlinse des Fernrohrs; vgl. Licht, Aufg. 14).

Anleitung. **a)** Ziehe längs der Mitte des Steifpapiers eine Gerade AB (Abb. 9). Stelle den Maßstab so auf die hohe Kante, daß der untere geteilte Rand mit AB zusammenfällt, und mache, ohne dabei den Maßstab im geringsten zu verschieben, von einer Stelle an, die etwa 2 cm rechts von A liegt, bei jedem ganzen Zentimeter mit einem spitzen harten Blei einen feinen Punkt auf AB, bis eine Teilung von etwa 15 cm Länge aufgetragen ist. Sorge bei der Arbeit dafür, daß der Maßstab stets gut beleuchtet ist. Ziehe mit den Dreiecken, wie in der Abb. 9, rechtwinklig zu AB kurze Striche und beziffere sie wie dort. Trage auf der andern Seite von AB eine Teilung auf, bei der jeder Abschnitt 0,9 cm lang ist, und die an demselben Punkt wie die Zentimeterteilung beginnt, so daß die Nullpunkte beider Teilungen zusammenfallen. Der Strich 10 der neuen Teilung bildet also die Verlängerung von Strich 9 der Zentimeterteilung. Die neue Teilung nennt man einen *Läufer* oder *Nonius*.

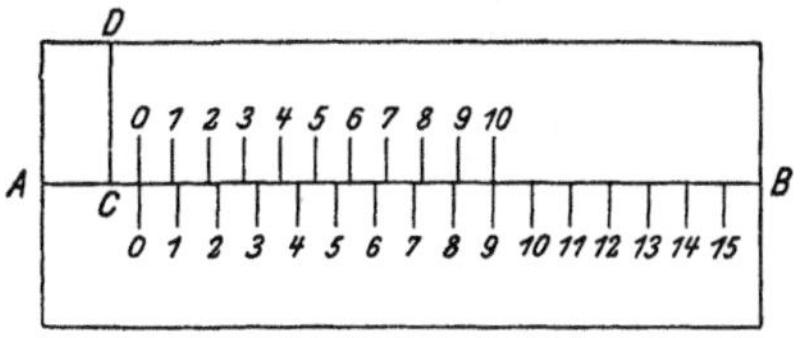

Abb. 9.
(Oben und unten vertauschen.)

b) Mache sehr sorgfältig mit der Schere einen Schnitt von B bis C und einen Schnitt von D bis C, so daß das Steifpapier in zwei Stücke zerfällt. Verschiebe längs der Zentimeterteilung den Läufer. Zwischen den Rändern, die vorher in CD zusammenstießen, entsteht eine Lücke. *Schublehre. Nasen, Schnäbel* oder *Schenkel.*

c) Gib den Nasen den Abstand 1 cm. Wie weit muß man die beiden Nullstriche voneinander entfernen, damit dies der Fall ist? Wie groß ist der Abstand zwischen dem Strich 1 des Läufers und dem Strich 1 der Hauptteilung, wenn die Nasen aneinanderliegen? Woran erkennt man, daß die Nasen 0,1 cm voneinander abstehen? Laß die Striche 2, 3, ... 10 des Läufers der Reihe nach mit den Strichen 2, 3, ... 10 der Teilung zusammenfallen. Um wieviel Zentimeter steht in jedem einzelnen Fall der Nullpunkt des Läufers von dem Nullpunkt der Teilung ab?

d) Gib den Nasen folgende Abstände: 2 cm, 0,2 cm, 0,5 cm, 1,6 cm, 4,9 cm. Zeige dem Lehrer jede Einstellung.

e) Miß mit diesem Nachbilde der Schublehre die Durchmesser von Knöpfen, Münzen und andern walzenförmigen Körpern.

f) Mache eine Zeichnung der Schublehre (Abb. 10). In welchen Einheiten ist der Stab der Schublehre geteilt? Die Nasen der Schublehre ersetzen die Holzklötze, die wir in Aufgabe 3 benutzt haben. Wieviel Nasen hat die Lehre? Wozu dienen sie?

g) Löse die Befestigungsschraube des Schlittens und sieh nach, ob die Innenflächen der Nasen ganz rein sind; zeige, wenn sie schmutzig sind, dem Lehrer die Schublehre. Schiebe ihre Nasen zusammen, halte sie gegen das Licht und sieh nach, ob sie sich in ihrer ganzen Länge berühren. Ziehe die Befestigungsschraube an. Bleiben die Nasen zusammen? Wende die Teilung dem Licht zu und prüfe, wenn nötig, mit der Lupe, ob der Nullpunkt des Läufers mit dem Nullpunkte der Teilung zusammenfällt. *Nullfehler.* Welche Verbesserung hat man bei jeder Messung anzubringen, wenn die Nullstriche nicht zusammenfallen? Lies bei aneinanderliegenden Nasen ab, wieviel Teile der Hauptteilung der geteilten Strecke des Läufers gleich sind. In wieviel Teile ist der Läufer geteilt? Schreibe die Länge von einem Teil des Läufers auf. Wie weit muß man die sich berührenden Nasen voneinander entfernen, damit der Teilstrich 1 des Läufers mit dem Teilstrich 1 mm der Stabteilung zusammenfällt? Klemme den Schlitten fest und zeige dem Lehrer die Einstellung.

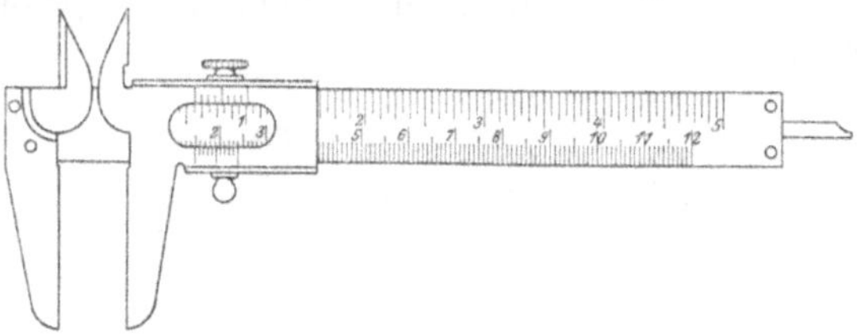

Abb. 10.

h) Verschiebe den Läufer so, daß sein Nullstrich mit dem Teilstrich 2 mm der Hauptteilung zusammenfällt, und klemme den Schlitten fest. Wie groß ist der Abstand der beiden Nullstriche und der Abstand des Nullpunkts der Hauptteilung von dem 1., 2., 3., . . . 10. Teilstrich des Läufers? Zeige dem Lehrer die Einstellung.

i) Verschiebe den Schlitten so, daß die beiden Nullstriche genau 3 mm voneinander abstehen. Wie groß ist der Abstand der Nasen?

k) Wie weit muß man jedesmal den Läufer von der Nullstellung aus verschieben, damit seine Teilstriche 2, 3, 6 und 9 der Reihe nach mit den Teilstrichen 2, 3, 6 und 9 mm der Hauptteilung zusammenfallen?

l) Schiebe die Nasen zusammen. Öffne die Lehre 0,1 mm weit. Welche Striche des Läufers und der Teilung fallen zusammen? Welche Striche stehen genau übereinander, wenn der Abstand der Nullpunkte von Läufer und Stab 0,2 mm, 0,4 mm, 0,6 mm, 0,8 mm und 1 mm ist?

m) Ziehe die Nasen genau 1,9 cm auseinander. Welche Striche des Läufers und der Teilung fallen zusammen? Gib den Nasen der Reihe nach die Abstände 1,91 cm, 1,92 cm, 1,93 cm usw. bis 2,00 cm. Welche Striche des Läufers und der Teilung fallen jedesmal zusammen?

n) Stelle den Strich 4 des Läufers genau über den Strich 7 cm der Hauptteilung. Wie weit stehen die Nullpunkte des Läufers und des Stabes voneinander ab? Zeige dem Lehrer die Einstellung. Wie weit stehen die Nasen voneinander ab? Beim Messen bestimme man stets, wie weit der Nullstrich des Läufers von dem Nullstrich der Hauptteilung absteht.

o) Bestimme nochmals wie bei (g) den Nullfehler der Schublehre. Löse die Schraube, entferne die Nasen voneinander und schiebe das eine Ende der Walze dazwischen. Drehe die Walze zwischen den Nasen und suche den Durchmesser, der scheinbar der größte ist. Stelle die Walze so, daß ihre Längsachse rechtwinklig zum Stabe der Schublehre steht, die Berührungspunkte mit den Nasen sich genau gegenüberliegen und genau gleichweit von der einen Stirnfläche abstehen. Schiebe die Nasen so weit zusammen, daß die Walze ohne erheblichen Druck noch eben lose gehalten wird. Ziehe die Schraube an und lies an der Hauptteilung die Stellung des Läufernullstriches ab und dann den Strich des Läufers, der mit einem Strich der Hauptteilung genau zusammenfällt. Zeige dem Lehrer die Einstellung. Schätze stets beim Ablesen der Zentimeter und Millimeter an der Stabteilung auch die Zehntelmillimeter und lies dann diese am Läufer ab.

p) Drehe die Walze um ihre Achse um 90^0 und miß wiederum den Durchmesser.

q) Miß ebenso zwei Durchmesser am andern Ende und zwei in der Mitte der Walze und bestimme jedesmal von neuem den Nullfehler.

r) Berechne den Mittelwert des Durchmessers und verbessere ihn mit dem Mittelwerte des Nullfehlers. Der verbesserte Wert ist die annehmbarste Größe des Walzendurchmessers.

s) Miß in ähnlicher Weise an verschiedenen Stellen die Höhe der Walze.

t) Schreibe die Ergebnisse in folgender Weise auf:

Schublehre Nr. ... . walze Nr. ...

	Nullfehler in cm	Durchmesser d [cm]	Nullfehler in cm	Höhe h [cm]
Summe	....	....	....	....
Mittel	....	....	....	....

Verbesserter Durchmesser $d = \ldots$ cm. Verbesserte Höhe $h = \ldots$ cm.

$V = \ldots \text{cm}^3$.

u) Wische mit einem Öllappen die Schublehre ab, schiebe die Nasen zusammen und ziehe die Schraube an.

Bemerkungen. Die Versuche (a) bis (e) werden einfacher, wenn man Millimeterpapier verwendet. Man achte bei der Rückgabe der Schublehren sorgfältig darauf, daß sie geschlossen und die Schrauben angezogen sind. Man reinige die Lehren, falls sich Rost angesetzt hat, vorm Weglegen mit Petroleum und öle sie dann etwas ein. Man weise die Schüler darauf hin, daß die Schublehre ein feines und bequemes Werkzeug ist, das man mit größter Sorgfalt behandeln soll. Vgl. Berndt, *Physik. Praktikum* $1^3, 10$.

5. Aufgabe. *Wie groß ist der Raum der vorgelegten Kugel?*

(1 Schüler, $^1/_2$ Stunde.)

Geräte. Wie bei Aufgabe 3 oder 4, doch statt der Walze eine Kugel aus Buchsbaumholz von 4 cm Durchmesser.

Anleitung. Miß wie bei Aufgabe 3, Verfahren 3 (S. 17) oder wie bei Aufgabe 4 drei Durchmesser der Kugel. Nimm aus den Ergebnissen das Mittel und berechne daraus den Halbmesser r [cm] und den Raum der Kugel

$$V = \frac{4}{3} \pi r^3 [\mathrm{cm}^3].$$

Bemerkungen. Man kann auch eine Kugel aus Glas oder Stahl (Lagerkugel, vgl. II B, 1. Aufg.) verwenden, doch muß sich ihre Masse mit den vorhandnen Wagen bestimmen lassen.

Da

$$\frac{\Delta V}{V} = \frac{\Delta \pi}{\pi} + 3 \frac{\Delta r}{r}$$

ist, wo ΔV, $\Delta \pi$ und Δr die Fehler der Größen V, π und r bezeichnen, so ist der Durchmesser der Kugel möglichst genau zu messen. Daher empfiehlt es sich nicht, auf der Kugel eine Strichmarke anzubringen, durch Abrollen den Umfang zu bestimmen und daraus r zu berechnen.

Bestimmt man den Durchmesser der Kugel mit Holzklötzen, so muß ihre Höhe größer sein als der Halbmesser der Kugel.

6. Aufgabe. *Bestimme mit einer Lochlehre die innere Weite einer Glasröhre und den Durchmesser einer Schrotkugel und mit einem Keilausschnitt die Dicke eines Drahts.*

(1 Schüler, $^1/_2$ Stunde.)

Quelle. Watson, *Elem. Pract. Phys. 11 Nr. 9 u. 10.*

Geräte.
- Millimeterpapier.
- Schere.
- Lochlehre ($^1/_{10}$) aus Millimeterpapier, auf dünne Pappe geklebt.
- Keilausschnitt ($^1/_{10}$) aus Millimeterpapier, auf dünne Pappe geklebt.
- Kurze Glasröhren.
- 2 Glasscheiben.
- 3 gleiche Schrotkörner (besser kleine Lagerkugeln aus Stahl).
- Draht von 1 bis 2 mm Durchmesser, an einem Ende flach abgefeilt.
- Spitzer harter Bleistift.

Anleitung. a) Zeichne auf Millimeterpapier die Strecke $AB = 10$ cm (Abb. 11) und in B das Lot $BC = 1$ cm. Verbinde A mit C.

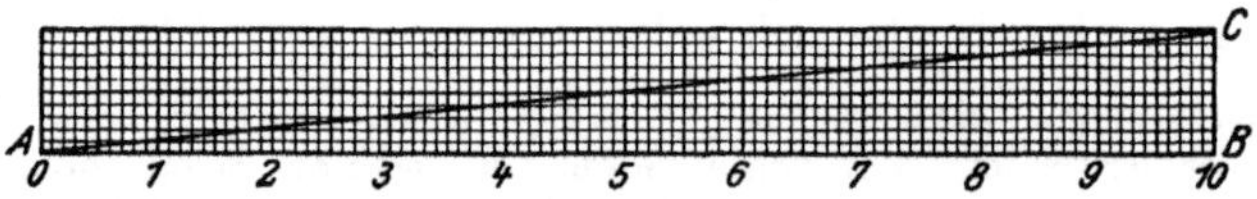

Abb. 11.

Die Abschnitte auf AB sind die *Abszissen* x der Punkte auf AC und die Lote in ihren Endpunkten bis zur Strecke AC die *Ordinaten* y.

b) Miß die Ordinaten, die zu folgenden Abszissen gehören, und trage sie in die Tafel ein:

x [cm]	0	1	2	3	4	5	6	7	8	9	10
y [cm]											
y/x											

Welche Beziehung besteht also zwischen x und y?

c) Miß und berechne die Ordinaten, die zu den Abszissen 4,3 cm, 7,8 cm, 5,5 cm, 9,0 cm und 8,55 cm gehören. Trage die Ergebnisse in folgende Tafel ein:

x [cm]	y [cm] berechnet y'	y [cm] gemessen y''	$\Delta = y' - y''$

d) Klebe das Millimeterpapier auf Pappe, überziehe auch ihre andre Seite mit Millimeterpapier und schneide nach dem Trocknen mit einem scharfen Messer oder mit der Schere das Dreieck sehr sorgfältig aus. Man erhält so die Lochlehre (Meßkeil) und den Keilausschnitt.

e) Schiebe den Keil (Abb. 12), doch ohne ihn zu verbiegen, soweit wie möglich ins Innere einer Glasröhre, daß die Seite AB an der Glaswand dicht anliegt, lies die Abszisse x ab und berechne daraus die innere Weite y der Röhre. Drehe den Keil in der Röhre und miß noch zweimal den innern Durchmesser. Nimm aus den drei Messungen das Mittel.

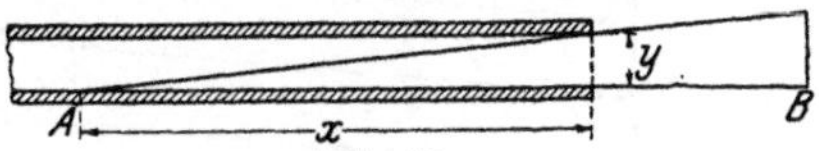

Abb. 12.

f) Lege auf eine Glasplatte die drei Schrotkugeln oder Lagerkugeln und darauf eine zweite Glasscheibe. Miß mit der Lehre den Abstand der beiden Platten. Wie groß ist der Durchmesser der Kugeln? Wiederhole die Messung noch zweimal und bilde das Mittel.

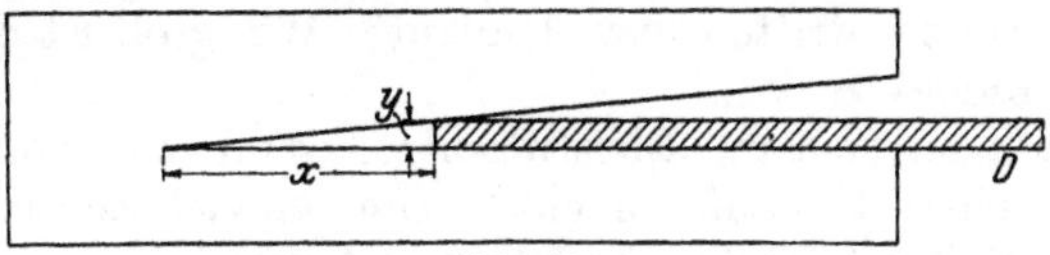

Abb. 13.

g) Schiebe in den Keilausschnitt so den Draht D (Abb. 13), daß seine Stirnfläche die Hypotenuse berührt, lies die Abszisse x ab und berechne daraus den Durchmesser y. Drehe den Draht um seine Längsachse, wiederhole die Messung noch zweimal und nimm das Mittel.

Bemerkungen. Die Aufgabe soll nur als Vorübung zum Messen mit der Schraublehre (Aufgabe 8) dienen. Es empfiehlt sich, die Lehren und Keilausschnitte nur einmal anfertigen zu lassen und sie aufzubewahren. Hat man die Abszissen beziffert, so schadet es nichts, wenn die Spitze der Lehre verletzt wird.

Allgemein ist $y = x \operatorname{tg} \alpha$, wo α den Steigwinkel bezeichnet. Bei unsrer Lehre ist $\operatorname{tg} \alpha = 0{,}1$.

7. Aufgabe. *Wie kann man mit Schraube und Mutter Längen messen?*

(1 Schüler, $^1/_2$ Stunde.)

Quelle. Watson, *Elem. Pract. Phys. 12 Nr. 11 u. 12.*

Geräte. Millimeterpapier. Bleistift. Ziehfeder. Tusche. Fischleim oder Klebwachs. Holzwalze von 6 cm Höhe und 3,14 cm Durchmesser. Bunsengestell. Schraube und Mutter. Maßstab. Schublehre.

Anleitung. a) Zeichne auf Millimeterpapier ein Rechteck (10 cm × 6 cm) und an seinem rechten Rand einen Heftstreifen (Abb. 14). Ziehe in dem Rechteck durch die Punkte *C* bis *G* fünf Gleichlaufende zur Längsseite und in den so entstandenen schmalen Rechtecken die Eckenlinie *BC* und ihre Gleichlaufenden.

b) Schneide die Zeichnung sorgfältig aus und klebe sie als Mantel um die Holzwalze (Abb. 15). Was für eine Linie bilden nun die Eckenlinien? *Schraubenlinie.*

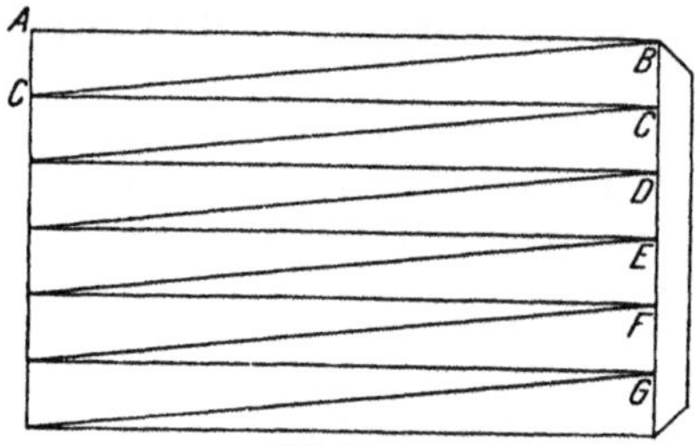

Abb. 14.

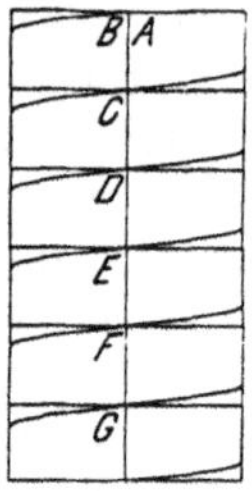

Abb. 15.

c) Verfolge von *B* aus rechts herum auf der Walze mit der Bleistiftspitze die Schraubenlinie, ohne dabei das Papier zu berühren. Wo steht nach einem vollen Umlauf die Bleistiftspitze? Um wieviel Zentimeter ist die Spitze lotrecht abwärts gewandert? Wohin gelangt die Spitze nach einem zweiten, dritten usw. Umlauf? Wie groß ist die *Ganghöhe* der Schraubenlinie?

d) Wo befindet sich die Bleistiftspitze, wenn man von *B* aus nur zwei Zehntel eines Umlaufs macht? Um wieviel Zentimeter haben wir dabei die Spitze lotrecht abwärts verschoben?

e) Um wieviel Zentimeter senkt man die Bleistiftspitze, wenn man damit 0,7; 1,3; 4,75 Umläufe macht?

f) Läßt sich eine Regel aufstellen, wonach man sofort angeben kann, um welche Strecke *z* man bei dem Umlauf *u* die Bleistiftspitze gleichläufig zur Achse verschiebt?

g) Klemme den Bleistift wagrecht fest, drehe die Walze und verschiebe sie gleichzeitig so in der Richtung ihrer Achse, daß die Bleispitze stets auf der Schraubenlinie bleibt. *Schraubenbewegung.* Um wieviel Zentimeter müssen wir bei jeder vollen Umdrehung die Walze in ihrer Achsenrichtung verschieben? Um wieviel Zentimeter bei einer halben

Umdrehung? Kann man durch Zählen der Umdrehungen sofort bestimmen, um wieviel Zentimeter sich die Walze in ihrer Achsenrichtung verschoben hat? *Schraube und Mutter* (Abb. 16). *Gewinde. Ganghöhe.*

Abb. 16.

h) Schraube die Mutter vom Bolzen ab. Miß auf dem Gewinde den Abstand zweier Marken, wozwischen etwa 10 Windungen liegen, und berechne daraus die Ganghöhe.

i) Schraube die Mutter wieder auf und drehe sie so weit, daß ihre Strichmarke mit der Strahlmarke auf dem Gewinde zusammenfällt. Drehe den Bolzen und stelle fest, nach wieviel vollen Umdrehungen wieder eine Marke auf dem Gewinde bei dem Strich auf der Mutter steht. Um welche Strecke verschiebt sich also der Bolzen bei einer vollen Umdrehung?

k) Bestimme durch Rechnen (aus der Ganghöhe) und durch Messen das Verschieben der Schraube bei 2, 3,5, 4,25 und 7,75 Umdrehungen.

l) Schreibe die Ergebnisse in folgender Weise auf:

Schraubensatz Nr. ... Ganghöhe $h = \ldots$ cm

Anzahl der Umdrehungen N	Verschiebung		$\Delta = z' - z''$
	berechnet z' [cm]	beobachtet z'' [cm]	

Bemerkungen. Diese Übung soll wie die Aufgabe 6 das Messen mit der Schraublehre (Aufg. 8) vorbereiten.

Die Schraube ist 23 cm lang und hat 2,15 cm Durchmesser und 0,278 cm Ganghöhe. Über das Gewinde ist in der Richtung der Achse ein Strich eingeritzt. Die Mutter trägt auf der Fläche, die dem Schraubenkopf zugekehrt ist, eine Strahlmarke, die man mit den Gewindemarken zur Deckung bringen kann.

8. Aufgabe. *Wie dick ist der vorgelegte Draht?*

(1 Schüler, 1 Stunde.)

Geräte. Messingdraht von 0,5 bis 3 mm Durchmesser. Schraublehre mit Gefühlschraube und mit 1 mm (oder besser 0,5 mm) Ganghöhe. Maßstab. Glasröhre.

Anleitung. a) Wickle in dicht aneinanderliegenden Windungen den Draht etwa 10 bis 100 mal um einen dünnen runden Stab (Bleistift, Glasröhre oder dgl.). Miß die Länge der so hergestellten Spule und berechne daraus den Durchmesser des Drahts.

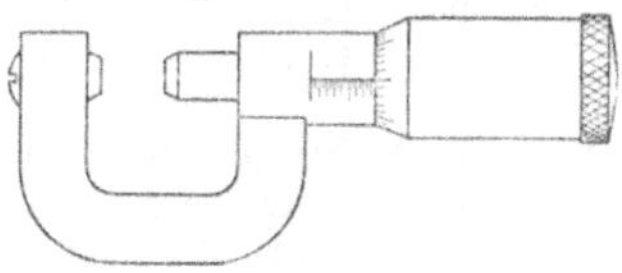

Abb. 17.

b) Nimm die Schraublehre (Abb. 17) in die linke Hand, fasse den geränderten Kopf lose zwischen Daumen und Zeigefinger der rechten Hand und öffne durch Drehen des Kopfes die *Zähne* der Schraube, doch nicht weiter als etwa 1,5 cm. Sieh zu, ob die Zähne rein sind; wenn nicht, zeige dem Lehrer die Schraube.

c) In welchen Einheiten ist auf der Mutter die *Hubteilung* ausgeführt, und wie ist sie beziffert? Wie ist die *Haubenteilung* gemacht und beziffert? Zeichne die Schraublehre.

d) Drehe die Haube (oder die Trommel) so, daß ihr Nullstrich mit dem *Zeiger*, d. h. mit dem achsenrechten Strich der Hubteilung zusammenfällt. Lies auf der Hubteilung die Millimeter ab. Drehe die Haube einmal ganz herum und lies wieder den Hub ab. Wie groß ist die Ganghöhe der Schraublehre? Um wieviel Millimeter werden die Zähne gegeneinander verschoben, wenn man die Haube um den kleinsten Abstand der Teilstriche dreht? Wie groß ist der kleinste Teil eines Millimeters, den man mit der Schraube messen kann, wenn man die Zehnteleinheiten der Haubenteilung schätzt? Stelle die Zähne auf folgende Abstände ein: 3,00; 3,01; 3,05; 3,15; 3,16; 3,45; 3,515; 4,742 mm. Zeige dem Lehrer die letzte Einstellung.

e) Schließe die Zähne der Schraublehre ganz zart. Beim Gebrauch der Schraublehre darf man nie Kraft anwenden, da man leicht das Gewinde beschädigen kann. Beim Messen drehe man stets zuerst den Schraubenkopf, bis der bewegliche Zahn den andern Zahn oder den zu messenden Körper lose berührt, und benutze dann erst die Gefühlschraube. Fällt bei geschlossenen Zähnen der Nullpunkt der Haubenteilung mit dem Zeiger zusammen? Lies, wenn dies nicht der Fall ist, die Stellung des Nullstrichs ab. *Nullfehler*. Überlege, ob der Nullfehler zu den Ablesungen hinzuzufügen oder davon abzuziehen ist.

f) Lege zwischen die Zähne der Schraublehre den Draht und klemme ihn leicht dazwischen. Lies an der Hubteilung die Millimeter ab, schätze erst den Millimeterbruchteil und lies ihn dann an der Haubenteilung ab. Drehe den Draht um seine Achse um 90^0 und miß nochmals seinen Durchmesser. Bestimme wiederum den Nullfehler.

g) Miß wie bei (f) an zwei andern Stellen des Drahts den Durchmesser.

h) Berechne den Mittelwert des Durchmessers und verbessere ihn mit dem Mittelwert des Nullfehlers. Der verbesserte Wert ist die annehmbarste Größe des Drahtdurchmessers.

i) Schreibe die Ergebnisse in folgender Weise auf:

Schraublehre Nr. ... ... Draht

	Nullfehler in mm	Draht-durchmesser in mm
Summe	. . . .	. . . .
Mittel	. . . .	. . . .

k) Schließe die Zähne der Schraube, wische mit einem Öllappen das Werkzeug ab und gib es dann dem Lehrer zurück.

Bemerkungen. Wegen des Instandhaltens der Lehren vgl. die Bemerkungen zu Aufg. 4, S. 21. Die Schraublehre gebe man nicht Tertianern und Untersekundanern in die Hände. Weist man die Schüler darauf hin, wieviel höher die Leistungen dieser sinnreichen Schraube sind als die des gewöhnlichen Meterstabes und der Schublehre, und hebt man zugleich hervor, daß die großartigen Fortschritte des Maschinenbaus in der Neuzeit besonders auf dem Verfeinern der Meßwerkzeuge beruhen, die man heutzutage dem Arbeiter in die Hände geben kann und muß, so werden sie das kleine feine Gerät bewundern und sorgsam behandeln.

Man erlaube dem Schüler nicht, den Nullfehler durch Nachdrehen des festen Zahns zu berichtigen.

Vgl. BERNDT, *Physikal. Praktikum 1³, 15.*

II. Masse und Dichte.

Regeln fürs Wägen.

1. Schreibe auf die Karte, die bei der Wage liegt, deinen Namen, deine Klasse und den Tag.

2. Sieh nach, ob die Wage frei von Staub ist. Entferne ihn sehr behutsam mit einem weichen Pinsel oder Leder, ohne dabei die Wage in starkes Schwingen zu versetzen.

3. Stelle mit den Fußschrauben den Senkel oder die Wasserwage richtig ein. Ist keine solche Vorrichtung da, so setze aufs Grundbrett der Wage eine Dosen-Wasserwage oder hänge neben den Zeiger ein Lot und richte damit die Wage aus.

4. Drehe niemals an einer Schraube usw., fasse nie den Zeiger an und berühre niemals mit den bloßen Fingern die Schalen oder die Massenstücke.

5. Untersuche, ob die Wage frei schwingt und die Ausschläge langsam abnehmen.

6. Prüfe, ob der Zeiger über dem mittlern Teilstrich steht. Sieh dabei aus größerer Entfernung senkrecht auf die Ebene der Teilung. Lege auf die leichtere Schale als Ausgleichmassen Stückchen Papier, Zinn- oder Bleiblatt, bis die Zunge richtig einspielt.

7. Stelle fest, welche Massenstücke der Massensatz enthält. Wiederhole dieses Prüfen vor jedem Benutzen und melde sofort dem Lehrer, wenn Massenstücke fehlen. Sieh nach, ob Massenstücke staubig oder schmutzig sind. Wische sie mit einem reinen, weichen Tuch oder Leder ab, ohne sie dabei mit den bloßen Fingern anzufassen.

8. Ist für die Bruchgramme nur ein Behälter da, so lege mit der kleinen Greifzange diese Massenstücke, der Größe nach geordnet, aufs Grundbrett.

9. Setze auf die linke Schale den zu wägenden Körper und auf die rechte Schale die Massenstücke. (Hat man jedoch eine bestimmte Masse, etwa eine Flüssigkeit oder ein Salz abzugleichen, so setze man diese auf die rechte Schale.) Lege alle Belastungen auf die Mitten der Schalen oder ordne sie gleichmäßig drum herum an. Hat die Wage keine Bremse, so halte beim Aufsetzen von Massen und von Ausgleichbechern mit einem Stück Fließpapier oder einem reinen Tuch die Schale fest oder unterstütze sie mit dem Pinsel oder mit dem Zipfel eines reinen Tuchs, damit die Wage nicht ins Schwingen gerät und nicht stoßweise aufsetzt. Kurz: man darf das Wägen nicht hören.

10. Halte die Schalen und die Massenstücke sorgfältig frei von Schmutz, Staub und Feuchtigkeit. Lege keinen nassen oder schmutzigen Gegenstand auf die Schalen und trockne namentlich die Außenwände aller Gefäße tüchtig ab, die eine Flüssigkeit enthalten.

11. Fasse die Massenstücke nur mit der Greifzange an.

12. Schätze zunächst die Masse des zu wägenden Gegenstandes ab. Setze auf die rechte Schale das kleinste Massenstück, das nach dem Schätzen zu groß ist. Ist es wirklich zu groß, dann das nächst kleinere Massenstück. Fahre so fort, bis du das größte Massenstück gefunden hast, das zu klein ist. Lege nun die gleich großen oder kleineren Massenstücke der Reihe nach, ohne eins auszulassen, auf die Schale und entferne nur dann ein Massenstück von der Schale, wenn es zu groß ist. Fahre so mit dem Zulegen fort, bis das Hinzufügen von 0,01 g den Zeiger von der einen auf die andre Seite treibt. Schätze den Bruchteil von 0,01 g, der erforderlich wäre, um den Zeiger genau über den mittlern Teilstrich zu stellen.

13. Wäge langsam und sorgfältig.

14. Warte nicht das Ausschwingen ab, sondern nur so lange, bis die Schwingungen klein geworden sind. Sind zwei aufeinanderfolgende kleine Ausschläge nach rechts und nach links nahezu gleich, so sind auf beiden Schalen die Massen gleich. Dämpfe nie das Schwingen durch Anfassen des Zeigers oder der Schale mit den Fingern, sondern erforderlichenfalls nur durch leises Berühren der Schalen mit der offenen Greifzange oder besser mit einem Kamelhaarpinsel oder mit dem Zipfel eines reinen Tuchs.

15. Massenstücke dürfen nur auf den Wagschalen oder in ihren Fächern im Kasten, nie aber auf dem Tisch liegen. (Vgl. die Ausnahme 8.)

16. Schreibe alle Massenstücke auf, die auf der Wagschale liegen, und zwar der Größe nach geordnet untereinander. Sieh nach, welche Massenstücke im Kasten fehlen, und ob du sie alle aufgeschrieben hast. Prüfe nochmals beim Zurücksetzen der Massenstücke deine Aufzeichnung und zähle dann die aufgeschriebenen Massenstücke zusammen.

17. Wiederhole die Wägung, doch setze diesmal den Gegenstand auf die rechte und die Massenstücke auf die linke Schale. Sieh das Mittel aus beiden Ergebnissen als die Masse des Gegenstandes an.

18. Benutze beim Abgleichen von Gegenständen keine Massenstücke, sondern Granaten, Schrot, Blei- oder Zinnblatt, Papier u. dgl. Lege die Gegenmassen nie auf die Wagschale selbst, sondern in besondere Abgleichschalen (Schachteldeckel) oder Abgleichbecher.

19. Hat die Wage eine Bremse, so muß man jedesmal vor dem Aufsetzen und dem Wegnehmen von Gegenständen und Massenstücken die Wage feststellen. Bremse langsam und vorsichtig. Ist das Gleichgewicht noch nicht nahezu erreicht, so genügt schon ein unvollständiges Aufheben der Bremsung zum Beurteilen, ob das aufgelegte Massenstück zu groß oder zu klein ist.

20. Prüfe beim Schluß des Wägens, ob alles, Wage und Massensatz, in guter Ordnung ist. Melde dem Lehrer sofort jeden Mangel.

Bemerkungen. Nach meinen Erfahrungen bewähren sich bei den Übungen Wagen mit Bremsen nicht gut,

Im Dorotheenstädtischen Realgymnasium und in den werktätigen Lehrgängen der Staatlichen Hauptstelle für Schülerversuche hat sich die in Abb. 18 dargestellte Wage am besten bewährt. Sie hat ein bronziertes eisernes Gestell und einen durchbrochenen Balken aus Messing. Die Spitze der Zunge, die abwärts gerichtet ist, spielt vor einer Teilung. Die Wage hat zwei Bügelschalen aus

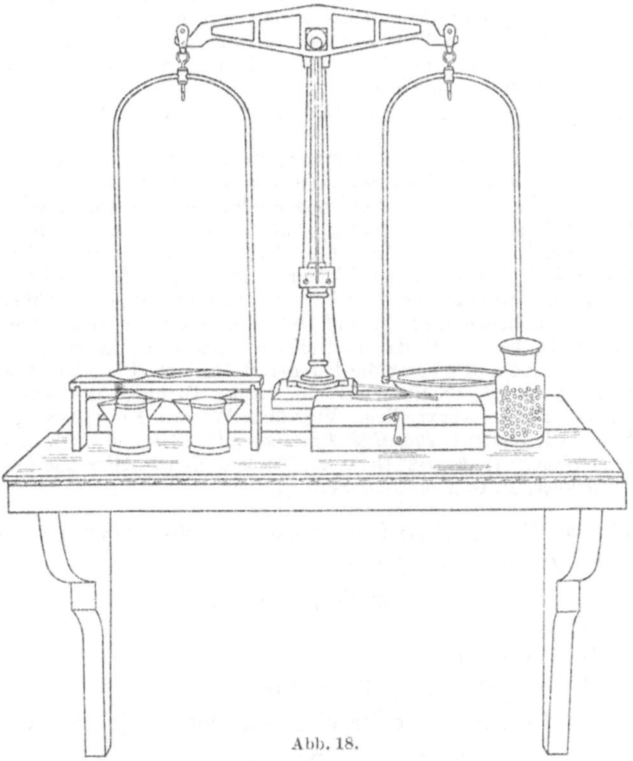

Abb. 18.

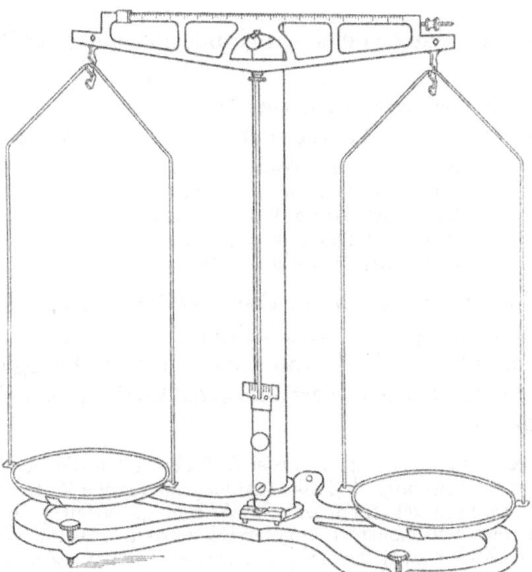

Abb. 19.

Messing, die oben und auf den Unterseiten der Schalen mit Aufhängehaken ausgestattet sind. Das polierte Grundbrett ist mit entsprechenden Löchern von 3 cm Durchmesser versehen. Die Wage verträgt auf jeder Seite die Belastung 1 kg. Der Massensatz reicht von 0,01 bis 200 g und enthält im ganzen 501 g. Die Bruchgramme liegen einzeln unter einer Glasplatte. Eine Greifzange ist beigegeben. Ähnliche gute Wagen liefern auch Louis Preuschoff, Berlin S 42, Luisenufer 11, und G. Kistler, Ebingen.

Da immer Verluste an Bruchgrammen, namentlich an 0,02 g-Stücken, eintreten, so halte man sich einen ausreichenden Ersatzvorrat.

Im Sommer 1907 hat das Naturwissenschaftliche Fortbildungsinstitut die in Abb. 19 abgebildete Wage von der Central Scientific Company, 14—28 Michigan St., Chicago, Ill., bezogen. Sie ist ein Ersatz für die „*Harvard Trip Scale*". Ihre größte zulässige Belastung ist 2 kg und ihre Empfindlichkeit bei dieser Belastung 0,05 g. Der durchbrochene Balken ist geteilt und trägt ein Schiebegewicht. Man wägt in der üblichen Weise bis auf 10 g, stellt dann mit dem Schiebegewicht das Gleichgewicht her, liest, da ein Teilstrich des Wagbalkens 0,1 g darstellt, die Zehntelgramm ab und schätzt die Hundertstelgramm. Die bewegliche Teilung, wovor die Zunge spielt, erlaubt zwar ein rasches Dämpfen der Schwingungen, doch ist das Verfahren verwerflich. Vgl. über Wägen: Kohlrausch, *Lehrb. d. prakt. Phys.* [14] 54, Berndt, *Physikal. Praktikum 1*[3], *22 ff.* und Ostwald-Luther[3] 69, und über Wagen: W. Felgentraeger, *Theorie, Konstruktion und Gebrauch der feineren Hebelwage*, B. G. Teubner, *Leipzig, 1907.*

9. Aufgabe. *Wie groß sind die Masse und die Dichte des vorgelegten Stabes von kreisförmigem Querschnitt?*

(1 Schüler, 1 Stunde.)

Geräte. Wage.
Massensatz.
Walze (vgl. Aufg. 3, S. 16).

Anleitung. a) Bestimme mit der Wage die Masse m [g] der Walze.

b) Schlage im Übheft nach, wie groß der Raum V [cm^3] der Walze ist.

c) Berechne die Masse von einem Kubikzentimeter der Walze. *Dichte*: ϱ [g/cm^3].

d) Schreibe die Ergebnisse in folgender Weise auf:

Wage Nr. . . . Massensatz Nr. . . . . . . walze Nr. . . .

Halbmesser der Walze $r =$ . . . cm.
Höhe der Walze $h =$ . . . cm.
Raum der Walze $V =$ . . . cm^3.
Masse der Walze $m =$ . . . g.
Dichte der Walze $\varrho = m/V =$ . . . g/cm^3.

e) Schreibe deinen Namen, die Nummer der Walze und das Ergebnis auf einen Zettel und gib ihn dem Lehrer.

f) Ist die Dichte des Stoffs von seiner Gestalt abhängig?

g) Schlage nach, welchen Wert man sonst für die Dichte des gegebenen Stoffs gefunden hat.

Bemerkungen. Beim Erledigen dieser Aufgabe sollen die Schüler das Wägen lernen. Daher ist es notwendig, daß alle Schüler gleich große Walzen aus demselben Stoff erhalten. Deshalb schaffe man alle Walzen gleichzeitig an und verlange, daß alle aus demselben Rohstoff angefertigt werden. Beim Wägen führen diesmal alle Schüler gleichzeitig dieselbe Handlung aus. Ein Schüler gibt stets an, was zu machen ist. Kein Schüler darf im Wägen fortfahren, bevor nicht der gefragte Schüler gesagt hat, was zu tun ist. Der Lehrer hat mit der größten Sorgfalt darüber zu wachen, daß alle Schüler regelrecht verfahren. Sind die Walzen gut gearbeitet, so treten Abweichungen erst bei den letzten Bruchgrammen auf. Die letzten Schritte der Wägungen hat der Lehrer bei jedem einzelnen Schüler nachzuprüfen. Bei dieser Übung, einer der wichtigsten und schwierigsten, die es gibt, hat der Lehrer seine ganze Kraft einzusetzen. Besitzt er am Ende der Stunde noch einen trocknen Faden am Leibe, so hat er seine Pflicht nicht ganz erfüllt. Was er und seine Schüler in dieser Stunde an Arbeit zu viel aufwenden, das bringen die künftigen Ersparnisse an Arbeit und Zeit reichlich wieder ein. Auch bei den Aufgaben 10 bis 12, wo die Schüler bereits selbständig wägen, hat der Lehrer noch vor allem auf das rein handwerksmäßige, fehlerfreie Arbeiten zu achten. Hat man bei den ersten Wägungen die Schüler gut erzogen, so lernen sie später spielend das sorgfältige und richtige Handhaben der andern feinen Meßwerkzeuge.

Gibt ein Schüler einen Zettel mit einem grob abweichenden Ergebnis ab, so lasse man ihn zunächst seine Rechnungen wiederholen. Meßfehler sind sehr selten, Rechenfehler aber häufig. Sobald alle Zettel abgegeben, bildet man aus den Ergebnissen sämtlicher Schüler das Mittel.

Zum Nachschlagen der Werte für die Dichte gebe man den Schülern nicht nur Lehrbücher, sondern auch die Tafeln von LANDOLT-BÖRNSTEIN und den „großen KOHLRAUSCH" in die Hand. Da das Benutzen der Wörterbücher die einzige Handfertigkeit ist, welche die Schüler seither in der Schule erworben haben, so setzt die Schnelligkeit, womit sie sich in den Tafeln zurechtfinden, nicht weiter in Erstaunen.

Aus $m = \varrho V$ folgt

$$\frac{\Delta \varrho}{\varrho} = \frac{\Delta m}{m} + \frac{\Delta V}{V},$$

wo ΔV, Δ m, $\Delta \varrho$ die Fehler der Raum-, der Masse- und der Dichtebestimmung sind.

Hat ein Schüler sein „Übheft" vergessen und vermag er daher den früher gemessenen Raum der Walze nicht nachzuschlagen, so wägt er zwar mit, doch kann er die Dichte nicht berechnen. Ein solches notwendiges Ausschließen von einer neuen gemeinsamen Arbeit bekämpft ohne jedes Scheltwort mit Erfolg jede Nachlässigkeit.

Es empfiehlt sich nicht, die Aufgaben 9 bis 12 nach dem Verfahren des allseitigen Angriffs zu erledigen, da die Schüler an diesen einfachen Aufgaben die Kunst des sorgfältigen Wägens lernen und üben sollen.

10. Aufgabe. *Wie groß sind die Masse und die Dichte des vorgelegten Holzstabes von rechteckigem Querschnitt?*

(1 Schüler, $^1/_2$ Stunde.)

Geräte. Wie bei Aufgabe 9, doch Holzklotz (vgl. Aufg. 1, S. 11 u. 13) statt Walze.

Anleitung. Verfahre ähnlich wie bei Aufgabe 9.

11. Aufgabe. *Wie groß sind die Masse und die Dichte der vorgelegten Kugel?*

(1 Schüler, $^1/_2$ Stunde.)

Geräte. Wie bei Aufgabe 9, doch Kugel (vgl. Aufg. 5, S. 22) statt Walze.

Anleitung. Verfahre ähnlich wie bei Aufgabe 9.

12. Aufgabe. *Wie groß sind die Masse und die Dichte des vorgelegten Kupferdrahts?*

(1 Schüler, $^1/_2$ Stunde.)

Geräte. Wie bei Aufgabe 9, doch ein Kupferdraht von etwa 20 cm Länge und 0,5 bis 1 mm Durchmesser statt der Walze, dazu Beißzange, Feile und Meterstab.

Anleitung. a) Miß die Länge l [cm] und wie bei Aufgabe 8 (a) (S. 25) den Durchmesser d [cm] des Drahts.

b) Berechne aus d den Halbmesser r [cm] und aus r und l den Raum V [cm^3] des Drahts.

c) Verfahre wie bei Aufgabe 9.

13. Aufgabe. *Wie groß ist die Dichte des Wassers?*

(1 Schüler, 1 Stunde.)

Geräte. Becher aus Messing- oder Weißblech von 1 mm Stärke, 8 cm Höhe und 6,2 cm Durchmesser.
Abgeschliffne Glasplatte von 7,5 cm Durchmesser.
Schublehre.
Saugröhre (Pipette) (50 cm^3).
Becherglas (550 cm^3).
Fließpapier.
Wage.
Massensatz.
Abgleichbecher.
Abgleichgranaten (Schrot).
Thermometer, von -30^0 bis $+130^0$, geteilt in $^1/_1$ Grade.
Pinsel.

Anleitung. a) Miß dreimal die lichte Weite, d. h. den innern Durchmesser d [cm], und die Tiefe h [cm] des Bechers. Berechne den innern Halbmesser r [cm] und den Rauminhalt V [cm^3] des Bechers.

b) Gleiche auf der Wage den Becher nebst Glasplatte sorgfältig ab.

c) Fülle den Becher ganz mit Leitungswasser, entferne dabei durch Umschwenken oder mit einem Pinsel oder einem Draht alle Luftblasen, decke die Glasplatte so auf, daß keine Luftblase eingeschlossen wird, und entferne von der Außenseite und der Glasplatte alles Wasser.

d) Stelle behutsam auf die linke Schale der Wage den Becher und bestimme die Masse m [g] des Wassers.

e) Nimm den Becher von der Wage, rühre fünf Minuten lang mit dem Wärmemesser das Wasser um und miß seine Warmheit t [^{0}C].

f) Berechne aus dem Raum und der Masse des Wassers seine Dichte ϱ [g/cm^3].

g) Schreibe die Ergebnisse in folgender Weise auf:

Messingbecher Nr. ... Wage Nr. ... Thermometer Nr. ...
Schublehre Nr. ... Massensatz Nr. ... Warmheit $t = \dots$ ^{0}C.

	Durchmesser d [cm]	Tiefe h [cm]
Summe	. . . . . .	. . . . .
Mittel	. . . . . .	. . . . .

Halbmesser des Bechers $r = \dots$ cm.
Raum des Wassers $V = \dots$ cm^3.
Masse des Wassers $m = \dots$ g.
Dichte des Wassers $\varrho = m/V = \dots$ g/cm^3.

h) Schreibe deinen Namen und das Ergebnis auf einen Zettel und gib ihn dem Lehrer.

i) Entleere den Becher und trockne ihn sorgfältig. Spüle die Saugröhre aus und laß das Spülwasser aus ihrem Hals ausfließen.

Bemerkungen. Man bilde das Mittel aus den Ergebnissen aller Schüler.
Einfacher ist es, mit der Saugröhre 200 cm^3 Wasser in ein abgeglichenes Becherglas (250 cm^3) zu füllen, die Masse zu bestimmen und dann die Dichte zu berechnen.

Saugröhren (Pipetten, Büretten) und andre Ausflußgefäße werden leicht fettig. Ein sicheres Mittel, solche Gefäße in Ordnung zu bringen, ist (nach OSTWALD-LUTHER[3] 169) eine nötigenfalls erwärmte Lösung von etwas Kalium- oder Natriumdichromat in starker Schwefelsäure. Auch warme Natronlauge löst organische Fette auf. Man spüle wiederholt mit übergedampftem Wasser nach. Vgl. auch Dr. H. GÖCKEL, *Zur Behandlung der Meßgeräte, Intern. Kongreß f. angew. Chemie, Rom 1906, Ber. I. 323* und die in seiner Preisliste angegebenen Schriften.

Saugröhren bewahrt man am besten mit dem Schnabel nach oben in Standgläsern auf, deren Boden mit Filterpapier bedeckt ist, oder in Gestellen mit Tropfentrog.

Wasser von 4° und Einheitsdruck hat die Dichte 0,999973 g/cm³. Den Unterschied dieser Zahl gegen Eins kann man meistens vernachlässigen, wenn es sich darum handelt, Räume durch Auswägen mit Wasser zu bestimmen. KOHLRAUSCH, *Lehrb. d. prakt. Phys.* [14] *63, 71 u. 759 Taf. 4.* BERNDT, *Physikal. Praktikum 1*[3], *32 u. 39.* MARTENS, *Physik. techn. Elektrizitätslehre 766 Art. 648.* Die Schüler sollen hier nicht die Dichte des Wassers bei der gemessenen Warmheit berechnen. Die Forderung, die Warmheit zu messen (e), soll nur die Schüler daran gewöhnen, stets beim Arbeiten mit Flüssigkeiten und Gasen, die Warmheit zu bestimmen.

Schüler pflegen bei den Übungen weder Maßstäbe als Schwerter noch Schrotkugeln als Wurfgeschosse zu verwenden; aber einem gebückten Mitschüler mit der Saugröhre einen Tropfen in den Hals fließen zu lassen, ist ein Vergnügen, das sie sich nur schwer versagen können. Macht man sie von vornherein auf diese Schwäche aufmerksam, und sagt man ihnen, daß die Saugröhre ein Ausflußgefäß und zugleich ein Hilfsmittel zum Unterscheiden alternder Taugenichtse von heranwachsenden Physikern ist, so beugt man ein für allemal dem Unfug vor.

14. Aufgabe. *Wie groß ist der Raum, den eine gegebene Wassermasse einnimmt?*

(1 Schüler, 1/2 Stunde.)

Geräte. Enghalsige Flasche (100 cm³). Feile. Wage. Massensatz. Abgleichbecher. Abgleichgranaten. Fließpapier. Meßglas (250 cm³). Saugröhre. Spiegel. Trichter. Becherglas (550 cm³). Pinsel.

Anleitung. a) Ritze in den Hals der Flasche mit der Feile eine Marke ein.

b) Gleiche auf der Wage die Flasche sorgfältig ab.

c) Stelle auf den Tisch die Flasche und fülle sie so weit mit Wasser, daß die Kuppe genau die Marke berührt; entferne dabei durch Schütteln oder mit einem Pinsel oder mit einem Draht alle Luftblasen. Halte beim Einstellen der Wasserkuppe den Spiegel derart lotrecht dicht hinter den Hals, daß sich das Bild des Sehlochs mit der Marke deckt.

d) Trockne außen die Flasche tüchtig ab und bestimme mit der Wage die Masse m [g] des Wassers. Wie groß ist der Raum V_1 [cm³] dieser Wassermasse?

e) Gieße, ohne etwas zu verschütten, in ein Meßglas das Wasser und miß seinen Raum V_2 [cm³]. Wie stimmt er mit V_1 überein? Berechne den Unterschied $\Delta V = (V_1 - V_2)$ [cm³].

f) Spüle Saugröhre, Flasche und Meßglas sorgfältig aus und stülpe die beiden Gefäße aufs Ablaufbrett.

g) Verfahre wie bei Aufgabe 13 (h).

Bemerkungen. Die Marke am Hals der Flasche stelle man auf folgende Weise her: Man klebe rund um den Hals einen Streifen Papier von 1 cm Breite und ritze längs seinem Rande mit der Feile oder dem Glasmesser einen Kreis ein. Das Dichtefläschchen ist in Abb. 23 dargestellt.

15. Aufgabe. *Wie groß ist die Dichte einer gegebenen Flüssigkeit?*

1. Verfahren.

(1 Schüler, 1/2 Stunde.)

Geräte. Wage. Massensatz. Meßröhre (Bürette) (50 cm³, geteilt in 0,1 cm³). 2 Bechergläser (50 cm³). Brennspiritus oder gesättigte Lösungen von Kochsalz oder Cuprisulfat. Trichter. Spiegel oder Ableseklemme. Abgleichgranaten. Abgleichbecher. Thermometer. Fließpapier.

Anleitung. a) Reinige das eine Becherglas, trockne es sorgfältig ab, stelle es auf die linke Wagschale und gleiche genau ab.

b) Reinige die Meßröhre (Abb. 20) und den Trichter und spüle sie zweimal mit der gegebenen Flüssigkeit aus. Fülle die Meßröhre durch den Trichter mit der Flüssigkeit und nimm dann den Trichter aus dem Halse der Röhre. Laß aus der Röhre in das nicht abgeglichene Becherglas etwas Flüssigkeit fließen, damit aus der Ausflußröhre alle Luft entfernt wird. Warte etwas und lies dann mit dem Spiegel oder der Ableseklemme den Stand der Flüssigkeitskuppe ab. Vgl. Aufg. 14 (c).

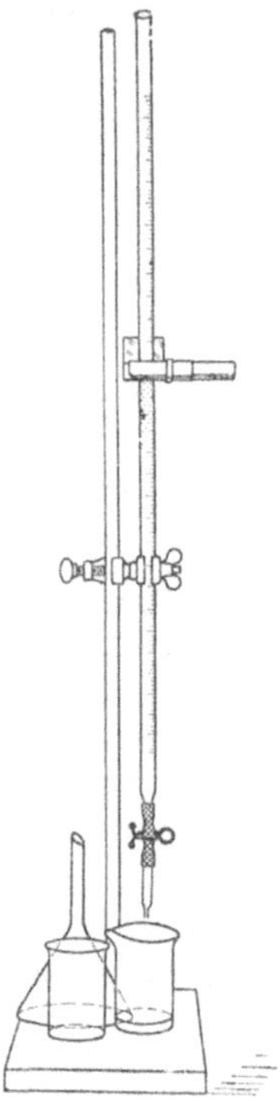

Abb. 20.

c) Laß in das abgeglichene Becherglas 30 bis 40 cm³ der Flüssigkeit fließen, verwende dabei keine Mühe darauf, eine runde Anzahl Kubikzentimeter ablaufen zu lassen. Lies nach einigem Warten mit dem Spiegel wiederum den Stand der Flüssigkeitskuppe in der Meßröhre genau ab. Wieviel Kubikzentimeter Flüssigkeit sind ins Becherglas geflossen? V [cm]³.

d) Bestimme mit der Wage sorgfältig die Masse m [g] der Flüssigkeit und miß dann ihre Warmheit.

e) Wie groß ist die Dichte ϱ [g/cm³] der Flüssigkeit?

f) Schreibe die Ergebnisse in folgender Weise auf:

Wage Nr. ... Massensatz Nr. ... Thermometer Nr. ...
Warmheit $t = \ldots {}^0$C. Meßröhre Nr. ...
1. Ablesung der Röhre ... cm³.
2. Ablesung der Röhre ... cm³.
Raum der Flüssigkeit $V = \ldots$ cm³.
Masse der Flüssigkeit $m = \ldots$ g.
Dichte der Flüssigkeit $\varrho = m/V = \ldots$ g/cm³.

g) Verfahre wie bei Aufgabe 13 (h).

h) Gieße die Flüssigkeit in das Gefäß, das der Lehrer dafür bestimmt hat. Reinige die Meßröhre und die Bechergläser und stelle sie aufs Ablaufbrett.

2. Verfahren.

(1 Schüler, 1 Stunde.)

Geräte. Enghalsige Flasche (etwa 50 cm^3), in deren Hals mit der Feile eine Marke geritzt ist, oder Dichtefläschchen (Pyknometer).
Wage.
Massensatz.
Abgleichgranaten.
Abgleichbecher.
Übergedampftes Wasser.
Flüssigkeiten wie beim 1. Verfahren.
Fließpapier.
Trichter.
Becherglas.
Saugröhre.
Thermometer.
Spiegel.
Pinsel oder Draht.

Anleitung. **i)** Gleiche auf der Wage das leere Fläschchen sorgfältig ab.

k) Fülle das Fläschchen genau bis zur Marke mit übergedampftem Wasser, entferne dabei durch Schütteln oder mit einem Pinsel oder einem Drahte die Luftblasen, wische das Gefäß außen sorgfältig trocken und bestimme die Masse des Wassers. Fasse dabei das Fläschchen nur am Hals an, damit es so wenig wie möglich erwärmt wird. Wieviel Kubikzentimeter faßt das Fläschchen bis zur Marke? V [cm^3].

l) Spüle Saugröhre und Fläschchen zweimal mit der gegebenen Flüssigkeit aus. Fülle dann das Fläschchen genau bis zur Marke mit der gegebenen Flüssigkeit, entferne dabei im Innern alle Luftblasen und auf der Außenseite alle anhaftende Flüssigkeit.

m) Bestimme mit der Wage sorgfältig die Masse m [g] der Flüssigkeit.

n) Miß die Warmheit der Flüssigkeit.

o) Wie groß ist die Dichte der Flüssigkeit?

p) Schreibe die Ergebnisse in folgender Weise auf:

Wage Nr. ... Massensatz Nr. ... Fläschchen Nr. ...
Thermometer Nr. ... Warmheit $t = \ldots$ °C.
Masse des Wassers im Fläschchen ... g.
Raum des Fläschchens $V = \ldots$ cm^3.
Masse der Flüssigkeit im Fläschchen $m = \ldots$ g.
Dichte der Flüssigkeit $\varrho = m/V = \ldots$ g/cm^3.

q) Verfahre wie bei Aufgabe 13 (h).

r) Verfahre wie bei (h).

Abb. 21.

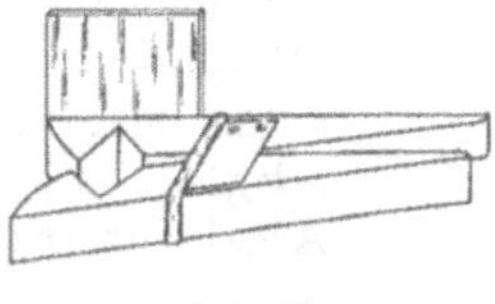

Abb. 22.

Bemerkungen. Mackenzie (*8*) benutzt beim Ablesen der Meßröhre einen Schwimmer mit einer Ringmarke (Abb. 21). Ich selbst habe keine Erfahrungen damit gemacht, sondern verwende die Ableseklemmen von Dr. Göckel (Abb. 22). Diese „Meniscus-Visierblenden“ sind zu beziehen von Dr. Heinrich Göckel, Fabrik und Prüfungsanstalt chemischer Apparate, Berlin NW 6, Luisenstr. 21.

Es empfiehlt sich, nach dem Verfahren von Weinhold, *Phys. Dem.* [5] *820* (vgl. auch Hahn, *Freihandversuche 2*[2], *133 Nr. 265*) stets ausreichende Mengen von gesättigten Kochsalz- und Cuprisulfatlösungen vorrätig zu halten.

Beim Verwenden von Cuprisulfatlösung muß man die Schüler zu großer Vorsicht ermahnen, damit sie beim Saugen an der Saugröhre die giftige Flüssigkeit nicht in den Mund bekommen.

Beim Benutzen eines Dichtefläschchens achte man darauf, daß die Schüler beim Abgleichen den Stopfen aufsetzen. Den Namen Dichtefläschchen hat zuerst JOHANNESSON, *Phys. Mech. 33*, gebraucht.

Man bilde aus allen Einzelergebnissen das Mittel.

16. Aufgabe. *Wie groß sind der Raum, die Masse und die Dichte eines unregelmäßig gestalteten festen Körpers?*

(1 Schüler, $^1/_2$ Stunde.)

Geräte. Kieselstein, Schlüssel u.dgl. Wage. Massensatz. Meßröhre. Spiegel oder Ablese-klemme. | Becherglas. Standglas (250 cm³). Trichter. Klebepapier.

Anleitung. **a)** Bestimme mit der Wage sorgfältig die Masse m [g] des Körpers.

b) Lege den Körper in ein Standglas, das gerade weit genug ist, ihn aufzunehmen. Fülle mit einer Meßröhre das Gefäß genau bis zu einer Marke mit Wasser und entferne alle Luftblasen. Entleere das Glas und fülle es wiederum mit der Meßröhre bis zur Marke mit Wasser. Das erste Mal sind V_1 [cm³] und das andre Mal V_2 [cm³] Wasser aus der Röhre geflossen. Welchen Raum nimmt der Körper ein? $V = (V_2 - V_1)$ [cm^3].

c) Berechne aus der Masse und dem Raum des Körpers seine Dichte.

d) Verfahre wie bei Aufgabe 13 (h).

Bemerkungen. Bei Körpern, die in Wasser löslich sind, nimmt man Alkohol, Petroleum, Benzol, Toluol und bei Salzkristallen (z. B. Cuprisulfat) eine gesättigte Lösung des Salzes.

Vgl. HAHN, *Physikal. Freihandversuche* 1^2, *59 Nr. 21 u. 22.*

17. Aufgabe. *Wie groß sind der Raum, die Masse und die Dichte von Glasschrot?*

(1 Schüler, 1 Stunde.)

Geräte. Dichtefläschchen (Pyknometer) von 50 cm³. Glasschrot (Abgleichgranaten oder Schrot). Abgleichbecher. Abgleichgranaten. | Wage. Fließpapier. Saugröhre. Becherglas. Übergedampftes Wasser.

Anleitung. **a)** Prüfe, ob der Stopfen zum Dichtefläschchen gehört. Gleiche das Fläschchen (Abb. 23) nebst Stopfen auf der Wage ab.

b) Fülle das Fläschchen zur Hälfte mit Glasschrot und bestimme die Masse m [g] der Kugeln.

c) Fülle das Fläschchen, worin noch das Glasschrot liegt, mit übergedampftem Wasser und entferne durch Schütteln oder mit einem Drahte die Luftblasen. Reibe mit einer Spur Fett den Stopfen ein, setze ihn auf und tupfe mit einer kleinen Fließpapierspitze das Wasser bis zur Marke aus. Trockne das Fläschchen sorgfältig außen ab.

d) Bestimme mit der Wage die Masse m_1 [g] von Schrot und Wasser im Fläschchen. Welche Masse Beiwasser ist im Gefäß? $(m_1 - m)$ [g].

e) Entleere das Fläschchen und fülle es wie in (c) genau bis zur Marke mit übergedampftem Wasser.

f) Wäge das Wasser im Fläschchen. Die Masse ist m_2 [g]. Wieviel Kubikzentimeter Wasser faßt das Fläschchen? V_2 [cm³].

g) Beim Versuch (d) enthielt das Fläschchen $(m_1 - m)$ [g] Beiwasser. Welchen Raum nahm dies ein? V_1 [cm³]. Welchen Raum V [cm³] füllte also das Glasschrot, wenn das Fläschchen im ganzen V_2 [cm³] faßt? $V = (V_2 - V_1)$ [cm³].

h) Berechne aus dem Raum und der Masse des Glasschrots seine Dichte.

Abb. 23.

i) Schreibe die Ergebnisse in folgender Weise auf:

Wage Nr. ... Massensatz Nr. ... Dichtefläschchen Nr. ...

Masse des Glasschrots $m = \ldots$ g.
Masse des Glasschrots und des Beiwassers $m_1 = \ldots$ g.
Masse des Beiwassers $m_1 - m = \ldots$ g.
Raum des Beiwassers $V_1 = \ldots$ cm³.
Masse der Wasserfüllung $m_2 = \ldots$ g.
Raum der Wasserfüllung $V_2 = \ldots$ cm³.
Raum des Glasschrots $V = V_2 - V_1 = \ldots$ cm³.
Dichte des Glasschrots $\varrho = m/V = \ldots$ g/cm³.

k) Verfahre wie bei Aufgabe 13 (h).

l) Entleere das Fläschchen und gib es dem Lehrer. Trockne das Glasschrot und lege es in das Gefäß, das der Lehrer dafür bestimmt hat.

Bemerkungen. Man berechne aus den Einzelergebnissen den Mittelwert. Man versehe Flasche und Stopfen des Dichtefläschchens mit den gleichen Nummern. Es empfiehlt sich, für jedes Fläschchen ein Gegengewicht anzufertigen, das die gleiche Nummer erhält.

Vgl. auf S. 33 die Bemerkungen zu Aufg. 13.

18. Aufgabe. *Wie groß ist die Fläche, die ein beliebig gestalteter Umriß einschließt?*

1. Verfahren.

(1 Schüler, ½ Stunde.)

Geräte. Millimeterpapier (10 cm × 10 cm). Bleistift.

Anleitung. a) Zeichne auf ein Blatt Millimeterpapier (10 cm × 10 cm) einen beliebig gestalteten Umriß (Abb. 24).

b) Zähle die großen Quadrate (cm²), die vollständig innerhalb des Umrisses liegen, und umfahre sie mit dem Bleistift.

c) Zähle die kleinen Quadrate (mm²), die vollständig innerhalb des Umrisses liegen, und umfahre auch sie mit dem Bleistift.

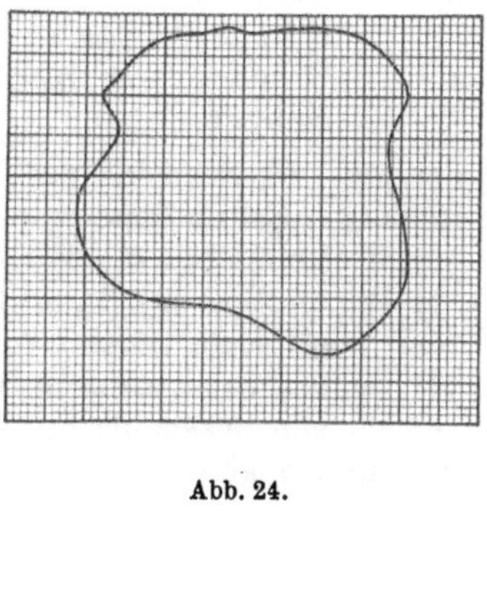

Abb. 24.

d) Zähle die vom Umriß durchschnittenen kleinen Quadrate, die größer als ein halbes Quadrat sind, als vollständige Quadrate und laß die vom Umriß durchschnittenen Quadrate weg, die kleiner als die Quadrathälfte sind.

e) Welcher Bruchteil eines Quadratzentimeters ist ein Quadratmillimeter? Wieviel Quadratzentimeter umgrenzt der Umriß?

2. Verfahren.

(1 Schüler, $^1/_2$ Stunde.)

Geräte. Wage.
Massensatz.
Dünnes Steifpapier von überall gleicher Stärke, oder Zinnblatt.
Nähnadel, deren Öhr in Siegellack eingebettet ist, oder
Pauspapier oder Kohlepapier oder Graphitpapier.
Millimeterstab (30 cm).
Schere.

Anleitung. a) Schneide aus dem Steifpapier ein Rechteck (10 cm × 10 cm), miß die Seiten und bestimme mit der Wage seine Masse. Berechne die Größe der Fläche, deren Masse 1 g ist.

b) Lege das Millimeterpapier mit dem Umriß oder ein andres geschlossenes Bild auf das Steifpapier und stich mit der Nadel den Umriß durch. Schneide das Steifpapier längs der Stichkurve aus.

c) Bestimme mit der Wage die Masse des ausgeschnittenen Papierstücks.

d) Berechne mit dem Ergebnis des Versuchs (a) aus der Masse des ausgeschnittenen Papierstücks dessen Fläche.

Bemerkungen. Man kann den Umriß, anstatt durchzustechen, auch durchpausen.

Auf solche Weise kann man die Größe des Schulgrundstücks, der Stadtmark, des Landes, des Deutschen Reichs, ebenso die geometrischen Sätze über Flächengleichheit, z. B. den Pythagoreischen Lehrsatz usw., bestimmen, lauter Aufgaben, die auf die Schüler einen großen Reiz ausüben. Sätze der Raumlehre soll man jedoch mathematisch, nicht aber physikalisch beweisen. Die hier angedeuteten Verfahren sind nur bei Schülern zulässig, deren Raumanschauung noch unentwickelt ist.

19. Aufgabe. *Wie dick ist ein Zinnblatt?*

(1 Schüler, 1 Stunde.)

Geräte. Zinnblatt.
Millimeterstab (30 cm).
Eiserner Winkel.
Schere.
Wage.
Massensatz.
Schraublehre.

Anleitung. a) Schneide aus Blattzinn ein Quadrat von etwa 10 cm Seitenlänge. Miß die Seiten genau und berechne den Flächeninhalt F [cm^2].

b) Bestimme mit der Wage die Masse m [g] des Zinnblatts.

c) Wie groß ist der Raum V [cm^3] des Zinnblatts, wenn seine Fläche F [cm^2] und seine Dicke h [cm] ist?

d) Schlage nach, wie groß die Dichte ϱ [g/cm^3] des Zinns ist. 7,3 g/cm^3.

e) Welche Beziehung besteht zwischen m, V und ϱ? Wie hängt V von F und h ab?

f) Leite eine Formel ab, die erlaubt, h durch m, ϱ und F auszudrücken. Berechne damit h.

g) Falte, so oft wie es geht, das Zinnblatt zusammen und zähle dabei sorgfältig die Anzahl der Schichten. Drücke die Lagen ganz fest zusammen. Laß den Lehrer mit der Schraublehre die Dicke aller Schichten messen. Wieviel Schichten liegen aufeinander? Wie dick ist also das Zinnblatt?

h) Verfahre wie bei Aufgabe 13 (h).

Bemerkungen. Man bilde das Mittel aus den Dicken, die mit der Wage, und aus den Dicken, die mit der Schraublehre gefunden worden sind, und berechne den Unterschied beider Mittel. Diese Aufgabe macht stets auf die Schüler einen tiefen Eindruck. Sie zeigt wirksam, welch feine Werkzeuge die Wage und die Schraublehre sind.

20. Aufgabe. *Wie kann man mit der Wage die Dicke eines Drahts messen?*

(1 Schüler, 1 Stunde.)

Geräte. Kupferdraht von 0,5 bis 1 mm Durchmesser. Meterstab. Beißzange. Wage. Massensatz. Schraublehre.

Anleitung. a) Schneide etwa 100 cm Draht ab. Richte ihn gerade aus und miß genau seine Länge l [cm].

b) Wie groß ist der Querschnitt F [cm^2] des Drahts, dessen Halbmesser r [cm] ist? Wie groß ist der Raum V [cm^3] des Drahts?

c) Bestimme mit der Wage die Masse m [g] des Drahts.

d) Schlage nach, wie groß die Dichte ϱ [g/cm^3] des Kupferdrahts ist. 8,9 g/cm^3.

e) Welche Beziehung besteht zwischen m, ϱ und V? Wie hängt V von r und l ab?

f) Leite eine Formel ab, die erlaubt, r durch m, ϱ und l auszudrücken. Berechne damit den Halbmesser r [cm] und den Durchmesser d [cm] des Drahts. Wieviel Millimeter ist der Draht stark?

g) Miß an drei Stellen mit der Schraublehre je zwei Durchmesser, die aufeinander senkrecht stehen, und nimm das Mittel daraus. Vergleiche damit die Größe des Durchmessers, den die Wägung geliefert hat.

h) Verfahre wie bei Aufgabe 13 (h).

Bemerkungen. Vgl. die Bemerkungen zu Aufgabe 19.

Zweiter Teil.

Gleichgewicht und Bewegung der festen Körper.

A. Gleichgewicht der festen Körper.

I. Kraft.

1. Aufgabe. *Wie wirkt ein Stein auf die wagrechte Hand und auf eine lotrechte Federwage?*

Quellen. E. BUDDE, *Allgemeine Mechanik 1, 111.* H. HAHN, *Mitteilungen d. Preuß. Hauptstelle f. d. naturw. Unterricht. Heft 4. S. 13 ff.*

Geräte. Mehrere weiche Steine verschiedener Größe, jedoch mindestens 0,5 kg schwer.	Federwage für Druck. Fließpapier. Hammer.

Anleitung. a) Lege auf die wagrechte linke Handfläche einen Stein. Was empfindest du? *Druck, Anstrengung.*

b) Halte mit der rechten Hand den Stein empor und laß ihn dann los. Was tut der Stein?

c) Lege den Stein auf eine lotrecht aufgestellte Federwage, die Drucke anzeigt: Nach einigen Schwingungen kommen Stein und Wage dauernd zur Ruhe. Dann ist aber die Feder dauernd zusammengedrückt, verzerrt; sie zeigt einen Ausschlag. Belastet man eine Feder dauernd, so bleibt sie dauernd verzerrt.

d) Nimm den Stein von der Wage weg. Was tut diese? Entlastet man einen verzerrten und zur Ruhe gekommenen federnden Körper, so bewegt er sich so lange, bis er seine ursprüngliche Gestalt wieder angenommen hat.

e) Lege nochmals den Stein auf die Wage und lies die neue Ruhelage ab. Nimm dann den Stein weg, halte aber die Wage derart fest, daß sie den gleichen Ausschlag zeigt wie bei der Belastung. Man empfindet einen Druck, der, soweit sich das schätzen läßt, so groß ist wie der bei dem Versuch (a) empfundene Druck.

f) Wir machen die Annahme: Ist ein ruhender Körper (die Wage oder der Stein) allen äußern Einwirkungen entzogen, so bleibt er vollkommen in Ruhe, d. h. der ruhende Körper wird weder verzerrt, noch ändert er seine Lage.

Verzerrt ein Körper *A* einen andern Körper *B*, den er berührt, so sagen wir: der Körper *A* übt auf den Körper *B* eine Druckkraft oder eine Zugkraft aus.

Eine verzerrte Feder übt beim Entlasten eine Kraft aus, welche die Gestalt der Feder wieder herstellt; diese Kraft nennen wir Federkraft.

Jeder Körper ist schwer, d. h. er hat die Eigenschaft zu fallen, sobald er frei ist, und wenn er gehemmt ist, die Eigenschaft, auf seine Unterlage zu drücken oder an seiner Aufhängung zu ziehen. Diese Eigenschaft nennen wir Schwere. Wir erklären diese Eigenschaft dadurch, daß wir sagen: jeder Körper verhält sich so, als ob die Erde ihn anzöge. Diese Kraft der Erde nennen wir Schwerkraft, und die Größe der gehemmten Kraft bezeichnen wir als das Gewicht des Körpers.

g) Bei dem Versuch (c) drückt der Stein abwärts und die verzerrte Federwage aufwärts. Wir nehmen an: zwei Kräfte gleicher Größe und Richtung, aber entgegengesetzten Sinns, heben einander auf. Wir sagen: die Kraft, womit der Stein auf die Wage drückt, ist gleichartig der Kraft, die den freien Stein abwärts treibt, und auch ebenso groß.

Wir deuten nun den Versuch (b) so: Auf den freien Stein wirkt die abwärts gerichtete bestimmte Kraft P.

Den Versuch (c) erklären wir so: Der Stein wirkt mit der abwärts gerichteten Kraft P auf die Wage und verzerrt sie. Die verzerrte Feder drückt aufwärts. Da schließlich Ruhe eintritt, sagen wir: die Druckkraft der Feder ist ebenso groß wie die Kraft P, aber entgegengesetzt gerichtet. Diese Gegenkraft bezeichnen wir deshalb mit $-P$ und sagen: die Kräfte $+P$ und $-P$ heben einander auf, daher rufen sie keine Bewegung hervor, und es herrscht dauernd Ruhe.

Der Versuch (d) zeigt das Vorhandensein einer Federkraft an: nimmt man den Stein weg, so bleibt die Kraft $-P$ übrig; diese bewegt Teile der Feder aufwärts.

Die Versuche, wobei die Hand und der Arm eines Menschen angestrengt wurden, deuten wir so:

Versuch (a). Teile unsres Körpers können federn. Das Gewicht P des Steins verzerrt die Hand. Beim Verzerren leisten wir mit der Kraft $-P$ Widerstand: dieses Widerstehn empfinden wir als eine Anstrengung.

Versuch (d). Wir drücken auf die Wage mit der Kraft $+P$, um die Federkraft der Wage $-P$ aufzuheben. Die Empfindung des Anstrengens ist ebenso stark wie bei dem Versuch (a), weil der „Betrag" von $+P$ so groß ist wie der von $-P$. Die Kraftäußerung des Menschen ist, vom rein mechanischen Gesichtspunkt aus betrachtet, gleichwertig dem Wirken eines verzerrten federnden Körpers.

---

h) Wiederhole die Versuche (c) und (d) mit etlichen Steinen gleicher Art, aber verschiedener Größe: Je größer der Stein ist, desto größer ist der Ausschlag oder das Verzerren.

i) Wiederhole mit diesen verschiedenen Steinen die Versuche (a) und (e). Es zeigt sich: der größere Stein erregt die stärkere Druckempfindung, und in jedem einzelnen Fall ist bei (e) die Anstrengung so groß wie bei (a), wenn man stets dieselbe Hand und den gleichen Griff anwendet.

k) Lege gleichzeitig auf die Wage zwei Körper: beide zusammen verzerren die Wage stärker als jeder allein.

l) Lege auf die Wage einen Körper und beobachte die Verzerrung. Zerschlage mit dem Hammer den Körper in mehrere beliebige Stücke und lege diese Teile zusammen auf die Wage: das Verzerren ist ebenso stark wie vorher.

m) Der Versuch (h) liefert die Erfahrung: zwei verschiedene Körper haben im allgemeinen verschiedene Gewichte P. Wir nennen von zwei roh unterscheidbaren Kräften diejenige Kraft die stärkere, deren Aufheben uns die größere Anstrengung kostet. Ferner sehen wir bei Versuch (h), daß der Körper, der bei Versuch (i) nach menschlicher Schätzung die größere Kraft P ausübt, auch die Wage stärker verzerrt, und wir machen deshalb über die Empfindungen des Anstrengens die Annahme: Von zwei Kräften ist diejenige Kraft die größere, welche die Wage stärker verzerrt. Wir vermuten daher, daß die Federwage ein Gerät ist, das erlaubt, Kräfte miteinander zu vergleichen, ohne daß die Unsicherheit des menschlichen Schätzens dabei mitspielt. Wie das möglich ist, darüber geben die Versuche (k) und (l) Aufschluß. Beide Versuche führen zu der Annahme: Legen wir mehrere Körper zusammen auf die Wage, so ist die Kraft, womit sie darauf wirken, die Summe der Einzelkräfte, womit jeder Körper allein wirkt. Diese Deutung birgt aber zwei Annahmen in sich:

α) Gleichgerichtete und gleichsinnige Kräfte, die gleichzeitig einen Körper angreifen, wirken ebenso wie eine einzige Kraft, die gleich der Summe der einzelnen Kräfte ist.

β) Die Kraft, womit ein Körper drückt, bleibt unverändert, wenn andre Körper mit ihm zusammen wirken.

Die Schwerkraft, der alle irdischen Körper unterworfen sind, wirkt nicht auf eine einzelne Stelle. Wir nehmen an: die Schwerkraft bestehe aus zahllosen Kräften, die auf je eins der unzähligen Stoffteilchen wirken, woraus der Körper zusammengesetzt ist. Die Schwerkraft ist also eine R a u m k r a f t. Wenden wir den Satz (β) auf diese einzelnen Stoffteilchen an, so ergibt er: Das Gewicht des Körpers ist die Summe der gehemmten Kräfte, womit seine Teilchen abwärtswirken.

n) Versuche mit der Federwage, die im Übraum aufgestellt ist, zeigen uns, daß die Verzerrung, die ein bestimmter Körper daran hervorbringt, stets die gleiche ist, und ebenso, daß zwei unveränderliche Körper, die einmal die gleiche Verzerrung erzeugt haben, das auch später stets tun. Als vorläufige Einheit des Gewichts in unserm Zimmer führen wir das Gewicht der Masse 1 g ein; wir nennen es ein G r a m m g e w i c h t und schreiben es 1 g*. Legen wir auf die Wage irgendeinen Körper und stellen wir fest, daß er diese so stark verzerrt wie die Masse P [g], dann sagen wir: der Körper hat in unserm Zimmer das Gewicht P [g*]. (Vgl. p).

o) Wir kehren zu den Versuchen (b), (c) und (d) zurück und sagen:

α) Beim Versuch (b) bewegt die Kraft P den Stein.

β) Beim Versuch (c) verzerrt der Stein mit der Kraft P die Federwage.

γ) Beim Versuch (c) herrscht zum Schluß die Kraft (P—P) oder die Kraft Null zwischen Stein und Federwage.

Bei dem Versuch (b) nennen wir P eine f r e i e Kraft; denn hier wirkt ihr nichts entgegen. E i n e f r e i e K r a f t, d i e a n e i n e m r u h e n d e n

Körper angreift, erzeugt Bewegung. Im Gegensatz zu der freien Kraft nennen wir eine Kraft aufgehoben (annulliert), wenn sie durch eine entgegengesetzte gleiche Kraft gehemmt wird. Bei dem Versuch (c) sind $+P$ und $-P$ aufgehobene Kräfte. Aufgehobene Kräfte erzeugen Verzerrungen.

Die Aussagen (α), (β) und (γ) fassen wir jetzt schärfer so: Bei dem Versuch (b) wirkt am Stein die freie Kraft P. Bei dem Versuch (c) wirkt am Stein die Kraft P, die zum Schluß durch die Federkraft $-P$ aufgehoben wird. Bei dem Versuch (c) wirkt zum Schluß an dem Stein und der Federwage die freie Kraft Null.

Die Federwage zeigt deutlich erkennbare Verzerrungen. Man beobachtet diese an einem Zeiger, der an der Wage angebracht ist. Kennen wir $-P$, so kennen wir auch $+P$. Darum genügt es, von den beiden Körpern, die bei dem Versuch (c) beteiligt sind, nur den einen, nämlich die Federwage, zu beobachten.

p) Erst mit Hilfe aufgehobener Kräfte hat man den Begriff des Gewichts gewonnen. Gedankenversuch: Wir belasten am Meeresufer unter 45° Breite die Federwage mit der Masse ein Gramm; dann zeigt der Ausschlag der Wage die Kraft ein Grammgewicht. Wir eichen an diesem Orte die Federwage und können nunmehr an einem beliebigen Ort, z. B in unserm Übraum, Kräfte messen.

Bemerkungen. Beim schrittweisen Anpassen unsrer Gedanken an die Versuche empfiehlt es sich, stets bei jedem Schritte die entsprechenden einfachen Versuche zu wiederholen.

Statt bei (p) die Massen der Körper einzuführen, könnte man auch an die Rauminhalte der Körper anknüpfen und die Gewichte der Körper, die aus demselben Stoff bestehen, ihrem Rauminhalte verhältnisgleich setzen.

Statt der Federwage für Druck kann man eine Federwage für Zug oder eine lose Schraubenfeder verwenden; sie müssen den Belastungen durch die Steine entsprechen.

Vgl. HAHN, *Freihandversuche 1², 71ff.*

2. Aufgabe. *Wie hängt die Längenändrung einer ruhenden Schraubenfeder von der Belastung ab?*

1. Verfahren.

(1 Schüler, 1 Stunde.)

Quellen. H. HAHN, *Mitteilungen d. Preuß. Hauptstelle f. d. naturw. Unterr. Heft 4, S. 8.* C. FISCHER, *Zeitschr. f. d. phys. u. chem. Unterr. 38, 274; 1925.*

Geräte. Schraubenfeder (vgl. S. 46).
Leichte Wagschale.
Gewichtsatz.
Haken.
Höhenmaßstab nach GRIMSEHL.
Arbeitsbock nach QUINCKE.
Zwinge mit Feilkloben.
Weißes Papier.
Bleistift.
Klebwachs (Plastilin).
Millimeterpapier.

Anleitung. a) Zeichne mitten auf ein Stückchen Papier mit dem Bleistift ein Kreuz. Klebe das Papier am untern Achsenstück der Feder mit Wachs an. Befestige am Bock mit der Zwinge die Feder, hänge daran die mit 50 g* belastete Schale und sorge dafür, daß die Achse der Feder gerade ist und lotrecht steht (Abb. 25).

b) Stelle den Maßstab so nahe an die Feder, daß der Zeiger das Papier eben berührt, und warte, bis sich das Schwingen beruhigt hat, dann entferne den Maßstab etwas vom Papier und stelle den Zeiger genau auf den Kreuzpunkt ein. Die Ablesung liefert die Nullstellung des Kreuzpunkts x_0 [cm] für die Vorbelastung $P_0 = 50$ g*.

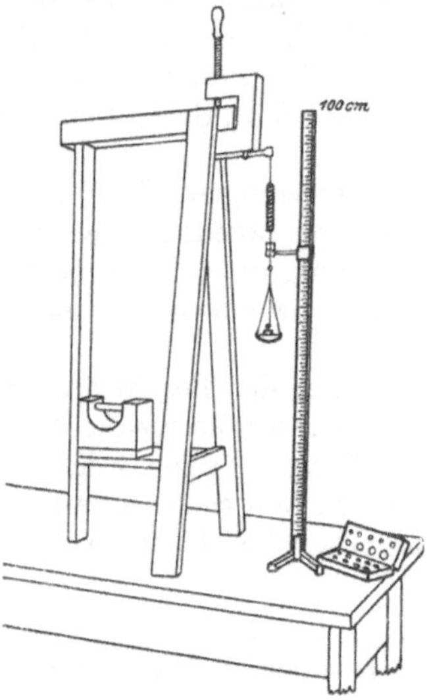

Abb. 25.

c) Lege behutsam ein 500 g*-Stück hinzu und lies die Stellung des Kreuzpunkts x [cm] für die Belastung $P_1 = 550$ g* ab. Der Unterschied der beiden Ablesungen $\lambda = (x - x_0)$ [cm] ist die Längenänderung, welche die Belastungszulage $P = P_1 - P_0$ erzeugt hat. Nimm die 500 g* weg und lies wiederum die Nullstellung ab. Hat sie sich geändert?

d) Belaste die Schale der Reihe nach mit $P_1 = 450$, 350, 250, 150 und 50 g*. Verfahre dabei genau wie bei (c) und bestimme jedesmal auch die Nullstellung.

e) Vermehre nun in Stufen von 100 g* die Belastung der Schale bis auf 550 g* und verfahre genau wie bei (c).

f) Trage die Ergebnisse in folgende Tafel ein:

Schraubenfeder Nr. ... Schale Nr. ... Vorbelastung $P_0 = 50$ g*.

Belastung der Schale P_1 [g*]	Belastungsänderung $P = (P_1 - P_0)$ [g*]	Zeigerstellung: Nullstellung vor der Belastungsänderung x_0 [cm]	Einstellung nach der abnehmenden Belastungsänderung P x_1 [cm]	Nullstellung vor der Belastungsänderung x_0 [cm]	Einstellung nach der wachsenden Belastungsänderung P x_1 [cm]	Längenänderung $\lambda = (x_1 - x_0)$ [cm]: bei abnehmender Belastung	bei wachsender Belastung	Starre $\mathfrak{k} = \frac{P}{\lambda}\left[\frac{g^*}{cm}\right]$
550	500							
...	...							
450	400							
...	...							
⋮	⋮							
	Mittel:		Mittel:				Mittel:	

Hauptmittel: $x_0 = \ldots$ cm

Man schreibe die Zahlen, die zu gleichen Belastungsänderungen gehören, auf dieselbe Zeile.

g) Stelle die Ergebnisse bildlich dar. Wähle dabei P als Abszisse und λ als Ordinate. Zeichne mit einem durchsichtigen Dreieck aus Zellhorn oder mit einem schwarzen Faden eine Gerade, die von den erhaltenen Punkten am wenigsten abweicht.

h) Welche Belastungsänderung verlängert die Feder um 1 cm? $\mathfrak{k} = (P/\lambda)$ [g*/cm]. *Starre der Schraubenfeder.* Bleibt die Nullstellung unverändert? *Bleibende Verzerrung* oder *Rückstand. Größte zulässige Verlängerung. Größte zulässige Belastung.*

i) Befestige auf dem Rücken eines Maßstabes mit Reißnägeln einen Streifen Papier. Bezeichne darauf den Stand des Kreuzpunkts, wenn man mit 50 g* vorbelastet und zu dieser Vorbelastung der Reihe nach 500, 400, 300, 200 und 100 g* hinzugefügt hat. *Kraftmesser* (*Dynamometer*).

Um wieviel Zentimeter ändert eine Belastungsänderung um 1 g* die Länge der Feder? $\mathfrak{h} = (\lambda/P)$ [cm/g*]. *Nachgiebigkeit der Schraubenfeder.*

2. Verfahren.

(1 Schüler, 1 Stunde.)

Quelle. Guillaume (*Sèvres*) bei Abraham *1, 82 Nr. 40 und* Schreber-Springmann *1, 45 Nr. 46.*

Geräte. Schraubenfeder aus Stahldraht von 1 mm Durchmesser, 100 Windungen von 1 cm Durchmesser.
Holzleiste (50 cm × 1 cm × 1 cm).
Leichte Wagschale.
Gewichtsatz.
Haken.
Lot (Faden mit Kugel).
Zeichendreieck.
Millimeterpapier.
(Wandbrett).

Anleitung. k) Hänge an den Haken *A* im Wandbrett die Schraubenfeder (Abb. 26). Bohre bei *B* in 5 cm Abstand vom Ende *D* ein 2 mm weites Loch in die Leiste und befestige sie an der Feder mit einem Stahldraht, der durch das Loch geht. Hänge an der Stelle *C*, die 1 cm von *D* absteht, die Wagschale *E* an. Schiebe über die Leiste eine lose Fadenschleife *F*, woran ein 100 g*-Stück hängt. Hefte aufs Wandbrett ein Blatt Millimeterpapier derart, daß seine Linien teils lotrecht, teils wagrecht liegen.

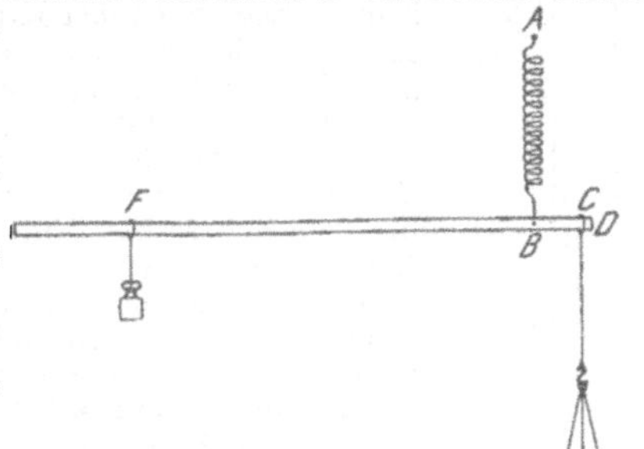

Abb. 26.

l) Setze auf die Schale ein 500 g*-Stück und verschiebe das bewegliche Gewicht, bis die Holzleiste den wagrechten Linien des Millimeterpapiers gleichläuft. Halte das Zeichendreieck über die Stelle der Leiste, wo das Laufgewicht hängt, und lote den Punkt *F* aufs Millimeterpapier. Schreibe an den so erhaltenen Punkt die Belastung der Schale.

m) Entlaste in Stufen von 100 g* die Schale und nimm den Ort des Punkts *F* auf.

n) Vermehre die Belastung der Schale in Stufen von 100 g* und verfahre wie bei (l) und (m).

o) Die wagrechten Verschiebungen von *F* verhalten sich wie die Ändrungen der Belastung und die lotrechten Verschiebungen wie die

Längenändrungen der Feder. Wie verhalten sich nach der erhaltnen Kurve die Streckungen der Feder zu den Belastungen?

p) Bestimme den Flächeninhalt der so erhaltenen Kurve und ermittle daraus die Arbeit, die man zum Verzerren der Feder verbraucht hat.

Bemerkungen. Vgl. über Schraubenfedern J. Perry, *Applied Mechanics 630.* J. H. Poynting-J. J. Thomson, *Properties of Matter*[1] *103.* Föppl, *Techn. Mechanik*[1] *3, 334.* Love-Timpe, *Lehrb. d. Elastizität 474.* H. A. Lorentz, Lehrb. d. Physik 1, 107ff. Hermann Hahn, *Die Starre, Mitteilungen d. preuß. Hauptstelle f. d. naturw. Unterricht, Heft 4, S. 5.* Curt Fischer, *Die Schraubenfeder, ebd. S. 78.* Curt Fischer, *Zeitschr. f. d. phys. u. chem. Unterr., 38, 113, 173, 228 u. 274, 1925.* Über die Fehlerberechnung vgl. G. Berndt, *Physikal. Praktikum* 1^3, *51.*

Die beim ersten Verfahren benutzte Schraubenfeder ist aus englischem, hartgezognem Klaviersaitendraht (Music Wire) von 1,02 mm Durchmesser gefertigt. Sie hat 100 Windungen von 1 cm Halbmesser. Das obere und das untere Ende der Feder ist etwa 10 cm weit gerade gestreckt.

Als Maßstab verwendet man entweder einen Grimsehlschen Höhenmaßstab (A. Krüss, *Hamburg, Preisliste 16 Nr. 604*) oder einen hängenden oder stehenden Spiegelmaßstab. Benutzt man einen gewöhnlichen Meterstab, so muß man mit einem Ablesespiegel den Fehler vermeiden, der von der Parallaxe herrührt.

Als starres Gestell dient ein mit 10 kg belasteter Arbeitsbock nach Quincke (*Zeitschr. f. d. phys. u. chem. Unterr. 5, 116 1892*). Bezugsquelle: E. Leybolds *Nachfolger, Köln-Bayenthal, Bonner Straße 500.*

Worthington (*94 Nr. 9*) benutzt folgenden Kraftmesser (Abb. 27): Auf eine dünne Leiste aus trocknem Holz von etwa 3 cm Breite und etwa 50 cm Länge klebt man eine Millimeterteilung aus Papier (sie ist in der Abbildung weggelassen) und befestigt an dem Reißnagel C mit starkem Zwirn ein Stück Kautschukschnur von quadratischem oder auch rundem Querschnitt, in das man drei fest zugezogne Knoten gemacht hat. Beim Messen schwacher Kräfte benutzt man den untersten Knoten und beim Messen stärkerer Kräfte die beiden obern. Am untern Ende *E* der Schnur befestigt man mit einem Haken und drei Fäden eine Pillenschachtel, deren Gewicht man auf eine runde Zahl, 10 oder 20 g*, abgeglichen hat. Mit zwei Kraftmessern, deren Fäden 1,2 mm und 2 bis 4 mm breit sind, kann man Kräfte zwischen 15 und 400 g* messen. Will man diesen Kraftmesser in wagrechter Stellung verwenden, so treibt man an den Stellen *A*, *B* und *D* Nadeln so weit durch das Holz, daß die Spitzen etwa 2 mm weit herausragen, und kneift mit der Zange die obern Teile ab. Das Ausdehnen der Kautschukschnüre ist freilich nicht so gleichmäßig wie das der Schraubenfedern; auch haben Kautschukschnüre nur eine kurze Lebensdauer.

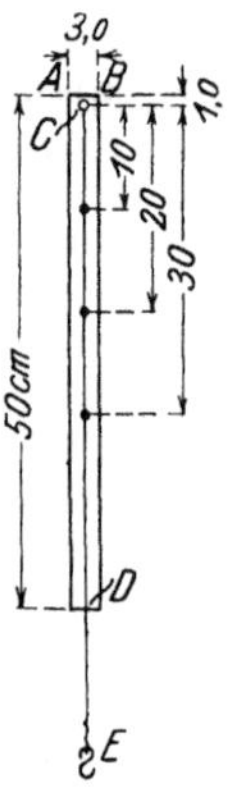

Abb. 27.

Auch bei dem zweiten Verfahren kann man anstatt der Feder einen Kautschukring verwenden. Anstatt der Kautschukfäden und der Schraubenfedern kann man auch kreisförmige Federn benutzen, die als „Hosenspangen" für 10 Pf das Paar in jedem Fahrradgeschäft zu haben sind.

Über andre einfache Kraftmesser, die man selbst herstellen kann, vgl. Abraham *1, 82 Nr. 41.* Hahn, *Freihandversuche* 1^2, *74 Nr. 66 und 67, 78 Nr. 82 bis 85.* Hortvet *97.* Rintoul *114.* F. C. G. Müller, *Technik d. phys. Unterr.* [2] *28.* Schreber-Springmann *1, 44 Nr. 44.* Watson, *Elem. Pract. Phys. 69 Nr. 54 und 233 Nr. 54.*

Am besten mißt man eine Kraft dadurch, daß man ihre Wirkung durch ein Gegengewicht aufhebt. Muß man dabei die Zugrichtung durch Rolle und Schnur ändern, so beeinträchtigt dies die Bequemlichkeit des Verfahrens und die Genauigkeit der Ergebnisse. Am bequemsten mißt man die Kräfte mit Federwagen und, wenn die Kräfte schwach sind, mit Kautschukschnüren. Benutzt man bei demselben Versuch gleichzeitig Gewichtstücke und Federwagen, so mißt man mit den Federwagen auch die Zugkräfte der Gewichtstücke.

3. Aufgabe. *Ist es gleich, ob man eine Federwage allmählich oder plötzlich belastet?*

(1 Schüler, 1/2 Stunde.)

Quelle. WELLS *9 Nr. 1.*

Geräte. Federwage bis 10 kg*, geteilt in 1/4 kg*.
Gewichtstücke mit Ring von 1, 2 und 5 kg*.
Streifen aus dünnem Messingblech von etwa 0,3 cm Breite.
Zwinge mit Haken.

Anleitung. **a)** Hänge die Wage mit dem Ring an dem Haken des Gestells frei auf, klopfe gegen das Gehäuse und lies den Zeiger ab, während die Wage unbelastet ist. *Nullfehler* P_0' [kg*].

b) Hänge ganz langsam und vorsichtig an den Haken der Wage 1 kg*, klopfe, sobald sich die Wage beruhigt hat, gegen das Gehäuse und lies die Stellung des Zeigers P' kg* ab. Entlaste die Wage und lies wiederum die Nullstellung ab.

c) Wiederhole die Versuche mit 2 und 5 kg*.

d) Schreibe die Ergebnisse in folgender Weise auf:

Federwage Nr. ... Art der Belastung ...

Belastung P [kg*]	Nullstellung P_0' [kg*] vor der Belastung	Zeigerablesung P' [kg*]	Unterschied der Zeigerablesungen $P' - P_0'$
1			
2			
5			

e) Biege um die Vorderseite der Wage einen Streifen Messingblech so, daß sein oberer Rand den Zeiger der Wage berührt und ein Bügel entsteht, den der Zeiger bei seinem Bewegen fortschiebt und der nach dem Aufhören der Bewegung an der Stelle bleibt, wo ihn der Zeiger hingeschoben hat.

f) Setze auf die flache Hand das 1 kg*-Stück so, daß sein Ring den Haken der Wage berührt, lege über den Haken den Ring und senke die Hand plötzlich. Lies, sobald das Gewicht zur Ruhe gekommen ist, die Stellung des obern Blechrandes ab.

g) Wiederhole den Versuch mit dem 2- und 5 kg*-Stück.

h) Schreibe die Ergebnisse wie bei (d) auf.

i) Vergleiche in beiden Versuchsreihen die entsprechenden Werte von $P' - P_0'$. Wie hat man also stets beim Belasten von Körpern zu verfahren?

Bemerkungen. In den Lehrgängen der Staatlichen Hauptstelle benutzen wir bei den mechanischen Versuchen folgende Federwagen, die von GEORGE SALTER & Co. zu West Bromwich bezogen worden sind:

Sorte	Meßbereich in kg*	Teilung in kg*
Brass Sportman's Balances Nr. 15 (Abb. 28)	10	1/4
" " "	5	0,1
" " "	4	0,1
Best Balances Nr. 1 (Abb. 29)	10	0,1
New Circular Balances Nr. 80 (Abb. 55)	20	0,05

Von diesen Wagen eignen sich die Sportmans Balances trefflich zu den Übungen. Die Best Balances Nr. 1 sind dafür etwas zu groß, und es dürften, wenn man auch diese Form verwenden will, vielleicht die Light Balances Nr. 2 zweckmäßiger sein, doch kann ich darüber aus eigener Erfahrung kein Urteil abgeben. Federwagen mit Kreisteilung werden bei den Aufgaben 14 und 23 benutzt.

Die in Deutschland üblichen und allein eichfähigen Formen der Gewichtstücke sind für die Versuche in der Mechanik nicht so zweckmäßig wie die Gewichte mit Ringgriff oder mit Stabgriff, die man in England dazu verwendet. Die Firma George Salter & Co. war so entgegenkommend, eigens für das Naturwissenschaftliche Fortbildungsinstitut solche Gewichte von 1 bis 20 kg* zu gießen. Die Ringgewichte (Square Ring Weights Nr. 11, Abb. 30) lassen sich bequem

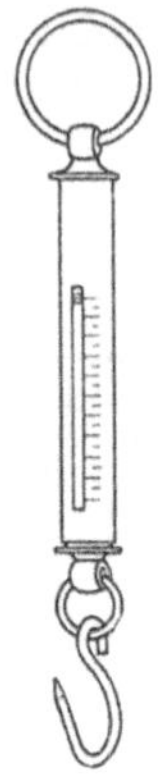

Abb. 28.

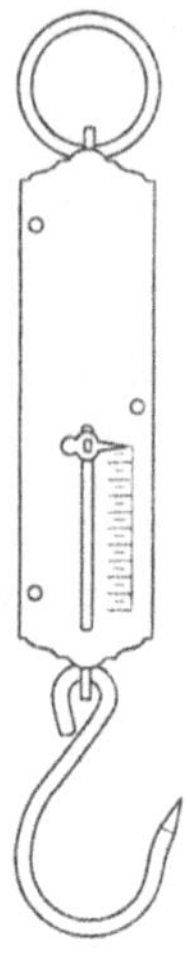

Abb. 29.

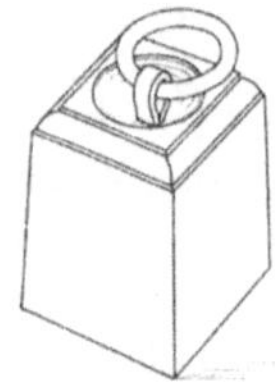

Abb. 30.

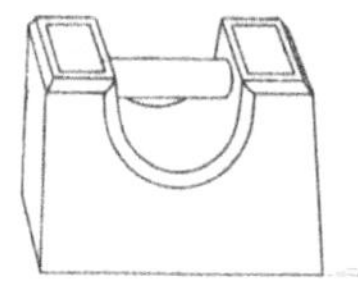

Abb. 31.

an die Haken von Schnüren usw. hängen und die Stabgewichte (Bar Weights Nr. 7, Abb. 31) sehr vorteilhaft auf Wagschalen packen. Diese Gewichtsformen haben sich durchaus als zweckmäßig und bequem bewährt. Statt der Ringgewichte kann man auch Gewichtstücke mit eingeschraubten Haken verwenden.

Als Gewichtstücke von 0,1 bis 0,5 kg* benutze man Eisenscheiben und als Gewichtstücke von 0,01 bis 0,05 kg* Messingscheiben.

Vgl. A. u. O. Föppl, *Grundzüge d. Festigkeitslehre 26.*

4. Aufgabe. *Bestimme die Fehler einer Federwage.*

(1 Schüler, 1 Stunde.)

Quellen. Hall, *Descript. List 13 Nr. 12.* Smith-Hall, *The Teaching of Chemistry and Physics 255.*

Geräte. Federwage bis 10 kg*, geteilt in 0,1 kg*.
Wagschlitten.
Wagschale.
Gewichtsatz. 5, 2, 2, 1 kg* und 500, 200, 200 und 100 g*, je bis auf 1 g* genau.
Streifen aus dünnem Messingblech.
Zwinge mit Haken.
Tafelwage.
Schrot oder Zinnblatt oder Bleiblatt.
Millimeterpapier.
Papier.
Schere.
Klebwachs.

Anleitung. a) Biege längs *DD* das Messingblech (Abb. 32) um und drücke es so zurecht, daß es das Gehäuse der Wage hinten umfaßt und an jeder Stelle festsitzt. *DC* soll so lang sein, daß *C* nahezu den Zeiger berührt.

b) Hänge die unbelastete Wage lotrecht frei auf. Schiebe die Blechklammer so weit aufwärts oder abwärts, daß einer ihrer Ränder mit der Spitze oder dem Rande des Wagezeigers zusammenfällt (Abb. 33). Liegt der Zeiger überm Nullstrich, so ist der Fehler positiv, steht der Zeiger aber unterm Nullstrich, so ist der Fehler negativ zu nehmen. Die Zeigerstellung liefert den wahren Nullpunkt für die lotrechte Stellung der Wage.

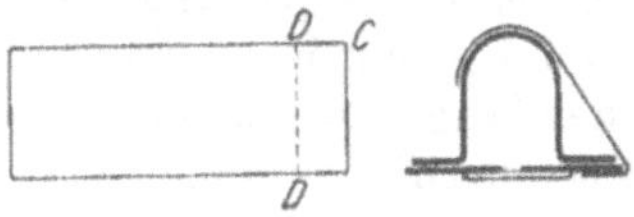

Abb. 32.

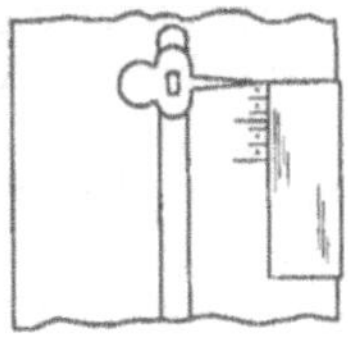
Abb. 33.

c) Wäge die Schale und lege so viel Schrot, Zinnblatt oder Bleiblatt darauf, daß ihr Gewicht genau 0,1 oder 0,2 kg* beträgt. Hänge die so abgeglichene Schale an die Federwage und lege so viel Gewichte hinein, daß die Wage insgesamt mit 9,5 kg* belastet wird. Stelle die Blechklammer ein und bestimme die Stellung x' des Blechrandes und nach Größe und Sinn die Abweichung y vom Teilstrich $x = 9{,}5$ kg*.

d) Vermindere allmählich in Stufen von je 0,5 kg* die Last bis auf 5 kg* und bestimme jedesmal wie in (c) den Fehler nach Sinn und Größe.

e) Führe die Messungen (c) und (d) in umgekehrter Reihenfolge aus. Belaste die Wage mit 5 kg*, dann in Stufen von je 0,5 kg* bis auf 9,5 kg*, und bestimme nun nochmals den Nullpunkt.

f) Schreibe die Ergebnisse in folgender Weise auf:

Federwage Nr. ... Gewichtsatz Nr. ... Wagschale Nr. ...

Belastung in kg*	Entsprechender Teilstrich x der Federwage	Stellung x' des Zeigers			Fehler der Wagenangabe $y = x - x'$	Belastung P [kg*], die wirklich dem Teilstrich x entspricht, $P = x + y$
		aufwärts	abwärts	Mittel		

g) Stelle die Ergebnisse bildlich dar, wähle dabei die Teilstriche x als Abszissen und die Fehler y als Ordinaten. Bestimme aus der *Fehlerkurve* die Verbesserungen für die Teilstriche 5,5 ; 6 ; 6,5 ; 7 ; 7,5 ; 8 ; 8,5 ; 9 und 9,5 kg* der Wagteilung. Nimm die Teilstriche der Wage als Abszissen und die wahren Belastungen P kg* als Ordinaten und entwirf so die *Eichkurve* der Wage. Schreibe auf das Blatt die Nummern der Wage und des Gewichtsatzes.

h) Befestige auf der Wagteilung mit Klebwachs einen Streifen Papier, wiederhole die Versuche (a) bis (e), doch ziehe bei jeder Einstellung mit einem scharfen Bleistift längs dem Rande der Blechklammer einen Strich und stelle so eine neue Teilung für die Wage her.

i) Bestimme mit der Federwage das Gewicht eines Körpers (5 bis 9,5 kg*).

k) Hängt die unbelastete Wage lotrecht an ihrem Ringe, so trägt die Feder das Gewicht von Stange und Haken. Ist das auch der Fall, wenn sie wagrecht liegt? Lege die Wage mit dem Rücken flach auf den Tisch oder auf den Wagschlitten, laß den Haken über den Tischrand frei hinunterhängen, klopfe mehrmals gegens Gehäuse und lies die Stellung P_h des Zeigers ab. Wahre Nullage für die wagrechte Stellung der Wage. Wie groß ist das Gewicht von Haken und Stange? Liest man bei der wagrechten Stellung der Wage am Zeiger die Belastung P' kg* ab, so ist die wirkliche Belastung der Wage $P = (P_h + P')$ [kg*].

l) Ist der Schlitz der Wage so kurz, daß der Zeiger bei wagrechter Stellung der Wage nicht seine wahre Nullstellung einnehmen kann, so befestige am Haken der auf dem Tisch liegenden Wage eine Schnur, führe diese über eine leichtlaufende Rolle und belaste sie so stark, daß sich der Zeiger auf den wahren Nullpunkt der Teilung für die lotrechte Lage der Wage einstellt. Die Belastung liefert den Wert von P_h.

m) Drehe die zu prüfende Federwage mit ihrem Haken aufwärts und hänge sie an eine andre gleiche Wage, die die gewöhnliche lotrechte Stellung hat. Die Feder der obern Wage wird vom Gewicht ihrer Stange und ihres Hakens, außerdem vom Gewichte der ganzen untern Wage, d. h. vom Gewichte des Gehäuses, der Stange und des Hakens dieser Wage, gespannt. Die Feder der untern Wage wird nur vom Gewicht ihres Gehäuses gespannt. Folglich ist das Gewicht P_h der Stange und des Hakens der untern Wage gleich dem halben Unterschiede der Ablesungen an beiden Wagen, falls diese in lotrechter Stellung richtig geeicht sind.

n) Nimm für die wagrechte Stellung der Wage die Fehlerkurve und die Eichkurve auf. Verfahre dabei wie bei (g).

o) Hänge am Haken die Wage lotrecht auf und belaste sie am Ringe mit Gewichten oder befestige den Haken unten, knüpfe an den Ring eine Schnur, führe diese lotrecht aufwärts über eine Rolle und belaste ihr freies Ende. Welchen Einfluß hat in diesen beiden Fällen das Gehäuse der Wage? Nimm für diese Stellung der Wage die Fehlerkurve und die Eichkurve auf.

Bemerkungen. Ist die Teilung einer Federwage ganz schlecht, so schmirgelt man sie etwas ab, klebt ein Stück weißes Papier darüber und eicht die Wage von neuem.

Bei runden Federwagen gibt man der Blechklammer eine etwas andre Gestalt. Das Blech muß man so biegen, daß die Schraubenköpfe auf der Teilung das Verschieben nicht hindern.

Es gibt im Handel Federwagen mit angehängten Schalen. Sie sind oft so geeicht, daß sie die Belastungen nur dann richtig angeben, wenn die Schalen an den Wagen hangen. Solche Wagen sind für viele Schülerübungen unbrauchbar und ganz wertlos, wenn sie ohne Schalen geliefert werden, was zuweilen vorkommt. Da die Eichung der Federwagen nur bei angehängten Haken richtig ist, so muß man beim Entfernen der Haken prüfen, ob dies zulässig ist.

Verwendet man eine Federwage nicht in der lotrechten Stellung, mit dem Haken nach unten gekehrt, so ist stets das Gehäuse zu stützen, damit die Reibung zwischen Feder und Gehäuse keinen Fehler bewirkt.

Zu dem Gebrauch der Federwagen beim Messen von Kräften, die nicht lotrecht abwärts wirken, geben Ames und Bliss (*125*) folgende Erläuterungen:

Eine Federwage ist so geteilt, daß sie von einem Körper, der an ihrem Haken hängt, das Gewicht genau angibt. — Ist am Haken das Gewicht P befestigt, so liest man an der Wage $\overline{P}$ ab. Auf die Feder wirkt aber die Kraft $\overline{P} + \overline{h}$, wo $\overline{h}$ das Gewicht des Hakens, des Zeigers usw. der Wage ist. — Hängt man nun über eine reibungslose Rolle mit einer leichten Schnur das Gewicht P und hält es mit der wagrecht gelagerten Federwage in seiner Lage, so wirkt das Gewicht des Hakens usw. nicht mehr auf die Feder und man liest folglich $\overline{P}$—$\overline{h}$ ab. — Dreht man dann die Federwage mit dem Ring abwärts, bis sie lotrecht erdwärts zieht, so belasten der Haken usw. nicht mehr die Feder, sie heben vielmehr noch $\overline{h}$ Einheiten des Gewichts $\overline{P}$ auf; daher liest man an der Wage $\overline{P}-2\overline{h}$ ab. — Sind A_1, A_2 und A_3 die Ablesungen an der Wage, so ist $P = A_1 = A_2 + h = A_3 + 2h$. — Bildet die am Haken ziehende Schnur mit dem abwärts gerichteten Lot den Winkel ϑ, so ist die spannende Kraft in der Schnur $\overline{A} + (1 - \cos\vartheta)\,\overline{h}$. Kehre daher beim Messen von Kräften mit einer Federwage den Haken der Wage gegen die zu messende Kraft und füge zur Ablesung $(1 - \cos\vartheta)\,\overline{h}$ hinzu. — Hänge, um für eine gegebene Wage $\overline{h}$ zu bestimmen, an einen Nagel ihren Ring, sowie an ihren Haken ein Gewicht und lies ab. Drehe dann die Wage mit dem verkehrten Ende aufwärts, d. h. lege über den Nagel ihren Haken, hänge an ihren Ring das Gewicht und lies wiederum ab. Der Unterschied zwischen den beiden Ablesungen ist $\overline{W} - 2\overline{h}$, wo $\overline{W}$ das Gewicht der ganzen Wage bedeutet. Dies Gewicht bestimmt man durch Wägen mit einer andern Federwage am besten so: Man wäge, da eine Federwage oft sehr kleine Kräfte nicht genau mißt, mit der zweiten Wage zuerst die erste Wage nebst einem Gewicht und dann das Gewicht allein.

5. Aufgabe. *Wie groß ist die Gesamtwirkung zweier Kräfte, die in gleicher oder in entgegengesetzter Richtung an einer Stelle angreifen?*

(3 Schüler, 1 Stunde.)

Geräte. 2 Rollen (vgl. S. 53).
Gewichtstücke mit Ringen von 1, 1, 2, 5 kg*.
2 Scheibengewichte von 0,5 kg*.
Bindfaden oder Angelschnur.
3 Zug-Federwagen bis 4 kg*, geteilt in 0,1 kg*.
1 Druck-Federwage.
Haken.
Messingring von 0,5 cm Durchmesser.
Schere.
Nägel.
Hammer.
Holzklotz.
(Wandbrett.)

Anleitung. a) Befestige am Wandbrett oder an dem Rande des Tisches eine Rolle. Binde an das eine Ende einer langen Schnur das 2 kg*-Stück und an das andre Ende den Haken einer Federwage. Halte die Wage am Ringe lotrecht, hebe das Gewichtstück empor, klopfe gegen die Wage und lies sorgfältig die Zeigerstellung ab. Verbessere mit der Fehlertafel der Wage die Ablesung. Gib Größe, Pfeilrichtung und Angriffstelle der Kraft an, die auf die Wage wirkt.

b) Lege die Schnur über die Rolle, ziehe so an dem Ringe der Wage, daß beide Teile der Schnur rechtwinklig zueinander stehen, zupfe einige Male an der Schnur, lies sorgfältig die Zeigerstellung ab, sowohl beim Sinken wie beim Steigen des Gewichts, und nimm aus beiden Ablesungen das Mittel. Verbessere die Ablesung der Wage unter Berücksichtigung ihrer Lage. Hat sich nur die Pfeilrichtung der Kraft geändert?

c) Wiederhole den Versuch (b), doch ziehe diesmal so an dem Ringe der Wage, daß die beiden Teile der Schnur gleichlaufen. Welchen Vorteil bietet die feste Rolle?

d) Befestige zwei Rollen so nebeneinander, daß ihre Rinnen in einer Ebene liegen und ein darüber gespannter Faden wagrecht sein würde

(Abb. 34). Binde an den Haken und an den Ring einer Federwage Schnüre und an deren andre Enden gleiche Gewichte. Lege über die Rollen die Schnüre so, daß die Wage zwischen beiden wagrecht gehalten wird. Überlege vorm Ablesen, was wohl die Wage anzeigt. Ziehe einigemal schwach an den Schnüren, lies den Zeiger der Wage ab und verbessere die Ablesung. Ist die Zugkraft an allen Stellen der Schnur gleich? *Kraftübertragung.* — Nimm von der einen Rolle die eine Schnur ab, binde sie so an einen Haken, daß sie wiederum wagrecht und mit der andern Schnur in derselben Ebene liegt, und lies die Federwage ab.

e) Halte eine Federwage an ihrem Ringe, hänge an ihren Haken eine andre Federwage und an deren Haken das 2 kg*-Stück. Klopfe gegen die Wagen, lies die Zeiger sorgfältig ab und verbessere die Ablesungen. Sind die Zugkräfte an beiden Wagen gleich? Wie kann man etwa beobachtete Unterschiede erklären?

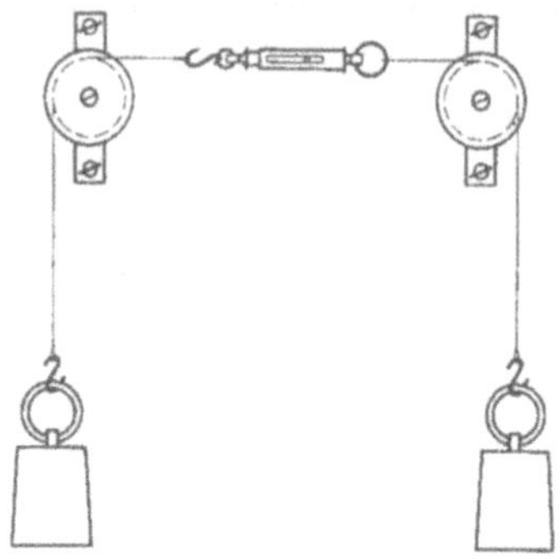

Abb. 34.

f) Bilde aus drei Federwagen eine Kette und wiederhole den Versuch (e).

g) Hänge an den Haken einer Federwage ein 1 kg*-Stück, daran eine Federwage und an diese ein 2 kg*-Stück. Lies beide Wagen sorgfältig ab, vergleiche die verbesserten beiden Ablesungen und erkläre ihre Unterschiede. — Ist der Unterschied zwischen den Ablesungen der obern und der untern Wage gleich 1 kg*? Die untere Wage zieht das 1 kg*-Stück abwärts, obgleich sie das 2 kg*-Stück aufwärts zieht. Berücksichtigt man das Gewicht der untern Wage, so ist der Abwärtszug auf das 1 kg*-Stück gleich dem Aufwärtszug auf das 2 kg*-Stück.

h) Hake die untere Wage ab und hänge die beiden Gewichtstücke, jedes mit einer besondern Schnur, an die obere Wage. Lies die Zeigerstellung ab und vergleiche das verbesserte Ergebnis mit dem des vorigen Versuchs.

i) Befestige an dem Haken einer Federwage eine Schnur, bei der an verschiedenen Stellen Haken angebracht sind, und lies die Zeigerstellung ab. Hänge an die Haken verschiedene Gewichte (das Gesamtgewicht darf den Meßbereich der Wage nicht übersteigen), hebe die Federwage am Ring empor und lies ihren Zeiger ab. Vertausche die Gewichte miteinander. Ändert sich die Zeigerstellung? Vergleiche die verbesserte Ablesung des Zeigers mit der Gesamtbelastung der Wage. Welches Gewicht müßte man an die Federwage hängen, um auf ihre Feder die gleiche Zugkraft auszuüben? *Teilkräfte* (*Komponenten*), *Gesamtkraft* (*Resultierende, Resultante*), *Darstellung der Kräfte durch Pfeile* (*Vektoren*). Stelle die Kräfte, die bei den Versuchen (a) bis (i) wirksam waren, durch Kraftpfeile dar.

k) Setze ein 5 kg*-Stück auf eine Druck-Federwage und lies die Zeigerstellung ab. Befestige am Gewichte den Haken einer Zug-Federwage, ziehe am Ringe lotrecht aufwärts und lies beide Wagen ab. Vergleiche die Ändrung der Ablesung an der untern Wage mit der Ablesung an der obern Wage. Vergleiche die Größen und Pfeilrichtungen der Kräfte miteinander, die auf die Wagen wirken.

l) Befestige an einem kleinen Ringe zwei Schnüre und an jedem der freien Enden den Haken einer Federwage. Schlage in einen Holzklotz einen Nagel, kneife den Kopf ab und streife den Ring über den Stift. Laß jeden der beiden Mitarbeiter so an dem Ring einer Wage ziehen, daß der Nagel genau in der Mitte des kleinen Rings freisteht. Lies die Federwagen ab und verbessere die Ablesungen. Wie verhalten sich die beiden Zugstärken, die auf den Ring ausgeübt werden, und wie die Pfeilrichtungen der beiden Zugkräfte? Ändre die Zugstärken. Unter welchen Bedingungen halten sich die Kräfte am Schnurringe das Gleichgewicht?

m) Halte die Ringe zweier Federwagen dicht nebeneinander, hänge gleichzeitig an die Haken beider Wagen ein 2 kg*-Stück, hebe es empor, lies beide Zeiger ab und verbessere die Ablesungen. Vergleiche die Summe der Ablesungen mit dem Gewicht. Vergleiche das Ergebnis mit dem Ergebnis von Versuch (e).

Bemerkungen. Vgl. H. A. LORENTZ, *Lehrb. d. Physik 1, 107.*

Die Aluminiumrollen von 5 bis 7,5 cm Durchmesser sollen leicht, gut ausgeglichen und leicht drehbar sein. Der Rand ist mit einer tiefen und engen Rinne versehn. Die Rollengabel sitzt an einer Klemme, womit sie am Rande der Wandbretter so befestigt wird, daß der Abstand der Schnur vom Brett etwas größer als der Halbmesser der Federwage ist (Abb. 35). Die Wandbretter müssen also freie Ränder haben und sollen etwa 10 cm von der Mauer abstehn.

Man kann auch leichte Holzrollen von 5 bis 7,5 cm Durchmesser verwenden. Sie laufen frei auf Stiften, auf deren einem Ende ein Gewinde ein-

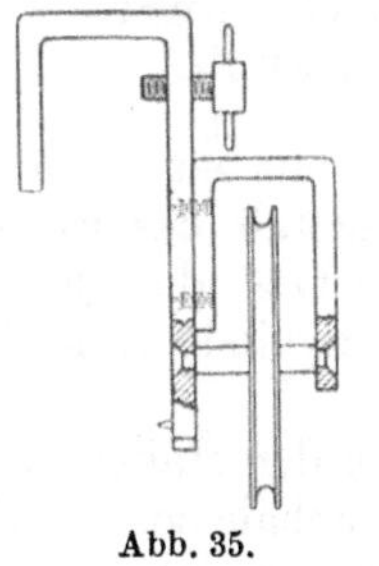

Abb. 35.

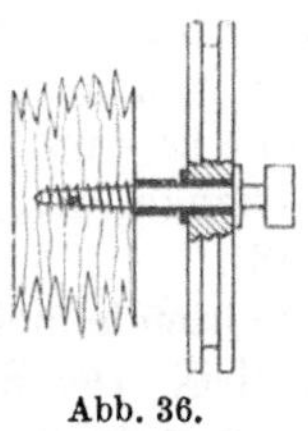

Abb. 36.

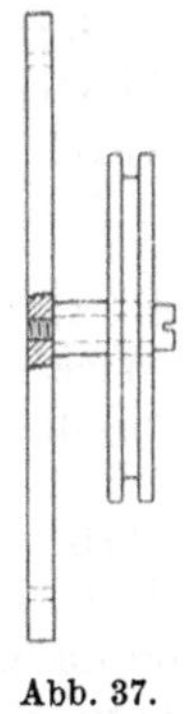

Abb. 37.

geschnitten ist (Abb. 36). Die Bohrung der Rollen muß metallisch ausgefüttert sein. Man befestigt die Rollen dadurch, daß man ins Wandbrett mit dem Vorstecher ein Loch sticht und darin die eingefettete Schraube einbohrt. Zweckmäßiger ist es, die Rollenachse mit einem Eisenblech zu verbinden und dies am Wandbrett mit zwei Flügelschrauben zu befestigen (Abb. 37).

Zum Befestigen am Tischrand ist die Einsatzrolle sehr geeignet. An einer Schraubenzwinge ist mit einem Eisenband ein Messingwürfel befestigt, der in zwei senkrecht aufeinanderstehenden Richtungen durchbohrt ist. In den Löchern klemmt man mit einer Schraube den 1,3 cm dicken, runden Stiel der Rollengabel fest. Man braucht zum Einsetzen zwei verschiedene Rollen, eine feine mit Spitzenlager und eine kräftige mit Zapfenlager. Die Gabel kann man auch in den Klemmen eines Bunsengestells befestigen (Abb. 79, S. 95) oder in einer Kugelgelenkklemme. Vgl. über das Verwenden der Einsatzrolle Aufg. 8 bis 10, 14, 23 u. 35.

Wer Geld genug hat, kann sich auch Rollen mit guten Kugellagern anschaffen.

Die Versuche lassen sich mannigfach abändern, da man durch Federwagen, Kautschukschnüre und Gewichte an Schnüren, die über Rollen geführt sind, die gleichen Wirkungen zu erzielen vermag.

Bei Versuch (1) kann man zwei Lote nebeneinander aufhängen und statt des Rings die eine Lotkugel mit den Schnurenden verbinden.

Man achte darauf, daß die Schüler die Federwagen stets so anordnen, daß der Schlitz in der Richtung des Schnurteils liegt, der am Haken befestigt ist. Man lasse stets mit Kräften arbeiten, die größer als die Hälfte der größten zulässigen Belastung und selbstverständlich kleiner als der Meßbereich der Wage sind.

II. Ändern der Größe und Gestalt beim Belasten fester Körper.

6. Aufgabe. *Wie dehnt sich ein dünner Draht, den man allmählich so stark belastet, daß er zerreißt?*

(2 Schüler, 1 Stunde.)

Quelle. Wells *81 Nr. 2.*

Geräte. Verzinkter Eisendraht von 1 mm Durchmesser, frei von Drill und Knick.
Bügel mit durchbohrtem Querstabe.
Keil.
Hammer.
Tiefenlehre mit Ansatz.
Schraublehre.
Millimeterpapier.
Große Wagschale von 36 cm Durchmesser.
Gewichtstücke mit Stabgriff von 1, 2, 2, 5, 10, 20 und 20 kg*.
Millimeterstab.
(Wandgalgen.)
Tafelwage.
Gewichtsatz.
Drahtzange.
Beißzange.
Kasten mit Sägemehl.
Schnittbrenner.
Gasschlauch.

Anleitung. **a)** Befestige an einem Wandgalgen mit einem Keil den Bügel. Wickle mehrmals um den runden Querstab des Bügels das obere Ende des Drahts, ziehe es dann durch das Loch des Querstabes, winde es nun um einen Schenkel des Bügels und binde es schließlich am Querstabe fest (Abb. 38).

b) Wickle das untere Drahtende mehrmals um den Haken der Wagschale und dann um sich selbst. Der Boden der Schale soll mindestens 20 cm überm Sägemehl im untergesetzten Kasten hängen.

c) Miß an verschiednen Stellen in zwei zueinander senkrechten Richtungen mit der Schraublehre den Durchmesser des Drahts. Vgl. Teil I, Aufg. 8, S. 25.

d) Sieh nach, ob der Draht ganz gerade hängt und frei von scharfen Bogen und Schleifen ist. Befestige am Drahte die Tiefenlehre so, daß der Abstand zwischen der Schraube des Läufers und der obern Schraube des Messingstreifens genau 25 cm ist, und lies den Läufer ab.

e) Lege auf die Schale langsam und sorgfältig erst 5 kg* und dann noch 5 kg* und lies nach jeder Belastungsändrung den Läufer ab.

f) Entferne langsam alle Gewichte, warte 1 bis 2 Minuten und lies dann den Läufer ab.

g) Setze wieder auf die Schale, genau wie vorher, die Gewichte, lies jedesmal den Läufer ab und steigre in Stufen von 5 kg* die Belastung bis auf 20 kg*.

h) Nimm langsam die Gewichte ab und lies nach 1 bis 2 Minuten den Läufer ab.

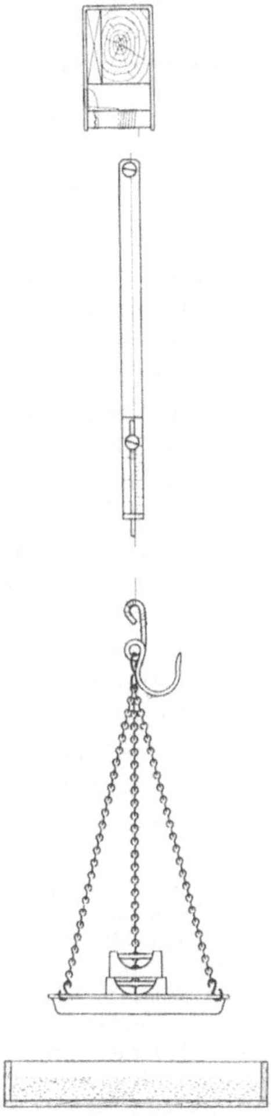

Abb. 38.

Abb. 39.

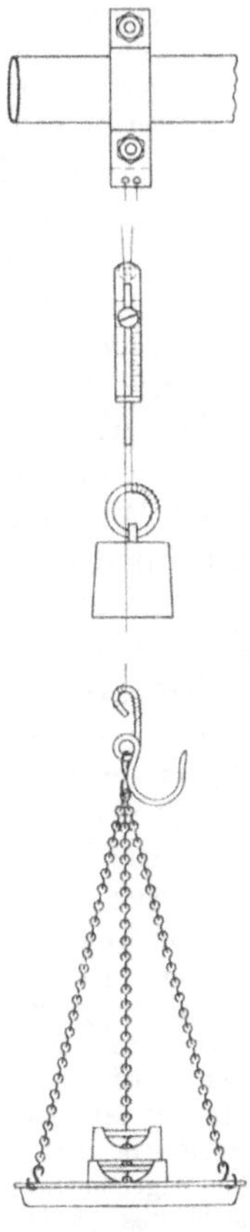

Abb. 40.

i) Lege genau wie vorher die Gewichte wieder auf, lies jedesmal den Läufer ab und steigre die Belastung auf 30 kg*. Bemerkt man, daß sich der Draht bei einer Zulage von 5 kg* stärker als vorher ausdehnt, so lege man von da ab jedesmal nur 2 kg* hinzu und etwas später jedesmal nur noch 1 kg*, bis der Draht zerreißt. Beobachte zuletzt andauernd recht sorgfältig den Läufer, damit du bei der letzten Belastung die Ausdehnung noch ablesen kannst. Beachte, daß die *Bruchlast* gleich ist der Summe von dem Gewichte der Wagschale und den Gewichten auf der Schale.

k) Schreibe die Ergebnisse in folgender Weise auf:

... Draht von ... mm Durchmesser. Querschnitt $F = \dots$ cm².
Länge des Drahtstücks, dessen Dehnung man mißt, $l = \dots$ cm.
Nullpunkt des Läufers ... mm. Schale Nr. ... Gewicht der Wagschale $P_0 = \dots$ kg*.

Belastung der Wagschale P' [kg*]	Gesamtbelastung des Drahts $P = P' + P_0$	Zugspannung $\sigma = P/F$ [kg*/cm²]	Ablesung am Läufer in mm	Längenändrung λ [cm]	Dehnung $\varepsilon = \frac{\lambda}{l}$

Streckgrenze (aus der Formändrungskurve entnommen) = ... kg*/cm² = ... Dyn/cm² oder Bar.
Bruchgrenze = Zugfestigkeit $P_{max}/F = \dots$ kg*/cm² = ... Dyn/cm² oder Bar.
Dehnung gerade vorm Zerreißen = ...
Dehnung gerade vorm Zerreißen in Hundertstel der ursprünglichen Länge = ... %.

l) Stelle die Ergebnisse bildlich dar, setze dabei $x = \varepsilon$ und $y = \sigma$. Bis zu welcher Belastung verläuft die Formändrungskurve nahezu geradlinig? *Gleichmaßgrenze* (*Proportionalitätsgrenze*). Wie verläuft die Kurve weiterhin? Nahm der Draht, solange er noch nicht bis zur Gleichmaßgrenze belastet worden war, beim Entlasten seine ursprüngliche Länge wieder an? *Federnd* (*elastisch*). Nahm der Draht, nachdem man ihn über seine Gleichmaßgrenze hinaus belastet hatte, wieder seine ursprüngliche Länge an? *Bleibende Verzerrung* oder *dauernde Formändrung*. Wie groß war der Rückstand nach dem Belasten mit 30 kg*?

m) Miß den Durchmesser an den Bruchenden in zwei zueinander senkrechten Richtungen. Hat er sich geändert?

Belastung, Zugspannung (*Beanspruchung*). *Längenändrung, Dehnung. Bruchlast. Bruchgrenze, Zerreiß- oder Zugfestigkeit.* HOOKE*sches Gesetz. Dehnmaß* (*Elastizitätsmodul*). *Streckgrenze* (*Elastizitätsgrenze*).

n) Wiederhole die Versuche (a) bis (m) mit Drähten aus Stahl, Messing und Kupfer und dann mit ausgeglühten Stücken derselben Drähte. Man erwärme die Drähte vorsichtig nur bis zur Rotglut über einem Schnittbrenner und lasse sie langsam abkühlen.

Bemerkungen. Man lasse gleichzeitig die verschiedenen Gruppen das Verhalten verschiedener Drähte untersuchen. Man wähle dabei die Durchmesser der Drähte so groß, daß die Bruchlast etwa zwischen 30 und 80 kg* liegt, und lasse während der Versuche die Drähte etwa dreimal entlasten.

Der Läufer (Abb. 39, S. 55) ist eine Tiefenlehre (Nr. 1635) von JAMES CHESTERMAN & Co., LTD., zu Sheffield in England. Am verschiebbaren Läufer ist eine Schraube befestigt. Am obern Ende des Stabes ist ferner ein Messingstreifen angeschraubt, der oben eine dritte Schraube trägt. Diese steht von der Schraube des Läufers 25 cm ab. Mit der ersten und dritten Schraube klemmt man den Draht so fest, daß man bei den Versuchen die Längenänderung eines 25 cm langen Drahtstücks mißt.

WHITING *(367 Nr. 66)* und HALL *(Descript. List 35 Nr. 26 u. 36 Nr. 27)* bestimmen die Zugfestigkeit dadurch, daß sie einen Messingdraht von 0,36 mm Durchmesser mit einer Federwage vom Meßbereich 10 kg* zerreißen; hierbei sind besondere Schutzvorrichtungen für die Wage erforderlich. NICHOLS-SMITH-TURTON *(48 Nr. 17 u. 271)* benutzen daher statt der Federwage einen Garnprüfer vom Meßbereich 15 kg*. Andere einfache Zerreißvorrichtungen sind beschrieben bei: CHESTON-DEAN-TIMMERMANN *55 Nr. 28.* GILLEY *164 Nr. 21.* W. J. HOPKINS *50 Nr. 8.* F. C. G. MÜLLER, *Techn. d. phys. Unterr.*[2] *49.* STEWART-GEE *1, 197 Nr. 134.* BARTON *126 Vers. 18.* Über erschütterungsfreies Mehrbelasten vgl. Dr. H. EWALD, *Zeitschr. f. d. phys. u. chem. Unterr. 39, 136, 1926.*

7. Aufgabe. *Welche Beziehung besteht zwischen Spannung und Verzerrung bei einem Metalldrahte, den man unterhalb seiner Gleichmaßgrenze belastet?*

(2 Schüler, 2 Stunden.)

Quelle. WELLS *89 Nr. 5.*

Geräte. Verzinnter Eisendraht von 1 mm Durchmesser. Tiefenlehre ohne Ansatz. Große Wagschale von 36 cm Durchmesser. Schraublehre. Bandmaß. Vergrößerungsglas. Gewichtstücke mit Stabgriff von 1, 2, 2, 2, 5, 5, 10 kg*. Millimeterpapier.

Anleitung. a) Prüfe, ob die Drähte frei von Schleifen und Knicken sind.

b) Hänge am Deckenhaken oder an der Schelle des Deckenbalkens in etwa 1 cm Abstand zwei Drahtstücke nebeneinander auf. Befestige an dem geteilten Stabe den einen Draht und an dem Läufer der Tiefenlehre den andern Draht. Spanne mit einem 2 kg*-Stück den ersten Draht dauernd straff und hänge an den andern Draht, an den Meßdraht, die Wagschale (Abb. 40 S. 55).

c) Belaste den Meßdraht 5 Minuten lang mit der höchsten Belastung, die man anwenden darf, hier mit 12 kg*. Entferne aus der Schale 2 kg*. Lies mit dem Vergrößerungsglas sorgfältig den Läufer ab und schätze dabei die Zehntel eines Läuferteils.

d) Entlaste die Schale vorsichtig und langsam in Stufen von je 2 kg* bis auf 4 kg*. Warte nach jedem Entlasten drei Minuten und lies dann den Läufer ab.

e) Belaste in Stufen von je 2 kg* die Schale von 4 kg* bis zu 10 kg* und verfahre sonst genau wie bei (d).

f) Miß mit einem Bandmaß die Länge des Drahts. Hat man kein solches Maß, so mißt man die Länge mit einer langen Holzlatte, worauf man das obere und untere Ende des Drahts anmerkt.

g) Miß mit der Schraublehre den Durchmesser des Drahts mindestens an drei Stellen in zwei Richtungen, die aufeinander senkrecht stehen.

h) Schreibe die Ergebnisse in folgender Weise auf:

... Draht. Länge des Drahts $l = \dots$ cm. Mittlerer Durchmesser des Drahts $d = \dots$ cm. Mittlerer Querschnitt des Drahts $F = \dots$ cm². Nullpunkt des Läufers ... mm. Wagschale Nr. ... Gewicht der Wagschale $P_0 = \dots$ kg*.

Belastung der Schale P [kg*]	Läuferablesung in mm aufwärts	Läuferablesung in mm abwärts	Längenändrung λ [cm] aufwärts	Längenändrung λ [cm] abwärts	Längenändrung λ [cm] Mittel

Dehnung $\varepsilon = \frac{\lambda}{l}$	Zugspannung $\sigma = \frac{P}{F}\left[\frac{\text{kg*}}{\text{mm}^2}\right]$	Dehnmaß $E = \frac{\sigma}{\varepsilon}\left[\frac{\text{kg*}}{\text{mm}^2}\right]$
	Mittel	E = ... kg*/cm² E = ... Dyn/cm² oder Bar

i) Berechne aus den Belastungen der Schale und den Längenänderungen die Verzerrungen und Spannungsänderungen.

k) Zeichne die Formändrungskurve $x = \varepsilon$ und $y = \sigma$.

l) Wie verhält sich die Spannung zur Dehnung? *Dehnmaß* (*Elastizitätsmodul*) *E*. *Dehnbarkeit* (*Dehnungskoeffizient*) $\alpha = 1/E$. HOOKEsches *Gesetz*. Wie groß ist das Dehnmaß des Drahts, in kg*/cm² und in Dyn/cm² oder Bar gemessen?

Bemerkungen. Zu den Versuchen eignen sich Drähte aus Stahl, Eisen, Kupfer und Messing von 0,9 bis 1,7 mm Durchmesser. Die größte Belastung, die man bei den Versuchen anwendet, soll nach WELLS bei Kupfer $^1/_{20}$ und bei Messing, Eisen und Stahl $^1/_{10}$ der Bruchlast nicht übersteigen. Nach KOHLRAUSCH[14] *219* darf man jedoch harte Metalldrähte bis zur Hälfte der Bruchlast beanspruchen. Man messe daher den Durchmesser des Drahts und berechne daraus den Querschnitt, dann aus der Zugfestigkeit die Bruchlast und daraus die höchste Belastung, die bei den Versuchen mit dem Draht zulässig ist.

Will man den Wert von E schärfer bestimmen, so fasse man je zwei Versuche zusammen, bei denen die Belastungen um 4 kg* verschieden sind, und berechne für die Mehrbelastung 4 kg* das Mittel aus den Dehnungen und daraus das Dehnmaß.

Über die Einrichtung der Tiefenlehre vgl. S. 56 und über andre Läufer: AMES-BLISS *163 Nr. 27*, RINTOUL *157 Nr. 31 u. 32*, *South Kensington Syllabus 49*. WATSON, *Text Book of Pract. Phys. 99 Nr. 40.*

Als Vergrößerungsglas benutze man die Augenlinse des Fernrohrs oder einen Fadenzähler. Vgl. Optik Aufg. 17.

Es ist empfehlenswert, die Höhe des Hakens oder der Schelle über dem Fußboden oder der Tischfläche ein für allemal zu messen. Man hat dann bei den Versuchen nur die Entfernung des untern Drahtendes vom Boden oder vom Tisch zu bestimmen.

Andre einfache Verfahren zur Auffindung des HOOKEschen Gesetzes findet man bei GILLEY *162 Nr. 20.* HALL, *Descript. List. 38 Nr. 28.* NICHOLS-SMITH-TURTON *38 Nr. 14.*

N. F. SMITH, *School Science 3, 27, 1903 und 4, 113, 1904*, lötet an einen starken Wandhaken das eine Drahtende an und spannt mit einer 15 kg*-Federwage den langen Draht wagrecht. Auf dem Draht befestigt er in der Nähe der Federwage einen leichten steifen Zeiger aus Holz oder Metall; er ragt zwischen die Zähne einer Schraublehre hinein. Die Lehre ist am Tisch festgeklemmt.

III. Reibung.

8. Aufgabe. *Welche Kraft ist erforderlich, um bei einer bestimmten Druckkraft die Reibung zwischen Holz und Holz zu überwinden?*

(1 Schüler, 1 Stunde.)

Geräte. Reibbrett (vgl. S. 99). Schlitten (vgl. S. 60). Einsatzrolle. Wagschale von 20 cm Durchmesser. Seidenschnur von 1,5 bis 2 mm Durchmesser oder feste Angelschnur. Feines Sandpapier. Millimeterpapier. Scheibengewichte von 0,01 bis 0,5 kg*. Stabgewichte von 1, 2, 2, 5, 5, 10 und 10 kg*. Wasserwage. Keile. Öl. Wage.

Anleitung. a) Reibe mit feinem Sandpapier das Reibbrett und den Schlitten sorgfältig ab. Wäge den Schlitten nebst Deckplatte und die Wagschale.

b) Klemme an den Rand des Tisches die Zwinge der Einsatzrolle und schiebe das eine Ende des Reibbretts dicht an die Zwinge (Abb. 41). Prüfe mit der Wasserwage, ob das Brett wagrecht liegt, und stelle es, wenn dies nicht der Fall ist, mit untergeschobenen Keilen genau wagrecht. Klemme das Brett am Tisch fest oder lege auf sein hinteres Ende ein 10 oder 20 kg*-Stück. Öle die Rolle und sieh nach, ob sie sich ganz frei bewegt und ob die Wagschale freien Spielraum hat.

c) Setze auf den hintern Teil des Reibbretts die kleine Gleitfläche des Schlittens, lege über die Rolle die Schnur und hake die Wagschale an. Stelle die Rolle so, daß die Schnur in etwa 2,5 cm Höhe der Längsachse des Bretts gleichläuft.

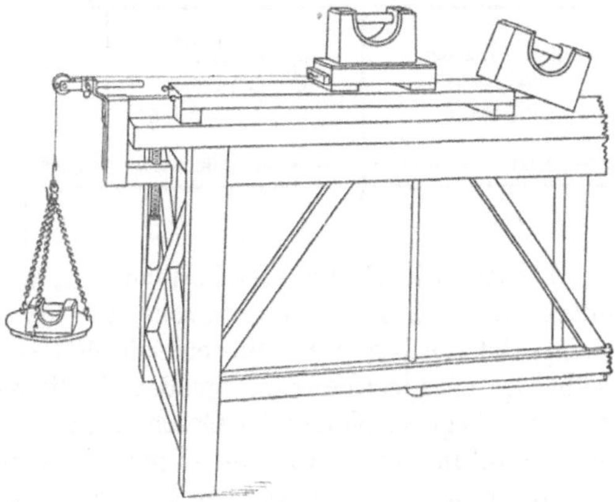

Abb. 41.

d) Belaste mit einem 5 kg*-Stück den Schlitten. Welche Kraft drückt den Schlitten gegen das Brett? Wie wirkt die Schnur auf den Schlitten? Da er sich nicht bewegt, hat man darin eine Kraft erregt, die wagrecht gerichtet ist und der Zugkraft der Schnur das Gleichgewicht hält. *Reibkraft.* Lege nach und nach auf die Schale so viele Gewichte, bis der Schlitten beginnt, sich von selbst längs dem Brett zu bewegen. Wächst die Reibung bis zu einer bestimmten Grenze? *Grenzwert der Reibung.*

e) Belaste der Reihe nach mit 10, 15 und dann mit 15, 10 und 5 kg* den Schlitten und wiederhole den Versuch (d).

f) Schreibe die Ergebnisse in folgender Weise auf:

... Reibbrett Nr. ... ...-Schlitten Nr. ... Die Fasern von Brett und Schlitten ... Länge des Schlittens $l_1 = \ldots$ cm. Breite des Schlittens $l_2 = \ldots$ cm. Gewicht von Schlitten und Deckplatte $p_n = \ldots$ kg*. Gewicht der Schale $p_r = \ldots$ kg*.

Belastung des Schlittens P_n' [kg*]		Gewicht des Schlittens und der Belastung $P_n = (p_n + P_n')$ [kg*]		Belastung der Schale P_s' [kg*]			Haftreibung $P_s = (p_r + P_s')$ [kg*]
wachsend	abnehmend	wachsend	abnehmend	wachsend	abnehmend	Mittel	

g) Stelle die Ergebnisse bildlich dar und setze dabei $x = P_n$ und $y = P_s$.

h) Belaste den Schlitten mit 5 kg* und lege wieder soviel Gewichte auf die Schale, bis der Schlitten von selbst in Bewegung kommt. Achte jetzt auf die Art der Bewegung. Ist sie gleichförmig oder beschleunigt? Ist dieselbe Kraft erforderlich, um den Schlitten in Bewegung zu setzen wie um ihn in Bewegung zu erhalten?

i) Lege nun so viele Gewichte auf die Schale, daß sich der Schlitten gleichförmig weiterbewegt, sobald ihn ein schwacher Anstoß oder ein kräftiger Puff gegen das Ende des Reibbretts in Bewegung gesetzt hat. Gleitet der Schlitten mit wachsender Geschwindigkeit, so muß man aus der Schale Gewichte entfernen, bewegt er sich aber nur ruckweise, so muß man Gewichte zulegen.

k) Schreibe die Ergebnisse in folgender Weise auf:

Belastung des Schlittens P_n' [kg*]		Gewicht des Schlittens und der Belastung $P_n = (p_n + P_n')$ [kg*]		Belastung der Schale P_k']kg*]			Gleitreibung $P_k = (p_r + P_k')$ [kg*]
wachsend	abnehmend	wachsend	abnehmend	wachs.	abn.	Mittel	

l) Stelle die Ergebnisse bildlich dar, setze $x = P_n$ und $y = P_k$, benutze dabei dasselbe Achsenkreuz wie bei (g).

m) Ist die Kraft P_s, die erforderlich ist, um den Schlitten aus der Ruhelage herauszubewegen, größer als die Kraft P_k, die erforderlich ist, um ihn mit gleichbleibender Geschwindigkeit fortzuziehn, nachdem man ihn einmal in Bewegung gesetzt hat? Gleitet der Schlitten im Fall (*d*), sobald man ihn aus der Ruhelage herausgezogen hat, mit gleichbleibender Geschwindigkeit weiter? Wie kann man die Geschwindigkeitsändrung erklären? *Haftreibung, Reibung der Ruhe oder stationäre Reibung. Gleitreibung, Reibung der Bewegung oder kinetische Reibung.* Bei den folgenden Versuchen wird stets nur die gleitende Reibung der Bewegung untersucht.

Bemerkungen. Der Schlitten (Wells S. *115*) besteht aus demselben Holz wie das Reibbrett oder aus Eichenholz oder Kirschbaumholz. Die Größe ist etwa 24 cm × 15 cm × 5 cm. Die Fasern des Holzes laufen der Breite des Schlittens gleich, also quer zu den Fasern des Reibbretts. Auf der Unterseite des Schlittens ist ein Teil des Holzes entfernt, so daß die übrigbleibende Fläche genau halb so groß ist als die obere Seite (Abb. 42). Die beiden Gleitflächen des Schlittens sind genau eben gehobelt und geglättet. Auf die eine Stirnfläche ist eine 2 cm breite und 1,5 cm dicke Querleiste aufgeschraubt und in die Mitte eine kleine Öse so eingesetzt, daß die Zugschnur etwa 2,5 cm über der Gleitfläche des Reibbretts liegt. An der Öse befestigt man eine feste Angelschnur oder starke Seidenschnur von etwa 1,5 bis 2 mm Durchmesser und von solcher Länge, daß die Wagschale eben frei von der Rolle hinabhängt, wenn der Schlitten am hintern Ende des Reibbretts sitzt. Die Angelschnur (vgl. S. 117) reißt bei der Belastung 15 kg*. Die obere Fläche des Schlittens schütze man mit einem leichten Holzbrett.

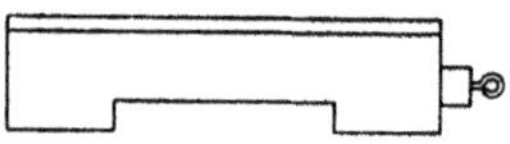

Abb. 42.

Bei den Aufgaben 8 bis 10 kann man statt Rolle, Schnur und Gewicht auch eine Federwage benutzen, doch muß man ihren Meßbereich richtig wählen; die Reibkraft muß in die obere Hälfte des Meßbereichs fallen. Die Wage ist bequemer abzulesen, wenn man ihren Ring an einem festen Gegenstand und ihren Haken am Schlitten befestigt und mit Öse und Schnur das Reibbrett darunter fortzieht. Das Reibbrett muß dann mindestens 1 m lang sein, und bei jedem Verschieben sind etwa 5 Ablesungen zu machen.

Das Gebiet der Reibung gehört zu den dunkelsten Winkeln der Physik. Wirkt auf einen freien Körper von der Masse m die Kraft P, so erzeugt sie eine Beschleunigung b. Steht der Körper mit einem andern in Berührung, so tritt an die

Stelle der Gleichung $P = mb$ die Ungleichung $P > mb$. Diese Ungleichung verwandelt man durch die Annahme einer Reibung P_r zwischen den beiden Körpern in die Gleichung $P = mb + P_r$. Das ist für die Rechnung bequem und für die weitere Untersuchung zweckmäßig. Unbefriedigend bleibt aber manchmal die Unklarheit darüber, was alles in P_r steckt. Die Schüler sind dazu zu erziehen, immer die Reibwiderstände zu beachten, davor aber zu bewahren, daß die auf Versuchen beruhende Bestimmung der Reibung oder dessen, was man hie und da so nennt, sie bereits befriedigt und beruhigt. Es ist ja edel von der Reibung, daß sie immer der schwächern Kraft hilft, das Gleichgewicht herzustellen, ihr zuweilen dunkles Wesen darf man aber nicht übersehen. Einige leugnen das Vorhandensein der Reibung der Ruhe unterhalb des sogenannten obern Grenzwerts. Manche halten beim Gleichgewicht die Richtung der Reibkraft für unbestimmt, andre hingegen sagen, daß die Richtung jederzeit der Bewegung entgegengesetzt sei, die wirklich stattfindet oder auch nur erstrebt wird. Mißlich ist auch die Frage nach der Angriffstelle. Liegt der Schwerpunkt so tief, daß kein Umkippen des Gleitkörpers eintreten kann, so ist die Annahme bequem, daß der Schwerpunkt die Angriffstelle sei. Bei den Übungen kommt man kaum in die Lage, diese Frage gründlicher zu erörtern.

Es empfiehlt sich, verschiedene Gruppen gleichzeitig nach dem Verfahren des allseitigen Angriffs die Aufgaben 8 bis 10 lösen zu lassen.

9. Aufgabe. *Ändert sich die Gleitreibung zwischen Holz und Holz mit der Druckkraft?*

(1 Schüler, 1 Stunde.)

Geräte wie bei Aufgabe 8, dazu schwarzes Garn.

Anleitung. a) Verfahre genau wie bei Aufgabe 8 (a) (b) (c) (i) und (l). Laß zunächst mit gleichförmiger Geschwindigkeit den angestoßnen unbelasteten Schlitten gleiten, belaste ihn dann der Reihe nach mit 5, 10 und 15 kg* und entlaste ihn nun in umgekehrter Reihenfolge.

b) Schreibe die Ergebnisse in folgender Weise auf:

... Reibbrett Nr. ... ... Schlitten Nr. ... Die Fasern von Brett und Schlitten ... Länge des Schlittens $l_1 = \ldots$ cm. Breite des Schlittens $l_2 = \ldots$ cm. Gewicht von Schlitten und Deckplatte $p_n = \ldots$ kg*. Gewicht der Schale $p_g = \ldots$ kg*.

Belastung des Schlittens P'_n [kg*]		Druckkraft $P_n = (p_n + P'_n)$ [kg*]		Belastung der Schale P'_g [kg*]			Gleitreibung $P_g = (p_g + P'_g)$ [kg*]	Reibzahl $\mu = \frac{P_g}{P_n}$
wachsend	abnehmend	wachs.	abn.	wachs.	abn.	Mittel		

Mittel $\mu = \ldots\ldots$

c) Ändert sich die Kraft der Gleitreibung mit der Druckkraft? Wie groß wäre die Gleitreibung bei jedem Versuch, wenn die Druckkraft nur 1 kg* betrüge? Ist das Verhältnis P_g/P_n für alle Druckkräfte gleich?

d) Stelle die Ergebnisse bildlich dar und setze dabei $x = P_n$ und $y = P_g$. Spanne einen schwarzen Faden so aus, daß die erhaltenen Punkte auf beiden Seiten möglichst gleichmäßig verteilt sind. Kennzeichne mit einem Bleistift durch zwei weit voneinander entfernte Punkte die Fadenrichtung und ziehe die Gerade. Die Abweichungen der Punkte von der Geraden stellen die Beobachtungsfehler und die Gerade selbst die wahre Beziehung zwischen Druckkraft und Gleitreibung dar. Was bedeutet der Tangens des Neigwinkels? Berechne den Mittelwert μ der Verhältnisse P_g/P_n und vergleiche ihn mit dem Tangens. *Zahl (Koeffizient) der Gleitreibung.*

Bemerkungen. Man kann auch noch den sogenannten Reibverlust der Rolle bestimmen und damit die Werte von P_g verbessern.

Eine beachtenswerte Vorrichtung beschreibt Duff 115, Nr. 19.

Es empfiehlt sich, verschiedne Gruppen gleichzeitig nach dem Verfahren des allseitigen Angriffs die Aufgaben 8 bis 10 lösen zu lassen.

10. Aufgabe. *Hängt die Gleitreibung von Holz auf Holz von der Größe der sich berührenden Flächen ab?*

(1 Schüler, 1 Stunde.)

Geräte. Wie bei Aufgabe 8.

Anleitung. a) Verfahre wie bei Aufgabe 9 (a), benutze dabei die große Gleitfläche des Schlittens.

b) Wiederhole die Versuche mit der kleinen Gleitfläche des Schlittens und mit den gleichen Belastungen.

c) Schreibe wie bei der Aufgabe 9 die Ergebnisse auf und stelle sie dann in folgender Tafel zusammen:

Druckkraft P_n [kg*]	Reibung P_g [kg*]		Reibzahl μ	
	Große Fläche	Kleine Fläche	Große Fläche	Kleine Fläche
		Mittel	. . . .	. . . . .

d) Hängt die Reibzahl von der Größe der Gleitfläche ab?

Bemerkungen. Die Ergebnisse liefern keine entscheidende Antwort auf die gestellte Frage.

Man kann bei den Aufgaben 8 bis 10 auf das Reibbrett glattes Papier, Sandpapier, Scheiben aus glattem, mattem und rauhem Glas, Tafeln aus Messing, Schiefer, Kautschuk, Leder usw. legen. Man kann auch Schlitten aus verschiedenem Holz, dessen Fasern zu denen des Grundbretts gleich oder quer verlaufen, ferner Schlitten, deren Gleitflächen mit Papier usw. beklebt sind, oder Schlitten aus beliebigen andern Stoffen benutzen. Wertvoll ist es, mit einer Reibplatte aus Gußeisen (90 cm × 18 cm × 3 cm) und einem gußeisernen Schlitten von derselben Größe wie der Holzschlitten die Aufgaben 8 bis 10 auszuführen. Man gieße dann auch auf die Reibplatte gewöhnliches Maschinenöl, bewege, um das Öl gleichmäßig zu verteilen, den Schlitten vorwärts und rückwärts und verfahre sonst wie vorher. Dabei ist zu prüfen, ob die Reibgesetze beim Verwenden dieses Schmiermittels oder eines andern, wie Graphit, bestehn bleiben.

Da die Reibversuche keine recht vergleichbaren Ergebnisse liefern, so empfiehlt es sich, gleichzeitig mit verschiedenen Körpern die Versuche ausführen zu lassen.

Auch ist es ratsam, verschiedene Gruppen nach dem Verfahren des allseitigen Angriffs gleichzeitig die Aufgaben 8 bis 10 lösen zu lassen.

11. Aufgabe. *Welches sind die Bedingungen des Gleichgewichts und des Gleitens bei Flächen, die gegen die Wagrechte geneigt sind?*

(2 Schüler, 1 Stunde.)

Geräte. Wie bei Aufgabe 9 dazu: zwei 5 kg* — oder 10 kg*-Stücke. Lot. Winkelmesser. Maßstab. Vollständige Zeichenausrüstung.

Anleitung. a) Lege auf ein 20 kg*-Stück (oder auf zwei aufeinander gestellte 5 kg*- oder 10 kg*-Stücke) das Reibbrett so, daß das eine Ende auf dem Tisch ruht und das andre sich aufs Gewicht stützt (Abb. 43). Stelle ein Gewichtstück vor das untere Ende des geneigten Bretts und hindere es so am Ausgleiten.

b) Setze auf das obere Ende des Bretts den Schlitten, belaste ihn mit 5 kg*, binde das Gewichtstück an dem Ringe des Schlittens fest, befestige auch das Schutzbrett und vergrößere oder verkleinere durch Verschieben des untergelegten Gewichtstücks nach innen oder außen den Neigwinkel, bis sich der Schlitten mit gleichförmiger Geschwindigkeit die Ebene hinabbewegt, wenn man ihn mit der Hand schwach anstößt.

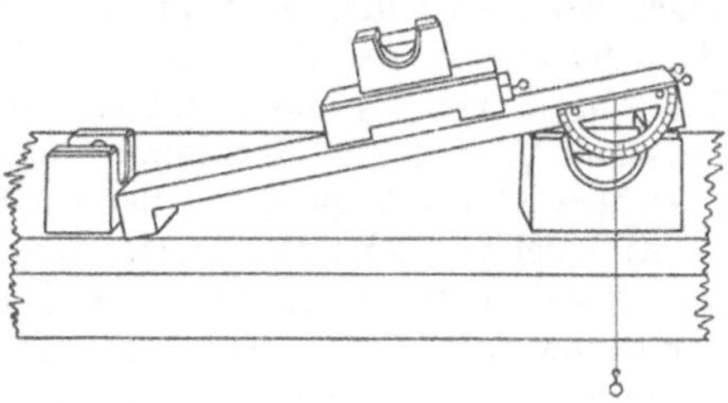

Abb 43.

c) Bestimme wie in Aufgabe 25 (b) aus der Ablesung β des Winkelmessers und aus der Grundlinie b und der Höhe h wie in Aufgabe 25 (f) den Neigwinkel φ der schiefen Ebene.

d) Wiederhole mit den Belastungen 10 und 15 kg* die Versuche und miß jedesmal den Neigwinkel.

e) Schreibe die Ergebnisse in folgender Weise auf:

... Reibbrett Nr. ... ... Schlitten Nr. ...
Gewicht des Schlittens $p = \ldots$ kg*.

Belastung des Schlittens P' [kg*]	Gewicht von Schlitten und Belastung $P = (p + P')$ [kg*]	Grundlinie b [cm]	Höhe h [cm]	β	Reibwinkel φ	tg φ: $\frac{h}{b}$	tg φ: Tafelwert	tg φ: Mittel
					.			
							Hauptmittel	.....

f) Entwirf mit dem Längenmaßstab, 1 cm etwa 1 mm, und dem Kräftemaßstab, 1 kg* etwa 2 cm, das Lagebild der schiefen Ebene und des Schlittens, wähle dabei den Schwerpunkt des Schlittens und seiner Belastung als Angriffstelle der Kräfte. In dem Augenblick, wo das Gleiten beginnt, wirken auf den Schlitten zwei Kräfte: lotrecht abwärts $\mathfrak{P}$ kg*, das Gewicht des Schlittens und seiner Belastung, und gleichläufig zur schiefen Ebene aufwärts die Kraft der Reibung $\mathfrak{P}_g$ kg*. In welcher Richtung wird die Bewegung des Schlittens gehemmt? Zerlege $\mathfrak{P}$ in zwei Teilkräfte, in $\mathfrak{P}_n$, die rechtwinklig gegen die schiefe Ebene drückt, und in $\mathfrak{P}_t$, die gleichläufig zur schiefen Ebene abwärts zieht. Da die Bewegung die schiefe Ebene abwärts mit gleichförmiger Geschwindigkeit erfolgt, so müssen sich die Kräfte $\mathfrak{P}_t$ und $\mathfrak{P}_g$ das Gleichgewicht halten. Welchen Winkel schließen die Kräfte $\mathfrak{P}$ und $\mathfrak{P}_n$ ein? Welche Beziehung besteht also zwischen P_n, P_t und φ und folglich zwischen P_n, P_g und φ? Wie groß ist also die Zahl der Gleitreibung $\mu = P_g/P_n$? Berechne aus den Versuchsergebnissen tg φ und daraus als Mittelwert die Zahl der Gleitreibung.

g) Der belastete Schlitten drückt senkrecht auf die schiefe Ebene, und diese übt auf den Schlitten einen Druck aus, der ebenso groß, aber entgegengesetzt gerichtet ist. Wenn wir diese Ersatzkraft $\mathfrak{P}_e$ im Schwerpunkt anbringen und die schiefe Ebene wegnehmen, so bleibt der Schlitten im Gleichgewicht. Wir können daher auch sagen, daß in dem Augenblick, wo das Gleiten des Schlittens beginnt, auf den Schwerpunkt des Schlittens die Kräfte $\mathfrak{P}$, $\mathfrak{P}_g$ und $\mathfrak{P}_e$ wirken. Lote im Lagebilde auf die Richtungen von $\mathfrak{P}_g$ und $\mathfrak{P}_e$ die drei Kräfte. Wie groß ist der Winkel zwischen $\mathfrak{P}_e$ und $\mathfrak{P}$? Bestimme durch Zeichnung und Rechnung die Gleichgewichtsbedingungen. Berechne daraus P_g, P_n und μ.

h) Zeichne das Kräftedreieck. Bekannt sind Größe und Pfeilrichtung von $\mathfrak{P}$ und die Pfeilrichtungen von $\mathfrak{P}_g$ und $\mathfrak{P}_e$. Kommt in dem Dreieck der Reibwinkel φ vor? Entnimm aus dem Dreieck die Größen P_g und P_n und berechne daraus die Zahl der Gleitreibung.

Bemerkungen. Auch die Zahl der Haftreibung kann man mit der schiefen Ebene bestimmen, wenn man sie so weit neigt, daß der Schlitten ohne Anstoß von selbst die schiefe Ebene hinabgleitet.

Andre Vorrichtungen haben beschrieben: Ames-Bliss *146, Nr. 25* und Duff *99, Nr. 16.*

Das Messen der Reibkraft auf der schiefen Ebene mit der Federwage ist nicht zu empfehlen; es erfordert weitre theoretische Betrachtungen, vgl. z. B. Cumming *101, Nr. 43.*

IV. Kräfte, die an einem Körper angreifen.

12. Aufgabe. *Ein Körper ist um eine Achse drehbar. Eine Kraft, welche die Achse rechtwinklig kreuzt, greift den Körper an. Wovon hängt die Wirkung der Kraft ab?*

(2 Schüler, 1 Stunde.)

Geräte. Hebel (vgl. S. 65). Ringgewichte von 1 bis 2 kg*. Meterstab. Bindfaden. Becherglas. Holzklötze. Papier. Millimeterpapier. Vollständige Zeichenausrüstung (vgl. S. 106). Schmieröl.

Anleitung. a) Setze den Stab in sein Lager ein und schmiere dies. Halte das Auge so, daß die obern Kanten des Hebels in eine Gerade zusammenfallen, und prüfe, ob der Stab genau wagrecht liegt, d. h. ob er dem Wasserspiegel in einem Becherglas gleichläuft, das man hinterm Hebel aufgestellt hat. Belaste ihn, wenn nötig, mit einem kleinen Gewicht oder einem Reiter aus Draht oder Bleiblatt.

b) Befestige am linken Arm in etwa 30 cm Abstand von der Achse mit einer engen Schleife ein 2 kg*-Stück. Was geschieht?

c) Hänge an den andern Arm mit einer engen Schleife ein 1 kg*-Stück und verschiebe es auf die Achse zu oder davon fort, bis der Stab wieder genau wagrecht steht. Miß den Abstand der Schleife von der Achse. Vergleiche beide Gewichte und ihre Entfernungen von der Achse miteinander.

d) Ersetze das 1 kg*-Stück durch ein 2 kg*-Stück. Wie dreht sich der Hebel? In welchem Abstande von der Achse stellt die neue Last das Gleichgewicht her?

e) Ersetze am rechten Arm das 2 kg*-Stück durch das Gewicht 4 kg*. Was geschieht? In welchem Abstande von der Achse bewirkt die neue Last das Gleichgewicht?

f) Schreibe die Ergebnisse in folgender Weise auf:

Hebel Nr. . . .

Linker Arm				Rechter Arm				Algebraische Summe der Drehkräfte	$\frac{P_1}{P_2}$	$\frac{l_2}{l_1}$	$\frac{P_1}{P_2} - \frac{l_2}{l_1}$
Kraft P_1 [kg*]	Kraftarm l_1 [cm]	Drehkraft D_1 Sinn	$P_1 l_1$ [kg* cm]	Kraft P_2 [kg*]	Kraftarm l_2 [cm]	Drehkraft D_2 Sinn	$P_2 l_2$ [kg* cm]	$D_1 + D_2$			
							Summe	. . . . .		Mittel	. . . .

g) Vergleiche die Verhältnisse P_1/P_2 und l_2/l_1 miteinander. Wovon hängt die Drehwirkung einer Kraft ab? *Drehachse. Kraftarm. Drehkraft (Drehantrieb, Drehmoment). Einheit der Drehkraft. Drehsinn. Positive und negative Drehkraft.*

h) Stelle die Ergebnisse bildlich dar und setze dabei

$$x = l_2 \text{ und } y = D_2.$$

i) Auf einen Körper, der sich um eine feste Achse drehen kann, wirken zwei Kräfte in einer Ebene, die auf der Achse senkrecht steht. Unter welchen Bedingungen ist er im Gleichgewicht? Welche Winkel bilden bei diesen Versuchen die Wirklinien der Kräfte mit den Kraftarmen?

Bemerkungen. Der Hebel ist ein Stab aus hartem Holz (150 cm lang, 4 cm hoch und 2 cm breit). In die Mitte des Stabes ist ein Stahlstab von quadratischem Querschnitt (1,3 cm × 1,3 cm) eingesetzt, dessen Stirnflächen schwach trichterförmig ausgebohrt sind. Der Stabquerschnitt, worin die Achse liegt, ist auf den Seiten des Hebels durch Striche bezeichnet. Auf einer Holzzwinge ist der Lagerbock befestigt (Abb. 44). Durch seine lotrechten Schenkel führen zwei Schrauben, die durch Gegenmuttern gesichert sind. Die Bolzen der Schrauben sind 0,57 cm dick. Die gehärteten kegelförmigen Spitzen der Stellschrauben greifen in die Grübchen der Achse ein. An den Seiten der Zwinge sind zwei gebogene schmale Eisenstäbe angeschraubt, die der Hebelstange nur mäßigen Spielraum gewähren. Wells (*52, Nr. 1*) setzt das Lager auf einen Holzträger, den er an einem Wandbrett festgeschraubt hat. Man kann auch eine Holzleiste von 60 bis 80 cm Länge und 4 cm × 2 cm Querschnitt verwenden. Durch ihre Mitte ist ein Loch gebohrt. Durch dieses ziehe man einen Faden, binde mit einer Schleife den Stab an den Haken einer Federwage und befestige diese an einem Arbeitsbock oder am Wandbrett. Man lese die Federwage ab, belaste den Stab so stark, daß er nicht wahrnehmbar verbogen wird und die Gesamtkraft in die obere Hälfte des Meßbereichs der Feder-

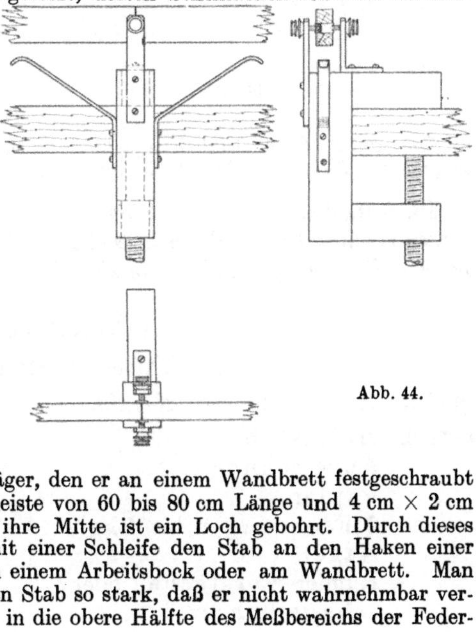

Abb. 44.

wage fällt, und ordne die Gewichte so an, daß sich der Stab genau wagrecht stellt. Mit einem Hebel, dessen Achse festliegt, arbeitet es sich jedoch viel bequemer.

Man kann auch am Wandbrett mit einem runden Vorstecher oder einem Nagelbohrer einen Stab drehbar befestigen, der an einem Ende O (Abb. 45) durchbohrt ist. Man lege in einem festen Abstand OA_1 von der Achse um den Stab eine Bindfadenschleife, verbinde diese mit dem Haken einer Federwage und befestige deren Ring am Wandbrett. An den Stab hänge man mit einer Schleife ein Gewicht oder eine Wagschale mit Gewichten. Man ordne die Federwage und das Gewicht so an, daß die Wage lotrecht aufwärts zieht und sich der Stab genau wagrecht stellt. Bei geringer Belastung ist das Stabgewicht zu berücksichtigen. Das wird vermieden, wenn man mit DUNCAN *(42)* die lotrechte Stellung des Stabes als Gleichgewichtslage verwendet und in wagrechter Richtung entweder mit Federwagen oder besser mit Rollen, Schnüren und Gewichten wagrechte Kräfte auf den Stab einwirken läßt (Abb. 46). Hier bereitet das Verschieben der Rollen und der Angriffstellen der Schnüre (Hülsen) einige Unbequemlichkeiten. In beiden Fällen schließe man durch Einschlagen von Stiften die Bewegungsfreiheit des Stabes in enge Grenzen ein, damit man das scharfe Einstellen bequem ausführen kann. Außerdem muß man sorgfältig darauf achten, daß die Zugrichtung und die Längsachse des Stabes in einer Ebene liegen.

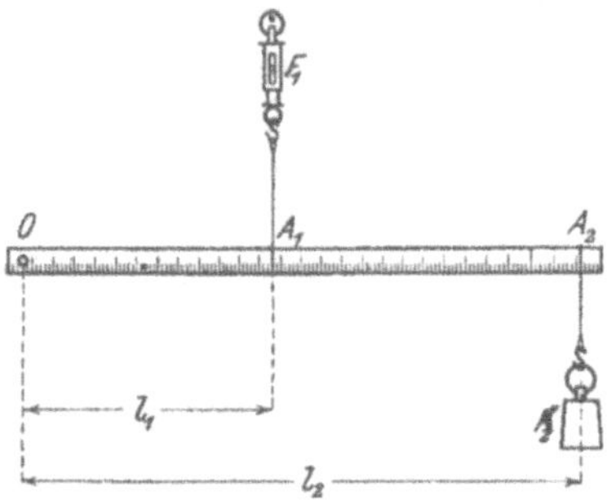

Abb. 45.

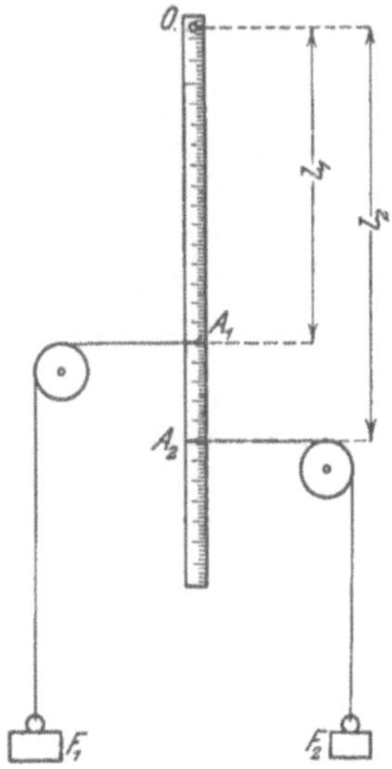

Abb. 46.

Der Ausschuß für Einheiten und Formelgrößen hat während des Drucks beschlossen, für die *Drehkraft* die Benennung M einzuführen.

13. Aufgabe. *Auf einen Körper, der sich um eine Achse drehen kann, wirken in einer Ebene, die senkrecht zur Achse steht, mehrere Kräfte. Unter welchen Bedingungen halten sie sich das Gleichgewicht?*

1. Verfahren.

(2 Schüler, 1 Stunde.)

Quelle. AMES-BLISS *118 Nr. 19.*

Geräte. Meterstab. Angelschnur. Papier. 2 Federwagen bis 4 kg*. Nagel. Runder Vorstecher oder Nagelbohrer. Spiegelstreifen. Vollständige Zeichenausrüstung (vgl. S. 106). (Wandbrett) und Reißbrett.

Anleitung. **a)** Bohre auf der Längsachse eines Meterstabes, in der Mitte und nahe bei den Enden, Löcher durch den Stab. Ziehe durch die Endlöcher A_1 und A_2 Schnüre und binde Schleifen. Hefte aufs Wandbrett einen Zeichenbogen. Stecke in der Stabmitte durchs Loch O einen Vorstecher und treibe ihn durch den Bogen ins Wandbrett (Abb. 47). Binde an die Schleifen A_1 und A_2 Schnüre und an deren Enden die Ringe zweier Federwagen. Knüpfe an die Haken der Wagen Schnüre, verbinde sie mit einem kleinen Ring und befestige diesen am Wandbrett mit einem Nagel N so, daß der Stab und die Schnüre geeignete Stellungen haben, die Schlitze der Wagen so genau wie möglich in den Richtungen A_1N und A_2N liegen und die Wagen über die Hälfte ihres Meßbereichs hinaus beansprucht werden.

b) Lege an Stellen, die möglichst weit von N entfernt sind, mit dem Spiegelstreifen die Schnurrichtungen fest. Klopfe gegen die Federwagen, lies die Zeigerstellungen ab, verbeßre die Ablesungen und schreibe die Ergebnisse F_1 und F_2 [kg*] an die Schnurmarken.

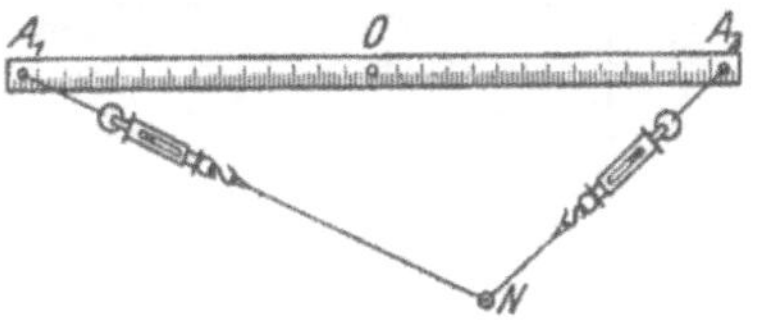

Abb. 47.

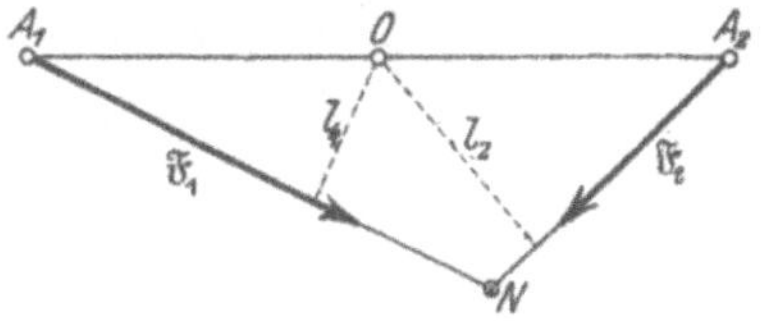

Abb. 48.

c) Wickle mehrmals um den Nagel das Ende der Schnur A_2N, ändre so die Kräfte und Kraftarme und miß wiederum die Kräfte und ihre Richtungen. Wiederhole den Versuch etwa dreimal.

d) Nimm den Papierbogen ab, lege ihn aufs Reißbrett und ziehe die Wirklinien von $\mathfrak{F}_1$ und $\mathfrak{F}_2$ (Abb. 48). Fälle von O aus auf die Wirklinien Lote und miß ihre Längen l_1 und l_2 [cm]. Bestimme Sinn und Größe jeder Drehkraft in bezug auf die Achse O.

e) Schreibe wie in (k) die Ergebnisse auf. Welche Regel läßt sich für das Gleichgewicht der Drehkräfte am Stab aufstellen?

2. Verfahren.

(2 Schüler, 1 Stunde.)

Quelle. Watson, *Elem. Pract. Phys.* 75 *Nr. 59.*

Geräte.

2 Federwagen bis 4 kg*.	Spiegelstreifen.
2 Zapfenklemmen für die Wagen.	Angelschnur.
Meterstab.	Runder Vorstecher oder Nagel.
Glasperle oder kleiner Metallring oder Zapfenklemme für den Maßstab.	Vollständige Zeichenausrüstung (vgl. S. 106).
	Reißbrett.

Anleitung. **f)** Hefte aufs Reißbrett einen Zeichenbogen, ziehe in etwa 2,5 cm Abstand von der hintern Kante eine Gerade, trage vom Punkt O

aus (Abb. 49), der etwa in der Mitte des Strichs liegt, nach beiden Seiten 30 cm ab und errichte in den so erhaltenen Punkten A_1 und A_2 Senkrechte auf A_1A_2. Bohre auf der Längsachse eines Meterstabes bei den Teilstrichen 20, 50 und 80 cm Löcher, binde an den beiden äußern Durchbohrungen die Enden von Doppelschnüren fest, schiebe durchs mittlere Loch einen runden Vorstecher als Achse und streife dann über dessen Spitze noch eine Perle oder einen Metallring. Befestige diese Achse genau im Punkt O senkrecht zum Reißbrett und an den Enden der Schnüre die Haken der Federwagen, halte den Maßstab genau in der Richtung A_1A_2 fest und ziehe an den Ringen der Wagen, bis die Zeiger in der oberen Hälfte der Teilungen stehn und die Schnüre und Schlitze der Wagen genau über den Loten auf A_1A_2 liegen. Befestige die Ringe mit den Zapfenklemmen am Reißbrett oder wie in Aufgabe 26, S. 106. Welche Kräfte wirken auf den Meterstab? In welchem Sinn sucht ihn jede Kraft zu drehn? Klopfe gegen die Wagen,

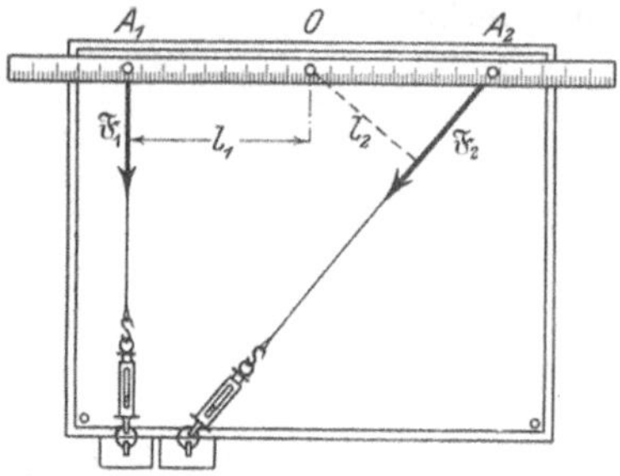

Abb. 49.

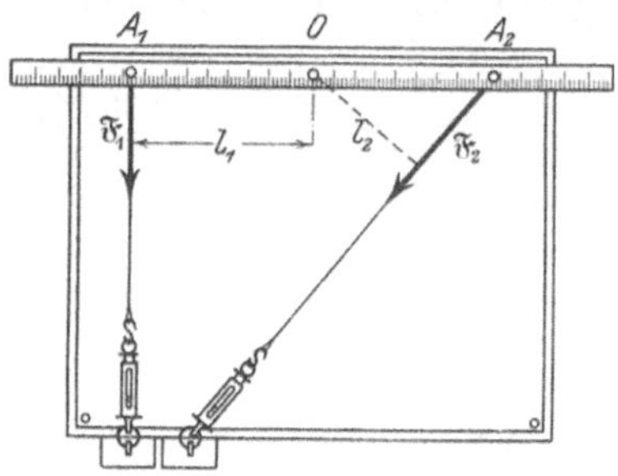

Abb. 50.

lies die Zeigerstellungen ab und verbeßre die Ablesungen. Berechne die Drehkräfte $D_1 = F_1 l_1$ und $D_2 = F_2 l_2$ der beiden Kräfte in bezug auf die Achse O und vergleiche sie nach Sinn und Größe.

g) Halte den Maßstab fest, mache den Ring der rechten Federwage frei und befestige ihn so in einer andern Lage (Abb. 50), daß die Längsachse des Stabes wieder über A_1A_2 steht und die Schnur genau in der Richtung des Schlitzes liegt und mit dem Stab einen spitzen Winkel bildet. Lege mit einem untergelegten Spiegelstreifen die Schnurrichtung durch einen Punkt fest, der möglichst weit von A_2 entfernt ist. Klopfe gegen die Wagen, lies die Zeigerstellungen ab, verbeßre die Ablesungen und schreibe neben die Richtungsmarken die Ergebnisse F_1 und F_2 kg*.

h) Wiederhole den Versuch (g) noch zweimal, ändre dabei die Wirklinie und die Angriffstelle der Kraft F_2.

i) Fälle von der Drehachse O das Lot auf die Wirklinie von F_2. Miß seine Länge l_2, berechne die Drehkräfte $D_1 = F_1 l_1$ und $D_2 = F_2 l_2$ von F_1 und F_2 in bezug auf O und vergleiche sie nach Sinn und Größe.

k) Schreibe die Ergebnisse in folgender Weise auf:

Meterstab Nr. ... Linke Federwage Nr. ... Rechte Federwage Nr. ...

Links					Rechts					Algebraische Summe der Drehkräfte
Kraft		Kraftarm	Drehkraft D_1		Kraft		Kraftarm	Drehkraft D_2		
Zeigerablesung	Verbesserte Ablesung F_1 [kg*]	l_1 [cm]	Sinn	$F_1 l_1$ [kg* cm]	Zeigerablesung	Verbesserte Ablesung F_2 [kg*]	l_2 [cm]	Sinn	$F_2 l_2$ [kg* cm]	$(D_1 + D_2)$ [kg* cm]
									Summe	. . .

l) Welche Regel läßt sich für das Gleichgewicht der Drehkräfte am Stab aufstellen?

3. Verfahren.

(4 Schüler, 1 Stunde.)

Quelle. Wells *54 Nr. 2.*

Geräte. Eine unregelmäßig gestaltete Scheibe aus Pappe oder Holz (etwa 25 cm × 20 cm).
Weiche Seidenschnüre von etwa 1,5 mm Durchmesser.
4 Rollen (vgl. S. 53).
4 Ringgewichte von 1 kg*.
Satz von Scheibengewichten.
Runder Vorstecher oder Nagelbohrer.
Spiegelstreifen.
Vollständige Zeichenausrüstung (vgl. S. 106).
(Wandbrett) und Reißbrett.

Anleitung. **m)** Hefte aufs Wandbrett einen Bogen Zeichenpapier. Stecke durch die Mitte der Scheibe einen dünnen Vorstecher oder eine Zwecke mit kräftigem langem Stift oder eine Tuchnadel. Drehe um den Stift die Scheibe und mache dadurch das Loch so groß, daß sich die Scheibe ganz frei drehen kann. Befestige senkrecht auf dem Wandbrette die Achse. Bringe an diesem Brett vier Rollen so an, daß ihre Rinnen in einer Ebene liegen. Binde an die durchlochten Randstellen der Scheibe Schnüre, führe sie über die Rollen und belaste ihre freien Enden mit geeigneten Gewichten, sagen wir mit 1, 1,5, 2 und 2 kg*, so daß die Gleichgewichtlage etwa wie in Abb. 51 aussieht.

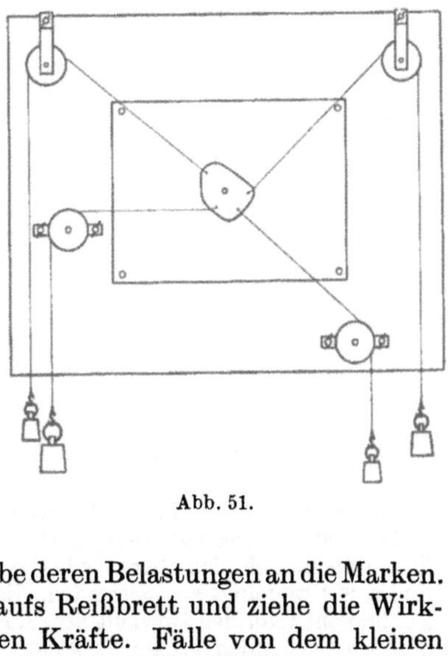

Abb. 51.

n) Lege an je zwei möglichst weit voneinander entfernten Stellen mit einem Spiegelstreifen die Richtungen der vier Schnüre fest und schreibe deren Belastungen an die Marken.

o) Nimm das Papier ab, hefte es aufs Reißbrett und ziehe die Wirklinien der an der Scheibe angreifenden Kräfte. Fälle von dem kleinen Loch, das die Lage der Achse angibt, Lote auf die Wirklinien.

p) Miß die Längen dieser Lote, berechne für jede Kraft in bezug auf die Achse die Drehkraft und zähle die gleichsinnigen Drehkräfte zusammen. Vergleiche die Summe der positiven Drehkräfte mit der Summe der negativen.

q) Schreibe die Ergebnisse in folgender Weise auf:

Scheibe Nr. ...

Kraft F [kg*]	Kraftarm l [cm]	Drehkraft D [kg* cm]		Summe der positiven Drehkräfte	Summe der negativen Drehkräfte	Algebraische Summe der Drehkräfte
		Sinn	Fl			

r) Welche Regel läßt sich für das Gleichgewicht der Drehkräfte aufstellen?

s) Ändre die Lasten und wiederhole die Versuche (m) bis (p).

Bemerkungen. Benutzt man beim ersten Verfahren kein Wandbrett, so mißt man mit Dreieck und Maßstab die Kraftarme. Dann kann man als Achse auch eine Schneide verwenden und diese auf ein geeignetes Lager setzen. Anstatt in den Stab Löcher zu bohren, kann man Ösen einschrauben und die Mittelöse durch einen Faden mit einem festen Haken verbinden. An Stelle eines Nagels läßt sich auch ein schweres Gewichtstück verwenden, das man auf dem Boden oder Tisch verschiebt, um Größe und Richtung der Kräfte zu ändern. Man kann auch in der Schnur A_1N die Federwage weglassen und an A_1 mit einem Faden ein Gewicht aufhängen, ferner beim Verwenden kleiner Gewichte die Federwage und die Schnur A_2N durch einen Kautschukfaden ersetzen. Auch läßt sich der Zug in der Schnur A_2N mit Rolle und Gewicht herstellen.

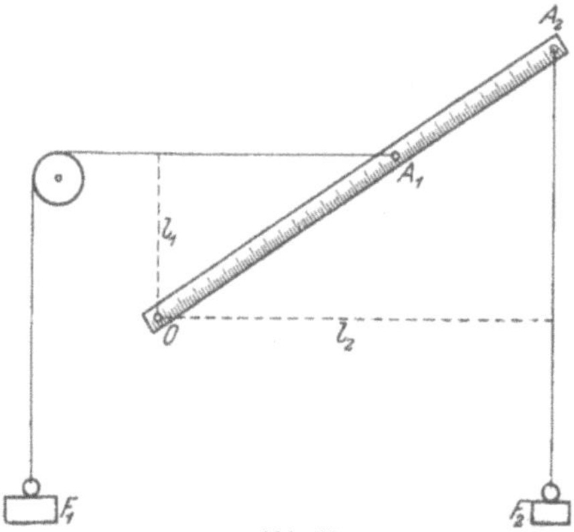

Abb. 52.

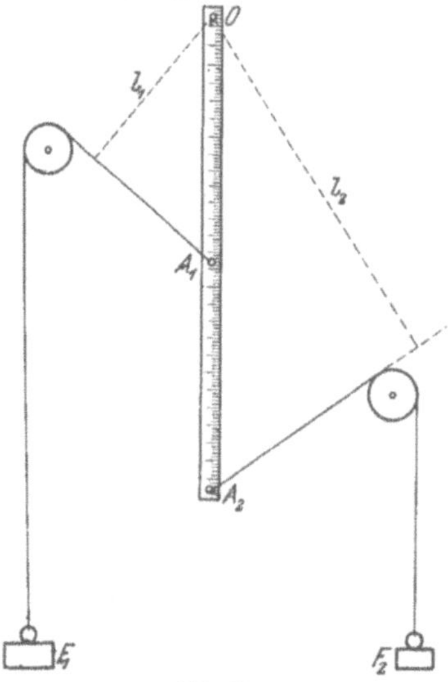

Abb. 53.

Benutzt man das eine Ende des Stabes als Drehpunkt (Abb. 52), so muß man große Kräfte anwenden, wenn man das Gewicht des Stabes vernachlässigen will. Es empfiehlt sich, das obere Ende des Stabes und nicht wie in Abb. 52 das untere Ende als Drehpunkt zu verwenden. Bei der Anordnung, die in Abb. 53 gezeichnet ist, braucht man das Gewicht des Stabes nicht zu berücksichtigen, doch ist auch hier das Verwenden großer Gewichte ratsam. Die in Abb. 52 u. 53 angedeuteten Verfahren liefern keine guten Ergebnisse.

Beim zweiten Verfahren befestigt man am besten die Mitte O des Maßstabes an dem Zapfen einer Klemme (Abb. 54a), die man an dem hintern Rande des Reißbretts festschraubt, und die Ringe der Federwagen an den Zapfen von Klemmen (Abb. 54b), die man an dem vordern Rande des Reißbretts anbringt. Man kann auch Zapfen vom „Tisch-Krocket" verwenden. Es ist ratsam, die Schnüre doppelt zu nehmen, damit man ihre Längen bequem ändern kann, und hinterm Maßstabe zu beiden Seiten der Drehachse Nägel einzuschlagen, die beim Reißen der Schnüre ein Ausschlagen des Stabes verhindern. Anstatt der Federwagen kann man Kautschukschnüre verwenden, wodurch man an zwei Stellen Nähnadeln gesteckt oder worum man mit weißem Garn Schleifen gebunden hat.

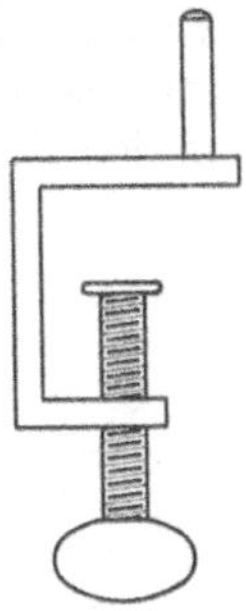

Abb. 54a.

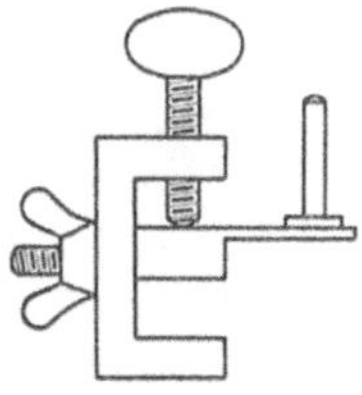

Abb. 54b.

Beim dritten Verfahren wird das Gewicht der Scheibe nicht berücksichtigt; man wähle also eine leichte, aber feste Scheibe und schwere Gewichte.

Besondre Vorrichtungen für Versuche über die Drehkraft findet man bei Duff *125 Nr. 20.* Hortvet *82.* Millikan *29.* Nichols *1, 42.* Noack, *Leitfaden 34 Nr. 25, 26 u. 38 Nr. 34, Aufgaben 18 Nr. 19.*

Man lasse gleichzeitig verschiedne Gruppen die einzelnen Verfahren anwenden.

14. Aufgabe. *Unter welchen Bedingungen halten sich gleichläufige Kräfte, die in einer Ebene auf einen Körper wirken, das Gleichgewicht?*

1. Verfahren.

(2 Schüler, 2 Stunden.)

Quellen. Ames-Bliss *129 Nr. 21* und Wells *57 Nr. 3.*

Geräte. Holzstab (150 cm × 5 cm × 2,5 cm) mit großen Ösen an den Enden der Oberseite und in den Stirnflächen.
Zwingen mit starken Haken.
Einsatzrolle.
2 Haken.
2 Federwagen mit Kreisteilung bis 20 kg*, geteilt in 0,05 kg*.
Starker Bindfaden.
Wasserwage.
Ringgewichte von 5, 10 und 10 kg*.
Vollständige Zeichenausrüstung (vgl. S. 106).
Millimeterpapier.

Anleitung. a) Befestige am Tischrande die Einsatzrolle, lege darüber eine Schnur, binde das eine Ende an einen festen Gegenstand, etwa an ein recht schweres Gewichtstück (20 kg*), und das andre Ende so an den Ring der einen Federwage, daß zwischen Rolle und Ring ein etwa 15 cm langes Schnurstück liegt (Abb. 55). Befestige die Hakenzwinge am Tischrand und hänge mit einer Schnur den Ring der andern Federwage so daran auf, daß die Ringe beider Wagen gleich hoch liegen und die Schnüre ebenso weit wie die Ösen des Stabes voneinander abstehn. Bestimme mit den Federwagen die Gewichte jedes einzelnen Gewichtstücks und nimm aus den zusammengehörigen Ergebnissen die Mittel F_1 und F_2 [kg*]. Hänge an die Haken der Wagen die Ösen des Stabes.

Hebe oder senke mit der Schnur, die über die Rolle führt, das eine Ende des Stabes, bis dieser genau wagrecht liegt, und befestige die Rollenschnur sicher. Klopfe gegen die Federwagen, lies die Zeigerstellungen ab und verbeßre die Ablesungen. Die gemessenen Zugkräfte F_3' und F_4' halten dem Stabgewichte das Gleichgewicht.

b) Binde mit einer Schleife, die so weit ist, daß man sie bequem verschieben kann, an den Stab in etwa 30 cm Abstand vom einen Ende

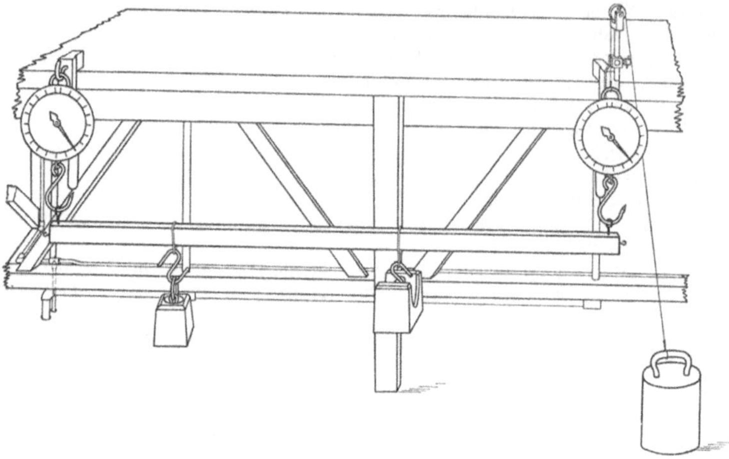

Abb. 55.

das 5 kg*-Stück und befestige ebenso in etwa 50 cm Abstand vom andern Ende das 10 kg*-Stück. Verschiebe, wenn nötig, die Schleifen und die Hakenzwinge und ändre die Länge der Rollenschnur, bis alle Schnüre lotrecht hängen und der Stab genau wagrecht liegt.

c) Klopfe gegen die Wagen, lies die Zeigerstellungen ab und verbeßre die Ablesungen. Sind die Ergebnisse F_3'' und F_4'' [kg*], so sind die Auflagedrucke, welche die Belastungen F_1 und F_2 [kg*] hervorrufen, $F_3 = F_3'' - F_3'$ und $F_4 = F_4'' - F_4'$ (Abb. 56). Es seien A_0 das linke Ende des Stabes und A_1, A_2, A_3 und A_4 die Angriffstellen der Belastungen F_1 und F_2 kg* und der Auflagedrucke F_3 und F_4. Miß die Abstände A_0A_1, A_0A_2, A_0A_3 und A_0A_4 und zeichne auf Millimeterpapier das Lagebild der ganzen Anordnung.

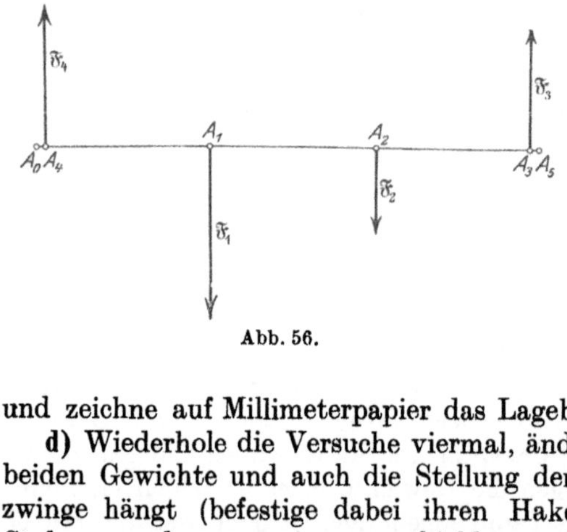

Abb. 56.

d) Wiederhole die Versuche viermal, ändre dabei die Stellungen der beiden Gewichte und auch die Stellung der Wage, die an der Hakenzwinge hängt (befestige dabei ihren Haken nicht an der Öse des Stabes, sondern an einer verschiebbaren Schleife), bringe ferner bei einem Versuch diese Wage zwischen den Angriffstellen der beiden Gewichte an.

e) Berechne für jeden Versuch die Drehkräfte in bezug auf eine Achse, die senkrecht zur Längsachse des Stabes wagrecht durch A_0 geht. Die Kraftarme seien $A_0A_1 = l_1$, $A_0A_2 = l_2$, $A_0A_3 = l_3$ und $A_0A_4 = l_4$.

f) Schreibe in folgender Weise die Ergebnisse auf und rechne dabei die Kräfte, die lotrecht aufwärts wirken, als positiv:

Stange Nr. ... Links Federwage Nr. ... Rechts Federwage Nr. ...
Auflagedrucke des unbelasteten Stabes $F_3' = \ldots$ kg*, $F_4' = \ldots$ kg*.
Auflagedrucke des belasteten Stabes $F_3'' = \ldots$ kg*, $F_4'' = \ldots$ kg*.

	Kraft [kg*] pos.	neg.	Kraftarm in bezug auf ... l [cm]	Drehkraft in bezug auf ... D [kg* cm] pos.	neg.
Summen			Summen		
Alg. Summen			Alg. Summen		

g) Berechne für jeden Versuch, auch für die Drehachsen A_1, A_2, A_3, A_4 und A_5 (das rechte Ende des Stabes) und außerdem für eine ganz beliebige Drehachse, der Reihe nach die Drehkräfte und deren algebraische Summe.

h) Wie groß ist die algebraische Summe aller Kräfte? Wie groß ist die algebraische Summe der Drehkräfte für irgendeine Achse, die senkrecht zur Ebene der Kräfte steht? Unter welchen Bedingungen halten sich gleichläufige Kräfte, die in einer Ebene auf einen Körper wirken, das Gleichgewicht?

i) Sieh F_3 und F_4 als Unbekannte an und berechne sie aus den Drehkraftgleichungen für die beiden Stabenden. Vergleiche die Ergebnisse mit den Ablesungen an den Wagen.

k) Hänge an zwei Federwagen, deren Meßbereich größer als das Stabgewicht ist, den unbelasteten Stab auf. Verschiebe die eine Wage und ihre Schleife so, daß die Schnüre beider Wagen lotrecht bleiben, lies bei den verschiednen Stellungen jedesmal die Wagen ab und berechne daraus die jeweilige Lage der Angriffstelle des Stabgewichts. Ändert sie sich mit der Stellung der Wagen? *Schwerpunkt.*

2. Verfahren.

(3 Schüler, 1 Stunde.)

Geräte. 3 Federwagen bis 5 kg*. Schlitten zu den Wagen. Zwingen. Fester Meterstab oder kräftiger Holzstab. Angelschnur. Millimeterpapier. Zeichenausrüstung.

Anleitung. l) Binde bei den Teilstrichen 2 cm und 98 cm des Meterstabes mit Schleifen die Enden zweier Schnüre an und befestige deren andre Enden an den Haken zweier Federwagen. Klemme die Schlitten der Federwagen mit Zwingen am Tischrande fest. Bringe ebenso am Teilstrich 50 mit einer Schnur eine dritte Federwage an und klemme ihren Schlitten am gegenüberliegenden Tischrande fest. Richte die ganze Anordnung so aus, daß alle Schnüre und Schlitze der Federwagen genau gleichlaufen und die beiden Federwagen, die nach derselben Seite ziehn, Zugkräfte von höchstens 2 kg* anzeigen (Abb. 57).

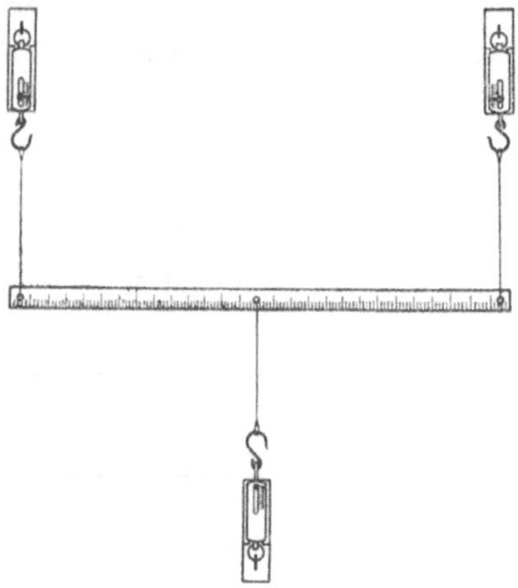

Abb. 57.

m) Klopfe gegen die Wagen, lies die Zeigerstellungen ab und verbeßre die Ablesungen. Zeichne auf Millimeterpapier den Lageplan.

n) Bewege die mittlere Federwage so, daß ihre Schnur der Reihe nach bei 34, 26, 76 und 84 cm angreift, jedoch stets den andern Schnüren gleichläuft, und wiederhole die Messungen und Zeichnungen von (m).

o) Schreibe die Ergebnisse ähnlich wie in (f) auf.

p) Berechne jedesmal die Drehkraft der drei Kräfte und wähle dabei der Reihe nach Achsen, die durch die Endpunkte, den Mittelpunkt und die drei Angriffstellen der Federwagen gehn.

q) Wie groß ist die algebraische Summe aller Kräfte? Sieh eine der Kräfte als Gegenkraft der beiden andern an. Welche Größe und Pfeilrichtung hat die Gesamtkraft der beiden andern Kräfte? Vergleiche Größen und Pfeilrichtungen der Teilkräfte und der Gesamtkraft miteinander.

r) Wie groß ist die algebraische Summe der Drehkräfte für irgendeine Achse, die zur Kraftebene senkrecht steht? In welchem Verhältnis teilt die Angriffstelle der Gegenkraft die Strecke zwischen den Angriffstellen der Teilkräfte? Unter welchen Bedingungen halten sich daher gleichläufige Kräfte, die in einer Ebene wirken, das Gleichgewicht?

s) Ändre die Richtungen der Federwagen so, daß die Schnüre schräg, aber alle gleichläufig am Meterstab angreifen. Bleiben die bei (r) gefundnen Gleichgewichtsbedingungen bestehn?

3. Verfahren.

(3 Schüler, 1 Stunde.)

Quellen. GAGE *28 Nr. 24.* GILLEY *88 Nr. 14.*

Geräte. HALLS Scheibe (vgl. S. 77).
3 eiserne Stifte zur Scheibe.
3 Federwagen bis 4 kg*.
Schlitten für die Wagen.
Angelschnur.
3 kleine Lagerkugeln von gleicher Größe.
Zwingen.
Meterstab.
Millimeterpapier.
Zeichenausrüstung.

Anleitung. t) Befestige am Haken jeder Wage mit einer Schleife eine Schnur von etwa 60 cm Länge und an deren anderm Ende einen Stift. Lege die Scheibe auf die drei Lagerkugeln.

u) Stecke fest in das zweite Loch einer Reihe einen Stift und nacheinander in das dritte, vierte usw. Loch derselben Reihe einen andern Stift und übe genau in der Richtung der Reihe, aber in entgegengesetztem Sinn, mit den Federwagen gleiche Zugkräfte aus (Abb. 58). Lies die Wagen ab. Ändert sich die Wirkung einer Kraft, wenn man in der Wirklinie der Kraft die Angriffstelle verlegt?

v) Stecke die drei Stifte in Löcher derselben Reihe, z. B. in das erste, dritte und siebente Loch der zweiten Reihe. Befestige mit Zwingen die Schlitten der Wagen so, daß die Schnüre den Lochreihen, die auf der Stiftreihe senkrecht stehn, genau gleichlaufen (Abb. 59). Herrscht Gleichgewicht? Klopfe gegen die Wagen, lies die Zeigerstellungen ab und verbeßre die Ablesungen. Miß die Abstände A_1A_2 und A_1A_3 und zeichne auf Millimeterpapier den Lageplan.

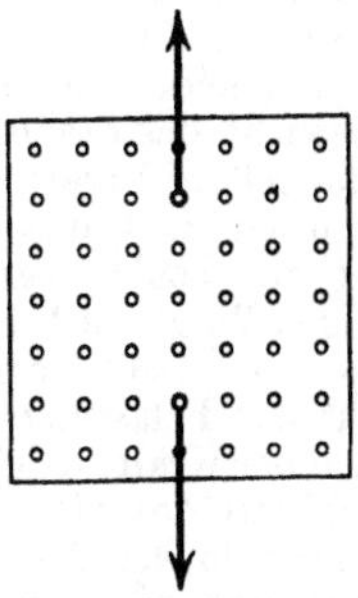

Abb. 58.

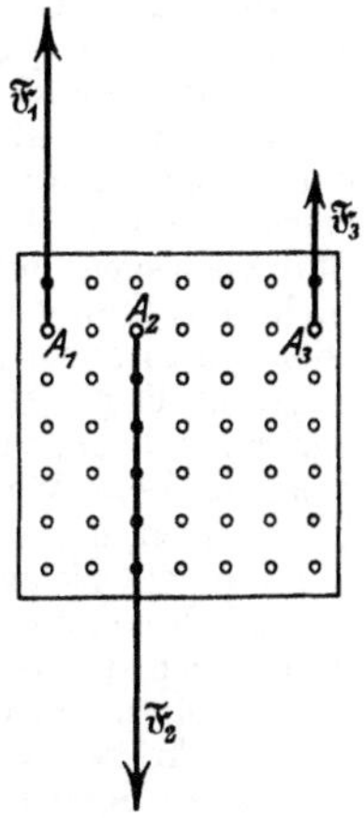

Abb. 59.

w) Wiederhole den Versuch (v) dreimal, ändre dabei die Lagen der Angriffstellen, die jedoch stets auf einer Geraden liegen sollen, und verfahre wie bei (o) bis (r).

x) Stelle wie bei (v) das Gleichgewicht der Kräfte her. Lies die Wagen ab. Stecke den Stift A_1 in ein andres Loch, das auf der Wirklinie von F_1 liegt (Abb. 60). Herrscht Gleichgewicht, wenn die Kräfte, die in A_1, A_2 und A_3 angreifen, die gleiche Stärke wie zuvor haben? Verlege die Angriffstelle A_2 in der Wirklinie von F_2. Hat dies einen Einfluß auf die Wirkung, wenn man dabei die Stärken der drei Kräfte nicht ändert?

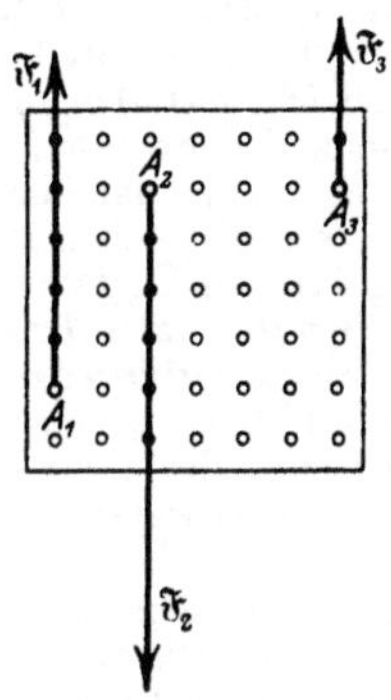

Abb. 60.

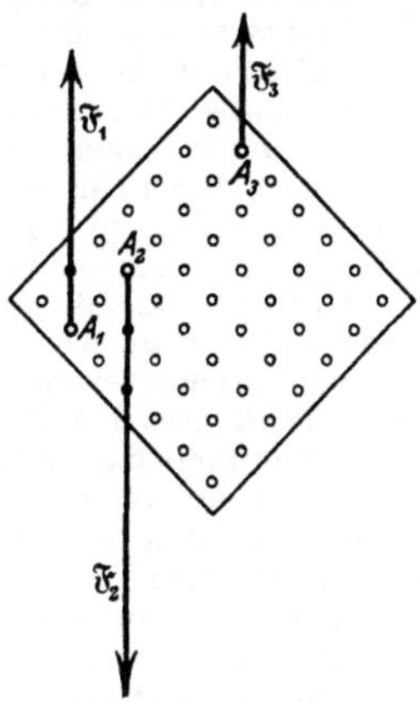

Abb. 61.

y) Stelle wie bei (v) das Gleichgewicht wieder her. Drehe das Brett wie in Abb. 61, verschiebe zugleich die Klemmen am Tischrand und ändre die Längen der Schnüre so, daß die Wirklinien der Kräfte einander gleichläufig und die Stärken der Kräfte so groß wie vorher bleiben. Halten sich die Kräfte auch jetzt noch das Gleichgewicht?

Bemerkungen zum ersten Verfahren. Der kräftige Haken ist in eine Holzzwinge eingeschraubt, die man an den Tischrand klemmt. Man prüfe, ob die Eichung der Federwagen auch brauchbar ist, wenn die zur Wage hinzugehörigen Schalen abgenommen sind.

Wenn man bei diesem Versuch das Gewicht des Stabes nicht berücksichtigt, muß man große Belastungen wählen.

Benutzt man einen Holzstab von 60 bis 80 cm Länge und 4 cm × 2 cm Querschnitt, so genügen zwei Federwagen bis 5 kg*, geteilt in 0,1 kg*, und entsprechend schwächere Belastungen.

Bei der Aufgabe wurde angenommen, daß das Auflagern des Stabes so erfolgt, daß durch senkrecht wirkende Lasten auch nur senkrechte Auflagekräfte übertragen werden. Will man das Gewicht des Stabes berücksichtigen, so hat man den Stab zu wägen und seinen Schwerpunkt auf 1 mm genau zu bestimmen, d. h. die Stelle des Stabes zu ermitteln, wo man ihn an einer Aufhängeschnur befestigen oder worunter man die Schneide eines Keils setzen muß, damit der Stab genau wagrecht liegt. Das Gewicht des Stabes ist zwar $F_3' + F_4'$, doch ist diese Bestimmung ungenau; ein beßres Ergebnis erhält man auf folgende Weise: man hängt an beide Wagen ein Gewicht, das größer als die Hälfte des Meßbereichs der Federwagen ist, nimmt aus beiden verbesserten Messungen das Mittel, hängt dann an die gleichläufigen Wagen den Stab, belastet ihn mit dem Gewicht und liest wiederum die Wagen ab. Zieht man von der Summe der beiden verbesserten Ablesungen das Gewicht der Belastung ab, so erhält man das Stabgewicht. Es ist beim Zusammenzählen der Kräfte das Stabgewicht und beim Zusammenrechnen der Drehkräfte die Drehkraft des Stabgewichts zu berücksichtigen.

Da die Kraftrichtungen in den Federwagen bei einer schrägen Stellung des Stabes nicht mehr gleichlaufen, hängt man die eine Wage an eine Rolle. Weniger einfach ist es, nach dem Vorschlage von De Forrest Ross *(School Science 6, 777 1906)* den Ring der Wage an den Haken eines Schlittens zu hängen, den man in der Kraftrichtung verschieben und mit einer Schraube feststellen kann. Wegen der Eichung der Federwagen vgl. S. 48.

Anstatt zweier Federwagen kann man auch nur eine oder deren drei verwenden. Bei einer Federwage muß man während des Einstellens durch untergeschobene Klötze oder festgeklemmte Stäbe oder Ringe die Bewegungsfreiheit des Stabes einschränken. Die Verwicklung des Versuchs durch drei Federwagen vergrößert nur die Schwierigkeiten, nicht aber das Verständnis.

Die aufwärts gerichteten Zugkräfte kann man zwar genauer, doch nicht bequemer, durch Schnüre, Rollen und Gewichte herstellen. Gleicht man das Gewicht des Stabes durch ein Gegengewicht aus, das an einer Schnur hängt, die man über eine Rolle führt, so lagere man den Stab auf eine geeignete Unterlage, von der man ihn nur dann emporzieht, wenn man das Gleichgewicht prüft.

Es ist zweckmäßig, bei diesen Versuchen lotrechte Kräfte anzuwenden. Entweder hängt man, wie angegeben, an Zugfederwagen den Körper auf oder lagert ihn auf Druckfederwagen. Benutzt man Druckfederwagen, so stelle man auf jeden Teller zwei Holzklötze mit scharfer wagrechter Schneide, etwa Monochordstege, bestimme das Gewicht und ziehe es von den spätern Ablesungen ab. Doch ist eine genau wagrechte Lagerung des Stabes nicht bequem zu erreichen, noch schwieriger ist dies, wenn man Tafelwagen benutzt und die Auflagedrucke sehr verschieden sind.

Statt des schweren Stabes kann man auch einen festen Meterstab verwenden, den man auf die hohe Kante stellt. Die Gesamtbelastung wählt man dabei nicht geringer als 2 kg* und nicht größer als 10 kg* und gebraucht demgemäß auch nur Federwagen von entsprechendem Meßbereich. Benutzt man zum Belasten nur ein Gewicht, so lege man es zunächst in die Mitte und verschiebe es dann jedesmal um 10 cm, erst nach links und dann nach rechts. Die Federwagen läßt man 2 bis 10 cm von den Enden des Maßstabs angreifen.

Benutzt man als Körper, woran die Kräfte angreifen, eine Hebelstange mit herausragender Achse, so hängt man diese mit einer Doppelschleife an einer Federwage oder an dem Bügel einer andern Wage auf. Eine solche Schleife, die man häufig mit Nutzen verwenden kann, stellt man nach Watson *(Elem. Pract. Phys. 86 Nr. 65)* folgendermaßen her: Man legt einen etwa 15 cm langen Faden doppelt (Abb. 62 *A*) und dann noch einmal doppelt *(B)* und bindet mit diesem vierfachen Faden genau so, als wäre es nur ein einfacher Faden, möglichst weit vom Ende einen Knoten *(C* und *D)*.

Zum zweiten Verfahren. Es liefert schlechtere Ergebnisse als das erste Verfahren, auch biegt sich ein

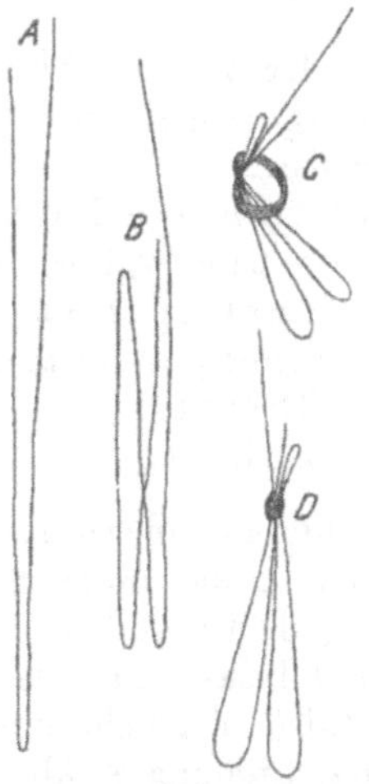

Abb. 62.

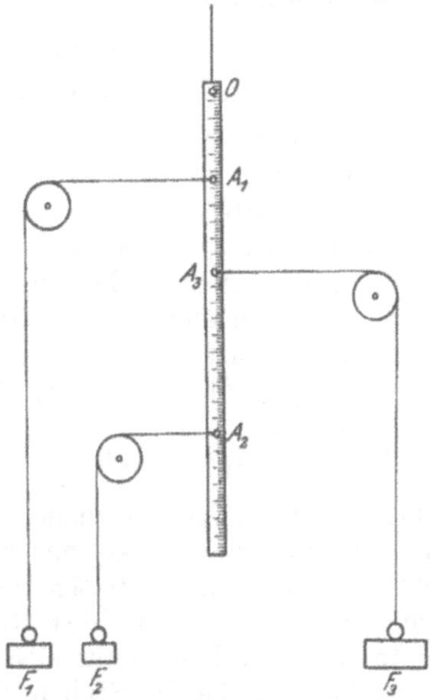

Abb. 63.

schwacher Meterstab durch. Twiss *(48 Nr. 15)* hängt an einem festen Haken mit einem Draht, der an Ösen in den Stirnflächen des Stabes befestigt ist, den Meterstab so auf, daß er etwa 1 cm über der Tischfläche liegt. Hierdurch wird das Gewicht des Stabes ausgeglichen. Twiss verwendet Federwagen vom Meßbereich 2 kg*.

Duncan *(47)* hängt an einem Haken, der nahe bei dem obern Rande des Wandbretts eingeschraubt ist, einen Stab auf, dessen eines Ende *O* (Abb. 63) durchbohrt ist, und läßt auf den Stab mit Schnüren, Rollen und Gewichten gleichläufige Zugkräfte wagrecht einwirken. Er schaltet zwar so den Einfluß des Stabgewichts aus, erschwert aber das genaue Einstellen.

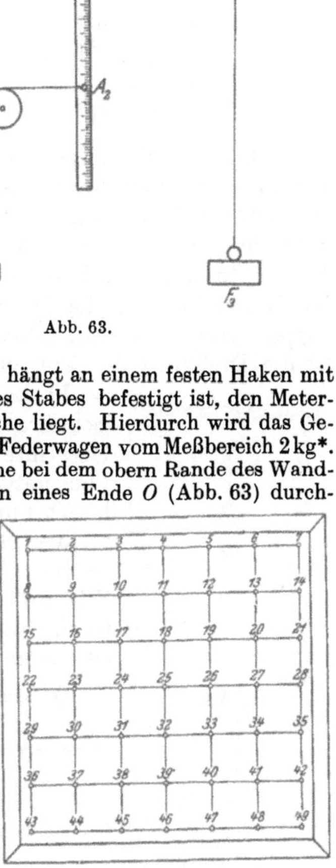

Abb. 64.

Zum dritten Verfahren. Halls Scheibe *(Descript. List 47 Nr. 35 u. 86 Nr. 74)* besteht aus einem Brett, das durch einen Rahmen gegen das Werfen geschützt ist. Darauf ist ein Quadrat (30 cm × 30 cm) gezeichnet und dieses durch Gerade, die mit Blei gezogen oder mit dem Messer eingeschnitten sind, in kleine Quadrate (5 cm × 5 cm) zerlegt (Abb. 64). Durch alle Ecken sind Löcher von 0,3 cm Durchmesser gebohrt. Die Löcher sind benummert. Hat man weiches Holz verwendet, so muß man auf der untern Fläche des Bretts eine dicke, recht ebene Blechscheibe befestigen. In die Löcher sind einige (mindestens vier) eiserne Stifte eingepaßt. Die Schlitten der Wagen sollen so hoch sein, daß die Schnüre nur wenig überm Brett liegen, wenn dieses auf den Fahrradkugeln ruht. Ein solches Brett hat ein Untersekundaner des Dorotheenstädtischen Realgymnasiums am 21. Dezember 1893 angefertigt. Es bezeugt den frühzeitigen Einfluß der Harvard University auf die Übungen dieser Schule.

Man lasse gleichzeitig verschiedne Gruppen die verschiednen Verfahren anwenden.

15. Aufgabe. *Unter welchen Bedingungen halten sich zwei Kräftekoppeln das Gleichgewicht?*

1. Verfahren.

(2 Schüler, 2 Stunden.)

Quelle. DUNCAN *49.*

Geräte. 4 Rollen.
Meterstab.
Holzstab (50 cm × 1 cm × 0,5 cm), an beiden Enden mit Ösen und in der Mitte durchbohrt.
Ringgewichte von 1, 1, 2 kg*.
Zwei 0,5 kg*-Stücke.
Runder Vorstecher.
Spiegelstreifen.
Papier.
Vollständige Zeichenausrüstung (vgl. S. 106).
Millimeterpapier.
Scheibengewichtsatz.
Reißbrett.
(Wandbrett.)

Anleitung. a) Befestige an einem Haken, der am obern Rande des Wandbretts eingeschraubt ist, mit einer Schnur das obere Ende des Meterstabes (Abb. 65). Befestige bei A_{11} (10 cm) und A_{12} (50 cm) Schnüre, führe sie wagrecht über Rollen und belaste ihre Enden mit 1 kg*. In welchem Sinn dreht sich der Stab? Versuche eine dritte Kraft anzubringen, die den Stab in lotrechter Stellung erhält. *Kräftekoppel. Arm. Drehkraft* (*Moment*) *der Kräftekoppel. Drehsinn.* Wie groß ist die Drehkraft der Koppel und welchen Drehsinn hat sie?

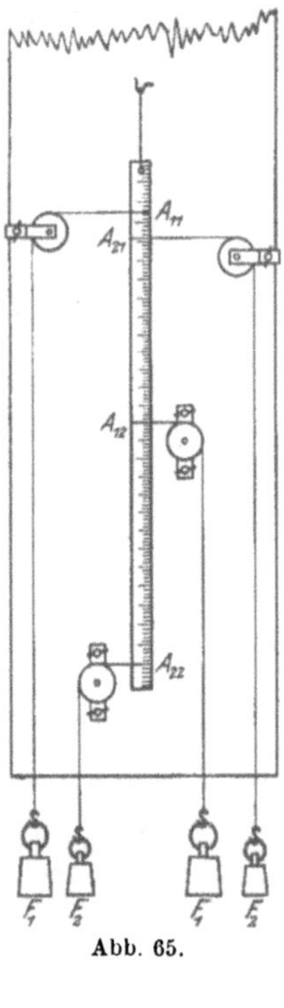

Abb. 65.

b) Befestige bei A_{21} (15 cm) und A_{22} (95 cm) Schnüre, führe sie wagrecht über Rollen und belaste ihre Enden mit 0,5 kg*, so daß eine Koppel von entgegengesetztem Drehsinn entsteht. Wie hängt nun der Stab? Bringe ihn aus seiner lotrechten Stellung heraus. Kehrt er wieder dahin zurück? Zeichne den Lageplan auf Millimeterpapier. Wie groß ist die Drehkraft einer Koppel? Wie groß ist die algebraische Summe aller Kräfte? Wie groß ist die algebraische Summe aller Drehkräfte?

c) Schreibe die Ergebnisse in folgender Form auf:

Meterstab Nr. . . .

	Kraft F [kg*]	Arm l [cm]	Drehkraft der Kräftekoppel: Sinn	Drehkraft der Kräftekoppel: Fl [kg* cm]
Algebraische Summe	. . . . . .		. . . . . .	. . . .

d) Unter welchen Bedingungen halten sich die Koppeln das Gleichgewicht? Stelle noch bei drei weitern Versuchen das Gleichgewicht her, ändre dabei die Größen der Kräfte und der Arme. Hat es einen Einfluß, wenn man die Angriffstellen verlegt, ohne dabei den Arm der Koppel und die Größen und Pfeilrichtungen der Kräfte zu ändern?

e) Ändre die Schnurrichtungen der Kräfte F_1 und der Kräfte F_2. Die Schnüre jeder Koppel müssen gleichläufig bleiben, doch können sie mit dem Stabe verschiedne Winkel bilden. Mache durch Ändern der Schnurbelastungen die Drehkräfte der Koppeln gleich. Ist es fürs Gleichgewicht nötig, daß die Kräfte senkrecht zum Stabe wirken?

f) Hefte aufs Wandbrett einen Bogen Papier. Befestige mit einem runden Vorstecher oder einem Nagelbohrer, der durch die Mitte des 50 cm langen Stabes gesteckt ist, den Stab drehbar um den Punkt O des Papiers (Abb. 66). Prüfe, ob er im allseitigen Gleichgewicht ist.

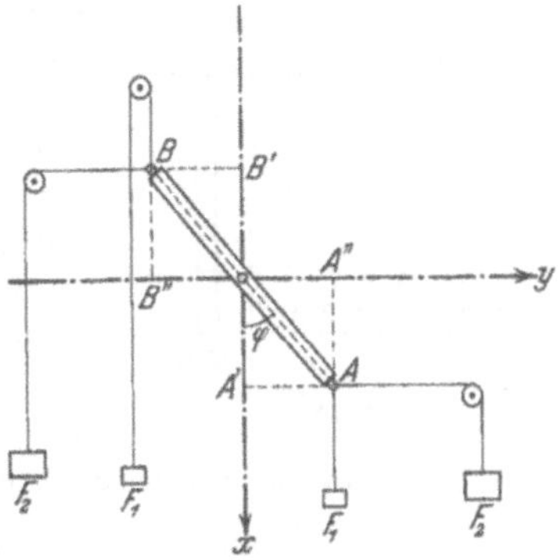

Abb. 66.

g) Bringe bei dem um O drehbaren Stab an den Endösen mit Schnüren, Rollen und Gewichten die nach rechts drehende Kraftkoppel ($F_1 | -F_1$) und die nach links drehende Koppel ($F_2 | -F_2$) an. Drehe den Stab aus seiner Gleichgewichtslage heraus. Kehrt er wieder dahin zurück?

h) Merke die Mitten der Ösen an und mit einem Spiegelstreifen die Richtungen der Schnüre, die in A und B befestigt sind, und schreibe die zugehörigen Kräfte an die Marken.

i) Nimm den Papierbogen ab und lege ihn aufs Reißbrett. Zeichne durch O das Achsenkreuz x, y. Entwirf das Lagebild. Wie groß sind die Arme der Koppeln ($F_1 | -F_1$) und ($F_2 | -F_2$)? Wie groß ist jede Drehkraft und die algebraische Summe der Drehkräfte? Wie groß ist die algebraische Summe aller Kräfte? Wie groß ist die Ablenkung φ der Stabachse aus der Lotrichtung? Welche Beziehung besteht zwischen den Kräften F_1 und F_2 und der Ablenkung φ?

k) Wiederhole mit andern Belastungen der Schnüre die Versuche (f) bis (i).

2. Verfahren.

(4 Schüler, 2 Stunden.)

Quelle. Hall, *Descript. List 47 Nr. 3.*

Geräte. Hallsche Scheibe (vgl. S. 77).
4 Stifte aus Eisen.
4 Federwagen bis 10 kg* mit 60 cm langen Schnüren an den Haken.
Schlitten zu den Wagen.
Zwingen.
3 kleine Lagerkugeln gleicher Größe.

Anleitung. 1) Befestige an dem Haken jeder Wage mit einer Schleife eine Schnur von etwa 60 cm Länge und an ihrem andern Ende einen Stift.

Lege die Scheibe auf die Lagerkugeln. Setze die vier Eisenstifte fest in vier Löcher derart, daß die Schnüre dicht über der Oberseite des Bretts liegen. Laß in vier Richtungen, die aufeinander senkrecht stehn, die Schnüre gleichläufig den Lochreihen wirken, doch so, daß nicht zwei Schnüre über derselben Reihe liegen (Abb. 67). Ermittle durch Versetzen der Stifte eine Gleichgewichtstellung. Befestige an drei Tischrändern die Ringe von drei Wagen und an einem Stabe, der quer über den Tisch gelegt und festgeklemmt ist, den Ring der vierten Wage. Verschiebe, sobald anscheinend eine Gleichgewichtstellung erreicht ist, die Scheibe ein wenig und sieh zu, ob die Kräfte sie wieder in die alte Lage zurückziehn. Klopfe gegen die Wagen, lies die Zeigerstellungen ab und verbeßre die Ablesungen.

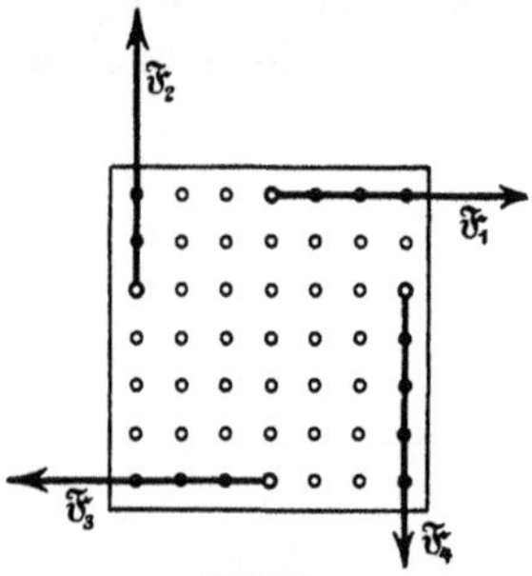

Abb. 67.

m) Schreibe die Ergebnisse in folgender Weise auf:

Scheibe Nr. . . .

Angriffstelle (Lochziffer)	Nummer der Federwage	Kraft F [kg*] Ablesung des Zeigers	Kraft F [kg*] Verbesserte Ablesung	Kraft F [kg*] Sinn	Arm l [cm]	Drehkraft Sinn	Drehkraft $F\,l$ [kg* cm]
		Algebraische Summe	. . . .	. . . .		. . . .	. . . .

n) Wie groß ist die algebraische Summe aller Kräfte? Wie groß ist die algebraische Summe je zweier gleichläufiger Kräfte, die in entgegengesetztem Sinn wirken? Sind die Kräfte entgegengesetzt gleich? *Koppel. Arm. Drehkraft* (*Moment*) *der Koppel. Drehsinn.* Gib von beiden Koppeln Sinn und Größe der Drehkräfte an. Kann man nach dem Entfernen der einen Koppel der andern Koppel durch eine einzige Kraft das Gleichgewicht halten? Unter welchen Bedingungen halten sich die vier Kräfte das Gleichgewicht?

o) Suche unterm Einwirken von vier Kräften, die paarweise in einer Ebene rechtwinklig zueinander angreifen, mindestens noch zwei weitre Gleichgewichtstellungen der Scheibe.

Bemerkungen. Unter der Drehkraft einer Koppel verstehn wir die Summe der Drehkräfte der beiden die Koppel bildenden Kräfte.

Die Versuche (f) bis (k) sind für das Verständnis wichtiger magnetischer und elektrischer Messungen von Wert. Ist die Durchnahme der Koppeln ausgeschlossen, so kann man das Tangentengesetz, wie bei Aufgabe 28 S. 109, ableiten. In der Abb. 67 ist der Sinn der Kraftpfeile F_2 und F_4 absichtlich verkehrt eingezeichnet.

Man kann gleichzeitig verschiedne Gruppen beide Verfahren ausführen lassen.

16. Aufgabe. *Wo liegt der Schwerpunkt einer Scheibe mit unregelmäßigem Rande?*

(1 Schüler, 1 Stunde.)

Geräte. Pappe (100 bis 200 cm^2). Drahtstifte. Lot (Bleikugel an Faden). Spiegelstreifen. Runder Vorstecher. Hammer. Zeichendreiecke. Spitzer harter Bleistift. Nagel. (Wandbrett.)

Anleitung. **a)** Stecke durch den Rand der Pappe einen Nagel. Drehe ihn mehrmals im Loch herum und erweitere es so ein wenig, damit die Pappe mit sehr geringer Reibung frei schwingt, wenn man ins Wandbrett den Nagel wagrecht einschlägt. Welche Kraft wirkt auf die Pappe? Welche andre Kraft hebt diese Wirkung auf? Durch welchen Punkt gehn die Wirklinien beider Kräfte?

b) Halte neben den Nagel mit der Hand das Lot und bestimme ungefähr die Stelle, wo es den untern Rand der Pappe kreuzt. Ziehe an dieser Stelle dicht nebeneinander mehrere kurze gleichläufige Striche.

c) Hänge an den Nagel mit einer Endschleife das Lot und bestimme nun mit dem Spiegelstreifen genau die Stelle, wo der Faden den untern Rand kreuzt. Nimm die Pappe ab und zeichne mit einem spitzen harten Bleistifte die *Schwerlinie.*

d) Bestimme ebenso für einen zweiten Randpunkt der Pappe, der vom ersten ziemlich weit entfernt ist, die Schwerlinie. Sie soll die erste nahezu rechtwinklig schneiden. Welcher Punkt liegt in beiden Fällen unterm Aufhängepunkt? In welchem Punkt schneiden sich die Schwerlinien? *Schwerpunkt.*

e) Bestimme ebenso auf der Rückseite der Pappe mit zwei Schwerlinien die Lage des Schwerpunkts. Ist der Punkt auf der Vorderseite oder der Punkt auf der Rückseite der wahre Schwerpunkt? Stich den Nagel genau durch den vordern Schwerpunkt. Geht der Stich durch den hintern Schwerpunkt? Was für eine Linie ist das Stichloch? Wo liegt der wahre Schwerpunkt der Scheibe?

f) Bestimme noch eine dritte Schwerlinie. Geht sie auch durch den Schwerpunkt?

g) Setze genau auf den Kopf des lotrecht gehaltenen Nagels den Schwerpunkt der Scheibe. Wie stellt sich die Scheibe ein?

h) Schneide aus der Scheibe ein Stück von mindestens 10 cm^2 heraus und bestimme von neuem die Lage des Schwerpunkts. Welchen Einfluß hat die Wegnahme des Pappenteils auf die Lage des Schwerpunkts?

i) Bestimme auf der einen Seite eines andern Pappstücks den Schwerpunkt. Lege die Pappe mit dem gefundenen Schwerpunkt aufwärts flach auf ein Reißbrett oder ein Zeichendreieck, schiebe sie behutsam über den Rand des Bretts oder Dreiecks, bis sie noch eben auf der Kante in der Schwebe schwingt. Halte in dieser Stellung mit der flachen linken Hand die Pappe fest und ziehe auf ihrer Unterseite mit einem spitzen, harten Blei einen Strich; benutze dabei den Rand des Bretts oder Winkels als Lineal. Wo liegt der Schwerpunkt, wenn die Pappe über dem Rande in der Schwebe ist?

k) Drehe die Pappe um etwa 90° und wiederhole den Versuch (i). Wo liegt der Schwerpunkt der Pappe? Stich den Nagel durch den Schwerpunkt auf der Unterseite und prüfe, ob er mit dem Schwerpunkt auf der Oberseite nahezu zusammenfällt.

l) Hänge an einem Faden das zuerst benutzte Pappstück auf und laß es pendeln. Was für eine Bahn beschreibt der Schwerpunkt? Wie liegt der Schwerpunkt zum tiefsten Punkte der Bahn, wenn die Pappe im Gleichgewicht ist? *Sicheres Gleichgewicht.*

m) Stecke durch den Schwerpunkt einen Nagel, halte ihn wagrecht und drehe die Pappe. Kommt sie stets in derselben Stellung zur Ruhe? (Es ist schwierig, den Nagel genau durch den Schwerpunkt hindurchzustoßen.) *Allseitiges Gleichgewicht.*

n) Stecke den Nagel durch ein Randloch und versuche die Pappe so zu stellen, daß der Schwerpunkt genau überm Nagel liegt. Gib, sobald es gelungen ist, der Pappe einen Stoß. Welche Lage nimmt der Schwerpunkt ein? Hat sich der Schwerpunkt dabei gehoben oder gesenkt? *Unsicheres Gleichgewicht.*

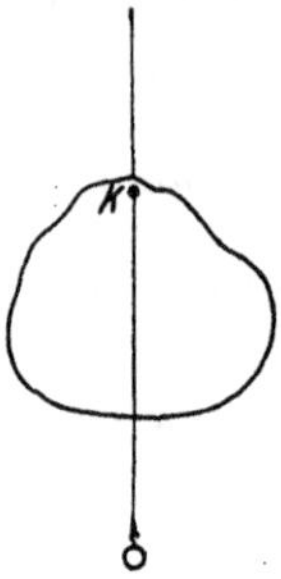

Abb. 68.

Bemerkungen. Überträgt man mit Kohlepapier den Umfang des Deutschen Reichs, des Landes oder der Stadt auf die Pappe und schneidet diese längs der Grenze aus, so läßt sich der Schwerpunkt der so erhaltnen Scheibe bestimmen.

Man kann auch am Rande der Pappe ein Loch durchstechen und dadurch einen Faden ziehen, der in der Mitte einen Knoten *K* hat (Abb. 68). Das eine Fadenende hängt man mit einer Schleife an einen Nagel im Wandbrett, und ans andre Ende bindet man eine Bleikugel, eine Schraube oder einen andern schweren Körper.

Um die Schwerlinie aufzuzeichnen, kann man den Lotfaden einkreiden, ihn oben und unten festhalten, sobald er sich in die Schwerlinie eingestellt hat, und einen Gehilfen die Mitte des Fadens von der Scheibe wegziehen und dann dagegen schnellen lassen.

Vgl. auch H. Hahn, *Freihandversuche* 1^2, *112 § 59.*

Eine besondere Vorrichtung zum Bestimmen des Schwerpunkts findet man bei Amess-Bliss *133 Nr. 22 u. 136 Nr. 23.* Duff *129 Nr. 21.*

17. Aufgabe. *Wo liegt der Schwerpunkt eines rechtwinklig umgebogenen Drahts?*

(2 Schüler, $^1/_2$ Stunde.)

Quelle. Worthington *103 Nr. 2—4.*

Geräte.

27 cm Kupferdraht von 1,6 mm Durchmesser.	Maßstab.
Papier.	Klebwachs.
Garn.	Holzstäbchen.
Lot.	Zeichenausrüstung.
Pappe.	(Wandbrett.)

Anleitung. a) Biege ein Stück Kupferdraht, das 27 cm lang und sorgfältig gerade gerichtet ist, rechtwinklig so um, daß der eine Schenkel genau 9 und der andre 18 cm lang wird.

b) Zeichne auf ein Blatt Papier in wahrer Größe das Bild des Drahts. Binde an den kurzen Schenkel einen Faden, hänge damit an einem Haken im Wandbrett den Winkel auf und bezeichne auf dem Papier die Aufhängestelle und die Schwerlinie. Wiederhole diesen Versuch dreimal und kennzeichne den so gefundenen Schwerpunkt.

c) Übertrage auf ein andres Stück Papier mittels Durchstechens die Zeichnung des Winkels und die Lage seines Schwerpunkts.

d) Wo liegen die Schwerpunkte des kurzen und des langen Schenkels? Auf welcher Strecke liegt der Schwerpunkt des ganzen Drahts? Wie verhalten sich die Gewichte der Schenkel, die an den Enden dieser Strecke angreifen? In welchem Verhältnis teilt also die Angriffstelle des Gesamtgewichts diese Strecke? Wo liegt mithin der Schwerpunkt des Winkels? Vergleiche das Ergebnis dieser Zeichnung und Rechnung mit dem des Versuchs.

e) Bringe auf der Tischkante oder auf der Schneide eines Keils den Drahtwinkel in die Schwebe. Bestätigt dieser Versuch die frühern Ergebnisse?

f) Bestimme die Schwerpunkte von Drähten, welche die Gestalt eines **C**, **H** oder **T** haben.

g) Stelle aus Holzstäbchen und Klebwachs ein Vierflach- oder ein Würfelgerüst her. Hänge es an einer Ecke und dann an einer andern auf. Mache die Lotrichtungen durch Fäden oder Drähte sichtbar, befestige diese mit Klebwachs und bestimme so die Lage des Schwerpunkts.

18. Aufgabe. *Unter welchen Bedingungen stehen die an einem Hebel angreifenden Kräfte im Gleichgewicht?*

(2 Schüler, 2 Stunden.)

Geräte. Hebel mit fester Achse in der Mitte (vgl. S. 65).	Wagschale von 20 cm Durchmesser (vgl. S. 122).
Hebel mit verschiebbarer Achse (vgl. S. 85) oder dieser allein.	Bindfaden.
	Schere.
	Gewichtsatz.
Ringgewichte von 10, 5 und 2 kg*.	Bunsengestell mit Haken.
	Federwage bis 5 kg*.
Stabgewichte und Scheibengewichte.	Meterstab.

Anleitung. a) Prüfe, ob der unbelastete Hebel im Gleichgewicht ist, und stelle, wenn es nicht der Fall ist, mit einem kleinen Gewicht oder mit einem Reiter aus Draht oder Blei das Gleichgewicht her.

b) Hänge an den linken Arm in etwa 30 cm Abstand von der Achse ein 5 kg*-Stück und an den rechten Arm in etwa 50 cm Abstand von der Achse mit einer Schleife eine Wagschale. Belaste die Schale, bis Gleichgewicht eintritt.

c) Entwirf das Lagebild der Vorrichtung.

d) Schreibe die Ergebnisse in folgender Weise auf:

Hebel Nr. ... Gewicht des Hebels ...
Wagschale Nr. ... Gewicht der Schale $P_0 = \ldots$ kg*.

Linker Arm				Rechter Arm						
Last P_l [kg*]	Lastarm l_l [cm]	Drehkraft der Last D_l Sinn	$P_l\,l_l$ [kg* cm]	Belastung P' [kg*]	Kraft $P_k = P_0 + P'$ [kg*]	Kraftarm l_k [cm]	Drehkraft der Kraft D_k Sinn	$P_k\,l_k$ [kg* cm]	Algebraische Summe der Drehkräfte	Übersetzverhältnis P_l/P_k
								Mittel	. . . .	

e) Wie groß ist die Drehkraft der Last? In welchem Sinn wirkt sie? Wie groß ist die Drehkraft der Kraft? In welchem Sinn wirkt sie? Wie groß ist die algebraische Summe der Drehkräfte? Wie groß ist das Übersetzverhältnis von Last und Kraft? Wird beim Hebel Kraft gewonnen?

f) Ändre die Belastung der Schale, verschiebe diese so lange, bis das Gleichgewicht hergestellt ist, und verfahre dann wie bei (c) bis (e).

g) Hänge die Schale an den rechten Arm in verschiedenen Abständen von der Achse, ermittle die Belastungen, die das Gleichgewicht herstellen, und verfahre wie bei (c) bis (e).

h) Löse mit dem Drehkraftsatz folgende Aufgaben und prüfe durch Versuche, ob die Ergebnisse richtig sind:

α) Wie groß ist der Kraftarm, wenn $P_l = 5$ kg*, $l_l = 28$ cm und $P_k = 2$ kg* sind?

β) Wie groß ist die Kraft, wenn $P_l = 10$ kg*, $l_l = 24$ cm und $l_k = 60$ cm sind?

γ) Hänge an den linken Hebelarm in 24 cm Abstand von der Achse ein 5 kg*-Stück und in 48 cm Abstand von der Achse ein 2 kg*-Stück. Welche Kraft muß man auf den rechten Arm in 60 cm Abstand von der Achse einwirken lassen?

i) Hänge an das Ende des linken Hebelarms ein unbekanntes Gewicht (Bleistück oder dgl.). Stelle durch ein größeres bekanntes Gewicht das Gleichgewicht her und berechne mit dem Drehkraftsatz das unbekannte Gewicht. Wäge es auch mit der Wage und vergleiche beide Ergebnisse miteinander.

k) Wäge die Hebelstange, deren Achse verschiebbar ist, und stelle durch Schwebenlassen auf einer Schneide oder durch Aufhängen an einer Schnur die Lage des Schwerpunkts fest. Ist der Stab ebenmäßig gestaltet, so darf man annehmen, daß der Schwerpunkt in der Mitte liegt. Schiebe an das linke Ende des Stabes die Hebelachse und belaste in 50 cm Abstand von der Achse mit 5 kg* den Hebel. Wie groß ist die Kraft, die in 100 cm Abstand von der Achse das Gleichgewicht herstellt? Welche Pfeilrichtung hat diese Kraft? Bringe über der Angriffstelle einen Haken an, hänge daran den Ring einer Federwage und verbinde durch Schnur und Schleife den Haken der Wage mit der Angriffstelle. Achte darauf, daß Schnur und Schlitz lotrecht stehen. Klopfe gegen die Wage, lies die Zeigerstellung ab, verbessere die Ablesung und vergleiche das Ergebnis mit der Kraft, die der Drehkraftsatz geliefert hat.

l) Schiebe an das linke Ende des Stabes die Hebelachse und hänge ans andre Ende ein 1 kg*-Stück. Berechne mit dem Drehkraftsatz Größe und Pfeilrichtung der Kraft, die am Hebelarm in 100 cm Abstand von der Achse angreifen muß, um das Gleichgewicht herzustellen. Prüfe mit einer Federwage das Ergebnis.

m) Belaste den Hebel, dessen Achse in der Mitte sitzt, so an beiden Armen, daß Gleichgewicht eintritt. Miß die Höhen h_l' und h_k' [m] der Angriffstellen (d. h. der Stellen, wo die Anhängeschleifen auf der obern Seite des Hebels aufliegen) überm Fußboden. Drehe den Hebel, klemme ihn in der schrägen Stellung fest und miß von neuem die Höhen h_l'' und h_k'' [m] der Angriffstellen überm Boden. Die Steighöhe der Last P_l [kg*] ist $h_l = (h_l'' - h_l')$ [m], also die negative Arbeit der Last $P_l h_l$ [kg* m]. Die Falltiefe der Kraft ist $h_k = (h_k' - h_k'')$ [m], also die positive Arbeit der Kraft $P_k \cdot h_k$ [kg* m]. Wird beim Hebel Arbeit gewonnen?

n) Wiederhole den Versuch (m) dreimal mit andern Lasten und Kräften.

o) Schreibe die Ergebnisse in folgender Weise auf:

Last P_l [kg*]	Höhe zu Anfang h_l' [m]	Höhe am Ende h_l'' [m]	Steighöhe $h_l = (h_l'' - h_l')$ [m]	Kraft P_k [kg*]	Höhe zu Anfang h_k' [m]	Höhe am Ende h_k'' [m]

Falltiefe $h_k = (h_k' - h_k'')$ [m]	Negative Arbeit der Last $P_l h_l$ [kg*m]	Positive Arbeit der Kraft $P_k h_k$ [kg* m]	Arbeitsgewinn $(P_k h_k - P_l h_l)$ [kg* m]
		Summe	. . . .

Bemerkungen. Über Hebel mit fester Achse vgl. Aufgabe 12, S. 65. Als Hebel mit beweglicher Achse benutzt man ebenfalls einen Stab, der 150 cm lang, 4 cm hoch und 2 cm breit ist. Man versieht ihn mit einer Hülse, in deren Vorderseite und Hinterseite Zapfen mit trichterförmigen Vertiefungen sitzen (Abb. 69). Die Hülse schiebt man über den Stab und klemmt sie oben und unten mit Schrauben fest. Auf der Hülse ist durch eingeritzte Striche der Querschnitt angegeben, worin die Achse liegt. Zum Befestigen der Achse dient die in Aufgabe 12, S. 65 beschriebene Lagerzwinge.

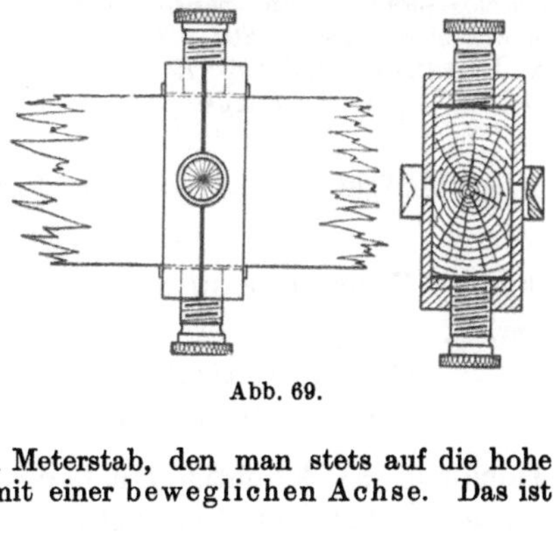

Abb. 69.

Als Hebel kann man auch einen Meterstab verwenden. Man darf ihn freilich nicht so stark wie den großen Hebel belasten; doch arbeite man auch dabei stets mit langem Hebelarm. Den Meterstab, den man stets auf die hohe Kante stellt, versieht man am besten mit einer beweglichen Achse. Das ist auf verschiedene Weise ausführbar:

Man kann auf einer Messinghülse eine Stahlschneide so befestigen, daß die Schneide auf beiden Seiten mit der geteilten Kante in einer Ebene liegt (Abb. 70). Auf der Unterseite der Hülse ist eine Schraube angebracht, womit man sie am Stabe festklemmt, und auf der einen Seite der Hülse ist ein rundes oder besser ein viereckiges Fenster mit Dorn im Achsenquerschnitt ausgeschnitten, so daß man an der Teilung des Maßstabes die Lage der Achse genau ablesen kann.

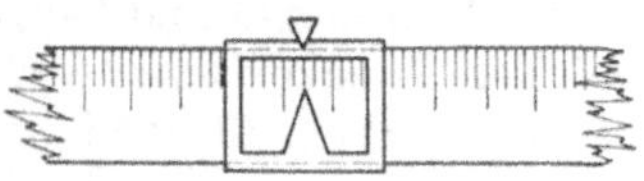

Abb. 70.

Einfacher ist es, wie in Abb. 71, aus federhartem Messingblech eine Hülse zu biegen, sie oben zu durchbohren und auf der einen Seite ein Fenster auszuschneiden und den Achsenquerschnitt durch einen Strich anzugeben. Als Achse verwendet man je nach der Belastung, die man anzuwenden gedenkt, Nähnadeln, Stopfnadeln oder Stricknadeln. Das Lager besteht aus dem Grundbrett und zwei Pfosten. Die Pfosten sind oben rechteckig ausgeschnitten, und auf die untern Flächen der Ausschnitte sind Glasplatten gekittet. Die Pfosten müssen so hoch sein, daß Platz für die kleinen Wagschalen bleibt, welche die Belastungen aufnehmen. Man kann aber das Lager auch auf einer Holzzwinge anbringen.

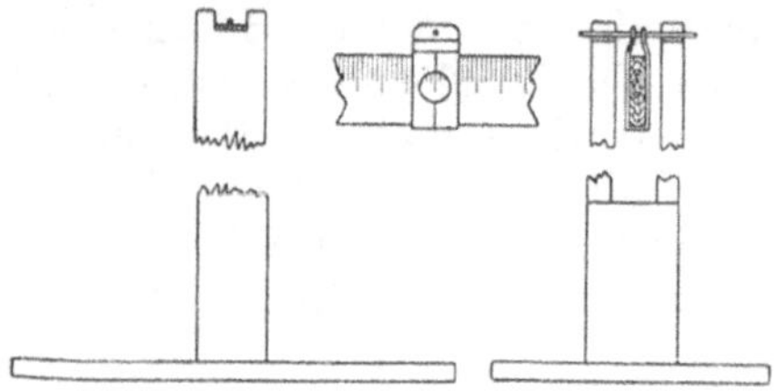

Abb. 71.

Noch einfacher, aber unsicherer ist es, in einen Holzklotz zwei Ösen und in die Mitte des Meterstabes eine Öse einzuschrauben (Abb. 72). Den Holzklotz spannt man in die Feilklobenzwinge oder in eine Gestellklemme ein; als Achse dient eine Nadel.

Es empfiehlt sich nicht, an die Öse des Meterstabes eine Schnur zu binden und diese an einem Haken zu befestigen. Ebensowenig ist es ratsam, auf die Schneide eines Monochordsteges oder auf einen Keil von etwa 5 cm Länge und 2,5 cm Schenkellänge oder auf eine Dreikantfeile den Meterstab zu setzen.

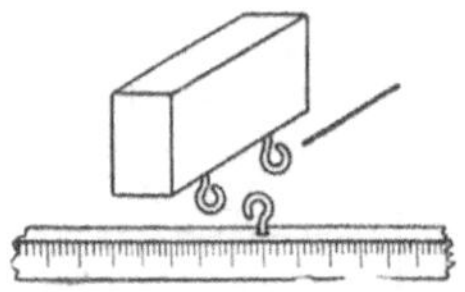

Abb. 72.

Liegt die Hebelstange über der Tischfläche, so muß man durch untergesetzte Holzklötze, hochgestellte Keile oder festgeklemmte Ringe Anschläge herstellen, die dem Hebel nur geringe Schwingweiten erlauben.

Die wagrechte Gleichgewichtstellung lege man fest durch ein Glas Wasser oder durch einen Holzklotz mit einer oder mit zwei Nadeln; den Klotz stelle man einem Hebelende gegenüber auf.

Vgl. auch H. Hahn, *Freihandversuche* 1^2, *106ff. u. 137.* Über das Verwenden des Hebels zum Auflösen algebraischer Gleichungen vgl. Walter Dyck, *Katalog math. u. math.-physik. Modelle 155 Nr. 40.* A. C. Lunn, *Mathem. Suppl. of School Science 1, 20; 1903.* F. C. Donecker, *School Science 5, 411; 1905.* N. J. Lennes, *ebd. 5, 602; 1905.* G. H. Meyers, *ebd. 7, 19; 1907* und J. V. Collins, *ebd. 7, 524; 1907. Enzyklopädie d. math. Wissensch. I 2, 1067.*

19. Aufgabe. *Bestimme das Verhältnis der Wagarme.*

(1 Schüler, 1 Stunde.)

Quelle. Worthington *88 Nr. 4.*

Geräte. Wage. Gewichtsatz. Kleine Bechergläser. Granaten (Schrot). Zinnblatt oder Bleiblatt.

Anleitung. a) Berichtige mit Papier, Zinnblatt oder Bleiblatt die Wage, bis der Zeiger genau einspielt.

b) Lege auf die linke Schale ein 200 g*-Stück, setze auf die rechte Schale ein Becherglas und belaste es mit Granaten, Schrot, Papier u. dgl., bis die Wage wieder einspielt. Bezeichne die Länge des linken Wagbalkens mit l, die des rechten mit r, die Abgleichung des Becherglases mit p_1 und stelle die Drehkraftgleichung auf.

c) Ersetze das 200 g*-Stück durch ein zweites Becherglas mit Granaten, Schrot, Papier u. dgl. Bezeichne die Abgleichung dieses Becherglases mit p_2 und stelle wieder die Drehkraftgleichung auf.

d) Ersetze die Abgleichung p_1 durch das 200 g*-Stück. Lege, wenn kein Gleichgewicht vorhanden ist, auf der leichtern Schale p[g*] zu. Stelle die Drehkraftgleichung auf, schaffe mit den frühern Gleichungen die Größen p_1 und p_2 weg und berechne das Verhältnis r/l der beiden Wagarme.

e) Wiederhole die Bestimmung mit den Belastungen 150, 100 und 50 g*.

Bemerkung. Wegen genauerer Verfahren vgl. KOHLRAUSCH[14] *58 Nr. 12.* FELGENTRÄGER *259 Nr. 87.*

20. Aufgabe. *Bestimme ohne Wage mit dem Drehkraftsatz das Gewicht der Hebelstange.*

(2 Schüler, 1 Stunde.)

Geräte. Hebel mit verschiebbarer Achse (vgl. S. 85).
Unterlegkeil (Monochordsteg) oder Arbeitsbock.
(Zwinge) mit Haken.
Ringgewichte von 1 kg* und 10 kg*.
Meterstab.

Anleitung. a) Bringe auf der Schneide eines Keils den Hebel in die Schwebe oder hänge ihn mit Schleife und Schnur wagrecht auf und bestimme so auf 1 mm genau die Lage des Schwerpunkts.

b) Verschiebe die Achse, bis sie vom rechten Stabende 20 cm absteht, und belaste mit einem 1 kg*-Stück das linke Ende. Hänge ans rechte Ende ein 10 kg*-Stück und verschiebe es so lange, bis der Hebel wagrecht liegt. Miß die Entfernungen der Angriffstellen des 1 kg*-Stücks, des 10 kg*-Stücks und des Schwerpunkts von der Achse.

c) Stelle die Drehkraftgleichung auf und berechne daraus das Gewicht P_0 des Stabes.

d) Wiederhole dreimal mit andern Belastungen des Hebels und mit andern Lagen der Achse die Messungen.

e) Schreibe die Ergebnisse in folgender Weise auf:

Hebel Nr. ... Länge des Hebels ... cm. Abstand des Schwerpunkts vom linken Ende des Hebels ... cm.

Belastung am linken Arm P_l [kg*]	Linker Hebelarm l_l [cm]	Belastung am rechten Arm P_r [kg*]	Rechter Hebelarm l_r [cm]	Gewicht des Hebels P_0 [kg*]
			Mittel	......

21. Aufgabe. *Drei Kräfte, deren Richtungen in einer Ebene liegen, wirken auf einen Körper. Unter welchen Bedingungen ist er im Gleichgewicht?*

(2 Schüler, 1 Stunde.)

Quelle. WELLS *38 Nr. 1.*

Geräte. (Wandbrett.)
2 Rollen (vgl. S. 53).
Angelschnur.
Scheibengewichte von 0,5 kg*.
Ringgewichte von 1, 1, 2 kg*.
Unregelmäßig gestaltete leichte Scheibe aus Pappe oder Holz (etwa 18 cm × 13 cm), nahe beim Rande drei Löcher in ungleichen Abständen.
Vollständige Zeichenausrüstung (vgl. S. 106).
Kleine Spiegelstreifen.
Reißbrett.

Anleitung. a) Befestige wie in Aufgabe 26 (S. 100) am Wandbrett zwei Rollen (Abb. 73). Fädle durch die Löcher in der Scheibe die Schnüre, binde ihre Enden fest, führe über die Rollen die beiden Seitenschnüre und belaste sie mit $P_2 = 1$ kg* und $P_3 = 1{,}5$ kg* und die Mittelschnur mit $P_1 = 2$ kg*.

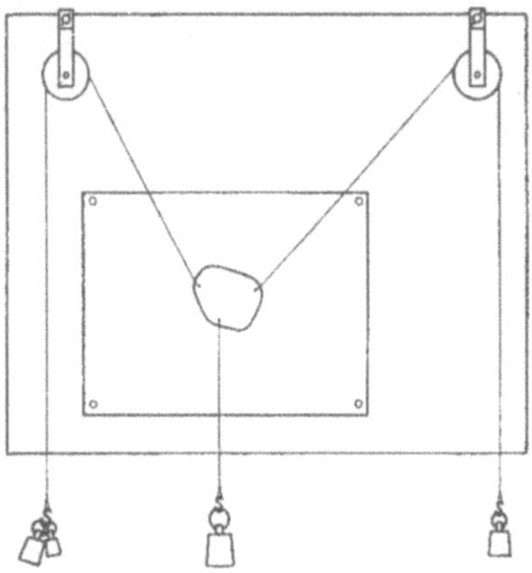

Abb. 73.

b) Hefte aufs Wandbrett hinter den Schnüren einen Bogen Papier, ziehe schwach an den Fäden, lege wie in Aufgabe 26, 1 (b) mit einem Spiegel die Richtung jeder Kraft fest und schreibe an jede Wirkgerade die Größe der Kraft.

c) Nimm vom Wandbrette das Papier ab und zeichne die Wirkgeraden der drei Kräfte. Schneiden sie sich in einem Punkt? Entwirf mit dem Kräftemaßstab, 1 kg etwa 5 cm, das Lagebild.

d) Zeichne das zugehörige Krafteck, und zwar zunächst den Kraftpfeil $\mathfrak{P}_1$, ziehe durch dessen Endpunkte Geraden gleichläufig zu $\mathfrak{P}_2$ und $\mathfrak{P}_3$, miß die Längen von $\mathfrak{P}_2$ und $\mathfrak{P}_3$ und berechne daraus die Größen der Kräfte P_2 und P_3. Stimmen die so erhaltnen Werte mit den Größen der Gewichte überein?

e) Wiederhole diese Versuche mit andern Belastungen der Schnüre.

f) Schreibe die Ergebnisse in folgender Weise auf:

.... Scheibe Nr. ...

P_1 [kg*]	P_2 [kg*]			P_3 [kg*]		
	durch Zeichnung bestimmt	Gewicht	Unterschied	durch Zeichnung bestimmt	Gewicht	Unterschied

g) Schneiden sich im allgemeinen drei Kräfte, die in einer Ebene liegen und an verschiedenen Stellen eines festen Körpers angreifen, in einem Punkt? Ist das zugehörige Krafteck geschlossen? Wie lauten die Bedingungen fürs Gleichgewicht?

Bemerkungen. Anstatt der beiden obern Gewichte oder aller Gewichte kann man Federwagen benutzen. Setzt man eine Holzscheibe auf drei Lagerkugeln, die auf dem Tisch liegen, und verwendet man Federwagen oder Kautschukschnüre, so kann man auch ohne Wandbrett die Versuche durchführen.

22. Aufgabe. *Hänge an zwei Federwagen einen Holzstab wagrecht auf, verbinde seine Enden durch eine Schnur und belaste diese an zwei Stellen. Wie groß sind die Zugkräfte in den einzelnen Schnurteilen und in den Aufhängungen?*

(5 Schüler, 1 Stunde.)

Quelle. WELLS *42 Nr. 3.*

Geräte. Ein leichter fester Holzstab, etwa 80 cm lang, mit Ösen an den Enden oben und unten.
Schraubenhaken.
Angelschnur.
2 Federwagen bis 4 kg*, geteilt in 0,1 kg*.
3 Federwagen bis 5 kg*, geteilt in 0,1 kg*.
Ringgewichte von 1 und 2 kg*.
Spiegelstreifen.
Vollständige Zeichenausrüstung (vgl. S. 106).
Papier.
(Wandbrett.)

Anleitung. a) Schraube am obern Rande des Wandbretts zwei lange Haken ein in einem Abstande, der gleich der Entfernung der Stabösen ist, hänge mit Schnurschleifen die Ringe der beiden Federwagen (bis 4 kg*) daran und an deren Haken den Stab. Stelle aus Schnüren, aus drei Federwagen (bis 5 kg*) und aus den beiden Gewichtstücken die Anordnung her, die in Abb. 74 aufgezeichnet ist. Stab, Wagen, Schnüre und Gewichte dürfen das Brett nicht berühren.

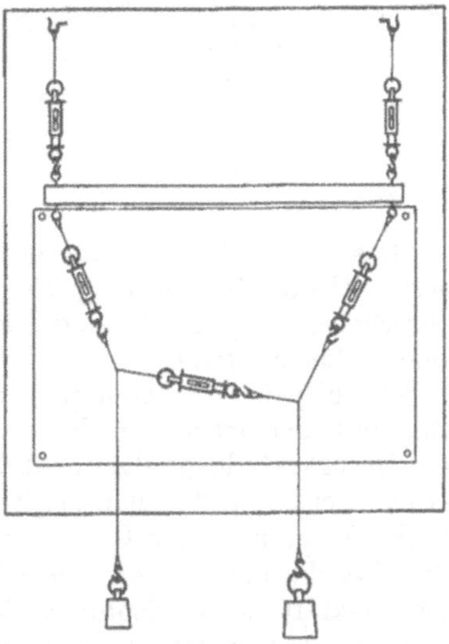

Abb. 74.

b) Hefte aufs Wandbrett hinter den Schnüren einen Bogen Papier und lege darauf mit dem Spiegel die Richtungen der Schnüre und des Stabes fest. Klopfe gegen die Wagen, lies daran die Zeigerstellungen ab und verbessere die Ablesungen. Zeichne wie in Abb. 75a das Lagebild im Längenmaßstab, 1 cm etwa 1 mm, und im Kräftemaßstab, 1 kg* etwa 2 cm.

c) An jedem der beiden Knoten A_1 und A_2 greifen drei Kräfte an: das Gewicht F und die Zugkräfte S zu beiden Seiten. Da man Größe und Pfeilrichtung des Gewichts kennt, so kann man mit den zugehörigen Kräftedreiecken die Zugkräfte in den Schnüren finden. Zeichne für den Knoten A_1 (Abb. 75b) und für den Knoten A_2 (Abb. 75c) das Krafteck. In Abb. 75b stellen dar: $\mathfrak{S}_1$ und $\mathfrak{S}_2$ die Zugkräfte in den Schnüren s_1 und s_2; in Abb. 75c: die Pfeile $\mathfrak{S}_2$ und $\mathfrak{S}_3$ die Zugkräfte in den Schnüren s_2 und s_3.

d) Miß die Längen dieser Kraftpfeile, berechne mit dem benutzten Kräftemaßstab die Zugkräfte und vergleiche sie mit den verbesserten Ablesungen der Federwagen. Ergibt sich für die Zugkraft S_2, die in beiden Knoten angreift, der gleiche Kraftpfeil? Vereinige die Kraftecke für die Knoten A_1 und A_2 zu einer einzigen Zeichnung (Abb. 75f). Eine solche Darstellung erspart das doppelte Zeichnen des Kraftpfeils $\mathfrak{S}_2$ und ist deshalb den beiden getrennten Abbildungen vorzuziehn. Da F_1 und F_2 bekannt sind, kann man sofort den Kraftpfeil $\mathfrak{S}_2$ zeichnen.

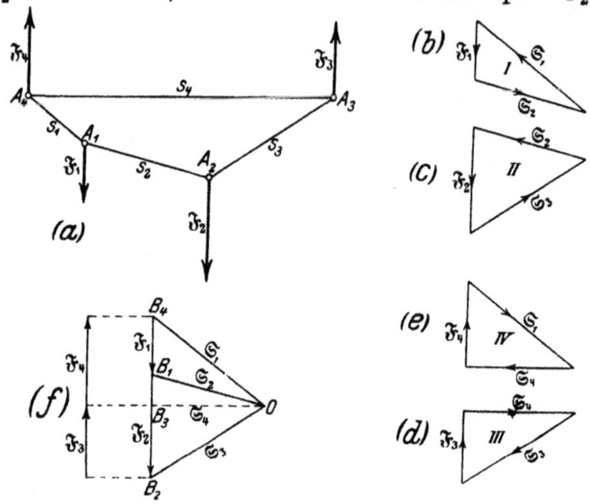

Abb. 75.

Das Lagebild (Abb. 75a) nennt man ein *Seileck* und die Strecke s_4 seine *Schlußseite*. Die Abb. 75f ist der *Kräfteplan*, *O* sein Pol, und die Strecken $\mathfrak{S}_1$, $\mathfrak{S}_2$ und $\mathfrak{S}_3$ sind *Polstrahlen*. Die Strecken $B_4 B_1$ und $B_1 B_2$ bilden das Krafteck.

e) Auf jeden der Knoten A_3 und A_4 wirken: die aufwärts gerichtete Zugkraft der tragenden Federwage, die Zugkraft des Endseils und die Druckkraft längs dem Stabe. Die Richtungen aller Kräfte und die Größe der Zugkraft im Endseil sind bekannt. Zeichne für jeden dieser beiden Knoten das Krafteck, entnimm dabei den Zeichnungen Abb. 75b und 75c die Zugkräfte in den Schnüren s_3 und s_1. In Abb. 75d stellt $\mathfrak{S}_3$ die Zugkraft in der Schnur s_3 dar; $\mathfrak{S}_4$ und $\mathfrak{F}_3$ laufen s_4 und F_3 gleich. Ähnlich ist Abb. 75e beschaffen. Hat $\mathfrak{S}_4$ in beiden Dreiecken dieselbe Größe? $\mathfrak{F}_3$ und $\mathfrak{F}_4$ stellen die aufwärts gerichteten Zugkräfte der Federwagen dar. Miß diese Kraftpfeile, berechne daraus die Größen dieser Kräfte und vergleiche sie mit den verbesserten Ablesungen an beiden Wagen. Vergleiche die Summe von F_1 und F_2 mit der Summe von F_3 und F_4.

f) Ziehe durch den Pol O (Abb. 75f) eine Gerade gleichläufig zu s_4. Vergleiche die Dreiecke Abb. 75d und OB_2B_3, ferner Abb. 75e und OB_3B_4 miteinander. War es nicht überflüssig, die Dreiecke Abb. 75d und e zu zeichnen? Welche Linie im Kräfteplan zu ziehen ist ausreichend? B_2B_3 stellt die Zugkraft der einen Wage am Knoten A_3 und B_3B_4 die Zugkraft der andern Wage am Knoten A_4 dar, d. h. zieht man durch den Pol des Kräfteplans die Gleichlaufende zur Schlußlinie des Seilecks, so zerlegt diese Gerade das Krafteck B_2B_4 in zwei Teile, welche die Zugkräfte darstellen, die an den Stabenden aufwärtswirken.

g) Mit dem Kräfteplan kann man also bestimmen: 1. die Größe der Zugkräfte in allen Seilen, wenn man die Größen der Gewichte und die Richtungen der beiden Endseile kennt, 2. die Richtungen aller Seile, wenn die Richtungen von zweien gegeben sind, und 3. die Größen der Zugkräfte, die in den Aufhängestellen lotrecht aufwärtswirken.

h) Die vier äußern Kräfte $\mathfrak{F}_1$, $\mathfrak{F}_2$, $\mathfrak{F}_3$ und $\mathfrak{F}_4$ halten sich das Gleichgewicht und bilden daher ein geschlossenes Krafteck. Da die Kräfte gleichgerichtet sind, liegt das Krafteck auf einer Geraden. In Abb. 75f besteht es aus den vier Pfeilen B_4B_1, B_1B_2, B_2B_3 und B_3B_4. Die Gewichte F_1 und F_2 [kg*] dürfen an jedem Punkt ihrer Wirklinie angreifen, also auch ohne weiters am Stabe hängen.

i) Schreibe die Ergebnisse in folgender Form auf:

Stab Nr. ... Länge des Stabes = ... cm.
In s_1 Federwage Nr. ... In s_2 Federwage Nr. ...
In s_3 Federwage Nr. ...
Bei A_3 Federwage Nr. ... Bei A_4 Federwage Nr. ...
$F_1 =$ ... kg*. $F_2 =$ ... kg*.
Kräftemaßstab ... Längenmaßstab ...

Zugkräfte	An der Federwage		In der Zeichnung	
	Zeiger-ablesung	Verbesserte Ablesung	Länge des Kraftpfeils in cm	Berechnete Kraftgröße in kg*
S_1				
S_2				
S_3				
F_3				
F_4				

Bemerkungen. Beim Versuch berücksichtigt man nicht die Gewichte des Stabes und der Federwagen; man muß somit an die Seilknoten große Gewichte hängen.

Anstatt der beiden obern Federwagen kann man Rollen, Schnüre und Gewichte anwenden. Die auftretenden Kräfte lassen sich auch mit Kautschukfäden messen, wenn man an die Seilknoten nur kleine Gewichte hängt und einen ganz leichten Stab verwendet.

Zwar führen fünf Schüler den Versuch gemeinsam aus, doch soll jeder einzelne die Ablesungen machen und die Zeichnungen anfertigen.

Vgl. Föppl, *Techn. Mech.*[1] *2, 66.*

23. Aufgabe. *Wie groß sind die Auflagedrucke eines wagrechten Stabes, der zwischen den Auflagern mit Gewichten belastet ist?*

(2 Schüler, 2 Stunden.)

Geräte. Wie bei Aufgabe 14, 1.

Anleitung. a) Verfahre wie bei Aufgabe 14, 1. Verfahren (a), S. 71.

b) Binde um den Stab Schleifen und befestige daran mit Haken Ringgewichte von 5 und 10 kg*. Hebe oder senke die eine Wage so, daß der Stab wagrecht liegt (Abb. 55, S. 72). Klopfe gegen die Federwagen, lies die Zeigerstellungen ab und verbessere die Ablesungen. Vergleiche die Gesamtbelastung mit der Summe der Zugkräfte an den Wagen. Miß die Abstände der Angriffstellen der Lasten von den Ösen, worin die Wagenhaken sitzen, und die Entfernung der Ösen.

c) Zeichne mit dem Längenmaßstab 1:10 und dem Kräftemaßstab, 1 cm etwa 1 kg*, das Lagebild (Abb. 76a) und trage die Wirklinien der Zugkräfte an den Enden des Stabes und an den Angriffstellen der angehängten Gewichte ein. A_1 und A_2 sind die Angriffstellen der Lasten F_1 und F_2 [kg*] und A_3 und A_4 die Angriffstellen der Auflagedrucke F_3 und F_4 [kg*], die man hier durch die Zugkräfte der Federwagen ersetzt.

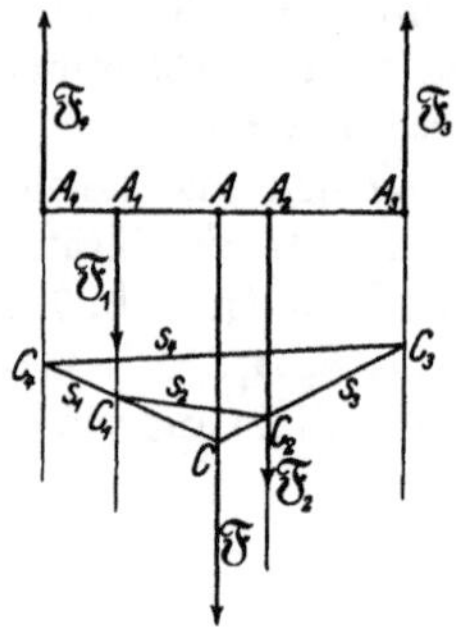

Abb. 76a.

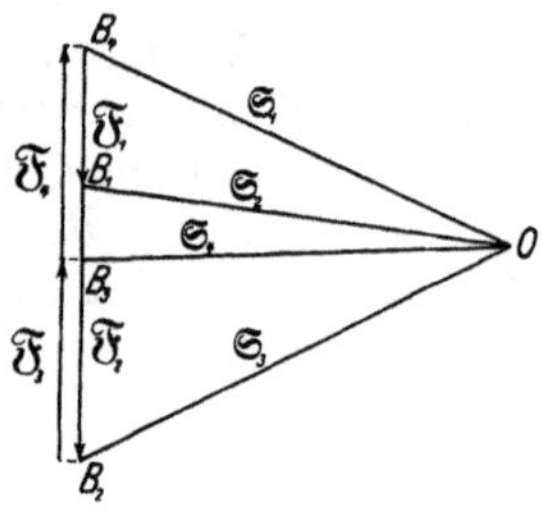

Abb. 76b.

d) Zeichne das Krafteck der Lasten F_1 und F_2 [kg*] (*Lastlinie*). In Abb. 76b stellt B_4B_1 den Kraftpfeil $\mathfrak{F}_1$ und B_1B_2 den Kraftpfeil $\mathfrak{F}_2$ dar. Wähle einen beliebigen Pol O und ziehe die Polstrahlen $\mathfrak{S}_1$, $\mathfrak{S}_2$ und $\mathfrak{S}_3$. Nimm auf der Wirklinie von F_4 einen beliebigen Punkt C_4 an und zeichne ins Lagebild das Seileck so ein, daß s_1, s_2 und s_3 zu $\mathfrak{S}_1$, $\mathfrak{S}_2$ und $\mathfrak{S}_3$ gleich laufen.

e) Zeichne die Schlußseite s_4 des Seilecks und ziehe durch O den Strahl $\mathfrak{S}_4$ gleichläufig dazu. Dann stellt B_2B_3 den aufwärts wirkenden Auflagedruck $\mathfrak{F}_3$ und B_3B_4 den Auflagedruck $\mathfrak{F}_4$ dar. Vergleiche die Werte, die man auf diese Weise durch Zeichnen ermittelt hat, mit den Ablesungen an den Federwagen.

f) Wiederhole für verschiedene Lagen des Pols O das Bestimmen durch Zeichnen.

g) Schreibe die Ergebnisse in folgender Weise auf:

Linke Federwage Nr. ... Rechte Federwage Nr. ...
Holzstab Nr. ... $F_1 = \ldots$ kg*. $F_2 = \ldots$ kg*.
$A_4A_1 = \ldots$ cm. $A_4A_2 = \ldots$ cm. $A_4A_3 = \ldots$ cm.
Kräftemaßstab ... Längenmaßstab ...

Auflagedruck	An der Federwage		In der Zeichnung	
	Zeigerablesung	Verbesserte Ablesung	Länge des Kraftpfeils in cm	Größe der Kraft in kg*
F_3				
F_4				

h) Welche Kräfte greifen im Knoten C_1 an? Jede dieser Kräfte ist gleich der Gesamtkraft der beiden andern. Die Zugkraft im Seil s_1, die in der Richtung von C_1 nach C wirkt, ist die Mittelkraft der Zugkraft im Seil s_2 ($\mathfrak{S}_2$ im Kräfteplan) und der Last $\mathfrak{F}_1$ ($B_4 B_1$ im Kräfteplan). Diese Mittelkraft wird im Kräfteplan durch den Strahl $\mathfrak{S}_1$ dargestellt. Ebenso würde die Kraft, die im Kräfteplan durch $\mathfrak{S}_3$ bestimmt ist, wenn sie am Knoten C_2 von C_2 nach C wirkte, die Gesamtkraft der Zugkraft im Seil s_2 und der Last $\mathfrak{F}_2$ sein. Diese beiden Mittelkräfte schneiden sich im Punkt C. Man kann sie durch eine einzige Kraft ersetzen, deren Wirklinie durch C geht. Im Kräfteplan stellt $\mathfrak{S}_1$ die eine und $\mathfrak{S}_3$ die andre Mittelkraft dar, daher bildet $B_4 B_2$ eine Kraft ab, die gleich der Gesamtkraft dieser beiden wäre, wenn sie in der Richtung von B_4 nach B_2 wirkte. Die Lastlinie $B_4 B_2$ stellt aber $\mathfrak{F}_1 + \mathfrak{F}_2$ dar. Mithin ist C ein Punkt auf der Wirklinie von $\mathfrak{F}$, der Gesamtkraft von $\mathfrak{F}_1$ und $\mathfrak{F}_2$. Diese Wirklinie ist gleichläufig zu $B_4 B_2$ und daher lotrecht. Somit ist Größe und Richtung der Gesamtbelastung bestimmt. Ein Seileck und der zugehörige Kräfteplan gestatten also, die Lage der Gesamtkraft verschiedener Teilkräfte zu bestimmen, wenn deren Größen und Wirklinien bekannt sind.

i) Wiederhole die Versuche und Zeichnungen für verschiedene Angriffstellen der Lasten.

Bemerkungen. In den Abbildungen 76a und 76b sollte S_4 der Schlußseite s_4 gleichlaufen. Vgl. FÖPPL, *Techn. Mech.*[1] *2,71.* Man kann gleichzeitig verschiedene Gruppen die Aufgaben 23 und 24 lösen lassen.

24. Aufgabe. *Wie bestimmt man Größe und Pfeilrichtung der Gesamtkraft von gleichläufigen Kräften?*

(2 Schüler, 1 Stunde.)

Quelle. WELLS *19 Nr. 6.*

Geräte. Hebel (vgl. S. 65).
Ringgewichte von 2 und 5 kg*.
Meterstab.
Starker Bindfaden.
Becherglas mit Wasser.
Unterlegklötze.
Vollständige Zeichenausrüstung (vgl. S. 106).
Schmieröl.

Anleitung. a) Wäge den Hebel und nimm an, daß in seinem Mittelpunkt das Gewicht angreift. Setze den Hebel in sein Lager und öle dieses.

b) Hänge an den rechten Hebelarm in 28 cm Abstand von der Drehachse mit einer engen Bindfadenschleife das Gewichtstück 5 kg*. Binde ebenso an den andern Hebelarm das Gewicht 2 kg* und schieb es auf die Achse zu oder davon weg, bis der Hebel wagrecht zu stehn scheint. Prüfe wie in Aufgabe 12 (a) (S. 64), ob dies der Fall ist. Verschiebe, wenn dies erforderlich, die Schleife des linken Gewichts so lange, bis sich der Hebel genau wagrecht einstellt, nachdem man schwach auf seinen rechten Arm geklopft hat (Abb. 77).

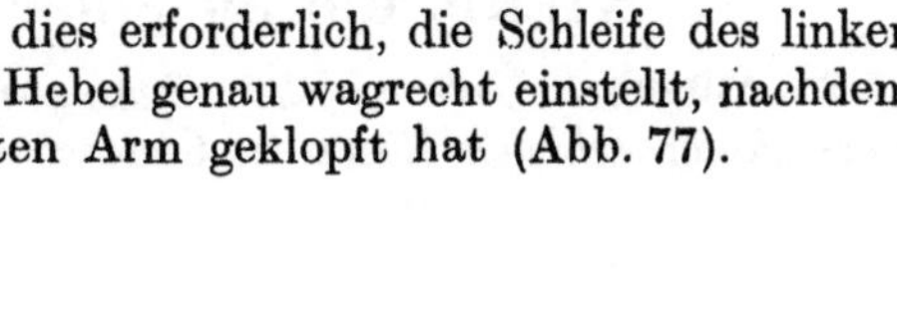

Abb. 77.

c) Miß die Länge des Hebels und die Abstände der Angriffstellen der Gewichte von der Drehachse.

d) Entwirf mit dem Längenmaßstab 1 : 10 und dem Kräftemaßstab, 1 cm etwa 1 kg*, das Lagebild und trage die Wirklinien der Gewichte ein (Abb. 78a). Zeichne ferner, wie in Aufgabe 23(d), das zugehörige Krafteck und ziehe für einen beliebigen Pol O die Polstrahlen (Abb. 78b).

e) Zeichne ins Lagebild das Seileck ein. Verlängere die Seile s_1 und s_4 bis zum Schnittpunkt C, durch den die lotrechte Wirklinie der Gesamtkraft $\mathfrak{F}$ geht. In welchem Punkt schneidet diese Gerade das Hebelbild?

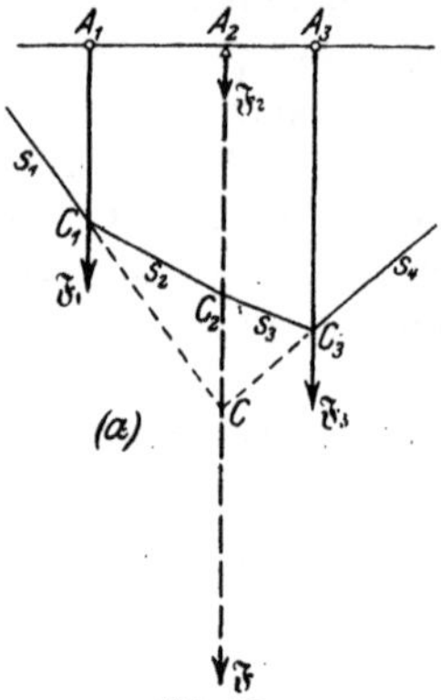

Abb. 78a.

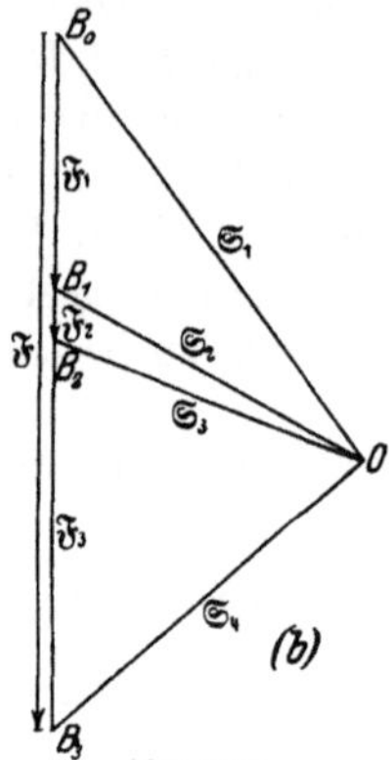

Abb. 78b.

f) Miß die Abstände der Gesamtkraft von den Wirklinien der Gewichte und vergleiche sie mit den Abständen, die man bei Versuch (c) gemessen hat.

g) Welche Strecke des Kraftecks liefert die Größe $\mathfrak{F}$ der Gesamtkraft? Berechne mit dem Kräftemaßstab daraus $\mathfrak{F}$ in kg* und vergleiche das Ergebnis mit dem Gewichte des Hebels und den angehängten Gewichten. Welche Regel läßt sich aufstellen?

h) Wiederhole für einen andern Pol die Zeichnungen und Messungen (d) bis (g).

i) Wiederhole mit andern Gewichten und mit andern Angriffstellen der Gewichte die Versuche und Zeichnungen.

k) Schreibe die Ergebnisse in folgender Weise auf:

Hebel Nr. ... Gewicht des Hebels $F_2 = \ldots$ kg*.
Länge des Hebels ... cm.

Linker Arm		Rechter Arm		Gesamtkraft F		
Angehängtes Gewicht F_1 [kg*]	Abstand der Angriffstelle von der Drehachse in cm	Angehängtes Gewicht F_3 [kg*]	Abstand der Angriffstelle von der Drehachse in cm	Größe des Pfeils im Kräfteplan in cm	Berechnete Größe in kg*	Abstand der Angriffstelle von der Drehachse in cm

V. Kräfte, die an einer Stelle angreifen.

25. Aufgabe. *Unter welchen Bedingungen ist ein glatter Körper auf einer glatten schiefen Ebene im Gleichgewicht?*

1. Verfahren.

(2 Schüler, 2 Stunden.)

Quellen. Ernst Mach, *Die Mechanik in ihrer Entwicklung*[4] *26—37.* E. Mach *und* J. Odstrčil, *Grundriß der Naturlehre (Ausgabe für Realschulen) 74—76.* H. Hahn, *Freihandversuche 1*[2], *146 Nr. 268b.*

(2 Schüler, 2 Stunden.)

Geräte. Schiefe Ebene (vgl. S. 99). Kleines Brett. Zwinge. Große Gewichtstücke mit Stabgriff als Unterlage oder Bunsengestell mit Rolle und Ring. Wagen (vgl. S. 99). 2, 2 und 5 kg*-Stück mit Stabgriff. Lot (Bleikugel an Faden), Winkelmesser. Vollständige Zeichenausrüstung (vgl. S. 106). Feste Angelschnur oder Bindfaden. 2 Bunsengestelle mit Kugelgelenkklemme und Einsatzrolle. 2 Wagschalen von 20 cm Durchmesser. Gewichtsatz. Endmaßstab. Millimeterpapier. Garn. Schere.

Anleitung. a) Bestimme das Gewicht f_l [kg*] des Wagens und das der Wagschale f_k [kg*].

b) Stelle an der Tischkante mit untergeschobenen Gewichtstücken die *schiefe Ebene* unter einem *Neigwinkel* von etwa 20° so auf, daß ihr

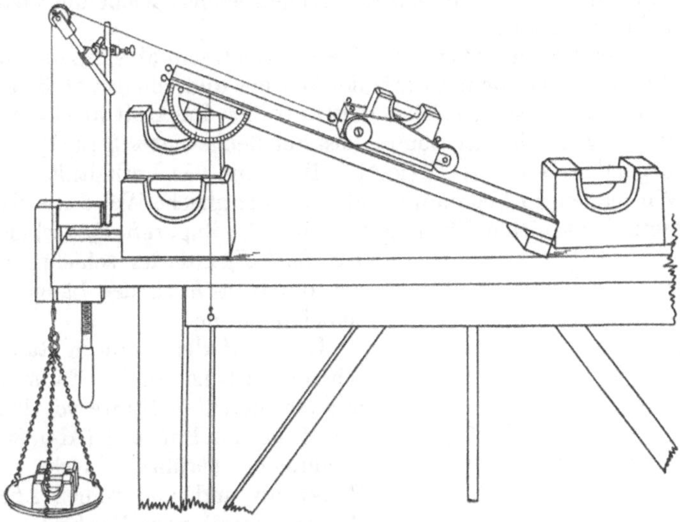

Abb. 79.

vorderer Rand ein wenig über die Tischkante vorsteht (Abb. 79). Lege vor das untere Ende der Ebene ein 20 kg*-Stück oder ein kleines Brett, das nicht bis zum Tischrand reicht und das man mit einer Zwinge festklemmt. Stelle hinter dem obern Ende der schiefen Ebene ein Gestell mit einer Kugelgelenkklemme und einer Rolle so auf, daß diese über den anstoßenden Tischrand so weit hinausragt, daß sich später der lotrechte Teil der Schnur frei bewegen kann. Hefte oben an der Seite des Bretts längs dem Strich mit Reißnägeln den Winkelmesser so an, daß sein Durchmesser genau mit dem Strich zusammenfällt und sein Mittelpunkt dicht unter dem kleinen Stift liegt. Hänge an den Stift ein Lot, miß den Winkel β, den die schiefe Ebene mit dem Lot bildet, und berechne daraus den Neigwinkel α der schiefen Ebene.

c) Lege auf die schiefe Ebene die Glasplatte, setze den Wagen darauf, knüpfe an seine untere Öse eine Schnur, führe diese über die Rolle und binde an ihr freies Ende die Wagschale. Stelle die Rolle so ein, daß die Schale frei hängt und das Schnurstück zwischen Wagen und Rolle der schiefen Ebene gleichläuft und mit deren langen Mittellinie in einer Ebene liegt. Setze das 5 kg*-Stück in den Wagen und lege so viel Gewichtstücke auf die Schale, daß sich der Wagen, wenn man leise aufs Brett klopft, eben mit gleichförmiger Geschwindigkeit die Ebene herauf bewegt. Das in die Schale gelegte Gewicht sei F_o [kg*]. Nimm so viele Gewichtstücke weg, daß sich der Wagen, wenn man leise aufs Brett klopft, eben mit gleichförmiger Geschwindigkeit die Ebene hinab bewegt. Die Belastung der Schale sei diesmal F_u [kg*].

d) Wiederhole beide Einstellungen dreimal. Das Hauptmittel F'_k aus den erhaltenen Mittelwerten $^1/_2(F_o + F_u)$ von F_o und F_u ist die Größe der Schalenbelastung. Belaste die Schale mit F'_k [kg*] und prüfe mit dem Gefühl der Hand, ob sich der Wagen ebenso leicht aufwärts wie abwärts bewegen läßt.

e) Auf den Wagen wirken zwei Kräfte: 1. lotrecht abwärts die Summe F_l [kg*] von dem Gewicht f_l [kg*] des Wagens und von dessen Belastung F'_l [kg*] und 2. die schiefe Ebene aufwärts die Zugkraft an der Schnur F_k [kg*], die gleich ist der Summe des Schalengewichts f_k [kg*] und der daraufliegenden Gewichte F'_k [kg*]. Berechne das Verhältnis F_k/F_l.

f) Wir haben im Schauunterricht auf die gleiche Weise wie Stevin das Gesetz der schiefen Ebene gefunden. Die Zugkraft F_k verhält sich zur Last F_l auf der schiefen Ebene wie die Höhe h zu der Länge l der schiefen Ebene.

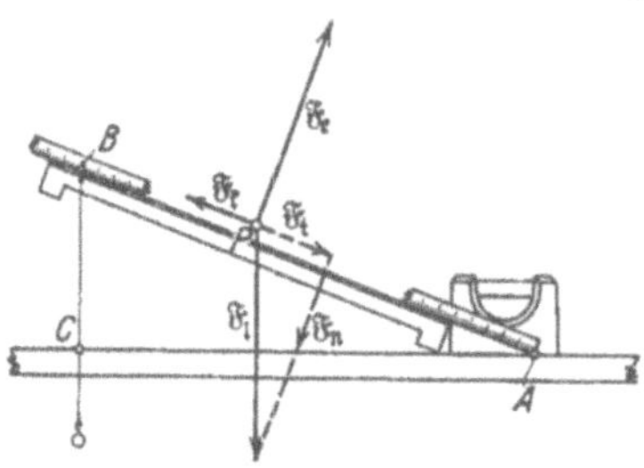

Abb. 80.

Lege auf den vordern Rand der schiefen Ebene einen Endmaßstab mit der geteilten Kante so, daß das eine Ende im Punkt A (Abb. 80) die Tischfläche berührt. Merke diesen Punkt an und miß seinen Abstand $AC (= b$ [cm]) vom Punkt C. C ist der Punkt der vordern Tischkante, der hinter dem Lot liegt, das am kleinen Stift hängt. Miß längs dem Lote den Abstand des Punkts C von der obern Kante des Bretts, $CB = h$ [cm], und dann noch $AB = l$ [cm]. Statt des Lots kann man auch eine Reißschiene benutzen, dann darf aber die Vorderseite der schiefen Ebene nicht über den Tischrand hinausragen.

g) Belaste die Schale mit F_k' [kg*]. Binde an die vier kleinen Ösen in den obern Ecken des Wagens Schnüre, knote sie mit einer fünften festen Schnur zusammen und führe diese rechtwinklig zur schiefen Ebene zu einer Federwage (10 kg*), die an einem zweiten Gestell hängt. Verschiebe auf dem Tisch das Gestell, bis der Wagen eben von der schiefen Ebene abgehoben wird. Wie ist die Zugrichtung? Wie groß ist die Kraft? Nimm die Ebene vorsichtig unterm Wagen weg. *Druckkraft der schiefen Ebene.*

Vergleiche diesen Versuch mit VARIGNONS Seilmaschine, die im ersten Verfahren der 26. Aufgabe (S. 100) beschrieben ist, und leite wie dort mit der Seilmaschine das Kräfteparallelogramm ab.

h) Schreibe die Ergebnisse in folgender Weise auf:

Schiefe Ebene Nr. ... Wagen Nr. ... Gewicht des Wagens $f_l = \dots$ kg*. Wagschale Nr. ... Gewicht der Schale $f_k = \dots$ kg*.

β	Neigwinkel α	Höhe h [cm]	Länge l [cm]	sin α: $\frac{h}{l}$	sin α: Tafelwert

Zugkraft an der Schnur in kg*: F_o	F_u	F_k'	$F_k = f_k + F_k'$	Last in kg*: F_l'	$F_l = f_l + F_l'$	$\frac{F_k}{F_l}$	$\frac{F_k}{F_l} - \sin\alpha$
						Mittel	. . . .

Arbeitsaufwand $F_k \cdot l$ [kg* cm]	Arbeitsleistung $F_l \cdot h$ [kg* cm]	Arbeitsgewinn $F_k \cdot l - F_l \cdot h$	Widerstand der Reibung $F_r = \frac{1}{2}(F_o - F_u)$ [kg*]	Arbeitsverlust durch Reibung $F_r \cdot l$ [kg* cm]	Gesamter Arbeitsaufwand $F_a \cdot l$ [kg* cm]	Mechanischer Wirkungsgrad $\eta = \frac{F_l}{F_a} \cdot \frac{h}{l}$
	Mittel	. . . . .				

i) Wie groß ist das *Übersetzverhältnis* F_l/F_k der schiefen Ebene? Durch welche Größen der schiefen Ebene ist es eindeutig bestimmt? Welchen Vorteil bietet die schiefe Ebene?

k) Berechne die *positive* Arbeit, welche die Zugkraft F_k [kg*] leistet, wenn sie den Wagen auf der schiefen Ebene die Strecke l cm hinaufzieht. Um wieviel Zentimeter wird dabei der Wagen in lotrechter Richtung gehoben? Welche *negative Arbeit* wird dabei am Gewicht F_l [kg*] geleistet? Vergleiche beide Arbeiten miteinander. Wird Arbeit bei der schiefen Ebene gewonnen oder verloren?

l) Wir haben, um den Einfluß der *Reibung* auszuschalten, F'_k als Mittel aus F_o und F_u berechnet. Bezeichnet F_r [kg*] den Reibungswiderstand, so ist

$$F_o = F'_k + F_r \quad \text{und} \quad F_u = F'_k - F_r\,,$$

daher

$$F'_k = \tfrac{1}{2}(F_o + F_u) \quad \text{und} \quad F_r = \tfrac{1}{2}(F_o - F_u)\,.$$

Zieht man auf der schiefen Ebene den Wagen um die Länge l [cm] herauf, so wird nicht die Arbeit $F_k \cdot l$ [kg* cm], sondern die Arbeit $F_a \cdot l$ [kg* cm] aufgewandt, wo $F_a = f_k + F_o$ ist, und es gehn durch Reibung $F_r \cdot l$ [kg* cm] verloren. Die Nutzarbeit ist $F_l \cdot h$ [kg* cm] und der gesamte Arbeitsaufwand $F_a \cdot l$ [kg* cm]. Verläuft die Bewegung in t Sekunden, so ist die *Nutzleistung* $N_l = F_l h/t$ [kg* cm/sek] und die gesamte aufgewandte Leistung $N_a = F_a l/t$ [kg* cm/sek], somit der *Wirkungsgrad* der schiefen Ebene

$$\eta = \frac{F_l}{F_a} \cdot \frac{h}{l}\,.$$

m) Wiederhole mit den Neigwinkeln 30°, 45° und 60° die Versuche, Zeichnungen und Rechnungen (a) bis (l). Stelle die Ergebnisse bildlich dar und setze dabei $x = \sin\alpha$ und $y = F_k$.

n) Wiederhole bei einer Belastung des Wagens mit 2 und 4 kg* die Versuche, Zeichnungen und Rechnungen (a) bis (l). Stelle die Ergebnisse für denselben Neigwinkel durch eine Kurve dar, wähle dabei F_l als Abszisse und F_k als Ordinate.

2. Verfahren.

(2 Schüler, 2 Stunden.)

Geräte. Wie beim 1. Verfahren, dazu: Rahmen aus Eisendraht von 5 mm Durchmesser.

Anleitung. o) Wiederhole die Versuche und Rechnungen (a) bis (e).

p) Zeichne mit dem Längenmaßstab, 1 cm etwa 1 mm, das Dreieck ABC (Abb. 80). Wähle einen Punkt P, der ungefähr die Lage des Schwerpunkts des belasteten Wagens hat, als Angriffstelle der Kräfte und trage daran mit dem Kräftemaßstab, 1 kg* etwa 2 cm, die beiden Kraftpfeile $\mathfrak{F}_\mathfrak{k}$ und $\mathfrak{F}_l$ an. Ist der Wagen in den Pfeilrichtungen der Kräfte $\mathfrak{F}_\mathfrak{k}$ und $\mathfrak{F}_l$ beweglich? Zerlege die Kraft $\mathfrak{F}_l$ in zwei Seitenkräfte: $\mathfrak{F}_t$ gleichläufig zur schiefen Ebene und $\mathfrak{F}_n$ senkrecht dazu. Vergleiche die Größen und Pfeilrichtungen der Kräfte $\mathfrak{F}_\mathfrak{k}$ und $\mathfrak{F}_t$ miteinander. Wie lautet die Bedingung für das Gleichgewicht des Wagens auf der schiefen Ebene? Lege unter den Zeichenbogen ein Blatt Papier und stich die Ecken des Dreiecks durch, das die Kräfte $\mathfrak{F}_l$, $\mathfrak{F}_t$ und $\mathfrak{F}_n$ bilden. Zeichne das so durchgepauste Dreieck, schneide es aus und lege es so aufs Dreieck ABC, daß die eine Ecke mit A und die Richtungen zweier Seiten zusammenfallen. Wie sind die beiden Dreiecke miteinander verwandt? Durch welche geometrische Betrachtung hätte man diese Erkenntnis bequemer gewinnen können? Welche Beziehungen bestehn zwischen $h, l, \alpha, \mathfrak{F}_\mathfrak{k}$ und $\mathfrak{F}_l$? Ist es nötig, b, h und l zu messen, wenn man bereits α mit dem Winkelmesser bestimmt hat?

q) Wie wirkt die Teilkraft $\mathfrak{F}_n$ auf den Wagen ein und wie dieser auf die schiefe Ebene? Welche Rückwirkung übt die schiefe Ebene auf den Wagen aus? Welche Kraft müßte man in P anbringen, damit sich dieser Punkt auch dann im Gleichgewicht befindet, wenn man die schiefe Ebene wegnimmt? *Ersatzkraft.* Gib Größe und Pfeilrichtung der Ersatzkraft $\mathfrak{F}_e$ an.

r) Wiederhole (g) und vergleiche die Ersatzkraft nach Größe und Pfeilrichtung mit der Teilkraft $\mathfrak{F}_n$ des Gewichts $\mathfrak{F}_l$. Zeichne die Ersatzkraft $\mathfrak{F}_e$ ins Lagebild ein. Lote die Kräfte, die im Punkt P angreifen, auf die Richtungen der Schnur $\mathfrak{F}_t$ und der Schnur $\mathfrak{F}_e$. Prüfe durch Zeichnung und Rechnung, ob die Gleichgewichtsbedingungen erfüllt sind.

s) Zeichne das Kräftedreieck $\mathfrak{F}_l$, $\mathfrak{F}_t$ und $\mathfrak{F}_e$. Beginne mit $\mathfrak{F}_l$ und ziehe durch die Endpunkte dieses Kraftpfeils die Gleichlaufenden zum Schnurzug und zur Ersatzkraft. Wie kann man für den Wagen auf der schiefen Ebene die Gleichgewichtsbedingung auch aussprechen? Welche Verwandtschaft besteht zwischen dem Kräftedreieck, dem Dreieck der schiefen Ebene ABC und dem Dreieck des Lagebildes, dessen Seiten $\mathfrak{F}_l$, $\mathfrak{F}_t$ und $\mathfrak{F}_n$ sind?

t) Lege den leichten fünfeckigen Rahmen aus 5 mm starkem Eisendraht so ums Gewichtstück auf dem Wagen, daß jetzt die Zugkraft der Schnur überm Tisch in etwa 20 cm Höhe der Grundfläche der schiefen Ebene gleichläuft. Verfahre ähnlich wie bei (b) bis (n). Unter welcher Bedingung herrscht jetzt Gleichgewicht?

u) Schreibe die Ergebnisse ähnlich wie in (h) auf. Welche Größen ersetzen hier l und $\sin\alpha$?

Bemerkungen. Als schiefe Ebene dient ein Brett (etwa 75 cm × 18 cm × 3 cm) aus Mahagoniholz, Elsenholz oder Kiefernholz, das ganz trocken und frei von Knoten, Rissen u. dgl. ist. Da man es auch zum Anstellen von Reibversuchen benutzt, so ist die obere Seite sehr sorgfältig gehobelt und geglättet. Auf die Unterseite sind an den kurzen Kanten zwei schmale Leisten geschraubt. Nahe bei der obern Längskante und nahe bei dem obern Ende des Bretts ist auf beiden Seiten ein Strich genau gleichläufig der obern Kante eingeritzt und dicht über seiner Mitte ein kurzer dünner Stift so eingeschlagen, daß sein Umfang die Gerade berührt. Beim Gebrauch heftet man auf die Seite des Bretts mit Reißnägeln einen Winkelmesser aus Metall so, daß sein Durchmesser mit dem Strich zusammenfällt und sein Mittelpunkt dicht unter der Achse des Stifts liegt. An den Stift hängt man ein Lot (Bleikugel am Faden). Das Brett lagert man schräg auf ein oder zwei Gewichtstücke mit Stabgriff. Man kann aber auch an den Enden der obern Stirnfläche zwei Ösen einschrauben, daran die Enden einer Schnur und an deren Mitte eine andre Schnur binden und diese über eine Rolle oder durch einen Ring führen. Um das Ausgleiten der schiefen Ebene zu verhindern, lege man vor ihr unteres Ende ein 20 kg*-Stück oder ein Brett und klemme dieses mit einer Zwinge fest. Auf die obere Seite des Bretts legt man eine Glasplatte von gleicher Größe.

Die Kugelklemme hat Herr Louis Preuschoff gebaut. Sie besteht aus zwei gegenüberliegenden Halbkugeln. Jede trägt einen Ausschnitt für die Stange. Beide Scheiben werden durch eine gemeinsame Preßschraube zusammengeklemmt. Infolge der starken Reibung an den breiten Rändern der halbkugeligen Scheiben kann man die Einsatzrolle bis 30 kg* belasten.

Der Wagen besteht aus einem Holzkasten (etwa 18 cm × 13 cm), worin gerade ein 5 kg*-Stück mit Stabgriff Platz findet, und aus drei leicht drehbaren Rädern aus hartem Holz von etwa 5 cm Durchmesser. An den vier obern Ecken des Wagenkastens sind kleine Ösen und zwischen dem Räderpaar eine größere Öse eingeschraubt. Der Schwerpunkt des Wagens soll möglichst tief liegen.

Andre Formen der schiefen Ebene haben beschrieben: ADAMS *51 Nr. 16.* ALLEN *249.* DUNCAN *40.* GREGORY-SIMMONS *1, 152 Nr. 91.* KERR *1, 32.* MÜLLER, *Techn. d. phys. Unterr.*[2] *38 Nr. 16.* STROUD *77, Nr. 27.* WELLS *22 Nr. 9.*

Zum Messen der Zugkraft längs der schiefen Ebene kann man anstatt Schnur, Rolle, Wagschale und Gewicht eine Federwage verwenden. Wirkt die Kraft gleichläufig der schiefen Ebene, so muß der Meßbereich etwas größer als F_l [kg*] und der Neigwinkel nicht kleiner als 30° sein. Wirkt die Kraft gleichläufig der Grundfläche der schiefen Ebene, so soll, wenn der größte benutzte Neigwinkel 60° ist, der Meßbereich der Federwage 2 F_l [kg*] betragen. Die Ablesungen der Federwage sind ihren Stellungen entsprechend zu verbessern. Ein Schüler zieht und ein andrer liest ab.

Die Druckkraft (Versuch g) kann man auch mit Gewichten messen, die an einer Schnur hängen, die über eine Rolle läuft.

Von den Kräften, die auf den Wagen wirken, sind Richtung und Größe leicht festzustellen. Schwierigkeiten bereitet die Angriffstelle. Es empfiehlt sich anzunehmen, daß sie mit dem Schwerpunkt von Wagen und Belastung zusammenfalle.

Das erste Verfahren bestätigt das auf die Weise von STEVIN abgeleitete Gesetz der schiefen Ebene und leitet daraus das Kräfteparallelogramm ab. Das andre Verfahren setzt den Satz des Kräfteparallelogramms voraus und leitet aus den Versuchsergebnissen das Gesetz der schiefen Ebene ab.

Man lasse gleichzeitig verschiedne Gruppen nach dem Verfahren des allseitigen Angriffs die Versuche (a) bis (l), (m) und (n) ausführen.

26. Aufgabe. *Durch welche Kraft kann man zwei Kräfte ersetzen, die unter einem Winkel an einer Stelle angreifen?*

1. Verfahren.

(3 Schüler, 2 Stunden.)

Geräte. 2 Rollen.
3 weiche biegsame Schnüre aus Seide von etwa 1,5 mm Durchmesser.
Vollständige Zeichenausrüstung (vgl. S. 106).
Messingring von 0,5 cm Durchmesser.
3 kleine Haken.
Wagschale.
Ringgewichtstücke von 1 und 2 kg*, dazu 0,5 kg*.
Gewichtsatz.
Vorstecher.
Talg.
Garn.
Schere.
Granaten (Schrot).
Ablesespiegel.
(Wandbrett).

Anleitung. a) Wäge die Wagschale, falls man deren Gewicht noch nicht ermittelt hat, und lege so viel Schrot oder dgl. darauf, daß das Gesamtgewicht auf Grammzehner abgerundet wird. Das Schrot binde man in ein Leinenläppchen ein.

b) Befestige die beiden Rollen am Rande des Wandbretts und hefte den Papierbogen darauf. Binde an den Messingring das eine Ende jeder der drei Schnüre, lege in die Rinnen der Rollen die rechte und die linke Schnur, laß den Mitarbeiter den Ring festhalten und belaste mit 2 kg* und 1 kg* die freien Schnurenden, hänge an das Ende der Mittelschnur die Wagschale und lege so viele Gewichte darauf, daß die Gesamtlast 2,5 kg* beträgt (Abb. 81). Klopfe gegen das Brett und zupfe mehrmals leicht an der mittlern Schnur. Mache unter jede Schnur mit einem spitzen Blei zwei Punkte, den einen ganz in der Nähe des Rings und den andern möglichst weit davon entfernt. Vermeide dabei sorgfältig, die Schnüre zu berühren. Die Punkte müssen genau unter der Mitte der Schnur liegen. Stehn die Schnüre weit vom Brett ab, so lege man einen kleinen Spiegelstreifen darunter und halte das Auge so, daß sich die Schnur und ihr Bild decken. Man mache dann nahe bei einem Ende des Spiegels den Punkt. Schreibe an je zwei zusammengehörigen Punkten die Größe der Kraft an, welche in der Richtung wirkt, die durch die beiden Punkte bestimmt wird.

c) Nimm den Papierbogen ab, lege ihn aufs Reißbrett und ziehe ganz fein die drei Geraden, welche die Richtungen der drei Schnüre angeben. Schneiden sie sich in einem Punkt? Ist das nicht der Fall, so bezeichne die Mitte O des entstandnen kleinen Dreiecks durch einen Punkt und verbinde ihn sehr sorgfältig mit den entfernten Punkten A, B und C unter den drei Schnüren (Abb. 87, S. 105). Stelle durch eine 20 cm lange Strecke die Kraft 1 kg* dar. Trage von O aus die drei Strecken OE, OG und OH ab, welche die Größe und die Pfeilrichtung der Kräfte F_1, F_2 und F_3 darstellen. Mache an die Enden E, G und H der Strecken Pfeilspitzen, welche die Pfeilrichtungen angeben. *Kraftpfeile, Vektoren.*

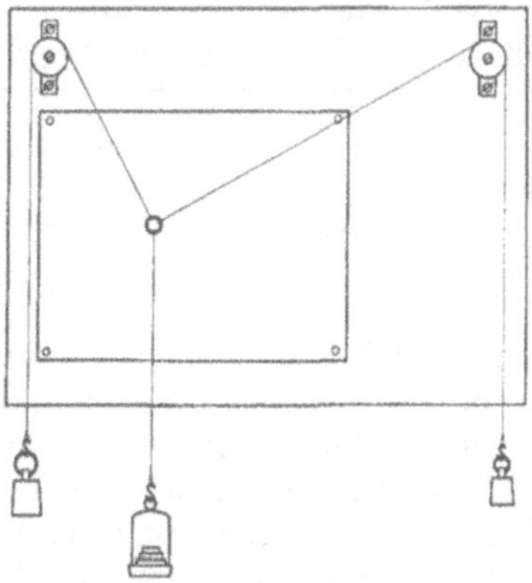

Abb. 81.

d) Ziehe mit den Zeichendreiecken durch E die Gleichlaufende zu OG und durch G die Gleichlaufende zu OE. Sie schneiden sich im Punkt J. Ziehe die Eckenlinie OJ und miß ihre Länge. Wie groß ist die so dargestellte Kraft F? Vergleiche ihre Größe mit der von OH, welche die Kraft F_3 abbildet. Verlängre OH über O hinaus. Mit welcher Geraden fällt die Verlängerung nahezu zusammen?

e) Welche drei Kräfte halten sich bei den Versuchen das Gleichgewicht, wenn man von den Versuchsfehlern absieht? Welche beiden Kräfte halten sich ebenfalls das Gleichgewicht? Durch welche Kraft kann man daher die Kräfte F_1 und F_2 ersetzen, ohne das Gleichgewicht zu stören? *Gesamtkraft* oder *Mittelkraft* (*Resultierende* oder *Resultante*). *Teilkräfte* oder *Seitenkräfte* (*Komponenten*). *Parallelogramm der Kräfte. Geometrische Addition, Vektorensumme.* Welche Seiten des Parallelogramms sind beim Auffinden der Gesamtkraft eigentlich entbehrlich?

f) Verlängre wie in Abb. 87 OG über O hinaus um sich selbst und verbinde den so erhaltnen Punkt K mit H. Vergleiche HK mit OE. Was stellen also die Seiten des Dreiecks OHK dar?

Drücke durch Pfeilspitzen auch die Pfeilrichtungen der Kräfte aus. *Kräftedreieck.* Wann halten sich drei Kräfte, die an einer Stelle angreifen, das Gleichgewicht? Stellen die Seiten jenes Dreiecks auch die Lage der Kräfte dar, die auf den Punkt O wirken?

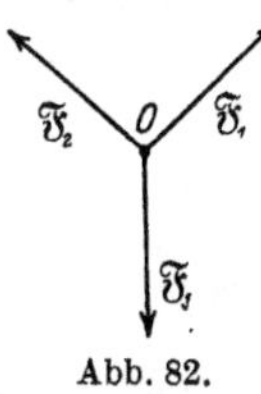

Abb. 82.

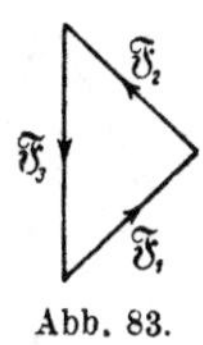

Abb. 83.

Dem *Lagebild* (Abb. 82) entspricht das *Krafteck* (Abb. 83).

g) Miß wie in Abb. 87 den Winkel $JOG = \alpha_1$ und den Winkel $EOJ = \alpha_2$ und berechne daraus den Winkel $\alpha_3 = 180^0 - (\alpha_1 + \alpha_2)$.

h) Schreibe die Ergebnisse in folgender Weise auf:

Wagschale Nr. ... Gewicht der Schale nebst Schrot = ... kg*.

F_1 [kg*]	F_2 [kg*]	F_3 [kg*]	F [kg*]	α_1	α_2	α_3	$\frac{F_1}{\sin \alpha_1}$	$\frac{F_2}{\sin \alpha_2}$	$\frac{F_3}{\sin \alpha_3}$

Welche Beziehung besteht zwischen den Größen F_1, F_2, F_3, $\sin \alpha_1$, $\sin \alpha_2$ und $\sin \alpha_3$?

i) Wähle für die Kräfte F_1 und F_2 in den Seitenschnüren und für die Kraft F_3 in der Mittelschnur folgende andre Werte

Kraft	kg*						
F_1	1	2	2	2	2	3	3
F_2	1	2	2	3	3	3	3
F_3	$1^1/_2$	$2^1/_2$	3	$3^1/_2$	4	$4^1/_2$	5

und verfahre wie bei den Versuchen (b) bis (h). Wird der Satz vom Parallelogramm der Kräfte bestätigt?

k) Verfahre mit den Zeichnungen, die man bei den Versuchen (c) und (i) erhalten hat, wie bei (f). Lege unter die Zeichnungen ein andres Blatt Papier. Stich mit einer Nadel durch die Ecken der Kraftdreiecke. Zeichne die so durchgepausten Kraftdreiecke und schneide sie aus. Stelle die Schnurbelastungen wieder her und halte die Kraftdreiecke so, daß F_1 mit OE (Abb. 87) zusammenfällt, und so, daß die Kraftteckseiten das eine Mal den Schnüren gleichlaufen und das andre Mal dazu rechtwinklig stehn.

l) Belaste die Mittelschnur mit 1,5 kg* und die eine Seitenschnur mit 1,250 kg*. Bestimme durch Zeichnung und Versuch, welche Gewichte man an die andre Seitenschnur hängen muß, damit die beiden Seitenschnüre den Winkel 100⁰ bilden.

m) Ermittle durch Zeichnung und Versuch die Bedingungen, unter denen sich die an einer Stelle angreifenden Kräfte 1,5, 1,250 und 1 kg* das Gleichgewicht halten. Leite dabei aus dem Kräftedreieck das Lagebild ab und belaste beim Versuch die mittlere Schnur am stärksten.

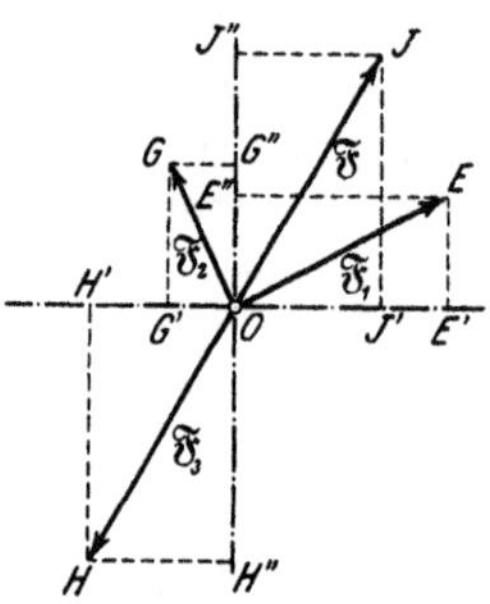

Abb. 84.

n) Ziehe im Lagebild, das man bei Versuch (c) erhalten hat, durch den Punkt O ein beliebiges rechtwinkliges Achsenkreuz (Abb. 84). Lote aufs Achsenkreuz die Endpunkte der Kraftpfeile $\mathfrak{F}_1$, $\mathfrak{F}_2$, $\mathfrak{F}_3$ und $\mathfrak{F}$ und zerlege so diese Kräfte in die Seitenkräfte

$$\mathfrak{X}_1, \mathfrak{X}_2, \mathfrak{X}_3, \mathfrak{X}$$

und

$$\mathfrak{Y}_1, \mathfrak{Y}_2, \mathfrak{Y}_3, \mathfrak{Y},$$

die in die Achsenrichtungen fallen. Bestimme sorgfältig Größe und Pfeilrichtung der Seitenkräfte. Vergleiche $\mathfrak{X}$ mit der algebraischen

Summe $\mathfrak{X}_1 + \mathfrak{X}_2$ und $\mathfrak{Y}$ mit der algebraischen Summe $\mathfrak{Y}_1 + \mathfrak{Y}_2$. Bilde die algebraischen Summen $\mathfrak{X}_1 + \mathfrak{X}_2 + \mathfrak{X}_3$ und $\mathfrak{Y}_1 + \mathfrak{Y}_2 + \mathfrak{Y}_3$. Behandle ebenso die Lagebilder der Versuche (i), (l) und (m); versuche dabei möglichst viele Linien zu sparen. Welche Regeln lassen sich über die Ablotungen der Seitenkräfte und der Mittelkräfte aufstellen? Welche Bedingungen bestehn fürs Gleichgewicht dreier Kräfte, die an einer Stelle angreifen?

o) Trage die Ergebnisse in folgende Tafel ein:

$\mathfrak{X}_1$ [kg*]	$\mathfrak{X}_2$ [kg*]	$\mathfrak{X}_3$ [kg*]	$\mathfrak{X}$ [kg*]	$\mathfrak{Y}_1$ [kg*]	$\mathfrak{Y}_2$ [kg*]	$\mathfrak{Y}_3$ [kg*]	$\mathfrak{Y}$ [kg*]

$\mathfrak{X}_1 + \mathfrak{X}_2$	$\mathfrak{Y}_1 + \mathfrak{Y}_2$	$\mathfrak{X}_1 + \mathfrak{X}_2 + \mathfrak{X}_3$	$\mathfrak{Y}_1 + \mathfrak{Y}_2 + \mathfrak{Y}_3$
	Mittel	. . . . . .	. . . . . .

2. Verfahren.

(4 Schüler, 2 Stunden.)

Quelle. Hall, *Descript. List 15 Nr. 13.*

Geräte. 3 Federwagen bis 4 kg*, geteilt in 0,1 kg*.
3 Angelschnüre von 20 bis 50 cm Länge.
Messingring von 0,5 cm Durchmesser.
Ablesespiegel.
Schlitten für die Federwagen (vgl. S. 106).
Zwingen.
Reißbrett.
Zeichenausrüstung.

Anleitung. p) Befestige die drei Schnüre mit einem Ende am Messingring und mit dem andern Ende an den Haken der Federwagen. Klemme an verschiednen Stellen des Tisches die Schlitten der Wagen so fest, daß die Schlitze in den Schnurrichtungen liegen. Hefte unterm Ring auf das untergeschobne Reißbrett mit Reißnägeln ein Blatt Papier (Abb. 85). Verschiebe den Ring und prüfe, ob er wieder genau seine alte Lage einnimmt. Ist das nicht der Fall, so sieh nach, ob irgendwo zwischen Feder und Gehäuse oder Wage und Unterlage Reibung stattfindet, und beseitige die Störung. Lege unter die Schnüre kleine Spiegelstreifen, ohne dabei die Schnüre zu verschieben, halte das Auge so, daß sich die Schnur und ihr Spiegelbild decken, und

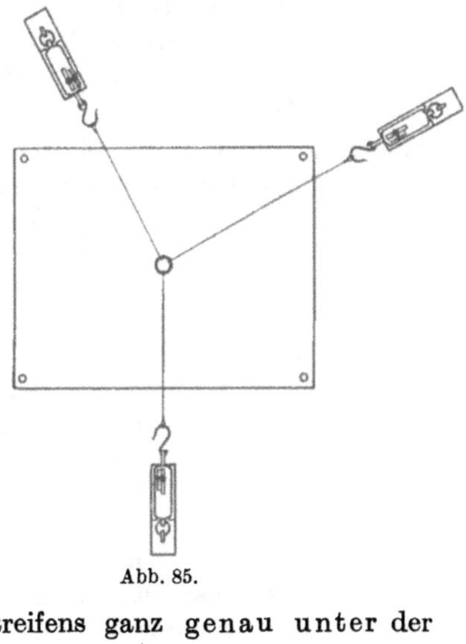

Abb. 85.

mache nahe bei einem Ende des Streifens ganz genau unter der

Schnurmitte mit einem spitzen Blei einen Punkt aufs Papier. Stelle die Richtung jeder Schnur durch zwei Punkte fest, wovon der eine nahe beim Ring und der andre so weit wie möglich davon entfernt liegt. Lies an den Wagen sehr sorgfältig die Kräfte ab, welche die Schnüre spannen. Schreibe neben die Schnur die Ablesung und die für die wagrechte Stellung der Wage erforderliche Verbeßrung (vgl. Aufgabe 4, S. 50).

q) Schreibe die Ergebnisse in folgender Weise auf:

1. Wage Nr. ... 2. Wage Nr. ... 3. Wage Nr. ...

F_1 [kg*]		F_2 [kg*]		F_3 [kg*]								
Zeiger-ablesung	Verbesserte Größe	Zeiger-ablesung	Verbesserte Größe	Zeiger-ablesung	Verbesserte Größe	F [kg*]	α_1	α_2	α_3	$\frac{F_1}{\sin\alpha_1}$	$\frac{F_2}{\sin\alpha_2}$	$\frac{F_3}{\sin\alpha_3}$

r) Verfahre wie bei (c) bis (h). Zeichne auch noch die beiden andern möglichen Parallelogramme und bearbeite sie genau so wie das erste.

s) Wiederhole die Versuche (p) bis (r), doch richte es so ein, daß zwei Kräfte erst den Winkel 90°, dann 60° und schließlich 30° miteinander bilden.

t) Verfahre wie bei (n) und (o).

3. Verfahren.

(1 Schüler, 2 Stunden.)

Quelle. Worthington *95 Nr. 10.*

Geräte. Kautschukschnur von quadratischem Querschnitt (1,5 bis 2 mm). Stecknadeln. Vollständige Zeichenausrüstung (vgl. S. 106). Reißbrett. Schere. Faden. Bunsengestell. Leichte Schale. Gewichtsatz.

Anleitung. u) Binde zwei 16 cm lange Stücke derselben Kautschukschnur in der Mitte zusammen, miß auf jedem Schnurteil vom Knoten O (Abb. 86) aus die gleiche Länge ab, sagen wir 5 cm, und stecke durch das freie Ende jeder Strecke eine Nadel. Befestige an den vier Nadeln kleine Zettelchen mit den Buchstaben A, B, C und D.

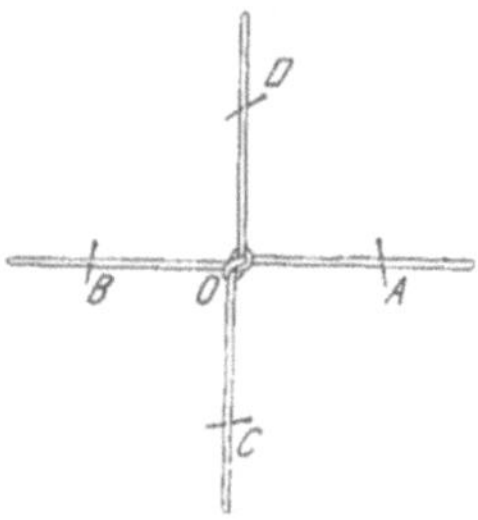

Abb. 86.

v) Hefte aufs Reißbrett einen Bogen Papier und stecke ins Brett die Nadeln A und B so, daß die Schnur zwar gerade gezogen, doch nicht gespannt wird. Ziehe an der Schnur OC nach verschiednen Richtungen in der Papierebene und mit verschiedner Stärke. Ändern sich mit der Richtung und der Stärke der Zugkraft der Winkel AOB und die Längen der Schnurstücke OA und OB, also auch die Kräfte F_1

und F_2, die im Knoten O angreifen und die Fäden ausziehn? Besteht eine Beziehung zwischen den Richtungen der Schnüre und den Kräften, die in O angreifen und sich das Gleichgewicht halten?

w) Ziehe nach einer bestimmten Richtung den Faden OC und stecke die Nadel C ins Brett (Abb. 87). Mache an der Stelle, worüber der Knoten O liegt, mit einer Nadel einen Stich, umringle ihn und schreibe daran den Buchstaben O. Nimm die Nadeln A und B heraus, umringle die Stichstellen und schreibe daran die Buchstaben A und B. Ziehe am Faden OD, bis der Knoten wieder über der frühern Stelle liegt, und stecke dann die Nadel D ins Brett. Die Kraft, die den Faden OD spannt, sei F und die Kraft, die den Faden OC ausreckt, sei F_3. Die Kraft F ersetzt also die Kräfte F_1 und F_2 und hält der Kraft F_3 das Gleichgewicht. *Gegenkraft.* Ziehe die Nadeln heraus und lege sie nebst den Schnüren zur Seite.

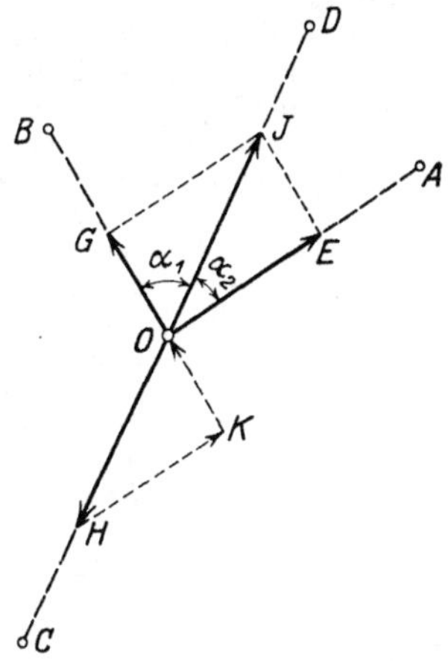

Abb. 87.

x) Ziehe mit einem spitzen harten Blei die Strecken OA, OB, OC und OD und trage die ursprüngliche Schnurlänge 5 cm als Strecken AE, BG, CH und DJ darauf ab. Dann stellen OE, OG, OH und OJ die Längenändrungen der Schnurteile und somit die Kräfte F_1, F_2, F_3 und F dar. Mache in den Punkten E, G, H und J Pfeilspitzen, welche die Pfeilrichtungen der Kräfte angeben. *Kraftpfeile, Vektoren.*

y) Zeichne mit den Zeichendreiecken das Parallelogramm, das durch OE und OG bestimmt wird, und ziehe die Eckenlinie, die durch den Punkt O geht. In welcher Beziehung steht J zum Parallelogramm? Vergleiche die Längen und Richtungen von OH und OJ miteinander.

z) Befestige den Knoten der Schnüre, hänge der Reihe nach an jeden Schnurteil eine leichte Wagschale und lege Gewichte darauf, bis sich die Schnur, die man gerade untersucht, zu der Länge ausreckt, die sie bei ihrem Ausspannen auf dem Reißbrett hatte. Die Gewichte der Schale und der darauf liegenden Gewichtstücke messen die Kräfte F_1, F_2, F_3 und F. Schreibe die so gefundenen Größen der Kräfte an die zugehörigen Kraftpfeile der Abbildung. Berechne für jede Schnur die Nachgiebigkeit (vgl. Aufgabe 2, S. 45).

aa) Wiederhole die Versuche (w) bis (y), doch spanne dabei die Schnüre der Reihe nach in verschiednem Grade und nach verschiednen Richtungen, z. B. so, daß der Winkel AOB gleich 60°, 90° und 120° wird. Zeichne jedesmal das Parallelogramm und schreibe an die Pfeile OE, OG, OH und OJ die Größe der Kräfte.

bb) Wiederhole (e) und (f). Zeichne die Kraftdreiecke, die den bei den Versuchen (aa) gewonnenen Lagebildern entsprechen.

cc) Stecke ins Reißbrett die Nadeln der Schnur CD (Abb. 87) und spanne dabei die Schnur. Bezeichne durch einen Nadelstich die Lage des Knotens O. Ziehe die Nadel D heraus und stecke die Nadeln A und B so ein, daß der Knoten O wieder seine alte Lage einnimmt. Prüfe, ob es mehre Lagen von A und B gibt, wo der Knoten O seine ursprüngliche Lage wieder einnimmt. Auf wieviel Weisen kann man eine gegebne Kraft zerlegen?

Bemerkungen. Beim ersten Verfahren muß man die Rollen, deren Güte die Ergebnisse beträchtlich beeinflußt, so befestigen, daß die Schnüre möglichst wenig vom Brett abstehn. Sind die Ergebnisse mit einem erheblichen Fehler behaftet, so behalte man den Wert der Mittelkraft bei und verbeßre die Seitenkräfte.

Die Richtung jeder Schnur kann man, anstatt durch zwei Nadelstiche oder Bleistiftpunkte, durch einen Stich in der Mitte des Ringes und einen Stich unter jeder Schnur festlegen. Man kann auch den Ring weglassen und alle drei Schnüre miteinander verknoten. Verwendet man noch eine dritte Rolle, so kann man der Kraft F_3 eine beliebige Richtung geben.

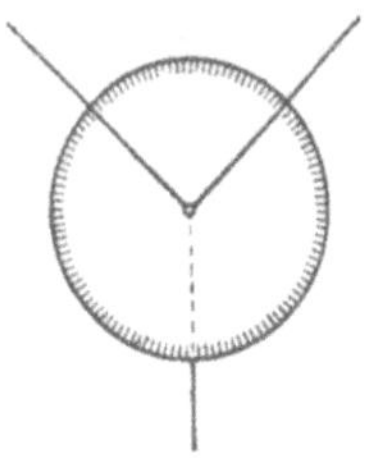

Abb. 88.

Es empfiehlt sich kaum, am Knoten einen in 360° geteilten Winkelmesser anzubringen. Man kann dies so ausführen, daß man dessen Mitte durchbohrt, die beiden Seitenschnüre hindurchzieht und auf der Rückseite mit der dritten Schnur verknotet (Abb. 88).

Anstatt der beiden Rollen und der Gewichte kann man auch zwei Federwagen (bis 4 kg*, geteilt in 0,1 kg*) verwenden. Man hängt sie an Haken, die man in die obern Ecken des Wandbretts einschraubt, benutzt aber anstatt der seidenen Schnüre Angelschnüre und belastet die mittlere Schnur mindestens mit 2 kg*. Die Kraftrichtung ändert man durch Verlängern oder Verkürzen der Seitenschnüre. An den Ablesungen der Federwagen sind die Verbeßrungen anzubringen, die ihren Stellungen entsprechen.

Die Lagebilder und die Kraftdreiecke sind stets in großem Maßstabe zu zeichnen.

Beim ersten Verfahren ist einigemal auf die Abbildungen 84 und 87 hingewiesen. Die Kraftrichtung von F_3 ist in diesen Bildern nicht lotrecht, sie entspricht den Versuchen des dritten Verfahrens.

Beim zweiten Verfahren benutzt man als Schlitten für die Federwage ein Holzbrettchen, worauf man zwei Seitenleisten genagelt hat. Ins eine Ende schraubt man einen Haken ein, woran man den Ring der Wage hängt. Den Schlitten klemmt man am Reißbrett oder am Tisch mit einer Zwinge fest. Einfacher, aber schlechter ist es, mit einer Zwinge am Reißbrett oder am Tisch einen Holzklotz zu befestigen, worein man einen Haken für den Ring der Wage eingeschraubt hat.

Keine Zugkraft darf kleiner sein als die Hälfte der größten zulässigen Belastung der Federwage und selbstverständlich nicht so groß wie diese.

Beim dritten Verfahren, dessen Ergebnisse nicht besonders gut sind, kann man wie Gregory-Simmons *(1, 139 Nr. 85)* auch eine 16 cm lange Kautschukschnur verwenden, an deren Mitte man ein 8 cm langes Stück derselben Schnur bindet. Auch Hosenträgerspiralen, die an einem kleinen Ring befestigt und an den freien Enden mit Ösen versehn waren, lieferten keine guten Ergebnisse.

Bei dieser Aufgabe und vielen andern gebraucht man eine vollständige Zeichenausrüstung. Ihre Bestandteile sind: Reißbrett, Reißschiene, Winkel von 45°, Winkel von 30° und 60°, Winkelmesser aus Metall, Zeichenbogen, Reißnägel, harter Bleistift, Schmirgelpapier zum Anschärfen, Gummi, Zirkel mit Einsätzen, Millimeterstab von 30 cm Länge. Reißbrett, Reißschiene, Winkel, Winkelmesser, Zirkel und Millimeterstab sind beim Anschaffen sorgfältig auf ihre Richtigkeit zu prüfen. Die nötigen Anleitungen gibt u. a. Zur Megede-Wesslau, *Wie fertigt man technische Zeichnungen? Berlin, J. Springer.* Die Größe des Reißbretts richtet sich nach der Breite des Arbeitstisches und nach dem Abstande der Gashähne vom Rande des Tisches.

Feinere Vorrichtungen zum Prüfen des Gesetzes vom Parallelogramm der Kräfte haben beschrieben: Fischer *25.* Mach, *Mechanik*[4] *50.* Millikan *26.* Nichols *1, 40.*

Verschiedne Gruppen können gleichzeitig nach dem Verfahren (1) und (2) die Aufgabe lösen.

27. Aufgabe. *Man spanne zwischen zwei festen Stellen eine Schnur aus und befestige an ihrer Mitte ein Gewicht. Stelle durch Zeichnen und durch Versuche fest, wie sich die Zugkräfte in den beiden Teilen der Schnur mit dem Winkel ändern, den sie miteinander bilden.*

(2 Schüler, 1 Stunde.)

Quelle. Wells *16 Nr. 6 und 7.*

Geräte. 2 Federwagen bis 4 kg*, in 0,1 kg* geteilt.
Ringgewichtstücke von 1 und 2 kg*.
Kleiner Messingring von 0,5 cm Durchmesser.
Bindfaden oder Angelschnur.
Nähgarn.
Hakenschrauben.
Vollständige Zeichenausrüstung (vgl. S. 106).
Reißbrett.
(Wandbrett.)
Vorstecher.
Talg.
Schere.
Granaten (Schrot).
Ablesespiegel.
Haken.

Anleitung. a) Schraube in den beiden obern Ecken des Wandbretts in gleicher Höhe Haken ein und hänge die Federwagen mit ihren Ringen daran. Belaste mit dem 2 kg*-Stück jede Wage, klopfe gegen das Gehäuse, ziehe mehrmals schwach am Wagenhaken, lies dann die Zeigerstellung ab und verbeßre die Ablesung mit der Fehlertafel der Wage. Das Mittel aus den beiden Bestimmungen liefert das abgeglichene Gewicht F_3 des 2 kg*-Stücks.

b) Ziehe durch den kleinen Messingring eine Schnur und binde die Enden an die Haken der Wagen. Wähle die Schnur so lang, daß der Ring 15 bis 20 cm über der untern Kante des Wandbretts liegt. Hänge an den Ring mit einer Schnur das 2 kg*-Stück. Befestige hinter den Schnüren ein Blatt Papier und ändre die Länge der Schnur so, daß der Winkel zwischen ihren beiden Teilen kleiner als ein rechter, sagen wir etwa 60⁰ wird (Abb. 89). Ziehe mehrmals an der untern Schnur, klopfe gegen die Wagen, lies die Zeigerstellungen ab und verbeßre die Ablesungen, entsprechend den Stellungen der Wagen, mit Hilfe ihrer Fehlertafeln. Die so gemeßnen Kräfte seien F_1 und F_2. Nimm wie in Aufgabe 26 (b) die Richtungen der obern Schnurteile und der untern Schnur auf.

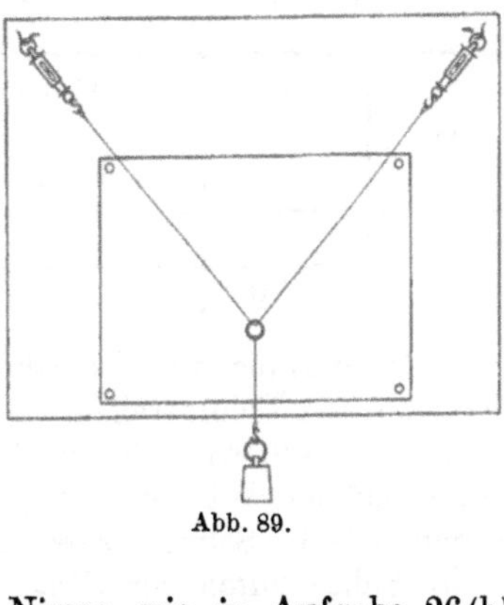

Abb. 89.

c) Zeichne das Lagebild der drei Kräfte, die am Ring angreifen. Wähle als *Kräftemaßstab:* 1 kg* etwa 10 cm. Ziehe eine lotrechte Linie, welche die Kraftrichtung des angehängten Gewichts F_3 [kg*] angibt, trage darauf den entsprechenden Kraftpfeil ab und zeichne durch dessen Endpunkte Gleichlaufende zu den Schnurteilen. Die beiden so erhaltnen andern Seiten des Kräftedreiecks stellen die Kraftpfeile der Zugkräfte in den Schnurteilen dar, die ihnen gleichlaufen. Miß im Krafteck die Seiten, welche die Zugkräfte in den Schnurteilen darstellen, berechne daraus die Zugkräfte F_1 und F_2 und vergleiche sie mit den verbesserten Ablesungen an den Wagen.

d) Verlängre im Lagebilde die Richtung der untern Schnur aufwärts und miß die Winkel φ_1 und φ_2, welche die Schnurteile mit dieser Verlängrung bilden. Lote die Zugkräfte F_1 und F_2 auf jene Verlängrung und vergleiche die algebraische Summe $Y_1 + Y_2$ der so erhaltnen Seitenkräfte mit der Kraft F_3. Lote die Zugkräfte F_1 und F_2 auf eine wagrechte Gerade durch ihren Angriffspunkt. Wie groß ist die algebraische Summe $X_1 + X_2$ dieser Seitenkräfte? Welche Beziehung läßt sich zwischen F_1, F_2, F_3, φ_1 und φ_2 aufstellen?

e) Schreibe die Ergebnisse in folgender Weise auf:

1. Wage Nr. . . . 2. Wage Nr. . . .

F_1 [kg*]				F_2 [kg*]			
Aus der Zeichnung	Zeigerablesung	Verbesserter Wert	Mittel	Aus der Zeichnung	Zeigerablesung	Verbesserter Wert	Mittel

F_3 [kg*]				
Messung mit der 1. Wage		Messung mit der 2. Wage		Mittel
Zeigerablesung	Verbesserter Wert	Zeigerablesung	Verbesserter Wert	

φ_1	φ_2	$(F_1 \cos \varphi_1 + F_2 \cos \varphi_2)$ [kg*]		$(F_1 \sin \varphi_1 + F_2 \sin \varphi_2)$ [kg*]	
		Aus der Zeichnung	Berechnet	Aus der Zeichnung	Berechnet
	Mittel	. . . .	. . . .	. . . .	. . . .

f) Wiederhole die Versuche mit Winkeln von etwa 90° und 120° zwischen den Schnurteilen.

g) Wie ändern sich die Zugkräfte in den Schnurteilen mit dem eingeschloßnen Winkel? Wie groß werden die Zugkräfte, wenn die beiden Teile der Schnur lotrecht, und wie groß, wenn sie wagrecht liegen?

h) Führe durch den Ring eines 1 kg*-Stücks einen Faden aus gewöhnlichem Nähgarn und fasse mit jeder Hand je ein Ende des Fadens. Halte die Hände dicht zusammen und laß das Gewicht den Faden so spannen, daß beide Teile nahezu gleichlaufen. Bewege nun die Hände langsam so auseinander, daß der Winkel zwischen den beiden Fadenteilen immer größer wird, bis schließlich der Faden zerreißt und das Gewicht zu Boden fällt. Warum zerreißt der Faden? Bestimme die Zugfestigkeit des Fadens und durch Zeichnen und Rechnen den Winkel, wobei das Zerreißen eintritt.

Bemerkungen. Statt der Federwagen kann man auch Rollen und Gewichte benutzen.

Die Fragestellung und das Verfahren bei WHITING *344 Nr. 61* sind kaum nachahmenswert.

Man kann gleichzeitig nach dem Verfahren des allseitigen Angriffs verschiedne Gruppen die Aufgaben 27 bis 31 ausführen lassen.

28. Aufgabe. *Man spanne eine Schnur durch ein angehängtes Gewicht lotrecht und ziehe dieses dann mit einer wagrechten Schnur seitwärts. Bestimme durch Versuche und durch Zeichnen die Zugkräfte, die das Gewicht auf die beiden Schnüre ausübt.*

1. Verfahren.

(2 Schüler, 1 Stunde.)

Geräte. 2 Hakenschrauben.
2 Federwagen bis 10 kg*, in $^1/_4$ kg* geteilt.
Ringgewicht von 5 kg*.
Angelschnur oder Bindfaden.
Messingring von 0,5 cm Durchmesser.
Lot.
Garn.
Schere.
Vollständige Zeichenausrüstung (vgl. S. 106).
Reißbrett.
(Wandbrett.)
Millimeterpapier.
Maßstab.
Spiegelstreifen.
Vorstecher.
Talg.

Anleitung. **a)** Hänge an jede Federwage das 5 kg*-Stück, klopfe gegen das Gehäuse, ziehe schwach am Haken, lies die Zeigerstellung ab, verbeßre mit den Fehlertafeln der Wagen die Ablesungen und nimm aus den so erhaltnen Werten das Mittel.

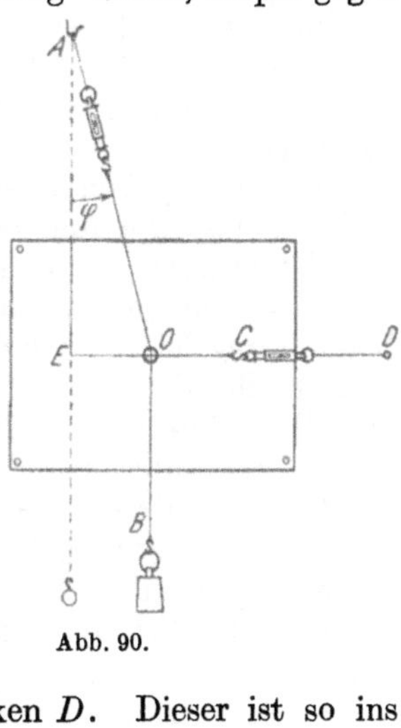

Abb. 90.

b) Schraube in die linke obre Ecke des Wandbretts einen Haken A (Abb. 90) und hänge daran ein Lot und mit einer kurzen Schnur den Ring der einen Federwage. Binde an den Haken dieser Wage das eine Ende einer langen zweiten Schnur, die man durch den kleinen Messingring O gezogen hat, und an das 5 kg*-Stück das andre Ende B der Schnur. Befestige am Messingring O das eine Ende einer dritten Schnur und an deren anderm Ende C den Haken der zweiten Federwage. Verbinde den Ring dieser Wage durch eine vierte Schnur, die sich verlängern und verkürzen läßt, mit einem zweiten Haken D. Dieser ist so ins

Wandbrett eingeschraubt, daß jene Seitenschnüre nahezu wagrecht liegen, wenn der Messingring einige Dezimeter überm Gewichtstück liegt.

c) Zeichne auf einem Bogen Papier mit einem spitzen harten Blei sorgfältig einen rechten Winkel CEA und befestige auf dem Wandbrett das Papier so, daß der Schenkel EA genau unterm Lot und der Schenkel EC unterm Messingring und unter der Schnur OC liegt. Benutze bei den endgültigen feinen Einstellungen einen kleinen Spiegelstreifen und stelle dabei das Auge so, daß der Strich auf dem Papier, die Schnur und ihr Spiegelbild in eine Gerade fallen. Verlängre oder verkürze die Schnur bei D, bis der Ring O etwa 15 cm von dem Scheitel E des rechten Winkels absteht.

d) Zupfe schwach am untern Schnurteil OB, klopfe gegen die Wagen, prüfe, ob die Einstellung noch ganz genau ist, lies die Zeiger der Wagen ab und verbeßre, den Stellungen der Wagen entsprechend, die Ablesungen. Bezeichne unter Benutzen des Einstellspiegels die Richtung des Schnurteils AO durch zwei Punkte, wovon der eine nahe beim Ring O und der andre möglichst nahe beim Haken der obern Wage liegt.

e) Vergrößre in Stufen von je 10 cm den Abstand EO, lies jedesmal beide Wagen sorgfältig ab und lege die Richtung von AO fest.

f) Nimm den Papierbogen ab. Ziehe durch zwei zusammengehörige Marken die Gerade AO und stelle die Kräfte, die im Punkt O angreifen, durch ihre Kraftpfeile dar. Wähle dabei als Kräftemaßstab 1 kg* etwa 10 cm. Es seien F_1, F_2 und F_3 [kg*] die Zugkräfte in den Richtungen OB, OC und OA.

g) Zeichne eine lotrechte Strecke, trage den Kraftpfeil $\mathfrak{F}_1$ darauf ab und ziehe durch dessen Endpunkte Gleichlaufende zu den Richtungen OC und OA. Miß die Seiten $\mathfrak{F}_2$ und $\mathfrak{F}_3$ des so entstandnen Kräftedreiecks und berechne daraus die Zugkräfte F_2 und F_3 [kg*]. Vergleiche die Ergebnisse mit den verbesserten Ablesungen an den Wagen. Führe für alle Lagen von O die Zeichnungen und Messungen aus.

h) Miß in jedem Lagebilde den Winkel $EAO = \varphi$ und die Seiten AE, EO und OA und berechne die Verhältnisse AE/F_1, EO/F_2 und OA/F_3 [cm/kg*]. Was für ein Dreieck ist also AEO? Welche Arbeit hätten wir uns somit ersparen können? Durch welche geometrische Betrachtung hätten wir das sofort finden können?

i) Stelle die Ergebnisse bildlich dar, wähle dabei EO als Abszisse und die Kräfte F_2 und F_3 als zugehörige Ordinate.

k) Lege durch jeden Punkt O ein Achsenkreuz, dessen x-Achse mit OC und dessen y-Achse mit OB zusammenfällt. Lote auf beide Achsen die Kräfte, miß die in jene Richtungen fallenden Seitenkräfte X_1, X_2, X_3 und Y_1, Y_2, Y_3 und prüfe, ob die Gleichgewichtsbedingungen erfüllt sind. Welche Beziehung besteht zwischen F_1, F_2 und φ? *Tangentengesetz.*

l) Schreibe die Ergebnisse in folgender Weise auf:

1. Wage Nr. . . . 2. Wage Nr. . . .

F_1 [kg*]					F_2 [kg*]			
Mit der 1. Wage		Mit der 2. Wage		Mittel	Aus der Zeichnung	Abgelesen	Verbessert	Mittel
Abgelesen	Verbessert	Abgelesen	Verbessert					

F_3 [kg*]				AE	EO	OA	$\frac{AE}{F_1}\left[\frac{\text{cm}}{\text{kg*}}\right]$	$\frac{EO}{F_2}\left[\frac{\text{cm}}{\text{kg*}}\right]$
Aus der Zeichnung	Abgelesen	Verbessert	Mittel	cm	cm	cm		

$\frac{OA}{F_3}\left[\frac{\text{cm}}{\text{kg*}}\right]$	$X_1 + X_2 + X_3$		$Y_1 + Y_2 + Y_3$		φ	$\operatorname{tg}\varphi$	F_2/F_1
	Aus der Zeichnung	Berechnet	Aus der Zeichnung	Berechnet			
Mittel	. . . . .	. . . . .	. . . . .	. . . . .			

2. Verfahren.

(2 Schüler, 1 Stunde.)

Quelle. Hadley *12 Nr. 15.*

Geräte. 2 kleine Wagschalen (Pillenschachteln). Kleine Rolle von 1 cm Durchmesser. Nägel. Hammer. Korke. Gewichtsatz. Granaten (Schrot). Wage. Spiegelstreifen. Garn. Zeichenausrüstung. Reißbrett. (Wandbrett.)

Anleitung. m) Ziehe auf einem Bogen Papier etwas unter der Mitte eine Gerade EC (Abb. 91) und am linken Rande mit großer Sorgfalt eine Senkrechte dazu EA. Halte aufs Wandbrett den Bogen, schlage an der Stelle A einen kleinen Nagel ein, hänge daran einen Faden AB, der eine kleine Schale trägt, und bringe deren Gewicht durch hineingelegtes Schrot auf $F_1 = 20$ g*. Drehe das Papier so, daß der Faden AB genau über der Geraden EA hängt, und hefte dann den Bogen am Wandbrett fest. Benutze zum scharfen Einstellen einen kleinen Spiegelstreifen. Lege zwischen zwei Korkscheiben die Öse der Rollengabel (Abb. 92), stecke einen Nagel hindurch und schlage

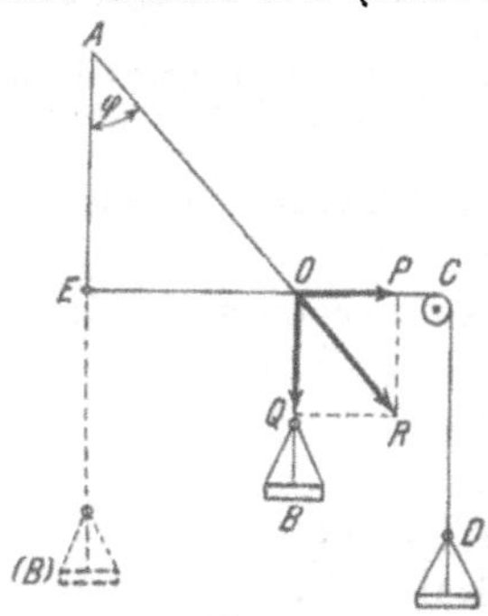

Abb. 91.

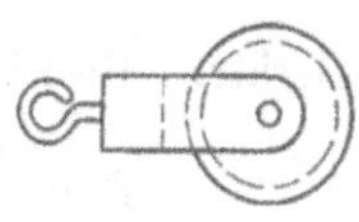
Abb. 92.

ihn etwas unterhalb der Stelle C so ins Wandbrett, daß der Boden der Rollenrinne in die Höhe der Geraden EC kommt. Binde um den Faden AB mit einer Schleife O das Ende eines zweiten Fadens OC, lege diesen Faden über die Rolle und hänge an sein andres Ende D eine Schale, deren Gewicht f_2 [g*] man vorher bestimmt hat.

n) Belaste die Schale D so, daß das Gesamtgewicht $F_2 = 5$ g* wird. Verschiebe die Schleife O so auf dem Faden AB und drehe die Rolle so um ihren Nagel, daß der Faden OC genau über der Geraden EC steht. Benutze beim endgültigen Einstellen einen Spiegelstreifen, zupfe dabei mehrmals schwach am Faden OD. Mache an der Stelle der Geraden EC, über der sich die Schleife O einstellt, mit einem spitzen Blei einen kleinen Strich und schreibe daran die Belastung F_2 [g*].

o) Wiederhole mit den Belastungen $F_2 = 10, 15, 20 \ldots$ g* den Versuch (n). Das Gewicht F_2 [g*] ist die ablenkende Kraft und der Winkel $EAO = \varphi$ der Ablenkwinkel.

p) Nimm den Papierbogen ab und miß sorgfältig die Strecken AE und EO.

q) Zeichne bei jedem Punkt O die Kraftpfeile OQ und OP der Kräfte F_1 und F_2 und den Kraftpfeil OR der Gesamtkraft. Vergleiche die Richtungen von OR und AO. Welche Beziehungen bestehn zwischen den Richtungen der Kräfte und den Seiten des Dreiecks AEO und demgemäß zwischen den Verhältnissen $\operatorname{tg}\varphi = EO/AE$ und F_2/F_1? *Tangentengesetz.*

r) Trage die Ergebnisse in folgende Tafel ein:

$F_1 = \ldots$ g*. $f_2 = \ldots$ g*. $AE = \ldots$ cm.

EO cm	F_2 [g*]	$\operatorname{tg}\varphi = \frac{EO}{AE}$	$\frac{F_2}{F_1}$

Bemerkungen. Erstes Verfahren. Sollte der Messingring nicht auf der Schnur AB halten, so kann man ihn daran mit etwas Klebwachs schwach befestigen. Man darf ihn auch ganz weglassen und die Schnur OC am Ende O mit einer Schleife versehn, durch die man die Gewichtschnur hindurchführt.

Zweites Verfahren. Das Tangentengesetz ist für das Verständnis vieler magnetischer und elektrischer Meßverfahren wichtig. Vgl. auch Aufgabe 15,1, S. 79.

Die kleine Hartgummirolle hat eine Stahlachse.

Eine andre Anordung gibt Rintoul *140 Nr. 2* an. Vollkommnere Geräte zum Nachweis dieses Gesetzes haben Ayrton *91 Nr. 25* und F. C. G. Müller, *Technik d. phys. Unterr.*[2] *37* beschrieben.

Man kann gleichzeitig nach dem Verfahren des allseitigen Angriffs verschiedne Gruppen die Aufgaben 27 bis 31 ausführen lassen.

29. Aufgabe. *Welche Beziehung besteht bei einem Fadenpendel zwischen der wirksamen Kraft und der Ausweichung?*

(2 Schüler, 1 Stunde.)

Geräte. Pendel (5 kg*-Stück mit Ringgriff). Einsatzrolle. Faden. Schere. Gewichtsatz. Meterstab. Ablesespiegel. Winkel. 2 Bunsengestelle. (Galgen.)

Anleitung. a) Hänge an einem möglichst langen Faden ein 5 kg*-Stück mit Ringgriff auf. Klemme den Meterstab wagrecht so fest, daß sein Nullstrich genau hinter dem untern Ende des Pendelfadens liegt, wenn das Pendel in der Gleichgewichtslage ist.

b) Befestige an dem Ringe des 5 kg*-Stücks einen zweiten Faden, versieh ihn an seinem freien Ende mit einer Schleife und führe ihn über eine Rolle. Hänge an den Faden mit der Schleife ein 50 g*-Stück und stelle die Rolle so auf, daß der Faden rechtwinklig zum Pendelfaden und die Ebene durch beide Fäden gleichläufig zum Maßstab liegt. Miß die Ausweichung x des Pendelkörpers.

c) Wiederhole die Versuche mit 100, 150, 200, 250 usw. g*.

d) Trage die Ergebnisse in folgende Tafel ein:

Wirksame Kraft F [g*]	Ausweichung x [cm]	$k = F/x$

e) Stelle die Ergebnisse bildlich dar und wähle dabei x als Abszisse und F als Ordinate. Welche Beziehung besteht zwischen der wirksamen Kraft und der Ausweichung?

Bemerkungen. Der Ausdruck „wirksame" Kraft bezeichnet hier kurz die Seitenkraft des Pendelgewichts, die rechtwinklig zum Faden, also in der Berührenden an die Bahn, wirkt. Worthington *145 Nr. 15* mißt die Kraft mit einem Kautschukfaden-Kraftmesser.

Vollkommnere Geräte zum Nachweis des Sinusgesetzes, das für das Verständnis der Pendelbewegung und einiger galvanischer Meßwerkzeuge wichtig ist, haben Ayrton *111 Nr. 31* und F. C. G. Müller, *Technik d. phys. Unterr.*[2] *37* beschrieben.

Man kann gleichzeitig nach dem Verfahren des allseitigen Angriffs verschiedne Gruppen die Aufgaben 27 bis 31 ausführen lassen.

30. Aufgabe. *Am Ende einer Stange, die durch eine Schnur in wagrechter Stellung gehalten wird, greift eine lotrechte Kraft an. Wie groß ist die Druckkraft auf die Stange und die Zugkraft an der Schnur?*

(2 Schüler, 1 Stunde.)

Quelle. Ames-Bliss *122.*

Geräte. 2 Federwagen bis 4 kg*, geteilt in 0,1 kg*. Ringgewicht von 2 kg*. Holzstab (40 cm × 1 cm × 1 cm), in die Enden sind Nägel so weit eingeschlagen, daß die Köpfe nur 1 mm hervorragen. Dünner Bindfaden. Vollständige Zeichenausrüstung (vgl. S. 106). Reißbrett. (Wandbrett.) Kleine Fahrradkugel. Papier. Meterstab. Hakenschrauben.

Anleitung. a) Hänge an einen dünnen Bindfaden, der etwa 1 m lang ist, das 2 kg*-Stück und bestimme mit der Federwage das Gewicht F_1 [kg*].

b) Schraube am obern Rande des Wandbretts einen Haken ein. Knüpfe an diesen Haken das eine Ende eines dünnen Bindfadens, der 10 bis 15 cm lang ist, und an den Ring der einen Wage das andre Fadenende. Binde an den Haken dieser Wage die Schnur, die das Gewichtstück trägt. Stütze gegens Wandbrett das eine Ende des Holzstabs mit seinem Nagelkopf und winde ein- oder zweimal um den Nagel am andern Stabende die Schnur, woran das Gewicht hängt, und zwar derart, daß der Stab nahezu rechtwinklig zum Wandbrett steht. Stelle mit einem Zeichendreieck oder mit einem Stahlwinkel die ganze Vorrichtung so ein, daß der Nagelkopf, womit der Stab gegens Wandbrett drückt, nicht gleitet und der Stab zur Wand genau rechtwinklig steht.

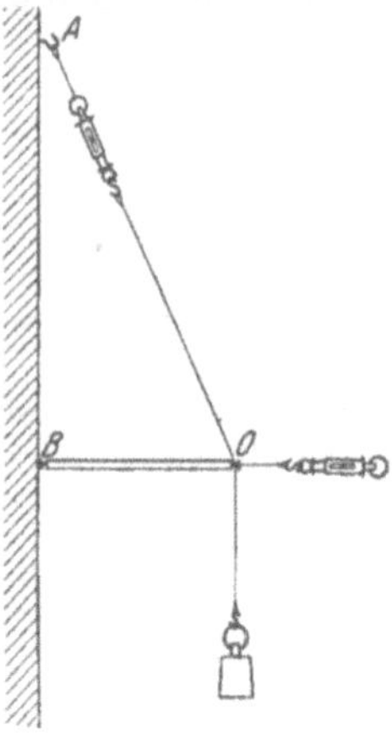

Abb. 93.

c) An derselben Stelle O (Abb. 93) halten sich drei Kräfte das Gleichgewicht: das lotrecht abwärts ziehende Gewicht F_1 [kg*], die Zugkraft F_3 der Schnur, die in der Richtung OA wirkt und mit der Wage gemessen wird, und der Auflagedruck F_2 des Stabes in der Richtung BO.

d) Lies die Wage sorgfältig ab, verbeßre die Ablesung entsprechend der Stellung der Wage und miß so genau wie möglich die Seitenlängen des Dreiecks OAB oder eines ihm ähnlichen Dreiecks. Beachte dabei, daß A der Punkt ist, wo die verlängerte Seite OA das lotrechte Wandbrett trifft, und B der Punkt von BO, der lotrecht unter A liegt. Der Punkt O ist die Stelle des Nagels, worum man die Schnur gewunden hat. Man muß die Strecken genau zwischen diesen Punkten messen.

e) Befestige am Haken einer zweiten Federwage das eine Ende eines Fadens und dessen andres Ende mit einer Schleife am Nagel O. Vermeide dabei sehr sorgfältig jedes Stören der vorher gemachten Einstellung. Halte bei B unter den Stab einen Winkel aus Stahl und lege behutsam zwischen den Stab und den Schenkel des Winkels eine Fahrradkugel. Laß den Mitarbeiter den Zeiger der Wage beobachten und mit allmählich wachsender Kraft genau in der Richtung BO ziehn. Beobachte dabei selber den Nagel, womit sich der Stab auflagert, und rufe in dem Augenblick, wo er von der Wand weggezogen wird: „Lies!" Bei diesem Rufe lese der Mitarbeiter die Wage ab. Diese Ablesung liefert die Kraft F_2 [kg*]. Man bringe daran die Verbesserung an, die wegen der wagrechten Stellung der Wage erforderlich ist.

f) Wiederhole den Versuch dreimal; ändre dabei jedesmal die Gestalt des Dreiecks OAB.

g) Ist das angehängte Gewicht im Vergleich zu dem Gewichte des wagrechten Stabs nicht sehr groß, so muß man dieses berücksichtigen. Das Gewicht F_s [kg*] des Stabes wirkt so stark wie ein gewichtloser Stab, den man am Ende mit dem Gewicht $^1/_2\, F_s$ [kg*] belastet hat. Man muß also, wenn nötig, die Kraft F_1 um $^1/_2\, F_s$ vermehren.

h) Zeichne mit dem Kräftemaßstab, 1 kg* etwa 20 cm, den Kraftpfeil $\mathfrak{F}_1$ und ziehe durch seine Endpunkte Gleichlaufende zu den Dreiecksseiten BO und OA. Entnimm dem so erhaltenen Krafteck die Kräfte $\mathfrak{F}_2$ und $\mathfrak{F}_3$ und vergleiche sie mit den Ablesungen an den Wagen.

i) Zeichne das Lagebild der Kräfte. Ziehe darin durch O eine Achse lotrecht zur Achse BO. Lote die Kräfte auf die beiden Achsen und prüfe durch Zeichnen, ob die Gleichgewichtsbedingungen $X_1 + X_2 + X_3 = 0$ und $Y_1 + Y_2 + Y_3 = 0$ erfüllt sind.

k) Berechne aus AB und BO den Winkel $BAO = \varphi$ und dann die wagrechte und die lotrechte Seitenkraft (X_3 und Y_3) von F_3.

l) Schreibe die Ergebnisse in folgender Weise auf:

1. Wage Nr. . . . 2. Wage Nr. . . .

OA cm	BO cm	AB cm	sin φ	cos φ	F_1 [kg*] Abgelesen	F_1 [kg*] Verbessert

F_2 [kg*] Abgelesen	F_2 [kg*] Verbessert	F_3 [kg*] Abgelesen	F_3 [kg*] Verbessert	F_3 cos φ	F_3 sin φ
				Mittel	. . . .

Bemerkungen. Die Aufgabe ist wegen der Krane wertvoll. Vgl. über Versuche mit kleinen Kranen Borchardt *20 Nr. 8.* Duncan *36—38.* Eggar *113 Nr. 71.* Wells *19 Nr. 8 u. 34 Nr. 2.* Woodruff, *School Science 2, 523; 1903 u. Zeitschr. f. d. phys. u. chem. Unterr. 16, 289; 1903.*

Man kann gleichzeitig nach dem Verfahren des allseitigen Angriffs verschiedne Gruppen die Aufgaben 27 bis 31 ausführen lassen.

31. Aufgabe. *Welche Kräfte wirken in den einzelnen Stäben eines einfachen Sparren-Dachstuhls?*

(1 Schüler, 1 Stunde).

Quelle. Wells *35 Nr 3.*

Geräte. Dachstuhlmodell (vgl. S. 116). Feste Angelschnur. Ringgewichtstück von 10 kg*. Federwage bis 10 kg*, geteilt in $^1/_4$ kg*. Vollständige Zeichenausrüstung (vgl. S. 106). Reißbrett.

Anleitung. **a)** Verbinde mit den Bügeln der untern Bolzen der Dachstuhlstäbe durch feste Schnüre Ring und Haken der Federwage. Lies vorm Belasten des Dachstuhls die Wage ab und verbeßre die Ablesung.

b) Hänge die Last (10 kg*) an (Abb. 94), lies in der üblichen Weise die Federwage ab und verbeßre die Ablesung. Miß den Dachstuhl aus und zeichne das Lagebild (Abb. 95a), wähle dabei als Längenmaßstab, 1 m etwa 10 cm, und als Kräftemaßstab, 1 kg* etwa 1 cm.

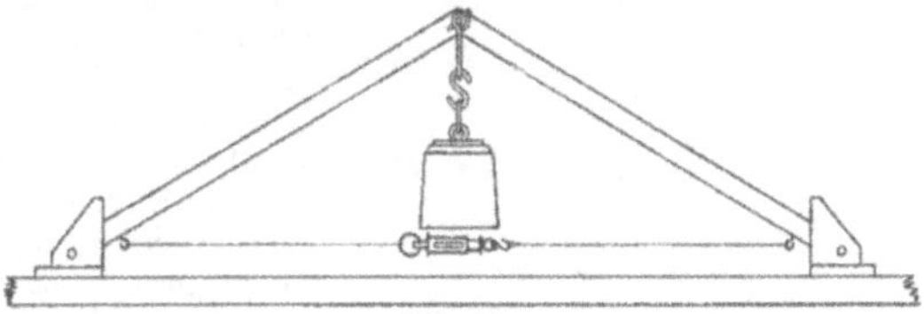

Abb. 94.

c) Im linken untern Knoten *I* greifen folgende Kräfte an: Die Gegendruckkraft des Auflagers, die senkrecht aufwärts wirkt und gleich der halben Belastung $^1/_2\,\mathfrak{F}$ des Dachs ist (das Gewicht des Stuhls wird vernachlässigt), die Druckkraft des schrägen Stabes (1) und die Zugkraft der wagrechten Schnur (2). Von der Auflagedruckkraft sind Größe und Richtung und von den Kräften 1 und 2 die Richtungen bekannt. Zeichne das Kräftedreieck für den Knoten *I* (Abb. 95b).

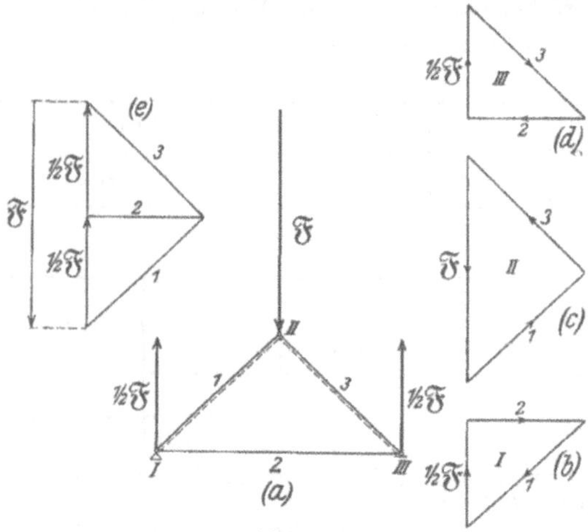

Abb. 95.

d) Im Knoten *II* des Dachfirstes greifen drei Kräfte an: die Belastung $\mathfrak{F}$ [kg*] lotrecht abwärts und die Druckkräfte der Stäbe (1) und (3). Die Richtungen aller Kräfte und die Größe der Belastung sind bekannt. Zeichne das Kräftedreieck für den Knoten *II* (Abb. 95c).

e) Am Knoten *III* wirken drei Kräfte, ähnlich wie am Knoten *I*. Zeichne das Kräftedreieck für den Knoten *III* (Abb. 95d).

f) In den Kräftedreiecken *I* und *II* kommt die Kraft 1 und in den Kräftedreiecken *II* und *III* die Kraft 3 vor, und von den drei Kraftpfeilen jedes Dreiecks treten zwei auch in den beiden andern Dreiecken auf. Man kann daher alle drei Kraftecke in eine einzige Abbildung, den *Kräfteplan* (Abb. 95e), zusammenziehn, der mit weniger Linien ebensoviel leistet wie jene getrennten Kraftecke.

g) Entnimm dem Kräfteplan die Größe der Zugkraft in der Schnur (2) und vergleiche das Ergebnis mit der verbesserten Ablesung an der Federwage. Entnimm dem Kräfteplan die Druckkräfte in den Stäben (1) und (3).

Bemerkungen. Der Dachstuhl besteht aus zwei Holzstäben (90 cm × 3 cm × 1,3 cm), deren obere Enden durch einen locker sitzenden Bolzen mit Muttern zusammengefügt sind. Am Bolzen ist ein Bügel angehängt. Kräftige Schnüre halten die untern Enden zusammen; der Neigwinkel sei etwa 30°. Die Federwage, die wie in Abb. 94 angeordnet ist, gestattet, die Zugkraft in den Schnüren zu messen. Beide untern Enden des Stuhls sind durch Bolzen mit je einem Bock verbunden, der auf einem Grundbrett sitzt. An diesen Bolzen sind Bügel angehängt, woran man die Schnurstücke befestigt. Unter dem einen Grundbrett (Abb. 96) liegt eine Walze; das andre Grundbrett ist um den Walzendurchmesser dicker als jenes. Den Dachstuhl belastet man mit einem 10 kg*-Stück, das man an den obern Bügel hängt. Die

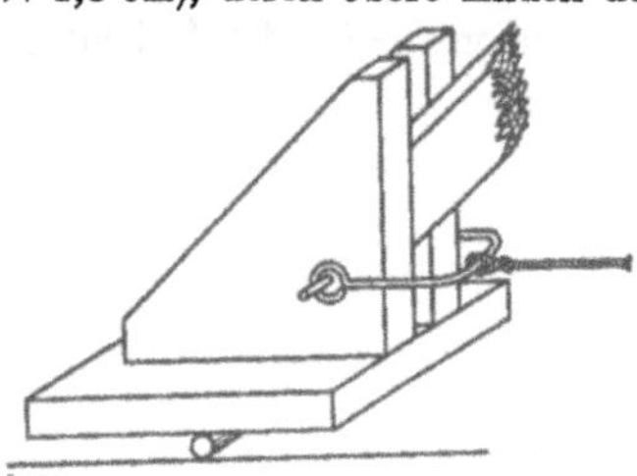
Abb. 96.

Schnüre kann man verkürzen und so jede gewünschte Spannweite und Neigung des Dachs herstellen. Es ist ratsam, am Tisch mit einer Zwinge das dickere Grundbrett zu befestigen.

Eine gute, wenn auch teure Angelschnur ist die Pure Silk „Berlin“ Lines Nr. 36.

Bei dieser Aufgabe und bei einigen andern werden stillschweigend Verfahren der Graphostatik verwendet. Vgl. hierüber etwa FÖPPL, *Techn. Mechanik, 2. Bd.* A. SCHÜLKE, *Zeitschr. f. d. phys. u. chem. Unterr. 14, 18 1901.* WEBER-WELLSTEIN, *Enzykl. d. Elementar-Mathem. 3, 515.*

Man kann gleichzeitig nach dem Verfahren des allseitigen Angriffs verschiedne Gruppen die Aufgaben 27 bis 31 ausführen lassen.

VI. Arbeit.

32. Aufgabe. *Ändert sich die Reibung zwischen einem Seil und einem festen Stabe mit der Größe der Umschlingung?*

(2 Schüler, 1 Stunde.)

Quelle. WORTHINGTON *120 Nr. 1 u. 2.* RINTOUL *119 Nr. 6 bis 9.*

Geräte. Dünne Kautschukschnur mit 2 Knoten (S. 46). Reiner Holzstab (10 cm × 3 cm × 1 cm). Reine Glasröhren von 10 cm Länge und mindestens 1 cm Dicke. Rolle. Bunsengestell. Reiner glatter Bindfaden. Haken. Maßstab (30 cm). Gewichtsatz. Leichte Wagschale (Pillenschachtel). Sandpapier.

Anleitung. a) Befestige am einen Ende eines reinen glatten Bindfadens mit Haken und Schleife ein 100 g*-Stück und binde ans andre Ende eine dünne Kautschukschnur, die mit zwei Knoten versehen ist. Nimm das eine Ende der Kautschukschnur in die Hand, laß die Schnur nebst Faden und Gewicht lotrecht hinabhängen und miß den Abstand der Knoten.

b) Lege den Faden gegen die linke Seite des frisch mit Sandpapier abgeriebenen Holzstabes, halte die Schnur so, daß der Faden mit der Oberseite des Stabs einen größeren Winkel bildet (Stellung 1, Abb. 97). Verringere die Zugkraft an der Schnur ein wenig. Gleitet der Faden? Wer verhindert das Sinken des Gewichts? Vermindre die Zugkraft an der Schnur so weit, daß das Gewicht eben zu sinken beginnt, und miß den Abstand der Knoten. Ziehe an der Schnur, bis das Gewicht sich eben zu heben beginnt, und miß den Abstand der Knoten. Ist er größer als zuvor und auch größer als bei Versuch (a)? Was hat die Zugkraft außer dem Gewicht zu überwinden?

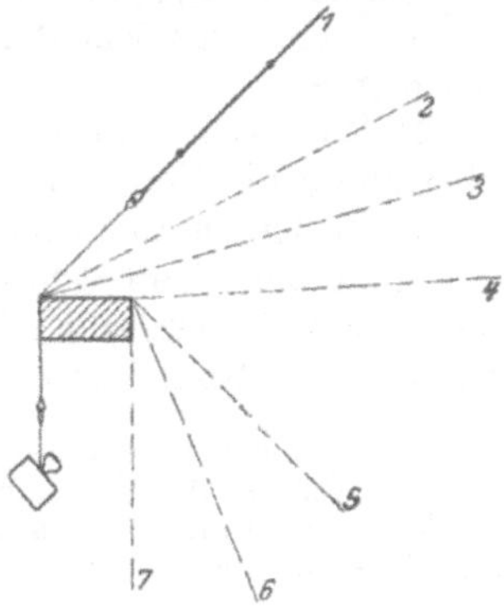

Abb. 97.

c) Senke allmählich die Hand, die das Ende der Kautschukschnur hält, und bringe den Faden so in die Stellungen 2, 3, 4 usw. Ziehe jedesmal so stark, daß sich das Gewicht eben hebt, vermindre dann den Zug so weit, daß es sich eben senkt, und miß in beiden Fällen den Abstand der Knoten. Wie ändert sich die Reibung mit der Stellung des Fadens?

d) Wickle ein-, zwei- oder dreimal den Faden um den Holzstab. Wird die Reibung so groß, daß sie allein das Gewicht trägt?

e) Ersetze den Holzstab durch eine 1 cm dicke Glasröhre, reinige sie außen und wiederhole die Versuche (a) und (b). Mache dabei den Winkel zwischen den beiden Fadenstücken etwa 45° und miß die Abstände der Knoten, wenn das Gewicht eben sinkt und wenn es eben steigt. Sind die Längen in beiden Fällen gleich? Hänge an einem Gestell das obere Ende der Kautschukschnur auf, belaste mit Gewichten das untere Ende des Fadens so stark, daß der Abstand der Knoten genau so groß wird wie bei den beiden Messungen, und bestimme so die Zugkräfte in Grammgewicht. Wie groß ist die Reibung zwischen Faden und Glaswand?

f) Mache die Winkel zwischen den beiden Schnurteilen 90, 135, 180, 225, 270 und 315° groß. Lege dabei stets an die Glasröhre dieselbe Stelle des Fadens und schätze mit dem Auge die Winkel.

g) Schreibe die Ergebnisse in folgender Weise auf:

Belastung des Fadens $P_0 = \ldots g^*$.

Winkel zwischen den Schnurteilen α	Zugkraft, die das Abwärtsgleiten eben verhindert		Reibung $P'_r = (P_0 - P_1)$ [g*]	Zugkraft, die das Aufwärtsgleiten eben bewirkt		Reibung $P''_r = (P_2 - P_0)$ [g*]
	Knotenabstand	P_1 [g*]		Knotenabstand	P_2 [g*]	

h) Stelle die Ergebnisse bildlich dar, setze dabei

$$x = \alpha,\ y' = P'_r \text{ und } y'' = P''_r.$$

Wie ist der Unterschied der beiden Ordinaten zu erklären?

i) Zeichne das Schaubild $x = \alpha$ und $y = \log P_2$. Welche Gestalt hat die Kurve?

k) Wiederhole mit andern Belastungen des Fadens und mit weitern Glasröhren die Versuche.

l) Wiederhole die Versuche (e) bis (k) mit einer Rolle. Wie lassen sich die großen Unterschiede der Reibungen an einem festen Rohr und an einer Rolle erklären? Welche Vorzüge hat beim Ändern der Zugrichtung die Rolle vor einem festen runden Stabe?

Bemerkungen. Besondre Geräte zum Untersuchen der Seilreibung findet man bei Perry, *Applied Mechanics 228* und Duncan *144.*

Man wird wohl selten in der Lage sein, auf die Seilreibung tiefer einzugehn und daher meistens das Schaubild (i) weglassen.

33. Aufgabe. *Wie groß ist das Wegverhältnis, das Übersetzverhältnis und der Wirkungsgrad einer festen Rolle?*

(2 Schüler, 2 Stunden.)

Geräte. Baurolle. (S. 122)
Ringgewichte von 5, 10, 20 kg*.
Stabgewichte von 1, 2, 2, 5, 10 kg*.
Scheibengewichtsatz von 0,01 bis 0,5 kg*.
Seil.
Tafelwage.
Wagschale von 20 cm Durchmesser (S. 122).
Schmieröl.
Aufhängebügel.
Keil.
Hammer.
Schwarzes Garn.
Millimeterpapier.
Spitzer harter Bleistift.
Kasten mit Sägemehl.
(Galgen.)

Anleitung. a) Bestimme die Gewichte der Wagschale nebst Zubehör p_k [kg*], des Lasthakens p_l [kg*] und, wenn es geht, auch der Rollenscheibe p_0 [kg*].

b) Schmiere die Rolle und hänge sie an den Galgenbügel, lege in die Nute das Seil so, daß die Enden etwa 1 m überm Fußboden liegen. Befestige am linken Ende einen starken Haken und am rechten Ende eine Wagschale. Ziehe das Seil so, daß die Schale tiefer als der Haken hängt (Abb. 98). Befestige an diesem ein 5 kg*-Stück (Last P'_l) und lege auf die Schale so viel Gewichte (Kraft P'_k), daß Gleichgewicht herrscht und das Seil straff gespannt wird. Sieh zu, ob die Maschine gut arbeitet.

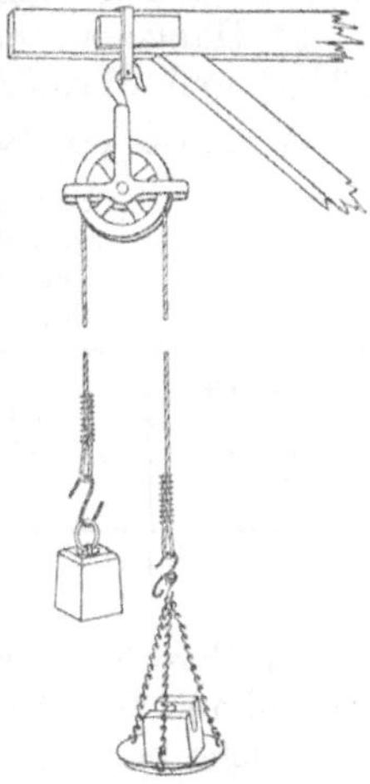

Abb. 98.

c) Mache einen Handriß der Maschine und erläutre sie kurz.

d) Um wieviel Meter würde sich das eine Seilende heben, wenn man das andre um 1 m abwärts zöge? Wie groß ist bei der festen Rolle das Verhältnis der Falltiefe der Kraft zur Steighöhe der Last? *Wegverhältnis.* Wird hier der Weg der Last verkürzt?

e) Bezeichne mit Kreidestrichen je eine Stelle am Last-Gewichtstück und an der Kraftschale und miß die Höhen (h'_l und h'_k [m]) der Marken überm Fußboden. Bewege die Schale um etwa 50 cm abwärts und miß die Höhen (h''_l und h''_k [m]) der Marken von Last und Kraft überm Fußboden.

f) Wiederhole mindestens dreimal die Messungen und ändre dabei die Längen der Wege.

g) Schreibe die Ergebnisse in folgender Weise auf:

Rolle Nr. ...

Höhe der Kraft		Falltiefe der Kraft	Höhe der Last		Steighöhe der Last	Wegverhältnis
vorm Senken h'_k[m]	nach dem Senken h''_k[m]	$h_k = h'_k - h''_k$	vorm Steigen h'_l[m]	nach dem Steigen h''_l[m]	$h_l = h''_l - h'_l$	$\sigma = h_k / h_l$
					Mittel	....

Berechne das Wegverhältnis und nimm aus den Ergebnissen das Mittel.

h) Hängt das Wegverhältnis von der Kraft und der Last (vom Ausdehnen des Seils ist abzusehn) oder nur vom geometrischen Bau der Maschine ab, mit andern Worten: entspricht dieses Verhältnis einer physikalischen oder einer geometrischen Beziehung? Wie groß ist der theoretische Wert dieses Verhältnisses? (Vgl. d.) Wie ist seine Abweichung vom gefundenen Mittelwert zu erklären?

i) Belaste mit so viel Gewichten die Schale, daß sie nach schwachem Ziehn am Kraftseil mit gleichförmiger Geschwindigkeit sinkt. Die Belastung ist P_k' [kg*]. Nimm nun so viel Gewichte weg, daß die Schale nach schwachem Ziehn am Kraftseil mit gleichförmiger Geschwindigkeit steigt. Diese Belastung ist P_k'' [kg*]. Wie ist der Gewichtsunterschied zu erklären? Wie wirkt die Reibung beim Heben und wie beim Senken der Kraft? Wie kann man aus P_k' und P_k'' die Belastung der Kraftschale ermitteln, die der Last das Gleichgewicht hielte, wenn die Maschine ohne Reibung arbeitete?

k) Hänge an den Lasthaken der Reihe nach (0), 5, 10, 15 und 20 kg* und wiederhole den Versuch (i).

l) Schreibe die Ergebnisse in folgender Weise auf:

Rolle Nr. ... Schale Nr. ...
Gewicht der Wagschale nebst Zubehör $p_k =$ ... kg*.
Gewicht des Lasthakens $p_l =$ ... kg*.
Gewicht der Rollenscheibe $p_o =$ ... kg*.

Belastung des Hakens P_l' [kg*]	Last $P_l = P_l' + p_l$	Belastung der Schale beim Sinken P_k' [kg*]	Belastung der Schale beim Steigen P_k'' [kg*]	Verbesserte Kraft $P_v = \frac{1}{2}(P_k' + P_k'') + p_k$	Verbessertes Übersetzverhältnis $\varkappa_v = P_l/P_v$

m) Berechne für jeden Versuch das Verhältnis der Last zur Kraft und nimm aus den Ergebnissen den Mittelwert. *Übersetzverhältnis.* Vergleiche mit dem Wegverhältnis das mittlere „verbesserte Übersetzverhältnis". Wie ist die Abweichung beider Werte zu erklären? Werden nur die Kraft und die Last bewegt oder auch Teile der Maschine? Es sei h_k der Weg der Kraft P_v, und h_l der Weg der Last P_l. Welche Gleichung besteht zwischen P_v, P_l, h_k und h_l? Vergleiche die Arbeit der Kraft mit der der Last. Wird bei der Maschine Arbeit gewonnen? *Gesetz der Erhaltung der Arbeit.* Wird Kraft gespart? Welchen Vorteil bietet diese Maschine?

n) Stelle die Ergebnisse bildlich dar und setze dabei $x = P_l$ und $y = P_v$.

o) Wir sehn nun das Gewicht der Schale p_k [kg*] und die Belastung der Schale P_k' [kg*] als wirkliche Kraft P_k [kg*] an, die nach schwachem Ziehn am Kraftseil die Schale gleichförmig abwärts bewegt, und setzen also jetzt $P_k = P_k' + p_k$. Berechne aus den Versuchen (i) und (k) das wirkliche *Übersetzverhältnis* $\varkappa = P_l/P_k$.

p) Stelle die Ergebnisse in folgender Form zusammen:

Last $P_l = P_l' + p_l$	Kraft $P_k = P_k' + p_k$	Wirkliches Übersetzverhältnis $\varkappa = P_l / P_k$	Reibung $P_r = P_k - P_l$

Achsenbelastung $P = P_k + P_l + p_0$	$\frac{P}{P_r}$	Leistung der Last bei 1 m Hub $N_l = P_l' \left[\frac{\text{kg*m}}{\text{sek}}\right]$	Leistung der Kraft bei 1 m Fall $N_k = P_k \left[\frac{\text{kg*m}}{\text{sek}}\right]$	Wirkungsgrad $\eta = \frac{P_l'}{P_k}$

q) Stelle die Beziehung zwischen Kraft und Last bildlich dar und setze dabei $x = P_l$ und $y = P_k$. Welche Kurve erhält man? *Kraftkurve.*

r) Spanne zwischen den erhaltenen Punkten des Schaubildes einen Faden aus schwarzem Garn so aus, daß er dazu ebenmäßig liegt, und zeichne seine Enden auf. Ziehe die so bestimmte Gerade. Ihre Gleichung sei $y = mx + n$. Entnimm der Zeichnung die Koordinaten zweier Punkte, die möglichst weit voneinander entfernt sind, aber noch innerhalb des Bereichs der Messungen liegen. Setze diese Werte in die Gleichung der Geraden ein und berechne aus den beiden so erhaltenen Zahlengleichungen die Werte m und n. Also besteht zwischen der Last P_l und der Kraft P_k die Beziehung $P_k = mP_l + n$, wo m und n die soeben berechneten Werte haben. Welche Kraft ist erforderlich, um die unbelastete Maschine ($P_l = 0$) in Bewegung zu setzen? Das Übersetzverhältnis ist

$$\varkappa = \frac{P_l}{P_k} = \frac{P_l}{mP_l + n} = \frac{1}{m + \frac{n}{P_l}}.$$

Hängt also das Übersetzverhältnis von der Last P_l ab? Wie ändert es sich mit wachsender Belastung? Gibt es einen größten Wert des Übersetzverhältnisses?

s) Wäre keine Reibung da, so wäre $P_l = P_k$. Was mißt der Unterschied $P_k - P_l$?

t) Wie groß ist die gesamte Belastung P [kg*] der Rollenachse, wenn man das Gewicht des Seils vernachlässigt? Berechne aus den Versuchen (i) und (k) die Werte von P für alle Belastungen.

u) Stelle die Beziehung zwischen der Gesamtbelastung der Rolle P und der Reibung P_r bildlich dar und setze dabei $x = P$ und $y = P_r$.

v) Verfahre wie bei (r) und bestimme aus der Geraden die Zahlenwerte m' und n' der Beziehung $P_r = m' P + n'$. Wie groß ist die Reibung der unbelasteten Rolle? Ändert sich die Reibung mit der Belastung der Rolle? Gibt es einen größten Wert der Reibung?

w) Ist h_l [m] die Steighöhe der Last P_l' [kg*] und h_k [m] die Falltiefe der Kraft P_k [kg*], so ist das Wegverhältnis $\sigma = h_k/h_l$. Die aufgewandte positive Arbeit der Kraft ist $A_k = P_k h_k$ [kg* m], die geleistete negative Arbeit der Last $A_l = P_l' h_l$ [kg* m] und der Arbeitsverlust bei der Rolle $A_r = A_k - A_l$. Verläuft das Umformen der Arbeit in t sek, so sind die

Leistung der Kraft $N_k = A_k/t$ [kg* m/sek], die Leistung der Last $N_l = A_l/t$ [kg* m/sek] und der *Wirkungsgrad* der Rolle

$$\eta = \frac{N_l}{N_k} = \frac{P_l'}{P_k}.$$

x) Berechne aus den Versuchen (i) und (k) für jede Belastung den Wirkungsgrad. Stelle die Ergebnisse bildlich dar, setze dabei $x = P_l'$ und $y = \eta$ und benutze hier dasselbe Achsenkreuz wie bei (q). *Wirkungsgradkurve.* Ist die Kurve eine Gerade? Kann man eine einfache Beziehung zwischen dem Wirkungsgrad η und der Belastung P_l' aufstellen?

y) Ändert sich der Wirkungsgrad mit der Belastung? Gibt es einen größten Wirkungsgrad der Rolle? Der Wirkungsgrad der Rolle ist $\eta = P_l'/P_k$, ferner besteht die Beziehung

$$P_k = mP_l + n = m P_l' + m p_l + n = mP_l' + p,$$

wo $p = m p_l + n$ ist. Mithin ist

$$\eta = \frac{P_l'}{mP_l' + p} = \frac{1}{m + \frac{p}{P_l'}}.$$

Für welchen Wert von P_l' ist η am größten? Was ist der größte Wert von η?

Bemerkungen. Als feste Rolle benutzt man eine „Baurolle" von 15 bis 20 cm Durchmesser. Die Weite der Seilnute ist 2,6 bis 2,8 cm, die Baulänge 33 bis 37 cm und das Gewicht 4,5 bis 5,9 kg*. Der drehbare Haken ist aus Schmiedeeisen, die gußeiserne Rolle ist ausgebohrt, der stählerne Bolzen gedreht und das Gehänge aus schmiedbarem Guß.

Die Rolle befestigt man mit Bügel und Keil an einem Galgen und benutzt ein Seil von 0,75 cm Durchmesser mit geflochtenen Ösen. Die Wagschale besteht aus starkem Blech von etwa 20 cm Durchmesser und ist durch kleine Ketten mit einem Haken verbunden. Ihr Gewicht ist etwa 220 g*. Statt der Baurolle kann man auch eine der kleinen Rollen (vgl. S. 53) benutzen; dann muß man aber mit kleinern Lasten und geringern Kräften arbeiten. Zum Messen der Kräfte kann man auch Federwagen verwenden, doch muß man dafür sorgen, daß beim Messen die Seilstücke parallel laufen.

Hat man einige Monate die Rolle nicht gebraucht, so lasse man die Versuche erst mit der ungeschmierten Maschine ausführen, diese dann ölen und die Versuche wiederholen. Man kann so bestimmen, um wieviel Hundertstel der Wirkungsgrad durch das Schmieren erhöht wird.

Man lasse stets beim Belasten der Rolle und beim Wegnehmen der Gewichte einen zuverlässigen Schüler beide Seilstücke festhalten.

Man lasse gleichzeitig nach dem Verfahren des allseitigen Angriffs verschiedne Gruppen die Aufgaben 33 und 34 erledigen.

34. Aufgabe. *Wie groß ist das Wegverhältnis, das Übersetzverhältnis, die Reibung und der Wirkungsgrad eines dreirolligen Flaschenzuges?*

(2 Schüler, 2 Stunden.)

Quelle. Wells *131 Nr. 1—5.*

Geräte. Dreirolliger Flaschenzug (S. 125).
Wagschale (S. 122).
Tafelwage.
Aufhängebügel.
Keil.
Hammer.
Ringgewichte von 5, 10, 20 kg*.

Geräte. Stabgewichte von 1, 2, 2, 5, 10 kg*.
Scheibengewichtsatz von 0,01 bis 0,5 kg*.
Schmieröl.
Schwarzes Garn.
Millimeterpapier.
Spitzer harter Bleistift.
Kasten mit Sägemehl.
(Galgen.)

Anleitung. **a)** Bestimme das Gewicht des untern Klobens p_0 [kg*] und der Wagschale p_k [kg*].

b) Öle die Kloben, ziehe das Seil ein, hänge an einem Deckenhaken oder einem Galgen den Flaschenzug auf und prüfe, ob er ganz sicher hängt und gut arbeitet. Befestige am Seilende die Wagschale und an der untern Flasche ein 5 kg*-Stück und lege auf die Schale so viel Gewichte, daß die Last in jeder Stellung in Ruhe bleibt. Ziehe das Seil so, daß die Schale tiefer als die Last und etwa 1 m überm Fußboden hängt (Abb. 99).

Abb. 99.

c) Verfahre wie in Aufgabe 33 (c).

d) Wieviel Seilstücke gehn vom untern Kloben aus? Um wieviel Meter würde die Last gehoben, wenn man die Kraft um ein Meter abwärts zöge? Wie groß ist bei diesem Flaschenzuge das Verhältnis der Falltiefe der Kraft zur Steighöhe der Last? *Wegverhältnis.* Wird hier der Weg der Last verkürzt?

e) Bestimme wie in Aufgabe 33 (e) bis (h) durch Versuche das Wegverhältnis σ von Kraft und Last.

f) Bestimme die Kraft, die erforderlich ist, um die unbelastete Maschine in Gang zu setzen, lege dabei auf die Schale so viel Gewichte, daß sie sich gleichförmig abwärts bewegt, sobald man ein wenig am Kraftseil gezogen hat.

g) Wiederhole den Versuch mit 5, 10, 15 und 20 kg*.

h) Schreibe die Ergebnisse in folgender Form auf:

Flaschenzug Nr. ... Schale Nr. ...
Gewicht des untern Klobens $p_0 = \ldots$ kg*. Gewicht der Wagschale $p_k = \ldots$ kg*.
Wegverhältnis $\sigma = \ldots$

Belastung des untern Klobens P_l' [kg*]	Last $P_l = P_l' + p_0$	Belastung der Schale P_k' [kg*]	Kraft $P_k = P_k' + p_k$	Übersetzverhältnis $\varkappa = P_l/P_k$	Kraft zum Heben von Last und Maschinenteilen P_l/σ

Reibung $P_r = P_k - \frac{P_l}{\sigma}$	Leistung der Last bei 1 m Hub $N_l = P_l' \left[\frac{\text{kg*m}}{\text{sek}}\right]$	Leistung der Kraft bei σ [m] Fall $N_k = \sigma P_k \left[\frac{\text{kg*m}}{\text{sek}}\right]$	Wirkungsgrad $\eta = \frac{P_l'}{\sigma P_k}$

i) Berechne für jede einzelne Belastung das Übersetzverhältnis $\varkappa$. Wird an Kraft gespart? Welchen Vorteil bietet die Maschine? In welcher Beziehung stünde nach dem Gesetz der Erhaltung der Arbeit das Wegverhältnis zum Übersetzverhältnis, wenn keine Reibung vorhanden wäre? Wird nur die Last P_l' oder auch ein Teil der Maschine gehoben? Wozu wird außerdem Kraft verbraucht?

k) Verfahre wie in Aufgabe 33 (q) und (r), zeichne und erläutere die Kraftkurve.

l) Die Kraft P_k leistet bei den Versuchen dreierlei: sie hebt die Last und Teile der Maschine und überwindet die Reibung der Maschine. Die zum Heben der Last und der Teile der Maschine verwandte Kraft mißt man nach dem Gesetz der Erhaltung der Arbeit durch P_l/σ. Wie groß ist also die zum Überwinden der Reibung erforderliche Kraft P_r [kg*]?

$$P_r = P_k - \frac{P_l}{\sigma}.$$

Berechne aus den Versuchsergebnissen von (g) die Kraft P_l/σ und die Reibung für jede einzelne Last.

m) Stelle die Ergebnisse bildlich dar, setze dabei $x = P_l$ und $y = P_r$ und benutze dasselbe Achsenkreuz wie bei der Kraftkurve. Was für eine Kurve erhält man? *Reibkurve.*

n) Spanne zwischen den erhaltenen Punkten des Schaubildes einen Faden aus schwarzem Garn so aus, daß er dazu ebenmäßig liegt, und zeichne seine Enden auf. Ziehe die so bestimmte Gerade. Ihre Gleichung sei $y = m'x + n'$. Entnimm der Zeichnung die Koordinaten zweier Punkte, die möglichst weit voneinander entfernt sind, aber noch innerhalb des Bereichs der Messungen liegen. Setze diese Werte in die Gleichung ein und berechne aus den so erhaltenen beiden Gleichungen die Werte von m' und n'. Es besteht also zwischen der Last P_l und der Reibung P_r die Beziehung

$$P_r = m' P_l + n',$$

wo m' und n' die soeben berechneten Werte haben. Welche Reibung besitzt die unbelastete Maschine? Ist die Reibung von der Belastung der Maschine abhängig? Gibt es einen größten Wert der Reibung? Wann kann die Maschine rückwärts laufen, d. h. *überholen?*

o) Wie groß ist das Wegverhältnis σ, die geleistete negative Arbeit A_l der Last P_l' und die aufgewandte positive Arbeit A_k der Kraft P_k? Wie verhalten sich die Leistungen N_l und N_k von Last und Kraft? Der *Wirkungsgrad* ist

$$\eta = \frac{N_l}{N_k} = \frac{A_l}{A_k} = \frac{P_l' h_l}{P_k h_k} = \frac{P_l'}{\sigma P_k}.$$

p) Berechne aus den Versuchen (g) die Wirkungsgrade für die einzelnen Belastungen.

q) Stelle die Ergebnisse bildlich dar, setze dabei $x = P_l'$ und $y = \eta$ und benutze dasselbe Achsenkreuz wie bei der Kraftkurve. *Wirkungsgradkurve.* Ist die Kurve eine Gerade? Kann man eine einfache Beziehung zwischen η und P_l' aufstellen?

r) Ändert sich der Wirkungsgrad mit der Belastung? Gibt es einen größten Wirkungsgrad der Maschine? Beachte bei der Beantwortung der Frage, daß $P_k = m P_l + n$ und $P_l = P'_l + p_0$ ist.

Bemerkungen. Vgl. die Bemerkungen zu Aufgabe 33.

Jeder Kloben des Flaschenzuges hat drei gleich große Rollen aus Gußeisen, die nebeneinander auf derselben Achse sitzen. Die Rollen sind gebohrt und gedreht. Der Durchmesser ist 6,5 cm und die Weite der Seilnute 0,95 cm. Die Seitenteile sind aus zähem Stahl, die drehbaren Haken und Ringe, sowie die Kreuzköpfe und Bügel aus sehnigem Schmiedeeisen, die Bolzen gedreht. Die Baulänge beträgt 24 cm und das Gewicht etwa 1,6 kg*. Die Prüfbelastung ist 250 kg*, doch ist es ratsam, die höchste Arbeitsbelastung erheblich niedriger zu wählen, sie bleibe bei den Versuchen unter 50 kg*. Das Seil habe mindestens 0,75 cm Durchmesser.

Man lasse stets beim Belasten des Flaschenzuges und beim Wegnehmen der Gewichte einen zuverlässigen Schüler das Kraftseil festhalten.

Bestimmt man die Reibung nicht, so kann man sie dadurch beseitigen, daß man den Flaschenzug vorwärts und rückwärts laufen läßt.

Man kann gleichzeitig nach dem Verfahren des allseitigen Angriffs verschiedne Gruppen die Aufgaben 33 und 34 erledigen lassen.

35. Aufgabe. *Wie groß ist das Wegverhältnis, das Übersetzverhält-hältnis, die Reibung und der Wirkungsgrad einer Schraubenwinde?*

(2 Schüler, 2 Stunden.)

Quelle. WELLS *133 Nr. 2 bis 5.*

Geräte.

Schraubenwinde (S. 126).	Tafelwage.
Seil.	Scheibengewichtsatz von 0,01 bis 0,5 kg*.
Wagschale (S. 122).	Schmieröl.
Einsatzrolle (S. 53).	Schwarzes Garn.
Ringgewichte von 5, 10, 20, 20 kg*.	Meterstab.
Stabgewichte von 1, 2, 2, 5, 10 kg*.	Millimeterpapier.
	Spitzer harter Bleistift.

Anleitung. a) Bestimme das Gewicht der Wagschale p_k [kg*] und das der Spindel nebst Seilscheibe und Lastbrett p_0 [kg*].

b) Befestige die Winde sicher auf dem Tisch. Öle die Maschine und die Rolle. Setze aufs Lastbrett ein 10 kg*-Stück. Befestige an der Seilscheibe mit einem Ende das Seil, führe dies wagrecht über eine feste Rolle und hänge ans andre Ende die Wagschale. Wickle das Seil so weit auf, daß der Haken der Schale dicht unter der Rolle und etwa 1 m hoch überm Fußboden hängt. Lege in die Schale so viel Gewichte, daß sie zwar das Seil straff spannen, doch keine Bewegung hervorrufen (Abb. 100).

c) Verfahre wie in Aufgabe 33 (c).

d) Leite aus dem geometrischen Bau der Maschine durch Rechnung ab, daß das Wegverhältnis der Winde

$$\sigma = \pi \frac{d + \delta}{h}$$

ist, wo d [cm] den Durchmesser der Seilscheibe, δ [cm] die Dicke des Seils und h [cm] die Ganghöhe der Spindel bezeichnet. Miß d, δ und h (vgl. S. 25) und berechne daraus das Wegverhältnis.

e) Miß die Höhe h_l' [cm] der obern oder untern Kante der Seilscheibe oder des Lastbretts überm Tisch, worauf die Winde ruht, und wie in Aufgabe 33 (e) die Höhe h_k' [cm] der Kraftschale überm Fußboden. Bewege die Kraftschale abwärts, bis sie den Fußboden nahezu berührt, und miß wieder die Höhe der Last h_l'' [cm] und der Schale h_k'' [cm] über dem Tisch und dem Fußboden.

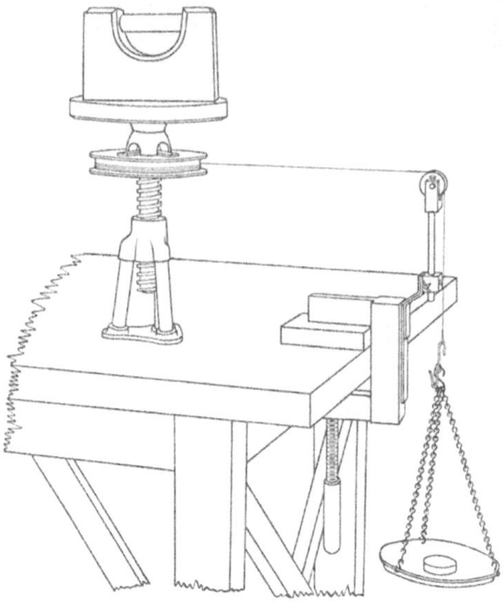

Abb. 100.

f) Wiederhole zweimal die Messungen und verfahre wie in Aufgabe 33 (g).

g) Nimm die Gewichtschale ab, wickle möglichst viele (sagen wir z_1) ganze Windungen des Seils von der Seilscheibe ab und miß die Länge l [cm] des abgewickelten Seilstücks. Es ist dann l/z_1 [cm] die Falltiefe der Kraft für eine Umdrehung der Scheibe.

h) Schraube die Spindel so tief wie es geht, mache einer Marke oder einer festen Stelle auf dem Tisch oder der Wand gegenüber einen Kreidestrich auf der Seilscheibe und miß sorgfältig die Höhe s' [cm] der obern oder untern Kante der Scheibe überm Tisch. Drehe die Spindel so hoch wie möglich, zähle dabei die Anzahl z_2 der vollen Umdrehungen und miß wieder die Höhe s'' [cm] der Scheibe überm Tisch. Es ist dann $(s''-s')/z_2$ [cm] die Steighöhe der Last für eine Umdrehung der Seilscheibe.

i) Berechne aus den Messungen (g) und (h) das Wegverhältnis. Bilde aus diesem Wert und aus den Ergebnissen von (e) und (f) das Mittel und vergleiche es mit dem in (d) gefundenen Wegverhältnis. Beantworte die Fragen in Aufgabe 33 (h).

k) Verfahre wie in Aufgabe 34 (f) bis (k), doch belaste die Winde bis etwa 50 kg* und höher.

Bemerkungen. Die drei Füße und die Spindel der Schraubenwinde sind aus Schmiedeeisen, die Mutter ist aus Rotguß. Die Tragfähigkeit ist 2000 kg*, der Durchmesser der Spindel 3,8 cm, die Höhe beim niedrigsten Stand 28 cm, der Hub 10 cm und das Gewicht etwa 6 kg*. Die Gewindehöhe beträgt 1,3 cm und die Länge der Spindel 14 cm. Auf dem Kopf der Spindel ist eine Holzscheibe von 16,5 cm Durchmesser befestigt, woran das Kraftseil angreift. Darüber ist ein Brett angebracht, worauf man die Last stellt. Die Rolle zum Ändern der Kraftrichtung hat 6 cm Durchmesser. Eine andre Anordnung der Schraube findet man bei BORCHARDT *252 Nr. 28.* Man kann auch eine Kraftwagenwinde verwenden.

Auch andre Maschinen, wie Differentialflaschenzug, Wellrad, Schneckengetriebe, Haspel usw., lassen ähnliche Messungen zu. Das Bestimmen der Wirkungsgrade eines Wassermotors, eines elektrischen Motors oder einer kleinen Wärmekraftmaschine bietet weitere schöne Aufgaben.

Vgl. die Bemerkungen zu Aufgabe 33.

B. Bewegung der festen Körper.

I. Fall auf der schiefen Ebene.

Vorbemerkung. GALILEI hatte bemerkt, daß die Geschwindigkeit eines Steins, der aus einer sehr hohen Ruhelage herabfällt, fortwährend neue Zuwüchse erhält, und nahm an, daß sich die Geschwindigkeit in der einfachsten Weise ändre, d. h. daß in gleichen Zeiten gleiche Zuwüchse an Geschwindigkeit einträten. Bezeichnet man mit b die Ändrung der Geschwindigkeit in einer Sekunde, d. h. die Beschleunigung, und mit v die Geschwindigkeit, die der Körper am Ende von t Sekunden erlangt hat, so erhält GALILEIS Annahme die mathematische Form

$$v = bt.$$

Hieraus leitet man durch Rechnen oder durch geometrische Betrachtung ab, daß der Körper in t Sekunden den Weg

$$s = {}^1/_2\, bt^2$$

zurücklegt. Gelingt es nun, durch Versuche zu zeigen, daß diese Beziehung zwischen Zeit und Weg tatsächlich besteht, so erweist sich GALILEIS Annahme als berechtigt.

Der gelehrte Pisaner führte mit der Fallrinne die entscheidenden Versuche aus. GALILEO GALILEI, *Unterredungen u. mathem. Demonstrationen.* OSTWALD, *Klassiker d. exakt. Wissenschaften 24, 25.*

1. Aufgabe. *Prüfe durch Versuche mit der Fallrinne die Richtigkeit von Galileis Weg-Zeit-Gesetz.*

1. Verfahren.

Versuche ohne Zeitmessung.

(2 Schüler, 2 Stunden.)

Quelle. EGGAR *49.*

Geräte. 3 Fallrinnen (vgl. S. 136).
2 Lagerkugeln von 5 cm Durchmesser.
2 lange Holzkeile, die am dicken Ende etwa 7,5 cm hoch sind (vgl. S. 136).
Zielbügel oder Steifpapier und Schere (vgl. S. 137).
Winkel.
Reißnägel oder Klebwachs.
Schublehre.
2 Auslöser (vgl. S. 136).
Auffangeklotz aus Holz (25 cm × 25 cm × 5 cm).
Wasserwage.
2 gleich große Holzklötze (20 cm × 20 cm × 5 cm).
Kasten mit Watte.
Quecksilberbrett.
Millimeterpapier.
Kohlepapier.
Bunsengestell.

Anleitung. a) Eine Kugel rolle in t Sekunden die ganze Länge s [cm] der schiefen Ebene AB (Abb. 101) hinab. In wieviel Sekunden durchliefe die Kugel eine schiefe Ebene, deren Länge ${}^1/_4\, s$ ist? Es sollen die Punkte C, D und E die Strecke AB in vier gleiche Teile zerlegen. In wieviel

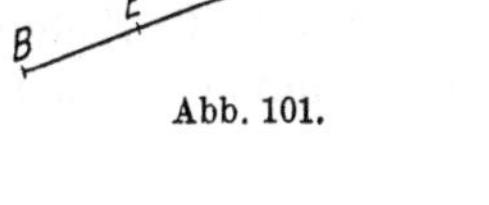

Abb. 101.

Sekunden rollt die Kugel von A nach C und in wieviel Sekunden von C nach B? In welcher Zeit erreicht eine andre gleiche Kugel, die man bei E aufsetzt, das untre Ende der schiefen Ebene? Wir wollen annehmen, man setze bei A und bei E gleiche Kugeln auf und lasse die Kugel bei E in dem Augenblick los, wo die erste Kugel bei C angelangt ist. Kommen beide Kugeln gleichzeitig am untern Ende der schiefen Ebene an?

b) Neige durch Unterschieben des Keils die 2 m lange Fallrinne ein wenig. Miß den Durchmesser jeder Kugel. Halte am obern Ende der Rinne mit dem einen Auslöser eine Kugel fest und lege vors untre Ende der schiefen Ebene den Auffangeklotz. Kennzeichne auf der Rinne die Stelle A, worüber das Auslöserblech vorm Hinabrollen der Kugel liegt. B ist die Stelle, wo die Rinne gegen den Auffangeklotz stößt. Nimm den vierten Teil des Abstandes AB und trage ihn von A aus abwärts bis C und von B aus aufwärts bis E ab. Lege auf der Rinne mit einem andern Auslöser die zweite Kugel so fest, daß sich das Sperrblech über E befindet.

Schneide aus Steifpapier einen 2 cm breiten und 26 cm langen rechteckigen Streifen und falte ihn an den Stellen G und H (Abb. 102), die 6 cm voneinander abstehn, so um, daß I auf die Strecke FG und F auf die Strecke HI fällt. Klappe die Seitenteile FG und HI lotrecht abwärts und biege an ihren untern Enden je ein 2 cm langes Stück wagrecht einwärts. Vgl. Abb. 107, wo jedoch die Endlappen einwärts geklappt sein sollten. Hefte auf die Fallrinne mit Reißnägeln oder Klebwachs diese Zielvorrichtung so, daß die Ebene $FGHI$ auf der Rinne rechtwinklig über C steht und gegen A gewandt ist.

c) Laß den Mitarbeiter die Kugel, die über A steht, auslösen und gib, sobald ihr v o r d e r s t e r Punkt am Rande $FGHI$ des Zielbügels vorübergeht, die über E festgehaltene Kugel frei. Treffen beide Kugeln nahezu gleichzeitig in B ein? Wiederhole den Versuch mehrmals. Werden die Folgerungen, die wir aus dem Weg-Zeit-Gesetz gezogen haben, und damit die Annahme Galileis bestätigt? Liegt am Ende der Bewegung der vorderste Punkt der obern Kugel über B? Ist der hierdurch bewirkte Zeitunterschied wahrnehmbar?

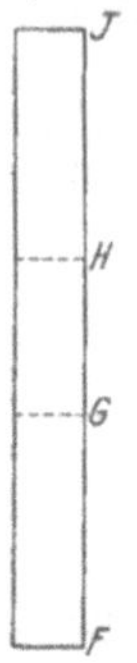

Abb. 102.

d) Neige die 1 m lange Fallrinne AB (Abb. 103) ganz gering (höchstens um 10^0) und setze die 2 m lange Rinne BC wagrecht daran. Befestige an der langen Rinne bei B die Zielvorrichtung. Füge bei B mit der größten Sorgfalt beide Rinnen so aneinander, daß eine von A nach B hinabrollende

Abb. 103.

Kugel auf die wagrechte Rinne mit dem geringsten Stoß hinüberläuft. Stelle die Rinne BC genau wagrecht; laß die Kugel ganz langsam von B nach C rollen, dann von C nach B zurück und prüfe so die wagrechte Stellung der Rinne. Laß die Kugel von A nach C rollen und prüfe, ob die Fuge bei B stoßfrei ist. Stelle den Auslöser so auf, daß sein Halteblech genau über A liegt. Miß den Abstand AB, nimm ihn doppelt und trage diese Länge (BC) von B aus auf der wagrechten Rinne ab. Stelle den Auffangeklotz so auf, daß die gegen B gekehrte Stirnfläche genau über der Stelle C der wagrechten Rinne liegt.

e) Wir nehmen an, daß die Kugel in t Sekunden von A bis B rollt. Mit welcher Geschwindigkeit kommt sie in B an? Wie groß ist der Weg, den die Kugel auf der wagrechten Bahn mit gleichförmiger Geschwindigkeit zurücklegt? Wo befindet sich also die Kugel $2t$ Sekunden nach dem Loslassen?

f) Halte das Auge so, daß die beiden über B stehenden Kanten der Zielvorrichtung zusammenfallen. Laß den Mitarbeiter die Kugel bei A auslösen und **sofort** eine gleiche, bereit gehaltene andre Kugel hinters Halteblech legen, das man nicht verschieben darf. Klopfe, sobald der vorderste Punkt der Kugel über B hinweggeht, mit einem Bleistift schnell und scharf auf den Tisch und laß in **demselben Augenblick** den Mitarbeiter die andre Kugel auslösen. Klopfe, sobald der vorderste Punkt der zweiten Kugel über B hinweggeht, wieder auf den Tisch. Stößt die erste Kugel in demselben Augenblick gegen den Auffangeklotz? Bestätigt auch dieser Versuch die Annahme GALILEIs? Vgl. GALILEI, *a. a. O., S. 60.*

g) Stelle mit zwei **gleich hohen** Klötzen die 1 m und die 2 m lange Fallrinne so auf, daß die untern Enden nebeneinander liegen und unterstütze durch einen höhern dritten Klotz das obere Ende der längern Rinne. Trage auf der Rinne AP_1 (Abb. 104) von A aus die Strecke AP_2 und auf der Rinne AP_2 von A aus die Strecke AP_1 ab. Man erhält so die Punkte Q_1 und Q_2. Stelle zwei Auslöser so auf, daß ihre Haltebleche genau über Q_1 und Q_2 stehn, somit $Q_1A = s_1$ und $Q_2A = s_2$ wird. Setze vor die Enden A der beiden Rinnen den Auffangeklotz. Verbinde mit einer Schnur beide Auslöserhebel. Lege auf die Rinnen bei Q_1 und Q_2 zwei gleiche Kugeln und löse gleichzeitig durch Ziehn an der Schnur beide Kugeln aus. Erreichen sie zu gleicher Zeit die untern Enden der Rinnen?

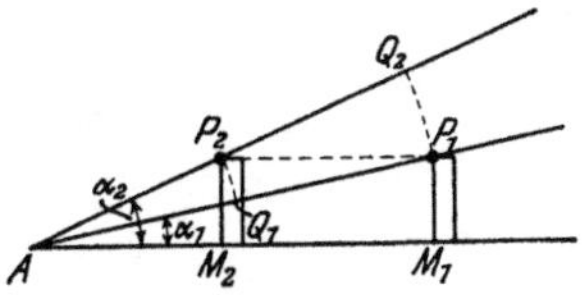

Abb. 104.

h) Bezeichnen s_1, b_1, t_1 und s_2, b_2, t_2 die Wegstrecken, die Beschleunigungen und die Fallzeiten auf beiden schiefen Ebenen, so ist nach dem Weg-Zeit-Gesetz

$$s_1 = {}^1/_2\, b_1 t_1^2, \qquad s_2 = {}^1/_2\, b_2 t_2^2$$

und, weil die Fallzeiten t_1 und t_2 gleich sind, $s_1/s_2 = b_1/b_2$. Da aber beide schiefen Ebenen auf gleich hohen Klötzen stehn, so ist ferner

$$s_2 \sin\alpha_1 = s_1 \sin\alpha_2,$$

wo α_1 und α_2 die Neigwinkel der Rinnen AP_1 und AP_2 sind. Daher ist

$$\frac{b_1}{\sin\alpha_1} = \frac{b_2}{\sin\alpha_2}$$

und, wenn g eine gleichbleibende Größe bezeichnet,

$$b = g \sin\alpha.$$

Welchen Wert nimmt b an, wenn $\alpha = 90^0$ wird, also die Kugel lotrecht fällt? Welche physikalische Bedeutung hat mithin g? *Beschleunigung des freien Falls.* Vgl. Galilei, *a. a. O., S. 32.* Mit der schiefen Ebene kann man die Fallbeschleunigung nur dann einigermaßen genau bestimmen, wenn man die Reibung und die Kugeldrehung berücksichtigt.

i) Die Bewegung der Kugel auf der schiefen Ebene wird durch die Gleichungen

$$v = bt \quad \text{und} \quad s = {}^1/_2\, bt^2$$

beschrieben. Es ist ferner, wie eine kleine Rechnung zeigt,

$$^1/_2\, v^2 = bs \quad \text{oder, da} \quad b = g \sin\alpha,$$
$$^1/_2\, v^2 = gs \sin\alpha = gh.$$

Somit hängt die Geschwindigkeit der Kugel am untern Ende der Fallrinne nur von der Höhe h ab, aus der die Kugel hinabrollt. Diese Folgerung aus den Fallgesetzen läßt sich durch Versuche prüfen, wenn man annimmt, daß die Fallweite der hinabgerollten Kugel ein Maß für die Geschwindigkeit sei.

k) Füge an die 1 m lange Fallrinne AB (Abb. 105) die kurze Rinne BC unter Beachten der Vorsichtsmaßregeln, die bei Versuch (d) angegeben worden sind, so an, daß C überm Tischrande liegt. Befestige mit

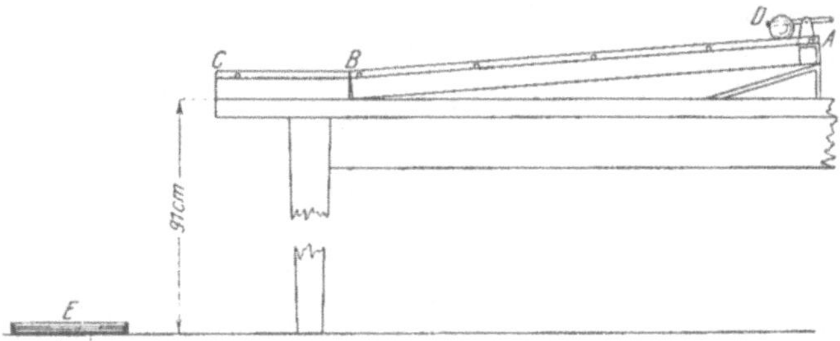

Abb. 105.

Zwingen die kurze Rinne oder sorge irgendwie anders für ihre unveränderliche Stellung. Bringe an die Stelle D der Rinne das Halteblech des Auslösers und lege dahinter die Kugel. Laß die Kugel die Rinne hinabrollen und setze auf die Stelle des Fußbodens, wo die Kugel aufschlägt, einen kleinen Kasten E mit Watte oder ein Quecksilberbrett, worin ein mit Kohlepapier bedecktes Blatt Millimeterpapier liegt. Kehre dabei gegen das Millimeterpapier die abfärbende Seite des Kohlepapiers. Wiederhole den Versuch mehrmals. Verschiebe dabei den Keil oder den Holzklotz unter der Rinne und laß jedesmal aus derselben Höhe die Kugel hinabrollen. Beachte dabei stets sorgfältig die bei (d) angegebenen Vorsichtsmaßregeln. Wird bei den Versuchen die Fallstrecke DB geändert? Muß man den Kasten E verschieben? Liegen auf dem Millimeterpapier, dessen Ort man nicht verändern darf, alle Fallspuren an derselben Stelle? Bestätigen die Versuche die Folgerungen aus den Fallgesetzen?

2. Verfahren.

Messen der Fallzeiten für bestimmte Fallstrecken.

(2 Schüler, 1 Stunde.)

Quelle. Galileo Galilei, *Unterredungen usw.* Ostwald, *Klassiker d. exakt. Wissenschaften 24, 25.*

Geräte. Fallrinne von 2 m Länge (vgl. S. 136).
Lagerkugel von 5 cm Durchmesser.
Auslöser (vgl. S. 136).
Auffangeklotz (25 cm × 25 cm × 5 cm).
Keil (vgl. S. 136).
Millimeterpapier.
Stoppuhr.
Anschlagwinkel.
Meterstäbe.

Anleitung. **l)** Prüfe, ob die Stoppuhr ganz aufgezogen ist, und bestimme ihren Nullpunktfehler. Neige die Fallrinne um etwa 5^0 (Abb. 106). Halte am obern Ende der Rinne mit dem Auslöser eine Kugel fest, lote

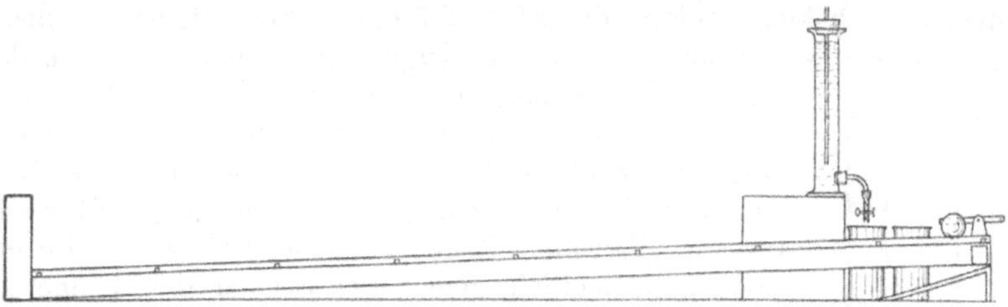

Abb. 106.
(Die hinter der Rinne gezeichnete Mariottesche Flasche diente früher zum Messen der Zeit.)

mit dem Anschlagwinkel die Stelle, wo die Kugel das Halteblech des Auslösers berührt, auf die Rinne und bezeichne den Fußpunkt der Senkrechten, der als Marke zum Einstellen der schiefen Ebene dient. Setze vors untere Ende der Rinne den Auffangeklotz und miß den Abstand s der Einstellmarke von der Stirnfläche des Auffängers, die der Kugel zugewandt ist. Löse die Kugel aus, setze gleichzeitig die Stoppuhr in Gang und miß die Zeit bis zum Aufschlagen der Kugel gegen den Auffangeklotz. Wiederhole viermal den Versuch.

m) Verschiebe den Auslöser, laß die Kugel die Strecken $^1/_4\,s$, $^2/_3\,s$ und $^3/_4\,s$ hinabrollen und bestimme fünfmal für jede Fallstrecke die zugehörige Fallzeit.

n) Schreibe die Ergebnisse in folgender Weise auf:
Fallrinne Nr. ... Kugel Nr. ...
Länge der Fallrinne $l = \ldots$ cm. Höhenunterschied der Enden der Fallrinne $h = \ldots$ cm. $\sin\alpha = h/l = \ldots$ $\alpha = \ldots^0$.

Fallstrecke s [cm]	Fallzeit t [sek]	$\sqrt{s}/t$
	Mittel	......

Nimm den Mittelwert von $\sqrt{s}/t$ und berechne daraus die Beschleunigung $b = 2\,s/t^2$.

o) Stelle die Ergebnisse bildlich dar und setze dabei $x = s$ und $y = t^2$. Ziehe eine Gerade, die sich der Kurve möglichst anschmiegt, und berechne aus dem Richtwinkel die Beschleunigung. Bestätigen diese Versuche die Annahme und die Schlüsse Galileis?

p) Gib der Fallrinne eine Neigung von etwa 10^0, wiederhole die Versuche, die Berechnungen und die bildliche Darstellung von (l) bis (o). Vergleiche für beide Neigungen das Verhältnis der $\sin\alpha$ mit dem Verhältnis der Mittelwerte von b.

3. Verfahren.

Messen der Fallstrecken während bestimmter Fallzeiten.

(5 Schüler, 2 Stunden.)

Geräte. Fallrinne von 2 m Länge (vgl. S. 136). Keil (vgl. S. 136). Lagerkugel von 5 cm Durchmesser. Auslöser (vgl. S. 136). Taktschläger (Metronom). 4 Zielbügel (vgl. S. 137). Steifpapier. Schere. Millimeterpapier. Schublehre.

Anleitung. **q)** Schiebe unter die Rinne den Keil so, daß der Höhenunterschied ihrer beiden Enden mindestens 2,5 cm beträgt. Lege am obern Ende der Rinne mit dem Auslöser die Kugel fest. Kennzeichne auf der Rinne die Stellung des Halteblechs des Auslösers. Stelle den Taktschläger so ein, daß er Sekunden angibt, und zähle 3, 2, 1, 0, 1, 2, 3 usw. Löse bei Null mit dem Sekundenschlage die Kugel aus und stelle auf der Fallrinne Zielbügel (Abb. 107) auf. Sie ermöglichen, leidlich genau die Stellen der Rinne zu bestimmen, worüber der vorderste Punkt der Kugel bei den folgenden drei bis vier Sekundenschlägen steht. Stelle die Zielbügel durch Umbiegen aus 2 cm breiten Steifpapierstreifen her, deren Ränder gerade sind. Vgl. (b). Die Ebene der Bügelkanten, die dem obern Ende der Rinne zugekehrt sind, soll rechtwinklig zur Rinne stehn, und der vorderste Punkt der Kugel soll mit dem Sekundenschlage durch diese Ebene hindurchtreten. Nach einigen Versuchen gelingt es, mit ziemlicher Genauigkeit die Bügel

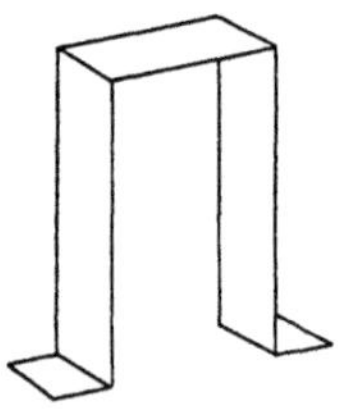

Abb. 107.

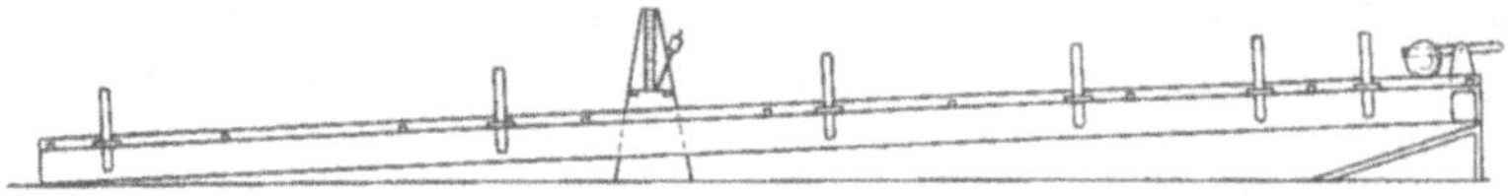

Abb. 108.

richtig aufzustellen (Abb. 108). Kennzeichne die Durchschnitte dieser Bügelebenen mit der Rinne. Miß die Entfernungen s dieser Marken von der Ablotung (Projektion) des Auslösersperrarms auf die Rinne.

r) Schreibe die Ergebnisse in folgender Weise auf:

Fallrinne Nr. ... Kugel Nr. ... Taktschläger Nr. ... Länge der Rinne $l = \ldots$ cm. Höhenunterschied der Enden der Rinne $h = \ldots$ cm. $\sin\alpha = h/l \ldots \alpha = \ldots^0$.

Fallzeit t [sek]	Ganze Fallstrecke s [cm]	Teilstrecke während jeder einzelnen Sekunde Δs	Geschwindigkeit v am Ende jeder Sekunde	Geschwindigkeitszunahme während jeder einzelnen Sekunde Δv	$b = \frac{2s}{t^2}$
			Mittel	. . . .	. . . . . .

s) Berechne die Strecken Δs, welche die Kugel in der ersten, zweiten, dritten usw. Sekunde zurückgelegt hat. Wie groß sind die mittlern Geschwindigkeiten während der einzelnen Sekunden? Berechne aus je zwei aufeinanderfolgenden mittlern Geschwindigkeiten die Geschwindigkeiten am Ende jeder einzelnen Sekunde. Wie groß ist die Geschwindigkeitsänderung in jeder Sekunde? Berechne die Beschleunigungen $b = 2\,s/t^2$.

t) Stelle den Zusammenhang zwischen Weg und Zeit durch ein Schaubild dar und setze dabei $x = t$ und $y = s$ (Abb. 109).

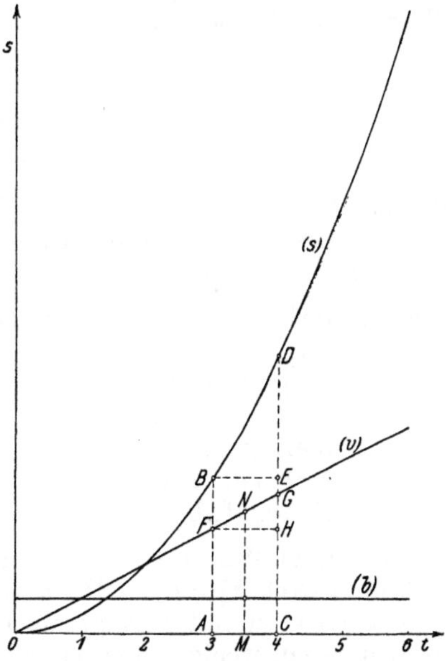

Abb. 109.

Bezeichnet s den in t Sekunden zurückgelegten Weg und v_m die mittlere Geschwindigkeit in dieser Zeit, so ist $s = v_m t$ und daher $v_m = s/t$. Beim Betrachten der *Weg-Zeit-Kurve* (s) sehen wir, daß der bis zum Ende der dritten Sekunde zurückgelegte Weg durch AB und der bis zum Ende der vierten Sekunde zurückgelegte Weg durch CD dargestellt ist. Somit ist der in der vierten Sekunde zurückgelegte Weg $CD - AB = ED$, also die mittlere Geschwindigkeit in der vierten Sekunde $ED/1$, d. h. die mittlere Geschwindigkeit während jeder Sekunde wird durch den Wegzuwachs Δs während dieser Sekunde dargestellt.

Um die Kurve der mittlern Geschwindigkeiten zu erhalten, zeichnen wir in der Mitte M der Strecke AC die Ordinate $v_m = MN = ED$. Wiederholen wir die Zeichnung für alle Punkte der Wegkurve, so erhalten wir die *Geschwindigkeitskurve* (v).

Bezeichnet v_a die Geschwindigkeit am Anfang und v_e die Geschwindigkeit am Ende der Zeit t und b die Beschleunigung, so ist $v_e = v_a + bt$, also $b = (v_e - v_a)/t$. In der Geschwindigkeitskurve (v) stellt AF die Geschwindigkeit am Anfang und CG die Geschwindigkeit am Ende der vierten Sekunde dar, es ist also die Beschleunigung in der vierten Sekunde $b = (CG - AF)/AC = HG$, da AC eine Sekunde darstellt. Zeichnen wir also in der Mitte M der Strecke AC die Ordinate $ML = HG$, so ist L ein Punkt der *Beschleunigungskurve* (b). (In Abb. 109 ist der Buchstabe L

weggelassen.) Dieses Verfahren ist nur zulässig, wenn sich die Beschleunigung stets gleichbleibt.

u) Mache den Höhenunterschied der Enden der Rinne erst gleich 5, dann gleich 7,5 cm und verfahre wie bei (q) bis (t). Stelle aus den Ergebnissen der Versuche (q) bis (u) die Werte der Beschleunigungen und der Neigungen zusammen.

Länge der Fallrinne $l = \ldots$ cm.

Höhenunterschied h der Enden der Rinne	Neigung der Rinne $\sin \alpha = h/l$	Mittelwert der Beschleunigungen b	$b/\sin \alpha$

Stelle den Zusammenhang zwischen $\sin a$ und b bildlich dar und setze dabei $x = \sin a$ und $y = b$. Wie hängt also die Beschleunigung von der Neigung der Rinne ab?

4. Verfahren.

Versuche mit der Fallrinne von Frey.

(1 Schüler, 2 Stunden.)

Quelle. O. Frey, *Zeitschr. f. d. phys. u. chem. Unterr. 19, 224; 1906.* O. Frey, *Physik. Schülerübungen 40.* A. Wilmer Duff, *School Science 7, 141 u. 236; 1907.*

Geräte. Fallrinne nach Frey (vgl. S. 137).
Lagerkugel von 3,8 cm Durchmesser.
Keil (vgl. S. 136).
Auffangeklotz.
Meterstab.
Streubüchse mit Bärlappsamen.
Watte.
Tuch.
Millimeterpapier.
Stoppuhr.

Anleitung. v) Wische mit einem feuchten, weichen Lappen die Fallrinne (Abb. 110) gründlich ab, reibe sie tüchtig trocken und bestreue sie mit Bärlappsamen. Neige mit dem Holzkeil die Rinne ein wenig, sorge dafür, daß die untern Ränder an dem obern und dem untern Ende genau wagrecht liegen.

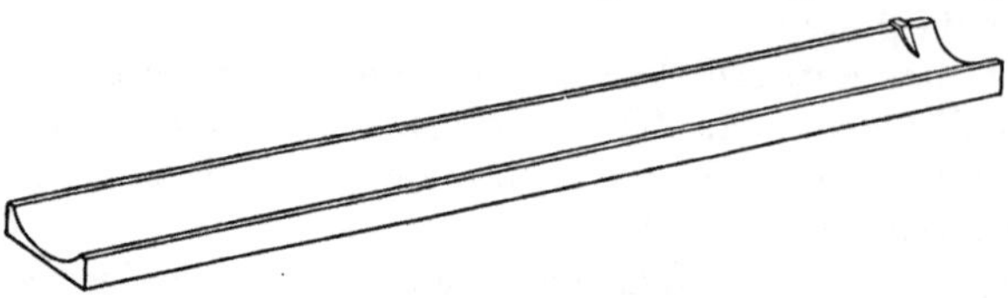

Abb. 110.

w) Setze oben an den Rand des Metallstreifens die Kugel und laß sie los. Blase den Samen weg oder kippe die Rinne um. Welche Kurve hat die Kugel auf der Rinne aufgezeichnet? Miß von der Spitze des Metallstreifens aus längs der Mittellinie der Rinne die Strecken $P_0 P_\nu$ (Abb. 111).

x) Schreibe die Ergebnisse in folgender Weise auf:

Abb. 111.

Rinne Nr. ... Kugel Nr. ... Höhenunterschied der beiden Enden der Rinne $h = \ldots$ cm. Länge der Rinne $l = \ldots$ cm. $\sin\alpha = h/l \ldots$ $\alpha = \ldots$

1	2	3	4	5	6	7	8	9
Fallstrecke $s_\nu = P_0P_\nu$	Folge der halben Wellenlängen $^1/_2\,\lambda$	Unterschiede der halben Wellenlängen $\Delta\,(^1/_2\,\lambda)$	Folge der ganzen Wellenlängen λ	Unterschiede der ganzen Wellenlängen $\Delta\,\lambda$	Folge der drei halben Wellenlängen $^3/_2\,\lambda$	Unterschiede der drei halben Wellenlängen $\Delta\,(^3/_2\,\lambda)$	Folge der doppelten Wellenlängen $2\,\lambda$	Unterschiede der doppelten Wellenlängen $\Delta\,(2\,\lambda)$
Mittel		......		......		......		......

y) Welche Bewegung führte die Kugel aus, wenn die Rinne wagrecht stünde? Wie bewegte sich die Kugel, wenn man sie auf der Mittellinie der Rinne losließe? Wie entsteht die Wellenlinie? Am Anfang einer halben Schwingung ist die Kugel in P_ν und am Ende in $P_{\nu+1}$. Um welche Strecke bewegt sich also die Kugel während der halben Schwingdauer längs der Mittellinie der Rinne abwärts? Wie groß sind die einzelnen aufeinanderfolgenden halben Wellenlängen P_0P_1, P_1P_2, $P_2P_3, \ldots$? Trage die Ergebnisse in die zweite Spalte der Tafel ein. Man mißt hier die Zeit in halben Schwingdauern. Werden in t_1 halben Schwingdauern s_1 cm zurückgelegt, so ist $P_0P_\nu = s_1 = {}^1/_2 b_1 t_1^2$. Somit sind die in den aufeinanderfolgenden halben Schwingdauern zurückgelegten Wege P_0P_1, P_1P_2, P_2P_3, , , gleich ${}^1/_2\,b_1$, ${}^3/_2 b_1$, ${}^5/_2 b_1$, ... und die Unterschiede dieser halben Wellenlängen $P_1P_2 - P_0P_1$, $P_2P_3 - P_1P_2, \ldots$ gleich b_1. Trage diese Unterschiede in die dritte Spalte ein. Sind alle Unterschiede gleich groß? Bilde den Mittelwert von b_1.

z) Wie groß sind die einzelnen aufeinanderfolgenden ganzen Wellenlängen P_0P_2, P_2P_4, $P_4P_6, \ldots$? Trage die Ergebnisse in die vierte Spalte ein. Werden in t_2 ganzen Schwingdauern s_2 cm zurückgelegt, so ist $s_2 = {}^1/_2 b_2 t_2^2$, und es sind mithin die Unterschiede der ganzen Wellenlängen $P_2P_4 - P_0P_2$, $P_4P_6 - P_2P_4, \ldots$ gleich b_2. Trage die Ergebnisse in die fünfte Spalte ein. Sind alle Unterschiede gleich groß? Bilde den Mittelwert von b_2. Welche Beziehung besteht bei (y) und (z) zwischen den Zeiteinheiten und welcher Zusammenhang daher zwischen b_1 und b_2? Berechne b_1 aus b_2.

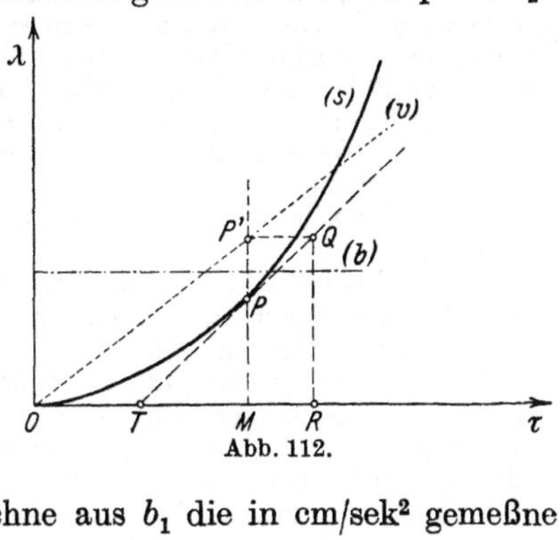

Abb. 112.

aa) Miß die Wege in drei halben Wellenlängen und die Zeiten in drei halben Schwingdauern und berechne den Mittelwert b_3 und daraus b_1.

bb) Miß die Wege in doppelten Wellenlängen und die Zeiten in doppelten Schwingdauern und berechne den Mittelwert b_4 und daraus b_1. Nimm den Mittelwert aus den vier Werten von b_1, die sich bei (y) bis (bb) ergeben haben. Bestimme die Schwingdauer der Kugel und berechne aus b_1 die in cm/sek^2 gemeßne Beschleunigung b.

cc) Stelle die Ergebnisse von (w) und (y) bildlich dar, setze dabei $x = t_1$ und $y = s_v = P_0 P_v$. *Wegkurve* (Abb. 112).

dd) Ziehe in einem Punkte der Wegkurve die Berührende. Mache TR gleich einer halben Schwingdauer und miß die Ordinate RQ. Ihre Länge stellt die Geschwindigkeit zur Zeit OM am Ende des Weges MP dar. Zeichne in M die Ordinate $MP' = RQ$. P' ist ein Punkt der *Geschwindigkeitskurve*. Verbinde die einzelnen Punkte dieser Kurve durch eine punktierte Linie.

ee) Leite in ähnlicher Weise aus der Geschwindigkeitskurve die *Beschleunigungskurve* ab. Verbinde die einzelnen Punkte durch eine strichpunktierte Linie.

ff) Stelle mit der Tafel von (x) die Kurve $x = t_1$, $y = {}^1/_2\lambda$ und die Kurve $x = t_1$, $y = \Delta\,({}^1/_2\lambda)$ dar. Vergleiche sie mit der Geschwindigkeitskurve und der Beschleunigungskurve.

gg) Ändre die Neigung der Rinne und verfahre wie bei (v) bis (ff). Stelle aus den Ergebnissen dieser Versuche und der Versuche (x) bis (ff) die Werte der Beschleunigungen und Neigungen zusammen.

Stelle den Zusammenhang zwischen $\sin\alpha$ und b bildlich dar und setze dabei $x = \sin\alpha$ und $y = b$. Wie hängt also die Beschleunigung von der Neigung der Rinne ab?

Bemerkungen. Die lange Fallrinne besteht aus zwei Messingröhren von 1,2 cm Durchmesser und 200 cm Länge, die dicht nebeneinander auf einer Holzleiste (200 cm × 4 cm × 4 cm) befestigt sind. Die beiden kürzern schiefen Ebenen sind genau ebenso eingerichtet, doch ist die eine 1 m und die andre nur 28 cm lang.

Wichtig ist es, daß man je zwei Rinnen so aneinander zu setzen vermag, daß die Kugel über die Fuge hinwegrollt, ohne einen schädlichen Stoß zu erhalten.

F. C. G. Müller (*Technik d. phys. Unterr.*[2] *63 Nr. 24)* hat den beachtenswerten Vorschlag gemacht, die Fallrinne aus Spiegelglasstreifen herzustellen; leider ist das nicht allgemein durchführbar, da man solche Streifen nur gelegentlich erhalten kann. Aus Barometerröhren kann man nur Rinnen von 1,50 m Länge anfertigen. Rinnen aus gezogenem Messing von V-förmigen Querschnitt haben sich nicht bewährt, da sich diese Schienen nicht oder doch nur mit großen Kosten ausreichend gerade richten und auch nicht genügend stoßfrei aneinanderfügen lassen.

Galilei benutzte bei seinen Versuchen Rinnen von 8 m Länge; man erhält jedoch schon mit Rinnen von 2 m Länge befriedigende Ergebnisse.

Der Untersatzkeil hat eine Grundfläche von 24 cm × 10 cm und einen Rücken von 7,5 cm × 10 cm. Wenn es auch ratsam ist, mit geringen Neigungen zu arbeiten, so darf man sie doch nicht so klein wählen, daß sich die Unvollkommenheiten der Bahn störend bemerkbar machen können.

Als Unterlegklötze benutzt man bei den Übungen Bretter aus Eichenholz von folgenden Größen: a) 15 cm × 15 cm × 1,25 cm. b) 15 cm × 15 cm × 2,5 cm. c) 15 cm × 15 cm × 5 cm. d) 20 cm × 20 cm × 5 cm. e) 25 cm × 25 cm × 5 cm. Hat man reichliche Mittel, so schaffe man für jeden Schüler zwei Stück von jeder Sorte an.

Als Rollkörper benutze man Lagerkugeln aus Stahl von 5 cm Durchmesser, doch kann man auch kleinere Kugeln verwenden, deren Durchmesser aber mindestens 1,2 cm betragen soll.

Als Auslöser (Abb. 113) dient nach dem Vorgange von F. C. G. Müller ein Messinghebel, dessen einer Arm rechtwinklig umgebogen ist und als Sperrblech dient. Das Niederschlagen des andern Hebelendes macht ohne Stoß den Rollkörper frei. Den Auslöser darf man nicht zwischen dem Untersatzkeil und der Fallrinne anbringen. Will man ganz am Ende der Rinne die Kugel auslösen, so setze man auf einen Holzklotz den Auslöser und beschwere seinen Fuß, oder man klemme ihn an einem Gestell fest.

Als Zielbügel kann man die Messingfeder benutzen, die in Abb. 114 abgebildet ist.

Die Zeitmessung bereitet bei dieser Aufgabe große Schwierigkeiten. Beim ersten Verfahren ist sie umgangen, und bei der Galileischen Versuchsform wurde sie früher mit einer Mariotteschen Flasche ausgeführt. Fast ebenso genau, doch viel bequemer mißt man mit einer guten Stoppuhr die Zeit. Diese Uhr ist in $^1/_5$ Sekunden geteilt.

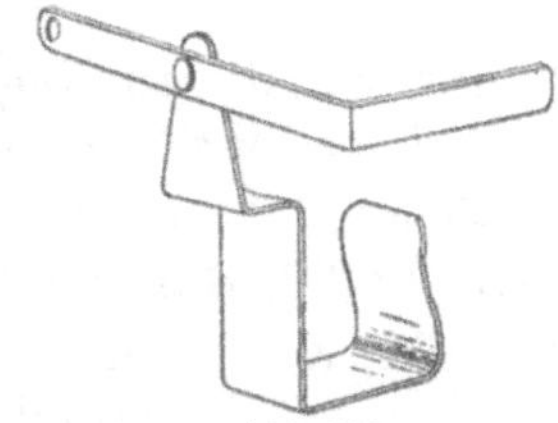

Abb. 113.

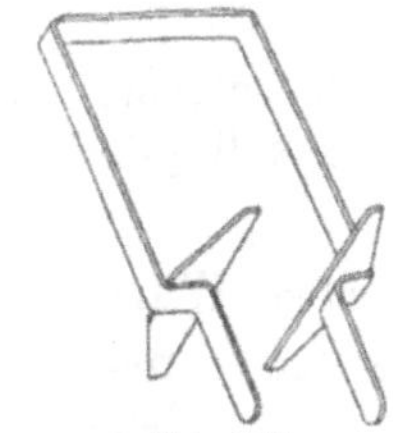

Abb. 114.

Eine recht einfache Zeitbestimmung gestattet die Fallrinne von FREY (vgl. S. 134). Sie besteht aus einem Holzbrett (120 cm × 12 cm × 3,5 cm) mit einer Rinne, deren Querschnitt ein Kreisabschnitt von 6,25 cm Halbmesser, 10 cm Sehne und 2,5 cm Höhe ist. Die Rinne ist schwarz poliert. An ihrem obern Ende ist zum Führen der Kugel ein zugespitzter Streifen aus Messingblech angebracht, dessen oberer Rand der Rinnenbreite gleichläuft und bis zur Mitte der Rinne reicht. In die Rinne ist die Mittellinie eingeritzt. Stellt man die Rinne wagrecht, so kann man die Schwingdauer τ der Kugel bestimmen. Die Kugel schwingt jedoch stark gedämpft. Auch wirft sich die Rinne und wird windschief.

Genauer kann man die Zeit mit einer schwingenden Feder oder Stimmgabel messen, die am obern Ende einer kurzen Fallrinne befestigt ist. Als Rollkörper benutzt man einen Wagen, der eine Schreibfläche trägt, worauf die Feder oder Gabel ihre Schwingungen aufzeichnet. Ich bin jedoch der Meinung, daß eine solche Einrichtung für Schülerübungen nicht einfach genug und ihre Handhabung bei den gebräuchlichen Ausführungen noch zu zeitraubend ist. Freilich kann man durch diesen Versuch die Fallbeschleunigung g bestimmen, was die oben angegebenen Verfahren nicht ohne weiters gestatten.

Rollt eine Kugel längs der Rinne die Strecke l in t Sekunden hinab, so lautet die Bewegungsgleichung

$$l = \frac{1}{2} \frac{g \sin(\alpha - \varphi)}{\left(1 + \frac{2}{5}\frac{r^2}{\varrho^2}\right)\cos\varphi} \cdot t^2$$

Dabei bezeichnet: α den Neigwinkel der schiefen Ebene, φ den Reibwinkel, r den Kugelhalbmesser und ϱ den Abstand der Drehachse der Kugel von der Geraden, welche die Berührungspunkte der rollenden Kugel mit der Fallrinne enthält, d. h. den Mittelpunktsabstand der Berührungssehne. Vgl. hierzu: P. VOLKMANN, *Zeitschr. f. d. phys. u. chem. Unterr. 7, 161 1894.* W. SCHELL, *Theorie d. Bewegung u. Kräfte² 2, 480.* E. J. ROUTH-SCHEPP, *Die Dynamik d. Systeme starrer Körper 1, 127 u. 147.* W. VOIGT, *Elementare Mechanik 250.* KELSEY *45.*

Bei den Versuchen (b) und (c) verwendet man besser zwei nebeneinander gestellte Rinnen gleicher Neigung. Die besten Ergebnisse erhält man mit GALILEIS Verfahren. Recht schwierig ist es, mit dem dritten Verfahren befriedigende Ergebnisse zu erzielen. Beim vierten Verfahren wird man, wenn die Schüler der Klasse nur mäßig begabt sind, die Abschnitte (z) bis (bb) weglassen. Ist die FREYsche Fallrinne windschief, so erhält man damit schlechte Ergebnisse.

Vgl. H. HAHN, *Freihandversuche 1², 152 § 81.*

II. Freier Fall.

Vorbemerkung. Die Versuche mit der Fallrinne haben annähernd bestätigt, daß zwischen der Beschleunigung b und dem Wege s, der in t Sekunden längs der schiefen Ebene zurückgelegt wird, die Gleichung $s = {}^1/_2\, b t^2$ besteht, und daß bei einer Rinne, die unter dem Winkel α gegen die Wagrechte geneigt ist, die Beziehung $b = g \sin\alpha$ gilt, wo g die Fallbeschleunigung bedeutet. Stellt man die Rinne senkrecht, so wird $\alpha = 90^0$; der Körper fällt neben der Rinne lotrecht hinunter, und es muß

$$s = {}^1/_2 g t^2$$

sein.

2. Aufgabe. *Prüfe mit einem frei fallenden Körper die Richtigkeit von Galileis Weg-Zeit-Gesetz und bestimme annähernd die Fallbeschleunigung.* (2 Schüler, 1 Stunde.)

Quellen. WHITING *313* (*Nr. 56*), *919*, *997*. GREGORY-SIMMONS *1*, *163 Nr. 99*.

Geräte. WHITINGs Pendel nebst Zubehör. Fallkörper. Seidengarn. Weißes Papier. Kohlepapier. Schere. Reißnägel. Streichhölzer. Stoppuhr. Millimeterpapier. Pinsel oder Feder. Kasten mit Watte o. dgl.

Anleitung. a) Stelle das Pendelbrett so auf, daß seine untere Vorderkante mit dem Rande des Tisches zusammenfällt. Hefte auf die polierte Seite des Pendelstabes, woraus man die Bleiwalzen entfernt hat, einen Streifen weißes Papier und darüber einen Streifen Kohlepapier. Kehre dabei gegen das weiße Papier die abfärbende Seite des Kohlepapiers. Setze das Pendel mit seiner Schneide aufs Lager. Hänge wie in Abb. 115 den Fallkörper an einem Seidenfaden auf, der so lang ist, daß der den Pendelstab zur Seite ziehende Doppelkegel einige Zentimeter höher liegt als das obre Ende des Pendels. Nimm von der untern Rolle, nicht aber von der obern, den Faden ab, halte ihn derart fest, daß der Fallkörper neben dem obern Teil des Pendelstabes hängt, und verschiebe die Pendelschneide so auf ihrem Lager oder die obere Rolle so in ihrem Schlitz, daß die Vorderseite des lotrecht herabhängenden Pendelstabes den scharfen Mittelrand des Fallkörpers eben berührt. Lege nun, ohne dabei die Pendelschneide zu verschieben, den Faden wieder über die untere Rolle. Das Gewicht des Fallkörpers zieht den Pendelstab etwas zur Seite. Schwingt der Fallkörper, so bringe man ihn durch zweckmäßig gerichtete, leichte Stöße oder mit einem Pinsel oder einer Feder zur Ruhe, oder warte ab, bis er sich von selbst beruhigt hat. Miß die Höhe H [cm] der Schneide des Fallkörpers über einer festen Stelle unterhalb des Pendels. Setze rechts vom Pendel auf den Fußboden einen Kasten mit Watte, Sägespänen oder Sand. Brenne dicht über der untern Rolle den

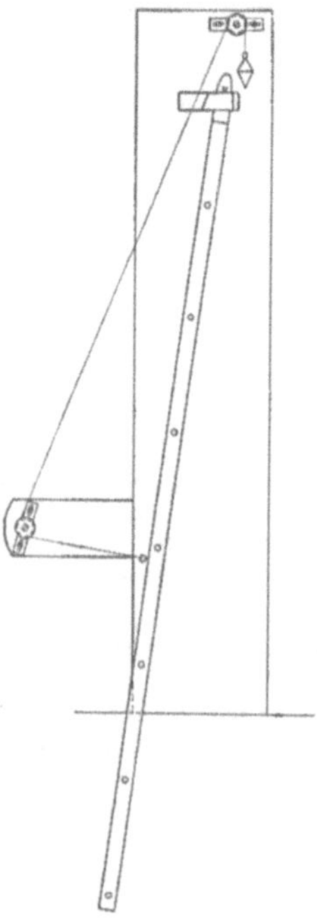

Abb. 115.

Faden durch. Der Fallkörper stößt gegen den Stab, sobald dieser die lotrechte Stellung erreicht hat, und erzeugt darauf eine Schlagmarke. Miß die Höhe h dieser Marke über der erwähnten festen Stelle. Welche Strecke hat der Doppelkegel durchfallen?

b) Welchen Teil der vollen Schwingdauer des Pendels bildet die Fallzeit? Befestige am Brett hinter der Pendelstange ein Blatt Papier, worauf ein lotrechter Strich gezogen ist, und prüfe, ob das Pendel frei schwingt. Bestimme die Zeit, in der das Pendel 200 volle Schwingungen ausführt, und berechne daraus die Schwingdauer τ.

c) Trage die Ergebnisse in folgende Tafel ein:

Pendel Nr. ...

H [cm]	h [cm]	$H-h$	Schwingzeit t [sek]	Anzahl der Schwingungen N	Schwingdauer $\tau = t/N$	$\frac{(^1/_4\,\tau)^2}{H-h}$
				Mittel	....	.....

d) Setze in die Löcher des Stabes Bleiwalzen und ändre so die Schwingdauer des Pendels. Wiederhole jedesmal die Messungen und Rechnungen (a) bis (c).

e) Trage in die obige Tafel die Ergebnisse ein und stelle sie auch bildlich dar. Setze dabei

$$x = (^1/_4\,\tau)^2 \quad \text{und} \quad y = H - h.$$

f) Bilde aus $(^1/_4\,\tau)^2 : (H-h)$ den Mittelwert und berechne damit

$$g = 2\,\frac{H-h}{(^1/_4\,\tau)^2}.$$

Bemerkungen. Die sinnreiche Pendelvorrichtung rührt von WHITING her; sie wurde von S. WHALLEY verbessert und von H. ABRAHAM *(1, 96 Nr. 58)* verschlechtert. Die hier angegebne Form wird in den Nottingham Science Schools benutzt. Sie hat folgende Einrichtung: Ein Brett von 1 m Höhe, woran eine wagrechte Leiste sitzt, ist an ein Grundbrett geschraubt und außerdem durch eine Strebeleiste damit verbunden (Abb. 115). Ans Gestell ist unterhalb der obern Kante ein kleines Brett aus hartem Holz angeschraubt, dessen obre Ebene genau wagrecht liegt. Darin ist genau in der Richtung des großen Bretts ein Schlitz eingeschnitten. Darauf ist genau rechtwinklig zum großen Brett eine flache schmale Rinne eingeritzt. In diesem Lager ruht die Schneide eines Pendels. Dies besteht aus einem Holzstab, der etwa 1,20 m lang ist und einen quadratischen Querschnitt (2,5 cm × 2,5 cm) hat. Der Pendelstab ist oben so verjüngt, daß er frei im Lagerschlitz schwingen kann. Rechtwinklig zur Schwingebene sind durch den Stab sieben Löcher gebohrt, worein man Bleiwalzen einsetzen kann, um die Schwingdauer zu ändern. Der Fallkörper, der die Gestalt eines Doppelkegels hat, ist aus Messing und etwa 80 g schwer. Er hängt an einem Seidenfaden, der wie in der Abbildung über zwei leichte Rollen geführt ist. Die Rollenscheiben sind aus Buchsbaumholz gefertigt und sitzen auf Glasröhren, wodurch Stahlstifte mit großen Köpfen gesteckt sind. Man kann auch Messingrollen verwenden. Die Scheiben der Rollen und die Längsachse des Pendels müssen genau in der lotrechten Schwingebene liegen. Die Achse der obern Rolle sitzt auf einem geschlitzten Blech, das man wagrecht verschieben kann. Die untere Rolle, deren Blech ebenfalls verschiebbar ist, kann man auch durch einen runden Stift ersetzen. Die Vorderseite des Pendelstabes, d. h. die dem Fallkörper zugekehrte Seite, ist schwarz poliert; auf der Rückseite des Stabes ist zum Befestigen des Fadens eine Ringschraube angebracht.

Um die Schlagmarken sichtbar zu machen, kann man die polierte Seite des Pendels mit Bärlappsamen bestäuben oder auch den scharfen Mittelrand des Fallkörpers mit einem schwarzen Fett oder mit Buchdruckerschwärze einreiben und auf den mittlern Teil des Pendelstabes weißes Papier heften. Man kann auch die Vorderseite des Pendelstabes mit Paraffin überziehn oder mit berußtem Papier bekleiden.

Die Ergebnisse sind mit einem Fehler von mindestens 2 bis 3 v. H. behaftet, weil der Doppelkegel nicht vollkommen frei fällt. Bessere Ergebnisse erhält man mit schwingenden Federn oder Stimmgabeln, die ihre Schwingungen auf fallende Platten aufschreiben. Man kann aber auch die Schreibplatten fest aufstellen und die schwingenden Federn oder Gabeln daran vorbei fallen lassen. Doch ist nach meiner Meinung das Ausführen dieser feinern Messungen für die Schüler zu schwierig und auch zu zeitraubend. Es ist schwerlich ratsam, bei Schülerübungen elektrische Auslösungen und Aufzeichnungen anzuwenden. Vgl. John Trowbridge, *New Physics 85 nr. 67*, ferner H. Hahn, *Freihandversuche 1², 154 § 82, 179 § 90*. Vgl. zum freien Fall auch: J. Neuberger, *Zeitschr. f. d. phys. u. chem. Unterr. 39, 71; 1926* und Heinrich Homann, *ebd. 39, 97; 1926*.

III. Wurfbewegung.

Vorbemerkung. „Wenn sich ein Körper ohne jeden Widerstand wagrecht bewegt, so ist . . . bekannt, daß diese Bewegung gleichförmig ist und auf einer unendlichen Ebene unaufhörlich fortbesteht. Ist hingegen diese Ebene begrenzt und ist der Körper schwer, so wird er, am Ende der wagrechten Ebene angelangt, sich weiterbewegen, und zu seiner unzerstörbaren gleichförmigen Bewegung gesellt sich die durch die Schwere erzeugte, so daß eine zusammengesetzte Bewegung entsteht, die ich Wurfbewegung nenne und die aus der gleichförmigen wagrechten und aus der gleichförmig beschleunigten zusammengesetzt ist.“ Galileo Galilei, *Unterredungen, a. a. O. 24, 80. Beharrungsgesetz. Unabhängigkeitsgesetz.*

Galilei hat mit diesen Gesetzen durch geometrische Betrachtungen den Satz abgeleitet: „Ein Körper, der einer wagrechten gleichförmigen und zugleich einer gleichförmig beschleunigten Bewegung unterworfen ist, beschreibt eine Halbparabel.“

Bewegt sich ein Körper mit der gleichbleibenden Geschwindigkeit c in der Richtung der wagrechten x-Achse und fällt er zugleich frei in der Richtung der lotrechten y-Achse, so ist, wenn t die Zeit, vom Beginn des wagrechten Wurfs ab gemessen, und g die Fallbeschleunigung bezeichnet, $x = ct$ und $y = {}^1/_2 g t^2$ und somit

$$x^2 = 2\frac{c^2}{g}\,y,$$

d. h. der Körper bewegt sich auf einer Halbparabel, deren Parameter $2c^2/g$ und deren Achse vom Anfangspunkte der Wurfbewegung aus lotrecht abwärtsgerichtet ist.

3. Aufgabe. *Prüfe durch Versuche die Richtigkeit von Galileis Satz über die Bahn eines wagrecht geworfenen Körpers*

1. Verfahren.

(2 Schüler, 2 Stunden.)

Geräte. Fallrinnen von 1 m und von 28 cm Länge (vgl. S. 136). Lagerkugel von 1,25 bis 2 cm Durchmesser. Auslöser (vgl. S. 136). Auffangekasten mit Watte. Reißbrett. Zeichenbogen, Millimeterpapier. Reißnägel. Bleistift. Lot (Kugel an Faden). Reißschiene. Winkel. Meterstab. Schublehre. Gestelle.

Anleitung. a) Stelle am Tischrand AB (Abb. 116) die große Fallrinne geneigt auf und füge möglichst stoßfrei die kleine Rinne so daran, daß ihr freies Ende D mit der Tischkante abschneidet. Miß mit der Schublehre den Durchmesser der Kugel. Hefte aufs Reißbrett einen Zeichenbogen so, daß dessen einer Rand EF mit der vordern Kante des Reißbretts abschneidet. Ziehe auf dem Bogen die Wagrechte GH. Stelle das Reißbrett lotrecht und gleichläufig der Tischkante AB so auf, daß die Gerade HG in der wagrechten Ebene liegt, die durch die Mitte der Kugel geht, wenn diese überm Punkte D steht. Die Zeichenfläche des Reißbretts muß so weit hinter der wagrechten Fallrinne liegen, daß die Kugel dicht am Papierbogen vorbeifliegt, ohne ihn jedoch zu streifen. Stelle bei einer bezeichneten Stelle C der langen Rinne den Auslöser auf und lege damit die Kugel fest. Den Auslöser darf man während der ganzen Versuchsreihe nicht von seiner Stelle rücken. Halte den Maßstab derart lotrecht, daß die Kugel bei ihrer Bewegung ganz dicht an seinem untersten Teilstrich vorüberfliegt, ohne ihn jedoch zu berühren, und bestimme so einen Punkt der Wurfbahn.

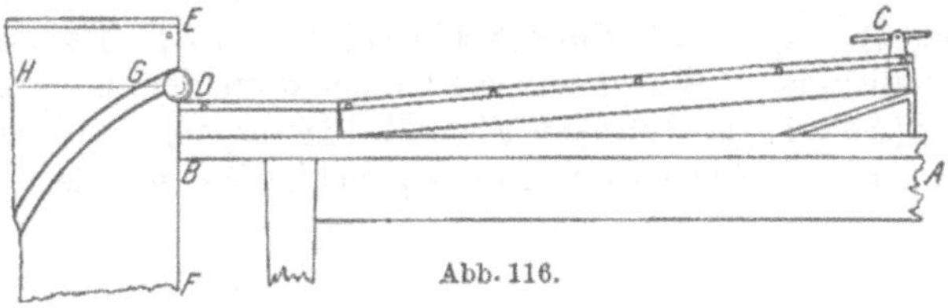

Abb. 116.

b) Laß stets die Kugel von derselben Stelle C der langen Rinne hinabrollen und zeichne auf die angegebene Weise etwa 15 Punkte auf den Zeichenbogen. Ziehe durch die so erhaltenen Punkte eine Kurve und gleichläufig dazu im Abstande des Halbmessers der Kugel die Bahn der Kugelmitte.

c) Bezeichne auf der Abszissenachse GH in je 2 cm Abstand eine Reihe von Punkten. Ziehe und miß die zugehörigen Ordinaten der Bahn der Kugelmitte. Trage die Ergebnisse in folgende Tafel ein:

x [cm]	y [cm]	$\frac{2y}{x^2}$
	Mittel	. . . .

d) Berechne die Werte $2y/x^2$ und nimm daraus das Mittel. Wie groß ist die wagrechte Geschwindigkeit c der Kugel? Bestimme den Brennpunkt und den Parameter der Parabel.

2. Verfahren.

(1 Schüler, 1 Stunde.)

Vorbemerkung. Läßt man die Kugel, der man in der Richtung der wagrechten x-Achse die Geschwindigkeit c erteilt hat, nicht frei hinabfallen, sondern auf einer schiefen Ebene vom Neigwinkel α hinabrollen, so ist $x = ct$ und $y = {}^1/_2 g t^2 \sin \alpha$ und daher

$$x^2 = 2 \frac{c^2}{g \sin \alpha} y$$

die Gleichung der Bahn.

Geräte. Reißbrett oder Spiegelglasplatte.
Packards Fallrinne (vgl. S. 143).
Lagerkugel von 2,5 cm Durchmesser.
Reißschiene.
Winkel.
Millimeterpapier.
Kohlepapier.
Reißnägel.
Meterstab.
Holzkeil oder Holzklotz.

Anleitung. e) Neige das Reißbrett schwach ($\alpha = 15^0$). Setze aufs Reißbrett die Fallrinne so, daß die untere Rinnenkante der obern Brettkante gleichläuft (Abb. 117). Hefte ein Blatt Millimeterpapier so daneben, daß dessen Linien den Kanten des Bretts gleichlaufen, und lege ein Blatt

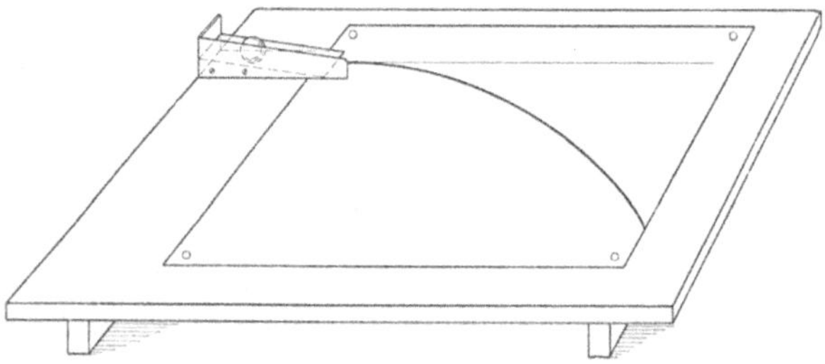

Abb. 117.

weiches Kohlepapier mit der abfärbenden Seite darauf. Kennzeichne das Ende der Fallrinne auf dem Papier. Laß die Kugel erst die Fallrinne und dann das Reißbrett hinabrollen. Sie schreibt auf dem Millimeterpapier ihre Bahn auf.

f) Nimm das Kohlepapier und die Fallrinne weg und zeichne mit einem Bleistifte die Spur der Kugelbahn nach. Ziehe mit der Reißschiene oben durch den Anfangspunkt der Bahn die wagrechte x-Achse und senkrecht dazu die y-Achse. Miß für etwa 20 Punkte der Bahn, die dem Anfangspunkt nicht zu nahe liegen, die Abszissen und die Ordinaten und trage sie wie bei (c) in eine Tafel ein.

g) Berechne die Werte $2y/x^2$ und nimm daraus das Mittel. *Geschoßbahn.*

Bemerkungen. Hat man Wandbretter, so ist es beim ersten Verfahren bequemer, den Zeichenbogen darauf zu heften und eine Fallrinne zu benutzen, welche die Gestalt eines halben Radlinienbogens und etwa 30 cm Höhe hat. Die

Rinne schraubt man am Wandbrett fest und stellt sie mit einem Lot ein. Vgl. Miller *79 Nr. 63.*

Das hübsche zweite Verfahren rührt von J. C. Packard her *(Report of the Eastern Association of Physics Teachers, 23. März 1907, p. 32. Scientif. Americ. 96, 96; 1907 = School Science 7, 403 1907).* Die von mir etwas abgeänderte Fallrinne (Abb. 118) besteht aus einer kurzen schiefen Ebene mit Blechrand, die an eine Messingfeder geschraubt ist und damit am Reißbrett befestigt wird. Als Kohlepapier ist das Schreibmaschinenpapier, das jetzt die frühere Marke „Attila“ von Honrat, Berlin, Charlottenstr. 62, ersetzt, sehr zu empfehlen.

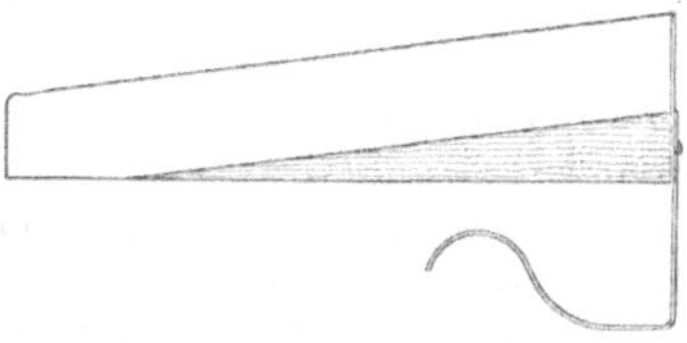

Abb. 118.

Das zweite Verfahren ist dem ersten vorzuziehn.

IV. Einfaches Pendel.

4. Aufgabe. *Hängt die Schwingdauer eines Pendels von der Schwingweite ab?*

(2 Schüler, 1 Stunde.)

Quelle. Galileo Galilei, *Unterredungen, a. a. O. 11, 75 und 24, 89.*

Geräte. Taktschläger oder Stoppuhr.
Kugel aus vernickeltem Eisen oder besser aus Blei, von 2 cm Durchmesser, mit Öse.
Feilkloben mit Zwinge.
Dünnes Baumwollgarn.
Schere.
Maßstab.
Schublehre.
Arbeitsbock nach Quincke.
Winkel.
Kreide.

Anleitung. a) Setze den Bock mit seinen beiden Füßen an den Rand des Tisches und befestige am vordern Ende des obern Tragbalkens, ähnlich wie in Aufgabe 2 (S. 43), die Zwinge mit dem Feilkloben so, daß seine Backen lotrecht stehn und über den Tischrand hinausragen. Binde die Kugel an den Faden und mache diesen so lang, daß die Kugel fast bis zum Fußboden hinabhängt. Klemme das obre Fadenende zwischen die vordern Ränder der Backen und ziehe die Schraube der Zwinge fest an. Bringe das Pendel zur Ruhe und ziehe auf dem Fußboden rechtwinklig zum Tischrand und genau unter der Kugel einen Kreidestrich. Ziehe gleichläufig zur Tischkante etwa 15 cm weit die Pendelkugel seitwärts und laß sie behutsam los, ohne ihr dabei nach irgendeiner Richtung einen Stoß zu erteilen. Beobachte die Bewegung. *Schwingbewegung. Volle Schwingung. Schwingweite.* Ändert sich die Schwingweite mit der Zeit?

b) Miß mit Maßstab und Winkel die Fadenlänge, den Abstand des obersten Punkts der Kugelöse vom Aufhängepunkte des Fadens, d. h. vom untern Ende der Backen. Miß mit der Schublehre den Abstand des obersten Punkts der Öse vom Gegenpunkt der Kugel und dann den Durchmesser der Kugel und zähle den Halbmesser und die Länge der Öse zur Fadenlänge hinzu. *Pendellänge.*

c) Lege auf den Fußboden unter die ruhende Kugel den Maßstab so, daß er senkrecht zum Kreidestrich und die Mitte der Teilung unterm tiefsten Punkt der Kugel liegt. Stoße den Taktschläger an, der so eingestellt ist, daß er Sekunden schlägt. Setze nun das Pendel so in Schwingung, daß die Schwingweite anfangs 5 cm beträgt. Beobachte das Pendel, ohne die Stellung des Auges zu ändern, klopfe scharf auf den Deckel des Übhefts (nicht auf den Tisch) und sage Null, sobald die Kugel genau mit dem Schlage des Taktgebers den Kreidestrich von links nach rechts kreuzt.

Zähle beim nächsten Durchgange der Kugel von links nach rechts leise 1 usw. und beobachte so etwa 100 Schwingungen, doch rufe die Zahl 97 laut, um die Aufmerksamkeit des Mitarbeiters zu erregen. Zähle still weiter, bis das Pendel von links nach rechts und genau mit einem Schlage des Taktgebers den Kreidestrich kreuzt. Klopfe in demselben Augenblick nochmals scharf aufs Heft. Der Mitarbeiter zählt vom ersten bis zum zweiten Klopfen die Schläge des Taktgebers; auch er muß mit Null die Zählung beginnen. Miß wiederum die Schwingweite. Schreibe die Anzahl Z der Schwingungen, die Anzahl t der Sekunden und die Schwingweite beim Anfang und beim Ende des Versuchs auf. Berechne die Anzahl der Schwingungen in einer Sekunde. *Schwingdauer.*

d) Bestimme bei derselben Anfangs-Schwingweite nochmals die Schwingdauer und nimm aus beiden Werten das Mittel. Doch zähle diesmal selber die Schläge des Taktgebers, während der Mitarbeiter die Anzahl der Schwingungen beobachtet.

e) Wiederhole die Versuche (c) und (d) und mache der Reihe nach die Schwingweite 10, 15 und 30 cm groß.

f) Trage die Ergebnisse in folgende Tafel ein:

Durchmesser der Kugel ... cm. Länge der Öse ... cm. Fadenlänge ... cm. Länge des Pendels $l =$ ... cm. Taktschläger Nr. ...

	Anzahl der Schwingungen	Schwingzeit			Schwingdauer	Mittlere Schwingdauer	Schwingweite		Mittlere Schwingweite
	Z	min	sek	t [sek]	$\tau = \frac{t}{Z}$	τ [sek]	zu Anfang [cm]	zu Ende [cm]	a [cm]
a							5		
b							5		

g) Hängt bei kleinen Schwingweiten, die nicht größer als der zehnte Teil der Pendellänge sind, die Schwingdauer von der Schwingweite ab? *Zeitmessung.*

Bemerkungen. Hat die Kugel keine Öse, so binde man darum drei Schleifen, deren Ebenen aufeinander senkrecht stehn, und befestige mit etwas Wachs die Kreuzungen.

Benutzt man eine Stoppuhr, so setzt man sie in Gang in dem Augenblick, wo man Null zählt, und bringt sie zum Stehn, sobald man den letzten Durchgang zählt.

Man läßt einige Gruppen die Aufgaben 4 und 5 und gleichzeitig die andern Gruppen die Aufgabe 6 behandeln.

5. Aufgabe. *Hängt die Schwingdauer eines Pendels von der Masse der schwingenden Kugel ab?*

(2 Schüler, 1/2 Stunde.)

Quelle. Galileo Galilei, *Unterredungen a. a. O. 11, 75.*

Geräte. Wie bei Aufgabe 4, dazu eine Holzkugel von 2 cm Durchmesser.

Anleitung. a) Hänge an einem 90 bis 100 cm langen Faden die Bleikugel auf und bestimme dreimal aus der Zeit von 100 Schwingungen die Schwingdauer.

b) Wiederhole mit der Holzkugel den Versuch, gib dabei dem Pendelfaden genau die gleiche Länge wie beim Versuch (a) und zähle so viel Schwingungen, wie du kannst. Haben beide Kugeln gleiche oder verschiedene Schwingdauern?

Bemerkung. Man lasse einige Gruppen die Aufgaben 4 und 5 und gleichzeitig die andern Gruppen die Aufgabe 6 behandeln.

6. Aufgabe. *Welche Beziehung besteht zwischen der Schwingdauer und der Länge eines Pendels?*

(2 Schüler, 2 Stunden.)

Quelle. Galileo Galilei, *Unterredungen a. a. O. 11, 84,*

Geräte. Wie bei Aufgabe 4, dazu:
Lot (Kugel an Faden).
Steifpapier.
Millimeterpapier.
Holzklötze.
Reißnägel.
Schere.

Anleitung. a) Bestimme wie in Aufgabe 4 (b) bis (d) die Schwingdauern von Pendeln, deren Längen 100, 90, 80, 40, 30, 25, 20 und 10 cm sind. Wähle dabei jedesmal die Schwingweite kleiner als den zehnten Teil (etwa gleich dem zwanzigsten Teil) der jeweiligen Pendellänge. Bestimme dreimal jede Schwingdauer und nimm aus den erhaltenen Werten das Mittel.

Benutze diesmal beim Zählen der Schwingungen als Marke keinen Kreidestrich, sondern folgende Einrichtung: Stelle hinterm Pendelfaden vor einem schwarzen Hintergrund ein Lot auf oder ein schwarzes Steifpapier mit lotrechtem, weißem Strich und vorm Pendelfaden ein Steifpapier mit einem 3 mm breiten Schlitz. Ist das Pendel in Ruhe, so sollen sich Pendel und Lot oder Strich decken, wenn man durch den Schlitz sieht.

Bei den kurzen Pendeln sind die Durchgänge durch die Ruhelage schwer zu erkennen. Zähle daher die Umkehren auf der linken Seite und laß die Zielvorrichtung weg.

b) Vergleiche die Schwingdauern für die Pendellängen 10 und 40, 20 und 80, 25 und 100, und die Schwingdauern für die Pendellängen 10 und 90 cm miteinander. Welche Beziehung besteht zwischen der Schwingdauer und der Länge des Pendels?

c) Trage die Ergebnisse in folgende Tafel ein:

Taktschläger Nr. ... Durchmesser der Kugel ... cm. Länge der Öse ... cm.

	Anzahl der Schwingungen Z	Schwingzeit t [sek]	Schwingdauer $\tau = \frac{t}{Z}$	Mittlere Schwingdauer τ	τ^2	Fadenlänge cm	Pendellänge l [cm]	$\frac{\tau^2}{l}$
a								
b								
c								

d) Stelle auf Millimeterpapier die Ergebnisse bildlich dar, setze erst $x = l$ und $y = \tau$ und dann $x = l$ und $y = \tau^2$.

e) Berechne τ^2/l. Welche Gleichung besteht also zwischen τ und l?

f) Entnimm den Kurven die Länge eines Pendels, das in 2 sek eine volle Schwingung macht. *Sekundenpendel.* Stelle ein Pendel her, das die so gefundene Länge hat, und prüfe, ob es mit dem Taktschläger gleichen Gang hat.

g) Entnimm aus den Kurven die Schwingdauer eines Pendels, das 60 cm lang ist. Stelle ein solches Pendel her und prüfe, ob es die so gefundene Schwingdauer hat.

Bemerkungen. Zum Vermeiden der Abweichung (der Parallaxe) kann man bei den Längenmessungen kleine Spiegel verwenden, noch zweckmäßiger sind Spiegelmaßstäbe.

Den weißen Strich auf dem schwarzen Steifpapier stelle man so her: man schnelle gegen das Steifpapier einen mit Kreide eingeriebenen Faden.

Über das Bestimmen der Fallbeschleunigung g mit einem Fadenpendel vgl. KOHLRAUSCH[14] *121 Nr. 36.* GEORG BERNDT, *Physik. Praktikum 1*[3], *102 § 24.*

Man lasse einige Gruppen die Aufgaben 4 und 5 und gleichzeitig die andern Gruppen die Aufgabe 6 behandeln.

V. Antrieb und Bewegungsgröße.

7. Aufgabe. *Hängt die Geschwindigkeit, womit die Pendelkugel durch die Ruhelage geht, von der Schwingweite ab?*

(2 Schüler, $1/2$ Stunde.)

Quelle. HALL, *Descript. List 50.*

Geräte. 2 Pendelkugeln (vgl. S. 143)
Feilkloben mit Zwinge.
Garn.
Schere.
Holzklötze (15 cm × 15 cm × 2,5 cm).
Meterstab.
4 ganz ebene Holzbrettchen.
(Galgen) oder Arbeitsbock.

Anleitung. a) Stelle zwei Pendel her, deren Längen gleich und möglichst groß sind. Ordne sie so an, daß die Kugeln in der Ruhelage etwa 4 cm voneinander abstehn. Lege zwischen die Kugeln den Meterstab so, daß seine Teilung rechtwinklig zu der Geraden steht, welche die Mitten der Kugeln verbindet. Ziehe die eine Kugel P_1 (Abb. 119) um $a_1 = 60$ cm und die andre Kugel P_2 um $a_2 = 30$ cm seitwärts, und zwar beide nach derselben Seite; miß dabei auf dem Meterstabe die Ausweichungen ab. Stelle zwei Klötze K_1 und K_2 so auf, daß die Kugeln dagegen stoßen, sobald sie den dritten Teil (d_1 und d_2) ihrer wagrechten Abstände (a_1 und a_2) von der Ruhelage zurückgelegt haben.

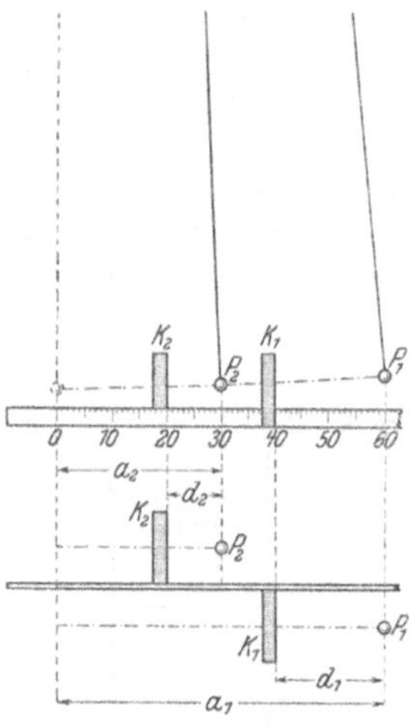

Abb. 119.

b) Laß gleichzeitig beide Kugeln los

und beobachte aufmerksam das Anschlagen der Kugeln. Treffen beide gleichzeitig die Klötze?

c) Mache nun $d_1 = {}^1/_2\, a_1$ und $d_2 = {}^1/_2\, a_2$, dann $d_1 = {}^2/_3\, a_1$ und $d_2 = {}^2/_3\, a_2$ und wiederhole die Beobachtung (b).

d) Vergleiche für jeden Zeitpunkt das Verhältnis der Kugelgeschwindigkeiten mit dem Verhältnis der wagrechten Ablotungen der Bahnen, worauf sich die Kugeln bewegen. Wie verhalten sich also die Geschwindigkeiten, womit eine jede Pendelkugel durch ihre Ruhelage geht, zu den Schwingweiten?

Bemerkungen. Die Schlußreihe ist nur zulässig, wenn die Ausschläge kleiner als 20° sind.

Man klemme die beiden Aufhängefäden zwischen zwei ganz ebene Holzbrettchen, die man zwischen die Backen des Feilklobens einspannt. Die Zwinge, woran der Kloben sitzt, schraube man am Wandgalgen fest.

Vgl. O. Reichel, *Zeitschr. f. d. phys. u. chem. Unterr. 2, 265 1889.*

8. Aufgabe. *Wie ändern sich beim Zusammenstoßen zweier Kugeln deren Bewegungsgrößen?*

(3 Schüler, 2 Stunden.)

Quelle. Hall, *Descript. List 51 Nr. 37, 38 u. 87 Nr. 79.*

Geräte. Elfenbeinkugel von 50 g mit Öse.
Elfenbeinkugel von 150 bis 200 g mit Öse.
Aufhängebrett (vgl. S. 149).
Sehr dünner blanker Kupferdraht, der eine Belastung von 400 g* aushält.
Grundbrett (vgl. S. 150).
Beißzange.
Hakenstifte.
Hammer.
Bindfaden.
Zwinge.
Glaserkitt oder Klebwachs.
Holzkeile.
Wage.
Massensatz.
Arbeitsbock oder (Galgen).

Anleitung. a) Wäge beide Kugeln. Die Masse der großen Kugel sei M und die der kleinen m (g). Hänge beide Kugeln mit Kupferdraht am Aufhängebrett auf und lege die Drähte in die Schlitze S und S_1 des Bretts (Abb. 120). Setze in etwa 50 cm Abstand die Auslöser aufs Grundbrett und richte dieses so aus, daß die beiden Aufhängedrähte in der Sehlinie liegen, die durch die Mittellinien der Auslöserschlitze bestimmt wird (Abb. 121). Ändre durch Drehn der Aufhängewirbel die Längen der Drähte derart, daß die Verbindungslinie der Kugelmitten dem Grundbrett etwa 4 cm überm Maßstabe gleichläuft. Der Berührungspunkt beider Kugeln soll genau überm Teilstrich 50 cm liegen. Befestige mit Haken, Zwingen oder dgl. das sorgfältig ausgerichtete Grundbrett.

b) Nach Aufgabe 7 verhalten sich die Geschwindigkeiten, womit eine Pendelkugel durch ihre Ruhelage geht, wie die Schwingweiten. Wir lassen beide Kugeln gegeneinander stoßen. Der Weg, den die Mitte von M vorm Stoß zurücklegt, sei A_1 und der Weg der Mitte von m vorm Stoß a_1. Der Weg, den die Mitte von M nach dem Stoß zurücklegt, sei A_2 und der Weg der Mitte von m nach dem Stoß a_2. Wir rechnen alle Wege, die auf dem Maßstab im Sinn der wachsenden Zahlen durchlaufen werden, als positiv und die entgegengesetzten Wege als negativ. Man mißt den Weg jeder Kugelmitte so: man wählt auf der Kugelfläche die Stelle, welche die andre Kugel bei der Ruhelage berührt, und bestimmt den wagrechten Weg dieser Stelle. Die Umkehrstelle bestimmt man mit einem Holzkeil, der auf seinem Rücken steht und den man längs dem Grundbrett verschiebt. Mache jedesmal fünf Messungen, zähle aber dabei die Vorversuche nicht mit.

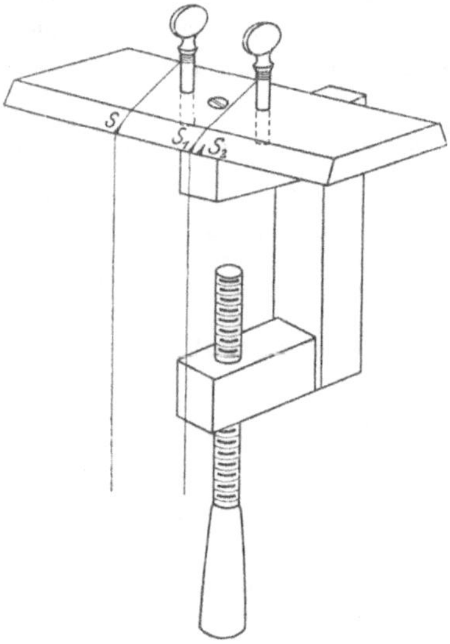

Abb. 120.

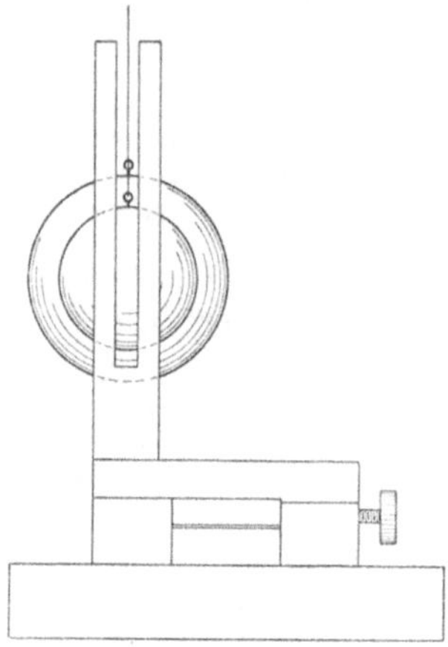

Abb. 121.

c) Laß die große Kugel in der Ruhelage hängen. Es ist also $A_1 = 0$. Mache $a_1 = 30$ cm, d. h. stelle den Auslöser so auf, daß sich die kleine Kugel nach dem Loslassen wagrecht 30 cm weit bewegt, bevor sie gegen die große Kugel stößt. Klappe, sobald die große Kugel ganz ruhig hängt, den Auslöser vor der kleinen Kugel plötzlich abwärts, ohne jedoch dabei irgendeine Erschütterung zu erregen. Miß die wagrechte Strecke A_2 [cm], welche die große Kugel infolge des Stoßes zurücklegt, und die wagrechte Strecke a_2, um welche die kleine Kugel infolge des Stoßes zurückspringt.

d) Schreibe die Ergebnisse in folgender Weise auf:

Aufhängebrett Nr. ... Grundbrett Nr. ... Große Elfenbeinkugel Nr. ... Kleine Elfenbeinkugel Nr. ... $M = \ldots$ g. $m = \ldots$ g.

Große Kugel M			Kleine Kugel m				
Gleichgewichtslage cm	Umkehrpunkt nach dem Stoß cm	Schwingweite nach dem Stoß A_2 [cm]	Gleichgewichtslage cm	Stellung vorm Stoß cm	Schwingweite vorm Stoß a_1 [cm]	Umkehrpunkt nach dem Stoß cm	Schwingweite nach dem Stoß a_2 [cm]

e) Berechne die Mittelwerte von A_2, a_1 und a_2 und daraus die Vielfachen MA_2, ma_1 und ma_2, die sich wie die Bewegungsgrößen verhalten. Welche Beziehung besteht zwischen diesen drei Größen?

f) Mache $A_1 = 20$ cm und $a_1 = 0$, miß A_2 und a_2 und berechne für jede Kugel die Bewegungsgröße vor und nach dem Stoß. Verfahre dabei sinngemäß wie bei (b) bis (e). Suche eine Beziehung zwischen den Bewegungsgrößen aufzustellen.

g) Wie wirkt der Luftwiderstand auf die Bewegungen der Kugeln ein? Als Maß für die Geschwindigkeit vorm Stoß dient die Schwingweite vorm Stoß und als Maß für die Geschwindigkeit nach dem Stoß die Schwingweite nach dem Stoß. Welche Weite ist zu groß und welche zu klein?

h) Mache $A_1 = 20$ cm und $a_1 = 25$ cm. Löse beide Kugeln gleichzeitig aus. Das Auslösen muß ein Schüler allein ausführen. Binde an

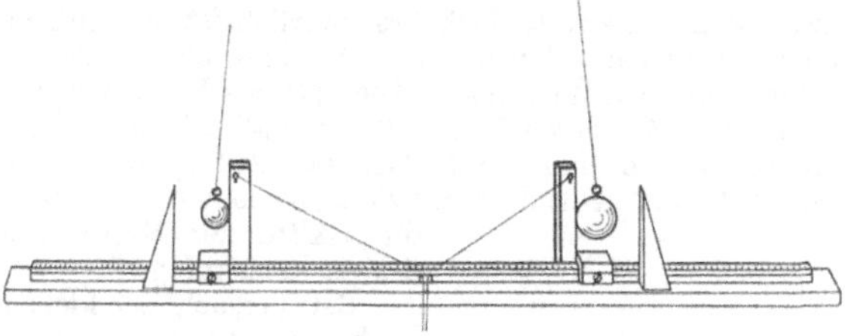

Abb. 122.

die Ösen auf den Zinken der beiden Auslöser die Enden eines Fadens und führe dessen Mitte durch ein Loch oder durch eine Ringschraube, die in der Mitte des Grundbretts angebracht ist (Abb. 122). Ziehe, sobald alles eingestellt ist, plötzlich an der Mitte des Fadens, ohne dabei das Grundbrett irgendwie zu verschieben. Verfahre wie bei den Versuchen (b) bis (e), doch gib der Tafel folgende Einrichtung:

Große Kugel M					Kleine Kugel m				
Gleichgewichtslage cm	Stellung vorm Stoß cm	Schwingweite vorm Stoß A_1 [cm]	Stellung nach dem Stoß cm	Schwingweite nach dem Stoß A_2 [cm]	Gleichgewichtslage cm	Stellung vorm Stoß cm	Schwingweite vorm Stoß a_1 [cm]	Stellung nach dem Stoß cm	Schwingweite nach dem Stoß a_2 [cm]

i) Welche Sätze über die Bewegungsgröße lassen sich beim Stoß federnder Körper aufstellen?

k) Hänge die Drähte in die Schlitze S und S_2 des Aufhängebretts. Lege um die kleinere Kugel einen Ring aus Glaserkitt oder Klebwachs. Der Gürtel ist etwa 1 cm breit und 0,3 cm dick, so daß er die große Kugel eben berührt, wenn sich beide Kugeln in der Ruhelage befinden. Mache $A_1 = 30$ cm und $a_1 = 0$. Bestimme A_2 und a_2 und verfahre wie bei (b) bis (e). Hier ist m die Masse der kleinen Kugel, vermehrt um die Masse des Ringes.

l) Welche Sätze über die Bewegungsgröße lassen sich beim Stoß bildsamer Körper aufstellen?

Bemerkungen. Das Aufhängebrett (Abb. 120) ist etwa 20 cm lang, 6 cm breit und 1 cm dick. Die Vorderfläche, von der die Pendeldrähte herabhängen, ist abgeschrägt und an der untern Kante mit drei schmalen Einschnitten S, S_1 und S_2

versehn. Der Abstand zwischen S und S_1 ist gleich der Summe der Kugelhalbmesser und der Abstand S_1S_2 gleich 0,3 cm. Das Aufhängebrett, das auf einer Schraubzwinge sitzt, befestigt man möglichst hoch, etwa an einem Wandgalgen oder einem Arbeitsbock. Die Kugeln sind aus Elfenbein, Glas oder Stahl (Lagerkugeln). Da das Aufhängebrett und die Kugeln aneinander angepaßt sind, so muß man diese Gegenstände einheitlich bezeichnen.

Das Grundbrett ist 1 m lang; auf seine obre Seite ist ein Meterstab geschraubt. Dieser Stab dient zwei Auslösern als Führung. Jeder Auslöser besteht aus einem Schlitten, den man am Meterstabe festschrauben kann, und aus einem geschlitzten Stabe, der am Schlitten drehbar befestigt ist (Abb. 121 u. 123). Die durch die Schlitze festgelegte Sehlinie soll dem Maßstabe gleichlaufen. Unterm mittelsten Teilstrich ist der Meterstab unterhöhlt und davor eine Ringschraube angebracht. Ist der Abstand zwischen Grundbrett und Aufhängung etwa 2 m, wie bei allen Maßangaben angenommen worden ist, so genügt ein Grundbrett. Ist der Abstand viel größer, was zwar wünschenswert, doch beschwerlich ist, so muß man, wenn erforderlich, zwei Bretter aneinanderschieben. Wenn es nicht anders geht, befestigt man das Grundbrett auf dem Fußboden. Die optische Bank (vgl. Licht, Aufg. 11) kann man als Grundbrett verwenden, falls ihr Maßstab hinreichend hoch liegt.

Bei den Berechnungen sind die Massen der Aufhängedrähte nicht berücksichtigt worden. Will man sie in Betracht ziehn, so hat man zur Masse jeder Kugel die Hälfte der Masse ihres Aufhängedrahts hinzuzufügen.

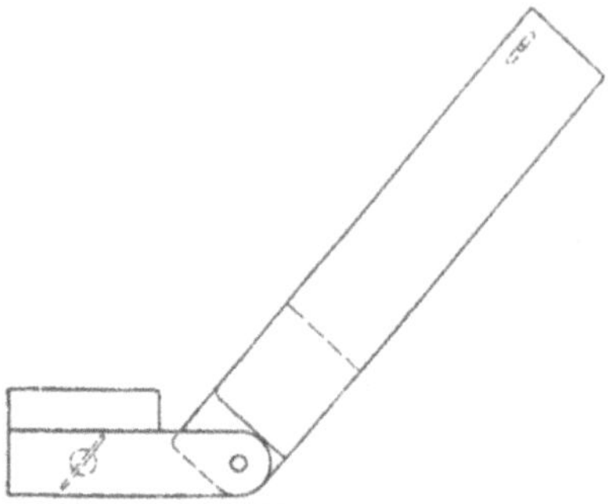

Abb. 123.

Bei Versuch (k) kleben die Kugeln nach dem Stoß zusammen. Das hat wenig zu sagen; will man es verhindern, so bedecke man an der Stoßstelle mit einem Stückchen Papier den Kitt oder das Wachs.

Zumeist hängt man bei Stoßversuchen die Körper an zwei Fäden auf; hierbei ist jedoch das scharfe Einstellen schwieriger als bei Pendeln mit einem Faden. Aus diesem Grunde bin ich der Versuchsanordnung von E. H. Hall gefolgt.

Noch einmal sei ausdrücklich hervorgehoben, daß man bei diesen Versuchen nicht die Geschwindigkeit v, sondern die wagrechte Ablotung a der Schwingweite mißt, wobei annähernd $v = ka$ ist und k eine Unveränderliche bezeichnet. Man berechnet also nicht den Wert der Bewegungsgröße mv, sondern die verhältnisgleiche Größe ma. Die Abweichung zwischen $^1/_2 mv^2$ und $^1/_2 ma^2$ ist so groß, daß man mit der benutzten Vorrichtung die Gesetze über die Wuchten der aufeinanderstoßenden Körper nicht ableiten kann.

Von den andern Vorrichtungen für Stoßversuche seien hervorgehoben: Allen *177 Nr. 8, 221, 249.* Ames-Bliss *85 Nr. 14 u. 15.* Eggar *82 Nr. 52.* Kelsey *63 Nr. 14.* Millikan *54 Nr. 6.* Watson, *Elem. Pract. Phys. 108 Nr. 85.*

9. Aufgabe. *Bestimme mit der Stoßwage die Masse eines Körpers.*

(1 Schüler, 1 Stunde.)

Quellen. O. Reichel, *Zeitschr. f. d. phys. u. chem. Unterr. 2, 267; 1889.* R. Heyne, *ebenda 7, 73, 1893;* Hicks, *Elementary Dynamics 24.* W. Watson, *Elem. Pract. Phys. 110 Nr. 86, 113 Nr. 87 u. 235.*

Geräte.

Hicks Stoßwage (vgl. S. 152).	1 Stück Blei von etwa 750 g.
Zwei 500 g-Stücke.	Wage.
1 kg-Stück.	Massensatz.

Anleitung. a) Stelle auf jedes Brettchen 500 g, lies für die Ruhelage die Stellungen der innern Ränder der Zeiger ab, ziehe beide

Pendel um gleiche Strecken seitwärts und laß sie dann gleichzeitig los. Wo treffen sie einander? Vernichten sie gegenseitig ihre Bewegungen? *Dynamische Begriffsbestimmung der Masse.*

b) Fasse mit den Händen beide Brettchen an und ziehe sie behutsam auseinander. Verschiebe das eine Brettchen um 5 cm und das andre um 10 cm. Wo treffen sie jetzt einander? Kommen sie zur Ruhe?

c) Lege aufs rechte Brettchen 1000 g und verschiebe es jedesmal um 5 cm. Ändre die Schwingweite des linken Brettchens, bis beide Pendel beim Zusammenstoßen ihre Geschwindigkeiten gegenseitig vernichten. Betrachte das Produkt aus der Masse m und ihrer Schwingweite a als Maß der Bewegungsgröße mv und berechne die Ersatzmaße. Trage sie in die folgende Tafel ein.

Stoßwage Nr. ...

Linkes Pendel				Rechtes Pendel				
Masse m_1 [g]	Nullage cm	Verschiebung a_1 [cm]	Ersatzmaß der Bewegungsgröße $m_1 a_1$	Masse m_2 [g]	Nullage cm	Verschiebung a_2 [cm]	Ersatzmaß der Bewegungsgröße $m_2 a_2$	$m_1 a_1 - m_2 a_2$
							Mittel	.....

d) Wiederhole den Versuch (c), doch verschiebe das linke Pendel stets um 12 cm und ändre diesmal die Verschiebung des rechten Brettchens.

e) Lege aufs linke Brettchen das Bleistück und aufs rechte 500 g (Abb. 124). Ermittle die Verschiebungen, wobei beide Pendel nach dem Zusammenstoßen zur Ruhe kommen. Sind a_1 und a_2 die Verschiebungen beider Brettchen, v_1 und v_2 ihre Geschwindigkeiten beim Zusammenstoßen und m die Masse des Bleistücks, so ist $m v_1/500 v_2 = m a_1/500\, a_2$ und

$$m a_1 - 500\, a_2 = 0\,,$$

somit

$$m = \frac{a_2}{a_1} 500\ [\mathrm{g}]\,.$$

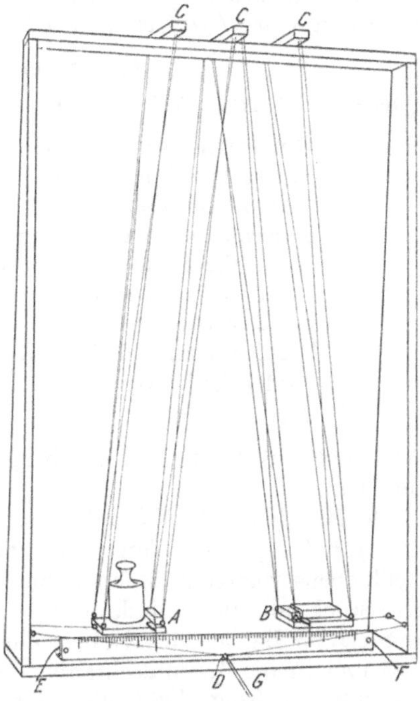

Abb. 124.

f) Wiederhole unter Benutzen verschiedner Werte von a_1 und a_2 die Massenbestimmung und nimm aus den Ergebnissen das Mittel.

g) Bestimme mit der Wage die Masse des Bleistücks.

Bemerkungen. Die Stoßwage von HICKS (Abb. 124). Zwei leichte Brettchen *A* und *B* (10 cm × 10 cm) hängen mit starken Fäden an drei 20 cm langen Querstäben *C*, die auf einem Holzrahmen befestigt sind. Die Enden der Schnüre sind mit Ösen versehn, die man mit Reißnägeln auf den Querstäben festheftet. Die Längen (90 cm) der Schnüre und die Längen (20 cm) der Querstäbe sind so abgepaßt, daß sich beide Brettchen in der Ruhelage eben berühren und daß sie, wenn man sie seitwärts zieht, die wagrechte Stellung beibehalten. An den einander zugekehrten Enden *A* und *B* der beiden Brettchen sind kleine Holzklötze aufgeleimt. Aus einem dieser Klötze ragen zwei scharfe Metallspitzen heraus. Sobald die Brettchen aufeinanderstoßen, dringen diese Spitzen in den Klotz des andern Brettchens ein, und es haften daher *A* und *B* nach dem Stoß zusammen. Statt der Stifte kann man auch Klebwachs verwenden. Die Brettchen zieht man mit zwei dünnen Fäden zur Seite. Jeder Faden geht durch zwei Ringe an der Seitenwand des Rahmens und von da nach der Ringschraube *D* im Grundbrett. Hält man bei *G* beide Fäden zwischen Zeigefinger und Daumen derselben Hand, so kann man beide Pendel in demselben Augenblick loslassen. Die Strecken, um die man beide Pendel seitwärts zieht, liest man an der Teilung *EF* mit den beiden Zeigern ab, die an den Brettchen befestigt sind.

Das richtige Abpassen der Schnüre und das Einstellen der Brettchen ist recht mühsam.

Man lasse nicht mit zu kleinen Verschiebungen arbeiten. Man achte streng darauf, daß die Schüler nicht versuchen, die Brettchen, die sich mit den Spitzen aneinander geheftet haben, mit den Zugschnüren auseinander zu reißen, sondern daß sie stets mit den Händen die Brettchen auseinanderziehn.

VI. Kraft und Masse.

10. Aufgabe. *Wie kann man durch Messen von Masse, Länge und Zeit die Größe einer Kraft bestimmen?*

(1 Schüler, 1 Stunde.)

Quelle. WHITING *334 Nr. 60.*

Geräte.

Drillring (vgl. S. 154).	Taktschläger oder Stoppuhr.
Schraubzwinge mit versetztem Feilkloben.	Maßstab.
Federharter Messingdraht von 0,25 mm Durchmesser oder Stahldraht.	Schublehre.
Beißzange.	Wage.
Marke (Nadel in einem Kork) oder Sehrohr.	Massensatz.
Bunsengestell.	Stelltisch.
	Feder oder Pinsel.
	(Galgen) oder Arbeitsbock.

Anleitung. a) Nimm von den Ringhaken die Eisendrähte ab und wäge den Ring.

b) Miß den äußern Durchmesser *d* und die Dicke δ des Ringes.

c) Befestige am Wandgalgen die Zwinge so, daß die Backen des Feilklobens wagrecht stehn (Abb. 125). Schneide vom Messingdraht ein Stück ab, das mindestens 1 m lang ist. Klemme zwischen die wagrechten Backen des Klobens das umgebogene obre Ende des Drahts fest und in die Klemmschraube der Ringaufhängung das untre Ende so, daß der Ring dicht über der Tischplatte wagrecht hängt. Vermeide beim Versuch den geringsten Luftzug, schließe Tür und Fenster, gehe nicht umher, sondern bleibe ruhig vorm Drillring sitzen.

d) Stelle dicht vor den Nullstrich der Ringteilung die Nadelmarke oder richte auf eine gut beleuchtete Stelle der Teilung das Sehrohr. Drehe den Ring um nahezu 360⁰ und laß ihn los. Hemme die Pendelschwingungen, falls dies erforderlich ist, durch Berühren des langen Aufhängedrahts mit einer Feder oder einem Pinsel. Der Ring macht dann nur noch reine Drillschwingungen.

e) Stelle das Laufgewicht des Taktschlägers so, daß er Sekunden schlägt, und lies, w e n n s i c h d e r R i n g e i n e r U m k e h r n ä h e r t, in Zwischenzeiten von 2 sek die Teilstriche ab, die mit dem Taktschlag an der Nadelmarke oder dem Drahte des Sehrohrs vorübergehn. Mache etwa sechs Beobachtungen.

f) Wiederhole mehrmals die Messungen (e).

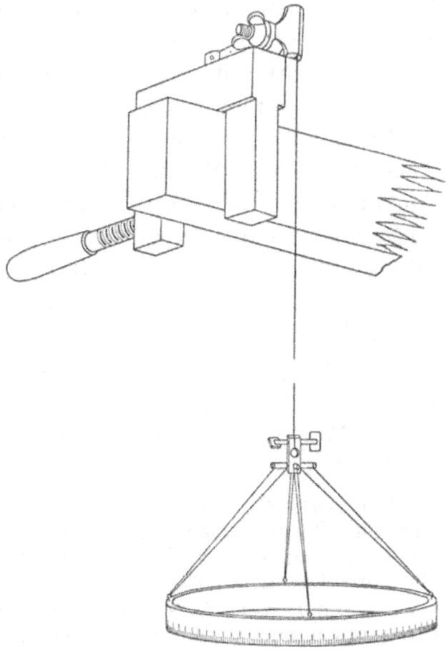

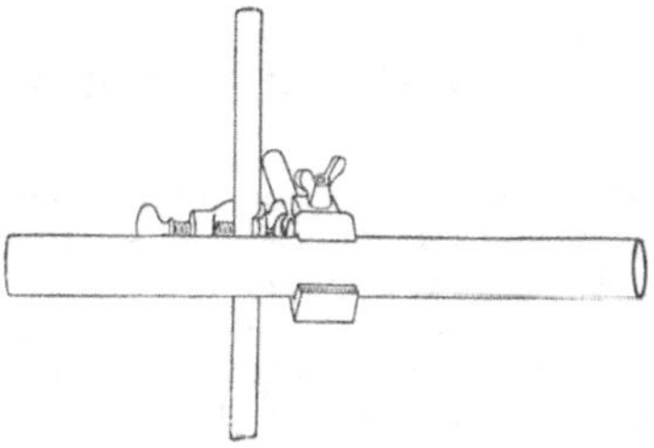

Abb. 125.

g) Schreibe die Ergebnisse in folgender Weise auf:

Ring Nr. ...
Masse des Ringes $m =$ ... g.
Äußrer Durchmesser des Ringes $d =$ ... cm.
Dicke des Ringes $\delta =$ ... cm.
Äußrer Halbmesser des Ringes $r_1 = {}^1/_2\, d =$ ... cm.
Mittlerer Halbmesser des Ringes $r = r_1 - {}^1/_2\, \delta =$ ... cm.
.... Draht.
Länge des Drahts = ... cm.
Durchmesser des Drahts = ... cm.

Teilstrich s_ν, der sich mit der Nadelmarke deckt	In 2 sek vorübergegangne Bogenlänge $\Delta s_\nu = s_{\nu+1} - s_\nu$	Mittlere Geschwindigkeit $v_\nu = {}^1/_2\, \Delta s_\nu$	Ändrung der Geschwindigkeit während 2 sek $\Delta v_\nu = v_{\nu+1} - v_\nu$	Beschleunigung $\beta = {}^1/_2\, \Delta v_\nu$
			Mittel	....

h) Berechne aus den Teilstrichen, die in Zwischenzeiten von je 2 sek an der Nadelmarke vorübergegangen sind, die in Zentimeter gemessene Bogenlänge, um die sich der äußre Ringmantel während dieser Zeit gedreht hat, und daraus die in cm/sek gemessene mittlere Geschwindigkeit während dieser 2 sek. Bezeichne dabei, wenn sich der Ring von seiner

Ruhelage fortdreht, die Geschwindigkeit als positiv und bei entgegengesetztem Drehsinn als negativ. Berechne ferner die Ändrung der mittlern Geschwindigkeit während 2 sek und daraus die in cm/sek^2 gemessene Beschleunigung. Nimm das Mittel aus den so erhaltenen Werten der Beschleunigung β. Dieser Mittelwert stellt die Beschleunigung am äußern Mantel des Ringes dar. Für den mittlern Halbmesser r des Ringes ist die mittlere Beschleunigung des ganzen Ringes $b = r\beta/r_1$.

i) Berechne aus der Masse m des Ringes und der Beschleunigung β die in Dyn gemessene Kraft P, die der Draht auf den Ring ausübt.

k) Ermittle bei den Versuchsreihen (e) bis (g) jedesmal den mittlern Teilstrich. Dieser Mittelwert liefert den in Zentimeter gemessenen mittlern Ausschlag a des äußern Ringmantels. Berechne daraus und aus dem äußren Halbmesser r_1 des Ringes den in Grad gemessenen mittlern Ausschlag φ des Ringes. $\varphi = a \cdot 180^0/r_1\pi$. Wie groß ist also die Kraft, die der um $\varphi = \ldots^0$ gedrehte Messingdraht in der Entfernung $r = \ldots$ cm von seiner Achse auf einen Körper von der Masse $m = \ldots$ g ausübt?

l) Wie groß ist die Drehkraft, die der Draht auf den Ring ausübt? $D = Pr$ [Dyn · cm].

m) Wie groß ist die Drehstarre $\mathfrak{d}$, d. h. die Drehkraft des Ringes bei einer Drehung um 1^0?

Bemerkungen. Der Drillring aus Eisen oder Messing von 50 cm äußerm Umfange, 0,5 cm Dicke und 2 cm Höhe trägt an vier Punkten seines obern Innenrandes Haken, die gleichweit voneinander abstehn. Von jedem Haken führen, wie Abb. 125 zeigt, zwei 15 cm lange Eisendrähte von 0,25 mm Durchmesser nach je einem Querstabe von 1 cm Länge, der an einer Messinghülse sitzt. Die Eisendrähte sind an die Stäbe angeschraubt. Anstatt der vier Querstäbe kann man auch eine Scheibe anbringen lassen. In die Hülse klemmt man mit zwei Schrauben den 0,25 mm starken Drilldraht aus federhartem Messing oder aus Stahl ein. Auf dem äußern Umfange des Ringes ist eine Millimeterteilung aufgeklebt, deren Zentimeter beziffert sind.

Man biege nach Dr. Curt Fischer den Aufhängedraht rechtwinklig um und lege das umgebogene Ende ins wagrechte Klobenmaul (Abb. 25, S. 44) Im Bilde 125 stehen die Backen noch lotrecht, weil früher noch nicht mit einem versetzten Kloben gearbeitet wurde.

Das Sehrohr ist eine innen schwarze Pappröhre von 30 cm Länge und 2,5 cm Durchmesser, die am einen Ende mit einem dünnen Blechstreifen und am andern Ende mit einem Sehloch von 6 mm Durchmesser versehn ist.

Eine Prüfung der vorhandenen zahlreichen Fallmaschinen für Schülerübungen und der vielleicht erforderliche Bau einer neuen Maschine konnte bis jetzt in der Staatlichen Hauptstelle für den naturwissenschaftlichen Unterricht nicht ausgeführt werden, da die vorhandenen Mittel für dringendere Aufgaben verwandt werden mußten. Die Vorrichtung von Fletscher bedarf noch der weitern Vervollkommnung. Den in Amerika üblichen „*Acceleration Test*" hat Hall wesentlich verbessert. Vgl. H. Hahn, *Freihandversuche 1*^{2}, *157 Nr. 294 u. 179 Nr. 346**.

VII. Arbeit und Wucht.

11. Aufgabe. *An das eine Ende einer Schnur, die um die Achse eines Schwungrades gewunden ist, hat man eine Masse befestigt. Ihr Gewicht dreht das Rad. Welche Wucht erlangt die sinkende Masse?*

(2 Schüler, 2 Stunden.)

Quelle. Wells *195 Nr. 1.*

Geräte. Rad mit wagrechter Achse (vgl. S. 156). Schnur. Belastungsmassen. | Maßstab. Stoppuhr. Arbeitsbock oder (Galgen.)

1. Verfahren.

Anleitung. a) Befestige am Stifte der Achse mit einer losen Schleife das eine Ende der Schnur und hänge ans andre Ende eine Masse von etwa 100 g (Abb. 126). Mache dabei die Schnur so lang, daß sie in dem Augenblick abfällt, wo die Masse den Boden berührt.

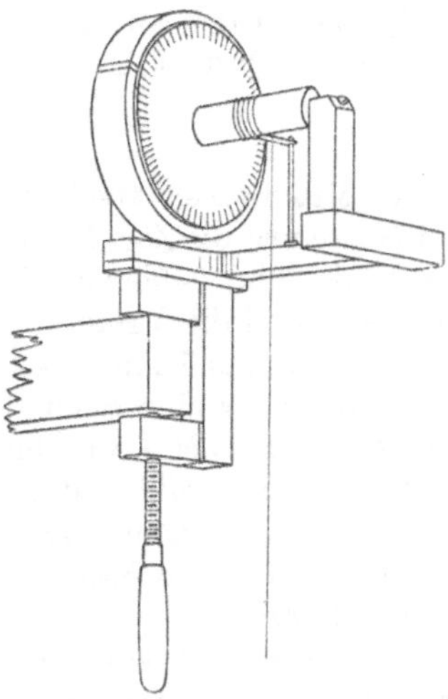

Abb. 126.

b) Drehe das Rad und wickle auf die Achse in dicht nebeneinanderliegenden vollen Windungen die Schnur so weit, daß die Masse an ihrem Ende eben frei herabhängt. Miß die Höhe h [cm] des untern Randes der Masse überm Fußboden.

c) Laß die Masse los und miß mit der Stoppuhr die Fallzeit t [sek]. Bezeichnet v[cm/sek] die Endgeschwindigkeit der sinkenden Masse, dann ist die mittlere Geschwindigkeit $1/_2 v$, die Falltiefe $h = 1/_2 v t$, somit $v = 2h/t$ und die Wucht der aufschlagenden Masse $W_3 = 1/_2 m v^2$ [Erg].

d) Schreibe die Ergebnisse in folgender Weise auf:

Schwungrad Nr. ...

Sinkende Masse m [g]	Falltiefe h [cm]	Fallzeit t [sek]	Endgeschwindigkeit $v = 2\,h/t$ [cm/sek]	Wucht der aufschlagenden Masse $W_3 = 1/_2\, m\, v^2$ [Erg]

e) Wiederhole den Versuch mit andern Massen (150, 200, 250 g) und verschiedenen Falltiefen.

2. Verfahren.

f) Verfahre wie vorher. Miß jedoch die Fallzeit t [sek] und die Anzahl z der Umdrehungen während des Sinkens. Ist u die Umlaufzahl für 1 sek beim Aufschlagen der Masse, so ist die mittlere Umlaufzahl des Rades $1/_2 u$ und die Anzahl z der Umdrehungen während des Sinkens $z = 1/_2 u t$ und daher $u = 2z/t$.

g) Wickle wie bei (b) die Schnur auf die Achse, drehe dabei das Schwungrad z' mal (etwa 25 mal) herum und miß die ganze Falltiefe h' [cm] der Masse. Berechne die Falltiefe h_1 für eine Umdrehung. $h_1 = h'/z'$. Die Endgeschwindigkeit der aufschlagenden Masse ist somit $v = h_1 u = 2 z h_1/t$. Berechne wie bei (c) die Wucht W_3.

h) Schreibe die Ergebnisse in folgender Weise auf:

Sinkende Masse m [g]	Anzahl der Umdrehungen während des Sinkens z	Fallzeit t [sek]	Umlaufzahl für 1 sek beim Aufschlagen $u = 2z/t$ [sek^{-1}]	Anzahl der Windungen z'	Zugehörige Falltiefe h' [cm]	Falltiefe für eine Umdrehung $h_1 = h'/z'$	Endgeschwindigkeit $v = h_1 u$ [cm/sek]	Wucht der Masse beim Aufschlagen $W_3 = {}^1/_2 m v^2$ [Erg]

i) Wiederhole mit andern Massen und verschiedenen Falltiefen das Verfahren. Vgl. (e).

3. Verfahren.

k) Miß die Zeit t [sek] vom Beginn des Drehns bis zum Aufschlagen der Masse und die Zeit T [sek] vom Beginn des Drehns bis zum Stillstehn des Rades und zähle zugleich die Anzahl z der Umdrehungen während der Zeit t und die Anzahl Z der Umdrehungen während der Zeit T. Das Schwungrad macht in T Sekunden Z Umdrehungen, also ist die mittlere Umlaufzahl für eine Sekunde Z/T. Bezeichnet u die Umlaufzahl (für eine Sekunde) beim Aufschlagen des Gewichts, so ist die mittlere Umlaufzahl ${}^1/_2\, u = Z/T$ und somit $u = 2Z/T$. Miß wie bei (g) die Falltiefe h_1 für eine Umdrehung des Rades. Dann ist die Geschwindigkeit der aufschlagenden Masse $v = h_1 u = 2 Z h_1/T$ und deren Wucht $W_3 = {}^1/_2 m v^2$ [Erg].

l) Schreibe die Ergebnisse in folgender Weise auf:

Sinkende Masse m [g]	Gesamtzahl der Umdrehungen des Rades Z	Drehzeit des Rades T [sek]	Umlaufzahl für 1 sek beim Aufschlagen $u = 2Z/T$	Anzahl der Windungen z'	Zugehörige Falltiefe h' [cm]	Falltiefe für eine Umdrehung $h_1 = h'/z'$	Endgeschwindigkeit $v = h_1 u$ [cm/sek]	Wucht der Masse beim Aufschlagen $W_3 = {}^1/_2 m v^2$ [Erg]

m) Wiederhole mit andern Massen und verschiednen Falltiefen das Verfahren. Vgl. die zusammengehörigen Ergebnissen von (e), (i) und (m).

Bemerkungen. Das Schwungrad (Abb. 126) hat folgende Einrichtung: Auf einer Achse sitzt ein eisernes Rad von 18,3 cm Durchmesser und eine Welle aus Holz von 3,09 cm Durchmesser. Die Achse des Rades ruht auf Lagern, die auf einem ausgeschnittnen Grundbrett sitzen. Dieses wird möglichst hoch auf einem Wandgalgen mit einer angeschraubten Zwinge befestigt. Das Grundbrett ist so ausgeschnitten, daß sich die Schnur frei abwärts bewegen kann. Man kann die Umdrehungen mit einem weißen Strich zählen, den man auf den Radkranz mit Farbe gemalt hat. Der weiße Strich muß mit dem kurzen Stifte, der in die Welle eingesetzt ist, in einer Ebene liegen. Die Schnur (Angelschnur) hat an beiden Enden Schleifen und ist so lang, daß sie von dem wagrecht gestellten Stift bis zu einer Höhe von etwa 10 cm überm Fußboden reicht. Vgl. über die Windungen der Schnur S. 18 Aufg. 3, Verf. 2 (Bemerkungen). Das Anhängegewicht nebst Haken ist so schwer, daß es das Rad mit gleichbleibender Geschwindigkeit dreht, wenn man es schwach anstößt. Die geschlitzten Zusatzgewichte versetzen das Rad in eine gleichförmig beschleunigte Bewegung.

Wells *(193)* benutzt ein gußeisernes Scheibenschwungrad mit einem schweren Schwungring. Es ist auf einer Stahlachse befestigt und zwischen konischen Lagern auf einem starken gußeisernen Wandbock angebracht. Die Achse des Rades liegt wagrecht. Das Rad hat 38 cm äußern Durchmesser, der Schwungring ist 7 cm breit und 7 cm dick, die Mittelscheibe ist 0,6 cm dick, die Nabe hat 7,6 cm Durchmesser und ist 7,6 cm lang, und die Achse hat 2,9 cm Durchmesser und ist 30 cm lang. Das ganze Schwungrad wiegt 43,6 kg. Die Radachse liegt mindestens 1,50 m überm Fußboden. Um die Achse ist eine Schnur gewunden und an einem zur Achse senkrechten, 3 cm langen Stift mit einer weiten Schleife befestigt, so daß sie sich bequem frei machen kann, sobald die daran hängende Masse den Boden berührt, aber sicher daran festsitzt, wenn sie sich beim Drehn des Rades auf die Achse aufwickelt und dabei die Masse hebt. Die Umdrehungen des Rades zählt man so: man beobachtet, wie oft der Stift an einem kleinen Stabe vorübergeht, der neben dem Schwungring befestigt ist. Beim schweren Schwungrade muß man mit Belastungen von 5 bis 20 kg* arbeiten und die jeweilige Ausdehnung der Schnur berücksichtigen. Eine aufs Rad gemalte Marke (weißer Strich oder Fleck) ist beim Umdrehen schlecht sichtbar.

Andre Anordnungen des Schwungrades findet man bei DUNCAN *223* und JOHN PERRY, *Applied Mechanics 247.*

Man läßt gleichzeitig nach dem Verfahren des allseitigen Angriffs verschiedne Gruppen die Aufgaben 11 bis 14 erledigen.

12. Aufgabe. *An dem einen Ende einer Schnur, die um die Achse eines Schwungrades gewunden ist, befestige man eine Masse. Ihr Gewicht dreht das Rad. Welche Arbeit wird beim Sinken der Masse zum Überwinden der Achsenreibung verbraucht?*

(2 Schüler, 2 Stunden.)

Quelle. WELLS 196 *Nr.* 2.

Geräte. Wie bei Aufgabe 11 S. 155, dazu Kasten mit Sägemehl.

1. Verfahren.

Anleitung. a) Hänge an die Schnur die kleinste Masse m_0 (etwa 25)[g], die beim Sinken das schwach angestoßne Rad mit gleichbleibender Geschwindigkeit weiterdreht, und miß die Falltiefe h[cm]. Welche Arbeit wird durch die Reibung vernichtet? $W_1 = m_0 g h$ [Erg].

b) Schreibe die Versuche in folgender Weise auf:

Schwungrad Nr. ...

Sinkende Masse m_0 [g]	Falltiefe h [cm]	Arbeit gegen die Reibung $W_1 = m_0 g h$ [Erg]

c) Wiederhole mit andern Falltiefen die Versuche.

2. Verfahren.

d) Hänge an die Schnur die Masse m (etwa 100 g), laß sie zu Boden sinken und ihr Gewicht das Rad drehn. Bestimme die Anzahl z der Umdrehungen bis zum Abfallen der Masse und die Anzahl Z der Umdrehungen vom Beginn der Bewegung bis zum Stillstehn des Rades. Das Gewicht mg[Dyn] sinkt um h[cm] und leistet während des Fallens die positive Arbeit $W = mgh$ [Erg].

e) Bestimme wie in Aufgabe 11 die Endgeschwindigkeit v [cm/sek] und die Wucht W_3 [Erg] der aufschlagenden Masse.

f) Vergleiche die verbrauchte Arbeit W mit der erzeugten Wucht W_3 der aufschlagenden Masse. Wozu wird der Unterschied ($W - W_3$) zwischen der geleisteten Arbeit und der erzeugten Wucht verbraucht? Es wird zum Überwinden der Achsenreibung die Arbeit W_1 [Erg] aufgewandt und dem Rade selbst die Wucht W_2 [Erg] mitgeteilt. Nach dem Abfallen der Schnur hat das Schwungrad die Wucht W_2. Welche Arbeit leistet diese Wucht bis zum Stillstehn des Rades? Sie überwindet die Achsenreibung. Welche Arbeit wird also vom Beginn des Drehns bis zum Stillstehn des Rades zum Überwinden der Reibung verbraucht? $W_1 + W_2 = W - W_3 = mgh - {}^1/_2 mv^2$. Diese Arbeit wird während Z Umdrehungen des Rades verzehrt und daher während einer Umdrehung die Arbeit $(mgh - {}^1/_2 mv^2) : Z$ [Erg]. Welche Arbeit wird also während des Sinkens der Masse m durch Reibung vernichtet, wenn das Rad vom Beginn des Bewegens bis zum Aufschlagen der Masse z Umdrehungen gemacht hat?

$$W_1 = \frac{z}{Z}(mgh - {}^1/_2 mv^2) \text{ [Erg].}$$

g) Schreibe die Ergebnisse der Bestimmung von v wie in Aufgabe 11 auf und die weitern Ergebnisse in folgender Weise:

Sinkende Masse	Fall-tiefe	Positive Arbeit der sinkenden Masse	End-geschwin-digkeit der sinkenden Masse	Wucht der sinkenden Masse	Anzahl der Umdrehungen		Arbeit zum Überwinden der Reibung während des Sinkens der Masse
					bis zum Auf-schlagen der Masse	bis zum Still-stehn des Rades	
m [g]	h [cm]	$W = mgh$ [Erg]	v [cm/sek]	$W_3 = {}^1/_2 mv^2$ [Erg]	z	Z	W_1 [Erg]

h) Wiederhole mit verschiedenen Massen und Falltiefen die Versuche.

i) Vergleiche die erhaltenen Werte der Arbeit W_1 mit den Werten, welche die Versuche (a) und (c) geliefert haben. Wie sind die Unterschiede zu erklären? Vergleiche die Geschwindigkeiten, womit sich das Rad bei den beiden Verfahren dreht. Vergleiche ferner die Belastungen der Achse bei den beiden Verfahren. Haben die Geschwindigkeit und die Belastung einen Einfluß auf die Reibung? Vergleiche auch die Belastungen mit dem Gewichte des Schwungrades. Bei welchem Verfahren werden die Versuchsbedingungen am wenigsten geändert? Welches der beiden Verfahren ist also vorzuziehn?

Bemerkungen. Benutzt man ein so schweres Schwungrad wie Wells, so muß man beim zweiten Verfahren sinkende Massen von 5 bis 20 kg anwenden.

Man läßt gleichzeitig nach dem Verfahren des allseitigen Angriffs verschiedene Gruppen die Aufgaben 11 bis 14 erledigen.

13. Aufgabe. *Wie groß ist die Wucht des Schwungrades in dem Augenblick, wo das Gewicht der sinkenden Masse aufhört, darauf zu wirken?*

(2 Schüler, 2 Stunden.)

Quelle. Wells *198 Nr. 3.*

Geräte. Wie bei Aufgabe 11, dazu Millimeterpapier.

Anleitung. **a)** Die positive Arbeit des sinkenden Gewichts mg [Dyn] ist

$$W = mgh \text{ [Erg]}$$

und die Wucht der sinkenden Masse in dem Augenblick, wo sie auf den Fußboden aufschlägt, (vgl. Aufgabe 11)

$$W_3 = \tfrac{1}{2} m v^2 \text{ [Erg]}.$$

Zum Überwinden der Achsenreibung ist nach Aufgabe 12 Verf. 2 die Arbeit

$$W_1 = \frac{z}{Z}(mgh - \tfrac{1}{2} m v^2) \text{ [Erg]}$$

verbraucht worden.

In dem Augenblick, wo das Einwirken des sinkenden Gewichts aufhört, hat daher das Schwungrad die Wucht

$$W_2 = W - (W_1 + W_3)$$

$$W_2 = mgh - \left[\tfrac{1}{2} m v^2 + \frac{z}{Z}(mgh - \tfrac{1}{2} m v^2)\right].$$

b) Bestimme nach dieser Formel für die sinkenden Massen 100, 150, 200 und 250 g die Wucht W_2 des Schwungrades und benutze dabei von Aufgabe 11 das erste Verfahren und von Aufgabe 12 das zweite Verfahren.

c) Stelle die Ergebnisse bildlich dar und setze dabei $x = v^2$ und $y = W_2$. Zeichne die Gerade, die sich den erhaltenen Punkten am besten anschmiegt. Welche Beziehung besteht zwischen W_2 und v^2?

d) Macht das Schwungrad in einer Sekunde u Umdrehungen, so ist seine *Winkelgeschwindigkeit* $\omega = 2\pi u$. Bezeichnet ϱ den *Dreharm* (*den Drehhalbmesser*) des Rades, so ist dessen Geschwindigkeit $\varrho\,\omega$ [cm/sek] und, wenn M die Masse des Schwungrades bedeutet, dessen Wucht

$$W_2 = \tfrac{1}{2} M \varrho^2 \omega^2$$

oder, wenn man die *Drehmasse* des Rades $M\varrho^2$ mit J bezeichnet,

$$W_2 = \tfrac{1}{2} J \omega^2.$$

e) Berechne aus den Versuchsergebnissen der Aufgaben 11 bis 13 die Drehmasse und mit M den Dreharm des Rades.

Bemerkungen. Die Drehmasse nennt man auch Trägheitsmoment und den Dreharm (den Drehhalbmesser) dementsprechend Trägheitsradius.

Benutzt man ein so schweres Schwungrad wie Wells, so muß man sinkende Massen von 5 bis 20 kg anwenden.

Man läßt gleichzeitig nach dem Verfahren des allseitigen Angriffs verschiedne Gruppen die Aufgaben 11 bis 14 erledigen.

14. Aufgabe. *Wie groß ist die Drehkraft der Achsenreibung und die Drehmasse eines Rades?*

(2 Schüler, 2 Stunden.)

Quelle. Kelsey *52 Nr. 35.*

Geräte. Rad mit wagrechter Achse (vgl. S. 156). Schnur. Belastungsmassen. Maßstab. Schublehre. Wage. Massensatz. Stoppuhr. (Galgen) oder Arbeitsbock.

Anleitung. a) Nimm das Rad aus seinem Lager, miß den Durchmesser *d* der Welle, lege über den Stift auf der Welle die eine Endschleife der Schnur, wickle auf die Welle in dicht nebeneinanderliegenden Windungen die Schnur, zähle dabei die Anzahl der Windungen und schreibe diese Zahl *z* und den Halbmesser *r* der Welle auf.

b) Hängt man an die freie Endschleife der Schnur die Masse *m*[g], so durchfällt sie die Höhe *h* [cm], und das Gewicht *mg* [Dyn] setzt das Rad in ein gleichförmig beschleunigtes Drehn. Sobald sich die Schnur abgewickelt hat, fällt sie vom Stift ab. Welche Beziehung besteht zwischen *h*, *r* und *z*? Man kann auch *h* so messen: man wickelt die Schnur auf und mißt die Höhe des Gewichts, einmal, wenn es hinaufgewunden ist, und das andre Mal, wenn es die Stellung hat, wo die Schnur vom Stift abfällt. Wie groß ist die gewonnene Macht (Arbeitsvorrat) *W* der Masse *m*, wenn der Faden aufgewunden ist?

c) Beim Abrollen der Schnur leistet das fallende Gewicht positive Arbeit. Diese überwindet die Achsenreibung des Rades in den Lagern und erteilt dem Rad und dem fallenden Körper eine gewisse Wucht.

d) Die Arbeit W_1, die zum Überwinden der Achsenreibung erforderlich ist, mißt man durch das Vielfache aus der Drehkraft *D* der Reibung und dem Winkel $2\pi z$, um den sich das Rad vom Beginn der Bewegung bis zum Abfallen der Schnur dreht. Die Drehkraft *D* der Reibung ist die Drehkraft, die unter Überwinden der Reibung das schwach angestoßene Rad eben in gleichförmigem Drehn erhält. Es ist also

$$W_1 = 2\pi z \cdot D,$$

wo *D* noch zu bestimmen ist.

e) Ermittle durch Versuche das kleinste Gewicht $m_0 g$ [Dyn], das, an die freie Endschleife der Schnur gehängt, beim Sinken das schwach angestoßene Rad mit gleichbleibender Geschwindigkeit weiterdreht. Es ist dann

$$D = m_0 g \cdot r.$$

Bestimme mit der Wage die Masse m_0. Wiederhole mehrmals den Versuch, nimm das Mittel aus den Werten von m_0 und berechne *D* und W_1.

f) Wickle wieder auf die Welle die Schnur mit *z* Windungen und hänge an die freie Endschleife das Gewicht *mg* [Dyn]. Stelle das Rad so, daß der Stift mit dem wagrechten Strich auf dem Rade in einer Ebene liegt. Setze in dem Augenblick, wo man das Gewicht losläßt und sich das Rad ohne Anstoß zu drehn beginnt, die Stoppuhr in Gang und hemme sie in dem Augenblick, wo die Schnur vom Stift abfällt. Lies die Fallzeit *t* [sek] ab. Der Mitarbeiter zähle von dem Augenblick an, wo die Schnur herabgefallen ist, die Umdrehungen (die vollen Umdrehungen und den Bruchteil der letzten Umdrehung), die das Rad bis zum Stillstehn macht. Schreibe diese Zahl *z'* auf. Bestimme mit der Wage die Masse *m*[g].

Wiederhole die Messungen mehrmals und bilde die Mittelwerte von t und z'.

g) Das Rad hat in dem Augenblick, wo die Schnur vom Stift abfällt, die Wucht (vgl. S. 159)

$$W_2 = {}^1/_2 J \omega^2,$$

wenn J die Drehmasse und ω die Winkelgeschwindigkeit des Rades bezeichnet. Die Dauer t der beschleunigten Bewegung des Rades hat man mit der Stoppuhr bereits bestimmt. Die mittlere Winkelgeschwindigkeit des Rades ist $2\pi z/t$ und, da die größte Winkelgeschwindigkeit ω doppelt so groß ist,

$$\omega = \frac{4\pi z}{t}.$$

h) Die Wucht W_3 des fallenden Gewichts mg ist ${}^1/_2 m v^2$. Die mittlere Geschwindigkeit des Gewichts ist h/t oder, da $h = 2\pi z \,.\, r$ ist, $2\pi z \,.\, r/t$, und somit die doppelt so große Endgeschwindigkeit

$$v = 4\pi z \cdot \frac{r}{t}.$$

Ermittle, falls man h selbst gemessen hat, v auch aus der Beziehung $v = 2h/t$. Berechne aus dem so erhaltenen Wert von v die Wucht W_3.

i) Es ist

$$W = W_1 + W_2 + W_3$$

und $W_2 = {}^1/_2 J\omega^2$, somit

$$J = 2\,\frac{W - W_1 - W_3}{\omega^2}.$$

Berechne aus den bereits ermittelten Werten von W, W_1, W_3 und ω die Drehmasse des Rades.

k) Schreibe die Ergebnisse in folgender Weise auf:

Rad Nr. ...

Durchmesser der Welle $d = \ldots$ cm.
Halbmesser der Welle $r = \ldots$ cm.
Anzahl der Windungen $z = \ldots$
Drehwinkel $2\pi z = \ldots$ [Bogenmaß].
Fallhöhe $h = 2\pi z \,.\, r = \ldots$ cm.
Masse des Fallkörpers $m = \ldots$ g.
Gewicht des Fallkörpers $mg = \ldots$ Dyn.
Macht (Arbeitsvorrat) des hinaufgewundnen Fallkörpers $W = mgh = \ldots$ Erg.
Masse des Reibgewichts (Mittelwert) $m_0 = \ldots$ g.
Reibgewicht $m_0 g = \ldots$ Dyn.
Drehkraft der Reibung $D = m_0 g \,.\, r = \ldots$ Dyn . cm.
Arbeitsverbrauch durch die Reibung $W_1 = 2\pi z \,.\, D = \ldots$ Erg.
Fallzeit (Mittelwert) $t = \ldots$ sek.
Anzahl der Umdrehungen nach dem Abfallen der Schnur (Mittelwert) $z' = \ldots$
Mittlere Winkelgeschwindigkeit $2\pi z/t = \ldots$ Bogenmaß/sek.
Größte Winkelgeschwindigkeit des Rades $\omega = 4\pi z/t = \ldots$ Bogenmaß/sek.
Mittlere Geschwindigkeit des Fallkörpers $h/t = \ldots$ cm/sek.
Endgeschwindigkeit des Fallkörpers $v = 2h/t = \ldots$ cm/sek.
Wucht des Fallkörpers $W_3 = {}^1/_2 m v^2 = \ldots$ Erg.
Drehmasse des Rades $J = 2\,(W - W_1 - W_3)/\omega^2 = \ldots$ cm²g.

l) Die Drehkraft der Achsenreibung kann man auch aus der Anzahl z' der Umdrehungen bestimmen, die das Rad nach dem Abfallen der Schnur noch macht. Da die ganze Wucht W_2 des Rades zum Überwinden der Reibung verbraucht wird, ist

$$W_2 = 2\pi z' \cdot D,$$

somit

$$D = \frac{W_2}{2\pi z'} = \frac{4\pi z^2}{z'} \cdot \frac{J}{t^2}.$$

Man muß also hier erst J und dann daraus D berechnen. Da

$$W = 2\pi z \cdot mg \cdot r,$$

$$W_1 = 2\pi z \cdot D = \frac{8\pi^2 z^3}{z'} \cdot \frac{J}{t^2},$$

$$W_2 = 8\pi^2 z^2 \cdot \frac{J}{t^2},$$

$$W_3 = 8\pi^2 z^2 \cdot \frac{mr^2}{t^2}$$

und

$$W = W_1 + W_2 + W_3,$$

so liefert eine leichte Rechnung

$$J = \frac{mr\,(^1/_2 g t^2 - h)}{2\pi z\left(1 + \frac{z}{z'}\right)}.$$

Berechne nach dieser Formel J und daraus D. Vergleiche den so erhaltenen Wert von D mit dem, der sich aus Versuch (e) ergeben hat.

Bemerkungen. Die Aufgabe 14 ist im Wesen von den Aufgaben 11 bis 13 nicht verschieden.

Man lasse gleichzeitig nach dem Verfahren des allseitigen Angriffs verschiedene Gruppen die Aufgaben 11 bis 14 erledigen.

Feinere Messungen mit schreibenden Stimmgabeln (AMES-BLISS *79 Nr. 13* und MILLIKAN *79 Nr. 10*) eignen sich kaum für Schülerübungen.

Vgl. VOIGT, *Elementare Mechanik*[1] *195.* — Diese Versuche mit dem Schwungrade halte ich für leichter verständlich zum Einführen in die Begriffe der Drehbewegung als Versuche mit dem physikalischen Pendel. Vgl. über Schülerversuche zum physischen Pendel FRANZ ZIMMERMANN, *Zeitschr. f. d. phys. u. chem. Unterr. 39, 49 u. 255;* 1926 und CARL SCHMIDT, *ebd. 39, 145; 1926.*

Dritter Teil.

Eigenschaften der Flüssigkeiten.

1. Aufgabe. *Wie kann man mit einer U-Röhre die Dichten zweier Flüssigkeiten vergleichen, die sich nicht mischen?*

(2 Schüler, 1 Stunde.)

Geräte. U-Röhre.
2 Bunsengestelle.
Lot (Kugel an Faden) oder Wasserwage und Anschlagwinkel aus Stahl.
Maßstab, am besten auf Spiegel.
Papier.
Schere.
Klebwachs.
Quecksilber oder Terpentinöl, Paraffinöl, Petroleum.
2 Trichter, über deren Hälse kurze Kautschukschläuche gestreift sind.
Thermometer.
Quecksilberbrett.
Quecksilberzange.
Becherglas.

Anleitung. **a)** Klemme die Röhre ungefähr lotrecht am Gestell fest, das auf dem Quecksilberbrett steht. Setze auf den wagrechten Schenkel des Stahlwinkels die Wasserwage, lege den andern Schenkel an die Röhre an und richte diese genau lotrecht aus oder bringe sie mit einem Lot in die richtige Stellung. Hänge oder stelle den Maßstab hinter der Röhre genau lotrecht so auf, daß man in beiden Schenkeln die Flüssigkeitshöhen bequem und sicher ablesen kann.

b) Gieße in die Röhre mit dem einen Trichter so viel Quecksilber (die dichtere Flüssigkeit), daß es etwa 5 cm über der Biegung steht.

c) Gieße mit dem andern Trichter langsam so viel Wasser (die dünnere Flüssigkeit) darauf, daß es den einen Schenkel bis zu etwa $^2/_3$ seiner Länge füllt. Gib acht, daß nicht das Wasser das Quecksilber aus der Biegung hinausdrückt. Ist dies zu befürchten, so fülle im andern Schenkel mit dem ersten Trichter Quecksilber nach.

d) Tauche das an einem Faden hängende Thermometer eine Minute lang erst ins Quecksilber und dann ebenso lange ins Wasser und lies die Warmheit jeder Flüssigkeit ab. Wiederhole am Ende des Versuchs diese Messungen.

e) Klopfe leise gegen die Röhre und lies dann am Maßstabe den Stand h_1 [cm] der Wasserkuppe A, den Stand h_2 [cm] der Quecksilberkuppe B und den Stand h_3 [cm] der Quecksilberkuppe C ab (Abb. 127).

Besitzt man keinen Spiegelmaßstab, so schneide man zwei lange schmale Papierstreifen mit geraden, glatten und gleichlaufenden Rändern. Das eine Ende jedes Streifens rolle man zu einer Hülse, die eben über die Glasröhre paßt, und hefte mit etwas Klebwachs den Ring zusammen. Das gerade andre Ende des Streifens soll als Zeiger über die Teilung des Maßstabes hinwegragen (Abb. 128). Schiebe über den Schenkel der U-Röhre den Zeiger so weit, daß die Kuppe der Flüssigkeit den Rand (beim Quecksilber den untern und beim Wasser den obern Rand) des Zeigerrings berührt, wenn man das Auge so hält, daß das vordere und hintere Stück des Randes genau zusammenfallen.

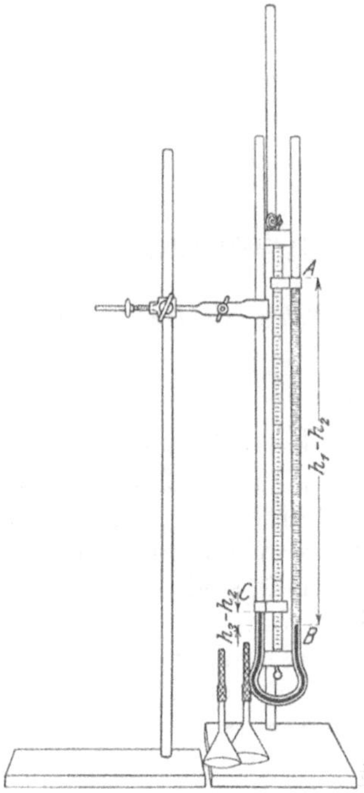

Abb. 127.

f) Wie hoch sind die Wassersäule und die Quecksilbersäule, die sich das Gleichgewicht halten? $h_w = h_1 - h_2$ und $h_q = h_3 - h_2$. Wie verhalten sich die Drucke (d. h. die Druckkräfte für jedes Quadratzentimeter des Querschnitts) zu den Höhen und zu den Dichten der Flüssigkeiten? Es bezeichnen ϱ_q und ϱ_w [g/cm³] die Dichten des Quecksilbers und des Wassers und h_q und h_w [cm] die Höhen der Quecksilbersäule und der Wassersäule. Welche Beziehung besteht zwischen diesen vier Größen? $\varrho_q/\varrho_w = h_w/h_q$. Drücke h_w und h_q durch h_1, h_2 und h_3 aus.

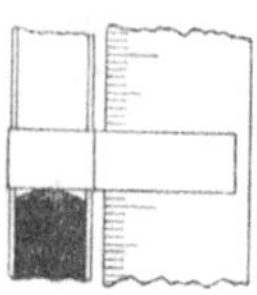

Abb. 128.

g) Gieße so viel Wasser hinzu, daß es fast bis zum obern Rande des Schenkels steigt, und wiederhole die Messungen (e). Die Ergebnisse seien h'_1, h'_2 und h'_3 [cm]. Welche Beziehung besteht zwischen diesen Größen und ϱ_q und ϱ_w?

h) Miß nochmals die Warmheiten wie bei (d).

i) Aus den beiden Gleichungen $\varrho_q/\varrho_w = (h_1 - h_2)/(h_3 - h_2)$ und $\varrho_q/\varrho_w = (h'_1 - h'_2)/(h'_3 - h'_2)$ folgt

$$\frac{\varrho_q}{\varrho_w} = \frac{(h'_1 - h_1) - (h'_2 - h_2)}{(h'_3 - h_3) - (h'_2 - h_2)}.$$

Welche Meßfehler werden durch diese Berechnungsart ausgeschaltet?

k) Berechne mit dieser Formel das Verhältnis der Dichten ϱ_q/ϱ_w. Wie groß ist die Dichte ϱ_w des Wassers und somit die Dichte des Quecksilbers?

l) Schreibe die Ergebnisse in folgender Weise auf:

U-Röhre Nr. ...

Warmheit des Quecksilbers am Anfang ...° C, am Ende ...° C.
Warmheit des Wassers am Anfange ...° C, am Ende ...° C.
Die Dichte des Wassers bei der Warmheit ...° C ist $\varrho_w = \dots$ g/cm³.

m) Schreibe deinen Namen und das Ergebnis auf einen Zettel und gib ihn dem Lehrer.

	1. Messung h_v [cm]	2. Messung h'_v [cm]	Unterschied $h'_v - h_v$
Stand *A*			
B			
C			

n) Laß den Lehrer die U-Röhre entleeren und reinige sie dann gründlich.

Bemerkungen. Die Schenkel der U-Röhren haben eine Länge von mindestens 60 cm, eine lichte Weite von 0,8 bis 1 cm und einen innern Abstand von 3 cm. Will man bei andern Versuchen die U-Röhren nicht als Druckmesser benutzen, so erweitere man ihre Enden trichterförmig. Weitre Röhren (von etwa 2 cm innerm Durchmesser) liefern zwar bessere Ergebnisse, doch erfordern sie mehr Quecksilber. Wasser und Quecksilber sind die geeignetsten Flüssigkeiten; Petroleum, Terpentinöl, Paraffinöl erfordern ein unbequemes und zeitraubendes Reinigen. Hat man keinen Diener und muß man selber die Röhren reinigen und trocknen, so ist es ratsam, bei geteilten Klassen, wo zwei Abteilungen innerhalb einer Woche dieselben Geräte benutzen, eine größre Anzahl von U-Röhren anzuschaffen, damit auch die nachfolgende Abteilung eine gebrauchsfertige Ausrüstung vorfindet. Nach dem Trocknen verschließe man die Röhren mit Wattepfropfen.

Abb. 128 a.

Die Röhren kann man auch an lotrechten Brettern, die mit Grundbrettern und Teilungen versehn sind, befestigen, und zwar am besten mit Federklemmen. Vgl. HAHN, *Freihandversuche 2, 27 Nr. 60.* Die Höhen mißt man dann vom Grundbrett aus.

Beim Entleeren der Röhren gieße man erst eine kleine Menge der schwerern Flüssigkeit und dann den Gesamtinhalt der Röhre in einen großen Trichter, dessen Hals man mit dem Zeigefinger verschließt. Man lasse nun aus dem Trichter in untergesetzte Gefäße erst die schwerere und dann die leichtere Flüssigkeit auslaufen.

Das Quecksilberbrett (Abb. 128a) besteht aus einer dreifach verleimten Holzplatte (65 cm × 45 cm), die Randleiste ist 2 cm hoch. Man kann in der einen Ecke ein Ausgußloch von 0,8 cm Durchmesser anbringen und mit einem Kork verschließen; ebenso bequem ist es aber, das Quecksilber über die eine Ecke auszugießen.

Zum Messen der Höhen kann man auch vorteilhaft den GRIMSEHLschen Höhenmesser verwenden.

Haben alle Schüler mit den gleichen Flüssigkeiten gearbeitet, so bildet man aus den Ergebnissen das Mittel.

Man kann die Aufgaben 1 und 2 gleichzeitig bearbeiten lassen.

2. Aufgabe. *Wie kann man mit einer U-Röhre die Dichten zweier sich mischenden Flüssigkeiten miteinander vergleichen?*

(2 Schüler, 1 Stunde.)

Geräte. Wie bei Aufgabe 1, doch außer Quecksilber gesättigte Lösungen von Kochsalz oder Cuprisulfat, dazu Saugröhre (Pipette). Klebpapier.

Anleitung. a) Gieße etwas Quecksilber (etwa 5 cm hoch) in die Röhre, klebe sorgfältig um den einen Schenkel ein Stück Papier und zwar so, daß der untere Rand genau die Kuppe berührt, wenn man das Auge so stellt, daß das vordre und hintre Randstück zusammenfallen.

b) Gieße die dünnere der beiden Flüssigkeiten, die miteinander zu vergleichen sind, z. B. das Wasser, in den einen Schenkel bis zu einem Stande, der etwa 10 cm unterm obern Rande liegt. Achte darauf, daß nicht die Flüssigkeit das Quecksilber durch die Biegung drückt. Ist diese Gefahr vorhanden, so gieße in den andern Schenkel etwas von der dichtern Flüssigkeit und fahre dann mit dem Füllen des ersten Schenkels fort.

c) Gieße vorsichtig in den andern Schenkel die dichtere Flüssigkeit (Salzlösung), bis das Quecksilber in beiden Schenkeln wieder gleich hoch steht, was man mit dem Papierringe feststellt. Hat man von einer Flüssigkeit zuviel eingegossen, so entferne man den Überschuß mit der Saugröhre (Pipette) oder mit Fließpapier.

d) Miß die Höhen der Flüssigkeitsäulen überm Quecksilberstand und berechne daraus das Verhältnis ihrer Dichten. Vgl. Aufgabe 1 (f).

e) Verfahre wie in Aufgabe 1 (m) und (n).

Bemerkung, Vgl. die Bemerkungen zur 1. Aufgabe auf S. 165.

3. Aufgabe. *Welchen Gewichtverlust erleidet ein Körper, den man ganz in eine Flüssigkeit eintaucht?*

(1 Schüler, 1 Stunde.)

Geräte. Wage.
Gewichtsatz.
Brücke.
Walze (vgl. Teil 1, Aufg. 3, S. 16).
Schublehre.
Seidenfaden.
Schere.
Saugröhre (Pipette).
2 Bechergläser (550 cm^3).
Unterlegklötze.
Thermometer.
Kamelhaarpinsel.
Bunsengestell.

Anleitung. a) Schlage nach, welchen Raum die Walze Nr. . . . einnimmt, oder miß wie in Teil 1 Aufgabe 3 und 4 (S. 16 u. 19) ihren Durchmesser und ihre Höhe und berechne daraus ihren Inhalt. Wieviel Kubikzentimeter Wasser verdrängt die Walze? Wieviel Grammgewicht Wasser sind dies?

b) Setze über die linke Wagschale die Brücke und darauf das leere Becherglas. Achte darauf, daß die Schale nicht die Brücke berührt. Hänge an den Haken des Schalenbügels mit einer WATSONschen Doppelschleife (vgl. Teil 2 Aufg. 14 S. 76) die Walze so, daß sie nicht die Wand des Bechers berührt und ganz vom Wasser bedeckt wird, das man später ins Glas gießt. Befestige an der Walze nötigenfalls mit einer Spur Klebwachs die Schleife. Lege auf die andre Wagschale einen Faden, der so lang wie der Aufhängefaden ist. Die Doppelschleife sei so groß, daß später nur möglichst kleine Stücke des Fadens im Wasser hängen und nur ein Fadenstück durch den Wasserspiegel hindurchtritt. Bestimme mit der Wage genau das Gewicht P_1 [g*] der Walze.

c) Nimm das Becherglas vorsichtig von der Brücke, laß aber an der Wage die Walze hängen. Fülle ins Glas so viel Wasser, daß die Walze vollkommen darin untertaucht, wenn man sie später hineinhängt und die Wage ins Gleichgewicht bringt. Stelle das Becherglas wieder auf die Brücke und hänge die Walze hinein. Entferne sorgfältig alle Luftblasen mit einem Pinsel oder durch Aufundabbewegen der Walze und sieh nach, ob diese die Glaswand oder ob die Brücke die Wagschale irgendwo berührt. Stelle das Gleichgewicht her und bestimme das Gewicht P_2 [g*] der Walze, während sie ganz ins Wasser eintaucht (Abb. 129).

d) Wieviel Grammgewicht hat die Walze verloren? Ist die Walze an sich wirklich leichter geworden? Was übt darauf eine Gegenkraft aus? *Auftrieb.* Wieviel Grammgewicht beträgt der Auftrieb? Wie groß ist das Gewicht des verdrängten Wassers? Vergleiche es mit dem Auftriebe. Welches Gesetz kann man aufstellen? *Gesetz des Archimedes.*

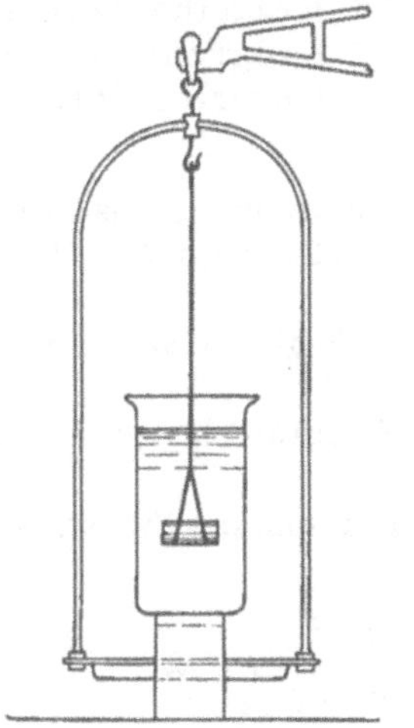

Abb. 129.

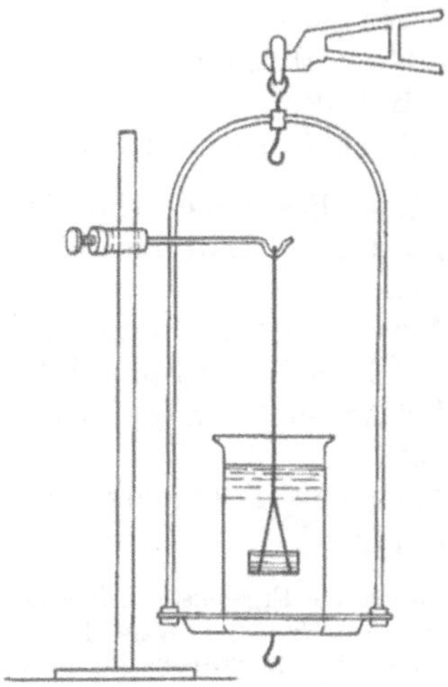

Abb. 130.

e) Schreibe die Ergebnisse in folgender Weise auf:

Walze Nr. ... Wage Nr. ... Gewichtsatz Nr. ...
Gewicht der Walze in der Luft $P_1 = \ldots$ g*.
Gewicht der Walze im Wasser $P_2 = \ldots$ g*.
Auftrieb der eingetauchten Walze $P_a = P_1 - P_2 = \ldots$ g*.
Raum des verdrängten Wassers $V = \ldots$ cm³.
Gewicht des verdrängten Wassers $P = \ldots$ g*.
Unterschied $P_a - P = \ldots$ g*.

f) Nimm die Brücke weg, setze auf die linke Schale das Becherglas mit Wasser und gleiche es ab.

g) Hänge an einem Gestell mit dem Faden die Walze auf, daß sie ganz ins Wasser im Becherglas eintaucht, ohne dessen Wand zu berühren (Abb. 130), und bestimme die Gewichtvermehrung P' [g*].

h) Vergleiche den Abtrieb P', den die Walze aufs Wasser ausübt, mit dem Auftriebe P_a, den das Wasser auf die Walze ausübt.

i) Verfahre wie in Aufgabe 1 (m).

k) Trockne die Walze tüchtig ab, reinige das Becherglas und stülpe es aufs Ablaufbrett.

Bemerkungen. Man bilde den Mittelwert aller $P_a - P$ und $P_a - P'$.

Den Versuch kann man auch mit vergälltem Branntwein ausführen.

Die Seitenteile der Brücke sind 5,2 cm breit und 7 cm hoch. Die Brückenplatte ist 5,2 cm breit und 20 cm lang. Das Holz der Seitenteile ist 0,8 cm und das der Platte 0,9 cm stark. Die Schalen der Wage haben eine ausnutzbare Fläche von 13 cm Durchmesser.

Anstatt der WATSONschen Schleife kann man auch eine festanliegende Fadenschleife mit Knoten binden. Beim Naßwerden legt sich die Schleife noch fester um die Walze.

4. Aufgabe. *Wie groß ist die Dichte eines Glasstöpsels?*

(1 Schüler, 1 Stunde.)

Geräte. Großer Glasstöpsel. Wage. Gewichtsatz. Brücke. 2 Bechergläser (550 cm³). Dünner Seidenfaden. Kamelhaarpinsel. Saugröhre (Pipette). Unterlegklötze.

Anleitung. **a)** Bestimme wie in Aufgabe 3 (b) und (c) das Gewicht P_1 [g*] des Stöpsels in der Luft und seinen Gewichtverlust $P_a = (P_1 - P_2)$ [g*] im Wasser.

b) Wie groß ist der Raum des verdrängten Wassers und also auch der Raum V [cm³] des Stöpsels?

c) Welche Masse m [g] hat der Glasstöpsel, wenn sein Gewicht P_1 [g*] ist?

d) Berechne aus der Masse und dem Raum des Stöpsels seine Dichte $\varrho = m/V$ [g/cm³].

e) Schreibe die Ergebnisse in folgender Form auf:

Glasstöpsel Nr. ... Wage Nr. ... Gewichtsatz Nr. ...

Gewicht des Stöpsels in der Luft $P_1 = \ldots$ g*.
Gewicht des Stöpsels im Wasser $P_2 = \ldots$ g*.
Gewichtverlust im Wasser $P_a = P_1 - P_2 = \ldots$ g*.
Raum des Stöpsels $V = \ldots$ cm³.
Masse des Stöpsels $m = \ldots$ g.
Dichte des Glases $\varrho = m/V = \ldots$ g/cm³.

f) Verfahre wie in Aufgabe 1 (m) und in Aufgabe 3 (k).

Bemerkungen. Man achte darauf, ob die Glasstöpsel hohl sind. Sind einige hohl, so liefern sie willkommne, lehrreiche Prüfsteine für die Sorgfalt der Schüler.

Vgl. GEORG BERNDT, *Physik. Prakt. 1³, 31 § 31.*

Man kann gleichzeitig nach dem Verfahren des allseitigen Angriffs verschiedne Schüler die Aufgaben 4 bis 8 erledigen lassen.

5. Aufgabe. *Wie dick ist der vorgelegte Kupferdraht?*

(1 Schüler, 1 Stunde.)

Geräte. Wie bei Aufgabe 4, nur anstatt des Glasstöpsels 6 m Kupferdraht von etwa 0,9 mm Durchmesser, dazu: Meterstab. Beißzange. Abgleichbecher. Granaten oder Abgleichschrot. Schraublehre.

Anleitung. **a)** Schneide ein 6 m langes Stück Kupferdraht ab, wickle daraus eine Spule von 3 bis 5 cm Durchmesser, winde das eine Ende mehrmals um den so hergestellten Ring und biege es dann zu einem Haken um.

b) Bestimme wie in Aufgabe 3 (b) und (c) den Raum V [cm³], den der Draht einnimmt. Der Draht wird nicht gewogen, sondern nur abgeglichen.

c) Welche Beziehung besteht zwischen dem Querschnitt F [cm²], der Länge l [cm] und dem Raum des Drahts?

d) Welche Beziehung besteht zwischen den Querschnitt und dem Halbmesser des Drahts? Berechne den Halbmesser r [cm] und daraus den Durchmesser d [cm] des Drahts. Gib an, wieviel Millimeter der Draht stark ist.

e) Miß an drei Stellen des Drahts mit der Schraublehre je zwei Durchmesser, die aufeinander senkrecht stehn. Vergleiche die Ergebnisse von (d) und (e) miteinander.

f) Verfahre wie in Aufgabe 1 (m) und Aufgabe 3 (k).

Bemerkungen. Die Drahtspulen verwahrt man in einem Kasten, auf dessen Deckel man die Länge und den Durchmesser des Drahts vermerkt.

Die Luftblasen entfernt man durch Aufundabbewegen und Schütteln der Spule. Vgl. die Schlußbemerkung zu Aufg. 4.

6. Aufgabe. *Welche Dichte hat das vorgelegte Stück Paraffin?*

(2 Schüler, 1 Stunde.)

Geräte. Wie bei Aufg. 4, doch anstatt des Glasstöpsels ein Paraffinstück, etwa 5 cm lang, 4 cm breit und 1 bis 2 cm dick, dazu:

Bleikugel mit Haken als Senker.
Abgleichbecher.
Granaten oder Abgleichschrot.

Anleitung. **a)** Setze über die linke Wagschale die Brücke und darauf das Becherglas. Befestige am Haken des Schalenbügels einen Faden und daran das Paraffinstück und binde am Ende des Fadens eine Schleife. Hänge in diese Schleife den Haken des Bleisenkers. Der Faden soll so lang sein, daß Senker und Paraffinstück ganz ins Wasser des Becherglases eintauchen, ohne dessen Wände zu berühren, wenn man dieses später mit Wasser hinreichend füllt und der Wagbalken wagrecht steht.

b) Nimm das Becherglas von der Brücke, hake den Senker ab, lege ein gleich langes Fadenstück auf die rechte Schale der Wage und bestimme die Masse m[g] des Paraffinstücks.

c) Hänge nun an die untre Fadenschleife den Senker. Fülle ins Becherglas so viel Wasser, daß später nur der Senker, nicht aber das Paraffinstück, ins Wasser eintaucht. Stelle das Becherglas auf die Brücke, laß den Senker ins Wasser eintauchen und gleiche ab (Abb. 131).

d) Fülle ins Becherglas so viel Wasser, daß auch das Paraffinstück ganz eintaucht, sobald der Wagbalken wagrecht steht. Entferne alle

Luftblasen und lege auf die linke Schale so viel Gewichtstücke, daß das Gleichgewicht wiederhergestellt wird.

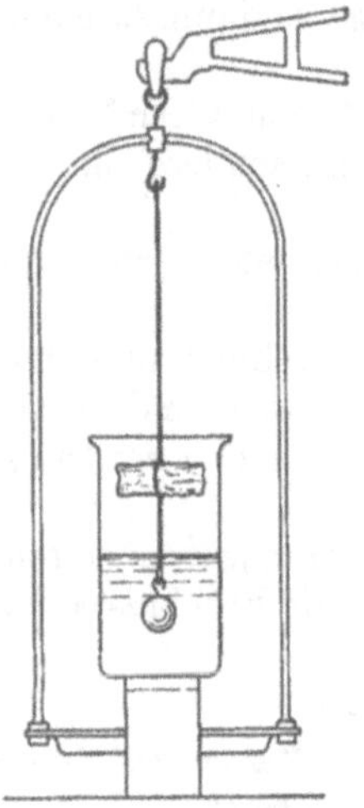

Abb. 131.

e) Wem halten die aufgelegten Gewichtstücke das Gleichgewicht? Wieviel Kubikzentimeter Wasser hat das Paraffin verdrängt? Welchen Raum nimmt also das Paraffin ein?

f) Bestimme aus dem Raum V [cm^3] und der Masse m [g] des Paraffinstücks seine Dichte ϱ [g/cm^3].

g) Verfahre wie in Aufg. 1 (m) und Aufg. 3 (k).

Bemerkungen. Bleiblatt (Tapeziererblei) ist wegen der Luftblasen, die sich daran und darin festsetzen, nicht zu empfehlen zum Beschweren von Körpern, die leichter als Wasser sind. Anstatt Paraffin kann man auch Holzstücke oder Korke verwenden, die man in Paraffin ausgekocht und so wasserdicht gemacht hat. Vgl. H. HAHN, *Freihandversuche 1*[2], *14 § 6*.

Vgl. die Schlußbemerkung zu Aufg. 4.

7. Aufgabe. *Wie groß ist die Dichte eines Cuprisulfat-Kristalls?*

(2 Schüler, 1 Stunde.)

Geräte. Wie bei Aufgabe 4, nur anstatt des Glasstöpsels ein Cuprisulfat-Kristall und anstatt des Wassers eine gesättigte Cuprisulfatlösung oder eine andre Flüssigkeit, z. B. Terpentinöl, worin sich der Kristall nicht löst.

Anleitung. a) Bestimme wie in Aufg. 3 (b) und (c) die Masse und in einer gesättigten Cuprisulfatlösung den Auftrieb des Kristalls.

b) Bestimme wie in Aufgabe 8 die Dichte der Cuprisulfatlösung.

c) Wie groß ist das Gewicht und die Masse der Cuprisulfatlösung, die denselben Raum wie der Kristall einnimmt?

d) Wie groß ist der Raum V[cm^3], den diese Masse der Cuprisulfatlösung einnimmt, wenn ihre Dichte ϱ_l [g/cm^3] ist?

e) Berechne aus dem Raum V[cm^3] und der Masse m [g] des Cuprisulfatkristalls dessen Dichte $\varrho_k = m/V$[g/cm^3].

f) Verfahre wie in Aufgabe 1(m) und in Aufg. 3 (k). Gieße die Cuprisulfatlösung in das Gefäß, das der Lehrer dafür bestimmt hat.

Bemerkungen. Man lasse einen der beiden Schüler die Messung (b) ausführen. Vgl. die Schlußbemerkung zu Aufg. 4.

8. Aufgabe. *Bestimme mit der Wage die Dichte einer Flüssigkeit.*

(1 Schüler, 1 Stunde.)

Geräte. Wie in Aufgabe 3, nur anstatt der Walze ein großer Glasstöpsel, dazu:
Alkohol, Terpentinöl, Petroleum, Benzin, Glyzerin, Lösungen von Salzen wie Kochsalz, Cuprisulfat, Ammoniumchlorid, Kaliumnitrat usw.
Mehrere Bechergläser.
Thermometer.

Anleitung. a) Bestimme wie in Aufgabe 3 (b) und (c) der Reihe nach in Wasser und in den verschiedenen Flüssigkeiten den Auftrieb des großen Glasstöpsels. Miß die Warmheiten des Wassers und der andern Flüssigkeiten. Der Glasstöpsel wird nicht gewogen, sondern nur abgeglichen. Reinige und trockne nach jedem Benutzen den Stöpsel sehr sorgfältig.

b) Berechne aus dem Auftriebe des Stöpsels im Wasser seinen Raum V [cm³].

c) Berechne aus dem Gewichtverlust des Stöpsels in den Flüssigkeiten die Gewichte und die Massen m [g] der verdrängten Flüssigkeiten.

d) Berechne aus dem Raum und der Masse der verdrängten Flüssigkeit die Dichte $\varrho = m/V$ [g/cm³].

e) Verfahre wie in Aufg. 1 (m) und Aufg. 3 (k). Gieße die Flüssigkeiten in die Gefäße, die der Lehrer dafür bestimmt hat.

Bemerkung. Vgl. die Bemerkungen zu Aufg. 4 und 7. Vgl. Georg Berndt, *Physik. Praktikum 1*³, *31* § 10.

Vierter Teil.

Eigenschaften der Gase.

1. Aufgabe. *Welche Beziehung besteht bei gleichbleibender Warmheit zwischen dem Raum und der Spannung einer eingeschlossenen Luftmasse?*

(1 Schüler, 1 Stunde.)

Quelle. F. MELDE, *Wied. Ann. 32, 659; 1887.*

Geräte. Barometer.
MELDES Kapillar-Barometer (vgl. S. 174).
2 Maßstäbe.
Gestell mit drehbarer Klemme.
Reißschiene oder Lote.
Garn und Schere.
Quecksilberbrett (vgl. S. 165).
Sehr dünner Stahldraht mit einem winzigen Siegellackknopf.
Schmaler Ablesespiegel.

1. Verfahren.

a) Lies das Barometer ab oder frage den Lehrer, wie hoch der Luftdruck b [cm] ist.

b) Stelle recht behutsam die MELDEsche Röhre lotrecht, und zwar mit dem offnen Ende abwärts. Miß sorgfältig, ohne dabei die Röhre zu erschüttern, unter Benutzen eines schmalen Spiegelstreifens die Länge l_1 [cm] der abgeschlossenen Luftsäule. Sollte bei diesem und den folgenden Versuchen der Quecksilberfaden reißen, so melde es sofort dem Lehrer. Fasse die Röhre selbst so wenig wie möglich an und dann nur am offnen Ende. Vermeide sorgfältig, durch die Hand, den Atem oder sonstwie (Sonnenstrahlen) die abgesperrte Luft zu erwärmen. Die Röhre hat den Querschnitt F [cm^2], daher ist der Raum V_1 der abgeschlossenen Luftmasse Fl_1 [cm^3] oder, wenn wir F [cm^3] als Raumeinheit wählen, gleich l_1 [F cm^3].

c) Miß genau die Länge l_0 [cm] des Quecksilberfadens. Sein Raum ist l_0 [F cm^3], sein Druck $h_1 = l_0$ [cm Quecksilber] und daher die Spannung der abgesperrten Luftmasse $p_1 = (b - h_1)$ [cm Quecksilber].

d) Neige behutsam das geschlossene Ende der Röhre um 10 bis 15 cm. Miß genau die Länge l_2 [cm] der abgesperrten Luft. Es ist diesmal $V_2 = l_2$ [F cm^3].

e) Miß genau mit Maßstab und Reißschiene oder Lot, wie hoch die Enden A und B des Quecksilberfadens überm Tisch liegen (Abb. 132).

Die Höhen seien h_2' und h_2'' cm. Der Unterschied der Höhen, $h_2 = h_2'' - h_2'$, liefert die Druckhöhe des Quecksilbers. Diesmal ist die Spannung der eingeschlossenen Luft $p_2 = b - h_2$.

f) Neige in Stufen von jedesmal 10 bis 15 cm das geschlossene Ende der Röhre, bis zuletzt die Röhre wieder lotrecht steht, das geschlossene Ende aber abwärts gekehrt ist. Miß jedesmal die Höhen h_ν' und h_ν'' der Enden des Quecksilberfadens und berechne die Druckhöhe des Quecksilbers $h_\nu = h_\nu'' - h_\nu'$ und die Spannung der abgesperrten Luft $p_\nu = b - h_\nu$. Liegt das geschlossene Ende der Röhre höher als das offne, so ist die Spannung kleiner als der äußre Luftdruck, liegt es dagegen tiefer als das offne Ende, so ist die Spannung größer als der äußre Luftdruck.

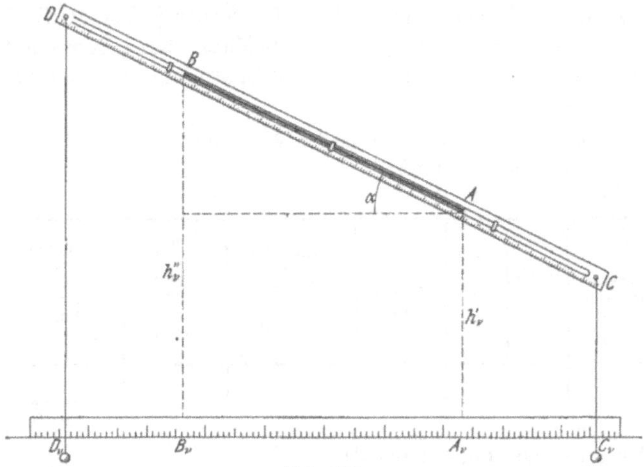

Abb. 132.

g) Schreibe die Ergebnisse in folgender Form auf:
Luftdruck $b = \ldots$ cm. Länge des Quecksilberfadens $l_0 = \ldots$ cm.

Stellung der Röhre	Raum der abgesperrten Luft V_ν	Höhe von A überm Tisch h_ν' [cm]	Höhe von B überm Tisch h_ν'' [cm]	Druckhöhe des Quecksilbers $h_\nu = h_\nu'' - h_\nu'$	Spannung der abgesperrten Luft $p_\nu = b - h_\nu$	$k = p_\nu V_\nu$
					Mittel	. . . . . .

h) Stelle die Ergebnisse bildlich dar, setze dabei $x = V$ und $y = p$. *Hyperbel, Asymptoten.*

i) Mache eine zweite bildliche Darstellung, wo $x = V$ und $y = 1/p$ ist.

k) Welche Beziehung besteht bei gleichbleibender Warmheit zwischen dem Raum und der Spannung einer eingeschloßnen Luftmasse? *Gesetz von* Boyle.

l) Ist l_0 [cm] die Länge des Quecksilberfadens, V_1 der Raum der abgesperrten Luft, wenn die Röhre lotrecht mit dem offnen Ende abwärts steht, und V_n der Raum der Luftmasse, wenn die Röhre lotrecht mit der Mündung aufwärts steht, so ist nach dem Boyleschen Gesetz $(b - l_0)\,V_1 = (b + l_0)\,V_n$. Berechne hieraus b und vergleiche den gefundenen Wert mit der Ablesung des Barometers. *Kapillar-Barometer.*

2. Verfahren.

m) Verfahre wie bei (a) und (c).

n) Stelle die Röhre so auf, daß ihr Maßstab der Tischkante gleichläuft und etwas darüber hinausragt. Hänge an den Enden C und D (Abb. 132) des Maßstabes Lote auf und lege auf den Tischrand einen zweiten Maßstab.

o) Verfahre wie bei (d) bis (f), doch miß nicht den Höhenunterschied der Enden des Quecksilberfadens, sondern die Länge $CD = d$ und ihre Ablotung auf die Tischebene $C_\nu D_\nu = d_\nu$, ferner jedesmal die Länge l_0 des Fadens AB. Ist α_ν der Neigwinkel des Maßstabes gegen den Tisch, so ist $\cos\alpha_\nu = d_\nu/d$, $h_\nu = l_0 \sin\alpha_\nu$ und die Spannung der eingeschlossenen Luft $p_\nu = b - h_\nu$.

p) Schreibe die Ergebnisse in folgender Weise auf:
Luftdruck $b = \ldots$ [cm].
$CD = d = \ldots$ [cm].

Stellung der Röhre	Raum der abgesperrten Luft V_ν	$C_\nu D_\nu = d_\nu$	$\cos\alpha_\nu = \frac{d_\nu}{d}$	Neigwinkel α_ν	Länge des Quecksilberfadens			Druckhöhe des Quecksilbers $h_\nu = l_0 \sin\alpha_\nu$	Spannung der abgesperrten Luft $p_\nu = b - h_\nu$	$k = p_\nu V_\nu$
					A	B	$AB = l_0$ [cm]			
									Mittel	....

q) Verfahre wie bei (h) bis (l).

Bemerkungen. Beim Herleiten des Boyleschen Gesetzes ist es schwierig, die Warmheit der abgesperrten Luftmasse unverändert zu erhalten. Auch das Arbeiten der Schüler mit Quecksilber vermeidet man mit Recht soviel wie möglich. Man hat daher mannigfache andre Vorrichtungen ersonnen, um das Gesetz abzuleiten. Vgl. u. a. Crew-Tatnall *83 Nr. 37.* H. L. Curtius, *School. Science 5, 187; 1905.* Mackenzie *49 Nr. 38.* Robson *39.* Trowbridge *30 Nr. 30ff.* Twiss *94 Nr. 27.* Am geeignetsten zum Auffinden des Gesetzes ist Meldes *Kapillar-Barometer,* vgl. Abraham *1, 199 Nr. 40.* Hahn, *Freihandversuche 2², 261 Nr.* 507—*511.* Millikan-Gale *26 Nr. 40.* Nichols-Smith-Turton *95 Nr. 35.* Noack, *Aufgaben 51 Nr. 54.* C. H. Perrine, *School Science 5, 48; 1905.* Schreber-Springmann *1, 84 Nr. 105.* Anfangs verwandte man kurze Röhren und kurze Quecksilberfäden, man ist aber jetzt zu längern Röhren und Fäden übergegangen. Die Weite der Röhre ist sorgfältig zu prüfen, da zuweilen die Längen l_0 des Quecksilberfadens bei der aufrechten und bei der umgekehrten Stellung der Röhre um 2 cm voneinander abweichen. Es empfiehlt sich nicht, die einfache Vorrichtung von den Schülern herstellen zu lassen; der Lehrer fertige sie selbst auf folgende Weise an: Man suche durch Prüfen der Weite mit einem Quecksilberfaden möglichst gleichmäßige Barometerröhren aus von etwa 110 cm Länge und 1 bis 1,5 mm lichter Weite. Vgl. Fr. Kohlrausch, *Lehrb. d. prakt. Physik* [14]*102 Nr. 26, 147 Nr. 43.* Nur der abgeschloßne Luftraum muß überall gleichen Querschnitt haben. Dann reinige man die Barometerröhre zunächst außen und gieße nun mit einem Trichter, den man aufs eine Ende mit einem Kautschukschlauch aufsetzt, eine heiße Lösung von etwas Kaliumdichromat in starker Schwefelsäure hindurch. Man spüle erst mit fettfreiem übergedampftem Wasser und dann mit reinem Alkohol nach und sauge durch die Röhre trockne Luft hindurch, bis jene ganz trocken ist. Nun tauche man die Röhre in ein weites Rohr, das ganz reines Quecksilber enthält, so weit ein, daß 12 bis 15 cm von Quecksilber freibleiben, verschließe das obere Ende mit Wachs, lege die Röhre wagrecht und schmelze sie an diesem Ende so ab, daß die Röhre 1 m lang wird. Man kann auch die Röhre wagrecht legen, ans eine Ende mit einem Kautschukschlauch einen Trichter ansetzen, durch diesen so viel Quecksilber eingießen, daß es sich bis auf 5 oder 6 cm dem andern Ende nähert, und dann die Röhre verschließen. Andre Füllverfahren findet man bei ABRAHAM und NOACK. Werden die Röhren nicht gebraucht, so verschließe man sie mit Wattepfropfen.

Das Abweichen des verschlossenen Rohrendes von der Walzenform erfordert Verbesserungen: Ist das verschlossene Ende der Röhre kugelförmig, so zähle man zur Länge l des walzenförmigen Luftraums die Verbesserung $^2/_3\, r$ hinzu, wo r den lichten Halbmesser der Röhre bezeichnet. Ist das verschlossene Ende der Röhre aber kegelförmig und δ die Höhe des Kegels, so füge man zu l noch die Verbesserung $^1/_3\, \delta$ hinzu. Die Verbesserungen kann man umgehn, wenn man nach dem Füllen die Röhre mit dem offnen Ende aufwärts hält und durch einen schwachen Stoß einen kurzen Quecksilberfaden abtrennt und ins untere Ende bringt. Dies Verfahren erfordert einige Geschicklichkeit.

Den Quecksilberfaden kann man mit einem dünnen Stahldraht verschieben, der mit einem festsitzenden winzigen Siegellackknopf versehn ist.

Wendet man das erste Verfahren an, so genügt es, die Röhre durch einen großen Kork zu stecken und diesen in einer drehbaren Klemme zu befestigen.

Beim zweiten Verfahren soll das fertige Rohr etwa 98 cm lang sein. Man befestigt es auf einem Meterstab mit drei Schleifen aus besponnenem Kupferdraht. Ein Befestigen mit Kautschukringen ist nicht ratsam. Durch die Enden des Maßstabes bohre man bei den Teilstrichen 0,5 und 99,5 cm feine Löcher, wodurch man die Lotfäden zieht. Den Maßstab befestige man in einer drehbaren Klemme.

Man kann auch die Ablotung des Quecksilberfadens AB auf die Tischebene messen, $A_\nu B_\nu = l_\nu$, und daraus die Druckhöhe, $h_\nu = l_\nu \, tg\, \alpha_\nu$, berechnen.

2. Aufgabe. *Vergleiche nach dem Verfahren von* JAMES WATT *die Dichten zweier Flüssigkeiten miteinander.*

(2 Schüler, 1 Stunde.)

Quellen. AMES-BLISS *183 Nr. 30.* NOACK, *Aufgaben 7 Nr. 8.*

Geräte. Dreiwege-Stück aus Glas oder Messing (vgl. S. 177). 2 Glasröhren von 8 bis 10 mm lichter Weite und mindestens 1 m Länge. Kurze Glasröhre (Mundstück). 4 kurze Kautschukschläuche. 1 Kautschukschlauch von etwa 50 cm Länge. Kupferdraht. Drahtzange. Beißzange. 2 gleiche Bechergläser (550 cm³) oder Glasschalen von etwa 7,5 cm Durchmesser und 5 cm Höhe. Guter Schraubenquetschhahn. 2 Maßstäbe, am besten Spiegelmaßstäbe. Stangenzirkel. Papier. Schere. Lot (Kugel an Faden). Wandbrett oder Bunsengestell. 3 Federklemmen (vgl. S. 165). Rizinusöl. Lösungen von Kochsalz oder Cuprisulfat. Thermometer.

Anleitung. a) Bestreiche mit etwas Rizinusöl die Enden des Dreiwegestücks und streife über den mittlern Schenkel den längern Kautschukschlauch und über jeden Seitenschenkel einen kurzen Kautschukschlauch. Fette ebenfalls mit etwas Rizinusöl das eine Ende des Mundstücks und die obern Enden der langen Röhren ein und verbinde sie mit den Schläuchen des Dreiwegestücks. Streife über die untern Enden der langen Röhren kurze Kautschukschläuche. Binde auf den Glasröhren mit Kupferdraht alle Schläuche fest. Befestige am Wandbrett mit zwei Federklemmen das Dreiwegestück und laß die langen Röhren hinabhängen. Hänge zwischen den beiden Schenkeln einen Maßstab frei auf. Tauche ins Becherglas mit Wasser den einen untern Schlauch und den andern ins Becherglas mit der Lösung von Cuprisulfat (Abb. 133).

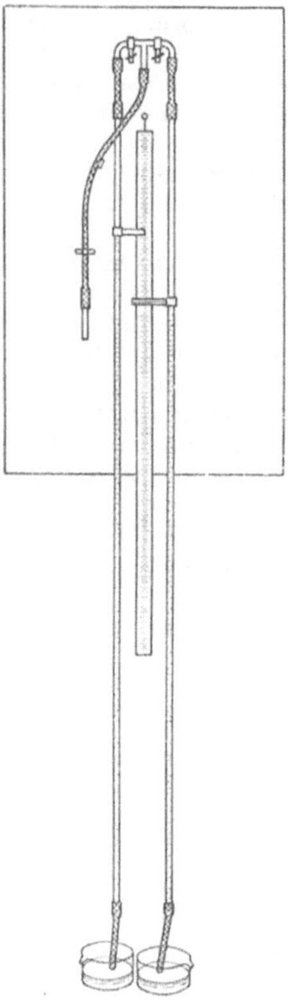
Abb. 133.

b) Setze den Quetschhahn auf den langen Schlauch. Sauge am Mundstück, bis die eine Flüssigkeit fast das obere Ende ihrer Röhre erreicht. Presse mit den Fingern den Schlauch fest zusammen und schließe den Quetschhahn. (Statt des Quetschhahns darf man auch einen Bindfaden benutzen, dann braucht man aber einen Gehilfen.)

c) Beobachte in beiden Schenkeln den Stand der Flüssigkeiten. Prüfe, wenn er sich ändert, alle Dichtungen und verbessere oder erneuere sie. Tauche eine Minute lang das Thermometer in jede Flüssigkeit und miß ihre Warmheit. Spüle jedesmal nach dem Herausnehmen das Thermometer ab und wische es dann trocken. Wurden die Flüssigkeiten emporgezogen oder gedrückt? Wie groß ist die Spannung der eingeschlossenen Luft? Wie groß ist der Druck der äußern Luft auf die Flüssigkeitspiegel in den Bechergläsern? Welche Beziehung besteht zwischen dem Druck der äußern Luft auf die Flüssigkeitspiegel und den Drucken, welche die Flüssigkeitsäulen in den Röhren darauf ausüben? Wie verhalten sich die Drucke der beiden Flüssigkeitsäulen?

d) Lies sorgfältig wie im dritten Teil, Aufg. 1 (e), am Maßstabe die Höhen der Flüssigkeitskuppen in beiden Röhren ab. Es sei H_w [cm] die Höhe der Wasserkuppe überm Wasserspiegel im Becherglas und H_l die Höhe der Lösungskuppe überm Lösungsspiegel im Becherglas. Bezeichnet ϱ_l [g/cm³] die Dichte der Lösung und ϱ_w [g/cm³] die Dichte des Wassers, so ist $\varrho_l/\varrho_w = H_w/H_l$.

Benutze beim Messen der Höhenunterschiede zwischen den Flüssigkeitskuppen in den Schenkeln und den Flüssigkeitspiegeln in den Bechergläsern oder Glasschalen noch den andren Maßstab oder verwende zwei kürzere Spiegelmaßstäbe und einen Stangenzirkel.

e) Öffne vorsichtig den Quetschhahn und laß etwas Luft ein, so daß die Flüssigkeitskuppen um einige Zentimeter sinken. Miß wiederum die Höhen h_w und h_l der Flüssigkeitsäulen am Maßstab ab. Es ist auch $\varrho_l/\varrho_w = h_w/h_l$ und somit

$$\frac{\varrho_l}{\varrho_w} = \frac{H_w - h_w}{H_l - h_l}.$$

f) Wiederhole noch zweimal den Versuch (e), berechne aus der ersten und dritten und aus der zweiten und vierten Messung die Höhenunterschiede und das Verhältnis der Dichten; nimm aus beiden Ergebnissen das Mittel.

g) Miß nochmals die Warmheiten der beiden Flüssigkeiten.

h) Wie groß ist die Dichte des Wassers bei der gemessenen Warmheit und wie groß also die Dichte der Lösung bei der gemessenen Warmheit?

i) Schreibe die Ergebnisse in folgender Weise auf:
Warmheit der Lösung am Anfang ... ^{0} C, am Ende ... ^{0} C.
Warmheit des Wassers am Anfang ... ^{0} C, am Ende ... ^{0} C.
Dichte des Wassers bei der Warmheit ... ^{0} C ist $\varrho_w =$ ... g/cm^3.

Höhe der Wasserkuppe cm	Höhe der Lösungskuppe cm	$H_w - h_w$	$H_l - h_l$	ϱ_l
			Mittel	......

k) Gieße die Lösung in das Gefäß, das der Lehrer dafür bestimmt hat. Nimm die Vorrichtung auseinander, reinige mit Seifenwasser die Röhren und Schläuche und spüle gründlich mit Leitungswasser nach.

Bemerkungen. Der Abstand der Seitenschenkel des Dreiwegestücks, dessen lichte Weite 8 bis 10 mm ist, sei so groß, daß man bequem zwischen die Röhren den obern Maßstab hängen und den untern Maßstab anlegen kann. Es empfiehlt sich, den mittlern Schenkel weder aufwärts, noch, wie in Abb. 133, abwärts, sondern in schwacher Krümmung vorwärts zu richten (Abb. 134). Die Enden des Dreiwegestücks und der langen Röhren sind zu Schlauchansätzen ausgestaltet. Nach dem Gebrauch lasse man die Vorrichtung auseinandernehmen und reinigen und verschließe nach dem Trocknen alle Enden mit Wattebäuschen.

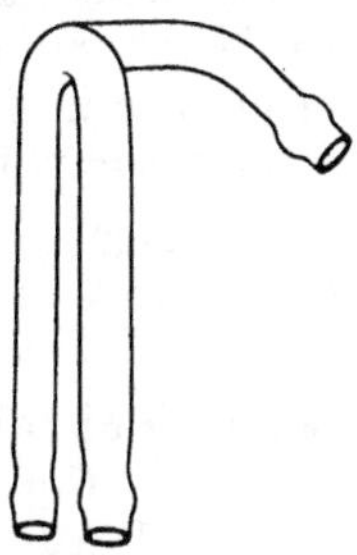

Abb. 134.

Man kann, wenn auch nicht ganz fehlerfrei, die Flüssigkeitspiegel in den Bechergläsern oder Glasschalen gleich hoch stellen, mit Kautschukringen oder mit Klebpapier die Höhen der Wasserkuppen und der Lösungskuppen festlegen und nach dem Auseinandernehmen der Vorrichtung die Höhenunterschiede messen.

Bei dem hier verwandten Gerät bilden die mit Flüssigkeiten gefüllten langen Schenkel und Bechergläser oder Glasschalen geschloßne Gefäß-Spannungsmesser. Bequemer lassen sich die Messungen ausführen, wenn man dafür geschlossene Heber-Spannungsmesser verwendet. Zu diesem Zwecke biege man die langen Glasröhren unten heberartig um und verbinde die längern Heberschenkel mit dem Dreiwegestück.

Fünfter Teil.

Schwingungen und Wellenbewegungen.

I. Schwingungen der Schraubenfedern und der Stäbe.

Vorbemerkung. Man gehe von den Schwingungen des einfachen Pendels aus und lasse die Schüler zunächst prüfen, ob auch die Schwingdauer einer Schraubenfeder von der Schwingweite abhängt.

Dann knüpfe man ans Behandeln der Schraubenfeder in der Gleichgewichtslehre an. (S. 44, Teil 2A, Aufg. 2.) Dort hatten die Schüler erkannt: die zurücktreibende Kraft der Feder ist gleich $-\mathfrak{k}x$, wo $\mathfrak{k}$ die Starre und x die Dehnung der Feder bezeichnet. Da die Schüler in der Bewegungslehre bereits gelernt haben, durch das Produkt aus der Masse m und der Beschleunigung b die Kraft zu messen, welche die angehängte Masse bewegt, so können sie die Kraftgleichung

$$mb = -\mathfrak{k}x$$

ansetzen.

Nunmehr frage man, ob die Schwingdauer abhängt von der angehängten Masse m, dem Festwerte, der den angehängten Körper kennzeichnet, und von der Starre $\mathfrak{k}$, dem Festwerte, der die Eigenart der Feder ausdrückt.

1. Aufgabe. *Hängt die Schwingdauer einer Schraubenfeder von deren Schwingweite ab?*

(2 Schüler, $^1/_2$ Stunde.)

Geräte. Schraubenfedersätze nach CURT FISCHER.
Wage.
Massensatz.
Abgleichgranaten oder Bleischrot.
Kleine Wagschale.
Stoppuhr.
Schraubzwinge mit Feilkloben.
Arbeitsbock nach QUINCKE (vgl. S. 46).
Höhenmaßstab nach GRIMSEHL.
Papier.
Plastilin.
Bindfaden.

Anleitung. a) Zeichne mitten auf ein Stückchen Papier mit dem Bleistift ein Kreuz. Klebe das Papier am untern Achsenstück der Feder mit Plastilin an. Befestige wie bei der 2. Aufgabe des Teils 2A.

(S. 43) am Bock mit der Zwinge genau lotrecht die Feder, hänge an ihr untres Ende mit einem Faden die Wagschale und belaste diese mit 400 g*. Stelle den Maßstab so nahe an die Feder, daß der Zeiger das Papier eben berührt. Entferne, sobald sich die Schwingungen beruhigt haben, den Maßstab ein klein wenig vom Papier, stelle den Zeiger genau auf den Kreuzpunkt ein und gib so die Ruhelage der Feder an (Abb. 135).

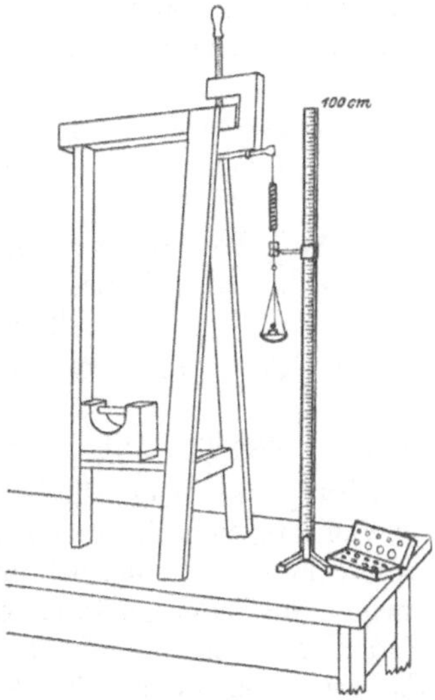

Abb. 135.

b) Ziehe die Feder um 3 cm aus und laß sie behutsam derart los, daß keine seitlichen Schwingungen auftreten. Sollte dies doch geschehn, so berühre mit dem Zeiger des Maßstabes die Feder und beseitige auf diese Weise die störenden Schwingungen. Bestimme die Zeit von 100 Schwingungen. Zähle beim ersten Durchgange durch die Ruhelage „Null".

c) Wiederhole den Versuch (b) mit zwei kleinern Schwingweiten der Feder.

d) Trage die Ergebnisse in folgende Tafel ein:

Schraubenfeder Nr. ... Wagschale Nr. ... Belastung $P = 400$ g*.

Schwingweite zu Anfang cm	Schwingweite zu Ende cm	Mittlere Schwingweite a [cm]	Anzahl der vollen Schwingungen z	Schwingzeit t min	sek	sek	Schwingdauer $\tau = t/z$

e) Hängt die Schwingdauer von der Schwingweite ab, wenn dabei die Schubgrenze des Drahts nicht überschritten wird?

Bemerkungen. Die hier benutzten Schraubenfedern gehören zu dem Satz von fünf Federn, den Dr. Curt Fischer entworfen und Herr Louis Preuschoff, Berlin S 42, Luisenufer 11, hergestellt hat. *(Zeitschr. f. d. phys. u. chem. Unterr., 38, 274; 1925.)* Die Abmessungen der fünf verschiedenen Federn aus Klaviersaitendraht sind in der folgenden Tafel (S. 180) zusammengestellt.

Die Abb. 136 zeigt maßgetreu die Umrisse der Federn. Auf das obere und das untere Ende jeder Feder sind je 10 cm verwendet. Diese Enden verlaufen genau in der Federachse. Das untere Achsenstück jeder Feder endet, wie Abb. 136 zeigt, in einem Haken, worein man die Wagschale einhängt. Die unbelasteten Federn sollen fest geschlossen sein (Anfangssteigwinkel $\alpha_0 \approx 0$).

Vgl. die auf S. 181 Aufg. 2 angeführten Schriften.

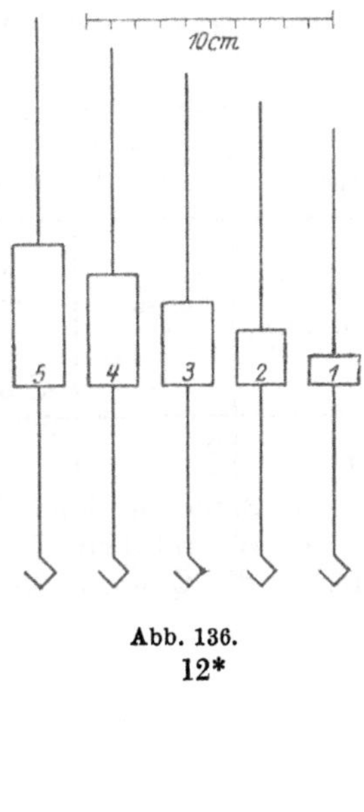

Abb. 136.

Federnummern	5	4	3	2	1
Mittl. Drahtdicke [mm]	0,92	0,92	0,92	0,92	0,92
Mittl. äuß. Windungsdurchmesser [cm] . . .	2,057	2,075	2,071	2,075	2,066
Windungszahl	61,95	48,70	36,45	24,00	12,50
Masse der ganzen Feder [g]	21,36	17,02	13,00	8,86	5,13
Starre $\left[10^4 \frac{\text{Dyn}}{\text{cm}}\right]$	1,571	1,960	2,615	3,928	7,769

2. Aufgabe. *Welche Beziehung besteht zwischen der Schwingdauer und der schwingenden Masse?*

(2 Schüler, 2 Stunden.)

Quelle. CURT FISCHER, *Zeitschr. f. d. physik. u. chem. Unterr. 38, 274; 1925.*

Geräte. Wie bei Aufg. 1.

Anleitung. a) Wäge die Schraubenfeder. Lege in die kleine Wagschale so viel Abgleichschrot, daß die Gesamtmasse 50 g beträgt. Klebe ans untere Federende das bekreuzte Papier und befestige am Bock mit der Zwinge die Feder genau lotrecht. Hänge an ihr unteres Ende mit einem Faden die Schale. Stelle den Höhenmaßstab so nahe bei der Feder auf, daß seine Zeigerspitze das Papier eben berührt. Dadurch beruhigen sich die Federschwingungen schnell.

b) Belaste die auf 50 g vorbelastete Schale der Reihe nach zuerst mit 450, 350, 250, 150 und 50 g, danach rückwärts mit 50, 150, 250, 350 und 450 g. Stelle nach jedem Belasten den Höhenmaßstab genau auf den Kreuzpunkt ein (Abb. 135). Setze nach jedem Belasten die Feder in kleine Schwingungen und zähle die Anzahl der vollen Schwingungen, bis die Uhr etwa 100 Sekunden zeigt, und berechne daraus die Schwingdauer. Wiederhole für jede Belastung den Versuch noch zweimal und nimm aus den drei so erhaltenen Werten der Schwingdauern das Mittel τ. Zähle zur Masse m' der Belastung die Masse m'' der Wagschale nebst der Masse der Vorbelastung und den dritten Teil der Masse m''' der Feder hinzu. Die so erhaltene Summe ist die *schwingende Masse*:

$$m = m' + m'' + m'''.$$

c) Schreibe die Ergebnisse in folgender Weise auf:

Schraubenfeder Nr. ... Schale Nr. ... Masse der Wagschale nebst Vorbelastung $m'' = 50$ g. Masse der Feder ... g. Der dritte Teil der Federmasse $m''' = \ldots$ g.

Masse der Belastung m' [g]	Schwingende Masse $m = m'+m''+m'''$	Anzahl der vollen Schwingungen z		Schwingzeit t						Mittlere Schwingdauer τ [sek]	τ^2	$\frac{\tau^2}{m}$
		vorwärts	rückwärts	vorwärts			rückwärts					
				min	sek	sek	min	sek	sek			
↓	↑	↓	↑	↓			↑					

d) Stelle die Ergebnisse von (c) bildlich dar; setze $x = m$ und $y = \tau$.

e) Worauf deutet der parabelartige Verlauf der Schaulinie hin? Berechne die Quadrate der Schwingdauern und entwirf das Schaubild

$$x = m \quad \text{und} \quad y = \tau^2.$$

Was stellt die neue Schaulinie dar? Was ist daraus für τ^2/m zu folgern? Berechne für jeden Versuch diese Größe. Welche Beziehung besteht also zwischen der Schwingdauer einer Schraubenfeder und der schwingenden Masse?

Bemerkungen. Jeder Schüler erhält eine Schraubenfeder aus dem Satz von fünf Federn, den Dr. CURT FISCHER entworfen hat.

Ist die Masse der Feder nicht so gering, daß man sie vernachlässigen darf, so muß man nach POYNTING-THOMSON, *Properties. of Matter*[1] *103* den dritten Teil ihrer Masse zur Masse der Belastung und der Schale hinzufügen. Vgl. RAYLEIGH-NEESEN, *Theorie des Schalles 1, 264.* GEORG HAMEL, *Elementare Mechanik 48.*

Bei gewissen Belastungen der Federn lagern sich über die Längsschwingungen störende Querschwingungen. Da die Ursache hierfür in der Koppelung und der zufälligen Gleichstimmung beider Schwingarten liegt, so kann man diese Nebenerscheinung durch kürzeres oder längeres Einspannen des obern Federendes oder durch Zwischenschalten eines Fadens zwischen Federhaken und Wagschale abstellen. Vgl. CURT FISCHER, *Die Schraubenfeder. Mitteilungen d. Preuß. Hauptstelle f. d. naturw. Unterr. Heft 4, 164ff. 1920.*

Das Messen kurzer Schwingdauern fällt einigen Schülern schwer. Es erscheint deshalb ratsam, die kürzeste Feder einem Schüler zu geben, der von der Musik her ans Zählen von Zeitabständen gewöhnt ist. Aus demselben Grunde läßt man bei dieser Feder nicht die Schwingdauer für 50 g Schalenbelastung, sondern die für 200 g in die Tafel eintragen.

3. Aufgabe. *Wie hängt die Schwingdauer einer Schraubenfeder von deren Nachgiebigkeit ab?*

(2 Schüler, 2 Stunden.)

Quelle. CURT FISCHER, *Zeitschr. f. d. physik. u. chem. Unterr. 38, 275; 1925.*

Geräte. Wie bei Aufgabe 1.

Anleitung. **a)** Hänge wie in Aufgabe 2 (a), S. 180, die Schraubenfeder auf, ohne jedoch zuvor die Feder zu wägen, und bestimme mit dem Höhenmaßstabe die Nullage des Kreuzpunkts.

b) Setze wie bei Aufgabe 2 (S. 180) in die Wagschale der Reihe nach 450, 350, 250, 150 und 50 g*, dann 50, 150, 250, 350 und 450 g* und lies am Höhenmaßstabe die Ruhelagen ab, die diesen Belastungen entsprechen.

c) Schreibe die Ergebnisse in folgender Weise auf:

Schraubenfeder Nr. ... Schale Nr. ... Massensatz Nr. ... Vorbelastung $P_0 = 50$ g*.

Belastungen $P = (P_v + P_0)$ [g*]	Nullstellung (x_0) vor der Belastungsänderung [cm]		Stellung (x) des Kreuzpunkts nach der Belastungsänderung [cm]		Längenänderung $\lambda = (x - x_0)$ [cm]		
	vorwärts	rückwärts	vorwärts	rückwärts	vorwärts	rückwärts	Mittel
	↓	↑	↓	↑	↓	↑	

d) Berechne für die Belastungsänderungen (500-200) g*, (400-100) g* und 300 g* die zugehörigen mittlern Längenänderungen und daraus die Nachgiebigkeiten $\mathfrak{h}'$, d. h. die Längenänderungen für die Belastungsänderung 1 g*. Nimm aus den drei erhaltenen Werten von $\mathfrak{h}'$ das

Belastungsänderung 300 g*	Längenänderung für 300 g* [cm]	Nachgiebigkeit $\mathfrak{h}'\left[\frac{\text{cm}}{\text{g*}}\right]$
500—200	. . . . . .	. . . .
400—100	. . . . . .	. . . .
300	. . . . . .	. . . .
	Mittel	. . . .

Nachgiebigkeit $\mathfrak{h} = \ldots \frac{\text{cm}}{\text{Dyn}}$.

Mittel und berechne daraus die Längenändrung für die Belastungsändrung 1 Dyn, d. h. die Nachgiebigkeit $\mathfrak{h}$ in cm/Dyn.

e) Entnimm aus den Schaubildern, die alle Schüler für $x = m$ und $y = \tau$ in der Aufgabe 2(d) (S. 180) entworfen haben, die Werte der Schwingdauern, die gefunden worden wären, wenn die schwingende Masse genau 500, 400, 300, 200 und 100 g gewesen wäre, oder berechne diese Werte aus den Versuchsergebnissen der Aufgabe 2 (bei mehrfachen Bestimmungen aus den zugehörigen Mittelwerten) mit Hilfe des Satzes, den wir bei Aufgabe 2 (S. 180) gefunden haben.

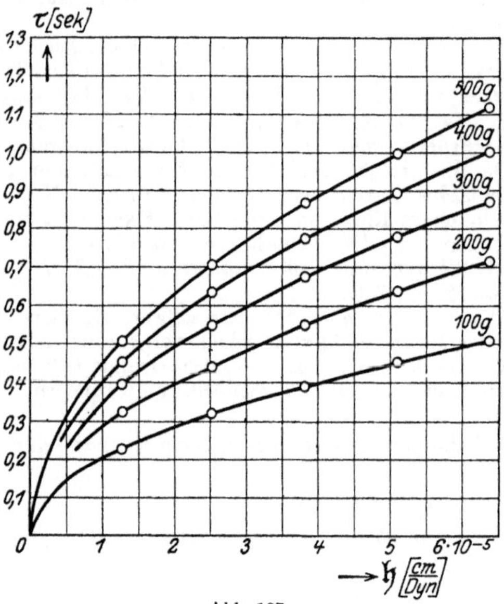

Abb. 137.

f) Zeichne für jede dieser fünf schwingenden Massen die Schaulinie (Abb. 137):

$$x = \mathfrak{h} \text{ und } y = \tau.$$

g) Worauf deutet der parabelartige Verlauf der fünf Schaulinien hin? Berechne die Quadrate der Schwingdauern oder entnimm sie dem zweiten Schaubilde der Aufgabe 2 und entwirf für jede schwingende Masse eine Schaulinie (Abb. 138):

$$x = \mathfrak{h} \text{ und } y = \tau^2.$$

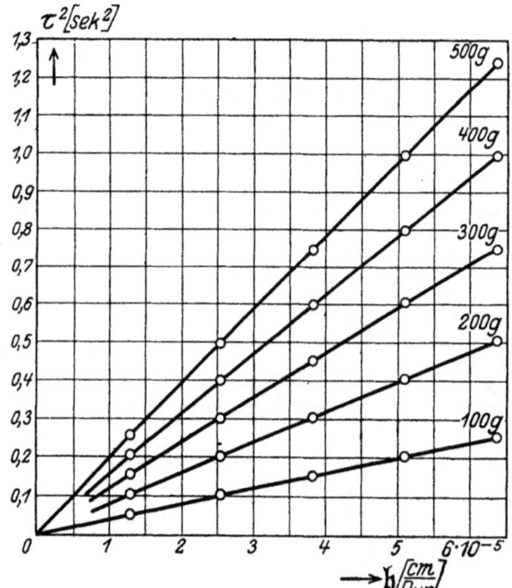

Abb. 138.

Was stellen die neuen Bilder dar? Was ist daraus für $\tau^2/\mathfrak{h}$ zu folgern? Berechne für jede schwingende Masse den Wert von $\tau^2/\mathfrak{h}$. Welche Beziehung besteht also für jede schwingende Masse zwischen Schwingdauer und Nachgiebigkeit der Schraubenfeder?

h) Trage die Ergebnisse in folgende Tafel ein:

Feder Nr.	Schwingende Massen m [g]	Mittelwerte der Nachgiebigkeit $\mathfrak{h}\left[\frac{\text{cm}}{\text{Dyn}}\right]$	Mittelwerte der Schwingdauern τ [sek]	τ^2	$\frac{\tau^2}{\mathfrak{h}}$
. . .	100 200 . . . 500				
. . .	100 . . .				

i) Wir haben in Aufgabe 2 (S. 180) für jede Feder gefunden

$$\tau^2 \sim m$$

und in der vorliegenden Aufgabe für gleiche schwingende Massen

$$\tau^2 \sim \mathfrak{h}.$$

Beide Abhängigkeiten fassen wir in die Beziehung

$$\tau^2 \sim m\,\mathfrak{h}$$

zusammen und berechnen aus den Versuchsergebnissen der Aufgaben 2 und 3 die Werte von $\tau^2/m\,\mathfrak{h}$.

Bemerkungen. Der Wert von $\tau^2/m\,\mathfrak{h}$ ist annähernd gleich 40. Wir haben also bei der Schraubenfeder das Gesetz gefunden

$$\tau^2 \approx 40\,m\,\mathfrak{h}$$

oder, wenn wir die Starre $\mathfrak{k} = 1/\mathfrak{h}$ einführen,

$$\tau^2 \approx 40\,\frac{m}{\mathfrak{k}}.$$

Durch Rechnen und Zeichnen finden wir die Beziehung

$$\tau^2 = 4\,\pi^2\,\frac{m}{\mathfrak{k}}.$$

In der Tat ist $4\,\pi^2 \approx 39{,}4784$.

4. Aufgabe. *Bestimme mit einer schwingenden Schraubenfeder die Masse eines Körpers.*

(1 Schüler, $^3/_4$ Stunde.)

Geräte. Wie bei Aufgabe 1, dazu: beliebige Masse von etwa 400 g.

Anleitung. **a)** Hänge wie in Aufgabe 2 (a), S. 180, an den Bock mit der Zwinge die Schraubenfeder nebst Schale. Lege auf die Schale den Körper, dessen Masse zu bestimmen ist, und lies mit dem Höhenmaßstabe die Ruhelage des Zeigers ab. Bestimme aus der Anzahl der vollen Schwingungen während etwa 100 Sekunden die Schwingdauer τ_0 der Feder.

b) Entferne den Körper, lege an seine Stelle so viel Massenstücke, daß ihr Gewicht die Feder ungefähr ebenso stark wie vorher streckt, und bestimme die Schwingdauer τ.

c) Entferne Massen, wenn $\tau > \tau_0$, und lege noch Massen hinzu, wenn $\tau < \tau_0$. Ermittle so eine Masse m_1, deren Schwingdauer τ_1 etwas kürzer als τ_0 ist, und eine Masse m_2, deren Schwingdauer etwas länger als τ_0 ist.

d) Berechne aus m_1, τ_1^2 und τ_0^2 und aus m_2, τ_2^2 und τ_0^2 die Massen m_1 und m_2 und nimm aus beiden Ergebnissen das Mittel, d. h. die Masse, deren Schwingdauer mit der des Körpers übereinstimmt. Berücksichtige dabei die Masse der Feder und der Schale nebst Vorbelastung, falls diese bekannt sind. Einfacher ist es, die Masse durch rechnerisches oder zeichnerisches Einschalten unter Voraussetzen eines geradlinigen Kurvenstücks zu ermitteln.

Bemerkungen. Auf ähnliche Weise kann man auch die Starre oder die Nachgiebigkeit der schwingenden Feder bestimmen.

5. **Aufgabe.** *Gilt für die Querschwingungen eines federnden Stabes, der mit dem einen Ende festgeklemmt und am andern Ende belastet ist, auch die Beziehung* $\tau^2 = 4\pi^2 m/\mathfrak{k}$?

(1 Schüler, 2 Stunden.)

Quelle. Noack, *Aufgaben 16 Nr. 17 und 28 Nr. 30.*

Geräte. Stahlstreifen (70 cm × 2 cm × 0,1 cm). Schraubzwinge. Holzklötze. Hocker nach Quincke oder Schemel. 20 kg*-Stück. Leichte Wagschale (Pillenschachtel mit 3 Zwirnfäden). Kleine Haken. Klebwachs. Garn. Schere. Spiegelmaßstab. Noacks Fenster [Diopter]. Bunsengestell mit Haken. Wage. Massensatz. Stoppuhr.

Anleitung. a) Lege den Stahlstreifen flach zwischen zwei Holzklötze, deren Stirnflächen genau in einer lotrechten Ebene liegen, klemme die Klötze am Rande des Hockers mit der Schraubzwinge ganz fest und belaste die Bank mit einem 20 kg*-Stück. Befestige oben am festen Ende des Stabes mit etwas Klebwachs einen Faden, führe diesen längs der Oberseite des Stabes, hänge ans freie Ende des Fadens einen kleinen Haken und daran Noacks Fenster nebst Wagschale (Abb. 139). Lies am Maßstabe die Ruhelage n'_0 des Fensterstrichs ab.

b) Belaste die Schale mit ganzzahligen Gewichtstücken in gleichmäßigen Abstufungen so stark, daß der Pfeil der Durchbiegung der Reihe nach 7, 6, 5, 4 und 3 cm beträgt, und lies jedesmal auf dem Maßstabe die Einstellung n' des Fensters ab.

c) Bestimme wiederum die Ruhestellung n_0'' der unbelasteten Schale.

d) Belaste nun die Schale der Reihe nach genau so stark wie bei (b), beginne jedoch mit dem geringsten Gewicht und lies jedesmal die Einstellung n'' des Fensters ab.

e) Bestimme nochmals die Ruhestellung n_0''' der unbelasteten Schale. Berechne das Mittel n_0.

f) Nimm aus den zusammengehörigen Werten der Fenstereinstellungen das Mittel n und berechne die Senkungen $h = n - n_0$ des Stab-

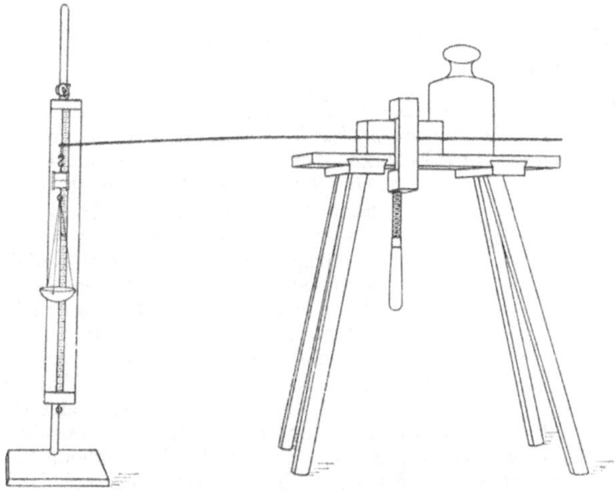

Abb. 139. (Stellt eine ältere Versuchsanordnung dar.)

endes. Bestimme ähnlich wie in Aufgabe 3 *d*, S. 181, aus den Senkungen und den zugehörigen Belastungsändrungen die Starre $\mathfrak{k}' = (P/h)$ [g*/cm], gemessen durch die Anzahl Grammgewichte, die das Stabende um 1 cm senken, und daraus die Starre $\mathfrak{k} = \mathfrak{k}' \, g$ [Dyn/cm].

g) Schreibe die Ergebnisse in folgender Weise auf:

Stahlstreifen Nr. ...

Gleichgewichtslagen des unbelasteten Stabes $n_0' = \ldots$ cm, $n_0'' = \ldots$ cm, $n_0''' = \ldots$ cm

$$n_0 = \frac{1}{3}(n_0' + n_0'' + n_0''').$$

Belastung P [g*]	Fenstereinstellungen in cm n'	n''	Mittel n	Senkungen $h = n - n_0$	Starre $\mathfrak{k}' = \frac{P}{h}\left[\frac{g^*}{cm}\right]$
	↓	↑			

$\mathfrak{k}' = \ldots$ g*/cm $\qquad \mathfrak{k} = \ldots$ Dyn/cm.

h) Belaste die Schale mit der Masse m', deren Gewicht das Stabende um etwa 5 cm senkt. Stelle dicht hinter dem freien Ende des Stahlstreifens einen Stab auf und bezeichne mit einer hineingesteckten Nadel oder mit einem aufgeklemmten Drahtbügel die Ruhelage des Stabes. Versetze den Stahlstreifen in kleine lotrechte Schwingungen und bestimme die Zeit t von 50 oder 100 vollen Schwingungen. Berechne daraus die Schwingdauer. Wiederhole die Messungen noch zweimal und nimm aus den Ergebnissen das Mittel τ.

i) Wäge die Schale, den Haken und das Fenster zusammen. Die Masse sei m'' [g]. Miß die Länge des Stabes vom freien Ende bis zur Einklemmstelle und dann die ganze Länge des Stahlstreifens. Wäge den ganzen Stahlstreifen, berechne daraus die Masse des schwingenden Stabteils und nimm davon den vierten Teil m'''. Dann ist die schwingende Masse:

$$m = m' + m'' + m'''.$$

k) Prüfe, ob die erhaltenen Werte von m, $\mathfrak{k}$ und τ die Gleichung $\tau^2 = 4\pi^2\, m/\mathfrak{k}$ befriedigen.

Bemerkungen. Vgl. über den Hocker nach QUINCKE: HERMANN HAHN, *Wie sind die physik. Schülerübungen praktisch zu gestalten? S. 40,* und über das Befestigen des Fadens: CURT FISCHER, *Zeitschr. f. d. physik. u. chem. Unterr. 38, 115; 1925* (Abb. 140). Statt NOACKS Fenster kann man auch in die Wand der als Wagschale dienenden Schachtel an zwei gegenüberliegenden Stellen je eine Nadel einstecken. Man kann auch an das herabhängende Ende des Fadens mit Plastilin ein Stückchen Papier ankleben mit einem Kreuz in der Mitte und auf den Kreuzpunkt den Zeiger des Höhenmaßstabes einstellen wie bei Aufg. 2 (a) S. 180. Benutzt man wie bei Abb. 139 nicht die ganze Stablänge oder einen längern Stahlstab, so daß ein längeres Ende hinter den Klötzen vorsteht, so dämpfe man dessen Schwingungen mit der Hand oder durch Einklemmen. Vgl. über Stabschwingungen RAYLEIGH-NEESEN, *Theorie des Schalles 1, 313.* HERMANN HAHN, *Mitteilungen der Preuß. Hauptstelle f. d. naturw. Unterr., Heft 4 S. 62.* Dr. CURT FISCHER, *Zeitschr. f. d. physik. u. chem. Unterr. 38, 114; 1925.*

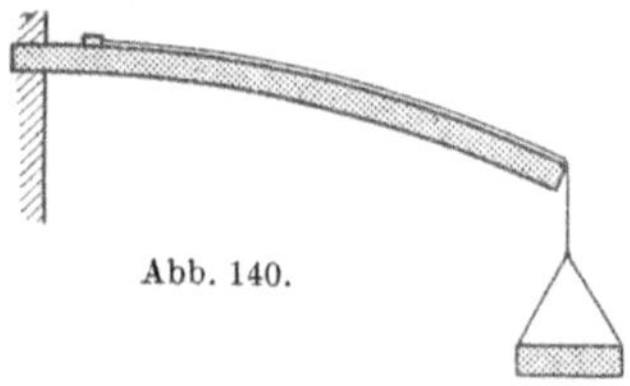

Abb. 140.

6. Aufgabe. *Bestimme mit einem schwingenden Stahlstabe die Masse eines Körpers.*

(1 Schüler, 1 Stunde.)

Quelle. ABRAHAM *1, 108 Nr. 71.*

Geräte.

Stahlstab.	Klebwachs.
Zwinge mit Feilkloben.	Stoppuhr.
500 g-Stück aus Eisen.	Wage.
Massenstücke von 100, 200, 200 und 500 g aus Blei, die man übereinanderschichten kann.	Massensatz.
	Millimeterpapier.

Anleitung. a) Spanne zwischen die Backen des Feilklobens den Stahlstreifen so, daß die Glasscheibe wagrecht liegt, befestige darauf mit Klebwachs genau in der Mitte das eiserne 500 g*-Stück und bestimme möglichst genau die Schwingdauer (Abb. 141).

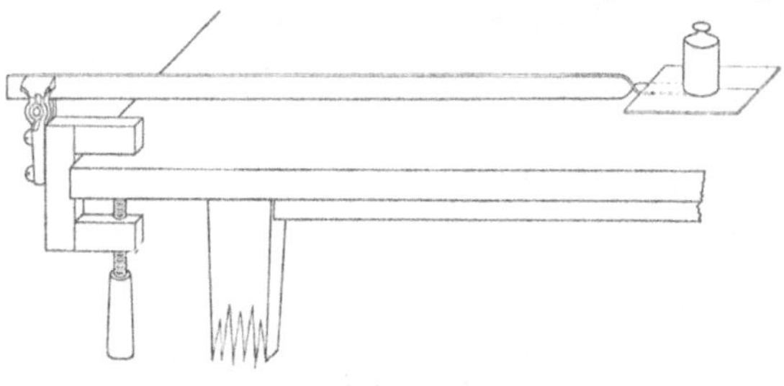

Abb. 141.

b) Ersetze das eiserne Gewicht durch ein Bleigewicht von 500 g*. Ist die Schwingdauer die gleiche wie vorher? Haben Körper von gleichem Gewicht auch gleiche Masse?

c) Belaste nun die Glasscheibe genau in der Mitte der Reihe nach mit Massen, von 1000 g um 100 g bis zu 100 g absteigend, und bestimme jedesmal die Schwingdauer.

d) Trage die Ergebnisse in folgende Tafel ein:

Stahlstab Nr. ...

Aufgelegte Masse m [g]	Anzahl z der Schwingungen	Schwingzeit t [sek]	Schwingdauer $\tau = t/z$	$\frac{\tau^2}{m}$

e) Stelle die Ergebnisse bildlich dar, wähle dabei $x = m$ und $y = \tau^2$. Zeichne eine Gerade, die sich der erhaltenen Kurve möglichst anschmiegt.

f) Befestige auf der Mitte der Scheibe irgendeinen Körper, bestimme die Schwingdauer und entnimm dem Schaubilde die Masse des Körpers.

g) Bestimme mit der Wage die Masse des Körpers und vergleiche sie mit dem vorher erhaltenen Wert.

Bemerkungen. Der Stahlstab (50 cm × 1,5 cm × 0,15 cm) ist am einen Ende etwa 6 cm weit rechtwinklig umgebogen. Auf diesen Teil ist eine Glasscheibe (8 cm × 8 cm) aufgekittet, die mit einer Strichmarke versehn ist. Dauerhafter als die Glasplatte ist ein dünnes Holzbrettchen; es läßt sich auch besser am Stahlstreifen befestigen. Vgl. CURT FISCHER, *Zeitschr. f. d. physik. u. chem. Unterr. 38, 114; 1925.*

7. Aufgabe. *Welche Beziehung besteht zwischen der Länge, der Dicke und der Schwingzahl eines schwingenden Stabes?*

(2 Schüler, 2 Stunden.)

Quellen. GREGORY-SIMMONS *1, 132 Nr. 81.* WATSON, *Elem. Pract. Phys. 113 Nr. 88, 114 Nr. 89.*

Geräte. Holzstab (vgl. S. 189).
Stahlstreifen (62 cm × 0,8 cm × 0,06 cm).
Stricknadel.
Schublehre.
Zwinge mit Feilkloben.
Taktschläger oder Stoppuhr.
Kreide.
Millimeterpapier.

Anleitung. a) Befestige im Feilkloben das eine Ende des Holzstabes so, daß dessen schmale Seite wagrecht liegt (Abb. 142). Ziehe auf dem Tisch

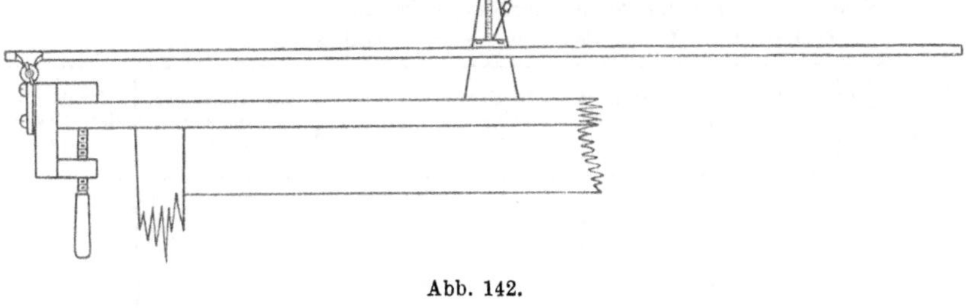

Abb. 142.

unter der Ruhelage des Stabes mit Kreide einen Strich. Stelle den Taktgeber so ein, daß er Sekunden schlägt. Ziehe das freie Ende des Stabes etwas zur Seite und laß es los. Klopfe, sobald der Stab genau mit dem Schlage des Taktgebers über den Strich hinweggeht, mit dem Bleistift gegen den Heftdeckel und zähle von nun an leise möglichst viele volle Schwingungen (Durchgänge von derselben Seite her). Klopfe, wenn nun wiederum der Stab mit dem Schlage des Taktgebers von derselben Seite her über den Strich hinweggeht, von neuem mit dem Bleistift gegen den Heftdeckel. Der Mitarbeiter sagt beim ersten Klopfen Null und zählt von da ab leise alle Taktschläge bis zum zweiten Klopfen. Berechne aus der beobachteten Anzahl z der Schwingungen und der Schwingzeit t die Schwingzahl $n = z/t$.

b) Ändre die Schwingweite und prüfe, ob die Schwingzahl von der Schwingweite abhängt, wenn diese klein ist.

c) Miß möglichst genau die Länge und die Dicke des schwingenden Stabteils an verschiednen Stellen und bilde die Mittelwerte. Unter der Dicke a versteht man die Abmessung in der Schwingrichtung. Bestimme dreimal die Schwingzahl und nimm aus den Ergebnissen das Mittel.

d) Verkürze den schwingenden Stabteil um einige Zentimeter und miß wiederum die Länge und die Schwingzahl.

e) Wiederhole die Messungen für zwei andre Längen, bei denen die Schwingungen noch zählbar sind.

f) Schreibe die Ergebnisse in folgender Weise auf:

Stab Nr. . . . Dicke $a = \ldots$ cm.

Anzahl der Schwingungen z	Schwingzeit t [sek]	Schwingzahl $n' = z/t$	Mittlere Schwingzahl n	Länge des schwingenden Stabteils l [cm]	l^2	$n\,l^2$

g) Stelle die Ergebnisse bildlich dar, setze dabei $x = l$ und $y = n$. Worauf deutet der Verlauf der Kurve hin? Setze nun $x = l^2$ und $y = n$. Prüfe, ob nl^2 stets den gleichen Wert hat.

h) Wiederhole den Versuch (a) und drehe dann den Stab um 90^0, ohne dabei seine Länge im geringsten zu ändern, so daß seine breite Seite wagrecht liegt, miß sehr genau die Dicke und bestimme aus drei Beobachtungssätzen die mittlere Schwingzahl.

i) Schreibe die Ergebnisse in folgender Weise auf:

Stab Nr. . . . Länge des schwingenden Stabteils $l = \ldots$ cm.

Anzahl der Schwingungen z	Schwingzeit t [sek]	Schwingzahl $n' = z/t$	Mittlere Schwingzahl n	Stabdicke a	Verhältnis der Schwingzahlen n_1/n_2	Verhältnis der Dicken a_1/a_2

k) Wie verhalten sich bei gleichen Längen die Schwingzahlen und wie die Stabdicken zueinander? Welche Beziehung besteht zwischen der Schwingzahl, der Länge und der Dicke eines Stabes?

$$n \sim a/l^2.$$

l) Wiederhole mit einem Stahlstreifen die Versuche (a) bis (g) und mache dabei die schwingenden Teile 60, 50, 40 und 35 cm lang. Halte bei diesen Versuchen den Teil des Streifens fest, der rückwärts aus den Backen des Klobens hervorragt. Welche Beziehung besteht zwischen der Länge und der Schwingzahl eines Stahlstabes?

m) Verkürze die Stahlstreifen noch weiter und prüfe, ob die Schwingungen schneller oder langsamer werden und ob Töne zu hören sind. Gib dem Streifen die Gestalt einer Stimmgabel, halte ihn dabei zwischen Daumen und Zeigefinger der linken Hand und untersuche seine Schwingungen.

n) Klemme zwischen die Backen des Klobens eine Stricknadel so, daß sie 15 cm hervorragt. Ziehe dieses Ende seitwärts und laß es los. Hört man einen Ton? Sieht man das Ende der Nadel schwingen? Halte den Fingernagel eben gegen das freie Ende der Nadel. Berühre mit dem Finger das freie Ende der Nadel und vernichte so die Schwingungen. Verstummt der Ton?

o) Verkürze den Teil der Nadel, der aus dem Kloben herausragt, und bringe ihn durch Zupfen zum Schwingen. Wie hat sich die Tonhöhe geändert? Welche Beziehung besteht zwischen der Häufigkeit der Schwingungen, die man durch die Schwingzahl mißt, und der Höhe des entstehenden Tons?

Bemerkungen. Der Stab besteht aus trocknem astfreien Kiefernholz (1,83 m × 1,2 cm × 0,6 cm).

Diese Aufgabe löst man vorteilhaft erst beim Behandeln des Schalls. Man lasse einige Gruppen die Versuche (a) bis (g) und die übrigen Gruppen die Versuche (l) bis (o) ausführen. Die Ergebnisse der Versuche (h) bis (k) befriedigen meist wenig. Es ist zwar wissenschaftlich besser, die Schwingzahl n einzuführen und die Unveränderlichkeit von nl^2 festzustellen, doch im Unterricht eindrucksvoller, die Schwingdauer τ zu bestimmen und die Beständigkeit von τ/l^2 nachzuweisen.

Bei den Versuchen (n) und (o) ermahne man die Schüler zur Vorsicht, damit keiner durch umherfliegende Stücke zerspringender Nadeln verletzt wird.

II. Drillschwingungen.

8. Aufgabe. *Wie groß ist die Drillstarre (Direktionskraft) eines Metalldrahts?*

1. Verfahren.

(2 Schüler, 1 Stunde.)

Quelle. Abraham *1, 86 Nr. 45.*

Geräte. Eisenstab, 60 cm lang und 2 mm dick, dreimal rechtwinklig umgebogen.
3 Krampen.
Winkelmesser aus Papier oder Teilkreis oder Zifferblatt einer Uhr.
Leichte Wagschale.
Gewichtsatz.
Meterstab.
Schraublehre.
Reißbrett oder Quecksilberbrett.
Ein 10 oder 20 kg-Stück.
Reißzwecken.

Anleitung. a) Will man den Tisch schonen, so lege man ein Reißbrett oder das umgekehrte Quecksilberbrett so auf den Tisch, daß zwei Kanten etwas über den Tisch hinausragen. Beschwere das Brett durch ein großes Gewichtstück. Befestige mit drei Krampen den Eisendraht so auf dem Brett (Abb. 143), daß man ihn mit der etwas überstehenden Kurbel CDE drillen kann. Hänge ans hakenförmige Ende des Armes AB eine Wagschale. Kerbe den Winkelmesser im Mittelpunkt etwas ein und befestige ihn mit Reißzwecken so an der Kante des Reißbretts, daß sein Mittelpunkt genau in der Achse des Drahts BC liegt.

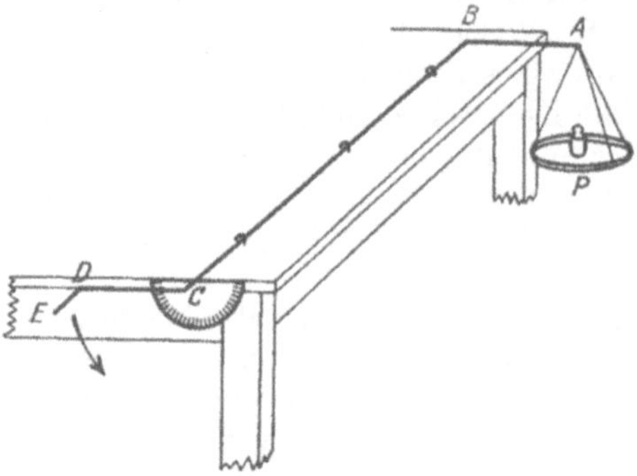

Abb. 143.

b) Belaste die Schale mit $P_1 = 50$ g* und drille mit der Kurbel CDE den Stab BC, bis sich sein Ende AB hebt. Lies den Drillwinkel α [Grad] am obern Rande des Kurbelarmes CD mit senkrechter Blickrichtung ab.

c) Belaste die Schale der Reihe nach mit $P_\nu = 100, 150, 200$ g* usf. und verfahre ebenso wie bei b).

d) Trage die Ergebnisse in folgende Tafel ein:

Drillstab Nr. ... Stabstoff: ...
Drahtlänge $BC = \ldots$ cm.
Drahtdicke $= \ldots$ cm.
Länge des Kraftarms $AB = \ldots$ cm.

Belastung der Schale P_ν [g*]	Winkelablesung α [Grad]			Mehrbelastung P [g*] $= P_{\nu+2} - P_\nu$	Winkelzuwachs	
	↓	↑	Mittel		φ [Grad]	Mittel
50						
100				100		
150				100		
200						

e) Wie ändert sich der Winkel mit der Belastung? Berechne in der Tafel den Winkelzuwachs φ^0 für je $P = 100$ g* Mehrbelastung. Nimm aus diesen Winkelwerten das Mittel.

f) Miß die Länge des Kraftarms AB von der Achse des gedrillten Stabes bis zur Hakenmitte und berechne die Drehkraft D (das Drehmoment) der Kraft P und daraus die *Drillstarre* des Stabes

$$\mathfrak{d} = \frac{D}{\varphi}\left[\frac{g^* \text{ cm}}{\text{Winkelgrad}}\right].$$

g) Drücke die Kraft P in Dyn und den Winkel φ im Bogenmaß aus ($1\,g^* = 981$ Dyn; $1^0 = 1/57{,}30$) und berechne damit $\mathfrak{d} = D/\varphi$ [Dyn · cm].

h) Miß den Durchmesser und die Länge BC des Drillstabes und trage die Werte, ebenso wie den Drahtstoff, in die Tafel ein.

Bemerkungen. Die Länge des Kurbelarms ist 7 cm und die des Kraftarms 10 cm. Das Ergebnis der Messung gibt nicht die reine Drillstarre des Stabes. Vielmehr ist der umgekehrte Wert von $\mathfrak{d}$, d. h. die Nachgiebigkeit, als Summe der Drillnachgiebigkeit $\mathfrak{h}_1$ des Stabes und der Biegungsnachgiebigkeiten $\mathfrak{h}_2$ und $\mathfrak{h}_3$ von Kurbelarm und Kraftarm aufzufassen. $\mathfrak{h}_2$ und $\mathfrak{h}_3$ kann man ähnlich wie in

Aufg. 3 (S. 181) gesondert bestimmen. Die Anleitung zu dieser Aufgabe hat Herr Dr. Curt Fischer bearbeitet.

2. Verfahren.

(2 Schüler, 2 Stunden.)

Quelle. Harold Whiting, *A Course of Experiments in Physical Measurement 2 (1891), 358. Vers. 64; 4, 920 u. 1003.*

Geräte. Stricknadel. Holzklotz. Hartgezogener Messingdraht, etwa 2 m lang und 0,25 mm dick. Holzgestell mit Streben. Vollkreis-Winkelmesser oder 2 Winkelmesser aus Papier. Dünner Holzstab. Wagschalen aus Papier mit Aufhängefäden. Gewichtsatz. Schraublehre. Meterstab. Siegellack.

Anleitung. **a)** Klebe auf die Vorderseite AE des Holzgestells einen Vollkreis-Winkelmesser, den man wie das Brett in der Mitte C durchbohrt hat (Abb. 144). Löte an die Mitte der Stricknadel BD das eine Ende des Messingdrahts, ziehe durchs Loch C den Draht, löte sein freies Ende an

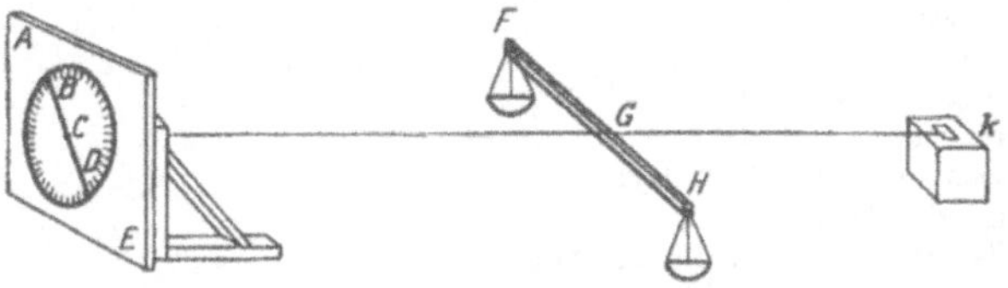

Abb. 144.

eine Messingschraube K, die man in einem Holzklotz befestigt hat, und spanne dann zwischen der Stricknadel und der Schraube den Draht aus.

Siegle auf die Mitte des Drahts die Mitte G eines dünnen Holzstreifens FH, der etwa 20 cm lang ist. Hänge an den Enden des Stäbchens mit Fäden zwei leichte Wagschalen aus Papier auf. Die so gebaute Drillwage wiege nicht mehr als 1 bis 2 g*.

b) Drehe nun die Nadel so, daß der Wagbalken FH wagrecht steht. Vergleiche dabei die Stellung des Balkens mit den Richtungen von Fensterstäben oder andren wagrechten Geraden im Zimmer. Lies die Stellungen der beiden Nadelenden ab und nimm das Mittel. Das gibt die Nullablesung der Nadel. Lege dann in die eine Wagschale ein Zehntelgramm und drehe die Nadel, bis der Balken wieder wagrecht steht. Nimm nun das Zehntelgramm aus der Schale und wiederhole die Nullablesung. Ist eine merkliche Ändrung eingetreten, so wiederhole den Versuch. Ist die Nulleinstellung wiederum gestört, so wende ein Gewicht an, das kleiner ist als ein Zehntelgramm.

c) Setze das Gewicht erst auf die linke Schale, dann auf die rechte. Lies jedesmal den Winkel ab, um den wir die Nadel aus ihrer Nullage nach rechts oder nach links drehn müssen, um den Balken wagrecht zu stellen. Mache nach jedem Versuch die Nullablesung: Die Beständigkeit dieser Ablesung gibt die einzige Sicherheit gegen das Gleiten der Verbindungen und gegen das dauernde Verzerren des Drahts.

d) Da der Balken 2 l [cm] lang, so ist die durchschnittliche Länge jedes Arms l [cm]. Da das Gewicht 1 g* etwa 981 Dyn, so beträgt das von einem Zehntelgramm etwa 98,1 Dyn. Daher ist die *Drillkraft* (das Drehmoment) D, welche die Schwere ausübt, 98,1 l [Dyn · cm]. Diese wird aufgehoben durchs Verdrillen des Drahtstücks CG um eine beobachtete Anzahl Grade; daher kann man die Drillkraft leicht berechnen, die dem Drillwinkel einer Bogenmaßeinheit d. h. 57,30° entspricht. Diese Drillkraft mißt die *Drillstarre* 𝔡 des Drahts.

e) Der Teil des Drahts zwischen G und K wird zur Zeit des Ablesens nicht verdrillt, weil der Balken FH wagrecht bleibt. Der Draht zwischen G und K hat nur den Zweck, die Wage an dem richtigen Ort zu halten. Miß die Länge des Drahts zwischen C und G und bestimme an mehren Stellen und in verschiednen Richtungen mit der Schraublehre den Durchmesser des Drahts. Schreibe auch den Stoff auf, woraus der Draht besteht.

f) Schreibe die Ergebnisse in folgender Weise auf:

1. Ablesung der Nadel, wenn die leere Drillwage wagrecht gestellt ist . . . ...°
2. Ablesung mit 0,1 g* in der linken Schale . . . .°
3. Ablesung mit 0,1 g* in der rechten Schale . . . .°
4. Länge des Wagbalkens . . . . cm
5. Länge des gedrillten Drahts . . . . cm
6. Durchmesser des Drahts . . . . cm

I. Wert von 1 g* in Dyn . . . . Dyn
II. Gewicht von 0,1 g* in Dyn . . . . Dyn
III. Länge des Wagarms . . . . cm
IV. Drillkraft D eines Zehntelgramms . . . . Dyn · cm
V. Drillwinkel, $\frac{1}{2}$ ([2] — [3]) . . . .°
VI. Drillstarre 𝔡, ([IV] : [V/57, 30]) . . . . $\frac{\text{Dyn} \cdot \text{cm}}{\text{Einheit des Bogenmaßes}}$.

Bemerkungen. Das zweite Verfahren ist schwierig.

Messing läßt sich schwer an Eisen löten. Auch darf der Meßdraht nicht warm werden. Dr. Curt Fischer schlägt daher vor: den Draht am Ende C rechtwinklig umzubiegen, ihn an einen Messingstab von der Gestalt einer Stricknadel als Mittelsenkrechte anzulegen und dann Nadel und Drahtende mit Kupferdraht zu umwickeln. Nun bringe man fern von der Knickstelle auf der Röhre aus Kupferdraht Lötzinn zum Schmelzen. Dies fließt nach der Knickstelle und verbindet Draht und Stab.

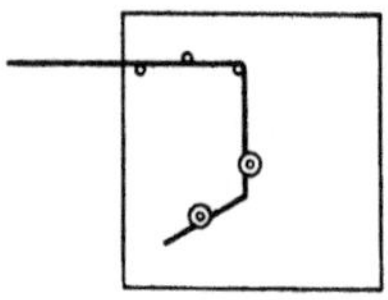

Abb. 145.

Das andre Ende K des Messingdrahts legte Dr. Fischer über zwei Nägel in dem Holzklotz, bog es dann rechtwinklig um und befestigte es mit Reißnägeln (Abb. 145). Auch stellte er nicht durch Vergleichen des Wagbalkens mit einem wagrechten Fensterstabe die Drillwage ein, sondern befestigte am Balken einen Aluminiumzeiger, der vor einer Papierteilung spielte.

9. Aufgabe. *Wie hängt die Drehmasse (das Trägheitsmoment) eines Körpers von den Massen der einzelnen Teile und deren Entfernungen von der Drehachse ab?*

(2 Schüler, 2 Stunden.)

Quelle. Bower-Satterly *104 Nr. 80.*

Geräte. Drillstab (vgl. S. 194).
2 Bleireiter von 500 g.
2 Bleireiter von 1000 g.
Zwinge mit versetztem Feilkloben.
Nadeln.
Stoppuhr oder Uhr mit gut zentriertem Sekundenzeiger.
Stahldraht von 0,4 mm Durchmesser.
Unterlegklötze.
Feder oder Pinsel.
2 Nadeln im Holzklotz oder Sehrohr.
(Wandgalgen) oder Quinckes Arbeitsbock.

Anleitung. **a)** Befestige die Hülse genau in der Mitte des Stabes, von dem man sämtliche Massen entfernt hat, hänge den Stab am Stahldraht auf und drehe ihn um 10 bis 15° (Abb. 146). Laß ihn los und hemme etwa auftretende Pendelschwingungen durch Berühren des Drahts mit dem Zipfel des Taschentuchs, mit der Hand, mit einer Feder oder mit einem Pinsel. Lege die Ruhelage mit dem Sehrohr oder mit zwei Nadeln fest, die man in einen Holzklotz steckt (vgl. Teil 2 B, Aufg. 10, S. 154). Bestimme aus der Zeit t_0 [sek] für 10 oder 12 volle Schwingungen die Schwingdauer T_0 des unbelasteten Stabes. Vermeide beim Versuch den geringsten Luftzug, schließe Tür und Fenster, gehe nicht umher, sondern bleibe ruhig vorm Drillstabe sitzen.

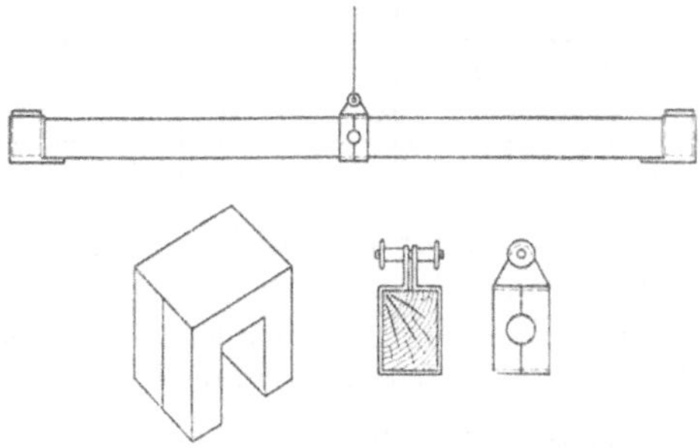
Abb. 146.

b) Lagre das Drillpendel auf Unterlegklötze, schiebe auf jeden Arm des Stabes einen Bleireiter von 500 g so, daß ihre Mitten vom Draht um 7,5 cm abstehn, und miß die Schwingdauer T_1 des belasteten Drillstabes.

c) Mache den Abstand der Bleireiter vom Draht 15 cm groß und bestimme die Schwingdauer T_2.

d) Verschiebe die Bleireiter so weit, daß ihre Abstände vom Draht 22,5 cm werden, und miß die Schwingdauer T_3.

e) Ersetze die Bleireiter von 500 g durch solche von 1000 g Masse, gib ihren Mitten erst 7,5 und dann 15 cm Abstand vom Draht und bestimme die Schwingdauern T_4 und T_5.

f) Der unbelastete Drillstab hat die Schwingdauer T_0 und die Drehmasse J_0. Hat der Draht die Drillstarre $\mathfrak{d}$, so ist

$$T_0^2 = 4\pi^2 \frac{J_0}{\mathfrak{d}}.$$

Belasten wir den Stab ebenmäßig mit zwei Massen, die zusammen in bezug auf die Drehachse die Drehmasse J_ν haben, so wird die Schwingdauer T_ν, und es ist

$$T_\nu^2 = 4\pi^2 \frac{J_0 + J_\nu}{\mathfrak{d}},$$

daher

$$T_\nu^2 - T_0^2 = 4\pi^2 \frac{J_\nu}{\mathfrak{d}}.$$

Somit erhalten wir

$$\frac{J_\nu}{J_1} = \frac{T_\nu^2 - T_0^2}{T_1^2 - T_0^2}.$$

g) Schreibe die Ergebnisse in folgender Weise auf:

Drillstab Nr. ...
Masse des Drillstabes $m_0 = \ldots$ g.
Masse der Bleistücke $m_1 = \ldots$ g, $m_2 = \ldots$ g,
$m_3 = \ldots$ g, $m_4 = \ldots$ g.
Anzahl der Schwingungen des unbelasteten Stabes $z_0 = \ldots$
Schwingzeit $t_0 = \ldots$ sek. Schwingdauer $T_0 = \ldots$ sek.

ν	Anzahl der Schwingungen z_ν	Schwingzeit t_ν min			Schwingdauer $T_\nu = t_\nu / z_\nu$	T_ν^2	$T_\nu^2 - T_0^2$	$\frac{J_\nu}{J_1} = \frac{T_\nu^2 - T_0^2}{T_1^2 - T_0^2}$
		min	sek	sek				

h) Wie ändert sich die Drehmasse, wenn man die Massen in die doppelte oder dreifache Entfernung von der Drehachse schiebt? Wie ändert sich die Drehmasse, wenn man bei gleichem Abstande von der Drehachse die Massen verdoppelt?

Bemerkungen. Das Drillpendel (Abb. 146) besteht aus einem Holzstab, der 55 cm lang, 2,5 cm breit und 3,5 cm hoch ist. Seine Mitte ist durch einen Strich bezeichnet. Den Stab hängt man mit einem Messingschiffchen auf, das wie in der Abbildung gebogen ist. Die Mitte des Schiffchens ist durch einen Strich bezeichnet und mit einem Ausschnitt versehn. Man kann also auf dem Stabe die Hülse genau ebenmäßig befestigen. Durch die obern Enden des Schiffchens führt eine Schraube, die an jedem Ende eine Mutter trägt. Das Ende des Aufhängedrahts legt man um die Schraube und zieht die Muttern ganz fest an. Der Draht soll so lang sein, daß der Drillstab in bequemer Arbeitshöhe schwingt, etwa 75 cm bis 1 m lang. Man biege den Draht oben rechtwinklig um und lege das umgebogne Ende ins wagrechte Klobenmaul (Abb. 147).

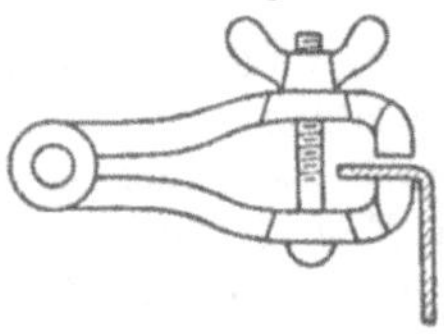
Abb. 147.

An den Enden des Stabes sind zwei Becher aus Messingblech befestigt, die so groß sind, daß sie Zink- oder Eisenwalzen von 200 g Masse gerade aufnehmen können. Die Becher tragen lotrechte Striche, die als Schwingmarken dienen.

Die ∩-förmig gebognen Bleireiter sind 5 cm breit und in der Mitte mit einem Strich versehn.

Crew und Tatnall (*47 Nr. 21*) benutzen als Drillstab eine leichte Stahlröhre von 30 cm Länge und 6 mm Durchmesser, als verschiebbare Massen durchlochte Bleischeiben oder Messingscheiben von 1,3 cm Dicke und 5 cm Durchmesser und einen Drilldraht von solcher Länge und Stärke, daß die Schwingdauer 1 bis 5 Sekunden beträgt. Sie schieben anfangs beide Scheiben nach der Mitte und vergrößern dann jedesmal den Abstand der Innenflächen um 2 cm. Sie berechnen die Schwingdauern aus den Zeiten für 10 bis 20 Schwingungen und machen eine bildliche Darstellung, wobei sie den Abstand der Masse von der Drehachse als Abszisse und die Schwingdauer als Ordinate wählen.

Ein andres schönes Verfahren, das auch für Schülerübungen geeignet ist, hat M. Koppe, *Zeitschr. f. d. phys. u. chem. Unterr. 5, 8 (1891)* beschrieben.

10. Aufgabe. *Bestimme mit dem Drillstabe die Masse eines Körpers.*
(1 Schüler, 1 Stunde.)

Quelle. COLEMAN *65 Nr. 20.*

Geräte. Wie bei Aufgabe 9, doch ohne Bleireiter; dazu:
Schrot.
Löffel.
2 Zinkwalzen von 200 g, die gerade in die Becher passen.
Becherglas.
Wage.
Gewichtsatz.

Anleitung. **a)** Hänge das Drillpendel wie bei Aufg. 9 auf.

b) Setze die Zinkwalzen in die Becher ein und bestimme die Schwingdauer T_0.

c) Nimm die Zinkwalzen heraus und fülle die Becher ebenmäßig etwa zur Hälfte mit Schrot, d. h. lege jedesmal in beide Becher gleich viel Körner. Bestimme die Schwingdauer. Setze Schrot zu, wenn sie kleiner als bei Versuch (b) ist, und entferne Schrot, wenn sie größer ist, doch achte stets darauf, daß beide Becher gleich voll sind. Ermittle auf diese Weise die Schrotmasse, wofür die Schwingdauer ebenfalls gleich T_0 ist.

d) Schütte das Schrot in ein abgeglichenes Becherglas, bedecke dabei den einen Becher, damit kein Korn verloren geht. Wäge das Schrot und die Walzen. Haben beide gleiche Massen? *Unterschied von Masse und Gewicht. Trägheit der Körper bei fortschreitenden und bei drehenden Bewegungen. Kraft und Masse. Drehkraft und Drehmasse.*

11. Aufgabe. *Vergleiche die Drillstarren verschiedner Drähte miteinander.*
(2 Schüler, 2 Stunden.)

Geräte. Federharter Messingdraht von 0,25 mm Durchmesser.
Harter Kupferdraht von 0,25 mm Durchmesser.
Zwinge mit versetztem Feilkloben.
Stoppuhr oder Uhr mit gut zentriertem Sekundenzeiger.
Drillscheibe.
Klemmschraube.
Beißzange.
Feder oder Pinsel.
(Wandgalgen) oder Arbeitsbock nach QUINCKE.

Anleitung. **a)** Bei Drillschwingungen besteht zwischen der Drehmasse (dem Trägheitsmoment) J, der vollen Schwingdauer T des angehängten Körpers und der Drillstarre (der Direktionskraft) $\mathfrak{d}$ des Drahts die Gleichung

$$T^2 = 4\pi^2 \frac{J}{\mathfrak{d}}.$$

Wir benutzen erst ein 100 cm langes Drahtstück; hierbei ist die Drillstarre $\mathfrak{d}_1$, die Schwingdauer T_1 und die Drehmasse J. Dann verwenden wir ein 50 cm langes Stück desselben Drahts; nun ist die Drillstarre $\mathfrak{d}_2$, die Schwingdauer T_2 und die Drehmasse wiederum J. Daher haben wir

$$\frac{\mathfrak{d}_1}{\mathfrak{d}_2} = \frac{T_2^2}{T_1^2}.$$

b) Schraube an den Wandgalgen die Zwinge so, wie dies Abbildung 125 (S. 153) zeigt, klemme zwischen die wagrechten Backen des Klobens das oben umgebogene Ende des Messingdrahts wie bei Aufgabe 9, S. 194 und befestige am untern Ende mit der Klemme die Drillscheibe (Abb. 148). Gleiche dabei die Länge des Drahts so ab, daß zwischen den beiden Klemmen genau 100 cm eingespannt sind. Vermeide bei den Versuchen den geringsten Luftzug, schließe Tür und Fenster, gehe nicht umher, sondern bleibe ruhig vor der Drillscheibe sitzen. Stelle, sobald das Drillpendel zur Ruhe gebracht ist, dem Zeigerstrich auf der Scheibe gegenüber ein Papier mit einem Strich so auf, daß beide Striche in einer Geraden liegen. Den Strich auf dem Papier nennen wir die Ruhemarke.

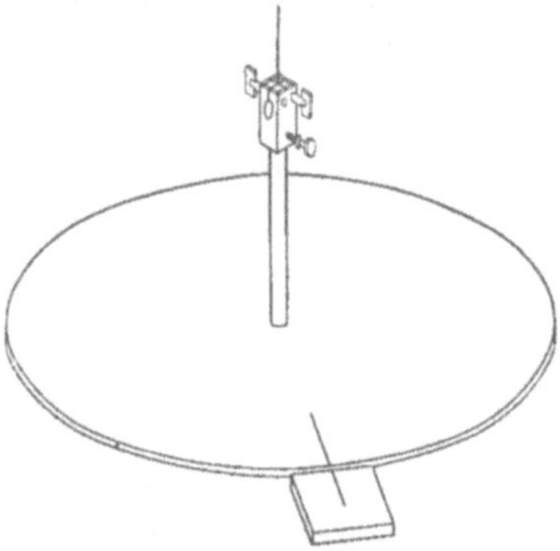

Abb. 148.

c) Drehe die Scheibe um 90^0 und laß sie los. Hemme durch Berühren des Drahts mit dem Zipfel des Taschentuchs, mit der Hand, mit einer Feder oder mit einem Pinsel etwa auftretende Pendelschwingungen.

d) Bestimme die Schwingdauer T_1 auf folgende Weise: Klopfe, sobald der Scheibenzeiger an der Ruhemarke von links nach rechts vorübergeht, scharf auf den Heftdeckel mit dem Blei. Der Mitarbeiter, der die Uhr beobachtet, liest bei diesem Zeichen die Zeit in Minuten und Sekunden ab, schätzt dabei noch die Zehntelsekunden und schreibt diese Zeitbestimmung auf. Beobachte auf die gleiche Weise die Zeiten der folgenden fünf Durchgänge. Nimm aus der 3. und 4., der 2. und 5. und der 1. und 6. Zeitbestimmung das Mittel und aus den so erhaltnen drei Mitteln das Hauptmittel. Warte nach dem sechsten Durchgang etwa 5 Minuten und bestimme wieder die Zeitpunkte von sechs aufeinanderfolgenden Durchgängen, wovon der erste wiederum von links nach rechts erfolgen muß. Berechne wie beim ersten Satz der Durchgangszeiten auch aus dem zweiten Satz die Mittel und daraus das Hauptmittel.

Schreibe die Beobachtungen in folgender Weise auf:

1. Satz.

Durchgang	Zeit min	Zeit sek	Mittel		
1				min	sek
2					
.					
.			3 . 4		
.			2 . 5		
6			1 . 6		
			Hauptmittel		

2. Satz.

Durchgang	Zeit min	Zeit sek	Mittel		
1				min	sek
2					
.					
.			3 . 4		
.			2 . 5		
6			1 . 6		
			Hauptmittel		

Der Unterschied der aus beiden Beobachtungssätzen erhaltenen Hauptmittel, geteilt durch die Anzahl der dazwischen verflossenen vollen

Schwingungen, gibt die Schwingdauer. Die verflossenen vollen Schwingungen werden nicht gezählt, sondern mit einem angenäherten Werte der Schwingdauer berechnet. Bestimme aus dem 1. und 2. Zeitpunkt des ersten Satzes von Beobachtungen den Zeitpunkt des 1. Umkehrpunkts und aus dem 5. und 6. Zeitpunkt desselben Satzes den 5. Umkehrpunkt. Der Zeitunterschied zwischen dem 5. und 1. Umkehrpunkt ist gleich der Dauer von zwei vollen Schwingungen. Hieraus berechnet man einen angenäherten Wert der vollen Schwingdauer in Sekunden. Teilt man den in Sekunden ausgedrückten Unterschied der beiden Hauptmittel durch die angenäherte Schwingdauer, so ist die ganze Zahl, die dem Teilwert am nächsten liegt, die Anzahl der vollen Schwingungen zwischen den beiden Hauptmitteln. Mit der Abbildung 149, wo D_ν und d_ν

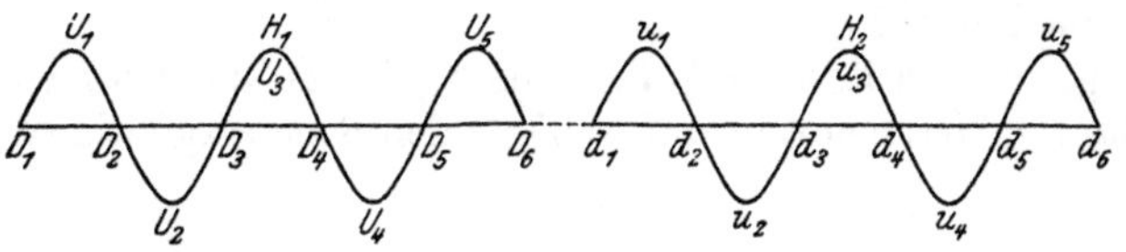

Abb. 149.

die Durchgänge des ersten und des zweiten Satzes, U_ν und u_ν die Umkehrpunkte und H_1 und H_2 die Hauptmittel darstellen, kann man sich das Rechenverfahren klarmachen.

e) Drehe die Drillscheibe um 180° und verfahre wie bei (c) und (d). Ist die Schwingdauer von der Schwingweite abhängig?

f) Verkürze den Draht genau auf die Länge 50 cm und bestimme wie bei (d) die Schwingdauer T_2. Wie ändert sich die Drillstarre des Drahts mit der Länge?

g) Ersetze den Messingdraht durch einen gleich starken Kupferdraht von genau 100 cm Länge und bestimme wie bei (d) die Schwingdauer T_3. Wie verhalten sich die Drillstarren gleich langer und dicker Drähte aus Messing und aus Kupfer?

Bemerkungen. Die Drillscheibe ist aus Zink gefertigt. Sie hat einen Durchmesser von 25 cm und eine Masse von 1000 g. In der Mitte ist ein 5 cm langer Stift befestigt und am Rande der Oberseite ein nach der Mitte gerichteter Strich als Marke eingeritzt. Ferner ist um die Mitte der obern Fläche ein Kreis eingeschnitten, dessen Durchmesser so groß ist wie der äußre Durchmesser des Drillings (vgl. S. 154).

Guter Messingdraht ist nicht immer leicht zu beschaffen; ebensogut, wenn nicht besser, ist Konstantandraht.

Ist der Galgen zu hoch, so klemmt man in dem Kloben der Zwinge einen Stab fest, der unten eine Befestigungsklemme trägt. Dann läßt sich stets die Drillscheibe in eine bequeme Arbeitshöhe bringen.

Es empfiehlt sich nicht, bei Schülerversuchen die Abhängigkeit der Drillstarre vom Durchmesser des Drahts oder vom Gleitmaß (dem Torsionsmodul) nach dem Schwingverfahren zu bestimmen, da hierzu das sehr genaue Bestimmen der Drahtdicke erforderlich ist. Diese könnte man allenfalls durch Wägen ermitteln.

Über das Bestimmen der Schwingdauer vgl. KOHLRAUSCH[14] *112*. SABINE *26 Nr. 17*. WATSON, *Textbook of Pract. Phys. 107 Nr. 43.* Will man das genaue Verfahren zum Bestimmen der Schwingdauer nicht anwenden, so ermittle man diese aus der Zeit von 25 vollen Schwingungen.

12. Aufgabe. *Wie groß ist die Drehmasse (das Trägheitsmoment) der Drillscheibe und die Drillstarre des Aufhängedrahts?*

Wie groß ist die Drehmasse eines Stabes mit kreisförmigem Querschnitt, bezogen auf den Kreisdurchmesser in der Drillachse?

(2 Schüler, 2 Stunden.)

Geräte. Wie bei Aufgabe 11, dazu: Drillring (vgl. Teil 2 B, Aufgabe 10, S. 154) doch ohne Teilung und Schräubchen. Messingstab. | Wage. Massensatz. Maßstab. Schublehre. Schraublehre.

Anleitung. a) Hänge die Drillscheibe an einen genau 100 cm langen Messingdraht von 0,25 mm Durchmesser und bestimme wie in Aufgabe 11 die Schwingdauer T_1.

b) Lege den Drillring auf die Scheibe, hänge diese wieder an dem 100 cm langen Messingdraht auf, schiebe den Ring sorgfältig so, daß der

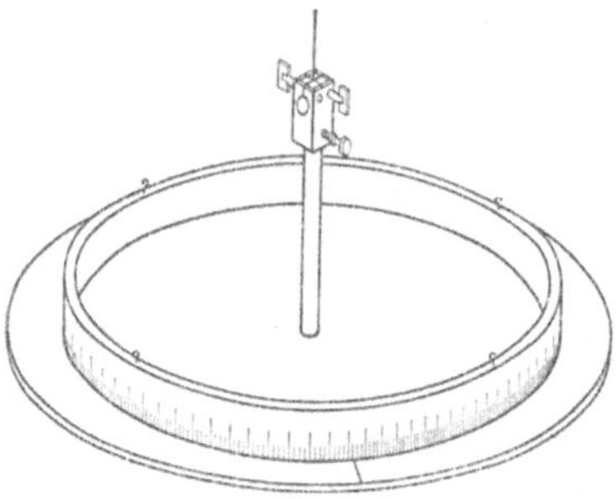

Abb. 150.

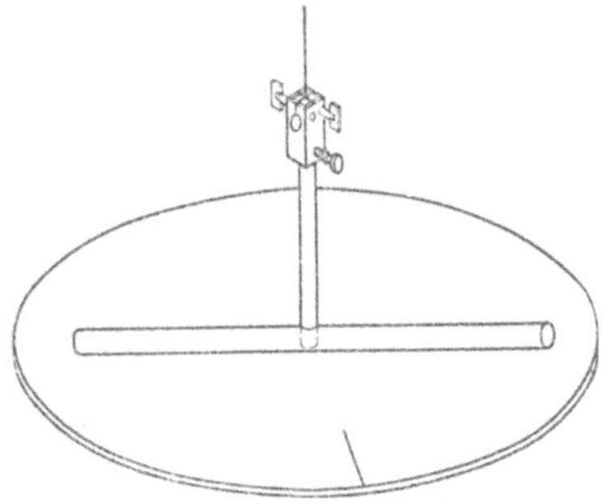

Abb. 151.

Draht durch seinen Mittelpunkt geht (Abb. 150) und bestimme die Schwingdauer T_2.

c) Ist J_1 die Drehmasse der Scheibe, J_2 die Drehmasse des Ringes und $\mathfrak{d}$ die Drillstarre des Drahts, so gelten die Gleichungen:

$$T_1^2 = 4\pi^2 \frac{J_1}{\mathfrak{d}} \quad \text{und} \quad T_2^2 = 4\pi^2 \frac{J_1 + J_2}{\mathfrak{d}}. \quad . \quad . \quad (1)$$

Es ist also

$$\frac{T_2^2}{T_1^2} = \frac{J_1 + J_2}{J_1}$$

und somit

$$J_1 = \frac{T_1^2}{T_2^2 - T_1^2} J_2. \quad . \quad . \quad . \quad . \quad . \quad . \quad (2)$$

d) Wäge die Masse m_2 des Ringes. Miß mehrmals den äußern Durchmesser und die Breite des Ringes, nimm die Mittel und berechne daraus den äußern Halbmesser r_1 und den innern Halbmesser r_2. Berechne die Drehmasse des Ringes, bezogen auf die Drillachse,

$$J_2 = \frac{1}{2} m_2 (r_1^2 + r_2^2).$$

Setze diesen Wert in die Gleichung (2) ein und berechne daraus die Drehmasse J_1 der Scheibe, des Stifts und der Klemme und aus der ersten der Gleichungen (1) die Drillstarre des Drahts.

e) Entferne den Ring und schiebe auf den Stift der Scheibe den Messingstab (Abb. 151, S. 198). Beobachte die Schwingdauer T_3 und berechne die Drehmasse J_3 des Stabes. Wäge die Masse des Stabes und vermehre sie rechnerisch um die Masse der Ausbohrung bis zum Betrage m_3. Vergleiche den aus der Schwingdauer hergeleiteten Wert J_3 mit dem nach der Formel

$$J_3 = m_3\left(\frac{1}{12}l_3^2 + \frac{1}{4}r_3^2\right)$$

berechneten Wert, wo r_3 den Halbmesser und l_3 die Länge des Stabes bezeichnen.

Bemerkung. Der Messingstab, der in der Mitte, senkrecht zur Längsachse, durchbohrt ist, hat 1 cm Durchmesser und 20 cm Länge. Die wirkliche Masse des Stabes 130,8 g erhöht sich durch das Berücksichtigen der Masse der Ausbohrung auf $m_3 = 132{,}2$ g, da $8{,}4 \cdot \pi\, 0{,}23^2 \cdot 1$ g $= 1{,}4$ g ist. Vgl. KOHLRAUSCH[14] *115, 226*, ferner GEORG BERNDT, *Phys. Praktikum 1*[3] *81 § 21.*

III. Wellenbewegungen.

13. Aufgabe. *Hängt die Schwingdauer einer Schraubenfeder von der Länge der Feder ab, wenn das Verhältnis der schwingenden Masse zur Länge der Feder ungeändert bleibt?*

(2 Schüler, 1 Stunde.)

Quelle. ASHWORTH *93 Nr. 4.*

Geräte. Wie bei Aufgabe 1, doch benutze die bei der 2. Aufgabe des 2. Teils (S. 46) angegebne Schraubenfeder.
Zwinge mit Feilkloben.
Stricknadel.
Kork.

Anleitung. a) Hänge die Feder fest auf und laß sie sich beruhigen. Erteile nun der Feder einen schwachen Stoß aufwärts. Die Verdichtung laufe in t [sek] bis zum obern Ende der Spule und wieder zurück bis zum untern Ende. Welche Beziehung besteht zwischen dieser Zeit t und der Schwingdauer τ der Feder? $t = {}^1/_2\,\tau$. Wie lang müßte die Spule sein, damit die Verdichtung sie in τ [sek] genau einmal durchliefe? $4l$. Welche Beziehung besteht zwischen der Schwingdauer und der Länge der Feder? $\tau \sim l$.

b) Hänge an die Feder die Schale und belaste sie so stark, daß die Feder in der Sekunde höchstens zwei volle Schwingungen macht. Bestimme dreimal aus den Zeiten für 100 Schwingungen die Schwingdauer und berechne daraus den Mittelwert. Ermittle die Länge der Spule und die schwingende Masse. Vgl. 180.

c) Führe in die Feder bis zur Mitte einen leicht hineinpassenden, mit Ausschnitt versehnen Kork und durchbohre ihn mit der Stricknadel senkrecht zur Federachse. Spanne die Nadel kurz in den Feilkloben. Jetzt hängt die Schale an der Hälfte der Federwindungen. Entferne aus der Schale so viel Massenstücke, daß nunmehr die schwingende Masse, d. h. die Summe aus dem sechsten Teil der Federmasse und der Masse der Schale nebst den darin liegenden Massenstücken, halb so groß als vorher ist. Miß die Länge der Feder. Die von jedem Zentimeter der Federlänge getragene Masse ist jetzt ebenso groß wie vorher. Bestimme dreimal aus den Zeiten für 100 Schwingungen die Schwingdauer und berechne daraus den Mittelwert.

d) Schreibe die Ergebnisse in folgender Weise auf:

Feder Nr. ... Schale Nr. ...
Masse der Schale $m'' = \dots$ g.
Masse der Feder $m^{IV} = \dots$ g. $m''' = {}^1/_3\, m^{IV} = \dots$ g.

Anzahl der Schwingungen z	Schwingzeit t [sek]	Schwingdauer $\tau' = t/z$	Mittlere Schwingdauer τ	Verhältnis der mittlern Schwingdauern τ_1/τ_2	Masse der Belastung m' [g]	Schwingende Masse $m = m' + m'' + m'''$	Länge der Feder l	Verhältnis der Federlängen l_1/l_2

Welche Beziehung besteht zwischen den Längen und zwischen den Schwingdauern der Feder?

e) Es sei λ [cm] die Länge einer Feder, durch die sich während τ [sek] eine Verdichtung fortpflanzt. Welche Beziehung besteht zwischen der Wellenlänge λ und der Federlänge l? $\lambda = 4l$. Wenn c [cm/sek] die Schnelligkeit bezeichnet, womit sich die Verdichtung durch die Feder fortpflanzt, so ist

$$\lambda = c\tau.$$

Berechne aus l und τ die Schnelligkeit c [cm/sek].

Bemerkungen. Vgl. Henri Abraham *2, 1 Nr. 1.* K. Schreber und P. Springmann *1, 99 Nr. 127.* Über das Aufhängen der Feder und einer stetig veränderlichen Feder vgl. Dr. Curt Fischer, *Zeitschr. f. d. phys. u. chem. Unterrr. 38, 117; 1925.*

14. Aufgabe. *Besteht bei Fadenwellen eine Beziehung zwischen der Schwingzahl und der Wellenlänge und zwischen der Fortpflanzschnelligkeit und der spannenden Kraft?*

(2 Schüler, 1 Stunde.)

Quelle. Stroud *189.*

Geräte. Stahlstreifen (30 cm × 1,8 cm × 0,075 cm), mäßig biegsam.
Zwinge mit Feilkloben.
Kleine Haken.
Papiertrichter.
Gewichtsatz.
Recht biegsame feine Seidenfäden verschiedener Stärke.
Schere.
(Wandgalgen) oder Arbeitsbock nach Quincke.

Anleitung. a) Befestige am Wandgalgen oder Arbeitsbock die Zwinge so, daß die Backen des Klobens wagrecht liegen, und klemme den Stahlstreifen so ein, daß etwa 10 cm herausragen und die Breitseite wagrecht liegt. Binde um den Streifen in höchstens 2,5 cm Abstand von der Einklemmstelle das eine Ende des 120 cm langen Fadens fest, knüpfe am andern Ende eine Schleife, hänge mit einem Haken und drei Fäden einen leichten, kleinen Papiertrichter daran und lege so viel Gewichte hinein, daß die gesamte spannende Kraft 14 g* beträgt. Miß die Länge l des Fadens. Biege das Ende des Streifens etwas abwärts und setze ihn so in lotrechte Schwingungen. Gerät auch der Faden in Schwingungen? Ändre, wenn dies nicht der Fall ist, die Länge des schwingenden Streifens, bis dieser den Faden in kräftige Querschwingungen versetzt. Zähle die Anzahl ν der Bäuche und berechne daraus die Wellenlänge des Fadens, $\lambda = 2l/\nu$. Bestimme die Schwingzahl N' des Stahlstreifens. Welche Beziehung besteht zwischen der Schwingzahl N' des Streifens und der Schwingzahl N des Fadens?

b) Spanne nun den Faden mit dem vierfachen Gewicht 56 g* (14 g* · 4) und wiederhole die Versuche (a).

c) Befestige jetzt, ohne die Länge des Fadens zu ändern, die Zwinge so, daß die breite Seite des Stahlstreifens lotrecht steht, belaste wiederum mit 14 g* und setze den Streifen in wagrechte Schwingungen. Ändert sich die Anzahl der Bäuche? Ist diesmal die Schwingzahl des Fadens ebenso groß wie vorher? Welche Beziehung besteht zwischen den Schwingzahlen in den beiden Fällen? Wiederhole den Versuch (b).

d) Schreibe die Ergebnisse in folgender Weise auf:

Stahlstreifen Nr. ... Länge des Fadens $l = \ldots$ cm.
Gewicht des Trichters nebst Fäden und Haken = ... g*

Anzahl z' der Schwingungen des Streifens	Schwingzeit des Streifens t' [sek]	Schwingzahl des Streifens $N' = z'/t'$ [sek^{-1}]	Schwingzahl N [sek^{-1}] des Fadens	Spannende Kraft im Faden P [g*]	Anzahl ν der Bäuche	Wellenlänge $\lambda = 2l/\nu$	Schnelligkeit der Wellen $c = \lambda N$ [cm sek^{-1}]

e) Wie ändern sich, wenn man die spannende Kraft vervierfacht, die Wellenlängen bei der gleichen Stellung des Streifens, d. h. bei der Gleichstellung oder bei der Querstellung, und bei der gleichen Schwingzahl des Fadens?

f) Wie ändern sich die Wellenlängen, wenn man durch die verschiednen Stellungen des Streifens die Schwingzahl des Fadens verdoppelt?

g) Wie verhalten sich bei gleichen spannenden Kräften die Schwingzahlen des Fadens zu den Wellenlängen? Wie verhalten sich bei gleichen Schwingzahlen des Fadens die Schnelligkeiten zu den spannenden Kräften?

h) Ersetze den Faden durch gleichlange dünnere und dickere Schnüre und prüfe, ob die Wellenlänge von der Masse der Längeneinheit abhängt und ob diese die Wellenschnelligkeit beeinflußt.

Bemerkungen. Stroud benutzt ein „Stahllineal" von den oben angegebenen Abmessungen. Ich konnte kein solches erhalten, da die jetzt im Handel erhältlichen Lineale teils Einlagen, teils Auflagen haben. Mit den Stahlstreifen, die ich benutzte, gelangen die Versuche nur schlecht.

Genaure Ergebnisse erhält man, wenn man anstatt des Stahlstreifens eine große Stimmgabel ($N = 30$ bis 60 sek^{-1}) mit elektrischem Antrieb verwendet, eine etwa 3 m lange Packschnur wagrecht ausspannt und über eine Rolle führt, wenn man auch das wagrechte Ausspannen des Fadens und das Führen über eine Rolle eigentlich vermeiden sollte.

Vgl. Franz Melde, *Akustik 76, Kap. 5.* Georg Berndt *1*[3], *107 § 26.* Henri Abraham *2, 36 Nr. 48.* K. Schreber und P. Springmann *1, 100 Nr. 129.*

Sechster Teil.

Schall.

I. Stimmgabel.

1. Aufgabe. *Wieviel Schwingungen macht eine Stimmgabel in einer Sekunde?*

(1 Schüler, 2 Stunden.)

Quelle. HALL, *Descript. List*[3] *67 Nr. 49, 91 Nr. 95 u. 96.*

Geräte. c_1-Stimmgabel aus Stahl ($N = 256$ sek^{-1}).
Schreibvorrichtung (vgl. S. 204).
Spiegelglasplatten (30 cm × 5 cm).
Taktschläger oder Stoppuhr.
Ölläppchen.
Streubüchse mit Bärlappsamen.
Borsten.
Klebwachs.
Anschlaghammer (vgl. S. 204).
Watte.
Schwarzes Papier.

Anleitung. **a)** Stelle die Feder des Pendels so ein, daß dieses in der Sekunde $1^1/_2$ bis 2 volle Schwingungen macht, und klemme es fest ein (Abb. 152). Bestimme sorgfältig aus der Zeit von 100 Schwingungen die

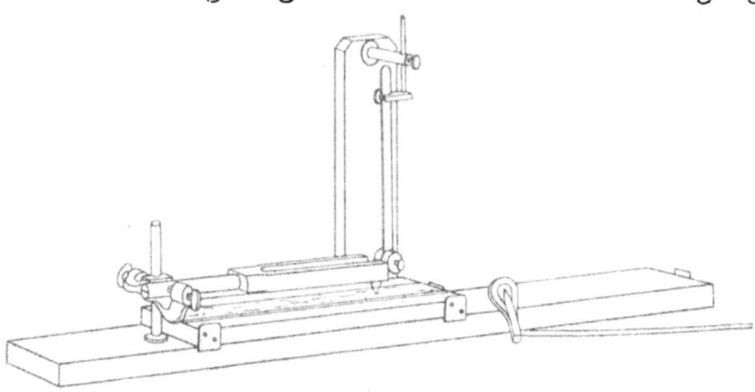

Abb. 152.

Schwingdauer des Pendels. Wiederhole noch zweimal die Messung und nimm aus den Ergebnissen das Mittel.

b) Befestige in der Klemme die Stimmgabel so, daß die durch die Zinkenachse gehende Ebene wagrecht steht. Lege die Spiegelglasplatte auf den Schlitten und befestige an der einen Zinke und am Pendelkörper mit etwas Klebwachs je eine Borste. Die Spitzen der ruhenden Borsten müssen in derselben lotrechten Ebene und so dicht hintereinander liegen, als dies ausführbar ist. Stelle das Pendel und die Stimmgabel so ein, daß die Achsen ihrer Wellenlinien beim Verschieben des Schlittens möglichst genau zusammenfallen.

c) Wische mit einemÖlläppchen die Glasplatte ab, bestreue sie mit Bärlappsamen und blase das überflüssige Pulver weg.

d) Lege die Glasplatte, mit der bestäubten Seite nach oben, auf den Schlitten und stelle an ihrem Rande die Schreibspitzen so ein, daß sie die Staubschicht eben berühren. Laß das Pendel schwingen, schlage die Gabel an, verschiebe die Platte langsam und prüfe, ob die Borsten richtig schreiben.

e) Setze, sobald die Schreibvorrichtungen gut arbeiten, Pendel und Gabel in Schwingungen und ziehe dann unter den schreibenden Borsten den Schlitten schnell fort. Suche, falls das Pendel oder die Gabel ihre Schwingungen nicht gut aufgeschrieben haben, ohne Hast und mit Überlegung nach den Mängeln der Einstellungen. Lege, wenn nötig, zwischen die Glasplatte und den Schlitten kleine Papierstücke und gib so der Scheibe die richtige Lage. Verschiebe auf dem Schlitten die bestäubte Platte etwas seitwärts und mache eine neue Aufzeichnung. Nach einigen Vorversuchen, die man mit Geduld und Ausdauer ausführen muß, gelingen auch dem Ungeübten die Aufnahmen.

f) Befestige, sobald eine gute Aufzeichnung gelungen ist, in den Klemmen zweier Gestelle die bestäubte Platte so, daß das Tageslicht durch die Scheibe fällt, oder halte über einem wagrechten schwarzen Papier die Scheibe schräg geneigt und zähle sorgfältig die Anzahl der ganzen Wellen, die zwischen den Zeitmarken des Pendels A und C, B und D liegen (Abb. 153).

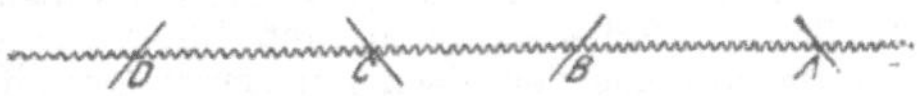

Abb. 153.

g) In wieviel Sekunden hat man die Platte von A nach C bewegt? Wieviel volle Schwingungen hat in dieser Zeit die Gabel ausgeführt? Wie groß ist also die Anzahl der vollen Schwingungen, welche die Stimmgabel in einer Sekunde macht?

h) Bestimme ebenso die Schwingzahl der Gabel aus der Anzahl der ganzen Wellen auf der Strecke BD und nimm aus den beiden Ergebnissen das Mittel.

i) Schreibe die Ergebnisse in folgender Weise auf:

Stimmgabel Nr. ... Schreibvorrichtung Nr. ...

Schwingzeit t [sek]	Anzahl der vollen Pendelschwingungen z	Schwingdauer des Pendels $\tau = t/z$	Schwingzahl der Gabel sek^{-1}
		Mittel	....

Anzahl der vollen Gabelschwingungen in τ sek $\nu = \ldots$

Anzahl der vollen Gabelschwingungen in einer Sekunde $N = \nu/\tau = \ldots$ sek^{-1}.

k) Wische mit Watte die bestäubte Glasplatte ab und reinige sie dann mit Seifenwasser.

Bemerkungen. An der Seite eines ganz ebenen Grundbretts (75 cm × 10 cm × 2,5 cm) ist ein Pfosten (28 cm × 6 cm × 2 cm) befestigt, der oben eine wagrecht verschiebbare durchbohrte Messingstange trägt (Abb. 152). Die Stange geht durch den Pfosten hindurch; man klemmt sie mit einer Stellschraube fest, die oben durch den Pfosten geht. In der Abbildung ist die Schraube nicht gezeichnet. Im Loch am Ende dieses Trägers ist die Klemme fürs Pendel lotrecht verschiebbar. Das Pendel besteht aus einem Stahlstreifen und einer schweren Walze, in deren Mantel gleichlaufende schwache Rinnen eingeschnitten sind; darin befestigt man die Schreibborste. Eine Abändrung des Schreibpendels hat W. Büchel in der *Zeitschr. f. d. phys. u. chem. Unterr. 26, 97; 1913* beschrieben. Die Stimmgabel spannt man in eine Klemme ein, die an einem kurzen Stab auf dem Grundbrett sitzt. Der Schlitten (30 cm × 10,2 cm × 1,5 cm), der sehr eben und überall gleich dick sein soll, hat an den Seiten kleine Führungsbleche aus Messing, die auf der Hinterseite nicht an den Pfosten anstoßen dürfen. Der Schlitten muß sehr sorgfältig gearbeitet sein. Die Spiegelglasscheibe (30 cm × 5 cm × 0,2 cm) ist nicht so breit wie der Schlitten, damit man sie darauf seitwärts verschieben kann.

Als Schreibstifte kann man nicht zu weiche, kurze Borsten (feine Metallfedern, Streifchen aus einer Federspule, geschabtes Zellhorn) verwenden, die man mit etwas Klebwachs befestigt. Bedeutend vollkommner ist die Schreibspitze, zu deren Herstellen und Anbringen O. Reichel (*Zeitschr. f. d. phys. u. chem. Unterr. 14, 197; 1901*) folgende Anleitung gibt: „Man klebt einen Streifen (3 mm × 35,5 mm) nicht zu dünnen Brief- oder Schreibpapiers zu einem dreieckigen Ring (dem „Bock") zusammen. Länge der Seiten: 12 mm, 13 mm, 5 mm, die kleinste Seite liegt doppelt. Einen zweiten ebenso breiten, aber nur 15,5 mm langen Streifen (das „Endblatt") knifft man an seinem Ende auf eine Länge von 1,5 mm stumpfwinklig um, betupft das umgebogne Ende, die Kniffstelle mit eingeschlossen, mit einem Tröpfchen Schellacklösung und bettet in das Tröpfchen die auf etwa 1,5 mm Länge abgeschnittene Spitze einer feinsten Insektennadel, so daß die Spitze nur wenig über das Endblatt herausragt. Sodann klebt man das Endblatt in etwa 6 mm seiner Ausdehnung mittels Gummis auf die obere Fläche des Bocks (siehe Abb. 154). Zur Befestigung auf der Gabel bestreicht man deren bezügliche Stelle mit Schellacklösung und klebt, wenn der Schellack trocken, auf ihm mittels Gummis den Bock mit seiner Grundfläche an."

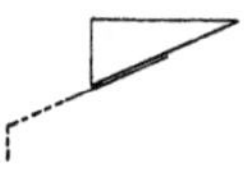

Abb. 154.

Zum Berußen kann man ein Gemisch von Terpentinöl und Alkohol verwenden, das in einer Weingeistlampe brennt, oder auch ein Stück Kampfer, das man in einer Abdampfschale anzündet und nach dem Gebrauch mit einer darübergelegten Blechscheibe auslöscht. Beim Verwenden von Kampfer muß man streng darauf halten, daß die Schüler damit sparsam umgehn. Die rußende Flamme muß man stets sofort nach dem Herstellen der Rußschicht auslöschen. Das Berußen läßt man unter einem Abzug oder an einem andern Ort ausführen, wo der Ruß weder belästigt noch schadet. Hat man einen Diener zur Verfügung, so lasse man ihn vor der Übung die Glasplatten, etwa 5 für jede Gruppe, berußen. W. Elsässer (*Graph. Methoden im physik. Unterr. Wissenschaftl. Beilage z. Jahresb. d. Städt. Realgymn. zu Charlottenburg 1905, S. 4*) berußt nicht die Platten, sondern wischt sie mit einem Ölläppchen ab, bestreut sie dann mit Bärlappsamen und bläst das überschüssige Pulver weg. Man kann die Platten auch mit Schlemmkreide anstreichen, die mit Alkohol angerührt ist. Vgl. Hermann Hahn, *Freihandversuche* 1^2 *15* § *7*.

Es ist davor zu warnen, die Schwingzahl der Stimmgabel aus der Anzahl der Wellen während einer halben Pendelschwingung zu berechnen, da dies zu erheblichen Fehlern führen kann, wenn die Schreibstifte nicht genau in der Zinkenrichtung stehn. Auch beschreibt die Pendelborste auf dem Hinweg und dem Rückweg leicht verschiedene Bahnen.

Stimmgabeln aus Bronze sind zwar billiger als Stahlgabeln, doch haben sie sich bei den Übungen in der Staatlichen Hauptstelle nicht bewährt. Man lasse in die Grundfläche des Gabelstiels eine Nute einfeilen. Stahlgabeln reibe man nach jedem Benutzen mit Vaselin ein. Zum Anschlagen der Stimmgabeln verwende man Klavierhämmer aus Filz, die auf Stielen aus spanischem Rohr sitzen.

Über Klavierhämmer vgl. H. HELMHOLTZ, *Tonempfindungen*[4] *130*. Man kann auch auf einen Stiel aus spanischem Rohr einen Gummistopfen schieben. Das sonst sehr empfehlenswerte Erregen der Gabeln durch Abziehn eines Korks, den man zwischen die Zinken geklemmt hat, läßt sich bei diesem Versuch nicht bequem ausführen. Das Anstreichen der Gabeln mit einem Cellobogen stellt sich bei den Übungen zu teuer. Man halte darauf, daß die Schüler bei ihren Versuchen Stimmgabeln nie auf dem Tisch oder gar einer Metallplatte anschlagen; das Anschlagen auf einem Stück Filz oder Sohlenleder ist zulässig.

Die Übung bereitet den Schülern nicht geringe Schwierigkeiten, doch gelingt in einer Doppelstunde allen Schülern das Bestimmen der Schwingzahl. Man muß sie nur immer wieder anspornen, nach mißlungenen Aufzeichnungen von neuem eine bessere Einstellung zu versuchen. Auf keinen Fall ist es ratsam, daß der Lehrer selber die Schwingungen aufzeichnet und den Schülern nur das Auszählen überläßt.

Die Aufgabe schließt man am besten an die Versuche über schwingende Stäbe (vgl. S. 187) an.

II. Schwingende Saiten.

2. Aufgabe. *Wie ändert sich die Schwingzahl einer Saite bei gleichbleibender Spannung mit der Länge?*

(1 Schüler, 1 Stunde.)

Quelle. SCHUSTER-LEES, *Intermed. Course 163 Nr. 1.*

Geräte. Monochord nebst Zubehör (vgl. S. 206). c_1-Stimmgabel ($N = 256\,\text{sek}^{-1}$). d_1-Stimmgabel ($N = 288\,\text{sek}^{-1}$). | Anschlaghammer. Meterstab. Papier. Schere.

Anleitung. a) Schneide einen sehr schmalen Streifen Papier ab, wickle ihn um den Stil des Hammers und stelle so einen ringförmigen Reiter her.

b) Prüfe, ob der Ton der Saite, die zwischen den beiden Wirbeln ausgespannt, tiefer als c_1 ist; wenn nicht, entspanne die Saite so weit, daß dieser Fall eintritt (Abb. 155).

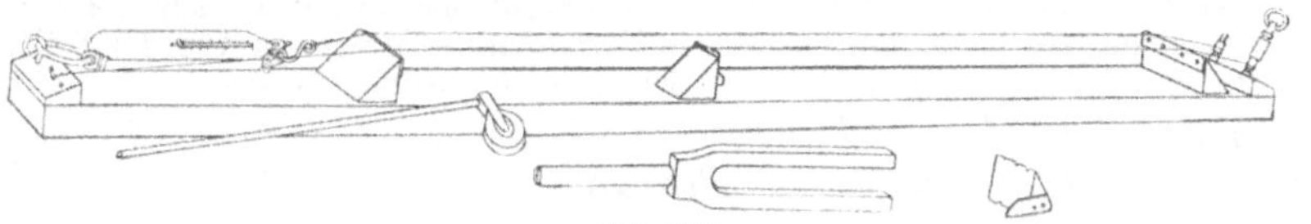

Abb. 155.

c) Setze den Reiter neben die Mitte der Saite. Schlage die c_1-Stimmgabel an, setze die Nute ihres Stiels auf die Saite und fahre mit der Gabel von dem einen festen Steg aus langsam die Saite entlang, bis eine Stelle erreicht wird, wo der Reiter lebhaft tanzt. Dann steht das so abgegrenzte Stück der Saite mit der Gabel im Einklange. Schiebe nun den beweglichen Steg an die Stelle, die der Gabelstiel einnimmt. Setze den Stiel der Gabel auf den beweglichen Steg oder neben den Reiter aufs Monochordbrett und prüfe, ob der Reiter wieder in lebhaftes Drehn versetzt wird; wenn nicht, verschiebe den Steg in kleinen Stufen, bis dies eintritt.

d) Miß die Länge des schwingenden Drahtstücks.

e) Wiederhole den Versuch zweimal.

f) Bestimme ebenso die Länge der Saite, die mit der d_1-Gabel im Einklange schwingt.

g) Schreibe die Ergebnisse in der folgenden Weise auf:
Monochord Nr. ... c_1-Gabel Nr. ... d_1-Gabel Nr. ...

Stimmgabel			Saitenlänge		
Ton	Schwingzahl N	Verhältnis der Schwingzahlen N_1/N_2	Gemessen cm	Mittelwert l [cm]	Umgekehrtes Verhältnis der Längen l_2/l_1

h) Nimm für jede Gabel das Mittel aus den gemessenen Saitenlängen. Berechne das Verhältnis der Schwingzahlen beider Gabeln und das umgekehrte Verhältnis der Saitenlängen. Vergleiche die erhaltenen Werte miteinander. Wie ändert sich die Schwingzahl bei gleichbleibender Spannung mit der Länge der Saite?

Bemerkungen: Das Monochord (Abb. 155) besteht aus einem Holzbrett (110 cm × 10 cm × 2,5 cm), worauf zwei Stege in 75 cm Abstand befestigt sind. Es ist mit zwei Saiten bespannt, wovon die eine mit einem Wirbel und einem Stift und die andre mit einem Wirbel und mit einer Federwage (Meßbereich 15 kg*, geteilt in $^1/_4$ kg*) verbunden ist. Zum Bespannen verwende man Klaviersaiten-Stahldraht von 0,3 mm Durchmesser. Beim Befestigen der Saiten achte man darauf, daß man die Drahtenden so um die Wirbel windet, daß die spannende Kraft den Wirbel im Holz festzieht. Um eine Schleife am Ende einer Saite herzustellen, fasse man mit einer Flachzange das umgebogene Ende fest und drehe die herausragende Schleife mehrmals herum. Der bewegliche Steg trägt eine Messingplatte, deren obre Kante mit Einschnitten verschiedener Tiefe versehn ist, damit man ohne Ändern der Spannung die Saite verkürzen kann. Den Stimmschlüssel binde man mit einer Schleife an einem Wirbel an. Für die Federwage ist die Eichkurve für die wagrechte Stellung aufzunehmen (vgl. S. 49). Die Wage lagre man auf zwei miteinander verbundene Holzleisten; diese sind in der Abbildung weggelassen. Vgl. HERMANN HELMHOLTZ, *Tonempfindungen*[4] *78.* W. C. L. VAN SCHAIK-HUGO FENKNER, *Wellenlehre u. Schall 203.*

Erst nach einigen vergeblichen Bemühungen gelingt es den Schülern, Saite und Stimmgabel in Einklang zu bringen.

Die Versuche über schwingende Saiten knüpft man ans Behandeln der Seilschwingungen an. Man kann nach dem Verfahren des allseitigen Angriffs gleichzeitig verschiedene Gruppen die Aufgaben 2 bis 5 ausführen lassen.

3. Aufgabe. *Wie ändert sich die Schwingzahl einer Saite bei gleichbleibender Länge mit der spannenden Kraft?*

(2 Schüler, 1 Stunde.)

Quelle. SCHUSTER-LEES, *a. a. O. 165 Nr. 2.*

Geräte. Monochord nebst Zubehör.
c_1-Stimmgabel ($N = 256$ sek^{-1}).
d_1-Stimmgabel ($N = 288$ sek^{-1}).
Anschlaghammer.
Papier.
Schere.
Klaviersaiten-Stahldraht von 0,3 mm Durchmesser.
Drahtzange.
Beißzange.

Anleitung. a) Setze den Reiter neben die Mitte der Saite, die mit der Federwage verbunden ist. Schlage die d_1-Gabel an, setze ihren Stiel aufs Monochordbrett und ändre mit dem Stimmschlüssel die spannende Kraft, bis der Reiter lebhaft tanzt, also die Saite mit der d_1-Gabel im Einklange steht.

b) Klopfe schwach gegen die Wage, lies die spannende Kraft (etwa 11,5 kg*) ab und verbessere mit der Eichkurve die Ablesung.

c) Wiederhole noch zweimal den Versuch und nimm aus den Ergebnissen das Mittel.

d) Vermindre die spannende Kraft, bis die Saite mit der c_1-Gabel im Einklange steht, lies die Wage ab (etwa 9,5 kg*) und verbeßre die Ablesung.

e) Verfahre wie bei (c).

f) Schreibe die Ergebnisse in folgender Weise auf:

Monochord Nr. ... c_1-Gabel Nr. ... d_1-Gabel Nr. ...

Stimmgabel			Spannende Kraft				
Ton	Schwingzahl N [sek^{-1}]	Verhältnis der Schwingzahlen N_1/N_2	Ablesung	Mittelwert	Verbesserter Wert P kg*	$\sqrt{P}$	$\sqrt{P_1/P_2}$

g) Wie ändert sich die Schwingzahl einer Saite bei gleichbleibender Länge mit der spannenden Kraft?

Bemerkungen. Man führe den Versuch erst mit der d_1- und dann mit der c_1-Gabel aus. Der Schüler, der die Federwage abliest, stelle sich mit dem Rücken gegens Monochord gekehrt so auf, daß der Draht, wenn er reißen sollte, nicht sein Auge verletzen kann.

Vgl. die Bemerkungen zu Aufgabe 2.

4. Aufgabe. *Wie ändert sich die Länge einer Saite bei gleichbleibender Schwingzahl mit der spannenden Kraft?*

(2 Schüler, 1 Stunde.)

Quelle. SCHUSTER-LEES, *a. a. O. 166 Nr. 3.*

Geräte. Monochord nebst Zubehör. c_1-Stimmgabel ($N = 256$ sek^{-1}). Anschlaghammer. Papier. Schere. Klaviersaiten-Stahldraht von 0,3 mm Durchmesser. Drahtzange. Beißzange. Meterstab.

Anleitung. a) Stimme wie bei der 3. Aufgabe mit der Federwage die ganze Saite so ab, daß sie mit der c_1-Gabel im Einklange steht. Klopfe schwach gegen die Wage, lies die spannende Kraft ab und verbessere die Ablesung.

b) Vermindre die spannende Kraft auf etwa $^3/_4$ des soeben bestimmten Werts, setze den beweglichen Steg unter die Saite und miß die Drahtlänge, die nun mit der c_1-Gabel im Einklange steht.

c) Vermindre die spannende Kraft auf etwa die Hälfte ihres ursprünglichen Werts und verfahre dann wie bei (b).

d) Wiederhole noch zweimal die Beobachtungen und bilde aus den Ergebnissen das Mittel.

e) Schreibe die Ergebnisse in folgender Weise auf:

Monochord Nr. ... c_1-Gabel Nr. ...

Spannende Kraft		Saitenlänge l [cm]	P/l^2
Ablesung	Verbesserte Ablesung P [kg*]		

f) Wie ändert sich die Länge derselben Saite bei gleichbleibender Schwingzahl mit der spannenden Kraft?

Bemerkungen. Das ungenaue Bestimmen der spannenden Kräfte bewirkt Unterschiede in den Ergebnissen.

Vgl. die Bemerkungen zur 2. Aufgabe.

5. Aufgabe. *Kann man mit Maßstab und Wage den Ton einer Saite und einer Stimmgabel bestimmen?*

(2 Schüler, 1 Stunde.)

Geräte. Monochord nebst Zubehör. c_1-Stimmgabel ($N = 256$ sek^{-1}). Anschlaghammer. Papier. Schere. Klaviersaiten-Stahldraht von 0,3 mm Durchmesser. Drahtzange. Dreikantige Feile. Beißzange. Wage. Gewichtsatz.

Anleitung. a) Stimme wie bei der 3. Aufgabe mit der Federwage die Saite so ab, daß sie mit der c_1-Gabel im Einklange steht. Klopfe gegen die Wage, lies die spannende Kraft ab und verbessere die Ablesung.

b) Miß sorgfältig die Länge der Saite zwischen den beiden festen Stegen.

c) Feile zuerst beim Stege neben der Wage und dann beim andern Stege Marken in die Saite, schütze dabei durch Vorhalten der gespreizten Finger die Augen, nimm den Draht ab und schneide ihn an den gezeichneten Stellen mit der Beißzange durch.

d) Wäge das abgeschnittene Stück und berechne die Masse μ [g/cm] eines Drahtstücks, das 1 cm lang ist.

e) Ist N [sek^{-1}] die Schwingzahl der Saite, l [cm] die Länge, P [Dyn] die spannende Kraft und μ [g/cm] die Masse eines Drahtstücks von 1 cm Länge, so lautet die Taylorsche Formel

$$N = \frac{1}{2l}\sqrt{\frac{P}{\mu}}.$$

f) Schreibe die Ergebnisse in folgender Weise auf:

Monochord Nr. ... c_1-Gabel Nr. ...
Spannende Kraft, an der Federwage abgelesen, ... kg*.
Verbesserte spannende Kraft ... kg*.
Verbesserte spannende Kraft, in Dyn gemessen, $P = \ldots$ Dyn.
Länge der schwingenden Saite $l = \ldots$ cm.
Masse der schwingenden Saite $m = \ldots$ g.
Masse von 1 cm Saite $\mu = \ldots$ g/cm.
Schwingzahl der Saite $N = \ldots$ sek^{-1}.

g) Berechne mit der Taylorschen Formel die Schwingzahl der Saite. Wie groß ist die Schwingzahl der Stimmgabel?

Bemerkungen. Diese Aufgabe macht stets auf die Schüler einen tiefen Eindruck. Vgl. die Bemerkungen zur 2. Aufgabe.

Vgl. GEORG BERNDT, *Physik. Praktikum*[3] *1, 109 § 27.*

III. Schwingende Luftsäulen.

6. Aufgabe. *Kann man mit einer mittönenden Röhre die Wellenlänge eines gegebenen Tons und die Schnelligkeit des Schalls in der Luft bestimmen?*

(2 Schüler, 1 Stunde.)

Quelle. KOHLRAUSCH[14] *240* nach QUINCKE.

Geräte. c_1-Stimmgabel ($N = 256$ sek^{-1}).
d_1-Stimmgabel ($N = 288$ sek^{-1}).
Anschlaghammer.
Mittönröhre (vgl. S. 210).
Kautschukschlauch von 1,50 m Länge.
Großer Glastrichter, dessen Hals zu einem Schlauchansatz ausgebildet.
Thermometer.
Lot.
Meterstab.
Bunsengestell mit Ring und Klemme.
Emaillierter Blechtopf zum Einfüllen des Wassers.
Emaillierte Waschschüssel zum Untersetzen.
Papier oder Gummiringe.

Anleitung. a) Klemme die Glasröhre, mit dem weiten offnen Ende aufwärts, lotrecht fest (Abb. 156). Setze in den Ring des Gestells den Trichter, verbinde seinen Hals mit dem untern Ende der Glasröhre durch einen Kautschukschlauch und gieße in den Trichter Wasser, bis sein Spiegel etwa 25 cm unterm obern Ende der langen Röhre liegt. Stelle ein großes Gefäß unter, das bei einem Mißgeschick das ausströmende Wasser auffängt.

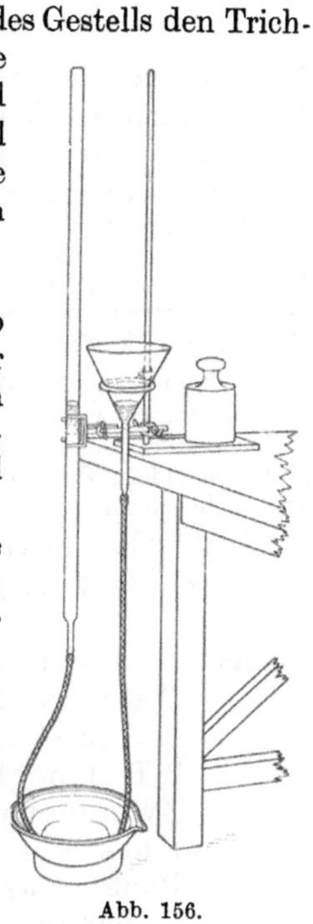

Abb. 156.

b) Miß die Warmheit der Luft in der Röhre.

c) Schlage die Stimmgabel an und halte sie so übers offne Ende der Röhre, daß die Zinken in der Richtung der Röhrenachse schwingen. Wie wirken die Luftschwingungen, welche die Stimmgabel erregt, auf die Luftsäule ein, die der Wasserspiegel am andern Ende abschließt?

d) Halte dicht übers Rohrende die schwingende Stimmgabel und senke allmählich den Trichter. Ändert sich die Schallstärke mit der Länge der Luftsäule? Bezeichne mit einem Stück nassem Papier oder mit einem Kautschukring die Stellung des Wasserspiegels, wo die Tonstärke am größten ist. Nimm beim Einstellen von Zeit zu Zeit die Gabel weg, um den Unterschied der Tonstärke sicherer beurteilen zu können. Miß die Länge l_1 [cm] der Luftsäule.

e) Suche und bezeichne auf gleiche Weise eine zweite tiefere Stellung des Wasserspiegels, wo die Tonstärke wiederum am größten ist, und miß die Länge l_2 [cm] der Luftsäule.

f) Entferne die Marken, laß in der mittönenden Röhre das Wasser steigen und bestimme wiederum die Längen der Luftsäulen, bei denen die Tonstärke am größten ist.

g) Miß nochmals die Warmheit der Luft in der Röhre.

h) Schreibe die Ergebnisse der Messungen in folgender Weise auf:

c_1-Stimmgabel Nr. ... Schwingzahl $N = \ldots$ sek^{-1}. Mittönröhre Nr. ...
Warmheit der Luft in der Röhre = ... Mittlere Warmheit = ...
Schallschnelligkeit bei dieser Warmheit $c = \ldots$ cm/sek.
Halbe Wellenlänge des Tons in der Luft $^1/_2\,\lambda = l_2 - l_1 = \ldots$ cm.
Wellenlänge des Tons in der Luft $\lambda = \ldots$ cm.

l_1 [cm]	l_2 [cm]
Mittel . .	. . . .

i) Die Länge l_1 [cm] der kurzen Luftsäule (vermehrt um $^3/_{10}$ des innern Rohrdurchmessers) ist ein Viertel der Wellenlänge des Tons in der Luft. Der Abstand $(l_2 - l_1)$ der beiden Wasserspiegel ist gleich der halben Wellenlänge.

k) Berechne aus dem Längenunterschiede der beiden Luftsäulen die Wellenlänge λ [cm] des Tons in der Luft.

l) Verbessere wegen der Störungen am offnen Ende die Länge der kurzen Luftsäule und berechne auch daraus die Wellenlänge.

m) Berechne aus der Wellenlänge λ [cm] des Tons und der Schwingzahl N sek^{-1} der Stimmgabel die Schallschnelligkeit c [cm/sek] in der Luft.

n) Ist t^0 C die Luftwärme, so ist die Schallschnelligkeit

$$c = 33100\,\sqrt{1 + 0{,}004\,t}\ \text{cm/sek.}$$

Berechne mit dieser Formel die Schallschnelligkeit und vergleiche das Ergebnis mit dem Werte, den man bei (m) erhalten hat.

o) Wische sorgfältig die Stimmgabel ganz trocken. Gieße das Wasser aus der Röhre und lege diese sicher aufs Ablaufbrett.

Bemerkungen. Die mittönende Röhre hat die lichte Weite 2,8 cm und die Länge 120 cm. Das eine Ende ist zu einem Schlauchansatz umgestaltet, dessen Länge nicht mitgerechnet ist. Man ermahne mit Nachdruck die Schüler, daß sie sorgfältig vermeiden, die Stimmgabeln naß zu machen. Man kann auch auf der Mittönröhre die Marken sitzen lassen, beim Senken und Heben des Wasserspiegels durch Pfeile (↓, ↑) die Einstellungen deutlich bezeichnen und erst am Ende der Versuche nach dem Abbau der Geräte auf dem Tisch die Länge der mittönenden Luftsäulen bequem messen. Man lasse einen Teil der Schüler mit c_1-Gabeln und den andern Teil mit d_1-Gabeln den Versuch ausführen. Verschließe während des Nichtgebrauchs die Röhrenenden mit Wattepfropfen.

7. Aufgabe. *Vergleiche miteinander die Schnelligkeit des Schalls in der Luft und im Messing.*

(1 Schüler, 1 Stunde.)

Geräte. Kundtsche Röhre.
Messingstab.
Rohrstock.
2 Holzböcke.
Zwinge mit Feilkloben.
Kork oder Bärlappsamen.
Rauhes Sandpapier.
Bunsenbrenner.
Gasschlauch.
Wollner Lappen.
Gepulvertes Geigenharz.
Maßstab.
Schublehre.
Thermometer.
Wage.
Gewichtsatz.
Watte.
Bindfaden.
Talk.

Anleitung. **a)** Ziehe mehrmals durch die Glasröhre einen Bausch trockner Watte, den man in der Mitte eines langen Bindfadens befestigt hat. Bewege die Röhre über einer kleinen Bunsenflamme drehend hin und her und trockne sie so sorgfältig unter gelindem Erwärmen. Reibe auf rauhem Sandpapier einen trocknen Kork und stelle so Korkstaub her. Setze einen Kork in das eine Ende der Röhre ein, neige sie unter einem Winkel von etwa 60⁰ und schütte mit einer Messerklinge oder einer Papierrinne ganz wenig trocknen Korkstaub oder Bärlappsamen an einer Seite der Röhre hinab. Die besten Ergebnisse erhält man, wenn der Korkstaub in einem dünnen zusammenhängenden Streifen das ganze Rohr entlang liegt.

b) Lege die Röhre behutsam, ohne den Staubstreifen zu zerstören, in zwei V-förmig ausgeschnittene Holzböcke A und B (Abb. 157). Schraube die Zwinge des Feilklobens C am Tischrande fest. Lege an die Backen des Klobens den Maßstab mit der geteilten Kante so, daß die Mitten beider zusammenfallen. Klemme mit den Backen so den Messingstab fest, daß seine Mitte genau zwischen deren Mitten liegt. Richte die Glasröhre so aus, daß das Ende des Messingstabes, das die mit Talk eingeriebene Korkscheibe trägt, etwas hineinragt und die Achsen von Röhre und Stab in derselben Geraden liegen. Drehe die Röhre in ihren Lagern behutsam so weit, daß der Korkstaub eben beginnt, aus dem ursprünglichen schmalen Streifen hinabzurieseln.

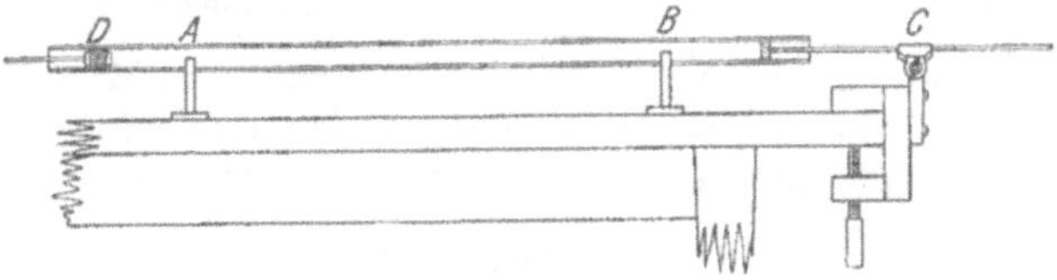

Abb. 157.

c) Reibe mit einem wollnen Lappen (oder einem Leder), der mit gepulvertem Geigenharz eingerieben ist, den Messingstab und setze ihn so in Längsschwingungen. Beginne mit dem Reiben bei den Backen des Klobens und ziehe den Lappen ohne allzustarken Druck langsam und stetig vollständig vom Stab ab. Verschiebe die Scheibe D ein wenig, jedesmal um 2 bis 3 mm, bis die Stellung gefunden ist, wo der Staub am heftigsten aufwirbelt und sich in regelmäßigen Abständen in Rippen anordnet. Gelingt es nicht, diese KUNDTschen Staubgebilde zu erhalten, so ist die Röhre oder der Korkstaub feucht oder zuviel Korkstaub darin. Man muß also die Röhre nochmals trocknen oder weniger Korkstaub nehmen.

d) Bei den Bäuchen der sich bildenden stehenden Luftwellen ordnet sich der Staub in Querrippen an. Warum wird der Korkstaub nur bei bestimmten Stellungen der Endscheibe D in Bewegung gesetzt? Ist die Korkscheibe des schwingenden Stabes ein Knoten oder ein Bauch? Liegt am Ende des Messingstabes bei der Korkscheibe ein Knoten oder ein Bauch der schwingenden Luftsäule? Liegt bei der Scheibe D ein Knoten oder ein Bauch der schwingenden Luftsäule? Der Abstand l_k [cm] zweier benachbarter Bäuche ist gleich der halben Länge der Luftwellen.

e) Lege neben die Röhre auf Unterlegklötze den Maßstab, miß den Abstand der beiden äußersten Bäuche und teile ihn durch die Anzahl der dazwischenliegenden Knoten. Man erhält so den Abstand zweier benachbarter Bäuche.

f) Lege den Maßstab längs der Röhre und bestimme die Lage k_ν für $2n$ aufeinanderfolgende Bäuche. Berechne die Abstände $k_{n+1} - k_1$, $k_{n+2} - k_2$, ... $k_{2n} - k_n$ von je n Bäuchen, bilde das Mittel und teile dies durch n, um die halbe Wellenlänge der schwingenden Luftsäule zu erhalten.

g) Die Länge l_m [cm] des schwingenden Messingstabes ist die halbe Länge seiner Welle.

h) Miß die Warmheit in der KUNDTschen Röhre.

i) Ändre die Stellung der Endscheibe und wiederhole die Messung noch zweimal.

k) Bezeichnen λ_l die Wellenlänge in der Luft, λ_m die Wellenlänge im Messing und N die Schwingzahl des Tons von Stab und Luftsäule, so ist die Schnelligkeit des Schalls in der Luft $c_l = N\lambda_l$, und die Schnelligkeit des Schalls im Messing $c_m = N\lambda_m$, somit $c_m/c_l = \lambda_m/\lambda_l$. Nun ist

$$c_l = 33100 \sqrt{1 + 0{,}004\,t}\ \frac{\text{cm}}{\text{sek}},$$

also

$$c_m = 33100 \sqrt{1 + 0{,}004\,t} \cdot \frac{\lambda_m}{\lambda_l} \left[\frac{\text{cm}}{\text{sek}}\right].$$

Berechne mit dieser Formel die Schallschnelligkeit im Messing.

l) Bezeichnet ϱ [g/cm³] die Dichte und [E] das in absoluten Einheiten gemessene Dehnmaß des Messings, so ist nach NEWTON

$$c_m = \sqrt{\frac{[\text{E}]}{\varrho}} \left[\frac{\text{cm}}{\text{sek}}\right],$$

also

$$[\text{E}] = c_m^2\,\varrho\ [\text{Dyn/cm}^2 \text{ oder Bar}].$$

Bestimme den Raum, die Masse und die Dichte des Messingstabes und berechne mit dieser Formel das Dehnmaß des Messings.

m) Schreibe die Ergebnisse in folgender Weise auf:

Länge des Stabes $l_m = \ldots$ cm. Durchmesser des Stabes $d_m = \ldots$ cm. Raum des Stabes $V = \ldots$ cm³. Masse des Stabes $m = \ldots$ g. Dichte des Messings $\varrho = m/V = \ldots$ g/cm³. Wellenlänge im Messing $\lambda_m = 2l_m = \ldots$ cm. Warmheit $t = \ldots$ °C. Schnelligkeit des Schalls in der Luft $c_l = \ldots$ cm/sek.

k_ν	$k_{n+\nu}$	$k_{n+\nu} - k_n$
	Mittel	....

$$\lambda_l = \ \ldots .\ \text{cm}.$$
$$c_m/c_l = \lambda_m/\lambda_l = \ \ldots .$$
$$c_m = \ \ldots .\ \text{cm/sek}.$$
$$[\text{E}] = c_m^2\,\varrho = \ \ldots .\ [\text{Dyn/cm}^2 \text{ oder Bar}].$$

n) Reinige die KUNDTsche Röhre und verschließe ihre Enden mit Wattepfropfen.

Bemerkungen. Die Glasröhre hat 120 cm Länge und 2,8 cm lichte Weite. Der Messingstab ist 0,6 cm dick, 60 cm lang und am einen Ende mit einer leichten Korkscheibe versehn. Der Rohrstock ist 0,5 cm dick und 50 cm lang und trägt am einen Ende einen Korkkolben mit Baumwolldichtung. Die KUNDTsche Röhre lagert man auf zwei Holzböcke (5,3 cm × 4 cm × 1 cm) mit V-förmigem, 2,3 cm tiefem Ausschnitt, die auf Grundbrettern (8 cm × 4 cm × 1 cm) sitzen. Der Messingstab wird zwischen die Backen eines Feilklobens geklemmt, der an eine Holzzwinge geschraubt ist.

Vgl. GEORG BERNDT, *Physik. Praktikum 1*[3], *74 § 20.*

Siebenter Teil.

Wärme.

I. Ausbreiten der Wärme.

1. Aufgabe. *Wie wird ein Körper warm?*

(1 Schüler, 1 Stunde.)

Quelle. WORTHINGTON *157 Nr. 1—5.*

Geräte. Streichhölzer. Kupferdraht von 1,6 mm Durchmesser. Kupferdraht von 0,8 mm Durchmesser. Eisendraht von 0,8 mm Durchmesser. Beißzange. Bunsenbrenner. Gasschlauch. Maßstab.

Anleitung. **a)** Schneide vom Kupferdraht, der 1,6 mm stark ist, ein Stück ab, das so lang ist wie das Streichholz. Entzünde das Streichholz und stecke damit das Gas an. Stelle die Flamme klein. Halte so lange wie möglich das brennende Streichholz in der Hand. Halte dann das eine Ende des Kupferdrahts in die Flamme. *Erwärmen durch Leiten.* Leitet das Streichholz oder das gleichlange Stück Kupferdraht die Wärme besser?

b) Schneide vom Kupferdraht, dessen Durchmesser 1,6 mm ist, ein etwa 20 cm langes Stück ab. Erhitze das eine Ende in der kleingestellten Flamme, doch nicht so stark, daß es schmilzt, und fahre vom andern Ende auf dem Draht langsam mit einem Finger, so weit es geht, nach der Flamme zu. Ändert sich die Warmheit (Temperatur) längs dem Draht? Ändert sich die Warmheit derselben Drahtstelle mit der Zeit? *Bleibender (stationärer) Zustand.* Warum ändert sich nicht die Warmheit? Gibt die Drahtstelle Wärme ab? *Abkühlen durch Übertragen der Wärme an die kältere Luft, durch Leiten und durch Strahlen.*

c) Erhitze wiederum in der Flamme das eine Ende des 20 cm langen Kupferdrahts, doch nicht so stark, daß es schmilzt. Nimm das Drahtende aus der Flamme, halte die Handfläche darunter und schließe die Hand. *Abkühlen durch Strahlen.*

d) Halte die Handfläche über den Draht und schließe die Hand. Ist die Wärmeempfindung jetzt stärker? Zu der ausgestrahlten Wärme tritt die Wärme der aufsteigenden Luft hinzu, die sich am Draht erhitzt hat. *Übertragen der Wärme.*

e) Fasse die Ergebnisse der Versuche (b) bis (d) zusammen. Gibt jeder Teil des Drahts Wärme ab? Bleibt seine Warmheit an jeder Stelle unverändert? Woher empfängt jede Stelle fortwährend Wärme?

f) Schneide vom Kupferdraht, dessen Durchmesser 0,8 mm ist, und vom 0,8 mm starken Eisendraht je ein 15 cm langes Stück ab. Fasse mit je einer Hand das eine Ende eines Drahts und halte die andern Enden zusammen in die kleingestellte Flamme. Welcher Draht wird schneller warm? Bei welchem Draht sind, nachdem der bleibende Zustand eingetreten ist, die entsprechenden Teile wärmer?

g) Je heißer ein Drahtstück und je größer seine erhitzte Oberfläche ist, desto schneller kühlt es sich ab, wie wir später sehn. Also gibt das Kupfer nach (f) beim bleibenden Zustande mehr Wärme ab als das Eisen. Trotzdem wird das in der Hand gehaltene Ende des Kupfers wärmer als das des Eisens. Leitet also das Kupfer oder das Eisen die Wärme besser?

Bemerkungen. Man achte darauf, daß die Schüler nur den Teil der Flamme benutzen, worin der Kupferdraht nicht schmilzt, also diesen nicht in die Spitze des blauen Kegels halten. Der Schluß, daß Kupfer der bessere Leiter sei, weil er sich schneller erwärmt, ist nicht zwingend, da das Kupfer eine geringere spezifische Wärme als Eisen hat. Nur das Vergleichen bleibender Zustände liefert ein zulässiges Urteil.

Das Wort Warmheit rührt von HELMHOLTZ her: *Vorlesungen über Theorie der Wärme 1.*

2. Aufgabe. *Hängt die Geschwindigkeit des Erkaltens von dem Warmheitsüberschuß des Körpers über seine Umgebung ab?*

(2 Schüler, $1^1/_2$ Stunde.)

Quelle. WORTHINGTON *164 Nr. 13.*

Geräte. Holzplatte (vgl. S. 217). Kork. Korkbohrer. Rundfeile. Thermometer. Weißblechbecher von 7,5 cm innerm Durchmesser und 10 cm Höhe. Schrot. Saugröhre (Pipette). Bunsenbrenner. Gasschlauch. Batterieglas oder Becherglas von 12 cm lichter Weite und 15 cm Höhe. Wasser von Zimmerwärme. Millimeterpapier.

Anleitung. a) Setze in den Holzdeckel mit einem durchbohrten Kork das Thermometer ein (Abb. 158). Ist das Loch zu eng, so erweitre es mit der Rundfeile; ist es zu weit, so streife über die Thermometerröhre einen Kautschukring (kurzes Schlauchstück). Ziehe das Thermometer wieder aus dem Kork heraus. Fülle das große Glas mit Wasser von Zimmerwärme und setze das Blechgefäß hinein. Beschwere, wenn nötig, den Becher so mit Schrot, daß er das Holzbrett nicht empordrückt, und verhindre durch Korkstücke, die man an die Wand des Glases gekittet hat, daß sich der Becher ans Glas anlegt. Der Wasserspiegel im Glase soll etwa 2 cm unterhalb des Randes liegen.

b) Rühre etwa 3 Minuten lang das Wasser sorgfältig um und lies dann seine Warmheit ($t_0'^0$) ab. Trockne das Thermometer tüchtig ab.

c) Bewege in der heißen Luft über einer Bunsenflamme das Thermometer behutsam auf und ab und erwärme es so auf 60 bis 80° C. Stecke sofort durch den Kork das Thermometer so weit, daß die Kugel in der Mitte des Bechers steht.

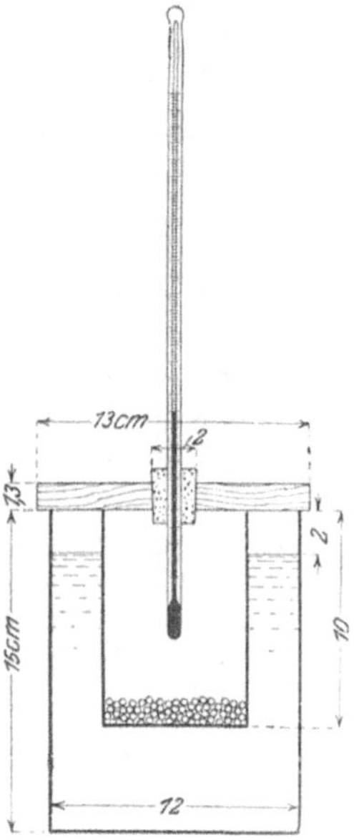

Abb. 158.

d) Sieh auf die Uhr und zähle 5 Sekunden vor jeder vollen und vor jeder halben Minute laut 5, 4, 3, 2, 1, 0. Der Mitarbeiter liest auf den Ruf „Null" das Thermometer sorgfältig ab und schätzt dabei die Zehntelgrade.

e) Miß so in Zwischenzeiten von einer halben Minute die Warmheiten (t_v^0 C) des Thermometers bis zu einer Wärmestufe, die 6 bis 8° über der des Wassers liegt.

f) Bestimme wie bei (b) nochmals die Warmheit ($t_0''^0$) des Wassers und berechne dann den mittlern Wärmegrad (t_0^0 C) des Wassers während des Versuchs.

g) Schreibe die Ergebnisse in folgender Weise auf:

Thermometer Nr. ...

Wärmegrad des Wassers bei Beginn $t_0' = \dots{}^0$C, am Ende $t_0'' = \dots{}^0$C.

Mittlerer Wärmegrad des Wassers $t_0 = \dots{}^0$C.

Zeit der Ablesung τ [min]	Abgelesene Warmheit $t_v{}^0$ C.	Warmheitsüberschuß $\vartheta_v = t_v - t_0$	Mittlerer Überschuß $\Theta = \frac{1}{2}(\vartheta_v + \vartheta_{v+1})$	Warmheitsabnahme in $^1/_2$ Min. $u = t_v - t_{v+1}$	Erkaltgeschwindigkeit in der Sekunde $v = u/30$	Verhältnis der Erkaltgeschwindigkeit zum Warmheitsüberschuß $\mu = v/\Theta$

h) Berechne den Unterschied ϑ_v des Wärmegrades t_v des Thermometers und des Wärmegrades t_0 des Wassers am Anfang und am Ende jeder halben Minute (*Warmheitsüberschuß*) und den mittlern Warmheitsüberschuß Θ während dieser Zeit. Berechne ferner die Anzahl Grade (u), um die das Thermometer in einer halben Minute fällt, und die Warmheitsabnahme (v) in einer Sekunde (*Erkaltgeschwindigkeit*). Bilde das Verhältnis μ der Erkaltgeschwindigkeit zum Warmheitsüberschuß.

i) Stelle die Ergebnisse bildlich dar, nimm dabei einmal die Zeit τ als Abszisse und die Thermometertemperatur t_v als Ordinate und das andre Mal die Erkaltgeschwindigkeit v als Abszisse und den mittlern Warmheitsüberschuß Θ als Ordinate.

k) Hat das Verhältnis μ einen gleichbleibenden Wert? Ändern sich v und Θ gleich schnell? Nach Newton ändern sich die Erkaltgeschwindigkeit eines Körpers und sein Warmheitsüberschuß über die Umgebung im gleichen Verhältnis. Für welche Warmheitsüberschüsse trifft das Gesetz annähernd zu?

Bemerkungen. Durch die Mitte der Holzplatte (13 cm × 13 cm × 1,3 cm) ist ein 2 cm weites Loch gebohrt und darein ein durchbohrter Kork eingesetzt. Die untere Seite des Bretts ist mit Blattzinn beklebt.

Diese Aufgabe, die den Schülern nicht geringe Schwierigkeiten bietet, stelle man erst nach dem Behandeln der Aufgaben 6 bis 9.

Das Wasser muß vor der Übung bereits längere Zeit im Arbeitsraum gestanden haben. Man ermahne die Schüler, die Thermometer mit großer Vorsicht zu erwärmen. Bei sehr ungeschickten oder unzuverlässigen Schülern erwärme man selber das Thermometer oder lasse einen gewissenhaften Schüler das Erhitzen ausführen. Ich habe bei diesem Verfahren nur ein Thermometer eingebüßt, und zwar ohne Zweifel durch Böswilligkeit.

3. Aufgabe. *Hängt das Abkühlen eines Körpers von der Größe seiner Außenfläche ab?*

(1 Schüler, $^1/_4$ Stunde.)

Quelle. WORTHINGTON 168 *Nr. 14.*

Geräte.

Prüfglas von 3 cm Durchmesser und 13 bis 15 cm Länge.	Schere.
Blattzinn.	Bunsenbrenner.
	Gasschlauch.
	Maßstab.

Anleitung. a) Schneide zwei gleiche Stücke Blattzinn (etwa 10 cm × 5 cm) aus, rolle den einen Streifen zu einer kleinen Kugel zusammen und wickle den andern über einem runden Bleistift lose zusammen.

b) Lege Kugel und Rolle ins Prüfglas und erwärme es behutsam über einer Bunsenflamme, achte dabei sorgfältig darauf, daß das Blattzinn nicht schmilzt.

c) Schütte rasch den Inhalt des Glases auf den Tisch und berühre mit dem Handrücken die Kugel und die Rolle. Welcher Körper behält seine Wärme länger? Wer hat die größere Außenfläche?

Bemerkungen. Man kann verschiedene Gruppen gleichzeitig nach dem Verfahren des allseitigen Angriffs die Aufgaben 3 bis 5 ausführen lassen.

4. Aufgabe. *Hängt das Wärmeausstrahlen eines Körpers von der Beschaffenheit der Oberfläche ab?*

(1 Schüler, $^1/_2$ Stunde.)

Quelle. WORTHINGTON *168 Nr. 15.*

Geräte.

2 weithalsige Glasfläschchen (60 cm³).	Korke.
Berußlampe (vgl. S. 204).	Thermometer.
Blattzinn.	Metallstab.
Gummi arabicum.	Becherglas.
Heißes Wasser.	Saugröhre (Pipette).
Trichter.	Schere.

Anleitung. a) Trockne, wenn nötig, die Fläschchen innen aus. Beruße das eine dick bis zum Hals und beklebe das andre bis zum Halse mit Blattzinn oder bronziere es.

b) Fülle beide Fläschchen bis zum Halse mit heißem Wasser, lies die Warmheit eines jeden ab und bestimme mit der Uhr die Zeit der Ablesung. Stelle die Fläschchen an einen Ort, wo kein Zug herrscht.

c) Miß nach etwa 20 Minuten wiederum die Warmheit jedes Fläschchens.

d) Welches Fläschchen hat sich stärker abgekühlt?

Bemerkungen. Das Berußen, Bekleben oder Bronzieren muß in einer frühern Übung geschehn. Man hebe die Fläschchen auf und bessere nur jedesmal den Belag aus.

Viel Zeit wird bei allen Versuchen, wo man heißes Wasser gebraucht, gewonnen, wenn man dieses vorher bereitet. Man benutze dazu Teekessel und Gaskocher. Bequemer ist bei kleinem Bedarf ein FLETSCHER-Apparat; bei großem Bedarf aber verwende man Prof. JUNKERS „Heißquell" oder dgl. LEHMANN-FRICK *1, 1. 137.*

Vgl. die Bemerkungen zu Aufgabe 3 S. 217.

5. Aufgabe. *Hängt die Fähigkeit eines Körpers, Wärmestrahlen zurückzuwerfen, von der Beschaffenheit seiner Oberfläche ab?*

(1 Schüler, $^1/_2$ Stunde.)

Quelle. WORTHINGTON *169 Nr. 16.*

Geräte. 2 gleiche Bechergläser. Bunsenbrenner. Gasschlauch. Durchlochtes Holzbrettchen (vgl. S. 217). Berußlampe (vgl. S. 204). Thermometer. Blattzinn. Gummi arabicum. Schere.

Anleitung. a) Beruße dick die Innenseite des einen Becherglases und laß es vollständig erkalten. Das Abkühlen kann man beschleunigen: man gieße über die Außenseite kaltes Wasser.

b) Erwärme das Thermometer wie bei Aufg. 2 (c) S. 216 sehr behutsam auf 80° bis 90°. Stecke durch den Kork im Brettchen das Thermometer, laß es im Becherglas erkalten und miß die Zeit, worin es sich von etwa 70° auf 40° abkühlt. Die mit Blattzinn beklebte Seite des Brettchens kehre man aufwärts.

c) Wiederhole den Versuch mit dem andern Becherglas, das innen mit Blattzinn beklebt oder bronziert ist; doch kehre diesmal die überzogene Seite des Deckels abwärts.

d) In welchem Gefäß kühlt sich das Thermometer rascher ab? Welches Gefäß wirft mehr Wärmestrahlen zurück?

Bemerkungen. Man benutzt dasselbe Brettchen wie bei Aufgabe 2; die eine Seite bronziere man oder überziehe sie mit Blattzinn.

Vgl. die Bemerkungen zu Aufgabe 3 und 4.

II. Warmheit.

6. Aufgabe. *Prüfe den Eispunkt des Thermometers.*

(1 Schüler, $^1/_2$ Stunde.)

Geräte. Großer Trichter. Reiner Schnee oder zerkleinertes reines Eis. Thermometer. Bunsengestell mit Ring und Haken. Kurzer Kautschukschlauch. Batterieglas. Quetschhahn. Sack aus Segeltuch. Holzhammer. Übergedampftes Wasser. Garn. Spiegelstreifen. Glasstäbchen.

Anleitung. a) Schreibe die Nummer des Thermometers auf. Sieh nach, ob der Quecksilberfaden nicht zerrissen ist und ob nicht ein Stück davon im obern Ende der Röhre sitzt. Ist das der Fall, so fasse das Thermometer in der Mitte so an, daß die Kugel vorwärtsgerichtet ist, und schwinge es mit dem ausgestreckten Arm rasch vorwärts und rückwärts, bis sich die Fadenstücke wieder vereinigt haben.

b) Befestige am Hals eines Trichters einen kurzen Kautschukschlauch und verschließe ihn mit einem Quetschhahn (Abb. 159).

c) Setze in den Ring des Gestells den Trichter und fülle ihn mit reinem Schnee oder mit gut zerkleinertem, reinem Eis. Gieße übers Eis nur so viel übergedampftes Wasser, daß es die Räume zwischen den Stückchen ausfüllt. Bohre in die Mitte des Eises mit einem Bleistift ein Loch und stecke in diese Höhlung die Kugel des Thermometers so weit, daß der Nullpunkt innerhalb des Eises liegt. Befestige in dieser Stellung das Thermometer mit einem Faden, den man ans obere Ende des Thermometers und an die Klemme oder den Haken des Gestells knüpft. Laß das Thermometer im Eise stehn, bis sich seine Einstellung nicht mehr ändert. Packe von Zeit zu Zeit das Eis von neuem gut ums Thermometer. Entferne nach mindestens 10 Minuten mit einem Stäbchen das Eis so weit, daß man die Quecksilberkuppe sieht. Drehe das Thermometer so, daß man es gut ablesen kann, klopfe mit dem Bleistift schwach gegen die Thermometerröhre, lege an ihre Rückseite einen Streifen Spiegelglas, halte das Auge so, daß sein Bild in der Höhe der Quecksilberkuppe liegt, lies nun deren Stellung sorgfältig ab und schätze dabei noch die Zehntelgrade, wenn die benachbarten Teilstriche mindestens ein Millimeter voneinander abstehn. Beachte, ob die Kuppe höher oder tiefer als der Nullpunkt steht. Die Warmheit Null des Thermometers entspricht dem Punkt, worauf sich die Quecksilbersäule einstellt.

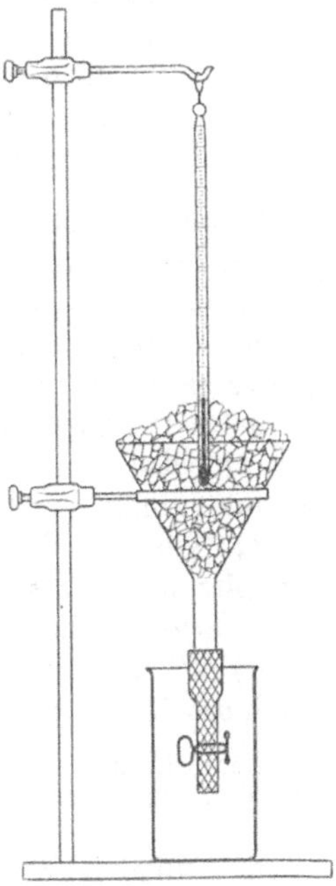

Abb. 159.

Bemerkungen. Die Einschlußthermometer sind von — 30° bis + 130° in ganze Grade geteilt, 29,5 cm lang und 0,6 cm dick. Beim Einschlußthermometer liegt der Faden so dicht an der Teilung, daß das Ablesen mit Spiegelstreifen unnötig ist.

Das Eis muß man vorm Zerkleinern tüchtig waschen. Kunsteis ist wegen des Salzgehalts bedenklich. Das gereinigte Eis lege man in einen Sack aus Segeltuch und zerschlage es mit dem Holzhammer. Man kann auch mit dem Heftende einer Feile, mit einem Nagel oder mit einem spitzen Messer das Eis abspalten, auch es mit einem Böttchermesser oder auf einem Reibeisen schaben.

Ist das Batterieglas groß genug, so kann man den Ring entbehren und den Trichter aufs Glas setzen. — Edwin H. Hall, *Descriptive List*[3] *54 Exerc. 39,* verwendet anstatt des Trichters einen etwa 10 cm langen und etwa 3,2 cm breiten Einsatz aus Kupferblech, der zum Gilley-Kessel gehört. Vgl. S. 245, Abb. 177.

Über das Bestimmen des Eis- und Siedepunkts eines Thermometers vgl. KOHLRAUSCH[14] *141 ff.*, OSTWALD-LUTHER[3] *83ff.*, GEORG BERNDT, *Physik. Praktikum 1*[3], *156 Nr. 39.*

7. Aufgabe. *Wie wirkt hinzugefügtes Kochsalz auf den Gefrierpunkt des Wassers ein?*

(1 Schüler, $^1/_2$ Stunde.)

Geräte. Thermometer. Enges Prüfglas. Schnee oder zerkleinertes Eis. Kochsalz. Große Porzellanschale. Holzlöffel. Kunstkorkring. Bunsenbrenner. Gasschlauch.

Anleitung. a) Mische in einer großen Porzellanschale tüchtig Kochsalz mit etwa vier Teilen Schnee oder zerkleinertem Eis. Stecke ins Gemisch die Thermometerkugel und lies die tiefste erreichte Warmheit ab.

b) Gieße etwas Wasser in ein enges Prüfglas, tauche es in die Kältemischung und bewege es andauernd etwa 3 cm weit auf und ab. Schiebe das Thermometer ins Wasser, beobachte das allmähliche Fallen des Quecksilbers, lies, sobald sich etwas Eis gebildet hat, die Warmheit ab und nimm das Thermometer heraus.

c) Schmelze das Eis im Prüfglas, füge zum Wasser drei bis vier Fingerspitzen Kochsalz und setze das Glas wieder in die Kältemischung. Miß die Warmheit, bei der sich jetzt Eis bildet.

d) Wiederhole den Versuch mehrmals und vergrößere dabei nach und nach die Menge des hinzugefügten Kochsalzes.

Bemerkung. Mit der Kältemischung in der großen Porzellanschale können je vier Schüler arbeiten.

8. Aufgabe. *Prüfe den Siedepunkt des Thermometers.*

1. Verfahren.

(1 Schüler, 1 Stunde.)

Geräte. Kochflasche mit langem Hals oder Siedekolben nach MARTIUS (500 cm³). Kork. Korkbohrer. Rundfeile. Glasrohr von 8 mm Durchmesser. Dreikantfeile. Schnittbrenner. Barometer. Heißes Wasser. Bunsenbrenner. Gasschlauch. Drahtnetz mit Asbesteinlage. Dreifuß. Spiegelstreifen. Kochsalz. Becherglas.

Anleitung. a) Verschließe die Flasche mit einem doppelt durchbohrten Stöpsel und führe durch das eine Loch eine knieförmig gebogene Glasröhre und durch das andre Loch das Thermometer. Ist das Loch im Stöpsel zu weit, so streife man über die Thermometerröhre einen schmalen Ring aus Kautschuk (kurzes Schlauchstück) oder einen Kork. Setze das Thermometer so ein, daß die Kugel etwa 4 cm überm Wasserspiegel und der Teilstrich 100, wenn es geht, nur etwa 2 bis 3 mm aus dem Stöpsel herausragt. Stelle den Kolben aufs Drahtnetz, das auf dem Dreifuß liegt (Abb. 160).

b) Fülle in den Kolben etwas heißes Wasser, setze den Stöpsel auf, drehe das Thermometer so, daß man es bequem ablesen kann, und richte das Abdampfrohr so, daß der Dampf keinen Mitschüler belästigen oder verletzen kann.

c) Erhitze das Wasser bis zum Sieden, beobachte dabei sorgfältig das Thermometer und auch alle Vorgänge im Wasser und an der Flasche. Setze ein Becherglas unters Ende des Abdampfrohrs, um das Wasser aufzufangen, das sich darin verdichtet. Drehe, sobald das Sieden eingetreten ist, die Flamme etwas kleiner.

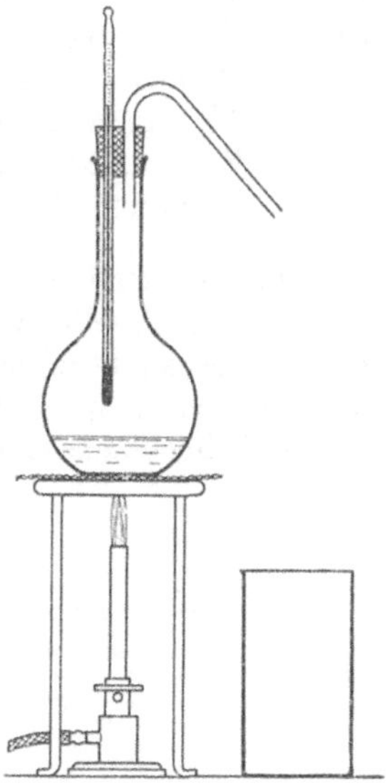

Abb. 160.

d) Lies, nachdem das Wasser 10 bis 15 Minuten gesotten hat, wie in Aufgabe 6 (c) den Stand (t') der Quecksilberkuppe im Thermometer und dann den Barometerstand ab.

e) Berechne aus dem reduzierten Barometerstande b [mm] nach der Formel

$$t = 100 + 0{,}0375\,(b - 760)$$

den Siedepunkt t^0 C und dann den Siedepunktfehler des Thermometers $\Delta = t' - t$.

f) Ziehe das Thermometer so weit empor, daß nur noch die Kugel in den Wasserdampf hineinragt. Laß in dieser Stellung die Thermometerröhre erkalten und prüfe, ob dies auf den Stand des Quecksilbers einen Einfluß hat. Warum darf also der Quecksilberfaden so wenig wie möglich aus dem Wasserdampf herausragen?

g) Schiebe nun die Thermometerkugel vorsichtig ins siedende Wasser und lies nach etwa 10 Minuten den höchsten Stand des Thermometers ab. Steht jetzt die Quecksilberkuppe höher als bei Versuch (d)?

h) Hat das Wasser jetzt noch dasselbe Aussehn wie vorm Sieden? Woher rührt die Trübung? Wie ist wohl das Erhöhn des Siedepunkts zu erklären?

i) Füge zum Wasser etwa 10 g Kochsalz hinzu und bringe es wieder zum Sieden. Schiebe die Thermometerkugel in die Flüssigkeit und lies den Stand des Thermometers ab. Nimm das Thermometer heraus und wische die Kugel ab. Setze es wieder so in die Flasche ein, daß nur die Kugel im Dampf steht, und lies den Stand des Thermometers ab. Wie wirkt der Zusatz von Kochsalz auf den Siedepunkt des Wassers und auf die Warmheit des Dampfs ein? Darf man also beim Bestimmen des Siedepunkts die Thermometerkugel ins Wasser tauchen?

2. Verfahren.

(1 Schüler, 1 Stunde.)

Quelle. EDWIN H. HALL, *Descriptive List*[3] *54 Exerc. 39.*

Geräte.

Barometer.	Quetschhahn.
GILLEY-Kessel (vgl. S. 223).	Gummiring.
Thermometer.	Dreifuß.
Bunsenbrenner.	Asbestplatte.
Kurzer Gummischlauch.	Quecksilber.

Anleitung. **k)** Prüfen des Siedepunkts. Fülle den Kessel (Abb. 161) etwa 5 cm hoch mit Wasser, schraube den Kopf fest auf, bringe den kleinen Quecksilber-Spannungsmesser *g* an und schiebe durch den durchbohrten Stöpsel das Thermometer so weit, daß der Hundertgradstrich höchstens 2 bis 3 mm herausragt.

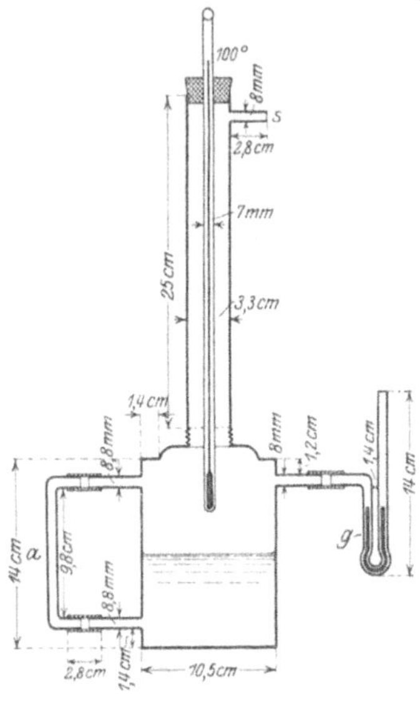

Abb. 161.

l) Stelle den Kessel auf den Dreifuß. Koche das Wasser und erhalte es siedend, während der Dampf aus der Seitenröhre *s* nahe beim obern Ende entweicht, so lange bis die Quecksilbersäule im Thermometer so hoch gestiegen ist, wie sie kann, und schreibe dann die Ablesung auf. Schreibe auch die Barometerablesung auf und rechne sie auf 0° C um.

m) Prüfe den Einfluß einer Spannungsteigerung auf den Siedepunkt: Schließe, während die Flamme noch brennt, mit einem kurzen Gummischlauch und einem Quetschhahn oder mit einem dichten Stöpsel den Dampfauslaß *s* nahezu und beobachte das Thermometer und den Spannungsmesser *g*. Stelle am Auslaß den Quetschhahn so, daß im Kessel die Spannung, die der Spannungsmesser anzeigt, um 4 bis 5 cm Quecksilber größer wird als der Luftdruck. Schreibe, wenn alles in Ordnung ist, die Steigerung der Warmheit und die Zunahme der Spannung auf.

n) Berechne aus diesen Angaben, welche Warmheitserhöhung hier einer Spannungszunahme von 1 cm Quecksilber entspricht, und demgemäß, wie die Thermometerablesung im Dampf von 76 cm Spannung wäre. Dies setzt voraus, was gewöhnlich zutrifft, daß der Luftdruck zur Zeit des Versuchs nicht genau 76 cm ist.

Bei sehr abweichenden Spannungen und Warmheiten ist das Verhältnis zwischen Warmheitssteigerung und Spannungszunahme von dem hier gefundenen Verhältnis sehr verschieden.

o) Prüfe schließlich, wenn es die Zeit erlaubt, nochmals den Eispunkt und sorge wie vorher dafür, daß der Schnee oder das Eis bis zum Boden des Einsatzes reicht, der auf einer Korkscheibe steht. Es genügt nicht, daß der Schnee oder das Eis auf dem Wasser schwimmt.

Bemerkungen. Das Barometer darf in seinen Angaben um höchstens 0,3 cm von denen eines Normalbarometers abweichen. Der kupferne GILLEY-Kessel (Abb. 161) ist mit einem aufschraubbaren Aufsatz, einem Wasserstandglas und einem Spannungsmesser versehn. Der Aufsatz muß so lang sein, daß man damit die Übung 13 ausführen kann. Der Gummiring oder eine Asbestpackung dient dazu, die Fuge am Fuß des Kesselaufsatzes zu dichten. Man lasse nicht die Flamme des Brenners unterm Kessel über den Boden hinausschlagen, damit nicht der daraus emporsteigende Strom heißer Gase die Gummiverbindungen des Wasserstandzeigers *a* an der Wand des Kessels überhitze. Um Zeit zu sparen, ist es gut, vorm Prüfen des Eispunkts das Erhitzen des Wassers zu beginnen. Der Wasserstandzeiger ist während jedes Versuchs, wo man den Kessel benutzt, häufig anzusehn, und man lasse darin das Wasser nicht sehr tief sinken.

Übers Bereitstellen von heißem Wasser vgl. die Bemerkungen zu Aufg. 4 S. 218.

Über besondre Siedegefäße zum Bestimmen des Siedepunkts vgl. CREW-TATNALL *112 Nr. 50.* GILLEY, *191 Nr. 25.* FRED R. NICHOLS, CHARLES H. SMITH und CHARLES M. TURTON, *Manual of Experimental Physics 129 Exp. 58, 274.* SCHUSTER-LEES, *Intermed. Course 79 Nr. 15.* WATSON, *Elem. Pract. Phys. 151 Nr. 122.*

9. Aufgabe. *Einige Übungen im Ablesen des Thermometers.*

(2 Schüler, $^1/_2$ Stunde.)

Quelle. WORTHINGTON *161 Nr. 10—12.*

Geräte. Heißes Wasser.
2 Bechergläser (550 cm³).
Thermometer.
Großer Kork.
Glasstab.

Anleitung. a) Fülle das Becherglas zur Hälfte mit kaltem Wasser, laß ein Blatt Papier oder einen Kork darauf schwimmen und gieße dann recht behutsam an einem Glasstab entlang, der den Kork lose berührt, heißes Wasser darauf.

b) Tauche das Thermometer, ohne die Flüssigkeit stark zu bewegen, so tief wie möglich ein und lies die Gradzahl ab.

c) Tauche nun die Kugel nur in die obere Schicht und lies deren Wärmegrad ab.

d) Rühre das Wasser tüchtig um und lies wiederum das Thermometer ab.

e) Weshalb rührt man bei Wärmeversuchen die Flüssigkeiten tüchtig um? Nenne auch Nachteile.

f) Stelle Wasser von 20° bis höchstens 60° C her, laß einen Mitschüler die Hand hineintauchen und nach dem Gefühl die Warmheit abschätzen.

g) Reinige das Thermometer gut, halte es zehn Minuten in dem geschloßnen Mund und laß dann die Warmheit ablesen.

Bemerkungen. Der Hauptzweck dieser lehrreichen und unterhaltenden Übungen ist, den Schüler an ein sichres und rasches Ablesen des Thermometers zu gewöhnen. Über das Aufeinanderschichten von Flüssigkeiten vgl. HAHN, *Freihandversuche 2², 137 ff.* Über das Bereitstellen von heißem Wasser vgl. die Bemerkungen zu Aufg. 4 S. 218.

III. Ausdehnen der Körper.

10. Aufgabe. *Wie ändert sich die Länge eines Messingstabes mit dessen Warmheit? Wie groß ist das Längendehnmaß für 1⁰ C?*

1. Verfahren.

(2 Schüler, 2 Stunden).

Quelle. Edwin H. Hall, *Descriptive List*[3] *56 Exerc. 40 und 88.*

Geräte. Gilley-Kessel ohne Spannungsmesser (vgl. S. 223).
Dreifuß.
Thermometer.
Bunsenbrenner.
Stab oder Röhre aus Messing, etwa 60 cm lang und etwa 5 mm dick (vgl. S. 227).
Heizmantel (vgl. S. 227).
Holzgestell.
Barometer.
Meterstab.
Schublehre.
2 Gummischläuche, 50 und 30 cm lang.
Kleines Becherglas.

Anleitung. a) Verschließe alle Auslässe des Kessels mit Ausnahme des Stutzens, woran vorher der Spannungsmesser saß, fülle den Kessel 6 cm hoch mit Wasser und stelle den angezündeten Bunsenbrenner darunter.

Hebe den langen Arm des Zeigers z_1 (Abb. 162) empor und lege aufs Gestell den Heizmantel *tt*, mit dem Messingstabe darin, so daß sich das

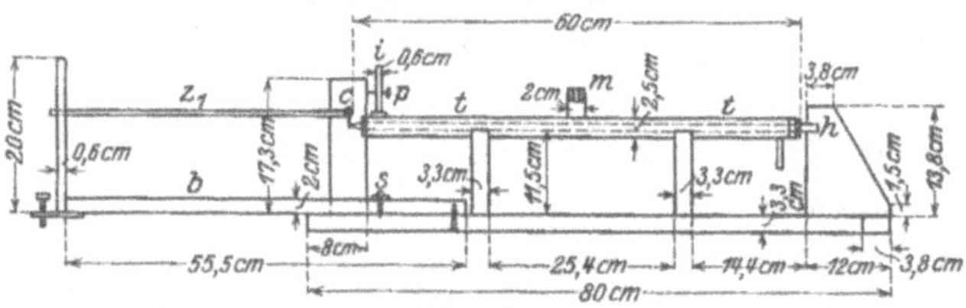

Abb. 162.

stumpfe Stabende hinten gegen die Hemmschraube *h* anlehnt. Senke dann behutsam den Zeiger, bis sein kurzer Arm gegen die scharfe Spitze des Stabes drückt.

Befestige am Einlaßstutzen *i* den 50 cm langen Gummischlauch; stelle jedoch jetzt noch keine Verbindung mit dem Kessel her. Drehe den Heizmantel in seinem Lager, bis der Einlaßstutzen am festen Anschlage *p* anliegt und befestige den Auslaßschlauch, der zum Becherglase führt.

b) Miß die Länge des Messingstabes und schreibe das Ergebnis auf. Diese Messung braucht man nicht mit großer Sorgfalt auszuführen, da hierbei ein Fehler von 2 bis 3 mm nur einen sehr kleinen Unterschied im Endergebnis hervorruft.

Miß mit etwa der gleichen Sorgfalt die Länge z_1 des langen Zeigerarms von der Mitte des Zapfens bis zur lotrechten Teilung und schreibe das Ergebnis auf.

Miß sehr sorgfältig und genau den lotrechten kurzen Arm z_2 des Zeigers von der Mitte des Zapfens bis zu der Stelle, wo die Spitze des Messingstabes dagegen drückt. Da die Mitte des Zapfens nicht bezeichnet ist, erfordert diese Messung einen Kunstgriff. Das folgende Verfahren ist gut: Mache auf der Schmalseite des lotrechten Arms genau in der Höhe der Spitze des Messingstabes einen dünnen Bleistiftstrich. Miß sehr sorgfältig die Höhe dieser Marke überm Grundbrette des Gestells. Hebe dann den wagrechten Arm des Zeigers empor und drehe ihn rückwärts, bis er auf dem Heizmantel liegt. Nun zeigt der kurze Arm aufwärts, und der Bleistiftstrich darauf liegt ebenso hoch über der Zapfenmitte, wie er vorher darunter lag. Miß sehr sorgfältig die neue Höhe der Marke auf dem Zeiger überm Grundbrett. Die Hälfte des Unterschieds der beiden Messungen ist die gesuchte Entfernung, die wirksame Länge z_2 des kurzen Arms am Zeigerhebel.

Schiebe durch die mittlere Seitenöffnung *m* die Thermometerkugel in den Heizmantel. Lies das Thermometer ab, nimm es dann weg und setze an seine Stelle einen Stöpsel. Man braucht das Thermometer nicht mehr, da man die höhere Warmheit des Dampfes aus dem Barometerstand ermittelt. (Siehe Übung 8, S. 221.)

c) Überzeuge dich, ob der Messingstab an der hintern Hemmschraube *h* anliegt, lies dann an der lotrechten Teilung, so genau wie möglich, die Stellung des Zeigers ab, und zwar je nach der Bequemlichkeit die der obern oder untern Kante. (Die Stellschraube am Ende des Stabes *b* [Abb. 162], der diese Teilung trägt, gebraucht man bei einem andern Versuch. Bei dem Versuch, den wir jetzt ausführen, darf sie nicht auf dem Tisch ruhn. Die Teilung bringe man vorm Gebrauch dicht an den Zeiger heran, doch nicht in Berührung damit: man drehe *b* um den Stift, der im Grundbrett steckt. Dann klemme man *b* in der richtigen Stellung mit der Schraube *s* fest.)

d) Unterdessen tritt ein starker Dampfstrom aus dem Kessel heraus. Streife über den Stutzen des Kessels, woran vorher der Spannungsmesser saß, das Ende des Einlaßschlauches und laß durch den Heizmantel auf dem Gestell den Dampf strömen. Warte, bis der Dampf aus dem andern Ende dieser Röhre frei austritt; führe ihn ins Becherglas. Beobachte den Zeiger, bis er aufhört, längs der lotrechten Teilung zu steigen, lies dann eben so sorgfältig wie vorher seine Stellung ab.

Lies das Barometer ab und berechne aus dem Stande den Siedepunkt.

e) Aus dem Unterschiede der ersten und letzten Ablesung auf der lotrechten Teilung können wir, wenn wir das Verhältnis der Zeigerarme benutzen, die Verlängerung des Stabes berechnen, die durch sein Erwärmen hervorgerufen worden ist.

Aus der ursprünglichen Länge des Stabes, aus seiner Verlängerung und aus der Erhöhung seiner Warmheit berechne man das Dehnmaß des Messings für 1° C, d. h. den Bruchteil, um den sich die Länge 1 cm eines Messingstabes vergrößert, wenn man seine Warmheit um einen Grad erhöht. Das Berechnen setzt voraus, daß die Ausdehnung für jeden beliebigen Grad der Erwärmung gleich groß ist. Das ist nicht ganz richtig. Die Größe, welche die Rechnung ergibt, ist der durchschnittliche oder der mittlere Wert des Dehnmaßes zwischen den benutzten Grenzen der Warmheit. (Es ist zweckmäßig, den Versuch mehr als einmal zu machen und alle Messungen zu wiederholen. Um dies innerhalb einer zweiştündigen Übung ordentlich auszuführen, ist es nötig, den Stab rasch abzukühlen. Dies kann man so ausführen: man nimmt den Heizmantel vom Gestell weg und läßt kurze Zeit kaltes Wasser hindurchlaufen. Dieses Behandeln macht wahrscheinlich den Stab etwas kälter, als er bei Beginn war, so daß sein Ausdehnen beim zweiten Erwärmen ein ganz wenig größer sein kann, als es beim ersten Erwärmen war.)

f) Schreibe die Ergebnisse in folgender Weise auf:

Holzgestell Nr. ... Barometer Nr. ...
Länge des Messingstabes bei ... °C = ... cm.
Länge des großen Zeigerarms $z_1 = \ldots$ cm.

Markenhöhe auf dem kleinen Zeiger unten	oben	Wirksamer kleiner Hebelarm z_2

Verhältnis $z_1/z_2 = \ldots\ldots$

Barometerstand	Warmheiten zu Anfang t_1	Siedepunkt t_2	Erwärmung $t_2 - t_1$	Zeigerstellung zu Anfang	zu Ende	Ausschlag	Längendehnung	Längendehnung für 1°C

Längendehnmaß für 1° C: $\beta = \ldots$ für 1° C.

2. Verfahren.

(2 Schüler, 2 Stunden.)

Quelle. Edwin H. Hall, *Descriptive List*[3] *58 Exerc. 40.* Fred R. Nichols, Charles H. Smith and Charles M. Turton, *Manuel of Experimental Physics 139 Exp. 64 u. 275.*

Geräte. Längendehngerät mit Schraublehre und Klemmen zum Anschluß des Klopfers und der Ketten.
Gilley-Kessel ohne Spannungsmesser.
Bunsengestell.
Bunsenbrenner.
Meterstab.
Thermometer.
Becherglas.
2 Gummischläuche, etwa 50 und 30 cm lang.
2 Beutelketten.
Klopfer oder Klingel.
Leitungsdrähte.

Anleitung g) Fülle den Kessel etwa zu einem Drittel mit Wasser. Verschließe alle Auslässe mit Ausnahme des Stutzens, woran vorher der Spannungsmesser saß, und stelle unter den Kessel den entzündeten Bunsenbrenner. Miß die Länge des Messingstabes und schiebe ihn in den Heizmantel.

h) Setze in den einfach durchbohrten Stöpsel in der Mitte des Heizmantels das Thermometer so ein, daß seine Kugel dicht am Stabe liegt. Lege Röhre nebst Stab aufs Gestell mit dem einen Ende gegen die Hemmschraube und mit dem andern Ende gegen die feine Schraublehre. Klemme das Thermometer in die Klammer eines Bunsengestells. Schiebe über den Auslaß des Heizmantels das kurze Schlauchstück und führe es so ins Becherglas, das den verdichteten Dampf auffangen soll. Stelle das Becherglas nicht aufs Grundbrett, da die daraus aufsteigende Wärme und Feuchtigkeit das Gestell zum Werfen bringen können. Verbinde den Kessel mit dem Einlaßstutzen. Schließe an die Klemmschrauben an den Enden des Stabes den Klopfer oder die Klingel und die beiden Beutelketten an. Bewege von nun an auf keinerlei Weise das Dehngerät, bis der Versuch beendet ist, ausgenommen beim Messen mit der feinen Schraublehre.

i) Drehe die Schraublehre, bis ihr Zahn den Stab berührt. Den genauen Augenblick des Berührens zeigt das Ticken des Klopfers an. Schreibe die Ablesung der Schraublehre auf. Drehe dann die Schraube um zwei bis drei Umgänge zurück, damit sich der Stab ausdehnen kann.

k) Schreibe die Warmheit des Stabes auf, wie sie das Thermometer anzeigt. Verbinde nun mit dem Auslaßstutzen des Kessels den langen Schlauch, so daß der Dampf durch den Heizmantel strömt.

l) Laß den Dampf so lange hindurchfließen, bis die Quecksilbersäule im Thermometer einen bleibenden Stand einnimmt. Drehe dann die Schraublehre, bis das Ticken des Klopfers das Berühren anzeigt. Lies die Schraublehre ab und schreibe das Ergebnis auf. Lies den Barometerstand ab und berechne wie bei Versuch 8 S. 221 den Siedepunkt des Wassers.

m) Trage die Ergebnisse in folgende Tafeln ein:
Längendehngerät Nr. ... Barometer Nr. ...
Länge des Messingstabes bei ...^{0}C = ... cm.

Barometerstand	Warmheiten		Erwärmung	Ablesungen an der Schraublehre		Längendehnung	Längendehnung bei 1° C
	zu Anfang	Siedepunkt des Wassers		bei Beginn	am Ende		

Längendehnmaß für 1^{0}C: $\beta = \ldots$ für 1^{0}C.

Bemerkungen. In der Schule habe ich selber das Dehnmaß der festen Körper in einem Schauversuch nach Merkelbach *(Zeitschr. f. d. physik. u. chem. Unterr. 5, 232; 1892)* vorführen lassen. Die hier beschriebnen Versuche sind in den Lehrgängen und von Dr. Curt Fischer in der Prüfabteilung der Staatlichen Hauptstelle ausgeführt worden.

Erstes Verfahren. Das eine Ende des Messingstabes ist eben und das andre Ende zu einer scharfen Spitze abgedreht oder verstöpselt, falls man eine Röhre verwendet. — Der Heizmantel ist ein nahtloses Messingrohr, etwa 2,5 cm weit und wenige Millimeter kürzer als der etwa 60 cm lange Messingstab, den man darin mit Wasserdampf erhitzt. Abb. 162, zeigt den Einströmstutzen *i* und den Ausströmstutzen für den Dampf und auch den 4 cm langen Stutzen *m*, durch den man eine Thermometerkugel ins Innere einführen kann. Die Enden des Heizmantels sind mit nicht hervorstehenden, durchbohrten, kurzen Korken versehn, so daß der Messingstab, wenn man ihn in den Heizmantel einsetzt, an jedem Ende wenig über dem Stöpsel vorsteht. — Das Holzgestell mit dem Ansatz für den Hebelzeiger trägt den Heizmantel (Abb. 162). Abb. 163 zeigt einen lotrechten Querschnitt durch das Gestell und den Hebelzapfen. Abb. 164 zeigt den Zapfenlängsschnitt, etwa in halber Größe. Alles in Abb. 164 Dargestellte ist aus Messing gefertigt, ausgenommen der Teil vom Ende des hölzernen Zeigers. — Der eine 50 cm lange Gummischlauch leitet

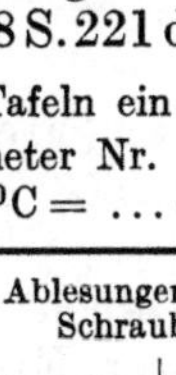

Abb. 163.

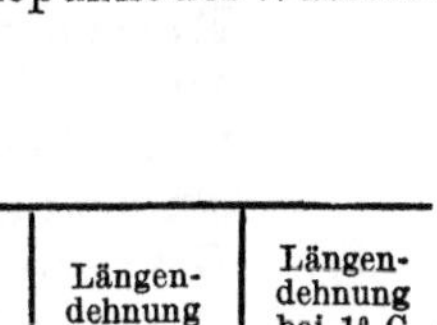

Abb. 164.

den Dampf aus dem Kessel in den Mantel; der andre führt aus dem Heizmantel den Dampf und das Wasser ab. — Mit dem kleinen Becherglas fängt man das fortgeleitete Wasser auf. Man stelle dieses Glas nicht aufs Holzgestell. Der Dampf und das daraus verdichtete Wasser könnten einen Teil des Gestells naß machen und am oder nahe beim hintern Pfosten ein Aufquellen verursachen; das würde die Stellung des Zeigers bedenklich beeinflussen. Eine ähnliche, wenn auch geringre Gefahr droht, wenn aus dem andern Ende des Heizmantels viel Wasser oder Dampf entweicht.

Vgl. H. HERMANN, *Zeitschr. f. d. physik. u. chem. Unterr. 39, 257; 1926.*

Das zweite Verfahren ist einfacher und genauer als das erste. Man nehme beim Holzgestell den Hebelzeiger weg, setze in seinen Pfosten eine feine Schraublehre, womit man die Dehnung des Stabes mißt, nebst Blech und Klemmschraube ein und bringe an der Hemmschraube im andern Pfosten auch ein Blech mit Klemmschraube an. Vgl. HAROLD WHITING, *A Course of Experiments 90 Exp. 22 § 57 u. 966.* C. HAUSCHULZ, *Zeitschr. f. d. physik. u. chem. Unterr. 27, 289; 1914.* GEORG BERNDT, *Physik. Praktikum³ 1, 125 § 32.*

11. Aufgabe. *Wie ändert sich der Raum einer gegebnen Flüssigkeitsmasse mit ihrer Warmheit? Wie groß ist das Raumdehnmaß des Glyzerins* für 1° C?

(1 Schüler, 2 Stunden.)

Geräte. Wage.
Massensatz.
Dichtefläschchen (50 cm³).
2 Bechergläser (550 cm³).
Thermometer.
Glyzerin (oder Terpentinöl).
Pinsel oder reiner Eisendraht.
Quecksilber.
Quecksilberbrett (vgl. S. 165).
Großer eiserner Dreifuß.
Kleiner Dreifuß aus Glas oder Eisendraht oder eine Brücke aus Eisendrahtgaze.
Kristallisations- oder Abdampfschale.
Fließpapier.
Bunsenbrenner.
Gasschlauch.
Drahtnetz mit Asbesteinlage.
Wasser von Zimmerwärme.
Barometer.

Anleitung. a) Spüle der Reihe nach mit Ammoniak, verdünnter Schwefelsäure, Wasser und Alkohol das Dichtefläschchen aus, wische die Außenseite ab und trockne es durch einen hindurchgesaugten Luftstrom.

b) Bedecke mit Fließpapier beide Wagschalen, setze auf die linke Schale das Dichtefläschchen mit Stöpsel und gleiche es sorgfältig ab. Fasse bei allen Versuchen das Fläschchen so wenig wie möglich und dann nur am Hals an.

c) Fülle das Dichtefläschchen mit reinem, trocknem Quecksilber und entferne durch Schütteln oder mit einem reinen trocknen Pinsel oder mit einem reinen Eisendraht alle Luftblasen. Setze den Stöpsel nicht auf.

d) Lege auf den großen eisernen Dreifuß das Drahtnetz mit Asbesteinlage und stelle das Becherglas darauf. Setze in den Becher einen kleinen Dreifuß aus Glas oder Eisendraht oder eine kleine Brücke aus Eisendrahtgaze, darauf eine kleine Kristallungsschale oder Abdampfschale und da hinein das gefüllte Dichtefläschchen (Abb. 165). Fülle den Becher bis zum Halse des Dichtefläschchens mit Wasser von Zimmerwärme. Setze aufs Dichtefläschchen den Stöpsel und entferne durch Austupfen mit einem Stück Fließpapier das Quecksilber, das über der Marke steht. Rühre mit dem Thermometer das Wasser um und lies nach etwa 5 Minuten die Warmheit ($t_1{}^0$ C) sorgfältig ab.

e) Nimm das Dichtefläschchen aus dem Bade, wische die Außenseite tüchtig ab und bestimme mit der Wage die Masse m_1 [g] des Quecksilbers.

f) Setze das Dichtefläschchen wieder auf die Schale und erhitze das Wasser bis zum Sieden. Dehnen sich das Quecksilber und das Glas aus? Welches dehnt sich stärker aus? Findet das Quecksilber im Fläschchen noch hinreichenden Raum? Wo bleibt das überschüssige Quecksilber? Laß das Wasser etwa 10 Minuten lang sieden, lies das Barometer ab und berechne dann den Siedepunkt $t_2{}^0$ C. Bringe durch Austupfen mit Fließpapier das Quecksilber wieder bis zur Marke.

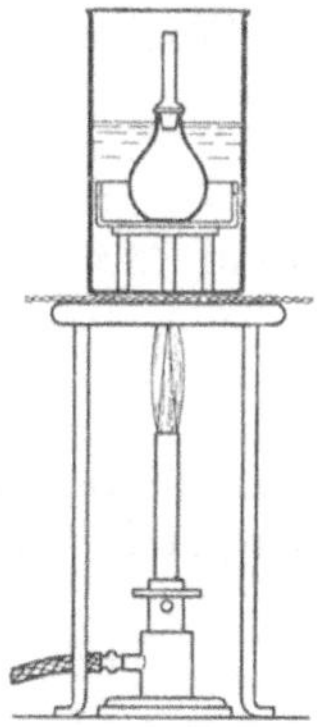
Abb. 165.

g) Drehe den Gashahn zu, laß sich das Wasser erst etwas abkühlen, nimm das Dichtefläschchen heraus, laß es weiter erkalten und bestimme mit der Wage die Masse m_2 [g] des Quecksilbers. Welche Quecksilbermasse ist infolge des Erwärmens aus dem Fläschchen ausgeflossen? $(m_1 - m_2)$ [g].

h) Wir nennen die Anzahl Kubikzentimeter, die ein Gramm eines Stoffs ausfüllt, d. h. den umgekehrten Wert der Dichte eines Stoffs, seine *Dünnheit* (*Räumigkeit, spezifischen Raum*) und bezeichnen sie mit v. Bedeuten m_1, m_2 [g] die Massen, ϱ_1, ϱ_2 die Dichten, V_1, V_2 die Räume und v_1, v_2 die Dünnheiten des Quecksilbers bei den Warmheiten $t_1{}^0$ und $t_2{}^0$, so ist $m_1 = \varrho_1 V_1 = V_1/v_1$, $m_2 = \varrho_2 V_2 = V_2/v_2$ und daher

$$\frac{m_2}{m_1} = \frac{v_1}{v_2} \cdot \frac{V_2}{V_1}.$$

Bezeichnet 3β für 1^0C das Raumdehnmaß des Glases, woraus das Dichtefläschchen hergestellt ist, und V_0 den Raum des Fläschchens bei 0^0 C, so bestehn die beiden Gleichungen

$$V_1 = V_0(1 + 3\beta t_1) \quad \text{und} \quad V_2 = V_0(1 + 3\beta t_2).$$

Da β sehr klein ist, ergibt sich daraus

$$\frac{V_2}{V_1} = \frac{1 + 3\beta t_2}{1 + 3\beta t_1} = 1 + 3\beta\,(t_2 - t_1),$$

also

$$\frac{m_2}{m_1} = [1 + 3\beta\,(t_2 - t_1)]\,\frac{v_1}{v_2}$$

und

$$\frac{v_2}{v_1} = \frac{m_1}{m_2} + 3\beta\,(t_2 - t_1)\,\frac{m_1}{m_2}.$$

Das Raumdehnmaß α des Quecksilbers ist die Raumzunahme eines Kubikzentimeters Quecksilber bei der Warmheitserhöhung 1 °C und somit

$$\alpha = \frac{v_2 - v_1}{v_1 (t_2 - t_1)}$$

oder

$$\frac{v_2}{v_1} - 1 = \alpha (t_2 - t_1).$$

Setzt man für v_2/v_1 den soeben berechneten Wert ein, so erhält man

$$\alpha (t_2 - t_1) = 3 \beta (t_2 - t_1) \frac{m_1}{m_2} + \frac{m_1 - m_2}{m_2},$$

somit fürs Raumdehnmaß des Quecksilbers für 1 °C

$$\alpha = 3 \beta \frac{m_1}{m_2} + \frac{1}{t_2 - t_1} \cdot \frac{m_1 - m_2}{m_2}$$

und für das Längendehnmaß des Glases, woraus das Dichtefläschchen hergestellt ist,

$$\beta = \frac{1}{3} \alpha \frac{m_2}{m_1} - \frac{1}{3} \frac{1}{t_2 - t_1} \cdot \frac{m_1 - m_2}{m_1}.$$

i) Unsre Messungen können wir auf zweierlei Weise verwerten: wir können entweder den Wert von β nachschlagen und α ausrechnen oder auch umgekehrt verfahren. Da aber die heutigen Glassorten sehr verschieden zusammengesetzt sind und deshalb keine einheitliche Beschaffenheit haben, so kann man andern Arbeiten keinen guten Wert für β entnehmen. Die Ausdehnung des Quecksilbers hingegen hat man aufs sorgfältigste untersucht (warum?), und man kann daher für α einen recht zuverlässigen Wert angeben.

k) Schlage das Raumdehnmaß α des Quecksilbers nach und berechne daraus das Längendehnmaß des Glases, woraus das Dichtefläschchen hergestellt ist.

l) Schreibe die Ergebnisse in folgender Weise auf:

Wage Nr. ... Massensatz Nr. ... Dichtefläschchen Nr. ...
Raumdehnmaß des Quecksilbers $\alpha = 0{,}000181$ für 1 °C.
Masse des Quecksilbers:
1. Messung $m_1 = \ldots$ g.
2. Messung $m_2 = \ldots$ g.
Barometerstand = ... cm.
Warmheit des Quecksilbers:
1. Messung $t_1 = \ldots$ °C.
2. Messung $t_2 = \ldots$ °C.
Längendehnmaß des Glases $\beta = \ldots$ für 1 °C.

m) Gieße das Quecksilber in das Gefäß, das der Lehrer dafür bestimmt hat.

n) Spüle mit etwas Glyzerin das Dichtefläschchen aus, fülle es dann ganz mit dieser Flüssigkeit und entferne alle Luftblasen.

o) Verfahre mit dem Dichtefläschchen, das mit Glyzerin gefüllt ist, genau wie bei den Versuchen (b) und (d) bis (g).

p) Bei den Warmheiten $t_3{}^0$ und $t_4{}^0$ C füllen m_3 und m_4 [g] Glyzerin das Dichtefläschchen. Nach den Rechnungen, die wir bei (h) durchgeführt haben, ist daher das Raumdehnmaß des Glyzerins für 1° C

$$\alpha = 3\beta\frac{m_3}{m_4} + \frac{1}{t_4 - t_3}\,\frac{m_3 - m_4}{m_4}.$$

q) Berechne das Raumdehnmaß des Glyzerins für 1° C und nimm dabei für β den Wert, den du bei (k) gefunden hast.

r) Gieße das Glyzerin ins Gefäß, das der Lehrer dafür bestimmt hat. Reinige erst das Dichtefläschchen, dann das Becherglas und stelle beide aufs Ablaufbrett.

Bemerkungen. Man kann die Aufgabe in zwei Übungen zerlegen; in der ersten bestimmt der Schüler das Längendehnmaß des Glases und in der zweiten, wo er dasselbe Dichtefläschchen benutzt, das Raumdehnmaß des Glyzerins für 1° C.

Nimmt man bei den Versuchen (d) und (o) Wasser, das kälter als die Zimmerluft ist, so fließt beim Wägen die Flüssigkeit über.

12. Aufgabe. *Wie ändert sich die Spannung in einem Gase, das man bei gleichbleibendem Raum erhitzt?*

(2 Schüler, 2 Stunden.)

Quelle. Edwin H. Hall. *Descriptive List*[3] *58 Exerc. 41 u. 88 bis 91.*

Geräte. Gilley-Kessel ohne Spannungsmesser (vgl. S. 223). Bunsenbrenner. Heizmantel (vgl. S. 227). Holzgestell ohne Hebelzeiger (vgl. S. 233) mit Schlitten und Ständer (vgl. S. 233). Luftröhre (vgl. S. 233). Wanne aus galvanisiertem Eisen (vgl. S. 233). Stelltisch. Wasserwage. Meterstab. Barometer. Gummistöpsel. Kurze Gummischläuche. Schnee oder gut zerkleinertes Eis.

Anleitung. a) Halte beim Handhaben der Röhren, welche die trockne Luft und das Quecksilber enthalten, den verschlossenen Arm nahezu wagrecht, senke den andern Arm nicht so tief, daß Quecksilber ausfließt, und vermeide Stöße, damit nicht die Quecksilbersäule derart zerreißt, daß sie Luftblasen einschließt.

Fülle den Kessel einige Zentimeter hoch mit Wasser, verstöpsle die obere Öffnung, verschließe alle Dampfauslässe mit Ausnahme des Stutzens, woran sonst der Spannungsmesser sitzt, und stelle darunter die Flamme, die nicht höher als 8 cm brennt.

b) Miß die Entfernung vom Messingringe r (Abb. 167), der den Gummischlauch festschnürt, bis zum zugeschmolznen Ende im Innern der Glasröhre. (Verjüngt sich das verschlossene Ende im Innern, so messe man nicht bis zur äußersten Spitze, sondern so gut wie es geht, bis zu der Stelle, wo die Höhlung endete, wenn sie ohne Verjüngen verschlossen wäre, aber den gleichen Gesamtraum hätte wie jetzt.) Nenne diese Entfernung d [cm].

c) Schiebe das verschlossene Ende der Luftröhre durch einen kurzen Stöpsel in den Kühltrog *t* (Abb. 166) und bedecke die abgesperrte Luftsäule ganz mit Schnee oder mit Wasser, das man durch zerkleinertes Eis auf 0^0 erhält. Stelle eine Wasserwage aufs Brett, das die äußre Glasröhre trägt, und stelle mit der Schraube *s* das Brett wagrecht. Richte mit dem Arm die äußre Glasröhre derart aus, daß beide Kuppen der Quecksilbersäule gleich hoch überm ausgewägten Brett liegen, ziehe aus dem Stöpsel die verschlossene Röhre so weit heraus, daß man die innere Kuppe der Quecksilbersäule noch eben sieht. Die abgesperrte Luft steht nun

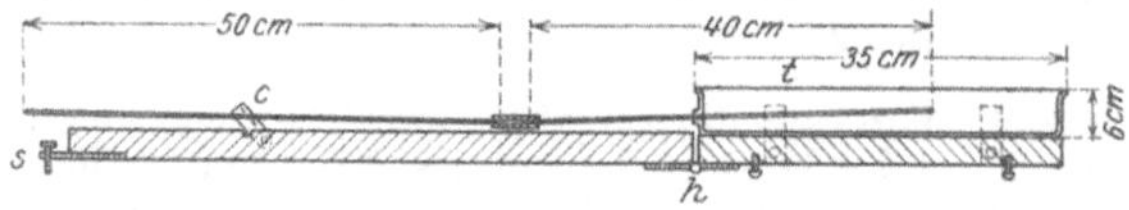

Abb. 166.

unterm Druck der äußern Luft, da beide Kuppen der Quecksilbersäule in derselben Wagfläche liegen (obgleich dazwischen befindliche Teile dieser Säule tiefer liegen). Laß während einiger Minuten die Röhre in dieser Lage, stelle unbedeutend nach, falls es nötig wird, bis die Luftsäule aufgehört hat sich zusammenzuziehn, miß dann die Entfernung vom Messingringe bis zur innern Kuppe der Quecksilbersäule. Nenne diesen Abstand d_1 [cm].

d) Der Unterschied $(d - d_1)$ zwischen den beiden aufgeschriebenen Messungen ist anzusehn als die Länge l_0 [cm] der eingeschlossenen Luftsäule bei 0^0 C unterm äußern Luftdruck.

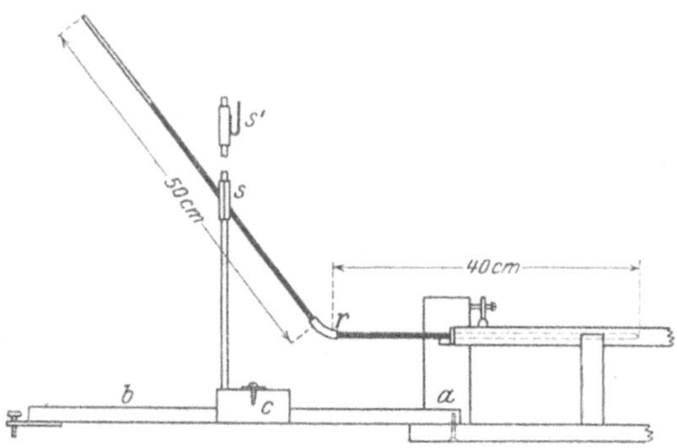

Abb. 167.

e) Schreibe dann den Barometerstand auf, p_0 [cm Quecksilber], und berechne daraus den Siedepunkt.

f) Bringe nun die Röhre aus dem Kühltrog in den Heizmantel (Abb. 167). Schiebe das verschlossene Ende der Luftröhre durch den durchbohrten Stöpsel in den Heizmantel so weit, bis die Länge l_0 verschwunden ist, d. h. bis die Entfernung vom Stöpsel bis zum Messingring am Knie der Glasröhre wie vorher gleich d_1 ist. Lagre wie in Abb. 167 die aufwärtsgedrehte äußre Röhre auf *s*. Laß wie bei Übung (10)

Dampf vom Kessel durch die Heizröhre strömen. Stelle, während sich die Luftröhre erwärmt, den Stab *b* wagrecht.

g) Verstelle, nachdem der Dampf einige Minuten durch den Heizmantel geströmt ist, durch Heben oder Senken von *s* und durch Verschieben von *c* nach links oder rechts die äußre Glasröhre, bis die innere Kuppe der Quecksilbersäule genau vorm äußern Spiegel des Stöpsels steht, und mache die abgesperrte Luftsäule l_0 genau so lang, wie sie bei 0^0 C unterm Druck der äußern Luft war. Man vernachlässige bei den Übungen (12) und (13) das Ausdehnen des Glases, das, verglichen mit dem der Luft, sehr klein ist.

h) Überzeuge dich, daß die abgesperrte Luft aufgehört hat sich auszudehnen, und miß dann den Höhenunterschied h [cm] der beiden Kuppen der Quecksilbersäule überm wagrecht gestellten Stabe *b*. Dieser Unterschied stellt die Druckzunahme $(p_t - p_0)$ [cm Quecksilber] dar, die erforderlich ist, um bei der Warmheit des Dampfes den Luftraum dem bei der Warmheit des schmelzenden Eises gleichzumachen.

i) Berechne α_p, das Spannmaß bei gleichbleibendem Raum für 1^0 auf folgende Art:

$$\alpha_p = \frac{p_t - p_0}{p_0 (t - 0)},$$

wo

p_t der Gesamtdruck auf die Luft bei der Warmheit des Dampfes,

t die Warmheit des Dampfes (ermittelt aus dem umgerechneten Barometerstand) und

p_0 den Barometerstand bei Zimmerwärme bedeuten.

Bemerkungen. Das Holzgestell (S. 224, Abb. 162) ohne den Hebelzeiger und den Maßstab wird mit einem Schlitten (*c*) nebst Ständer (*s*) versehn (Abb. 167), die das Befestigen der Luftröhre erlauben. In diesem Bild ist (*s'*) die Seitenansicht der Hülse (*s*). Sie läßt sich auf dem Ständer verschieben, den der auf (*b*) gleitende Schlitten (*c*) trägt. Abb. 168 ist ein lotrechter Querschnitt durch den Schlitten (*c*) und Abb. 169 ein lotrechter Querschnitt durch den Stift (*a*), Abb. 167. — Die Luftröhre enthält trockne Luft, die durch eine Quecksilbersäule abgesperrt wird. Man benutzt die Röhre bei den Übungen 12 und 13. Näheres S. 233a. — Die Wanne aus galvanisiertem Eisen ist etwa 35 cm lang, 6 cm breit und 6 cm tief und hat an einer Stirnfläche einen Stutzen. Die Schale soll Eiswasser oder Schnee aufnehmen, um die Luftsäule in der Röhre abzukühlen, die man durch einen kurzen Gummistöpsel im Stutzen schiebt (Abb. 166t). — Der Stelltisch (Abb. 166) trägt die Wanne und erlaubt eine wagrechte Fläche herzustellen, von der aus man die Höhe der Kuppe der Quecksilbersäule in der Luftröhre messen kann. Ein Gelenk (*h*) und eine Stellschraube (*s*) erleichtern das Ausrichten. — Die kleine Wasserwage dient zum Ausrichten des Holzgestells und des Stelltisches.

Abb. 168.

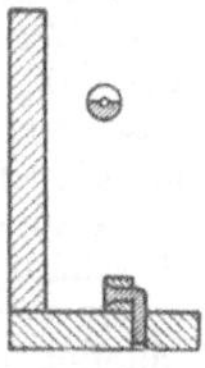

Abb. 169.

Edwin H. Hall ergänzt in dem Buch „*The Teaching of Chemistry and Physics in the Secondary School*", das er zusammen mit Alexander Smith herausgegeben hat, auf *S. 259—266* sorgfältig seine wertvollen Angaben über das schwierige Herstellen und Füllen der Luftröhren. Ich teile daraus wegen der großen Schwierigkeiten der Versuche 12 und 13 und ihres Vorbereitens folgendes mit:

a) Die Luftröhre. Ihr äußrer Durchmesser sei etwa 0,6 cm. Die Glasröhre, welche die abgesperrte Säule trockner Luft aufnehmen soll, sei anfangs etwa 45 cm lang. Ihre lichte Weite sei 0,15 cm. Ist sie viel enger, so wirkt die Kapillarität auf die Quecksilbersäule ein, welche die Luft abschließt. Diese Wirkung ist an beiden Enden der Säule selten ganz gleich und kann stören. Ist die Weite viel größer, so zerreißt leicht die Quecksilbersäule, zumal beim Versenden der Röhre.

b) Prüfen der Luftröhre auf richtige Weite. Ein vergleichendes Prüfen der Weite an verschiednen Stellen der Röhre ist notwendig zum befriedigenden Messen des Ausdehnens der Luft bei gleichbleibender Spannung. Könnte man leicht Röhren finden, worin das Verlängern der Luftsäule während des Erwärmens bei gleichbleibender Spannung in einem Teil der Röhre stattfände, der im Querschnitt höchstens um 1 vH von dem Teil abwiche, den die Luftsäule vorm Ausdehnen eingenommen hat, so lohnte es sich schwerlich der Mühe, eine eingehende Aufnahme der richtigen Weite auszuführen. Da man aber nicht gut solch einen Grad der Gleichförmigkeit voraussetzen darf, so muß man an verschiednen Stellen die Weite aufnehmen und jede Röhre in ihrem fertigen Zustande mit einer solchen Aufzeichnung versehn, wie sie in Abb. 170 angegeben ist.

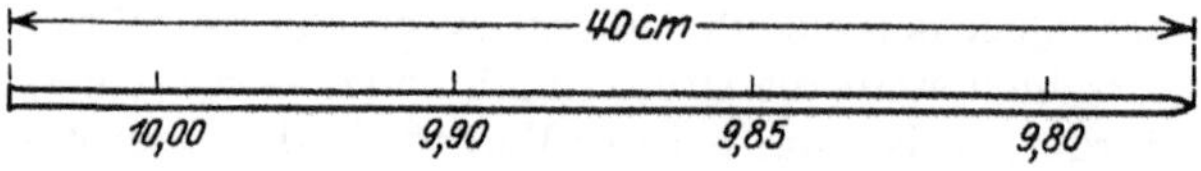

Abb. 170.

Diese Aufnahme drückt aus: eine bestimmte Quecksilbersäule war 9,80 cm lang, als ihre Mitte an einer Stelle lag, die ein Punkt zunächst dem nun zugeschmolzenen Ende der Röhre angibt; dieselbe Säule war 9,85 cm lang, als ihre Mitte an der Stelle lag, die der nächste Punkt links angibt usw. Ausdehnen während des Erwärmens bei gleichbleibender Spannung findet in dieser Röhre hauptsächlich oder ausschließlich statt im Abschnitt zwischen den Stellen, die mit 9,90 und mit 10,00 bezeichnet sind. Die mittlere Länge der die Weite prüfenden Säule in den drei Abschnitten rechts ist 9,85. Vernachlässigt man das Verändern der Weite der Röhre, so entsteht ein Fehler von etwa 10 Teilen auf 1000, oder von 1 vH im Werte des Dehnmaßes, den man aus den Beobachtungen bei gleichbleibender Spannung berechnet. Wird das Prüfen der Weite sorgfältig ausgeführt und aufgezeichnet, so kann man auch weniger gleichförmige Röhren, als die hier behandelte, gut verwenden, wenn man wegen des Änderns der Weite die richtige Verbesserung anbringt (vgl. Kohlrausch[14] *102 Nr. 26*).

c) Dicke der Röhre. Der äußre Durchmesser der Röhre sei etwa 0,6 cm. Diese Röhre ist ausreichend fest und gibt einen guten, doch nicht zu strengen Verschluß, wenn man die Röhre durch ein 0,5 cm weites Loch in einem Gummistöpsel schiebt, wie dies nach dem Fertigstellen geschieht. Beim Prüfen des Verfahrens in der Hauptstelle fand jedoch Dr. Curt Fischer, daß die Gummistöpsel des Heizmantels beim Erwärmen an der Röhre festklebten und sich dann nicht unbeschädigt entfernen ließen. Er verwandte daher Korke.

Die zugesellte Glasröhre, die man mit der schon beschriebenen Luftröhre verbindet und die das äußre Ende der Quecksilbersäule enthält, heißt die äußre Röhre oder die offne Röhre. Diese äußre Röhre sei wenigstens 50 cm lang, aber in den andern Abmessungen, besonders in der innern Weite, möglichst gleich der innern Röhre, welche die abgesperrte Luft enthält.

d) Verbindung der Röhren. Man verbindet die äußre und die innere Röhre durch ein Stück besten Gummischlauch, der innen 0,3 cm weit, außen 0,8 cm dick und etwa 6 cm lang ist. In diesen Schlauch ragt jede Glasröhre etwa 1,5 cm hinein, und es bleiben etwa 3 cm frei. Diese Anordnung erlaubt es, wie in Abb. 173, die Glasröhren rechtwinklig zueinander zu stellen, ohne Gefahr, den Gummischlauch zusammenzudrücken. Da die Weite des Gummischlauchs viel größer ist als die Weite der Röhren, im Querschnitt etwa viermal so groß, so entsteht eine Art Tasche zwischen den Glasröhren. Daran müssen wir beim Füllen denken.

e) Sorgfalt beim Trocknen der Luftröhre. Das Trocknen kann einen bedenklichen Einfluß haben; denn führt man es nicht richtig aus und verbürgt es nicht trockne Luft zum Ausdehnen, so ist die Vorrichtung schlechter als wertlos. Natürlich reicht es nicht aus, sich zu überzeugen, daß keine sichtbare Feuchtigkeit in den Röhren ist. Man muß dafür sorgen, daß keine unsichtbare Wasserhaut, die ausreichte, durch Verdampfen einen beträchtlichen Dampfdruck zu erzeugen, nach dem Füllen im abgesperrten Luftraum vorhanden ist. Es ist unmöglich, eine enge Röhre auszutrocknen, nachdem man das eine Ende verschlossen hat. Man muß, will man sichern Erfolg haben, trockne Luft durch die Röhre saugen, während sie heiß ist, und dieses Verfahren muß man kurze Zeit, mindestens einige Minuten lang, fortsetzen. Das Erhitzen führt man bequem mit einem Heizmantel aus (Abb. 171), der etwa 36 cm lang ist, d. h. etwa 4 cm kürzer als die fertige verschlossene Röhre sein soll. Man trocknet die Luft ausreichend gut, wenn man sie durch 8 bis 10 cm hohe Schwefelsäure zwischen Glasperlen schwach hindurchsprudeln läßt.

f) Herstellen der Verbindungen zum Trocknen. Nimm beim Vorbereiten des Füllens die ausgewählte und auf Weite geprüfte Röhre, welche die Luft aufnehmen soll, erwärme sie 5 cm vom Ende mit einer schlanken Gasflamme (aus einem Brenner, der aus einer 2 bis 3 cm langen und etwa 0,05 cm weiten Glasröhre besteht), verengere den Durchmesser der Röhre auf etwa ein Drittel seiner ursprünglichen Dicke und verdünne nur ein möglichst kurzes Stück der

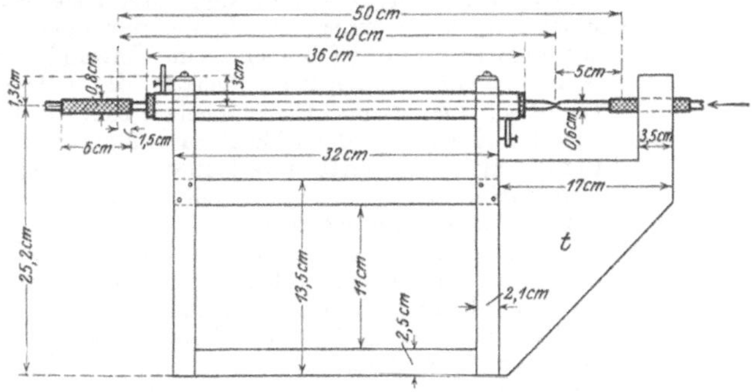

Abb. 171.

Röhre. Setze in den Heizmantel die Röhre, verbinde sie durch den bereits beschriebenen Kautschukschlauch mit der zugesellten Glasröhre (vgl. S. 234) und sorge dafür, daß keine sichtbare Feuchtigkeit in einer dieser Röhren vorhanden ist, wenn man sie zusammensetzt. Es ist ratsam, einen winzigen Wattebausch in jedes Ende der Luftröhre einzuschieben, während diese im Heizmantel sitzt; denn dieser Mantel, wie auch die Stöpsel an seinen Enden, wodurch die Glasröhre hindurchreichen muß, sind wahrscheinlich feucht, und daher kann ohne diese Vorsicht Wasser in die Glasröhre eintreten.

Verbinde nun links (Abb. 171) die äußre Röhre mit einer Saugpumpe und dann das ausgezogene Ende der Luftröhre, in Abb. 171 rechts, mit der Trockenflasche. Besondre Sorgfalt muß man darauf verwenden, daß die Verbindungen zwischen Gummi und Glas ganz dicht sind, sonst kann durch diese Verbindungen Dampf aus dem Heizmantel in die Röhre gesogen werden.

g) Trockenverfahren. Laß durch den Mantel Dampf strömen und sauge durch die Glasröhre etwa 1 cm^3/sek Luft hindurch. Man schätze diese an den Blasen ab, die in der Trockenflasche aus der Säure emporsteigen. Die Anordnung, soweit sie durch Abb. 171 angegeben wird, zeigt einen Träger *t*, der den verkleinerten Querschnitt vom Gewichte der Verbindungen entlastet. Der Pfeil gibt die Richtung des Luftstroms an, der aus der Trockenflasche kommt.

h) Verschließen. Halte zehn Minuten lang diesen Zustand der Dinge aufrecht, löse dann die Verbindung mit der Pumpe. Richte die kleine Flamme noch einmal gegen den engen Querschnitt der Glasröhre, bis diese abgeschmolzen und ordentlich verschlossen ist. Laß nach dem Anwenden der Flamme sich das Glas kurze Zeit abkühlen und ziehe dann die Röhre aus dem Dampfmantel, doch halte sie die ganze Zeit über mit der zugesellten Röhre verbunden. Natürlich zieht die erhitzte Röhre beim Abkühlen Luft aus der äußern Röhre oder aus dem Gummischlauch ein; da man aber diese Luft getrocknet hat, schadet das nichts. Die ungetrocknete Luft des Zimmers tritt nur in die äußre Röhre ein. Wahrscheinlich nimmt die innere Röhre keine schädliche Menge Dampf auf, selbst wenn man einige Tage oder selbst Wochen das Einfüllen des Quecksilbers verschiebt. Doch ist es, falls solch ein Aufschub eintreten muß, sicherer, die innere Glasröhre vom Gummischlauch zu trennen und einstweilen ihr offnes Ende mit Paraffin zu verschließen. In diesem Fall soll man trockne Luft durch das Verbindungsstück und die äußre Röhre saugen, bevor man sie zu weitern Arbeiten wieder verbindet.

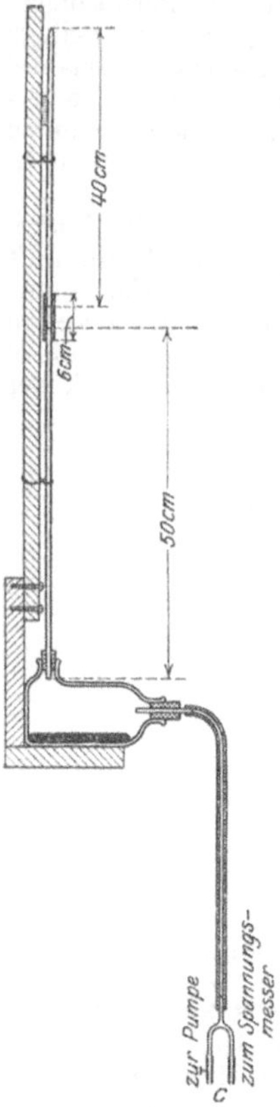

Abb. 172.

i) Einfüllen des Quecksilbers. Das Quecksilber muß ganz rein, zweimal übergedampft und vollkommen trocken sein. (Vgl. KOHLRAUSCH[14] *31 Nr. 8, 1.*) Das Einfüllen des Quecksilbers wird erleichtert durch Verwenden einer Quecksilberflasche oder eines Behälters, der dicht über seinem Boden wie in Abb. 172 bis 174 einen seitlichen Stutzen hat. Die zu füllende Röhre, die man mit diesem Stutzen verbindet, nimmt in wagrechter Lage das Quecksilber auf, unter einem Druck, der nur wenig von dem der Luft abzuweichen braucht, ein Umstand, der es erleichtert, mit beträchtlicher Schärfe die Luftmenge zu bemessen, die in der Röhre bleiben soll. Das ist eine wichtige Erwägung: denn bleibt zu wenig Luft zurück, so werden kleine Raumfehler bedeutsam, und bleibt zu viel Luft darin, so kann sich die Luft über die Grenze der innern Röhre hinaus ausdehnen.

k) Berichtigen der Luftsäulen. Verbinde nun die Röhre, die Quecksilberflasche, einen Spannungsmesser und die Saugluftpumpe nach den Angaben der Abb. 172, welche die Flasche auf der Seite liegend darstellt und nicht das Verfahren zeigt, wodurch sie an ihrem Gestell befestigt ist. Bevor man die Pumpe in Gang setzt, berechnet man roh den Grad der erforderlichen Verdünnung. Nehmen wir an: die verschlossene Röhre sei 40 cm lang, das Fassungsvermögen der Gummiverbindung sei gleichwertig 12 cm Glas, die äußre Röhre 50 cm lang und so weit wie die verschlossene Röhre, so ergeben sich insgesamt 102 cm. Wir wünschen, daß die abgesperrte trockne Luftsäule 26 cm lang werde. Demgemäß vermindern wir, bevor wir in die äußre Röhre Quecksilber eintreten lassen, die Spannung der Luft in der Röhre auf 26/102 des Barometerstandes, d. h. auf etwa 19 cm. Es ist indes ratsam, mit einer etwas größern Spannung einen Vorversuch zu machen; denn es ist besser, anfangs zu wenig Luft wegzuschaffen, als zu viel. Schließe also, wenn der Spannungsmesser etwa

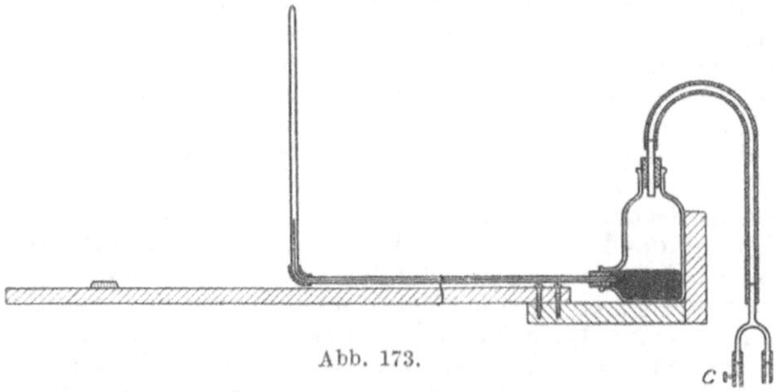

Abb. 173.

21 cm Druck zeigt, den Quetschhahn *c*, löse jenseits *c* die Verbindung mit der Pumpe, kippe die Flasche um in die Stellung, welche die Abb. 173 zeigt, so daß das offne Röhrenende ins Quecksilber ragt, hebe wie in der Abbildung die

verschlossene Röhre in die lotrechte Stellung, damit das eintretende Quecksilber in der Gummiverbindung keine Luftblasen läßt, öffne dann den Quetschhahn und laß ziemlich langsam die Luft ein. Lege, sobald das Gleichgewicht erreicht ist, die verschlossene Röhre wie in Abb. 174 wagrecht und miß die Länge der abgesperrten Luftsäule. Ist diese länger als 27 cm, so ist es ratsam, etwas mehr Luft herauszunehmen, wozu man auf die Stellung in Abb. 172 zurückgeht. Liegt die Länge der Luftsäule zwischen 24 cm und 27 cm, so ist sie lang genug, und man löst die Röhre von der Flasche los. Dazu kippt man wie in Abb. 175 die Vorrichtung auf die Seite, um das Verlieren von Quecksilber zu vermeiden. Man lasse nun einen Teil des Quecksilbers in der äußern

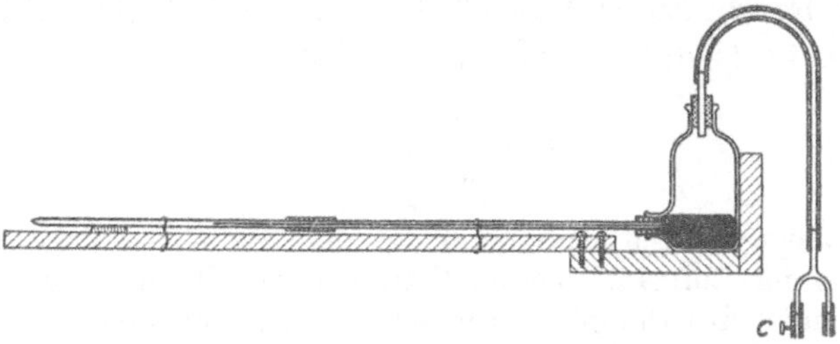

Abb. 174.

Röhre auslaufen, so daß die schließlich darin zurückbleibende Säule nahezu 35 cm lang wird, wenn man das Ganze wagrecht legt.

l) Ergebnisse. Edwin H. Hall hat seinerzeit 23 Röhren geprüft, die von ihm selber oder unter seiner Aufsicht in allgemeiner Übereinstimmung mit den hier gegebenen Anweisungen hergestellt waren. Zwei davon waren schlecht, sie ergaben mehr als 0,004 für α_p, das Maß der Druckzunahme. Dies zeigte wahrscheinlich unvollständiges Trocknen an, das vielleicht von einer Sorglosigkeit beim Ausführen der Anweisungen herrührte. Die andern ergaben für α_p Werte, die zwischen 0,00356 und 0,00379 lagen, und als Mittel 0,00366. Die meisten Abweichungen rühren wahrscheinlich von Ungleichheiten der Haarröhrchenwirkungen an der heißen und an der kalten Kuppe der Quecksilbersäule her. Man sollte gegen jede Kuppe dieser Säule kräftig klopfen, bevor man abliest.

Abb. 175.

Die noch nicht abgeschlossenen Versuche in der Prüfabteilung und in den Lehrgängen der Hauptstelle lieferten einstweilen noch keine befriedigenden Ergebnisse.

m) Eichen usw. durch die Hersteller der Röhren. Wenn die Hersteller die Röhren sorgfältig auswählen, eichen, reinigen, austrocknen, zuschmelzen und das eine Ende vorübergehend mit Paraffin zukitten, ist es für den Lehrer leicht, sie zu füllen. Eine solche Arbeitsteilung würde die Gefahr des Zerreißens verhüten, der das Quecksilber während des Versandes ausgesetzt ist.

13. Aufgabe. *Ausdehnen eines Gases, das man unter gleichbleibender Spannung erwärmt.*

1. Verfahren.

(2 Schüler, 2 Stunden.)

Quelle. Edwin H. Hall, *Descriptive List*[3] *61 Exerc. 42.*

Geräte. Die gleichen wie bei der vorigen Übung.

a) Verfahre genau wie bei der vorigen Übung, (a) bis (f), bis der Dampf beginnt, durch den Heizmantel zu strömen. Bringe dann die beiden Kuppen der Quecksilbersäule auf dieselbe Wagfläche und halte dabei die innere Kuppe genau an der Außenfläche des Stöpsels und miß, wenn das Ausdehnen aufgehört hat, den Abstand von dieser Kuppe bis zum Messingring am Knie. Nenne diese Entfernung d_2.

b) Offenbar steht die Luft, wenn man diese Messung macht, unter dem gleichen Druck, worunter sie im Kühltroge war. Ermittle aus den aufgezeichneten Messungen den Längenzuwachs der Luftsäule, der ihren Raumzuwachs darstellt.

c) Berechne α_v, das Dehnmaß des Raums bei gleichbleibender Spannung für 1^0 C, auf folgende Weise:

$$\alpha_v = \frac{l_t - l_0}{l_0\,(t - 0)},$$

wo l_0 die Länge der Luftsäule bei 0^0 C,
l_t die Länge der Luftsäule bei der Warmheit des Dampfes und
t die Warmheit des Dampfes (ermittelt aus dem umgerechneten Barometerstande) bedeuten.

2. Verfahren.

(1 Schüler, 1 Stunde.)

Quelle. N. Henry Black, *Laboratory Experiments in Practical Physics, Rev. Edition, 109 Exp. 29.*

Geräte. Luftröhre (vgl. S. 239). Schmale Gummiringe. Thermometer. Gilley-Kessel mit Aufsatz. Dreifuß. Bunsenbrenner. Gasschlauch. Hohes Batterieglas. Eis oder Schnee. Spiegelstreifen. Barometer.

Anleitung. d) Stelle in ein Gefäß mit gut zerkleinertem Eis (oder Schnee) die Luftröhre, mit dem geschlossenen Ende abwärts. Häufe dicht um die Röhre das Eis so, daß es die Luftsäule bis zur untern Quecksilberkuppe umgibt. Klopfe gegen die Röhre mit dem Bleistift und bezeichne, sobald der Quecksilberfaden eine feste Ruhelage eingenommen hat, die Lage der untern Quecksilberkuppe mit einem schmalen Gummiring. Die Ringe schneide man mit der saubern Schere von einem weiten Gummischlauch ab. Laß den untern Rand des Ringes mit der untern Kuppe des Quecksilberfadens zusammenfallen.

e) Entferne aus dem Eise die Röhre, lege sie längs dem Meterstab und miß auf Zehntelmillimeter genau mit einem Spiegel den Abstand vom geschlossenen innern Ende der Röhre bis zum untern Rande des Gummiringes. Diese Länge stellt den Raum der Luftsäule bei 0^0 C dar. Den Raum der Luft mißt man in Raumteilen, die 1 cm der Röhrenlänge einnehmen. Berücksichtige, so gut wie es geht, die Tatsache, daß die Luftröhre sehr nahe beim geschlossenen Ende etwas verjüngt ist. (Vgl. S. 175.)

f) Setze nun die Luftröhre so in den Aufsatz des Kessels ein, daß der Dampf die ganze Luftsäule umgibt. Klopfe gegen die Luftröhre und bezeichne wiederum, sobald das Quecksilber zu steigen aufhört, mit dem Gummiring die Lage der untern Quecksilberkuppe. Entferne aus dem Kessel die Luftröhre und miß auf Zehntelmillimeter genau die Länge der Luftsäule bei der Warmheit des Dampfes.

g) Lies das Barometer ab und berechne wie auf S. 221 aus seinem Stande die Warmheit des Dampfes.

h) Schreibe die Angaben und Ergebnisse in einer Tafel auf und berechne 1. die Ausdehnung der Luft, 2. das Erhöhen der Warmheit (vom Eis bis zum Dampf), 3. die Ausdehnung für eine Erhöhung der Warmheit um 1^0 und 4. die Ausdehnung von 1 cm für 1^0. Das letzte Ergebnis ist das Raumdehnmaß α_v bei gleichbleibender Spannung für 1^0 C.

i) Der mögliche Fehler beim Messen der Verlängerung von der Eiskälte bis zur Siedehitze ist etwa 1 mm auf 6 cm, d. h. rund 2 vH. Ist der Fehler von α_v größer, dann ist wahrscheinlich die Weite nicht überall gleich oder die eingeschlossene Luft nicht vollkommen trocken.

Bemerkungen. Zum zweiten Verfahren. Die Luftröhre stelle man aus einer 50 cm langen und überall 1,5 mm weiten Barometerröhre her. Man spüle sie mit einer warmen Lösung von Kaliumdichromat in starker Schwefelsäure und dann mit übergedampftem, aber fettfreiem Wasser sorgfältig aus und reinige sie so gründlich. (Vgl. HERMANN HAHN, *Freihandversuche* 1^2, *26 § 10,5 und 48 § 19.*) Darauf erwärme man in einer Trockenröhre die Luftröhre vorsichtig und sauge gleichzeitig einen Luftstrom langsam hindurch, der vorher erst durch eine Chlorkalziumröhre und dann durch eine 8 bis 10 cm hohe Schicht Schwefelsäure zwischen Glasperlen hindurchgegangen ist (vgl. S. 235). Sauge an der Trockenröhre und ziehe einen 2 bis 3 cm langen Quecksilberfaden ins eine Ende der Luftröhre hinein und bringe durch Schütteln den Faden in 20 bis 25 cm Abstand vom andern Ende. Entferne die Trockenröhre und schmelze rasch in einer Bunsenflamme dieses andre Ende zu (vgl. S. 175 u. 235). Man verwende nur ganz reines, doppelt übergedampftes und vollkommen trocknes Quecksilber. (Vgl. KOHLRAUSCH[14] *31 Nr. 8,1.*) Übers Prüfen der Luftröhre auf richtige Weite vergleiche S. 234. Diese Luftröhre ist ein einfaches Luftthermometer für gleichbleibende Spannung. Man handhabe es sorgfältig, damit nicht der Quecksilberfaden zerreißt.

Man kann in der Luftröhre auf verschiedene Weise den Quecksilberfaden an die richtige Stelle bringen: Man versehe die gereinigte und durch einen Luftstrom sehr gut ausgetrocknete beiderseits offne Röhre durch Eintauchen in ganz reines Quecksilber und durch Fingerverschluß beim Herausheben mit einem Quecksilberfaden und lege die Röhre zum Weiteprüfen wagrecht über einen Maßstab (mit Spiegel zum Vermeiden des „Abweichens"). Das Verschieben des Fadens geschehe durch Neigen und Klopfen oder mit einem Stückchen reinem Kautschukschlauch an der Röhre: Man verschließe mit der einen Hand das Schlauchende und bewege nun mit der andern Hand durch Drücken oder auch, wenn man den Schlauch vorher zusammengedrückt hat, durch Saugen den Faden vorwärts oder rückwärts. Mit einem saubern Schlauchstück am andern Ende kann man den Faden ansaugen und auch die Fadenlänge ändern.

Ist die Röhre nur am einen Ende offen, so schiebe man in die Röhre neben dem Quecksilberfaden einen reinen Eisendraht, fülle durch den Luftkanal, der sich längs dem Draht bildet, das übrige Quecksilber ein und verschiebe auch so den Faden (KOHLRAUSCH[14] *102 § 26*).

ROBERT ANDREWS MILLIKAN und HENRY GORDON GALE, *A Laboratory Course in Physics 39 Exp. 13 B* machen die Luftsäule 23 cm und die ganze Luftröhre 40 cm lang. Sie messen die Längen vom obern Ende der Röhre bis zur obern Kuppe des Quecksilberfadens, den sie sowohl ins Eis wie in den Dampf stellen.

Vgl. auch HAROLD WHITING, *Physical. Measurement 119 Exp. 26, 127 Exp. 27, 913ff., 971 und 972.* C. HAUSCHULZ, *Zeitschr. f. d. physik. u. chem. Unterr. 27, 290; 1914.* K. GRÜNHOLZ, *ebd. 38, 300 1925.*

IV. Wärmemenge.

14. Aufgabe. *Welche Mischwarmheit entsteht, wenn man gleiche Wassermassen verschiedener Warmheit miteinander mischt?*

(1 Schüler, 1 Stunde.)

Geräte. 2 gleiche dünnwandige Bechergläser (etwa 550 cm³). Becherglas. Wage. Kaltes Wasser (Eis). Heißes Wasser. Saugröhre (Pipette). Thermometer. 2 Wärmeschutzscheiben aus Kunstkork (Suberit) oder große Spunde oder Unterlagen aus Filz oder Watte. Spiegelstreifen. Durchlochte Asbestscheibe. Abgleichbecher. Schrot. Wischtücher.

Anleitung. a) Setze auf die Schalen der Wage die beiden leeren Bechergläser und gleiche sie ab.

b) Fülle das linke Becherglas nicht ganz bis zur Hälfte mit Wasser, dessen Warmheit etwa 6^0 unter der Zimmerwärme liegt.

c) Gieße ins andre Glas ebensoviel Wasser, dessen Warmheit etwa 6^0 über der Zimmerwärme liegt, und gleiche mit der Saugröhre diese Wassermasse genau ab.

d) Nimm beide Bechergläser von der Wage und setze sie auf Schutzscheiben. Miß sorgfältig, nach behutsamem Umrühren, mit einem Spiegelstreifen die Warmheit $t_1{}^0$ C des kältern Wassers und dann die Warmheit $t_2{}^0$C des wärmern Wassers, schätze dabei die Zehntelgrade ab. Gieße sofort nach beiden Messungen je nach der Anweisung des Lehrers entweder das warme Wasser ins kalte oder das kalte Wasser ins warme. Decke mit einer durchlochten Asbestscheibe den Mischbecher zu, schiebe durchs Loch das Thermometer, rühre damit langsam und behutsam um, bis das Quecksilber stehn bleibt, und lies dann sorgfältig mit dem Spiegelstreifen die Mischwarmheit $\tau_m{}^0$ C unter Schätzen der Zehntelgrade ab.

e) Schreibe die Ergebnisse in folgender Weise auf:

Wage Nr. ... Thermometer Nr. ... Becherglas Nr. ... und Nr. ... Zimmerwärme ...^{0}C.

Warmheit des kalten Wassers $t_1{}^0$ C	Warmheit des warmen Wassers $t_2{}^0$ C	Mischwarmheit $\tau_m{}^0$ C	Erwärmung $\tau_m - t_1$	Abkühlung $t_2 - \tau_m$	Mittlere Warmheit $\tau = {}^1/_2\,(t_1 + t_2)$	Unterschied $\tau - \tau_m$
					Mittel	......

f) Um wieviel Grad hat sich das warme Wasser abgekühlt und um wieviel Grad das kalte Wasser erwärmt? Welche Warmheitsänderung ist größer? Wie ist der Unterschied zu erklären? Erwärmen des Gefäßes und Einfluß des Thermometers.

g) Spüle die Bechergläser aus und stülpe sie aufs Ablaufbrett.

Bemerkungen. Man muß dünnwandige Bechergläser und große Wassermassen verwenden. Über das Beschaffen heißen Wassers vgl. die Bemerkung zu Aufgabe 4 auf S. 218. Kann man im Sommer nicht ohne weiters der Wasserleitung das kältere Wasser entnehmen und will man es nicht durch Einwerfen reiner Eisstückchen herstellen, so fülle man das abzukühlende Wasser in größere Blechkannen, die man in einem Blechkasten zwischen Eis packt. Das Wasser, dessen Warmheit über der Zimmerwärme, und das Wasser, dessen Warmheit unter der Zimmerwärme liegt, halte man in größern Kannen bereit, die mit den Aufschriften „warm" und „kalt" versehn sind. Ihnen entnehmen die Schüler das Wasser. Will oder kann man nicht mit abgekühltem Wasser arbeiten, so lasse man die Versuche mit Wasser von Zimmerwärme und Wasser von 30 bis 40° ausführen. Man lasse die Hälfte der Schüler das kältere Wasser ins wärmere und die andre Hälfte das wärmere Wasser ins kältere gießen und nehme dann aus sämtlichen Unterschieden $\tau - \tau_m$ das Mittel. Hat man hinreichend große Mischgefäße von der in Teil 10, Aufg. 15 angegebenen Einrichtung oder WEINHOLDsche Gefäße (Mantelgefäße mit Leerraum), so kann man sie auch hier verwenden.

Vgl. auch KOHLRAUSCH[14] *206* § *60 I.*

15. Aufgabe. *Welche Warmheit nimmt die Mischung verschieden großer und ungleich warmer Wassermassen an?*

(1 Schüler, 1 Stunde.)

Geräte. Wie bei Aufg. 14, dazu Massensatz.

Anleitung. a) Setze auf die Schalen der Wage die beiden leeren Bechergläser und gleiche sie ab.

b) Fülle ins linke Becherglas m_1 (300 g) Wasser, das um 8° kälter als die Zimmerluft ist.

c) Fülle ins andre Becherglas m_2 (200 g) Wasser, das um 12° wärmer als die Zimmerluft ist.

d) Nimm beide Gläser von der Wage und setze sie auf Schutzscheiben. Bestimme sorgfältig nach behutsamem Umrühren unter Schätzen der Zehntelgrade mit dem Spiegelstreifen die Warmheit t_1° C des kältern und die Warmheit t_2° C des wärmern Wassers.

e) Gieße sofort nach dem Messen das kältere Wasser ins wärmere, decke mit einer durchlochten Asbestscheibe den Mischbecher zu, schiebe durchs Loch das Thermometer, rühre damit langsam und behutsam um und lies, sobald das Quecksilber nicht mehr sinkt, mit dem Spiegelstreifen unter Schätzen der Zehntelgrade die Mischwarmheit τ_m° C sorgfältig ab.

f) Schreibe die Ergebnisse in folgender Weise auf:

Wage Nr. ... Massensatz Nr. ... Thermometer Nr. ... Becherglas Nr. ... und Nr. ... Zimmerwärme ...° C.

Masse des kalten Wassers m_1 [g]	Warmheit des kalten Wassers t_1° C	Masse des warmen Wassers m_2 [g]	Warmheit des warmen Wassers t_2° C	Gesamte Wassermasse $m_1 + m_2$

Mischwarmheit ber. τ° C	Mischwarmheit beob. τ_m° C	Unterschied $\tau - \tau_m$	Aufgenommne Wärmemenge $Q_1 = m_1(\tau_m - t_1)$ [cal]	Abgegebne Wärmemenge $Q_2 = m_2(t_2 - \tau_m)$ [cal]	Unterschied $Q_2 - Q_1$
	Mittel	....		Mittel	....

g) Die Warmheit $t_1{}^0$ der Wassermasse m_1 [g] verteilt sich beim Mischen auf die Wassermasse $(m_1 + m_2)$ [g], und es entfällt auf jedes Gramm des Gemisches die Warmheit $t_1 \cdot m_1/(m_1 + m_2)$. Die Warmheit $t_2{}^0$ der Wassermasse m_2 [g] verteilt sich beim Mischen auf $(m_1 + m_2)$ [g] Wasser, und es entfällt auf jedes Gramm des Gemisches die Warmheit $t_2 \cdot m_2/(m_1 + m_2)$. Die Warmheit des Gemisches ist somit

$$\tau = \frac{m_1 t_1 + m_2 t_2}{m_1 + m_2}.$$

RICHMANNsche *Regel.* Berechne danach die Mischwarmheit. Um wieviel Grad weicht die beobachtete Mischwarmheit τ_m von der berechneten τ ab? Wie ist diese Abweichung zu erklären?

h) Aus der RICHMANNschen *Regel* folgt

$$m_1 (\tau - t_1) = m_2 (t_2 - \tau).$$

Geschichtliche Entwicklung der Begriffe. Annahme des Wärmestoffs. Wärmemenge. Wärmeeinheit. Grammkalorie (cal_{15}).

i) Berechne die Wärmemenge, die das kältere Wasser aufgenommen hat, $Q_1 = m_1 (\tau_m - t_1)$ [cal], und die Wärmemenge, die das wärmere Wasser abgegeben hat, $Q_2 = m_2 (t_2 - \tau_m)$ [cal].

k) Wieviel Grammkalorien sind beim Mischen verlorengegangen? Erkläre den Verlust $Q_2 - Q_1$.

l) Spüle die Bechergläser aus und stülpe sie aufs Ablaufbrett.

Bemerkungen. Vgl. die Bemerkungen zu Aufgabe 14 S. 241. Man kann auch Wasser von Zimmerwärme und Wasser von 30 bis 40° C miteinander mischen und das Mengen in einem Mischgefäß (vgl. S. 241 und Teil 10, Aufg. 15) ausführen lassen. Man bilde aus allen berechneten Unterschieden $\tau - \tau_m$ und $Q_2 - Q_1$ die Mittelwerte. Da man beim Berechnen von Q_1 und Q_2 die Warmheitsunterschiede mit großen Zahlen vervielfacht, so verwirren die auftretenden großen Unterschiede $Q_2 - Q_1$ leicht die Schüler. Man kann diesen ungünstigen Eindruck mildern, wenn man die Wärmemengen in kcal messen oder, statt des Unterschiedes $Q_2 - Q_1$, das Verhältnis Q_2/Q_1 berechnen läßt, doch sind beide Auswege bedenklich. Bei den Schwierigkeiten, die der Begriff der Wärmemenge den Schülern bereitet, wäre es verfehlt, die Aufgaben 14 und 15 nach dem Verfahren des allseitigen Angriffs zu behandeln. Man lasse den Schülern reichlich Zeit, sich in die neuen Vorstellungen einzuleben.

Über Wärmeeinheiten vgl. KOHLRAUSCH[14] *189. Physik. Zeitschr. 28, 388; 1927.*

16. Aufgabe. *Wieviel Grammkalorien muß man einem Gramm Kupfer entziehen, um seine Warmheit um einen Grad zu erniedrigen?*

(2 Schüler, 2 Stunden.)

Geräte. Mischgefäß, Becher aus dünnstem (Schablonen-) Messingblech, außen poliert und vernickelt, 7 cm hoch und 4 cm weit.
Wärmeschutzscheibe aus Kunstkork oder großer Kork (Spund).
Wage.
Massensatz.
Kupferdraht oder Kupferdrahtnetz oder Kupferspäne (oder Schrot).
Thermometer, womöglich in $^1/_{10}$-Grade geteilt.
Spiegelstreifen.
Prüfglas, innen 3 cm weit und 15 cm lang.
Becherglas (550 cm³).
Kleines Becherglas.

Geräte. Durchbohrter Kork.
2 durchbohrte Asbestscheiben (10 cm × 10 cm).
Dreifuß.
Drahtnetz mit Asbesteinlage.
Kaltes Wasser.
Heißes Wasser.
Beißzange.
Bunsenbrenner.
Gasschlauch.
Saugröhre (Pipette).
Meßröhre (Bürette).
Watte.
Wischtuch.
Barometer.

Anleitung. a) Gleiche auf der Wage ein weites trocknes Prüfglas ab. Schneide etwa 30 g Kupferdraht (Drahtnetz) in kleine, höchstens 1 cm lange Stücke, fülle sie ins Gläschen und bestimme sorgfältig mit der Wage ihre Masse m_c [g].

b) Stecke in die Kupferstückchen das Thermometer und schüttle das Gläschen, damit sich die Teilchen dicht um die Thermometerkugel lagern. Verschließe mit einem Wattebausch die Mündung des Gläschens. Schiebe einen durchbohrten Kork übers Gläschen und stecke es dann durchs Loch einer Asbestscheibe. Lege diese so über den Rand eines Becherglases, das zur Hälfte mit Wasser gefüllt, daß das Gläschen ins Wasser eintaucht. In Abb. 176 ist das Gläschen einfach ins Becherglas gestellt; diese Anordnung ist nicht so gut als die angegebene. Erwärme mit kleiner Flamme, bis die Warmheit des Kupfers 100^0 oder dauernd ein wenig unter 100^0 ist, schüttle dabei von Zeit zu Zeit die Kupferstückchen etwas durcheinander.

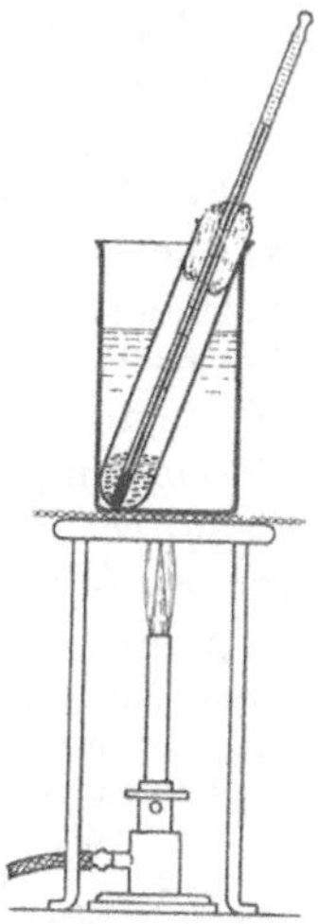

Abb. 176.

c) Laß inzwischen den Mitarbeiter das Mischgefäß auf der Wage abgleichen. (Will man den Wasserwert des Mischgefäßes berücksichtigen, so hat man seine Masse m_k [g] zu bestimmen.)

d) Fülle ins Mischgefäß m_w (etwa 40) [g] Wasser, das um 10^0 kälter als die Zimmerluft ist. (Die Wassermenge soll die Kugel des Thermometers bedecken.) Stelle das Mischgefäß möglichst weit von der Flamme entfernt auf eine Wärmeschutzscheibe.

e) Lies sorgfältig die Warmheit (t^0 C) des Kupfers ab, sobald sie sich nicht mehr ändert. Tauche dann das Thermometer nur mit seiner Kugel ins heiße Wasser und lies sorgsam seine Warmheit (t'^0 C) ab.

f) Kühle nun mit Leitungswasser das Thermometer ab und wische es tüchtig trocken. Stelle ins Mischgefäß das Thermometer, laß es so lange darin stehn, bis es sicher die Warmheit des Wassers angenommen hat, wische den Beschlag auf der äußern Seite des Mischgefäßes ab und lies dann mit dem Spiegelstreifen unter Schätzen der Zehntelgrade die Warmheit (t^0_w C) des Wassers sehr genau ab. (Sie soll jetzt etwa 6^0 kälter als die Zimmerluft sein.) Laß das Thermometer im Wasser stehn und stelle das Mischgefäß neben das Heizgefäß.

g) Schütte nach dieser Ablesung so rasch wie möglich die Drahtstücke ins Mischgefäß, bedecke es mit einer durchbohrten Asbestscheibe, schiebe durchs Loch das Thermometer, rühre damit langsam, aber stetig um und lies, sobald (nach etwa einer halben Minute) das Quecksilber nicht mehr steigt, mit dem Spiegelstreifen unter Schätzen der Zehntelgrade die Mischwarmheit τ^0 C sehr sorgfältig ab. Etwa danebenfallende Kupferstückchen wäge man zurück.

h) Schreibe die Beobachtungsergebnisse in folgender Weise auf:

Mischgefäß Nr. ... Thermometer Nr. ...
Wage Nr. ... Massensatz Nr. ...
Zimmerwärme ...°C.

Masse des Kupfers	$m_c = \ldots$ g.
Warmheit des Kupfers	$t = \ldots{}^0$C.
Masse des Wassers	$m_w = \ldots$ g.
Warmheit des Wassers	$t_w = \ldots{}^0$C.
Mischwarmheit	$\tau = \ldots{}^0$C.

i) Das Ablesen des Thermometers, das in den Drahtstückchen steht, liefert nicht immer die wirkliche Warmheit ($t_c{}^0$ C) des Kupfers. Lies den Barometerstand b [mm] ab und berechne daraus nach Aufgabe 8, S. 221 den wirklichen Siedepunkt ($t_b{}^0$ C) des Wassers. Die wahre Warmheit des Kupfers ist dann $t_c = t_b - (t' - t)$.

k) Um wieviel Grad hat sich das Wasser beim Mischen erwärmt? Welche Wärmemenge hat das Wasser aufgenommen? Wer hat diese Wärmemenge geliefert? Um wieviel Grad hat sich das Kupfer abgekühlt? Welche Wärmemenge hat es dabei abgegeben? Welche Wärmemenge lieferte die ganze Kupfermasse, wenn sie nur um 1° C erkaltete? Welche Wärmemenge gibt also 1 g Kupfer ab, wenn es sich um 1° C abkühlt? *Spezifische Wärme* (*Stoffwärme, Sonderwärme, Eigenwärme, Vergleichwärme*). Wie groß ist die spezifische Wärme des Kupfers?

l) Schreibe die Berechnung in folgender Form auf:

Erwärmung des Wassers	$\tau - t_w = \ldots{}^0$ C.
Aufgenommne Wärmemenge des Wassers	$Q_w = m_w(\tau - t_w) = \ldots$ cal.
Barometerstand	$b = \ldots$ mm.
Wahrer Siedepunkt des Wassers	$t_b = \ldots{}^0$ C.
Abgelesne Warmheit des siedenden Wassers	$t' = \ldots{}^0$ C.
Abgelesne Warmheit des Kupfers	$t = \ldots{}^0$ C.
Wahre Warmheit des Kupfers	$t_c = t_b - (t' - t) = \ldots{}^0$ C.
Abkühlung des Kupfers	$t_c - \tau = \ldots{}^0$ C.
Die vom Kupfer bei einer Abkühlung um 1° abgegebne Wärmemenge	$Q_w/(t_c - \tau) = \ldots$ cal/Grad
Die von 1 g Kupfer bei 1° Abkühlung abgegebene Wärmemenge	$c = Q_w/m_c(t_c - \tau) = \ldots$ cal/gGrad

m) Hat das Wasser die ganze Wärmemenge aufgenommen, die das Kupfer abgegeben hat? Welche Wärmemengen sind auf das Gefäß und das Thermometer übergegangen?

n) Wäge das trockne, leere Mischgefäß. Ist seine Masse m_k [g] und die spezifische Wärme des Messings $c_k = 0{,}093$, so nimmt das Mischgefäß bei einer Erwärmung um 1° C die Wärmemenge $c_k m_k$ auf. *Wasserwert des Mischgefäßes* μ_k.

o) Die Masse von 1 cm³ Quecksilber ist 13,6 g und, da die spezifische Wärme des Quecksilbers 0,033 ist, der Wasserwert von 1 cm³ Quecksilber 0,45. Die Masse von 1 cm³ Glas ist 2,5 g und, da die spezifische Wärme des Glases 0,19 ist, der Wasserwert von 1 cm³ Glas 0,47. Jedes Kubikzentimeter eines Stabthermometers hat also den Wasserwert 0,46. Tauchen bei dem Bestimmen der Warmheit Vcm³ des Thermometers in das Wasser, so ist der *Wasserwert des Stabthermometers* nahezu $\mu_t = 0{,}46\ V$.

p) Stelle ins Wasser des Mischgefäßes das Thermometer und lies ab, bis zu welchem Teilstrich es eintaucht. Gleiche auf der Wage ein kleines Becherglas mit Wasser ab, senke mit einem Gestell das Thermometer bis zum soeben abgelesenen Teilstrich ein und bestimme die Gewichtzunahme, die das Becherglas infolge des Abtriebes erleidet (vgl. Aufg. 3 S. 167).

Bequemer ist es, das Thermometer bis zum abgelesenen Teilstrich in eine Meßröhre zu tauchen, die mit Wasser gefüllt ist, und daran die verdrängte Wassermenge abzulesen.

q) Auf folgende Weise bestimme man den *Wasserwert eines Einschlußthermometers*, überhaupt jedes Quecksilberthermometers: Erwärme es vorsichtig über einer kleinen Flamme um etwa 30° bis zu Θ^0 C und tauche es rasch in eine gewogene kleine Wassermenge μ (etwa 20) [g], deren Warmheit ϑ dadurch auf ϑ' steige. Dann ist der Wasserwert des Einschlußthermometers $\mu_t = \mu\ (\vartheta' - \vartheta)\ /\ (\Theta - \vartheta')$.

r) Den Einfluß des Mischgefäßes und des Thermometers auf die Messung berücksichtigen wir, wenn wir annehmen, daß die Wassermenge im Mischgefäß nicht m_w [g], sondern $(m_w + \mu_k + \mu_t)$ [g] sei. Berechne mit dieser Verbesserung aus den Meßergebnissen, die in (h) zusammengestellt sind, von neuem die spezifische Wärme des Kupfers.

s) Trockne sorgfältig mit Fließpapier die Kupferstückchen und lege sie an den Ort, den der Lehrer dafür angewiesen hat. Gieße das Wasser aus den Gefäßen und stelle sie aufs Ablaufbrett.

Bemerkungen. Vergleiche übers Messen der Wärmemengen Kohlrausch[14] *191*, Georg Berndt, *Physik. Praktikum*[3] *1, 114* und Ostwald-Luther[3] *295* und über Mischgefäß und Erhitzer für Schülerübungen auch Schuster-Lees, *Intermed. Course 88 Nr. 17 u. 98 Nr. 19.* Edwin H. Hall, *Descriptive List*[3] *61 Exerc. 43,* benutzt als Erhitzer den Gilley-Kessel ohne Aufsatz und Spannungsmesser. Er füllt ihn bis zur Hälfte mit Wasser, hängt in seinen Kopf den Einsatz ein, der mit seinem Boden ins Wasser reicht, schüttet die Metallstückchen hinein und bedeckt die Mündung mit der durchbohrten Asbestscheibe (Abb. 177). — Es ist nicht ratsam, hier zum Mischen Weinholdsche Gefäße zu verwenden. Ich lasse stets das kleine Mischgefäß von Worthington *177 Nr. 22* benutzen; die Ergebnisse waren immer gut. Verdunsten vermeide man durch Abdecken des Mischgefäßes. Das Verwenden kleiner eiserner Nägel ist nicht zu empfehlen, da sie nach dem Gebrauch rosten. Es ist ratsam, das Ausschütten der Kupferstückchen aus dem Erhitzer ins Mischgefäß einzuüben. Wählt man ein größres Mischgefäß (etwa 200 bis 300 cm³), so kann man auch größre Wassermengen (70 bis 170 g) und größre Kupfermassen (50 bis 120 g) nehmen.

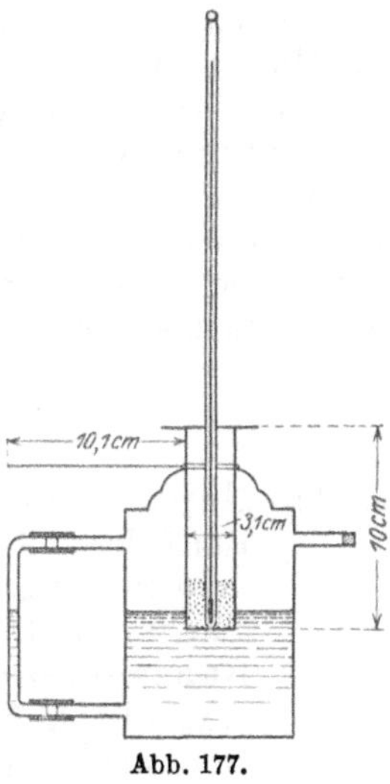

Abb. 177.

Ohne Berücksichtigen der Wasserwerte von Mischgefäß und Thermometer läßt sich die Aufgabe eben noch in einer Stunde erledigen. Über das Beschaffen von warmem und kaltem Wasser vgl. Aufg. 4 u. 14, S. 218 u. 241.

V. Zustandsänderungen.

17. Aufgabe. *Bei welcher Warmheit schmilzt Naphthalin?*

1. Verfahren.

(1 Schüler, 1 Stunde.)

Geräte. Glasröhre mit Naphthalin. Thermometer. Durchbohrter Kautschukstöpsel. Becherglas. Drahtnetz mit Asbesteinlage. Dreifuß. Bunsenbrenner. Gasschlauch. Bunsengestell mit Klemme. Kautschukring oder Garn. Glasstab.

Anleitung. **a)** Stecke durch den Stöpsel das Thermometer und befestige daran mit einem Kautschukringe so die Naphthalinröhre, daß das Ende des ausgezogenen Teils neben der Kugel liegt (Abb. 178). Setze das mit Wasser gefüllte Becherglas aufs Drahtnetz, das auf dem Dreifuß liegt, und klemme am Gestell den Stöpsel derart fest, daß die untern Teile des Thermometers und der Röhre ins Wasser tauchen.

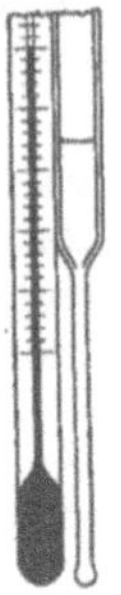

Abb. 178.

b) Erwärme langsam mit kleiner Flamme das Wasser, rühre es fortwährend mit dem Glasstab um und lies die Warmheit ab, wenn das Naphthalin an der tiefsten Stelle der Röhre eben beginnt durchsichtig zu werden. Entferne sofort den Brenner und lies, sobald sich das Naphthalin am untern Ende der Röhre wieder trübt, nochmals die Warmheit ab. Das Mittel aus beiden Ablesungen ist der Schmelzpunkt des Naphthalins. Diese erste Beobachtung dient nur zum Erkunden.

c) Wiederhole fünfmal den Versuch und bilde aus den Ergebnissen den Mittelwert.

d) Ist das Glas ein guter Wärmeleiter? Ist beim Erwärmen das Naphthalin oder das Wasser wärmer? Was von beiden ist bei sinkender Warmheit wärmer? Welche Messung liefert einen zu kleinen und welche einen zu hohen Wert des Schmelzpunkts?

e) Wische das Thermometer und die Röhre trocken. Reinige das Becherglas und stelle es aufs Ablaufbrett.

2. Verfahren.

(2 Schüler, 1 Stunde.)

Geräte. Naphthalin. Prüfglas, 3 cm weit und 15 cm lang. Thermometer. Bunsenbrenner. Gasschlauch. Becherglas (550 cm^3). Rührer aus Nickeldraht. Doppelt durchbohrter Stöpsel. Fließpapier. Alkohol. Dreifuß. Drahtnetz mit Asbesteinlage. Millimeterpapier. Abdampfschale.

Anleitung. **f)** Fülle zu drei Viertel mit Naphthalin das Prüfglas, stelle es ins Wasser des Becherglases und erhitze, bis alles Naphthalin geschmolzen ist. Dehnt sich das Naphthalin beim Schmelzen aus?

g) Verschließe die Röhre mit dem doppelt durchbohrten Stöpsel, durch dessen eines Loch der Rührer und durch dessen andres Loch das Thermometer so weit hindurchgesteckt sind, daß der Ring des Rührers und die Kugel des Thermometers 1 bis 2 cm vom Boden abstehn (Abb. 179). Laß an der Luft das Prüfglas erkalten, beobachte das Aussehn des Naphthalins, bewege mit dem Rührer fleißig die Flüssigkeit und lies jede halbe Minute die Warmheit ab, bis sie auf etwa 78° gesunken ist. Schreibe jedesmal die Zeit und die Warmheit auf.

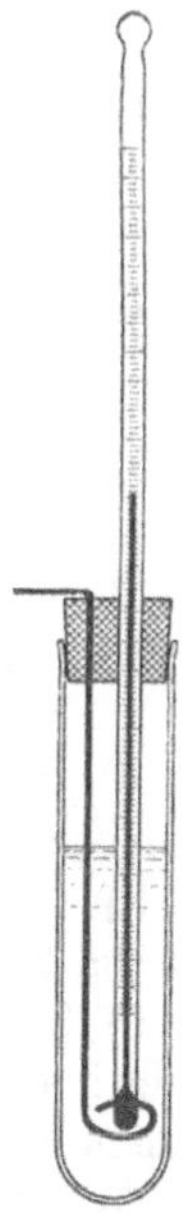
Abb. 179.

h) Kühlt sich das Thermometer gleichmäßig rasch ab? Welche Teile des Naphthalins erstarren zuerst? In welchem Zustande befindet sich das Naphthalin, wenn sich seine Warmheit längere Zeit hindurch nicht ändert? Liegt diese feste Wärmestufe über der Zimmerwärme? Wie ist es zu erklären, daß trotzdem die Warmheit des Naphthalins während beträchtlicher Zeit annähernd fest bleibt? Gibt das Naphthalin an die Luft Wärme ab? Woher erhält das Naphthalin die Wärme während der Zeit, wo sich seine Warmheit nicht ändert? Diese feste Wärmestufe nennt man Schmelzpunkt.

i) Stelle den Vorgang bildlich dar, wähle dabei die Zeit als Abszisse (1 min etwa 1 cm) und die Warmheit als Ordinate (1° etwa 1 cm). Welcher Teil der Kurve liefert den Schmelzpunkt des Naphthalins?

k) Wische mit Fließpapier, das man mit Alkohol befeuchtet, das Thermometer ab. Reinige das Becherglas und stelle es aufs Ablaufbrett.

Bemerkungen. 1. Verfahren. Man ziehe eine dünnwandige Glasröhre von etwa 5 mm innerm Durchmesser und 15 cm Länge zu einem dünnen Röhrchen von 1 bis 2 mm innrer Weite aus und schneide dieses so durch, daß das dünnre Ende etwa 4 cm lang wird. Man schmelze nun in einem Prüfgläschen etwas Naphthalin, sauge es in der Glasröhre empor und verschließe dann in der Flamme das dünne Ende.

Setzen sich Luftbläschen beim Erwärmen des Wassers an die Röhre, so wische man sie von Zeit zu Zeit mit den Fingern ab.

Studienrat Gentzen schmelzte bei seinen Versuchen in den Lehrgängen der Hauptstelle eine dünnwandige Glasröhre unten zu, die nur wenig weiter als das Thermometer war, brachte Naphthalin hinein und verfuhr im übrigen wie beim 1. Verfahren, wobei er das Thermometer stets drehend auf und ab bewegte. Er erhielt sehr gute Ergebnisse.

2. Verfahren. Man kann in einem Wasserbade je zwei bis drei Prüfröhren mit festem Naphthalin erwärmen.

Läßt man die Schüler während des Erkaltens das Naphthalin anstatt mit dem Rührer mit dem Thermometer umrühren, was sehr bequem ist, so ermahne man sie, eine Abdampfschale oder einen Teller unters Prüfglas zu setzen und beim Versuch nicht zu sitzen; denn gar zu leicht durchstößt man beim Rühren das Glas, und das flüssige Naphthalin fließt über die Kleider. Da diese Versuche bei Stabthermometern die Farbe der Teilstriche zerstören, so verwende ich jetzt durchweg Einschlußthermometer trotz ihrer größern

Zerbrechlichkeit. Über das Verwenden der Spiegelstreifen beim Ablesen vgl. Aufgabe 6, S. 219.

Statt des Naphthalin (80°) kann man auch Azetamid (79°) verwenden. Gegen das Paraffin lassen sich mancherlei Einwände erheben.

Vgl. Friedrich Hofmann, *Zeitschr. f. d. phys. u. chem. Unterr. 39, 165; 1926.*
Vgl. Kohlrausch[14] *172 § 49 I.*

18. Aufgabe. *Wieviel Grammkalorien muß man einem Gramm Eis von 0° C zuführen, um es in Wasser von 0° C zu verwandeln?*

(2 Schüler, 1 Stunde.)

Geräte. Mischgefäß, dünnwandiges Becherglas (550 cm³). Wage. Massensatz. 0,5 kg-Stück. Heißes Wasser. Dreifuß. Drahtnetz mit Asbesteinlage. Bunsenbrenner. Gasschlauch. Thermometer, womöglich in Zehntelgrade geteilt. Spiegelstreifen. Reines Eis. Große Wärmeschutzscheibe. Fließpapier.

Anleitung. a) Wäge die Masse m_k [g] des Becherglases.

b) Gieße m_w (etwa 350) [g] Wasser hinein, das um etwa 25° C wärmer als die Zimmerluft ist.

c) Stelle das Glas auf eine Wärmeschutzscheibe, rühre das Wasser tüchtig um, klopfe schwach gegens Thermometer und lies, ohne es herauszunehmen, mit dem Spiegelstreifen unter Abschätzen der Zehntelgrade die Warmheit t_1° C ab. (Erwärme, falls die Wärmestufe weniger als 15° über der Zimmerwärme liegt, das Wasser so weit, daß seine Warmheit die des Zimmers um 15 bis 25° übersteigt.)

d) Lege ins Wasser, sofort nach dem endgültigen genauen Bestimmen seiner Warmheit, Eis, wovon man zuvor jedes Stück rasch mit kaltem Fließpapier gut abgetrocknet hat. Setze das Eis recht behutsam zu, damit kein Wasser verspritzt wird, und fasse nicht das Eis mit den Fingern an. Rühre andauernd, doch nicht heftig, mit dem Thermometer das Wasser um. Fällt die Warmheit tiefer als 10° unter die Zimmerwärme, so entferne vorsichtig das noch vorhandene Eis, doch nimm dabei möglichst wenig Wasser mit heraus. Liegt, wenn fast alles Eis geschmolzen ist, die Warmheit noch nicht 2° unter der Zimmerwärme, so füge noch etwas Eis hinzu. Lies, sobald alles Eis geschmolzen ist, wiederum mit dem Spiegelstreifen unter Abschätzen der Zehntelgrade die Warmheit t_2° C des Wassers ab.

e) Stelle das Becherglas wieder auf die Wage und bestimme, wieviel Gramm (m_e) Eis man hinzugefügt hat.

f) Schreibe die Ergebnisse in folgender Form auf:

Becherglas Nr. ... Thermometer Nr. ... Wage Nr. ...
Massensatz Nr. ... Zimmerwärme ... ° C.
Masse des Glasgefäßes . . . . $m_k = \ldots$ g.
Masse des Glasgefäßes nebst Wasser . . . . $m_k + m_w = \ldots$ g.
Masse des Wassers . . . . $m_w = \ldots$ g.
Masse des Glasgefäßes nebst Inhalt am Ende des Versuchs $m_k + m_w + m_e = \ldots$ g.
Masse des hinzugefügten Eises . . . . $m_e = \ldots$ g.

Wasserwert des Glasgefäßes . . . . $\mu_k = 0{,}19 \cdot m_k = \ldots$ g.
Anfangswarmheit . . . . $t_1 = \ldots$ °C.
Endwarmheit . . . . $t_2 = \ldots$ °C.

g) Um wieviel Grad ist die Warmheit des Wassers und des Glasgefäßes gefallen? Welche Wärmemenge haben dabei die Wassermasse und das Glasgefäß abgegeben? Wieviel Gramm Wasser sind aus dem hinzugefügten Eis entstanden? Welche Wärmemenge wurde aufgewandt, um das Schmelzwasser von 0° auf t_2° C zu erwärmen? Welche Wärmemenge war erforderlich, um das hinzugefügte Eis von 0° in Wasser von 0° zu verwandeln? Welche Wärmemenge ist verbraucht worden, um 1 g Eis von 0° in Wasser von 0° zu verwandeln? *Schmelzwärme des Eises.* cal/g.

Bemerkungen. Man muß trocknes Eis ins Wasser hineinlegen. Übers Zerkleinern von Eis vgl. die Bemerkungen zu Aufg. 6, S. 219. Zerkleinert man das Eis längere Zeit vorm Gebrauch, so füllen sich die Spalten mit Wasser. Man bewahre das zerschlagene Eis in einem Sieb oder besser in einem bedeckten Blechgefäß auf, das in einem größern Behälter (oder Mischgefäß) steht, der mit Eis und Wasser gefüllt ist. Hat man ein großes WEINHOLDsches Gefäß, so verwende man dieses anstatt des Becherglases. Reicht der Massensatz nur bis 200 g, so muß man noch ein 0,5 kg-Stück hinzufügen.

Vgl. GEORG BERNDT, *Physik. Praktikum*[3] *1, 141* § *36*.

19. Aufgabe. *Wieviel Grammkalorien gibt ein Gramm Wasserdampf von 100° C ab, der sich zu Wasser von 100° C verdichtet?*

(2 Schüler, 1 Stunde.)

Geräte. Mischgefäß. Dünnwandiges Becherglas (etwa 450 cm³). Deckel aus Pappe mit zwei Löchern. Wage. Massensatz. Saugröhre (Pipette). Wärmeschutzscheibe. Thermometer, womöglich in Zehntelgrade geteilt. Kochflasche (etwa 500 cm³). Weites Knierohr. 50 cm Kautschukschlauch. Wassersack (vgl. S. 251). Kaltes Wasser (Eis). Heißes Wasser. Bunsengestell mit Ring und Klemme. Drahtnetz mit Asbesteinlage. Kräftiger Teclu-Brenner mit Schornstein. Gasschlauch. 2 Bechergläser. Schutzschirm.

Anleitung. a) Fülle eine Kochflasche A (Abb. 180) halb voll Wasser und verschließe sie mit einem Kork B, wodurch eine weite knieförmig gebogene Glasröhre C geht. Verbinde diese Röhre durch einen Kautschukschlauch D, der etwa 50 cm lang ist, mit dem Wassersack E. Setze an die Mündung der Ausströmröhre G einen kurzen Gummischlauch an.

b) Stelle auf den Ring des Gestells, worauf das Drahtnetz liegt, die Flasche, klemme ihren Hals fest und erhitze mit einem kräftigen Brenner das Wasser darin.

c) Bestimme inzwischen sorgfältig die Masse m_k [g] des dünnwandigen Becherglases, gieße dann etwa 350 g Wasser hinein, das um etwa

10^0 kühler als die Zimmerluft ist, und ermittle genau die Masse m_w [g] des Wassers. Sorge dafür, daß die Außenwand des Mischgefäßes vorm Wägen so trocken wie möglich ist, wische aber nach dem Wägen nicht mehr ab. Stelle den Schutzschirm *H* auf, setze dahinter auf eine Schutzscheibe das Becherglas, bedecke dieses mit der Pappscheibe *J* und stecke durchs eine ihrer beiden Löcher das Thermometer.

d) Bestimme, sobald der Dampf kräftig aus der Röhre *G* des Wassersacks strömt, sorgfältig mit dem Spiegelstreifen unter Abschätzen der Zehntelgrade die Warmheit $t_1{}^0$ C des fleißig umgerührten Wassers; sie soll mindestens 5^0 unter der Zimmerwärme liegen. Lege schnell über den Schutzschirm den Kautschukschlauch und führe die Röhre *G*, von deren Mündung man die etwa vorhandenen Wassertropfen wegwischt, rasch so durch das noch freie Loch des Deckels *J*, daß die Mündung von *G* (die Öffnung des Schlauchs) etwa 2 cm unterm Wasserspiegel liegt. Rühre andauernd und langsam mit dem Thermometer das ganze Wasser im Becherglas um und nimm, sobald die Warmheit ungefähr ebenso weit über der Zimmerwärme liegt, wie t_1 darunter, die Röhre *G* schnell aus dem Wasser und bestimme unter fleißigem, langsamem Umrühren und unter Abschätzen der Zehntelgrade mit dem Spiegelstreifen die höchste Warmheit $t_2{}^0$ C, die das Wasser während der nächsten Minuten erreicht.

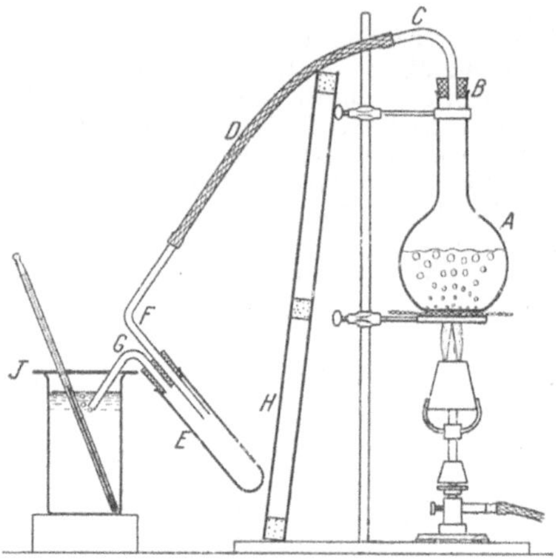

Abb. 180.

e) Bestimme die Gesamtmasse von Becherglas, Wasser und verdichtetem Dampf und berechne daraus die Masse m_d [g] des verdichteten Dampfes.

f) Schreibe die Ergebnisse in folgender Weise auf:

Becherglas Nr. ... Thermometer Nr. ... Wage Nr. ...
Massensatz Nr. ... Zimmerwärme ... ^{0} C.

Masse des Becherglases	$m_k = \ldots$ g.
Masse des Becherglases nebst Wasser	$m_k + m_w = \ldots$ g.
Masse des kalten Wassers	$m_w = \ldots$ g.
Anfangswarmheit des Wassers	$t_1 = \ldots {}^0$ C.
Endwarmheit des Wassers	$t_2 = \ldots {}^0$ C.
Masse von Becherglas, Wasser und verdichtetem Dampf	$m_k + m_w + m_d = \ldots$ g.
Masse des verdichteten Dampfs	$m_d = \ldots$ g.
Wasserwert des Becherglases	$\mu_k = 0{,}19 \cdot m_k = \ldots$ g.

g) Um wieviel Grad ist die Warmheit des Glasgefäßes und des kalten Wassers gestiegen? Welche Wärmemengen haben beide dabei empfangen? Wieviel Gramm Wasserdampf haben sich verdichtet? Welche Wärmemenge hat dieses verdichtete Wasser bei seinem Abkühlen von 100 auf $t_2{}^0$ C abgegeben? Welche Wärmemenge haben die m_d [g] Wasserdampf abgegeben, als sie sich zu Wasser von 100° C verdichteten? Welche Wärmemenge gibt also 1 g Wasserdampf ab, das sich zu Wasser von 100° C verdichtet? *Verdampfwärme des Wassers* cal/g.

Bemerkungen. Der Versuch ist recht schwierig, und der Fehler des Ergebnisses beträgt etwa 3 vH. Leitet man unter Weglassen des Wassersacks den Dampf ohne weiters durch den Kautschukschlauch ins Mischgefäß, so erhält man noch weniger befriedigende Ergebnisse. Um ein plötzliches Verdichten des Dampfes in der Kochflasche zu verhüten, wodurch Mischwasser eingesogen wird, verwende man einen kräftigen Teclubrenner mit Schornstein. Das Becherglas, das als Mischgefäß dient, bedecke man mit einer Pappscheibe *J*, die mit zwei Löchern versehn ist, fürs Thermometer und fürs Dampfrohr *G*. Benutzt man anstatt des Becherglases eine dünnwandige Kochflasche (500 bis 600 cm³) mit weitem Halse, so wird der Aufbau etwas unbequem. Bessere Ergebnisse erzielt man mit einem geschützten Mischgefäß (vgl. Teil 10, Aufg. 15) oder mit dem WEINHOLDschen Gefäß. Eine beachtenswerte besondre Form der Vorlage haben SCHUSTER und LEES *(Intermed. Course 104 Nr. 22)* angegeben. Der Wassersack (vgl. MÜLLER, *Techn. d. phys. Unterr.*[2] *172.* TWISS *117 Nr. 32*) besteht aus einem 3 cm weiten und 15 cm langen Prüfglas. Es ist mit einem doppelt durchbohrten Stöpsel verschlossen; die weite Glasröhre *F* reicht etwa 5 cm in das Glas hinein, während die weite Glasröhre *G* mit dem Stöpsel abschneidet. Den Wassersack umwickle man reichlich mit loser Watte oder halte ihn mit einer Bunsenklammer. Die beiden Pappscheiben, woraus der Schutzschirm *H* besteht, sind auf Korke genagelt, die sie trennen und die längs dem Rande verteilt sind. Über das Beschaffen von abgekühltem und von heißem Wasser vgl. Aufg. 4 u. 14, S. 218 u. 241.

Es hat keinen rechten Sinn, den Barometerstand abzulesen und die wahre Warmheit des Wasserdampfs zu ermitteln, da die Fehler, die aus andern Quellen fließen, die Abweichung überwiegen, die aus der Annahme entsteht, der Siedepunkt wäre 100° C.

VI. Wärme und Arbeit.

20. Aufgabe. *Wie groß ist der Arbeitswert der Grammkalorie?*

(1 Schüler, 1 Stunde.)

Quellen. WHITING *387 u. 1009 Nr. 70 = Zeitschr. f. d. phys. u. chem. Unterr. 17, 228*; *1904*, R. A. MILLIKAN, *School Science 6, 310*; *1906* = MILLIKAN-GALE *59 Nr. 20.*

Geräte.

WHITINGsche Röhre, 6 cm weit und 1 m lang.	Blechgefäß.
Endmaßstab.	Eiswasser.
2 kg feines Bleischrot.	Thermometer.
Schutzband (Isolierband).	Spiegelstreifen.
	Tafelwage.

Anleitung. a) Schütte in ein Bechergefäß etwa 2 kg trocknes Schrot und kühle es in Eis oder Eiswasser so weit ab, daß es um 5 bis 6° C kühler als die Zimmerluft ist.

b) Schütte das Schrot in die Preßspanröhre (Abb. 181) und verschließe diese mit den gut passenden Korken *A* und *B*. Dichte nötigenfalls die Korke mit Pappringen oder Schutzband. Klemme eine Bindfadenschleife mit ein, um den Kork *A* leichter herauszieh zu können. Schüttle die Röhre und neige sie fünfmal bis zehnmal so, daß die Schrotkugeln vom einen Ende zum andern hinabrollen und sich gut durcheinander mischen. Fasse dabei stets die Röhre nur in der Mitte an.

c) Ersetze den obern Kork *A* durch einen andern *C*, wodurch ein Thermometer so gesteckt ist, daß die Kugel etwa 5 cm in die Röhre hineinragt. Neige allmählich die Röhre, bis alles Schrot hinabgerollt ist und die Thermometerkugel vollständig umgibt.

d) Lege auf die Tischkante in dieser Neigung die Röhre, drehe sie etwa 2 Minuten lang und lies dann die Warmheit ab. Liegt diese tiefer als 3° unter der Zimmerwärme, so fahre mit dem Schütteln und Hin- und Herrollen des Schrots fort, bis die Warmheit 2 bis 3° C unter der Zimmerwärme liegt. Lies diese Warmheit t_1° C mit dem Spiegelstreifen unter Abschätzen der Zehntelgrade sorgfältig ab.

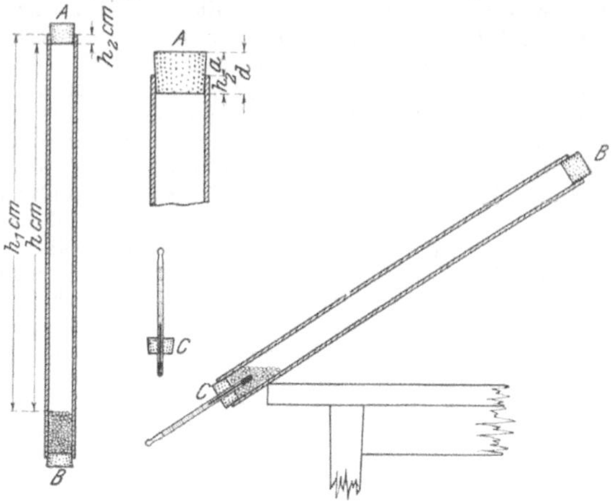

Abb. 181.

e) Ersetze nun schnell den Kork *C* durch den Kork *A*, fasse mit beiden Händen in der Mitte die Röhre, stelle sie lotrecht mit dem Ende *B* auf den Tisch oder Schemel, drehe sie rasch um die wagrechte Achse um 180°, setze sie ohne allzu plötzliches Anhalten, ohne Senken und ohne Stoß wieder lotrecht auf den Tisch oder Schemel und halte sie in dieser lotrechten Stellung, bis alles Schrot auf den Kork *A* frei hinabgefallen ist. Kehre so hundertmal rasch hintereinander die Röhre um.

f) Ersetze nach der hundertsten Umdrehung den Kork *A* durch den Kork *C*. Neige allmählich die Röhre, bis alles Schrot hinabgerollt ist und die Thermometerkugel vollständig umgibt. Lege auf die Tischkante in dieser schrägen Stellung die Röhre, drehe sie langsam und lies wiederum mit dem Spiegelstreifen unter Abschätzen der Zehntelgrade den höchsten Stand t_2° C ab, den das Thermometer während der nächsten Minuten erreicht.

g) Setze statt *C* den Kork *A* auf und miß den Abstand *a* der obern Korkfläche vom Rande der Röhre. Nimm den Kork *A* wieder ab, miß seine Dicke *d* sowie den Abstand h_1 [cm] der obern Schrotfläche vom obern Rande der Röhre und berechne den Abstand h_2 [cm] der untern Fläche des Korks *A* von jenem Rand und daraus die mittlere Höhe, die das Schrot bei jedem Umkehren durchfallen hat, $h_2 = d - a$ und $h = h_1 - h_2$.

h) Schreibe die Ergebnisse in folgender Form auf:

Röhre Nr. ... Thermometer Nr. ... Zimmerwärme ...° C.

Anfangswarmheit des Schrots . . . . $t_1 =$ ...° C.

Endwarmheit des Schrots . . . . $t_2 =$ ...° C.

Abstand der Schrotoberfläche vom obern Rande der Röhre . . . . $h_1 =$ ... cm.

Dicke des Korks *A* . . . . $d =$ ... cm.

Abstand der obern Fläche des Korks A vom Rande der Röhre . . . $a = \ldots$ cm.
Abstand der untern Fläche des Korks A vom Rande der Röhre $h_2 = d - a = \ldots$ cm.
Falltiefe des Schrots . . . . $h = h_1 - h_2 = \ldots$ cm.
Anzahl der Umkehrungen . . . . $z = \ldots$

i) Warum gleiten die Schrotkörner während des Drehens nicht an der Wand der Röhre abwärts? Warum kommen sie zur Ruhe, sobald sie den untern Kork erreichen? Welche positive Arbeit leistet das Schrot, dessen Masse m [g] ist, wenn es die Tiefe h [cm] hinabfällt? Welche Wucht müßte das Schrot nach z Umkehrungen besitzen? Worein verwandelt sich die Wucht des Schrots?

k) Um wieviel Grad haben sich die m [g] Schrot erwärmt? Welche Wärmemenge ist dazu erforderlich, wenn das Schrot die spezifische Wärme $c = 0{,}0315$ hat? Der Preßspan und die Korke sind schlechte Wärmeleiter, man darf somit annehmen, daß sie nur sehr wenig Wärme aufnehmen.

l) Es hat sich also bei dem Versuch die Wucht $zmgh$ [Erg] in $cm(t_2 - t_1)$ [cal] verwandelt, die $Jcm(t_2 - t_1)$ [Erg] entsprechen, wo J den in Erg/cal gemeßnen Arbeitswert der 15°-Grammkalorie bezeichnet. Es ist also

$$Jcm(t_2 - t_1) = zmgh,$$

somit

$$J = \frac{zgh}{c(t_2 - t_1)}.$$

m) Berechne aus den Messungen den Arbeitswert (das mechanische Äquivalent) der Grammkalorie.

Bemerkungen. Die WHITINGsche Röhre stellt man her, indem man schlecht leitendes dickes braunes Packpapier auf einer Seite mit Leim bestreicht und um eine runde, 1 m lange und etwa 5 bis 7 cm dicke Holzwalze so oft wickelt, daß eine Röhre von etwa 0,4 cm Wandstärke entsteht. Besser ist es, die Röhre aus Preßspan herstellen zu lassen.

Nach dem Verfahren von WHITING erhält man Ergebnisse mit einem Fehler bis zu 5 v. H. Mißt man wie in der Anleitung nach den Vorschlägen von MILLIKAN die Warmheiten des Schrots, so wird der Fehler nur etwa halb so groß. Doch weichen die Einzelergebnisse oft weit voneinander ab, liefern aber einen annehmbaren Mittelwert. Wendet man, wie es ROBSON *154 Nr. 94* tut, den RUMFORDschen Kunstgriff der Abkühlung nicht an, so erhält man erheblich schlechtere Ergebnisse. VIOLLE (ABRAHAM *1, 212 Nr. 60*) läßt etwa 1 kg Quecksilber in einer Glasröhre von 1 m Länge, 3 cm lichter Weite und 0,2 cm Wandstärke fallen. In den Lehrgängen der Staatlichen Hauptstelle erhielten wir nach diesem Verfahren noch schlechtere Ergebnisse als nach dem ROBSONschen, außerdem sprangen einige Zeit nach den Versuchen die Enden der Röhre in Ringen ab. EBERT *(Lehrb. d. Physik 1, 479)* umkleidet die Papprröhre außen mit Blattzinn und versieht sie zum Anfassen mit zwei Watteumwicklungen. Er verwendet Holzdeckel, wovon der eine fest eingeleimt ist, und hält beide durch eine darübergelegte und in Riefen eingreifende Schnur fest. Er benutzt 3 kg Schrot.

Vgl. Dr. A. WENDLER, *Zeitschr. f. d. phys. u. chem. Unterr. 39, 166; 1926.* Die annehmbarste Größe des Arbeitswerts der 15°-Grammkalorie ist $4{,}186 \cdot 10^7$ Erg. Vgl. KOHLRAUSCH[14] *209 § 61 und 740. Physik. Zeitschr. 28, 388. 1927.*

Achter Teil.

Licht.

I. Spiegelung an einer Ebene.

1. Aufgabe. *Vergleiche den Einfallwinkel mit dem Ausfallwinkel.*

(1 Schüler, 1 Stunde.)

Quellen. GLAZEBROOK *12 Nr. 5.* WILBERFORCE-FITZPATRICK *2, 28 Nr. 1.* H. HAHN, *Zeitschr. f. d. phys. u. chem. Unterr. 17, 75 Nr. 1; 1904.* H. HAHN, *Freihandversuche 3, 53 Nr. 81.*

Geräte. Ebener Spiegel. Stecknadeln. | Vollständige Zeichenausrüstung (vgl. S. 106).

Anleitung. a) Hefte aufs Zeichenbrett mit Reißnägeln den Bogen. Ziehe die Gerade g (Abb. 182). Stelle den Spiegel so aufs Papier, daß die untre Kante der versilberten Vorderfläche genau mit g zusammenfällt. Stecke lotrecht ins Reißbrett nahe beim Spiegel die Nadel B und etwa 12 cm weit davon entfernt die Nadel A. Schließe das eine Auge und bringe den Kopf in eine solche Stellung, daß A die Nadel B verdeckt, und stecke, ohne den Kopf zu bewegen, zwei weitre Nadeln, C in der Nähe des Spiegels und D etwa 12 cm weit davon entfernt, so ins Papier, daß ihre Spiegelbilder auf der Verlängerung von AB liegen. Sieh nun in den Spiegel in der Richtung DC und prüfe, ob die Bilder von A und B in der Verlängerung von DC liegen. *Gesetz der Umkehrbarkeit.* Umringle die Nadelstiche und entferne dann Spiegel und Nadeln. Ziehe AB und CD. Wo schneiden sich die Verlängerungen beider Strecken? *Einfallstrahl AE, Einfallpunkt E, Ausfallstrahl ED.*

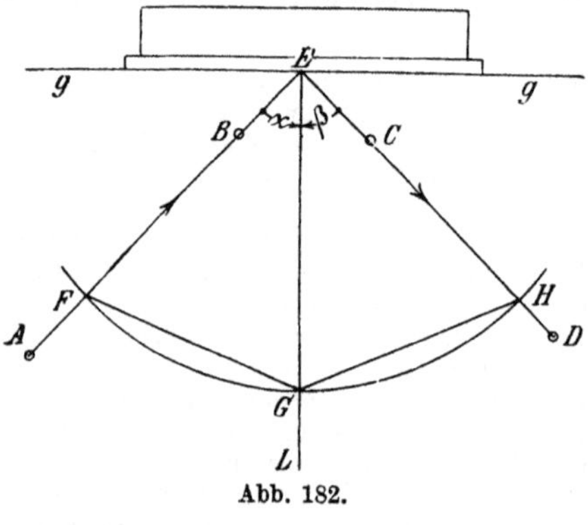

Abb. 182.

b) Errichte auf g in E mit den Dreiecken das Lot. *Einfallot (Spiegellot). Einfallwinkel $AEL = \alpha$, Ausfallwinkel $DEL = \beta$.* Miß die Winkel α und β, trage die gefundnen Werte in die Zeichnung und in die folgende Tafel ein und berechne $\alpha - \beta$ unter Beachten des Vorzeichens.

Spiegel Nr. ...

α	β	$\alpha-\beta$	FG cm	HG cm	$FG-HG$ cm
	Mittel	......		Mittel	......

c) Wiederhole dreimal den Versuch und wähle jedesmal einen andern Einfallwinkel. Bilde das Mittel der Unterschiede $\alpha - \beta$. Welche Beziehung besteht zwischen α und β?

d) Schlage um E mit einem 10 cm langen Halbmesser einen Bogen, der AE, EL und ED in den Punkten F, G und H schneidet. Miß mit dem Millimeterstabe die Strecken FG und HG, trage die Werte in die Zeichnung und in die Tafel ein, berechne $FG - HG$ unter Beachten des Vorzeichens und bilde aus diesen Unterschieden das Mittel. Welche Beziehung besteht zwischen FG und HG und demnach zwischen α und β?

Bemerkungen. Der ebene Spiegel, ein Planglasstreifen (14 cm × 2,5 cm × 0,25 cm), ist auf der Vorderseite versilbert, poliert, mit Zaponlack überzogen (oder weniger gut auf der Rückseite mit mattschwarzem Firnis überstrichen) und mit der Rückseite so auf einen rechteckigen Ankerbaustein gekittet, daß der Spiegel genau senkrecht steht (Abb. 183). Holzstäbe mit Befestigungsspitzen haben sich nicht bewährt.

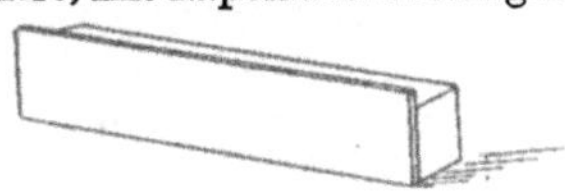

Abb 183.

Es hat sich herausgestellt, daß weniger die Ungenauigkeit des Verfahrens als die Fehler der benutzten Winkelmesser aus Steifpapier und die Fehler der Dreiecke Abweichungen in den Werten von α und β hervorrufen. Daher verwende man Winkelmesser aus Metall und prüfe die Dreiecke. Man kann die unmittelbare Winkelmessung bei (b) umgehn und nach dem Errichten des Einfallots wie bei (d) verfahren.

Die Nadeln B und C kann man entbehren, wenn man dicht vorm Spiegel bei E eine Kerfnadel einsteckt.

Man kann aber auch noch die Nadeln A und D weglassen und den einfallenden und den ausfallenden Strahl auf folgende Weise zeichnen: Man lege aufs Papier den Maßstab so, daß die eine Kante genau nach der Nadel E weist, ziehe längs dieser Kante mit dem Bleistift einen Strich (AE), gebe dann dem Maßstab eine solche Stellung (CD), daß die Nadel E, wenn man längs dessen beleuchteter Kante danach hinblickt, das Spiegelbild des Strichs AE verdeckt, und zeichne längs der Kante mit dem Bleistift den Strich CD. Selbst die Nadel E ist entbehrlich.

Man achte darauf, daß die Schüler stets mit spitzen harten Bleistiften arbeiten.

Vgl. Ernst Mach, *Prinzipien d. physik. Optik 14ff., 41.* Michael Salzer, *Zeitschr. f. d. phys. u. chem. Unterr. 24, 142; 1911.*

2. Aufgabe. *Wie weit stehn Ding und Bild vom Spiegel ab? Wie groß ist der Winkel, den die Verbindegeraden von entsprechenden Punkten des Dinges und des Bildes mit dem Spiegel bilden?*

(1 Schüler, 1 Stunde.)

1. Verfahren.

Geräte. Wie bei Aufgabe 1, dazu lange Stecknadeln.

Anleitung. a) *Erläutern des „Abweichverfahrens" mit einem Bunsengestell, dem Fenster und einem Ding davor oder mit zwei Lichtern und Herleiten des Satzes: Faßt man von zwei hintereinanderstehenden Dingen das* *vordere ins Auge und bewegt das Auge seitwärts, so wandert das entferntere Ding scheinbar mit dem Auge.*

b) Hefte aufs Reißbrett einen Bogen, ziehe die Gerade g und setze den Spiegel so auf, daß die untre Kante der spiegelnden Vorderfläche genau mit g zusammenfällt (Abb. 184). Stecke ins Papier vorm Spiegel in 5 bis 10 cm Abstand die Nadel A.

c) Sieh nahezu senkrecht auf den Spiegel mit einem Auge, halte es dabei so hoch, daß du nur den untern Teil des Bildes von A erblickst, und stecke ins Papier hinterm Spiegel eine Nadel B so, daß ihr obrer Teil in die Verlängerung des Bildes von A fällt. Bewege nun das Auge so weit nach rechts oder links, wie es der Spiegel erlaubt. Scheint die Nadel B bei allen Stellungen des Auges der Fortsatz des Bildes A zu sein, so fällt die Nadel B mit dem Bilde von A genau zusammen. Bewegt sich aber die Nadel B mit dem Auge, so liegt sie zu weit vom Spiegel ab, und man muß sie etwas näher einstecken; bewegt sich jedoch die Nadel B entgegengesetzt dem Auge, so muß man sie etwas weiter vom Spiegel entfernen. Nach wenigen Versuchen findet man den Ort der Nadel B, wo sie sich bei jeder Stellung des Auges mit dem Bilde von A deckt. Ist B *ein wirkliches Bild* oder ein *Scheinbild* der Nadel A? Umringle die Stiche von A und B und nimm den Spiegel weg.

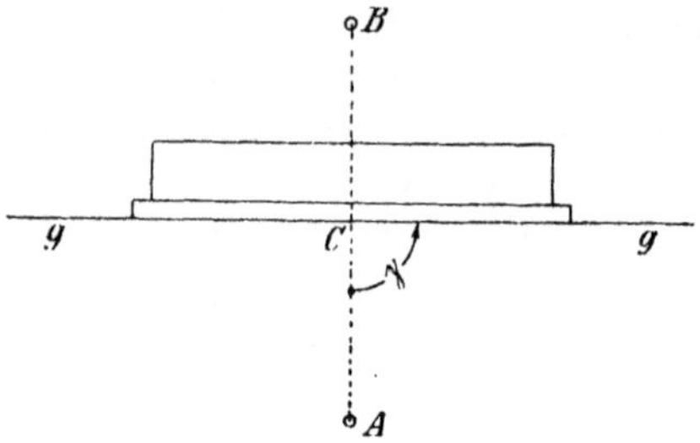

Abb. 184.

d) Verbinde nun A mit B und miß die Abstände AC und BC, trage sie in die Zeichnung und in die folgende Tafel ein und berechne unter Beachten des Vorzeichens $AC - BC$.

Spiegel Nr. ...

AC cm	BC cm	$AC-BC$ cm	γ
	Mittel	......	....

e) Wiederhole dreimal den Versuch und ändre jedesmal den Ort von A. Bilde aus den Unterschieden $AC - BC$ das Mittel. Wie verhalten sich die Längen von AC und BC?

f) Miß in den soeben hergestellten Zeichnungen mit dem Winkelmesser den Winkel (γ) zwischen der Linie AB und der spiegelnden Ebene g und trage die Werte in die Zeichnungen und in die Tafel ein. Bilde aus den Werten γ das Mittel und prüfe durch Anlegen des Dreiecks das Ergebnis.

2. Verfahren.

Quelle. Schuster-Lees, *Intermed. Course 115 Nr. 22.*
Geräte. Wie beim 1. Verfahren.
Anleitung. g) Verfahre wie bei (b).

h) Schließe das eine Auge und stecke ins Reißbrett nahe beim Spiegel die Nadel D_1 (Abb. 185) und etwa 12 cm davon entfernt die Nadel E_1 so, daß fürs offne Auge, das etwa 20 cm hinter E_1 steht, die Spitzen von D_1, E_1 und vom Bilde B_1 der Nadel A_1 zusammenfallen. Umringle die Nadelstiche und schreibe die Buchstaben daran.

i) Gib dem Auge zwei andre Stellungen und wiederhole jedesmal den Versuch.

k) Nimm den Spiegel weg und ziehe die Geraden D_1E_1, $D_1'E_1'$ und $D_1''E_1''$. Wo schneiden sie einander? Lag im Schnittpunkt ein *wirkliches Bild* oder ein *Scheinbild*?

l) Verbinde den Schnittpunkt B_1 mit A_1 und verfahre wie bei (d) und (f).

m) Setze den Spiegel wieder genau an seine alte Stelle, stecke bei A_1 und B_1 Nadeln ein und prüfe wie bei (c), ob sich B_1 mit dem Scheinbilde von A_1 deckt.

n) Ziehe durch A_1 (Abb. 186) einen etwa 5 cm langen Pfeil A_1A_2, der mit g einen Winkel von etwa 60^0 bildet, und wiederhole mit der Nadel, die man bei A_2 ins Reißbrett gesteckt hat, die Versuche (h) bis (m).

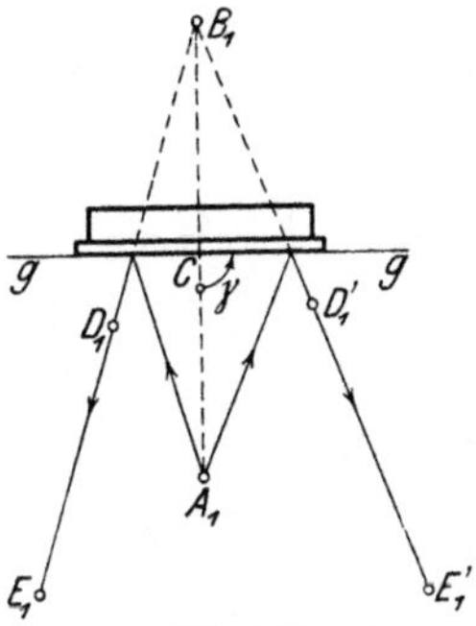

Abb. 185.

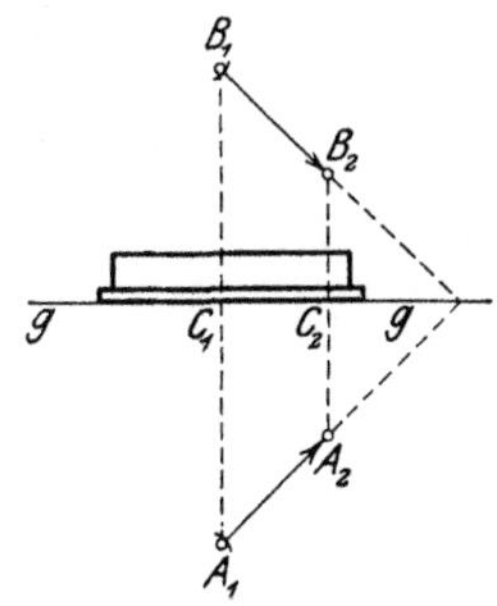

Abb. 186.

o) Miß die Längen A_1A_2 und B_1B_2 und trage die Werte in die Zeichnung ein. Wie verhält sich die Länge des Dinges A_1A_2 zur Länge des Scheinbildes $B_1\,B_2$? Wo schneiden sich die Verlängerungen der Strecken A_1A_2 und B_1B_2? Betrachte vom Schnittpunkt aus die beiden Pfeile. Sind die Pfeilrichtungen gleich? Miß die Winkel, welche die Pfeile mit der Geraden g bilden. Wie sind Ding und Bild räumlich verwandt?

Bemerkungen. Die Richtung der Sehlinien nach dem Scheinbilde von A kann man anstatt durch die beiden Nadeln D und E durch die Kante des Maßstabs festlegen. Man sehe die Kante entlang und lege den Maßstab so, daß das Bild B genau in der Verlängerung der Kante liegt. Dabei soll das eine Ende des Maßstabs nahe beim Spiegel liegen. Beim Ausrichten halte man das Auge 20 bis 25 cm vom hintern Ende des Maßstabs entfernt. Ist der Maßstab ausgerichtet, so ziehe man die Sehlinie entlang mit einem spitzen harten Bleistift einen Strich.

II. Brechung in einer Ebene.

3. Aufgabe. *Wie ändert ein Lichtstrahl beim Übergang aus einem durchsichtigen Mittel in ein andres seine Richtung?*

1. Verfahren.

(1 Schüler, 1 Stunde.)

Quellen. Glazebrook *58 Nr. 10.* Wilberforce-Fitzpatrick *2, 28 Nr. 2.*

Geräte. Planparallele Glasplatte. Vollständige Zeichenausrüstung (vgl. S. 106). Sehr dünne Kerfnadeln. | Stecknadeln. Millimeterpapier. Reine weiche Baumwolllappen.

Anleitung. a) Hefte aufs Reißbrett den Bogen, zeichne darauf die Gerade g und setze die Glasplatte so auf, daß die untre Kante der dem Auge zugewandten polierten Fläche genau mit g zusammenfällt (Abb. 187). *Diese Seite der Platte ist die brechende Ebene.* Stecke lotrecht ins Papier eine dünne Kerfnadel B so, daß sie die Hinterseite des Glases berührt, eine andre dünne Kerfnadel E so, daß sie die brechende Ebene berührt, und die Strecke BE schief zu g steht. Sieh aus etwa 30 cm Entfernung mit einem Auge in solcher Richtung durchs Glas, daß E das Bild von B bedeckt, und stecke 10 bis 12 cm von E entfernt eine gewöhnliche Nadel A so ein, daß sie mit B und E scheinbar in einer Ebene liegt. Blicke nun durch die Glasplatte in der Richtung BE und prüfe, ob die Nadelstiche A, E und B scheinbar in einer Geraden liegen. *Gesetz der Umkehrbarkeit.* Umringle die Stiche, entferne Glas und Nadeln und ziehe mit einem spitzen Blei AE und BE. Errichte auf g in E das Lot GF. *Einfallstrahl* AE, *Einfallpunkt* E, *gebrochener Strahl* EB, *Einfallot* GF, *Einfallwinkel* $AEF = \alpha$, *Brechungswinkel* $BEG = \beta$.

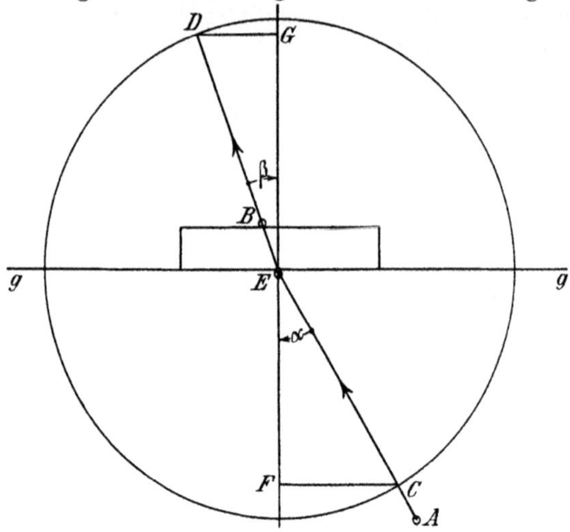

Abb. 187.

b) Schlage um E mit dem Halbmesser 10 cm den Kreis, der AE und EB in C und D schneidet. Fälle von C und D auf GF die Lote CF und DG. Miß die Strecken CF, DG und ED, trage die Ergebnisse in die Zeichnung und in die folgende Tafel ein und berechne die Neigungen der Strahlen gegens Einfallot, $\sin\alpha = CF/EC$, $\sin\beta = DG/ED$, und deren Verhältnis CF/DG.

Glasplatte Nr. ...

CF cm	DG cm	ED cm	$\sin\alpha = CF/EC$	$\sin\beta = DG/ED$	CF/DG
				Mittel	. . . . . .

c) Wiederhole fünfmal den Versuch und ändre jedesmal den Einfallwinkel, wähle jedoch dabei die Punkte B und E so, daß der Winkel α niemals größer als 45° wird.

d) Stelle die Ergebnisse bildlich dar, setze dabei $x = \sin\alpha$ und $y = \sin\beta$. Welche Kurve entsteht? Welche geometrische Bedeutung hat CF/DG? Welchen größten Wert kann $\sin\alpha$ annehmen? Entnimm dem

Schaubilde den größten Wert, den sin β erreichen kann, und schlage den zugehörigen Winkel β auf. *Grenzwinkel.*

e) Stimmen die Werte von CF/DG überein? Berechne den Mittelwert. *Brechungszahl* (n) *des benutzten Glases.*

f) Leite aus der Zeichnung eine Beziehung zwischen $n = CF/DG$, α und β ab.

2. Verfahren.

Quelle. Millikan-Gale *114 Nr. 43.*

Geräte. Wie beim 1. Verfahren, doch anstatt der Glasplatte ein Prisma.

Anleitung. **g)** Hefte aufs Reißbrett den Bogen und ziehe die Gerade g. Stelle das Prisma ABC (Abb. 188) mit der Fläche BC genau über g und bezeichne sorgfältig durch einen Nadelstich den Ort von A. Lege aufs Papier den Maßstab, sieh mit einem Auge von D aus längs seiner Kante m durch die Prismenfläche BC hindurch nach der Kante A. Drehe den Maßstab so, daß A scheinbar auf der Verlängerung der Maßstabkante liegt, und ziehe längs m mit einem spitzen harten Blei einen Strich. Bewege das Auge nach der Stelle D', die ungefähr ebensoweit rechts von der Halbierungsebene des brechenden Winkels liegt wie D links davon, bringe den Maßstab in eine solche Lage, daß A scheinbar auf der Verlängerung der Maßstabkante m' liegt, und ziehe längs m' einen Bleistrich.

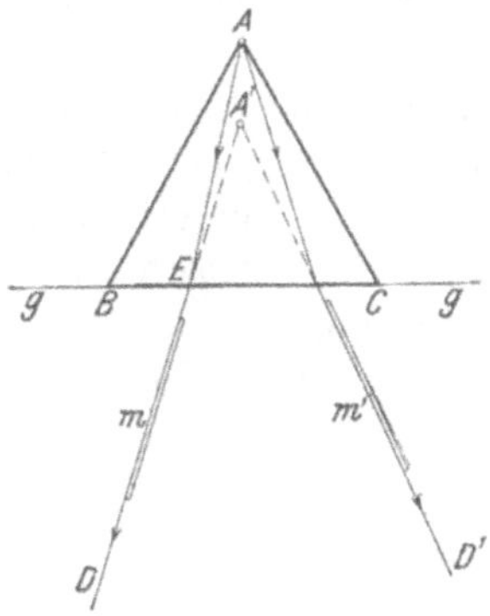

Abb. 188.

h) Entferne das Prisma und verlängere mit einem Zeichendreieck die Strecken m und m' bis zu ihrem Schnittpunkt A'.

i) Einfache Betrachtungen zeigen, daß sich die Fortpflanzschnelligkeit des Lichts in Luft zu der in Glas wie $AE/A'E$ verhält.

k) Miß sorfältig die Strecken AE und $A'E$ und berechne die Brechungszahl des Glases, $n = AE/A'E$.

l) Wiederhole mehrmals den Versuch unter Benutzen verschiedener Stellungen des Auges.

m) Schreibe die Ergebnisse in folgender Weise auf:

Prisma Nr. ...

AE cm	$A'E$ cm	$n = AE/A'E$
	Mittel	....

Bemerkungen. In der *Zeitschr. f. d. phys. u. chem. Unterr. 17, 77 Nr. 2; 1904* habe ich aus Versehn das erste Verfahren Gilley zugeschrieben. Dessen *Principles of Physics* sind aber erst 1901 erschienen, während Glazebrook in der 1895 erschienenen zweiten Auflage (die erste steht mir nicht zur Verfügung) seines Buchs über Licht den Versuch bereits veröffentlicht hat. Am Dorotheenstädtischen Realgymnasium wurde der Versuch zuerst am 16. Juni 1900 nach den Angaben von Glazebrook ausgeführt.

Vgl. F. Koerber, *Zeitschr. f. d. phys. u. chem. Unterr. 19, 167; 1906.* Alexander Witting, *Zeitschr. f. d. phys. u. chem. Unterr. 23, 170; 1910.* Michael Salzer, *Zeitschr. f. d. phys. u. chem. Unterr. 24, 142; 1911.*

Fürs erste Verfahren eignen sich am besten die Ideal-Insektennadeln Nr. 3 (Ernst A. Böttcher, Berlin C 2, Brüderstr. 15). Da es schwierig ist, die Kerfnadel im Punkt B (Abb. 187) gut einzustecken, so empfiehlt es sich, auf der Fläche bei B mit schwarzer Tinte einen lotrechten Strich zu ziehn oder mit etwas Klebwachs einen Streifen Papier so darauf zu befestigen, daß der gerade Rand auf dem Zeichenbogen senkrecht steht. Man darf aber dann nicht vergessen, den Fußpunkt B dieses lotrechten Strichs oder Randes auf dem Bogen durch einen Nadelstich festzulegen.

Man verwende planparallele Gläser von 10 cm × 7,5 cm × 2,5 cm oder von 7 cm × 7 cm × 0,6 cm oder 4 cm × 3,5 cm × 2,7 cm Größe, deren schmale Seiten gut geschliffen und poliert sind.

Benutzt man so niedrige Platten, daß der Kopf der Nadel B darüber hinausragt, so verdecke man durch einen Holzklotz od. dgl. den obern Teil von B.

Beim zweiten Verfahren verwende man ein großes Prisma. Seine Kanten dürfen nicht rund geschliffen, sondern müssen scharf sein.

Vgl. Ernst Mach, *Physik. Optik 41ff.*

4. Aufgabe. *Wie groß ist der Grenzwinkel für Glas?*

(1 Schüler, 1 Stunde.)

Quelle. Millikan-Gale *116 Nr. 44.*

Geräte. Wie bei Aufgabe 3, Verfahren 1, S. 257, doch anstatt der Glasplatte ein großes Flintglasprisma mit drei polierten Flächen.

Anleitung. a) Setze auf einen Zeichenbogen nahe bei einem Fenster f (Abb. 189), wodurch man den Himmel sehn kann, oder vor einer Mattglasscheibe, wohinter man eine weiße Lichtquelle aufgestellt hat, das Prisma ABC, auf dessen Fläche AB man in der Mitte E mit Tinte einen feinen lotrechten Strich gezogen hat, umfahre mit einem spitzen Bleistifte den Umriß des Prismas und bezeichne mit einem Nadelstich den Fußpunkt des Strichs durch E.

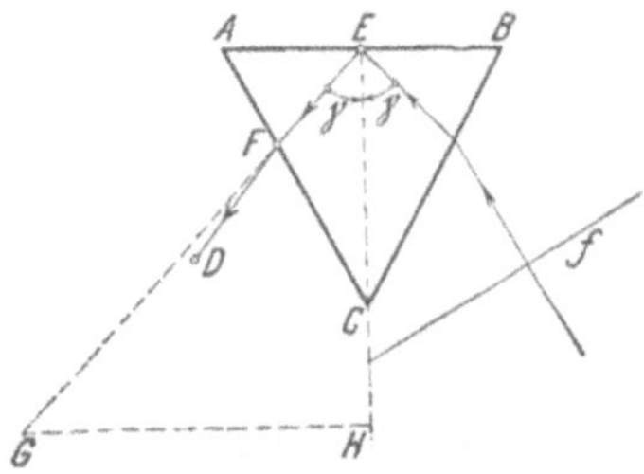

Abb. 189.

b) Bringe das Auge an die Stelle D und betrachte das Bild des Himmels oder der Mattscheibe, das die Prismafläche AB zurückwirft. Eine bläulich-grüne Linie teilt AB in zwei Gebiete von deutlich verschiedener Beleuchtung. Der rechte Teil ist heller als der linke. Sieht man anfangs nicht die Trennlinie, so erscheint sie, wenn man das Auge nach rechts oder links bewegt. Ändre die Stellung des Auges, bis der grüne Rand der Grenzlinie genau mit dem Strich E zusammenfällt.

c) Die Lichtstrahlen, welche die verschiedenen Teile von AB ins Auge zurückwerfen, haben einen um so größern Einfallwinkel, je weiter rechts von A sie auftreffen. Ist dieser Winkel, wie auf dem Gebiet EB, dem Grenzwinkel gleich oder größer, so wird alles einfallende Licht zurückgeworfen. Ist der Winkel, wie auf dem Gebiet AE, kleiner als der Grenzwinkel, so wird das Licht teils zurückgeworfen, teils durchgelassen. Die blaugrüne Linie, die das Feld in zwei Gebiete ungleicher Beleuchtung zerlegt, ist die Grenze, wo die völlige Spieglung beginnt, also der Einfallwinkel gleich dem Grenzwinkel für Glas ist.

d) Lege aufs Papier so den Maßstab, daß seine Kante die Sehrichtung (*DF*) für den Fall festlegt, wo der grüne Rand mit dem Strich bei *E* zusammenfällt, und bezeichne durch einen Bleistiftstrich die Sehrichtung. Entferne das Prisma und verlängere den Bleistiftstrich, bis er im Punkt *F* die Prismenseite *AC* schneidet. Verbinde *F* mit *E*, errichte auf *AB* in *E* das Lot und miß mit dem Winkelmesser den Grenzwinkel γ.

e) Verlängere den Strahl *EF* und das Lot in *E* und mache beide 15 bis 30 cm lang. Ziehe *GH* gleichläufig zu *AB* und berechne das Verhältnis *EG*/*HG*. Wem ist der erhaltene Wert gleich?

f) Wiederhole mehrmals die Einstellungen und Messungen.

Bemerkung. Die Tatsachen des Versuchs lassen sich nicht auf einfache Weise begründen. Ein andres Verfahren findet man bei Gilley *288 Nr. 42.* Mit Flintglas gelingt der Versuch besser als mit Kronglas.

Vgl. Hermann Hahn, *Freihandversuche 3, 91 § 24.*

5. Aufgabe. *Ändert ein Lichtstrahl, der durch eine planparallele Glasplatte geht, seine Lage und Richtung?*

(1 Schüler, $^1/_2$ Stunde.)

Quellen. Glazebrook *70 Nr. 44.* Wilberforce-Fitzpatrick *2, 30 Nr. 4.*

Geräte. Wie bei Aufgabe 3 mit Ausnahme des Zirkels.

Anleitung. a) Hefte aufs Reißbrett den Bogen, stelle die Glasplatte mit einer mattgeschliffenen Seite darauf und ziehe längs der vordern und der hintern Grundkante mit einem spitzen Blei je einen Strich (Abb. 190). Stecke hinter der Platte in möglichst großem Abstande voneinander lotrecht zwei Nadeln *A* und *B* so ein, daß die Gerade, die ihre Stiche verbindet, die hintre Fläche schräg (unter 45°) trifft. Sieh durchs Glas und stecke zwei weitre Nadeln *C* und *D*, die eine nahe an der Vorderseite, die andre weit davon entfernt, so ein, daß sie scheinbar mit *A* und *B* in einer Ebene liegen. Umringle die Nadelstiche und entferne Platte und Nadeln.

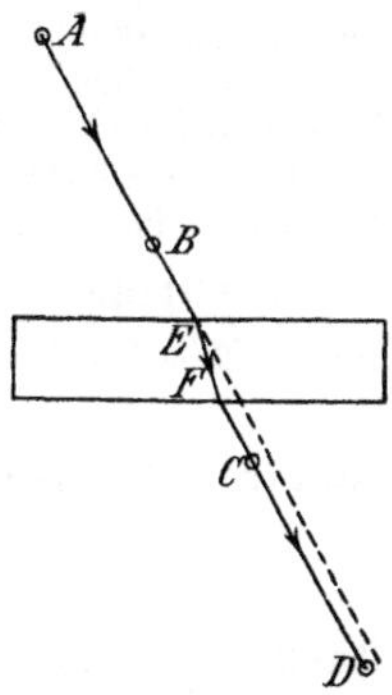

Abb. 190.

b) Ziehe durch *A* und *B* und durch *C* und *D* je eine Gerade. Hat sich die Richtung des Strahls beim Durchgange durch die planparallele Platte geändert? Miß an zwei entfernten Stellen die lotrechten Abstände zwischen den Geraden *AB* und *CD* oder prüfe mit zwei Dreiecken, ob der eintretende Strahl und der austretende gleichlaufen. Zeichne den Weg *EF*, den der Strahl im Glase durchlaufen hat.

c) Mache mindestens fünf Versuche und benutze dabei stets andre Einfallwinkel. Miß jedesmal den lotrechten Abstand zwischen dem eintretenden und dem austretenden Strahl.

d) Wächst die Verschiebung des austretenden Strahls mit dem Einfallwinkel? Trage auf Millimeterpapier die Einfallwinkel als Abszissen und die zugehörigen Verschiebungen als Ordinaten ab und verbinde die so festgelegten Punkte.

Bemerkungen. Sind die breiten Seiten der planparallelen Platten nicht matt geschliffen, so kann man auch untersuchen, wie die Verschiebung von der Dicke der Glasplatte abhängt.

Man kann nach MILLIKAN-GALE *(126 Nr. 50)* die Versuche auch ohne planparallele Platte ausführen und diese aus zwei Prismen zusammensetzen (Abb. 191), ferner anstatt mit Nadeln durch Zielen längs einer Maßstabkante die Richtungen des eintretenden und des austretenden Strahls festlegen. Verschiebt man längs

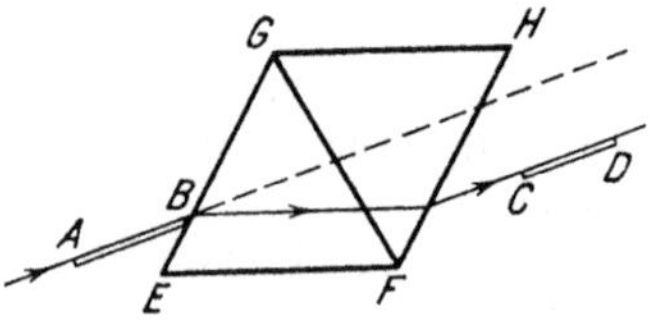

Abb. 191.

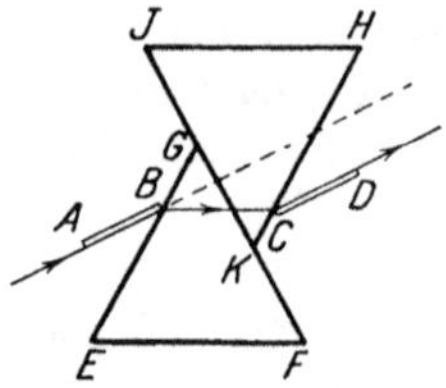

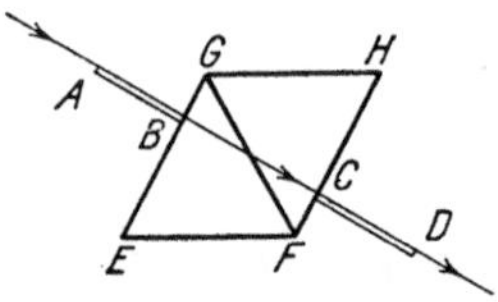

Abb. 192.

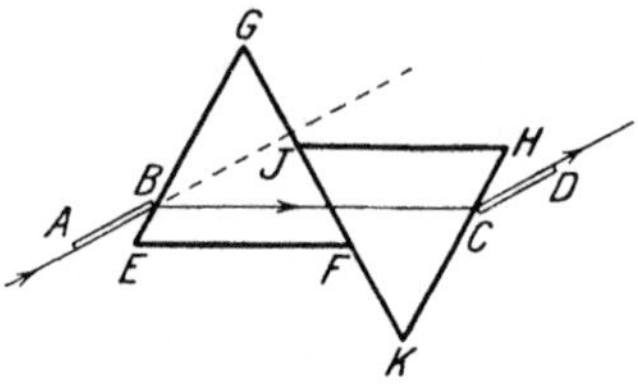

Abb. 193.

der Berührungsebene das eine Prisma, so kann man die Dicke der planparallelen Platte ändern (Abb. 193).

Wenn man senkrecht zur Fläche *EG* (Abb. 192) die Maßstabkante stellt, daran entlang den Strich *AB* zieht und dann in der Richtung *DC* blickt, so sieht man diesen Strich nicht. Bringt man nun in die Fuge zwischen den aneinanderliegenden Flächen einen Tropfen Wasser, so sieht man *AB*.

Vgl. MICHAEL SALZER, *Zeitschr. f. d. phys. u. chem. Unterr. 24, 142; 1911.* HERMANN HAHN, *Freihandversuche 3, 103 § 26.*

6. Aufgabe. *Wo liegt das Bild eines Dinges, das man durch eine Glasplatte betrachtet?*

(1 Schüler, $^1/_2$ Stunde.)

Geräte. Wie bei Aufgabe 3, Verfahren 1.

1. Verfahren.

Quelle. GLAZEBROOK *78 Nr. 15.*

Anleitung. a) Lege die Glasplatte flach auf ein bedrucktes Blatt. Sieh von einem Punkt über der Platte aufs Gedruckte. Hat der Teil der Schrift, der unterm Glase liegt, scheinbar seine Lage geändert? Ist das noch der Fall, wenn man die Platte vom Papier emporhebt und zwischen das Papier und das Auge hält? Erkläre diese Erscheinung durch einen Handriß des Strahlenbündels, das, von einem Punkt des Papiers ausgesandt, durch die Platte geht und ins Auge eintritt.

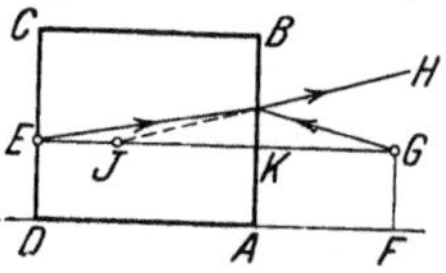

Abb. 194.

b) Bringe auf der einen lotrechten Fläche der Glasplatte eine Marke (ein Dreieck aus gummiertem Papier oder einen Siegellacktropfen) an. Diese Marke *E* (Abb. 194) liege ungefähr in Stecknadelhöhe über der Kante *D*. *ABCD* ist ein lotrechter Schnitt durch die Glasplatte.

c) Stecke eine Nadel FG so ins Reißbrett, daß der Kopf G ebenso hoch überm Brett liegt wie die Marke E, und beleuchte sie, wenn nötig, mit einem seitlich aufgestellten Licht. Bringe hinter die Nadel FG das Auge H, halte es über den Nadelkopf G und blicke senkrecht durchs Glas nach der Marke E. Man sieht außerm Bild J der Marke auch noch das Bild des Nadelkopfs G, der sich an der Vorderfläche der Platte spiegelt.

d) Schiebe die Glasplatte vorwärts oder rückwärts, bis das Bild der Marke und das Spiegelbild der Nadel in J zusammenfallen. Bewege den Kopf etwas nach rechts oder links und prüfe nach dem Abweichverfahren, ob sich beide Bilder decken.

e) Da das Spiegelbild von G und zugleich das Bild von E in J liegt, so bestehn bei kleinem Einfallwinkel die beiden Beziehungen

$$KJ = KG \quad \text{und} \quad KE = n \cdot KJ,$$

daher ist

$$n = \frac{KE}{KJ} = \frac{KE}{KG} = \frac{AD}{AF}.$$

f) Miß die Abstände AD und AF und berechne die Brechungszahl n. Kennt man n, so bestätigt der Versuch die Beziehung $KE = n\,KJ$. Ist die Richtigkeit des Gesetzes bereits bewiesen, so erlaubt der Versuch, die Brechungszahl zu bestimmen.

2. Verfahren.

Quelle. Clay *13 Nr. 4.*

g) Mache auf einer schmalen Fläche der Glasplatte gleichläufig zu einer Kante mit Tinte einen Strich A (Abb. 195). Ziehe auf dem Zeichenbogen die Gerade g und lege die Platte so an den Strich, daß die Marke A lotrecht auf dem Papier und die zur Marke gleichläufige Glasfläche genau über g steht.

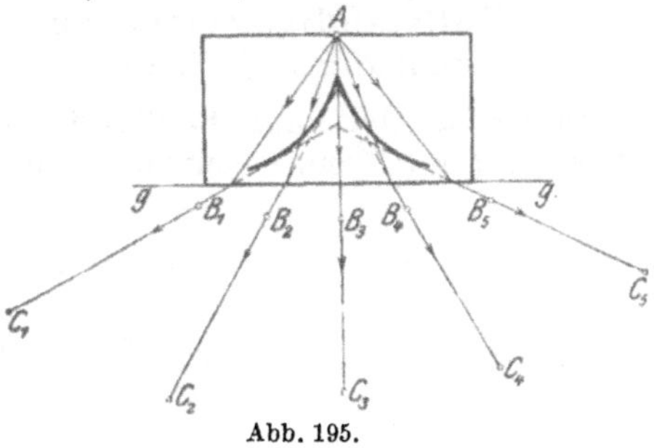

Abb. 195.

h) Sieh durch die Glasplatte nach der Marke und stecke zwei Nadeln B_1 und C_1, die eine dicht an der Vorderfläche und die andre etwa 10 cm davon entfernt, lotrecht so ins Reißbrett, daß sie scheinbar mit der Marke in einer Ebene liegen. Bezeichne die Nadelstiche.

i) Ändre mehrmals die Stellung des Auges, stecke nacheinander eine ganze Reihe von Nadelpaaren B_ν, C_ν ein und bezeichne ihre Stiche.

k) Entferne Platte und Nadeln und ziehe durch jedes zusammengehörige Nadelstichpaar eine Gerade. Was hüllen diese Geraden ein? *Diakaustik.* Liefert die Marke, wenn man sie durch die Glasplatte betrachtet, nur ein geometrisches Bild, oder erhält man für jede Stellung des Auges andre geometrische Bilder? Welche Gestalt hat die Diakaustik? Bei welcher Augenstellung liegt ein Bild der Marke in der Spitze der Kurve? Gibt es auch bei dieser Stellung getrennte geometrische Bilder der Marke?

Bemerkungen. Zum 1. Verfahren. Benutzt man eine flache Glasplatte mit einer mattgeschliffenen Schmalseite, so kann man mit GILLEY *(294 Nr. 44)* den Ort des Bildes in folgender Weise aufsuchen: Man macht auf der matten Fläche einen dünnen lotrechten Tintenstrich, legt die Platte auf den Tisch, sieht senkrecht durch die Fläche, die der bezeichneten gleichläuft, nach der Marke und verschiebt auf der obern Fläche der Platte eine Stecknadel, die in einer Brücke aus Steifpapier steckt, so lange, bis beim Abweichverfahren die Marke als Fortsetzung der Nadel erscheint (Abb. 196). Der Abstand der bezeichneten Fläche von der gleichlaufenden Vorderfläche, geteilt durch den Abstand der Nadel von der Vorderfläche, gibt die Brechungszahl.

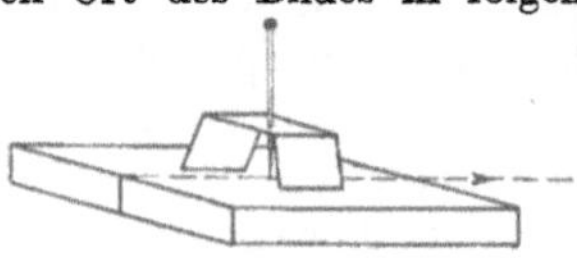

Abb. 196.

Zum 2. Verfahren. Will man ein größeres Stück der Diakaustik aufnehmen, so mache man die Marke nicht in der Mitte, sondern am Rande der Fläche. Man benutze bei diesem Versuch breite Glasplatten.

Nach dem hier angewandten Verfahren kann man auch die Katakaustik und die Wellenfläche eines Walzenspiegels, den Strahlenweg bei der Brechung in einer Walzenlinse, die Diakaustik dafür, das Entstehen des Regenbogens usw. behandeln.

7. Aufgabe. *Welchen Weg macht ein Lichtstrahl, der durch ein Prisma geht?*

(1 Schüler, 1 Stunde.)

Quellen. GLAZEBROOK *71 Nr. 12.* WILBERFORCE-FITZPATRICK *2, 30 Nr. 4.* CLAY *9 Nr. 3.*

Geräte. Glasprisma. Vollständige Zeichenausrüstung (vgl. S. 106). Reine weiche Baumwolllappen.

Anleitung. a) Hefte aufs Reißbrett den Bogen und stecke zwei Nadeln D und E, etwa 10 cm voneinander entfernt, lotrecht hinein (Abb. 197).

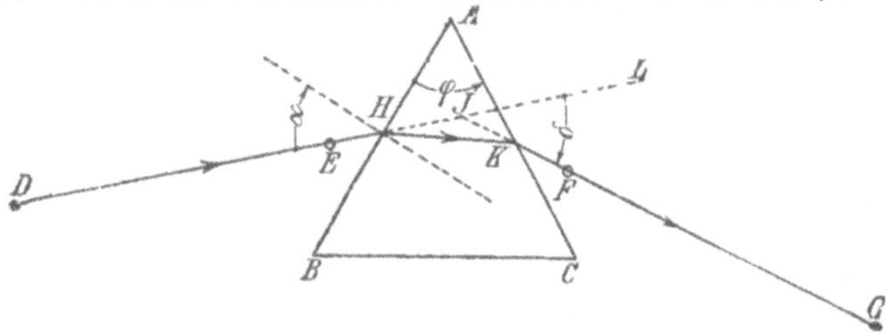

Abb. 197.

Stelle aufs Papier nahe bei E das Prisma und drehe es so, daß du durchs Prisma hindurch D und E erblickst. Sieh mit einem Auge so auf die Fläche AC, daß sich die Bilder von D und E decken, und stecke nahe beim Prisma die Nadel F und möglichst weit davon entfernt die Nadel G so ein, daß D, E, F und G scheinbar in einer Ebene liegen. Umringle die Stiche und umfahre mit einem spitzen Blei den Umriß der Prismagrundfläche. Entferne Prisma und Nadeln.

b) Ziehe durch D und E und durch F und G Geraden. Zeichne den Weg des Strahls im Prisma.

c) Läuft der austretende Strahl KG dem eintretenden Strahl DH gleich? Ist der austretende Strahl nach der *brechenden Kante A* zu oder davon weg abgelenkt? *Ablenkwinkel* $LJF = \delta$.

d) Wiederhole wenigstens dreimal den Versuch und benutze jedesmal einen andern Eintrittwinkel α.

e) Miß mit dem Winkelmesser den *brechenden Winkel* φ, die Eintrittwinkel α und die Ablenkwinkel δ. Ändert sich der Ablenkwinkel mit dem Eintrittwinkel?

f) Stelle wie in Abb. 198 das Prisma auf den Bogen und umfahre mit dem Blei den Umriß der Grundfläche ABC. Stecke nahe beim Prisma die Nadeln E und F lotrecht ein. Blicke mit einem Auge durchs Prisma in der Richtung DE. Man sieht ein Bild der Nadel F, das durch Spiegeln an der Fläche BC entsteht. Bewege ein wenig den Kopf der Nadel F und beachte, daß sich dann auch das Bild bewegt. Stecke lotrecht ins Brett möglichst weit von E entfernt die Nadel D so, daß sie scheinbar mit E und mit dem Spiegelbilde von F in einer Ebene liegt.

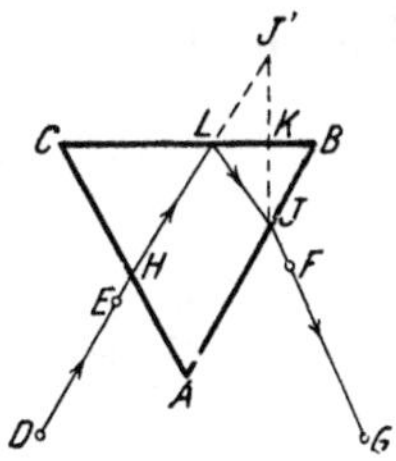

Abb. 198.

g) Blicke ins Prisma in der Richtung GF und stecke auf die gleiche Weise die Nadel G ein (man kann diese Nadel auch einstecken, während man von D nach E sieht). Umringle die Nadelstiche und entferne Prisma und Nadeln.

h) Ziehe die Strecke DE und verlängere sie bis zum Schnittpunkt H mit AC. Zeichne die Strecke GF und verlängere sie bis zum Schnittpunkt J mit AB. Der Lichtstrahl ist im Prisma bei L zurückgeworfen worden, daher liegt das Bild J' von J ebenso weit hinter BC wie J davor. Fälle auf BC von J aus das Lot JK, mache $KJ' = KJ$ und ziehe die Gerade $J'H$. Sie schneidet BC in L. Also ist HLJ der Weg des völlig gespiegelten Lichtstrahls im Prisma.

Bemerkungen. Das Glasprisma, das ich früher verwandte, ist 3,5 cm hoch. Der Querschnitt ist ein gleichseitiges Dreieck, dessen Seiten 3 cm lang sind. Die beiden Endflächen und eine Seitenfläche sind matt geschliffen. Will man wie in (f) bis (h) den Weg des Lichtstrahls aufnehmen, der an einer Fläche des Prismas völlig gespiegelt wird, so darf, wie auch bei Aufgabe 4, keine Seite des Prismas matt geschliffen sein. Daher ist es ratsam, Prismen mit drei polierten Flächen zu benutzen und in den Fällen, wo dies erforderlich ist, die dritte polierte Fläche mit einem Stück feuchten Papier zu bedecken. Die Kanten dürfen nicht rund geschliffen sein. Bei den Aufgaben 3 (Verfahren 2) und 4 sind größere Prismen erforderlich und bei den Aufgaben 18 und 19 Prismen mit größerer Farbenzerstreuung wünschenswert, die sich jedoch zu Stecknadelversuchen im allgemeinen weniger eignen.

Vgl. Hermann Hahn, *Freihandversuche 3, 105 § 27.*

8. Aufgabe. *Welchen Weg macht ein Lichtstrahl, der beim Durchgange durch das Prisma am wenigsten abgelenkt wird?*

(1 Schüler, 1 Stunde.)

Geräte. Wie bei Aufgabe 7, S. 264.

1. Verfahren.

Quellen. GLAZEBROOK *72 Nr. 13.* GRIMSEHL, *Zeitschr. f. d. phys. u. chem. Unterr. 17, 203 Nr. 2; 1904.*

Anleitung. a) Stecke wie in Aufgabe 7 (a) den Weg des Lichtstrahls $DEFG$ ab (Abb. 197) und lege auch L durch eine Nadel fest.

b) Drehe das Prisma um die brechende Kante A und ändre dadurch bei H den Eintrittwinkel α_1. Dabei dreht sich im allgemeinen auch der austretende Strahl, also muß man bei G das Auge bewegen, um alle Nadeln wieder in einer Ebene zu sehn. Wird der Strahl derart abgelenkt, daß man das Auge nach rechts bewegen muß, dann liegt G näher bei L als vorher. Also ist die Ablenkung jetzt kleiner geworden. Drehe das Prisma in demselben Sinn noch weiter. Anfangs bewegt sich G noch weiter gegen L, dann bleibt es stehn und bewegt sich nun wieder rückwärts.

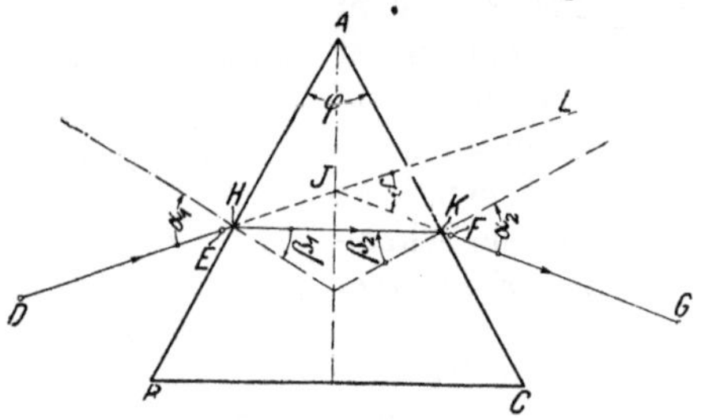

Abb. 199.

c) Suche so die Stellung des Prismas, wo G so nahe wie möglich bei L liegt, und zeichne den Umriß des Prismas und den Weg des Strahls bei der Stellung, wo die Ablenkung am kleinsten ist (Abb. 199).

d) Miß mit dem Winkelmesser den Eintrittwinkel α_1, den Austrittwinkel α_2, die Brechungswinkel β_1 und β_2 und mit dem Maßstabe die Längen AH und AK und vergleiche diese Werte miteinander. Wie liegen der eintretende und der austretende Strahl zur Halbierungsebene des brechenden Winkels?

e) Schreibe die Ergebnisse in folgender Form auf:

Prisma Nr. ...

Eintritt-winkel α_1	Austritt-winkel α_2	$\alpha_1 - \alpha_2$	Brechungswinkel β_1	β_2	$\beta_1 - \beta_2$	AH cm
	Mittel	......		Mittel	.....	

AK cm	$AH - AK$	Ablenkung δ	Brechender Winkel φ	$^1/_2\,\varphi$	$^1/_2\,(\delta + \varphi)$	Brechungszahl n
Mittel	....				Mittel	....

f) Vergleiche β_1 und β_2 mit $^1/_2\,\varphi$ und ferner α_1 und α_2 mit $^1/_2\,(\delta + \varphi)$.

g) Wiederhole mindestens noch zweimal die Einstellungen und Messungen und bilde aus den Werten von $\alpha_1 - \alpha_2$, $\beta_1 - \beta_2$, $AH - AK$, δ und φ das Mittel.

h) Berechne mit den Mittelwerten von δ und φ die Brechungszahl n nach der Formel

$$n = \frac{\sin \frac{1}{2}(\delta + \varphi)}{\sin \frac{1}{2}\varphi}.$$

2. Verfahren.

Quelle. CLAY *9 Nr. 3.*

Anleitung. i) Stelle das Prisma aufs Papier und ziehe längs AB und AC (Abb. 199) mit einem scharfen Blei Geraden. Nimm das Prisma weg, schlage um A mit AE den Kreis und stecke auf den Kreisbogen dicht bei AB und AC die Nadeln E und F. Setze das Prisma wieder an seine alte Stelle, achte dabei sorgfältig darauf, daß die Kanten wieder genau mit den Geraden AB und AC zusammenfallen. Sieh mit einem Auge durchs Prisma in der Richtung DE, halte den Kopf so, daß E mit dem Bilde von F zusammenfällt, und stecke dann die Nadel D ein, und zwar so weit von E entfernt, wie es Papier und Auge gestatten. Sieh nun durchs Prisma in der Richtung GF und stecke die Nadel G so ein, daß sie mit F und dem Bilde von E in einer Ebene liegt. Umringle die Nadelstiche und nimm Prisma und Nadeln weg.

k) Verbinde D mit E und verlängere die Gerade bis L. Sie schneidet AB in H. Verbinde ebenso G mit F und verlängere die Gerade bis zum Schnittpunkt J mit DL. Sie schneidet AC in K. Errichte in den Punkten H und K die Einfallote.

l) Verfahre wie bei (d) bis (h).

Bemerkungen. 1. Verfahren. Da $\delta = \alpha_1 + \alpha_2 - \varphi$ ist, kann man in einem Schaubilde $x = \alpha_1$ und $y = \delta$ abtragen und daraus annähernd den kleinsten Wert von δ entnehmen. GILLEY *(297 Nr. 47)* bestimmt die kleinste Ablenkung auf folgende Weise: Er läßt aufs Prisma nahe bei der brechenden Kante A den Schatten einer Nadel D (Abb. 197) fallen. Nun dreht er um A als Achse das Prisma vorwärts und rückwärts, beobachtet rechts von AC die Richtung des Schattens und bezeichnet die Lage KG, wo dieser am wenigsten nach C abgelenkt erscheint. Dann dreht er nochmals das Prisma, um sicher zu sein, daß die Marke G auf der Schattenlinie liegt, wenn sie am wenigsten gebrochen wird. Nun nimmt er das Prisma weg und legt die Schattenrichtung DL fest. Der Winkel zwischen KG und DL ist der Winkel der kleinsten Ablenkung. Das Verfahren ist weder bequem noch sicher.

2. Verfahren. Man lege E in die Nähe der Grundfläche BC des Prismas.

Vgl. MICHAEL SALZER, *Zeitschr. f. d. phys. u. chem. Unterr. 24, 142; 1911.* FRITZ RÖHRS, *Zeitschr. f. d. phys. u. chem. Unterr. 33, 16; 1920.*

III. Kugelspiegel und Kugellinsen.

9. Aufgabe. *Welche Bilder erzeugt ein Hohlspiegel?*

(1 Schüler, 2 Stunden.)

Quellen. GLAZEBROOK *102 Nr. 17.* WILBERFORCE-FITZPATRICK *2, 36 Nr. 3.* CREW-TATNALL *200 Nr. 90.* H. HAHN *a. a. O. 79 Nr. 5.*

Geräte. Kugelspiegel.
2 Stricknadeln in Holzklötzen.
Millimeterstab aus Holz, 30 cm lang, am Nullende abgeschrägt (Abb. 201).
Reine weiche Baumwolllappen.

Anleitung. a) Benutze als Ding, dessen Bilder zu untersuchen sind, die Spitze einer Nadel. Stelle sie in mindestens 30 cm Abstand vom Spiegel auf, sieh daran vorbei in den Spiegel und suche ihr Bild (Abb. 200). Findest du es nicht, so drehe den Spiegel ein wenig, da das bewegte Bild leichter zu erkennen ist. Ist das Bild umgekehrt und kleiner als das Ding? Wenn nicht, entferne die Nadel weiter vom Spiegel.

b) Schiebe, sobald du ein umgekehrtes und verkleinertes Bild erhalten hast, die Nadel langsam gegen den Spiegel. Bewegt sich das Bild darauf zu oder davon fort? Wird es größer oder kleiner?

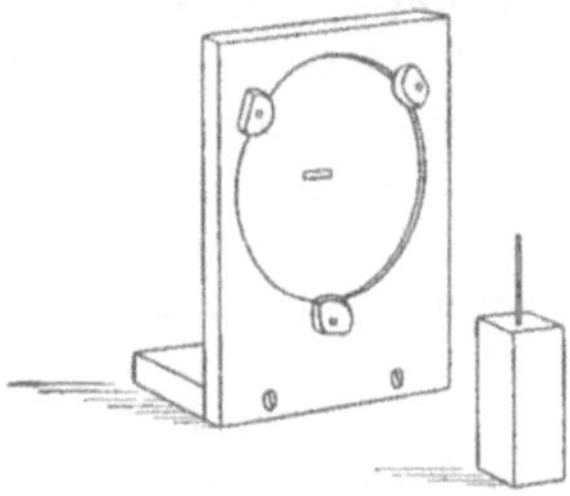

Abb. 200.

c) Suche die Stelle, wo das Bild lotrecht über der Nadel steht und ebenso groß wie diese ist. Laß beide Spitzen zusammenfallen. *Krümmungsmittelpunkt.*

d) Nähere dem Spiegel die Nadel noch mehr. Wohin wandert das Bild? Wird es größer oder kleiner? Beachte die Stelle, wo das Bild in grenzenlos weite Entfernung geeilt ist und bei ganz geringem Verrücken der Nadel plötzlich aufrecht hinterm Spiegel erscheint. *Spiegelscheitel, Spiegelachse, Brennpunkt.* Kehre den Spiegel gegen die Sonne und halte in den Brennpunkt erst ein kleines weißes, dann ein berußtes Stück Papier, angekohlten Zunder, den Kopf eines Phosphorstreichholzes, schwarz angekohlte gelbe Lunte usw.

e) Nähere dem Spiegel die Nadel noch mehr. Wie bewegt sich das Bild? Ist es aufrecht oder umgekehrt?

f) Schreibe die Ergebnisse der Versuche (b) bis (e) in folgender Weise auf:

Art des Bildes	Umgekehrt							unbestimmt	Aufrecht		
	verkleinert			so groß wie das Ding	vergrößert				vergrößert		
	stark	weniger	noch weniger		etwas	mehr	noch mehr		stark	weniger	noch weniger
Abstand des Dinges vom Spiegel in cm	...	...	...	....	...	...	...	....	...	...	...

g) Vergleiche das Verschieben der Nadelspitze A und ihres Bildes B mit dem Wandern zweier Punkte P und Q, die zum Punktepaar M und N harmonisch konjugiert sind. Zu welchen Punkten der Spiegelachse sind beim Entsprechen der Bewegungen wohl A und B konjugiert? *Dingweite a, Bildweite b.* Welche Formel läßt sich nach dieser Annahme für den Krümmungshalbmesser r des Spiegels als harmonisches Mittel zwischen a und b aufstellen? $1/a + 1/b = 2/r$. *Brennweite* $f = \frac{1}{2} r$. *Notwendigkeit, die vermutete Formel*

$$\frac{1}{a} + \frac{1}{b} = \frac{1}{f}$$

durch Messen zu prüfen.

h) Stelle in die Achse des Spiegels die Spitze der einen Nadel und mache durch die Spitze der andern Nadel die Lage des Bildes kenntlich. Bringe nach dem „Abweichverfahren“ (vgl. Aufg. 2, S. 255) diese Nadel und das Bild jener Nadel genau zur Deckung. Miß nun mit dem abgeschrägten Millimeterstabe die Dingweite a und die Bildweite b. Stelle die Nadel dreimal ein und nimm aus den Messungen das Mittel.

i) Führe den Versuch sechsmal aus und wähle dabei je zweimal

$$a > r, \quad r > a > f, \quad f > a.$$

Stelle im letzten Fall hinter den Spiegel die zweite Nadel, halte dahinter ein Blatt weißes Papier und mache sie so gut sichtbar. Schaue durch den schmalen wagrechten Spalt des Silberbelags hindurch und bringe die hintere Nadel mit dem Bilde der vordern zur Deckung.

k) Trage in die folgende Tafel die Ergebnisse ein, nimm jedoch b negativ, wenn das Bild hinterm Spiegel liegt.

a [cm]	b [cm]	$\frac{1}{a}+\frac{1}{b}$	f [cm]	r [cm]
		Mittel	. . . . .	. . . . . .

$\frac{1}{2} r = f = \ldots$

l) Berechne $1/a + 1/b$ und f. Welche Beziehung besteht zwischen den verschiedenen Werten von f? Bilde den Mittelwert.

m) Stelle die Ergebnisse bildlich dar; setze dabei $x = a$ und $y = b$. Verbinde die zusammengehörigen Punkte $a|0$ und $0|b$ miteinander. In welchem Punkt schneiden die Geraden einander? Welche optische Bedeutung haben die Koordinaten des Schnittpunkts? Welchen Wert für die Brennweite liefert das Schaubild?

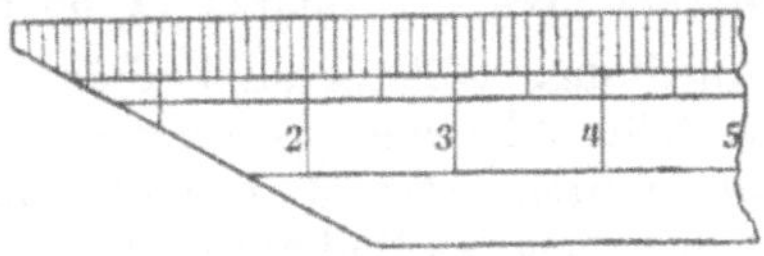

Abb. 201.

n) Stelle die Spitze der Nadel in den Krümmungsmittelpunkt des Spiegels und bringe nach dem „Abweichverfahren“ die Spitze mit ihrem Bilde genau zur Deckung. Miß den Krümmungshalbmesser und trage seine Länge in die Spalte mit der Überschrift r ein. Wiederhole fünfmal das Einstellen und das Messen. Bilde den Mittelwert und berechne daraus $\frac{1}{2} r = f$. Vergleiche diese unmittelbar gemessene Länge f mit dem Werte, den man aus den Messungen von a und b berechnet hat, und mit dem aus dem Schaubilde gewonnenen Ergebnis.

o) Klemme an einem Bunsengestell den Spiegel derart fest, daß das Sonnenlicht darauf fällt, und halte vorm Spiegel an die Stelle, wo das Sonnenbild am kleinsten und hellsten erscheint, einen schmalen Papierstreifen. Miß den Abstand des Bildes vom Scheitel des Spiegels. Wem ist diese Entfernung gleich?

p) Bringe den Spiegel in den Schatten, fange in der gleichen Weise mit dem schmalen Papierstreifen das Bild eines entfernten Gebäudes auf und wiederhole die Messung.

Bemerkungen. Als Spiegel dient ein Uhrglas von 8 cm Durchmesser und 9,8 cm Krümmungshalbmesser, das auf der Rückseite versilbert, poliert und mit Zaponlack überzogen ist. In der Mitte der Silberschicht ist nach WILBERFORCE ein wagrechter Spalt (1,5 cm × 0,2 cm) herausgeschabt. An ein Grundbrett (10 cm × 4,7 cm × 1,1 cm) ist genau rechtwinklig ein Holzbrett (12,3 cm × 10 cm × 0,9 cm) aufgeschraubt, aus dessen Mitte eine Öffnung, etwas größer als das Uhrglas, mit einem Ansatz, etwas kleiner als das Uhrglas, herausgedreht ist. Der Spiegel ist mit drei kreisförmigen Korkscheiben, wovon ein Randstück weggeschnitten, und mit Nägeln, die durch die Mittelpunkte getrieben sind, so befestigt, daß der Spiegelscheitel genau 7,5 cm über der Tischplatte liegt (Abb. 200). Die Uhrgläser muß man sehr sorgfältig auswählen. Liefern sie keine guten Bilder, so erschweren sie die Übung, welche die Augen der Schüler recht anstrengt. Verfügt man über ausreichende Mittel, so ist es ratsam, anstatt der Uhrgläser bessere Spiegel mit einer Brennweite von 5 bis höchstens 15 cm zu erwerben. Vgl. H. HAHN, *Freihandversuche 3, 111.* Zwei vernickelte Stricknadelstücke, die als Ding und Marke dienen, sind in Holzklötze (5 cm × 2,5 cm × 2,5 cm) so eingesetzt, daß 2,5 cm herausragen und die Spitzen genau 7,5 cm über der Tischplatte liegen.

Ist das Bild der Nadel nicht gut sichtbar, so beleuchte man sie mit der Flamme eines Schnittbrenners oder mit einer Glühlampe, die man seitlich davon aufstellt.

Anstatt die Formel $1/a + 1/b = 1/f$ aus den harmonischen Beziehungen von Ding, Bild, Scheitel und Krümmungsmittelpunkt zu entwickeln, kann man sie auch aus dem Schaubilde *(m)* ableiten, wie später bei den Linsen gezeigt wird (Aufgabe 11f.).

Vgl. MICHAEL SALZER, *Zeitschr. f. d. phys. u. chem. Unterr. 24, 142; 1911.* JOHANNES WIESENT, *ebd. 38, 137; 1925.*

10. Aufgabe. *Wie ändert sich beim Betrachten eines Dinges durch eine Sammellinse das Bild mit der Dingweite?*

Quelle. WILBERFORCE-FITZPATRICK *2, 38* Nr. *4.*

Geräte. Wie bei Aufgabe 11, doch ohne Drahtnetz.

Anleitung. a) Setze auf die Bank den Schnittbrenner so, daß seine kleingestellte Flamme, das Ding, so hoch wie die Linsenmitte liegt. Stelle die Flamme etwa 3 cm hinter die Linse und sieh dadurch nach dem Dinge. Ist das Bild aufrecht oder umgekehrt? Ist das Bild größer oder kleiner als das Ding? Entferne allmählich die Flamme und das Auge von der Linse. Wie ändert sich die Größe des Bildes? Beachte, daß es bei einer bestimmten Dingweite unmöglich wird, ein scharfes Bild zu sehn, und daß hier bei geringem Vergrößern der Dingweite ein umgekehrtes Bild sichtbar wird, wenn man das Auge weit genug von der Linse entfernt. Wie ändert sich die Größe des Bildes, wenn man die Dingweite noch weiter vergrößert? Fange mit dem Schirm die umgekehrten Bilder auf und stelle sie scharf ein.

b) Entferne den Schirm, betrachte mit dem Auge das umgekehrte Bild, bewege den Kopf seitwärts hin und her und untersuche so nach dem Abweichverfahren (aber ohne Nadel), ob das Bild oder die Linse dem Auge näher liegt. Erzeuge durch Verschieben der Flamme ein aufrechtes Bild und untersuche in ähnlicher Weise, ob es weiter als die Linse vom Auge entfernt ist. Läßt sich das aufrechte Bild mit dem Schirm auffangen? *Scheinbild.*

c) Schreibe die Ergebnisse in folgender Weise auf:

Linse Nr. ... Optische Bank Nr. ...

Art des Bildes	Aufrecht			unbestimmt zwischen den Grenzen		Umgekehrt						
	vergrößert					vergrößert			so groß wie das Ding	verkleinert		
	etwas	stärker	noch stärker			stark	schwächer	noch schwächer		etwas	mehr	noch mehr
Dingweite in cm	3	6	11	12,5	14,5	17	20	23	25	30	40	50

11. Aufgabe. *Welche wirklichen Bilder erzeugt eine Sammellinse?*
(1 Schüler, 2 und 1 Stunde.)

Quellen. GLAZEBROOK *126 Nr. 19.* WILBERFORCE-FITZPATRICK *2, 40 Nr. 6.* CREW-TATNALL *204 Nr. 92.* H. HAHN, *a. a. O. 81 Nr. 7.* GRIMSEHL, *Zeitschr. f. d. phys. u. chem. Unterr. 17, 205; 1904.*

Geräte. Optische Bank (vgl. S. 274). Ding (vgl. S. 274). Linse (vgl. S. 274). Schirm (vgl. S. 274). Nadel mit Holzfuß (vgl. S. 270). Planspiegel. Glühlampe oder Schnittbrenner (vgl S. 274). Gasschlauch. Reine weiche Baumwolllappen. Dreiecke. Millimeterpapier.

Anleitung. a) Stelle auf die optische Bank an das Ende, das vom Fenster weggewandt ist, als Ding den Schirm mit der Drahtgaze, beleuchte ihn von hinten mit einer Glühlampe oder mit dem Schnittbrenner und wende dabei dessen Flamme mit dem Rande gegens Gitter. Setze aufs andre Ende der Bank den Papierschirm. Verschiebe zwischen diesem und dem Dinge die Linse vorwärts und rückwärts und regle die Flammenhöhe, bis auf dem Schirm ein möglichst scharfes Bild des Draht-

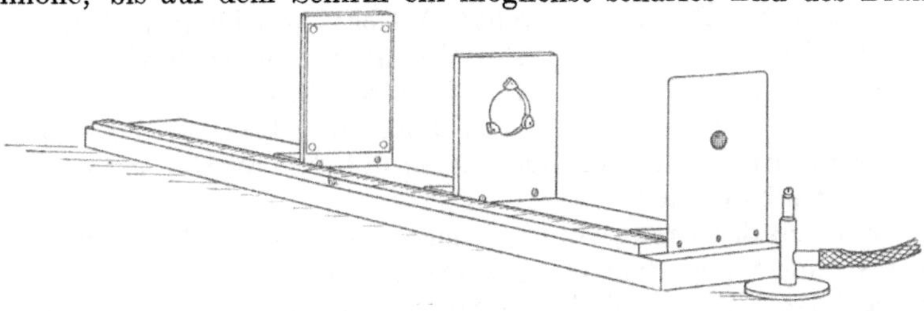

Abb. 202.

fensters erscheint (Abb. 202). Ist das Bild größer oder kleiner als das Ding? Bedecke mit einer Karte einen Teil des Drahtfensters. Ist das Bild aufrecht oder umgekehrt?

b) Suche, ohne das Ding und den Schirm zu verschieben, eine zweite Stellung der Linse, wo sie auf dem Schirm ein scharfes Bild entwirft. Ist es größer oder kleiner als das Ding, aufrecht oder umgekehrt? Steht das Bild oder das Ding der Linse näher, wenn das Bild kleiner als das Ding ist? Steht das Bild oder das Ding der Linse näher, wenn das Bild größer als das Ding ist?

c) Schiebe den Schirm etwas näher ans Drahtfenster und suche wieder zwei Stellungen der Linse, wo ein Bild auf dem Schirm entsteht. Ist es möglich, bei jedem Abstande von Ding und Schirm die Linse so zu stellen, daß sie ein deutliches Bild erzeugt? Wie groß ist die kleinste Entfernung zwischen Schirm und Drahtfenster, wobei die Linse ein deutliches Bild entwirft?

d) Stelle ein Bild ganz scharf ein und lies am Meterstabe die Lagen von Ding, Linse und Bild zu dem Nullpunkt so genau wie möglich ab. Stelle dreimal ein und nimm aus den Ablesungen das Mittel. Berechne daraus den Abstand des Dinges von der Linse, die *Dingweite a*, und den Abstand des Bildes von der Linse, die *Bildweite b*, und trage beide in die folgende Tafel ein.

Linse Nr. ... Optische Bank Nr. ...

Einstellungen			a [cm]	b [cm]	$\frac{1}{a}+\frac{1}{b}$	f [cm] berechn.	f [cm] beob.
Ding	Linse	Schirm					
					Mittel	.....	.....

e) Miß wenigstens fünfmal a und b und ändre dabei jedesmal die Entfernungen zwischen Ding und Schirm.

f) Stelle die Ergebnisse bildlich dar, setze dabei $x = a$ und $y = b$. Verbinde die Punkte $a|0$ und $0|b$ miteinander (Abb. 203). Schneiden diese Geraden einander in einem Punkt? Miß die Koordinaten des Punkts F und vergleiche sie miteinander. *Brennweite f.* Wie lautet die Gleichung einer Geraden, deren Achsenabschnitte a und b sind? Welche Bedingung wird erfüllt, wenn diese Gerade durch den Punkt $f|f$ geht? Welche Beziehung muß also nach dem Schaubilde zwischen a, b und f bestehn? *Linsenformel.*

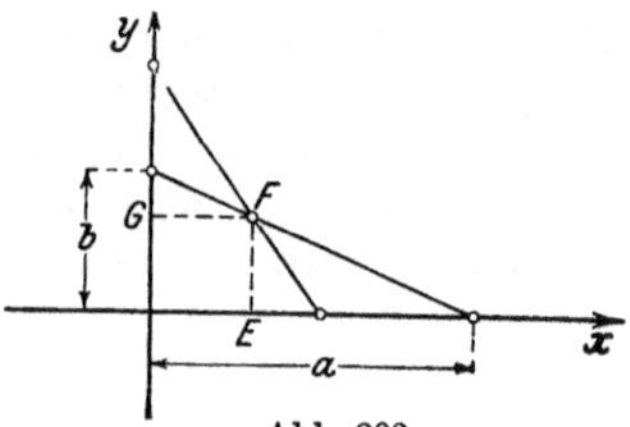

Abb. 203.

g) Berechne $1/a + 1/b$, f und den Mittelwert der f und vergleiche diesen mit dem Werte, den man beim Schaubild erhalten hat.

h) Nimm das Drahtnetz weg, richte die optische Bank auf ein entferntes Ding (Schornstein od. dgl.) vorm offnen Fenster und entwirf dessen Bild auf dem Schirm. Welchen Wert hat b nahezu, da a sehr groß ist? Miß so f fünfmal, trage in die letzte Spalte der Tafel die Werte ein und berechne den Mittelwert. Vergleiche die Mittelwerte der aus a und b berechneten und der unmittelbar beobachteten Brennweite.

i) Kann man mit der Linse auch Strahlen herstellen, die wie die Sonnenstrahlen gleichlaufen? Befestige auf der Rückseite des Schirms mit Klebwachs einen ebenen Spiegel und stelle ihn so hinter die Linse, daß er zur Linsenachse lotrecht steht. Setze vor die Linse eine Nadel derart, daß ihre Spitze in der Linsenachse liegt. Wie wirkt der Spiegel auf die Strahlen, die von der Nadelspitze ausgehn und durch die Linse hindurchtreten? Welche Richtung müssen die Strahlen zwischen Linse und Spiegel haben, und wo muß die Nadel stehn, damit die Strahlen nach dem Zurückwerfen durch den Spiegel und nach dem Rückwege durch die Linse einander wieder in ihrem Ausgangsort schneiden? Verschiebe nach dem Abweichverfahren die Nadel, bis das Bild der Nadelspitze mit der Nadelspitze selber zusammenfällt. An welchem ausgezeichneten Ort steht die Nadel nach dem Einstellen? Miß sorgfältig den Abstand der Nadelspitze von der Mitte der Linse. Wiederhole fünfmal das Einstellen und das Messen, bilde den Mittelwert und vergleiche ihn mit den Ergebnissen von (g) und (h).

k) Ändern wir den Abstand von Ding und Schirm nicht, so können wir nach Versuch (b) und (c) zwei Stellungen der Linse finden, wo scharfe Bilder auf dem Schirm entstehn, wenn jener Abstand eine gewisse Länge übersteigt, die wir bei (c) gemessen haben. Wievielmal so lang als die Brennweite ist der bei (c) gemessene kleinste Abstand von Ding und Schirm, wobei noch ein scharfes Bild entsteht?

Bedeutet l den gleichbleibenden Abstand von Ding und Bild, so bestehn die Gleichungen

$$a + b = l \quad \text{und} \quad \frac{1}{a} + \frac{1}{b} = \frac{1}{f},$$

die sich auf die Form

$$a + b = l \quad \text{und} \quad ab = lf$$

bringen lassen. Es sind also a und b die Wurzeln der Gleichung zweiten Grades

$$z^2 - lz + lf = 0.$$

Die Diskriminante der linken Seite ist

$$D = l(l - 4f).$$

Also ist $4f$ der kleinste Abstand des Schirms vom Dinge, wobei noch ein Bild entsteht. Die Wurzel d aus der Diskriminante D ist gleich der Verschiebung der Linse zwischen den beiden Stellungen, wo die Linse bei gleichbleibendem l scharfe Bilder entwirft. Da sich nun l und d genauer als a und b messen lassen, so empfiehlt es sich, nach dem Vorgange von Bessel, f statt aus a und b nach der Formel

$$f = \frac{1}{4}\left(l - \frac{d^2}{l}\right)$$

zu berechnen und diesen Wert mit der unmittelbar gemessenen Brennweite zu vergleichen.

Man kann auch mit F. Kohlrausch (*Lehrb. d. prakt. Phys.*[14] *349, 2*) diese Formel auf folgende Weise ableiten: Aus

$$l = a + b \quad \text{und} \quad d = a - b$$

folgt

$$a = \frac{1}{2}(l + d) \quad \text{und} \quad b = \frac{1}{2}(l - d).$$

Es ist aber

$$\frac{1}{f} = \frac{2}{l + d} + \frac{2}{l - d} = \frac{4l}{l^2 - d^2},$$

woraus sich

$$f = \frac{1}{4}\left(l - \frac{d^2}{l}\right) \quad \text{und} \quad d^2 = l\,(l - 4\,f)$$

ergibt.

l) Wiederhole (a) bis (c), miß jedesmal sorgfältig den Abstand l [cm] des Dinges vom Schirm und die Verschiebung d [cm] der Linse. Stelle dreimal ein und nimm aus den Ablesungen die Mittel. Führe so fünf Messungen aus.

m) Schreibe die Ergebnisse in folgender Weise auf:

Linse Nr. ... Optische Bank Nr. ...

Einstellungen: Ding	Einstellungen: Schirm	Einstellungen: Linse	Abstand des Dinges vom Schirm l [cm]	Linsenverschiebung d [cm]	$f = \frac{1}{4}\left(l - \frac{d^2}{l}\right)$
				Mittel	. . . .

n) Berechne f, nimm aus den erhaltenen Werten das Mittel und vergleiche es mit den Ergebnissen von (g), (h) und (i).

Bemerkungen. Die optische Bank besteht aus einem Grundbrett (105 cm × 13 cm × 2 cm), worauf längs einer Seitenkante ein hölzerner Metermaßstab mit Millimeterteilung (100 cm × 2,5 cm × 0,8 cm) aufgeschraubt ist (Abb. 202). Das Ding wird auf folgende Weise hergestellt: An ein Grundbrett (10 cm × 4,7 cm × 1 cm) schraubt man genau rechtwinklig eine 0,05 cm starke, geschwärzte Zinkblechscheibe (12,5 cm × 10 cm), woraus ein 1,2 cm weites Loch so herausgeschnitten ist, daß dessen Mitte genau 7,5 cm über der optischen Bank liegt. Aufs Loch ist ein Drahtnetz (1 mm Maschenweite) gelötet. Die Beleuchtung liefert eine Glühlampe mit Mattglasbirne oder ein Schnittbrenner, der 6,8 cm hoch ist. Eine Glühlampe mit Mantel, nebst Loch und Schlitz, Litze, Stecker und Gegenstecker hat Louis Preuschoff, *Berlin S. 42, Luisenufer 11*, gebaut. Die Linse hat folgende Fassung: An ein Grundbrett (10 cm × 4,7 cm × 1,2 cm) ist genau rechtwinklig ein Brett (12,5 cm × 10 cm × 1,2 cm) geschraubt, worin ein bikonvexes Brillenglas (Durchmesser 4 cm, Brennweite 12,5 cm) ähnlich wie der Spiegel (Aufg 9) so gefaßt ist, daß die Linsenachse genau 7,5 cm über der optischen Bank liegt. Der Schirm hat folgenden Bau: An ein Grundbrett (10 cm × 4,7 cm × 1,2 cm) ist genau rechtwinklig ein Brett (14,7 cm × 10 cm × 0,9 cm) aus Pappelholz geschraubt und darauf mit Reißnägeln ein Rechteck aus weißem Steifpapier (14,7 cm × 10 cm) befestigt. Statt des aufrechten Bretts kann man auch eine Mattglasscheibe verwenden.

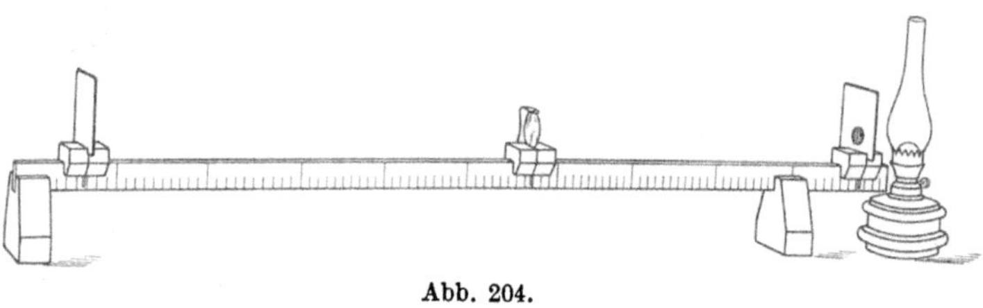

Abb. 204.

Eine andre Ausführung der optischen Bank hat Hall *(Descr. List 29 Nr. 22, 83 Nr. 21; 84 Nr. 31 u. 32)* angegeben. Sie ist in Abb. 204 dargestellt. Das Einfügen des hölzernen Maßstabes in die Nuten der Holzfüße ist unbequem. Dieser Mangel ist bei der optischen Bank vermieden, die Grimsehl a. a. O. beschrieben hat. Andre einfache Versuchsanordnungen findet man bei Schuster-Lees, *Intermed.*

Course 133 Nr. 25 und bei Quincke, *Zeitschr. f. d. phys. u. chem. Unterr. 5, 116 Nr. 4; 1892.*

Vgl. Ernst Mach, *die Prinzipien d. physik. Optik 68 ff.* Michael Salzer, *Zeitschr. f. d. phys. u. chem. Unterr. 24, 142; 1911.* Johannes Wiesent, *ebd. 38, 137; 1925.* Über Fehlerberechnung vgl. Georg W. Berndt, *Physik. Praktikum 1³, 201.*

Durch Einschalten von Blenden mit geeigneten Löchern kann man die Bilder schärfer machen.

Bei Versuch (i) kann man entweder den Spiegelmaßstab oder eine Spiegelscheibe benutzen, die man mit Klebwachs oder Kautschukringen am Schirmbrett befestigt.

Vgl. Wilhelm Volkmann, *Die Linsenoptik in der Schule. Abhandl. zur Didaktik u. Philosophie d. Naturwissenschaft. Heft 12, S. 24.*

12. Aufgabe. *Welche Scheinbilder erzeugt eine Sammellinse?*

(1 Schüler, 2 Stunden.)

Quelle. Wilberforce-Fitzpatrick *2, 40 Nr. 6.*

Geräte. Wie bei Aufgabe 11, doch ohne Drahtnetz, dazu Halbe Sammellinse. | Stecknadeln. 2 Nadelhalter (vgl. S. 276).

Anleitung. a) Setze auf die optische Bank die halbe Linse (Abb. 205) und dahinter den einen Nadelhalter, befestige daran eine Nadel derart, daß sie wagrecht und gleichläufig zur Linse steht, die Spitze auf der Linsenachse liegt und der Abstand der Linsenmitte von der Nadelspitze etwa

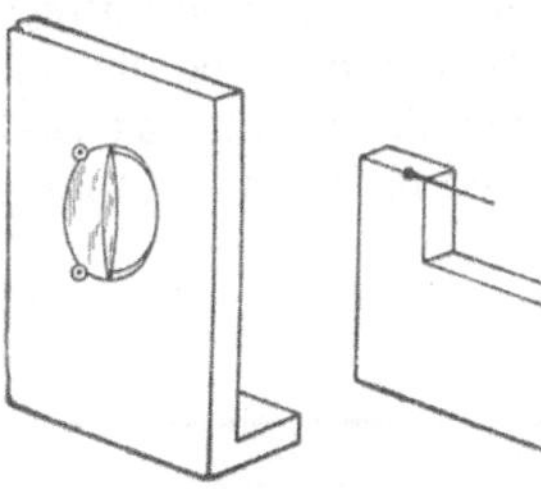

Abb. 205.

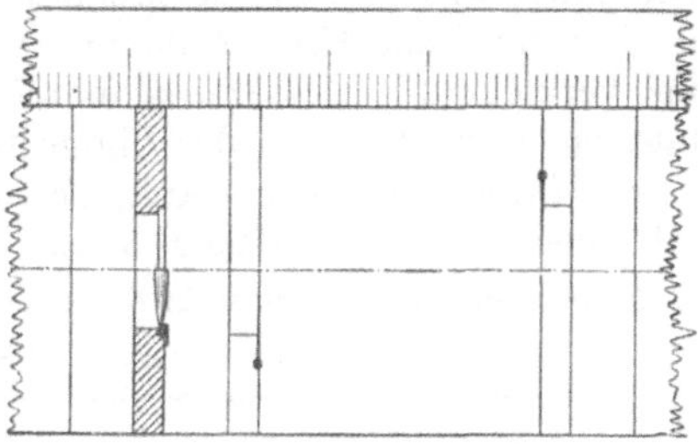

Abb. 206.

4 cm ist. Sieh durch die Linse und prüfe, ob ein gleichgerichtetes Bild entsteht, dessen Spitze in der Linsenachse liegt. Stelle den andern Nadelhalter noch weiter von der Linse entfernt auf als den ersten und befestige daran eine Nadel gleichläufig zur ersten, doch so, daß sie entgegengesetzt gerichtet ist (Abb. 206). Verschiebe diese zweite Nadel, bis ihre Spitze, mit dem bloßen Auge betrachtet, mit der Spitze der ersten Nadel, durch die Linse betrachtet, beim Auf- und Abwärtsbewegen des Kopfs stets zusammenbleibt, also scheinbar die eine Nadel immer die Verlängerung der andern Nadel bildet.

b) Miß sorgfältig die Abstände der beiden Nadelspitzen von der Linsenmitte. Stelle dreimal ein und nimm aus den Ablesungen das Mittel.

c) Wiederhole den Versuch noch mit zwei Dingweiten, die kleiner als die Brennweite sind.

d) Verfahre sinngemäß wie bei Aufgabe 11 (d) bis (h). Mit welchem Vorzeichen ist b zu versehn?

Bemerkungen. Die Nadelhalter (Abb. 205) bestehn aus einem Brett von genau 7,5 cm × 3 cm × 1 cm, das streng rechtwinklig an ein Grundbrett (10 cm × 3 cm × 1,2 cm) geschraubt ist. Die Nadeln befestigt man mit Klebwachs an der obern vordern Kante des lotrechten Brettchens und stellt hinter die eine einen weißen Hintergrund.

Die halbe Sammellinse hat 4 cm Durchmesser und 12,5 cm Brennweite. Sie ist ähnlich wie die ganze Linse bei Aufgabe 11 gefaßt; die gerade Kante steht lotrecht und die Achse liegt 7,5 cm über der optischen Bank (Abb. 206).

Man kann auch die halbe Linse so fassen, daß ihre gerade Kante wagrecht liegt. Dann befestigt man die Nadel, die als Ding dient, lotrecht in einem Brettchen von geringerer Höhe (7,5 cm weniger Nadellänge) und die Bildnadel auf einem 7,5 cm hohen Brett. Statt der Bildnadel kann man auch eine weiße Karte mit Strichmarke verwenden.

Man halte das Auge so, daß es vom Bild etwa 25 cm entfernt ist.

Ein andres Verfahren findet man bei Schuster-Lees, *Intermed. Course 133 Nr. 25.*

13. Aufgabe. *Welche Scheinbilder erzeugt eine Zerstreuungslinse?*

(1 Schüler, 1 Stunde.)

Quelle. Wilberforce-Fitzpatrick *2, 38 Nr. 5 u. 40 Nr. 6.*

Geräte. Wie bei Aufgabe 12, doch ohne Drahtnetz und anstatt einer Sammellinse eine Zerstreuungslinse von 12 bis 16 cm Brennweite, außerdem eine halbe Zerstreuungslinse und Schublehre.

Anleitung. a) Betrachte die kleine Flamme, das Ding, durch eine Linse, die in etwa 4 cm Abstand davon aufgestellt ist. Ist das Bild aufrecht und verkleinert? Entferne allmählich die Linse von der Flamme und untersuche die Ändrung der Bildgröße. Verschwindet jemals das Bild?

b) Untersuche wie bei Aufgabe 10, wo das Bild liegt, und ob man es mit einem Schirm auffangen kann.

c) Schreibe die Ergebnisse in folgender Weise auf:

Linse Nr. ... Optische Bank Nr. ...

Art des Bildes	Aufrecht, verkleinert			
	etwas	mehr	noch mehr	noch viel mehr
Dingweite in cm	....	....	....	....

d) Verfahre sinngemäß wie bei Aufgabe 12 (a) bis (d). Mache mindestens zwei Messungen mit verschiedenen Dingweiten.

Bemerkung. Ein andres Verfahren findet man bei Schuster-Lees, *Intermed. Course 133 Nr. 25.*

14. Aufgabe. *Wie verhalten sich bei einer Sammellinse die Größen von Bild und Ding?*

(2 Schüler, 2 Stunden.)

Quellen. Schuster-Lees, *Intermed. Course 137, Nr. 26.* R. A. Millikan, *School Science 6, 450; 1906.* Millikan-Gale *121 Nr. 47.*

Geräte. Wie bei Aufgabe 11, dazu Schublehre. Garn. Fadenzähler. 2 Meterstäbe. Klebwachs.

Anleitung. a) Entwirf auf dem Schirm mit der Linse ein Bild des Drahtnetzes und miß die Dingweite a und die Bildweite b. Nimm dabei a etwas größer als $2f$.

b) Bezeichne mit einem Faden, den man auf dem Drahtnetz mit Klebwachs befestigt, den wagrechten mittlern Draht und miß mit der Schublehre (vgl. S. 11) die Länge des beleuchteten Drahtstücks A und seines Bildes B.

c) Stelle dreimal ein, miß jedesmal a, b, A und B und nimm aus den Ablesungen die Mittel.

d) Mache den Abstand zwischen Schirm und Ding etwa 60 cm groß, suche die beiden Stellungen der Linse auf, wo sie ein scharfes Bild des Netzes erzeugt. Miß in jedem der beiden Fälle die Dingweite, die Bildweite, die Länge des Drahts und die Größen seiner Bilder, also a_1, a_2, b_1, b_2, A, B_1 und B_2. Mache jede Einstellung dreimal und nimm aus den Ablesungen die Mittel.

e) Es ist $B_1/A = b_1/a_1$, $B_2/A = b_2/a_2$ und, da bei gleichbleibendem Abstand von Schirm und Ding $b_1/a_1 = a_2/b_2$ ist, so folgt $A^2 = B_1 \cdot B_2$.

f) Wiederhole die Messungen (d) drei- bis viermal.

g) Schreibe die Ergebnisse in folgender Weise auf:

Linse Nr. ... Optische Bank Nr. ...

Einstellungen			Abstand des Dinges vom Schirm l [cm]	Bildweite b [cm]	Dingweite a [cm]	b/a	Länge des Bildes B	Länge des Dinges A	$\frac{B}{A}$	$\frac{b}{a} - \frac{B}{A}$
Ding	Schirm	Linse								
									Mittel	. . . . .

h) Für eine bestimmte Lage des Dinges ist die Vergrößerung der Linse $v_1 = B_1/A = b_1/a_1$. Hieraus und aus $1/a_1 + 1/b_1 = 1/f$ folgt

$$a_1 = f\,(1 + 1/v_1).$$

Verschiebt man das Ding um die Strecke d [cm], so wird die Vergrößerung v_2, und es ist

$$a_1 + d = f\,(1 + 1/v_2),$$

also

$$f = \frac{d}{\frac{1}{v_2} - \frac{1}{v_1}}.$$

Man kann demnach durch Messen der Verschiebung d und der beiden Vergrößerungen v_1 und v_2 die Brennweite f bestimmen. *Verfahren von* Abbe.

i) Stelle am einen Ende der Bank den Schirm und etwa 15 cm vom andern Ende die Linse auf. Entwirf auf dem Schirm ein scharfes Bild des Drahtnetzes, miß mit der Schublehre sehr sorgfältig die Länge A des bezeichneten mittelsten Drahts und die Länge B_1 seines Bildes und lies die Stellung des Drahtnetzes ab. Stelle dreimal ein und nimm aus den Ablesungen die Mittel.

k) Verschiebe das Drahtnetz um eine bestimmte Größe d, stelle, ohne die Linse zu verschieben, auf dem Schirm wiederum das scharfe Bild ein und verfahre wie bei (i). Die Länge des Bildes ist diesmal B_2.

l) Wiederhole die Messungen (i) und (k) nochmals.

m) Schreibe die Ergebnisse in folgender Weise auf:

Linse Nr. ... Optische Bank Nr. ...

Einstellungen Ding 1	2	Verschiebung des Dinges d [cm]	Ort des Schirms	Länge des Dinges A [cm]	Länge des Bildes B_1 [cm]	B_2 [cm]	Vergrößerungen $v_1 = \frac{B_1}{A}$	$v_2 = \frac{B_2}{A}$	Brennweite $f = \frac{d}{\frac{1}{v_2} - \frac{1}{v_1}}$
								Mittel	. . . . . .

n) Berechne die Vergrößerungen v_1 und v_2 und daraus die Brennweite der Linse.

o) Lege einen Meterstab auf den Tisch, stelle einen andern Meterstab lotrecht auf und halte das linke Auge so daneben, daß es aus 25 cm Höhe auf den wagrechten Maßstab hinabsieht. Bringe nun dicht vors rechte Auge die Linse des Fadenzählers (Abb. 207). Halte beide Augen offen und zähle mit dem unbewaffneten linken Auge, wieviel (L) Millimeter das Scheinbild der Öffnung in der Grundplatte des Fadenzählers, das man mit dem andern bewaffneten Auge durch die Linse sieht, auf dem Maßstab abgrenzt. Teile diese Zahl L durch die Breite l [mm] der Öffnung in der Grundplatte. Der Quotient gibt an, wievielmal der Gegenstand, wenn man ihn durch die Linse betrachtet, größer erscheint, als wenn man ihn mit bloßem Auge aus 25 cm Abstand beobachtet, aus der „bequemen Leseweite“ oder der „vereinbarten Sehweite“ oder der „mittlern Nahepunktsentfernung“ fehlerloser Augen.

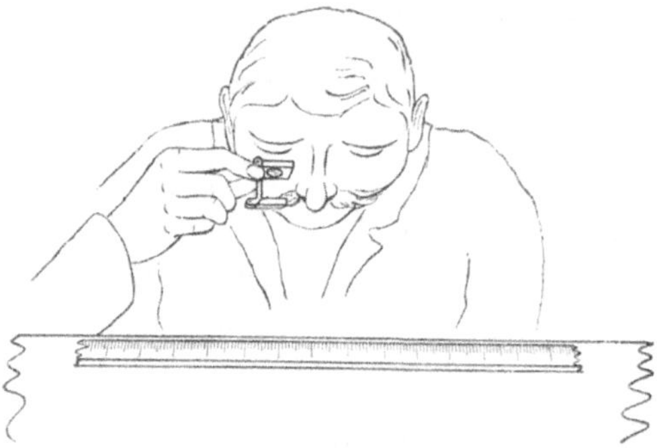

Abb. 207.

p) Ist f [cm] die Brennweite der Linse, so ist die Vergrößerungszahl des Fadenzählers

$$m = \frac{25}{f}.$$

q) Miß so genau wie möglich die Brennweite f [cm] der Lupe, berechne die Vergrößerungszahl m des Fadenzählers und vergleiche das Ergebnis mit dem Werte, den man bei (o) ermittelt hat.

Bemerkungen. Als Ding verwende man bei den Versuchen (a) bis (n) besser eine Blende mit wagrechtem Spalt von 1,5 cm Länge und 2 mm Breite oder ein größres Drahtnetz, als hier angegeben wurde. Dr. Curt Fischer stellte ein sehr geeignetes Ding (Abb. 208) aus einem geschwärzten Weißblechstreifen (12,7 cm × 10 cm) her. Er schnitt aus dem obern Rand ein 1,5 cm langes und 0,7 cm breites Rechteck aus und machte in den untern Rand zwei 4,5 cm lange Einschnitte, die 3,3 cm voneinander abstanden. Er bog dann den Mittellappen nach hinten, die Seitenlappen nach vorn und stellte so eine Standfläche her. Man kann auch den Blechstreifen nur 8,2 cm hoch und 10 cm breit machen und ihn an ein Grundbrett (10 cm × 4,7 cm × 1 cm) schrauben. Man mißt den 1,5 cm langen untern Rand des Ausschnitts und dessen Bild.

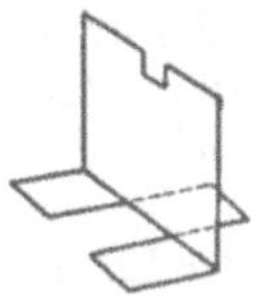
Abb. 208.

Aufs Schirmbrett kann man anstatt des weißen Steifpapiers ein Stück Millimeterpapier heften, am besten jedoch fängt man das Bild mit einer Mattglasscheibe auf. Die Mattscheibe kann man beleuchten und daher das Bild sicherer und bequemer messen. Das auf Papier aufgefangene Bild ist zwar heller, doch unbequemer zu messen.

Die Vergrößerung ist für verschiedene Augen ungleich. Kurzsichtige Schüler müssen beim Versuch (o) ihre Brillen aufbehalten.

Vgl. über das Vergrößern der Lupe auch: Winkelmann, *Handb. d. Phys.*[2] *6, 328.* Müller-Pouillet[10] *2, 1, 502.* v. Rohr, *Bilderzeugung in opt. Instr. 494.* v. Rohr, *Opt. Instr. 67.* Gleichen, *Leitf. d. prakt. Optik 99.* v. Dvořák, *Zeitschr. f. d. phys. u. chem. Unterr. 21, 373; 1908.* Michael Salzer, *ebd. 24, 142; 1911.* Dr. Wilhelm Volkmann, *a. a. O. 26 u. 27.*

15. Aufgabe. *Welche Gestalt hat das Bild eines Pfeils, das eine Sammellinse entwirft?*

(1 Schüler, 1 Stunde.)

Quelle. Hall, *Descript. List 32 Nr. 24.*

Geräte.

Linse (vgl. S. 274).	Messingdraht von 1 mm Durchmesser, rechtwinklig gebogen, der eine Schenkel 10 cm und der andre 6 cm lang.
Ding (vgl. S. 274).	Schere.
Schirm (vgl. S. 274).	Klebwachs.
Maßstab, 30 cm lang.	
Zeichenausrüstung (vgl. S. 106).	
Rollenpapier.	
Reißnägel.	

Anleitung. a) Hefte auf den Tisch einen Streifen Papier, der 70 cm lang und 30 cm breit ist, derart, daß die Längsseiten gegens Fenster gerichtet sind. Zeichne gleichläufig der Schmalseite, die am weitesten vom Fenster

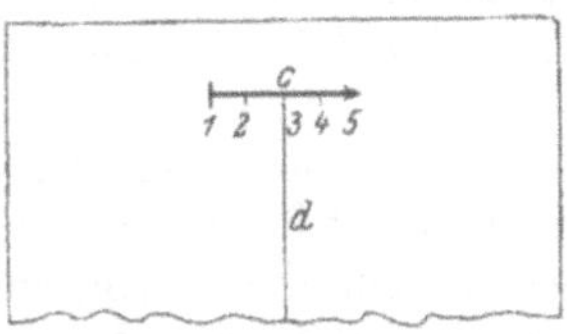

Abb. 209.

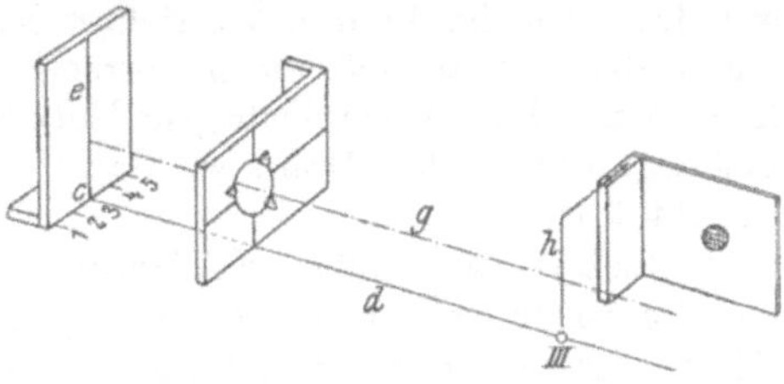

Abb. 210.

abliegt, in etwa 10 cm Abstand einen Pfeil *c* (Abb. 209), der 8 cm lang ist, teile ihn in vier gleiche Strecken, bezeichne ihre Endpunkte der Reihe nach mit 1, 2, 3, 4 und 5 und errichte auf dem Pfeil im Punkt 3 ein Lot *d* von etwa 30 cm Länge. Befestige auf dem Schirmbrett ein weißes Blatt Papier, ziehe darauf einen lotrechten Strich *e* (Abb. 210) und stelle das Papier so über den Pfeil, daß *e* genau überm Teilstrich 3 steht. Lege das

Linsenbrett so auf die schmale Kante, daß die Achse *g* der Linse mit *d* in einer Ebene liegt, die auf dem Papier senkrecht steht. Mache den Abstand der Linsenmitte von *e* etwa 19 cm groß. Stelle die Linse sorgfältig ein und bezeichne dann ihre Lage. Setze das Drahtnetzblech mit der langen Kante so aufs Papier, daß das Grundbrett senkrecht auf dem Papier steht, und befestige daran mit etwas Klebwachs einen rechtwinklig gebogenen Draht derart, daß dessen 10 cm langer Schenkel *h* lotrecht in der Ebene *dg* liegt und die Spitze dicht über *d* steht.

b) Bringe das Auge 20 bis 30 cm von *h* entfernt so in die Richtung der Linsenachse, daß du *h* deutlich siehst. Verschiebe nun den Draht *h* und bringe ihn nach dem „Abweichverfahren" mit dem Bilde des Strichs *e* zur Deckung. Mache, sobald *h* scharf eingestellt ist, genau unter seinem untern Ende einen Punkt und schreibe III daran, da er mit dem Bilde von 3 zusammenfällt.

c) Verschiebe den Schirm längs *c*, stelle der Reihe nach die Marke *e* genau über die Punkte 1, 2, 4 und 5 und bestimme wie bei (b) die Lage ihrer Bilder I, II, IV und V.

d) Verbinde durch eine Kurve die Punkte I, II, III, IV und V. Was stellt die Linie angenähert dar? Ist das Bild, das eine Sammellinse von einer Geraden entwirft, wieder eine Gerade? *Bildfeldwölbung.* Vergleiche miteinander die Richtungen des Pfeils und seines Bildes. Verbinde die Punkte (1, 2, . . .) des Pfeils mit ihren Bildern (I, II, . . .). Wo schneiden sich diese Geraden?

e) Hefte auf den Tisch einen Streifen Papier, der 50 cm lang und 30 cm breit ist. Zeichne darauf in etwa 20 cm Abstand von der Schmalseite, die dem Fenster zugekehrt ist, einen Pfeil, der 4 cm lang ist, und teile ihn wie bei (a) in vier gleiche Strecken, deren Endpunkte 1, 2, 3, 4 und 5 sind. Stelle die Linse, die man aus dem Brett herausgenommen hat, zwischen dem Pfeil *c* und der Schmalseite des Papiers, die dem Fenster zugekehrt ist, diesmal nur in etwa 8 cm Abstand von *c*, mit Klebwachs so auf, daß ihre Achse *g* über dem Lote *d* liegt, das man auf dem Pfeil im Punkte 3 errichtet hat. Stelle ähnlich wie bei (a) ein niedriges Blatt mit einem lotrechten Strich über den Pfeil *c* und hinterm Schirm einen niedrigen Klotz (den Nadelklotz S. 270) auf und befestige darauf den Draht so, daß der Schenkel *h* lotrecht aufwärts gerichtet ist.

f) Sieh aus 20 bis 30 cm Entfernung durch die Linse nach dem Strich *e* und gleichzeitig über die Linse weg nach dem Draht *h*. Bewege den Klotz, worauf der Draht befestigt ist, und bringe nach dem „Abweichverfahren" *h* mit dem Bilde von *e* zur Deckung. Lege mit einem Dreieck den Punkt des Papiers fest, der lotrecht unter *h* liegt, und bezeichne ihn mit III.

g) Verfahre wie bei (c) und (d).

Bemerkungen. Es ist ratsam, auf dem Brett, worin die Linse sitzt, die Lage ihres Mittelpunkts durch zwei rechtwinklig zueinanderstehende Geraden so festzulegen, wie es in Abb. 210 angedeutet ist.

IV. Optische Instrumente.

16. Aufgabe. *Stelle ein Himmelsfernrohr her und bestimme seine Vergrößerungszahl.*

(1 Schüler, 1 Stunde.)

1. Verfahren.

Quelle. Wilberforce-Fitzpatrick 2, *42 Nr. 1.*

Geräte. 2 Sammellinsen von 25 cm und 7,5 cm Brennweite.
2 Linsenhalter (vgl. Spiegelgalvanometer).
Rahmen aus Drahtgaze, lotrecht in einem Halter befestigt, oder Nadel auf Holzklotz (vgl. S. 270).
Meterstab.
Schirm der optischen Bank (vgl. S. 274).
Weißes Steifpapier.
Dreieck.
Tusche.
Reißnägel.
Klebwachs oder gummiertes Papier.
Reine weiche Baumwolllappen.

Anleitung. a) Setze aufs eine Ende des Meterstabes ein Stück weißes Steifpapier (den Schirm der optischen Bank) und richte das andre Ende gegen ein entferntes Ding vorm geöffneten Fenster. Halte in der Hand die Linse und bewege sie vom Schirm aus längs dem Maßstabe, bis sie auf dem Schirm ein deutliches Bild des Dinges entwirft. Der Abstand zwischen Linse und Schirm ist nahezu gleich der Brennweite der Linse. Wiederhole diese Messungen mehrmals und nimm aus den Ergebnissen das Mittel.

b) Bestimme ebenso auch die Brennweite der andern Linse.

c) Trage die Ergebnisse in die folgende Tafel ein, wo f_1 die längere und f_2 die kürzere Brennweite bezeichnet.

Linse Nr. ... und Nr. ...

	f_1 [cm]	f_2 [cm]	Linsenabstand in cm	Vergrößerungszahl
Mittel	....	....	....	....

d) Berechne die Mittel der f_1 und f_2 und daraus $f_1 + f_2$ und $f_1/f_2 = \ldots$

e) Setze in einen Halter die Linse mit der längern Brennweite ein und richte die Linse nach einem entfernten Gegenstande vorm geöffneten Fenster, der auf der Linsenachse liegt. Halte das Auge so, daß es durch die Linse ein umgekehrtes Bild des Dinges sieht. Bewege den Kopf und prüfe, ob sich das Bild in demselben oder in dem entgegengesetzten Sinn bewegt. Liegt das Bild auf derselben Seite wie das Auge? Fange es mit einem Stück Steifpapier auf.

f) Stelle zwischen Auge und Linse die Drahtgaze (oder die Nadel) und bringe sie nach dem „Abweichverfahren" mit dem Bilde zur Dekkung. Setze, sobald dies geschehen, zwischen Auge und Gaze die andre Linse, halte das Auge dicht daran und bewege Auge nebst Linse, bis du ein scharfes Bild der Gaze siehst.

g) Miß die Abstände der Gaze von der vordern und von der hintern Linse und vergleiche diese Längen und ihre Summe mit den Brennweiten f_1 und f_2 und deren Summe.

h) Nimm die Drahtgaze weg. *Fernrohr, Objektiv oder Vorderlinse, Okular oder Augenlinse.* Wie müssen die beiden Linsen zueinander stehn, damit die Strahlen aus der Augenlinse gleichläufig austreten? Erscheint das Ding, wenn man es durch dieses Fernrohr betrachtet, größer, als wenn man es mit unbewaffnetem Auge anschaut? Ist das Bild aufrecht oder umgekehrt?

i) Wiederhole die Einstellungen und Messungen (e) bis (h) nochmals und miß den Abstand der Vorderlinse von der Augenlinse. Trage die Ergebnisse in die Tafel ein, berechne den Mittelwert und vergleiche ihn mit der Summe der Mittelwerte der Brennweiten.

k) Schneide aus Steifpapier einen Streifen (30 cm × 5 cm) und ziehe gleichläufig den kurzen Seiten dicke schwarze Striche in 2,5 cm Abstand. Befestige an einer entfernten Wand den Streifen und stelle das Fernrohr darauf ein. Betrachte das Steifpapier mit dem einen Auge durchs Fernrohr und gleichzeitig mit dem unbewaffneten Auge. Stelle die Augenlinse so, daß sich die beiden Bilder beim Drehen der Augenachsen möglichst wenig gegeneinander verschieben. Drehe ein wenig, wenn erforderlich, das Fernrohr derart, daß sich die mit beiden Augen gesehnen Bilder decken. Ding und Bild erscheinen wie in der Abb. 211. Laß mit einem Strich des Dinges einen Strich des Bildes zusammenfallen. Zähle die Zwischenräume zwischen zwei Strichen der Abbildung. Vermeide dabei, das Auge anzustrengen. *Vergrößerungszahl.*

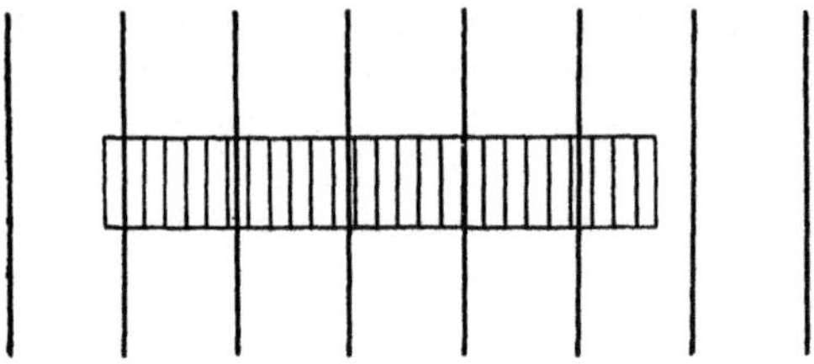

Abb. 211.

l) Wiederhole das Bestimmen mehrmals.

m) Trage die Ergebnisse in die Tafel ein, bilde den Mittelwert und vergleiche ihn mit dem Wert f_1/f_2.

2. Verfahren.

Quelle. Crew-Tatnall *206 Nr. 93.*

Geräte. Wie beim 1. Verfahren, doch ohne Linsenhalter, dazu 25 cm lange, innen geschwärzte, 1,5 mm starke Pappröhre von 3,6 cm innrer Weite.
2 Bunsengestelle.

Anleitung. n) Verfahre wie bei (a) bis (d).

o) Befestige an einem Ende der Pappröhre mit Klebwachs oder mit Streifen aus gummiertem Papier die Linse mit der längern Brennweite f_1. Klemme an einem Gestell die Röhre fest und richte das Ende, das die Linse trägt, auf ein entferntes Ding vorm geöffneten Fenster.

Setze in die Klemme eines zweiten Gestells die andre Linse und stelle sie vorm hintern Ende der Röhre so auf, daß die Linsenachsen zusammenfallen. Halte das Auge hinter diese Linse in 4 bis 5 cm Abstand und verschiebe das Gestell, bis du das entfernte Ding deutlich siehst. *Fernrohr, Objektiv, Okular.*

p) Beantworte die in (h) gestellten Fragen.

q) Berichtige die Lage der Augenlinse, bis das Bild so scharf wie möglich erscheint. *Einstellen des Fernrohrs.* Stelle die Augenlinse mehrmals ein und miß jedesmal den Abstand zwischen Vorderlinse und Augenlinse. Trage die Ergebnisse wie bei (c) in die Tafel ein und berechne den Mittelwert. Vergleiche ihn mit der Summe der Mittelwerte.

r) Verfahre wie bei (k) bis (m).

Bemerkungen. Als Augenlinse kann man einen Fadenzähler verwenden, den man beim ersten Verfahren auf einen Holzklotz od. dgl. stellt und beim zweiten Verfahren an einem Gestell befestigt.

Beim zweiten Verfahren empfiehlt es sich nicht, die Augenlinse in einer Röhre zu befestigen, die sich in der Röhre der Vorderlinse verschieben läßt.

Das Bestimmen der Vergrößerungszahl bereitet dem Schüler erhebliche Schwierigkeiten, weil er oft nicht imstande ist, der Sehweite beide Augen richtig anzupassen. Das Einstellen gelingt vielen Schülern leichter, wenn sie dabei blinzeln. Kurzsichtige Schüler müssen ihre Brillen aufbehalten. Anstatt das Steifpapier mit Strichen zu verwenden, kann man auch auf folgende Weise verfahren: Man läßt auf der Tafel zwei wagrechte dicke Striche im Abstand 7,5 bis 15 cm ziehn und aus möglichst großer Entfernung das Fernrohr darauf einstellen. Dann läßt man einen andern Schüler auf der Tafel die Stellen bezeichnen, die beim Betrachten mit dem unbewaffneten Auge mit den Bildern der beiden Striche zusammenfallen, die man mit dem andern Auge durchs Fernrohr sieht.

Vgl. Ernst Mach, *Die Prinzipien der physik. Optik 68ff.*

17. Aufgabe. *Stelle ein Mikroskop her und bestimme seine Vergrößerungszahl.*

(1 Schüler, 1 Stunde.)

1. Verfahren.

Quelle. Wilberforce-Fitzpatrick *2, 42 Nr. 2.*

Geräte. 2 Sammellinsen von 2,5 bis 7,5 cm Brennweite.
2 Linsenhalter (vgl. Spiegelgalvanometer).
Millimeterteilung auf weißem Papier.
Bunsengestell.
Schirm aus Drahtgaze oder Nadel auf Holzfuß (vgl. S. 270).

Anleitung. a) Stelle wagrecht vor der einen Linse senkrecht zu deren Achse die Millimeterteilung so auf, daß ein umgekehrtes und stark vergrößertes Bild entsteht, und bringe es nach dem „Abweichverfahren“ mit der Drahtgaze (oder der Nadel) zur Deckung.

b) Benutze die andre Linse als Vergrößerungsglas und stelle sie wie bei Aufgabe 16 (f) so ein, daß du ein scharfes Bild der Gaze erblickst.

c) Miß den Abstand der Gaze von der vordern und der hintern Linse und den Abstand der Millimeterteilung von der vordern Linse.

d) Nimm die Gaze weg. Sieht man ein aufrechtes oder ein umgekehrtes Bild? Ist es verkleinert oder vergrößert? *Mikroskop, Objektiv, Okular.*

e) Wiederhole das Einstellen und Messen mehrmals.

f) Nähere ein wenig dem Objektiv das Ding. Wie muß man die Augenlinse verschieben, um wieder ein scharfes Bild zu erhalten? Ist es stärker vergrößert als vorher?

2. Verfahren.

Quelle. Millikan-Gale *123 Nr. 49.*

Geräte. 2 Fadenzähler.
Röhre von 10 bis 12,5 cm Länge aus Pappe oder aus innen geschwärztem Weißblech.
2 Korke mit 1 cm weiten Durchbohrungen.
Bunsengestell.
2 Millimeterteilungen auf weißem Papier.
Kautschukband.
Holzklotz.

Anleitung. g) Setze in die Enden der Röhre die beiden Korke ein und befestige mit einem Kautschukband die Linsen der Fadenzähler über den Löchern (Abb. 212). Klemme lotrecht überm Tisch die Röhre fest und stelle durch Heben oder Senken ein vergrößertes Bild der Millimeterteilung scharf ein, die darunter auf einem Holzklotz liegt. Der Abstand des Tisches vom obern Ende der Röhre sei etwas größer als 25 cm.

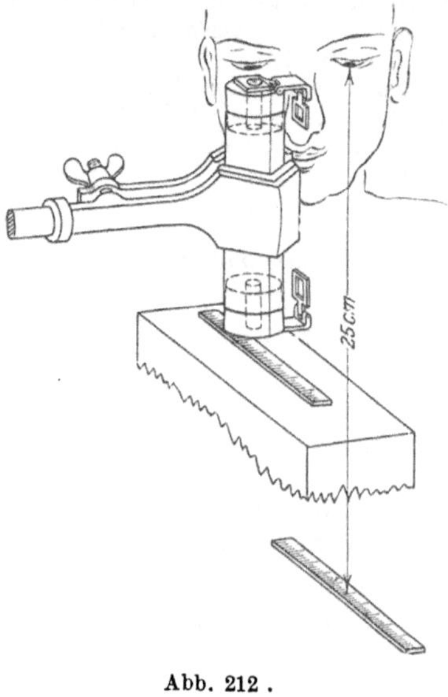

Abb. 212.

h) Lege wie im Bild auf den Tisch eine andre Millimeterteilung und hebe sie so weit empor, daß sie genau 25 cm von dem Auge absteht, das nicht durchs Mikroskop sieht. Betrachte gleichzeitig beide Teilungen, die eine durchs Mikroskop, die andre mit dem unbewaffneten Auge, und bestimme, wieviel Millimeter des Maßstabes von einem Millimeter der Teilung unterm Mikroskop bedeckt werden. *Vergrößerungszahl des Mikroskops.*

Bemerkung. Vgl. auch die bei Aufgabe 14, S. 279, angegebenen Schriften.

V. Farbenzerstreuung.

18. Aufgabe. *Wie zerstreut ein Prisma das Licht?*

(2 Schüler, 2 Stunden.)

Quellen. Newtons *Optik. Ostwalds Klassiker d. exakt. Wissensch. Nr. 96, S. 15, 19, 24, 31.* Glazebrook *178 Nr. 29 u. 30.* Wilberforce-

FITZPATRICK *2, 44 Nr. 5.* WATSON, *Elem. Pract. Phys. 143 Nr. 112.* CREW-TATNALL *197 Nr. 89.* MILLIKAN-GALE *124 Nr. 50.* H. HAHN, *Freihandversuche 3, 212, 214, 215, 221.* MACH, *Physik. Optik 118 ff.*

Geräte. Schnittbrenner. Gasschlauch. Milchglasbirne. 2 gleiche Prismen. Blende aus schwarzem Blech mit einem lotrechten Spalt von 1 bis 2 cm Länge und 1 bis 2 mm Breite. Weißer Schirm (vgl. S. 274). Holzklotz. Rechtecke (16 cm × 3 cm) aus 3 mm starkem rotem und blauem Glas. Schwarzes Steifpapier. Weißes Steifpapier. Rot- und Blaustift. Mattes weißes, rotes, gelbes, grünes, blaues, violettes und schwarzes Papier. Schere. Gummi arabicum.

Anleitung. **a)** Halte unmittelbar ins Sonnenlicht das Prisma und wirf die Strahlen nach einem beschatteten Teil des Fußbodens. Halte zwischen die Sonne und das Prisma ein Stück schwarzes Steifpapier, worein ein Spalt von 2 bis 3 mm Breite geschnitten ist. Wieviel Farben kann man unterscheiden? Welche Farbe wird am wenigsten und welche am meisten abgelenkt, d. h. welche Farbe liegt der brechenden Kante am nächsten und welche Farbe ist davon am weitesten entfernt? Vergleiche die Breite des Spalts mit der Breite des Farbenbandes. *Spektrum.*

b) Schneide in ein andres Stück schwarzes Steifpapier zwei Spalte von 2 mm Breite, die 2 mm voneinander abstehn. Verdecke den einen Spalt und beschreibe das Farbenband. Decke den Spalt auf und beschreibe die Farbenänderung in der Mitte des Lichtflecks, wo sich beide Bänder übereinanderlagern. Vereinigen sich etwa hier die Bandfarben zu Weiß?

c) Halte in die Sonnenstrahlen das Prisma ohne Blende. Warum sind nur die Ränder des Lichtflecks und nicht die Mitte gefärbt?

d) Stelle einen Schnittbrenner so auf, daß der schmale Rand der Flamme dem Auge zugekehrt ist. Betrachte aus 2 bis 3 m Entfernung die Flamme. Halte vors rechte Auge das Prisma und wende die brechende Kante gegen die Nase. Nach welcher Seite muß man durchs Prisma sehn, damit man das Bild der Flamme erblickt? Wie ist das Bild gefärbt? Welche Farbe liegt am weitesten nach rechts und welche am weitesten nach links? Welche Farben liegen dazwischen?

e) Betrachte durchs Prisma einen breiten Streifen weißes Papier. Wie ist der eine Rand und wie der gegenüberliegende gefärbt? Warum ist das Papier in der Mitte weiß? Warum sind die gegenüberliegenden Ränder verschieden gefärbt?

f) Schneide aus weißem Steifpapier einen Streifen von etwa 5 cm Länge und etwa 2,5 cm Breite aus und ziehe darauf gleichläufig zu den Längsseiten zwei Striche, einen roten und einen blauen. Die Striche sollen nicht breiter als 1 mm sein und so dicht aneinanderliegen, daß dazwischen das weiße Papier nicht zu sehn ist. Biege in der Mitte die Karte rechtwinklig um, damit man sie derart aufrecht stellen kann, daß die farbigen Striche lotrecht stehn.

g) Stelle das Prisma so auf den Tisch, daß die brechende Kante nach rechts gekehrt ist, und setze in etwa 30 cm Abstand die Karte so auf den Tisch, daß die Fläche mit den Strichen gegens Prisma gekehrt ist und der rote Strich links liegt. Betrachte durchs Prisma die farbigen Striche. Welcher liegt links? Sind die beiden Bilder so breit wie die Striche?

h) Kehre die Karte so um, daß nun der rote Strich rechts liegt, und betrachte sie durchs Prisma. Welches Bild liegt rechts? Lenkt das Prisma die roten und die blauen Strahlen gleichstark ab?

i) Ziehe mit einem Bleistift einen 12 bis 15 cm langen Strich auf einem Blatt aus mattschwarzem Papier. Schneide aus rotem, gelbem, grünem, blauem, violettem und weißem Papier etwa 2 cm lange und 0,2 cm breite Streifchen. Klebe sie längs dem Bleistrich hintereinander so aufs schwarze Papier, daß sie einen zusammenhängenden 2 mm breiten Streifen bilden. Halte dicht vors Auge das Prisma, mit der brechenden Kante gleichläufig dem Streifen, und drehe das Glas, bis du diesen siehst. Liegen die Bilder der Streifchen auch in einer Geraden? Ordne die Streifchen nach ihrem scheinbaren Abstande von der brechenden Kante. Werden Strahlen verschiedener Farbe beim Durchgange durch ein Prisma gleichstark abgelenkt? Welche werden am meisten und welche am wenigsten abgelenkt? Wirft jedes Papier nur eine einzige Farbe zurück? Ist z. B. im roten Papier etwas Blau und im gelben etwas Grün enthalten? Wieviel Farben kannst du im weißen Papier entdecken? Ist das Weiß vielleicht eine Mischung aller andern Farben?

k) Stelle im verdunkelten Zimmer dicht hinter eine Blende mit lotrechtem Spalt eine Flamme. Drehe, wenn die Flamme flach ist, den schmalen Rand gegen den Spalt. Stelle nicht weit davon einen weißen Schirm auf und laß das Licht darauf fallen. Setze auf einen Holzklotz in der Höhe des Spalts das Prisma so, daß die brechende Kante dem Spalt gleichläufig steht und das Lichtbündel auf die Mitte der einen Prismenfläche fällt. Prüfe dies mit einem weißen Papierstück. In welcher Richtung werden die Strahlen abgelenkt? Fange sie mit dem Schirm auf. Ist der Lichtfleck breiter als der Spalt? Welche Farben zeigt er? Drehe das Prisma langsam so, daß sich das rote Ende des Farbenbandes auf die Stelle hinbewegt, wo vorher der nicht abgelenkte weiße Lichtfleck lag. Hört bei einer bestimmten Stellung des Prismas das Bewegen des Bandes in diesem Sinn auf? Bewege in demselben Sinn wie vorher das Prisma weiter. Wie bewegt sich nun das rote Ende des Bandes? *Kleinste Ablenkung.* Stelle jetzt und bei allen künftigen Versuchen das Prisma so, daß die kleinste Ablenkung stattfindet. Rücke den Schirm so, daß das Farbenband möglichst scharf wird.

l) Welche Farbe hat das Licht, bevor es ins Prisma eintritt? Welche Farben zeigt es nach dem Durchgange durchs Prisma? Fahre längs der Prismenfläche, wodurch das Licht eintritt, mit einem Streifen aus schwarzem Steifpapier hin und her. Wie verschiebt sich das Farbenband? Erzeugen die verschiedenen Stellen der Prismenfläche an verschiedenen Orten des Schirms farbige Bänder? Lagern sich, wenn man die ganze Prismenfläche benutzt, auf dem Schirm die Streifen übereinander? Verkleinere mit dem Papierstreifen die Breite des Spalts. Fahre längs der Prismenfläche, woraus das Licht austritt, mit dem Papierstreifen hin und her. Wie läßt sich das bandartige Verbreitern des Lichtflecks auf dem Schirm erklären? Welche Strahlen werden am wenigsten und welche am stärksten abgelenkt?

m) Halte vor den Spalt eine rote Glasscheibe. Welche Strahlen gehn hindurch? Wie ist der Lichtfleck gefärbt? Wiederhole mit einer blauen Glasscheibe den Versuch. Welches Licht wird am stärksten abgelenkt?

n) Nimm die blaue Glasscheibe weg und setze dicht hinters Prisma ein andres Prisma in die Stellung der geringsten Ablenkung, und zwar so, daß die brechenden Kanten beider Prismen gleichlaufen und nach derselben Seite gekehrt sind. Wo liegt jetzt das Farbenband auf dem Schirm? Wird das Zerstreuen des Lichts vergrößert?

o) Entferne das zweite Prisma etwas vom ersten und drehe es dann so, daß seine Kanten die des ersten rechtwinklig kreuzen, also wagrecht liegen. Wie lenkt das zweite Prisma die Strahlen ab, die aus dem ersten austreten? Wie liegt jetzt das Farbenband auf dem Schirm? Welche Strahlen werden am stärksten abgelenkt?

p) Nimm das zweite Prisma in die Hand, halte die brechende Kante wagrecht und betrachte das wagrecht liegende Farbenband, welches das erste Prisma auf dem Schirm entwirft. Vergleiche das Ergebnis mit dem des vorigen Versuchs.

q) Bringe beide Prismen wieder in die Stellungen, die sie beim Versuch (n) hatten, doch vergrößere ihren Abstand. Halte vor die Fläche des zweiten Prismas einen schwarzen Papierstreifen, worein ein Spalt von 1 mm Breite geschnitten ist. Drehe das erste Prisma, laß auf den Spalt der Reihe nach die roten, gelben usw. Strahlen fallen und fange mit dem Schirm die Strahlen auf, die aus dem zweiten Prisma austreten. Zerlegt das zweite Prisma die farbigen Strahlen noch weiter? Welche Strahlen werden am stärksten abgelenkt?

Bemerkungen. Statt des Schnittbrenners und der Blende mit dem Spalt kann man im Notfall auch die Glühlampe (S. 274) oder den Auerbrenner von Aufgabe 25 benutzen.

Das Prisma, das bei Aufgabe 7 verwandt wurde, ist für die Versuche (k) bis (q) zu klein und seine Zerstreuung zu gering; doch lassen sich damit diese schwierigen Versuche gut ausführen, wenn man das Verfahren anwendet, das in Aufgabe 22 (a) beschrieben wird.

19. Aufgabe. *Lassen sich die Farben, worein ein Prisma weißes Licht zerlegt, wieder zu weiß vereinigen?*

(2 Schüler, 1 Stunde.)

Quellen. Newtons, *Optik. Ostwalds Klassiker d. exakt. Wissensch. Nr. 96 S. 91, 92.* Glazebrook *181 Nr. 31.* H. Hahn, *Freihandversuche 3, 226.* Mach, *Physik. Optik 118ff.*

Geräte. Schnittbrenner. Gasschlauch. 2 gleiche Prismen. Blende (vgl. S. 285). Weißer Schirm (vgl. S. 274). Holzklotz. Schwarzes Steifpapier. Schere.

Anleitung. **a)** Entwirf wie bei Aufgabe 18 (k) auf dem Schirm ein Farbenband. Stelle dicht hinters Prisma ein andres Prisma derart, daß die Kanten und die einander zugekehrten Flächen gleichlaufen und die brechenden Kanten nach verschiedenen Seiten gewandt sind. Ist auf dem Schirm ein Farbenband zu sehn? Wie wirkt das zweite Prisma auf die zerlegten Strahlen ein, die aus dem ersten Prisma austreten? Welchen Körper bilden beide Prismen zusammen?

b) Fahre mit einem schmalen Kartenstreifen zwischen den beiden Prismen hin und her. Sind die Bilder farbig, welche die Reststrahlen erzeugen?

c) Nimm das zweite Prisma weg und betrachte dadurch aus einem Abstande, der gleich dem Abstande des ersten Prismas vom Schirm ist, das Farbenband, welches das erste Prisma entwirft. Halte dabei die brechende Kante des zweiten Prismas gleichläufig zu der des ersten. Drehe die brechende Kante des zweiten Prismas nach derselben Seite wie die des ersten. Wie ändert sich die Länge des Farbenbandes? Addieren sich die Ablenkungen? Drehe die brechende Kante des zweiten Prismas nach der entgegengesetzten Seite. Addieren sich auch hier für jede Strahlenart die beiden Ablenkungen oder heben sie einander auf?

Bemerkung. Vgl. die Bemerkungen zu Aufgabe 18, S. 287.

20. Aufgabe. *Hat eine Sammellinse für rotes und für blaues Licht die gleiche Brennweite?*

(2 Schüler, 1 Stunde.)

Quellen. Newtons *Optik. Ostwalds Klassiker d. exakt. Wissensch. Nr. 96 S. 17, 36, 58.* Glazebrook *191 Nr. 32.* H. Hahn, *Freihandversuche 3, 215, 225.* Mach, *Physik. Optik 118ff.*

Geräte.

Pappe.	Lampe.
Mattes rotes Papier.	Blaues Glas.
Mattes blaues Papier.	Rotes Glas.
Schere.	Bunsengestell.
Gummi arabicum.	Die Ausrüstung wie bei
Schwarzes Garn.	Aufgabe 11, S. 271.

Anleitung. **a)** Beklebe ein Stück Pappe halb mit blauem und halb mit rotem Papier und binde quer darum einen schwarzen Faden. Verdunkle das Zimmer. Beleuchte mit einer Lampe diese Scheibe und versuche auf einem Schirm mit einer Sammellinse ein scharfes Bild des Fadens zu entwerfen. Blende dabei das Licht der Lampe vom Schirm ab. Stelle zunächst den Faden auf dem blauen Felde scharf ein. Ist jetzt das Bild des Fadens auf dem roten Felde verschwommen? Entferne den Schirm ein klein wenig von der Linse und stelle den Faden auf dem roten Hintergrunde scharf ein. Ist nun das Bild des Fadens auf dem blauen Hintergrunde verschwommen? Vereinigt die Linse rote und blaue Strahlen an derselben Stelle?

b) Entwirf im verdunkelten Zimmer auf dem Schirm mit einer sehr starken Lichtquelle und mit der Linse ein scharfes Bild eines mit großen schwarzen Buchstaben bedruckten Papiers. Stelle vor die

Lichtquelle ein rotes Glas und beleuchte so das Papier mit rotem Licht. Ist das Bild auf dem Schirm noch scharf? Stelle es ganz scharf ein. Ersetze das rote Glas durch ein blaues. Bleibt das Bild auf dem Schirm scharf? Nähere der Linse den Schirm und stelle das Bild wieder scharf ein.

c) Stelle zwischen die Lichtquelle und das Drahtnetz eine rote Glasscheibe und bestimme wie in Aufgabe 11 (l) bis (n) nach dem Verfahren von Bessel die Brennweite der Linse.

d) Bestimme ebenso die Brennweite der Linse für blaues Licht. Ist die Brennweite für rotes oder für blaues Licht länger?

Bemerkung. Bei den Versuchen (b) bis (d) kann man auch nacheinander die farbigen Gläser vor die Augen halten und nun einstellen. Dann braucht man das Zimmer nur halb zu verdunkeln.

21. Aufgabe. *Untersuche mit dem Prisma verschiedene Körper, die Licht aussenden oder verschlucken.*

(2 Schüler, 2 Stunden.)

Quelle. Crew-Tatnall *210 Nr. 94.*

Geräte. Glasprisma (vgl. Aufg. 7). Bunsenbrenner. Gasschlauch. Schirm mit Spalt. Dickes weißes Fließpapier oder Asbestpapier. Schere. Glühlampe. Natriumchlorid. Natriumnitrat. Lithiumchlorid. Thallosulfat. 4 Prüfgläser, die in Bechergläsern stehn. Fettstift oder gummiertes Papier. Rotes und blaues Glas. Stricknadel. Reine weiche Baumwolllappen.

Anleitung. a) Laß den Mitarbeiter aus dem Fließpapier Streifen (10 × 1 cm) schneiden, das eine Ende eines Streifens anzünden, sofort die Flamme ausblasen und durch schwaches Blasen das glimmende Ende dauernd in Glut erhalten. *Rotglühender fester Körper* (*Kohle*). Halte das Prisma mit der brechenden Kante lotrecht dicht vors Auge und betrachte aus 1 bis 3 m Entfernung das rotglühende Papierende. Ist das Bild so breit wie der Gegenstand? Welche Farben beobachtet man durchs Prisma? Welche Farbe ist von der brechenden Kante am wenigsten und welche am meisten entfernt? Betrachte durchs Prisma den Faden einer brennenden Glühlampe. Welche Farbe sendet glühende feste Kohle aus?

b) Stelle hinter den Spalt des Eisenschirms eine leuchtende Bunsenflamme oder eine brennende Kerze. Halte die brechende Kante des Prismas gleichläufig zum Spalt. Vergleiche das Farbenband mit jenem der festen Kohle (a). Enthält dies Farben, die im Farbenbande der leuchtenden Gasflamme fehlen? Welcher Stoff ist vermutlich in der Flamme enthalten?

c) Öffne das Luftloch des Bunsenbrenners und untersuche mit dem Prisma die nicht leuchtende Flamme. Welche Farben sind am hellsten? Welche Farben fehlen?

d) Der Mitarbeiter stelle in einem Prüfglas eine Kochsalzlösung her, befeuchte damit einen Streifen Fließpapier oder Asbestpapier, schreibe darauf, ebenso wie aufs Prüfglas, NaCl und halte nun dies durchtränkte Ende des Papiers in den untern Teil der nichtleuchtenden Flamme. Untersuche diese mit dem Prisma. Welche Farbe überwiegt alle andern? Man muß den Streifen so stark befeuchten, daß er sich nicht entzündet.

e) Laß den Mitarbeiter einen andern Streifen, worauf er $NaNO_3$ geschrieben hat, mit einer Natriumnitratlösung befeuchten. Welche Farbe wiegt im Farbenbande stark vor, sobald der Streifen die Flamme berührt? Welche Farbe liefern beide Streifen? Welcher Bestandteil ist in beiden Stoffen enthalten?

f) Laß, während du die Bunsenflamme durchs Prisma betrachtest, den Mitarbeiter den Brenner etwa 1 cm hochheben und dann niederstoßen, so daß in die Flamme etwas Staub fliegt. Welche Farbe blitzt auf? Welcher Stoff ist also im Staub enthalten?

g) Laß den Mitarbeiter einen dritten Streifen Fließpapier, worauf er LiCl geschrieben hat, mit einer schwachen Lösung von Lithiumchlorid (erbsengroßes Stück) befeuchten und das Ende des Streifens in den untern Teil der Bunsenflamme halten. Welche Farbe überwiegt?

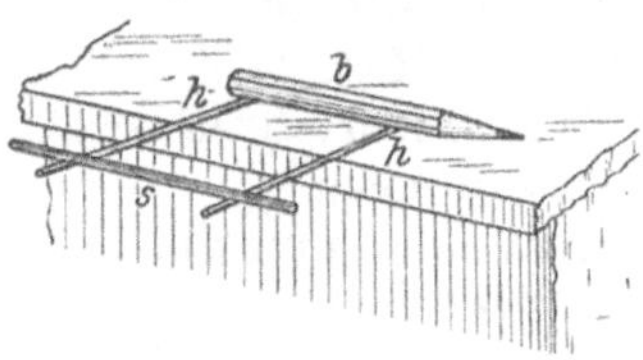

Abb. 213.

h) Wiederhole den Versuch (g) mit Thallosulfat. Ein Stück, so groß wie ein Nadelkopf, in einem Fingerhut voll Wasser gelöst, reicht für den Versuch völlig aus. Auf den vierten Streifen ist Tl_2SO_4 zu schreiben. Welche Farbe wiegt neben dem allgegenwärtigen Gelb vor?

i) Laß den Mitarbeiter einen einzigen, je zwei, je drei oder alle vier Streifen in die Flamme halten, ohne daß du weißt, welchen oder wie viele er nimmt. Kannst du sagen, welche Stoffe er benutzt? *Spektralanalyse.*

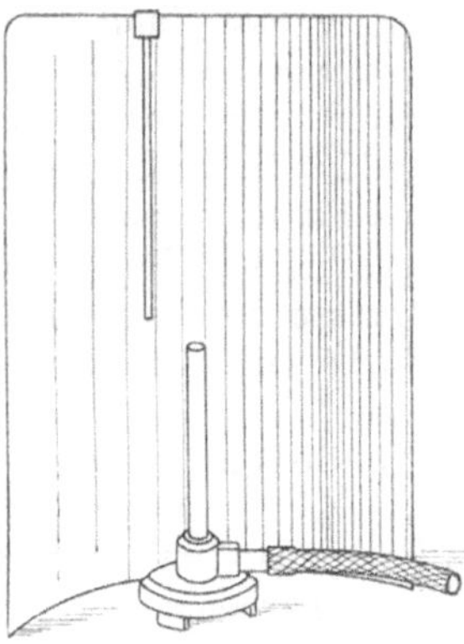
Abb. 214.

k) Laß den Mitarbeiter die Bunsenflamme leuchtend machen und dicht vor den Spalt den roten Glasstreifen halten. Welche Farben des gewöhnlichen Farbenbandes verschwinden? Wiederhole den Versuch mit dem blauen Glase. Welche Farben sind ausgelöscht? Laß beide Gläser aufeinanderlegen und vor den Spalt halten. *Kontinuierliches Spektrum. Absorptionsspektrum.*

l) Lege aufs Fensterbrett zwei Holzstäbchen *h* (Bild 213) und quer darüber hinten einen Bleistift *b* und vorn in den hellen Sonnenschein eine glänzende Stricknadel *s*. Stelle dich mindestens 120 cm davon entfernt auf, halte die Kante des Prismas gleichläufig zur Nadel und betrachte diese durchs Prisma. Wie viele schwarze Linien siehst du und in welchen Farben liegen sie? *Fraunhofersche Linien.*

Bemerkungen. Der Schirm mit Spalt ist ein Quadrat (30 cm × 30 cm) aus schwarzem Eisenblech, worein längs der einen Mittellinie vom Rand aus ein 15 cm langer und 0,3 cm breiter Schlitz eingeschnitten ist; übers obre Ende des Spalts ist ein kleiner Blechstreifen gelötet und der Schirm schwach walzenförmig um eine dem Spalt gleichlaufende Achse gebogen (Abb. 214).

30 g Lithiumchlorid und 5 g Thallosulfat reichen für viele Jahre aus. Die Streifen und die Prüfgläser mit den Lösungen sind sorgfältig zu bezeichnen.

Bei Versuch (1) benutzte ich früher einen 3 mm breiten Streifen aus weißem Fließpapier oder Steifpapier, der auf ein Stück mattschwarzes Tuch (60 cm × 60 cm) in den Sonnenschein gelegt wurde. Der Versuch gelang nur, wenn ich zwei Prismen hintereinander hielt. Den neuen Ersatz für den beleuchteten Spalt verdanke ich einer liebenswürdigen Mitteilung meines Kollegen Dr. R. Maurer zu Freiburg im Breisgau.

Vgl. Ernst Mach, *Prinzipien d. physik. Optik 143ff.*

22. Aufgabe. *Wie ist ein Spektroskop eingerichtet?*

(1 Schüler, 1 Stunde.)

Quelle. Wilberforce-Fitzpatrick *2, 46 Nr. 6.*

Geräte. Wie bei Aufgabe 19, S. 287, dazu:
2 Sammellinsen von 15 cm Brennweite.
Sammellinse von 5 cm Brennweite oder Fadenzähler.
3 Linsenhalter.
Schirm aus Drahtgaze od. dgl. (vgl. S. 281).

Anleitung. **a)** Stelle in 30 cm (= 2f) Abstand vom Spalt eine Sammellinse von 15 cm Brennweite auf und entwirf damit auf dem Schirm ein scharfes Bild des Spalts. Stelle zwischen Linse und Schirm das Prisma auf, und zwar möglichst nahe bei der Linse. Fange vorm Prisma mit einem weißen Papierstück das Lichtbündel auf und prüfe, ob es richtig aufs Prisma fällt. Verschiebe, wenn nötig, den Schirm und fange damit das Farbenband auf. Drehe wie in Aufgabe 18 (k) das Prisma so, daß das Farbenband vom ursprünglichen Spaltbilde den kleinsten Abstand hat. Bewege dann den Schirm ein wenig vorwärts und rückwärts, damit das Farbenband so hell wie möglich wird und der obre und der untre Rand ganz scharf eingestellt sind.

b) Wiederhole mit dieser Anordnung die Aufgaben 18 (k) bis (q) und 19.

c) Nähere dem Spalte die Linse auf 15 cm (= f). Bei dieser Stellung entwirft die Linse auf dem sehr weit entfernten Schirm ein scharfes Bild des Spalts. Das Zimmer muß man dabei verdunkeln oder wenigstens den Schirm beschatten. Stelle dicht hinter die Linse das Prisma und prüfe wieder mit einem Stück Papier, ob das Licht richtig eintritt. Stelle die andre Linse von 15 cm Brennweite so auf, daß das Farbenband darauf fällt, und prüfe dies mit einem Stück Papier. Drehe wie vorher das Prisma in die Stellung der kleinsten Ablenkung und verschiebe den Schirm, bis die größte Schärfe des Farbenbandes auch am obern und am untern Rand erreicht ist.

d) Ersetze den Schirm durch die Drahtgaze. Stelle auf der entgegengesetzten Seite die Linse mit kurzer Brennweite, die als Lupe dient, oder einen Fadenzähler auf die Gaze ein. Entferne die Gaze. Wie ist das Farbenband beschaffen, das man durch diese Vorrichtung sieht? *Spektroskop.*

e) Wiederhole mit dieser Anordnung die Aufgabe 21.

Bemerkungen. Einfache Vorrichtungen zur Erläuterung des Spektroskops findet man bei SCHUSTER-LEES, *Intermed. Course 146 Nr. 28.* JOHN LE MAY, *School Science 2, 32; 1902.* E. GRIMSEHL, *Zeitschr. f. d. phys. u. chem. Unterr. 17, 202; 1904.*

VI. Beugung und Interferenz.

23. Aufgabe. *Wie verhält sich Licht beim Durchgange durch enge Öffnungen?*

(1 Schüler, 1 Stunde.)

Quelle. CREW-TATNALL *186 Nr. 84.*

Geräte. Glühlampe mit Schornstein (vgl. S. 274). Rote Glasplatte (vgl. Aufgabe 18). Bunsengestell. Postkarten. Schere. Blattzinn oder Schablonenmessing. Stecknadeln.

Anleitung. a) Befestige vor der runden Öffnung des Schornsteins die rote Glasscheibe. *Leuchtender Punkt.* Mache mit einem scharfen Taschenmesser oder einer Schere einen Schnitt in den Rand einer Postkarte. Halte die Postkarte dicht vors Auge und sieh durch den Schlitz nach dem 1,5 bis 3 m entfernten kleinen Loch des Schornsteins. Erscheint die Öffnung kreisförmig? Zeichne das Bild des Lochs, wie du es beim Betrachten durch den Kartenschlitz siehst.

b) Drehe dicht vorm Auge den Schlitz um den Lichtstrahl als Achse und betrachte den leuchtenden Punkt. Dreht sich das Bild mit dem Schlitz?

c) Schaue durch den Schlitz und ändre während des Durchsehns seine Breite durch schwaches Auseinanderziehn oder Zusammenschieben der Ränder. Wird das Bild breiter oder schmäler, wenn man die Ränder auseinanderzieht?

d) Drehe die Lampe um, so daß jetzt der Spalt dir zugekehrt ist. Halte die Karte dicht vors Auge und den Schlitz gleichläufig zum Spalt. Wie sieht das Bild aus? Halte den Schlitz rechtwinklig zum Schornsteinspalt. Wie sieht jetzt das Bild aus?

e) Mache eine Zeichnung, die das Richtungsändern der Strahlen beim Durchgange durch einen engen Spalt darstellt. *Beugung. Wellenlehre.*

f) Mache in eine Postkarte oder noch besser in ein Stück Blattzinn oder Schablonenmessing drei Nadelstiche, den einen so fein wie möglich, den andern von der größten Dicke der Nadel und den dritten von einer mittlern Weite. Betrachte der Reihe nach durch diese Löcher den leuchtenden Punkt. Durch welches Loch sieht die Lichtquelle am kleinsten und durch welches am größten aus?

Bemerkungen. Stelle die Glühlampe so hoch, daß der Faden etwa 20 cm überm Tisch liegt. Die Lampe ist mit einem 15 cm hohen Schornstein aus

Schwarzblech versehn, darin ist in der Höhe der Fadenmitte ein 2 mm weites Loch und diesem gegenüber ein Längsspalt (1,7 cm × 1 mm) angebracht.

Vgl. ERNST MACH, *Prinzipien d. physik. Optik 143ff.* E. MAEY, *Zeitschr. f. d. phys. u. chem. Unterr. 26, 137; 1913.*

24. Aufgabe. *Kann man Dunkelheit erzeugen durch das Vereinigen zweier Strahlenbündel, die von derselben Lichtquelle ausgehn?*

(1 Schüler, ½ Stunde.)

Quelle. CREW-TATNALL *186 Nr. 84.*

Geräte. Glühlampe, wie in Aufgabe 23.
Rechteckige Stücke (4,5 cm × 3,2 cm) einer zuvor belichteten und dann entwickelten Lichtbildplatte.
Anschlagwinkel aus Stahl.

Anleitung. a) Schneide in die Schicht der Lichtbildplatte längs dem Anschlagwinkel (diesen fest aufdrücken) mit einem scharfen Messer zwei feine gleichlaufende Striche, die nicht weiter als 0,03 cm voneinander abstehn. Betrachte durchs Spaltpaar den Spalt der Lampe. Wieviel Strahlenbündel gelangen ins Auge? Gehn sie von derselben Lichtquelle aus? Wie ändern sie beim Durchgange durch die beiden engen Spalte ihre Gestalt? Was erzeugen die beiden sich durchdringenden Strahlenbündel auf der Netzhaut des Auges? *Interferenz.*

b) Ziehe auf der Schicht ein andres Paar feiner gleichlaufender Striche, die etwas enger als die vorigen zusammenstehn. Ändert dies im Bilde den Abstand der hellen Streifen?

c) Ziehe ein drittes Paar Striche, die etwas weiter voneinander entfernt sind als die des ersten Paares. Welchen Einfluß hat dies auf den Abstand der hellen Streifen im Bilde?

25. Aufgabe. *Wie groß ist die Wellenlänge des Natriumlichts?*

(2 Schüler, 1 Stunde.)

Quellen. H. O. G. ELLINGER, *Zeitschr. f. d. phys. u. chem. Unterr. 16, 280; 1903.* G. F. ADAMS, *School Science 3, 509; 1904.*

Geräte. Auerbrenner (vgl. S. 295).
Gasschlauch.
3 Meterstäbe.
Bunsengestell.
Schwarzes Steifpapier.
Asbestpapier.
Schere.
Beugungsgitter.
Halter fürs Gitter.
Gesättigte Lösung von Natriumnitrat.

Anleitung. a) Stelle am Seitenrande des Tisches das Gitter so auf, daß seine Spalte lotrecht stehn. Tränke mit der Lösung von Natriumnitrat das Asbestpapier, wickle es um den Einsatzstift des Brenners und setze dann den Blechmantel auf. Stelle auf den Tisch in etwa 1,30 m Abstand vom Gitter die Lampe so, daß der Spalt dem Gitter zugekehrt ist und in einer lotrechten Ebene liegt, die durch die Mitte des Gitters geht. Achte darauf, daß die Gitterspalte gleichläufig zum Spalt im

Lampenmantel liegen. Klemme dicht hinter der Lampe einen Meterstab wagrecht derart fest, daß seine geteilte Fläche gleichläufig zur Gitterfläche steht (Abb. 215). Setze auf die Mitte des obern Gitterrandes einen kleinen Reiter aus schwarzem Steifpapier (Abb. 216 I) und auf den Maßstab rechts und links von der Lampe je einen Reiter aus schwarzem Steifpapier von der in Abbildung 216 II gezeichneten Gestalt.

b) Laß den Mitarbeiter die Lampe anzünden. Verdunkle das Zimmer nur so weit, daß man die Reiter auf dem Maßstabe noch

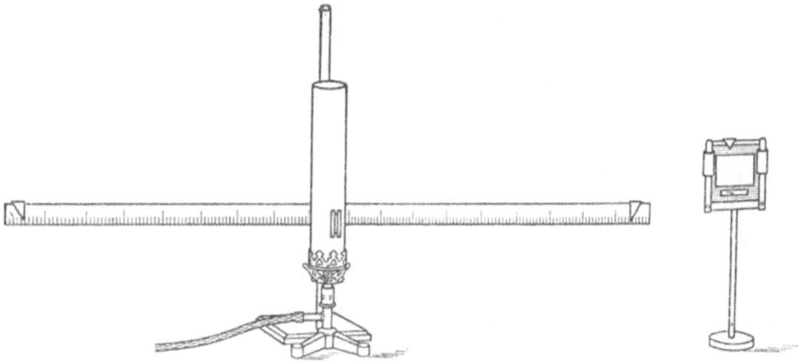

Abb. 215.

deutlich erkennen kann. Sieh an der Stelle, die durch den Reiter bezeichnet ist, schräg durchs Gitter nach dem ersten Beugungsbilde rechts von der Lampe. Wähle den Abstand des Gitters von der Lampe so groß, daß die Beugungsbilder ungefähr auf die Enden des Maßstabes fallen. Laß den Mitarbeiter den rechten Reiter auf dem Maßstabe so weit verschieben, daß die Kante AB mit der Mitte des Beugungsbildes zusammenfällt. Stelle dann ebenso den linken Reiter auf dem Maßstab aufs erste Beugungsbild links von der Lampe ein. Laß die Lampe ausdrehn.

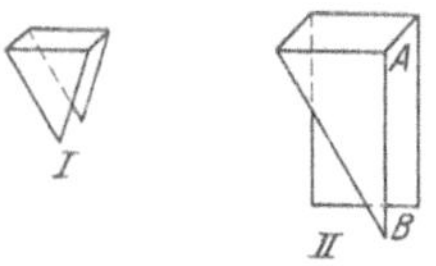

Abb. 216.

c) Lies, sobald man das Zimmer wieder hell gemacht hat, sorgfältig die Stellungen der Reiter auf dem wagrechten Maßstab ab und miß mit zwei aneinandergelegten Maßstäben die Entfernungen r_1 und r_2 [cm] der Gittermarkenspitze von den Rändern AB der Maßstabreiter. Nimm das Mittel r.

d) Berechne aus den Stellungen der Maßstabreiter den Abstand l [cm] der beiden Beugungsbilder und daraus die Verschiebung des Spaltbildes $e = {}^1/_2\, l$, ferner den Sinus des Winkels δ, den die Richtungen nach den Beugungsbildern mit der Verbindungsgeraden von Gittermitte und Spalt bilden, $\sin \delta = e/r$. Frage den Lehrer, wie groß die *Gitterbreite* (*Gitterkonstante*) b ist, d. h. die Weite eines Gitterspalts, vermehrt um die Breite des angrenzenden dunkeln Strichs, und bestimme dann mit der Formel $\lambda = b \sin \delta$ die Wellenlänge des Natriumlichts.

e) Wiederhole das Einstellen und Messen viermal und berechne den Mittelwert der Wellenlänge λ.

f) Schreibe die Ergebnisse in folgender Weise auf:

Gitter Nr. ... Gitterbreite $b = \ldots$ mm.

Reiterstellung		Abstand der Beugungsbilder l [cm]	Abstand des Beugungsbildes vom Spalt $e = {}^1/_2\, l$	Abstand r [cm] der Gittermitte von den Beugungsbildern			$\sin \delta = e/r$	$\lambda = b \sin \delta$
rechts cm	links cm			rechts	links	Mittel		
							Mittel	....

Bemerkungen. ADAMS stellt die Lampe auf folgende Weise her: Er schraubt auf die Grundplatte eines gewöhnlichen Bunsenbrenners einen Auerbrenner (ohne Strumpf) und wickelt um den Strumpfträger Asbestpapier, das er zuvor mit einer gesättigten Lösung von Natriumnitrat in Wasser getränkt hat. Auf die Brennerfassung stellt er einen Mantel aus Eisenblech, worein ein lotrechter Spalt von 2,5 cm Länge und 1 mm Breite sauber eingeschnitten ist.

Über andre Verfahren zum Herstellen von Licht, das eine bestimmte Wellenlänge hat, vgl. KOHLRAUSCH[14] *267* und LUTHER-OSTWALD[3] *345.*

Benutzt man Gitter mit größrer Breite, so kann man noch den Abstand l' der zweiten Beugungsbilder messen und auch daraus $e = {}^1/_4\, l'$ berechnen.

ELLINGER benutzte ein Gitter von der Breite 0,006 mm, ADAMS eines von der Breite 0,00849. Bei den Übungen in der Staatlichen Hauptstelle für den naturwissenschaftlichen Unterricht werden ausgezeichnete und billige WALLACEsche Kopien von ROWLAND-Gittern benutzt, deren Breiten 0,00169 und 0,00168 mm sind. Diese Gitter sind von der CENTRAL SCIENTIFIC Co. zu Chicago, 14 bis 28 Michigan Street, bezogen worden.

Über weitre einfache Versuche aus der physikalischen Optik vgl. G. QUINCKE, *Zeitschr. f. d. phys. u. chem. Unterr. 7, 57; 1893,* W. K. SCHÜTT, *ebd. 38, 126; 1927* und E. GRIMSEHL, *Ausgewählte physikalische Schülerübungen, Leipzig, Teubner 1906.*

Neunter Teil.

Magnetismus.

I. Coulombs Gesetz.

1. Aufgabe. *Hängt die Wechselwirkung zwischen zwei Magnetpolen von deren Entfernung und von deren Stärken ab?*

(2 Schüler, 2 Stunden.)

1. Verfahren.

Geräte. Magnetometer.
Magnetstab von 50 cm Länge und 0,25 cm Durchmesser mit bezeichneten Polen.
Wasserwage.
Millimeterpapier.
Korkunterlagen.
Spiegelglasstreifen.

Anleitung. a) COULOMB[1] hat aus seinen Versuchen geschlossen, „daß die anziehende und abstoßende Kraft des magnetischen Fluidums in geradem Verhältnis zu den Dichtigkeiten und in umgekehrtem Verhältnis zu dem Quadrate der Abstände der magnetischen Moleküle stehe". Wir nehmen an, um die Fernwirkungen eines Magnetstabes zu beschreiben, daß die beiden Magnetismen in zwei Punkten, in den Fernpolen, oder kurz Polen, verdichtet seien, und bezeichnen die Menge des Magnetismus oder die Stärke des Magnetpols mit $\mathfrak{m}$. Zwischen zwei gleichnamigen Polen von den Stärken $\mathfrak{m}$ und $\mathfrak{m}'$, die r cm voneinander abstehn, würde nach COULOMB die abstoßende Kraft $F = \mathfrak{m}\mathfrak{m}'/r^2$ wirken. Wir benutzen, um dieses Gesetz zu prüfen, einen so langen Magnetstab, daß bei geeigneter Stellung nur die Wirkung des einen Pols zu berücksichtigen ist, die des andern aber vernachlässigt werden darf, und verwenden ferner eine kurze Magnetnadel, die sich in wagrechter Ebene auf einer Spitze frei bewegen kann. Der Stabpol liegt in der Ostwestrichtung der Nadel. Sind $\mathfrak{m}$ die Stärke des wirkenden Stabpols, $\pm \mathfrak{m}'$ die Stärken der beiden Nadelpole, $\mathfrak{l}'$ der Abstand der beiden Nadelpole und halten wir den Nordpol $\mathfrak{m}$ des Stabes so weit von der Nadel entfernt, daß wir seine Abstände r von den Polen und der Mitte der Nadel als gleich ansehn dürfen, so stößt er den Nordpol der Nadel mit der Kraft $F = \mathfrak{m}\mathfrak{m}'/r^2$ ab und zieht ihren Südpol mit der Kraft $-F$ an. Ferner wirkt der Erdmagnetismus auf die

[1] *Vier Abhandlungen über die Elektrizität und den Magnetismus von* COULOMB. OSTWALDS *Klassiker d. exakten Wissenschaft 13, 42.* Vgl. dazu DU BOIS, *Magn. Kreise 30, 340 u. 342.* COHN, *Elektromagn. Feld 176.* FRIEDRICH FRANZ MARTENS, *Physikalisch-technische Elektrizitätslehre*[2] *51 ff.*

beiden Nadelpole mit den beiden Kräften $\pm\, \mathfrak{m}' H$ ein, wo H die wagrechte erdmagnetische Feldstärke bezeichnet. Durch das Wirken dieser beiden einander entgegengesetzten Kräftekoppeln wird die Nadel um den Winkel φ aus dem magnetischen Meridian abgelenkt (Abb. 217). Die erste Kräftekoppel erzeugte eine Drehkraft (einen Drehantrieb) von der Größe

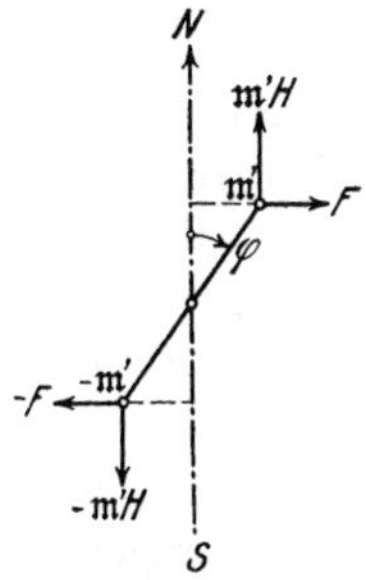

Abb. 217.

$$\frac{\mathfrak{m}\,\mathfrak{m}'}{r^2} \cdot \mathfrak{l}' \cos\varphi$$

und die andre Kräftekoppel die Drehkraft

$$\mathfrak{m}' H \cdot \mathfrak{l}' \sin\varphi\,.$$

Da beide Drehkräfte einander gleich sind, so ist

$$r^2 \operatorname{tg}\varphi = \frac{\mathfrak{m}}{H}\,.$$

Unsre Aufgabe ist es, diese Folgerung aus dem COULOMBschen Gesetz und damit das Gesetz selbst durch Versuche zu prüfen.

b) Lagre auf den östlichen Teil des Maßstabes mit einem Kork den Magnetstab so, daß sein Nordpol N_1 (Abb. 218) genau in 10 cm Abstand der Nadel zugekehrt ist, seine Achse in der Ostwestrichtung der Nadel liegt und durch deren Mitte geht. *Erste Hauptlage.* Klopfe schwach gegens Magnetometer und lies die Ablenkungen beider Zeigerspitzen bis auf einen Zehntelgrad genau ab.

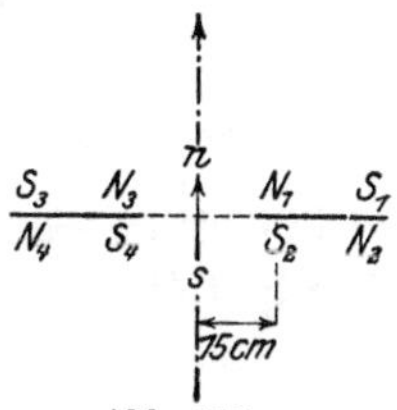

Abb. 218.

c) Drehe den Stab um 180°, so daß jetzt sein Südpol S_2 von der Mitte der Nadel genau 10 cm entfernt ist, und lies wiederum die Stellungen beider Zeigerspitzen ab.

d) Lege den Magnetstab so auf den westlichen Teil des Maßstabes, daß sein Nordpol N_3 der Nadel zugewandt und von ihrer Mitte 10 cm entfernt ist, und bestimme die Ablenkungen beider Zeigerspitzen.

e) Drehe den Stab um 180°, so daß jetzt sein Südpol S_4 von der Mitte der Nadel genau 10 cm entfernt ist, und lies wiederum die Stellungen beider Zeigerspitzen ab.

f) Trage die Ergebnisse in folgende Tafel ein:

Magnetometer Nr. ... Magnetstab Nr. ... $H = \ldots$ Gauß.

	Stellungen des Magnetstabes		Zeigerablesungen			φ	tg φ	r^2	$\frac{1}{r^2}$	r^2 tg φ	$\mathfrak{m}$
r [cm]	Stablage	Zugewandter Pol	Ostspitze	Westspitze	Mittel						
	östlich	N									
		S									
	westlich	N									
		S									

g) Führe die Versuche (b) bis (e) mit den Abständen 12, 14 und 16 cm aus.

h) Trage die Ergebnisse in die Tafel ein und berechne aus den zusammengehörigen acht Zeigerablesungen die wahre Ablenkung φ.

i) Frage den Lehrer, wie groß die wagrechte erdmagnetische Feldstärke H ist, und berechne $r^2 \operatorname{tg} \varphi$, $1/r^2$ und $\mathfrak{m}$. Nimm das Mittel aus allen Werten von $\mathfrak{m}$. Wie groß ist die Polstärke des Magnetstabes? Stelle die Ergebnisse bildlich dar, wähle dabei $\operatorname{tg}\varphi$ als Abszisse und $1/r^2$ als Ordinate. Welche Gestalt hat die Kurve? Was ergibt sich aus Rechnung und Zeichnung?

2. Verfahren.

Geräte wie beim 1. Verfahren, doch ein ROBISONscher Magnet anstatt des langen Magnetstabes.

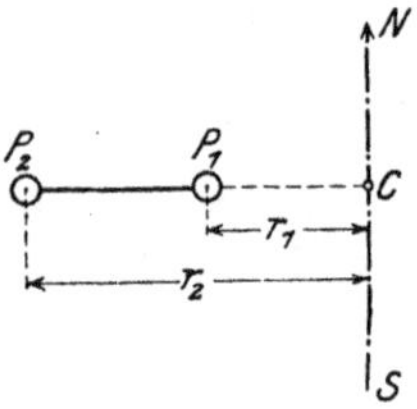

Abb. 219.

Anleitung. k) Der Nordpol P_1 (Abb. 219) des ROBISONschen Magnets hat die Stärke $+\mathfrak{m}$ und der Südpol P_2 die Stärke $-\mathfrak{m}$. Auf der verlängerten Achse des Magnets liege im Punkt C ein Nordpol von der Stärke $+\mathfrak{m}'$, der von P_1 um r_1 und von P_2 um r_2 [cm] entfernt ist. Wie groß ist nach dem COULOMBschen Gesetz die Kraft F_1, womit P_1 den Pol C abstößt, und die Kraft F_2, womit P_2 den Pol C anzieht? Wie groß ist die Gesamtwirkung des Magnets $P_1 P_2$ auf den Nordpol C?

$$F = \mathfrak{m}\,\mathfrak{m}' \left(\frac{1}{r_1^2} - \frac{1}{r_2^2}\right).$$

Wir wollen annehmen, daß in C senkrecht zur Achse des Magnets $P_1 P_2$ eine Magnetnadel $P_1' P_2'$ stehe, deren Länge so gering sei, daß die Wirkung von $P_1 P_2$ auf P_1' und auf P_2' ebenso groß wie auf den Punkt C sei, es greife also in P_1' die Kraft $+F$ und in P_2' die Kraft $-F$ an. Stab und Nadel befinden sich in der ersten Hauptlage, und die Nadel sei in einer wagrechten Ebene frei beweglich und werde um den Winkel φ aus dem magnetischen Meridian abgelenkt. Wie groß ist die Drehkraft (der Drehantrieb), die der Magnet $P_1 P_2$ hervorruft, und wie groß die Drehkraft, die der Erdmagnetismus erzeugt? Welche Beziehung besteht also zwischen r_1, r_2, φ, $\mathfrak{m}$ und H? Vgl. (a).

$$\frac{\operatorname{tg}\varphi}{\dfrac{1}{r_1^2} - \dfrac{1}{r_2^2}} = \frac{\mathfrak{m}}{H}.$$

l) Verfahre bei den Versuchen (b) bis (e) mit dem ROBISONschen Magnet ebenso wie mit dem langen Magnetstabe, doch lies hier noch den Abstand r_2 des zweiten Stabpols von der Mitte der Nadel auf ein Zehntelmillimeter genau ab. Die Fernpole liegen nahezu genau in den Mitten der Endkugeln, also in den Mitten der Kreise, die in die Kugeln eingeschnitten sind. Die Abstände dieser Kreise von der Mitte der Magnetnadel sind also r_1 und r_2. Solange die Kugel gut poliert ist, kann man den Kreis entbehren; denn der Pol liegt genau über dem Teilstrich des Maßstabes, dessen Spiegelbild man auf der Kugel als einen lotrechten Strich sieht. Man gebe dem Pol, welcher der Mitte des Magnetometers zugekehrt ist, der Reihe nach die Abstände 9, 11, 13 und 15 cm und trage die Ablesungen der beiden Zeigerspitzen in folgende Tafel ein.

Magnetometer Nr. ... Magnet Nr. ... $H = \dots$ [Gauß].

Magnetstellungen				Nadelablesungen			φ	$\text{tg}\,\varphi$	$\frac{\text{tg}\,\varphi}{r_1^{-2} - r_2^{-2}}$	m
r_1 [cm]	r_2 [cm]	Magnetlage	Zugewandter Pol	Ostspitze	Westspitze	Mittel				
9,00		östlich	N							
			S							
		westlich	N							
			S							
Mittel	...									

Bemerkungen. Bei den 50 cm langen Stahlstäben sollen die Pole nahezu in den Endpunkten und bei den ROBISONschen Magneten in den Mittelpunkten der Kugeln liegen; daher wäre eine Polbestimmung überflüssig. JOHN ROBISON hat diese Magnete im Jahre 1769 oder vorher ersonnen; sie wurden später unabhängig von ihm von G. F. C. SEARLE[1] gefunden. Der hier benutzte ROBISONsche Magnet wurde folgendermaßen hergestellt: In zwei enthärtete Lagerkugeln von 0,79 cm Durchmesser wurde je ein Loch gebohrt, die Kugeln wurden wieder gehärtet und dann auf die Enden eines Stücks einer Stricknadel von 0,15 cm Durchmesser aufgeschraubt. Die Mittelpunkte der Kugeln stehn 10,41 cm voneinander ab. In die Kugelflächen sind die größten Kreise eingeschnitten, deren Ebenen auf der Stabachse senkrecht stehn und durch die Pole gehn. Der so zusammengesetzte Stab wurde auf folgende Weise magnetisiert: An den Enden zweier Rundstäbe aus schweißbarem Eisen wurden halbkugelförmige Höhlungen ausgedreht, deren Halbmesser gleich dem Radius der Kugeln war. Der Stab mit den Kugelenden wurde in eine lange Glasröhre gesteckt, um die eine Drahtspule gewickelt war. Von beiden Seiten her wurden die Eisenstücke so an die Kugeln herangeschoben, daß diese sich fest in die Höhlungen lagerten. Dann wurde durch die Spule ein kräftiger Strom geschickt. Der von mir benutzte Magnet hat eine Polstärke von 11 CGS-Einheiten, die von SEARLE hergestellten hatten Polstärken von 10 bis 15 Einheiten.

FR. C. G. MÜLLER benutzte beim ersten Verfahren 2 m lange Stäbe von Bleistiftstärke, die er bei den Messungen lotrecht hielt.

Das Zeigermagnetometer (Abb. 220) ist im wesentlichen nach den Vorschlägen von HADLEY *(15 Nr. 16 u. 216 Nr. 4)* gebaut. Das Grundbrett hat die

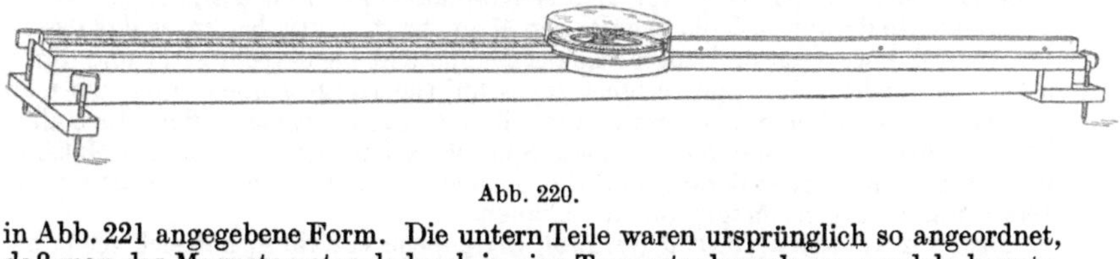

Abb. 220.

in Abb. 221 angegebene Form. Die untern Teile waren ursprünglich so angeordnet, daß man das Magnetometer dadurch in eine Tangentenbussole verwandeln konnte, daß man es auf ein Gestell setzte, das Drahtspulen trug. Diese Verbindung hat

[1] *Notes on a Vibration Magnetometer and on the Ball-ended Magnets of* ROBISON, *Proceedings of the Cambridge Philosophical Society 12, 27; 1903.*

sich jedoch nicht bewährt, und es wird daher jetzt der Unterbau etwas standfester ausgeführt. Von zwei Maßstäben, die 50 cm lang und in Millimeter geteilt sind, werden die ersten 6 cm abgeschnitten und die Reste so befestigt, daß sie genau den Abstand von der Mitte des Teilkreises angeben. Am geteilten Rande der Maßstäbe ist eine dünne Holzleiste befestigt, die etwas über die Teilung emporragt und als Führung dient. Beim Bau der Vorrichtung wurden keine Eisenteile ver-

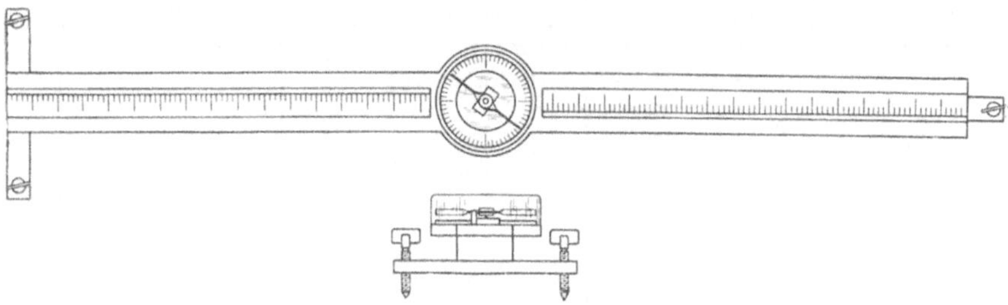

Abb. 221.

wandt, sondern nur Messingschrauben benutzt. Der Teilkreis (10 cm Durchmesser) ist auf eine dünne Holzscheibe geklebt, die so dick wie die Maßstäbe und auf die Mitte des Grundbretts geleimt ist. In die Mitte des Teilkreises ist die Spitze einer Nähnadel auswechselbar eingesetzt. Bei den Vorrichtungen, die jetzt Herr Preuschoff anfertigt, ist auf der Kreisteilung eine Spiegelscheibe befestigt. Die Magnetnadel hat Hadley auf folgende Weise angefertigt: Er schmelzte eine Glasröhre halbkugelförmig zu und schnitt ein 1 cm langes Stück ab, magnetisierte dann zwei 2 cm lange Stücke einer Uhrfeder und band mit Kupferdraht die gleichnamigen Pole zusammen. Nun schob er zwischen die Mitten der beiden Magnete das Glashütchen und befestigte es mit Siegellack; schließlich schnitt er aus Aluminiumblech einen Zeiger und bog dessen freies Ende so um, daß die Fläche lotrecht stand. Das Glashütchen hat sich jedoch nicht bewährt, und es ist unbedingt das Verwenden eines Achathütchens oder eine Fadenaufhängung zu empfehlen. Als Gehäuse dient eine Kristallungsschale von 11,5 cm Durchmesser und 3 cm Höhe.

Das Hadleysche Gerät ist recht unempfindlich, und die Ablenkungen sind namentlich beim ersten Verfahren nur gering. Die Reibung zwischen Hütchen und Nadelspitze ist häufig zu groß. Daher hängt man zweckmäßiger in der Bussole die Nadel an einem Kokonfaden auf. Die Annahme, daß beim 50 cm langen Ablenkmagnet die Pole an den Enden und beim Robisonschen Magnet in den Kugelmitten liegen, trifft nach den Eisenfeilbildern nicht genau zu. Da die Quadrate der Abstände r in die Rechnung eingehen, müßte man aber die Abstände sehr genau messen. Die Ergebnisse der ausgeführten Messungen befriedigen deshalb nur eben noch bescheidene Ansprüche.

Man stelle die Magnetometer an bestimmten Stellen auf, wofür man die wagrechte erdmagnetische Feldstärke bestimmt hat, und die man durch Marken dauernd kenntlich gemacht hat. Hat man solche Bestimmungen nicht ausgeführt, so entnehme man den Wert für H aus Kohlrausch[14] *783, Taf. 32.*

Man halte darauf, daß die Schüler den Magnetstab richtig lagern, so daß dessen Achse auf der wagrechten Längsachse der Magnetnadel senkrecht steht und durch deren Mitte geht. Man lege geeignet zugeschnittne Korkscheiben unter, die man für den Robisonschen Magnet am besten mit einer Rinne versieht. Beim Einstellen des Magnetstabes benutzt man schmale Spiegelstreifen, die man auf den Maßstab legt. Man achte ferner darauf, daß die Schüler vorm Ablesen der Zeigerstellung stets schwach gegens Magnetometer klopfen.

Das von Abraham *(2, 290 Nr. 122)* angegebene Verfahren hat sich nicht bewährt.

Über das Ableiten des Tangentengesetzes durch Versuche vgl. S. 79 und 109.

Die Schüler müssen bei den magnetischen Arbeiten aus Taschen und Schubladen alle eisernen Gegenstände entfernen, auch drahtgeheftete Notizbücher und Stahlbrillen zur Seite legen.

II. Magnetische Felder.

2. Aufgabe. *Welche Richtungen haben die Kraftlinien des erdmagnetischen Feldes auf dem Arbeitstisch?*

(2 Schüler, 1 Stunde.)

Geräte. Ein Viertel eines Zeichenbogens (etwa 30 cm × 40 cm).
Zeichenbussole.
Maßstab.
Klebpapier oder Klebwachs.
Spitzer harter Bleistift.
Dreieck.

Anleitung. a) Befestige auf dem Tisch mit Klebpapier oder Klebwachs das Blatt Papier so, daß das eine Ränderpaar nahezu von Norden nach Süden läuft. Teile durch kurze Bleistiftstriche den Südrand des Papiers in etwa 5 cm lange Abschnitte. Setze die Zeichenbussole so aufs Papier, daß der Südpolausschnitt der Grundplatte möglichst genau über einem der Teilpunkte liegt, drehe um diesen Punkt die Bussole so, daß die Nadel genau überm Strich auf der Grundplatte steht, und bezeichne mit dem Bleistift möglichst genau die Lage des Nordpolausschnitts (Abb. 222). Verschiebe die Bussole in der Richtung, wohin ihr Nordpol weist, bis der Südpolausschnitt genau über der soeben gemachten Marke liegt. Setze die Bleistiftspitze nochmals auf die Marke, drehe die Bussole um die Spitze, bis die Nadel genau überm Südnordstrich der Grundplatte steht, und bezeichne wiederum die Lage des Nordpolausschnitts. Fahre so fort, bis der Rand des Papiers erreicht ist. Verbinde alle Punkte durch eine Linie. *Kraftlinie.*

Abb. 222.

b) Zeichne weitre Kraftlinien und beginne jedesmal bei einem Teilstrich am Südrande des Papiers.

c) Mache an jede Kraftlinie eine Pfeilspitze, welche die Richtung anzeigt, wohin der Nordpol der Magnetnadel weist. *Positive Richtung der Kraftlinie.*

d) Zeichne ein Bild des Feldes ins Heft.

Bemerkungen. Es wird hier nicht die Richtung der erdmagnetischen Kraft, sondern die ihrer wagrechten Teilkraft aufgenommen, und es handelt sich demnach nicht ums erdmagnetische Feld selbst, sondern um dessen Ablotung auf die Tischfläche. Am Ende der Übung gehe man mit allen Schülern von Blatt zu Blatt, damit sie vom Verlauf der Kraftlinien im ganzen Arbeitsraum eine klare Vorstellung gewinnen. Jede Schraube und jeder Nagel in der Tischplatte verzerrt deutlich das Feld. Auch der Einfluß entfernter eiserner Träger und Heizkörper ist klar zu erkennen. Wenn solche Störungen auch recht lehrreich sind, so sollten doch die Tische ganz und die Arbeitsräume möglichst eisenfrei sein. In den Übräumen der Staatlichen Hauptstelle und des Dorotheenstädtischen Realgymnasiums habe ich deshalb die Gasleitungen aus Messing herstellen lassen.

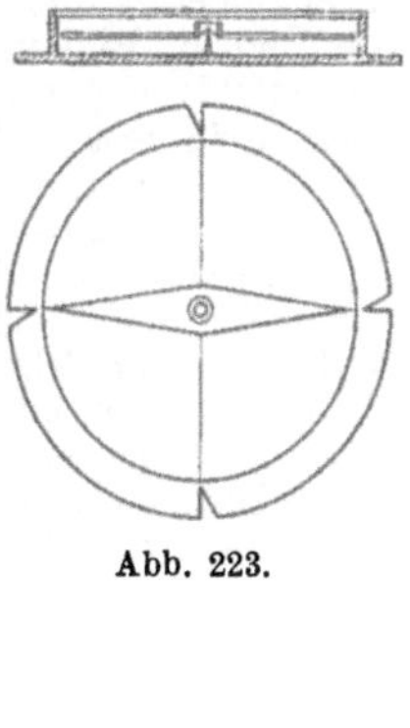

Abb. 223.

Die Zeichenbussole (Abb. 223) besteht aus einer versilberten Grundplatte aus Messing, worein ein rechtwinkliges Achsenkreuz eingeritzt ist, das in Merkausschnitten endigt. Im Schnittpunkte der Achsen sitzt die Spitze, worauf die Magnetnadel spielt. Auf der Grundplatte ist ein Messingring befestigt, der eine dünne Glasplatte trägt.

3. Aufgabe. *Wie sind die Kraftlinien des magnetischen Feldes gerichtet, das die Erde und ein Stabmagnet erzeugen?*

(1 Schüler, 1 Stunde.)

Geräte. Stabmagnet (15 cm × 1 cm × 1 cm). Zeichenbogen (80 cm × 60 cm). Zeichenbussole. Spitzer harter Bleistift. Klebpapier oder Klebwachs.

Anleitung. a) Befestige auf dem Tisch mit Klebpapier oder Klebwachs den Zeichenbogen. Lege auf die Mitte des Papiers so den Magnet, daß seine Achse von Norden nach Süden gerichtet, also sein Nordpol nach Süden gekehrt ist. Umfahre mit dem Bleistifte den Umfang des Magnets und bezeichne am Umriß mit den Buchstaben *N* und *S* die Lage der Pole. Zeichne längs dem Umriß in $^1/_2$ bis 1 cm Abstand etwa 20 Punkte, lege jedoch diese Ausgangsstellen der Kraftlinien bei den Polen dichter aneinander als bei der Mitte.

b) Nimm genau so wie in Aufgabe 2, S. 301, die Kraftlinien auf. Bezeichne von Zeit zu Zeit die Richtung, wohin der Nordpol der Bussolenadel weist. Verbinde die zusammengehörigen Punkte durch Linien.

c) Gibt es im Felde Stellen, wo die Kräfte der Erde und des Magnets genau gleich groß, aber entgegengesetzt gerichtet sind und die Stellung der Bussolenadel unbestimmt ist? Untersuche die Umgebung dieser Stellen besonders.

d) Zeichne Kraftlinien, die am Südrande des Papiers anfangen und den Magnet nicht treffen.

e) Zeichne ins Heft ein flüchtiges Bild des Feldes.

f) Lege den Magnet so, daß seine Achse von Süden nach Norden, also sein Südpol nach Süden gerichtet ist, und verfahre wie bei (a) bis (e).

g) Lege die Achse des Magnets von Osten nach Westen, den Nordpol nach Osten, und verfahre wie bei (a) bis (e).

h) Lege die Achse des Magnets von Osten nach Westen, den Nordpol nach Westen, und verfahre wie bei (a) bis (e).

Bemerkungen. Man läßt mit verschiedenen Lagen des Magnets (a, f, g und h) die einzelnen Gruppen arbeiten, geht am Schluß der Übung mit allen Schülern von Bild zu Bild und läßt sie die wechselseitigen Störungen von Erdfeld und Magnetfeld erörtern. Besonders tüchtige Schüler lasse man die Aufnahme auf einem Reißbrett ausführen und dabei durch dessen Drehen das Erdfeld in bekannter Weise ausschalten.

Die Stabmagnete hebt man häufig in Gestellen auf und stellt alle Nordpole abwärts (Abb. 224). Bei dieser Aufbewahrungsart bleibt die gleichmäßige Magnetisierung der Stäbe nicht erhalten. Ich habe daher später am Dorotheenstädtischen Realgymnasium folgendes Verfahren angewandt: Auf ein Holzbrett (19 cm × 18 cm × 1,5 cm) sind in der Richtung der langen Achse neun Holzleisten (14 cm × 1 cm × 0,5 cm) mit Messingstiften so aufgenagelt, daß ihre Mitten auf der kurzen Brettachse liegen. In die acht so entstandnen Rinnen werden acht Magnete so eingelegt, daß die vier ersten ihre Nordpole und die vier letzten ihre Südpole nach derselben Richtung kehren. Abb. 225 zeigt das Gerippe der Anordnung. Vor der einen Polreihe ist ein Stab mit quadratischem Querschnitt (18 cm × 1 cm × 1 cm) aus weichem Eisen mit zwei eisernen Schrauben befestigt. Die Magnete werden mit einer Stirnfläche an diesen Eisenstab geschoben, und dann wird ein gleich großer loser Eisenstab *CD* vor die andern Stirnflächen gelegt. Man achte darauf, daß die Schüler die Magnete nach dem Gebrauch sorgfältig abwischen.

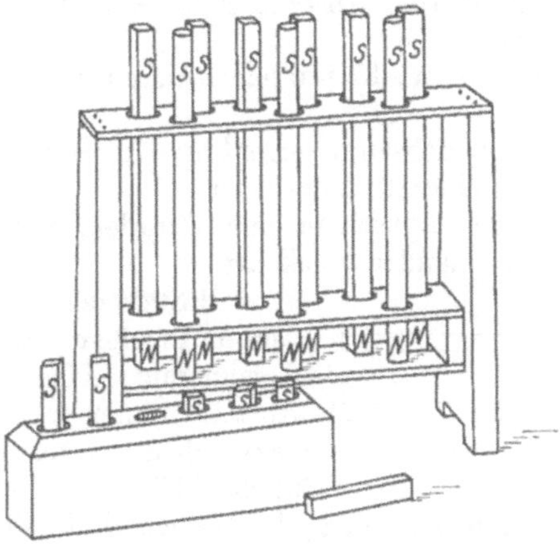

Abb. 224.

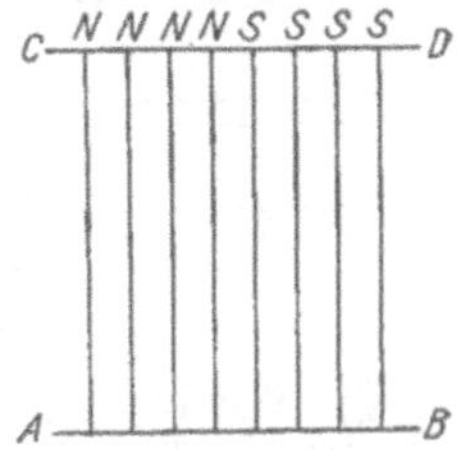

Abb. 225.

4. Aufgabe. *Mache in der Nähe eines Magnets durch Eisenfeilspäne den Verlauf der Kraftlinien sichtbar.*

(1 Schüler, 1 Stunde.)

Geräte. 2 Stabmagnete (vgl. S. 302).
Hufeisenmagnet, 9 cm Schenkellänge, Querschnitt 2 cm × 0,8 cm.
Stabmagnet mit kreisförmigem Querschnitt von 15 cm Länge und 1 cm Durchmesser.
Ring aus weichem Eisen, 1 cm hoch, Durchmesser 3 und 2 cm.
Ring, ebenso groß, in Viertel zerschnitten.
4 Holzleisten (15 cm × 2 cm × 1 cm).
4 Holzleisten (30 cm × 2 cm × 1 cm).
Hammer (Kork, auf einen Fischbeinstab gespießt, der an beiden Enden zugespitzt ist).
Streubüchse.
Feilspäne aus weichem Eisen.
Paraffin.
Flache Weißblechschale (34 cm × 22 cm × 1,7 cm) mit schrägem Rande.
Zeichenbogen.
Schreibpapier.
Dreifuß.
Bunsenbrenner.
Gasschlauch.
Schippe und Besen.

Anleitung. a) Lege um den Stabmagnet die kurzen Holzleisten und darüber einen halben Bogen Zeichenpapier. Halte die Streubüchse so hoch wie möglich und streue die Eisenfeilspäne gleichmäßig dünn übers Papier. Klopfe mit dem Korkhammer schwach auf den Rand des Papiers und tupfe vorsichtig mit der Spitze des Fischbeinstabes die Teile des Feldes heraus, die sich nicht ganz tadellos gestaltet haben. Zeichne ins Heft ein Bild des Feldes. Schütte die Eisenfeilspäne sorgfältig in die Streubüchse zurück.

b) Stelle ebenso, wo nötig mit Hilfe der langen Holzleisten, Kraftlinienbilder folgender Anordnungen der Magnete her und zeichne von jedem Feld ein Bild ins Heft.

α) 2 Stabmagnete in 2 bis 5 cm Abstand nebeneinander, ungleichnamige Pole gleichgerichtet.

β) 2 Stabmagnete in 2 bis 5 cm Abstand nebeneinander, gleichnamige Pole gleichgerichtet.

γ) 2 Stabmagnete mit den Achsen in einer Geraden, ungleichnamige Pole in 2 bis 5 cm Abstand einander zugekehrt.

δ) 2 Stabmagnete mit den Achsen in einer Geraden, gleichnamige Pole in 2 bis 5 cm Abstand einander zugekehrt.

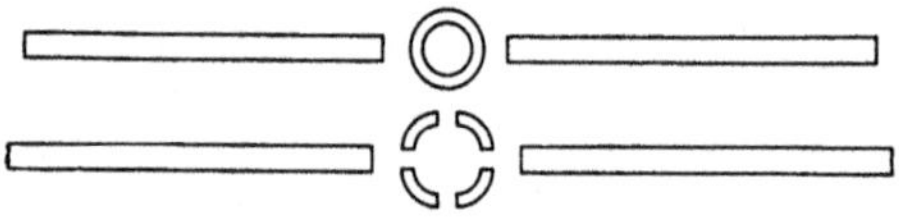

Abb. 226.

ε) 2 Stabmagnete mit den Achsen in einer Geraden, ungleichnamige Pole in 5 cm Abstand einander zugekehrt, dazwischen ein eiserner Ring (Abb. 226).

ζ) Wie bei (*ε*), doch Polabstand 6 cm, dazwischen ein in Viertel zerschnittener Ring.

η) Hufeisenmagnet ohne und mit Anker.

ϑ) Runder Stabmagnet, nebst Holzleisten aufrecht gestellt; Papier wagrecht über die Stirnflächen gelegt.

c) Benutze bei den Versuchen (a) und (b) paraffiniertes Papier anstatt des Zeichenpapiers, schmelze nach dem Herstellen des Kraftlinienbildes durch Bestreichen mit einer Bunsenflamme vorsichtig das Paraffin und laß dann das Papier erkalten.

Bemerkungen. Bei den Versuchen (*ε*) und (*ζ*) sind nur wenig Feilspäne zu verwenden.

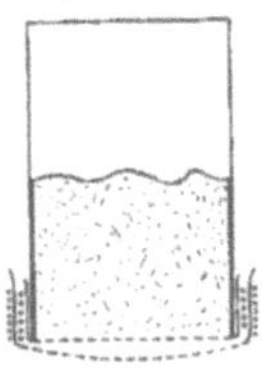

Abb. 227.

Man stelle das paraffinierte Papier dadurch her, daß man in einer Weißblechschale Paraffin schmelzt und dieses nahezu bis zum Sieden erhitzt, hierauf ein Blatt dünnes Schreibpapier einmal durchs Paraffin hindurchzieht und dann lotrecht hält, bis es erkaltet ist. Vgl. HERMANN HAHN, *Freihandversuche 1², 14 § 6, 48 § 49.*

Als Streubüchse verwende man eine Blechbüchse mit doppeltem Drahtgazedeckel oder nach dem Vorgange von W. VOLKMANN eine Glühstrumpfhülse, worüber man zuerst ein Stück Musselin straff und darüber noch ein zweites Stück Musselin lose gebunden hat (Abb. 227).

5. Aufgabe. *Wie verlaufen in einem Felde, das zwei Stabmagnete erzeugen, die Waglinien (Niveaulinien)?*

(1 Schüler, 1 Stunde.)

Literatur. HADLEY *27 Nr. 32.*

Geräte.	2 Stabmagnete. Zeichenbussole. Zeichenbogen.	Spitzer harter Bleistift. Klebpapier oder Klebwachs.

Anleitung. a) Befestige auf dem Tisch mit Klebpapier oder Klebwachs einen halben Zeichenbogen. Lege zwei Stabmagnete so darauf, daß ihre Achsen in eine Gerade fallen und die ungleichnamigen Pole etwa 10 cm voneinander abstehn. Umfahre mit einem spitzen harten Bleistift die Umrisse und bezeichne die Pole.

b) Zeichne mit der Bussole 7 bis 8 Kraftlinien und ebensoviele Waglinien (Abb. 228). Bei der Aufnahme der Waglinien drehe man die Bussole so, daß die Nadel über dem einen Strich der Grundplatte liegt, und merke dann die Enden des Strichs an, der auf jenem senkrecht steht. Punkte die Kraftlinien ab und ziehe die Waglinien aus. Welche Winkel bilden Kraftlinien und Waglinien miteinander?

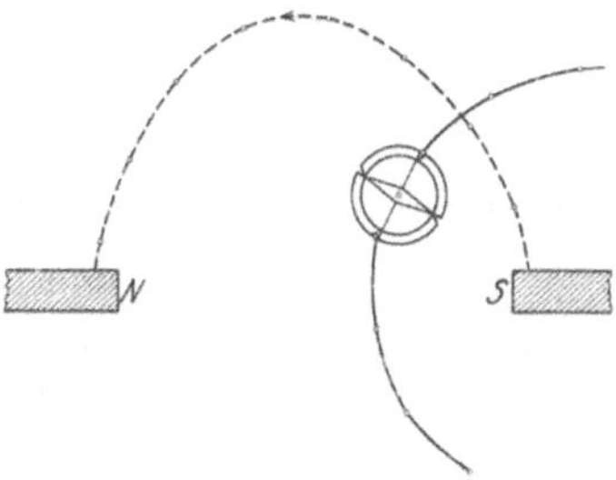

Abb. 228.

Bemerkung. Man weise die Schüler darauf hin, daß die Waglinien nur die Schnitte der Wagflächen des Feldes mit der Zeichenebene sind. Der Name „Wagfläche" rührt von EBERT her *(Lehrb. d. Phys. 1, 7)*.

6. Aufgabe. *Ist die wagrechte erdmagnetische Feldstärke an verschiedenen Stellen des Arbeitsraums gleich groß?*

(2 Schüler, 1 Stunde.)

Geräte. Schwingmagnetometer (vgl. S. 306). Stoppuhr. | Zielvorrichtung. Nachtlicht.

Anleitung. **a)** Stelle an einem Orte des Arbeitsraums das Magnetometer auf den Tisch und sieh nach, ob der Magnet frei schwingt. Senke mit dem gebogenen Messingdraht den Magnet, bis das Gehänge den Tisch berührt, und hebe ihn dann wieder behutsam. Wähle den Spiegel, der fürs Beobachten am bequemsten liegt, und stelle in geringem Abstande davon, unter einem großen Winkel zum Spiegellot, ein Nachtlicht auf. Stelle die Zielvorrichtung so ein, daß das Bild der Flamme auf der Verbindungsgeraden von Kimme und Korn liegt.

b) Bringe den Magnet durch vorübergehendes Annähern eines andern Magnets oder eines Messers zum Schwingen, so daß der Bogen nach jeder Seite der Ruhelage nicht größer als 10^0 ist. Setze in dem Augenblick, wo das Flammenbild durch die Sehlinie hindurchgeht, die Stoppuhr in Gang und zähle, mit Null beginnend, sorgfältig 100 aufeinanderfolgende Durchgänge von derselben Seite her. Bringe die Uhr zum Stehn, sobald die Anzahl $N = 100$ erreicht ist, und lies die Schwingzeit t [sek] ab. Berechne die Anzahl der Schwingungen in einer Sekunde, d. h. die Schwingzahl $n = N/t$. Wiederhole die Messung dreimal und nimm aus den Ergebnissen das Mittel.

c) Schreibe die Ergebnisse in folgender Weise auf:

Magnetometer Nr. ... Wagrechte Feldstärke am Hauptort ... GAUSS.

Ort	Anzahl der Schwingungen N	Schwingzeit t [sek]	Schwingzahl $n = (N/t)$ [sek^{-1}]	Schwingzahl Mittel	n^2	Wagrechte erdmagnetische Feldstärke H_r [GAUSS]	Bemerkungen

d) Hängt man an einem Faden einen Magnet vom Moment M auf und bezeichnet $\mathfrak{H}$ [Gauss] die Feldstärke, so ist die Drehstarre des Magnets $\mathfrak{d} = M\mathfrak{H}$. Bezeichnen T [sek] die Schwingdauer und J die Drehmasse des Magnets, so ist

$$T^2 = 4\pi^2 \frac{J}{\mathfrak{d}} = 4\pi^2 \frac{J}{M\mathfrak{H}}$$

und, wenn n die Schwingzahl des Magnets in der Sekunde bedeutet,

$$\mathfrak{d} = M\mathfrak{H} = 4\pi^2 J n^2 .$$

Sind an zwei Orten, wo die Feldstärken die Werte $\mathfrak{H}_1$ und $\mathfrak{H}_2$ [Gauss] haben, die Schwingzahlen des Magnets n_1 und n_2 [sek^{-1}], so ist $\mathfrak{H}_1/\mathfrak{H}_2 = n_1^2/n_2^2$.

e) Ist H [Gauss] die wagrechte erdmagnetische Feldstärke am Hauptort und H_v [Gauss] die Feldstärke an einer andern Stelle des Arbeitsraums, so ist $H_v/H = n^2/n_0^2$, wo n_0 [sek^{-1}] die Schwingzahl am Hauptort bezeichnet.

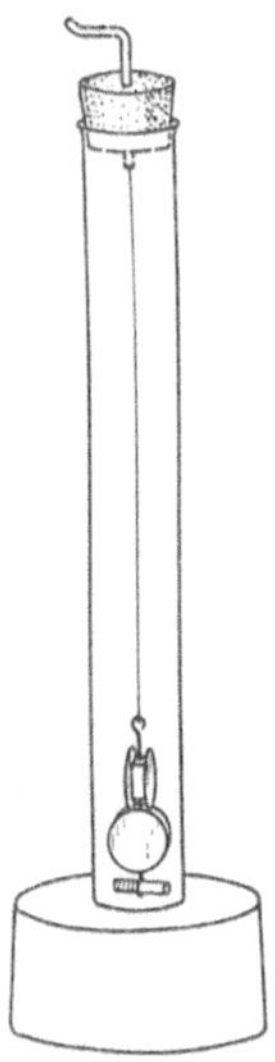

Abb. 229.

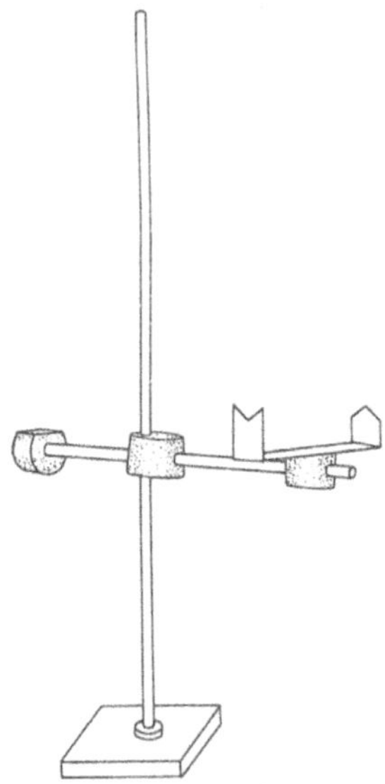

Abb. 230.

Bemerkungen. Sind im Arbeitsraum die Orte bezeichnet, wofür man bereits früher die wagrechte Feldstärke bestimmt hat, so lasse man wieder an diesen Stellen die Vergleichungen ausführen. Es ist empfehlenswert, im Arbeitsraum einen Plan mit Angabe dieser Orte und der dort herrschenden wagrechten Feldstärken dauernd auszuhängen.

Ist die Schwingdauer des Magnets groß oder hören die Schwingungen zu rasch auf, so begnüge man sich mit 30 bis 50 Schwingungen.

Die federnde Drehstarre des Fadens d und das magnetische Drillverhältnis $d/\mathfrak{d} = \Theta$ sind nicht berücksichtigt.

Das Schwingmagnetometer von Hadley *(45 Nr. 36 u. 218 Nr. 7)* hat folgenden Bau: Im Loch einer Scheibe aus Kunstkork sitzt eine Glasröhre von 20 cm Länge und 2 cm lichter Weite (Abb. 229). Durch den Kork, der die Röhre oben verschließt, ist ein rechtwinklig gebogener Messingdraht gesteckt, der unten flach gehämmert und durchbohrt ist. An diesen Messingdraht ist ein Kokonfaden geknüpft, der unten einen Kupferdraht trägt. An diesem sind zwei kleine Korkstücke und unten ein 1,5 cm langer und 0,25 cm dicker Magnet befestigt. Auf die Korkstücke sind vier Spiegel (versilberte Deckgläschen) gekittet, deren Lote sich rechtwinklig kreuzen. Das Magnetometer kann man auch aus der Korkscheibe herausnehmen und in einen eisenfreien Halter klemmen, der in Abb. 232 (S. 308) abgebildet ist.

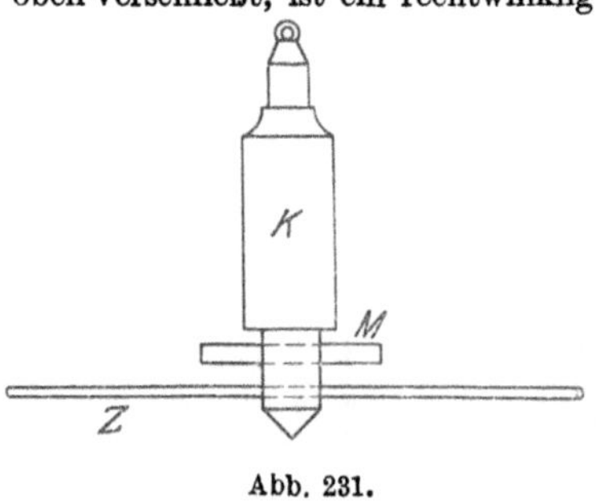

Abb. 231.

Solche leichte Gehänge haben mancherlei Schattenseiten, wie G. F. C. SEARLE *(Proceedings of the Cambridge Phil. Society 12, 27; 1903)* mit Recht hervorhebt. Er hat deshalb folgendes Magnetometer gebaut:

In Abb. 231 ist der schwingende Teil abgebildet. Der Magnet *M* ist eine Walze aus Silberstahl von 1,50 cm Länge und 0,14 cm Durchmesser. Der Stahl wird hellrot erhitzt, abgelöscht und so glashart gemacht, dann zwischen den Polschuhen eines kleinen Elektromagnets magnetisiert. Sein magnetisches Moment ist etwa 3 CGS-Einheiten. Der Magnet *M* ist, um seine Schwingdauer stark zu vergrößern, an einem Messingkörper befestigt. Der Hauptteil des Gehänges *K* hat die Länge 1,6 cm und den Durchmesser 0,8 cm. Die Gesamtmasse des schwingenden Teils ist etwa 8,5 g. In den untern Teil des Gehänges, der auf einen kleinern Durchmesser abgedreht ist, sind der Magnet und ein 5 cm langer Zeiger *Z* aus Aluminiumdraht eingesetzt. Das untre Ende des Gehänges läuft in eine scharfe Spitze aus. In das obre Ende ist in der Richtung der Achse ein kleines Loch gebohrt und in dieses eine Schleife aus dünnem Draht gelötet. An der so hergestellten Öse wird der Aufhängefaden befestigt.

Ist die Vorrichtung sorgfältig hergestellt und gut aufgehängt, so liegt die Mitte des Magnets genau in der Lotlinie, die durch die Spitze des Gehänges geht.

Das Gehänge ist etwa fünfzigmal so schwer als der Magnet selbst, und es wird daher in einem ungleichförmigen Felde nicht merklich zur Seite gezogen, falls nicht dessen Gefälle sehr groß ist. Das Gehänge schwingt, wenn es sorgfältig ausgeführt ist, ganz stetig um seine lotrechte Achse, ohne dabei zu pendeln.

Das Gehänge ist mit einer Faser aus ungesponnener Seide von 10 bis 15 cm Länge an einem einfachen Drehkopf aufgehängt, der in einem oben abgesprengten Lampenglas sitzt (Abb. 233, S. 309). Den Fuß des Glases setze man, wenn man das Magnetometer nicht benutzt, auf eine Holzscheibe, die ihm eine größre Standfestigkeit verleiht. Einige Physiker empfehlen eine große Länge des Fadens, etwa 50 cm, und verwenden ein hohes Standglas.

Der Aluminiumzeiger gestattet, selbst bei kleinen Ausschlägen die Schwingungen gut zu beobachten. Man wähle als Anfangsausschlag einen Bogen von etwa 10^0 nach beiden Seiten. Als Marke diene eine Stecknadel (nicht aus Stahl), die in einen Kork gesteckt ist. Man bestimme die Schwingzahl aus der Zeit von etwa 30 vollen Schwingungen.

Man kann auch nach WHITING *(411 Nr. 75)* den kleinen Magnet an einer Bleikugel, die man an einem Kokonfaden aufgehängt hat, mit Siegellack befestigen. Die Masse der Kugel sei so groß, daß die Dauer einer vollen Schwingung im Erdfeld etwa 6 Sekunden ist.

Beim Zurichten von Kokonfäden benutze man als Unterlage Spiegel (45 cm × 8 cm) und kleine Haken, wie sie die Haararbeiter gebrauchen, oder eine Stecknadel, deren Spitze kurz umgebogen und deren Kopf in ein Stückchen Siegellack eingekittet ist.

Die Zielvorrichtung stelle man sich aus Korken, Glasröhren, Steifpapier und einer weithalsigen Flasche oder besser einem Holzbrett so zusammen, wie es Abb. 230 zeigt. Anstatt dieser Zielvorrichtung kann man auch das Sehrohr (vgl. S. 154) benutzen, das man in ein hölzernes Gestell einklemmt.

7. Aufgabe. *Wie ändert sich mit dem Orte die Feldstärke in einem Felde, das ein Magnet erzeugt?*

1. Verfahren.

(2 Schüler, 1 Stunde.)

Quelle. COULOMB, *Histoire et Mémoires de l'Académie royale des sciences (1785) 578.* OSTWALDS *Klass. 13, 27.*

Geräte. Schwingmagnetometer nach HADLEY. Halter dazu. Zielvorrichtung. Nachtlicht. Stoppuhr. Langer Magnet (75 cm × 1 cm × 0,5 cm). Halter dazu. Große Magnetnadel. Schublehre. Maßstab.

Anleitung. a) Lege mit der großen Magnetnadel die Nordsüdrichtung fest. Klemme den Stabmagnet lotrecht derart fest, daß der Nordpol abwärtsgekehrt ist (Abb. 232). Stelle nördlich davon das Magnetometer so auf, daß sein Faden in der Ebene des magnetischen Meridians liegt, die durch die Längsachse des Stabes geht, und daß die schwingende Nadel genau in der Höhe des Fernpols des Stabmagnets liegt und $r_1 = 15$ cm davon absteht.

b) Bestimme mit der Stoppuhr die Zeit t_1 [sek], wo die Nadel N_1 (100) Schwingungen ausführt, und berechne daraus die Schwingzahl in der Sekunde, $n_1 = N_1/t_1$.

c) Nach Aufgabe 6, S. 306, ist die Drehstarre des schwingenden Magnets $\mathfrak{d} = M\mathfrak{H} = 4\pi^2 Jn^2$, wo M das magnetische Moment, J die Drehmasse, n die Schwingzahl der Magnetometernadel und $\mathfrak{H}$ die wagrechte Feldstärke am Aufstellungsort bedeutet. Setzt man $M/4\pi^2 J = c$, so wird $n^2 = c\mathfrak{H}$. Am Aufstellungsorte des Magnetometers liegen zwei magnetische Felder übereinander, das der Erde, dessen wagrechte Feldstärke H [GAUSS] und das des Stabmagnets, dessen wagrechte Feldstärke an dieser Stelle $\mathfrak{h}$ [GAUSS] ist. Wir haben mithin die Beziehungen $\mathfrak{H} = H + \mathfrak{h}$ und $n^2 = c\,(H + \mathfrak{h})$. Entfernt man den Magnetstab, so wird die Schwingzahl der Magnetometernadel n_0, wo $n_0^2 = cH$ ist. Es besteht also die Beziehung

$$\frac{n^2}{n_0^2} = \frac{H + \mathfrak{h}}{H}$$

oder

$$\mathfrak{h} = \frac{n^2 - n_0^2}{n_0^2} H.$$

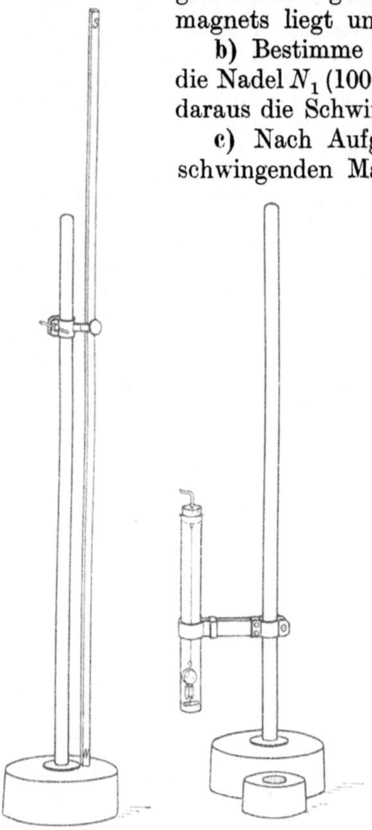

Abb. 232.

Haben die Pole des schwingenden Magnets die Stärke $\mathfrak{m}'$, so übt der Stabmagnet die Kraft $P = \mathfrak{m}'\mathfrak{h}$ [Dyn] darauf aus.

Sind n_1 und n_2 die Schwingzahlen der Magnetometernadel, wenn sie vom felderregenden Pol des Magnetstabs r_1 und r_2 [cm] absteht, und entsprechen die wagrechten Feldstärken $\mathfrak{h}_1$ und $\mathfrak{h}_2$ [GAUSS] am Aufstellungsorte den Kräften P_1 und P_2 [Dyn], so besteht die Beziehung

$$\frac{P_1}{P_2} = \frac{\mathfrak{h}_1}{\mathfrak{h}_2} = \frac{n_1^2 - n_0^2}{n_2^2 - n_0^2}.$$

d) Verschiebe die Magnetstabachse gleichläufig zu sich selbst so in der Ebene des magnetischen Meridians, daß der Abstand des Nordpols des Stabmagnets von der Mitte der Magnetometernadel nur $r_2 = 10$ cm ist, und bestimme die Schwingzahl n_2 des Magnetometers.

e) Entferne den Magnetstab und bestimme die Schwingzahl n_0 der Magnetnadel.

f) Schreibe die Ergebnisse in folgender Weise auf:
Magnetstab Nr. ... Abstand des Nordpols vom benachbarten Stabende ... cm.
Schwingmagnetometer Nr. ... Schwingzahl im Erdfelde $n_0 = \ldots$

Entfernung r [cm]	Anzahl der Schwingungen N	Schwingzeit t [sek]	Schwingzahl $n = N/t$	$\frac{P_1}{P_2} = \frac{n_1^2 - n_0^2}{n_2^2 - n_0^2}$	$\frac{r_2^2}{r_1^2}$

g) Berechne die Verhältnisse P_1/P_2 und r_2^2/r_1^2 und vergleiche sie miteinander.

2. Verfahren.

(2 Schüler, 1 Stunde.)

Quelle. G. F. C. Searle, *a. a. O.*

Geräte. Schwingmagnetometer nach Searle (vgl. S. 307).
Robisonscher Magnet.
Halter dafür.
Stoppuhr.
Bleistücke oder Klebpapier oder Klebwachs.
Zeichenbogen.
2 Zeichendreiecke.
Spitzer harter Bleistift.
Stecknadel, nicht aus Stahl.
Kork.
Maßstab.
Große Magnetnadel.

Anleitung. **h)** Befestige auf dem Tisch mit Bleigewichten oder Klebpapier oder Klebwachs einen halben Bogen Zeichenpapier. Zeichne darauf mit der großen Magnetnadel die Richtung des magnetischen Meridians. Trage auf dieser Geraden von ihrer Mitte O aus die Strecken $r = 10$, 12, 14, 16, 20 und 24 cm ab und schreibe diese Abstände an die Marken.

i) Stelle das Magnetometer so auf, daß die Spitze seines Gehänges ganz dicht und genau über dem Punkt O liegt, halte das Auge etwa 1 m von der Merknadel entfernt, bestimme dreimal aus der Zeit von etwa 30 kleinen Schwingungen die Schwingzahl im Erdfeld und bilde daraus den Mittelwert n_0.

k) Klemme mit einem durchgeschnittenen Kork den Robisonschen Magnet lotrecht so im Halter fest, daß seine Spitze genau auf dem Punkte der Geraden steht, der 10 cm von O entfernt ist (Abb. 233). Liegt der Punkt südlich vom Magnetometer, so setze man den Nordpol des Magnets aufs Papier, damit die magnetische Kraft, die der Pol ausübt, die gleiche Richtung wie die Erdkraft hat. Bestimme zwei- bis dreimal aus der Zeit von 30 kleinen Schwingungen die Schwing-

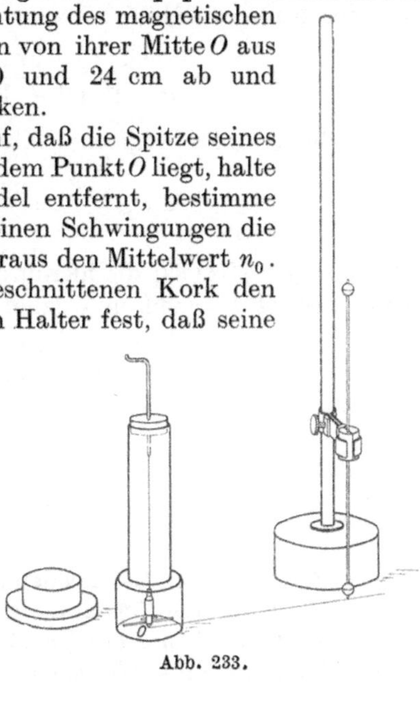

Abb. 233.

zahl der Magnetnadel und bilde aus den Ergebnissen den Mittelwert n.

l) Setze der Reihe nach auf die übrigen angemerkten Punkte der Meridiangeraden denselben Pol des ROBISONschen Magnets und bestimme für jede Stellung die Schwingzahl.

m) Bedeuten $\mathfrak{h}$ [GAUSS] die wagrechte Feldstärke, die der Magnet erzeugt, und H [GAUSS] die wagrechte erdmagnetische Feldstärke, so ist $\mathfrak{h} + H$ die gesamte wagrechte Feldstärke in O. Bezeichnet n die Schwingzahl im zusammengesetzten Feld und n_0 die im Erdfeld, so ist wie bei (c)

$$\frac{\mathfrak{h} + H}{H} = \frac{n^2}{n^2_0}$$

und daher

$$\mathfrak{h} = \frac{n^2 - n_0^2}{n_0^2} H.$$

Bezeichnen $\mathfrak{m}$ die Polstärke des ROBISONschen Magnets, $\mathfrak{m}'$ die der schwingenden Magnetnadel und r [cm] den Abstand des Pols A (Abb. 234) des ROBISONschen Magnets von der Mitte C der Magnetnadel, so ist die Kraft, womit der Nordpol A auf den Nordpol der Nadel wirkt,

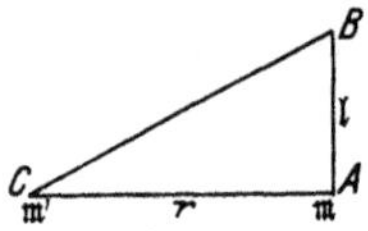

Abb. 234.

$$P_1 = \frac{mm'}{r^2}$$

und, wenn $\mathfrak{l}$ [cm] den Polabstand des ROBISONschen Magnets bezeichnet, die wagrechte Komponente der Kraft, die der Südpol B auf den Nordpol der Nadel ausübt,

$$P_2 = -\frac{\mathfrak{m}\mathfrak{m}'}{r^2 + \mathfrak{l}^2} \cdot \frac{r}{(r^2 + \mathfrak{l}^2)^{1/2}} = -\frac{\mathfrak{m}\mathfrak{m}'}{r^2} \cdot \frac{r^3}{(r^2 + \mathfrak{l}^2)^{3/2}},$$

somit die gesamte wagrechte Kraft

$$P = P_1 + P_2 = \frac{\mathfrak{m}\mathfrak{m}'}{r^2}\left[1 - \frac{r^3}{(r^2 + \mathfrak{l}^2)^{3/2}}\right].$$

Bezeichnet $\mathfrak{h}$ [GAUSS] die hierdurch erzeugte wagrechte Feldstärke am Ort C, so ist $P = \mathfrak{m}'\mathfrak{h}$ und daher

$$\mathfrak{h} = \frac{\mathfrak{m}}{r^2}\left[1 - \frac{r^3}{(r^2 + \mathfrak{l}^2)^{3/2}}\right],$$

also

$$\mathfrak{m} = \frac{r^2 \mathfrak{h}}{1 - \frac{r^3}{(r^2 + \mathfrak{l}^2)^{3/2}}}.$$

n) Berechne nach (m) aus den Schwingzahlen n_0 und n die wagrechte Feldstärke $\mathfrak{h}$ und die Polstärke des ROBISONschen Magnets.

o) Können wir uns ein Urteil über die Richtigkeit von COULOMBs Gesetz bilden, wenn wir für $\mathfrak{m}$ nahezu übereinstimmende Werte erhalten?

p) Schreibe die Ergebnisse in folgender Weise auf:

Schwingmagnetometer Nr. ... ROBISONscher Magnet Nr. ...
Polabstand $\mathfrak{l}$ = ... cm. Wagrechte erdmagnetische Feldstärke H = ... GAUSS.

Anzahl der Schwingungen N_0	Schwingzeit t_0 [sek]	Schwingzahl $n_0 = N_0/t_0$
	Mittel	......

Abstand r [cm]	Anzahl der Schwingungen N	Schwingzeit t [sek]	Schwingzahl $n = N/t$	Schwingzahl Mittel	Wagrechte Feldstärke des ROBISONschen Magnets $\mathfrak{h}$ [GAUSS]	$r^2\,\mathfrak{h}$	$\mathfrak{m}$
						Mittel	....

Bemerkungen. Die Richtigkeit von COULOMBS Gesetz entzieht sich strenggenommen dem Bestätigen durch Versuche. Es ist nur für kleine Bruchstücke zweier Magnete in der Form $dP = k d\mathfrak{m}_1 d\mathfrak{m}_2/r^2$ allgemeingültig. Der Nenner hat zunächst bloß geometrische Bedeutung und nur insofern einen physikalischen Inhalt, als er ausdrückt, daß sich die Gesamtwirkung von den Fernwirkungspunkten aus gleichförmig ausbreitet.

Beim ersten Verfahren darf der Abstand der Nadel des Magnetometers vom Magnetstab eine gewisse Grenze nicht überschreiten, sonst macht sich die Wirkung des südlichen Stabpols geltend. Das Ausführen des Versuchs verlangt, daß der Lehrer zuvor die Lage des nördlichen Fernpols bestimmt hat. Es hält schwer, so lange Magnetstäbe derart zu magnetisieren, daß sie frei von Folgepolen sind.

Der ROBISONsche Magnet, den man beim zweiten Verfahren benutzt, ist eine besondre Magnetform, wofür sich die Fernpole, die in den Kugelmitten liegen, mit ausreichender Genauigkeit angeben lassen, und wofür die Fernwirkung durch die Gleichung $P = \mathfrak{m}_1\mathfrak{m}_2/r^2$ dargestellt wird. Beim Messen ändert man r und erhält als Ergebnis die Größe der sich gleichbleibenden Polstärke des Magnets. Der ROBISONsche Magnet hat einen Stab aus Silberstahl von 0,23 cm Durchmesser. Die Stahlkugeln an beiden Enden haben einen Durchmesser von 1,27 cm, und der Abstand der Kugelmitten, der Polabstand, ist 30,5 cm. Die Kugeln sind in der Achsenrichtung des Stabes mit kleinen Spitzen versehn, so daß man den Magnet scharf einstellen kann. Die Mitte der untern Kugel liegt, wenn das Gehänge des Magnetometers gut eingestellt ist, mit der Mitte der Magnetnadel auf einer wagrechten Geraden. Auf jeder Kugeloberfläche ist der größte Kreis eingeschnitten, dessen Ebene auf der Stabachse senkrecht steht. Vgl. die Bemerkungen zu Aufg. 1, S. 299.

8. Aufgabe. *Ist die Arbeit, die erforderlich ist, um einen Nordpol von einer Wagfläche auf eine andre zu verschieben, vom Weg abhängig?*

(2 Schüler, 1 Stunde.)

Quelle. HADLEY *50 Nr. 41.*

Geräte. Zeichenbogen.
Klebpapier oder Klebwachs.
Spitzer harter Bleistift.
Stabmagnet (vgl. S. 302).
Schwingmagnetometer (vgl. S. 306).
Halter dafür.
Zeichenbussole.
Stoppuhr.
Zielvorrichtung.
Nachtlicht.
Maßstab.
Schere.

Anleitung. **a)** Hefte auf den Tisch mit Klebpapier oder Klebwachs einen halben Zeichenbogen. Lege den Stabmagnet in der Nordsüdrichtung mit dem Nordpol nach Norden darauf, umfahre den Umriß und bezeichne die Pole.

b) Zeichne wie in Aufgabe 3, S. 302, und Aufgabe 5, S. 304, mit der Zeichenbussole etwa 5 cm lange Stücke von drei Kraftlinien $\overline{12}$, $\overline{34}$ und $\overline{56}$ (Abb. 235) und zwei Waglinien $\overline{135}$ und $\overline{246}$. Miß mit einem schmalen Papierstreifen die Längen der Kraftlinienstücke $\overline{12}$, $\overline{34}$ und $\overline{56}$ und bestimme so genau wie möglich deren Mittelpunkte A, B und C.

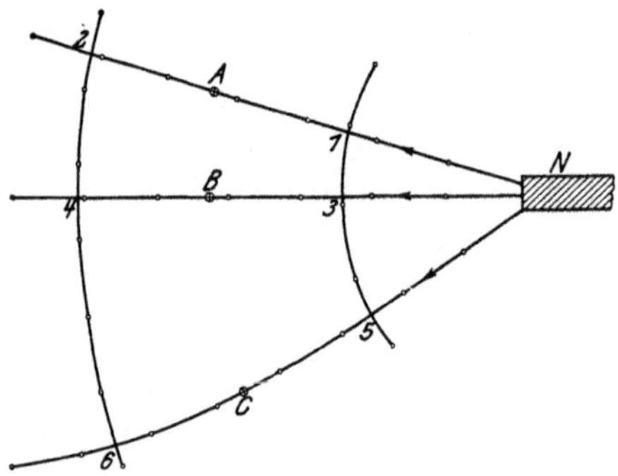

Abb. 235.

c) Stelle genau über dem Punkt A das Magnetometer auf und bestimme mit der Stoppuhr die Zeit t_a [sek] von $N_a = 100$ Schwingungen und daraus die Schwingzahl $n_a = N_a/t_a$. Ermittle ebenso die Schwingzahlen n_b und n_c, wenn das Magnetometer über B und C steht.

d) Schreibe die Ergebnisse in folgender Weise auf:

Magnetometer Nr. ... Magnet Nr. ...

Kraftlinie	Länge des Kraftlinienstücks d [cm]	Zahl der Schwingungen N	Schwingzeit t [sek]	Schwingzahl $n = N/t$	n^2	$n^2 d$
$\overline{12}$						
$\overline{34}$						
$\overline{56}$						

e) Die Arbeit, die am Nordpol beim Verschieben längs d_a zu leisten ist, wird durch das Produkt aus der erforderlichen Kraft P_a [Dyn] und dem Wege d_a [cm] gemessen. P_a aber ändert sich auf der Kraftlinie d_a von Ort zu Ort. Wir setzen für diese veränderliche Kraft die Kraft f_a [Dyn], die in der Mitte A des Weges d_a herrscht. Diese Kraft aber ist ein Vielfaches von $n_a{}^2$. Auf dem Wege d_a ist also die Arbeit zu leisten $A_a = f_a d_a = \lambda n_a{}^2 d_a$, wo λ die gleichbleibende Verhältniszahl bezeichnet. Ebenso ist $A_b = \lambda n_b{}^2 d_b$ und $A_c = \lambda n_c{}^2 d_c$.

f) Vergleiche die Produkte $n^2 d$ miteinander. In welchem Verhältnis stehn also die Arbeiten A zueinander?

Zehnter Teil.

Galvanismus.

I. Allgemeines über galvanisches Arbeiten[1].

1. Stromquellen.

a) Einzelne Teile.

Verquicken des Zinks. Man mache mit einer alten Feile oder einem Schaber, weniger gut mit Schmirgelpapier, das Zink blank und tauche es einige Minuten in ein Gefäß mit verdünnter Salzsäure, bis lebhaftes Gasentwickeln eintritt. Nun lege man das Zink in eine flache Schale, wie sie die Lichtbildner benutzen, gieße etwas Quecksilber darüber und bewege das Zink darin hin und her, bis seine Oberfläche ganz glänzend aussieht. Dann stelle man das Zink wieder in die Säure und reibe seine Oberfläche mit einem Lappen, einem Kork oder einer steifen Bürste. Hierauf nehme man das Zink aus der Säure, spüle es tüchtig mit Wasser ab und lasse es trocknen. Beim Verquicken schütze man die Hände durch ein Paar alte Lederhandschuhe oder besser durch Gummifinger, wie sie die Lichtbildner benutzen.

Stewart und Gee (*2, 55*) befreien das Zink vorm Eintauchen in die Säure dadurch von etwa vorhandenen Fetten, daß sie es in ein Gefäß mit verdünnter Natronlauge (1 Gwt. Natriumhydroxyd auf 20 Gwt. Wasser) eintauchen und dann mit Wasser abwaschen.

In den chemischen Lehrgängen der Staatlichen Hauptstelle wird zum Verquicken eine Lösung benutzt, die Lüpke nach folgender Vorschrift hergestellt hat: Man löse in 250 g gewöhnlicher Salpetersäure und 750 g rauchender Salzsäure 200 g Quecksilber und setze dann noch 1000 g dieser Salzsäure hinzu. Das Lösen und Verquicken muß im Freien oder unterm Abzuge geschehn. Die Lösung hebe man in einer weithalsigen Flasche mit Glasstöpsel auf oder in einem Sammlerglase, das oben glatt geschliffen und mit einer Glasplatte bedeckt ist.

Nichols, Smith und Turton (*278*) benutzen eine Lösung von 5 cm^3 Quecksilber in einer Mischung von 60 cm^3 Salpetersäure und 210 cm^3 Salzsäure. Vgl. Hermann Hahn, *Freihandversuche 1^2, 43.*

Tonzellen. Man spüle sie nach dem Gebrauch tüchtig aus und lege sie dann längere Zeit in Wasser, dem man etwas Salzsäure zugesetzt hat.

---

[1] Vgl. hierüber auch: Kohlrausch, Ostwald-Luther, Stewart-Gee, Strecker, Wiedemann-Ebert, Berndt.

Fürs Wässern schaffe man einen besondern Trog an. Hat jemand die Zelle trocknen lassen, ohne sie vorher zu wässern, so ist es ratsam, sie tüchtig in Wasser auszukochen.

Beim Ansetzen einer Kette tränke man zuerst die Zelle mit der Schwefelsäure. Man fülle so viel Schwefelsäure ein, daß ihre Höhe um $^1/_{10}$ oder $^1/_5$ größer ist als die Höhe der schwerern andern Flüssigkeit.

Schwefelsäure. Man verwende verdünnte Säure von höchstens 1,06 g/cm³ Dichte, man nehme also etwa 50 cm³ reine Schwefelsäure auf 1000 cm³ Wasser. Man gieße beim Mischen die Säure langsam und unter Umrühren ins Wasser.

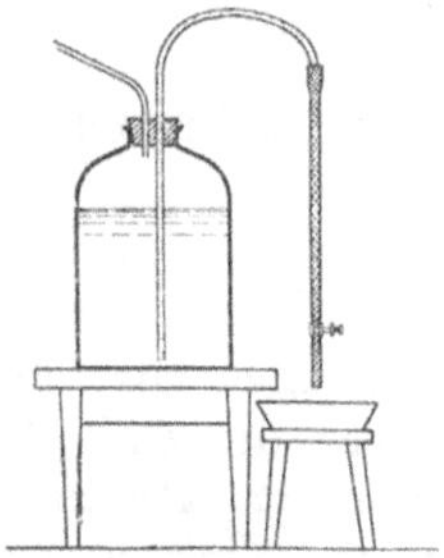

Abb. 236.

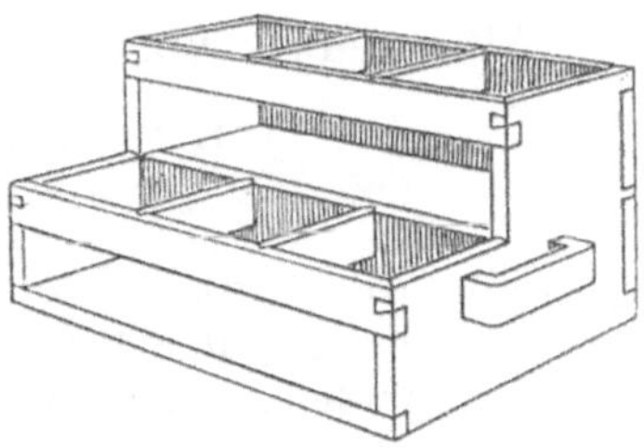

Abb. 237.

Alle chemischen Stoffe, die man in größern Mengen gebraucht, wie verdünnte Schwefelsäure, übergedampftes Wasser usw., bewahre man außerhalb des Arbeitsraums in sehr großen Flaschen (Ballone) auf, die man mit Anblaseheбern versieht und auf einem recht festen Tisch aufstellt (Abb. 236). — Zieht man es vor, für jeden Schüler eine besondre kleinere Flasche zu halten, so bedarf man eines Tragekastens (Abb. 237). Vgl. H. Hahn, *Phys. Schülerübungen, Abhandl. zur Didaktik und Philosophie 1, 332.*

Cuprisulfatlösung. Man verwende eine gesättigte Lösung (Dichte etwa 1,2 g/cm³) und nehme also etwa 1 g kristalltes Salz auf 3 g Wasser.

Chromsäure. Vgl. Kohlrausch[14] *468.*

b) Ketten.

Bei den Schülerübungen kommen, wenn man Gelegenheit zum Laden hat, Bleisammler, ferner Danielle und Beutelketten in Frage. Hat man keine Gelegenheit, Bleisammler wieder aufzuladen, so muß man an ihrer Stelle Chromsäureketten (vgl. Kohlrausch[14] *468*) verwenden. Bei einigen Übungen wird man auch heute noch die Daniellsche Kette ungern entbehren. Will man sie durch Bleisammler ersetzen, so verschaffe man sich in den Fällen, wo die Spannung des Sammlers zu groß ist, durch Abzweigen die erforderliche geringere Spannung.

1. Daniell. Die Kette hat 1,08 bis 1,12 V. Der Widerstand der gebräuchlichen Größen liegt zwischen 0,6 und 0,3 Ω. Nach dem Zusammensetzen pflegt zunächst die Spannung etwas kleiner zu sein. Daher schließe man nach dem Ansetzen einige Zeit die Kette mit einem Widerstande kurz, der etwa so groß ist wie der des künftigen Stromkreises. Die Zinkplatten und die Kupferplatten der käuflichen Ketten

lassen zuweilen sehr viel zu wünschen übrig; man verwende daher gute Kupferbleche und anstatt der gegossenen Zinkkreuze Zinkbleche von 4 mm Stärke. Nach dem Gebrauch nehme man sofort die Ketten auseinander.

2. Beutelketten. Es sind Braunsteinketten. Am Dorotheenstädtischen Realgymnasium und bei den Lehrgängen für Schülerversuche in der Staatlichen Hauptstelle hat sich das „Gnom-Element" durchaus bewährt. Seine elektromotorische Kraft ist anfangs 1,5 V. Haben sich viele Kristalle von Chlorzinkammonium angesetzt, so füge man ein wenig Salzsäure hinzu, worin sie sich bald auflösen. Ist die Kette erschöpft, so gieße man die Flüssigkeit weg und fülle (bei der gebrauchten Größe) das Glas mit einer Lösung von 30 g reinem Ammoniumchlorid in Wasser. Alle Teile der Kette sind einzeln käuflich.

Man benutze die Kette bei solchen Versuchen, wo nur schwächere Ströme (bis zu 0,1 A) erforderlich sind und es auf Unveränderlichkeit der Spannung nicht sehr ankommt.

3. Bleisammler. Die Sammler, die in der Staatlichen Hauptstelle benutzt werden und sich ausgezeichnet bewährt haben, sind von der „Varta", Akkumulatoren-Gesellschaft m. b. H., Berlin SO 16, Köpenicker Str. 126, bezogen worden. Von der Type PO 22/1, deren Ladefähigkeit 12 A h ist (4 A bei dreistündiger Entladung), sind je zwei „unvergossene" und mit Deckel ausgestattete Sammler mit Rippenglasgefäßen in einen Holzkasten eingebaut, der mit einem Handgriff versehn ist. Die Sammler haben Ölpolschuhe und die Tragkasten drei Klemmen, so daß man jeden Sammler auch einzeln benutzen kann. Daneben werden noch Sammler der Type PO 22/3 verwendet, deren Ladefähigkeit 36 A h ist (12 A bei dreistündiger Entladung). Diese Sammler sind wie die andern eingerichtet, nur sitzt je ein Sammler in einem Tragkasten[1].

Über die Pflege und das Benutzen der Sammler vgl. Kohlrausch[14] *466*, Ostwald-Luther[3] *375* und G. Brion. *Leitfaden zum elektrotechnischen Praktikum 25* und das Schriftchen der Gesellschaft „Varta" *über die Reparatur und Behandlung kleiner transportabler Akkumulatoren.*

2. Stromverbindungen.

a) Leitungen. Man benutze doppelt mit Baumwolle besponnenen und gewachsten Kupferdraht von 0,9 mm Durchmesser. Der Draht verträgt eine dauernde Belastung von etwa 3 A, und das Meter hat etwa 0,03 Ω Widerstand. Für 10 A genügt ein Draht von 1,5 mm Durchmesser. Liebt man es, die Drähte aufzuspulen, so hebe man sie auf einem Gestell auf, wie es in Abb. 238 gezeichnet ist. Man stecke auf einige Stäbe Glasröhren von 30 cm Länge und 2 cm Durchmesser; die Röhren dienen zum gleichmäßigen Wickeln der Drähte. Wirtschaftlicher ist es, nur die Enden aufzuspulen. Sind die Drähte doppelt umsponnen, so lasse man nach dem Abschneiden eines Stücks die

---

[1] *Mitteilungen der Preußischen Hauptstelle für den naturwissenschaftlichen Unterricht. Heft 1, S. 21 u. 58. Heft 8, S. 24.*

Enden jeder Lage gesondert abwickeln und die beiden so erhaltenen Bänder fest zusammenknoten. Man verhindert so das häßliche Herumhängen der Hüllfasern.

Dauerhafter und bequemer als Drähte sind Leitschnüre. Im Dorotheenstädtischen Realgymnasium wurden Schnüre verwandt, deren freigelegte Enden einfach mit Lot verzinnt waren. Um die Enden der Schutzhülle war Isolierband gewickelt und festgebunden. Besser jedoch ist es, an die Enden einen kurzen Kupferdraht anzulöten und diesen erforderlichenfalls mit einem Schuh zum Einspannen zu versehn. Für die meisten Versuche genügen Schnüre von 1 mm Durchmesser, nur ganz selten ist ein Durchmesser von 2 mm erforderlich. Man gebraucht für jede Arbeitsgruppe je 6 Schnüre von 15, 30 und 60 cm Länge und je 3 Schnüre von 100, 150 und 200 cm Länge.

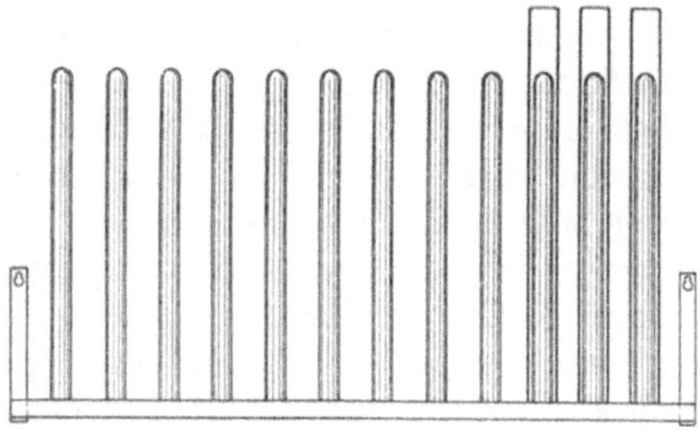

Abb. 238.

Sehr biegsame Kupferschnüre mit verschiedenartigen Verbindungsenden liefert Fritz Köhler zu Leipzig.

Die Schnüre bewahre man auf Gestellen auf, wovon eins in Abb. 239 gezeichnet ist, die 15 cm langen Schnüre jedoch in Kästen[1].

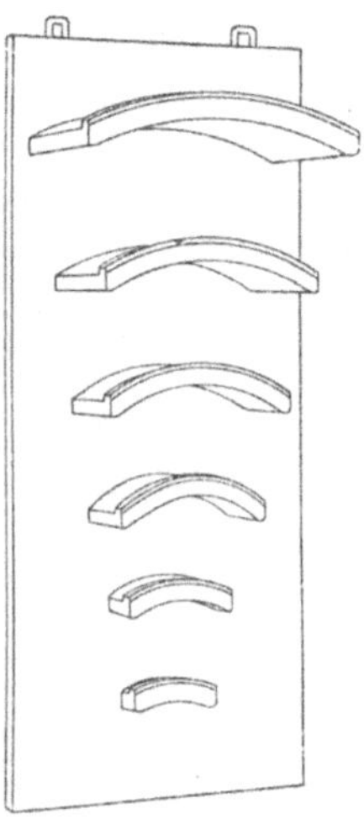

Abb. 239.

Man halte streng darauf, daß die Schüler vor jedem Verbinden die Enden der Drähte und der Schnüre blank schaben oder schmirgeln und auch erforderlichenfalls die Anschlußstellen der Geräte mit feinstem Schmirgelpapier oder mit einer Rundfeile abreiben.

b) Klemmschrauben. Man gebraucht für jede Gruppe 6 Klemmen mit je 2 Durchbohrungen, die bei dreien in der Achse und bei den drei andern quer verlaufen; ferner 2 Polklemmen mit je einer queren Durchbohrung, mit Spannfläche und mit angedrehtem Gewindezapfen zum Einschrauben in Holz; außerdem 4 Platten-Polklemmen, die einen Schlitz und eine Klemmschraube für Bleche bis 2 mm Dicke und eine Durchbohrung und eine Schraube für Drähte haben; und zum Einspannen dünnerer Drähte und Bleche noch 4 Polklemmen mit 2 Spannflächen (Ostwald-Luther[3] *378*). Alle Durchbohrungen sollen bequem Drähte von 2 mm Stärke fassen. Man achte darauf, daß die Schrauben unten nicht spitz sind, da sie sonst die Drähte durchschneiden, und daß sie beim Niederschrauben die Löcher völlig schließen.

[1] Vgl. auch Dr. F. Schürer, *Ordnung in der Drahtwirtschaft. Zeitschr. f. d. physik. u. chem. Unterr. 40, 85; 1927.*

Sauber gearbeitete, polierte und vernickelte Klemmen der mannigfachsten Formen liefert FRITZ KÖHLER zu Leipzig.

c) Taster. Man kann sie, wenn man keinen Druckknopf benutzen will, leicht selbst herstellen: Auf einem Holzklotz (10 cm × 5 cm × 1,5 cm), der in Öl oder Paraffin gekocht und unten mit Spitzen versehn ist, befestige man mit einer Holzschraube *A* einen Streifen aus federhartem Messing (8 cm × 1 cm × 0,05 cm), der wie in Abb. 240 gebogen ist. Zwischen den Messingstreifen und das Holzbrett klemme man das umgebogene Ende eines etwa 1 mm starken Kupferdrahts. Genau unterm andern Streifenende *B*, das oben mit Siegellack überzogen ist, schraube man mit einer flachköpfigen Holzschraube *C* einen zweiten Kupferdraht fest. Der Abstand zwischen *B* und *C* betrage etwa 0,5 cm. Am besten verwende man Schrauben, die man auf der Unterseite des Grundbretts mit einer versenkten Mutter befestigen kann. Die Löcher gieße man mit Wachs aus. Zweckmäßig ist es, anstatt der Schraube *A* eine Polklemme mit Befestigungsschraube zu verwenden und *C* mit einer Klemme zu verbinden, die man neben *A* einschraubt. Ein fester und einfacher Taster ist bei OSTWALD-LUTHER[3] *380* beschrieben.

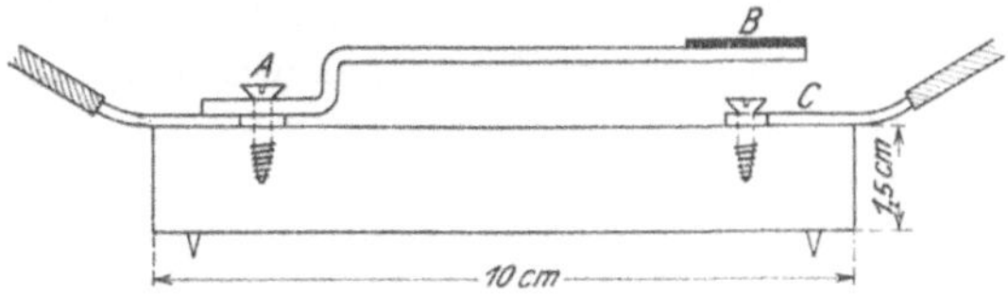

Abb. 240.

Bringt man auf demselben Grundbrett nebeneinander zwei Taster an, so kann man damit beim Arbeiten mit der WHEATSTONEschen Brücke Stromprüfer und Kette bequem in der richtigen Weise ein- und ausschalten (ABRAHAM *2, 361 Nr. 172*).

Verbindet man die Schrauben *A* (Abb. 240) der beiden nebeneinanderliegenden Taster durch einen Kupferdraht miteinander, so erhält man einen Dämpfungsschlüssel (ABRAHAM *2, 294 Nr. 124*). AMES-BLISS (*496*) geben einen andern einfachen Dämpfungsschlüssel an (Abb. 241): Er besteht aus zwei schrägen Drahtfedern *A*, die sich beim Niederdrücken zwischen zwei wagrechten Drähten *B* und *C* bewegen. Der Schließungskreis liegt an den Federn und die Batterie an den wagrechten Drähten. Drückt man die eine Feder hinab, so daß sie den untern wagrechten Draht *C* berührt, während die andre Feder am obern wagrechten Draht *B* liegt, so fließt der Strom in einem bestimmten Sinn durch die Außenleitung. Drückt man die andre Feder hinab, während die erste den obern Draht *B* berührt, so wird die Stromrichtung umgekehrt.

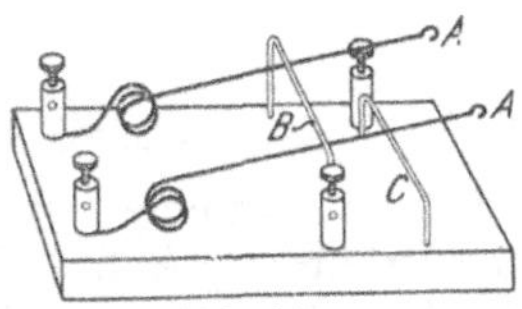

Abb. 241.

Bei den mitgeteilten Übungen und den benutzten Galvanometern ist jedoch ein Dämpfungsschlüssel entbehrlich.

d) Schalter. Man kann sie in der mannigfachsten Weise selbst herstellen: Man bohre in einen Klotz (7,5 cm × 5 cm × 2,5 cm) aus hartem Holz, das man in Öl oder Paraffin gekocht hat, zwei Löcher *A* (Abb. 242) von 0,6 bis 1 cm Weite und 2 cm Tiefe, schraube ferner in den

Klotz zwei Klemmen *B* mit Unterlegscheiben und verbinde sie durch zwei Kupferdrähte *C* von 1 mm Stärke mit den Näpfen *A*. Man entferne, wenn der Draht isoliert ist, die Schutzhülle von dem Ende, das in den Napf eingetaucht werden soll, mache es blank, gebe ihm die Gestalt einer flachen Uhrfeder, verquicke es gut und setze es dann in den Napf ein. Den Napf füllt man zur Hälfte mit Quecksiber.

Man kann die festen Klemmen auch weglassen, den Draht außerhalb des Napfs rechtwinklig umbiegen und mit zwei Krammen auf der Oberseite des Klotzes befestigen (Abb. 243), oder wie in Abb. 244 mit einer paraffinierten Holzleiste (1,3 cm × 1,3 cm × 5 cm) und einer Schraube die Drähte gegen den Klotz klemmen (Allen *230*).

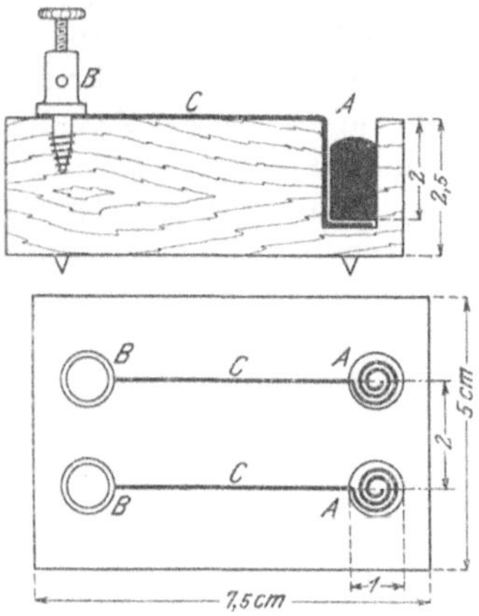

Abb. 242.

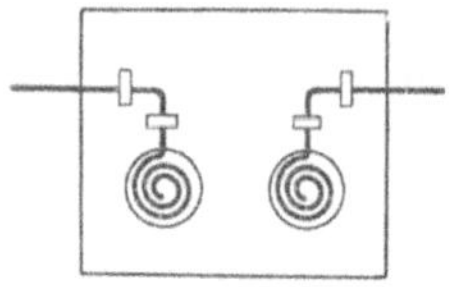
Abb. 243.

Worthington (*286*) gibt dem Schalter die in Abb. 245 gezeichnete Gestalt. In den beiden Näpfen sitzt ein Bügel (Abb. 246) aus 2 mm starkem Kupferdraht, der in der Mitte mit Siegellack überzogen ist und dessen blanke Enden gut verquickt sind.

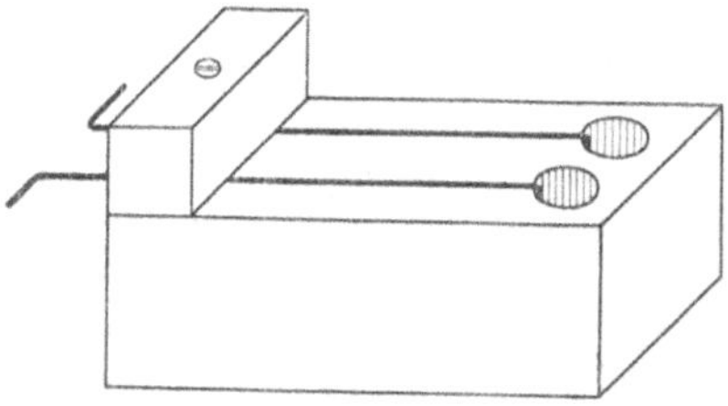
Abb. 244.

Den Schalter verbessert man wesentlich, wenn man den Holzklotz mit einem Rande versieht, der das verspritzte Quecksilber zusammenhält, und auf der Unterseite in den Ecken vier kleine Spitzen anbringt. Man kann den Klotz auch in eine kleine Lichtbildschale setzen und, anstatt die Enden der Drähte *C* (Abb. 242) uhrfederartig zu winden, auf den Boden der Näpfe gut verquickte Kupferscheiben legen, wogegen man die Drähte beim Eintauchen ins Quecksilber festdrückt. Man kann auch die Kupferscheiben mit den Drähten *C* vernieten. Die Näpfe lassen sich dadurch verbessern, daß man in die Löcher des Holzklotzes Glasröhrchen, die unten zugeschmolzen sind, Tuschnäpfchen, ausgeglühte eiserne Fingerhüte oder Stockzwingen einsetzt.

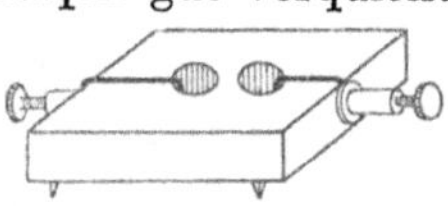
Abb. 245.

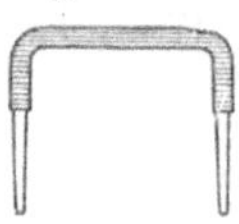
Abb. 246.

Einen ganz einfachen Schalter erhält man, wenn man in einen Holzklotz oder Paraffinklotz ein Loch von der oben angegebenen Größe bohrt und auf den Boden ein Korkscheibchen legt oder mit einem Korkbohrer einen Kork bis zur Mitte ausbohrt und ihn dann mit Siegellack auf ein Holzbrett oder dergleichen kittet. Beide Drahtenden führt man in das Loch, das man mit Quecksilber gefüllt hat. Man muß die Enden der Leitungsdrähte spitz zufeilen und gut verquicken; man spießt sie fest in den Kork. OSTWALD-LUTHER[3] *381.*

Hat man Stromwender mit drei oder vier Näpfen, so kann man die Quecksilberschalter mit einem oder zwei Näpfen entbehren.

e) Verquicken von Kupferdrähten. Man gieße in eine weithalsige Flasche mit Glasstopfen Quecksilber und darüber eine Schicht Merkuronitrat, das mit Salpetersäure angesäuert ist. Will man einen Kupferdraht verquicken, so tauche man ihn durch diese Schicht hindurch ins Quecksilber ein, spüle ihn tüchtig ab und reibe ihn blank. Man kann auch die oben S. 313 angegebene Verquickflüssigkeit nach LÜPKE verwenden. Ist das Drahtende gut verquickt, so muß man damit einen kleinen Quecksilbertropfen aufheben können. Man muß das Verquicken häufig erneuern.

f) Quecksilbertropfgefäße. Zum Füllen der Quecksilbernäpfe bedarf man bequemer Tropfgefäße. Zu empfehlen sind die alten bequemen Büchsen aus Buchsbaumholz mit Eisenhahn (LEHMANN-FRICK *1, 1, 578*) oder die neuen Flaschen aus Eisen, die am Dorotheenstädtischen Realgymnasium im Gebrauch sind.

Unentbehrlich sind Quecksilberzangen, die ermöglichen, die kleinsten verspritzten Quecksilberkügelchen mit Leichtigkeit aufzuheben. Über Quecksilberbretter vgl. S. 165.

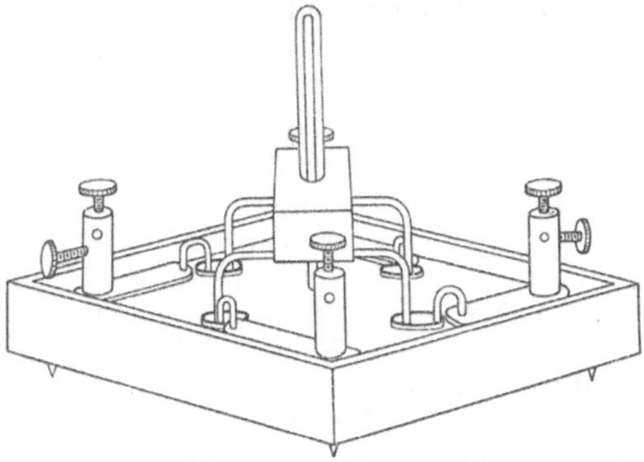
Abb. 247.

g) Stromwender mit vier Näpfen (Abb. 247). In einem Holzbrett (10 cm × 10 cm × 1,2 cm), das mit einem Rand und vier Bodenstiften versehn ist, sind vier Löcher eingebohrt, welche die Ecken eines Quadrats von 4,5 cm Seitenlänge bilden. In die Löcher sind Glasnäpfchen eingesetzt und durch Kupferdrähte und Bleche mit 4 Klemmen verbunden, wovon zwei gegenüberliegende zum Fassen zweier Drähte eingerichtet sind, also mit je zwei Durchbohrungen oder einer Durchbohrung und einer Spannfläche versehn sind. Zwei Kupferbügel, deren verquickte Enden in die Näpfe tauchen, sind an einer paraffinierten Holzleiste (6,5 × 2 cm × 1 cm) befestigt. Zweckmäßig ist es, nach OSTWALD-LUTHER (*382*) in der Mitte der Holzleiste eine Glasröhre einzukitten und diese über einen Stift zu schieben, der in der Mitte des Holzbretts angebracht ist. Einen Stromwender ähnlicher Bauart liefert FRITZ KÖHLER zu Leipzig. Man

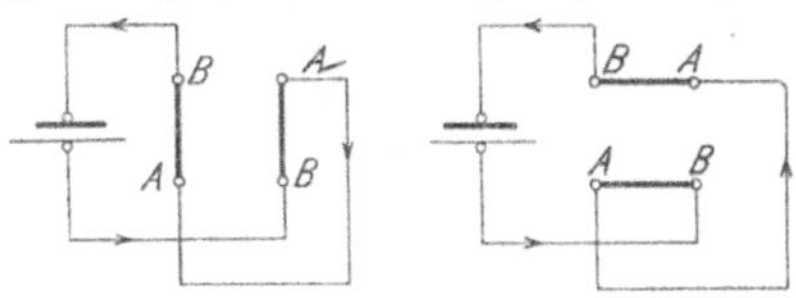

Abb. 248.

fülle die Näpfe zur Hälfte mit Quecksilber und verbinde mit den Enden des Schließungskreises die Klemmen AA (Abb. 248) und mit den Drähten der Stromquelle die Klemmen BB. Durch Drehn der Bügel um 90° kann man den Strom im Schließungskreise wenden. Merke dir: Zusammengehörige Drahtenden über Kreuz schalten! Füllt man nur zwei Näpfe mit Quecksilber, so kann man den Wender als Schalter benutzen.

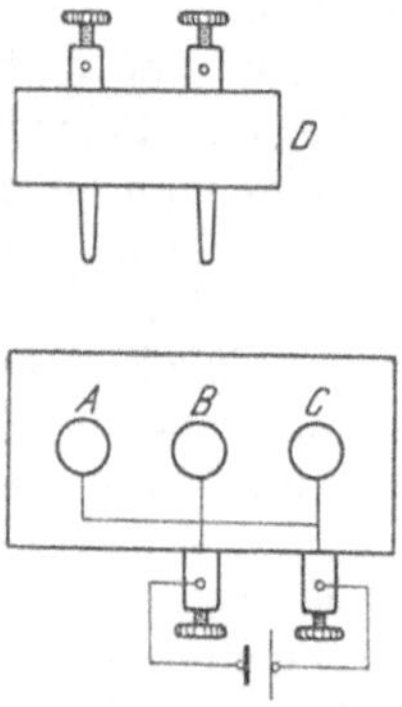

Abb. 249.

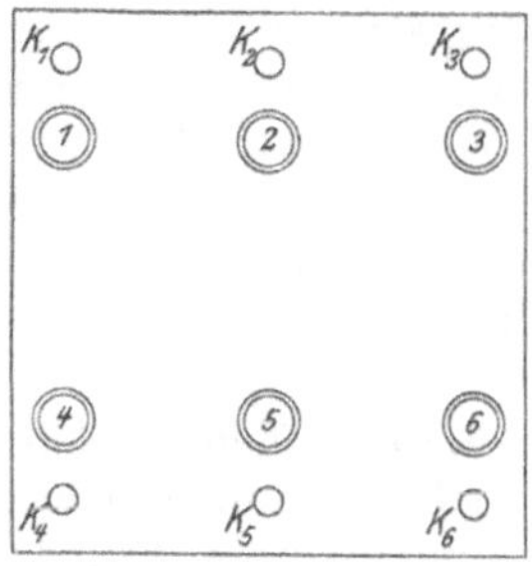

Abb. 250.

h) Stromwender mit drei Näpfen. Dieser einfache Wender von Ayres (*113*) ist in Abb. 249 abgebildet. A, B und C sind die drei Näpfe und D ist der Bügel.

i) Wippe. In ein paraffiniertes Holzbrett (15 cm × 7 cm × 2,5 cm), das mit einem Rand und Fußspitzen versehn ist, sind sechs Löcher 1, 2, 3, 4, 5 und 6 (Abb. 250) eingebohrt und darin Näpfchen aus Glas, Steingut oder Eisen eingesetzt. Die Näpfe sind durch Kupferdrähte mit den Klemmen k_1, k_2, k_3, k_4, k_5 und k_6 verbunden, die zwei Durchbohrungen oder eine Durchbohrung und eine Spannfläche haben. Die Näpfe 1 und 6 und die Näpfe 3 und 4 sind kreuzweise durch 2 mm starke Kupferdrähte verbunden, die, voneinander getrennt, durch einen Kork oder ein Ebonitstück hindurchgehn. Das Kreuz läßt sich leicht entfernen. Der Wippenbügel (Abb. 251) besteht aus zwei Kupferdrähten von 3 mm Durchmesser, die man durch eine paraffinierte Holzleiste (7 cm × 4 cm × 1 cm) hindurchgeführt und darin durch zwei hölzerne Bolzen festgehalten hat (Abraham *2, 537 Nr. 168*). Man kann durch eine Stellfeder den Bügel festklemmen und daher die Wippe zugleich als Unterbrecher benutzen.

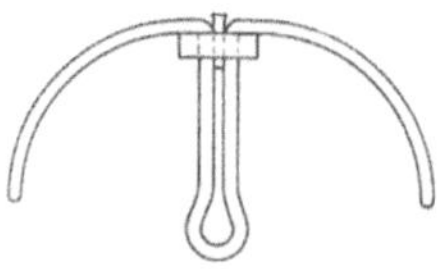

Abb. 251.

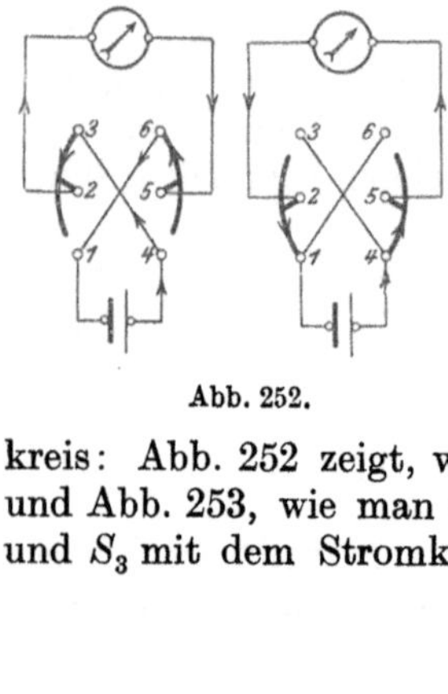

Abb. 252.

Abb. 253.

Die Wippe, die das Anschaffen von Ausschalter und Stromwender überflüssig macht, dient zum Wenden des Stroms und zum Verbinden zweier Stromkreise mit einem dritten Stromkreis: Abb. 252 zeigt, wie man die Wippe als Stromwender benutzt, und Abb. 253, wie man damit abwechselnd die beiden Stromkreise S_1 und S_3 mit dem Stromkreise S_2 verbindet.

3. Widerstände.

a) Stromschwächer.

1. Gleitwiderstände. Zwei Klemmen mit je zwei Durchbohrungen und einer Spannfläche sind in 1 m Abstand in eine Holzleiste (106 cm × 4,5 cm × 1,5 cm) eingeschraubt. Zwischen den Spannflächen strecke man einen blanken Manganindraht aus (Abb. 254). Man führe der

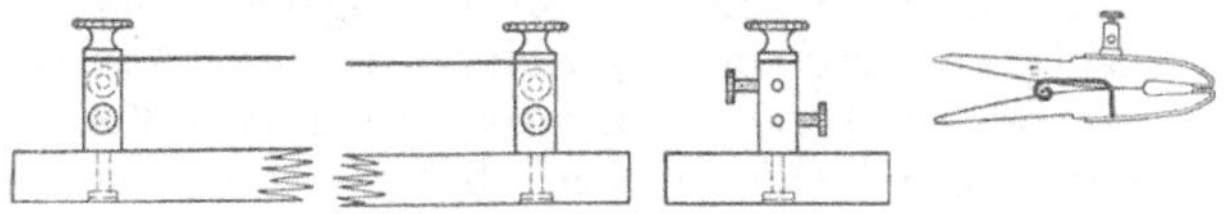

Abb. 254.

einen Endklemme den Strom zu und nehme ihn mit einer verschiebbaren VOLKMANNschen Klammer ab. Man schaffe sich Spulen an mit Manganindraht von 0,2, 0,3 und 0,5 mm Durchmesser. Man kann die Drähte einige Zeit erheblich überlasten. Diese billigen Widerstände haben sich in den Lehrgängen der Staatlichen Hauptstelle ausgezeichnet bewährt. Statt Manganin kann man auch Konstantan verwenden, aber mit einer erheblichen Thermokraft als Fehlerquelle.

Manganin.

Drahtdurchmesser in mm	Widerstand eines Meters in Ohm	Größte Belastung in Ampere (Drahtwärme 95°)
0,2	12,4	0,6
0,3	5,94	1,0
0,5	2,14	1,8

GEBR. RUHSTRAT zu Göttingen fertigen einen „Ruhstrat-Schüler-Widerstand“ an. Mit diesem kleinen Widerstand kann man elektrische Schwachströme ohne merkbare Sprünge beliebig regeln. Der Widerstand wird je nach Wunsch für 0,05 bis 5 A geliefert. Die Vorrichtung besteht im wesentlichen aus einem in Feuer überschmelzten Widerstandsträger mit Konstantandrahtwicklung, zwei Anschlußklemmen, einer Schleifschlußeinrichtung und einer nichtleitenden Grundplatte, worauf die Bezeichnungen der höchsten Stromstärke und des Widerstandes, sowie „schwach“ und „stark“ vermerkt sind. Die Klemmen sind für unsre Leitungsschnüre zu klein.

Schaltet man zwei Widerstände nebeneinander, so ist der Widerstand der Verzweigung geringer als der kleinere der beiden Widerstandszweige. Da ein verhältnismäßig beträchtliches Ändern des größern der beiden Widerstandszweige einen geringen Einfluß auf die Stromstärke hat, so stelle man eine erforderliche Stromstärke zunächst durch Ändern des kleinern Widerstandes grob und dann durch Ändern des größern Widerstandes fein ein.

2. Flüssigkeitswiderstände. Sie sind recht bequem und bei manchen Versuchen empfehlenswert.

Für geringere Stromstärke nehme man ein 40 cm hohes und 3,5 cm weites Standglas (Abb. 255) und kitte es, um seine Standfestigkeit zu erhöhn, in einen größern Holzfuß ein. Man schneide aus Kupferblech die Elektroden E_1 und E_2 und niete an den Rand von E_1 das Ende eines mit Guttapercha gut geschützten Kupferdrahts, den man noch mit Paraffin überziehn kann, und an die **Mitte** der beweglichen andern Elektrode E_2 einen blanken, 2 mm starken Kupferdraht. Die Elektrode E_1 stelle man auf den Boden des Glases. Den Draht der Elektrode E_2 führe man durch eine Verbindungsklemme *K*, deren untere Schraube man entfernt hat, und setze die Klemme in einen paraffinierten Kork *S* ein, womit man die Mündung des Glases verschließt. Als Flüssigkeit diene eine 10-prozentige Lösung von Cuprisulfat. Da nach Abraham (*2*, *249 Nr. 80*) bei dieser Lösung die Stromstärke 6 A für 100 cm² der Elektrodenfläche nicht übersteigen und die vom Widerstande vernichtete Leistung 10 Watt für 100 cm² der abkühlenden Oberfläche nicht überschreiten darf, so kann dieser Widerstand 0,5 A bei 80 V aushalten. Man ändre dadurch den Widerstand, daß man die Länge der Flüssigkeitssäule oder den Gehalt des Elektrolyten ändert.

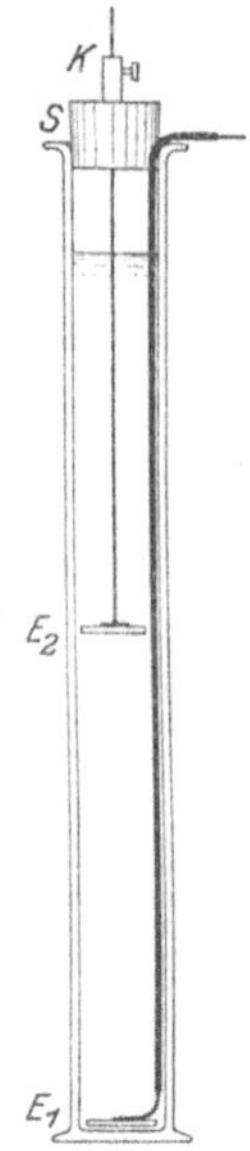

Abb. 255.

Aus einem Sammlertroge (30 cm × 16 cm × 15 cm) kann man einen Widerstand herstellen, der 15 A bei 15 V verträgt (Abb. 256). Man lege über den Rand des Gefäßes eine paraffinierte Holzleiste mit 1 cm breitem Schlitz, die an den Enden mit kurzen Führungsbrettchen versehn ist. An die Kupferelektroden (12 cm × 12 cm) löte man 2 mm starke Kupferdrähte, stecke diese durch achsenrecht durchbohrte Klemmen, die auf kleinen, längs der Leiste verschiebbaren Holzbrettchen sitzen.

Man kann auch Zinkelektroden benutzen, die in eine Zinksulfatlösung eintauchen, und anstatt der Glasgefäße ausgepichte Holztröge verwenden.

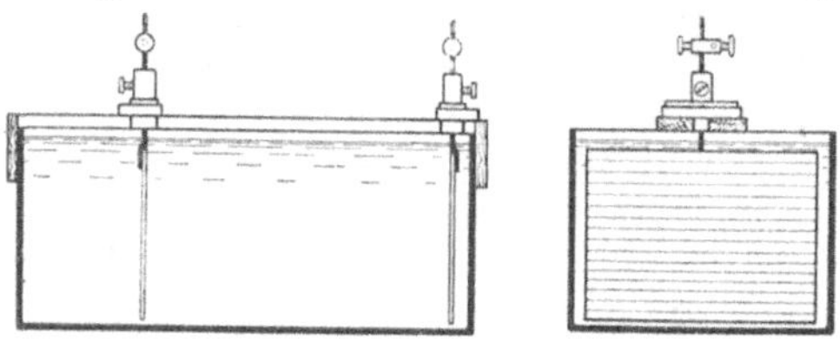

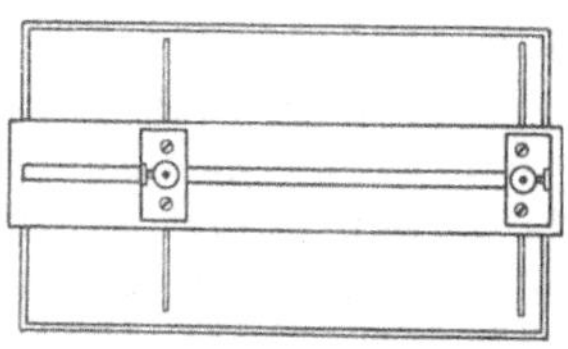
Abb. 256.

3. Große Widerstände. Man erhält sie dadurch, daß man auf einer matten Glasplatte oder auf einer Hartgummiplatte mit einem Bleistift oder auf einer recht saubern Glasplatte mit einem Aluminiumstift eine Zickzacklinie zieht. Die Leitungsdrähte befestige man an Plattenklemmen und sorge durch Unterlegen von Blattzinn für ein gutes Berühren zwischen dem Strich und dem Schraubenende. Man kann auch die Enden der Striche dadurch galvanisch verkupfern, daß man sie unter einer Cuprisulfatlösung mit der Kathode berührt. Das Abgleichen geschieht durch Verbreitern oder Abwischen des Strichs, wobei man öfters kräftig abklopft oder mit trockner Luft abbläst.

Über das Herstellen von Platinwiderständen vgl. Ostwald-Luther[3] *414*.

b) Widerstandsätze.

Für die Übungen genügt ein Widerstandsatz, der von 1 bis 200 Ω reicht. Als Unterlage dient ein Grundbrett (25 cm $\times$ 10 cm $\times$ 2,5 cm), worauf am Längsrande (Abb. 257) zehn zweifädig gewickelte Spulen von 1, 2, 2,5, 10, 20, 20, 50, 100 und 200 Ω Widerstand angebracht sind. Die Enden der Drähte sind zu Messingklötzen hingeführt; die Spulen schaltet man durch Niederdrehn einer Schraube aus, wovor die Ohmzahl

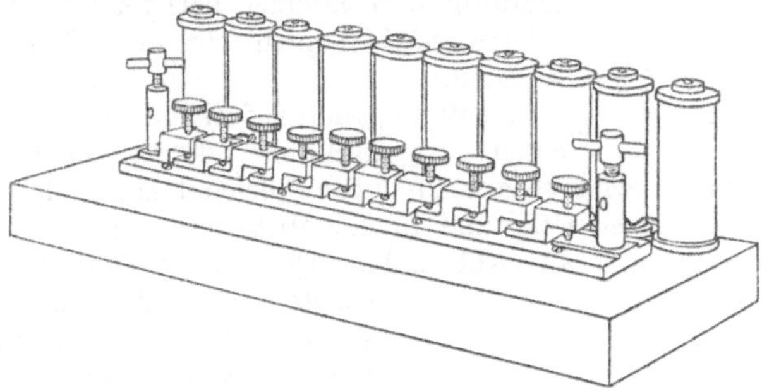

Abb. 257.

der Spule steht. Die Berührungsstellen reinige man durch Abreiben mit einem Lederlappen oder mit einem Leinenlappen, den man mit etwas Petroleum befeuchtet hat. Die Stromstärke, die man durch eine Spule von $R[\Omega]$ hindurchschickt, darf $0{,}3/\sqrt{R}\,[A]$ nicht übersteigen; nur kurze Zeit kann man mit dem 5- bis 10fachen Strom den Widerstand ohne Gefahr belasten. Widerstandsätze gleichen Umfanges mit Stöpseln und induktionsfreier und kapazitätsfreier Wicklung liefern die Gebrüder Ruhstrat zu Göttingen.

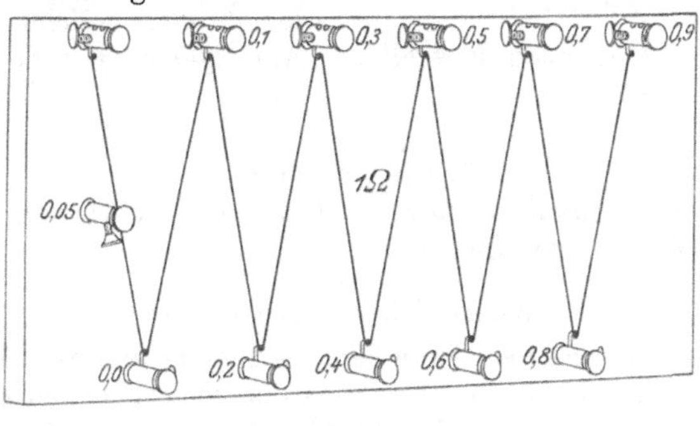

Abb. 258.

Über das Selbstherstellen von Widerstandsätzen vgl. Ostwald-Luther[3] *412* und Abraham *2, 237 Nr. 70.*

Es ist nicht ratsam, in den Widerstandsatz noch Spulen von 0,1, 0,2 und 0,5 Ω einzufügen. Man verschaffe sich die Bruchohm auf einem der folgenden Wege:

1. Man spanne auf einem Meterstabe zwischen zwei Klemmen einen Manganindraht von 0,7 mm Durchmesser aus, der eine größte

Belastung von etwa 2,6 A zuläßt, und bestimme genau die Länge des Drahts, dessen Widerstand 1 Ω ist. Mit Hilfe der Gefälldrahtschneide (vgl. S. 373) kann man dann bequem Bruchteile eines Ohms einschalten.

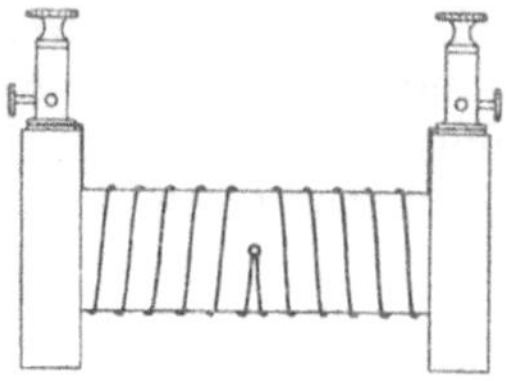

Abb. 259.

Empfehlenswerter ist es, den Maßstab auf zwei Klötze zu legen und eine verschiebbare Schneide zu verwenden, die an ihren Enden zu beiden Seiten des Maßstabes mit angeschraubten Bleiklötzen belastet ist. Einen der Klötze versieht man mit einer Verbindungsklemme.

2. Man spanne auf einem gefirnißten Brett einen Manganindraht, der genau 1 Ω Widerstand hat, im Zickzack so aus, daß zehn gleich lange Teile entstehn, und bringe an jeder Ecke und in der Mitte des ersten Drahtstücks eine Klemmschraube an (Abb. 258). Dies Gerät erlaubt das Einschalten von Widerständen zwischen 0,05 und 1 Ω in Stufen von 0,05 Ω. Bower-Satterly *344*.

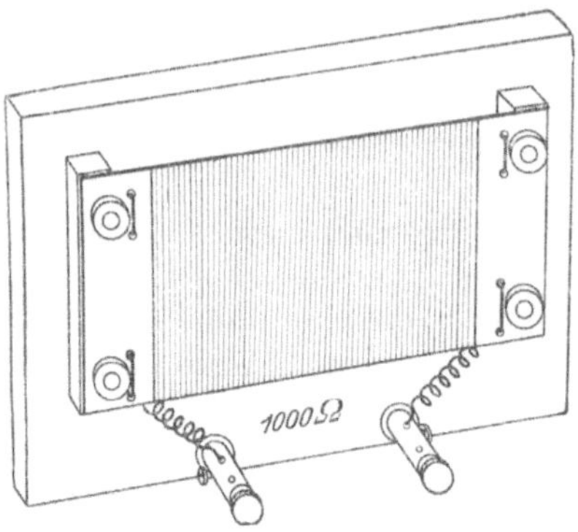

Abb. 260.

Einzelnen Widerstandspulen von bestimmter Ohmzahl, die eine höhre Belastung vertragen sollen, gibt man am besten die in Abb. 259 gezeichnete Gestalt. Die Anschlußklemmen sollen zwei Durchbohrungen oder eine Durchbohrung und eine Spannfläche haben.

Sehr zu empfehlen sind für große Ohmzahlen die Plattenwiderstände, welche die Gebr. Ruhstrat zu Göttingen herstellen. Abb. 260 stellt eine gebrauchsfertige Platte dar.

4. Galvanometer.

Vgl. Graetz, *Handb. d. Elektr. u. d. Magn.* Kohlrausch. Ostwald-Luther. Wiedemann-Ebert.

a) Wahl der Galvanometer.

Eine der schwierigsten Aufgaben des Leiters von Schülerversuchen ist die Wahl eines Galvanometers, das den verschiedenen Zwecken am besten entspricht und dessen Preis bei bescheidenen, verfügbaren Mitteln noch erschwinglich ist.

Bei den Übungen gebraucht man Galvanometer im wesentlichen zu drei Zwecken:

1. zum Messen von Stromstärken,
2. zum Messen von Spannungen und
3. zum Nachweisen der Stromlosigkeit.

Alle Galvanometer sind Strommesser: sie messen die Stärke des Stroms, der durch ihre Spulen fließt. Das Galvanometer muß so empfindlich sein, daß man die Ströme, die man bei den Versuchen durch seine Spulen sendet, sicher messen kann.

Will man bei Nullverfahren die Stromlosigkeit eines Stromzweiges nachweisen, so muß das Meßwerkzeug, der Stromprüfer, noch für ganz schwache Ströme sehr empfindlich sein.

Bildet man aus einer Stromquelle von der elektromotorischen Kraft E und einem Galvanometer vom Widerstande γ einen einfachen Stromkreis, dessen Widerstand mit Ausschluß des Galvanometerwiderstandes gleich R ist, so besteht, wenn I die Stromstärke bezeichnet, die Gleichung

$$E = I(R + \gamma) .$$

Nun sind drei Fälle zu unterscheiden:

1. R sei sehr groß gegen den Galvanometerwiderstand γ, dann ist nahezu

$$I = \frac{E}{R} ,$$

d. h. das Einschalten des Galvanometers beeinflußt die Stromstärke des Kreises nicht merklich. Ein Galvanometer von geringem Widerstand ist also zum Messen der Stromstärke geeignet; man kann es als Strommesser (Amperemeter) verwenden.

2. Der Galvanometerwiderstand γ sei sehr groß gegen R; dann ist nahezu

$$I = \frac{E}{\gamma} ,$$

d. h. R, der Widerstand der Stromquelle und des Schließkreises mit Ausnahme des Galvanometers, hat keinen merklichen Einfluß auf die Stromstärke. Bei gleichbleibendem Galvanometerwiderstand ändert sich also I gleichmäßig mit E. Man kann mit einem Galvanometer von hohem Widerstande die elektromotorische Kraft der Stromquelle messen; man kann es als Spannungsmesser (Voltmeter) benutzen.

Ist die Spannung U zwischen den Punkten P und Q (Abb. 261) eines geschlossenen Kreises zu messen, so darf die Stärke des abgezweigten Stroms die Stärke des Hauptstroms nicht merklich vermindern. Eine solche Verkleinerung tritt nicht ein, wenn der Widerstand des Galvanometerzweiges groß gegen den Widerstand der Stromstrecke PQ ist. Hat das Galvanometer nicht den erforderlichen hohen Widerstand, so muß man in der Abzweigung vors Galvanometer noch einen großen Widerstand schalten, wodurch freilich die Empfindlichkeit herabgesetzt wird. Vorschaltwiderstand.

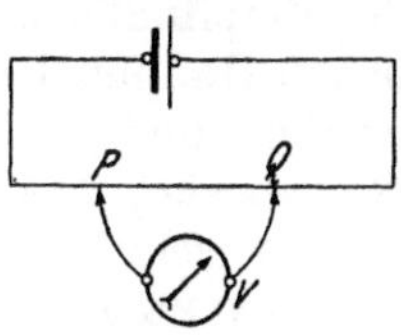

Abb. 261.

3. Darf man weder R noch γ vernachlässigen, so ist das Galvanometer am empfindlichsten, wenn sein Widerstand γ gleich dem übrigen Widerstande R des Stromkreises ist, mit andern Worten, bei gleichbleibender elektromotorischer Kraft ist der Ausschlag des Galvanometers für ein bestimmtes R am größten, wenn $\gamma = R$ ist. In einem Strom-

kreis von geringem Widerstande, z. B. bei Versuchen über Induktion, muß man also ein Galvanometer von geringem Widerstande benutzen.

Nach diesen Überlegungen wäre es am zweckmäßigsten, für die Übungen ein sehr empfindliches Galvanometer von geringem Widerstande (etwa 5 Ohm) zu wählen. Soll man mit dem Gerät eine Spannung messen, so schalte man einen hohen Widerstand von 1000 und mehr Ohm vor. Ist die Stromstärke des Kreises fürs Galvanometer zu groß, so schwäche man sie ebenfalls durch einen Vorschaltwiderstand oder lege, wo dies nicht zulässig ist, das Galvanometer nebst Widerstandsatz zu einem Abzweigwiderstand in Nebenschluß; oft genügt es, ein kurzes Drahtstück, etwa einen 15 cm langen und 0,5 mm dicken Manganindraht, zwischen die Klemmen des Galvanometers zu schalten.

b) Stromprüfer.

Sehr geeignet zu Nullverfahren ist das Galvanoskop von Paschen, das die Gebr. Ruhstrat zu Göttingen herstellen (Abb. 262). Beim Bau läßt sich für den Widerstand 10 Ω leicht eine Stromempfindlichkeit von 1^0 Nadelablenkung für $2 \cdot 10^{-6}$ A einstellen. Eine Beschreibung des innern Baus findet man bei Lehmann-Frick *2, 1, 438.*

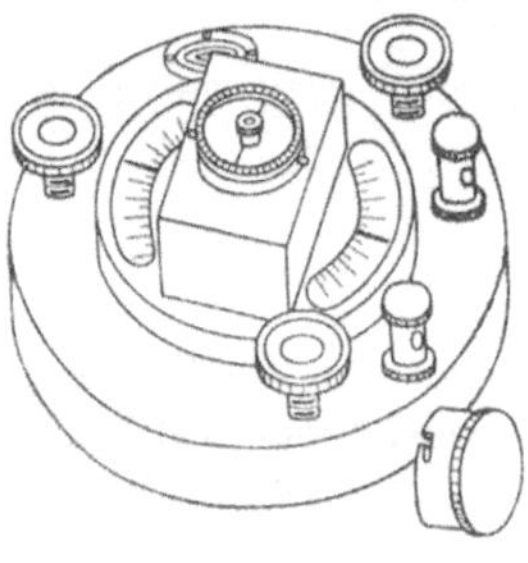

Abb. 262.

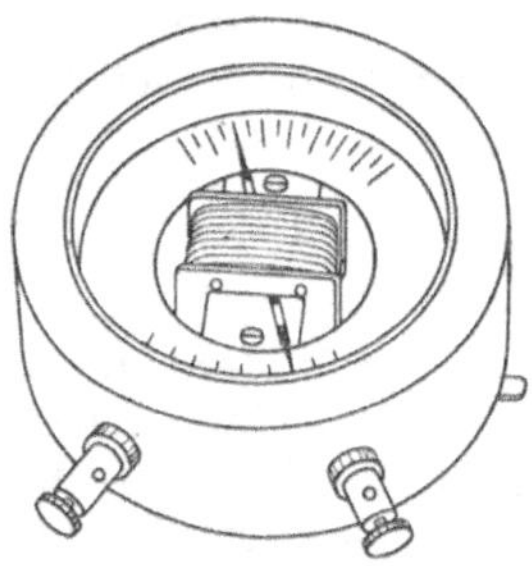

Abb. 263.

Gebr. Ruhstrat bauen jetzt ein billiges Nullgerät (Nr. 5 Schüler-Galvanoskop). Bei einem innern Widerstande von etwa 10 Ω ist die Empfindlichkeit für 1^0 Nadelablenkung $2 \cdot 10^{-6}$ A. In der Staatlichen Hauptstelle ist dies Meßwerkzeug (Abb. 263) eingehend geprüft worden, und dabei hat es sich als ein billiger Ersatz fürs Paschen-Galvanoskop bewährt.

Ein sehr einfaches empfindliches Galvanoskop haben Mather und Walmsley (Ayrton *125*; Henderson, *Prelim. Pract. Magn. and Electr. 49*) ersonnen, und es ist an vielen englischen Schulen im Gebrauch. Von ähnlicher Bauart und Leistung ist der Stromprüfer, den Grimsehl benutzt.

Man hat für Schülerversuche usw. zahlreiche Formen von Stromprüfern gebaut; ich verweise auf Adams *91.* Allen *229.* Bottone, *Electrical Instrument-Making for Amateurs 131 u. 184.* Gilley *459, 536.* Gregory-Simmons *2, 134.* E. H. Hall, *Descript. List 92 Nr. 100.* Millikan-Gale *80.* Stewart-Gee *2, 73.* Trowbridge *101.* Vogler,

Jedermann Elektrotechniker 1, 21. WATSON, *Elem. Pract. Phys. 238.* WOODRUFF, *School Science 2, 284; 1902.*

c) Tangentenbussole.

Es empfiehlt sich, Bussolen zu benutzen, bei denen die Nadel mit einem Achathütchen auf einer Spitze ruht. Am Dorotheenstädtischen Realgymnasium haben die Bussolen einen Ring aus Zink mit drei Wicklungen (Abb. 264).

Wicklung	Mittlerer Durchmesser der Windungen in cm	Anzahl der Windungen	Durchmesser des Drahts in mm	Ungefährer Widerstand in Ohm	Ungefähre Umrechnungszahl C in A	Guter Meßbereich in A	Größte Belastung in A
I	25,6	500	0,2	220	0,0077	0,005—0,014	0,4
II	26,5	50	1,2	0,64	0,079	0,05—0,14	5
III	28,1	4	2,2	0,016	1,05	0,6—1,7	13

Die Tangentenbussole erlaubt, und das ist einer ihrer Hauptvorzüge, Ströme in Grundeinheiten zu messen. Deshalb sind der Halbmesser und die Anzahl der Windungen, außerdem die Durchmesser der Drähte und die Widerstände der drei Wicklungen auf dem Grundbrett jedes Geräts angegeben. Die Umrechnungszahlen schreibe man selber darauf.

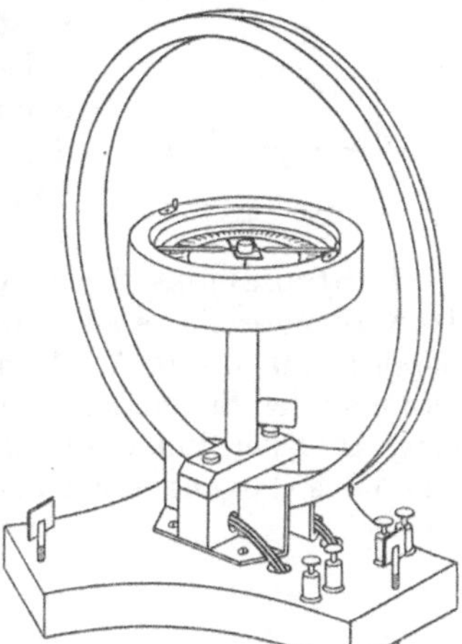

Abb. 264.

R. T. GLAZEBROOK, *Electricity and Magnetism 230 u. 245*, hat auf einem Ringe von 21 cm Durchmesser drei Wicklungen mit 3, 60 und 600 Windungen und mit den Umrechnungszahlen 1, 0,5 und 0,005 A.

Das Herstellen von Tangentenbussolen für Schülerversuche ist behandelt bei ADAMS *157.* BOTTONE, *A. a. O. 134.* CHUTE *224, 225.* HADLEY *225 Nr. 26.* HENDERSON, *Pract. Electr. and Magn. 135.* NICHOLS-SMITH-TURTON *278.* SCHUSTER-LEES, *Intermed. Course 198.* STEWART-GEE *2. 493.* STROUD *229. Syllab. of the Course of Pract. Instruct. in Phys. 1, 133.* TROWBRIDGE *205.* TROWBRIDGE, *What is Electricity? 98.* VOGLER *A. a. O. 1, 76.* WHITING *437.*

Heutzutage haben die Stromzeiger bei den Schülerversuchen nahezu überall die Tangentenbussolen verdrängt. Auch in diesem Buch sind im Text jetzt zumeist Stromzeiger angegeben oft auch da, wo im Bilde von früher her noch eine Bussole gezeichnet ist.

d) Spiegelgalvanometer.

1. Nadelgalvanometer. Geräte, wobei der Magnet oder die Magnetgruppe an einem Kokonfaden hängt, sind trotz vieler Vorzüge

für Schülerübungen nicht zu empfehlen, wenn sie nicht dauernd fest aufgestellt sind.

In den Vereinigten Staaten verwendet man vielfach an Schulen, besonders an solchen, die unter dem Einfluß der Harvard-Universität stehn, astatische Galvanometer. Vgl. über deren Herstellung: Allen *231.* E. H. Hall, *Descript. List. 93 Nr. 107.* Trowbridge *206 u. 354.* Whiting *418.*

In England sind vielfach Thomsonsche Nadelgalvanometer in Gebrauch. Vgl. über deren Herstellung: Gregory-Simmons *2, 134.* Hadley *225 Nr. 27.* Stewart-Gee *2, 89.* Stroud *236. Syllab. of the Course of Pract. Instruct. in Phys. 1, 137.* Woollcombe *4, 89.*

2. Drehspulengalvanometer. In den mittlern Staaten von Nordamerika benutzt man jetzt vielfach Drehspulengalvanometer. Bei manchen Versuchen über Induktion wird man sie in der Tat ungern entbehren.

e) Stromzeiger.

Das sind Meßwerkzeuge, womit man ohne weiters durch Zeigerablesen die Stromstärke oder die Spannung in gesetzlichen Welteinheiten mißt. Daher wird man ungern auf diese wertvollen, bequemen Geräte verzichten, die in den Schulen der Vereinigten Staaten, besonders in den Newyorker Schulen, viel benutzt werden und sich immer mehr Eingang in die Übräume verschaffen.

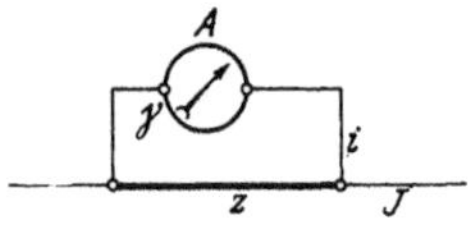

Abb. 265.

1. Strommesser. Bei den Übungen hat man Ströme von 0,01 bis 10 A zu messen. Also genügt ein Strommesser mit den beiden Meßbereichen 0—1—10 A. Man kann den Meßbereich dadurch erweitern, daß man den Strommesser zu einem Abzweigwiderstand in Nebenschluß legt. Ist z der Widerstand dieser Nebenleitung (Abb. 265), γ der Widerstand des Galvanometers und R der Widerstand der Stromverzweigung, so ist

$$\frac{1}{R} = \frac{1}{\gamma} + \frac{1}{z},$$

$$R = \frac{\gamma z}{\gamma + z}$$

und, wenn I die Stromstärke in dem Hauptstrom und i die mit dem Amperemeter gemessene Stromstärke bezeichnet,

$$I = i\left(1 + \frac{\gamma}{z}\right).$$

Die Zahl $a = 1 + \frac{\gamma}{z}$ nennt man die Abzweigzahl. Die Rechnung wird am einfachsten, wenn

$$z = \frac{1}{9}\gamma, \quad \frac{1}{99}\gamma, \quad \frac{1}{999}\gamma, \ldots;$$

es ist dann

$$a = 10, \quad 100, \quad 1000.$$

2. Spannungsmesser. Bei den Schülerversuchen sind Spannungen von 0,01 bis 10 V zu messen. Also genügt ein Spannungsmesser mit den beiden Meßbereichen 0 — 1 — 10 V.

Man kann durch Vorschalten eines Widerstandes den Meßbereich eines Spannungsmessers vergrößern. Hat das Voltmeter den Widerstand γ und liest man daran die Spannung E [V] ab, so ist nach dem Vorschalten von γ' [Ω] der Ausschlag E'; daher ist die in Volt gemessene Spannung

$$E = E'\left(1 + \frac{\gamma'}{\gamma}\right).$$

Beim Vorschalten eines Widerstandes γ [Ω] wird $\gamma' = \gamma$ und $E = 2E'$, d. h. der Meßbereich wird verdoppelt, die Empfindlichkeit aber auf die Hälfte herabgesetzt. Beim Vorschalten von $\gamma' = 9\gamma$ wird $E = 10E'$, somit der Meßbereich verzehnfacht, jedoch die Empfindlichkeit auf $^1/_{10}$ des ursprünglichen Betrages herabgemindert.

Mit dem Spannungsmesser kann man auch Stromstärken messen. Legt man an die Enden eines Widerstandes z einen Spannungsmesser vom Widerstande γ, so zeigt das Meßwerkzeug die Spannung $E = I'z$ an, wo I' die Stromstärke in z ist. Macht man $z = 1$ [Ω), so ist $E = I'$, d. h. man kann am Spannungsmesser die Stromstärke in Ampere ablesen. Strenggenommen muß man noch die Stärke des Zweigstroms berücksichtigen, der durchs Voltmeter fließt. Der Hauptstrom ist

$$I = I'\left(1 + \frac{z}{\gamma}\right).$$

Man hat also zu der Amperezahl, die man am Voltmeter abgelesen hat, noch $I'\,z/\gamma$ hinzuzufügen.

3. Strom- und Spannungsmesser. Mit diesen Geräten kann man nacheinander die Stromstärke und die Spannung messen.

Auf meine Anregung stellen Gans & Goldschmidt, Berlin N 39, Müllerstraße 10, zu mäßigen Preisen Stromzeiger her, die für die Übungen trefflich geeignet sind, und zwar 1. ein aperiodisches Präzisions-Amperemeter, 2. ein aperiodisches Präzisions-Voltmeter und 3. ein kombiniertes Präzisions-Volt- und Amperemeter (Abb. 266). Um Abweichungen auszugleichen, sind diese Meßwerkzeuge mit einer sichern Nullpunkteinstellung versehn.

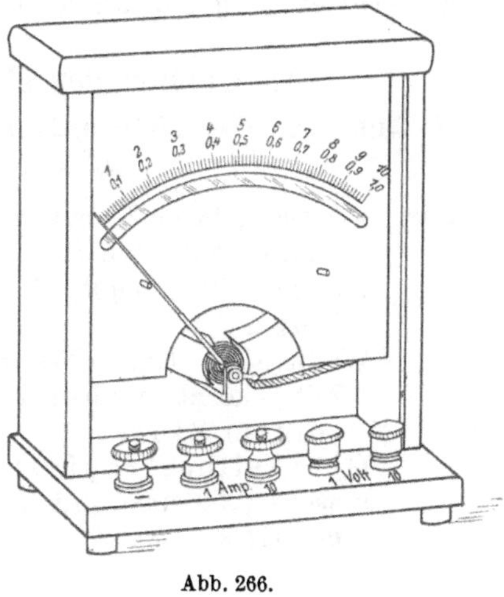

Abb. 266.

Das Amperemeter hat die Meßbereiche 0—1 und 0—10 A

und beim ersten Meßbereich 0,2 und beim zweiten Meßbereich 0,02 Ω Widerstand. Einem Teil der hundertteiligen Skala entspricht 0,01 oder 0,1 A.

Das Voltmeter hat beim Meßbereich 0—1 V den Widerstand 200 Ω und beim Meßbereich 0—10 Volt den Widerstand 2000 Ω. Daher kann man das Voltmeter auch als Milliamperemeter gebrauchen, da beim Endausschlag 1 V ein Strom von $^1/_{200}$ A = 0,005 A hindurchgeht. Es entspricht somit 1 Teil der hundertteiligen Skala der Stromstärke 0,00005 A.

Diese Meßwerkzeuge sind genau geeicht. Da die Enden der Zeiger eine scharfe Schneide bilden und Spiegel darunter gelegt sind, so lassen sich Abweichfehler bequem vermeiden und die Zehntel jedes Skalenteils gut abschätzen. Die Wicklungen der Drehspulen sind so gewählt, daß die Geräte geringen Stromverbrauch haben.

Alle wissenswerten Angaben sind auf die Skalen aufgedruckt, wie die Bezeichnungen der Empfindlichkeiten beim Endausschlag jedes Meßbereichs, sowie für jeden Teilstrich, ferner die Widerstände für jeden Meßbereich. Das Beziffern der hundertteiligen Skala erfolgt von 10 zu 10 Teilstrichen, so daß ein falsches Ablesen selbst für den Anfänger ausgeschlossen ist. Die Klemme, die mit dem negativen Pol zu verbinden ist, trägt ein Minuszeichen, und an den andern Anschlußklemmen sind durch eingeschnittene Zahlen die Meßbereiche bezeichnet, so daß ein falsches Anschließen nur bei grober Fahrlässigkeit möglich ist. Die Drehspulwerke sind außerdem so dauerhaft gebaut, daß sie vorübergehend mehr als die zehnfache Überlastung vertragen. Vgl. *Zeitschr. f. d. phys. u. chem. Unterr. 21, 68; 1908 und 25, 333; 1912.*

Über „elektrische Meßinstrumente für Schulzwecke" vgl. P. Nickel. *Zeitschr. f. d. phys. u. chem. Unterr. 40, 162; 1927.*

Die Geräte, sowohl Stromanzeiger wie Sammler, sind kostbar. Daher beachte man stets folgende Regeln:

1. Kein Stromkreis sei ohne Ausschalter.
2. Schalte eine Stromquelle erst ein nach dem Prüfen der Leitung durch den Lehrer.

II. Quellen des elektrischen Stroms.

1. Aufgabe. *Wie wirkt verdünnte Schwefelsäure auf Zink ein?*

(1 Schüler, $^1/_2$ Stunde.)

Geräte. Flasche (500 cm³) mit verdünnter Schwefelsäure.
Flasche (250 cm³) mit n-Kalilauge.
Weithalsiges Glas (250 cm³) mit gekörntem chemisch reinem Zink.
Quecksilbertropfgefäß.
Flasche (250 cm³) mit Ammoniak.
Glas mit Lackmuspapier-Streifen.
5 Prüfgläser in Batterieglas.
Eisenfeilspäne.
Kasten mit Zinkblechstücken.
Quecksilberbrett.
Streichhölzer.
Fließpapier.
Alte Lappen oder Werg.

Anleitung. **a)** Wenn man Schwefelsäure in viel Wasser gießt, so entwickelt sich eine große Wärmemenge. *Zerfällen in die Ionen* $2\dot{H}$ *und* SO_4''. *Annahme.*

b) Lege einen Schnitzel Zinkblech in ein Prüfglas, fülle es etwa 3 cm hoch mit verdünnter Schwefelsäure und beobachte sorgfältig die Oberfläche des Zinks. Entwickelt sich ein Gas? Riecht es?

c) Stülpe über die Mündung des Röhrchens ein leeres Prüfglas und fange damit das entweichende Gas auf. Entferne nach zwei Minuten das obere Gläschen, ohne es umzukehren, und halte an seine Mündung ein brennendes Streichholz. Mit welcher Farbe brennt das Gas? Wie ist der Knall zu erklären? Was für ein Gas hat sich entwickelt? Stelle das leere zweite Prüfgläschen ins Batterieglas zurück. Ändert sich die Größe des Zinkblechs? Welcher Vorgang findet also statt? *Bilden des Zinkions* $\ddot{Z}n$.

$$2\dot{H} + Zn = H_2 + \ddot{Z}n\,.$$

Wie kann man dies nachweisen?

d) Gieße aus dem ersten Prüfglas etwas von der Lösung ins dritte Glas, bringe in dieses einen Streifen Lackmuspapier und tropfe langsam Kalilauge hinein, bis der Ausgleich eintritt. Füge nun noch eine kleine Menge Kalilauge hinzu. Was tritt ein? *Bilden von Zinkhydroxyd.* Welches Ion war also in der Lösung vorhanden? Gieße noch mehr Kalilauge ins Gläschen. Was geschieht mit dem weißen flockigen Niederschlage? *Bilden von löslichem Kaliumzinkat.* Stelle das Gläschen ins Batterieglas zurück.

e) Lege ins vierte Prüfglas ein Körnchen reines Zink und gieße etwas verdünnte Schwefelsäure darüber. Bildet sich auch hier ein Gas? Ändert sich die Größe des Zinkkorns?

f) Füge einige Eisenfeilspäne hinzu und schüttle das Gläschen. Was geschieht, wenn die Späne das Zink berühren? Wie kann man also das verschiedene Verhalten von reinem und von unreinem Zink gegen verdünnte Schwefelsäure erklären? *Ortswirkung. Kurzschluß.* Stelle das Prüfröhrchen ins Batterieglas.

g) Bringe ins zweite Prüfglas einen Schnitzel Zinkblech, setze verdünnte Schwefelsäure hinzu und, sobald die chemische Wirkung eingetreten ist, einen Tropfen Quecksilber. Wie wirkt es aufs Zink ein? *Verquicken (Amalgamieren).* Greift die verdünnte Säure das verquickte Zink an?

h) Füge einige Eisenfeilspäne hinzu und schüttle. Tritt die chemische Wirkung wieder ein?

i) Gieße den Inhalt aller Gläschen in den Abfalleimer, reinige die Röhrchen sorgfältig und stecke sie auf die Stäbe des Trockengestells.

Bemerkungen. Man warne die Schüler, Haut oder Kleider mit Säure zu betropfen. Haben sie sich trotzdem die Hände mit Säure befleckt, so lasse man sie diese mit einem Stück Fließpapier abwischen und dann mit viel Wasser nachwaschen. Säuretropfen auf dem Tisch wische man nicht mit einem guten Tuch, sondern mit einem alten Lappen, einem Bündel Werg oder dem Schwamm ab und wasche dann mit viel Wasser nach. Sollte Säure auf die Kleider gekommen sein, so betupfe man sofort die roten Flecken mit starker Ammoniaklösung.

Die verdünnte Schwefelsäure stelle man dadurch her, daß man zu 1 Liter Wasser 50 cm^3 chemisch reiner Schwefelsäure hinzusetzt (Dichte 1,06 g/cm^3), und die Kalilauge dadurch, daß man in 1 Liter Wasser 56 g Kaliumhydroxyd löst (Dichte 1,05 g/cm^3). Die Prüfgläser sind 10 cm lang und 1,3 cm weit. Sie stehn in einem Batterieglas, das 12 cm hoch und 7 cm weit ist und etwa 400 cm^3 Inhalt hat.

2. Aufgabe. *Wie kann man auf chemischem Weg einen elektrischen Strom erzeugen?*

(2 Schüler, 2 Stunden.)

Geräte. Batterieglas (vgl. Aufg. 1, Bemerkungen).
2 nicht verquickte Zinkstreifen.
2 verquickte Zinkstreifen.
2 Kupferstreifen.
2 Blechklemmen.
2 Brettchen mit Schlitzen.
2 Ankerbausteine.
Spannungsmesser.
Strommesser.
Leitungsschnüre.
Schalter (vgl. S. 317) oder Stromwender (vgl. S. 319).
Stromschwächer (1 m Manganindraht von 0,25 mm Durchmesser (vgl. S. 321).
Flasche mit verdünnter Schwefelsäure (vgl. Aufgabe 1, Bemerkungen).
Ammoniak.
Trichter.
Schmirgelpapier.
2 flache Eßteller von 20 cm Durchmesser.
Alkohol in einem Standglas (10,5 cm hoch und 4 cm weit).
Tiegelzange.
Wage und Massensatz.
Filterpapier.
Lappen.
Watte.
Wischtücher.

a) Putze mit Schmirgelpapier die breiten Teile der beiden Kupferstreifen glänzend rein und schiebe sie in die Schlitze der Deckbrettchen *BB* (Abb. 267). Fülle das Batterieglas *C* so weit mit verdünnter Schwefel-

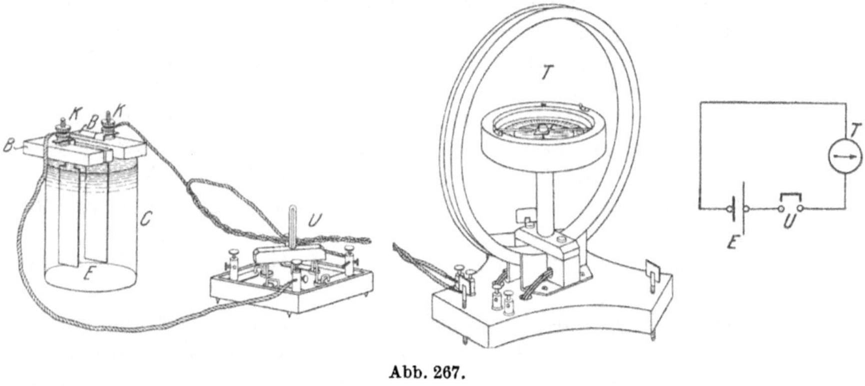

Abb. 267.

säure, daß die Flüssigkeit bis zur Linie *DE* (Bild 269) reicht, und beobachte etwa eine Minute lang die Oberfläche des Kupfers. Entwickelt sich ein Gas?

b) Verbinde durch Leitungsschnüre die Klemmen *KK* mit dem offnen Schalter *U* und den Klemmen des Spannungsmessers und schließe dann den Strom. Beobachte etwa eine Minute lang die Kupferstreifen und die Nadel des Spannungsmessers. Nimm aus den Schlitzen die Kupferstreifen, schraube die Klemmen ab, spüle die Streifen mit viel Wasser ab, trockne sie und lege sie auf den einen Teller.

c) Setze die beiden nicht verquickten Zinkstreifen ein und wiederhole damit die Versuche (a) und (b). Entwickelt sich ein Gas? Welche Ionen enthält die verdünnte Schwefelsäure? Welche Ionen entstehn beim Auflösen des Zinks in der Säure? (Vgl. Aufg. 1 S. 331.) Nimm die Zinkstreifen aus den Schlitzen, entferne die Klemmen, spüle die Streifen mit viel Wasser ab, trockne sie und lege sie auf den Teller, worauf sich die Kupferstreifen befinden.

d) Setze die beiden verquickten Zinkstreifen in die Schlitze und führe damit die Versuche (a) und (b) aus. Nimm aus den Brettchen die beiden verquickten Streifen, spüle sie mit viel Wasser ab, trockne sie mit Watte und lege sie auf den andern Teller, der für diese Streifen bestimmt ist (vgl. f).

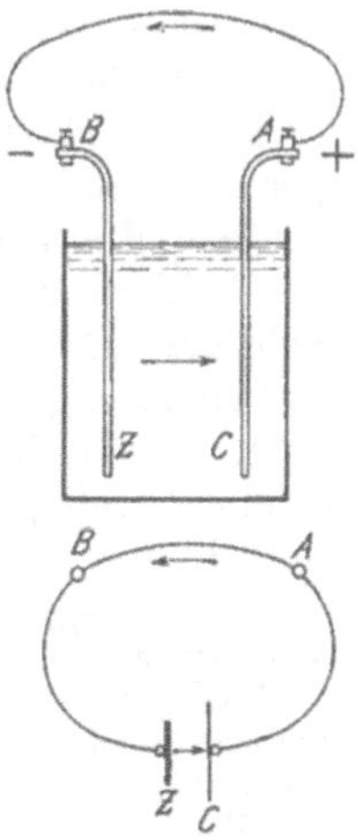

Abb. 268.

e) Wäge einen verquickten Zinkstreifen und einen Kupferstreifen und setze sie dann in die Schlitze ein. Beobachte die Oberflächen beider Streifen. Entwickelt sich ein Gas? Nimm nach 15 Minuten die Streifen heraus, spüle sie behutsam mit viel Wasser ab, tauche sie in Alkohol, entzünde den Weingeist, der an den Streifen haftet, und wäge beide Metallplatten. Haben sich dieMassen beider Streifen geändert? (Vgl. f.)

f) Setze die Streifen wieder in die Schlitze, gib diesen den Abstand 2 bis 3 cm, verbinde die Klemmen mit dem offnen Schalter und den Klemmen des Spannungsmessers (das Zink mit der negativen Klemme) und schließe dann den Strom. Beobachte die Oberfläche der beiden Streifen, klopfe leise gegen den Spannungsmesser und lies sobald wie möglich die Stellung ab, wo die Nadel zur Ruhe kommt. Lies von nun an jede halbe Minute die Stellung der Nadelspitze ab. Vergiß nicht, vorm Ablesen leise gegen das Gehäuse des Spannungsmessers zu klopfen. Ändert sich die Ablenkung der Nadel? Wo bildet sich diesmal das Gas? Entferne nach 15 Minuten aus der Säure die beiden Platten, spüle sie behutsam mit Wasser ab, tauche sie in Alkohol, trockne sie durch Abbrennen des Alkohols und bestimme die Massenänderung der beiden Platten. Lege dabei den verquickten Zinkstreifen nicht unmittelbar auf die Wagschale, sondern auf ein Stück Papier, das man zuvor abgeglichen hat. Welches Metall hat sich gelöst? Welche Ionen sind entstanden? $Z\ddot{n}$. Woher nimmt das Zink die positive Ladung? Aus dem Leitungsdraht. Woher bekommt dieser die Ladung? Vom Kupferstreifen. Wem entzieht der Kupferstreifen die positive Ladung? Den Wasserstoffionen. *Elektrolyt. Elektroden. Z Lösungselektrode* oder *Anode* (Abb. 268). *C Ableitungselektrode* oder *Kathode.* In welcher Richtung bewegt sich die

Ladung im metallischen Verbindungsdraht *AB? Elektrischer Strom.* Welches der beiden Enden *A* und *B* hat also das höhere Potential? *Spannung* oder *Potentialdifferenz. Elektromotorische Kraft. A positiver Pol. B negativer Pol. Elektrizitätsmenge. Stärke des Stroms. Voltaischer Becher. Element* oder *Kette. Offne* und *geschlossene Kette. Schließungsbogen. Stromkreis.*

g) Ist der Zinkverbrauch in der offnen oder der geschlossenen Kette größer? Berechne den Verlust unter der Annahme, daß in beiden Fällen der Zinkstreifen ursprünglich die Masse 100 g gehabt habe.

h) Ersetze im Stromkreise den Spannungsmesser durch einen Strommesser, schalte einen Stromschwächer vor und lies 15 Minuten lang in Zwischenräumen von einer Minute die Stromstärke ab.

i) Ändert sich der Ausschlag des Strommessers, wenn man den Abstand zwischen dem Zinkstreifen und dem Kupferstreifen ändert oder die Platten weniger tief eintaucht? *Innerer Widerstand.*

k) Ändert sich die Stellung der Nadel, wenn man verschiedene Längen eines Manganindrahts von 0,25 mm Dicke in den Stromkreis einschaltet? *Äußerer Widerstand.*

l) Nimm die Leitungsschnüre ab. Spüle, soweit dies bis jetzt noch nicht geschehn ist, alle Metallstreifen tüchtig mit Wasser ab und trockne sie vollständig. Die verquickten Streifen dürfen mit den andern nie in Berührung kommen. Gieße die Flüssigkeit in den Abfalleimer, reinige und trockne das Batterieglas. Bringe den Schalter in Ordnung. Ziehe alle Schrauben fest an.

Bemerkungen. Man kann der Aufgabe auch die Form geben: *Wie kann man chemische Energie in elektrische Energie verwandeln?*

Man hat zahlreiche Formen des Voltaischen Bechers ersonnen, die für Schülerversuche zweckmäßig sein sollen: Abraham *2, 267, Nr. 100; 273 Nr. 106.* Schreber und Springmann *2, 210 Nr. 166; 212 Nr. 168.* Adams *90 Nr. 39; 157.* Chute *186 Nr. 110.* Coleman *196 Nr. 66.* Crew und Tatnall *158 Nr. 73.* Gilley *405 Nr. 461.* Hadley, *Pract. Exerc. 109 Nr. 76.* Eine sehr durchgearbeitete Vorrichtung liefert die Central Scientific Co. zu Chicago.

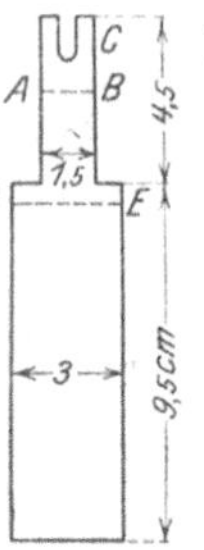

Abb. 269.

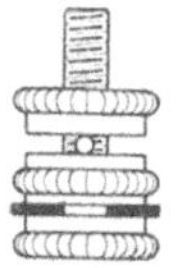
Abb. 270.

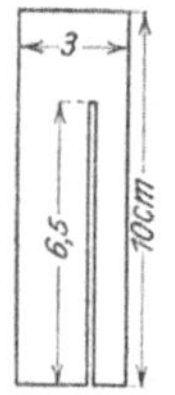

Abb. 271.

Das Batterieglas wird zuweilen größer (bis zu 500 cm³ Inhalt) gewählt; man kann auch ein kleines Sammlergefäß verwenden. Alle Zink- und Kupferstreifen, die 1 mm dick sind, haben die in Abb. 269 gezeichnete Gestalt, sind längs der Linie *AB* rechtwinklig umgebogen und bei *C* 0,5 cm breit geschlitzt. In den Schlitz *C* wird eine Blechklemme (Abb. 270) gesteckt, die zum Befestigen der Anschlußdrähte dient.

Man nimmt vielfach die Zinkstreifen 3 bis 4 mm stark. Das hat zwar den Vorteil, daß sie länger vorhalten, doch den Nachteil, daß die Masse erheblich vermehrt wird. E. H. Hall macht die Streifen nur 1 cm, Abraham hingegen sogar 5 cm breit. Man halte sich von den Zinkstreifen einen reichen Vorrat und bewahre die verquickten Bleche getrennt von den unverquickten Platten auf. Die verquickten Streifen, die man nicht erst kurz vorm Versuch verquicken darf, schlage man zum Aufbewahren in Filterpapier ein. Bei den Versuchen lege man die Kupferbleche und die unverquickten Zinkstreifen auf einen Teller und die verquickten stets auf einen besondern andern Teller, worauf man mit schwarzem Lack das Zeichen Hg gemalt hat.

Man sorge für eine ausreichende Menge verdünnter Schwefelsäure.

Die beiden Brettchen (10 cm × 3 cm × 1 cm) aus Elsenholz sind dreifach verleimt, mit Paraffin getränkt und haben einen 6,5 cm langen Einschnitt, der so breit ist, daß man die Metallstreifen bequem von der Seite her einschieben kann (Abb. 271).

Als Stromprüfer genügt schon eine Taschenbussole. Man feile in einen flachen Kork oder in ein Holzbrett von der Größe der Bussole eine gerade Nute, lege die Leitungsschnur hinein, setze die Bussole darauf und drehe vorm Schließen des Stroms die Nute in die Richtung des magnetischen Meridians. Man lasse ferner während des Versuchs die Leitungsschnur über die Nadel in der Richtung des magnetischen Meridians halten. Vgl. Aufg. 38. Man kann auch einen richtigen Stromprüfer von etwa 0,3 Ω Widerstand verwenden.

Die Übung ist etwas stark mit Wägungen belastet. Daher wird man zumeist das Wägen der Kupferstreifen fortfallen lassen und bei Mangel an Zeit alle Schüler nur die Versuche (a) bis (g) ausführen lassen. Empfehlenswert ist es, einige Paare die Versuche (a) bis (d), andre Paare die Versuche (e) bis (g) und die übrigen Paare die Versuche (h) bis (k) machen zu lassen. Auch muß man bei Versuch (f) sorgfältig erwägen, welche der vielen neuen Begriffe man schon hier einführe. Über die Begriffsbestimmung für Potential, Potentialdifferenz, Elektromotorische Kraft, Spannung, Spannungsunterschied ist die Mitteilung des AEF, des Ausschusses für Einheiten und Formelgrößen, in den *Bericht. d. Deutsch. Phys. Gesellschaft 6, 578; 1908* zu vergleichen.

Man weise nochmals die Schüler auf die Vorsichtsmaßregeln beim Arbeiten mit Säuren hin. Die Enden der Leitungsschnüre müssen vorm Einklemmen glänzend rein geschmirgelt und die Schrauben fest angezogen werden. Bei den Versuchen dürfen sich die Zinkstreifen und die Kupferstreifen nicht berühren. Nach dem beendeten Versuch sind die Metallstreifen jedesmal sofort aus der Säure herauszuheben, mit Wasser abzuspülen und auf die Teller zu legen, und zwar die verquickten Streifen auf einen besondern Teller. Hierauf mache man die Schüler nachdrücklich aufmerksam.

3. Aufgabe. *Warum ändert sich der Strom des Voltaischen Bechers mit der Zeit?*

(2 Schüler, 1 Stunde.)

Geräte. Die Teile eines Voltaischen Bechers (vgl. S. 334).
Batterieglas.
2 verquickte Zinkstreifen.
2 Kupferstreifen.
2 Brettchen.
Holzbrett mit 4 Einschnitten (vgl. S. 338).
Blechklemmen.
Spannungsmesser.
Schalter (vgl. S. 317).
Leitungsschnüre.
Reine Schwefelsäure.
Flasche mit verdünnter Schwefelsäure (170 cm³ chemisch reiner Schwefelsäure auf 1 l Wasser); Dichte = 1,18 g/cm³.
Flasche mit einer gesättigten Lösung von Kaliumdichromat in Wasser.
Flasche mit einer Lösung von Chromtrioxyd in Wasser (1:1).
Flasche mit einer gesättigten Lösung von Cuprisulfat in Wasser.
Flasche mit Ammoniak.
Glasstab, über dessen eines Ende ein Kautschukschlauch gezogen.
Schmirgelpapier.
Bunsenbrenner nebst Gasschlauch.
2 flache Teller (vgl. S. 332).
Porzellanschale mit Untersatz.
Filterpapier.
Millimeterpapier.

A. *Schwächen die sich an den Kupferstreifen ansetzenden Wasserstoffbläschen den Strom?*

a) Putze mit Schmirgelpapier die Kupferplatte glänzend rein, fülle das Glasgefäß bis 2 cm unterm Rande mit reinem Wasser und füge einige Tropfen reine Schwefelsäure hinzu. Setze die Streifen in ihre Brettchen, verbinde die Klemmen mit dem Spannungsmesser (das Zink mit der negativen Klemme) und tauche die Zinkplatte ein. Schließe den Strom durch ganz langsames Eintauchen des Kupferstreifens in den Becher, lies so schnell wie möglich die Zeigerstellung ab und wiederhole die Ablesungen fünf Minuten lang am Ende jeder Minute. Vergiß nicht, gegen das Gehäuse des Spannungsmessers zu klopfen. Die Streifen sollen 2 cm voneinander abstehn, die Brettchen also aneinanderstoßen.

a′) Trage die Ablesungen in folgende Tabelle ein:

Zeit in Min.	Spannung E [V]

Stelle die Ergebnisse bildlich dar, wähle die Zeit als Abszisse und die Spannung als Ordinate.

b) Entferne nach dem Ablesen die Gasblasen durch Erschüttern des Bechers oder durch Hinundherbewegen des Brettchens mit dem Kupferstreifen. Ändert sich die Zeigerstellung?

c) Bewege, nachdem die Ablenkung des Zeigers wieder zurückgegangen ist, mit einem Glasstabe, worüber ein Kautschukschlauch gezogen ist, heftig die Flüssigkeit in der Nähe der Kupferplatte. Halte dabei den Streifen und sein Brettchen an seinem Ort. Welchen Einfluß hat dies auf die Gasbläschen und auf die Spannung? Man kann die Bläschen auch mit einem Holzstab, einer Bürste, einem Wattebausch oder einem Schwämmchen an einem Holzstab entfernen.

d) Nimm, sobald sich der Ausschlag des Zeigers wieder vermindert hat, den Kupferstreifen heraus, spüle und trockne ihn ab, schmirgle ihn glänzend rein und tauche die Kupferplatte langsam ein. Wie groß ist die Spannung?

e) Nimm, nachdem die Spannung wieder kleiner geworden ist, den Kupferstreifen heraus, spüle und trockne ihn ab, erhitze ihn über einer Bunsenflamme und setze ihn dann wieder langsam in den Becher ein. Lies die Stellung des Zeigers ab und wiederhole fünf Minuten lang am Ende jeder Minute die Ablesung. Trage in eine Tafel die Ergebnisse wie bei (a′) ein und stelle sie bildlich dar.

f) Wiederhole den Versuch (e), doch gieße vorm Eintauchen über die Kupferplatte eine Lösung von Kaliumdichromat. Setze dabei eine Porzellanschale unter. Beobachte die Oberfläche des eingetauchten Kupferstreifens und lies fünf Minuten lang jede Minute die Spannung ab. Untersuche den Kupferstreifen nach dem Herausnehmen. Schreibe die Ergebnisse wie in (a) auf und stelle sie bildlich dar.

g) Wiederhole den Versuch (f), doch verwende statt Kaliumdichromat eine wäßrige Lösung von Chromtrioxyd.

h) Wiederhole den Versuch (f), doch benutze statt Kaliumdichromat eine gesättigte Lösung von Cuprisulfat.

i) Wodurch wird das Schwächen des Stroms hervorgerufen? *Polarisation.* Wie kann man die Polarisation vermindern oder verhindern?

B. *Entsteht bei der Polarisation an den Elektroden eine Gegenspannung?*

1. Verfahren.

Anleitung. k) Wiederhole den Versuch (a) mit verdünnter Schwefelsäure von 1,18 g/cm³ Dichte und beobachte die Oberfläche des Kupferstreifens. Ersetze, sobald der Zeiger für längere Zeit zur Ruhe gekommen ist, die Zinkplatte durch einen frisch glänzendrein geschmirgelten Kupferstreifen und vertausche die Drähte an dem Spannungsmesser. Vorher floß der Strom vom Kupfer durch den Spannungsmesser zum Zink und von dort durch die Flüssigkeit zum Kupfer. Wie fließt jetzt der Strom? Hat die mit Bläschen bedeckte Kupferplatte oder die reine Kupferplatte das höhere Potential? *Elektromotorische Gegenkraft.* Beobachte die Oberflächen der beiden Kupferplatten. Ändert sich der Ausschlag des Zeigers?

2. Verfahren.

Quellen. Ayrton *421.* Abraham *2, 268* Nr. *101.* Schreber und Springmann *2, 209 Nr. 165.*

Anleitung. l) Schmirgle die Kupferstreifen C_1 und C_2 glänzend rein, schiebe sie und auch die beiden verquickten Zinkstreifen Z_1 und Z_2 so ins quadratische Holzbrettchen (Abb. 272), daß sich je eine Kupferplatte und eine Zinkplatte gegenüberstehn, und schreibe an die beiden Kupferplatten die Bezeichnungen C_1 und C_2 und an die Zinkstreifen die Bezeichnungen Z_1 und Z_2. Fülle das Batterieglas mit verdünnter Schwefelsäure von der Dichte 1,18 g/cm³ und miß mit dem Spannungsmesser die elektromotorischen Kräfte der vier Plattenpaare:

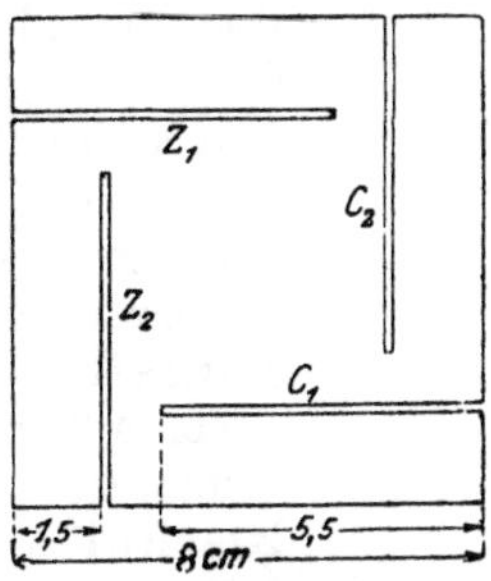

Abb. 272.

$$C_1 \mid Z_1; \quad C_1 \mid Z_2; \quad C_2 \mid Z_2; \quad C_2 \mid Z_1.$$

m) Bilde einen Stromkreis aus dem Plattenpaar $C_1 | Z_1$, dem Spannungsmesser und dem Stromwender. Ändert sich die Spannung mit der Zeit? Unterbrich den Strom und miß nach fünf Minuten nochmals die Spannung dieses Plattenpaars.

n) Verbinde die Platten $C_1 | Z_1$ mit dem Stromwender und miß von neuem mit dem Spannungsmesser die Spannungen der Plattenpaare

$$C_1 \mid Z_2; \quad C_2 \mid Z_2; \quad C_2 \mid Z_1.$$

Wo ist also der Sitz der Polarisation? Miß ferner mit dem Spannungsmesser auch die Spannung zwischen den beiden Zinkstreifen Z_1 und Z_2 und den beiden Kupferstreifen C_1 und C_2.

o) Wie groß ist die Spannung zwischen den beiden Kupferstreifen? Ändert sie sich mit der Zeit? Was bilden also das Kupfer, die verdünnte

Schwefelsäure und das polarisierte Kupfer? Welche Kupferplatte bildet den negativen Pol?

q) Nimm die Leitungsschnüre ab. Spüle alle Metallstreifen tüchtig mit Wasser ab und trockne sie gut. Gieße die Flüssigkeit in den Abfalleimer, reinige und trockne das Batterieglas. Ziehe alle Schrauben fest an.

Bemerkungen. Die bei den Aufg. 1 und 2 benutzte verdünnte Schwefelsäure eignet sich nicht zu diesen Versuchen. Die Versuche (a) bis (k) kann man auch mit verdünnter Schwefelsäure von der Dichte 1,18 g/cm³ ausführen und die Versuche (l) bis (o) auch mit reinem Wasser, dem man einige Tropfen reiner Schwefelsäure zugesetzt hat.

Das paraffinierte quadratische Holzbrett (8 cm × 8 cm × 1 cm) ist mit vier 5,5 cm langen Einschnitten von solcher Breite versehn, daß man die Metallstreifen bequem einschieben kann (Abb. 272).

Man erinnere die Schüler an die Vorsichtsmaßregeln, die nach Aufg. 2 beim Arbeiten mit dem Voltaischen Becher zu beachten sind, und wiederhole die Warnung, Kupferstreifen und verquickte Zinkstreifen miteinander in Berührung zu bringen oder auf denselben Teller zu legen.

Die beiden tüchtigsten Schüler lasse man die Versuche (l) bis (o) und alle übrigen Schülerpaare die Versuche (a) bis (d) und (k) ausführen. Die Versuche (e) bis (h) lasse man nicht von allen Schülern machen, sondern weise sie einzelnen Paaren zu.

4. Aufgabe. *Kann man gleichbleibende Ketten herstellen?*

(2 Schüler, 1 Stunde.)

Geräte. Die festen Teile einer Daniellschen Kette.
Batterieglas (vgl. S. 332).
Gut verquickter Zinkstreifen (vgl. S. 334).
Kupferblech (10 cm × 10 cm × 0,03 cm), um die Tonzelle gebogen.
Tonzelle, 10 cm hoch und von 4,8 cm äußerm Durchmesser.
Blechklemmen (vgl. S. 334).
Leitungsschnüre.
Flasche mit verdünnter Schwefelsäure (vgl. S. 332).
Flasche mit gesättigter Lösung von Cuprisulfat in Wasser (100 g kristalltes Salz auf 300 cm³ Wasser; Dichte 1,2 g/cm³).
Flasche mit Alkohol.
Flasche mit Ammoniak.
Stromwender oder Wippe (vgl. S. 319).
Spannungsmesser (vgl. S. 330).
Strommesser (vgl. S. 329).
Stromschwächer (vgl. S. 321).
Wage nebst Massensatz.
Abgleichschrot.
Bunsenbrenner nebst Gasschlauch.
Gefäß zum Wässern der Tonzellen.
Millimeterpapier.
Schmirgelpapier oder Schmirgelholz.

Anleitung. a) Wäge sorgfältig den Zinkstreifen und das glänzend rein geschmirgelte Kupferblech. Schütze beim Wägen des Zinks die Wagschale durch ein abgeglichenes Blatt Papier.

b) Fülle die Tonzelle bis zu 2 cm unterm Rande mit verdünnter Schwefelsäure und warte, bis auf der Außenwand eine Flüssigkeitshaut sichtbar wird. Stelle dann Zelle und Kupferblech ins Batterieglas und fülle dies mit der Cuprisulfatlösung. Diese soll etwas niedriger stehn als die leichtere Säure in der Zelle. Hänge in die Säure das Zink, das man in den Schlitz des Brettchens eingeschoben hat. *Daniellsche Kette.*

c) Bilde aus der Daniellschen Kette, dem Schalter, dem Stromschwächer und dem Strommesser einen Stromkreis (Abb. 273). Schließe den Strom und schreibe die Zeit auf, wo dies geschieht. Klopfe, sobald die Nadel zur Ruhe gekommen ist, leise gegen das Gehäuse des Strommessers und lies jetzt und alle folgenden Minuten die Stellungen des Zeigers ab. Unterbrich nach 30 Minuten den Strom und schreibe die Zeit auf.

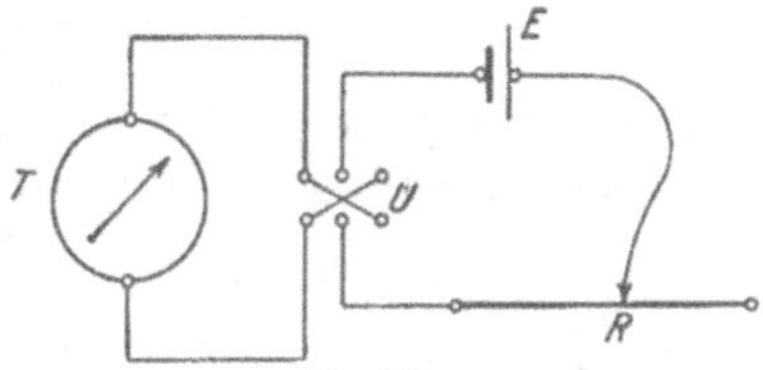

Abb. 273.

Trage diese Ablesungen in folgende Tafel ein:
Strommesser Nr. ... Stromschwächer Nr. ... Daniell Nr. ...

Zeit in Min.	Stromstärke I [A]

d) Nimm aus den Flüssigkeiten die Metallplatten, spüle sie mit Wasser behutsam ab, begieße sie mit Alkohol, entzünde diesen und trockne so die Platten. Wäge die Bleche sorgfältig und schütze beim Wägen des Zinkstreifens die Wagschale durch ein abgeglichenes Blatt Papier. Um wieviel hat sich die Masse jeder Platte geändert? Um wieviel Gramm hätte sich die Masse jeder Platte in einer Sekunde geändert, wenn sie ursprünglich 100 g gewesen wäre?

e) Welches Metall löst sich und welches scheidet sich ab? *Zink geht bei der Auflösung in Zinkion über* (Abb. 274). Woher nimmt das Zink die positive Ladung? *Aus dem Leitungsdraht.* Woher bekommt dieser die Ladung? *Vom Kupferblech.* Wem entzieht das Kupferblech die positive Ladung? *Den Kupferionen.* Ändert sich dadurch die Menge der Kationen im Zinkabteil und im Kupferabteil? Wie gleicht sich der Unterschied aus? *Wanderung von Sulfationen durch die Tonzelle von der Kupferseite zur Zinkseite. Ionengleichung:*

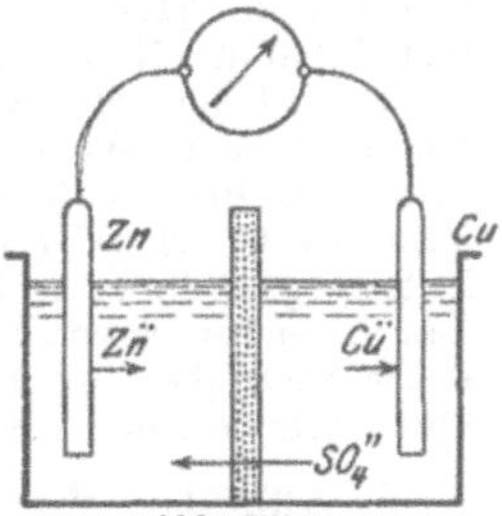

Abb. 274.

$$Cu^{\cdot\cdot} + SO_4'' + Zn = Cu + Zn^{\cdot\cdot} + SO_4''.$$

Läßt man das unveränderte Ion SO_4'' *weg, so erhält man*

$$Cu^{\cdot\cdot} + Zn = Cu + Zn^{\cdot\cdot}.$$

Das Kupfer gibt seine Ladung ans Zink ab, das dadurch in Zinkion übergeht, während sich das Kupfer metallisch ausscheidet[1].

f) Wie ändert sich beim Versuch (c) die Stromstärke mit der Zeit? Stelle die Ergebnisse bildlich dar, nimm dabei die Zeit als Abszisse und die Stromstärke I als Ordinate.

[1] Ostwald, *Schule d. Chemie 2, 252.*

g) Verbinde die Klemmen der Daniellschen Kette mit einem Spannungsmesser und miß 15 Minuten lang am Ende jeder Minute die elektromotorische Kraft der Kette (Abb. 275). Trage die Ergebnisse in folgende Tafel ein:

Zeit in Min.	EMK in V gemessen

Stelle die Ergebnisse bildlich dar, nimm dabei die Zeit als Abszisse und die Spannung als Ordinate.

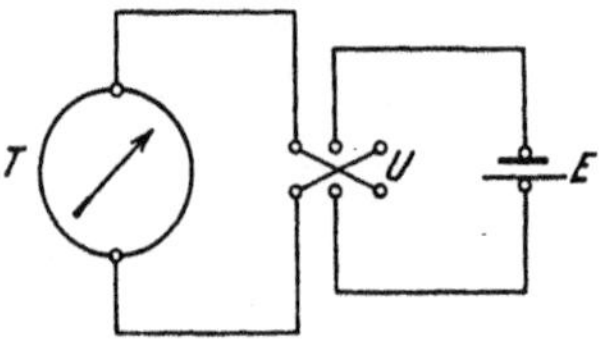

Abb. 275.

h) Wie ändert sich nach den Versuchen (c) die Stromstärke mit der Zeit? Wie ändert sich nach den Versuchen (g) die Spannung mit der Zeit? Ist die Daniellsche Kette unveränderlich?

i) Nimm die Kette auseinander. Spüle die Tonzelle aus und lege sie ins Gefäß zum Auswässern. Gieße die Flüssigkeiten in die Gefäße, die der Lehrer dafür angewiesen hat. Spüle die Metallplatten mit Wasser tüchtig ab und trockne sie gut.

Bemerkungen. Infolge der wertvollen Unveränderlichkeit der Daniellschen Kette ist die Aufgabe recht eintönig.

Die beiden Ziele der Übungen, der Nachweis, daß sich in der Daniellschen Kette Zink löst und Kupfer abscheidet, und der Nachweis, daß sich die elektromotorische Kraft recht wenig ändert, lassen sich nicht gut durch denselben Versuch erreichen. Der eine Zweck verlangt eine größere und der andre eine geringre Stromstärke. Man lasse daher die eine Hälfte der Schüler die Versuche (a) bis (f) und die andre Hälfte die Versuche (g) ausführen.

E. H. Hall, *Descript. List 71 Nr. 52,* trocknet nicht Zinkbleche und Kupferbleche vor dem Wägen, sondern taucht bei Beginn des Versuchs in die Flüssigkeiten die Platten, hebt sie dann heraus, läßt sie darauf, wie auch am Ende des Versuchs, 15 Sekunden lang abtropfen und wägt nun die Platten samt den Flüssigkeitsmengen, die noch daran haften. Ein Abwischen der Platten ist unstatthaft; man kann sie anstatt mit Alkohol auch dadurch trocknen, daß man sie 30 bis 60 cm hoch über eine Bunsenflamme hält. Die Zinkstreifen darf man nicht erst kurz vorm Versuch verquicken.

5. Aufgabe. *Wie wirkt die Polarisation in einer Leclanché-Kette?*

(1 Schüler, $^1/_2$ Stunde.)

Geräte. Leclanché oder Gnom oder Trockenelement von Siemens & Halske, Type T. Spannungsmesser (vgl. S. 330). Leitungsschnüre. Kurzes Stück Kupferdraht.

Anleitung. a) Verbinde die Klemmen der Leclanché-Kette mit dem Spannungsmesser und lies die Stellungen des Zeigers ab.

b) Unterbrich den Strom und schließe zwei bis drei Minuten lang die Leclanché-Kette kurz, d. h. verbinde ihre Klemmen durch einen kurzen Draht. Entferne den Draht und verbinde sofort die Kette nochmals mit dem Spannungsmesser und lies die Zeigerstellung ab.

c) Unterbrich auf drei bis vier Minuten den Strom und lies von neuem die Zeigerstellung ab.

d) Trage die Ergebnisse in folgende Tafel ein:

Spannungsmesser Nr. . . . . . . Kette Nr. . . .

	EMK in Volt
Vor dem Kurzschluß	
Nach einem Kurzschluß von . . . Minuten	
4 Minuten später	

6. Aufgabe. *Vergleiche die elektromotorischen Kräfte verschiedener Stromquellen miteinander.*

(1 Schüler, $^1/_2$ Stunde.)

Geräte. Sammler.
Daniell.
Leclanché.
Gnom.
Trockenelement von SIEMENS & HALSKE, Type T.
Leitungsschnüre.
Spannungsmesser (vgl. S. 330).
Stromwender.

Anleitung. a) Verbinde der Reihe nach die verschiedenen Ketten mit dem Spannungsmesser, sorge dabei für gute Verbindungen. Lies die Stellung des Zeigers ab.

b) Trage die Ablesungen in folgende Tafel ein:

Spannungsmesser Nr. . . .

Kette	EMK in Volt
. . . Nr. . . .	

7. Aufgabe. *Wie ändert sich die Spannung eines Bleisammlers beim Laden und beim Entladen?*

(2 Schüler, 2 Stunden.)

Geräte. Meßsammler.
2 Sammler.
Spannungsmesser.
Strommesser.
Stromschwächer, 1 m Manganindraht von 0,3 cm Durchmesser.
Volkmannsche Klammer.
Schwefelsäure (vgl. S. 342).
Leitungsschnüre.
2 Schalter.
Millimeterpapier.

Anleitung. a) Lege den Spannungsmesser *V* (Abb. 276) und einen offenen Schalter in Nebenschluß zum Meßsammler *M*. Stelle einen Stromkreis her aus zwei hintereinander geschalteten Sammlern *E*, einem Stromschwächer *R*, einem offnen Schalter *U*, dem Meßsammler und einem Strommesser *A*, doch so, daß die gleichnamigen Pole der Batterie und des Meßsammlers miteinander verbunden sind. Welche Farbe hat die positive Platte des Sammlers *M*? *Bleidioxyd.* Welche Farbe haben die beiden

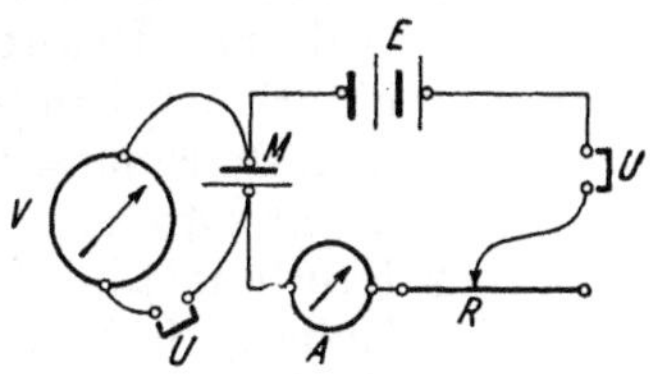

Abb. 276.

negativen Platten? *Blei.* Schließe den Hauptstrom, regle den Widerstand so, daß die Stromstärke etwa 0,6 A, aber nicht mehr, beträgt, schließe den Spannungsmesserzweig und lies jede Minute die Spannung so lange ab, bis die Ausschläge sich nicht mehr ändern.

b) Trage die Ergebnisse in folgende Tafel ein:

Meßsammler Nr. ... Spannungsmesser Nr. ... Strommesser Nr. ...

Laden			Entladen		
Zeit		Spannung in Volt	Zeit		Spannung in Volt
Zeitpunkt *h m*	Dauer in Min.		Zeitpunkt *h m*	Dauer in Min.	

c) Entferne aus dem Hauptstromkreis die Batterie *E*, schalte, falls dies notwendig ist, am Spannungsmesser und Strommesser die Drähte um und regle den Widerstand so, daß die Stromstärke etwa 0,6 A beträgt, aber nicht mehr, und lies jede Minute die Spannung ab, bis sie sehr schnell zu sinken beginnt. Trage die Ergebnisse auch in die Tafel ein.

d) Stelle die Ergebnisse bildlich dar, trage dabei die Zeit als Abszisse und die Spannung als Ordinate auf.

Bemerkungen. Der Meßsammler hat eine Ladefähigkeit von 6 Amperestunden bei 0,6 A Entladestrom. Die gewöhnliche Ladestromstärke ist 1 A. Zum Füllen dienen 200 cm^3 chemisch reine (nicht in Platin eingedampfte) Schwefelsäure von 1,16 g/cm^3 Dichte, die man von den Sammlerwerken bezieht. Man entlade kurz vor der Übung diese Sammler und lade sie nachher wieder ganz auf. Man kann auch die Übung mit dem Entladen beginnen. Statt des Meßsammlers kann man auch die einfache Vorrichtung benutzen, die ABRAHAM *(2, 26 5 Nr. 98)* beschrieben hat.

Ein näheres Eingehn auf die Vorgänge im Bleisammler (RÜDORFF-LÜPKE, *Grundriß der Chemie*[12] *309* und DOLEZALEK, *Theorie des Bleiakkumulators*) ist kaum ratsam.

III. Chemische Wirkungen des elektrischen Stroms.

8. Aufgabe. *Wie wirkt der elektrische Strom auf einen Elektrolyten ein?*

(2 Schüler, 2 Stunden.)

Geräte. 2 bis 3 Sammler oder 3 bis 4 Trockenketten oder Starkstrom und Glühlampenwiderstände.

Leitungsschnüre und 2 isolierte Drähte von 60 bis 90 cm Länge und 0,9 mm Durchmesser.

Stromwender.

2 Kohlenstäbe (für Bogenlampen), je 10 cm lang.

2 Volkmannsche Klammern.

2 Verbindungsklemmen mit zwei Löchern.

2 Bechergläser, 30 bis 60 cm^3.

Flasche mit gesättigter Lösung von Cuprisulfat (vgl. S. 338).

Flasche mit starker Salpetersäure.

Flasche mit verdünnter Schwefelsäure. 30%, Dichte 1,22 g/cm^3.

Flasche mit Ammoniak (vgl. S. 330).

Kaliumjodidstärkelösung.
Phenolphthaleïnlösung (5 g Phenolphthaleïn in 100 g Alkohol) oder Polprüfpapier.
Kochsalzlösung oder Natriumsulfat.
Lösung von Kaliumferrocyanid.
Quecksilber für Stromwender.
Flacher Teller von 20 cm Durchmesser (vgl. S. 334).
Schmirgelpapier.
Eisendraht.
Beißzange.
Kork.
Stricknadel.
Bunsenbrenner nebst Schlauch.
Prüfgläschen.
Scheibe aus Fensterglas (10 cm × 5 cm).
Filterpapier.

Anleitung. a) Fülle das Becherglas etwa 3 cm hoch mit gesättigter Cuprisulfatlösung. Befestige an einem Ende jedes der beiden Kohlenstäbe eine Volkmannsche Klammer und daran einen Leitungsdraht. Bilde aus den Stäben, den Sammlern und dem offnen Stromwender einen Stromkreis. Halte in die Cuprisulfatlösung in etwa 1 cm Abstande die freien Enden der Kohlenstäbe. Die Kohlenstäbe und die metallischen Teile der Leitung dürfen einander nicht berühren. Schließe einige Minuten lang den Strom und beobachte sorgfältig beide Elektroden. An welcher entwickelt sich ein Gas? Nimm die Stäbe aus der Lösung. Hat sich etwas auf den Kohlen ausgeschieden? Wiederhole den Versuch, falls dies nicht der Fall ist, doch setze nunmehr die Stäbe etwas näher aneinander. Aus welchem Stoff besteht der Überzug? Welche Ionen enthält die Lösung von Cuprisulfat? (Vgl. Aufg. 4.) Wie fließt der Strom im Elektrolyt? *Anode, Kathode.* Mit welchem Pol ist der Stab verbunden, worauf sich das Kupfer ausgeschieden hat? Wohin ist das Kupferion $Cu^{\cdot\cdot}$ gewandert? *Kation.* Woran hat es seine Ladungen abgegeben? *Ladungsmenge. Coulomb.* Wohin ist das Sulfation SO_4'' gewandert? *Anion.* Was macht das Sulfation, nachdem es seine Ladung an die Anode abgegeben hat? $SO_4 + H_2O = H_2SO_4 + O$. *Elektrolyse.* Wende den Strom und prüfe, ob die Erscheinungen und die Erklärungen bestehn bleiben.

Was wird schließlich aus der Lösung von Cuprisulfat? Wie wirkt der elektrische Strom auf die übrigbleibende verdünnte Schwefelsäure?

b) Fülle das andre Becherglas etwa 3 cm hoch mit dreißigprozentiger Schwefelsäure, drehe in den Klemmen die Kohlenstäbe um, so daß jetzt die noch unbenutzten Enden in die Säure tauchen, und wiederhole den Versuch (a), halte das Gläschen gegens Licht und beobachte sorgfältig längere Zeit die Oberflächen der Kohlen. An welchem Stab entwickelt sich das Gas stärker? Welche Ionen hat die verdünnte Schwefelsäure? Wo scheidet sich der Wasserstoff ab? Was wandert an die Anode? Was macht dort das Sulfation? Was bildet sich also stets von neuem? Welches sind die sichtbaren Erzeugnisse der Elektrolyse der Schwefelsäure? Wer ist also scheinbar nicht daran beteiligt und wer wird anscheinend nur zerlegt? *Ältere Auffassung der Elektrolyse des Wassers.*

c) Nimm die Volkmannschen Klammern nebst Stäben von den Drähten ab, entferne die Hülle an den Enden der Drähte etwa 5 cm weit, schmirgle diese Enden glänzend rein, bohre durch einen Kork in etwa 1 cm Abstand mit einer glühenden Stricknadel zwei Löcher, schiebe die blanken Drahtenden hindurch und biege sie gleichläufig. Nimm den Kork in die Hand, tauche die Drähte in die verdünnte Schwefelsäure, schließe den Strom, halte das Gläschen gegens Licht oder lege ein Blatt weißes Papier darunter. Beobachte sorgfältig längere Zeit die Oberflächen der Drähte und die untern Teile der Flüssigkeit. Öffne den Strom. Was macht das Kation $H^{\cdot}$? Wohin wandert das Sulfation? Wie wirkt es nach der Abgabe der Ladung auf die Anode ein, die aus Kupfer besteht? Welche Farbe hat das Cuprisulfat? Gieße die Flüssigkeit in den Abfalleimer und spüle das Becherglas tüchtig mit Wasser aus.

d) Schneide die Enden der Drähte ab, die man in die Schwefelsäure eingetaucht hatte, und schmirgle wieder nach dem Entfernen der Hülle die Drahtenden etwa 5 cm weit glänzend ein. Stecke durch den Kork die beiden Elektroden, tauche sie ins Becherglas mit der Cuprisulfatlösung, schließe den Strom und beobachte die Oberflächen der Elektroden. Öffne den Strom, nimm die Drähte aus der Flüssigkeit und untersuche ihre Oberflächen. Wende den Strom. Was macht das Kation $Cu^{\cdot\cdot}$? Wohin wandert das Sulfation? Wie wirkt es auf die Anode ein?

e) Befestige am Ende des einen Drahts mit einer Klemme ein Stück Eisendraht, wiederhole den Versuch (d) und mache dabei das Eisen zur Kathode. Öffne den Strom, nimm den Eisendraht ab, gieße die Flüssigkeit in den Abfalleimer und spüle das Becherglas tüchtig mit Wasser aus.

Polprüfer.

f) Gieße ins Becherglas etwa 3 cm hoch Kaliumjodidstärkekleister, tauche die zuvor abgeschmirgelten Enden der Kupferdrähte so hinein, daß sie einander nicht berühren, schließe den Strom und beobachte die Flüssigkeit. Welche Ionen hat das Kaliumjodid? Wie wirkt der Strom aufs Kaliumjodid ein? An welcher Elektrode scheidet sich Jod aus? Wie wirkt es auf die Stärke ein? Wende den Strom und prüfe, welcher Draht mit dem positiven Pol der Batterie verbunden ist. Öffne den Strom und reinige die Elektroden und das Becherglas.

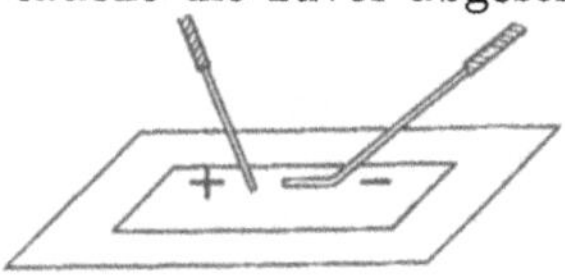

Abb. 277.

g) Setze in einem Prüfglas zu 15 cm³ einer Lösung von Kochsalz oder Natriumsulfat in Wasser einige Tropfen einer Lösung von Phenolphthaleïn in Alkohol. Tauche ins Gemisch einen Streifen Filterpapier und lege ihn auf eine Glasscheibe. Biege den Kupferdraht, der mit dem negativen Pol des Sammlers verbunden ist, am Ende etwas um und setze beide Elektrodenenden nahe nebeneinander, ohne daß sie jedoch einander berühren, aufs Papier und ziehe sie dann auseinander (Abb. 277). Welche Ionen hat das Natriumsalz? Wie wirkt der Strom auf das Natriumsalz ein? Nach welcher Elektrode wandert das Natriumion? Wie wirkt das ausgeschiedene Natrium aufs Wasser ein? Wie wirkt Natronlauge auf Phenolphthaleïn ein? Wende den Strom und prüfe, welcher Draht nun mit dem negativen Pol der Batterie verbunden ist. Öffne den Strom, wirf das Papier in den Abfalleimer und wasche die Glasplatte ab.

h) Lege auf die Glasplatte einen Streifen Papier, der mit einer Lösung von Kaliumferrocyanid getränkt ist. Verbinde mit den Kupferdrähten durch Klemmen Eisendrahtstücke, setze auf das Papier nahe beieinander die Eisenelektroden und ziehe sie dann auseinander. An welcher Elektrode entsteht eine Färbung? *Berliner Blau.*

Bemerkungen. Die Elektrolyse der verdünnten Schwefelsäure mit Kohlenelektroden erfordert recht sorgfältiges Beobachten. Zweckmäßiger ist es, wenn auch etwas umständlicher, hierbei stromdichte Kupferdrähte zu verwenden, woran als Elektroden 5 cm lange Platindrähte in der Stichflamme des Gebläses angeschmelzt sind. Die Kohlenstäbe muß man nach dem Benutzen längere Zeit in Wasser stellen.

Die Kaliumjodidstärkelösung bereitet man dadurch, daß man 2 g Stärke mit etwas kaltem Wasser anrührt, 100 g siedendes Wasser darüber gießt und dann 1 g Kaliumjodid hinzufügt.

Die Lösung von Kaliumferrocyanid (gelbem Blutlaugensalz) stellt man dadurch her, daß man 10 cm³ der gesättigten Lösung mit 100 cm³ Wasser verdünnt.

Verwendet man Polreagenzpapier, so muß man es vor dem Versuch anfeuchten.

Auf die Elektrolyse des Kaliumferrocyanids wird man in der Schule kaum näher eingehn. (Vgl. Hittorf, *Über die Wanderungen der Ionen, Ostwalds Klassiker Nr. 21, S. 72.* Lüpke, *Elektrochemie² 22.*)

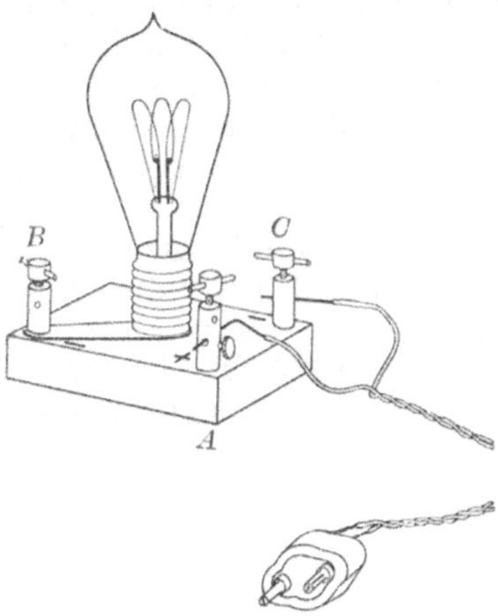

Abb. 278.

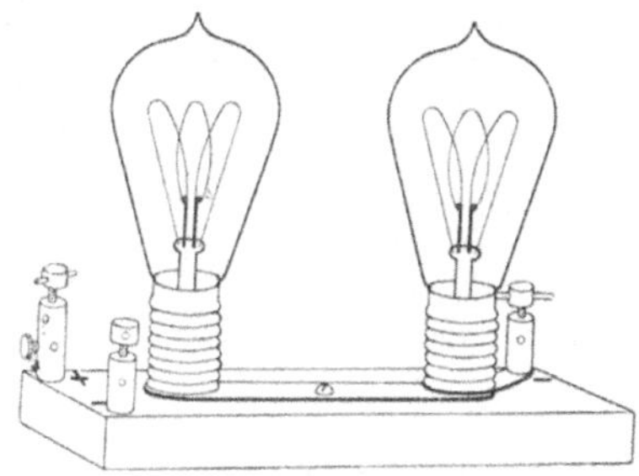

Abb. 279.

Das Ausführen der elektrolytischen Versuche in gleicher Front wird oft dadurch verhindert, daß nicht die erforderliche Anzahl von Sammlern oder Trockenelementen vorhanden ist. Sind die Arbeitsplätze an die Starkstromleitung (110 Volt) angeschlossen, so kann man dorther unter Vorschalten einer geschwärzten Glühlampe den Strom entnehmen. Die Lampe dient dabei als Widerstand, Ausschalter und Galvanoskop. Folgende Einrichtung ist bequem: Man schraube auf einen Holzklotz (10 cm × 10 cm × 2 cm) drei Anschlußklemmen *A*, *B* und *C* (Abb. 278) und eine Glühlampenfassung, verbinde die Klemmen *B* und *C* durch isolierte Drähte mit der Glühlampe, lege den positiven Pol der Leitungsschnur an *A* und den negativen an *C* an und bezeichne das positive Ende der Leitungsschnur und den positiven Stift des Steckkontakts durch ein + Zeichen oder durch rote Farbe. Man nehme an den Klemmen *A* und *B* den Strom für die Elektrolyse ab. Die Leitungsschnur wähle man etwa 2 m lang. Hat die Leitung 220 Volt, so verwende man eine Glühlampe von 220 Volt oder zwei Glühlampen für 110 Volt, die hintereinandergeschaltet sind (Abb. 279).

9. Aufgabe. *Wie verhält sich die Kupfermasse, die ein gleichbleibender Strom ausscheidet, zur Niederschlagsdauer?*

(3 Schüler, 2 Stunden.)

Geräte. Kupfercoulombmeter (Ladungsmesser) (vgl. S. 348).
2 Sammler.
Strommesser.
Schalter.
Stromschwächer, 1 m Manganindraht von 0,25 mm Durchmesser.
6 Leitungsschnüre.
Cuprisulfatlösung (vgl. S. 348).
Alkohol.
Wage und Massensatz.
Feines Schmirgelpapier.
2 Bechergläser.
Tiegelzange.
Filterpapier.
Stoppuhr.

Anleitung. **a)** Schmirgle alle Elektroden, soweit sie in die Flüssigkeit eintauchen, und die Anschlußstellen mit großer Sorgfalt glänzend rein, spüle sie mit Wasser ab und trockne sie mit Filterpapier. Streiche, wenn die Elektroden dünn sind, beim Abschmirgeln stets nach einer Seite. Fasse von nun an während des ganzen Versuchs den breiten Teil der Hauptkathode nicht mehr mit den Fingern an, sondern greife diese Elektrode nur am obern Teil oder mit einem Stück reinem Papier an.

b) Tauche die Hauptkathode (sie hat keine Marke) in Alkohol, entzünde den daran haftenden Weingeist, wäge nach dem Abkühlen diese Elektrode sorgfältig und schlage sie bis zum Benutzen in reines Papier ein.

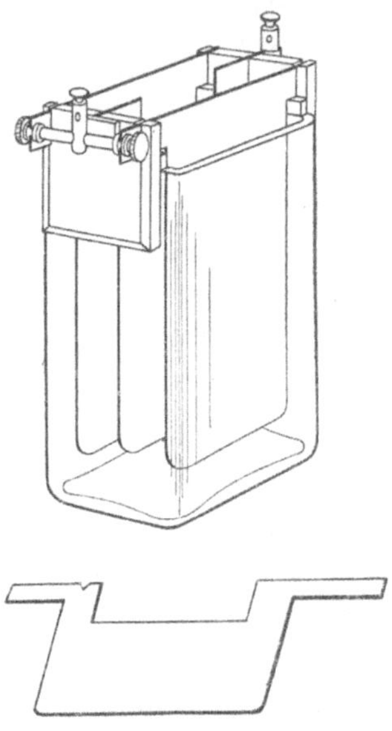

Abb. 280.

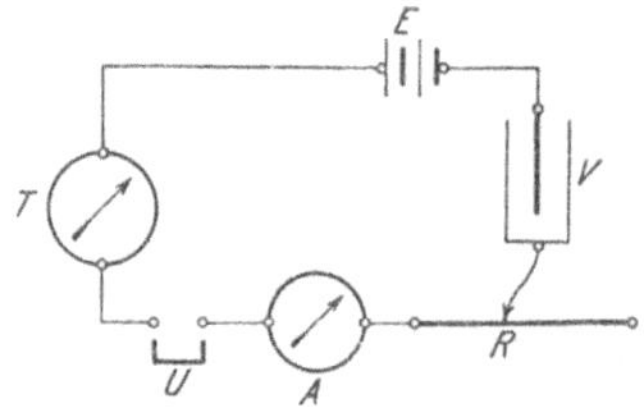

Abb. 281.

c) Setze das Anodenpaar und die Hilfskathode, die an der Einkerbung (Abb. 280) kenntlich ist, in das Coulombmetergefäß ein und fülle dieses bis 1 cm unterm Rande mit Cuprisulfatlösung.

d) Stelle einen Stromkreis her aus dem Coulombmeter V (Abb. 281), dem Stromschwächer R, dem Strommesser A, dem offnen Ausschalter U und den hintereinandergeschalteten Sammlern E. Den negativen Pol der Batterie muß man mit der Kathode verbinden.

e) Schließe den Strom und regle den Widerstand so, daß der Strommesser die Stärke 1 A anzeigt. Sieh nach, ob sich an der Kathode Kupfer abscheidet.

f) Öffne den Strom. Ersetze die Hilfskathode durch die Hauptkathode, schließe den Strom, schreibe den genauen Zeitpunkt des Stromschlusses auf und halte von nun an den Zeiger des Strommessers, den man bei (e) benutzt hat, wenn nötig durch Ändern des Widerstandes, genau über dem Teilstrich 1 A.

g) Unterbrich genau nach 15 Minuten den Strom. Nimm die Kathode heraus, spüle sie behutsam mit Wasser ab, tauche sie in Alkohol, entzünde den daran haftenden Weingeist und wäge nach dem Abkühlen sorgfältig die Elektrode. Wie groß ist die Massenzunahme *m* der Kathode?

h) Wiederhole den Versuch. Halte die Zeigerspitze wie vorher durch Regeln des Widerstandes wieder genau über dem Teilstrich 1 A, laß aber jetzt den Strom genau 30 Minuten lang durchs Coulombmeter fließen. Baue ab und bringe alle Geräte in Ordnung.

i) Trage die Ergebnisse in folgende Tafel ein:

Coulombmeter Nr. ... Strommesser Nr. ... Stromstärke = ... *A*.

Zeitpunkt		Versuchsdauer τ [sek]	Masse der Kathode in mg			Verhältnis der Dauern τ_1/τ_2	Verhältnis der Massenzunahmen m_1/m_2
Beginn	Schluß		vor Beginn	nach Schluß	Zunahme m		

k) Wie verhält sich also die Masse des ausgeschiedenen Kupfers zur Niederschlagdauer?

l) Welche Ionen befinden sich in der Cuprisulfatlösung? $Cu^{\cdot\cdot}$ *und* SO_4''. Aus welchen beiden Teilen besteht das Cupriion? *Aus Kupfer und der elektrischen Ladung.* Wie verhält sich die Zahl der Ionen zur Masse des ausgeschiedenen Kupfers, wenn man annimmt, daß alle Cupriionen gleiche Ladung haben? Was kann man also mit der Masse des ausgeschiedenen Kupfers messen? *Ladungsmenge des Stroms.*

m) Die Cuprisulfatlösung ist nicht elektrisiert. Wie müssen sich also die Größen der elektrischen Ladungen des Cupriions $Cu^{\cdot\cdot}$ und des Sulfations SO_4'' verhalten? In welchem Verhältnis stehn aber die gleiche Ladungen tragenden Massen des Cupriions und des Sulfations? *Mit den Äquivalentgewichten wandern gleiche Ladungen.*

n) Welche Ionen befinden sich in einer Lösung von neutralem Silbernitrat? $Ag^{\cdot}$ und NO_3'. Wie wirkt der Säurerest NO_3 auf eine silberne Anode ein? Wird in diesem Fall die Stärke der Silbernitratlösung geändert? *Die von 1,118 mg Silber mitgeführte Ladungsmenge nennt man ein Coulomb. Einheit der Ladungsmenge. Ein Strom, der in einer Sekunde ein Coulomb befördert, hat die Stärke ein Ampere. Einheit der Stromstärke. 1 Coulomb = 1 Amperesekunde.*

o) Welche Elektrizitätsmenge wandert mit 1 g Silber? 1 C: 0,001118 = 894,5 C. *Grammäquivalent eines Körpers heißt sein chemisches Äquivalentgewicht, in Gramm ausgedrückt. Das Grammäquivalent des Silbers ist 107,88* g. Wieviel Coulomb befördert das Grammäquivalent des

Silbers? 894,5 C × 107,88 = 96494 C = F (Valenzladung). Das Grammäquivalent des zweiwertigen Kupfers ist 63,6 g : 2 = 31,8 g. Wieviel Coulomb wandern mit 31,8 g Kupfer, wenn mit den Grammäquivalenten stets die gleiche Ladungsmenge wandert? F = 96500 C. Wieviel Gramm Kupfer scheiden 96500 C ab? 31,8 g. Wieviel Gramm Kupfer scheidet 1 C ab? 31,8 g: 96500 = 0,0003294 g = 0,3294 mg. *Das elektrochemische Äquivalent des Kupfers ist* $\mathsf{E} = 0{,}3294$ mg/C.

q) Wieviel mg Kupfer wurden in 45 min abgeschieden? Wieviel Coulomb sind also in dieser Zeit durch das Kupfercoulombmeter geflossen? Wieviel Coulomb sind in einer Sekunde hindurchgegangen? Wie groß war also die in Ampere gemessene Stromstärke? Welche Stärke zeigt der Strommesser an?

r) Wir wollen annehmen, daß die Angaben des Strommessers richtig waren. Wieviel Coulomb sind also in den 45 Minuten hindurchgeflossen? Wieviel Milligramm Kupfer wurden in den 2700 sek abgeschieden? Wie groß ist also das elektrochemische Äquivalent des Kupfers? Stimmt diese Zahl mit dem früher (o) berechneten Wert überein?

s) Es bezeichne m die Anzahl Milligramm eines Stoffs, die I [A] in τ [sek] ausgeschieden hat, $q = I\,\tau$ [C] die Ladungsmenge und E [mg/Asek] das elektrochemische Äquivalent des Stoffs. Welche Beziehung besteht zwischen diesen Größen?

$$I = \frac{1}{\mathsf{E}}\,\frac{m}{\tau}\,[\mathrm{A}] \qquad q = \frac{m}{\mathsf{E}}\,[\mathrm{C}] \qquad \mathsf{E} = \frac{m}{q}\left[\frac{\mathrm{mg}}{\mathrm{C}}\right].$$

Bemerkungen. Das Kupfercoulombmeter (Abb. 280). Auf den schmalen Rand eines rechteckigen Glasgefäßes von 10,5 cm × 13,5 cm × 6 cm sind zwei Holzleisten aufgekittet, die mit je drei Einschnitten, den Lagern der Elektroden, versehen sind. Die beiden Anoden (13,5 cm × 9,5 cm) sind aus 0,7 mm starkem Kupferblech hergestellt (Abb. 282) und tragen an den beiden obern Ecken Nasen. Die längern Vorsprünge sind geschlitzt und durch eine Blechklemme miteinander verbunden. Die Hauptkathode (Abb. 283) und die Hilfskathode, die an einer Kerbe in dem obern Teil kenntlich ist, sind aus 0,55 mm starkem Kupferblech gefertigt. Die in den Elektrolyt eintauchenden Flächen sind abgerundete Rechtecke (9 cm × 8,5 cm), sie verjüngen sich in zwei schmale Streifen und verbreitern sich dann oben wieder in Tragestreifen. Beschreibungen verschiedener Formen von Kupfercoulombmetern findet man bei: Abraham *2, 232 Nr. 67 u. 250 Nr. 81.* Adams *103 Nr. 45.* Ames and Bliss *409 Nr. 76.* Blasius *212.* Bower and Satterly *310 Nr. 199.* Carhart and Patterson *161 Nr. 79.* Henderson *163 Nr. 164.* Hadley, *Pract. Exerc. 179 Nr. 115 u. 228 Nr. 35.* N. M. Hopkins, *Exp. Electrochem. 89.* Loudon and Mc Lennan *219.* Noack, *Leitf. 21.* Nichols, *Labor. Man. 1, 166.* Nichols, Smith and Turton *220 Nr. 106.* Ostwald-Luther[3] *497.* Roth *134,* Schuster and Lees, *Exerc. in Pract. Phys. 267 Nr. 56.* Stroud *243.* Woollcombe *4, 52.*

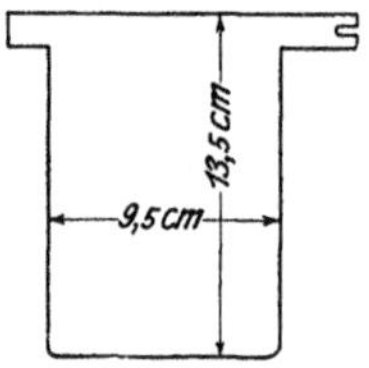

Abb. 282.

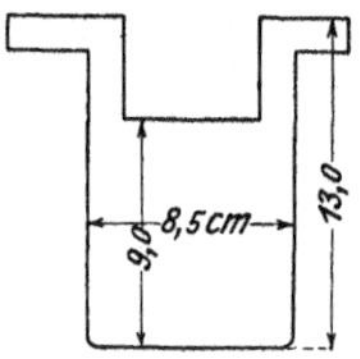

Abb. 283.

Die Cuprisulfatlösung stellt man am besten nach Oettel dadurch her, daß man 150 g Cuprisulfat pulvert und in 1000 cm³ Wasser löst, filtert und dann 50 g Schwefelsäure und 50 g Alkohol hinzufügt. Der leicht oxydierbare Alkohol verhindert schädliche Bildungen an der Anode. Man kann auch 125 g Cuprisulfat in 1000 cm³ Wasser lösen und 50 g Schwefelsäure hinzusetzen.

Obwohl es ratsam ist, ins FARADAYsche Gesetz anstatt des elektrochemischen Äquivalents das Grammatom, die Wertigkeit und die FARADAYsche Zahl 96500 einzuführen, so wage ich doch nicht, mich jetzt schon so weit von der Darstellungsform zu entfernen, die heute noch an unsern Schulen üblich ist.

Die Versuche bereiten den Schülern einige Schwierigkeiten und erfordern große Aufmerksamkeit des Lehrers, namentlich ein sorgfältiges Prüfen der Schaltungen. Man lasse die eine Hälfte der Schülergruppen die Aufgabe 9 und gleichzeitig die andre Hälfte die Aufgabe 10 ausführen.

10. Aufgabe. *Wie verhält sich die ausgeschiedene Kupfermasse zur Ladungsmenge? Wie groß ist das elektrochemische Äquivalent des Kupfers?*

(3 Schüler, 2 Stunden.)

Geräte. Wie bei Aufgabe 9.

Anleitung. a) Verfahre wie in Aufgabe 9 (a) bis (g), doch laß 30 Minuten lang durchs Coulombmeter einen Strom von 3 A fließen (Abb. 284). Regle, während die Hilfskathode darin sitzt, den Widerstand so. daß die Ablenkung des Strommesserzeigers 3 A anzeigt. Lies vor Beginn und nach Schluß des Versuchs die Nullstellung der Zeigerspitze ab. Lies alle 5 Minuten den Strommesser ab.

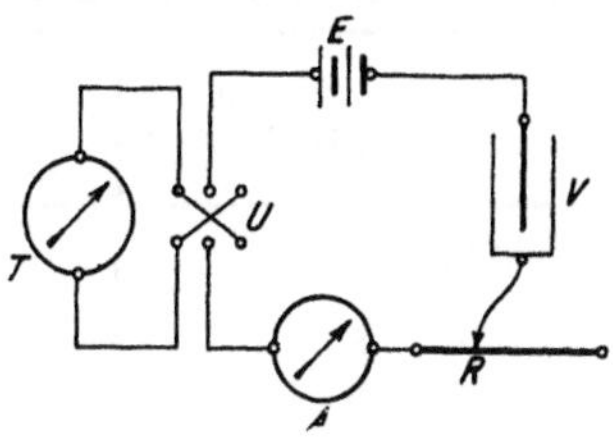

Abb. 284.

b) Wiederhole den Versuch, wähle aber den Widerstand so, daß die Stromstärke 1,5 A beträgt, und laß diesen Strom 60 Minuten lang durchs Coulombmeter fließen. Benutze beim Einstellen der Stromstärke auf 1,5 A wiederum die Hilfskathode.

c) Trage die Ergebnisse in folgende Tafel ein:
Coulombmeter Nr. ... Strommesser Nr. ...

Zeitpunkt		Versuchdauer τ [sek]	Stromstärke		Anzahl der Coulomb
Beginn	Schluß		I [A]	Mittel	$q = I\tau$

Masse der Kathode in mg			Verhältnis der Ladungsmengen	Verhältnis der Massenzunahmen
vor Beginn	nach Schluß	Zunahme m	q_1/q_2	m_1/m_2

Nimm als Amperezahl I den Mittelwert aus allen Ablesungen jeder Versuchsreihe.

d) Wie verhalten sich also die ausgeschiedenen Kupfermassen zu den Ladungsmengen, die durchs Coulombmeter hindurchgeflossen sind?

e) Berechne aus den Angaben des Strommessers die Kupfermasse, die ein Coulomb mitgeführt hat. Wie stimmt das Ergebnis mit dem Wert für das elektrochemische Äquivalent überein, den man in Aufgabe 9 erhalten hat?

Bemerkungen. Man lasse die eine Hälfte der Schülergruppen die Aufgabe 9 und gleichzeitig die andre Hälfte die Aufgabe 10 lösen.

11. Aufgabe. *Wie groß ist die Umrechnungszahl der Tangentenbussole und die wagrechte erdmagnetische Feldstärke des Beobachtungsorts?*

(3 Schüler, 1 Stunde.)

Geräte. Wie bei Aufgabe 10, doch Tangentenbussole als Strommesser.

Anleitung. a) Stelle die Tangentenbussole richtig auf (vgl. Aufgabe 42 S. 401) und schalte vier Windungen ein. Verfahre wie bei Aufgabe 9 (a) bis (f), doch regle unter Benutzen der Hilfselektrode den Widerstand so, daß der Zeiger der Bussole um 30° bis 60° abgelenkt wird, und erhalte während des ganzen Versuchs durch Nachregeln des Widerstandes die Ablenkung unverändert. Lies vor Beginn und nach Schluß des Versuchs die Nullagen beider Zeigerspitzen ab und ebenso alle 5 Minuten die Ablenkungen beider Zeigerspitzen. Wende in der Mitte des Versuchs möglichst rasch den Strom der Bussole.

Schreibe die Ablesungen an der Tangentenbussole unter Berücksichtigen des Drehsinns folgendermaßen auf und nimm aus den Werten von tg α das Mittel.

	Zeit der Ablesung	Zeigerablesungen			Ablenkung α	tg α
		Ostspitze	Westspitze	Mittel		
Nullpunkt						
⋮						

Mittel $\mu = \ldots\ldots$

Laß den Strom mindestens 30 Minuten oder, wenn es die Zeit gestattet, 45 Minuten bis 1 Stunde durchs Coulombmeter fließen. Berechne aus der Masse des ausgeschiedenen Kupfers die Stromstärke und daraus und aus dem Mittelwert μ von tg α die Umrechnungsgröße C_A.

Coulombmeter Nr. ... Tangentenbussole Nr. ... ... Windungen.
Masse der Kathode vor der Elektrolyse ... mg.
Masse der Kathode nach der Elektrolyse ... mg.
Masse des ausgeschiedenen Kupfers $m =$ ... mg.
Beginn der Elektrolyse ...^{h} ...^{m} ...^{s}.
Schluß der Elektrolyse ...^{h} ...^{m} ...^{s}.
Dauer der Elektrolyse $\tau =$ ... sek.
Elektrochemisches Äquivalent des Kupfers $\mathsf{E} = 0{,}3294$ mg/C.

Stromstärke $I = \frac{1}{\mathsf{E}} \frac{m}{\tau} [\mathrm{A}] = \ldots$ A.

Umrechnungsgröße $C_A = \frac{I}{\mathrm{tg}\,\alpha} = \ldots$ A.

b) Lies auf dem Brette der Bussole ab, wie groß der mittlere Halbmesser r und die Anzahl N der Windungen ist. Frage den Lehrer, wie stark am Standorte der Bussole die wagrechte erdmagnetische Feldstärke H ist, und berechne nach der Formel $C_A = 5\, r\, H/N\, \pi$ die Umrechnungsgröße.

c) Berechne aus den Werten von r und N und aus dem Werte der Umrechnungsgröße, die bei (a) mit dem Kupfercoulombmeter gemessen worden ist, die wagrechte erdmagnetische Feldstärke des Orts, wo die Bussole steht.

Bemerkung. Vgl. wegen der Fehlerberechnung Georg Berndt, *Physik. Praktikum 2*[3], *85.*

IV. Wärmewirkungen des elektrischen Stroms.

12. Aufgabe. *Wie hängt die Wärmemenge, die ein Strom in einem Draht erzeugt, von der hindurchfließenden Ladungsmenge ab?*

(3 Schüler, 2 Stunden.)

Geräte. Mischgefäß mit Heizdraht von 3 Ω Widerstand.
Thermometer.
Strommesser.
3 Sammler.
Stromschwächer (1 m Manganindraht von 0,3 mm Durchmesser).
Volkmannsche Klammer.
Leitungsschnüre.
Wippe oder Schalter.
Petroleum (übergedampftes Wasser, Terpentinöl, Anilin, Toluol, Xylol).
Meßglas.
Wage.
Massensatz.
Stoppuhr.
Größrer Behälter mit kaltem Wasser.
Eis.
Bechergläser.

Anleitung. a) Nimm das eigentliche Mischgefäß (Abb. 285) aus seinem Schutzmantel, entferne den Einsatz, wäge das Mischgefäß, fülle es mit 400 cm³ der Flüssigkeit, die der Lehrer angibt, und wäge von neuem. Wie groß ist die Masse der Flüssigkeit im Mischgefäß? Stelle das Mischgefäß in ein Blechgefäß und dies in den großen Behälter mit kaltem Wasser und kühle das Mischgefäß nebst Einsatz bis auf etwa 4⁰ unter die Zimmerwärme ab.

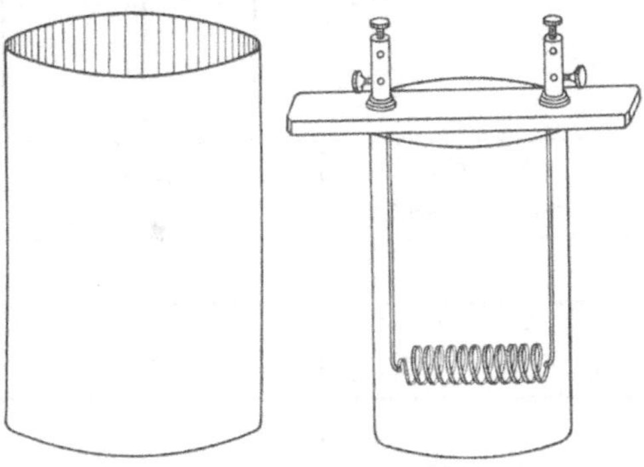

Abb. 285.

b) Setze in die Schutzhülle das Mischgefäß *K*, schalte es nach Abb. 286 in einen Stromkreis, der aus drei Sammlern *E*, einem Stromschwächer *R*, dem Strommesser *T* und dem Schalter *U* besteht. Bestimme den Nullpunkt des Strommessers. Schließe den Strom und regle den Widerstand so, daß 1 A hindurchfließt. Öffne den Strom, rühre mit dem Thermometer die Flüssigkeit gut um und lies die Warmheit ab.

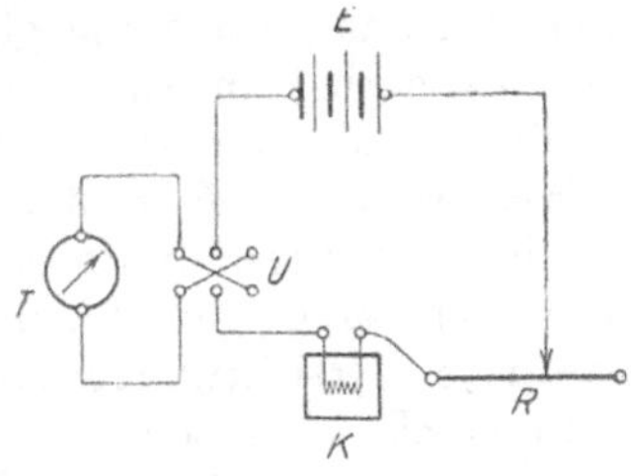

Abb. 286.

c) Schließe den Strom, schreibe den genauen Zeitpunkt auf, rühre öfters die Flüssigkeit vorsichtig um und lies jede Minute das Thermometer und 15 sek nachher die Stellung der Zeigerspitze ab. Vergiß nicht, bei den Ablesungen gegen das Meßgerät zu klopfen, und öffne den Strom, sobald die Warmheit etwa 4⁰ über Zimmerwärme gestiegen ist. Schreibe genau den Zeitpunkt auf, lies die Endwarmheit ab und bestimme wiederum die

Nullstellung der Zeigerspitze. Halte während des Erwärmens, wenn nötig, durch Ändern des Widerstandes, den Zeiger auf 1 A.

d) Nimm aus dem Schutzmantel das Mischgefäß und kühle es wie vorher im großen Wasserbehälter auf etwa 8° unter Zimmerwärme ab. Wiederhole die Versuche (b) und (c), doch laß den Strom, der ebenso stark wie vorher ist, jetzt genau doppelt so lange durchs Mischgefäß fließen.

e) Schreibe die Ergebnisse in folgender Weise auf:

Mischgefäß Nr. ... Wasserwert des Mischgefäßes ... g. Widerstand des Heizdrahts ... Ω. Thermometer Nr. ... Wasserwert des Thermometers ... g.
Masse des Mischgefäßes = ... g.
Masse der Flüssigkeit im Mischgefäß = ... g.
Spezifische Wärme der Flüssigkeit = ... cal/Grad · g.
Wasserwert von Mischgefäß, Flüssigkeit und Thermometer = ... g.
Anzahl der Sammler ...

	Zeit	Warmheit [t]	I [A]
Nullpunkt			
⋮			
			Mittel = ... A.

Zeitpunkt Beginn	Zeitpunkt Schluß	Versuchsdauer τ [sek]	Mittlere Stromstärke I [A]	Ladungsmenge $q = I\tau$ [C].

Warmheit Anfangs-	Warmheit End-	Warmheit Erwärmung	Erzeugte Wärmemengen Q [cal]	Verhältnis der Versuchsdauern τ_1/τ_2	Verhältnis der Wärmemengen Q_1/Q_2

f) Stelle die Änderung der Warmheit (Ordinate) mit der Zeit (Abszisse) bildlich dar.

g) Berechne aus der Masse des Mischgefäßes und aus der spezifischen Wärme des Glases (0,19) den Wasserwert des Mischgefäßes.

h) Senke in die Flüssigkeit eines Meßglases oder eines Gefäßes, das man auf einer Wage abgeglichen hat, das Stabthermometer so tief ein, wie es vorher in die Flüssigkeit des Mischgefäßes eintauchte, und bestimme so den Raum V [cm³] dieses Thermometerstücks. Der Wasserwert des Thermometers ist dann 0,46 V.

Für ein Einschlußthermometer, überhaupt für jedes Quecksilberthermometer, bestimmt man den Wasserwert auch auf folgende Weise: Erwärme es vorsichtig über einer kleinen Flamme um etwa 30° bis zu Θ^0 C und tauche es rasch in eine gewogene kleine Wassermenge μ (20 g), deren Warmheit ϑ dadurch auf ϑ' steigt. Dann ist der Wasserwert des Einschlußthermometers $\mu_t = \mu(\vartheta' - \vartheta)/(\Theta - \vartheta')$. Vgl. Wärme S. 245, Aufg. 16.

i) Berechne für beide Versuche jedesmal aus dem Wasserwert von Flüssigkeit, Mischgefäß und Thermometer und aus der Warmheitsteigerung die Wärmemenge Q [cal], die der Strom erzeugt hat, ferner aus der Versuchsdauer τ und der Stromstärke I die Ladungsmenge $q = I\tau$, die durch den Heizdraht geflossen ist.

k) Berechne die Verhältnisse der Versuchdauern τ_1/τ_2 und der Wärmemengen Q_1/Q_2 und vergleiche beide miteinander. Welches Gesetz ergibt sich?

l) Welche Wärmemenge hat ein Coulomb bei jedem Versuch erzeugt? Q/q. Vergleiche diese Wärmemengen miteinander.

Bemerkungen. Man stelle nach dem Vorgang von AYRTON *319* und OSTWALD-LUTHER *204* den Heizdraht auf folgende Weise her: Man rolle wie in Abb. 285 Widerstandsplätt I ᵃ Iᵃ von 0,066 mm² Querschnitt und 3 oder 4 Ω Widerstand zu einer Spule und löte die Enden an zwei Kupferdrähte von 1 mm Durchmesser, die durch einen Holzstab führen und in zwei Klemmen endigen. Die Heizvorrichtung dient zugleich als Rührer. Sie sitzt in einem Becherglas von 500 cm³ Inhalt und dies auf Korkschneiden in einem Blechgefäß. Man verschließe das Mischgefäß mit einem geschlitzten und durchbohrten Deckel. Diese Form des Mischgefäßes scheint sich für Schülerübungen am meisten zu eignen.

Andre Formen von Elektrokalorimetern sind beschrieben bei: ABRAHAM *2, 277 Nr. 110.* SCHREBER-SPRINGMANN *2, 241 Nr. 202.* AYRTON *18 u. 319.* KOHLRAUSCH[14] *196.* GLAZEBROOK, *Elektr. and Magn. 287.* F. C. G. MÜLLER[2] *140 u. 301.* NOACK, *Aufg. 146.* TROWBRIDGE *215 Nr. 217.* WHITING *471 Nr. 85.* WOOLCOMBE 104 Nr. 34.

Als Füllflüssigkeiten fürs Mischgefäß kommen in Betracht: Toluol (spez. Wärme 0,40), Xylol (0,40), Terpentinöl (0,42), Anilin (0,50) und Petroleum (0,51). Beim Anilin bewirken geringe Änderungen des Wassergehalts große Änderungen der spezifischen Wärme. Die Blechkannen mit der Füllflüssigkeit lege man vorm Versuch in Eis und kühle sie so ab; das ist bequemer als das Abkühlen jedes einzelnen Mischgefäßes. Der Leiter der Übungen hat nach KOHLRAUSCH[14] *195,* OSTWALD-LUTHER[3] *313* die spezifische Wärme der Flüssigkeit sorgfältig und wo möglich den gesamten Wasserwert von Gefäß, Thermometer und Heizdraht zu bestimmen.

Man lasse nach dem Verfahren des allseitigen Angriffs gleichzeitig verschiedene Gruppen die Aufgaben 12 bis 15 ausführen.

13. Aufgabe. *Wie hängt die Wärmemenge, die ein Strom in einem Draht erzeugt, von der Stromstärke ab?*

(3 Schüler, 2 Stunden.)

Geräte. Wie bei Aufgabe 12, doch vier Sammler.

Anleitung. a) Verfahre wie bei Aufgabe 12 (a) bis (c).

b) Nimm das Mischgefäß aus dem Mantel, kühle es bis auf 8⁰ unter Zimmerwärme ab und schalte es wieder in den Stromkreis der vier Sammler. Schließe den Strom und regle den Widerstand so, daß der Strommesser 1,5 A anzeigt. Öffne den Strom, rühre die Flüssigkeit gut um, lies die Warmheit ab und die Nullstellung der Zeigerspitze des Strommessers.

c) Schließe den Strom, schreibe den genauen Zeitpunkt auf, rühre öfters die Flüssigkeit im Mischgefäß tüchtig um und lies jede Minute das Thermometer und 15 Sekunden später die Stellung der Zeigerspitze nach vorherigem Klopfen gegen das Meßgerät sorgfältig ab. Unterbrich den Strom, sobald die Warmheit etwa bis 8⁰ über die Zimmerwärme gestiegen ist. Halte während der Stromdauer, wenn nötig durch Ändern des Widerstandes, den Zeiger auf 1,5 A.

d) Schreibe die Ergebnisse wie in Aufgabe 12 (e) auf, doch gib der letzten Tafel folgende Gestalt:

Zeitpunkt Beginn	Zeitpunkt Schluß	Versuchdauer τ [sek]	Mittlere Stromstärke I [A]	I^2	Ladungsmenge $q = I\tau$ [C]

Warmheit Anfangs-	Warmheit End-	Erwärmung	Erzeugte Wärmemenge Q [cal]	Verhältnis der Wärmemengen Q_1/Q_2	$\frac{I_1^2}{I_2^2}$

e) Verfahre wie in Aufgabe 12 (f) bis (i).

f) Ändern sich die Wärmemengen wie die Stromstärken? Bilde die Verhältnisse der Wärmemengen Q_1/Q_2, der Stromstärken I_1/I_2 und der Quadrate der Stromstärken I_1^2/I_2^2 und vergleiche sie miteinander. Welches Gesetz kann man aufstellen?

g) Berechne für beide Versuche die Verhältnisse Q/I^2 und vergleiche sie miteinander. Frage den Lehrer, wie groß der Widerstand des Heizdrahts R ist, und bilde die Größen $Q/I^2R\tau$.

h) Hat man Zeit, so lasse man die Stromwärmen auch für 2 und 2,5 A bestimmen, die Ergebnisse durch ein Schaubild darstellen, $x = I$, $y = Q$, und daraus das Gesetz erschließen.

Bemerkung. Man lasse je eine Hälfte der Gruppen mit den Stromstärken 1 und 1,5 A und mit 2 und 2,5 A arbeiten.

14. Aufgabe. *Wie hängt die Wärmemenge, die ein Strom in einem Draht erzeugt, vom Widerstande des Drahts ab?*

(3 Schüler, 2 Stunden.)

Geräte. Wie bei Aufgabe 12, doch vier Sammler, außerdem ein zweites Mischgefäß, dessen Heizdraht den Widerstand 4 Ω hat.

Anleitung. a) Schalte die beiden Mischgefäße hintereinander, nimm vier Sammler und verfahre sonst wie in Aufgabe 12 (a) bis (c), (e), (g) bis (i). Halte jedoch mit Hilfe des Widerstandes die Spitze des Zeigers auf 1 A, kühle die Flüssigkeit der Mischgefäße und die Heizdrähte auf etwa 6° unter die Zimmerwärme ab und laß den Strom 20 Minuten durch die Mischgefäße fließen. Schreibe in die erste Tafel die Warmheiten beider Mischgefäße und gib der zweiten Tafel folgende Gestalt:

Zeitpunkt Beginn	Zeitpunkt Schluß	Versuchdauer τ [sek]	Mittlere Stromstärke I A	Ladungsmenge $q = I\tau$ [C]

Warmheit Anfangs-	Warmheit End-	Warmheit Erwärmung	Erzeugte Wärmemenge Q [cal]	Widerstände der Heizdrähte R [Ω]	Verhältnis der Wärmemengen Q_1/Q_2	Verhältnis der Widerstände R_1/R_2

b) Vergleiche die Verhältnisse der erzeugten Wärmemengen Q_1/Q_2 und der Widerstände R_1/R_2 miteinander. Welches Gesetz ergibt sich?

c) Berechne die Wärmemengen, die im Widerstand ein Ohm erzeugt worden wären, Q/R, und vergleiche sie miteinander.

d) Bilde die Größen $Q/I^2R\tau$ und vergleiche sie mit den Werten, die in Aufgabe 13 erhalten worden sind.

Bemerkung. Vgl. die Bemerkungen zu Aufgabe 12.

15. Aufgabe. *Wie hängt die Wärmemenge, die ein Strom in einem Draht erzeugt, von der Spannung zwischen den Drahtenden ab?*

(4 Schüler, 2 Stunden.)

Geräte. Wie bei Aufgabe 14, dazu noch ein Spannungsmesser, ein Glimmerwiderstand von 1000 Ω (S. 324) und eine zweite Wippe.

Anleitung. a) Schalte wie in Aufgabe 12, verbinde den Spannungsmesser und, falls er einen zu geringen Widerstand hat, den Widerstand W von 1000 Ω und die beiden Mischgefäße wie in Abb. 287 mit der Wippe U_2.

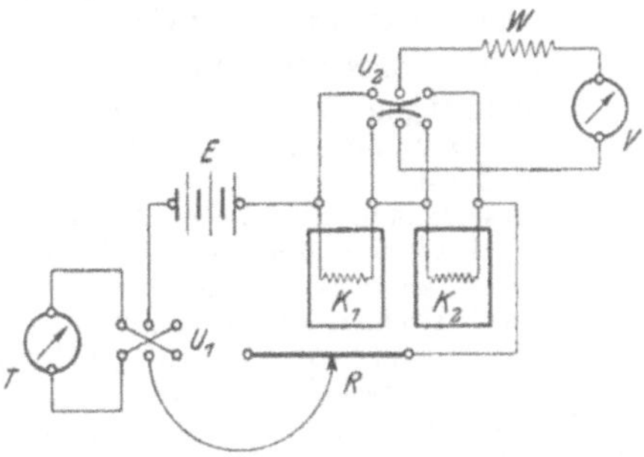

Abb. 287.

b) Verfahre wie bei Aufgabe 14 (a) und lies 15 Sekunden vor jeder Minute die Spannung zunächst am ersten Heizdraht ab und dann nach raschem Umlegen der Wippe am andern Heizdraht.

c) Gib den beiden Tafeln folgende Gestalt:

	Zeit	Warmheit [t] 1. Mischgefäß	Warmheit [t] 2. Mischgefäß	I [A]	Spannungen am 1. Mischgefäß U_1 [V]	Spannungen am 2. Mischgefäß U_2 [V]
Nullpunkt						
⋮						
				Mittel $I = \ldots$ A	Mittel $U_1 = \ldots$ V	Mittel $U_2 = \ldots$ V.

Zeitpunkt Beginn	Zeitpunkt Schluß	Versuchdauer τ [sek]	Mittlere Stromstärke I [A]	Ladungsmenge $q = I\tau$ [C]	Warmheit Anfangs-	Warmheit End-	Warmheit Erwärmung

Erzeugte Wärmemenge Q [cal]	Widerstand R [Ω]	Mittlere Klemmenspannung U [V]	$\frac{Q_1}{Q_2}$	$\frac{U_1}{U_2}$	$\frac{R_1}{R_2}$	$\frac{Q}{U}$	$\frac{Q}{Uq}$	$\frac{Q}{I^2R\tau}$

d) Berechne, falls man vor den Spannungsmesser den Widerstand 1000 Ω geschaltet hat, nach S. 321 aus den Ausschlägen des Spannungsmessers die Spannungen zwischen den Enden der Heizdrähte in Volt.

e) Vergleiche miteinander die Verhältnisse der Stromwärmen Q_1/Q_2, der Spannungen U_1/U_2 und der Widerstände R_1/R_2. Welche Gesetze ergeben sich?

f) Berechne die Wärmemengen Q/U, die bei der Spannung 1 Volt zwischen den Klemmen erzeugt würden, und vergleiche diese Werte miteinander.

g) Vergleiche die Größen Q/Uq miteinander. Welches allgemeine Gesetz besteht? *Joule. Zusammenhang zwischen Wärmemenge und Arbeit, zwischen Wärmemenge und elektrischem Strom. Stromarbeit und Stromwärme. Stromleistung. Watt. Wattsekunde* (Ws). *Kilowattstunde* (kWh).

h) Vergleiche die Werte von Q/Uq mit den Werten von $Q/I^2R\tau$. Welche Beziehung ergibt sich zwischen U, I und R, wenn man beachtet, daß $q = I\tau$ ist? *Ohmsches Gesetz.*

Bemerkungen. Vgl. die Bemerkungen zu Aufgabe 12. Den Glimmerwiderstand von 1000 Ohm läßt man weg, wenn das Voltmeter einen hinreichend hohen Widerstand hat.

Die gesetzlichen Einheiten zum Messen von Wärmemengen sind die Kilokalorie (kcal) und die Kilowattstunde (kWh).

Die Kilokalorie ist die Wärmenmenge, durch die ein Kilogramm Wasser bei atmosphärischem Druck von 14,5 auf 15,5° erwärmt wird.

Die Kilowattstunde ist gleichwertig dem Tausendfachen der Wärmemenge, die ein Gleichstrom von einem gesetzlichen Ampere in einem Widerstande von einem gesetzlichen Ohm während einer Stunde entwickelt und ist 860 Kilokalorien gleich zu erachten.

1 kWh = 860 kcal. 1 J = 1 Ws = 0,0002390 kcal.

Der Wärmewert des Joule, der Wattsekunde, ist 0,239 cal. Vgl. *Physik. Zeitschr. 28, 388; 1927.*

16. Aufgabe. *Wie groß ist der Arbeitswert der Grammkalorie?*

1. Verfahren.

(3 Schüler, 2 Stunden.)

Geräte. Wie bei Aufgabe 15, doch ohne das Mischgefäß mit dem Heizdraht von 4 Ω, und zwei Schalter anstatt der beiden Wippen.

Anleitung. a) Wäge das Mischgefäß ohne den Einsatz, fülle es mit 400 cm³ der Flüssigkeit, wäge wiederum und kühle diese und den Heizdraht auf etwa 5° unter Zimmerwärme ab.

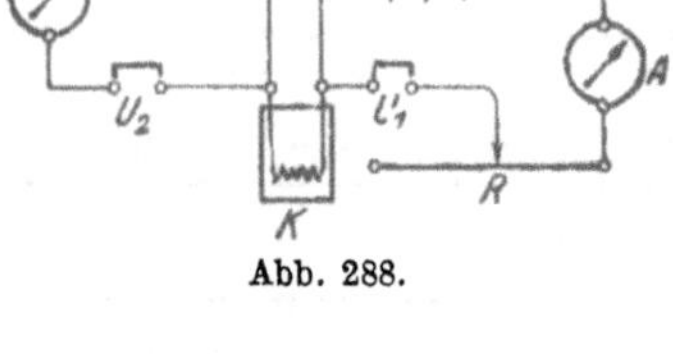

Abb. 288.

b) Bilde einen Stromkreis aus dem Heizdraht K (Abb. 288), einem Strommesser A, einem Stromschwächer R, drei Sammlern E und einem Schalter U_1. Verbinde einen Spannungsmesser V, wenn nötig mit einem vorgeschalteten Widerstande W von 1000 Ω, und einen zweiten Ausschalter U_2 mit den Enden des Heizdrahts. Schließe den Hauptstrom und den Nebenstrom, sieh nach, ob die Meßgeräte richtig ausschlagen und das Thermometer gleichförmig steigt, und regle den Widerstand so, daß die Stromstärke etwa 1 A wird. Unterbrich den Strom, rühre die Flüssigkeit gut um und lies die Warmheit ab.

c) Schließe den Strom, schreibe den genauen Zeitpunkt auf, lies jede Minute das Thermometer ab, den Spannungsmesser 15 Sekunden vor und den Strommesser 15 Sekunden nach jeder Minute und vergiß nicht, die Flüssigkeit gut umzurühren. Fahre damit fort, bis die Warmheit des Mischgefäßes um etwa 3^0 über Zimmerwärme gestiegen ist, unterbrich nun den Strom und schreibe den genauen Zeitpunkt auf.

d) Berechne den mittlern Wert der Spannung U und die mittlere Stromstärke I oder, wenn die Unterschiede groß sind, die einzelnen Produkte UI und daraus den Mittelwert.

e) Schreibe die Ergebnisse in folgender Form auf:
Mischgefäß Nr. ...
Widerstand des Heizdrahts R = ... Ω.
Wasserwert des Mischgefäßes = ... g.
Thermometer Nr. ...
Wasserwert des Thermometers = ... g.
Strommesser Nr. ...
Nullpunkt des Strommessers ... A.
Spannungsmesser Nr. ...
Nullpunkt des Spannungmessers ... V.
Widerstand des Spannungsmessers = ... Ω.
Umrechnungszahl des Spannungsmessers bei 1000 Ω Vorschaltwiderstand.
Masse des Mischgefäßes = ... g.
Masse der Flüssigkeit = ... g.
Spezifische Wärme der Flüssigkeit = ... cal/Grad. g.
Wasserwert von Mischgefäß, Thermometer und Flüssigkeit = ... g.
Anfangswarmheit = ...^{0}C.
Endwarmheit = ...^{0}C.
Erwärmung = ...^{0}C.
Erzeugte Wärmemenge Q = ... cal.
Mittlere Klemmenspannung U = ... V.
Mittlere Stromstärke I = ... A.
Beginn des Stroms ...^{h} ...^{m} ...^{s}.
Schluß des Stroms ...^{h} ...^{m} ...^{s}.
Stromdauer τ = ... sek.
Stromarbeit $A = UI\tau$ = ... [Joule].
Arbeitswert der Grammkalorie $J = \frac{A}{Q} = \ldots \frac{\text{Joule}}{\text{cal}} = \ldots \frac{\text{Erg}}{\text{cal}}$

2. Verfahren.

Quelle. E. Meritt, *Americ. Journ. of Science 37, 167.*

Geräte. Dünnwandiges Glasgefäß von 20 cm Höhe und 10 cm Durchmesser.
Glühlampe (16 oder 32 HK) mit isolierter Zuleitung.
Strommesser.
Spannungsmesser von hohem Widerstande, der gestattet, die Spannung des Starkstroms zu messen.
Lösung von Ferrochlorid (oder Ferrosulfat oder Ferroammoniumsulfat).
Klemmschrauben mit drei Löchern.
2 Schalter.
Verbindungsdrähte.
Stoppuhr.
Gestell.

Anleitung. f) Wäge das Glas, fülle es mit der Flüssigkeit, die der Lehrer angibt, so weit, daß sie späterhin die eingetauchte Birne bedeckt und noch etwa 2,5 cm über der Fassung steht, und wäge das Glas nebst Flüssigkeit. Wie groß ist die Masse der Flüssigkeit? Kühle das gefüllte Mischgefäß um etwa 10° unter die Zimmerwärme ab.

g) Spanne die Glühlampe L (Abb. 289) in ein Gestell ein, tauche sie in die Flüssigkeit und verbinde ihre Drähte mit einem Strommesser A, einem Ausschalter U_1 und der Starkstromleitung. Lege den Spannungsmesser V nebst Ausschalter U_2 zur Lampe in Nebenschluß.

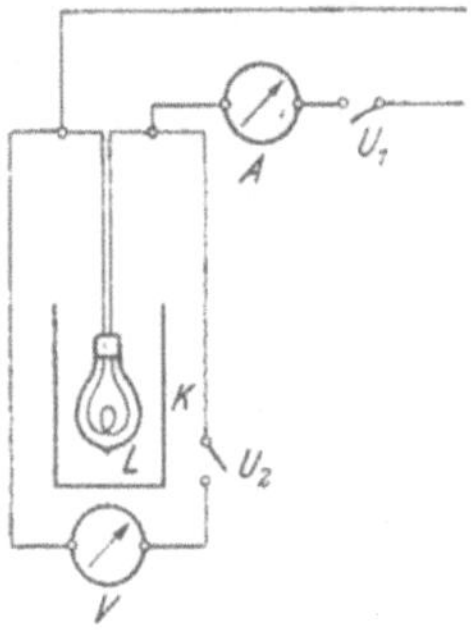

Abb. 289.

h) Bestimme die Warmheit der Flüssigkeit und schließe den Strom in einem Zeitpunkt, den man genau aufschreibt. Lies jede halbe Minute den Strommesser, den Spannungsmesser und das Thermometer ab. Rühre fortwährend die Flüssigkeit mit dem Thermometer fleißig um. Öffne den Strom, sobald die Wärmestufe um etwa 10° über die Zimmerwärme gestiegen ist, in einem Zeitpunkt, den man genau aufschreibt.

i) Verfahre wie in (d) und (e). Frage den Lehrer, wie groß die spezifische Wärme der Flüssigkeit ist.

Bemerkungen. 1. Verfahren. Der Strommesser und der Spannungsmesser müssen gut geeicht sein. Hat der Spannungsmesser einen hohen Widerstand, so läßt man in seinem Stromzweig die 1000 Ω weg. Man kann auch bei geringem Widerstande des Spannungsmessers aus diesem Widerstand und der Spannung die Stärke des Stroms berechnen, der durch den Spannungsmesser fließt. Vgl. S. 329. Zieht man diesen Wert von der mittlern Stromstärke im Hauptkreis ab, so erhält man die Stärke des Stroms, der durch den Heizdraht fließt. Die Bezeichnungen U_1 und U_2 der Schalter darf man nicht mit den Bezeichnungen U der elektrischen Spannung verwechseln.

Über die Fehlerberechnung vgl. Georg Berndt, *Physik. Praktikum 2³, 130.*

2. Verfahren. Dieser Versuch ist bisher nur mit Kohlenfadenlampen ausgeführt worden. Als Flüssigkeit im Mischgefäß verwende man eine Auflösung von 254 g Ferrochlorid in 1000 cm³ Wasser oder von 152 g Ferrosulfat in 1000 cm³ Wasser. Ferrochlorid ist nicht käuflich.

Grimsehl *(Zeitschr. f. d. phys. u. chem. Unterr. 16, 210; 1903)* benutzte Wasser, das er mit Nigrosin dunkel gefärbt hatte. Russner *(Phys. Zeitschr. 8, 120; 1907)* verwandte Ferroammoniumsulfat (300 g in 1000 cm³). Vgl. *Phys. Zeitschr. 9, 672; 1910.*

Man bestreiche die Fassung und die Zuführungsdrähte der Lampe dick mit Paraffin oder Zaponlack. Russner entfernt mit Beiß- und Flachzange das Gewinde, dann mit Salzsäure den Kitt und lötet an die kurzen Drahtstücke, die aus der Glasbirne herausragen, zwei stärkere Kupferdrähte, die er mit Hilfe zweier ineinandergeschobener Glasröhren voneinander trennt. Das weitere Rohr kittet er in die Vertiefung der Glasbirne.

V. Ohmsches Gesetz.

17. Aufgabe. *Wie hängt die Stärke des Stroms, den eine Kette liefert, vom Leiter ab, den der Strom durchfließt?*

(1 Schüler, 1½ Stunde.)

Geräte. Sammler oder Daniell.
Strommesser.
Schalter.
5 Spulen aus Manganindraht von 0,25 mm Durchmesser und 200, 160, 120, 80 und 40 cm Länge.

2 Spulen aus Manganindraht von 200 cm Länge, die eine mit einem einfachen und die andre mit einem Doppeldraht von 0,25 mm Durchmesser.
Klemmschrauben.
Kurze Leitungsschnüre oder Drähte von 0,9 mm Durchmesser.
Millimeterpapier.
Schraublehre.
Quecksilber.

Anleitung. a) Bilde einen Stromkreis aus dem Strommesser *T*, der Spule *W* von 200 cm Länge und 0,25 mm Durchmesser, dem Sammler *E* und dem offnen Schalter *U* (Abb. 290). Fasse dabei die Spule stets an ihrem Holzrand an. Schließe den Strom und lies die Stellung der Zeigerspitze ab. Unterbrich den Strom und miß sorgfältig mit der Schraublehre die Dicke des Drahts.

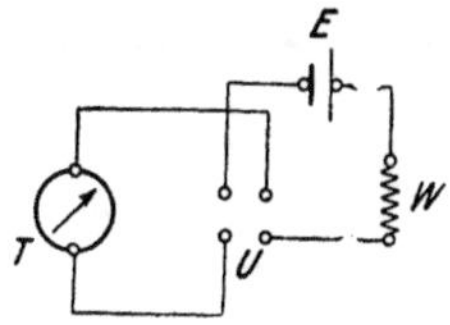

Abb. 290.

Trage die Ergebnisse der Messungen in folgende Tafel ein:

Tafel I.

Strommesser Nr. ... Sammler Nr. ...

Spule				Stromstärke
Bezeichnung	Stoff	Länge l [cm]	Durchmesser d [mm]	I [A]

b) Ersetze die 200 cm-Spule durch die andre Spule, deren Draht ebenfalls 200 cm lang und 0,25 mm dick ist, und miß die Stromstärke. Hat sie die gleiche Größe?

c) Ersetze die 200 cm-Spule der Reihe nach durch die vier andern Spulen von 0,25 mm Durchmesser, die 160, 120, 80 und 40 cm lang sind, und miß jedesmal die Stromstärke.

d) Wiederhole die Messungen (a) und (c), doch beginne diesmal mit dem kürzesten Draht.

e) Stelle die Ergebnisse der Versuche (a), (c) und (d) bildlich dar und nimm dabei die Drahtlängen l als Abszissen und die Stromstärken I als Ordinaten. Setze bei einem andern Schaubilde $x = 1/l$ und $y = I$.

f) Nimm aus je zwei zusammengehörigen Werten der Stromstärken das Mittel und sieh es als die wahre Stromstärke an, die der zugehörigen Drahtlänge entspricht. Trage die Ergebnisse in folgende Tafel und in das Schaubild ein.

Tafel II.

Länge l [cm]	Stromstärke in A		
	I_1	I_2	Mittel $I = {}^1/_2\,(I_1 + I_2)$

Schwächen des Stroms. Widerstand. Ohm. Welcher Zusammenhang besteht zwischen der Länge und dem Widerstand eines Drahts?

g) Entnimm aus dem Schaubilde die Stromstärken, die ein Sammler in Manganindrähten von 0,25 mm Durchmesser und 66, 132 und 180 cm Länge erzeugt.

h) Welche Drahtlängen stellten die Stromstärken 0,1 und 0,2 A her?

i) Ersetze die Spule mit dem einfachen Draht von 200 cm Länge und 0,25 mm Durchmesser durch die Spule mit dem Doppeldrahte von gleicher Länge und gleichem Durchmesser. Bestimme wie in (a) die Stromstärke und trage das Ergebnis in die Tafel I ein.

k) Miß mit der Drahtlehre sorgfältig die Durchmesser der Drähte. Berechne die Querschnitte dieses Doppeldrahts und des gleich langen einfachen Drahts von 0,25 mm Dicke. Trage die Ergebnisse dieser Berechnungen und der Messungen (a) und (i) in die folgende Tafel ein:

Tafel III.

Bezeichnung	Spule				Stromstärke I [A]	F_1/F_2	I_1/I_2
	Stoff	Länge l [cm]	Durchmesser d [mm]	Querschnitt F [mm²]			

Welche Beziehung besteht zwischen den Querschnitten der gleich langen Manganindrähte und den zugehörigen Stromstärken?

l) Entnimm aus dem Schaubilde die Länge des Manganindrahts von 0,25 mm Durchmesser, der die gleiche Stromstärke wie der Doppeldraht erzeugt, d. h. der den gleichen Widerstand hat.

m) Wie verhalten sich die Widerstände des einfachen Drahts und des Doppeldrahts gleicher Länge? Vergleiche dieses Verhältnis mit dem Verhältnis der Querschnitte.

n) Ein Manganindraht von 1 m Länge und 0,25 mm Durchmesser hat 8,8 Ω Widerstand. Wie groß sind die Widerstände von Manganindrähten, die 0,25 mm dick und 200 cm lang, 0,35 mm dick und 200 cm lang und 0,35 mm dick und 1 m lang sind? Wie groß ist der Widerstand eines Manganindrahts von 1 m Länge und 1 mm² Querschnitt? Welchen Widerstand hat ein Manganindraht von 1 cm Länge und 1 cm² Querschnitt?

o) Nimm die DANIELLsche Kette auseinander, falls du sie benutzt hast, spüle die Tonzelle tüchtig aus und wäßre sie.

Bemerkungen. Mit einem DANIELL und einem Strommesser gelingen die Versuche gut. Die DANIELLsche Kette setze man wie in Aufgabe 4, S. 338, zusammen und schließe sie 5 Minuten lang durch einen Draht von etwa 10 Ω Widerstand.

Es ist wesentlich, daß man beim Herstellen der Spulen (E. H. HALL, *Descript. List 92 Nr. 103 a—c*) die verschieden langen Stücke gleicher Drahtsorte von derselben Drahtrolle abschneidet, damit nicht die verschiedene Beschaffenheit des Drahts die Unstimmigkeiten noch vermehrt. Die Drähte sind doppelfädig auf Holzrollen (Abb. 291) gewickelt, die man zuvor mit Paraffin getränkt hat. Jede Rolle wird nach dem Bewickeln in geschmolzenes Paraffin getaucht. Damit sich die Windungen nicht verschieben, klebe man der Länge nach über die Spule zwei oder mehr Streifen Schutzband. Die Enden der Drähte sind an zwei Kupferdrähte von 6 cm Länge und 0,2 cm Durchmesser gelötet und die Kupferdrähte mit Krammen oder Schrauben an der Spule befestigt. Die Kupferdrähte haben genau 4 cm Abstand, so daß man sie bequem in die Klemmen der WHEATSTONEschen Brücke einschieben kann. Ein Stück Draht ragt frei über die Lötstelle hinaus, so daß man jederzeit die Drahtdicke bequem messen kann. Jede Spulensorte hat eine Nummer, deren Indices die einzelnen Spulen bezeichnen. Ferner ist auf jeder

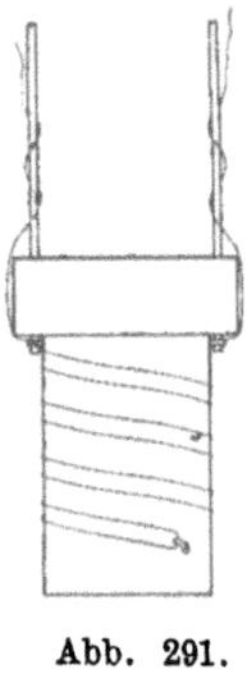

Abb. 291.

Spule die Länge, der Durchmesser und der Stoff des Drahts angegeben. Die Holzspulen sind der Länge nach durchbohrt und zum Aufbewahren auf Stifte gesteckt, die in einem Grundbrett sitzen (Abb. 292).

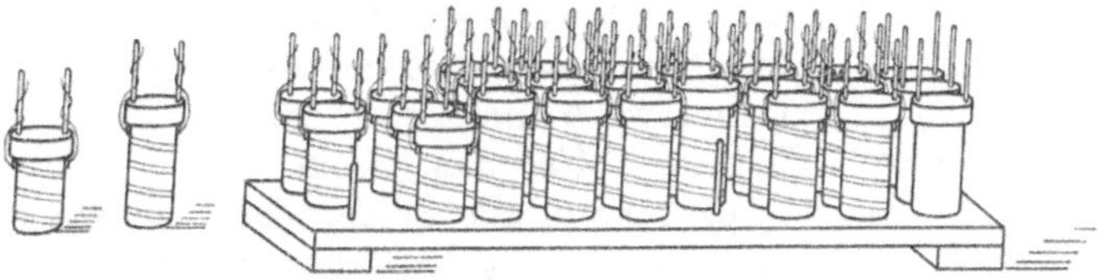

Abb. 292.

Will man die Spulen nicht der Wheatstoneschen Brücke anpassen, so gebe man ihnen die in Abb. 259 (S. 324) abgebildete Gestalt. Man kann auch den ganzen Satz von 7 Manganindrähten oder eine Auswahl daraus und den in der folgenden Aufgabe benutzten Kupferdraht auf eine einzige lange Holzrolle wickeln und dieser die in Abb. 293 abgebildete Gestalt (Chicago High School Form) geben. Zwischen den Klemmen verzeichne man Stoff, Länge, Durchmesser und Widerstand jedes Drahts.

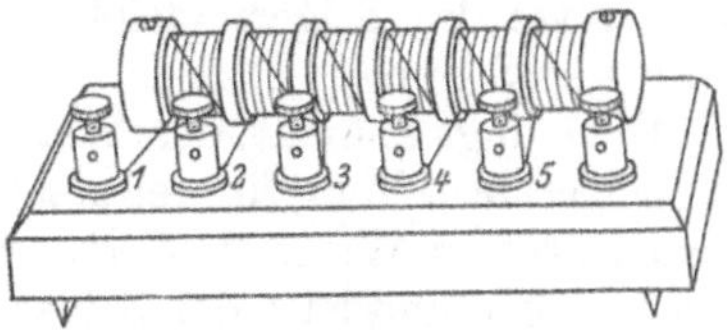

Abb. 293.

Die Spule mit zwei gleichläufigen Drähten von 200 cm Länge und 0,25 mm Durchmesser ersetzt jetzt den Draht von 200 cm Länge und 0,35 mm Durchmesser, da Drähte aus demselben Stoff von genau 0,25 und 0,35 mm Durchmesser, also dem Querschnittverhältnis 1 : 2, im Handel nicht zu haben sind.

Verteilt man die Messungen auf verschiedene Übungen, so gebe man den Schülern stets dieselben Daniellschen Ketten, namentlich dieselben Tonzellen, damit sie nahezu die gleichen Stromverhältnisse wieder herstellen können. Man muß eine unveränderliche Kette benutzen, also einen Daniell oder einen Sammler. Werden die Zeigerausschläge zu groß, so kann man sich durch einen Nebenschluß zum Strommesser helfen.

Das dauernde Einschalten eines Ballastwiderstandes in den Stromkreis ist nicht ratsam, da man hierdurch den Fehler des Verfahrens erheblich vergrößert.

18. Aufgabe. *Wie groß ist der Widerstand einer Spule aus Kupferdraht von 20 m Länge und 0,25 mm Durchmesser? Wie groß ist der spezifische Widerstand des Kupfers?*

(2 Schüler, 1 Stunde.)

Geräte. Sammler oder Daniell.
Strommesser.
2 Stromunterbrecher, davon einer mit Quecksilbernäpfen.
1 Spule aus isoliertem Kupferdraht von 20 m Länge und 0,25 mm Durchmesser.
1 Widerstandsatz nebst 1 Ω-Draht (vgl. S. 323).
Verbindungsklemmen.
Kurze Leitungsschnüre oder Drähte von 0,9 mm Durchmesser.
Quecksilber.

Anleitung. a) Stelle einen Stromkreis her aus dem Sammler E (Abb. 294), dem Strommesser T, dem offnen Stromwender U_1, dem Widerstandsatz R und der Kupferdrahtspule W, schalte dabei die Kupferdrahtspule an die beiden Quecksilbernäpfe des Unterbrechers U_2. — Verbindet man diese beiden Näpfe durch einen Bügel aus 2 mm starkem Kupferdraht, so ist die Spule kurzgeschlossen, d. h. ausgeschaltet.

b) Schalte im Widerstandsatz alle Spulen aus und schließe den Strom. Klopfe gegens Gehäuse des Strommessers und bestimme (beim Verwenden eines Daniells nach etwa 5 Minuten) genau den Ausschlag des Zeigers. Öffne den Strom.

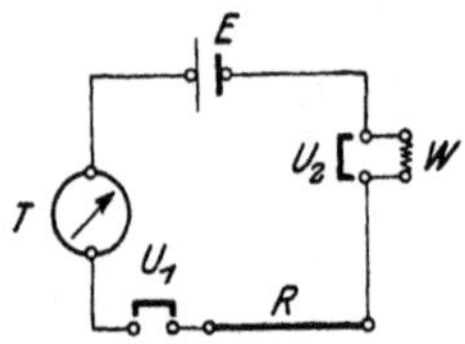

Abb. 294.

c) Schalte alle Spulen des Widerstandsatzes ein, lege bei U_2 den Bügel ein und entferne so die Kupferdrahtspule aus dem Stromkreis. Schließe den Strom und schalte der Reihe nach, ähnlich wie beim Wägen, so viel Widerstand aus, bis der Ausschlag der Spitze des Zeigers gleich dem Ausschlage beim Versuch (b) wird. Öffne den Strom.

d) Gelingt es nicht, den Widerstand genau herzustellen, so bestimme die Zeigereinstellung für den nächst kleinern Widerstand R_1 und für den nächst größern Widerstand R_2. Sind α_1 und α_2 die zugehörigen Zeigerablenkungen und ist α der Zeigerausschlag für den Widerstand R, so ist, falls die Unterschiede klein sind,

$$\frac{R - R_1}{R_2 - R_1} = \frac{\alpha - \alpha_1}{\alpha_2 - \alpha_1}.$$

Berechne hieraus R. Beim Verwenden des 1 Ω-Drahts fällt die Rechnung weg; man bestimme R_1 und stelle dann durch Verschieben des Gleitstücks auf dem Ohmdraht genau den Ausschlag α her.

e) Wiederhole den Versuch (b), doch schließe diesmal den Strom nur so lange, wie dies zum Ablesen von α erforderlich ist. Hat sich α geändert, so ist beim Berechnen von R der Mittelwert aus den beiden Bestimmungen von α zu benutzen.

f) Schreibe die Ergebnisse in folgender Form auf:

Strommesser Nr. ... Kupferdrahtspule Nr. ... Widerstandsatz Nr. ...

Eingeschalteter Widerstand	Ausschlag
	zu Anfang: ....°
	zum Schluß: ...°
	Mittel: ...°
$R_1 = \ldots \Omega$	$\alpha_1 = \ldots°$
$R_2 = \ldots \Omega$	$\alpha_2 = \ldots°$

$R = \ldots \Omega$

g) Wie groß ist der Widerstand des Kupferdrahts von 20 m Länge und 0,25 mm Durchmesser? *Widerstandsbestimmung durch Vertauschen.*

h) Welchen Widerstand hätte der Draht, wenn er 1 m lang und sein Querschnitt 1 mm² wäre? Welchen Widerstand hat ein Kupferstab von 1 cm Länge und 1 cm² Querschnitt? *Spezifischer Widerstand des Kupfers.* Vergleiche Aufg. 17 (n) und berechne das Verhältnis der spezifischen Widerstände von Manganin und Kupfer. *Gesetzliche Bestimmung des Ohms.*

i) Verfahre, wenn nötig, wie bei Aufg. 17 (o).

Bemerkungen. Man halte die Schüler an, die Messungen (b), (c), (d) und (e) rasch hintereinander auszuführen.

Man muß eine beständige Kette benutzen, also einen DANIELL oder einen Sammler. Die DANIELLsche Kette schließe man vor der ersten Messung etwa 5 Minuten lang mit der Kupferspule kurz.

Die Kupferdrahtspule ist genau so wie die Spulen in Aufgabe 17 ausgeführt.

Hat man eine POHLsche Wippe, so kann man das Auswechseln des Widerstandsatzes und der Kupferdrahtspule rasch und bequem nach nebenstehender Schaltung (Abb. 295) ausführen.

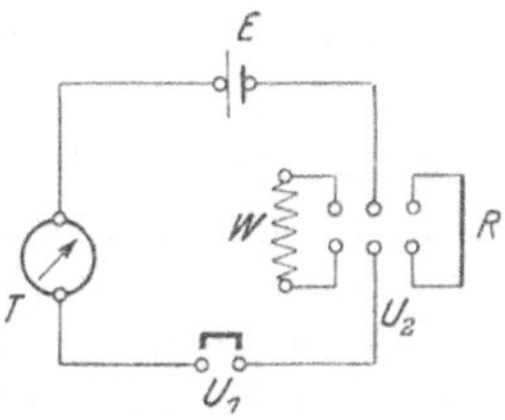

Abb. 295.

Über die Fehlerbestimmung vgl. GEORG BERNDT, *Physik. Praktikum* 2^3, *24 § 10.*

Vgl. die Bemerkungen zu Aufgabe 17.

19. Aufgabe. *Erfährt der elektrische Strom auch in der Kette einen Widerstand?*

(2 Schüler, 1 Stunde.)

Quelle. E. H. HALL, *Descript. List 79 Nr. 58.*

Geräte. DANIELL, wie bei Aufgabe 4.
Kupferblechstreifen (vgl. S. 334) oder 1 mm starker Kupferdraht von 15 cm Länge.
Strommesser.
Schalter.
Glasschale von 12 cm Höhe und 15 cm Weite.
Kurze Leitungsschnüre.
Teller.
Gesättigte Cuprisulfatlösung (vgl. S. 338).

Anleitung. a) Fülle wie in Aufg. 4 (b) mit verdünnter Schwefelsäure die Tonzelle und laß sie sich mit der Flüssigkeit vollsaugen. Stelle sie dann und das etwas auseinandergebogene Kupferblech in die Glasschale und fülle diese mit der gesättigten Cuprisulfatlösung. Verbinde diese Kette mit dem offnen Schalter und dem Strommesser zu einem Stromkreise.

b) Rücke die Tonzelle ans Kupferblech und nähere, so weit es geht, das Kupferblech und den Zinkstreifen einander (Abb. 296 *A*). Schließe den Strom und lies die Stellung des Zeigers ab. Öffne den Strom.

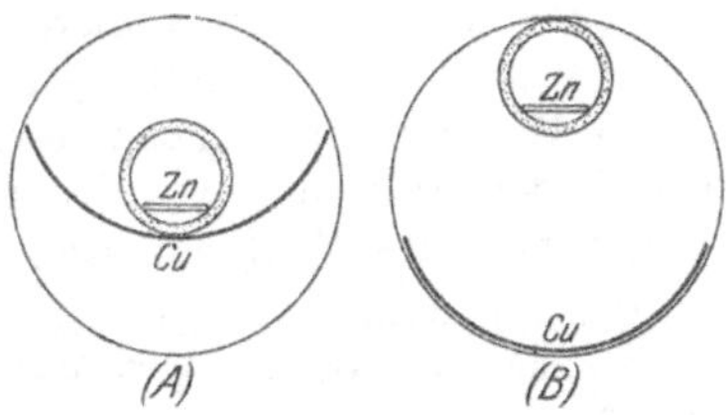

Abb. 296.

Trage die Ergebnisse in folgende Tafel ein:

Strommesser Nr.... Daniell Nr....

Versuch	Stromstärke I [A]

c) Hebe das Kupferblech und den Zinkstreifen, ohne den Abstand beider Platten zu ändern, so weit empor, daß ihre untern Enden nur noch etwa 1 cm in die Flüssigkeiten eintauchen. Halte sie in dieser Lage und laß den Mitarbeiter die Stellung des Zeigers ablesen. Öffne den Strom.

d) Ersetze das Kupferblech durch den dünnen Kupferstreifen oder durch einen Kupferdraht und führe damit den Versuch (b) aus.

e) Ändert sich die Stromstärke mit der Größe der Metallplattenteile, die in die Flüssigkeiten eintauchen? *Innerer Widerstand.* Wie hängt der innere Widerstand von der Größe der Platten ab?

f) Schiebe die Tonzelle an die Glaswand und rücke, so weit es geht, die Metallplatten auseinander (Abb. 296 *B*). Schließe den Strom, lies die Stellung des Zeigers ab und unterbrich den Strom. Welchen Einfluß hat der Abstand der beiden Metallplatten auf die Stromstärke und daher auf den innern Widerstand der Kette?

g) Nimm die Kette auseinander, reinige die Teile, spüle besonders die Tonzelle aus und wäßre sie.

Bemerkung. Anstatt der Glasschale kann man auch den Trog des großen Flüssigkeitswiderstandes (S. 322) benutzen.

20. Aufgabe. *Wie hängt die Stromstärke einer gleichbleibenden Stromquelle vom äußern Widerstand ab?*

(1 Schüler, 1 Stunde.)

Geräte. Strommesser. Schalter. 2 Sammler. Widerstandsatz oder 4 Spulen von 10, 20, 30 und 40 Ω. Kurze dicke Leitungsschnüre. Quecksilber. Millimeterpapier.

Anleitung. a) Schalte die beiden Sammler *E* (Abb. 297) hintereinander und in den äußern Stromkreis den Strommesser *T*, den offnen Schalter *U* und den Widerstandsatz *R*, bei dem alle Schrauben geöffnet sind. Schalte zunächst 10 Ω ein, schließe den Strom und lies die Stromstärke ab.

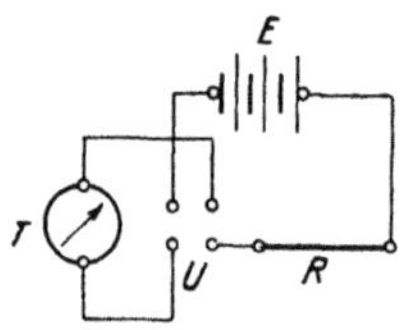

Abb. 297.

b) Bestimme ebenso die Stromstärken, wenn die äußern Widerstände 20, 30 und 40 Ω eingeschaltet sind.

c) Berechne aus dem eingeschalteten Widerstande R und dem Widerstande des Strommessers γ den gesamten äußern Widerstand $R_a = R + \gamma$ und ferner das Vielfache IR_a.

Trage die Messungen und Berechnungen in folgende Tafel ein:
Strommesser Nr. ... Widerstand des Strommessers $\gamma = \ldots \Omega$. Widerstandsatz Nr. ...

Eingeschalteter Widerstand R [Ω]	Gesamter äußrer Widerstand $R_a = (R + \gamma)$ [Ω]	I [A]	Leitwert $G = 1/R_a$	$I R_a$

d) Stelle die Ergebnisse bildlich dar und nimm dabei erst R_a als Abszisse und I als Ordinate, dann G als Abszisse und I als Ordinate.

Bemerkungen. Man kann zu gleicher Zeit nach dem Verfahren des allseitigen Angriffs verschiedene Gruppen die Aufgaben 20 bis 23 ausführen lassen.

21. Aufgabe. *Wie hängt die Stromstärke einer gleichbleibenden Stromquelle vom innern Widerstand ab? Wie groß ist dieser innere Widerstand?*

(1 Schüler, 1 Stunde.)

Geräte. 2 Daniell. | Schalter.
Strommesser. | Kurze Leitungsschnüre.
Widerstandsatz.

Anleitung. **a)** Schalte die beiden Ketten E hintereinander und in den äußern Stromkreis den Strommesser T, den geöffneten Schalter U und den Widerstandsatz R (Abb. 297). Schließe den Strom und schalte 5 Ω ein. Lies die Stromstärke ab.

b) Schalte erst einen kleinern (3 Ω) und dann einen größern Widerstand (7 Ω) ein und bestimme für jeden die Stromstärke. Öffne den Strom.

c) Berechne aus dem eingeschalteten Widerstand R den gesamten äußern Widerstand $R_a = R + \gamma$, wo γ der Widerstand des Strommessers ist.

Trage die Messungen und Ergebnisse in folgende Tafel ein:
Strommesser Nr. ... Widerstand des Strommessers $\gamma = \ldots\ \Omega$. Widerstandsatz Nr. ... Daniell Nr. ...

Eingeschalteter Widerstand R [Ω]	Gesamter äußrer Widerstand $R_a = (R + \gamma)$ [Ω]	I [A]	$I R_a$	$I R_i$	$I(R_a + R_i)$

d) Wir wissen, daß die Stromstärke abnimmt, wenn der äußre Widerstand wächst. Bilde aus den zusammengehörigen Werten von R_a und I die drei Produkte $R_a I$ und untersuche, ob sie gleich sind.

Es ist aber auch der innre Widerstand R_i zu berücksichtigen, also zu prüfen, ob vielleicht die Produkte $I\ (R_i + R_a)$ einen festen Wert, sagen wir E, haben, ob also die Gleichung

$$E = I\ (R_i + R_a)$$

besteht. Berechne unter Benutzen von je zwei zusammengehörigen Wertepaaren I und R_a mit der angenommenen Gleichung die Größe R_i und mit dem Mittelwerte der erhaltnen R_i die Größen IR_i und E. Bestimme daraus den innern Widerstand eines Daniell. Vergleiche den Wert von E mit der elektromotorischen Kraft eines Daniell (vgl. Aufg. 6 S. 341). Welche physikalische Bedeutung hat die Größe E?

Bemerkungen. Anstatt der Daniellschen Kette kann man im Notfall auch Trocken- oder Gnomketten verwenden.

Man kann zu gleicher Zeit nach dem Verfahren des allseitigen Angriffs verschiedene Gruppen die Aufgaben 20 bis 23 ausführen lassen.

Vgl. Kohlrausch[14] *4 Nr 2.*

22. Aufgabe. *Welche physikalische Bedeutung hat das stets gleiche Vielfache $I\ (R_i + R_a)$?*

(1 Schüler, 1 Stunde.)

Geräte. Spannungsmesser. | Schalter.
Strommesser. | Widerstandsatz oder Spulen von 1 und 5 Ω.
Sammler. | Kurze Verbindungsschnüre.
Gnomkette.
Trockenkette.

Anleitung. a) Verbinde der Reihe nach die Pole jeder Kette mit dem Spannungsmesser und bestimme die elektromotorische Kraft einer jeden.

b) Schalte der Reihe nach jede Kette E (Abb. 298) mit dem Strommesser A, dem Schalter U und dem Widerstandsatz R in einen Stromkreis, verbinde dabei den negativen Pol der Kette mit der negativen Klemme des Strommessers. Schalte erst 1, dann 5 Ω Widerstand ein und lies jedesmal am Strommesser rasch die Stromstärke ab.

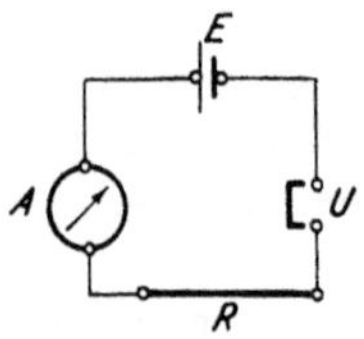

Abb. 298.

c) Wiederhole den Versuch (a) und nimm aus den beiden zusammengehörigen E das Mittel.

d) Schreibe die Beobachtungen auf folgende Art auf:

Spannungsmesser Nr. ... Strommesser Nr. ... Widerstand des Strommessers $\gamma =$ ... [Ohm].

Kette		Sammler Nr. . . .		Gnomkette Nr. . . .		Trockenkette Nr. . . .	
Elektromotorische Kraft E [V]	Vor Beginn						
	Nach Schluß						
	Mittel						
Stromstärke I [A]							
Eingeschalteter Widerstand R [Ω]		1	5	1	5	1	5
Gesamter äußrer Widerstand $R_a = (R + \gamma)$ [Ω]							
Innerer Widerstand R_i [Ω]							
$I\,(R_i + R_a)$							
Klemmenspannung U [V]							

e) Die Aufgabe 21 hat gezeigt, daß für dieselbe Kette $I\,(R_i + R_a)$ einen festen Wert E hat. Schalten wir also in den Stromkreis einer Kette nacheinander die äußern Widerstande R_1 und R_2 ein und erhalten wir dabei die Stromstärken I_1 und I_2, so können wir R_i bestimmen. Wie lautet die Formel dafür?

f) Berechne nach der Formel

$$R_i = -\frac{I_1 R_1 - I_2 R_2}{I_1 - I_2}$$

die innern Widerstände der drei Ketten und für alle sechs Messungen die Werte von $I\,(R_i + R_a)$. Vergleiche diese Größen mit den gemessenen elektromotorischen Kräften. Welche physikalische Bedeutung hat also das Produkt $I\,(R_i + R_a)$? *Allgemeines Ohmsches Gesetz. Gesetzliche Bestimmung des Volt.* Warum weichen bei der Gnomkette und der Trockenkette die Ergebnisse etwas vom Gesetz ab? *Polarisation* (vgl. S. 335). Aus $E = I\,(R_i + R_a)$ folgt $E - IR_i = IR_a = U$. *Klemmenspannung.*

Bemerkungen. Diese Prüfung des Ohmschen Gesetzes ist nicht einwandfrei, da ja das Messen der elektromotorischen Kraft mit dem Spannungsmesser die Gültigkeit des Ohmschen Gesetzes voraussetzt.

Man kann zu gleicher Zeit nach dem Verfahren des allseitigen Angriffs verschiedene Gruppen die Aufgaben 20 bis 23 ausführen lassen.

23. Aufgabe. *Bestimme den innern Widerstand und die elektromotorische Kraft einer Daniellschen Kette.*

(1 Stunde, 2 Schüler.)

Geräte. Daniell. Strommesser. Widerstandsatz. Schalter. Kurze Leitungsschnüre. Quecksilber.

Anleitung. a) Schließe die Kette 5 Minuten lang kurz. Stelle einen Stromkreis her aus dem Strommesser T (Abb. 299), dem offnen Schalter U, dem Widerstandsatz R und der Kette E. Schließe den Strom und schalte so viel Widerstand ein, daß der Strommesser etwa 0,5 A anzeigt.

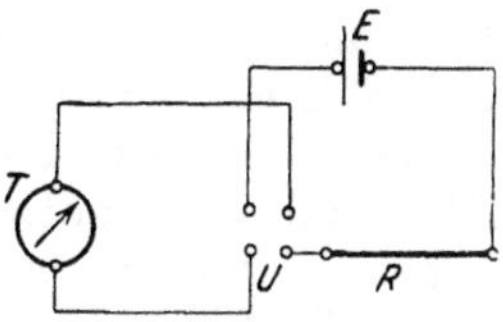

Abb. 299.

b) Schalte nun so viel Widerstand **hinzu**, daß der Strommesser etwa 0,25 A anzeigt.

c) Wiederhole die Messung (a) und nimm aus den beiden Werten der Stromstärke das Mittel.

d) Schreibe die Ergebnisse der Messungen und Rechnungen auf folgende Weise auf:

Daniell Nr. ... Strommesser Nr. ... Widerstand des Strommessers $\gamma = \ldots\,\Omega$.
Widerstandssatz Nr. ...

Versuch	Eingeschalteter Widerstand R [Ω]	Gesamter äußrer Widerstand $R_a = (R + \gamma)$ [Ω]	I [A]	R_i [Ω]	E [V]

e) Aus den beiden Gleichungen, wo R_1 und R_2 die gesamten äußern Widerstände R_a in beiden Fällen sind,

$$E = I_1\,(R_i + R_1) \quad \text{und} \quad E = I_2\,(R_i + R_2)$$

erhält man

$$R_i = -\frac{I_1 R_1 - I_2 R_2}{I_1 - I_2} = \frac{I_2\,(R_2 - R_1)}{I_1 - I_2} - R_1 .$$

Berechne mit dieser Formel den innern Widerstand der Daniellschen Kette.

f) Schaffe aus den beiden Gleichungen den innern Widerstand weg und berechne mit der erhaltenen Formel

$$E = -\frac{I_1 I_2\,(R_1 - R_2)}{I_1 - I_2}$$

die elektromotorische Kraft der Kette.

Bemerkungen. Im Notfall verwende man auch eine Trocken- oder Gnomkette, obwohl man dann die Voraussetzungen des Verfahrens nicht mehr genau erfüllt. Im Hinblick auf die Aufgabe 30 empfiehlt es sich, den Widerstand zweier DANIELLschen Ketten sowohl bei Reihenschaltung als auch bei Nebeneinanderschaltung zu messen.

Die eine Stromstärke sei ungefähr die Hälfte der andern. Achte darauf, ob der Widerstandsatz die Belastung verträgt.

Man kann zu gleicher Zeit nach dem Verfahren des allseitigen Angriffs verschiedene Gruppen die Aufgaben 20 bis 23 ausführen lassen.

Vgl. GEORG BERNDT, *Physik. Praktikum*³ *16 § 8.*

24. Aufgabe. *Wie hängt bei gleichbleibendem Gesamtwiderstande die Stromstärke von der elektromotorischen Kraft der Stromquelle ab?*

(1 Schüler, 1 Stunde.)

Geräte. 3 Sammler. Strommesser. Schalter. Widerstandsatz. Leitungsschnüre. Quecksilber. Millimeterpapier.

Anleitung. a) Schalte die drei Sammler E (Abb. 297, S. 364) hintereinander und bilde einen Stromkreis aus dem Strommesser, dem offnen Schalter und dem Widerstandsatz. Schließe den Strom und schalte zunächst etwa 100 Ω und, wenn nötig, noch mehr oder weniger Widerstand ein, bis der Zeiger auf 0,6 A steht.

b) Wiederhole die Messung, ohne den Widerstand zu ändern, mit zwei und dann mit einem Sammler und schreibe die Ergebnisse in folgender Weise auf:

Strommesser Nr. ...
Widerstand des Strommessers $\gamma = \ldots \Omega$.
Widerstandsatz Nr. ...
Eingeschalteter Widerstand $R = \ldots \Omega$.
Gesamter äußrer Widerstand $R_a = R + \gamma = \ldots \Omega$.

Anzahl der Sammler N	I [A]	$E = I R_a$ [V]	E/N

c) Es ist

$$E = J\,(R_i + R_a) = I R_a\left(\frac{R_i}{R_a} + 1\right).$$

Der innere Widerstand eines Sammlers ist sehr klein. Wie groß ist R_a und was für einen Wert hat also R_i/R_a? Berechne E aus I und R_a. *Spannungsmesser.* Wie ändert sich die elektromotorische Kraft mit der Anzahl der hintereinandergeschalteten Zellen? Wie groß ist die elektromotorische Kraft eines Sammlers?

d) Stelle die Ergebnisse bildlich dar und wähle E als Abszisse und I als Ordinate.

Bemerkungen. Bei den hohen äußern Widerständen kann man auch statt der Sammler Trocken- oder Gnomketten verwenden. Beachte S. 314 und 329.

Die Aufgaben 24 bis 26 kann man gleichzeitig von verschiedenen Gruppen ausführen lassen.

25. Aufgabe. *Vergleiche die elektromotorischen Kräfte zweier Ketten nach dem Verfahren der gleichen Ablenkung.*

(2 Schüler, $^1/_2$ Stunde.)

Geräte. Strommesser. Daniell. Sammler. Widerstandsatz. Schalter. Leitungsschnüre.

Anleitung. a) Schließe fünf Minuten lang die DANIELLsche Kette mit einem großen Widerstande kurz. Bilde einen Stromkreis aus dem Strommesser, dem offnen Schalter, der DANIELLschen Kette und dem Widerstandsatz. Schalte so viel Widerstand ein, daß die Spitze des Stromzeigers auf 0,1 A steht. Schreibe die Stromstärke genau auf.

b) Ersetze die DANIELLsche Kette durch einen Sammler und ändre den Widerstand so, daß die Spitze des Stromzeigers genau so weit wie vorher abgelenkt wird.

Schreibe die Ergebnisse in folgender Weise auf:
Strommesser Nr. ... Widerstand des Strommessers $\gamma = \ldots \Omega$. Daniell Nr. ... Sammler Nr. ... Widerstandsatz Nr. ... Stromstärke $I = \ldots$ A.

Kette	Eingeschalteter Widerstand R [Ω]	Gesamter äußrer Widerstand $R_a = (R + \gamma)$ [Ω]	E_1/E_2
Daniell			
Sammler			

c) Bezeichnen R den eingeschalteten Widerstand, γ den Widerstand des Strommessers, E_1 und E_2 die elektromotorischen Kräfte und I die Stromstärke, so ist

$$E_1 = I\,(R_i + R_1 + \gamma)$$
$$E_2 = I\,(R_i + R_2 + \gamma)$$

und, da man R_i gegen die übrigen Widerstände vernachlässigen darf,

$$\frac{E_1}{E_2} = \frac{R_1 + \gamma}{R_2 + \gamma}.$$

Berechne nach dieser Formel das Verhältnis der elektromotorischen Kräfte.

Bemerkung. Beachte S. 329.
Man kann gleichzeitig verschiedene Gruppen die Aufgaben 24 bis 26 ausführen lassen.

26. Aufgabe. *Wie muß man gleichzeitig die elektromotorische Kraft und den Widerstand ändern, um eine gleichbleibende Stromstärke zu erzielen?*

(2 Schüler, $^1/_2$ Stunde.)

Geräte. 3 Sammler (Trocken- oder Gnomketten). Strommesser. Schalter. Spannungsmesser. Widerstandsatz. Leitungsschnüre.

Anleitung. **a)** Miß mit dem Spannungsmesser die Spannung der hintereinandergeschalteten Sammler. Bilde einen Stromkreis aus den Sammlern, dem Strommesser, dem offnen Unterbrecher und dem Widerstandsatz. Schließe den Strom und schalte so viel Widerstand ein, daß der Strommesser etwa 0,1 A anzeigt.

b) Wiederhole den Versuch mit zwei Sammlern und dann mit einem und schalte jedesmal so viel Widerstand ein, daß der Zeiger genau über derselben Stelle der Teilung einspielt.

c) Schreibe die Ergebnisse auf folgende Weise auf:

Strommesser Nr. ... Widerstand des Strommessers $\gamma = \ldots\ \Omega$. Spannungsmesser Nr. ... Widerstandsatz Nr. ...

Stromstärke $I = \ldots$ A.

Anzahl der Ketten N	Spannung E [V]	Eingeschalteter Widerstand R [Ω]	Gesamter äußrer Widerstand $R_a = (R + \gamma)$ [Ω]	E/R_a [V/Ω]

Mittel $= \ldots$ [V/Ω]

d) Der innere Widerstand der Sammler ist gegen R_a zu vernachlässigen. Welcher Zusammenhang besteht zwischen E und R_a? Vergleiche den Mittelwert von E/R_a mit der Stärke des Stroms. Welche physikalische Bedeutung hat E/R_a?

Bemerkungen. Beachte S. 329.

Man kann gleichzeitig verschiedene Gruppen die Aufgaben 24 bis 26 ausführen lassen.

27. Aufgabe. *Welche Schaltung der Ketten liefert bei gegebenem äußerm Widerstande den stärksten Strom?*

(1 Schüler, 1 [2] Stunde.)

Geräte. 2 gleiche Daniell. Strommesser. Spannungsmesser. Stromwender. Widerstandsatz. Kurze Leitungsschnüre. Quecksilber.

Anleitung. **a)** Miß nach Aufgabe 23 den innern Widerstand und die elektromotorische Kraft erst jeder einzelnen Kette und dann beider Ketten, wenn sie hintereinander- und wenn sie nebeneinandergeschaltet sind, und vergleiche die Ergebnisse der Messungen mit den Berechnungen.

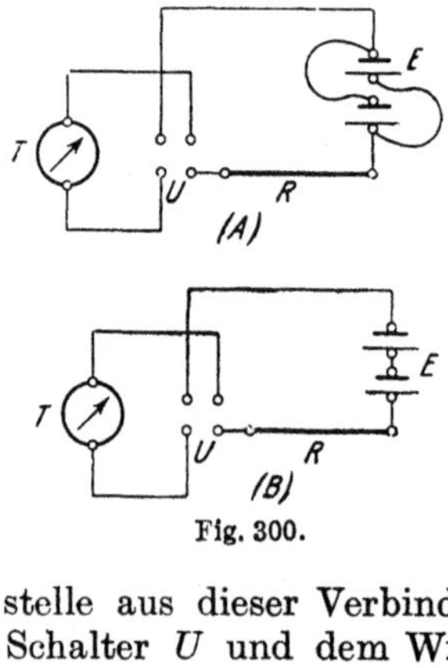

Fig. 300.

b) Miß mit dem Spannungsmesser die elektromotorische Kraft erst jeder einzelnen Kette und dann beider Ketten, sowohl beim Hintereinanderschalten als auch beim Nebeneinanderschalten.

c) Schalte die beiden Ketten E (Abb. 300 A) nebeneinander, d. h. verbinde Zink mit Zink und Kupfer mit Kupfer, und stelle aus dieser Verbindung, dem Strommesser T nebst geöffnetem Schalter U und dem Widerstandsatz R einen Stromkreis her.

d) Schalte zunächst keine Spule des Widerstandsatzes ein und lies die Stromstärke ab.

e) Schalte etwa 5 Ω ein und bestimme wiederum die Stromstärke.

f) Schalte beide Ketten hintereinander (Abb. 300 *B*) und wiederhole die Versuche (d) und (e).

g) Schreibe die Ergebnisse in folgender Weise auf:

Strommesser Nr. ... Widerstand des Strommessers $\gamma = \ldots \Omega$; Spannungsmesser Nr. ... Widerstandsatz Nr. ... Anzahl der Ketten $N = \ldots$

Kette	E [V]	R_i [Ω]
Nr. ...		
Nr. ...		

Schaltung	nebeneinander		hintereinander	
Eingeschalteter Widerstand R [Ω]				
$R_a = R + \gamma$				
I [A] beobachtet				
I [A] berechnet				
Klemmenspannung $U = I R_a$				

h) Welche Schaltung liefert den geringsten innern Widerstand?

i) Wie wirkt die Schaltung auf die Spannung ein?

k) Welche Schaltung liefert bei geringem und welche bei großem äußerm Widerstande den stärksten Strom?

l) Es bezeichne Z die Anzahl der Ketten, I_n die Stromstärke bei der Nebeneinanderschaltung und I_h die Stromstärke bei der Hintereinanderschaltung. Berechne aus den Mittelwerten von E und R_i mit den Formeln

$$E = I_n\left(\frac{R_i}{Z} + R_a\right) \text{ und } ZE = I_h\,(ZR_i + R_a)$$

die Stromstärken I_n und I_h und vergleiche sie mit den Ergebnissen der Messungen.

m) Berechne mit den Formeln

$$U_n = E - I_n \frac{R_i}{Z} = I_n R_a \quad \text{und} \quad U_h = Z\,(E - I_h R_i) = I_h R_a$$

die Klemmenspannungen.

28. Aufgabe. *Wie hängt die Spannung zwischen zwei Stellen eines Drahts von der Stärke des Stroms ab, der durch den Draht fließt?*

(2 Schüler, 1 Stunde.)

Geräte. Gefälldraht (vgl. S. 373). 3 Gleitschneiden. Strommesser. Spannungsmesser. Sammler. Stromwender. Leitungsschnüre. Millimeterpapier. Schmirgelpapier.

Anleitung. **a)** Schalte einen Sammler *E* (Abb. 301) in Reihe mit einem geöffneten Stromwender *U*, einem Strommesser *T* und einem Meter *MN* (Abb. 302) des Gefälldrahts aus Konstantandraht von 0,25 cm Durchmesser. Prüfe, ob alle Verbindungen gut sind. Reinige mit feinem Schmirgelpapier den Draht und die beweglichen Gleitschneiden, setze diese bei *P* und *Q* in 20 cm Abstand auf den Gefälldraht und verbinde sie mit den Klemmen des Spannungsmessers. Sieh nach, ob die Zeiger frei schwingen und auf Null stehn, wenn der Strom unterbrochen ist, der durch die Meßwerkzeuge fließt.

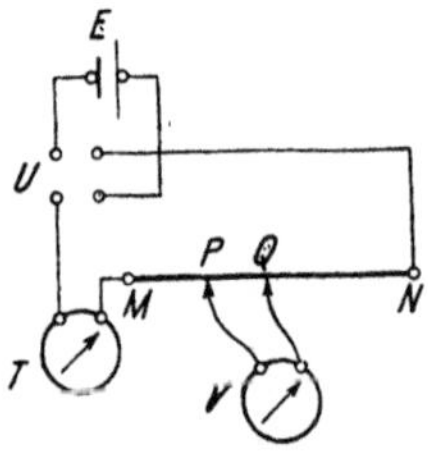

Abb. 301.

b) Schließe den Strom bei *U*, lies die Ablenkung erst bei *V*, darauf bei *T*, dann wieder bei *V* ab und schätze dabei die Zehntel der kleinsten Teile. Wende den Strom und wiederhole das Ablesen. Unterbrich den Strom.

c) Laß die Schneiden auf denselben Stellen *P* und *Q* stehn, schalte mit einer dritten Gleitschneide längere oder kürzere Drahtstücke *MN*

Abb. 302.

des Gefälldrahts ein und ändre so die Stärke (0,15 bis 0,4 A) des Stroms, der durchs Drahtstück *PQ* fließt. Lies den Spannungsmesser und den Strommesser genau so ab wie vorher. Wiederhole die Versuche (b) und (c) mit entgegengesetzter Stromrichtung.

d) Trage die Ergebnisse in folgende Tafel ein:

Gefälldraht Nr. ... Strommesser Nr. ... Spannungsmesser Nr. ... $PQ =$ ... cm.

Versuch	Stromrichtung	Spannung		I [A]	U/I
		U[V]	Mittel		
	+				
	−				

e) Vergleiche die Werte von U/I miteinander. Welche Beziehung besteht zwischen der Stärke des Stroms, der durchs Drahtstück PQ fließt, und der Spannung zwischen den beiden Enden P und Q? Welche physikalische Größe wird durch U/I gemessen? Stelle die Ergebnisse bildlich dar und wähle dabei die Stromstärke I als Abszisse und die Spannung U als Ordinate.

Bemerkungen. Hat man nur zwei Schneiden, so lasse man P und M zusammenfallen und regle die Stromstärke durch Verschieben der zweiten Schneide, welche die Rolle von N übernimmt.

Wenn die Spannungsmesser und Strommesser nur nach einer Seite ausschlagen und man den Strom wenden will, muß man den Strommesser A (Abb. 303) so schalten, daß nur im Gefälldrahte der Strom gewendet wird, und in den Stromkreis des Spannungsmessers V entweder einen zweiten Stromwender einschalten oder vorm Wenden die Drähte am Spannungsmesser vertauschen.

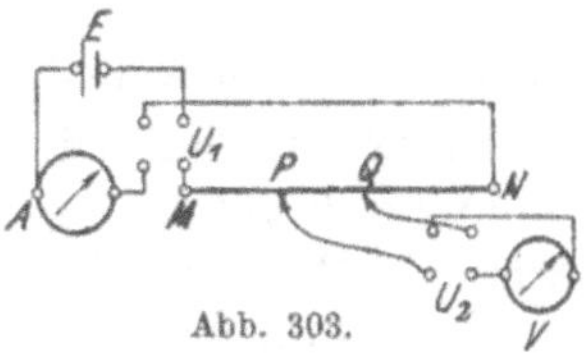

Abb. 303.

Man kann den Spannungsmesser auch durch ein Drehspulengalvanometer mit Lichtzeiger ersetzen, dessen Widerstand sehr groß ist. Hat die Drehspule einen geringen Widerstand, so schalte man ein oder mehrere Tausend Ohm vor (Abb. 304). Vgl. S. 325. Wenn nötig, lege man in den Stromkreis des Sammlers einen Ballastwiderstand. Die Stromstärke muß so groß sein, daß sie noch auf der Teilung ablesbar ist, wenn man das Drahtstück PQ einschaltet.

Der Gefälldraht. Auf einem Brett (108 cm $\times$ 20 cm $\times$ 2 cm) sind in je 2 cm Abstand ein Konstantandraht von 1 m Länge und 0,35 mm Durchmesser, sechs Konstantandrähte von 1 m Länge und 0,25 mm Durchmesser und ein Eisendraht von 1 m Länge und 0,25 mm Durchmesser ausgespannt. Die Drähte sind an rechteckige Kupferscheiben (2 cm $\times$ 1,4 cm) angelötet und so geführt, wie es Abb. 302 angibt. An den Lötstellen ragen freie Enden der Drähte heraus, damit man ihre Stärken messen kann. Die Dicken und die Stoffe der Drähte sind auf dem Brett angegeben. K_1 sind Klemmen mit einer und K_2 Klemmen mit zwei Durchbohrungen. Zum Abzweigen und gegebenenfalls zur Stromzufuhr dienen zwei oder drei Gleitschneiden (Abb. 305). Diese bestehn aus einem Bleiklotz (3 cm $\times$ 2 cm $\times$ 2 cm), der auf der Unterseite abgeschrägt und mit einer Mittelrinne versehn ist. Der Bleiklotz ist, mit Ausnahme der Hinterfläche, mit Siegellack

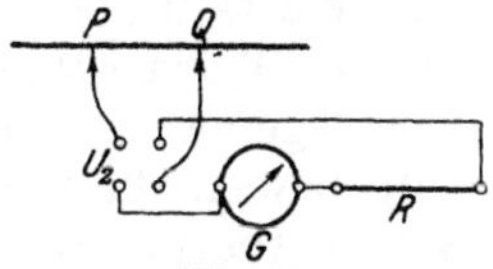

Abb. 304.

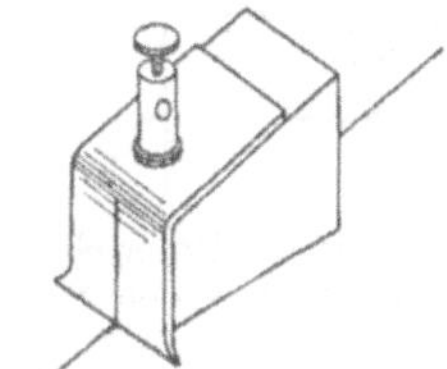
Abb. 305.

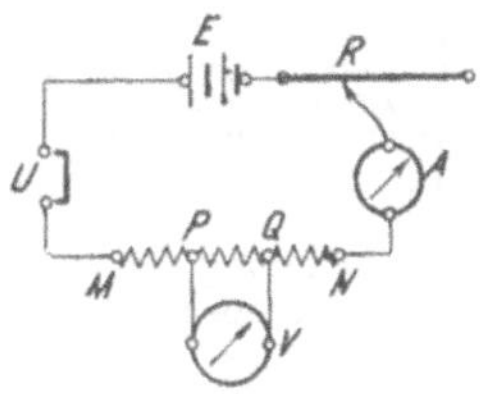

Abb. 306.

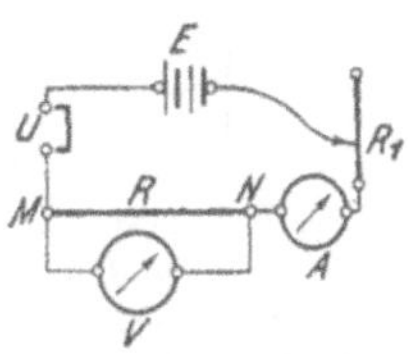

Abb. 307.

überzogen. Auf seiner Vorderseite und teilweise auf der Oberseite ist ein rechtwinklig umgebogenes Messingblech befestigt, das unten in eine 2,9 cm lange Schneide ausläuft und oben eine Verbindungsklemme trägt. Auf der Vorderseite des Messingblechs und auf der Hinterseite des Bleiklotzes ist in der Mitte ein lotrechter Strich eingeritzt, der ein scharfes Einstellen der Schneide gestattet. Die Gewichte der Gleitschneiden und der Leitungsschnüre müssen einander angepaßt sein.

Anstatt des Gefälldrahts kann man auch den Draht der Wheatstoneschen Brücke und zugleich einen veränderlichen Widerstand (1 m Konstantandraht von 0,2 mm Durchmesser) im Stromkreise des Sammlers verwenden.

Anstatt der Längen des Gefälldrahts kann man auch die Widerstandspulen nehmen, die bei den Aufgaben 17 und 18 benutzt wurden (Abb. 306), oder auch Widerstandsätze (Abb. 307), doch müssen diese Widerstände und die Empfindlichkeiten der benutzten Spannungsmesser und Strommesser einander angepaßt sein.

Man kann auch zwei Sammler oder zwei bis drei DANIELLsche Ketten einschalten und so den Spannungsabfall ändern.

Man lasse gleichzeitig nach dem Verfahren des allseitigen Angriffs verschiedene Gruppen die Aufgaben 28 bis 31 ausführen.

29. Aufgabe. *Wie hängt der Widerstand eines Drahts mit gleichförmigem Querschnitt von der Länge ab?*

(2 Schüler, 1 Stunde.)

Geräte. Wie bei Aufgabe 28.

Anleitung. **a)** Mache die Schaltung wie bei Aufgabe 28.

b) Stelle auf den Draht MN (Abb. 301) in 10 cm Abstand von M die Schneide P und laß sie während der Versuche dauernd dort stehn. Setze auf den Draht in 20 cm Abstand von M die Schneide Q. Schließe den Strom, halte ihn während der ganzen Versuchsreihe geschlossen und mit der dritten Schneide oder einem Stromschwächer stets auf der gleichen Stärke (0,12—0,25 A).

c) Warte ein bis zwei Minuten, bis die Drähte, die der Strom erwärmt, eine feste Wärmestufe erreicht haben. Lies wie bei Aufgabe 28 (b) die Ausschläge des Spannungsmessers und des Strommessers ab.

d) Bewege die zweite Schneide in Stufen von je 10 cm nach rechts bis zum Abstand 80 cm von M und dann wieder in gleichen Schritten zurück. Lies bei jeder Stellung der Schneide den Spannungsmesser ab. Bestimme nochmals den Ausschlag des Strommessers und öffne dann den Strom.

e) Schreibe die Ergebnisse der Messungen in folgender Weise auf:

Strommesser Nr. ... Spannungsmesser Nr. ... Gefälldraht Nr. ...
Zeitpunkt der ersten Ablesung ...^{h}...^{m}...^{s} Stromstärke $I = \ldots$ A.
Zeitpunkt der letzten Ablesung ...^{h}...^{m}...^{s} Stromstärke $I = \ldots$ A.

MP cm	MQ cm	PQ l [cm]	Spannung U vorwärts	rückwärts	Mittel	Änderung der Spannung	U/l

Die 7. Spalte mit dem Kopf „Änderung der Spannung“ enthält die Unterschiede von je zwei aufeinanderfolgenden Zahlen der voranstehenden Spalte, d. h. den Spannungsabfall für je 10 cm des Drahts.

f) Wende den Strom, schalte, wenn nötig, den Spannungsmesser und den Strommesser um, wiederhole alle Beobachtungen und trage sie in eine zweite Tafel ein.

g) Stelle die Ergebnisse bildlich dar, wähle dabei die Länge l als Abszisse und die Spannung U als Ordinate.

h) Welche Beziehungen bestehn zwischen dem Strom, der durch den Spannungsmesser fließt, und der Länge des Drahtstücks PQ, ferner zwischen dieser Länge und dem Widerstande von PQ, also zwischen jenem Strom und diesem Widerstande? Jener Strom hängt von der Spannung zwischen P und Q ab. Welche Beziehung besteht also zwischen dem Spannungsabfall und dem Widerstande von P bis Q?

Bemerkung. Vgl. die Bemerkungen zu Aufgabe 28.

30. Aufgabe. *Wie hängt der Widerstand eines gleichförmigen Drahts vom Querschnitt ab?*

(2 Schüler, 1 Stunde.)

Geräte. Wie bei Aufgabe 28, ferner Schraublehre.

Anleitung. a) Stelle wie bei Aufgabe 28 den Stromkreis her, doch schalte beim Gefälldraht 1 m Konstantandraht von 0,25 mm Durchmesser ein und davor noch den Meter Konstantandraht von 0,35 mm Dicke.

b) Stelle auf den Draht von 0,25 mm Durchmesser die Schneiden P und Q in 10 cm Abstand und verfahre wie bei Aufgabe 29 (b) und (c). Lies den Ausschlag des Spannungsmessers und den des Strommessers ab. Wende, wenn möglich, den Strom und wiederhole die Messungen.

c) Stelle nun die beiden Schneiden in 10 cm Abstand auf das Stück des Gefälldrahts, das 0,35 mm Durchmesser hat, und wiederhole die Messungen.

d) Miß genau die Dicke jedes Drahts mitten zwischen den Stellen, worauf die beiden Schneiden saßen, und trage die Durchmesser und die Querschnitte der Drähte in die folgende Tafel ein:

Strommesser Nr. ... Spannungsmesser Nr. ... Gefälldraht Nr. ...
Stoff des Drahts ... $I =$ ... A.

Ablesung U am Spannungsmesser			Durchmesser des Drahts d [mm]	Querschnitt des Drahts F [mm²]	UF
Sinn	Ausschlag	Mittel			
+					
—					

e) Wie verhalten sich die Spannungen zu den Querschnitten, die Spannungen zu den Widerständen und also die Widerstände zu den Querschnitten?

Bemerkung. Vgl. die Bemerkungen zu Aufgabe 28.

31. Aufgabe. *Wie verhält sich der spezifische Widerstand des Eisens zu dem des Konstantans?*

(2 Schüler, 1 Stunde.)

Geräte. Wie bei Aufgabe 28, dazu Schraublehre.

Anleitung. a) Stelle wie bei Aufgabe 28 den Stromkreis her, doch schalte beim Gefälldraht 1 m Konstantandraht von 0,25 mm Durchmesser ein und dahinter das Meter Eisendraht von 0,25 mm Durchmesser.

b) Stelle die beiden Schneiden in 80 cm Abstand auf den eisernen Gefälldraht und verfahre wie bei Aufgabe 29 (b) und (c). Lies den Strommesser und den Spannungsmesser ab. Wende, wenn möglich, den Strom und miß von neuem.

c) Setze die Schneiden in 20 cm Abstand auf den Konstantandraht von 0,25 mm Durchmesser und lies den Spannungsmesser ab. Lies auch den Strommesser ab, um festzustellen, ob sich der Strom nicht geändert hat. Wende, wenn möglich, den Strom und wiederhole die Messungen.

d) Miß die Durchmesser der Drähte mitten zwischen den Schneiden. Berechne aus den Längen *PQ* (Abb. 301, S. 372) die Spannung zwischen zwei Stellen jedes Drahts, die 1 m voneinander abstehn, und ferner die Spannung, wenn außerdem der Querschnitt 1 mm² ist. Diese Spannungen verhalten sich wie die spezifischen Widerstände der Drähte.

e) Schreibe die Messungen und Rechnungen auf folgende Weise auf:

Strommesser Nr. ... Spannungsmesser Nr. ... Gefälldraht Nr. ... Stromstärke *I* beim Beginn ... A und am Schluß ... A.

Stoff des Drahts	Länge *PQ* l [cm]	Spannungsabfall *U*			Drahtdicke d [mm]	Querschnitt F [mm²]	U/l	$U\frac{F}{l}$
		Sinn	Ausschlag	Mittel				
Eisen		+						
		—						
Konstantan		+						
		—						

32. Aufgabe. *Wie verhalten sich bei einem verzweigten Strom die Stärken der Zweigströme zu den Widerständen der Stromzweige?*

1. Verfahren.

(1 Schüler, 1 Stunde.)

Geräte. 1 bis 2 Sammler oder 2 Daniell.
2 Spulen, mit bekannten Widerständen, etwa 5 und 10 Ω.
Strommesser.
Stromwender.
Klemmen mit 3 Durchbohrungen.
Kurze Leitungsschnüre.
Quecksilber.

Anleitung. a) Stelle nach dem Schaltbilde (Abb. 308) den Stromkreis her.

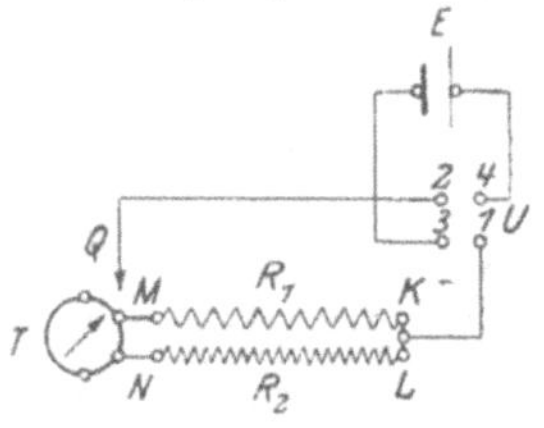

Abb. 308.

Verbinde die Klemmen *K* und *L* der Widerstandspulen R_1 und R_2 mit der Klemme 1 des Stromwenders *U* und die beiden andern Spulenklemmen *M* und *N* mit dem Strommesser *T*. Verbinde ferner die Klemmen 3 und 4 des Wenders *U* mit den Polen der Batterie und die Klemme 2 des Wenders mit einem Draht, dessen freies Ende mit *Q* bezeichnet ist.

b) Verbinde mit der Klemme *N* das freie Ende *Q* des Drahts und schließe den Strom. In welchen Stromzweig ist nun der Strommesser eingeschaltet? Lies die Stromstärke ab und öffne den Strom.

c) Verbinde nun Q mit der Klemme M, vertausche die Drähte an den Klemmen des Strommessers und bestimme den Ausschlag des Strommessers.

d) Wiederhole die Messungen (b) und (c), öffne den Strom und nimm jedesmal aus beiden zusammengehörigen Ablesungen das Mittel.

e) Schreibe die Ergebnisse der Messungen in folgender Weise auf:

Spule Nr. ... und Nr. ... Strommesser Nr. ...
Widerstand des Strommessers $\gamma = \ldots \Omega$.

Widerstände der Spulen R [Ω]	Stromstärke der Zweige I [A]	IR

f) Wie verhalten sich die Widerstände (R_2/R_1) und wie die Stromstärken (I_1/I_2) der Zweige zueinander? Unterscheide die Stromrichtungen in der durch R_1 und R_2 gebildeten geschlossenen Stromschleife durch die Vorzeichen der Stromstärken. Wie groß ist die Summe der beiden Vielfachen IR? Welche physikalische Bedeutung hat das Vielfache IR und wie kann man den physikalischen Sinn seines Vorzeichens sprachlich ausdrücken?

g) Löse von der Klemme des Strommessers den an M sitzenden Draht und verbinde ihn mit N. Befestige das Drahtende Q an der so frei gemachten Klemme. Miß die Stärke des Stammstroms.

h) Vergleiche diese mit der Summe der Zweigströme. Gib den Strömen, die nach der Verzweigstelle fließen, das entgegengesetzte Vorzeichen der abfließenden Ströme. Wie groß ist an jeder Verzweigstelle die Summe der Stromstärken?

2. Verfahren.

(1 Schüler, 1 Stunde.)

Geräte. 3 Strommesser. 2 Widerstandsätze. 1 Sammler. 2 Verbindungsklemmen mit 3 Durchbohrungen. Gleitwiderstand (1 m Manganindraht von 0,2 mm Durchmesser). Volkmannsche Klammer. Schalter. Kurze Verbindungsschnüre

Anleitung. i) Stelle nach dem Schaltbilde (Abb. 309) den Stromkreis her.

k) Schalte der Reihe nach in die beiden Zweige die Widerstände 1 und 2, 2 und 3, 1 und 9 Ω ein und lies für jede der drei Schaltungen die Ausschläge der drei Strommesser A, A_1 und A_2 ab.

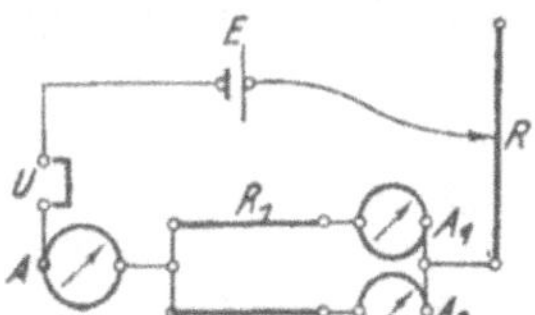

Abb. 309.

l) Schreibe die Ergebnisse in folgender Weise auf:

	Strommesser Nr.	Strommesser Widerstand	Nullpunkt
A_1			
A_2			
A_3			

Widerstandsätze R_1 Nr. . . . R_2 Nr. . . .

Stromstärke				Widerstand				$\frac{I_1 R_1}{I_2 R_2}$
I [A] im Stammstrom	I_1 [A] im 1. Zweig	I_2 [A] im 2. Zweig	$I_1 + I_2$	r_1 [Ω] im 1. Zweig	r_2 [Ω] im 2. Zweig	$R_1 = r_1 + \gamma_1$	$R_2 = r_2 + \gamma_2$	

m) Beantworte die Fragen (f) und (h). Bilde das Mittel aus den Werten von I_1R_1/I_2R_2.

3. Verfahren.

(1 Schüler, 1 Stunde.)

Geräte. Wie beim zweiten Verfahren, nur statt der drei Strommesser einen einzigen und zwei Widerstände, die beide so groß sind, wie der Widerstand des Strommessers.

Anleitung. n) Stelle wie bei Versuch (i) eine Verzweigung her, doch schalte in den Stammstrom den Strommesser und in die Zweige die beiden Widerstände ein, die gleich dem Widerstande γ des Strommessers sind (Abb. 310).

o) Miß die Stärke I des Stammstroms. Ersetze nun der Reihe nach in jedem Zweige den Widerstand γ durch den Strommesser und miß die

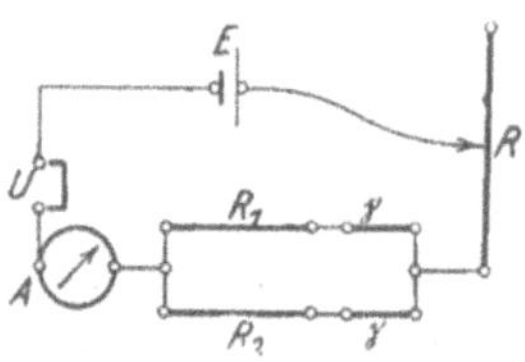

Abb. 310.

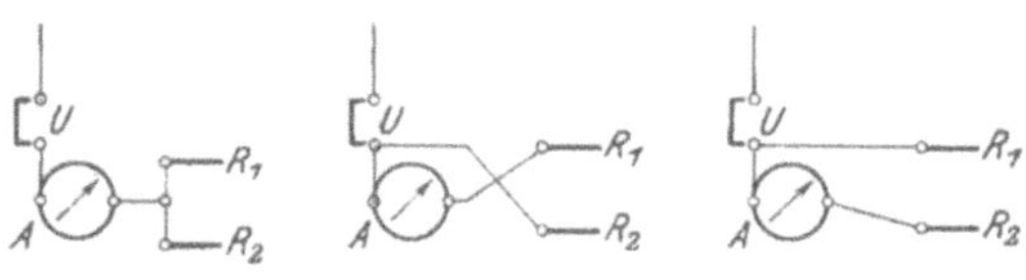

Abb. 311.

Stärken I_1 und I_2 der Stromzweige (Abb. 311). Führe die Messungen im übrigen auf die gleiche Weise wie in (k) aus und verfahre dann wie in (l) und (m).

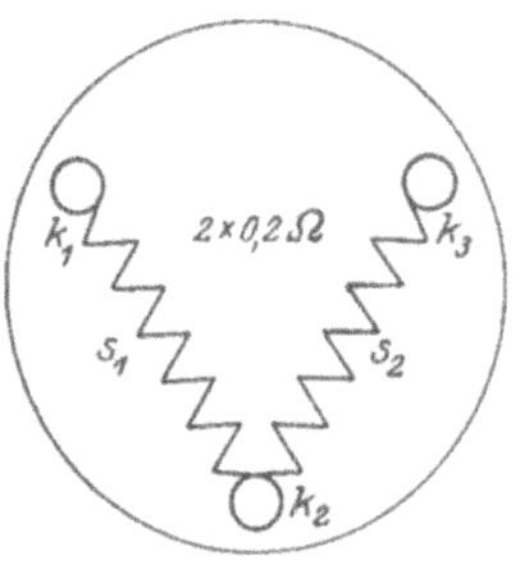

Abb. 312.

Bemerkung. Dr. CURT FISCHER hat die beiden Widerstände auf einer 10 cm breiten und 1,3 cm dicken Holzscheibe vereinigt (Abb. 312). Darauf sitzen drei Klemmen (k_1, k_2, k_3) mit je einer 2 mm breiten Durchbohrung und einer Spannfläche. Zwischen den Klemmen sind zwei Spulen (s_1, s_2) aus 0,7 mm starkem Konstantandraht ausgespannt. Jede Spule hat 0,2 Ω Widerstand. Auf der Unterseite der Scheibe sind drei Spitzen zum Feststellen eingesetzt.

Man hüte sich beim Stromverzweigen, die Widerstandsätze über die zulässige Grenze zu belasten.

33. Aufgabe. *Welche Beziehung besteht zwischen dem Leitwert einer Verzweigung und den Leitwerten der einzelnen Zweige?*

(2 Schüler, 1 Stunde.)

Geräte. 1 Daniell.
Strommesser.
2 Spulen aus Manganindraht von 200 cm Länge und 0,25 mm Durchmesser.
2 Schalter, davon einer mit 2 Quecksilbernäpfen (oder Wippe).
Widerstandsatz.
1 Ω-Draht.
Verbindungsklemmen.
2 Verbindungsklemmen mit 3 Durchbohrungen.
Kurze Leitungsschnüre.

Anleitung. **a)** Miß wie in Aufgabe 18 den Widerstand jeder einzelnen Spule.

b) Bestimme den Widerstand der beiden hintereinander geschalteten Spulen.

c) Schalte beide Spulen nebeneinander und miß ihren Widerstand.

d) Schreibe die Ergebnisse in folgender Weise auf:

Spule Nr. ... und Nr. ... Widerstandsatz Nr. ... Strommesser Nr. ...
Widerstand der Spule Nr. ... $R_1 = \ldots \Omega$.
Widerstand der Spule Nr. ... $R_2 = \ldots \Omega$.
Widerstand der hintereinander geschalteten Spulen $R_h = \ldots \Omega$.
Widerstand der nebeneinander geschalteten Spulen $R_n = \ldots \Omega$.
$R_1 + R_2 = \ldots \Omega$.

e) Vergleiche den Widerstand der beiden hintereinander geschalteten Spulen mit der Summe der Widerstände.

f) Berechne den Leitwert $G = 1/R$ jeder Spule und die Summe ihrer Leitwerte. Vergleiche damit den Leitwert der beiden nebeneinander geschalteten Spulen.

$$G_1 = \frac{1}{R_1} = \ldots \qquad G_2 = \frac{1}{R_2} = \ldots$$

$$G_1 + G_2 = \frac{1}{R_1} + \frac{1}{R_2} = \ldots \qquad G_n = \frac{1}{R_n} = \ldots$$

g) Vergleiche den Leitwert $G_h = 1/R_h$ der beiden hintereinander geschalteten Widerstände mit der Summe der Leitwerte der einzelnen Spulen.

Bemerkungen. Vgl. Aufg. 35 (F), S. 383.
Der umgekehrte Wert des spezifischen Widerstandes, $\varkappa = 1/\varrho$, heißt Leitvermögen (Leitfähigkeit oder spezifischer Leitwert). Vgl. Ausschuß für Einheiten und Formelgrößen. *Phys. Zeitschr. 28, 381; 1927.*

34. Aufgabe. *Gibt es auf den beiden Zweigen einer Stromverzweigung Stellen, zwischen denen keine Spannung besteht?*

(2 Schüler, 1 Stunde.)

Geräte. WHEATSTONEsche Brücke (vgl. S. 380).
Blanker Kupferdraht von 0,25 mm Durchmesser.
2 Gleitschneiden (vgl. S. 381).
Stromprüfer.
Stromwender.
Unterbrecher mit Quecksilbernäpfen.
Trockenkette oder Gnomkette.
Gleitwiderstand (1 m Manganindraht von 0,2 mm Durchmesser).
VOLKMANNsche Klammer.
Leitungsschnüre.

Anleitung. a) Spanne zwischen den Klemmen M' und N' (Abb. 313) der WHEATSTONEschen Brücke einen blanken Kupferdraht von 0,25 mm Durchmesser aus und befestige ihn unter den Unterlegscheiben der beweglichen Muttern. Verbinde die Klemmen des Stromprüfers G mit denen des geschlossenen Unterbrechers U_2, befestige an den Unterbrecherklemmen zwei Leitungsschnüre, die etwa 1 m lang sind, und schraube an deren Enden die beiden Schneiden an.

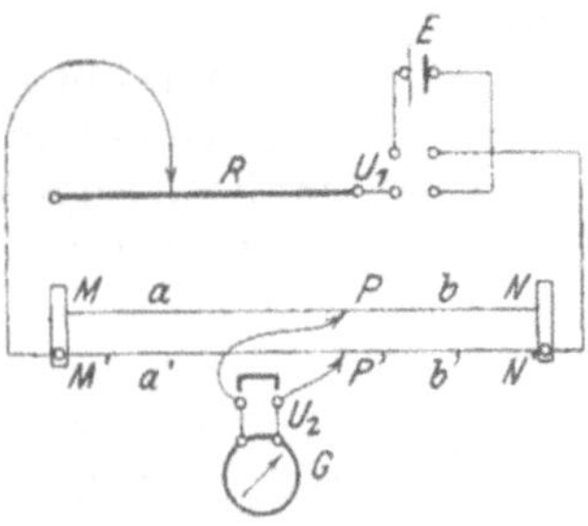

Abb. 313.

b) Schicke durch den Kupferdraht $M'N'$ den Strom einer Trockenkette E, die mit einem Stromwender U_1 und einem veränderlichen Widerstand R in Reihe geschaltet ist. Wie verzweigt sich der Strom? Der Widerstand des Kupferdrahts ist kleiner als der des Meßdrahts MN. Durch welchen Draht fließt der stärkere Strom? Wie groß sind die Spannungen zwischen M und M' und zwischen N und N'? Sind die Spannungen zwischen M und N und zwischen M' und N' verschieden?

c) Halte auf die Stelle P des Brückendrahts die eine Schneide und berühre dann verschiedene Stellen des Kupferdrahts mit der andern Schneide, bis du eine Stelle P' gefunden hast, von der aus kein Strom durch den Stromprüfer fließt. Entferne nun den Bügel aus dem Unterbrecher U_2 und stelle die Schneide P' scharf ein. Wie groß ist die Spannung zwischen P und P'? *Äquipotentialpunkte* oder *Wagstellen.* Bezeichne mit a und b die Teile MP und PN, worein die Schneidenstelle den Meßdraht MN zerlegt, und mit a' und b' die entsprechenden Teile $M'P'$ und $P'N'$ des Kupferdrahts. Miß die Strecken a, b, a' und b'.

d) Wende den Strom und wiederhole die Messungen.

e) Ändre durch Verschieben der VOLKMANNschen Klammer auf dem Drahte des Stromschwächers die Stromstärke und wiederhole die Messungen (c) und (d).

f) Verschiebe die Schneide P und suche die neue Lage von P'. Wiederhole die Messungen (c) bis (e).

g) Trage die Ergebnisse in folgende Tafel ein:

Stromprüfer Nr. ... Brücke Nr. ...
$MN =$ ... cm. $M'N' =$ ... cm.

Versuch	Stromrichtung	$MP = a$	$M'P' = a'$	a/b	a'/b'

h) Wie teilen die Wagstellen P und P' die beiden Drähte? Wie verhalten sich die Widerstände dieser Drahtstücke?

Bemerkungen. Ich habe zwei Formen der WHEATSTONEschen Brücke benutzt: die im ROYAL COLLEGE OF SCIENCE KENSINGTON *(Syllabus 139)* gebrauchte 50 cm lange Brücke und die von E. H. HALL angegebne (*Descript. List 92 Nr. 106*, HALL-BERGEN *547 Nr. 106)* 1 m lange Harvard-Brücke. Beide Formen haben sich durchaus bewährt, doch arbeiten die Schüler lieber mit der genauern Harvard-Brücke. Diese Brücke hat folgenden Bau: Zwischen zwei starken (8 cm × 0,8 cm

× 0,8 cm) Messingstücken FM' und TN' (Abb. 314) von sehr geringem elektrischem Widerstand ist über einem Meterstab aus Holz, der in Millimeter geteilt ist, ein 0,35 mm starker Konstantandraht ausgespannt und sorgfältig an die beiden Seitenstücke gelötet. F, H, K, S und T sind kräftige Klemmschrauben mit Knebeln. Die beiden Klemmschrauben M' und N' (Abb. 315) besitzen eine wagrechte Durch-

Abb. 314.

bohrung, worein man mit einer lotrechten Schraube einen Leitungsdraht einklemmen kann, ferner eine bewegliche Mutter, deren Rand genau mit dem innern Rande des Seitenstücks abschneidet, so daß man damit zwischen M' und N' einen dünnen Draht von genau 1 m Länge ausspannen kann. Bei den eigentlichen Brückenmessungen wird dieser Draht entfernt. HS (Abb. 314) ist ein Kupferblechstreifen (95 cm × 1,5 cm × 0,05 cm), worauf die Klemmen H, K und S gelötet sind. Die Klemmenpaare F, H und S, T haben einen solchen Abstand (4 cm), daß man die dicken Kupferdrähte der Spulen, die man bei den Aufgaben 17 und 18 benutzt hat, bequem und rasch einschieben kann. Das Grundbett ist 108 cm lang, 12 cm breit und 2 cm dick.

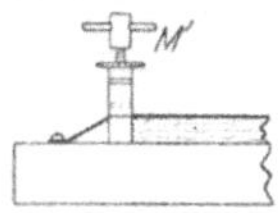

Abb. 315.

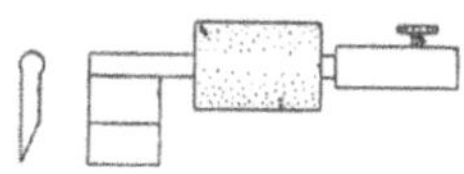

Abb. 316.

Andre einfache Formen der Wheatstoneschen Brücke findet man bei: Adams *161.* Allen *227.* Bottone, *Electric. Instr.-Making for Amateurs 138.* Chute *226.* Gage *69 Nr. 77.* Hadley *145 Nr. 94.* Kohlrausch u. Holborn, *Leitvermögen d. Elektrolyte 38.* Millikan-Gale *91 Nr. 32.* Nichols-Smith-Turton *202 Nr. 97 u. 207 Nr. 98.* Ostwald-Luther[3] *401.* Schnetzler, *Elektrotechn. Experimentierbuch 94.* Stewart and Gee *2, 107.* Wiedemann-Ebert[6] 360.

Als Schneide dient bei eigentlichen Brückenmessungen entweder die Schneide, die beim Gefälldraht (S. 373) benutzt wird, oder ein Messingstück von der in Abb. 316 wiedergegebenen Gestalt, das an einen Messingstab von 4,1 cm Länge und 0,35 cm Dicke gelötet ist. Auf den Stab ist als Handgriff ein Kork aufgeschoben und an seinem freien Ende eine Klemme aufgeschraubt.

Man kann beim Versuch auch den blanken Kupferdraht weglassen und zwischen die Klemmen F und H der Brücke eine Spule von beispielsweise 2 Ω und zwischen die Klemmen S und T eine Spule von 3 Ω Widerstand einschalten und zeigen, daß $a/b = 2/3$ usw. ist.

Man mag auch dem Kupferdraht eine beliebige Länge geben und ihn zwischen zwei Klemmen ausspannen, die in einem Holzbrett sitzen.

Verwendet man die S. 326 beschriebenen Stromprüfer, so kann man den Unterbrecher U_2 weglassen.

35. Aufgabe. *Wie kann man mit der Wheatstoneschen Brücke Widerstände vergleichen und messen?*

(2 Schüler, 3 × 1 Stunde.)

Geräte. Wheatstonesche Brücke (vgl. S. 380).
Stromprüfer.
Trockenkette oder Gnomkette.
5 Spulen aus Manganindraht von 0,25 mm Durchmesser und 200, 160, 120, 80 und 40 cm Länge (vgl. S. 360).

2 **Spulen** aus Manganindraht von 200 cm Länge, die eine mit einem einfachen und die andre mit einem Doppeldraht von 0,25 mm Durchmesser (vgl. S. 361).

1 **Spule** aus isoliertem Kupferdraht von 20 m Länge und 0,25 mm Durchmesser.

Widerstandsatz oder wenigstens 1 Spule von 5 Ω Widerstand.

2 **Klemmen** mit 3 Durchbohrungen.

Stromwender.

Unterbrecher mit 2 Quecksilbernäpfen.

Schraublehre.

Leitungsschnüre.

A. *Prüfe die Gleichheit zweier Widerstände.*

Anleitung. a) Schließe an die Klemmen F und H an die eine Spule W (Abb. 317) von 200 cm Länge und 0,25 mm Durchmesser und an die Klemmen S und T die andre Spule von gleicher Länge und Dicke. Verbinde die Kette E mit zwei zusammengehörigen Klemmen des offnen Stromwenders U_1 und die beiden andern Klemmen des Wenders mit der Schneide P und der Klemme K der Brücke auf HS (Abb. 314). Verbinde ferner die Klemmen M und N mit den beiden Quecksilbernäpfen des Unterbrechers U_2 und diese mit den Klemmen des Stromprüfers G. Setze in die beiden Quecksilbernäpfe einen dicken Kupferbügel ein und schließe so den Stromprüfer kurz. Sieh nach, ob alle Verbindungen gut und sicher sind.

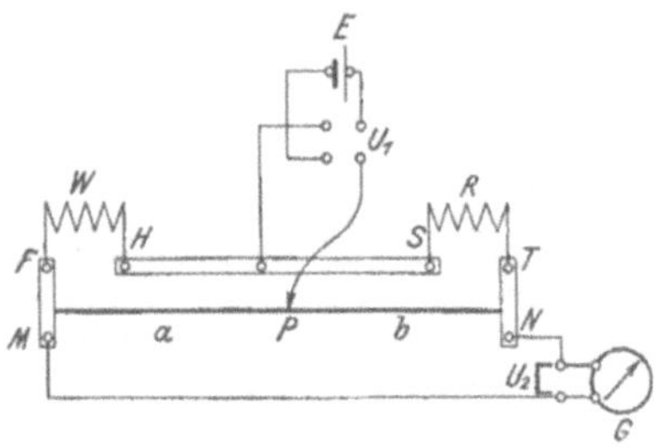

Abb. 317.

b) Schließe den Unterbrecher U_1 und berühre für einen Augenblick den Meßdraht MN mit der Schneide P, beachte den Sinn, in dem die Nadel des Stromprüfers ausschlägt, und suche dann eine Stelle auf dem Meßdraht, bei deren Berühren der Zeiger im entgegengesetzten Sinn ausschlägt. Suche mit der Schneide ungefähr die Stelle des Drahts, bei deren Berühren kein merklicher Ausschlag der Nadel erfolgt. Berühre jedesmal den Draht nur kurze Zeit. Nimm nun den Bügel aus dem Unterbrecher U_2, der seither den Stromprüfer kurz geschlossen hat, und suche möglichst genau die Stelle des Meßdrahts auf, bei deren Berühren kein Ausschlag der Nadel erfolgt. Lies a sorgfältig ab, entferne die Schneide vom Draht und setze den Bügel in U_2 ein.

c) Wende mit U_1 den Strom und wiederhole die Messung. Nimm aus beiden Werten von a, falls sie nur wenig voneinander abweichen, das Mittel und berechne daraus das Verhältnis W/R beider Widerstände. Ist der Unterschied erheblich, so muß man für jeden Wert von a das Verhältnis bestimmen und daraus das Mittel nehmen.

d) Vertausche die Spulen W und R miteinander, wiederhole die Messungen (b) und (c) und berechne wieder das Verhältnis W/R der Widerstände beider Spulen. Nimm das Mittel aus allen berechneten Verhältnissen.

e) Schreibe die Ergebnisse folgendermaßen auf:
Brücke Nr. ... Länge des Meßdrahts $a + b =$ ... [mm]. Stromprüfer Nr. ....

Versuch	Widerstand W links				Widerstand R rechts				Schneidenstellung a [mm]	W/R
	Spule Nr.	Stoff	Länge l [cm]	Durchmesser d [mm]	Spule Nr.	Stoff	Länge l [cm]	Durchmesser d [mm]		

B. *Vergleiche die Widerstände der Spulen aus Manganindraht von 0,25 mm Durchmesser und von 200 und 160 cm Länge.*

f) Verfahre wie bei Aufgabe (A). Wie hängt der Widerstand eines Drahts von seiner Länge ab? Vgl. Aufgabe 17 und 29.

C. *Vergleiche den Widerstand der Spule aus Manganindraht von 200 cm Länge und 0,25 mm Durchmesser mit dem Widerstande der Spule aus gleichläufigem doppeltem Manganindraht von 200 cm Länge und 0,25 mm Durchmesser.*

g) Verfahre wie bei Aufgabe A. Miß sorgfältig die Durchmesser aller Drähte. Wie hängt der Widerstand eines Drahts vom Querschnitt ab? Vgl. Aufgabe 17 und 30.

D. *Miß die Widerstände aller Manganindrähte.*

h) Verfahre wie bei Aufgabe A, doch ersetze die Spule R durch einen Widerstandsatz, der durch kurze Leitungsschnüre mit den Klemmen S und T verbunden wird. Setze die Schneide zunächst auf die Mitte des Meßdrahts und schalte bei dem Widerstandsatz so viel Widerstand ein, daß der Ausschlag des Stromprüfers möglichst klein wird, und verschiebe dann die Schneide, bis die Nadel genau auf Null einspielt. Lies a ab und berechne W/R, den Widerstand W und den spezifischen Widerstand ϱ des Manganins.

Schreibe die Ergebnisse in folgender Weise auf:
Brücke Nr. ... Länge des Meßdrahts $a + b =$ ... mm. Stromprüfer Nr. ...
Widerstandsatz Nr. ...

Versuch	Spule				Vergleichswiderstand R [Ω]	Schneidenstellung a [mm]	W/R	W [Ω]	ϱ
	Nr.	Stoff	Länge l [cm]	Durchmesser d [mm]					

E. *Wie groß ist der spezifische Widerstand des Kupfers?*

i) Schalte als Widerstand W die Spule aus Kupferdraht von 20 m Länge und 0,25 mm Durchmesser ein und als Widerstand R die 5 Ω-Spule oder den Widerstandsatz und verfahre wie unter D.

k) Berechne aus dem Widerstande des 20 m langen Kupferdrahts den Widerstand eines Stücks, das 1 m lang ist, und daraus den Widerstand eines Kupferdrahts, der 1 m lang ist und 1 mm^2 Querschnitt hat.

F. *Wie hängt der Leitwert einer Verzweigung von den Leitwerten der einzelnen Zweige ab?*

l) Miß mit der Brücke einzeln die Widerstände der Spulen aus Manganindraht von 0,25 mm Dicke und von 200 und 120 cm Länge.

m) Schalte die beiden Widerstände nebeneinander und miß mit der Brücke den Gesamtwiderstand der Verbindung. Vgl. Aufg. 33.

n) Man kann auch W durch einen Widerstandsatz R_1 und R durch zwei nebeneinander geschaltete Widerstandsätze R_2 und R_3 ersetzen (kurze Leitungsschnüre), dann in den Sätzen etwa nebenstehende Widerstände einschalten und den Gesamtwiderstand von R_2 und R_3 bestimmen.

R_1 [Ω]	R_2 [Ω]	R_3 [Ω]
1	1	2
1	2	3
1	3	5

Bemerkungen. Der Stromprüfer soll so empfindlich sein, daß er für ein Verschieben der Schneide auf dem Meßdraht um 1 mm noch einen deutlichen Ausschlag gibt. Die Schwingungen der Stromprüfer kann man rasch zur Ruhe bringen, wenn man U_2 schließt und U_1 öffnet. Beim Schülerstromprüfer ist der Unterbrecher U_2 überflüssig.

Die Messungen mit der Brücke fallen um so genauer aus, je näher die Schneide der Mitte des Meßdrahts steht.

Bei Schülerübungen empfiehlt es sich, die Kette stets in den Brückenzweig zu legen, auch dann, wenn diese Schaltung nicht die günstigste ist. Man achte darauf, daß die Schüler die Schneide stets nur kurze Zeit auf den Draht halten. Dann dient der Schalter U_1 nur als Stromwender, und man braucht ihn während einer Meßpause nicht zu öffnen.

Übers Messen mit der Brücke sind zu vergleichen: Georg Berndt *2*[3], *25*. Heydweiller *114*. Kohlrausch, *Prakt. Phys.*[14] *506*. Kohlrausch-Holborn *38*. Ostwald-Luther[3] *401*. Stewart and Gee *2*, *439*. Wiedemann-Ebert[6] *360*.

36. Aufgabe. *Wie hängt der Widerstand eines Drahts von seiner Warmheit ab?*

(3 Schüler, 2 Stunden.)

Geräte. Trockenkette oder Gnomkette. Wheatstonesche Brücke. Stromprüfer. Widerstandspule von 2 Ω oder Widerstandsatz. Wärmespule. Weißblechgefäß für diese Spule. Wasserbad. Thermometer. Asbestplatte. Dreifuß. Weingeistlampe. Kurze Leitungsschnüre. Steinöl.

Anleitung. a) Setze die Wärmespule (Abb. 318) ins Blechgefäß mit Steinöl und diesen Behälter in ein Wasserbad, das auf einem Dreifuß mit Asbestplatte steht, und erwärme mit einer Weingeistlampe oder einem kleingestellten Bunsenbrenner.

b) Schalte mit kurzen Leitungsschnüren den Widerstandsatz an die Klemmen S und T der Brücke (Abb. 317) und die Wärmespule an die Klemmen F und H.

c) Miß nach tüchtigem Umrühren die Warmheit des Steinöls und den Widerstand der Spule.

d) Erwärme nun langsam das Bad, steigere die Warmheit des Wassers auf etwa 20°, drehe die Flamme klein, rühre gut um, lies die Warmheit ab, miß den Widerstand der Spule und lies wieder die Warmheit ab.

Trage die Mittelwarmheit und die Widerstände in nachfolgende Tafel ein: Brücke Nr. ... Widerstandsatz Nr. ... Stromprüfer Nr. ... Wärmespule Nr. ... Vergleichwiderstand $R = \ldots \Omega$.

Beim Erwärmen			Beim Abkühlen		
Warmheit in C°	Stellung der Schneide a [mm]	Widerstand R [Ω]	Warmheit in C°	Stellung der Schneide a [mm]	Widerstand R [Ω]

e) Bestimme ebenso den Widerstand der Spule bei 30, 40, 50 und 60° C, laß nun abkühlen und wiederhole die Messungen bei Warmheiten, die diesen möglichst naheliegen.

f) Stelle die Ergebnisse bildlich dar und wähle dabei die Warmheit als Abszisse und den Widerstand als Ordinate. $x = t$, $y = R$. Wo schneidet die Kurve die x-Achse? Bei welcher Warmheit hätte also der Draht keinen Widerstand?

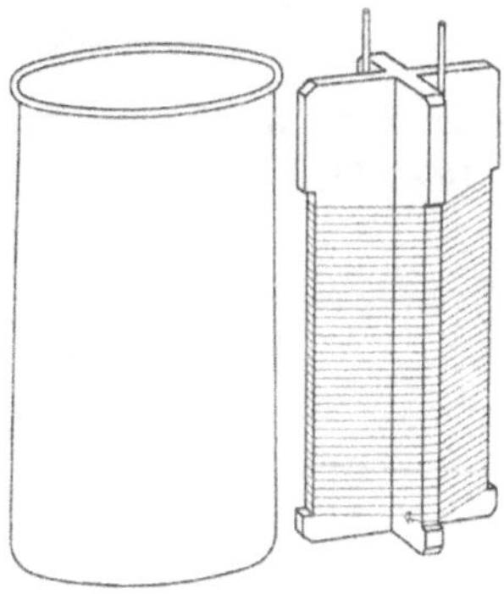

Abb. 318.

g) Wie ändert sich nach der bildlichen Darstellung der Widerstand mit der Warmheit? Sind R_0, R_1, R_2 die Widerstände bei den Warmheiten 0, t_1, t_2 und ist α das Warmheitsmaß des Drahtwiderstandes, so ist

$$R_1 = R_0\,(1 + \alpha t_1)$$

und

$$R_2 = R_0\,(1 + \alpha t_2),$$

also

$$\alpha = \frac{R_2 - R_1}{R_1 t_2 - R_2 t_1} = \frac{\frac{1}{R_1} - \frac{1}{R_2}}{\frac{t_2}{R_2} - \frac{t_1}{R_1}} = -\frac{G_2 - G_1}{G_2 t_2 - G_1 t_1}.$$

Nimm aus den beiden zusammengehörigen Warmheiten der ersten und vierten Spalte und aus den zugehörigen Widerständen die Mittel. Ordne in der nachstehenden Tafel diese Mittelwerte in zwei Gruppen I und II, berechne aus den Größen derselben Reihe jedesmal α und bilde daraus den Mittelwert.

Mittlere Warmheit t_1 °C	Mittlerer Widerstand R_1	G_1	$G_1 t_1$	Mittlere Warmheit t_2 °C	Mittlerer Widerstand R_2	G_2	$G_2 t_2$	α
(15)				(40)				
(20)				(50)				
(30)				(60)				
						Mittel $\alpha = \ldots$		

Bemerkungen. Man kann auch Öl anstatt des Petroleums nehmen, die Widerstände der Spule bei 0° und bei 100° messen und aus beiden Messungen α berechnen.

Die Wärmespule (Abb. 318) besteht aus 8 m langem und 0,2 mm starkem Kupferdraht, der auf ein Holzkreuz aufgewickelt und mit zwei dicken Kupferdrähten verbunden ist. Man stellt die Spule in ein Blechgefäß von 15 cm Höhe und 9 cm Durchmesser.

37. Aufgabe. *Vergleiche die elektromotorische Kraft einer Trockenkette mit der eines Daniell.*

(2 Schüler, 1 Stunde.)

Geräte. Stromprüfer.
Gefälldraht (vgl. S. 373).
1 Sammler oder 2 bis 3 Daniell.
1 Trockenkette.
1 Daniell.
2 Stromunterbrecher, der eine mit Quecksilbernäpfen.
Leitungsschnüre.
2 Gleitschneiden.

Anleitung. a) Bilde einen Stromkreis aus dem Stück MN des Gefälldrahts, das 6 m lang ist, dem offnen Unterbrecher U_1 (Abb. 319) und dem Sammler E und schließe dabei M an den positiven Pol von E an. Befestige am positiven Pol der Trockenkette D einen Draht und daran die Schneide P, verbinde den negativen Pol von D mit dem geschlossenen Unterbrecher U_2 und mit dessen Quecksilbernäpfchen den Stromprüfer. Befestige am Unterbrecher U_2 den Draht, woran die Schneide Q sitzt.

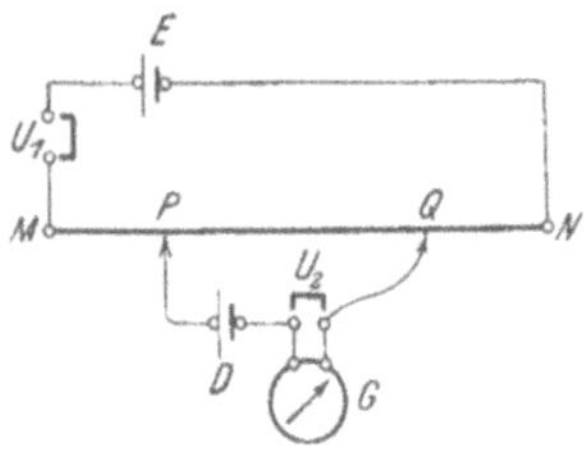

Abb. 319.

b) Schließe den Unterbrecher U_1, setze nach etwa 10 Minuten P in etwa 10 cm Abstand von M auf den Meßdraht MN und suche auf diesem Draht eine Stelle, worauf man die Schneide Q setzen kann, ohne daß die Nadel des Stromprüfers ausschlägt. Setze dabei die Schneide Q immer nur kurze Zeit auf den Draht. Entferne nun in U_2 den Bügel, stelle Q scharf ein, unterbrich beide Stromkreise und miß sorgfältig die Strecke PQ.

c) Setze P der Reihe nach in 20, 30 usw. cm Abstand von M auf, bis Q das andre Ende von MN erreicht, und verfahre genau so wie bei (b).

d) Ersetze die Trockenkette durch einen Daniell und wiederhole die Messungen (b) und (c)

e) Wiederhole die Messungen (b) und (c) mit der Trockenkette.

f) Schreibe die Ergebnisse der Messungen in folgender Weise auf:

Stromprüfer Nr. ... Gefälldraht Nr. ... Trockenkette Type ... Nr. ...

Kette	Schneidenstellungen		$PQ = l$ [mm]	Mittel	Hauptmittel f. Trockenkette
	MP in mm	MQ in mm			

g) Berechne für die Trockenkette aus den beiden Mittelwerten von l das Hauptmittel.

h) Welche der beiden Stellen M und N hat das höhere Potential? Welche der beiden Stellen P und Q hat das höhere Potential? In welcher Richtung würde also ein Strom durch den Zweig PGQ fließen, wenn die Kette D nicht vorhanden wäre? In welcher Richtung sendet die Kette D einen Strom durch die Schleife PGQ? Wie fließt der Strom, wenn die elektromotorische Kraft E von D größer ist als die Spannung zwischen P und Q, und wie fließt er, wenn sie kleiner ist? Wem ist also E gleich, wenn durch den Stromprüfer kein Strom fließt? Wem entspricht die Spannung zwischen P und Q und mithin auch E? Es seien E_t die elektromotorische Kraft der Trockenkette, E_d die elektromotorische Kraft des Daniell und l_t und l_d die Mittelwerte der Drahtlängen, bei denen die Spannungen jenen elektromotorischen Kräften gleich sind. Welche Beziehung besteht also zwischen jenen vier Größen?

Bemerkungen. Der Widerstand des Drahts MN muß so groß sein, daß sich der Sammler nicht rasch entladet und sich der Draht nicht erheblich erwärmt. Ist der Gefälldraht nicht lang genug, benutzt man etwa an seiner Stelle den Meßdraht einer WHEATSTONEschen Brücke, so muß man in den Stromkreis des Sammlers noch einen Stromschwächer einschalten. Da die elektromotorische Kraft eines Sammlers in der ersten Zeit nach dem Stromschluß etwas sinkt, so beginne man die Messungen erst etwa 10 Minuten nach dem Schließen des Sammlerstroms und halte ihn während einer Versuchsreihe dauernd geschlossen.

Man entferne aus U_2 den Bügel nur so lange, wie man die Schneide Q scharf einstellt.

VI. Magnetisches Feld des elektrischen Stroms.

38. Aufgabe. *Welche Beziehungen bestehn zwischen der Richtung eines elektrischen Stroms und den Kraftlinien eines magnetischen Feldes?*

(2 Schüler, 2 Stunden.)

Geräte. 1 Sammler oder Daniell.
Gleitwiderstand, 0,2 mm starker Manganindraht (vgl. S. 321).
Stromwender oder Stromschlüssel (Taster), der selbsttätig den Strom öffnet.
Kleine Bussole mit Gradteilung.
2,5 m isolierter Leitungsdraht von 0,9 mm Durchmesser.
Quecksilber für den Stromwender.
Papier (etwa 15 cm × 15 cm).
Starke Pappe (etwa 25 cm × 7,5 cm).
Stecknadeln.
Holzstab (30 cm × 1 cm × 1 cm), vgl. S. 303.
Isolierband.
Retortenhalter aus Holz.
Reißbrett.
Hakenzwecken.

Anleitung. a) Befestige auf dem Tisch mit Klebwachs das Blatt Papier. Ziehe durch seine Mitte eine Gerade, die der Bussolennadel gleichläuft, also von Süden nach Norden, und senkrecht dazu eine Gerade von Osten nach Westen. Lege auf den Schnittpunkt beider Geraden die Bussole mit ihrer Mitte und drehe sie so, daß der Nordpol überm Nordpunkt (oder Nullpunkt) der Rose einspielt (Abb. 320).

b) Bilde einen Stromkreis aus dem Sammler E (Abb. 321), dem Widerstande R, dem offnen Stromwender U und dem 2,5 m langen Draht. Befestige mit Isolierband oder Bindfaden eine 15 cm lange gerade Strecke

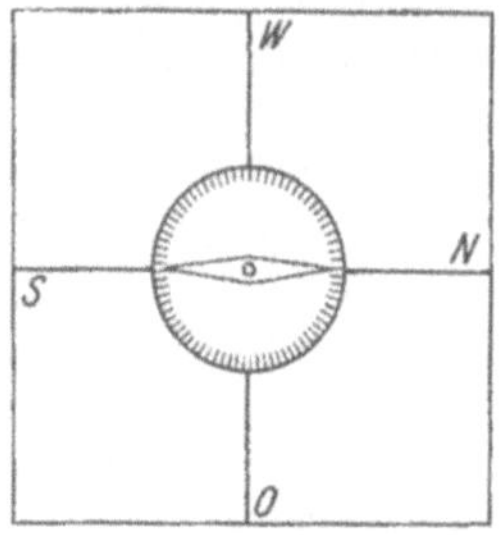

Abb. 320.

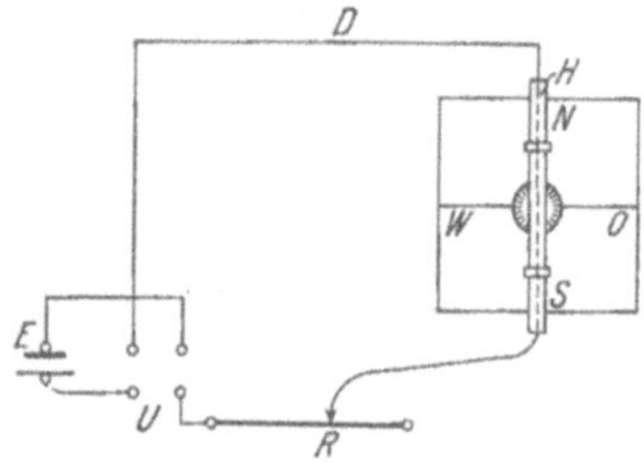

Abb. 321.

des Drahts am Holzstabe H (Abb. 322). Halte den Draht dicht über die Nadel der Bussole, genau in ihrer Richtung. Schließe den Strom so, daß er im geraden Drahtstück von Süden nach Norden fließt. Nach welcher Himmelsrichtung wird der Nordpol der Nadel abgelenkt? Regle den Widerstand so, daß die Nadel um etwa 45° abgelenkt wird. Halte die ausgestreckte rechte Hand so an den Draht, daß die Strom-

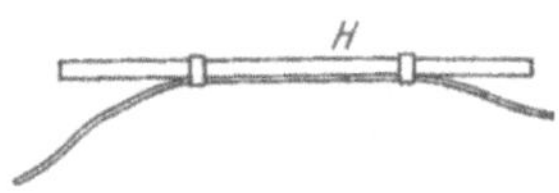

Abb. 322.

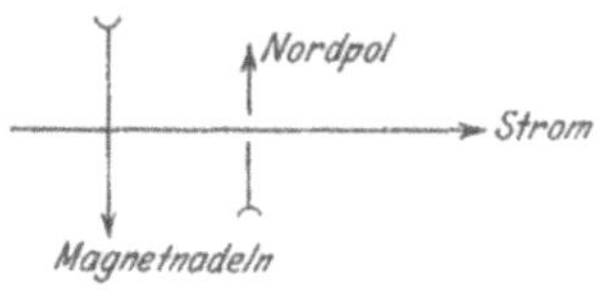

Abb. 323.

richtung mit der Richtung der ausgestreckten Finger zusammenfällt und die hohle Hand der Magnetnadel zugewandt ist, der Draht also zwischen der Hand und der Nadel liegt, und strecke nun den Daumen aus. Daumen und abgelenkte Nadel weisen nach derselben Seite. Unterbrich den Strom. Wohin weist jetzt der Nordpol der Nadel? *Daumenregel der rechten Hand.* Mache eine Handzeichnung ins Übheft; stelle dabei die Magnetnadel, wenn sie überm Draht liegt, ähnlich wie im Bilde 323 durch einen ganzen Pfeil dar, und wenn sie unterm Draht liegt, durch einen durchbrochnen Pfeil, dessen Spitze den Nordpol bezeichnet.

c) Schließe den Strom so, daß er in derselben Richtung wie vorher fließt, drehe über der Bussole das gerade Leiterstück langsam bis in die Ost-Westrichtung und dann weiter, bis der Strom darin von Norden nach Süden fließt. Beobachte dabei fortwährend Richtung und Größe der Ablenkung des Nordpols und prüfe, ob stets die Daumenregel erfüllt wird. Öffne den Strom. Stelle die Ergebnisse ähnlich wie in (b) durch verschiedne Zeichnungen dar. Was wirkt dem Ablenken der Nadel durch den Strom entgegen? *Richtkraft der Erde.*

d) Lege den Holzstab so aufs Papier, daß das gerade Drahtstück auf der Oberseite und genau über der Süd-Nordlinie liegt. Halte dicht überm Drahte die Bussole so in der Hand (oder lege sie auf ein wagrecht eingeklemmtes Stück Pappe), daß ihre Mitte wie vorher genau überm Schnittpunkte des Achsenkreuzes auf dem Papier und ihr Nordpol überm Nordpol der Rose liegt. Schließe den Strom so, daß er im geraden Drahtstück von Süden nach Norden fließt. Nach welcher Himmelsrichtung und wie stark wird der Nordpol der Nadel abgelenkt? Bewährt sich auch jetzt noch die Daumenregel? Drehe, ohne die Stellung der Bussole zu ändern, den Draht langsam um die Mitte des Achsenkreuzes auf dem Papier in die Ost-Westlage und dann weiter, bis der Strom darin von Norden nach Süden fließt. Beobachte dabei fortwährend Richtung und Größe der Ablenkung und prüfe, ob stets die Daumenregel gilt. Öffne den Strom. Stelle die Ergebnisse ähnlich wie in (b) durch Zeichnungen dar. Welchen Einfluß übt der Erdmagnetismus aus?

e) Trage die Ergebnisse der Versuche (b) bis (d) in folgende Tafel ein:

Lage der Bussolennadel zum Draht	Stromrichtung	Himmelsrichtung, wohin der Nordpol abgelenkt	Größe der Ablenkung
Unterm Draht	S ——→ N		

f) Wie kann man die Richtung voraussagen, wohin der Nordpol abgelenkt wird, wenn man die Stromrichtung kennt? Wie kann man die Stromrichtung feststellen, wenn man die Ablenkung des Nordpols beobachtet hat?

g) Wiederhole den Versuch (b), verschiebe dann das gerade Drahtstück gleichläufig zu sich so, daß es in derselben wagrechten Ebene wie die Bussolennadel liegt, und zwar das eine Mal östlich und das andre Mal westlich dicht neben dem Bussolengehäuse. Findet in beiden Fällen eine Ablenkung des Nordpols statt? Öffne den Strom.

h) Wiederhole den Versuch (b) und vergrößre, während der Strom geschlossen ist, den Abstand der geraden Drahtstrecke von der Bussole. Wie ändert sich die Größe der Nadelablenkung, wenn dieser Abstand wächst? Öffne den Strom.

i) Nimm den Holzstab vom Draht weg, biege 40 cm des Drahts zu einem Quadrat, dessen Seite 10 cm lang ist, und lege es so auf ein Reißbrett, daß zwei Seiten von Osten nach Westen laufen. Stelle so drei Windungen her und befestige sie in den Ecken durch Haken. Schließe in der Südwestecke der Spule den Sammler usw. an. (Abb. 324).

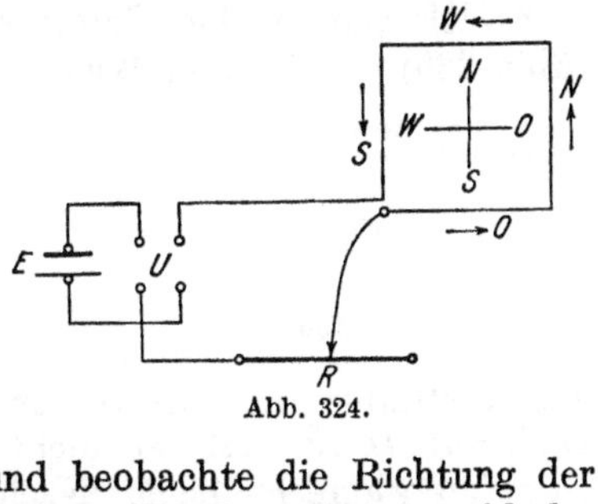

Abb. 324.

k) Halte die Bussole über die Mitte der Südseite und beobachte die Richtung, wohin der Nordpol der Nadel abgelenkt wird. Schiebe die Bussole unter dieselbe Drahtstelle und beobachte die Richtung der Nadelablenkung. Balle die Finger der rechten Hand zur Faust und halte den ausgestreckten Daumen in die Richtung des Stroms. Vergleiche die

Richtungen der gekrümmten Finger mit den Richtungen der abgelenkten Nadel, d. h. mit den Kraftlinien. *Regel der rechten Faust.*

l) Wiederhole in den Mitten der übrigen Quadratseiten die Beobachtungen. Mache eine Zeichnung, ähnlich dem Bilde 323, und stelle darin wie in Versuch (b) die Richtung dar, welche die Magnetnadel an jeder Stelle einnimmt. Welchen Einfluß hat der Erdmagnetismus? Öffne den Strom.

m) Ist an jeder Stelle die Daumenregel der rechten Hand erfüllt? Gilt für die Stromschleife die Regel der rechten Faust?

n) Befestige den Holzstab am Draht wie in Versuch (b) und klemme das gerade Drahtstück genau lotrecht fest. Halte die Bussole dicht westlich von diesem Drahtstück so, daß der Nordpol überm Nordpunkt der Rose liegt. Man kann die Bussole auch auf ein umgekehrtes Becherglas legen oder auf einen Holzklotz, den man auf die hohe Kante gestellt hat. Schalte den Widerstand ganz aus und schließe auf ganz kurze Zeit den Strom. Gilt hier die Regel der rechten Faust? Wende den Strom. Nach welchen Richtungen wird der Nordpol der Nadel abgelenkt? Mache ins Übheft eine Handzeichnung der Ablenkungen. Bezeichne dabei durch das Zeichen ⊙ einen Strom, der senkrecht aus dem Papier auf den Beschauer zufließt, durch ⊗ einen Strom, der vom Beschauer wegfließt; durch das Zeichen · eine Kraftlinie, die senkrecht aus dem Papier auf den Beschauer zu gerichtet ist, und durch × eine Kraftlinie, die senkrecht durch das Papier hindurch vom Beschauer weg gerichtet ist. Erkläre die Bedeutung der vier Beziehungen von Stromrichtung und Kraftlinie, die in Abb. 325 *A*—*D* dargestellt sind.

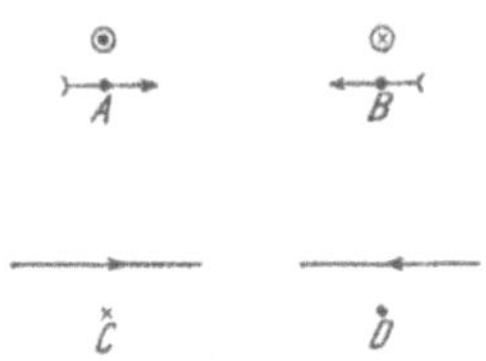

Abb. 325.

o) Wiederhole den Versuch (n), doch stelle die Bussole östlich, nördlich und südlich vom Draht, und zwar dicht daneben auf. In welchen Lagen treten Ablenkungen ein? Welchen Einfluß hat der Erdmagnetismus auf diese Erscheinungen? Schließe jedesmal nur ganz kurze Zeit den Strom. Stelle unter Benutzen der Zeichen alle acht Nadelstellungen dar, die beim Versuch (n) angegeben worden sind. Umfaßt die Regel von der rechten Faust auch diese Erscheinungen?

p) Klemme in den Retortenhalter wagerecht ein Stück Pappe *A* (Abb. 326) ein, lege die Bussole *B* darauf und drehe sie in die richtige Stellung. Schalte den Widerstand wieder ein, halte das gerade Drahtstück *C* im magnetischen Meridian wagrecht über die Bussole, schließe den Strom so, daß er im Draht von Süden nach Norden fließt, und bestimme die Größe der Ablenkung. Biege den beweglichen Drahtteil *D* so, daß er dicht unter der Pappe im magnetischen Meridian wagrecht liegt. Nach welcher Seite lenkt der obre Draht und nach welcher Seite der untre Draht die Nadel ab? Wird also die Ablenkung, welche die Drahtschleife hervorruft, größer sein, als die,

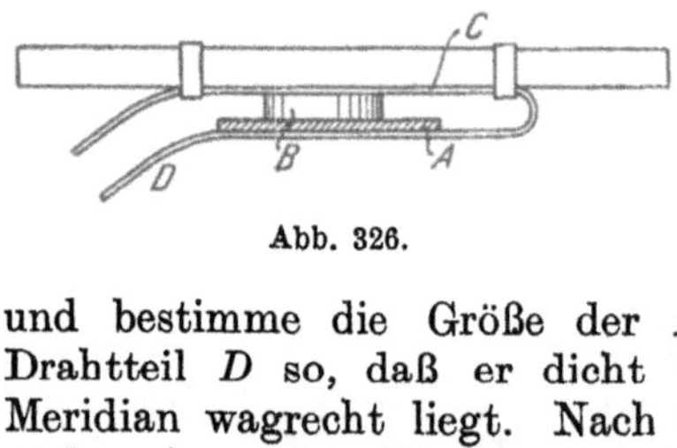

Abb. 326.

welche jedes der beiden geraden Drahtteile bewirkt? Ist die Ablenkung tatsächlich größer? Krümme die Finger der rechten Hand in der Richtung des Stroms in der Stromschleife zur Faust und strecke den Daumen aus. Vergleiche die Richtung des ausgestreckten Daumens mit der Richtung, wohin der Nordpol der Nadel abgelenkt wird. *Erweiterte Regel der rechten Faust.* Wende den Strom in der Schleife. Gilt auch jetzt noch diese Regel? Öffne den Strom. In welcher Richtung treten die magnetischen Kraftlinien aus der Stromschleife heraus? Als was darf man daher die Schleife auffassen? *Magnetische Scheibe.* Welche Seite bildet den Nordpol und welche den Südpol? Abb. 327 bietet eine Gedächtnishilfe; die gepunkteten Linien ergänzen die Pfeile der Stromrichtung zu den Buchstaben *S* und *N*.

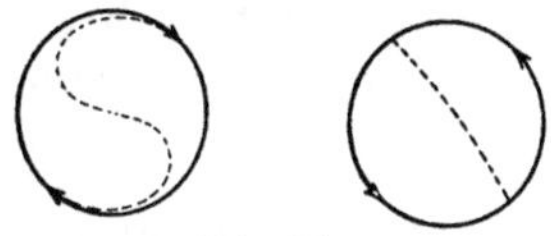

Abb. 327.

q) Verschiebe die Bussole auf der Pappe längs der Achse der Drahtschleife. Ändert sich die Größe der Ablenkung?

r) Wiederhole den Versuch (p), doch drehe die Schleife so um ihre lotrechte Achse, daß ihre Ebene in die Ostwestrichtung fällt. Wie wirkt nun der Strom auf die Bussolennadel in der Mitte der Schleife? Wende den Strom.

s) Nimm den Draht vom Holzstab ab, schlinge ihn einmal dicht um die Bussole längs einem Gehäusedurchmesser und laß den Strom so hindurchfließen, daß er im obern Drahtstück von Süden nach Norden fließt. Wie groß ist die Ablenkung?

t) Wiederhole den Versuch (s), doch gib der Schleife einen größern Durchmesser und lege die Bussole aufs eingeklemmte Pappstück. Ändert sich die Größe der Ablenkung?

u) Wickle den Draht zweimal, dann dreimal und schließlich viermal eng um die Bussole und bestimme jedesmal die Ablenkung der Nadel. Wächst mit der Anzahl der Windungen die Größe der Ablenkung?

v) Wickle den Draht mehrfach um die Bussole und bestimme die Richtung, wohin der Nordpol abgelenkt wird. In welcher Richtung fließt der Strom durch die Spule? Wie sind die Kraftlinien gerichtet? Gilt hier die erweiterte Regel der rechten Faust? Als was können wir die Stromspule auffassen? An welchem Ende liegt der Nordpol und an welchem der Südpol? *Solenoid.*

w) Schalte den Sammler aus, bringe die benutzten Geräte in Ordnung und gib sie ab.

Bemerkungen. Verwendet man einen Sammler, so muß man noch einen Widerstand in den Stromkreis einschalten. Man wähle die eingeschaltete Drahtlänge ausreichend groß, damit keine für den Widerstand und den Sammler gefährliche Stromstärke entsteht. Bei den Versuchen (n) und (o) gebraucht man starken Strom, deshalb schalte man hier den Widerstand ganz aus und schließe den Strom jedesmal nur für einen Augenblick. Bei nicht zuverlässigen Schülern ist es daher ratsam, anstatt des Stromwenders einen Taster, d. h. Stromschlüssel, zu verwenden, der nur bei Druck den Strom schließt. Man schärfe den Schülern stets ein, daß sie bei allen galvanischen Versuchen nur dann und nur so lange den Strom einschalten dürfen, als es unbedingt notwendig ist.

Die Aufgaben 38 bis 40 wird man schon beim Untersuchen der Stromquellen stellen. Die Aufgaben setzen die Kenntnis der in Aufg. 28, S. 109 u. 111, Aufg. 15, S. 78 und Aufg. 1, S. 296 gefundnen Tatsachen voraus.

39. Aufgabe. *Wie hängt die magnetische Feldstärke eines geraden Stromleiters von der Stromstärke und dem Abstande von der Drahtachse ab?*

(3 Schüler, 2 Stunden.)

Quellen. HALL-MINOR *95 Nr. 50.* STEWART-GEE *2, 314.* ABRAHAM *2, 333 Nr. 152.* SCHREBER-SPRINGMANN *2, 247 Nr. 209.*

Geräte. Schwing-Magnetometer (vgl. S. 306). Bussole mit Gradteilung. Brett (vgl. S. 394). Wasserwage. Eisenfreie Schraubzwinge. Ringgewichtstück (1 kg*). Bindfaden. Flüssigkeitswiderstand. 3 bis 4 Sammler. Strommesser, wenn möglich ein Hitzdraht-Strommesser. Stromwender. Stoppuhr. Schublehre. Maßstab. Millimeterpapier. Leitungsschnüre von 1 und 2 mm Durchmesser.

Anleitung. a) Spanne oberhalb des Arbeitstisches in mindestens 75 cm Höhe über der Platte und in der Richtung von Nord nach Süd einen starken Bindfaden aus (Abb. 328). Befestige daran über dem nördlichen oder dem südlichen Tischrand einen mindestens 1,50 m langen Kupferdraht von 1 mm Durchmesser, ziehe ihn durchs Loch des Brettchens und belaste ihn unten mit einem Gewichtstück (1 kg*). Richte das Brettchen wagrecht so aus, daß der Draht genau durch seine Mitte frei hindurchgeht und die eine Mittellinie genau von Norden nach Süden läuft, und klemme es dann mit einer eisenfreien Schraubzwinge fest. Stelle am gegenüberliegenden Tischrand in etwa 3 m Entfernung vom lotrechten Draht einen Sammlersatz *E* (Abb. 329) auf, dem man etwa 10 A entnehmen kann, schalte diesen in Reihe mit einem Flüssigkeitswiderstande *R*, einem Stromzeiger *A*, einem Stromwender *U* und dem lotrechten Drahte *D*. Halte dabei die Leitungsschnüre möglichst fern vom lotrechten Draht, führe daher die obre Litze dem Bindfaden und die untre dem Boden entlang.

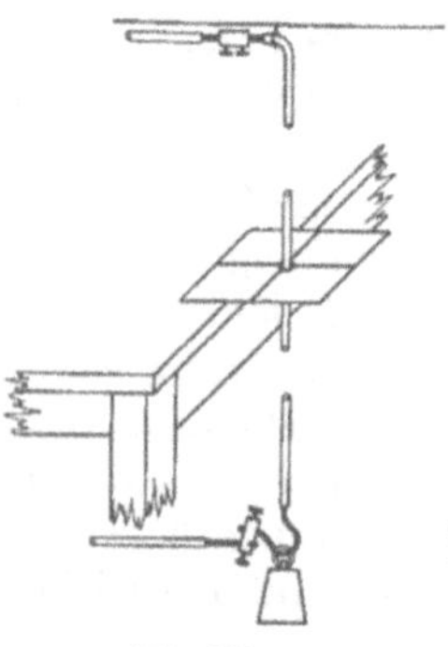

Abb. 328.

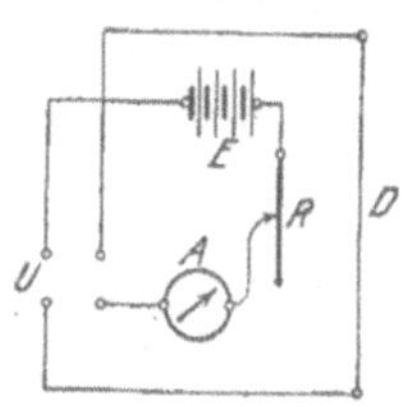

Abb. 329.

b) Stelle auf dem Brettchen östlich vom Draht das Magnetometer so auf, daß das Lot von der Mitte des Magnets auf die Drahtachse lotrecht auf dem magnetischen Meridian steht und die Mitte des Magnets von der Achse des Drahts genau um $r = 6$ cm entfernt ist. Schließe den

Strom, sobald der Magnet zur Ruhe gekommen ist. Wird der Magnet nicht abgelenkt, so ist die Aufstellung richtig. Findet eine Ablenkung statt, so muß man das Magnetometer etwas im Meridian verschieben. Setze, sobald die richtige Aufstellung des Magnetometers erzielt ist, bei geöffnetem Strom den Magnet in kleine Schwingungen und bestimme die Schwingzahl n_o.

c) Schreibe die Ergebnisse in folgender Weise auf:

Anzahl der Schwingungen z_o	Schwingzeit t_o			Schwingzahl $n_o = z_o / t_o$ [dHz]
	min	sek	sek	

Mittel $n_o = \ldots dHz$.

d) Schließe den Strom, lies die Stromstärke ab und bestimme wiederum die Schwingzahl. Erhalte dabei sorfältig mit dem Widerstande die Stromstärke auf derselben Höhe. *Stromfeld. Erdfeld.* Bestimme mit der Regel der rechten Faust, ob an der Stelle, wo das Magnetometer steht, beide Felder gleiche oder entgegengesetzte Richtungen haben. Wende den Strom und wiederhole die Messungen (d).

e) Vermindre die Stromstärke und wiederhole die Messungen (d). Untersuche, ob sich nicht bei einer gewissen Stromstärke die Magnetnadel umkehrt.

f) Stelle das Magnetometer genau 6 cm westlich vom Draht auf und wiederhole die Messungen (d) und (e).

g) Schreibe die Ergebnisse in folgender Weise auf, deute dabei die Stromrichtungen durch Pfeile, ⅄ oder Y und die Stellung des Magnets durch *w* oder *o* an.
Magnetometer Nr. ... $n_o^2 = \ldots$ $r = \ldots$ cm. $H = \ldots$ Gauß.

Stromstärke I [A]	Stromrichtung	Feldrichtung	Stellung des Magnetometers	Schwingzeit t			Anzahl der Schwingungen z
				min	sek	sek	

Schwingzahl $n = z/t$ [dHz]	Mittelwert n	$n^2 - n_o^2$		$\mathfrak{H}$ [Gauß]	$\mathfrak{H}/I$	$r\mathfrak{H}/I$
			Mittel			

h) Hat der Magnet die Drehmasse J und die Drehstarre $\mathfrak{d}$, so ist die Schwingdauer im Erdfelde $T_o = 2\pi\sqrt{J/\mathfrak{d}}$. Bezeichnet M das Moment des Magnets und H die wagrechte erdmagnetische Feldstärke, so ist $\mathfrak{d} = MH$, daher $MH = 4\pi^2 J/T_o^2 = 4\pi^2 n_o^2 J$, wo n_o die Schwingzahl im Erdfeld bedeutet. Daher ist $n_o^2 = cH$, wo c den festen Wert $M/4\pi^2 J$ bezeichnet. Erregt der Strom $\pm I$, der den Draht durchfließt, an einer Stelle, die senkrecht zum magnetischen Meridian von der Drahtachse den lotrechten Abstand r hat, die Feldstärke $\pm\mathfrak{H}$, so ist die Gesamtstärke der übereinander gelagerten Felder der Erde und des Stroms $H \pm \mathfrak{H}$ und daher ist, wenn n die Schwingzahl des Magnets an dieser

Feldstelle bezeichnet, $n^2 = c\,(H \pm \mathfrak{H})$ oder $\pm c\mathfrak{H} = n^2 - n_0^2$, somit

$$\pm \mathfrak{H} = \frac{n^2 - n_0^2}{n_0^2} H.$$

i) Wie ändert sich also $n^2 - n_0^2$ mit der Feldstärke $\mathfrak{H}$ des Stroms? Berechne $n^2 - n_0^2$ und bilde das Mittel aus den Werten, die der gleichen Stromstärke entsprechen. Vergleiche die Werte von I und $n^2 - n_0{}^2$. Welche Beziehung besteht zwischen $\mathfrak{H}$ und I? Berechne die Werte von $\mathfrak{H}$ und $\mathfrak{H}/I$.

k) Stelle die Ergebnisse bildlich dar und wähle dabei I als Abszisse und $n^2 - n_0^2$ oder $\mathfrak{H}$ als Ordinate.

l) Stelle, wenn es die Zeit erlaubt, das Magnetometer so auf, daß der Abstand $r = 9$ cm wird, und wiederhole den Versuch (d) unter Anwenden genau der gleichen Stromstärke und unter Wechseln der Stromrichtung.

m) Stelle die Ergebnisse der Versuche (d) und (l) auf folgende Weise zusammen:

$I = \ldots$ A. $H = \ldots$ Gauß.

r [cm]	Strom-richtung	Feld-richtung	Stellung des Magnetometers	Schwingzeit t min	sek	sek	Anzahl der Schwingungen z

Schwingzahl $n = z/t\,[dHz]$	Mittelwert n	$n^2 - n_0^2$	Mittel	$\mathfrak{H}$ [Gauß]	$r\,\mathfrak{H}$	$r\,\mathfrak{H}/I$

n) Berechne $n^2 - n_0^2$ aus den Schwingzahlen, die gleichen Abständen r entsprechen, und bilde den Mittelwert. Vergleiche die Werte von r und $n^2 - n_0{}^2$. Welche Beziehung besteht zwischen $\mathfrak{H}$ und r? Berechne die Werte von $\mathfrak{H}$ und $r\mathfrak{H}$.

o) Stelle die Ergebnisse der Versuche (d) und (l) bildlich dar, wähle dabei $1/r$ als Abszisse und $n^2 - n_0^2$ oder $\mathfrak{H}$ als Ordinate.

p) In welche Gleichung kann man die Ergebnisse von (g) und (m) zusammenfassen? $\mathfrak{H} = \eta I/r$. Berechne aus diesen Ergebnissen $r\mathfrak{H}/I$ und daraus den Mittelwert von η. *Gesetz von* Biot *und* Savart.

q) Verschiebe bei ungeänderter Stärke und Richtung des Stroms eine Bussole auf der Ost-Westlinie des Drahts und suche die Stelle, wo sich die Nadel umkehrt, also das Erdfeld und das Stromfeld einander aufheben.

r) Spanne nun den Draht, der seither lotrecht hing, in der Höhe der Magnetometernadel wagrecht aus und stelle das Magnetometer neben den Draht. Schicke verschieden starke Ströme durch den Draht und bestimme jedesmal die Schwingzahl. Ändert sich die Schwingzahl mit der Stromstärke?

Bemerkungen. Auf dem Brett (30 cm × 30 cm × 2 cm) sind die beiden Mittellinien gezogen und längs diesen Strichen zwei Streifen Millimeterpapier geklebt. Durch die Mitte des Bretts ist ein 0,5 bis 1 cm weites Loch gebohrt.

Anstatt des Flüssigkeitswiderstandes kann man einen andern Stromschwächer (bis etwa 5 Ω) verwenden, der ein dauerndes Belasten mit 10 A verträgt. Man kann den Strom auch durch Ausschalten von Sammlern schwächen.

Bussolen haben für die Schwingversuche im allgemeinen eine zu starke Dämpfung. Vgl. Aufg. 40.

Bei Schülerübungen ist es wohl kaum ratsam, durch einen Hilfsmagnet, der in der Nähe des Magnetometers aufgestellt ist, die Wirkung des Erdfeldes auszugleichen.

Man kann die Fragen, die durchs Schwingverfahren gelöst wurden, auch nach dem Ablenkverfahren beantworten lassen, doch dürfte es dabei ratsam sein, anstatt der Bussole ein Spiegelmagnetometer zu verwenden und die Ablenkwinkel mit Spiegel und Teilung genau zu messen.

Man halte die Schüler an, daß sie bei den zusammengehörigen Messungen die Stromstärke stets sorgfältig auf der gleichen Höhe erhalten und sofort am Ende jeder Messung den Strom öffnen.

40. Aufgabe. *Wie hängt die Feldstärke in der Mitte einer Stromschleife vom Halbmesser und von der Stromstärke ab?*

(2 Schüler, 2 Stunden.)

Quellen. Stewart-Gee *2, 324.* F. C. G. Müller, *Zeitschr. f. d. phys. u. chem. Unterr. 8, 34; 1894.* Abraham, *2, 335 Nr. 153.* Schreber-Springmann *2, 248 Nr. 210.*

Geräte. Stromschleife (vgl. S. 399). Bussole mit Gradteilung. 2 Sammler. Stromwender. Strommesser. Flüssigkeitswiderstand. Stromschwächer (1 m Konstantandraht von 0,5 mm Durchmesser). Volkmannsche Klammer. Leitungsschnüre für Tangentenbussole. Leitungsschnüre. Stoppuhr.

Anleitung. a) Stelle einen Stromkreis her aus zwei Sammlern E (Abb. 330), dem Stromschwächer R, dem Strommesser A, dem Wender U und der Stromschleife S (Abb. 331). Verbinde dabei die Schleife durch zusammengedrehte Leitungsschnüre, wie man sie bei der Tangentenbussole verwendet, mit dem Stromwender und stelle die Schleife möglichst weit von den übrigen Geräten auf.

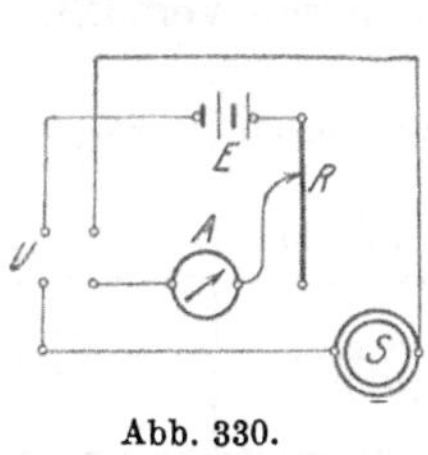

Abb. 330.

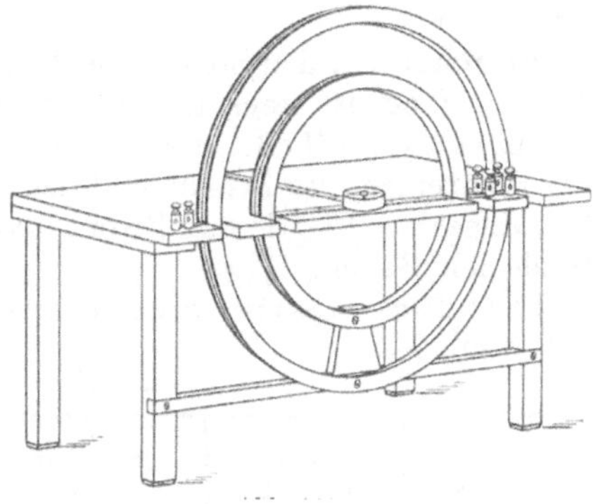
Abb. 331.

I. Schwingverfahren.

b) Stelle die Stromschleife so auf, daß die Windungen senkrecht zum magnetischen Meridian stehn. Setze in die Mitte der Schleife die Bussole, bringe ihre Nadel zum Schwingen und bestimme ihre Schwingzahl n_0. Schreibe die Ergebnisse wie in Aufgabe 39 (c) auf.

c) Schalte in den Stromkreis die einfache Windung, deren Halbmesser 10 cm ist, schließe den Strom, regle den Widerstand so, daß die Stromstärke 2 A wird, und erhalte sie während des Versuchs stets genau auf der gleichen Höhe. Stelle die Stromrichtung und mit der erweiterten Regel der rechten Faust die Richtung des Stromfeldes fest. Bestimme die Schwingzahl der Bussolennadel. Wende den Strom und wiederhole die Messung. Öffne den Strom.

d) Schalte die Windung ein, deren Halbmesser 15 cm ist, regle den Widerstand so, daß die Stromstärke wieder genau 2 A wird, erhalte sie dauernd auf dieser Höhe, bestimme die Richtungen des Stroms und des Stromfeldes und die Schwingzahl der Bussolennadel. Wende den Strom und wiederhole den Versuch. Unterbrich den Strom.

e) Schreibe die Ergebnisse in folgender Weise auf, unterscheide dabei die Stromrichtungen als Zeigerstrom (Z) und Gegenzeigerstrom (G).

Stromschleife Nr. ... Strommesser Nr. ... Bussole Nr. ... Stromstärke $I =$ ... A. $n_o^2 =$ ... $H =$ ... Gauß.

Stromrichtung	Feldrichtung	Halbmesser der Schleife r [cm]	Schwingzeit t [sek]	Anzahl der Schwingungen z

Schwingzahl $n = z/t$ [dHz]	Mittelwert von n	$n^2 - n_o^2$	Mittelwert von $n^2 - n_o^2$	$r\,(n^2 - n_o^2)$	$\mathfrak{H}$ [Gauß]	$r\mathfrak{H}/I$

f) Nach Aufgabe 39 (h) ist $\pm c\mathfrak{H} = n^2 - n_o^2$ und $\mathfrak{H} = \pm[(n^2 - n_o^2)/n_o^2] \cdot H$, also $n^2 - n_o^2$ der Feldstärke $\mathfrak{H}$ der Stromschleife verhältnisgleich. Welche Beziehung besteht zwischen $n^2 - n_o^2$ und r und demnach zwischen $\mathfrak{H}$ und r?

g) Schalte in den Stromkreis die einfache Windung ein, deren Halbmesser 10 cm ist, regle den Widerstand so, daß durch den Draht ein Strom von 1,5 A fließt, und erhalte diese Stärke dauernd aufrecht. Stelle die Richtungen des Stroms und des Stromfeldes fest und bestimme die Schwingzahl. Wende den Strom und wiederhole den Versuch. Unterbrich den Strom.

h) Stelle die Ergebnisse dieses Versuchs und des Versuchs (c) in folgender Weise zusammen:

$r =$ ... cm. $n_o^2 =$ ... $H =$ ... Gauß.

Stromrichtung	Feldrichtung	Stromstärke I [A]	Schwingzeit t [sek]	Anzahl der Schwingungen z

Schwingzahl $n = z/t$ [dHz]	Mittelwert von n	$n^2 - n_o^2$	Mittelwert von $n^2 - n_o^2$	$\frac{n^2 - n_o^2}{I}$	$\mathfrak{H}$ [Gauß]	$r\mathfrak{H}/I$

i) Welche Beziehung besteht zwischen $n^2 - n_o^2$ und I, also zwischen $\mathfrak{H}$ und I? Wie kann man dieses Ergebnis und das von (e) zusammenfassen?

k) Schalte hintereinander die einzelne Windung und die drei Windungen, deren Halbmesser 10 cm ist, regle den Widerstand so, daß ein Strom von 2 A hindurchfließt, und erhalte diese Stärke während des Versuchs stets aufrecht. Bestimme die Richtungen des Stroms und des Stromfeldes und die Schwingzahl der Bussolennadel. Wende den Strom und wiederhole den Versuch.

l) Stelle die Ergebnisse dieses Versuchs und des Versuchs (c) in folgender Weise zusammen:

$r = \ldots$ cm. $n_o^2 = \ldots$ $I = \ldots$ A. $H =$ Gauß.

Strom-richtung	Feld-richtung	Anzahl der Windungen N	Schwingzeit t [sek]	Anzahl der Schwingungen z

Schwingzahl $n = z/t$ [dHz]	Mittel-wert von n	$n^2 - n_o^2$	Mittel-wert von $n^2 - n_o^2$	$(n^2 - n_o^2)/N$	$\mathfrak{H}$ [Gauß]	$r\mathfrak{H}/NI$

m) Welche Beziehung besteht zwischen der Feldstärke $\mathfrak{H}$ und der Anzahl N der Windungen? Fasse die Ergebnisse von (e), (h) und (l) zusammen.

n) Schicke durch die drei Windungen der Spule von 10 cm Halbmesser einen Strom von 2 A und einen gleichstarken Strom durch die vierte Windung in entgegengesetzter Richtung. Bestimme die Schwingzahl. Wende den Strom und wiederhole die Messung. Von welchen Windungen heben sich die Felder gegenseitig auf. Wieviele Windungen könnten das entstandene Feld auch erzeugen?

o) Trage diese Ergebnisse in die Tafel von (l) ein.

II. Ablenkverfahren.

Anleitung. p) Stelle die Stromschleife so auf, daß die Windungen im magnetischen Meridian liegen. Schalte in den Stromkreis die einzelne Windung, deren Halbmesser 10 cm ist, schließe den Strom, regle den Widerstand so, daß die Stromstärke 2 A wird, und erhalte sie während des ganzen Versuchs genau auf dieser Höhe. Bestimme die Richtungen des Stroms und seines Feldes. Lies die Stellungen der beiden Nadelspitzen ab, wende den Strom und wiederhole die Ablesungen. Unterbrich den Strom.

q) Schalte nun die Stromschleife ein, deren Halbmesser 15 cm ist, regle den Widerstand so, daß der Strom wieder genau 2 A stark wird, und erhalte ihn dauernd auf diesem Stande. Bestimme die Richtungen des Stroms und seines Kraftfeldes. Ermittle unter Wenden des Stroms aus den vier Stellungen der Nadelspitzen die Ablenkung der Bussolennadel. Öffne den Strom.

r) Schreibe die Ergebnisse in folgender Weise auf:
Stromschleife Nr. ... Strommesser Nr. ... Bussole Nr. ... Stromstärke $I =$ ... A. $H =$ ... Gauß.

Strom-richtung	Feld-richtung	Halbmesser der Stromschleife r [cm]	Nadelablesungen			Ablenkung α	tg α	$\mathfrak{H} = H \operatorname{tg} \alpha$	$r\mathfrak{H}$	$r\mathfrak{H}/I$
			Ostspitze	Westspitze	Mittel					

s) Vergleiche die Werte von r und die von tg α miteinander. Bezeichnet H die wagrecht erdmagnetische Feldstärke, so ist die Feldstärke $\mathfrak{H} = H \operatorname{tg} \alpha$. Welche Beziehung besteht zwischen $\mathfrak{H}$ und r?

t) Schalte die einzelne Windung ein, deren Halbmesser 10 cm ist, regle den Widerstand so, daß ein Strom von 1,5 A durch die Drahtschleife fließt, und erhalte während des ganzen Versuchs den Strom sorgfältig auf dieser Stärke. Bestimme unter Wenden des Stroms aus den vier Stellungen der Spitzen die Ablenkung der Nadel. Öffne den Strom.

u) Stelle die Ergebnisse dieses Versuchs und des Versuchs (p) in folgender Weise zusammen:

$r =$ ... cm. $H =$ ... Gauß.

Strom-richtung	Feld-richtung	Stromstärke I [A]	Nadelablesungen			Ablenkung α	tg α	$\mathfrak{H} = H \operatorname{tg} \alpha$	$\mathfrak{H}/I$	$r\mathfrak{H}/I$
			Ostspitze	Westspitze	Mittel					

v) Vergleiche die Stromstärken I mit den Werten von tg α. Welche Beziehung besteht zwischen $\mathfrak{H}$ und I? Wie kann man diese Ergebnisse und die von (s) zusammenfassen? Berechne die Werte von $r\mathfrak{H}/I$ aus den Meßergebnissen, die in (r) und (u) zusammengestellt sind. Welcher Zahl sind die Fünffachen dieser Größen gleich? Wie ist also $\mathfrak{H}$ von I und r abhängig?

w) Schalte die einzelne Winduhg und die drei Windungen mit dem Halbmesser 10 cm hintereinander, regle den Widerstand so, daß ein Strom von 2 A hindurchfließt, und erhalte während des ganzen Versuchs diese Stromstärke sorgfältig aufrecht. Bestimme die Richtungen des Stroms und seines Kraftfeldes und unter Wenden des Stroms aus den vier Stellungen der Spitzen die Ablenkung der Bussolennadel.

x) Stelle die Ergebnisse dieses Versuchs und des Versuchs (p) auf folgende Weise zusammen:

$r =$ ... cm. $I =$ ... A. $H =$ ... Gauß.

Strom-richtung	Feld-richtung	Anzahl der Windungen N	Nadelablesungen			Ablenkung α	tg α	$\mathfrak{H} = H \operatorname{tg} \alpha$	$\mathfrak{H}/N$	$\frac{r\mathfrak{H}}{NI}$
			Ostspitze	Westspitze	Mittel					

y) Vergleiche die Werte von N und von tg α miteinander. Welche Beziehung besteht zwischen $\mathfrak{H}$ und N? Wem sind die Werte von $5r\mathfrak{H}/NI$

angenähert gleich? Drücke $\mathfrak{H}$ durch die Größen N, I und r aus. Welche Gleichung besteht zwischen H, α, N, I und r? Berechne daraus I. *Tangentenbussole. Umrechnungsgröße* (*Stromwert der Ablenkung* 45°) C. Welcher Teil dieser Umrechnungsgröße hängt nicht von der Tangentenbussole, sondern vom Ort ab, wo sich diese befindet? Es ist

$$I = 5\frac{rH}{N\pi}\operatorname{tg}\alpha = 10\frac{r^2H}{N \cdot 2\pi r}\operatorname{tg}\alpha.$$

Welche Größe wird durch $N \cdot 2\pi r$ dargestellt? Es läßt sich H in cm, g und sek, also auch I in absolutem Maß messen. Da

$$\mathfrak{H} = H\operatorname{tg}\alpha = \frac{N \cdot 2\pi r \cdot I}{10r^2},$$

so ist die Kraft P, womit der Stromträger von der Länge $l = N \cdot 2\pi r$ aus der Entfernung r auf den Magnetpol von der Stärke $\mathfrak{m}$ wirkt, $P = \mathfrak{m}\mathfrak{H} = \mathfrak{m}l\,I/10\,r^2$, also $I = 10r^2\,P/\mathfrak{m}\,l$. Dann hat ein Strom, dessen Länge 1 cm ist, und der aus der Entfernung 1 cm auf den Magnetpol von der Stärke 1 [CGS] mit der Kraft 1 Dyn wirkt, die Stärke

$$I = 10\text{ A}.$$

Diese Stromstärke, das Weber, ist die elektromagnetische Einheit der Stromstärke.

z) Schicke durch die drei Windungen mit 10 cm Halbmesser einen Strom von 2 A und durch die vierte Windung derselben Spule in entgegengesetzter Richtung einen gleichstarken Strom. Bestimme unter Wenden des Stroms die Ablenkung der Nadel. Von welchen Windungen heben die Felder einander auf? Wieviele Windungen könnten das entstandene Feld auch erzeugen?

Trage die Ergebnisse dieser Messungen in die Tafel von (x) ein.

Bemerkungen. Man sorge dafür, daß die Schüler die Stromstärken sorgfältig unverändert erhalten und den Strom sofort nach jeder Messung unterbrechen.

Die Stromschleife (Abb. 331, S. 395). Die Schemelplatte, deren Oberseite etwa 20 cm überm Tisch liegt, ist etwa 40 cm lang und 20 cm breit und ragt etwa 3 cm übers Untergestell hinaus. In den einen Längsrand der Platte sind vier etwa 3 cm tiefe Einschnitte gemacht und darin zwei Holzreifen lotrecht so eingesetzt, daß deren gemeinsamer Mittelpunkt so hoch über der Oberseite der Platte liegt, daß die Mitte einer Bussole, die auf der Platte steht, genau mit jenem Mittelpunkt zusammenfällt. Auf den kleinern Reifen ist eine Windung aus isoliertem Kupferdraht von 1 mm Durchmesser so gelegt, daß die Drahtachse einen Kreis von 20 cm Durchmesser bildet. Unterm Mittelpunkte des Drahtachsenkreises liegt der Anfangspunkt der beiden Millimeterteilungen. Die eine Teilung liegt längs dem Durchmesser, sie beginnt beim Mittelpunkt und zählt nach beiden Seiten; die andre Teilung liegt in der Achse der Schleife und beginnt auch beim Mittelpunkt. Die freien Enden der Schleife laufen gleich und führen nach zwei Klemmen, woran die Bezeichnung: $A \cdot 20$ cm $\cdot$ 1 mm steht. Auf den Reifen sind noch drei andre Windungen desselben Drahts dicht nebeneinander gelegt. Die freien Enden der Spule laufen gleich und führen zu zwei Klemmen, woran die Bezeichnung: $B \cdot 20$ cm $\cdot$ 1 mm steht. Auf dem größern Reifen liegt eine Windung derselben Drahtsorte so, daß die Drahtachse einen Kreis von 30 cm Durchmesser bildet und dessen Mittelpunkt mit dem der andern Schleife zusammenfällt. Die freien Enden dieses Drahts laufen zu zwei Klemmen mit der Bezeichnung: $C \cdot 30$ cm $\cdot$ 1 mm. Für manche Versuche ist es zweckmäßig, die obern und untern Hälften der Drahtschleifen verschieden zu färben. Die Füße des Schemels sind mit Spitzen versehn.

Man verwende beim Schwingverfahren eine magnetisierte Nähnadel, die man mit einem ungedrillten Faden an einem Gestell aus Kupferdraht aufgehängt hat, und stülpe ein kleines Becherglas darüber. Das Ablenkverfahren ist dem Schwingverfahren vorzuziehn.

Man lasse gleichzeitig einige Gruppen die Versuche (a) bis (o), andre Gruppen die Versuche (a) und (p) bis (z) ausführen und weitre Gruppen die Aufgabe 43 erledigen.

41. Aufgabe. *Wie ist das magnetische Kraftfeld einer Tangentenbussole beschaffen?*

(1 Schüler, 1 Stunde.)

Geräte. Tangentenbussole (vgl. S. 327). 1 Sammler oder Daniell. 1 Zeichenbussole (vgl. S. 301). Stromwender (vgl. S. 319). Leitungsschnüre. Meterstab. Quecksilber. Zigarrenkistendeckel. Papier. Briefmarkenstreifen.

Anleitung. a) Stelle die Tangentenbussole mit ihren Windungen senkrecht zum magnetischen Meridian, so daß der Zeiger auf 90° einspielt, und entferne dann die Magnetnadel. Bilde einen Stromkreis aus dem Sammler, den 50 oder auch den 500 Windungen der Tangentenbussole und dem offnen Stromwender.

b) Lege auf den Deckel des Bussolengehäuses den Meterstab so, daß dessen Mitte über der Nadelspitze liegt und seine Richtung mit dem magnetischen Meridian zusammenfällt, also senkrecht zu den Windungen steht. Setze auf den Stab etwa 20 cm südlich von der Spule die Zeichenbussole, schließe den Strom und schätze die Stellung der Nadel ab. Nimm an, das Blatt des Übhefts sei ein wagrechter Schnitt durch die Bussole in der Höhe des Gehäusedeckels und stelle also die Spule durch die beiden Rechtecke *O* und *W* (Abb. 332) dar. Gib in der Zeichnung die Stellung der Nadel durch einen Pfeil an.

Abb. 332.

c) Bewege die Zeichenbussole nach Norden zu in acht Stufen von 5 cm und trage jedesmal die Stellung der Nadel ins Übheft ein. Wird hier die erweiterte Regel der rechten Faust erfüllt? Nimm den Meterstab weg.

d) Halte die Zeichenbussole im Innern des Spulenringes in die Nähe des östlichen Teils der Windungen. Bezeichne die Stellung der Nadel. Bewege die Bussole in der Richtung der Kraftlinie (vgl. S. 301) und buche im Übheft für drei oder vier Stellen die Richtung der Bussolennadel. Wird auch hier die Regel der rechten Faust erfüllt?

e) Mache die Beobachtungen und Zeichnungen ebenso für den westlichen Teil der Spule.

f) Halte die Bussole wagrecht und genau östlich von der Ostseite der Spule, dann genau westlich von der Westseite der Spule dicht neben die Windungen und untersuche die Stellung der Nadel.

g) Wende den Strom, der durch die Spule fließt, und wiederhole die Versuche (b) bis (g). Öffne den Strom.

h) Drehe bei geöffnetem Strom die Spule der Tangentenbussole in den magnetischen Meridian und lege aufs Gehäuse ein Holzbrettchen, worauf man ein Blatt Papier an den Ecken mit Briefmarkenstreifen festgeklebt hat. Nimm wie in Aufgabe 2 S. 301 das magnetische Kraftfeld auf. *Kraftfeld der Erde.*

i) Schließe nun den Strom und nimm von neuem das Kraftfeld auf. Vergleiche es mit dem Kraftfelde des Versuchs (h). Wie wirkt also die vom Strom durchflossene Spule in ihrem Mittelpunkt auf eine Magnetnadel ein? Öffne den Strom. *Kraftfeld der Erde. Kraftfeld der Spule. Zusammengesetztes Feld.*

Bemerkungen. Hadley *(Pract. Exerc. 15 Nr. 16; 128 Nr. 87; 216 Nr. 4 und 225 Nr. 26)* empfiehlt, die Tangentenbussole aus dem Ablenkmagnetometer (vgl. S. 299) und einem Gestell mit Spule zusammenzusetzen. Eine solche nach meinen Angaben ausgeführte Verbindung hat sich nicht bewährt, da das Zusammenfügen und Auseinandernehmen für beide Teile zu umständlich und gefährlich ist. Zum Gestell mit Spule habe ich von Herrn Hintze aus Pappe und Holzleisten folgenden Klapptisch herstellen lassen, der für die Aufnahme der

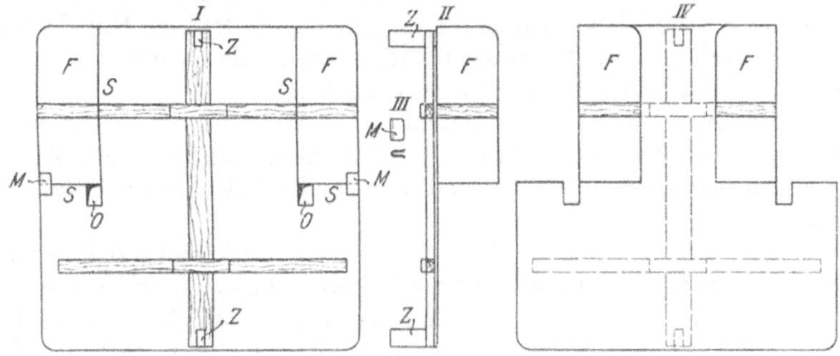

Abb. 333.

Kraftlinien einer Spule recht bequem ist (Abb. 333). Die Holzzapfen Z, die auf der Unterseite sitzen, greifen in die Einschnitte der Gestellpfosten ein. Durch die Öffnungen O tritt die Spule durch den Klapptisch. Längs der Linien S ist die Pappe durchgeschnitten; die so entstandenen Flügel F sind mit Kalikostreifen an der übrigen Pappe befestigt. Mit der Messingklammer M kann man nach dem Aufsetzen des Tisches die Klappen feststellen.

Vgl. Abraham *2, 335 Nr. 153* und Schreber-Springmann *2, 248 Nr. 210.*

Die Aufgabe 41 stelle man schon beim Untersuchen der Stromquellen. Vgl. Aufg. 28, S. 109 u. 111, Aufg. 15, S. 78 u. Aufg. 1, S. 296.

42. Aufgabe. *Wie stellt man eine Tangentenbussole auf und wie bestimmt man die wahre Ablenkung des Zeigers?*

(1 Schüler, 1 Stunde.)

Geräte. Tangentenbussole (vgl. S. 327).
Sammler oder Trockenkette.
Stabmagnet.
Leitungsdraht für die Bussole.
Leitungsschnüre.
Stromwender (vgl. S. 319).
Gleitwiderstand, 1 m Konstantandraht von 0,2 mm Durchmesser.
Volkmannsche Klammer.
Quecksilber für den Stromwender.

Anleitung. a) Stelle die Tangentenbussole an dem Ort auf, den der Lehrer angewiesen hat. Richte sie mit den Stellschrauben so aus, daß die Teilung wagrecht liegt.

b) Lege Messer, Schlüssel, drahtgeheftete Notizbücher, Stahlbrille u. dgl. so weit weg, daß sie von jeder Bussole im Zimmer mindestens 1 m entfernt sind. Drehe die Bussole so, daß die Spule im magnetischen Meridian liegt, d. h. daß die eine Zeigerspitze auf Null steht. Halte dabei das Auge so, daß sich der Zeiger und das Zeigerbild im Spiegel decken und die am besten beleuchtete Kante der Zeigerspitze mit dem Nullstrich der Teilung zusammenfällt. Benutze bei allen folgenden Ablesungen desselben Versuchs stets dieselben Kanten der Zeigerspitzen. Lies die Nullstellungen an beiden Zeigerspitzen ab und schreibe sie auf:

$$\text{Ostspitze } \alpha_0 = \ldots^0 \quad \text{Westspitze } \alpha_0' = \ldots^0$$

Beachte den Sinn des Drehens. Bezeichne dabei die Drehung als positiv, die der Bewegung der Uhrzeiger entgegengesetzt ist.

c) Klopfe mit der Spitze des Mittelfingers schwach auf den Deckel des Gehäuses und lies nochmals ab. Hat die Nadel ihre Ruhelage geändert? Welche von den beiden Ruhelagen ist die bessere? Was muß man vor jedem Ablesen des Zeigers machen?

d) Bringe in die Nähe der Bussole einen Pol eines Stabmagnets und versetze so die Nadel in schwaches Schwingen. Entferne den Magnet, klopfe schwach gegens Gehäuse und schreibe die Ruhelagen beider Nadelspitzen auf.

e) Verbinde die Kette *E* (Abb. 334) und einen Widerstand *R* mit dem Stromwender *U* und diesen durch zwei Drähte, die umeinander gewickelt sind, mit den 50 Windungen der Tangentenbussole *T*. Man darf die Bussole beim Schalten nie aus ihrer Stellung bringen und muß alle übrigen Teile des Stromkreises möglichst weit davon entfernt aufstellen.

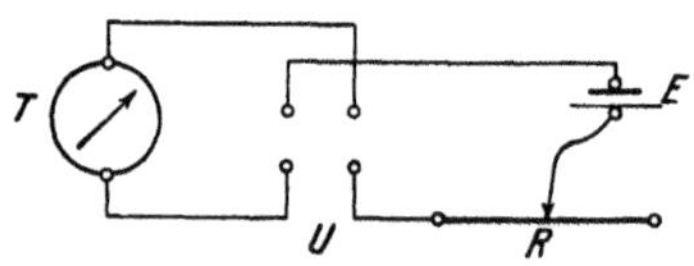

Abb. 334.

f) Schließe den Strom und schalte so viel Widerstand ein, daß die Ablenkung des Zeigers zwischen 30° und 60° liegt. Öffne den Strom.

g) Drehe die Bussole um einen kleinen Winkel und bringe sie dadurch absichtlich in eine falsche Stellung. Lies die Stellungen der Zeigerspitzen in der Ruhelage ab.

$$\text{Ostspitze } \alpha_0 = \ldots^0 \quad \text{Westspitze } \alpha'_0 = \ldots^0.$$

Schließe den Strom und lies die Stellungen der Zeigerspitzen ab.

$$\text{Ostspitze } \alpha_1 = \ldots^0 \quad \text{Westspitze } \alpha'_1 = \ldots^0.$$

Wie groß ist die Ablenkung jeder Zeigerspitze aus dem magnetischen Meridian?

$$\text{Ostspitze } \delta_1 = \ldots^0 \quad \text{Westspitze } \delta_1' = \ldots^0.$$

h) Wende den Strom und lies die Ablenkungen der Zeigerspitzen ab. Beachte dabei den Sinn der Drehung.

$$\text{Ostspitze } \alpha_2 = \ldots^0 \quad \text{Westspitze } \alpha'_2 = \ldots^0.$$

Öffne den Stromkreis. Vergleiche Sinn und Größe von α_1, α_1' und von α_2, α_2'. Wie groß ist die Ablenkung jeder Zeigerspitze aus dem magnetischen Meridian?

Ostspitze $\delta_2 = \ldots^0$ Westspitze $\delta_2' = \ldots^0$.

i) Nimm aus den absoluten Beträgen der Ablesungen α_1, α_1', α_2 und α_2' das Mittel und ebenso aus den vier Ablenkungen δ_1, δ_1', δ_2 und δ_2' der beiden Nadelspitzen aus dem Meridian. Vergleiche beide Mittelwerte miteinander. Wie muß man also verfahren, um den wahren Ausschlag des Zeigers einer Tangentenbussole zu bestimmen?

k) Die Zeigerablesungen schreibt man zweckmäßig in folgender Form auf:

Sinn	Ostspitze	Westspitze	Mittel	Ablenkung
	α_1	α_1'	$^1/_2\,(\alpha_1 + \alpha_1')$	$^1/_2\,[^1/_2\,(\alpha_1 + \alpha_1') +$ $^1/_2\,(\alpha_2 + \alpha_2')]$
	α_2	α_2'	$^1/_2\,(\alpha_2 + \alpha_2')$	

Man berechnet zuerst das Mittel aus α_1 und α_1' und dann das Mittel aus α_2 und α_2'. Das Hauptmittel aus den beiden so erhaltenen Mitteln liefert die wahre Ablenkung der Bussolennadel. Was ergäbe das Mittel aus allen vier Ausschlägen?

l) Wie groß ist der Unterschied der Stellungen α_1 und α_2 der östlichen Nadelspitze? Nimm die Hälfte dieses Unterschiedes. Vergleiche ihn mit dem Wert von α_0. Wie muß man also die Bussole drehn, damit die Ablenkungen α_1 und α_2 möglichst gleich werden, wenn man gefunden hat, daß α_1 und α_2 verschieden sind?

m) Drehe die Bussole um den Winkel $^1/_2\,(\alpha_1 + \alpha_2)$ in dem richtigen Sinn. Schließe den Strom, lies den Ausschlag der östlichen Nadelspitze ab, wende den Strom und wiederhole die Ablesung. Vergleiche beide Ablesungen miteinander. Öffne den Strom, nimm die Bussolennadel von der Spitze und lege sie in das Gehäuse.

Bemerkungen. Ist der Übraum mit feststehenden Arbeitstischen ausgestattet, so ist es ratsam, die Orte, wo die Tangentenbussolen aufzustellen sind, durch Messingnägel oder andre feste Marken dauernd zu bezeichnen. Die Bussole wird so aufgestellt, daß der Drehpunkt der Nadel über einer Marke liegt. Die Plätze für die Bussole wähle man so, daß in etwa 1 m Umkreis kein Eisen vorhanden ist. Man bestimme selber für eine Stelle des Übraums möglichst genau die wagrechte Stärke des magnetischen Erdfeldes und dann durch Vergleichen damit die wagrechten erdmagnetischen Feldstärken für die übrigen Orte.

Man warne die Schüler, die Begriffe Magnetnadel und Zeiger zu verwechseln.

Vgl. Friedrich Kohlrausch[14] *6, 475 u. 478.* Georg Berndt[3] *2, 85.*

43. Aufgabe. *Wie ändert sich die Feldstärke einer Stromschleife auf dem wagrechten Durchmesser und auf der Achse der Schleife?*

(2 Schüler, 2 Stunden.)

Geräte. Wie bei Aufgabe 40, dazu Millimeterpapier, Maßstab und Schublehre.

I. Schwingverfahren.

Anleitung. a) Verfahre wie bei Aufgabe 40 (a) bis (c); schalte dabei in den Stromkreis die einzelne Windung mit 10 cm Halbmesser.

b) Verschiebe die Bussole mit ihrer Mitte auf dem ostwestlichen Durchmesser der Stromschleife bis zu dem östlichen Innenrande, miß den Abstand a der Bussolenmitte von der Mitte der Stromschleife und bestimme die Schwingzahl. Verschiebe nun auf dem Durchmesser der Schleife bis nahe zum westlichen Innenrande die Mitte der Bussole, miß den Abstand a der Bussolenmitte von der Schleifenmitte und bestimme die Schwingzahl. Erhalte bei diesen Versuchen, wenn nötig, durch Ändern des Widerstandes die Stromstärke stets auf der gleichen Höhe.

c) Schreibe die Ergebnisse in folgender Weise auf:

Stromschleife Nr. ... Strommesser Nr. ... Bussole Nr. ... $r =$ ... cm. Stromstärke $I =$ ... A = ... Weber. $n_0^2 =$ ... $H =$ ... Gauß.

Stromrichtung	Feldrichtung	Abstand a [cm]	Schwingzeit t [sek]	Anzahl der Schwingungen z

Schwingzahl $n = z/t$ [dHz]	Mittelwert von n	$n^2 - n_0^2$	Mittelwert von $n^2 - n_0^2$	$\mathfrak{H}$ [Gauß]

d) Nach Aufgabe 39 (h) ist $\pm \mathfrak{H} = (n^2 - n_0^2)\, H/n_0^2$. An welcher Stelle des westöstlichen Schleifendurchmessers hat $n^2 - n_0^2$ und mithin $\mathfrak{H}$ einen kleinsten Wert?

e) Miß den Halbmesser r der Stromschleife. Verschiebe die Mitte der Bussole auf der im magnetischen Meridian liegenden Achse der Stromschleife jedesmal um 1 cm bis zum Abstand 6 cm und bestimme in der üblichen Weise für jede Stellung die Schwingzahl.

f) Stelle die Ergebnisse dieser Messungen und die von (a) in folgender Weise zusammen, bezeichne dabei den Abstand der Bussolenmitte von der Schleifenmitte mit d.

$n_0^2 =$ ... $I =$ ... A = ... Weber. $r =$ ... cm. $H =$ ... Gauß.

Stromrichtung	Feldrichtung	Abstand d [cm]	Schwingzeit t [sek]	Anzahl der Schwingungen z	Schwingzahl $n = z/t$ [dHz]	Mittelwert von n

$n^2 - n_0^2$	Mittelwert von $n^2 - n_0^2$	$\mathfrak{H} = \frac{n^2 - n_0^2}{n_0^2} H$	$\mathfrak{H} = \frac{2\pi r^2 I}{(r^2 + d^2)^{3/2}}$	$\frac{1}{(r^2 + d^2)^{3/2}(n^2 - n_0^2)}$

g) Es ist $\pm \mathfrak{H} = (n^2 - n_0^2)\, H/n_0^2$, ferner, wie sich durch Rechnung ableiten läßt,

$$\mathfrak{H} = \frac{2\pi r^2 I}{(r^2 + d^2)^{3/2}},$$

wo I in Weber gemessen ist. Es muß also $1/(r^2 + d^2)^{3/2}(n^2 - n_0^2)$ einen festen Wert haben. Ergeben dies die Messungen? An welcher Stelle der Schleifenachse ist die Feldänderung am stärksten?

h) Stelle die Ergebnisse bildlich dar und wähle dabei als Abszisse d und als Ordinate $\mathfrak{H} = (n^2 - n_0^2)\, H/n_0^2$. Stelle ebenso $\mathfrak{H} = 2\pi r^2 I/(r^2 + d^2)^{3/2}$ als Kurve dar und setze dabei $x = d$ und $y = \mathfrak{H}$. Vergleiche beide Kurven miteinander.

II. Ablenkverfahren.

Anleitung. i) Verfahre wie bei Aufgabe 40 (a) und (p).

k) Verschiebe die Bussole mit ihrer Mitte auf dem nordsüdlichen Durchmesser der Stromschleife nahe bis zum südlichen Innenrande, miß den Abstand a der Bussolenmitte von der Schleifenmitte und bestimme wie in Aufgabe 40 (p) die Ablenkung der Nadel. Verschiebe die Bussole nach dem nördlichen Innenrand und verfahre ebenso.

l) Schreibe die Ergebnisse in folgender Weise auf:
Stromschleife Nr. ... Strommesser Nr. ... Bussole Nr. ... Stromstärke $I =$ ... A = ... Weber. $H =$ ... Gauß. $r =$ ... cm.

Strom-richtung	Feld-richtung	Abstand a [cm]	Nadelablesungen			Ablenkung α	tg α	$\mathfrak{H}$ [Gauß]
			Ost-spitze	West-spitze	Mittel			

m) Es ist die Feldstärke $\mathfrak{H} = H \operatorname{tg} \alpha$, wo H die wagrechte erdmagnetische Feldstärke bezeichnet. An welcher Stelle des Schleifendurchmessers hat tg α und mithin $\mathfrak{H}$ seinen kleinsten Wert?

n) Miß den Halbmesser r der Stromschleife. Verschiebe nun die Mitte der Bussole auf der Achse der Stromschleife jedesmal um ein Zentimeter bis zum Abstande 6 cm und bestimme für jede Lage unter Wenden der Stromrichtung aus den vier Stellungen der Spitzen die Ablenkung der Magnetnadel.

o) Stelle die Ergebnisse dieser Messungen und die von (i) in folgender Weise zusammen und bezeichne dabei den Abstand der Bussolenmitte von der Schleifenmitte mit d.

$I =$ ... A = ... Weber. $r =$ ... cm. $H =$ ... Gauß.

Strom-richtung	Feld-richtung	Abstand d [cm]	Nadelablesungen			Ab-lenkung α	tg α
			Ost-spitze	West-spitze	Mittel		

$\mathfrak{H}$ [Gauß]	$\frac{1}{(r^2 + d^2)^{3/2} \operatorname{tg} \alpha}$	$\mathfrak{H} = \frac{2\pi r^2 I}{(r^2 + d^2)^{3/2}}$

p) Es ist $\mathfrak{H} = H \operatorname{tg} \alpha$ und ferner $\mathfrak{H} = 2\pi r^2 I/(r^2 + d^2)^{3/2}$, wo I in Weber gemessen ist. Es muß also $1 : (r^2 + d^2)^{3/2} \operatorname{tg} \alpha$ eine feste Größe sein. Ergeben dies die Messungen? An welcher Stelle der Achse ist die Feldänderung der Stromschleife am stärksten?

q) Stelle die Ergebnisse bildlich dar. Setze das eine Mal

$$x = d, \quad y = H \operatorname{tg} \alpha$$

und das andre Mal

$$x = d, \quad y = 2\pi r^2 I/(r^2 + d^2)^{3/2}.$$

Bemerkungen. Man lasse nach dem Verfahren des allseitigen Angriffs die Aufgaben 40 und 43 gleichzeitig erledigen und bei Aufgabe 43 einige Gruppen nach dem Schwingverfahren und andre Gruppen nach dem Ablenkverfahren arbeiten.

Man achte darauf, daß die Schüler stets die Stromstärke sorgfältig auf der gleichen Höhe erhalten und daß sie am Schluß jeder Messung den Strom unterbrechen.

44. Aufgabe. *Untersuche das magnetische Feld einer Drahtspule. Wie wirkt das Einführen eines Eisenkerns in die Spule?*

(1 Schüler, $^1/_2$ Stunde.)

Geräte. Glasröhre, 15 cm lang und 2,5 cm weit.
3 m isolierter Kupferdraht von 0,9 mm Durchmesser.
Bussole.
Trockenkette.
Stromschlüssel oder Druckknopf.
Stromwender.
Einige Streifen aus weichem Weißblech oder Eisendrähte, so lang wie die Glasröhre.
Nichtmagnetisierte Uhrfederstücke oder Stricknadeln.
Verbindungsschnüre.
Klebpapier.
Bindfaden.
Schere.
Isolierband.

Anleitung. **a)** Wickle um die Glasröhre den Kupferdraht, befestige die Endwindungen mit Schleifen aus Bindfaden oder, weniger empfehlenswert, mit Isolierband und biege die Enden nach der Mitte der Spule zurück. Bezeichne mit einem aufgeklebten Stückchen Papier das eine Ende der Spule. Verbinde mit den beiden Gegenklemmen des geschlossenen Stromwenders U_1 die freien Drahtenden der Spule S (Abb. 335), doch schalte dabei den Stromschlüssel U_2 und einen Stromschwächer in die Leitung ein. Verbinde mit den Polen der Kette E die beiden andern Klemmen des Wenders U_1. Drücke den Stromschlüssel nieder und schließe den Strom. Halte die Spule von Osten nach Westen und nähere der Bussolennadel das bezeichnete Ende der Spule. Wie wirkt es auf den Nordpol und wie auf den Südpol der Nadel? Wiederhole mit dem andern Ende der Spule die Versuche. Wo liegen also gleichsam der Nordpol und der Südpol der Spule? Lege um die Spule die rechte Hand so, daß die Finger die Richtung des Stroms anzeigen. Nach welchem Pol der Spule weist der ausgestreckte Daumen? *Erweiterte Regel der rechten Faust.* Öffne den Strom und prüfe, ob sich die Spule noch wie ein Magnet verhält.

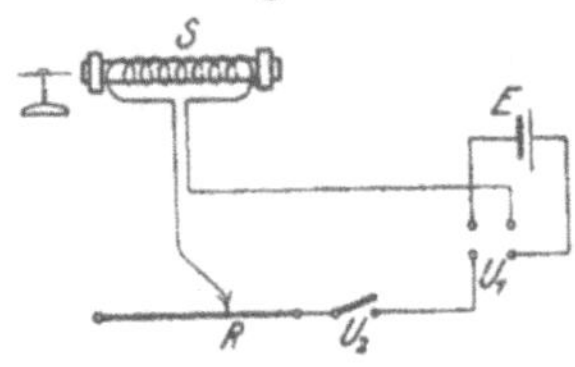

Abb. 335.

b) Kehre mit dem Stromwender die Richtung des Stroms in der Spule um und prüfe wiederum mit der Bussole die beiden Enden der Spule. Welches Ende ist nun der Nordpol? Gilt auch jetzt noch die erweiterte Regel der rechten Faust? Mache eine schlichte Zeichnung der Spule und gib darin die Richtung des Stroms und der Kraftlinien an.

c) Wickle den Draht von der Glasröhre ab und dann in entgegengesetztem Sinn wieder auf. Wiederhole die Versuche (a) und (b).

d) Prüfe mit der Bussole, ob die Stäbe aus weichem Eisen magnetisiert sind. Halte sie, falls sie magnetisiert sind, in die Ost-Westrichtung und schlage sie kräftig auf den Tisch. Schließe den Strom und stelle die Bussole so weit von der Spule entfernt auf, daß die Ablenkung etwa 45^0 wird. Schiebe die nicht magnetisierten oder entmagnetisierten Stäbe der Reihe nach einzeln in die Glasröhre und untersuche die Einwirkung der Spule auf die Bussole. Wird die magnetische Kraft der Spule verstärkt oder geschwächt? Wird nach dem Öffnen des Stroms die Nadel noch abgelenkt? Ziehe aus der Spule die Eisenstäbe und schiebe sie, ohne dabei die Stromrichtung zu ändern, umgekehrt in die Spule hinein. Werden hierdurch die Pole umgekehrt?

e) Nimm aus der Spule die Eisenstäbe und prüfe, ob sie magnetisiert sind. Was für Pole bilden die Stabenden, die beim Nordpol der Spule lagen, und was für Pole die andern Enden? Sind die Stäbe magnetisiert worden, so entmagnetisiere sie wie beim Versuch (d).

f) Prüfe, ob die Uhrfedern bereits magnetisiert sind. Lege eine nicht magnetisierte Feder in die Spule, schicke durch diese einen Strom und prüfe, ob die Uhrfeder nach dem Herausnehmen noch magnetisiert bleibt. Läßt sie sich ebenso leicht wie das weiche Eisen entmagnetisieren? Kann man sie mit der Spule entmagnetisieren?

g) Biege den Draht in der Mitte um und wickle die eine Hälfte rechts und die andre Hälfte links herum auf die Glasröhre. Wiederhole mit dieser Spule die Versuche (a) und (b).

Bemerkungen. Als Stromquelle kann man auch die Starkstromleitung benutzen und dabei wie bei den Versuchen über Elektrolyse (vgl. S. 345) elektrische Lampen als Vorschaltwiderstände verwenden.

Man halte streng darauf, daß die Schüler nur während der Versuche und auf möglichst kurze Zeit den Strom schließen. Unzuverlässige Schüler lasse man einen Widerstand in den Stromkreis einschalten.

45. Aufgabe. *Wie ist das Drehen des Drehspulen-Galvanometers zu erklären?*

(1 Schüler, $^1/_2$ Stunde.)

Quelle. CREW-TATNALL *153 Nr. 71.*

Geräte. Trockenkette.
Hufeisenmagnet, der in einem Holzklotz aufrecht steht.
Drehspule.
Stromschlüssel.
Holzgestell oder ein andrer Gegenstand, woran man die Spule aufhängen kann.
Klemmschrauben-Leitungsdrähte.

Anleitung. a) Schätze die Höhe der Polflächen über der Tischplatte ab. Hänge ungefähr in der gleichen Höhe an einem Gestell oder Galgen die flache Drehspule so auf, daß sie sich leicht um ihre lotrechte Achse drehn kann. Laß dabei die Spule den einen Draht spannen und wickle den andern Draht lose darum. Verbinde die Kette mit dem Stromschlüssel und der

Drehspule zu einem Stromkreis. Schließe den Strom. Bewegt sich dabei die Spule?

b) Stelle nun, während der Strom unterbrochen ist, den Hufeisenmagnet (Abb. 336) so auf, daß die Spule zwischen den Polen hängt. Schließe den Strom. Dreht sich die Spule? Warum bewegt sie sich? Gib dem Magnet verschiedene Stellungen zu den Windungen der Spule und suche die Anordnung, wo die Drehung am größten wird. Bei welcher Stellung des Magnets findet keine Ablenkung statt, wenn der Strom geschlossen ist? Wie laufen die Kraftlinien des Magnets? Wie muß man zu diesen Kraftlinien die Windungen der Spule stellen, damit die größte Drehung entsteht?

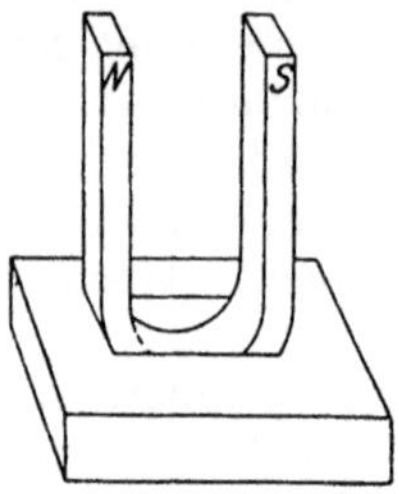

Abb. 336.

c) Stelle den Magnet so, daß seine Kraftlinien den Windungen der Spule gleichlaufen, und beobachte den Sinn, in dem sich die Spule dreht, wenn ein Strom hindurchfließt. Drehe, ohne die Spule zu berühren, den Magnet so, daß die beiden Pole ihre Lagen miteinander vertauschen. Schließe den Strom. Vergleiche diese Drehung der Spule mit der vorigen.

d) Laß den Magnet und die Spule in dieser Stellung und vertausche die Drähte an den Polen der Kette. Wie wirkt dies Vertauschen aufs Drehen der Spule ein? Stelle die vorige und die jetzige Stromrichtung fest.

Bemerkungen. Die flache Drehspule besteht aus 10 bis 15 Windungen aus isoliertem Draht von 0,5 mm Durchmesser. An seine Enden sind zwei isolierte Aufhängedrähte von 0,17 mm Durchmesser und 1 m Länge gelötet. Die Spule darf nur so breit sein, daß sie sich zwischen den Polen des Hufeisenmagnets (vgl. S. 308) frei drehen kann. Sind die Aufhängedrähte zu steif, so beschwere man die Spule unten mit einer Bleikugel.

Millikan und Gale *(85 Nr. 30)* benutzen eine Spule von etwa 175 Windungen aus isoliertem Kupferdraht von 0,2 mm Durchmesser und verwenden zum Aufhängen isolierten Kupferdraht von 0,08 mm Durchmesser. Den Aufhängedraht führen sie durch einen Kork in einer Holzleiste, die auf einem Gehäuse mit einer Glaswand ruht.

46. Aufgabe. *Wie hängt das magnetische Feld einer Spule von der Stromstärke ab?*

(2 Schüler, 1 Stunde.)

Quelle. Hadley *193 Nr. 122.*

Geräte. Spule (vgl. S. 409). Zeigermagnetometer (vgl. S. 299). Strommesser. Flüssigkeitswiderstand. Stromwender. 4 Sammler. Leitungsdrähte für die Spule. Leitungsschnüre. Millimeterpapier.

Anleitung. a) Stelle das Magnetometer so auf, daß seine Schiene senkrecht zum magnetischen Meridian steht. Lege die Spule so auf den Maßstab, daß ihre Achse durch die Mitte der Nadel geht und das nächste Ende etwa 10 cm von der Nadelmitte absteht. Schalte die Spule S (Abb. 337) durch zwei lange zusammengedrehte Leitungsdrähte in Reihe mit dem Stromschwächer R, dem Strommesser T, dem Stromwender U

und dem Sammlersatz E und stelle dabei den Strommesser in beträchtlicher Entfernung von der Spule auf.

b) Stelle den Stromschwächer so ein, daß die Magnetometernadel nur schwach abgelenkt wird. Bestimme unter Wenden des Stroms die Ablenkungen der Magnetometernadel und lies die Stromstärken ab.

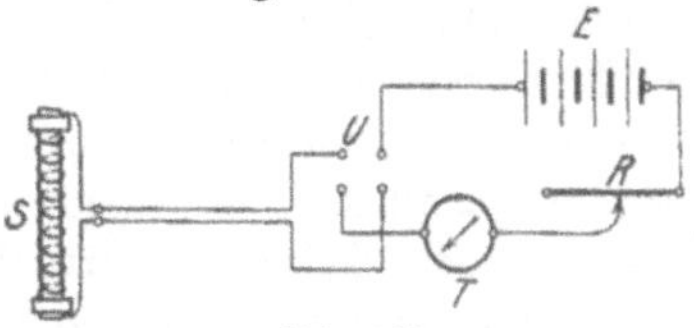

Abb. 337.

c) Wiederhole die Messungen etwa zehnmal unter Benutzen stärkerer Ströme (bis zu 2 A).

d) Schreibe die Ergebnisse in folgender Weise auf:

Spule Nr. ... Strommesser Nr. ... Magnetometer Nr. ... $H = \ldots$ Gauß. Abstand der Spulenmitte von der Magnetmitte = ... cm.

I [A]	Ablesungen am Magnetometer				φ	tg φ	$\mathfrak{H} = H$ tg φ
	Sinn	Ostspitze	Westspitze	Mittel			

e) Zeichne auf Millimeterpapier die Kurve $x = \text{tg}\,\varphi$ und $y = I$. Besteht zwischen der Stromstärke I und der Stärke $\mathfrak{H}$ des magnetischen Feldes der Spule eine einfache Beziehung?

Bemerkungen. Der K e r n d e r S p u l e ist eine 30 cm lange Glasröhre von 4,7 cm äußerm Durchmesser. Sie ist mit isoliertem Kupferdraht von 0,4 mm Durchmesser dicht bewickelt. Man befestige die Endwindungen mit Bindfadenschleifen oder dadurch, daß man über die Enden der Glasröhre kurze Stücke Kautschukschlauch streift und unter diesen die Drahtenden hindurchführt. Die freien Drahtenden biege man um und führe sie längs der Spule bis zu deren Mitte.

Die Werte von $\mathfrak{H}$ geben infolge des ungenauen Bestimmens von φ nicht viel mehr als die Größenordnung an, und es ist daher ratsam, die Schlüsse aus dem Schaubilde zu ziehn. Da die Ablenkungen des Zeigermagnetometers nur klein sind, so erhält man mit dem Spiegelmagnetometer bessere Ergebnisse. Vgl. ABRAHAM *2, 337 Nr. 154.* SCHREBER-SPRINGMANN *2, 250 Nr. 211.*

Man lasse gleichzeitig einige Gruppen diese Aufgabe und andre Gruppen die folgende Aufgabe ausführen.

47. Aufgabe. *Wie hängt die Feldstärke einer Drahtspule von der Windungszahl ab?*

(2 Schüler, 1 Stunde.)

Quellen. HENDERSON, *Preliminary Pract. Magn. and Electric. 32 Nr. 29.* HADLEY *193 Nr. 12, 229 Nr. 36.*

Geräte. 1 m Kupferdraht von 0,9 mm Durchmesser.
10 cm langer Spulenkern.
Zeigermagnetometer.
Strommesser.
1 Sammler.
Flüssigkeitswiderstand.
Stromwender.
Leitungsdrähte für die Spule.
Leitungsschnüre.
Millimeterpapier.

Anleitung. a) Schalte durch einen langen zusammengedrehten Leitungsdraht den Kupferdraht S (Abb. 337) in Reihe mit dem Sammler E, dem Stromwender U, dem Strommesser T und dem Stromschwächer R.

b) Stelle das Magnetometer so auf, daß die Schiene senkrecht zum magnetischen Meridian steht. Wickle auf den Spulenkern 10 Windungen des Kupferdrahts, biege die freien Enden nach der Mitte der Spule zurück, flicht sie zusammen und verbinde sie wieder mit dem langen zusammengedrehten Leitungsdraht. Lagre auf die Schiene die Spule so, daß ihre Achse durch die Mitte der Magnetometernadel geht, und miß den Abstand der Spulenmitte von der Mitte der Nadel. Stelle den Widerstand so ein, daß der Ausschlag der Magnetometernadel etwa 15° beträgt. Lies am Strommesser die Stromstärke ab und erhalte sie während aller Versuche, wenn nötig, durch Regeln des Widerstandes auf gleicher Höhe. Bestimme unter Wenden des Stroms aus den vier Stellungen der Zeigerspitzen die Ablenkung φ der Magnetometernadel.

c) Wickle die Spule ab und bewickle den Kern so mit dem Kupferdraht, daß 20 Windungen auf die 10 cm kommen. Lagre auf die Schiene die Spule genau in derselben Stellung und in demselben Abstand ihrer Mitte von der Nadelmitte wie bei Versuch (b) und bestimme wie vorher die Ablenkung der Magnetometernadel.

d) Wiederhole die Messungen mit 30 und 40 Windungen auf der 10 cm-Spule.

e) Schreibe die Ergebnisse der Versuche in folgender Weise auf:

Spule Nr. ... Strommesser Nr. ... Stromstärke $I = \ldots$ A. Magnetometer Nr. ... Abstand der Mitte der Spule von der Mitte der Magnetometernadel = ... cm. $H = \ldots$ Gauß.

Anzahl N der Windungen auf der 10 cm-Spule	Windungszahl $w = N/10$	Ablesungen des Magnetometerzeigers				Ablenkung φ	tg φ	$\mathfrak{H} = H$ tg φ
		Sinn	Ostspitze	Westspitze	Mittel			

f) Stelle die Ergebnisse der Messungen bildlich durch die Kurve $x = w$ und $y = \text{tg}\,\varphi$ dar. Welchen Schluß kann man aus der Gestalt der Kurve über die Abhängigkeit der Feldstärke $\mathfrak{H}$ von der Windungszahl w ziehn?

Wie kann man die Ergebnisse dieser Aufgabe und die der Aufgabe 46 zusammenfassen? *Amperewindungszahl auf einem Zentimeter.* $wI = NI/l$, wo l die Länge der Spule ist.

Bemerkungen. Der 10 cm-Spulenkern (Abb. 338) ist eine hohle Holzwalze von 0,7 cm Durchmesser und 10 cm Länge. Die quadratischen Stirnscheiben sind so groß, daß die Spulenachse beim Lagern auf die Magnetometerschiene genau in der Höhe der Magnetnadel liegt.

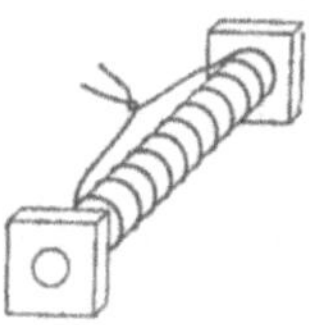

Abb. 338.

Vgl. die Bemerkungen zu Aufgabe 46.

Henderson verwendet 10, 15, 20, 25 und 30 Windungen und ein Magnetometer. Mit einem Zeigermagnetometer mit Spitzenlager gelangen mir die Versuche nicht, wohl aber mit einem Spiegelmagnetometer. Zeigermagnetometer, die für diesen Versuch verwendet werden sollen, müssen Fadenaufhängung haben. Rohe, nur zu Schaubildern verwendbare Ergebnisse erhielt ich bei einer Stromstärke von 10 A mit einer Taschenbussole.

Hadley benutzt zwei Spulen, die auf Glasröhren von 25 cm Länge und 0,4 cm äußerm Durchmesser eng gewickelt sind. Für die eine Spule verwendet er isolierten Kupferdraht von 0,3 mm Durchmesser und für die andre Spule Draht von

0,7 mm Stärke. Er schaltet gleichzeitig beide Spulen hintereinander in den Stromkreis und benutzt so lange Verbindungsdrähte, daß er die eine Spule so weit entfernen kann, daß sie auf die Magnetometernadel nicht einwirkt, während er mit der andern Spule die Messungen ausführt.

Man kann bei den Aufgaben 46 und 48 die Feldstärken für einen bestimmten Punkt der Spulenachse auch mit einem Schwingmagnetometer miteinander vergleichen.

48. Aufgabe. *Wie groß ist die Aufnahmefähigkeit, die Durchlässigkeit und die magnetische Dichte von gegebnen Eisen- und Stahlsorten?*

(2 Schüler, 2 Stunden.)

Quellen. HADLEY *195 Nr. 123.* ABRAHAM *2, 312 Nr. 137.* SCHREBER-SPRINGMANN *2, 264 Nr. 222.*

Geräte. Magnetisierungsspule (vgl. S. 409).
Ausgeglühte, gerade gerichtete Eisendrähte von 20 cm Länge und 1 mm Durchmesser.
Nichtmagnetisierte Stricknadeln.
Zeigermagnetometer.
Strommesser.
Stromwender.
4 Sammler.
Flüssigkeitswiderstand oder Gleitwiderstand (2 m Konstantandraht von 0,5 mm Durchmesser).
Leitungsdrähte für die Magnetisierungsspule.
Leitungsschnüre.
Bunsenbrenner.
Dünner Glasstab.
Gasschlauch.
Tiegelzange.
Schraublehre.
Maßstab.
Millimeterpapier.

Anleitung. **a)** Stelle die Schiene des Magnetometers M senkrecht zum magnetischen Meridian. Lege auf die eine Schiene die Magnetisierungsspule S (Abb. 337 S. 409) so, daß ihre Achse nach der Mitte der Magnetometernadel weist, verbinde die Spule durch lange zusammengedrehte Leitungsschnüre mit dem Stromwender U, dem möglichst entfernt davon aufgestellten Strommesser, dem Stromschwächer und den vier Sammlern.

b) Halte jeden Eisendraht einzeln, falls er magnetisiert sein sollte, senkrecht zum magnetischen Meridian und glühe ihn in dieser Stellung aus. Lege ihn, wenn er trotzdem noch die Magnetometernadel ablenkt, in die Magnetisierungsspule, schicke durch diese zunächst einen schwachen Strom in solcher Richtung, daß die Ablenkung der Nadel geringer wird, und verstärke den Strom so weit, daß die Nadel nach dem Unterbrechen des Stroms keinen Ausschlag mehr zeigt.

c) Bestimme beim Magnetometer und beim Strommesser die Nullage der Zeiger.

d) Lege in die Magnetisierungsspule drei nicht magnetisierte Eisendrähte so, daß die Mitten der Drähte und der Spule zusammenfallen. Miß unter Benutzen des Glasstabes den Abstand r der Mitten der Eisendrähte von der Mitte der Nadel. Schalte so viel Widerstand ein, daß nur ein schwacher Strom durch den Kreis fließen kann. Schließe den

Strom und lies beide Meßwerkzeuge ab, klopfe jedoch dabei nicht ans Magnetometer, das man überhaupt in keiner Weise erschüttern darf.

e) Vermindere, ohne dabei den Strom zu unterbrechen, den Widerstand, vergrößere so die Stromstärke, bis schließlich der Ausschlag des Stromzeigers 1 bis 2 A erreicht hat, und wiederhole jene Messungen.

f) Vermindre nun, ohne dabei den Strom zu unterbrechen, die Stromstärke und wiederhole die Messungen.

g) Unterbrich den Strom und lies den Strommesser und das Magnetometer ab. *Rückstand* (*Remanenz*).

h) Wende den Strom und verfahre wie bei den Messungen (d) bis (g), laß dabei die Stromstärke zunächst so weit steigen, bis die Ablenkung der Magnetometernadel verschwindet. *Zwangskraft* (*Koerzitivkraft*). Steigere die Stromstärke noch weiter, bis man genau die größte Stromstärke wie bei (e) erreicht hat, und laß dann den Strom wieder bis Null abnehmen. Lies die Nullagen beider Zeiger ab.

i) Wende den Strom und laß ihn wieder bis zu der bei (e) erreichten größten Stromstärke ansteigen. Unterbrich den Strom und lies wiederum die Nullagen der Zeiger ab.

k) Schreibe die Ergebnisse in folgender Weise auf:

Magnetometer Nr. ... Strommesser Nr. ... Eisendraht Nr. ... Länge des Drahts = ... cm. Durchmesser des Drahts = ... cm. Raum des Drahts $V =$ ... [cm³]. Magnetisierungsspule Nr. ... Länge der Spule $l =$ ... cm. Anzahl der Windungen $N =$ ... Windungszahl $w = N/l =$ ... $H =$ ... Gauß. Abstand der Mitte des Drahts von der Magnetmitte $r =$ ... cm.

	Magnetometer Sinn	Ost-spitze	West-spitze	Mittel	φ	$\operatorname{tg}\varphi$	M	$\mathfrak{J} = \frac{M}{V}$
Nullage								

I	$\mathfrak{H}$	$\varkappa$	μ	$\mathfrak{B}$

l) Berechne aus r, φ und H das magnetische Moment des Eisendrahts

$$M = {}^1/_2 r^3 H \operatorname{tg} \varphi .$$

m) Miß den Durchmesser und die Länge des Eisendrahts und berechne daraus seinen Raum V. Bestimme nunmehr die Magnetisierungsstärke des Drahts

$$\mathfrak{J} = \frac{M}{V} .$$

n) Berechne aus der Länge der Magnetisierungsspule l und der Anzahl N der Windungen die Windungszahl $w = N/l$, dann aus der Stromstärke I [A] und der Windungszahl w die Stärke des magnetischen Feldes im Innern der Magnetisierungsspule

$$\mathfrak{H} = 4\pi w \frac{I}{10}$$

und aus $\mathfrak{H}$ und $\mathfrak{J}$ die Aufnahmefähigkeit (Suszeptibilität) des Drahts

$$\varkappa = \frac{\mathfrak{J}}{\mathfrak{H}},$$

seine Durchlässigkeit (Permeabilität)

$$\mu = 1 + 4\pi\varkappa$$

und seine magnetische Dichte (Induktion)

$$\mathfrak{B} = \mu\,\mathfrak{H}.$$

o) Stelle die Beziehung zwischen der magnetisierenden Feldstärke $\mathfrak{H}$ und der Magnetisierungsstärke $\mathfrak{J}$ bildlich dar und setze dabei

$$x = \mathfrak{H} \text{ und } y = \mathfrak{J}.$$

Hysteresiskurve. Entnimm aus dem Schaubilde die Größe der Zwangskraft und die Größe des Rückstandes.

p) Zeichne die Kurve $x = \mathfrak{H}$, $y = \mathfrak{B}$. Schneide die Fläche aus, bestimme deren Inhalt mit der Wage und teile die Maßzahl durch 4π. „*Energievergeudung*".

q) Stelle ebenso die Beziehungen zwischen $\mathfrak{H}$ und $\varkappa$ und zwischen $\mathfrak{H}$ und μ bildlich dar.

Bemerkungen. Da die Formeln für $\mathfrak{J}$ und $\mathfrak{H}$ nur rohe Annäherungen sind, so haben die Ergebnisse von (o) bis (q) nur Anschauungswert, und es ist hier jedes Verfeinern der Rechnung überflüssig.

Bei Schülerversuchen darf man wohl davon absehn, die Wirkungen der Magnetisierungsspule und ebenso die entmagnetisierende Intensität auszugleichen oder zu berücksichtigen.

Abraham benutzt die zweite Hauptlage.

Da Zeigermagnetometer mit Spitzenlagerung für die Übung zu unempfindlich sind, so ist es ratsam, Magnetometer mit Fadenaufhängung oder Spiegelmagnetometer zu verwenden. Sind die erhaltenen Zahlenwerte zu roh, so lege man auf die Schaubilder besondern Nachdruck.

Man lasse die Schüler etwa 10 bis 15 Messungen ausführen, einige Gruppen anstatt der Eisendrähte Stricknadeln oder Uhrfedern verwenden und auch die einzelnen Gruppen mit verschiedenen größten Stromstärken arbeiten. Vgl. F. Kohlrausch[14] *568* § *143 I.* Georg Berndt[3] *2, 193* § *49.*

VII. Induktionsströme.

49. Aufgabe. *Kann man mit einem Magnet einen elektrischen Strom erzeugen?*

(2 Schüler, 2 Stunden.)

Geräte. Stromprüfer oder ein Drehspulen-Galvanometer. Hufeisenmagnet (vgl. S. 303). Langer isolierter Kupferdraht von 0,9 mm Durchmesser. Stabmagnet (vgl. S. 302). Bussole. Stromspule (vgl. S. 416). 2 Verbindungsklemmen. Kleiner Zinkstreifen oder ein eiserner Nagel. Ein Paar lange, nicht zusammengedrehte Leitungsdrähte für den Stromprüfer.

Anleitung. a) Stelle den Stromprüfer auf, verbinde seine Klemmen mit zwei Drähten und drücke das freie Ende des einen Drahts gegen einen Zinkstreifen (oder ein Messer oder einen Nagel). Tauche das Zinkstück und das freie Ende des andern Drahts in angesäuertes Wasser oder halte beide, wenn der Prüfer empfindlich genug ist, einfach gegen die Zunge. Schreibe auf den Tisch neben die Klemme, wo der Strom eintritt, ein + Zeichen und einen Pfeil, der die Richtung des Prüferausschlags angibt. Ist der Tisch paraffiniert und nimmt er nur schlecht die Kreide an, so hefte ein Stückchen Papier mit diesen Angaben auf den Tisch neben den Stromprüfer.

b) Lege einen starken Hufeisenmagnet mit dem einen Schenkel auf den Tisch in solcher Entfernung vom Stromprüfer, daß eine kleine Bewegung des Magnets keine oder nur eine schwache Wirkung auf den Prüfer ausübt (Abb. 339).

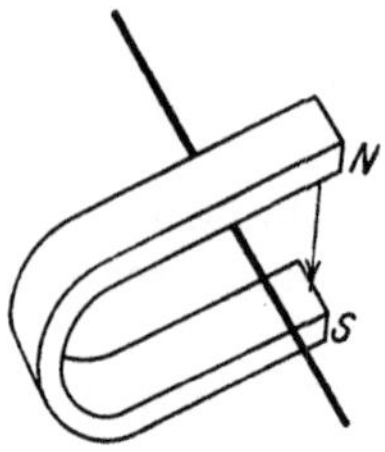

Abb. 339.

c) Verbinde nun mit einem ausreichend langen Draht die Klemmen des Stromprüfers. Fasse mit beiden Händen das Mittelstück des Drahts und bewege es rasch zwischen den Polen hindurch, so daß es die Kraftlinien des Magnets senkrecht schneidet. Zeigt der Stromprüfer einen Ausschlag? Ist die Stromdauer lang? In welcher Richtung floß der Strom durchs Mittelstück des Drahts? Wie verlaufen die geschnittenen Kraftlinien des Magnets? Wie steht die Bewegungsrichtung zu diesen beiden Richtungen? Halte Daumen (1), Zeigefinger (2) und Mittelfinger (3) der rechten Hand so, daß sie der Reihe nach rechte Winkel miteinander bilden. Halte den Daumen (1) in die Richtung der Bewegung und den Zeigefinger (2) in die Richtung der Kraftlinien. Wie verhält sich nun die Richtung des ausgestreckten Mittelfingers (3) zu der Richtung des erregten Stroms? *Dreifingerregel der rechten Hand.*

d) Bewege nun das Mittelstück des Drahts rasch in entgegengesetzter Richtung, also aus dem Innenraum des Hufeisenmagnets heraus. Nach welcher Richtung schlägt die Nadel des Stromprüfers aus? Gilt auch jetzt noch die Dreifingerregel der rechten Hand?

e) Wiederhole die Versuche (c) und (d), doch bewege dabei das Mittelstück des Drahts recht langsam. Welche Wirkungen treten ein?

f) Wiederhole den Versuch (c), doch halte dabei den Draht da, wo das Feld des Magnets am stärksten ist, einige Sekunden lang still. Welche Wirkung zeigt sich?

g) Bewege rasch den Draht quer durch die Kraftlinien, das eine Mal durch den schwächsten, das andre Mal durch den stärksten Teil des magnetischen Feldes. Welchen Teil des Feldes muß man mit dem Drahte durchqueren, wenn man den stärksten Strom erzeugen will?

h) Bewege den Draht in der Richtung der Kraftlinien. Welche Wirkung hat dies auf den Stromprüfer? Entsteht ein Strom, wenn man den Draht so bewegt, daß er keine Kraftlinien schneidet?

i) Bewege rasch ein langes Mittelstück des Drahts senkrecht zur Richtung der Kraftlinien der Erde. Entsteht im Draht ein Strom?

Bewege den Draht in der Richtung der Kraftlinien der Erde. Zeigt der Stromprüfer einen Ausschlag?

k) Biege das Mittelstück des Drahts zu einer Schleife. (Abb. 340). Halte senkrecht zur Richtung der Kraftlinien des Hufeisenmagnets die Schleifenebene und bewege sie rasch in ihrer eignen Ebene so weit, daß die Schleife die größte Zahl der Kraftlinien einschließt. In welcher Richtung fließt der induzierte Strom? Bewege rasch die Schleife in ihrer Ebene aus dem Kraftfeld heraus und stelle wieder die Stromrichtung fest. Besteht ein Zusammenhang zwischen der Vermehrung oder der Verminderung der Kraftlinien innerhalb des Schleifenumfangs und den Richtungen der Ströme in der Drahtschleife? Sieht das Auge der Richtung der Kraftlinien entgegen, so nennt man die Ströme, die in der Schleife nach rechts oder nach links fließen, rechtsgerichtet oder linksgerichtet. Welche einfache Regel läßt sich für die Ströme aufstellen, die in der Schleife induziert werden?

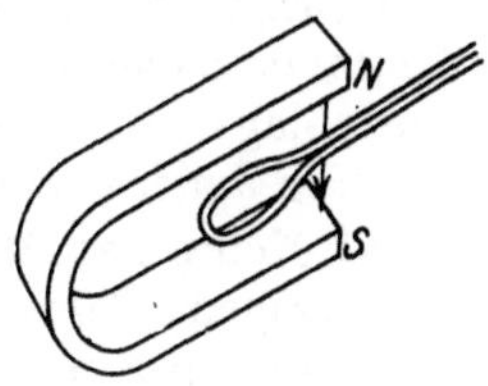

Abb. 340.

l) Bewege die Schleife von verschiedenen Seiten her ins Kraftfeld hinein. Bewährt sich die Regel?

m) Drehe den Magnet und damit die Richtung seiner Kraftlinien um und prüfe, ob die Regel auch jetzt noch gilt.

n) Bewege die Schleife gleichläufig zu den Kraftlinien. Entsteht ein Strom?

o) Biege das Mittelstück des Drahts so zusammen, daß die beiden Teile dicht nebeneinanderliegen, und bewege diese flächenlose Schleife im Kraftfelde des Magnets hin und her. Entstehn Induktionsströme?

p) Stelle aus dem Mittelstück des Drahts eine kleine Spule mit einigen Windungen her und untersuche, ob die induzierten Ströme beim raschen Bewegen der Spule ins Feld des Magnets hinein und aus dem Feld heraus stärker sind als bei den Versuchen mit der einfachen Schleife.

q) Halte zwischen die Pole des Hufeisenmagnets senkrecht zu den Kraftlinien die Spule und drehe sie in vier raschen Wendungen jedesmal um 90°. Entstehn Ströme? Wie sind sie gerichtet? Drehe die Spule mehrmals rasch im Kraftfelde vollständig herum. Bei welchen Stellungen wechselt der Strom seine Richtung?

---

r) Verbinde mit den Klemmen des Stromprüfers die große Drahtspule. Wie ist das Kraftfeld des Stabmagnets beschaffen? Folgt das Feld den Bewegungen des Magnets?

s) Bestimme die Pole des Magnets und klebe, falls die Pole nicht bereits bezeichnet sind, auf den Nordpol ein Stückchen Papier.

t) Fasse den Magnet am Südpol und stoße den Nordpol rasch in die Mitte der Spule. Wird hierdurch die Gesamtzahl der Kraftlinien, die durch die Spule hindurchgehn, vermehrt oder vermindert? Zeigt der Prüfer einen Strom an, wenn man der Spule den Magnet nähert? Entsteht ein Strom, wenn man den Magnet von der Spule entfernt? Wie verhalten sich die Richtungen beider Ströme? Halte den Nordpol ruhig in die Mitte der Spule. Zeigt der Prüfer einen Strom an, solange der Magnet in Ruhe bleibt? Wiederhole die Versuche mit dem Südpol. In welcher Richtung floß bei jedem Versuch der Strom in der Spule? Fasse die stromdurchflossene Spule als einen Blattmagnet auf. Welche Seite ist der Nordpol und welche Seite der Südpol? Stelle durch schlichte Zeichnungen die Kraftlinien der Spule und die Kraftlinien des Stabmagnets dar. Muß man beim Erzeugen induzierter Ströme Arbeit leisten?

u) Lege auf den Tisch so den Magnet, daß sein Nordpol über den Rand hinausragt. Nimm in die Hand die Spule und schiebe sie rasch über den Pol, ohne dabei den Magnet zu berühren. Zeigt der Stromprüfer einen Ausschlag? Wird beim Bewegen der Spule die Gesamtzahl der Kraftlinien geändert, welche die Spule schneiden?

v) Kehre den Magnet um und laß den Südpol über den Tischrand hinausragen. Schiebe, sobald der Stromprüfer zur Ruhe gekommen ist, die Spule über den Pol des Magnets, ohne ihn dabei zu berühren. Wie verhält sich die Richtung des Stroms zu der bei Versuch (u) erhaltenen Richtung? Schneiden die Kraftlinien die Spule in demselben oder in entgegengesetztem Sinn wie vorher?

w) Halte die Spule so, daß sie die größte Anzahl von Kraftlinien des Erdfeldes einschließt, und drehe die Spule, sobald der Stromprüfer zur Ruhe gekommen ist, rasch in eine solche Lage, daß die kleinste Anzahl der Kraftlinien der Erde hindurchgeht. Zeigt der Stromprüfer einen Ausschlag?

x) Lege die Spule flach auf den Tisch und wende sie dann rasch um. Schlägt der Stromprüfer aus? Wie kann man die Erscheinungen (w) und (x) erklären?

y) Lege auf den Tisch den Hufeisenmagnet so, daß seine Pole über den Rand hinausragen, und schiebe die Spule über beide Pole. Zeigt der Stromprüfer einen Ausschlag? Schiebe die Spule nur über einen Pol des Hufeisenmagnets. Ist die Ablenkung ebenso groß wie vorher? Wie ist dies zu erklären?

Bemerkungen. Die Versuche (a) bis (q) erfordern einen recht empfindlichen Stromprüfer. Er soll bei Versuch (i) einen deutlichen Ausschlag liefern. Zu den Versuchen wurde ein Drehspulen-Spiegelgalvanometer von 5 Ohm Widerstand benutzt oder ein Stromprüfer von 0,15 Ohm Widerstand, den die Gebr. Ruhstrat zu Göttingen für die Staatliche Hauptstelle für den naturwissenschaftlichen Unterricht angefertigt haben.

Anstatt des Hufeisenmagnets kann man bei einem sehr empfindlichen Stromprüfer zwei starke Stabmagnete verwenden, die man so legt, daß die ungleichnamigen Pole einander zugekehrt sind. Bei weniger empfindlichen Stromprüfern verwende man Elektromagnete, womöglich solche mit geschlitztem ringförmigem Kern. Sie bieten auch den Vorteil, daß man die Richtung der Kraftlinien bequem umkehren kann.

Die Spule, die bei den Versuchen (r) bis (y) verwendet wird, stelle man aus Draht von 0,9 mm Durchmesser her. Man gebe der Spule einen Durchmesser von 10 bis 20 cm und nehme so viele Windungen, daß der Stromprüfer deutlich ausschlägt, wenn man die Spule im Erdfelde rasch umdreht.

Die Zuleitungsdrähte darf man nicht spulenförmig winden.

Den Stromprüfer beruhige man, wenn dies erforderlich ist, mit einem Magnet oder bei geringem inneren Widerstande bequemer dadurch, daß man die Klemmen des Galvanometers durch eine Leitung kurzschließt, worein man einen Stromschlüssel oder einen Druckknopf eingeschaltet hat.

Man kann beim Versuch (a) den Zusammenhang zwischen der Stromrichtung und dem Sinn des Galvanometerausschlages auch mit einer Trockenkette feststellen. Den zu starken Strom schwäche man durch einen großen Widerstand oder durch eine Abzweigung: man schließe dabei z. B. mit einem 2 m langen Kupferdraht oder mit einem 15 cm langen und 0,5 mm dicken Konstantandraht die Kette kurz.

50. Aufgabe. *Kann man in einem geschlossenen Leiter Ströme erzeugen, wenn man einen benachbarten Stromkreis bewegt oder darin die Stromstärke ändert?*

(2 Schüler, 1 Stunde.)

Geräte. Isolierter Draht von etwa 30 m Länge und 0,9 mm Durchmesser, der zu zwei Spulen verwandt wird (vgl. S. 414).
1 bis 2 Trockenketten.
Stromschlüssel.
Stromprüfer
Verbindungsschnüre.
Klemmschrauben.

Anleitung. **a)** Wiederhole Aufgabe 49 (a).

b) Bilde aus der einen Spule (Hauptspule), der Kette und dem Stromschlüssel einen Stromkreis. Verbinde mit den Klemmen des Stromprüfers die Enden der andern Spule (Nebenspule). Lege die Nebenspule auf den Tisch und die Hauptspule oben darauf. Stelle die Richtung des Hauptstroms fest. Sieh nach dem Stromprüfer und schließe den Strom. Wie weit und nach welcher Seite schlägt der Stromprüfer aus? Welche Richtung hat der Strom in der Nebenspule? Entsteht in der Nebenspule ein dauernder oder ein vorübergehender Strom? Wird der Nebenstrom durch einen gleichbleibenden oder durch einen sich verändernden Hauptstrom erzeugt? Welche Wirkung ruft das Unterbrechen des Stroms hervor? Wie unterscheiden sich die Ausschläge des Stromprüfers, die beim Öffnen und beim Schließen des Stroms entstehn?

c) Vertausche an der Kette die Drähte miteinander und untersuche, ob beim Schließen des Hauptstroms ein Nebenstrom von derselben Richtung wie vorher erzeugt wird.

d) Laß die Nebenspule ruhig liegen. Hebe die Hauptspule empor, drehe sie um und lege sie wieder auf die Nebenspule. Schließe den Strom und beobachte am Prüfer die Richtung des Ausschlags. Ist die Richtung die gleiche wie vorm Umdrehn der Spule?

e) Schließe den Strom und erhalte ihn geschlossen, bis der Zeiger des Stromprüfers in die Ruhelage zurückgekehrt ist. Hebe nun, während der Hauptstrom mit gleichbleibender Stärke fließt, schnell die Hauptspule von der Nebenspule ab und etwa 30 cm hoch oder noch höher empor. Was geschieht in der Nebenspule? Erhalte den Strom geschlossen und lege, sobald der Zeiger des Stromprüfers zur Ruhe gekommen ist, die Hauptspule rasch wieder auf die Nebenspule. Was geschieht? Hat der Strom, der beim Entfernen entsteht, dieselbe Richtung wie der Strom, der beim Annähern erzeugt wird?

f) Unterbrich den Hauptstrom und entferne die Hauptspule, durch die also kein Strom fließt, von der Nebenspule. Wird in dieser eine Wirkung hervorgerufen?

Bemerkungen. Aus dem Draht von 30 m Länge und 0,9 mm Durchmesser wickle man zwei flache Spulen, die 10 bis 15 cm Durchmesser haben und wovon jede etwa 15 m Draht enthält. An jedem Drahtende läßt man ein etwa 60 cm langes Stück gerade, das als Zuleitung dient.

Der Stromprüfer soll so empfindlich sein, daß er einen deutlichen Ausschlag liefert, wenn man eine der Spulen im Erdfeld umdreht.

Man kann in jeden Stromkreis einen Widerstand und in den Hauptkreis einen Strommesser und einen Stromwender einschalten.

Man achte darauf, daß die Schüler den Hauptstrom nur so lange schließen, wie es der Versuch erfordert.

Anhang.

I. Betrieb der Schülerversuche.

Ich habe das allgemeine Verfahren in der mehrfach erwähnten Abhandlung „*Wie sind die physikalischen Schülerübungen praktisch zu gestalten?*" ausführlich erörtert; meine spätern Erfahrungen habe ich niedergelegt in der Einleitung zu diesem Buch und in dem *Handbuch für höhere Schulen, herausgegeben von* R. JAHNKE und F. BEHREND, im Abschnitt über *Physikalischen Arbeitsunterricht.* Im folgenden sind für künftige Leiter von Schülerversuchen noch einige Einzelheiten des Betriebes behandelt: Arbeitsordnung, allgemeine Ratschläge, Auswerten der Beobachtungen und Übberichte. Man hänge keine Arbeitsordnung und keine Ratschläge im Übraum aus, sondern suche deren Ziele durch beharrliches mündliches Wiederholen der Vorschriften und durch allmähliches, aber festes Gewöhnen der Schüler zu erreichen. Die Vorteile solcher allgemeinen Regeln sind klar, aber auch ihre Gefahren. Die größten sind: rein handwerksmäßiger, nur äußerlich tadelloser Betrieb der Übungen und zu starkes Beschränken der Versuchsfreiheit der Schüler.

A. Arbeitsordnung.

1. Es ist verboten, vorm Beginn der Übung den Arbeitsraum zu betreten.

2. Überzieher, Hüte, Mützen, Schulmappen od. dgl. dürfen nicht in den Übraum hineingebracht und dort abgelegt werden.

3. Beim Beginn der Übung hat jeder Schüler nachzusehn, ob sein Arbeitsplatz in Ordnung ist. Alle Unordnungen sind sofort zu beseitigen und, wenn dies nicht möglich ist, dem Leiter zu melden.

4. Die Nummern der bezifferten Geräte sind in den Übbericht einzutragen.

5. Kein Schüler darf ohne besondre Erlaubnis des Leiters Geräte aus den Schränken und von den Gestellen nehmen oder aus der Werkstatt und der Sammlung holen.

6. Es ist nicht erlaubt, von Mitschülern Geräte zu leihen. Diese sind im Bedarfsfall vom Leiter zu erbitten.

7. Sollte ein Gerät schmutzig oder sonstwie in Unordnung sein, so ist dies sofort dem Leiter zu melden.

8. Jeder Schüler ist für die Geräte verantwortlich, die er benutzt, und er hat sofort dem Leiter jedes Beschädigen eines Geräts während des Versuchs zu melden. Der Schüler hat allen Schaden zu ersetzen, den er durch bösen Willen oder grobe Fahrlässigkeit verursacht.

9. Jeder Schüler ist verpflichtet, die Geräte und Stoffe, die ihm zu Versuchen anvertraut werden, mit reiflichem Überlegen, gewissenhafter Sorgfalt und weiser Sparsamkeit zu benutzen. Sofort nach dem Gebrauch ist jede Flamme auszulöschen, jeder Wasserhahn zu schließen und jeder elektrische Strom auszuschalten. Es ist verboten, Säuren u. dgl. mit guten Tüchern aufzuwischen.

10. Es ist verboten, an Schrauben, Kurbeln, Ausschaltern, Gashähnen od. dgl. gedankenlos spielend zu drehn, Glas- und Ebonitflächen unnötig mit den Fingern zu berühren und auf Teilungen der Geräte Marken usw. einzuritzen.

11. Es ist untersagt, ohne Benutzen des Quecksilberbretts mit Quecksilber und ohne Asbestunterlage mit Brennern zu arbeiten.

12. In den Ausguß darf nur Wasser gegossen werden; alle andern Stoffe sind in die Töpfe, Eimer oder sonstigen Behälter zu schütten oder zu legen, die der Lehrer dafür bestimmt hat.

13. Die Tischplatte ist mit großer Schonung zu behandeln.

14. Es ist untersagt, Abfälle, wie Papier, Streichhölzer u. dgl., auf dem Tisch und dem Fußboden liegen zu lassen.

15. Lautes Reden ist verboten. Leise Gespräche mit den Mitarbeitern sind nur dann gestattet, wenn sie zum Durchführen der Versuche erforderlich sind.

16. Jeder Schüler hat alle Anordnungen und Handlungen zu unterlassen, die seine Mitschüler stören, belästigen oder gefährden können.

17. Nach jedem Versuch muß jeder Schüler die Geräte in demselben guten Zustand abliefern, wie er sie vorm Versuch empfangen hat. Alle Glas- und Blechgefäße sind auszuspülen und abzutrocknen oder auf das Ablaufbrett oder das Trockengestell zu stülpen. Gas- und Wasserhähne müssen geschlossen und die Stromschalter geöffnet sein. An den Klemmen der benutzten Ketten oder Sammler dürfen keine Verbindungsdrähte sitzen. Die Leitungsdrähte sind sorgsam auf einer Glasröhre aufzurollen und auf die Stäbe ihres Gestells zu schieben und die Leitungsschnüre über die Bügel des Gestells zu hängen oder, wenn sie zu kurz sind, in ihre Kästen zu legen. Der Tisch ist abzuwischen und das benutzte Tuch aufzuhängen.

B. Ratschläge.

1. Überlege sorgfältig vorm Versuch, was zu tun und wie es zu tun ist. Achte darauf, welche Beobachtungen besonders schwierig, welche Messungen ganz genau auszuführen und welche Vorsichtsmaßregeln streng zu befolgen sind.

2. Sieh vorm Versuch alle Geräte genau an und mache dir ihren Bau, ihre Arbeitsweise und ihr Handhaben ganz klar. Stelle die Geräte bequem und handlich auf und prüfe, wenn Vorversuche zulässig sind, ob die Vorrichtungen richtig arbeiten. Achte bei den Geräten auf alle Einrichtungen, die vielleicht ungenaue Ergebnisse hervorrufen könnten. Gib allen Geräten einen bestimmten Platz, auch denen, die du augenblicklich noch nicht gebrauchst. Baue erst ab und gib die Geräte nur dann zurück, wenn du sicher weißt, daß du ihrer nicht mehr bedarfst.

3. Richte vorm Beginn der Messungen an einer geeigneten Stelle des Berichts die Tafel ein, worein die Ergebnisse einzutragen sind. Spare dabei nicht mit dem Raum. Vergiß auch nicht, für Bemerkungen zu jeder einzelnen Messung eine besondre Spalte hinzuzufügen.

4. Richte deine ganze Aufmerksamkeit auf den Versuch und beachte gewissenhaft und vorurteilsfrei alle Erscheinungen und Umstände, die das Ergebnis beeinflussen könnten. Scheue keine Mühe und Unbequemlichkeit. Mache die Versuche ohne Hast und mit Überlegung.

5. Führe jede einzelne Messung mit der größten erreichbaren Genauigkeit aus, als ob von ihr allein das Ergebnis der Versuche abhinge.

Von dieser strengen Arbeitsweise darf man nur dann abweichen, wenn man sich durch gründliches und umfassendes Überlegen die Gewißheit verschafft hat, daß man beim Messen so große Fehler, die jene peinliche Sorgfalt zwecklos machen, durchaus nicht vermeiden kann.

Schätze bei allen Ablesungen stets die Zehntel der kleinsten Teilstrecke. Beachte dabei, daß die Teilstrecke der Abstand der Mitten zweier benachbarten Teilstriche ist.

Vermeide die großen Fehler. Schätze also beim Thermometer nicht nur die Zehntelgrade sorgfältig, sondern lies auch die ganzen Grade richtig ab. Richte deine Aufmerksamkeit nicht nur auf die Zehntelmillimeter, sondern bestimme auch die Anzahl der Zentimeter und Millimeter richtig.

Vergiß nicht, vorm Ablesen von Zeigern, Flüssigkeitständen usw. schwach gegen die Meßgeräte zu klopfen; überlege jedoch in jedem einzelnen Fall, ob dies Erschüttern auch zweckmäßig und zulässig ist.

6. Schreibe sofort alle Messungen an der richtigen Stelle des Berichts deutlich auf, und zwar genau so, wie du sie an den Teilungen abgelesen hast, ohne zuvor ein Umrechnen vorzunehmen oder eine Verbeßrung anzubringen. Trage alle Umrechnungen und Verbeßrungen besonders ein. Zeichne z. B. den Beginn und das Ende eines Ereignisses in Minuten und Sekunden auf und rechne erst später die Dauer des Vorganges in Sekunden aus. Schreibe nicht nur die Maßzahlen, sondern auch die Maßeinheiten und vor allem die gemeßne Größe selbst auf.

7. Befürchte keine falschen Ergebnisse. Schreibe alle Messungen auf, auch wenn sie mit frühern ganz genau übereinstimmen oder davon bedeutend abweichen. Ein Ergebnis darf man nur dann verwerfen, wenn beim Messen nachweislich ein Versehn vorgekommen, eine Störung eingetreten oder wenn schon während des Messens ein Bedenken gegen seine Richtigkeit aufgestiegen ist. Auch diese verworfnen Ergebnisse sind aufzuschreiben und in den Bemerkungen die Gründe fürs Ausschließen anzuführen.

8. Schreibe alle Aufzeichnungen, die nicht in Tafeln eingetragen werden, als Gleichungen oder in vollständigen Sätzen nieder.

9. Beantworte schriftlich knapp und bestimmt alle Fragen, die beim Aufstellen und Lösen der Aufgabe gestellt wurden. Bitte, wenn du dir nicht selber helfen kannst, einen Mitschüler oder den Lehrer um Auskunft.

10. Führe während des Versuchs keine Arbeit aus, die du ebensogut nachher tun kannst. Mache also Berechnungen nur dann, wenn deren Ergebnisse unbedingt zum Fortführen des Versuchs erforderlich sind.

11. Schreibe die Berechnungen vollständig auf, so daß du sofort jeden einzelnen Schritt nachprüfen kannst. Rechne nie auf einzelnen Papierstücken, wie Löschpapier, Briefumschlägen, Postkarten usw.

12. Ziehe nur aus den eignen Beobachtungen Schlüsse.

13. Sieh bei falschen Ergebnissen zunächst nach, ob du keine Rechenfehler gemacht hast. Mache zuerst mit den stark abgerundeten Zahlen einen groben Überschlag und wiederhole dann erforderlichenfalls mit den vollständigen Zahlen die Rechnung.

14. Prüfe dann gewissenhaft, ob das Mißlingen des Versuchs der eignen Unerfahrenheit und Sorglosigkeit oder Mängeln der Geräte zuzuschreiben ist, und weise, wenn Fehler feststellbar sind, auf geeignete Mittel hin, sie zu verkleinern oder zu vermeiden.

C. Auswerten der Beobachtungen.

Hierüber findet man ausreichende Belehrung bei F. KOHLRAUSCH[14] *1ff.*; OSTWALD-LUTHER[3] *1ff*; G. BERNDT[3] *1u.2*; H. BRUNS *1ff.*; C. RUNGE und H. KÖNIG *1ff.*; H. v. SANDEN *1ff.*; E. T. WHITTAKER-ROBINSON *1ff.*; SCHREBER-SPRINGMANN *2, 1ff.* und K. SCHREBER, *Zeitschr. f. d. phys. u. chem. Unterr. 20, 14; 1907*, und V. HAPPACH *1ff.* Ich kann mich daher auf einige kurze Bemerkungen über die Schaubilder der Beobachtungen und über das Zahlenrechnen beschränken.

1. Schaubilder.

Sie liefern am raschesten eine Übersicht über den Zusammenhang gemeßner Größen. Man benutze zum Zeichnen Millimeterpapier. (Es ist zu beachten, daß Blöcke billiger und bequemer sind als große Bogen.) Das Verwenden von logarithmischem und semilogarithmischem Papier ist bei Schülerversuchen im allgemeinen ausgeschlossen. Man halte darauf, daß die Schüler mit spitzen harten Bleistiften arbeiten und die einzelnen Kurvenpunkte durch kleine Kreuze festlegen.

Beim Zeichnen wähle man für gewöhnlich den Maßstab so groß, daß ein halbes Millimeter oder höchstens ein Millimeter eine Einheit der letzten Ziffer darstellt, die man vernünftigerweise noch beibehalten darf. Hat man z. B. eine Warmheit mit einem Thermometer gemessen, das in ganze Grade geteilt ist, so stelle man jeden Grad durch 0,5 oder höchstens 1 cm dar. Entspricht einem starken Ändern der einen Größe ein nur schwaches Ändern der andern Größe, so darf man für die Größe, die sich rascher ändert, einen kleinern Maßstab wählen. Bei jedem Schaubilde sind stets die Längenmaßstäbe für die Abszissen und die Ordinaten und die Namen der abgetragnen Größen anzugeben. Sind a und b die kleinsten Werte der Größen x und y, die bei den Versuchen vorkommen, so wählt man nicht x und y, sondern ξ und η als Koordinaten, wo $\xi = x - a$ und $\eta = y - b$ ist.

Das Ausführen eines Schaubildes bereitet selbst jungen Schülern keine Schwierigkeiten, und es gelingt ihnen sogar (namentlich wenn zwischen den Größen eine Gleichung ersten Grades besteht), die ausgleichenden Kurven zu ziehn und so die Beobachtungsfehler auszuschalten.

2. Zahlenrechnen.

Ein Berechnen der Versuchsergebnisse, das einem tiefer gehenden Prüfen in allen Einzelheiten standhält, ist weit schwieriger, als viele Physiker ahnen. Gut rechnen zumeist nur die Astronomen und ihre Berufsverwandten. Ein einwandfreies Berechnen setzt voraus, daß man sich ein Urteil verschafft hat über die Fehler der Zahlen, womit man rechnen soll. Damit verbunden ist die Forderung, so zu messen, daß die Teilfehler, welche die einzelnen Messungen im Endergebnis hervorrufen, alle annähernd gleich sind. Diese strenge Forderung erfüllen aus Gründen, die jeder Fachmann kennt, nur zum Teil die Anleitungen, die beim Aufstellen und Lösen der Aufgaben in diesem Buch und anderswo gegeben sind. Bei den Schülerversuchen ist es verfehlt, nach amerikanischem Vorbilde grundsätzlich überall Fehlerbetrachtungen anzustellen; das entspricht weder den geistigen Bedürfnissen unsrer Jugend, noch den Zwecken dieses Lehrverfahrens. Ein gründliches Erörtern der Fehler ist nur dann zweckmäßig, wenn in den Schülern selber ein Bedürfnis entstanden ist, solche Fragen zu klären. Dieser Fall tritt z. B. stets ein, wenn die Frage zu entscheiden ist, wieviel Stellen der Zahl π beim Berechnen zu verwenden sind. Wenn man auch bei den Übungen nur zuweilen die Fehler der Geräte, des Verfahrens und der Beobachtungen eingehender untersuchen kann, so soll sich doch der Leiter nach Kräften bemühn, für jeden Versuch eine möglichst gründliche Fehleruntersuchung durchzuführen; er wird dabei vielfach vor Fragen gestellt, deren glückliches Lösen seinen Unterricht und nicht selten auch die Wissenschaft erheblich fördern kann. Ein sorgfältiges Prüfen seiner Meßgeräte, wie Maßstäbe, Massensätze, Thermometer, Widerstände usw., wird ihm ganz grobe Fehlerquellen enthüllen und ihn darüber aufklären, warum seine absoluten Messungen so dürftig und dabei seine relativen Messungen ganz befriedigend ausfallen. Ein nachträgliches Beseitigen regelmäßiger Fehler durch Verbessern usw. ist nur bei wenigen Versuchen ausführbar und ratsam. Die Beobachtungsfehler soll man unter die Grenze hinabdrücken, wo die regelmäßigen Fehler auftreten. Daher läßt man die Messungen so oft wiederholen, wie es die Zeit und die geringe Geduld der lebhaften Jugend erlauben. Läßt man in gleicher Front arbeiten und gestattet der Versuch das Bilden eines Gesamtmittels, so darf man die Anzahl der Wiederholungen stark herabsetzen. Hat das gesuchte Gesetz die Gestalt $y = f(x)$ und hat man x und y gemessen, so lasse man nicht nur $f(x)$, sondern auch $y - f(x)$ berechnen und aus diesen Unterschieden den Mittelwert bilden. Bei den Schülerversuchen kommt es nicht darauf an, die besten Ergebnisse zu erzielen, sondern solche, die den Schülern die Gewißheit liefern, daß das gefundene Gesetz den Tatsachen gut angepaßt ist, abgesehen von kleinen Abweichungen, die von den unvermeidlichen Fehlern herrühren. Alle

Versuche, die ohne hervorragende Geschicklichkeit oder ohne übergroße Mühe zu einem solchen Ziel führen, sind für Übungen zulässig. Eine Genauigkeit von 1 vH befriedigt durchaus unsre Schüler und ist auch in vielen Fällen erreichbar. Ist der Fehler viel größer als 1 vH, so ist es ratsam, die Versuchsergebnisse nicht durch Rechnen, sondern durch ein Schaubild auszuwerten.

Die Beobachtungen der Schüler sind zumeist gut; schlechte Ergebnisse haben vielfach ihre Ursache in hastigem und unordentlichem Aufschreiben der Meßergebnisse, falschem Setzen des Kommas, flüchtigem Rechnen usw. Man muß zunächst den Schüler zum richtigen Schreiben der Zahlen erziehen. Man mache ihm den Begriff der geltenden Ziffern klar und weise ihn darauf hin, daß jede geschätzte Größe fehlerhaft ist, daß es keinen Sinn hat, rechts von der fehlerhaften Stelle noch Ziffern beizubehalten, daß vielmehr diese wertlosen Ziffern über die vorhandene Genauigkeit täuschen. 9,98 cm z. B. bedeutet, daß die Zehntelmillimeter bezeichnende 8 auf Schätzen beruht. In der Physik ist 10 cm von 10,00 cm verschieden. In der erstern Größe beruhn die Einer der Zentimeter und in der letztern die Hundertstel der Zentimeter auf Schätzen; bei 10 cm ist der Fehler kleiner als 0,5 cm und bei 10,00 cm kleiner als 0,005 cm. Geltende Nullen darf man also nicht weglassen.

Beim Rechnen ist darauf zu achten, daß die Schüler richtig abrunden. Im Fall des zweifelhaften Abrundens, wenn also die abgestoßne Ziffer eine 5 ist, pflegt man an den Berliner Schulen die letzte Ziffer um Eins zu erhöhn. Dieses Verfahren ist zwar einfach, doch roh; feiner ist es, im allgemeinen auf „gerade" abzurunden, d. h. für die Beträge

0,5 2,5 4,5 6,5 8,5

die Zahlen 0, 2, 4, 6, 8 und für die Beträge

1,5 3,5 5,5 7,5 9,5

die Zahlen 2, 4, 6, 8, 10 anzusetzen. Vgl. H. Bruns, *Grundlinien des wissenschaftlichen Rechnens 28.*

Da die Genauigkeit des Messens bei den Schülerversuchen im Durchschnitt 1 vH ist, so wird man bei längern logarithmischen Rechnungen vierstellige Logarithmentafeln benutzen. Bedient man sich nicht der Logarithmentafel oder des Rechenschiebers, so sind beim Rechnen die abgekürzten Verfahren für ungenaue Zahlen anzuwenden. Man muß dieses Rechenverfahren aber häufig benutzen; denn erlangen die Schüler darin nicht die erforderliche Übung, so erklären sie mit Recht, daß die gewöhnlichen Verfahren und das nachträgliche Kürzen mit geringerm Aufwande von Zeit und Nachdenken zum Ziel führen. Das genäherte Rechnen ist übrigens, wenn man es mit allen Feinheiten ausführen will, schwieriger, als viele Rechner denken.

D. Übberichte.

Als Übheft dient ein Viertelbogenheft aus weißem Papier oder besser aus Netzpapier. Achtelbogenhefte sind zu klein nach den Erfahrungen, die man am Dorotheenstädtischen Realgymnasium gemacht hat. Verwebt man die Versuche mit dem Klassenunterricht, so ist das Einrichten besondrer Übhefte nicht ratsam, man läßt dann besser die Übberichte, die sogenannten „Protokolle", in das allgemeine Physikheft eintragen; doch soll auch hier der Schüler bei jeder neuen Aufgabe eine neue Seite anfangen. Auf dem Deckel des Hefts muß selbstverständlich der Name des Schülers und die Klasse stehn.

Der Bericht über die ausgeführten Versuche soll enthalten: 1. die gestellte Aufgabe, 2. den Tag und, falls in Gruppen gearbeitet wird, deren Nummer und den Namen des Führers, 3. die Nummer des Arbeitsplatzes, 4. die Nummern der benutzten Geräte, 5. eine knappe und klare Beschreibung des Versuchverfahrens und des Versuchverlaufs, 6. die Messungen, Rechnungen, Schlußfolgerungen und Ergebnisse in übersichtlicher und sachgemäßer Anordnung und 7. saubre Umrißzeichnungen der benutzten Geräte und ihrer Anordnungen.

Der Bericht soll die urschriftlichen Aufzeichnungen des Schülers enthalten und sofort nach jeder Beobachtung mit Bleistift, am besten mit dem Kopierstift „Castel" von A. W. Faber, niedergeschrieben werden. Im Berichte darf nichts weggeschabt werden; alle zu tilgenden Einträge sind durchzustreichen oder in Winkelklammern ⟨ ⟩ einzuschließen und die Versehn durch eine Randbemerkung zu erklären. Der ganze Bericht muß unbedingt zuverlässig sein. Man muß deutliches Schreiben namentlich aller Zahlen und Einheiten mit Nachdruck fordern. Alle Aufzeichnungen und Rechnungen muß der Schüler übersichtlich anordnen und reichliche Zwischenräume für spätre Zusätze freilassen. Alle Ergebnisse sind womöglich in Tafeln einzutragen und, wenn dies nicht zweckmäßig ist, in gutem Deutsch kurz, aber bündig, klar und bestimmt in ganzen Sätzen aufzuschreiben.

Das Abfassen eines guten Berichts bereitet den Schülern große Schwierigkeiten. Man muß daher bei den ersten Versuchen den Schülern etwas helfen. Auch ist es ratsam, die Schüler später dann und wann einen Versuch aus dem Stegreif nur unter Benutzen ihrer eignen Berichte wiederholen zu lassen. Die hauptsächlichsten Mängel der Berichte sind: schlechte Ausdrucksweise, Verstöße gegen Rechtschreibung und gegen Zeichensetzung, schlechte Schrift, unübersichtliches Anordnen, unvollständiges und dürftiges Aufzeichnen der Beobachtungen, ungenaues und unordentliches Eintragen der Meßergebnisse, Rechenfehler, falsche Schlüsse und irrige Feststellungen, Angabe unwesentlicher Nebenerscheinungen, Wortschwall usw.

II. Geräteverzeichnis[1].

Diese Übersicht soll junge Lehrer beim Einrichten von Schülerversuchen in den Stand setzen, mit dem geringsten Aufwand an Zeit, Geld und Arbeit eine brauchbare Ausrüstung zu beschaffen.

[1] Die Übräume und ihre Ausstattung habe ich ausführlich behandelt in der Schrift: Wie sind die physikalischen Schülerübungen praktisch zu gestalten? Berlin, J. Springer, 1905. Vgl. auch Jahnke und Behrend, Handbuch für höhere Schulen. Arbeitsunterricht in der Physik 2, 42; 1927.

Die Geräte und die Werkstoffe der allgemeinen Ausrüstung sind in Sachgruppen angeordnet und die Geräte der physikalischen Teilgebiete in Gruppen, die so wie diese Gebiete im Buch aufeinanderfolgen. In einer jeden Gruppe sind die einzelnen Dinge nach dem Abc eingereiht. Bei jedem angeführten Gerät steht ein Hinweis auf die Versuche, wobei man es benutzt. Diese Einrichtung des Geräteverzeichnisses erlaubt, den ganzen Verwendungsbereich jedes einzelnen Geräts vollständig zu überblicken.

Beim Herausgeben, Wegstellen und Aufbewahren der Geräte sind eine Reihe von Vorrichtungen erforderlich, die erlauben, mit einem Griff den ganzen Gerätesatz zu erfassen, wie Bretter, Kasten, Gestelle u. dgl. Das Dorotheenstädtische Realgymnasium besitzt seit einem Menschenalter viele solcher Hilfsmittel. Ich habe sie hier nicht aufgenommen und hoffe, daß einer der Physiker dieser Schule diese Vorrichtungen in einem besonderen Aufsatz vollständig beschreiben wird. Hier verweise ich nur auf zwei neuere Arbeiten: E. Hiedemann, Das Arbeitsbrett, Z. f. d. physik. u. chem. Unterricht 40, 57; 1927. — F. Schürer, Ordnung in der Drahtwirtschaft, ebenda 40, 85; 1927.

Beim Anschaffen der Geräte für Schülerversuche kann man zwei Wege einschlagen: das Anfügen oder das Einschalten. Entweder kauft man sofort so viele Stücke eines Geräts, wie kleinste Arbeitsgruppen vorhanden sind, und fügt später nach und nach die Ausrüstungen für weitere Versuche hinzu; oder man erwirbt zunächst für viele Versuche eine nicht ausreichende Anzahl Geräte, womit man größere Schülergruppen arbeiten läßt, und vermehrt dann allmählich die Anzahl der Geräte, bis man die kleinsten Arbeitsgruppen bilden kann.

Wo es darauf ankommt, daß alle Schüler mit genau übereinstimmenden Geräten, z. B. Massensätzen, Widerstandspulen usw., arbeiten, ist ein Vermehren durch Einschalten nicht ratsam; bei teurern Geräten hingegen schlägt man vorteilhaft diesen Ausweg ein. Die größte Anzahl der Geräte, die für Versuche in gleicher Front notwendig ist, findet man dadurch, daß man die größte Anzahl der Schüler, die voraussichtlich den Versuch gleichzeitig machen sollen, durch die Anzahl der Schüler teilt, die mindestens zum Ausführen des Versuchs erforderlich ist. Will man bei geeigneten Versuchen das Verfahren des allseitigen Angriffs anwenden, so muß man untersuchen, wie diese Arbeitsweise die Anzahl der erforderlichen Geräte vermindert.

Die Arbeit, die mit dem Anschaffen und dem Instandhalten der Geräte verbunden ist, unterschätzt man meist bedeutend. Dieses falsche Bewerten kann zu erheblichem Geldvergeuden führen. Von den Leitern der Schülerversuche ist unbedingt zu verlangen, daß sie jedes Gerät sofort nach der Lieferung genau untersuchen und seine Brauchbarkeit durch Versuche prüfen. Sie müssen z. B. nachsehn, ob bei den Klemmen die Schrauben lang genug sind und ihre untern Enden keine Spitzen haben, welche die Drähte durchschneiden, ob die Spulen die vorgeschriebene Bewicklung, den richtigen Widerstand usw. haben. Somit ist die Anzahl der Geräte, die eine Schule anschaffen kann, nicht bloß vom vorhandenen Gelde, sondern auch von der Zeit abhängig, die der Leiter der Versuche auf das Prüfen und auf das Instandsetzen der Geräte verwenden kann. Oft übersieht man auch, daß der Mechaniker zum Anfertigen der Geräte Zeit braucht. Da der Leiter Dinge, die nicht vorrätig sind, auch nicht kaufen kann, so sind solche Anweisungen zuweilen unausführbar, die da fordern, sofort oder binnen weniger Wochen bestimmte Geräte anzuschaffen. Überstürzen führt fast stets zu hastigem und übereiltem Ankauf von Geräten, die für die Versuche nicht zu gebrauchen sind, also zum Vergeuden der vorhandnen, meist viel zu spärlichen Mittel. Das Geld, das zum Anschaffen von Geräten bewilligt wird, muß in richtigem Verhältnis stehn zu der Zeit, die zum Herstellen und Prüfen nötig ist. Daher wäre es dringend erwünscht, wenn die Mittel, die für Schülerversuche angewiesen werden, auf irgendeine Weise von einem Rechnungsjahr aufs andre übertragbar gemacht würden. Will man für das wenigste Geld die beste Einrichtung für Schülerversuche erwerben, so muß man die Ausrüstung allmählich im Laufe einiger Jahre beschaffen.

Im Übraum muß man die Geräte während des Nichtgebrauchs nicht in einer Ordnung aufbewahren, die niemand erklären und keiner behalten kann, sondern so, wie man ihrer im Verlauf des Lehrgangs bedarf. Das erleichtert die Übersicht, die Herausgabe, das Wegstellen der Geräte und ermöglicht auch, jederzeit künftigen Bedarf zu erkennen. Alle Monate muß man den Bestand an Geräten durchsehen, um etwa Lücken festzustellen, damit man noch rechtzeitig die Hetze und die Mehrkosten eines überstürzten Bestellens vermeiden kann.

Die Staatliche Hauptstelle für den naturwissenschaftlichen Unterricht und das Dorotheenstädtische Realgymnasium beziehn Zeichenausrüstungen von Gebr. Wichmann, Berlin NW 6, Karlstr. 13, chemische Stoffe und Drogen von R. Schering, Berlin N, Chausseestr. 19, chemische Geräte u. dgl. von Dr. Hermann Rohrbeck Nachf., Berlin N 4, Pflugstr. 5, und Paul Altmann, Berlin NW 6, Luisenstr. 47, und physikalische Geräte, soweit in diesem Buch nicht andre Bezugsquellen genannt sind, von Louis Preuschoff, Berlin S 42, Luisenufer 11. Mein lieber Freund und treuer Mitarbeiter, F. A. Hintze, der die meisten meiner physikalischen Geräte gebaut hat, ist leider vor einigen Jahren gestorben. Für das Dorotheenstädtische Realgymnasium hat Max Kohl, Chemnitz i. S., die Arbeitstische, Schränke, Wandbretter und Galgen angefertigt.

Sofort nach dem Erscheinen dieses Buchs haben einige Geschäfte das darin enthaltne Geräteverzeichnis zum Herstellen von Preislisten benutzt und unter widerrechtlichem Verwenden meines Namens die Geräte nachgebaut, ohne im Besitz der erforderlichen Vorbilder und Angaben zu sein. Über die gelieferten Vorrichtungen habe ich manche ungünstigen Urteile gehört. Meine Anleitungen setzen die Geräte voraus, die ich in diesem Buche beschrieben habe. Nur mit diesen Geräten habe ich selber die Versuche ausgeführt und von vielen Lehrern und Schülern ausführen lassen. Ob die Versuche auch mit andern Geräten gelingen, weiß ich nicht. Man verlange daher beim Bestellen ausdrücklich, daß die Geräte genau so geliefert werden, wie ich sie in diesem Buch beschrieben habe, und lehne alle Umgestaltungen und angeblichen Verbesserungen ab; es sei denn, daß ich die Abändrungen geprüft und in spätern Veröffentlichungen gebilligt habe.

Will der Leiter seine Ausrüstung für Schülerversuche vollkommen beherrschen, so muß er beim Bestellen der Geräte vom Verfertiger verlangen, daß dieser die einzelnen Geräte mit Nummern versieht und außerdem alle Festwerte, wie Widerstand, größte zulässige Belastung, Windungszahl usw., dauerhaft darauf verzeichnet.

Bei bereits genormten Geräten und Werkstoffen habe ich die für die Schülerversuche brauchbaren Größen angegeben. Es fehlt meines Wissens bis jetzt noch ein Auszug aus den Vereinbarungen, der die Bedürfnisse der Schulen berücksichtigt. Daher kommen die Vereinheitlichungen mehr den Bedürfnissen der Hersteller entgegen als denen der kaufenden Lehrer. Wo ich eine bereits angenommene Norm übersehn und an ihrer Stelle eine andre Größe angegeben habe, ist dafür die nächstliegende Norm zu wählen.

Das Verzeichnis enthält die Geräte der Staatlichen Hauptstelle für den naturwissenschaftlichen Unterricht, einer Anstalt, die auch Übungsleiter ausbildet. Diese Ausrüstung ist, da sie zahlreiche Abarten der Geräte und Versuche umfaßt, viel umfangreicher als die Ausstattung einer höhern Schule. Ein geschickter Versuchsleiter kann für wenig Geld eine recht leistungsfähige Ausrüstung beschaffen, wenn er das Verzeichnis der wichtigsten Versuche beachtet, das jetzt hinter dem Inhaltsverzeichnis abgedruckt ist. Da die Preise der Geräte sehr gestiegen sind und stark schwanken, habe ich sie in dieser Auflage weggelassen und verweise auf die Preislisten von Louis Preuschoff.

Beim Benutzen des Geräteverzeichnisses ist zu beachten, daß „Robisonscher Magnet, lang (S. 311). IX 7_2.“ heißt: Der auf S. 311 beschriebne lange Robisonsche Magnet wird in dem 9. Teil bei dem 2. Verfahren der 7. Aufgabe benutzt.

A. Allgemeine Ausrüstung.

I. Geräte.

1. Stellzeug.

1. Arbeitsbock (S. 46). II A 2 · 20. — II B 4—8 · 10 · 11—14. — V 1—4 · 9—14.

2. 2 Bunsengestelle nebst Zubehör. I 7. — II A 18 · 25 · 26_3 · 29 · 32. — II B 1_1 · 3_1 · 10. — III 1—3 · 8. — IV 1 · 2. — V 5. — VI 6. — VII 6 · 10_2 · 11 · 17_1 · 19. — VIII 16_2 · 17 · 20 · 23 · 25. — X 16_2.

3. Hocker oder Schemel (S. 186). V 5.

4. Holzgestell. X 16_2.

5. Holzklotz (S. 192). V 8_2.

6. Kolbenhalter. X 38 · 45.

7. Unterlegklötze (S. 17 u. 136). I 3_3 · 5. — II A 5 · 12 · 24 · 25. — II B 1_1 · 1_2 · 1_4 · 3 · 6 · 7. — III 3—8. — V 5 · 9 · 10. — VIII 17_2—19 · 22.

8. Wandbrett (vgl. Jahnke-Behrend 2, 43). II A 2_2 · 5 · 13_1 · 13_3 · 15_1 · 16 · 17 · 21 · 22 · 26_1 · 27 · 28 · 30. — IV 2.

9. Wandgalgen (vgl. JAHNKE-BEHREND 2, 43). II A 6 · 29 · 33 · 34. — II B 7 · 8 · 10 · 11—14. — IV 2. — V 9—12 · 14.

2. Verbindungen.

10. Drahtstifte. II A 5 · 16 · 28_2. — X 49.

11. Haken.
a) große. II A 14_1 · 23_2.
b) kleine. II A 2 · 5 · 7 · 26 · 27 · 32. — V 5 · 14.

12. Hakenschraube. II A 22 · 27 · 28 · 30.

13. Hakenstifte (Krampen). V 8_1.

14. Hakenzwecken. X 38.

15. Holzzwinge. II A 25 · 26_2. — V 5. — X 39.

16. Klammer, VOLKMANNsche. X 8. (Vgl. Gleitwiderstände S. 321.)

17. Nägel. II A 5 · 28_2 · 30. — X 49.

18. Nagelbohrer. II A 13_1.

19. Quetschhahn. VII 6 · 8_2.

20. Schraubzwinge mit Feilkloben (auch versetzt). II A 2_1. — II B 4—7 · 10. — V 1—4 · 6 · 7 · 9—14. — VI 7.

21. Zwinge mit Haken. II A 14 · 23.

3. Heizgeräte.

22. Asbestplatte. VII 8 · 14—16. — X 36.

23. Bunsenbrenner. VI 7. — VII 1—3 · 5 · 7 · 8 · 10 · 13 · 16—18. — IX 4. — X 3 · 8 · 48.

24. Drahtnetz mit Asbesteinlage. VII 8 · 11 · 16—19.

25. Dreifuß. VII 8 · 10—13 · 16—18. — IX 4. — X 36.

26. Schnittbrenner. II A 6. — VII 8. — VIII 11—14 · 18—20 · 22.

27. Weingeistlampe. X 36.

4. Elektrischer Bedarf.
(S. 313—330.)

28. Batterieglas (S. 215 u. 332). VII 2 · 6 · 13. — X 1—4.

29. Glühlampe (S. 274 u. 345). VIII 10—14 · 20 · 21 · 23 · 24. — X 8 · 16_2.

30. Klingel. VII 10.

31. Klopfer. VII 10.

32. Milchglasbirne. VIII 18.

5. Glasgeräte.

33. Bechergläser.
a) (550 cm^3). I 13—17. — II A 12 · 24. — III 1—8. — IV 2. — V 10. — VII 4 · 5 · 8—19. — VIII 21. — X 9—16.
b) (200 cm^3). II A 19. — VII 12—15 · 18. — X 12—14 · 16.
c) (60 cm^3). I 15. — X 8.

34. Flaschen, enghalsig.
a) (500 cm^3). X 1—4 · 8.
b) (250 cm^3). X 1.
c) (100 cm^3). I 14 · 15.

35. Kochflasche (500 cm^3). VII 8 · 19.

36. Kristallungschale. IV 2. — VII 11.

37. Prüfglas.
a) groß (S. 217). VII 3 · 16 · 17_2.
b) mittelgroß (S. 332). X 1 · 8.
c) eng. VII 7. — VIII 21.

38. Pulvergläser (100 cm^3 · 250 cm^3). VII 4. — X 1.

39. Schale (S. 363). X 19.

40. Scheibe. I 6. — X 8.

41. Standglas (S. 332). X 2—4.

42. Trichter. I 14—16. — III 1 · 2. — VII 4. — X 2.

43. Trichter, groß, mit Schlauchansatz. VI 6. — VII 6.

44. U-Röhre (S. 165). III 1 · 2.

6. Blechsachen.

45. Blechgefäß. VII 18 · 20. — X 12—16.

46. Blechtopf (überschmaltet). VI 6_1.

47. Waschschüssel (überschmaltet). VI 6_1. — VII 7.

48. Weißblechschale (S. 304). IX 4.

7. Ausrüstung des Werkzeugbretts im Übraum.

49. Anschlagwinkel aus Stahl. I 19. — II A 30. — II B 3_2. — III 1 · 2. — VIII 24.

50. Beißzange. I 12 · 20. — II A 6. — II B 8 · 10. — III 5. — IV 2. — V 11 · 12. — VI 3—5. — VII 1 · 16. — X 8.

51. Feile.
a) dreikantig. I 12 · 14. — VI 5. — VII 8.
b) rund. VII 2 · 8. — X vielenorts.

52. Flachzange. II A 6. — IV 2. — VI 3—5.

53. Hammer. II A 1 · 5 · 6 · 16 · 28_2 · 33 · 34. — II B 8.

54. Rundzange. II A 6. — IV 2. — VII 3—5.

55. Schere. I 2—6 · 18_2 · 19. — II A 4 · 5 · 18 · 25—29. — II B 1_1 · 1_3 · 2 · 4—8. — III 1—8. — IV 1 · 2. — V 5 · 14. — VI 2—5. — VII 3—5. — VIII 15 · 18—23 · 25. — IX 6—8. — X 44.

56. Tiegelzange. X 2 · 3 · 9—11 · 48.

57. Vorstecher.
a) rund. II A 13 · 15_1 · 16 · 26_1 · 27 · 28_1.
b) vierkantig. II A 5 · 26_1 · 27 · 28_1.

Empfehlenswerte Ergänzungen.

58. Kneifzange.
59. Pinsel (Kamelhaar-). I 13 · 15. — II B 2 · 10. — III 3—8. — V 9—11. — VII 11.
60. Schraubenzieher. II A 13.

8. Zeichengeräte.

61. Vollständige Zeichenausrüstung (S. 106). II A 11—15 · 17 · 21—28 · 30 · 31. — VIII 1—8 · 15.

Von den Teilen der vollen Ausrüstung werden allein benutzt:

62. Bleistift. I 2 · 4 · 6 · 7 · 18_1. — II A 2_1 · 16 · 33—35. — II B 3_1. — IX 2 · 3 · 5 · 7_2 · 8.
63. Millimetermaßstab. I 18_2 · 19. — II A 6 · 32.
64. Millimeterpapier. I 2 · 6 · 7 · 18_1. — II A 2 · 4 · 6—8 · 12 · 14 · 15_1 · 28_1 · 33—35. — II B 1—3 · 6 · 13. — V 2 · 3 · 7. — VII 2 · 17_2. — VIII 3 · 5 · 6 · 9—11 · 20. — IX 1. — X 3 · 4 · 7 · 17 · 20 · 24 · 28—31 · 39 · 46—48.
65. Pauspapier. I 18.
66. Reißbrett. II A 13 · 15_1 · 26 · 27 · 28 · 30 · 31. — II B 3. — V 8_1. — X 38.
67. Reißnägel. I 2. — II B 1_1 · 2 · 3 · 6. — V 8_1. — VIII 15 · 16.
68. Reißschiene. II B 3. — IV 1.
69. Tusche. I 7. — VIII 16.
70. Winkelmesser. II A 11 · 25. — V 8.
71. Zeichenbogen. II B 3. — IX 2—5 · 7_2 · 8.
72. Zeichendreiecke. I 1 · 2 · 4 · 5. — II A 2 · 12. — II B 1 · 3—6. — VIII 10 · 11 · 13 · 14 · 16 · 20. — IX 2 · 7_2.
73. Ziehfeder. I 7. — VIII 16.

9. Meßgeräte.

Hier stehen auch Maßstäbe, Wagen und Zubehör, Thermometer.

74. Abgleichbecher. I 13—15 · 17. — III 5 · 6. — VII 14 · 15.
75. Abgleichgranaten. I 13 · 15 · 17. — II A 4 · 19 · 26—28. — III 5 · 6. — V 1—4 · 13. — VII 14 · 15. — X 4. (Vgl. Abgleichschrot Nr. 76.)
76. Abgleichschrot. I 6. — II A 4 · 26—28. — III 5 · 6. — V 1—4 · 10 · 13. — VII 2 · 14 · 15 · 20. — X 4. (Vgl. Abgleichgranaten Nr. 75.)
77. Ableseklemme (S. 35). I 15_1 · 16.
78. Ablesespiegel. I 14—16. — II A 13 · 15_1 · 16 · 21 · 22 · 28 · 29. — IV 1 · 2. — VII 6 · 8 · 14—16 · 18 · 20. — VIII 10 · 11. — IX 1.
79. Bandmaß (10 m lang). II A 7. — X 39.
80. Barometer (S. 223). IV 1. — VII 8 · 10—13 · 16.
81. Brücke zur Wage (S. 168). III 3—8.
82. Dichtefläschchen (Pyknometer, 50 cm^3. S. 37). I 15_2 · 17. — VII 11
83. 2 Fadenzähler. I 4 · 5. — II A 7. — VIII 14 · 17_2 · 22.
84. Höhenmaßstab. II A 2_1. — V 1—4 · 13.
85. Lot (Faden mit Bleikugel). II A 2_2 · 11 · 16 · 17 · 25 · 28_1. — II B 3—6. — III 1 · 2 · 6. — IV 1 · 2. — VI 6_1.
86. Linse mit kurzer Brennweite. (Vgl. Nr. 83 und VIII, Licht Nr. 370a—c.)
87. Massensatz (S. 30, Gewichtsatz Nr. 235). I 9—17 · 18_2—20. — II A 2 · 18 · 19 · 26_3 · 28_2 · 29 · 32. — II B 1 · 8—10 · 14. — III 3—8. — V 1—6 · 10 · 12 · 14. — VI 5 · 7. — VII 11 · 15 · 16 · 18 · 19. — X 2 · 4 · 9—16.
88. Meßglas (250 cm^3). I 14 · 16. — V 6. — X 12—16.
89. Meßröhre (Bürette, 50 cm^3, geteilt in 0,1 cm^3. S. 33). I 15_1 · 16. — VII 16.
90. 2 Meterstäbe (S. 13). I 1 · 3—5 · 7 · 8 · 12 · 20. — II A 11—15 · 17 · 18 · 20 · 24 · 25 · 28_1 · 29 · 33—35. — II B 1 · 3—6 · 10—14. — III 1 · 2 · 5. — IV 1. — V 5 · 8 · 12 · 15. — VI 2 · 4 · 6 · 7. — VII 1 · 3 · 10 · 12 · 13 · 20. — VIII 14 · 16 · 25. — IX 2 · 7 · 8. — X 28—31 · 39 · 41 · 48.
91. Saugröhre (Pipette, 50 cm^3. S. 33). I 13 · 14 · 15_2 · 17. — III 2—8. — VII 2 · 4 · 14—16 · 19.
92. Schraublehre (S. 25). I 8 · 19 · 20. — II A 6 · 7. — III 5. — V 8 · 12. — X 30 · 31 · 35 · 48.
93. Schublehre (S. 20). I 4 · 5 · 7 · 13. — II B 1 · 3_1 · 4—6 · 10 · 14. — V 7 · 12. — VI 7. — VII 10_1. — VIII 13 · 14. — IX 7_1. — X 39 · 46.

94. Spiegelmaßstab (S. 46). II A 2. — III 1 · 2. — IV 2. — V 5 · 8.
95. Stangenzirkel. IV 2.
96. Stoppuhr (S. 137). II B 1 · 2 · 4—6 · 10—14. — V 1—7 · 9—13. — VI 1. — IX 6—8. — X 9—16 · 39 · 40 · 43.
97. Tafelwage. II A 6 · 33—35. — VII 20.
98. Taktschläger (Metronom). II B 1_3 · 4—6 · 10. — V 7. — VI 1.
99. 2 Thermometer (S. 32 u. 219). I 13 · 15. — III 1—3 · 8. — IV 2. — VI 6 · 7. — VII 2 · 4—11 · 13_2 · 14—20. — X 12—16 · 36.
100. Wage (S. 28). I 9—17 · 18_2—20. — II A 8—11 · 19 · 28. — II B 7_2—10 · 14. — III 3—8. — V 1—6 · 8 · 10 · 12 · 13. — VI 5 · 7. — VII 11 · 14—16 · 19 · 18. — X 2—4 · 9—11 · 12—16.
101. Wasserwage. II A 8—11 · 14 · 18 · 23 · 26. — II B 1_1. — III 1 · 2. — VII 12 · 13. — IX 1. — X 39.

10. Geräte zum Arbeiten mit Quecksilber.

102. Quecksilberbrett (S. 165). II B 1_1. — III 1 · 2. — IV 1. — V 8. — VII 11. — X vielenorts.
103. Quecksilbertropfgefäß (S. 319). X vielenorts.
103. Quecksilberzange. III 1 · 2. — X vielenorts.

11. Putzzeug.

104. Baumwollappen (reine, weiche). VIII 3—22.
105. Lappen (alte). X 1—4, vielenorts.
106. Schippe und Handfeger. IX 4.
107. Schmirgelholz. X 4.
108. Schmirgelpapier. X vielenorts.
109. Werg. X 1—4.
110. Wischtuch, vielenorts.

12. Allerlei.

111. Abdampfschale. VII 10 · 11 · 17_2.
112. Asbestscheibe, durchbohrt. VII 14—16.
113. Borsten. VI 1.
114. Deckel aus Pappe. VII 19.
115. Federn. II B 2 · 10. — V 9—15.
116. Gefäß zum Wässern der Tonzellen. X vielenorts.
117. Holzhammer. VII 6.
118. Holzlöffel. VII 7.
119. 2 Holzkeile. II A 6 · 8—11 · 20 · 33 · 34. — II B 8.
120. Kasten mit Sägemehl. II A 6 · 33 · 34. — II B 1—3.
121. Korkbohrer. VII 2 · 8 · 17.
122. Kunstkorkring. VII 7. — X 3.
123. Lagerkugeln, klein. I 6. — II A 14_3 · 15_2 · 30.
124. Löffel, klein. V 10.
125. Nähnadeln. I 18_2. — V 14.
126. Papiertrichter, klein. V 14.
127. Porzellanschale. X 3.
128. Schutzband (Isolierband). VII 20. — X 38 · 44.
129. Stecknadeln. II B 10. — V 9 · 10. — VIII 1—3 · 5 · 7 · 8 · 12 · 23. — IX 7_2. — X 38.
130. Streichhölzer. II B 2. — VII vielenorts. — X 1.
131. Stricknadeln. V 7 · 13. — VIII 21. — IX 7_2. — X 8 · 38 · 48.
132. 2 Teller, flache (S. 332). X 2 · 3 · 8 · 19.

II. Werkstoffe.

1. Faserstoffe.

133. Angelschnur (S. 117). II A 5 · 13 · 14 · 21 · 22 · 25—28 · 31. — II B 11—14.
134. Bindfaden verschiedener Stärke. II A 5 · 12 · 14 · 16 · 18 · 23—28 · 30 · 32. — II B 8. — V 1—4 · 14. — VI 7. — X 39 · 44.
135. Garn, weißes und schwarzes. I 3. — II A 9 · 11 · 26—29 · 33—35. — II B 4—8. — IV 1. — V 5 · 8 · 13. — VII 6 · 17_1. — VIII 14 · 20.
136. Seidengarn. II B 2. — III 3—8. — V 14.
137. Seidenschnur. II A 8—11 · 13_3 · 26_1. — II B 11.
138. Watte. II B 1—3. — VI 1 · 7. — VII 14 · 16. — X 2 · 3.
139. Zwirn. II A 13 · 14.

2. Papier und Pappe.

140. Asbestpapier. VIII 21 · 25.
141. Filterpapier. X 2 · 3 · 8—11.
142. Fließpapier.
a) I 13—15 · 17_2. — II A_1. — VII 11 · 17 · 18. — X 1.
b) dickes weißes. VIII 21.
143. Klebpapier. I 16. — III 2. — VI 6_1. — VIII 16_1 · 21. — IX 2 · 3 · 5 · 7_2 · 8. — X 41 · 44.
144. Kohlepapier (S. 143). II B 1_1 · 2 · 3_2.

145. Papier, schwarzes. VI_1.
146. Pappe.
a) II A $13_3 \cdot 16 \cdot 17 \cdot 21$. — VII 18. — VIII 20.
b) starke (S. 387). X 38.
147. Sandpapier. II A 8—11 · 32. — VI 7.
148. Schreibpapier.
a) II A $2_1 \cdot 4 \cdot 12 \cdot 13 \cdot 15_1 \cdot 22 \cdot 25 \cdot 30 \cdot 34$. — II B 2. — III 1 · 2. — IV 2. — V 1—4 · 13. — VI 2 · 5 · 6. — IX 4. — X 38 · 41.
b) dünnes. I $3_1 \cdot 5$. — VI 2—5.
149. Steifpapier (Karton).
a) weiß. I $4 \cdot 5 \cdot 18_2$. — II B $1_1 \cdot 1_3 \cdot 6$. — VIII 16 · 18. — IX $6 \cdot 7_1 \cdot 8$.
b) schwarz. VIII 18 · 19 · 22 · 25.

3. Korke.

150. Korke[1]. II A 28_2. — II B 10. — V 13. — VI 7. — VII 2 · 4 · 8 · 9 · 17_2. — VIII 17_2. — IX 1 · 4 · 7_2. — X 8.
151. Spunde. VII 8 · 9 · 12—16 · 18.

4. Kautschukwaren.

152. Kautschukringe. VI 6. — VII $8_2 \cdot 13_2 \cdot 17_1$. — VIII 17_2.
153. Kautschukschläuche.
a) Gasschläuche, 1,50 m lang. II A 6. — VI 6 · 7. — VII 1—3 · 5 · 7 · 8 · 10 · 11 · 13_2—19. — VIII 10 · 13 · 18 · 19 · 21 · 22 · 25. — IX 4. — X 3 · 4 · 8_1 · 48.
b) 50 cm lang. IV 2. — VII 18.
c) kurz. III 1. — IV 2. — VII 6 · 8_2 · 12 · 13.
154. Kautschukschnur (S. 104). II A 8 · 26_3 · 29 · 32.
155. Kautschukstöpsel, doppelt durchbohrt. VII 8 · 12 · 13 · 17_1.

5. Glas.

156. Glasröhren (S. 175 u. 406), 6 bis 8 mm und auch 10 mm dick; auch 2,5 cm weit. I 6 · 8. — II A 32. — IV 2. — VII 8 · 19. — IX 6 · 7 · 8. — X 44.
157. Glasscheiben. I 6. — X 8.
158. Glasstab.
a) VII 6 · 9 · 17. — X 3.
b) dünn. X 48.
159. Spiegelglasplatten. II A 25. — II B 3_2. — VI 1.

6. Metalle.

160. Bleiblatt (Tapeziererblei). II A 4 · 19.
161. Bleischeiben. IX 7_2.
162. Eisendraht, 0,8 und 1 mm dick (S. 214 u. 411). VII 1 · 11. — X 8 · 48.
163. Konstantandraht, 0,25 mm dick. II A 6_1 · 7. — X vielenorts anstatt Manganindraht.
164. Kupferdraht.
a) 0,8 mm dick. I 12 · 15_2 · 20. — III 5. — IV 2. — VII 1.
b) 1 mm dick. X 19.
c) 1,6 mm dick. I 6. — II A 17. — VII 1 · 16.
d) sehr dünn. I 3_2. — II B 8.
e) hart, 0,25 mm dick. V 9 · 11 · 12. — X 34.
165. Kupferspäne. VII 16.
166. Messingblech (dünnes) II A 3 · 4. — VIII 23.
167. Messingdraht.
a) 0,5 mm, 1 mm und 3 mm dick. I 8. — VIII 15.
b) federhart, 0,25 mm dick. II B 9. — V 8_2 · 11 · 12.
168. Zinkblechstücke. X 1 · 44.
169. Zinnblatt. I 18_2 · 19. — II A 4 · 19. — VII 3—5. — VIII 23.

7. Chemische Stoffe und Drogen.

170. Alkohol. I 15 · 16. — III 8. — X 2—4 · 8—11.
171. Ammoniak. X 1—4 · 8.
172. Ammoniumchlorid. III 8.
173. Anilin. X 12—16.
174. Bärlappsamen. II B 1_4. — VI 1 · 7.
175. Benzin. III 8.
176. Benzol. I 16.
177. Chromtrioxyd. X 3.
178. Cuprisulfat (S. 36, 338 u. 348). I 15 · 16. — III 2 · 7 · 8. — IV 2. — X vielenorts.
179. Ferroammoniumsulfat. X 16_2.
180. Ferrochlorid. X 16_2.
181. Ferrosulfat. X 16_2.
182. Geigenharz. VI 7.
183. Glyzerin. III 8. — VII 11.
184. n-Kalilauge. X 1.
185. Kaliumdichromat. X 3.
186. Kaliumferrozyanid. X 8.
187. Kaliumjodid. X 8.
188. Kaliumnitrat. III 8.
189. Kreide. II B 4—6. — V 7.
190. Lithiumchlorid. VIII 21.

[1] Vgl. über Halsweiten von Glasgefäßen *Mitteilungen der Preußischen Hauptstelle für den naturw. Unterricht. Heft 8, S. 66. 1924.*

191. Lackmuspapier. X 1.
192. Naphthalin. VII 17.
193. Natriumbikarbonat. VIII 21.
194. Natriumnitrat. VIII 21 · 25.
195. Natriumsulfat. X 8.
196. Paraffin. III 6. — IX 4.
197. Paraffinöl. III 1.
198. Petroleum. I 16. — III 1 · 8. — X 12—16 · 35.
199. Phenolphthalein. X 8.
200. Quecksilber. III 1 · 2. — VII 82_2 · 11. — X vielenorts.
201. Ricinusöl. IV 2.
202. Salpetersäure, konz. X 8.
203. Schwefelsäure, reine. X vielenorts.
204. Spiritus,, vergällter. I 15_1.
205. Stärke. X 8.
206. Steinsalz (S. 35). I 15. — III 2 · 8. — IV 2. — VII 7 · 8. — VIII 21. — X 8.
207. Talk. VI 7.
208. Terpentinöl. III 1 · 8. — VII 11. — X 12—16_1.
209. Thallosulfat. VIII 21.
210. Toluol. I 16. — X 12—16_1.
211. Wasser, übergedampftes. I 15_2 · 17. — VII 6. — X 12—16_1.
212. Xylol. X 12—16_1.
213. Zink, chem. rein. X 1.

8. Klebmittel.

214. Fischleim. I 7.
215. Glaserkitt. II B 8.
216. Gummiarabikum. VII 4 · 5. — VIII 18 · 20.
217. Klebwachs. I 7. — II A 2_1 · 4 · 17. — II B 1_1 · 8. — III 1 · 2. — V 5 · 6. — VI 1. — VIII 14—16_1. — IX 2 · 3 · 5 · 7_2 · 8. — X 41.
218. Plastilin. V 1—4 · 13.
219. Siegellack. V 8_2.

B. Geräte für die besonderen Fachgebiete.

I. Maß und Messen.

(Vgl. über Meterstäbe Nr. 90, Wagen Nr. 100, Massensatz Nr. 87, Thermometer Nr. 99.

220. Becher aus Messing mit aufgeschliffener Glasplatte (S. 32). I 13.
221. Holzklotz, paraffiniert (S. 11 u. 13). I 1 · 10.
222. Kugel aus Buchsbaumholz (S. 22). I 5 · 11.
223. Metallwalze (S. 16 u. 18). I 3·4·9. — III 3.
224. Rechenstab (S. 16). I 2.
225. Schraube und Mutter (S. 25). I 7.

II. Gleichgewicht und Bewegung der festen Körper.

a) Gleichgewicht.

226. Baurolle (S. 122). II A 33.
227. 2 Bügel für Galgen. II A 6·33·34.
228. Dachstuhlmodell (S. 116). II A 31.
229. Druckfederwage. II A 1 · 5 · 7.
230. Einsatzrolle (S. 53). II A 8—11 · 14_1 · 23 · 25 · 29 · 35.
231. Eisendraht, verzinkt, 1 mm dick. II A 6 · 7.
232. Federwagen nebst Schlitten (S. 47, 50 u. 106).
  a) 3 Stück bis 4 kg*. II A 5 · 7 · 13 · 14 · 22 · 26_2 · 27 · 30.
  b) 3 Stück bis 5 kg*. II A 14_2 · 18 · 22.
  c) 4 Stück bis 10 kg*. II A 3 · 4 · 15_2 · 28.
233. 2 Federwagen, rund, bis 20 kg* (S. 71). II A 14_1 · 23.
234. Flaschenzug, dreirolliger (S. 125). II A 34.
235. Gewichtsatz (Handelsgewichte). II A 6. · 18 · 25 · 26 · 28_2 · 29 · 32 · 33. — V 8_1. (Vgl. Massensatz Nr. 87.)
236. Glasperlen. II A 13_2.
237. Halls Scheibe (S. 77). 14_3 · 15_2 ·
238. Hebel mit fester Achse (S. 65). 2 A 12 · 18 · 24.
329. Hebel mit verschiebbarer Achse (S. 85). 2 A 18 · 20.
240. Holzstab.
  a) (S. 45). II A 2_2.
  b) (S. 71). II A 14_1 · 23.
  c) (S. 78). II A 15_1.
  d) (S. 89). II A 22.
  e) (S. 113). II A 30.
  f) (S. 117). II A 32.
241. Holzstäbchen, dünn. II A 17.
242. Kraftmesser (S. 46). II A 2.
243. Kugelgelenkklemme (S. 53 u. 99). II A 5 · 25.
244. Messingring von 0,5 mm Durchmesser. II A 5 · 26—28.
245. Metallzwinge, klein. II A 14 · 15_2 · 26_2.
246. Rahmen aus 0,5 mm dickem Messingdraht. II A 25_2.

247. Meterstab mit drei Löchern. II A 13_1.
248. Reibbrett (S. 99). II A 8—11.
249. Reibschlitten (S. 60). II A 8—11.
250. Ringgewichte (S. 48).
a) 4 Stück zu 1 kg*. II A 3—5 · 7 · 12 · 13 · 16_1 · 20—22 · 27. — X 39.
b) 2 Stück zu 2 kg*. II A 3 · 5 · 12 · 15_1 · 18 · 22 · 24 · 26_1 · 27 · 28_1 · 30.
c) 5 kg*. II A 3 · 5 · 7 · 14 · 18 · 23 · 24 · 28 · 29 · 33—35.
d) 10 kg*. II A 14 · 18 · 20 · 23 · 31 · 33—35.
e) 20 kg*. II A 33—35.
251. a) 4 Rollen (S. 53). II A 5 · 13_3 · 15_1 · 21 · 26_1 · 29 · 32.
b) Rolle aus Aluminium (S. 53). II A 5.
c) Rolle aus Holz mit zwei Griffschrauben (S. 33). Vielenorts.
d) Rolle, klein (S. 112). II A 28_2.
252. Scheibengewichte (S. 48). II A 4 · 5 · 8—11 · 13 · 15_1 · 18 · 23 · 26_1 · 33—35. — II B 9_1 · 11—14. — V 8. (Vgl. Gewichtsatz Nr. 235.)
253. Schiefe Ebene (S. 99). II A 8—11 · 25.
254. Schmieröl. II A 8—11 · 12 · 24 · 33—35.
255. Schraubenfeder aus Stahldraht (S. 46 u. 179). II A 2_1. — V 1—4 · 13.
256. Schraubenfeder aus Stahldraht nach Guillaume (S. 45). II A 2_2.
257. Schraubenwinde (S. 126). II A 35.
258. Schraubzwinge mit Haken. II A 4 · 14 · 20 · 23.
259. Schraubzwinge mit Lager für beide Hebel.
260. Seil, 0,75 cm dick. II A 33 · 34.
261. Stabgewichte (S. 48).
a) 2 Stück zu 1 kg*. II A 4 · 6 bis 11 · 31 · 33—35. — II B 9.
b) 4 Stück zu 2 kg*. II A 4 · 6 bis 11 · 25 · 33—35.
c) 2 Stück zu 5 kg*. II A 4 · 6 bis 11 · 18 · 25 · 33—35.
d) 2 Stück zu 10 kg*. II A 6—11 · 18 · 33—35. — V 8_1.
e) 2 Stück zu 20 kg*. II A 6 · 25 · 35. — V 5 · 8_1.
262. Steine, leicht zerschlagbare II A 1.
263. Talg. II A 26_1—28_1.
264. Tiefenlehre mit Ansatz (S. 56). II A 6 · 7.
265. Wagen (S. 99). II A 25.
266. Wagschalen.
a) Klein. II A 2 · 26_3 · 28_2 · 32. — V 1—5 · 8 · 13 · 15.
b) 10 cm Durchmesser. II A 4 · 26_1.
c) 20 cm Durchmesser (S. 122). II A 4 · 5 · 8—11 · 18 · 33 · 34.
d) 36 cm Durchmesser. II A 6 · 7.
267. 2 Zapfenklemmen für Federwagen (S. 71). II A 13_2.
268. Zapfenklemme für Meterstab (S. 71). II A 13_2.

b) Bewegung der festen Körper.

269. 2 Auslöser (S. 136). II B 1 · 3.
270. Bleischeibe, 750 g. II B 9.
271. Drilling (S. 154). II B 10. — V 12.
272. 3 Fallrinnen (S. 136). II B 1 · 3_1.
273. Fallrinne nach Frey (S. 137). II B 1_4.
274. Fallrinne nach Packard (S. 143). II B 3_2.
275. Holzkeil, groß (S. 136). II B 1 · 3.
276. 2 Kugeln aus Blei, 2 cm dick, mit Öse. II B 4—7.
277. 2 Kugeln aus Elfenbein, 50 g und 150—200 g, mit Öse. II B 8.
278. Kugel aus Holz, 2 cm dick, mit Öse. II B 5.
279. Lagerkugeln.
a) 1,25—2 cm dick (S. 136). II B 3_1.
b) 2,5 cm dick. II B 3_2.
c) 3,8 cm dick. II B 1_4.
d) 5 cm dick, 2 Stück (S. 136). II B 1.
280. Pendel nach Whiting. II B 2.
281. Schwungrad (S. 156). II B 11—14.
282. Sehrohr (S. 154). II B 10. — V 9 · 10.
283. Stelltisch. II B 10.
284. Stoßversuche, Aufhängebrett (S. 149). II B 8.
285. Stoßversuche, Grundbrett (S. 150). II B 8.
286. Stoßwage nach Hicks (S. 152). II B 9.
287. Zielbügel (S. 137). II B 1_1 · 1_3.

III. Eigenschaften der Flüssigkeiten.

288. Bleikugel mit Haken. III 6. (Vgl. Nr. 82 und Nr. 276.)
289. Glasstopfen, groß. III 4 · 8.

IV. Eigenschaften der Gase.

Vgl. über Barometer Nr. 80, Meterstäbe Nr. 90 und Thermometer Nr. 99.

290. Dreiwegestück (S. 177). IV 2.
291. 3 Federklemmen mit Griffschrauben (S. 165). IV 2.
292. 2 Glasröhren, 8—10 mm weit, 1 m lang. IV 2.
293. Kapillar-Barometer nach MELDE (S. 174). IV 1.
294. Klemme, drehbar. IV 1.
295. Schraubenquetschhahn. IV 2.
296. Stahldraht, sehr dünn. IV 1.

V. Schwingungen und Wellen.

297. Bleischeibe, 400 g. V 4.
298. Drillpendel nebst Bleireiter und Zinkwalzen (S. 194). V 9 · 10.
299. Drillscheibe nebst Klemme (S. 197). V 11 · 12.
300. Eisenstab, gebogen (S. 190). V 8_1.
301. Fenster (Diopter) nach NOACK (S. 186). V 5.
302. Holzstab (S. 189). V 7.
303. Holzstäbchen, dünn. V 8_2.
304. Holzgestell. V 8_2.
305. Messingstab (S. 199). V 12.
306. Messingscheibe, 500 g. V 6.
307. Schraubenfedersatz nach FISCHER (S. 179). V 1—4.
308. Stahldraht, 0,4 mm dick. V 9 · 10.
309. Stahlstab (S. 187). V 6.
310. Stahlstreifen.
a) (S. 184). V 5.
b) (S. 186). V 6.
c) (S. 187). V 7.
d) (S. 200). V 14.

VI. Schall.

311. Anschlaghammer (S. 204). VI 1—6.
312. Berußungslampe (S. 204). VI 1. — VII 4 · 5.
313. Klaviersaiten-Stahldraht, 0,3 mm dick. VI 2—5.
314. Lappen, wollne. VI 7.
315. Monochord nebst Zubehör (S. 206). VI 2—5.
316. Röhre, KUNDTsche nebst Zubehör (S. 213). VI 7.
317. Röhre, mittönende (S. 210). VI 6.
318. Schreibvorrichtung (S. 204). VI 1.
319. c_1-Stimmgabel (S. 204). VI 1—6.
320. d_1-Stimmgabel. VI 2 · 3 · 6.

VII. Wärme.

Vgl. über Barometer Nr. 80, Thermometer Nr. 99, Wage Nr. 100.

321. Abkühlwanne (S. 233). VII 12 · 13_1.
322. Becher aus Schablonenblech (S. 242). VII 16.
323. Becher aus Weißblech (S. 215). VII 2.
324. Dreifuß, kleiner, aus Glas. VII 11.
325. Glasröhren, 5 mm weit. VII, 17_1.
326. GILLEY-Kessel (S. 223 u. 245). VII 8_2 · 10 · 12 · 13.
327. Heizmantel (S. 227). VII 10_1 · 12 · 13_1.
328. Holzgestell mit Hebelzeiger (S. 227). VII 10_1 · 12 · 13_1.
329. Holzplatte, durchlocht (S. 217). VII 2 · 5.
330. Kupferdrahtnetz. VII 16.
331. Längendehngerät mit Hebelzeiger (S. 227). VII 10_1.
332. Längendehngerät mit Schraublehre (S. 228). VII 10_2.
333. Luftröhre.
a) (S. 233). VII 12 · 13_1.
b) (S. 239). VII 13_2.
334. Messingstab (S. 227). VII 10.
335. Mischgefäß, geschütztes (S. 251). VII 19.
336. Rührer aus Nickeldraht. VII 17_2.
337. Sack aus Segeltuch. VII 6.
338. Schlitten mit Ständer (S. 233). VII 12 · 13_1.
339. Schutzschirm (S. 251). VII 19.
340. Stelltisch (S. 233). VII 12 · 13_1.
341. Teclu-Brenner. VII 19.
342. Wassersack (S. 251). VII 19.
343. WEINHOLDsches Gefäß. VII 19.
344. WHITINGsche Röhre (S. 251 und 253). VII 20.

VIII. Licht.

345. Auerbrenner (S. 295). VIII 25.
346. Beugungsgitter nebst Halter (S. 295). VIII 25.
347. Belichtete und entwickelte Lichtbildplatte. VIII 24.

348. Blende mit Spalt (S. 285 u. 291). VIII 18 · 19 · 21 · 22.
349. Ding f. opt. Bank (S. 274 u. 278). VIII 11 · 14 · 15 · 20.
350. Flintglasprisma (S. 260). VIII 4.
351. Glasplatte (S. 260). VIII 3_1 · 5 · 6.
352. Insektennadeln, Ideal-, Nr. 3. VIII 3_1.
353. Mattes blaues Papier. VIII 18 · 20.
354. Mattes rotes Papier. VIII 18 · 20.
355. Mattes weißes, gelbes, grünes, violettes und schwarzes Papier VIII 18.
356. Kugelspiegel (S. 270). VIII 9.
357. Linse f. opt. Bank (S. 274). VIII 10 · 11 · 14 · 15 · 20.
358. 3 Linsenhalter. VIII 16_1 · 17_1 · 22.
359. Messingröhre (S. 284). VIII 17_2.
360. Millimetermaßstab mit abgeschrägtem Nullende (S. 267). VIII 9.
361. 2 Millimeterteilungen auf weißem Papier. VIII 17.
362. 2 Nadelhalter (S. 276). VIII 12 · 13.
363. 2 Nadeln in Holzklötzen (S. 270). VIII 9—14 · 16_1 · 17_1 · 20.
364. Optische Bank (S. 274). VIII 10—14 · 20.
365. Papprӧhre (S. 282). VIII 16_2.
366. 2 Prismen (S. 265). VIII 3_2 · 7 · 8 · 18 · 19 · 21 · 22.
367. Rollenpapier. VIII 15.
368. Rotes und blaues Glas. VIII 18 · 20 · 21 · 23.
369. Rot- und Blaustift. VIII 18.
370. Sammellinsen.
a) 2 Stück, $f = 2{,}5$ cm. VIII 17_1.
b) $f = 5$ cm. VIII 22.
c) $f = 7{,}5$ cm. VIII 16 · 17_1.
d) 2 Stück, $f = 15$ cm. VIII 22.
e) $f = 25$ cm. VIII 16.
371. Sammellinsen, halb (S. 276). VIII 12.
372. Schirm aus Drahtgaze mit Fuß. VIII 16 · 17 · 22.
373. Schirm f. opt. Bank (S. 274). VIII 10—16 · 18—20 · 22.
374. Spiegel, ebener (S. 255). VIII 1 · 2.
375. Zerstreuungslinse (S. 276). VIII 13.
376. Zerstreuungslinse, halb (S. 276). VIII 13.

IX. Magnetismus.

377. Ablenkmagnetometer (S. 299). IX 1. — X 46 · 47.
378. Brett für Magnete (S. 302).
379. Eisenfeilspäne. IX 4. — X 1.
380. Fischbein. IX 4.
381. Halter für das Schwingmagnetometer. IX 7_1 · 8.
382. Halter für den langen Magnet. IX 7.
383. Holzleisten.
a) 4 Stück (15 × 2 × 1 cm). IX 4.
b) 4 Stück (30 × 2 × 1 cm). IX 4. — X 38.
384. Hufeisenmagnet (S. 303). IX 4. — X 45 · 49.
385. Magnet, lang (S. 307). IX 7_1.
386. Magnetnadel. IX 7.
387. Magnetstab, 50 cm lang u. 0,25 cm dick (S. 299). IX 1_1.
388. Nachtlicht. IX 6—8.
389. Ring aus weichem Eisen (S. 303). IX 4.
390. Ring aus weichem Eisen, zerschnitten (S. 303). IX 4.
391. Robisonscher Magnet, kurz (S. 299). IX 1_2.
392. Robisonscher Magnet, lang (S. 311). IX 7_2.
393. Schwingmagnetometer.
a) nach Hadley (S. 306). IX 6—8. — X 39.
b) nach Searle (S. 307). IX 7_2.
394. 2 Stabmagnete, 15 × 1 × 1 cm (S. 302). IX 3—5 · 8. — X 42 · 49.
395. Stabmagnet, rund, 15 cm lang, 1 cm dick (S. 303). IX 4. — X 49.
396. Streubüchse für Eisenfeilspäne (S. 304). IX 4.
397. Zeichenbussole (S. 302). IX 2 · 3 · 5 · 8. — X 41.
398. Zielvorrichtung (S. 307). IX 6—8.

X. Galvanismus.

Vgl. „Elektrischer Bedarf“ S. 429 u. S. 313—330.

399. 2 Ankerbausteine. X 2 · 3.
400. 2 Ausschalter für Starkstrom. X 16_2.
401. 4 Blechklemmen (S. 334). X 2—4 · 19.
402. 3 Bleisammler, Akkumulatoren (S. 315). X vielenorts.
403. 2 Brettchen mit Schlitzen (S. 335). X 2—4 · 19.

404. Brettchen mit 4 Schlitzen (S. 338). X 3.
405. Bruchohm (S. 323). X 18 · 25 · 33.
406. Bussole mit Gradteilung. X 38 bis 40 · 43 · 44 · 49.
407. Drahtspule (S. 409). X 46 · 48.
408. Drehspule (S. 408). X 45.
409. Flüssigkeitswiderstand (S. 321). X 39 · 40 · 43 · 46—48.
410. Gefälldraht (S. 373). X 28—31 · 37.
411. Gestell für
a) Drahtspulen (S. 316). X vielenorts.
b) Leitungsschnüre (S. 316). X vielenorts.
412. Glasgefäß, dünnwandig, 20 cm hoch und 10 cm weit (S. 357). X 16_2.
413. Glasröhre (S. 406). X 44.
415. 3 Gleitschneiden (S. 373). X 28 bis 31 · 34—36.
416. Gleitwiderstand mit Volkmannscher Klammer (S. 321). X vielenorts.
417. Glühlampe, 16 oder 32 HK. X 16_2.
418. Glühlampenwiderstand (S. 345). X 8.
419. Holzbrett (S. 394). X 39.
420. Holzklotz für Hufeisenmagnet. X 45.
421. Ketten.
a) Daniellsche — (S. 314). X 6 · 17 · 18 · 22 · 23 · 25 · 27 · 28 · 30 · 32 · 33 · 37 · 38 · 41 · 42.
b) 4 Gnom — (S. 315). VII 10_2. — X 5 · 6 · 23 · 26 · 34—36.
c) 4 Trocken — (S. 340). X 5 · 6 · 8 · 22 · 26 · 34—37 · 42 · 44 · 45 · 50.
d) Leclanché — . X 5 · 6.
422. Klapptisch (S. 401). X 41.
423. Klemmschrauben (S. 316). X 8 · 17 · 18 · 33 · 45 · 49 · 50 u. vielenorts.
424. 2 Klemmschrauben mit 3 Durchbohrungen. X 16_2 · 32 · 33 · 35.
425. 2 Kohlenstäbe (S. 342). X 8.
426. Kupferblech für Daniell (S. 338). X 4 · 19.
427. Kupfercoulombmeter, Ladungsmesser (S. 348). X 9—11.
428. Kupferdraht, doppelt mit Baumwolle besponnen und gewachst, 0,9 mm dick (S. 315). VII 10_2. — X vielenorts.
429. 2 Kupferstreifen (S. 334). X 2 · 3.
430. Leitungsdrähte für die Tangentenbussole. X 11 · 40—43 · 46—48.
431. Leitungsdrähte für große Stromstärken. X 39 · 46 · 47.
432. Leitungsschnüre (S. 316). X vielenorts.
433. Meßsammler (S. 342). X 7.
434. 2 Mischgefäße mit Heizdraht (S. 353). X 12—16_1.
435. 2 Schalter (S. 317). X vielenorts.
436. 2 Spannungsmesser, Voltmeter (S. 329). X vielenorts.
437. Spannungsmesser für Starkstrom. X 16_2.
438. 7 Spulen aus Manganindraht (S. 360). X 17 · 33 · 35.
439. Spulen aus 20 m Kupferdraht (S. 361 u. 363). X 18 · 35.
440. Spule, 10 cm — — (S. 410). X 47.
441. Starkstromanlage. X 8 · 16_2.
442. Strommesser, Amperemeter (S. 328). X vielenorts.
443. Strom- und Spannungsmesser (S. 329).
444. Stromprüfer nach Paschen (S. 326). X 34—37.
446. Stromprüfer nach Gebr. Ruhstrat (S. 416). X 49 · 50.
447. Stromschleife (S. 399). X 40 · 43.
448. Stromverzweiger (S. 378). X 32.
449. Stromwender (S. 319). X vielenorts.
450. Tangentenbussole (S. 327). X 11 · 41 · 42.
451. Taster (S. 317). X 38 · 44 · 45 · 50.
452. Tonzelle (S. 338). X 4 · 19.
453. Uhrfeder. X 44.
454. Wärmespule nebst Blechgefäß (S. 386). X 36.
455. Wasserbad. X 36.
456. Weißblechstreifen. X 44.
457. Wheatstonesche Brücke nebst Schneide (S. 380). X 34—36.
458. Widerstandsatz (S. 323). X 18 · 20—27 · 32 · 33 · 35 · 36.
459. Widerstandspulen, einzelne (S. 324).
a) 1 Ω. X 22 · 33.
b) 2 Ω. X 36.
c) 5 Ω. X 22 · 32 · 35.
d) 10 Ω. X 20 · 32_1.
e) 20 Ω, 30 Ω, 40 Ω. X 20.
f) Glimmer, 1000 Ω (S. 324). X 25.
460. 2 Wippen (S. 319). X 4 · 12—16_1 · 33.
461. Zigarrenkistendeckel. X 41.
462. 2 Zinkstreifen, nicht verquickt (S. 334). X 2.
463. 2 Zinkstreifen, verquickt (S. 334). X 2—4 · 19.
464. Zinkblechstücke. X 1—3.

III. Bücherverzeichnis.

Das Verzeichnis enthält die Schriften meiner Büchersammlung, die beim Einrichten und Leiten physikalischer Übungen und besonders messender Versuche von Nutzen sind, und gibt zugleich einen Überblick über die Bücher und Schulberichte, die mir bei den Arbeiten auf diesem Gebiet zur Verfügung standen. Diese Sammlung dürfte, soweit sie reine Übungsbücher umfaßt, bis 1914 nur sehr wenige Lücken haben. Jeder Sachkundige vermag an den vielen ausländischen, namentlich amerikanischen Schriften, die in unsern Büchereien nicht vorhanden sind, zu ermessen, wieviel Arbeit, Zeit und Geld ich auf das Herbeischaffen dieser Bücher verwandt habe. Der Weltkrieg und seine Folgen haben die Verbindung mit dem Ausland unterbrochen und mich der Mittel beraubt, meine Sammlung zu ergänzen und zu erneuern. Die wenigen fehlenden Schriften, die feinere wissenschaftliche oder technische Messungen behandeln und die wegen Schülerversuchen nur recht selten einzusehen sind, findet man in KOHLRAUSCHS *Lehrbuch der praktischen Physik* angegeben. Von dem Verzeichnis habe ich die Bücher ausgeschlossen, die fast nur qualitative Übungen enthalten, da ich diese in meinen *Freihandversuchen* bereits angeführt habe oder, soweit diese mir jetzt noch zugänglich sind, darin erwähnen werde.

Die Arbeiten über Schülerübungen, die in ausländischen Zeitschriften und Schulberichten stehen, sind mir nicht alle zugänglich; nur ausländische Gelehrte könnten diese Veröffentlichungen ausreichend vollständig zusammenstellen. WALTER LEICK hat bis 1910 in seinem trefflichen Büchlein über *die praktischen Schülerarbeiten in der Physik* die deutschen Abhandlungen nahezu lückenlos verzeichnet.

ABRAHAM, HENRI: Recueil d'expériences élémentaires de physique. 2 Vol. Paris: Gauthier-Villars 1904. Vgl. SCHREBER-SPRINGMANN.

ADAMS, CHARLES F.: Physical Laboratory Manual. New York: American Book Company, o. J. (1909).

ALLANACH, WILLIAM: Elementary Experimental Magnetism and Electricity. London: Longmans, Green & Co. 1906.

ALLEN, CHARLES R.: Laboratory Exercises in Elementary Physics. Edition for Teachers. New York: Henry Holt & Co. 1895.

ALT, HEINRICH: Schülerübungen zur Einführung in die Physik. Ein praktisches Hilfsbuch für den Lehrer. Leipzig: B. G. Teubner 1910.

AMES, JOSEPH S., and BLISS, WILLIAM J. A.: A Manual of Experiments in Physics. New York: American Book Company, o. J. (1898).

ANDREWS, ERNEST J., and HOWLAND, H. N.: Elements of Physics. New York: The Macmillan Company 1903.

ANGERER, ERNST VON. Technische Kunstgriffe bei physikalischen Untersuchungen. Sammlung Vieweg, Heft 71. Braunschweig: Friedr. Vieweg & Sohn 1824.

ARCHIBALD, R. D., and RANKIN, R.: Electrical Laboratory Course for Junior Students. London: Blackie & Son 1908.

ARMAGNAT, H.: Instruments et méthodes de mesures électriques industrielles. 2. éd. Paris: Gauthier-Villars 1902.

ARMSTRONG, HENRY E.: The Teaching of Scientific Method and other Papers on Education. London: Macmillan & Co. 1903.
ASHFORD, C. E.: A Preliminary Course of Practical Physics. 3. Impr. London: Edward Arnold, o. J. (1904).
— Electricity and Magnetism, Theoretical and Practical. 6. Impr. London: Edward Arnold, o. J. (1903).
ASHWORTH, J. REGINALD: Heat, Light, and Sound. London: Whittaker & Co. 1906.
AURÉN, T. E.: Fysikaliska laborationsuppgifter för gymnasiet. Första delen: Värmelära, Magnetism, elektrostatik. Andra delen: Elektrodynamik, akustik, optik. Stockholm: C. E. Fritze, o. J. (1910, 1911).
— Norrköpings Högre Allmänna Läroverks Byggnat. Norrköpings Tidningars Aktiebolags Tryckeri 1912.
AYRES, FRANKLIN H.: Laboratory Exercises in Elementary Physics. New York: D. Appleton & Co. 1905.
AYRTON, W. E.: Practical Electricity. London: Cassell & Co. 1903.
BAHRDT, WILHELM: Physikalische Messungsmethoden. Sammlung Göschen Nr. 301. Leipzig: G. J. Göschen 1906.
BALL, SIR ROBERT STAWELL: Experimental Mechanics. 2. Ed. London: Macmillan & Co. 1888.
BALY, E. C. C.: Spektroskopie. Deutsche Ausgabe von RICHARD WACHSMUTH. Berlin: Julius Springer 1908.
BARRETT, W. F., and BROWN, W.: Introductory Practical Physics. New Ed. London: Simpkin, Marshall, Hamilton, Kent & Co., o. J. (1906).
BAUCKNER, JAKOB: Physikalische Messungen und Wägungen in Schülerübungen, für die oberen Klassen der Volksschulen bearbeitet. Dießen vor München: F. C. Huber 1910.
BECKMANN, E.: Das Laboratorium für angewandte Chemie der Universität Leipzig in seiner neuen Gestaltung. Leipzig: Quelle & Meyer 1908.
Bericht über die Physikalischen Schülerübungen in der Unterstufe von den Physiklehrern der Anstalt. Beilage zum 5. Jahresbericht der Kgl. Luitpold-Kreisoberrealschule München. München: C. Wolf & Sohn 1912.
BERNDT, GEORG W.: Physikalisches Praktikum. 2 Teile. 3. Aufl. Karlsruhe: G. Braun 1922.
BIERMANN, OTTO: Vorlesungen über mathematische Näherungsmethoden. Braunschweig: Friedrich Vieweg & Sohn 1905.
BLACK, N. HENRY: Laboratory Experiments in Practical Physics. Revised Ed. New York: The Macmillan Co. 1923.
BLAIR, ROBERT: Some Features of American Education. Dublin: Alex. Thom & Co. 1904.
BLASIUS, EUGEN: Physikalische Übungen für Mediziner. Leipzig: S. Hirzel 1895.
Board of Education. Educational Pamphlets, No. 17. Report on Science Teaching in Public Schools Represented on the Association of Public School Science Masters. London: Eyre & Spottiswoode 1909.
— — — (Education Departement). Special Reports on Educational Subjects. Bd. 2—11. London: Eyre & Spottiswoode 1898—1902. (Bd. 1 ist vergriffen und nicht in meinem Besitz.)
— — — Syllabus of the Course of Practical Instruction in Physics, Part I, at the Royal College of Science, South Kensington. London: Eyre & Spottiswoode 1902.
— — — Syllabuses and Lists of Apparatus Applicable to Schools and Classes Other than Elementary. London: Eyre and Spottiswoode 1903.
BÖDIGE, NIKOLAUS: Das Archimedische Prinzip als Grundlage physikalisch-praktischer Übungen. Osnabrück: Mainders & Elstermann 1901.
BORCHARDT, W. G.: Elementary Statics. London: Rivingtons 1907.
BÖRNSTEIN, RICHARD, und ROTH, WALTHER A.: Landolt-Börnstein, Physikalisch-chemische Tabellen. 5. Aufl. Berlin: Julius Springer 1923.
BÖTTGER, W.: Amerikanisches Hochschulwesen. Leipzig: Wilhelm Engelmann 1906.
BOWER, WILLIAM R., and SATTERLY, J.: Practical Physics. London: University Tutorial Press Ld. 1906.
BREMER, F.: Leitfaden der Physik. I. Leipzig: B. G. Teubner 1914.
BRION, G.: Leitfaden zum elektrotechnischen Praktikum. Leipzig: B. G. Teubner 1910.
BROCH, PHILIPP: Physikalische Schülerübungen in der VI. und VII. Realschulklasse. Wien: Alfred Hölder 1911.
BRUNS, HEINRICH: Grundlinien des wissenschaftlichen Rechnens. Leipzig: B. G. Teubner 1903.
— Wahrscheinlichkeitsrechnung und Kollektivmaßlehre. Leipzig: B. G. Teubner 1906.
BUCKNELL, E. T.: A Practical Course in First Year Physics. London: Mills & Boon, Ld. 1910.
BUDDE, E.: Allgemeine Mechanik der Punkte und starren Systeme. 2 Bände. Berlin: Georg Reimer 1890, 1891.
BUIGNET, HENRI: Manipulations de physique. Paris: J.-B. Baillière & Fils 1877.
BYRD, MARY E.: A Laboratory Manual in Astronomy. Boston: Ginn & Co. 1899.
CARHART, HENRY S., and PATTERSON, GEORGE W.: Electrical Measurements. Boston: Allyn & Bacon, o. J. (1895).
CARMICHAEL, N. R.: Physical Experiments. Kingston, Ontario: R. Uglow & Co. 1904.
CARNAP, RUDOLF: Physikalische Begriffsbildung. Wissen und Wirken, 39. Bd. Karlsruhe: G. Braun 1926.
CHARLES, FRED, and HEWITT, W. H.: Experimental Mechanics for Schools. London: G. Bell & Sons 1909.
CHESTON, HENRY C., DEAN, PHILIP R., and TIMMERMANN, CHARLES E.: A Laboratory Manual of Physics. New York: American Book Company, o. J. (1903).
CHUTE, H. N.: Physical Laboratory Manual. Rev. Ed. Boston: D. C. Heath & Co. 1903.
CLARKE, FRANK WIGGLESWORTH: A Report on the Teaching of Chemistry and Physics in the United States. Circulars of Information of the Bureau of Education, Nr. 6, 1880. Washington: Government Printing Office 1881.
CLAY, REGINALD S.: Practical Exercises in Light. London: Macmillan & Co. 1902.
CLOUGH, W. T., and DUNSTAN, A. E.: Elementary Experimental Science. 3. Ed. London: Methuen & Co. 1906.

COLEMAN, S. E.: Physical Laboratory Manual. New York: American Book Company, o. J. (1903).
— New Laboratory Manual of Physics. New York: American Book Company, o. J. (1908).
CONARD, H. E.: The Combination Physics Manual and Laboratory Note-Book. Chicago: Atkinson, Mentzer & Grover, o. J. (1902).
Conférences du musée pédagogique 1904. L'Enseignement des sciences mathématiques et des sciences physiques par H. POINCARÉ, G. LIPPMANN, L. POINCARÉ, P. LANGEVIN, E. BOREL, F. MAROTTE avec une introduction de L. LIARD. Paris: Imprimerie Nationale 1904.
CREW, HENRY, and TATNALL, ROBERT G.: A Laboratory Manual of Physics. New York: The Macmillan Company 1902.
CUMMING, LINNAEUS. Mechanics for Beginners. London: Rivington, Percival & Co. 1897.
DAMIEN, B.-C., et PAILLOT, R.: Traité de manipulations de physique. Paris: Masson & Cie. 1896.
DAMMEYER, FERD.: Über Geschicklichkeitsunterricht im Anschluß an die Physik. Beilage zum Jahresbericht der Realschule in Hamm, Hamburg. Programm Nr. 994. Hamburg: Lütcke & Wulff 1909.
DANNEMANN, FRIEDRICH: Der naturwissenschaftliche Unterricht auf praktisch-heuristischer Grundlage. Hannover: Hahn 1907.
— Naturlehre für höhere Lehranstalten, auf Schülerübungen gegründet. 2. Teil: Physik, insbesondere für Realschulen und den ersten Kursus der Vollanstalten. Hannover: Hahn 1908.
DENNERT, E.: Das physikalische Praktikum. 2. Aufl. Leipzig: Erwin Nägele 1907.
DEXTER, JOSEPH S.: Elementary Practical Exercises in Sound, Light, and Heat. London: Longmans, Green & Co. 1901.
DISTLER, THEODOR: Physikalische Übungen für die Unterstufe. Berlin: Otto Salle 1922.
DOBBS, W. J.: Examples in Elementary Mechanics Practical, Graphical and Theoretical. London: Methuen & Co., o. J. (1908).
— Weighing and Measuring, a Short Course of Practical Exercises in Elementary Mathematics and Physics. London: Methuen & Co., o. J. (1910).
DOBROWOLNY, OTTO: Ein neuer Weg im physikalischen Unterrichte. VIKTOR FADRUS und KARL LINKE, Schulreform-Bücherei Nr. 9. Wien: A. Haase 1923.
DÖNNIGES, RICHARD: Physikalische Übungen an höheren Mädchenschulen. Beilage zum Jahresbericht der Viktoriaschule zu Berlin. Ostern 1912. Programm 1912, Nr. 117. Berlin: Weidmannsche Buchhandlung 1912.
DUFF, A. WILLMER: Elementary Experimental Mechanics. New York: The Macmillan Company 1905.
— and EWELL, ARTHUR W.: Physical Measurements. 2. Ed. London: J. & A. Churchill 1911.
DUNCAN, J.: Applied Mechanics for Beginners. London: Macmillan & Co. 1903.
EARL, ALFRED: Practical Lessons in Physical Measurement. London: Macmillan & Co. 1894.
EARL, A. G.: The Elements of Laboratory Work. London: Longmans, Green & Co. 1890.
EDSER, EDWIN: Measurement and Weighing. London: Chapmann & Hall 1899.
EGGAR, W. D.: Mechanics. London: Edward Arnold, o. J. (1905).
EHRHARDT, GUSTAV: Physikalisches Schülerarbeitsbuch im Sinne des Werkunterrichts. Ausgabe A für vielklassige Schulen. Leipzig: Paul List, o. J.
ELLEMANN, FR.: Physikalische Schülerversuche. Hildesheim: A. Lax 1910.
FELGENTRAEGER, W.: Theorie, Konstruktion und Gebrauch der feineren Hebelwage. Leipzig: B. G. Teubner 1907.
FERRY, ERVIN SIDNEY, and JONES, ARTHUR TABER: A Manual of Practical Physics. Vol. I. New York: Longmans, Green & Co. 1908.
FINDLAY, ALEX.: Practical Physical Chemistry. London: Longmanns, Green & Co. 1906.
FISCHER, CURT: Die Schraubenfeder. Mitteilungen der Preußischen Hauptstelle für den naturwissenschaftlichen Unterricht, Heft 4. Leipzig: Quelle & Meyer 1920.
FISCHER, FRANZ: Praktikum der Elektrochemie. Berlin: Julius Springer 1912.
FISCHER, KARL T.: Der naturwissenschaftliche Unterricht in England. Leipzig: B. G. Teubner 1901.
— Der naturwissenschaftliche Unterricht — insbesondere in Physik und Chemie — bei uns und im Auslande. Abhandlungen zur Didaktik und Philosophie der Naturwissenschaft, Bd. 1, Heft 3. Berlin: Julius Springer 1905.
— Neuere Versuche zur Mechanik der festen und flüssigen Körper. Leipzig: B. G. Teubner 1902.
FISKE, WILBUR A.: Physical Laboratory Manual. Richmond, Ind.: Nicholson Printing & Mfg. Co. 1901.
FOXCROFT, C., SAMUEL, T., and BUNTING, S. J.: An Elementary Course in Practical Science. For Use in Elementary, Higher Elementary and Evening Continuation Schools. 3 Parts. London: G. Philip & Son, Ld., o. J.
FRANKLIN, W. S., CRAWFORD, C. M., and MACNUTT, BARRY: Practical Physics. 3 Vol. New York: The Macmillan Company 1908.
FREY, OSCAR: Der Werkunterricht im Dienste der mathematisch-naturwissenschaftlichen Fächer. F. M. JUNGBLUTH: Handbuch des Arbeitsunterrichts für höhere Schulen, Heft 10. Frankfurt a. M.: Moritz Diesterweg 1925.
— Physikalischer Arbeitsunterricht. Leipzig: Ernst Wunderlich 1907.
— Physikalische Schülerübungen. Leipzig: E. Wunderlich 1910.
— Wellpapparbeiten. Leipzig: E. Wunderlich 1912.
FRÖHLICH, O.: Die Entwicklung der elektrischen Messungen. Die Wissenschaft, Heft 5. Braunschweig: Friedrich Vieweg & Sohn 1905.
GAGE, ALFRED P.: Physical Experiments. Boston: Ginn & Co. 1901.
GEILENKEUSER, WILHELM: Die Physik in der Arbeitsschule. Führer in die Arbeitsschule, Bd. 10. Frankfurt a. M.: Moritz Diesterweg 1924.
GETMAN, FREDERICK H.: Laboratory Exercises in Physical Chemistry. New York: John Wilson & Sons 1904.
GIEBEL, K.: Die Handarbeit in den höheren Knabenschulen. Beilage zum Jahresbericht der Oberrealschule. Programm Nr. 373. Zeitz 1909.
GILLEY, FRANK M.: Principles of Physics. Boston: Ally & Bacon, o. J. (1901).

GLAZEBROOK, R. T.: Mechanics. Cambridge: University Press 1895. – Heat. Ebenda 1894. – Light. 2. Ed. Ebenda 1895. – Electricity and Magnetism. Ebenda 1903.
– und SHAW, W. N.: Einführung in das physikalische Praktikum. Deutsch herausgegeben von W. SCHLOESSER. Leipzig: Quandt & Händel 1888.
GOODWIN, H. M.: Physical Laboratory Experiments. General Physical Measurements and Mechanics. Printed for the use of students of the Massachusetts Institute of Technology, not published. 2. Ed. Boston: Geo. H. Ellis Co., Printers 1906.
GORDON, HUGH: Elementary Course of Practical Science. Part I. London: Macmillan & Co. 1893.
GREGORY, RICHARD A.: An Exercise Book of Elementary Practical Physics. London: Macmillan & Co., Ld. 1899.
– and HADLEY, H. E.: A Class Book of Physics. London: Macmillan & Co., Ld. 1909.
– and SIMMONS, A. T.: Exercises in Practical Physics. 2 Parts. London: Macmillan & Co., Ld. 1899.
GRIMSEHL, E.: Ausgewählte physikalische Schülerübungen. Leipzig: B. G. Teubner 1906.
– Didaktik und Methodik der Physik. München: C. H. Beck 1911.
– Die Ziele und Methoden des physikalischen Unterrichts auf der Unterstufe und der Oberstufe. Hamburg: Lütcke & Wulff 1905.
GRÜNBAUM, F., und LINDT, R.: Das physikalische Praktikum des Nichtphysikers. 2. Aufl. Leipzig: Georg Thieme 1916.
GSCHEIDLEN, EM.: Der Handfertigkeitsunterricht an den höheren Schulen und sein Zusammenhang mit den naturwissenschaftlichen Schülerübungen. Beilage zum Jahresbericht des Realgymnasiums mit Realschule (Lessingschule). Mannheim 1909.
GÜNTHART, A.: Der physikalische Unterricht als Arbeitsunterricht. Beilage zum Programm der höheren Töchterschule der Stadt Zürich, 1908/09. Zürich: Müller, Werder & Co. 1908.
GÜNTHER, ERICH: Physikalischer Arbeitsunterricht. F. A. JUNGBLUTH, Handbuch des Arbeitsunterrichts für höhere Schulen, Heft 9. Frankfurt a. M.: Moritz Diesterweg 1925.
GUTZMER, A.: Die Tätigkeit der Unterrichtskommission der Gesellschaft deutscher Naturforscher und Ärzte. Leipzig: B. G. Teubner 1908.
HADLEY, H. E.: Practical Exercises in Magnetism and Electricity. London, Macmillan & Co., Ld. 1901.
HAHN, HERMANN: Arbeitsunterricht in der Physik. JAHNKE und BEHREND, Handbuch für höhere Schulen. Arbeitsunterricht II. Leipzig: Quelle & Meyer 1927.
– Die Entwicklung des physikalischen Arbeitsunterrichts. Zweites Jahrbuch der Pädagogischen Zentrale des Deutschen Lehrervereins 1912. Das Arbeitsprinzip im naturwissenschaftlichen Unterricht. Leipzig: Julius Klinkhardt 1912.
– Die Lehraufgaben des physikalischen und chemischen Unterrichts an den höheren Schulen Frankreichs. Wissenschaftliche Beilage zum Jahresbericht des Dorotheenstädtischen Realgymnasiums. Programm Nr. 109. Berlin: Weidmannsche Buchhandlung 1906.
– Die Starre. Mitteilungen der Preußischen Hauptstelle für den naturwissenschaftlichen Unterricht, Heft 4. Leipzig: Quelle & Meyer 1920.
– Die Zeit- und Kostenfrage der physikalischen Schülerübungen. Leipzig: Quelle & Meyer 1910.
– Leitfaden für physikalische Schülerübungen. 2. Aufl. Berlin: Julius Springer 1914.
– Physikalische Freihandversuche. I. 2. Aufl. II. 2. Aufl. III. Berlin: Otto Salle 1926, 1916 u. 1912.
– Wie sind die physikalischen Schülerübungen praktisch zu gestalten? Abhandlungen zur Didaktik und Philosophie der Naturwissenschaften, Bd. 1, Heft 4. Berlin: Julius Springer 1905.
HAHN, KARL: Methodik des physikalischen Unterrichts. Leipzig: Quelle & Meyer 1927.
– und KOCH, WILHELM: Physikalische Schülerübungen. Leipzig: B. G. Teubner 1926.
HALL, EDWIN H.: Descriptive List of Elementary Exercises in Physics Corresponding to the Requirement in Elementary Experimental Physics for Admission to Harvard College and the Lawrence Scientific School. 3. Ed. Cambridge: Harvard University 1903.
– Elementary Lessons in Physics, Mechanics (Including Hydrostatics) and Light. New York: Henry & Co. 1900.
– and BERGEN, JOSEPH Y.: A Text-Book of Physics. 3. Ed. New York: Henry Holt & Co. 1903.
HALL, ELMER E., and MINOR, RALPH S.: A Sophomore Course in Physical Measurements. Berkeley, California 1904.
HALLO, H. S., und LAND, H. W.: Elektrische und magnetische Messungen und Meßinstrumente. Berlin: Julius Springer 1906.
HAUCK, PAUL: Physikalische Schülerübungen. 2. Aufl. Leipzig: Quelle & Meyer 1927.
HAPPACH: VOLLRAT, Ausgleichsrechnung. Teubners Technische Leitfäden, Bd. 18. Leipzig: B. G. Teubner 1923.
HELLER, W. MAYHOWE, and INGOLD, EDWIN G.: Elementary Experimental Science. London: Blackie & Son 1905.
HELMERT, F. R.: Die Ausgleichungsrechnung nach der Methode der kleinsten Quadrate. 2. Aufl. Leipzig: B. G. Teubner 1907.
HENDERSON, JOHN: Practical Electricity and Magnetism. New Ed. London: Longmans, Green & Co. 1904.
– Preliminary Practical Magnetism and Electricity. London: Longmans, Green & Co. 1900.
HENRICI, O., and TURNER, G. C.: Vectors and Rotors with Applications. London: Edward Arnold, o. J. (1903).
HEYDWEILLER, AD.: Hilfsbuch für die Ausführung elektrischer Messungen. Leipzig: Johann Ambrosius Barth 1892.
HIBBERT, W.: Magnetism and its Elementary Measurement. London: Longmans, Green & Co. 1904.
HOADLEY, GEORGE A.: Practical Measurements in Magnetism and Electricity. New York: American Book Comp., o. J. (1904).
HODSON, F.: Broad Lines in Science Teaching. London: Christophers, o. J. (1909).
HÖHNEMANN, E.: Die physikalischen Schülerübungen am Gymnasium. Programm des Kgl. Gymnasiums nebst Realschule. Programm Nr. 94. Landsberg a. d. Warthe: Dermietzel & Schmidt 1908.

HOLMAN, SILAS W.: Computation Rules and Logarithms. New York: The Macmillan Company 1908.
– Discussion of the Precision of Measurements. 2. Ed. New York: John Wiley & Sons 1904.
– Physical Laboratory Notes. Part II. Electrical Measurements. Massachusetts Institute of Technologie. 12. Ed. (von FRANK A. LAWS). Boston: The Southgate Press, o. J. (1906).
HOLMBERG, O. M., och WIGERT THURE: Fysiklokalerna och Lärjungelaborationerna vid Göteborgs Högre Latinläroverkjänste En Statistisk Redogörelse för De Frivillige Lärjungelaborationerna i Fysik vid rikets allm. Läroverk. Göteborg: Oscar Ericson 1913.
HOPKINS, N. MONROE: Experimental Electrochemistry. London: Archibald Constable & Co., Ld. 1905.
HOPKINS, WILLIAM J.: Preparatory Physics, a Short Course in the Laboratory. London: Longmanns, Green & Co. 1894.
HOPPE, EDMUND: Freiwillige Schülerübungen in Physik. Leipzig: Quelle & Meyer 1909.
HORTVET, JULIUS: A Manual of Elementary Practical Physics. 2. Ed. Minneapolis: H. W. Wilson 1902.
Hütte, des Ingenieurs Taschenbuch. 3. Bände. Berlin: Wilhelm Ernst & Sohn 1920.
JACKSON, C. S., and ROBERTS, W. M.: A First Dynamics. London: J. M. Dent & Co. 1909.
JAMESON, J. M.: Elementary Practical Mechanics. London: Longmanns, Green & Co. 1909.
JONES, LIONEL M.: Practical Physics. London: Longmanns, Green & Co. 1909.
KAISER, WILHELM: Physikalische Schülerübungen in den oberen Klassen. Leipzig: Quelle & Meyer, o. J. (1907).
KELSEY, W. R.: Physical Determinations. 2. Ed. London: Edward Arnold 1904.
KERR, JOHN G., and BROWN, JOHN N.: Elementary Physics, Practical and Theoretical. 2. Vol. London: Blackie & Son 1901 u. 1903.
KERSCHENSTEINER, GEORG: Grundfragen der Schulorganisation. Leipzig: B. G. Teubner 1907.
KIEBITZ, FRANZ: Drahtlose Telegraphie und Telephonie. Die Bücherei der Volkshochschule, Bd. 51. Bielefeld: Velhagen & Klasing 1924.
KIELHAUSER, ERNST A.: Die Stimmgabel. Leipzig: B. G. Teubner 1907.
KLEIBER, JOHANN: Experimentalphysik für die Unterstufe. 2. Aufl. München: R. Oldenbourg 1910.
– Zur Einrichtung der physikalischen Schülerübungen auf der Unterstufe. München: R. Oldenbourg 1909.
KLEINERT, HEINRICH: Die Methodik des Physikunterrichts in der Volksschule. Bern: Paul Haupt 1927.
KNAPP, FRANZ: Physikalische Schülerübungen auf der Unterstufe. Wien: A. Hölder 1914.
KOHLRAUSCH, FRIEDRICH: Kleiner Leitfaden der praktischen Physik. 2. Aufl. Leipzig: B. G. Teubner 1907.
– Lehrbuch der praktischen Physik. 14. Aufl. Leipzig: B. G. Teubner 1923.
Meine Hinweise, bei denen nur „Kohlrausch" steht, beziehen sich stets auf dieses Buch und nicht auf den Leitfaden.
KOHLRAUSCH, F., und HOLBORN, L.: Das Leitvermögen der Elektrolyte. Leipzig: B. G. Teubner 1898.
KOLBE, BRUNO: Über die Einrichtung physikalischer Schülerübungen. St.-Annen-Schule in St. Petersburg. Beilage zum Jahresbericht 1910/11. St. Petersburg: Kügelgen, Glitsch & Co. 1911.
KRÖGER, BEREND: Grimsehls physikalische Schülerübungen. Auswahl für die Unterstufe. Leipzig: B. G. Teubner 1919.
KÜMMELL, GOTTFRIED: Physikalisch-chemische Praktikumsaufgaben. Leipzig: B. G. Teubner 1910.
KUYPERS, FRANZ: Volksschule und Lehrerbildung der Vereinigten Staaten. Aus Natur und Geisteswelt, Bd. 150. Leipzig: B. G. Teubner 1907.
LAISANT, C.-A.: L'éducation fondée sur la science. 2. éd. Paris: Felix Alcan 1895.
LAMBERT, P. A.: Computation and Mensuration. New York: The Macmillan Company 1907.
LANGGUTH, MAX J.: Der physikalische Schülerversuch in der Volksschule. Hildesheim: A. Lax 1914.
LE BON, GUSTAVE: Psychologie de l'éducation. Paris: Ernest Flammarion 1906.
LEHMANN, EDUARD: Erziehung zur Arbeit. Aus Natur und Geisteswelt, Bd. 459. Leipzig. B. G. Teubner 1914.
LEICK, WALTER: Praktische Schülerarbeiten in der Physik. 2. Aufl. Leipzig: Quelle & Meyer 1910.
LIEBENTHAL, EMIL: Praktische Photometrie. Braunschweig: Friedrich Vieweg & Sohn 1907.
LINDMAN, KARL F.: Fysikaliska Laborationsövningar vid Svenska Normallyceum i Helsingfors undor Läseåret 1909/10. Helsingfors 1910.
LODGE, SIR OLIVER: School Teaching and School Reform. London: Williams & Norgate 1905.
LONY, GUSTAV: Über die beim Nachzeichnen von Streckenteilungen auftretenden Größenfehler. Beilage zum Jahresbericht der Oberrealschule vor dem Holstentore zu Hamburg. Programm Nr. 916. Hamburg: Schröder & Jeve 1907.
LOUDON, W., and MCLENNAN, J. C.: A Laboratory Course in Experimental Physics. New York: Macmillan & Co. 1895.
LOWDS, L.: A First Book of Physics. London: Macmillan & Co. 1910.
LUCK, ANTON: Die physikalischen Schülerübungen. Beigabe zum Jahresberichte des Kgl. Luitpold-Gymnasiums zu München für das Schuljahr 1915/16. München: Carl Gerber 1916.
LÜDTKE, H.: Über fakultativen Unterricht und physikalische Schülerübungen. Realgymnasium mit Realschule zu Altona. Beilage zum Jahresbericht. Ostern 1911. Programm Nr. 315.
LUPTON, SIDNEY: Notes and Observations. London: Macmillan & Co., Ld. 1898.
LÜROTH, J.: Vorlesungen über numerisches Rechnen. Leipzig: B. G. Teubner 1900.
MACH, ERNST: Die Mechanik in ihrer Entwicklung. 4. Aufl. Leipzig: F. A. Brockhaus 1901.
– Die Prinzipien der physikalischen Optik. Leipzig: Johann Ambrosius Barth 1921.
– Die Prinzipien der Wärmelehre. Leipzig: Johann Ambrosius Barth 1896.
– Erkenntnis und Irrtum. Leipzig: Johann Ambrosius Barth 1905.
MACKENZIE, A. H.: Theoretical and Practical Mechanics and Physics. London: Macmillan & Co., Ld. 1906.
MANN, C. RIBORG: Manual of Advanced Optics. Chicago: Scott, Foresman & Co. 1902.
MAROTTE, F.: L'enseignement des sciences mathématiques et physiques dans l'enseignement secondaire des garçons en Allemagne. Paris: Imprimerie nationale 1905.

MASCART, E.: Leçons sur l'électricité et le magnétisme. 2. éd. 2 Vol. Paris: Masson & Cie, Gauthier-Villars 1896, 1897.
MASCHE, WALTHER: Physikalische Übungen. Ein Leitfaden für die Hand des Schülers. 3 Teile. Leipzig: B. G. Teubner 1911, 1915.
MATTHIAS, ADOLF: Praktische Pädagogik für höhere Lehranstalten. 3. Aufl. München: C. H. Beck 1908.
MAXIM, JAMES L.: Experimental Applied Mechanics for Technical Students. London: Longmans, Green & Co. 1910.
MELLOR, J. W.: Higher Mathematics for Students of Chemistry and Physics. London: Longmans, Green & Co. 1905.
MERGIER, G.-E.: Traité pratique de manipulations de physique. Optique. Paris: Alexandre Coccoz 1888.
MILAU, PAUL: Die Bedeutung des physikalisch-chemischen Unterrichts und seine Förderung durch praktische Schülerübungen. Beilage zum Programm der Realschule zu Kreuznach. Programm Nr. 666. Kreuznach: Ferd. Harrach 1908.
MILLER, DAYTON CLARENCE: Laboratory Physics. Boston: Ginn & Co. 1903.
MILLIKAN, ROBERT ANDREWS: Mechanics, Molecular Physics, and Heat. Boston: Ginn & Co. 1903.
— and GALE, HENRY GORDON: A Laboratory Course in Physics. Boston: Ginn & Co., o. J. (1906).
— and MILLS, JOHN: A Short University Course in Electricity, Sound and Light. Boston: Ginn & Co. 1908.
MITTAG, M.: Der praktische Arbeitsunterricht am Landesseminar zu Cöthen (Anhalt), seine innere Entwicklung und seine äußere Gestaltung. Cöthen: Paul Schettlers Erben 1912.
MÖNCH, W.: Physikalische Schülerübungen auf der Untersekunda. Bericht über die Jacobsen-Schule zu Seesen a. Harz 1911/12. Programm Nr. 1012. Seesen: H. Hofmann 1912.
MORIN, PIERRE: Exercices pratiques de physique. 2. Vol. Paris: Henry Paulin & Cie. 1905, 1906.
MÜLLER, FRIEDRICH C. G.: Technik des physikalischen Unterrichts nebst Einführung in die Chemie. Berlin W: Otto Salle 1906.
MUNBY, A. E.: A Course of Simple Experiments in Magnetism and Electricity. London: Macmillan & Co., Ld. 1903.
NICHOLS, EDWARD L.: A Laboratory Manual of Physics and Applied Electricity. 2 Vol. New York: Macmillan & Co. 1894.
— The Outlines of Physics. New York: The Macmillan Company 1904.
NICHOLS, FRED R., SMITH, CHARLES H., and TURTON, CHARLES M.: Manual of Experimental Physics. Boston: Ginn & Co. 1899.
NIEMÖLLER, FRIEDRICH: Apparate und Versuche für physikalische Schülerübungen. Osnabrück: G. E. Lückerdt 1894.
NOACK, KARL: Aufgaben für physikalische Schülerübungen. 2. Aufl. Berlin: Julius Springer 1911.
— Elementare Messungen aus der Elektrostatik. Abhandlungen zur Didaktik und Philosophie der Naturwissenschaft, Bd. 2, Heft 1. Berlin: Julius Springer 1906.
— Leitfaden für physikalische Schülerübungen. Berlin: Julius Springer 1892.
NUNN, T. PERCY: The Aim and Achievements of Scientific Method. London: Macmillan & Co., Ld. 1907.
OLLIVER, H.: Travaux pratiques de Physique générale. Première série. Paris: J. Hermann 1924.
OSTWALD, W., LUTHER, R., und DRUCKER, K.: Hand- und Hilfsbuch zur Ausführung physikochemischer Messungen. 3. Aufl. Leipzig: Wilhelm Engelmann 1910.
PABST, ALWIN: Die Knabenhandarbeit. Aus Natur und Geisteswelt, Bd. 140. Leipzig: B. G. Teubner 1907.
— Praktische Erziehung. Wissenschaft und Bildung Nr. 28. Leipzig: Quelle & Meyer 1908.
PERRY, JOHN: Applied Mechanics. London: Cassell & Co. 1897. Deutsche Übersetzung von RUDOLF SCHICK. Leipzig: B. G. Teubner 1908.
— Discussion at Johannesburg on the Teaching of Elementary Mechanics. British Association Meeting in South Africa 1905. London: Macmillan & Co., Ld. 1906.
— England's Neglect of Science. London: T. Fisher Unwin 1900.
— The Steam Engine and Gas and Oil Engines. London: Macmillan & Co. 1900.
PFEIFFER, EMANUEL: Physikalisches Praktikum für Anfänger. Leipzig: B. G. Teubner 1903.
Plan d'études et programmes d'enseignement dans les lycées et collèges de garçons. (Arrêtés du 31 mai 1902.) Paris: Delalain Frères, o. J.
POSKE, FRIEDRICH: Didaktik des physikalischen Unterrichts. Didaktische Handbücher für den realistischen Unterricht an höheren Schulen, herausgegeben von A. HÖFLER und F. POSKE, Bd. 4. Leipzig: G. B. Teubner 1915.
PRODINGER, MAX: Einrichtung und Betrieb der physikalischen Schülerübungen. 3 Hefte, 1909/10, 1910/11, 1911/12. Mödling: Selbstverlag (Buchdruckerei G. Davis & Co., Wien).
Report of the Mosely Educational Commission to the United States of America, October-December, 1903. London: Co-operative Printing Society, Ld. 1904.
RIECKE, E.: Beiträge zur Frage des Unterrichts in Physik und Astronomie an den höheren Schulen. Leipzig: B. G. Teubner 1904.
RIMBACH, E.: Übungen in den wichtigeren physikalisch-chemischen Meßmethoden. Für den Gebrauch im chemischen Institut der Universität Bonn. Als Manuskript gedruckt. Bonn 1904.
RINTOUL, D.: An Introduction to Practical Physics. London: Macmillan & Co., Ld. 1898.
ROBSON, E. S. A.: Practical Exercises in Heat. London: Macmillan & Co., Ld. 1902.
ROTH, W. A.: Physikalisch-chemische Übungen. Hamburg: Leopold Voß 1907.
RUBENSTEIN, N.: Vorschläge zur Einführung obligater Schülerübungen in Physik. Prosznitz: J. Neumann & Sohn 1913.
RUDOLPHI, MAX: Einführung in das physikalische Praktikum. Göttingen: Vandenhoeck & Ruprecht 1901.
RUNGE, C., und KÖNIG, H.: Vorlesungen über numerisches Rechnen. Die Grundlehren der mathematischen Wissenschaften. Bd. XI. Berlin: Julius Springer 1924.
RUSSELL, T. H.: The Planning and Fitting-Up of Chemical and Physical Laboratories. London: B. T. Batsford 1903.

RUSSELL, WATERMAN S. C., and KELLY, HOWARD CLINTON: Laboratory Manual of First Year Science. New York: H. Holt & Co. 1909.
SABINE, WALLACE CLEMENT: A Students Manual of a Laboratory Course in Physical Measurements. Boston: Ginn & Co. 1900.
SALZER, MICHAEL: Physikalische Schülerübungen. Programm des evangelischen Obergymnasiums usw. zu Bistritz. Bistritz: Verlag des Gymnasiums 1909.
SANDEN, HORST VON: Praktische Analysis. Leipzig: B. G. Teubner 1914.
SANFORD, FERNANDO: Elements of Physics. New York: Henry Holt & Co. 1904.
SCHAPPER, H.: A Laboratory Guide for Students in Physical Sciences. New York: J. Wiley & Sons 1908.
SCHEEL, KARL: Grundlagen der praktischen Metronomie. Braunschweig: F. Vieweg & Sohn 1911.
SCHMIDT, BASTIAN: Der naturwissenschaftliche Unterricht und die wissenschaftliche Ausbildung der Lehramtskandidaten der Naturwissenschaften. Leipzig: B. G. Teubner 1907.
SCHREBER, K., und SPRINGMANN, P.: Experimentierende Physik. Zugleich vollständig umgearbeitete deutsche Ausgabe von HENRI ABRAHAMS Recueil d'expériences élémentaires de physique. 2 Bde. Leipzig: Johann Ambrosius Barth 1905, 1906.
SCHUCHARDT und SCHÜTTE: Technisches Hilfsbuch. 3. Aufl. Berlin: Schuchardt & Schütte 1916.
SCHUSTER, ARTHUR, and LEES, CHARLES H.: Advanced Exercises in Practical Physics. Cambridge: University Press 1901.
— An Intermediate Course of Practical Physics. London: Macmillan & Co., Ld. 1896.
SCHÜTT, K., PRÖLSS, O., und RIEBESELL, P.: Die Einrichtungen für den naturwissenschaftlichen Unterricht an der Oberrealschule in St. Georg zu Hamburg. Beilage zum Jahresbericht 1910/11. Programm Nr. 1050. Hamburg: Lütcke & Wulff 1911.
SCHWANNECKE, EDMUND: Physikalische Schülerversuche. Beilage zum Programm des Königstädtischen Realgymnasiums zu Berlin. Programm Nr. 97. Berlin: R. Gaertner 1891.
SCHWARZ, H.: Schule und Leben. Zürich: Schulthess & Co. 1910.
SCHWARZ: Schülerlaboratorium. Jahresbericht des Kgl. Kaiserin-Augusta-Gymnasiums zu Charlottenburg 1909.
SEARLE, G. F. C.: Experimental Elasticity. Cambridge: University Press 1908.
SELLA, ALFONSO: Introduzioni teoriche ad alcuni esercizi pratici di fisica. Firenze: Succesori le Monnier 1909.
SEMILLER, ADOLF: Grundversuche mit Detektor und Röhre. Berlin: Julius Springer 1925.
SHAW, W. N.: Practical Work at the Cavendish Laboratory. Heat. Cambridge: University Press 1886.
SIDDONS, A. W., and VASALL, A.: Practical Measurements. Cambridge: University Press 1911.
SIEVEKING, HERMANN: Anleitung zu den Übungen im Physikalischen Institut der Technischen Hochschule zu Karlsruhe. Karlsruhe: Wilhelm Jahraus 1903.
SINCLAIR, JAMES: A First Year's Course in Practical Physics. 2. Ed. London: George Bell & Sons 1906. — A Second Year's Course in Practical Physics. Ebenda 1907. — A Third Year's Course in Practical Physics. Ebenda 1908.
SLATE, FREDERICK: Physics. New York: The Macmillan Company 1902.
SMITH, ALEXANDER, and HALL, EDWIN H.: The Teaching of Chemistry and Physics in the Secondary School. New York: Longmans, Green & Co. 1902.
SMITH, EDGAR F.: Quantitative Elektroanalyse. Deutsch bearbeitet von ARTHUR STÄHLER. Leipzig: Veit & Co. 1908.
SPEIDEL, F.: Physikalische Schülerübungen. Leipzig: Quelle & Meyer 1926.
STEEL, R. ELLIOT: Practical Eelectricity and Magnetism, a First Year's Course. London: G. Bell & Sons, Ld. 1910.
STEWART, BALFOUR, and GEE, W. W. HALDANE: Lessons in Elementary Practical Physics, Vol. I (2. Ed.), Vol. II, Vol. III, Part I (C. L. BARNES). London: Macmillan & Co. 1893, 1896, 1897.
STEWART, BALFOUR, and GEE, HALDANE. Praktische Physik für Schulen und jüngere Studierende. Autorisierte Übersetzung von KARL NOACK. 1. Teil: Elektrizität und Magnetismus. Berlin: Julius Springer 1889.
STONE, WILLIAM ABBOTT: Experimental Physics. Boston: Ginn & Co. 1899.
STRECKER, KARL: Hilfsbuch für die Elektrotechnik. 10. Aufl. Berlin: Julius Springer. Teil I, 1925. Teil II, 1928.
STROUD, HENRY: Elementary Practical Physics. London: Methuen & Co. 1899.
TERQUEM, A., et DAMIEN, B.-C.: Introduction à la physique expérimentale. Paris: A. Hermann 1888.
TESAR, LUDWIG E.: Meine Erfahrungen im naturwissenschaftlichen Unterricht der Mädchen. Wien: Verein für realgymnasialen Mädchenunterricht 1913.
The Incorporated Association of Headmasters. Syllabus of an Elementary Course in Physics and Chemistry. London: Whittaker & Co. 1902.
The Incorporated Association of Headmasters Committee on Science Teaching. Syllabus of an Advanced School Course in Physics and Chemistry. London: Whittaker & Co. 1899.
THIEME, BRUNO: Das physikalische Laboratorium. Ravensburg: O. Maier, o. J. (1913).
TIMERDING, H. E.: Die Analyse des Zufalls. Braunschweig: Friedrich Vieweg & Sohn 1915.
TORY, H. M., and PITCHER, F. H.: A Manual of Laboratory Physics. New York: J. Wiley & Sons 1908.
TRAVERS, MORRIS W.: Experimentelle Untersuchung von Gasen. Deutsch von TADEUSZ ESTREICHER. Braunschweig: Friedrich Vieweg & Sohn 1905.
TRISTRAM, J. F.: A First Year's Course of Practical Physics. 2. Ed. London: Rivingtons 1900.
TROWBRIDGE, JOHN: The New Physics. New York: American Book Company, o. J. (1884).
TURNER, G. C.: Grapics Applied to Arithmetic. Mensuration and Statics. London: Macmillan & Co., Ld. 1908.
TURNER, GEORGE M., and HERSEY, C. BROOKS: National Note-Book Sheets for Laboratory Work in Physics. Boston: L. E. Knott Apparatus Company 1907.
TURPAIN, ALBERT: Recueil de manipulations élémentaires de physique. Paris: Vuibert & Nony 1908.
TWISS, GEORGE R.: Laboratory Exercises in Physics. Rev. Ed. Chicago: Scott, Foresman & Co. 1907.

UPPENBORN, FRIEDRICH, und MONASCH, BERTHOLD: Lehrbuch der Photometrie. München: R. Oldenbourg 1912.
Verhandlungen der XI. Rheinischen Direktoren-Versammlung. Berlin: Weidmannsche, Buchhandlung 1907.
VOLKMANN, WILHELM: Anleitung zu den wichtigsten physikalischen Schulversuchen. Berlin: R. Mückenberger 1912.
— Die Linsenoptik in der Schule. Abhandlungen zur Didaktik und Philosophie der Naturwissenschaft, Heft 12. Berlin: Julius Springer 1927.
WAGSTAFF, C. J. L., and BLOOMER, G. C.: Practical Physics for Schools. 2 Parts. 2. Ed. Cambridge: W. Heffer & Sons 1906.
WARD, ROBERT DECOURCY: Practical Exercises in Elementary Meteorology. Boston: Ginn & Co. 1899.
WATSON, WILLIAM: A Text-Book of Practical Physics. London: Longmans, Green & Co. 1906.
— Elementary Practical Physics. London: Longmans, Green & Co. 1896.
WEAD, CHARLES K.: Aims and Methods of the Teaching of Physics. Circulars of Information of the Bureau of Education. No. 7, 1884. Washington: Government Printing Office 1884.
WEDDING, W.: Anleitung zu den Arbeiten. Einführung in die Elektrotechnik. Nicht im Buchhandel. Druck von Leonhard Simion, Berlin, o. J.
— Anleitung zu den Arbeiten im Elektrotechnischen Laboratorium der Technischen Hochschule Berlin. Nicht im Buchhandel. Druck von Leonhard Simion, Berlin, o. J.
WEHNELT, A.: Das Handfertigkeitspraktikum. Braunschweig: Friedrich Vieweg & Sohn 1920.
WEINBERG, BORIS: L'enseignement pratique de la physique dans 206 laboratoires de l'Europe, de l'Amérique et de l'Australie. Odessa: Imprimerie „Economique" 1902.
WELLS, SIDNEY H.: Practical Mechanics. London: Methuen & Co. 1898.
WENTWORTH, G. A., and HILL, G. A.: Laboratory Exercises in Elementary Physics. Boston: Ginn & Co. 1901.
WETZSTEIN, GEORG: Verbindliche physikalische Schülerübungen für die Mittelstufe. Beilage zum Jahresbericht der Kgl. Kreisoberrealschule Augsburg. Augsburg: Rackl & Lochner 1910.
WHITING, HAROLD: A Course of Experiments in Physical Measurement. 4 Parts. Boston: D. C. Heath & Co. 1891.
WIEDEMANN, EILHARD, und EBERT, HERMANN: Physikalisches Praktikum. Neu bearbeitet von EILHARD WIEDEMANN und ARTHUR WEHNELT. 6. Aufl. Braunschweig: Friedrich Vieweg & Sohn 1924.
WILBERFORCE, L. R., and FITZPATRICK, T. C.: Laboratory Note-Book. 3 Parts. Cambridge 1896.
WILLSON, ROBERT WHEELER: Laboratory Astronomy. Boston: Ginn & Co. 1905.
WITZ, AIMÉ; Cours de manipulations de physique. Paris: Gauthier-Villars 1883.
WOODHULL, JOHN F.: First Course in Science. 2 Vol. New York: Henry Holt & Co. 1893.
WOOLLCOMBE, W. G.: Practical Work in Physics. 4 Parts. Oxford: Clarendon Press' 1893, 1894, 1896, 1899.
WORTHINGTON, A. M.: A First Course of Physical Laboratory Practice. 5. Ed. London: Longmans, Green & Co. 1896.
— Dynamics of Rotation. London: Longmans, Green & Co. 1904.
WATT, G. H.: Handbooks of Practical Science. 3 Vol. London: Rivingtons 1898.

Sachverzeichnis.

Die Zahlen verweisen auf die Seiten.

GPSR Compliance

The European Union's (EU) General Product Safety Regulation (GPSR) is a set of rules that requires consumer products to be safe and our obligations to ensure this.

If you have any concerns about our products, you can contact us on ProductSafety@springernature.com

In case Publisher is established outside the EU, the EU authorized representative is:

Springer Nature Customer Service Center GmbH
Europaplatz 3
69115 Heidelberg, Germany

Batch number: 10682323

Printed by Printforce, the Netherlands